改訂4版
# 化学工学辞典

化学工学会 編

丸善株式会社

# 序

　本会は 1953 年，初版化学工学便覧で使用されている専門用語の解説を目的として，化学工学辞典（初版）を出版した．その後，1974 年 3 月にこの初版を全面改訂して，新版化学工学辞典が刊行された．さらに創立 50 周年を記念し，改訂 3 版化学工学辞典が 1986 年 3 月に出版された．

　改訂版の発行以来，化学工学が飛躍的な発展をとげ，年々その内容が拡張され，専門が細分化されかつ充実したのは周知のとおりである．この間につぎつぎと新しい専門用語が多数生まれたのに対処すべく，2002 年 7 月に化学工学辞典編集委員会が発足した．

　編集委員会では，この機会に全面的に見直すことにし，すでに刊行されている化学工学便覧改訂 6 版に基礎を置くことにした．すなわち便覧の各専門分野（28 分野）ごとに担当委員を選出し，改訂 3 版を参考にしつつ新辞典に収録すべき用語の選定を行った．なお，産業が対象となることもあり，経営・経済の分野を追加した．選定されたそれぞれの用語について，各分野の適切な専門家に解説を依頼した．その結果，約 4300 用語を収録した新辞典が発刊の運びになったことは，喜ばしい限りである．

　本辞典では，化学工学が関わる研究・産業で使われている用語を広く集め，その用語の概念をすぐにつかむことができるように解説した．また，化学工学に関連する学生・大学院生，企業の研究者・技術者を主な対象と想定するが，専門家のためだけの解説でなく，他分野・他業種の技術者・研究者が読んでも理解できるよう簡潔明瞭な解説を目指した．なお，商品名であっても，その名称が広く一般に浸透し，日頃よく使用される用語は採録した．単位は SI 単位に統一したが，旧単位系の著書，文献を利用することも少なくないので，旧単位と SI 単位との換算表を付録として収録した．多くの方々にご活用いただければ幸いである．

　本辞典のために不断の努力と貴重な時間を惜しまれなかった編集委員諸氏および執筆者諸氏に深甚の謝意を表し，併せて丸善（株）出版事業部の尽力に感謝する次第である．

　　平成 17 年 2 月

　　　　　　　　　　　　　　社団法人　化学工学会
　　　　　　　　　　　　　　改訂 4 版化学工学辞典編集委員長　小 宮 山　　宏

## 編　集　委　員

| 編集委員長 | ＊小宮山　　　宏 | 東京大学理事・副学長 |
|---|---|---|
| 副 委 員 長 | ＊荒　井　康　彦 | 九州大学大学院工学研究院 |
| | ＊平　田　雄　志 | 大阪大学大学院基礎工学研究科 |
| 編 集 委 員 | 今　駒　博　信 | 神戸大学工学部 |
| | 入　谷　英　司 | 名古屋大学大学院工学研究科 |
| | ＊薄　井　洋　基 | 神戸大学工学部 |
| | ＊小　川　浩　平 | 東京工業大学大学院理工学研究科 |
| | 奥　山　喜久夫 | 広島大学大学院工学研究科 |
| | 亀　山　秀　雄 | 東京農工大学大学院共生科学技術研究部 |
| | 久保田　徳　昭 | 岩手大学工学部 |
| | ＊幸　田　清一郎 | 上智大学理工学部 |
| | ＊小　林　　　猛 | 中部大学応用生物学部 |
| | 高　橋　武　重 | 鹿児島大学工学部 |
| | 津　田　　　健 | 東京工業大学理工学研究科 |
| | 寺　本　正　明 | 京都工芸繊維大学名誉教授 |
| | 仲　　　勇　治 | 東京工業大学資源化学研究所 |
| | 中　尾　真　一 | 東京大学大学院工学系研究科 |
| | 中　島　　　幹 | 綜研化学株式会社 |
| | ＊長　浜　邦　雄 | 東京都立大学大学院工学研究科 |
| | ＊西　谷　紘　一 | 奈良先端科学技術大学院大学情報科学研究科 |
| | 埜　村　　　守 | 福井大学工学部 |
| | 日　高　重　助 | 同志社大学工学部 |
| | 平　岡　節　郎 | 名古屋工業大学名誉教授 |
| | 藤　江　幸　一 | 豊橋技術科学大学エコロジー工学系 |
| | 宝　沢　光　紀 | 東北大学名誉教授 |
| | 堀　尾　正　靱 | 東京農工大学大学院共生科学技術研究部 |
| | ＊増　田　弘　昭 | 京都大学大学院工学研究科 |
| | 松　本　　　繁 | 東北大学大学院工学研究科 |
| | 三　浦　孝　一 | 京都大学大学院工学研究科 |
| | 吉　田　弘　之 | 大阪府立大学大学院工学研究科 |

＊は編集幹事　　　　　　　　　　　　　　　　（2005 年 3 月現在，五十音順）

## 執　筆　者

| | | | |
|---|---|---|---|
| 相田　隆司 | 浅野　健治 | 足立　元明 | 新井　和吉 |
| 荒井　正彦 | 荒井　康彦 | 五十嵐　哲 | 礒本　良則 |
| 市村　重俊 | 出井　一夫 | 伊藤　利昭 | 井上　義朗 |
| 猪股　　宏 | 今駒　博信 | 入谷　英司 | 岩井　芳夫 |
| 岩佐　信弘 | 岩田　政司 | 岩村　孝雄 | 上野　晃史 |
| 上村　芳三 | 薄井　洋基 | 大江　修造 | 大下　祥雄 |
| 大嶋　　寛 | 大嶋　正裕 | 大島　義人 | 大谷　吉生 |
| 小川　浩平 | 荻野　文丸 | 奥山喜久夫 | 奥山　邦人 |
| 押谷　　潤 | 尾上　　薫 | 小俣　幸司 | 甲斐　敬美 |
| 鹿毛　浩之 | 梶内　俊夫 | 梶原　稔尚 | 加藤　みか |
| 加藤　之貴 | 加藤　禎人 | 金岡千嘉男 | 金森　敏幸 |
| 加納　　学 | 上ノ山　周 | 神谷　秀博 | 亀屋　隆志 |
| 亀山　秀雄 | 河瀬　元明 | 川田　章廣 | 川村　継夫 |
| 川本　克也 | 故 神吉　達夫 | 神原　信志 | 岸田　昌浩 |
| 木曽　祥秋 | 北島　禎二 | 紀ノ岡正博 | 草壁　克己 |
| 久保内昌敏 | 久保田徳昭 | 倉本　浩司 | 黒田　千秋 |
| 幸田清一郎 | 小菅　人慈 | 小谷　卓也 | 後藤　繁雄 |
| 後藤　尚弘 | 後藤　雅宏 | 小西　信彰 | 小林　　剛 |
| 近藤　昭彦 | 今野　幹男 | 齋藤　文良 | 佐伯　　進 |
| 酒井　潤一 | 桜井　謙資 | 桜井　　誠 | 迫田　章義 |
| 佐々木　隆 | 薩摩　　篤 | 塩原　克己 | 篠原　邦夫 |
| 渋谷　博光 | 島田　　学 | 清水　忠明 | 清水　豊満 |
| 霜垣　幸浩 | 正司　信義 | 新海　政重 | 新庄　博文 |
| 菅原　勝康 | 菅原　拓男 | 杉田　　稔 | 杉山　　茂 |
| 鈴木　　功 | 瀬　　和則 | 関口　　勲 | 仙北谷英貴 |
| 曽根　邦彦 | 高田　光子 | 高津　春雄 | 高梨　啓和 |
| 高橋　幸司 | 高橋　武重 | 田川　智彦 | 滝嶌　繁樹 |

| | | | |
|---|---|---|---|
| 武内 洋 | 田中 敏嗣 | 田上 秀一 | 田村 和弘 |
| 田門 肇 | 柘植 秀樹 | 柘植 義文 | 辻 裕 |
| 津田 健 | 筒井 俊雄 | 堤 敦司 | 椿 範立 |
| 都留 稔了 | 寺坂 宏一 | 寺本 正明 | 伝田 六郎 |
| 栃木 勝己 | 飛田 英孝 | 仲 勇治 | 中岩 勝 |
| 中尾 真一 | 中川 紳好 | 中倉 英雄 | 中里 勉 |
| 中島 幹 | 長浜 邦雄 | 長棟 輝行 | 長本 英俊 |
| 鍋谷 浩志 | 成瀬 一郎 | 西谷 紘一 | 西村 龍夫 |
| 西村 伸也 | 西山 覚 | 新田 友茂 | 二宮 善彦 |
| 丹羽 幹 | 信江 道生 | 埜村 守 | 橋本 保 |
| 橋本 芳宏 | 長谷部 伸治 | 幡野 博之 | 服部 道夫 |
| 羽深 等 | 林 潤一郎 | 原谷 賢治 | 日置 敬 |
| 東 英博 | 日高 重助 | 平岡 節郎 | 平田 彰 |
| 平田 雄志 | 広瀬 勉 | 深井 潤 | 福田 秀樹 |
| 福田 祐介 | 藤 正督 | 藤江 幸一 | 船越 良幸 |
| 船造 俊孝 | 宝沢 光紀 | 堀尾 正靱 | 堀中 新一 |
| 本多 裕之 | 牧野 俊郎 | 増田 隆夫 | 増田 弘昭 |
| 松井 功 | 松尾 斗伍郎 | 松岡 正邦 | 松方 正彦 |
| 松坂 修二 | 松本 繁 | 松本 英之 | 松本 光昭 |
| 松山 久義 | 松山 秀人 | 三浦 邦夫 | 三浦 孝一 |
| 溝口 忠一 | 宮原 垈中 | 室山 勝彦 | 望月 雅文 |
| 守富 寛 | 森 秀樹 | 森 康維 | 矢ヶ﨑 隆義 |
| 八木 宏 | 山口 猛央 | 山口由岐夫 | 山崎 量平 |
| 山下 善之 | 山本 勝美 | 山本 重彦 | 弓削 耕 |
| 横地 明 | 横山 克己 | 横山 千昭 | 横山 豊和 |
| 義家 亮 | 吉川 史郎 | 吉田 英人 | 吉田 弘之 |
| 脇屋 和紀 | 渡辺 隆行 | 渡辺 藤雄 | |

(五十音順)

# 凡　例

1. 術語の選択

　本辞典は化学工業の技術者および関連学科の学生に化学工学術語の正確簡明なる概念を与えることを目的として編集し，次の範囲から術語を選択した．

　a. 化学工学術語　　b. 化学工学に直接関連のある数学，物理化学，生物化学工学（医用化学工学を含む），工業化学，食品化学工学，環境，エネルギー，機械工学，制御，プロセスエンジニアリング，経営・経済の術語　　c. 慣用されている略語

2. 解　説

a. 術語は，日本語，外来語，同義語の別なくすべてまず発音に従って五十音順に配列した．

b. 濁音「゛」半濁音「゜」および外国語かな書きの長音符「ー」は配列上その存在を無視した．

c. 外国語，外国人名は原則として原綴りとしたが，極めて一般的な用語は，原語に最も近い発音を「片かな」で表した．

　　例えば，Gibbs＝ギブス，など．

d. 外国語の略語は原則としてローマ字の英語アルファベット読みで表した．

　　例えば，ppm＝ピー・ピー・エム，など．

　　ただし，略語でも一語として発音する習慣になっているものは，その発音に従った．

　　例えば，JIS＝ジス，DIN＝ディン，など．

e. 解説文中の主な術語で他の場所で解説されている術語を使用するときには，その項目中最初に現れるものに限り，＊印をつけて参照の便をはかった．

　　例えば，……エンタルピー＊……とあれば，「エンタルピーについては本書に解説があるから，もし必要あれば参照されたい」の意．

f. 特に参照をすすめたい術語がある場合には，解説文の最後に，矢印（⇨）をもってこれを指示した．

g. 図の引用において，化学工学便覧および化学工学辞典は次のように略記した．

便覧,改六＝化学工学会編,改訂六版 化学工学便覧,丸善(1999).
辞典,3版＝化学工学会編,改訂3版 化学工学辞典,丸善(1986).

h. 人名にはすべて敬称を省略した．
i. 解説文の最後に執筆者の姓を記したが，編集にあたり一部加筆されたものもあることを了承されたい．なお，本辞典第3版の記述内容を引用した解説については，今回の改訂作業にあたり，その内容を見直した担当者の名前を記した．

3. 付　録

付録1　ギリシャ文字，SI単位の構成

付録2　単位換算表

付録3　物理定数，旧式単位 換算表，旧式単位 比重度と比重 $d$ との関係

4. 英 語 索 引

**アイ・アール　IR　investor relations**
　企業が株主や投資家に対し，自主的に企業業績を中心とした経営の状況や経営戦略，将来ビジョンなどに関する情報を提供する広報活動．　[中島　幹]

**アイ・イー・エム　IEM　ion exchange membrane**
　⇒イオン交換膜

**アイ・エス・イー　ISE　integral squared error**
　⇒制御性能

**アイ・エス・エイりろん　ISA理論　ISA (ideal solution adsorption) theory**
　⇒理想溶液吸着説

**アイ・エス・エイ-エスはちはち　ISA-S 88**
　バッチに関する国際標準規格の総称．名称は，1988年10月にISA (International Society for Measurement and Control)に標準化作業のためのSP 88 (Standard Practices 88)が創立されたことに由来する．1995年にISA-S 88.01 Batch Control Part 1: Models and Terminologyが規格化され，1997年にIEC 61512-1 Batch Control Part 1: Models and Terminologyが制定された．2002年にはJISにおいても規格化された(JIS C 1807 : 2002; バッチ制御-第1部: モデル及び用語)．プロセスモデル(process model)，物理モデル(physical model)，手順制御モデル(procedural control model)，管理業務モデル(management activity model)の四つのモデルの概念の採用により，だれでも同じ体系でバッチシステムを設計できることがその目的である．とくに"製品に依存している製造の手順"と"設備に依存している制御"を分けていることが特徴である．　[小西 信彰]

**アイ・エス・オー　ISO　International Organization for Standardization**
　国際標準化機構のことで，製品・サービスなどの世界的な標準化を進める団体．　[服部 道夫]

**アイ・エス・オーいちまんよんせんシリーズ　ISO-14000──　ISO 14000 series**
　企業，自治体などが環境マネジメントシステム(Environmental Management System, EMS)を導入し環境に配慮した経営を自主的に行っていることを証明する国際規格．国際規格認証機構(International Organization for Standardization, ISO)が1996年に発行，日本では同年JIS Q 1400シリーズとして発行された．EMSには環境監査，環境ラベル，ライフサイクルアセスメントなどが含まれる．EMSは継続的なPDCA(plan：環境方針・計画，do：実施・運用，check：点検・是正措置，act：経営陣による見直し)活動によって運用されている．
　　　　　　　　　　　[後藤尚弘・服部道夫]

**アイ・エス・オーきゅうせんシリーズ　ISO 9000──　ISO 9000 series**
　国際標準化機構(ISO)によって1987年に制定された品質管理*および品質保証*に関する国際規格で，規格番号が9000番台である規格の総称．2000年の改訂により，品質マネジメントシステムの基本と用語を定めたISO 9000，要求事項を定めたISO 9001，パフォーマンス改善の指針であるISO 9004に集約された．このうちISO 9001が，顧客の要求を満たす製品・サービスを継続的に供給するために，組織が構築すべき品質マネジメントシステムについて定めた認証用規格である．
　　　　　　　　　　　　　　　　　　[加納　学]

**アイ・エム　IM　ionic membrane**
　⇒イオン交換膜

**アイ・エム・シー　IMC　internal model control**
　⇒内部モデル制御

**アイ・シー・ピー　ICP　inductively coupled plasma**
　⇒誘導結合型プラズマ

**アイソザイム　isozyme**
　イソ酵素．同一の生物種において，同一の反応を触媒しながら，異なった分子構造をもつ酵素群をいう．アイソザイムはきわめて性質のよく似た酵素群であり，電気泳動*などの精密な分離によってその存在が確認される．　[近藤 昭彦]

**アイゾッドしょうげききょうど　──衝撃強度　Izod impact strength**
　試験片の一端を固定して，試験片をハンマーで衝撃破壊するアイゾッド衝撃試験において，試験片の破壊時に吸収される衝撃エネルギーを破壊される試験片の断面積で除した値．単位はJ m$^{-2}$．ASTM*で

は，試験片が吸収したエネルギーをノッチ部の幅で除して，$J m^{-1}$ で表す． 　　　　　　　　　[田上 秀一]

**アイ・ピー・エヌ　IPN　interpenetrating polymer network**
　⇒インターペネレイティングポリマーネットワーク

**アイ・ピー・エル　IPL　independent protection layer**
　独立防御層．化学プラントの安全対策を講じるときの思想を表現する多重防御層の概念であり，次の8層より構成される．① 本質安全設計*，② 基本プロセス制御*，③ 運転員対応操作，④ 安全計装システム*，⑤ 事故防止のための物理的防御(安全弁など)，⑥ 事故の拡大防止のための物理的防御(防液堤など)，⑦ プラント内緊急対応計画，⑧ 地域防災計画．第5層までは事故発生の防止を，第6層以降は事故発生後の影響の抑制を目的としている．
　　　　　　　　　　　　　　　　　　[柘植 義文]

**アウトソーシング　outsourcing**
　外部委託．企業が中核業務に経営資源を集中し，周辺業務分野を外部委託すること．コンピュータ関連業界で始まり，ほかの業界や間接部門などの業務分野に広まっている．英語の意味は社外労働者の活用である．　　　　　　　　　　　　[曽根 邦彦]

**あかひらのほうほう　赤平の方法**
　⇒熱分解の解析法

**アキュムレーター　accumulator**
　排熱ボイラーなどで発生した水蒸気を蓄えておき，負荷に応じて定圧蒸気を放出させるもので，ボイラーの利用効率を上昇させるために利用される．
　　　　　　　　　　　　　　　　　　[亀山 秀雄]

**アクティベーション　activation**
　活性化．表面の化学反応性を高めるために，表面の不動態を破壊する処理，または非電導性素地に析出させる工程において，表面に触媒金属を吸着させる処理のことをいう．固体触媒の酸化・還元など，活性な状態にする前処理のことも活性化という．またある化学種がほかの化学種と相互作用することにより，より反応性の高い状態となることもさす．
　　　　　　　　　　　　　[松方正彦・髙田光子]

**アクーフシステム　AKUFVE system**
　液液抽出*における分配平衡を連続的に短時間に測定する装置．スウェーデンで開発された．中心部は H 形の遠心抽出機*からなっており，2相をそれぞれ連続的に供給する．回転数 10 000～20 000 rpm，液の滞留時間* 0.3～5 s 程度で操作することにより，1点の分配係数*を秒単位で測定できる．
　　　　　　　　　　　　　　　　　　[平田　彰]

**アークプラズマ　arc plasma**
　電極間で起こる低電圧・高電流のアーク放電によって生成するプラズマ．グロー放電*よりも電流を増加させると端子電圧が急激に減少し，電流の増加とともに電圧が低下する負性抵抗特性を示すアーク放電が形成される．このときに発生するアークプラズマは真空から大気圧領域まで存在し，陽光柱，陽極降下領域，陰極降下領域の三つからなる．陽光柱では電子，イオン，中性粒子の温度がほぼ等しく，5 000～20 000 K 程度となっており，局所熱平衡*に近い熱プラズマ*になっている．大気圧下の陽光柱では電子の平均自由行程*が短いため，電子衝突電離ではなく熱電離がおもである．電極と接する部分では正イオンが多い空間電荷層となる．陰極は，そこからの電子供給の機構によって，熱陰極と冷陰極に分けられる．
　ほかの熱源と比較すると，アークプラズマは出力の増大が容易であること，設備費が比較的廉価であること，アーク放電を発生する装置やアークを発生する技術が簡単であること，安定な放電を長時間持続できること，被加熱物質の加熱が効率よくできることなどの特徴がある．アークプラズマは高出力化や高密度化が可能な実用的かつ工業的な超高温熱源である．　　　　　　　　　　　　[渡辺 隆行]

**アクリボスほう　――法　Acrivos' method**
　A. Acrivos と N. R. Amundson が提案した解析的蒸留計算法．理想系のみならず非理想系に対しても摂動法を使って計算することができる．彼らの方法の導出過程は数学的にもっとも完成されたものといわれている．　　　　　　　　　　　[小菅 人慈]

**あさんかちっそ　亜酸化窒素　nitrous oxide**
　一酸化二窒素．燃焼生成物としての亜酸化窒素 $N_2O$ は，おもに燃料中窒素から生じる $NH_3$ と $HCN$ を起源とし，気相で生成すると考えられている．流動層燃焼のような比較的低温の燃焼場で生成しやすく，NO の生成量と反比例する．温暖化ガスとして知られており，生物学的硝化，脱窒の過程でも生成するので水田や湿地帯から発生している．
　　　　　　　　　　　　　　　　　　[神原 信志]

**アジップほう　――法　ADIP process**
　Shell (SIPM)社がライセンスをもつ酸性ガス*除去プロセス．原料ガスから $H_2S$, $CO_2$ および COS を除去できる湿式プロセスの一つ．吸収液としては，第二級アルカノールアミンである DIPA (ジイソプ

ロパノールアミン）と第三級アルカノールアミンであるMDEA（メチルジエタノールアミン）の20～40％水溶液が用いられる．吸収液の再生は373～393 Kに加熱し，放散することにより行われる．吸収剤は非腐食性であり，再生に必要なエネルギー量が比較的少ないことが特徴である．

[渋谷 博光]

**アステム　ASTM** American Society for Testing and Materials

米国材料試験協会またはその規格．工業材料をはじめ11 000を超す規格とその試験方法を定めている．2003年現在，組織はASTM Internationalと称し国際化をはかっている．

[曽根 邦彦]

**アスペクトひ──比** aspect ratio

一般に，柱上の物体における長さと直径の比を示す．工学全般で使用される単語だが，材料分野では繊維強化複合材料の繊維の長さと直径の比として，結晶の分野では結晶の長さと横幅の比として用いられている．

[松方正彦・髙田光子]

**アスベスト** asbestos

石綿．天然の繊維状ケイ酸塩鉱物．耐高温・薬品性，断熱性などに優れるため，石綿スレートなどの建築材料をはじめ工業上広く利用される．石綿肺や肺がんなどの疾患との関連が確認されている．飛散性アスベスト廃棄物は特別管理産業廃棄物に指定され，適正処理が求められる．

[川本 克也]

**アスメ　ASME** American Society of Mechanical Engineers

米国機械学会またはその規格（コード）をいう．ボイラー*，圧力容器などが有名で世界的標準に近い．同学会は2003年現在ASME Internationalと改称されている．

[曽根 邦彦]

**アソッグしき　ASOG式** ASOG (analytical solution of groups) equation

1969年 E.L.Derr と C.H.Deal が提案したグループ寄与法*による液相活量係数の推算式．活量係数の対数値が分子の大きさの違いによる寄与項 $\ln\gamma_i^C$ と相互作用に基づく残余の項 $\ln\gamma_i^R$ の和で表され，それぞれを Flory-Huggins 式とグループ活量係数式で与えられている．

$$\ln\gamma_i = \ln\gamma_i^C + \ln\gamma_i^R$$

$$\ln\gamma_i^C = 1 - \frac{\nu_i^{FH}}{\sum_j \nu_j^{FH}x_j} + \ln\frac{\nu_i^{FH}}{\sum_j \nu_j^{FH}x_j}$$

$$\ln\gamma_i^R = \sum \nu_{ki}(\ln\Gamma_k - \ln\Gamma_k^{(i)})$$

グループ活量係数 $\ln\Gamma_k$ とグループ分率 $X_k$ との関係は，Wilson式で与えられる．

$$\ln\Gamma_k = 1 - \ln(\sum_l X_l a_{kl}) - \sum_l \frac{X_l a_{lk}}{\sum_m X_m a_{lm}}$$

推算に必要なパラメーターは純成分 $i$ 中の水素原子を除いた原子数 $\nu_i^{FH}$，純成分 $i$ 中のグループ $k$ に含まれる水素原子を除いた原子数 $\nu_{ki}$ およびグループ間相互作用パラメーター $a_{lm}$ である．現在60種以上のグループに関するパラメーターが決定され，気液平衡，共沸点，固液平衡，混合熱などの推算に利用されている．また，Peng-Robinson式*などの状態方程式*と組み合わせることで，高圧下の気液平衡および固気平衡の推算が可能となる．

[栃木 勝己]

**アダクティブちゅうしゅつ──抽出** adductive extraction

液体原料中に含まれているある特定の目的成分を，外部からの添加物によって結晶性の付加生成物として選択的に抽出*し，晶析*分離する方法．添加物としては，尿素などが用いられる．得られた付加生成物は，結晶分離後，加熱により容易に分解し，純物質を得ることができる．この操作は，直鎖の炭化水素と側鎖のある炭化水素とを分解するのに応用される．（⇒抽出晶析）

[後藤 雅宏]

**アダクトしょうせき──晶析** adductive crystallization

包接化合物を結晶として回収する晶析法のこと．複数の成分からなる融液や溶液に第三の物質を添加すると，第三物質がつくりだす規則的な構造体（包接格子）に，物理的親和性を有する特定の物質が取り込まれて安定な複合体（包接化合物）を形成することがある．水，メタノールなどの溶媒と溶媒和物を形成して固体となる場合もこれに含まれる（メタン水和物など）．析出した包接化合物結晶を濾過後ほかの溶媒に再溶解するか，加熱するなどして目的物質を回収する．

[大嶋 寛]

**アーチブレイカー** arch breaker

貯槽内に発生した粉粒体の閉塞アーチを壊す装置．一般に機械的に閉塞を壊す装置と，高圧エアを噴射してアーチを形成している粉粒体のつり合いを壊して流動化させる装置がある．主としてアーチの形成しやすいホッパー部に取り付けることが多い．

[杉田 稔]

**アッカーマンこうか──効果** Ackermann effect

蒸発*あるいは凝縮を起こしている面に接して存在するガス境膜*において，ガス流中の蒸気圧*と面上の蒸気圧との差が大きく，蒸気の拡散*速度が大

きな場合には，拡散蒸気の運ぶ顕熱*量が対流伝熱*量に比べて無視できない大きさとなる．この効果をアッカーマン効果とよぶ．1937年に G. Ackermann らにより発表されている．この効果は，高温ガスによる気流乾燥*，有機溶剤を含む材料の乾燥や冷却凝縮*，また低温結霜などの場合に考慮すべきものである．　　　　　　　　　　　　　　　［西村　伸也］

## あっさく　圧搾　expression

固液混合物を，搾布など液体を通過させ固体を通過させないような隔壁内に収容し，隔壁の移動により収容された固液混合物を圧縮することによって，液体とケーク*に分離する操作．沪過*では普通，内容積が一定の沪室内へスラリー*をポンプで圧入して固液分離を行うが，圧搾はポンプによる固液混合物の圧送が困難な場合，あるいは沪過によるよりもさらに高度な固液分離を目的とする場合などに広く用いられる．植物種子の搾油，発酵工業における醸造もろみの分離などのほか，窯業，食品工業などにおいて広く利用されている．また，乾燥・焼却処理・埋立て・造粒などの前処理として利用される場合も多い．

圧搾装置としては，圧搾型フィルタープレス*，ベルトプレス*，スクリュープレス*などが用いられている．スラリー状の固液混合物を圧搾装置に供給して加圧すると，混合物はまず沪過され，沪過ケークが形成される(沪過期間)．沪過ケーク内部には空隙比*分布があり，排水面近傍で空隙比が最小，ケーク表面で最大となる．沪室に沪過ケークが充満すると，ケークは隔壁からの圧縮力により圧密*脱液される(圧密期間)．沪過期間・圧密期間を通して固液混合物内では，液圧とケーク圧縮圧力*の和が隔壁から伝えられる加圧力とつり合っている．圧密期間では，ケーク内部から液が搾り出され，これに対応して液圧は徐々に低下し，ケーク圧縮圧力が増加する．混合物内のすべての場所でケーク圧縮圧力が隔壁からの加圧力に等しくなった時点で圧搾脱液が終了し，一様な脱液ケークが生成する．固液混合物の空隙比はケーク圧縮圧力により一意的に定まる．ケーク圧縮圧力を増加させると空隙比が大きく減少する材料が圧搾操作に適した材料といえる．沪過期間はケーク沪過*理論で解析することができ，圧密期間はテルツァギーの圧密論*で解析することができる．圧搾処理に要する時間は排水面単位面積あたりの処理固体量の2乗に比例し，排水面の数の2乗に反比例する．　　　　　　　　　　　　　　　　　［岩田　政司］

## あっさくがたフィルタープレス　圧搾型——

expression-type filter press, diaphragm plate filter press, membrane filter press

凹版型圧沪器に圧搾*機能を付与した形式の圧搾装置．両側を凹ませた正方形状の板の表面にゴム製の圧搾膜と沪布*を設けた圧搾沪板と，沪布のみを設けた沪板とを交互に重ね合わせ，両側から油圧により締めつけ10～50程度の沪室を形成する．沪板に設けた供給孔からポンプによりスラリー*を圧入して沪過*し，ケーク*が沪室内に充満したらゴム膜内に高圧流体を供給しゴム膜を膨らませ，ケークを圧搾する．圧搾圧力は 0.6～2.5 MPa の範囲が多い．圧搾圧力 900 kPa 以下では高圧流体に圧縮空気が使用されるが，それ以上の圧力では多段渦巻きポンプによる加圧水が利用される．信頼性の高い圧搾装置であり，製造工場における沪過圧搾工程，各種産業廃水の処理，上下水汚泥の沪過圧搾脱水に用いられている．　　　　　　　　　　　　　　［岩田　政司］

## あっしゅくいんし　圧縮因子　compressibility factor

圧縮係数．圧縮因子 $Z$ は，次式で定義される．

$$Z = \frac{pV_m}{RT}$$

ここで，$p$ は圧力*，$V_m$ はモル体積，$T$ は熱力学温度*(絶対温度ともいう)であり，$R$ は気体定数*である．理想気体*では $Z=1$ となる．実在気体*では 1 以外の値となり，その大きさは理想気体からの偏倚を示す．　　　　　　　　　　　　　　　　［荒井　康彦］

## あっしゅくげんしつ　圧縮減湿　dehumidification by compression

湿り空気*を温度を一定に保ちながら圧縮して全圧を高めると，空気の飽和湿度*が急激に低下し，水分が凝縮*する原理に基づく減湿方法．空気の圧縮(断熱圧縮)によって温度が上昇するため，並行して冷却を行う必要がある．全圧 $P_π$，温度 $T$ のもとで達成できる湿度* $H$ [kg-水/kg-乾き空気]は次式で与えられる．

$$H = \frac{M_v}{M_g} \frac{P_s}{P_π - P_s}$$

ここで，$M_v$ は蒸気(水蒸気)の分子量，$M_g$ は不活性ガス(空気)の分子量，$P_s$ は湿り空気の温度における飽和蒸気圧である．設備費と動力費がかさむため特別な目的以外あまり使用されない．　　　　［三浦　邦夫］

## あっしゅくしきれいとうき　圧縮式冷凍機　vapor compression refrigerating machine

低温低圧の冷媒ガス(蒸気)を圧縮機で昇圧して高温高圧とし，凝縮器で冷却することにより得られた

冷媒液を用いて，その液体が蒸発するさいに蒸発潜熱*として多量の熱を奪う原理を利用して，ほかの流体を冷却する冷凍機．図に示すように蒸発した蒸気を圧縮したあと，冷却して液化し，循環使用して蒸発器において冷却を行う．主要部は圧縮機*，凝縮器*，膨張弁，蒸発器(冷却器ともいう)よりなる．液化した高圧の冷媒*は膨張弁を経て低温低圧となって蒸発器に入り，周囲から蒸発熱を奪って気化し冷却作用を行う．

冷媒の循環サイクルには，圧縮機を複数使用して低温(約 $-30 \sim -60°C$)を取り出す多段圧縮式や，異なる冷媒を各段にそれぞれ使用してさらに低温を取り出す多元冷凍式などがある．また，多段圧縮式では成績係数*の向上を目的として，凝縮器出口の冷媒液を凝縮器と蒸発器の中間圧力まで減圧して，フラッシュ蒸発*させて気液を分離し(この機器を中間冷却器またはエコノマイザーとよぶ)，その蒸気を高圧側の圧縮機吸入口で低圧側圧縮機の吐出蒸気と混合し，蒸気を冷却後吸入させる多段エコノマイザー式などがある．

冷媒には R-22(HCFC-22)やアンモニアなどがおもに使用されてきたが，地球環境面からフロン系では R-134a(HFC-134a)などの代替フロンへの転換が進みつつあり，さらに二酸化炭素，炭化水素などの自然冷媒も使われ始めている． [川田 章廣]

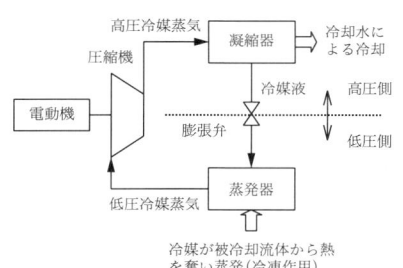

圧縮式冷凍機

### あっしゅくせいけい 圧縮成形 compression molding

熱硬化性プラスチック*の典型的な成形法．加熱した金型のキャビティーに成形材料を入れ，加圧して形状を付与する．キャビティー内で加熱されていったん流動状態となった成形材料は，加圧によりキャビティーの隅部まで行き渡るとともに化学反応を起こして硬化する．そのあと，金型を開いて製品を得る．一般に，充塡材や分子の配向が射出成形に比べて少ないので，内部応力の少ない成形品が得られるのが特徴である． [田上 秀一]

### あっしゅくせいしすう 圧縮性指数 compressibility coefficient

瀘過圧力に対するケーク*の瀘過比抵抗*の依存性を示す指数で，ケークの圧縮性の指標となる．瀘過*におけるケークの平均瀘過比抵抗 $\alpha_{av}$ と瀘過圧力 $p$ との関係は，次式で表される．

$$\alpha_{av} = \alpha_1 p^n$$

また，圧縮透過試験*より求まるケーク内部の部分瀘過比抵抗 $\alpha$ とケーク圧縮圧力* $p_s$ との関係は，次式で表される．

$$\alpha = \alpha_{1p} p_s^n$$

式中の指数 $n$ をケークの圧縮性指数とよぶ．$n=0$ の場合を非圧縮性ケークといい，定圧瀘過*の瀘過速度は瀘過圧力に比例して増加する．また，$n>0$ の場合を圧縮性ケークといい，$n$ の値が大きいほど瀘過速度の圧力依存性が小さくなり，$n=1$ では瀘過速度は圧力に依存しない． [入谷 英司]

### あっしゅくぞうりゅう 圧縮造粒 compression granulation, pressure agglomeration

⇒打錠機，コンパクティング，ブリケッティング

### あっしゅくとうかしけん 圧縮透過試験 compression permeability test

圧密試験．瀘過*試験法の一つ．瀘過・圧搾*装置の合理的な設計や最適操作の確立のための固液混合物の圧密*に関する基礎データを提供する．試験装置には，もともと土質力学の分野で粘土の圧密試験に用いられてきた圧密試験機*を用いる．

装置は図のようにシリンダーとピストンからなり，スラリーをシリンダー内に入れたあと，ピストンに一定荷重を加えて上下の瀘材*から脱水して圧縮する．平衡状態に達すると，空隙率*が一様な圧縮平衡ケークが得られる．この圧縮ケークの内部に作

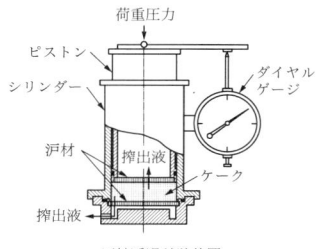

圧縮透過試験装置

用するケーク圧縮圧力*はどの位置でも荷重圧力に等しい．ケーク厚さの測定から空隙率が求まり，またケーク*内に水を透過させ，その透水速度を測定することにより流動比抵抗が算出される．荷重圧力を種々に変化させてこれらの一連の測定を行うことにより，空隙率および比抵抗とケーク圧縮圧力との関係が求まり，沪過・圧搾操作の解析のための基礎データとして利用される． [入谷 英司]

## あっしゅくりつ　圧縮率　compressibility

等温圧縮率．物質の圧縮率 $\chi_T$ は，次式で定義される．

$$\chi_T = -\frac{1}{V}\left(\frac{\partial V}{\partial p}\right)_T$$

ここで，$V$ は体積，$p$ は圧力*である．定義式に－（マイナス）の符号がついているのは，加圧により体積が減少するので，$\chi_T$ の値を正にするためである．理想気体* では $\chi_T = 1/p$ となる． [荒井 康彦]

## あっしゅくれいとう　圧縮冷凍　compression refrigeration

機械的仕事を用いて，低温部から高温部へ熱を移動し冷凍する方式．低温部から熱をくみ上げ低温を長時間保持する操作を冷凍という．低温を得るのに使用する媒体を冷媒といい，アンモニアやフロンが使われる．冷凍装置は低温部から熱をくみ上げる機能がありヒートポンプ*といわれる．通常用いられる圧縮冷凍の原理を $T$-$S$ 線図上で説明すると，次のようになる．

① 冷媒蒸気は機械的仕事 $W$ により断熱圧縮され，低圧 $P_1$ から $P_2$ になり温度も上がる（a → b）．② 過熱蒸気を圧力 $P_2$ 一定のもとで冷却させ，さらに等圧で凝縮させ，熱 $Q_1$ を放出し，室温 $T_1$ の飽和液体とする（b → c → d）．③ 等エンタルピーで膨張させ温度を $T_1$ から $T_2$ に下げ気液 2 相の状態とする（d → e）．④ 圧力一定で温度 $T_2$ で蒸発させると熱 $Q_2$ を吸収し飽和蒸気となり（e → a），被熱物は熱 $Q_2$ を奪われるので低温が維持される．これで冷凍サイクルが完成する．

圧縮冷凍操作では，加えた機械的仕事 $W$ に対して吸収熱量 $Q_2$ が大きいほど性能が良いので，$Q_2/W$ を成績係数*（COP）という． [弓削 耕]

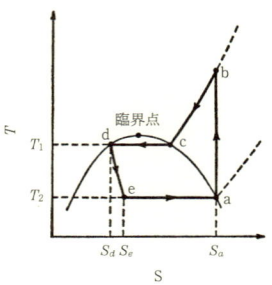

圧縮冷凍，$T$-$S$ 線図

## あっしゅくど　圧縮度　compressibility

粉体の流動性を表す指標として R.L. Carr によって提案された粉体の物性を表す指標の一つ．内径 50 mm，容積 100 mL の円筒形容器に目開き 710 μm のふるいを通して粉体を疎充填したときのかさ密度を $A$ とする．つづいて，タッピング装置にセットして落下高さを 18 mm にして 180 回タッピングを行う．枠を外して容器上面で粉体をすり切って求めたかさ密度を $P$ とすると，圧縮度 $C$ は次式で定義される．

$$C = \frac{100(P-A)}{P} \quad [\%]$$

圧縮度 $C$ は経時変化を考慮した流動性を示す尺度と考えられ，とくに 40% 程度以上の値を示す粉体は長時間放置した場合の流動性がきわめて悪くなるとされている．（⇒フローアビリティー） [杉田 稔]

## あつみつ　圧密　consolidation

粒子層が外力を受けて体積を減じ緻密化する現象．地盤の沈下，沈殿濃縮*・沪過*・圧搾*・遠心分離* などの固液分離，粉体の成形などにおいて，固体の自重，加圧力，遠心力に起因する圧密現象がみられる．固液混合物の圧密変形は，ケーク圧縮圧力*の変化に即応する一次圧密*と時間遅れを伴う二次圧密*からなる．テルツァギーの圧密論*は，地盤の沈下や圧搾脱水の基礎理論として重要である．

[岩田 政司]

## あつみつか　圧密化　compaction

逆浸透*や限外沪過*において高い圧力を加えた場合に，膜が圧力でつぶされて膜の構造が緻密になり膜透過抵抗が大きくなる現象．逆浸透膜や限外沪過膜は，通常，圧力の許容範囲が規定されており，この範囲内で膜を使用する場合に限って膜性能が保証されている．圧密化が生じると透過流束*は減少し，溶質に対する阻止率*は逆に増加する．圧密化には，加圧初期に生じる急激な可逆的な圧密化と，その後経時的に徐々に生じる不可逆的な圧密化との 2 種類があるが，海水淡水化のように一般に長期間の連続運転となる逆浸透法では，後者のタイプの圧密化が問題となる． [鍋谷 浩志]

## あつみつきょどうしすう　圧密挙動指数　consoli-

dation behavior index

半固体状固液混合物の定圧圧搾過程における平均圧密比*$U_c$をあたえる，次の半理論式中の$\nu$.

$$U_c = \sqrt{\frac{4T_c/\pi}{\{1+(4T_c/\pi)^\nu\}^{1/\nu}}}$$

ここで，$T_c = i^2 C_e t_c/\omega_0^2$ であり，$i$ は排水面の数，$C_e$ は修正圧密係数*，$t_c$ は圧密時間，$\omega_0$ は単位排水面積あたりの固体体積である．混合物の二次圧密*が無視できる場合$\nu=2.85$ であり，$\nu<2.85$ とおくことにより二次圧密効果を表すことができる．

[岩田 政司]

## あつみつしけんき　圧密試験機　consolido-meter

固液混合物の圧密現象に関係する数値を求めるための装置．圧密セルと載荷装置からなる．土質力学の分野で粘土層の圧密試験に用いられてきたが，沪過，圧搾，遠心分離*など圧密現象の関係する諸操作の解析にも用いられている．

[岩田 政司]

## あつりょく　圧力　pressure

圧力$p$は，力*をそれが加えられる面積で除したものと定義される．1 $m^2$ あたりに1 Nの力が作用している場合の圧力を1 Paで表す．1 Pa=1 N $m^{-2}$.

[荒井 康彦]

## あつりょくかくさん　圧力拡散　pressure diffusion

混合物質に圧力勾配が課せられると，分子拡散*と同時に圧力勾配を推進力とする成分の移動が起こる現象．たとえば，A，B 二成分系について，圧力拡散が伴う場合の拡散流束*は次式で表される．

$$J_A^* = -cD_{AB}\left\{\nabla x_A + \frac{x_A M_A}{RT}\left(\frac{\bar{V}_A}{M_A} - \frac{1}{\rho}\right)\nabla p\right\}$$

第1項は分子拡散，第2項が圧力拡散による流束である．$c$は全濃度，$x_A$，$M_A$，$V_A$はそれぞれ成分Aのモル分率，分子量，部分モル量，$\rho$は密度，$p$は圧力，$D_{AB}$は拡散係数*である．この現象は通常の圧力勾配では検出できない程度であるが，壁面で流れが抑止され大きい圧力勾配が課せられるような系では顕著に現れる．同位元素の遠心分離*はこの現象を原理としている．

[神吉 達夫]

## あつりょくしょうせき　圧力晶析　pressure crystallization

多くの有機物が加圧することにより結晶化することを利用して，高圧（数百MPa）を付与して行う晶析法．減圧時に，発汗現象が生ずるため精製効果も高く，分離，精製操作として用いられる．わが国（神戸製鋼所）が独自に開発した技術である．

[松岡 正邦]

## あつりょくスイングきゅうちゃく　圧力――吸着　pressure swing adsorption

⇒ PSA

## あつりょくそんしつ　圧力損失　pressure loss

管路において，流体は固体との接触面における摩擦によりエネルギーを失う．この損失により圧力が低下することをいう．圧力は運動エネルギー，位置エネルギーの変化に伴って変化する場合もあるため，管路入口出口間の圧力差が圧力損失と等しいとは限らない．そのため管断面積および速度分布が変化しない流れのように，摩擦損失がそのまま圧力差として表れる場合に用いることが多い．その代表的な例である発達した円管内流れの圧力損失は，Fanningの式*で表される．

[吉川 史郎]

## あつりょくながれ　圧力流れ　pressure flow

スクリュー押出機*溝内の流れの成分で，圧力勾配による溝に沿っての流れ．（⇒スクリュー押出機）

[梶内 俊夫]

## あつりょくひ　圧力比　pressure ratio

気体分離膜のテストセルや，モジュールの高圧側圧力$p_h$と低圧側圧力$p_l$の比がセルやモジュールのステージ分離係数に大きな影響を及ぼすので，圧力比は膜による気体分離操作の支配因子となる．圧力比を$p_l/p_h$で表した場合，圧力比の減少にしたがい分離係数*は増大し，圧力比がゼロで最大値を示す．
（⇒ステージ分離係数）

[原谷 賢治]

## あつりょくへんどう　圧力変動　pressure fluctuation

流体運動に伴って局所の圧力が不規則に変動する現象．圧力変動は流体運動を特徴づける重要な物理量の一つである．反応器中では，連続相の乱流流動だけでなく分散相の気泡，粒子およびそのウェークの運動などによって圧力変動が起こり，圧力変動情報を解析することによって反応器の流動状態，流動構造を把握することができる．気泡塔や流動層など，圧力変動のパワースペクトル解析やウェーブレット解析を行うことによって，流動状態のマッピングや流動特性解析が行われている．また最近，相関次元解析，エントロピー解析，R/S解析などのカオス解析も行われている．

[堤 敦司]

## あつりょくループ　圧力――　pressure balance loop

気体が流通する粒子の循環系においてガス側は連続的なループ系を構成することが多い．そのときのガス側圧力のループ状グラフのこと．粒子循環を安定かつ連続的に行うために，配管径，バルブ，ガス

流速，粒子の加速に要する区間など固気循環装置全体の静圧のバランスを検討したり，粒子およびガスの流れを予測するために使われる． ［武内　洋］

**アトマイズほう** ──法 Atomaizu method
⇒噴霧法

**アトリション** attrition
⇒摩耗・粉化（粒子の）

**アナロジー** analogy

運動量移動*に対するニュートンの法則*，熱伝導*に対するフーリエの法則*，拡散*に対するフィックの法則*に示されるように，運動量，熱，物質移動相互の間には相似性がある．この3種の移動現象*が同じ機構で行われる相似性に着目し，移動流束の関係を調べることをアナロジー理論という．

Reynoldsのアナロジー*は，熱移動*と運動量移動を同じ移動現象として結び付けるものである．$Pr$（プラントル数*）=1の場合は規格化した速度分布と温度分布が等しくなるので，壁面でのそれらの勾配も等しくなることから

$$St = \frac{f}{2}$$

を得ることができる．ここで$St$はスタントン数*，$f$は流体摩擦係数*である．$Pr \neq 1$の場合ではChilton-Colburnのアナロジー*があり，

$$St \cdot Pr^{2/3} = \frac{f}{2}$$

を得る．上式の左辺を$j_H$と記し，これを熱移動に関する$j$因子とよぶ．運動量移動と物質移動*においては，$Sc$（シュミット数*）=1の場合には規格化した速度分布と濃度分布が等しくなるので，同様にレイノルズのアナロジーやチルトン-コルバーンのアナロジーが成立する． ［渡辺　隆行］

**アナロジーのりろん** ──の理論 theory of analogy

運動量，エネルギーおよび物質の輸送現象*に関する諸式が互いに類似していることに着目し，運動量，エネルギーおよび物質の輸送機構は互いに類似したものであるとする理論．とくに乱流境界層*あるいは管内乱流において，この理論を用いれば摩擦損失の知見から伝熱速度を予知することができる．

アナロジーの理論の一つとして，1874年 O. Reynolds は"管内流れにおいて，流れ方向へのエネルギーの輸送量と流体と固体壁との間で交換されるエネルギー量との比は，運動量のそれらの比に等しい"と仮定して，次の関係式を提出した．

$$Nu = \left(\frac{f}{2}\right) RePr$$

ここで，$Nu$, $f$, $Re$, $Pr$ はそれぞれヌッセルト数*，管摩擦係数*，レイノルズ数*，プラントル数*である．これをレイノルズアナロジーとよぶ．レイノルズアナロジーはプラントル数が1の場合のみによく成立する．プラントル数が1に等しくない場合のアナロジーの理論として，次式で表されるプラントル-テイラーのアナロジー式

$$Nu = \left(\frac{f}{2}\right) \frac{RePr}{\left[1 + \left(\frac{u_1}{u_m}\right)(Pr-1)\right]}$$

あるいは次式で表わされるカルマンのアナロジー式，

$$Nu = \left(\frac{f}{2}\right) \frac{RePr}{\left[1 + 5\left(\frac{f}{2}\right)^{1/2}\left\{Pr - 1 + \ln\left\{\frac{(1+5Pr)}{6}\right\}\right\}\right]}$$

さらにチルトン-コルバーンのアナロジー*などがある．上式中 $u_1$, $u_m$ は，それぞれ固体壁からある距離（たとえば境膜外縁）における速度および流体本体の速度である． ［荻野　文丸］

**アニオンこうかんざい** ──交換剤 anion exchangers

陰イオン交換剤．交換基が塩基型で陰イオン交換する機能を有するイオン交換剤．無機質交換剤にもアニオン交換機能を有するものはあるが，交換能が弱く，現在使用されているものはほとんど有機質の合成品である．基質および塩基度の異なる種々の製品が市販されている．（⇒イオン交換剤）
 ［吉田　弘之］

**アノードぼうしょく** ──防食 anodic protection

陽極防食．不動態化しやすい炭素鋼やステンレス鋼*などの金属に，アノード電流を流すことにより不動態域に電位を移動させ，腐食を軽減，防止する電気防食*の一つ．カソード防食法*と反対の操作を行うが，アノード防食では不動態*を保持する電位を外れると，かえって激しい腐食を生じることがあるので注意を要する． ［津田　健］

**アフィニティークロマトグラフィー** affinity chromatography

生体分子間の特異的な相互作用（具体的には酵素*と基質*や阻害剤，抗原*と抗体*，塩基対など）を利用する分離法．特異的な生体分子間の相互作用は，鍵と鍵穴のように相補的な立体関係をもつ分子間で，疎水的相互作用，水素結合，静電結合などが多数形成されることによって生まれる強い相互作用で

ある．目的分子を分離するのに，それと特異的に相互作用する分子（リガンドという）を不溶性の担体に固定化することで特異的な吸着体とする．これを用いて，通常，クロマトグラフィー*操作によって，混合物から目的物質を得る．1回の操作で高純度の目的物質を得ることができる．　　　　［近藤 昭彦］

**アフィニティーまく　──膜　affinity membrane**
多孔膜表面に特定物質と親和性（アフィニティー）をもつサイトを固定した膜．親和性とは錯体形成，荷電効果などさまざまである．この膜中に混合溶液を透過させると，膜表面のサイトに特定物質が親和性により捕捉される．そのあと溶離液を流すことにより，捕捉されていたサイトから脱離させ，特定物質を膜透過側に濃縮する手法である．［山口 猛央］

**あぶらかいてんポンプ　油回転──　oil-sealed rotary pump**
偏心したローターとケーシングのクリアランスに油を潤滑させ，そのローターを回転させながら気密と潤滑を保って気体の吸引，圧縮，排出を行うポンプ．多くは真空状態をつくるために使用され，作動油の汚染に注意が必要である．［伝田 六郎］

**あぶらかくさんポンプ　油拡散──　oil diffusion pump**
作動流体に油を利用した拡散ポンプ．使用する油は，特殊鉱物油，フタル酸セバチン酸エステル，シリコーン油，アルキルナフタレンなどが利用されるが，蒸気圧および粘度が低く，真空下での耐酸化など熱安定性があることが必要である．到達真空度によりその作動油を選定する．　　　　［伝田 六郎］

**アブラミ-エロフエブのしき　──の式　Avrami-Erofeev's equation**
⇒熱分解の解析法

**アボガドロすう　──数　Avogadro number**
アボガドロ定数．ロシュミット数（$L$）．物質量1 molに含まれる分子あるいは原子などの数であり記号$N_A$で表され，その値は$6.022 \times 10^{23}$ mol$^{-1}$である．　　　　［荒井 康彦］

**アマガーのほうそく　──の法則　Amagat's law**
理想気体*混合物の体積に関する加成性の法則．
$$V = v_1 + v_2 + v_3 + \cdots$$
ここで，$V$は混合気体の占める全体積であり，$v_i$は$n_i$[mol]の成分$i$が混合物と同温・同圧において占める体積（$v_i = n_i RT/p$）である．また，混合気体中の成分$i$のモル分率を$y_i (= n_i/\sum n_i)$とすれば，次式の関係がなりたつ．
$$v_i = y_i V$$

この法則が適用できるのは，理想気体*混合物についてであるが，実在気体*についても低圧ではこの加成性がなりたつとすることがある．［荒井 康彦］

**アミノさん　──酸　amino acid**
図に示すようにアミノ基（$-NH_2$）とカルボキシル基（$-COOH$）をもつ有機化合物の総称．

$$H_2N-\underset{R}{\underset{|}{\overset{COOH}{\overset{|}{C}}}}-H$$

$\alpha$-炭素（カルボキシル基の隣の炭素）にアミノ基の付いたものを$\alpha$-アミノ酸という．天然のタンパク質は20種類のL形の$\alpha$-アミノ酸から構成され，それらがペプチド結合したポリマーである．側鎖Rの性質により，非極性と極性（無電荷，中性で正電荷，中性で負電荷）アミノ酸に分けられる．［近藤 昭彦］

**アモルファスごうきん　──合金　amorphous alloy**
超急冷法などの非平衡操作によって得られるアモルファス状態（無定形，非晶質）の合金．引張強さが強く，軟磁性に優れるなど多くの機能を有し，機能性材料として期待されている．Fe，Co，Ni，Mo，Alなどの合金系でその存在が見出されている．
［矢ヶ崎 隆義］

**アール・エヌ・エイ　RNA　ribonucleic acid**
リボヌクレオチド（D-リボース，リン酸および塩基から構成される）が$3'-5'$ホスホジエステル結合により連結された一本鎖のポリマー*（ポリリボヌクレオチド）のことをいう．塩基はアデニン，グアニン，シトシン，ウラシルの4種類がある．DNA*の遺伝情報の伝達，運搬，発現などにかかわる．
［近藤 昭彦］

**アール・エフほうでん　RF放電　RF (radio frequency) discharge**
⇒誘導結合型プラズマ

**アール・オーまく　RO膜　RO membrane**
逆浸透*に用いられる膜．ROはreverse osmosisの略．　　　　［鍋谷 浩志］

**アルカシッドほう　──法　Alkacid (Alkazid) process**
BASF社がライセンスをもつ酸性ガス*除去湿式プロセスの一つ．本プロセスは湿式プロセスのなかで化学吸収*法に分類され，そのなかでさらにアルカリ塩法に属する．吸収剤の種類によって異なる3種のプロセスがある．Alkacid Mではナトリウムアラニン水溶液を吸収剤として用い，$H_2S$および$CO_2$

が吸収される．Alkacid DIK ではジエチルまたはジメチルグリシンカリウム$[(CH_3)_2N-CH_2-COOK]$水溶液を吸収剤として用い，$CO_2$，HCN などを含むガスから $H_2S$ を選択的に除去するのに適している．Alkacid S では石炭酸ナトリウム水溶液を用い，HCN，メルカプタン類などの不純物を含む場合の $H_2S$, $CO_2$ の除去に用いられる．いずれも使用済み吸収剤は加熱，放散により再生される．

[渋谷 博光]

**アルカノールアミン** alkanolamine

アミン基の N がアルキルアルコールの C と直接結合しているアルキルアミン類の総称．モノエタノールアミン(MEA)，トリエタノールアミン(TEA)など多くのものがある．各アルカノールアミンは特徴ある酸性ガス吸収剤として使われており，それぞれが固有のプロセスをなしている．これらの吸収剤を用いたプロセスは，いわゆる化学吸収* 法に分類される．アルカノールアミンを用いたおもなプロセスには，MEA，ジエタノールアミン(DEA)，アジップ(ADIP)，メチルジエタノールアミン(MDEA)，UCARSOL（ダウ・ケミカル社の酸性ガス除去用の吸収剤とそれを用いるプロセスの総称），TEA，ジグリコールアミン(DGA)などがある．なお，複数のアルカノールアミン混合物からなるプロセス，アルカノールアミン系とアルカリ塩系の混合物，アルカノールアミン系と物理吸収剤の混合物などもある．たとえば，ADIP は第二級アルカノールアミンであるジイソプロパノールアミン(DIPA)と第三級アルカノールアミンである MDEA の混合物を用いる．

[渋谷 博光]

**アルキメデスすう** ——**数** Archimedes number

粒子・流体の二相流において粒子の運動に対する浮力の作用を示す無次元数．次式で定義される．

$$Ar = \frac{d_p^3 \rho_f (\rho_s - \rho_f) g}{\mu^2}$$

ここで，$d_p$ は粒子径，$\rho_f$ は流体の密度，$\rho_s$ は粒子の密度，$g$ は重力加速度，$\mu$ は流体の粘度である．

[中里 勉]

**アルコールせんたくとうかまく** ——**選択透過膜** alcohol permselective membrane

アルコール水溶液，とくにエタノール発酵からできるエタノール水溶液からエタノールを選択的に透過する膜．当初，高分子膜であるシリコーンゴム膜，ポリトリメチルシリルプロピン膜がアルコール選択性を示すことが発見された．そのあと，無機膜であり，より疎水性の高いシリカライト・ゼオライト膜が，より高い性能を示すことが見い出された．膜中にエタノールを選択的に収着し，拡散透過する膜の総称である．

[山口 猛央]

**アール・ジー・エイ RGA** relative gain array
⇒干渉

**アール・ディー・シーちゅうしゅつとう RDC 抽出塔** RDC extractor
⇒回転円板抽出塔

**アレニウスのしき** ——**の式** Arrhenius equation

反応速度定数* の温度依存性を表す下式．

$$k = A \exp\left(-\frac{E}{RT}\right)$$

1889 年に S.A. Arrhenius が提唱した．気相，液相，固相を問わず，また総括反応であるか，素反応* であるかを問わず，さらに反応次数* を問わず，温度範囲があまり広くないかぎり，実験的によく成立することが知られている．式中 $A$ は頻度因子*（あるいは前指数因子）で，速度定数と同じ次元を有し，$E$ は活性化エネルギー* である．$R$ は気体定数*，$T$ は絶対温度である．$A$, $E$ はアレニウスパラメーターとよばれ，温度には依存しない．しかし，厳密には両パラメーターとも，温度依存性を有するため，広い温度範囲ではアレニウスの式は速度定数の温度依存性に対して，かなり粗い近似式となる．

アレニウスの式の両辺の対数をとると，

$$\log k = \log A - \frac{E}{2.303 RT}$$

が導かれる．速度定数の対数と絶対温度の逆数をプロットしたものをアレニウスプロットという．その勾配から活性化エネルギーが求められる．

アレニウスの式は理論的にその意味を解釈することができる．おおまかには活性化エネルギー $E$ は反応が進行するために必要な最小のエネルギー，頻度因子 $A$ は衝突などによって反応する組合せが生じるための頻度を表すものと解釈できる．しかし，厳密な取扱いや解釈は反応速度論* の大きな課題である．アレニウスの式は反応速度定数だけではなく，拡散や粘度などの輸送現象の温度依存性に対してもよく成立する．

[幸田 清一郎]

**アンカーがたかくはんき** ——**型撹拌機** anchor impeller

いかり型撹拌機．馬蹄型撹拌機．いかりの形をした撹拌翼* を用いた撹拌機．通常は，撹拌槽の槽底から槽内壁に接近させて取り付けられて使用することが多く，槽の内壁面からの伝熱を促進する操作に有

効な撹拌機である．また，槽壁に付く結晶や局所的過熱により生成するケーク\*のかき取り撹拌にも有効である．一般に中高粘度流体の撹拌操作に用いられ，乱流域での撹拌操作は難しく層流域での操作となる．また，遷移撹拌レイノルズ数域の操作において，翼と撹拌軸の間に定常的渦が発生しやすく，混合不良部分を生じる傾向がある．

この撹拌機の場合は翼の板状部で流動を起こし，とくに垂直翼の回転による円周方向の一次流が支配的で，その周囲に旋回流を生成することから，撹拌レイノルズ数\* $Re$ が $Re=10\,000$ 以上とならないかぎり，上下流は発生し難い．しかし，この円周方向の流れは槽底付近において，壁面の影響を受けてその速度が急激に減少し，この領域に圧力勾配が生じて槽底に向かう二次流が発生する．この種の高粘度流体の混合では，分子拡散がきわめて少なく，したがってせん断，引伸しあるいは分割により流体塊を小さくし，拡散距離を小さくする必要がある．高粘度流体の変化が起こる高せん断場は，翼と槽壁のクリアランスに限定されることから，この領域の流体移動速度すなわち槽内フローパターンによって支配される．一般的なフローパターンは槽内中心部分を降下，翼領域を上昇するが，翼と槽壁のクリアランスをはじめ，各部寸法によってこのフローパターンが変化する．図に示すように，通常は $c/D=0.05$, $b/D=0.1$, $h/H=0.9$ で使用されることが多い．

[塩原 克己]

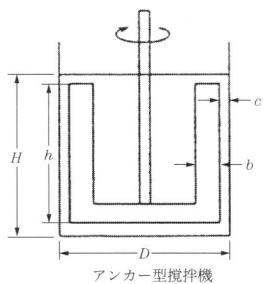

アンカー型撹拌機

**アンシ ANSI** American National Standards Institute

ANSI規格．米国規格協会またはそこが発行する規格のこと．同規格は手順，ガイド，様式などで構成される．同規格の原本や邦訳版（一部）は日本規格協会(JSA)でも入手可能．　　　　[曽根 邦彦]

**あんぜんかんり　安全管理** safety management

労働者の安全および労働の安全を確保するために，労働者の安全な作業方法と作業環境の実現および機械や設備の安全を整備することである．化学工業においては，安全を脅かす最大の要因は化学物質による爆発・火災などの事故であるために，化学物質のリスクアセスメント\*や化学プロセスの安全性評価\*に基づいて，安全対策を実施するとともに，危険予知活動\*やヒヤリハット活動\*などの小集団活動により運転員の安全に対する意識を高揚させている．　　　　　　　　　　　　[柘植 義文]

**あんぜんけいそうシステム　安全計装──** safety instrumented system

SIS．IPL\*の第4層に位置する安全対策であり，運転員がプラントの異常に対応しきれなかった場合に，プラントを安全な状態に自動的に移行させるシステム．化学プラントにおいては，安全インターロックシステムや緊急停止インターロックシステム\*と考えてよい．また，ISA-S 84.01 や IEC 61508 などでその規格化が行われており，日本でも IEC 61508 の JIS\* 化作業が進められている．　　　　[柘植 義文]

**あんぜんざいこ　安全在庫** safety stock

販売からの要求に応じた製品を供給するには，調達・生産にリードタイムが存在するため，在庫をもつ必要がある．過去の入庫・出庫実績から変動要因を把握するとともに，平均使用量とばらつきを統計的に計算し，欠品を起こさないだけの量をもっておく，この在庫のこと．　　　　[川村継夫・船越良幸]

**あんぜんせいひょうか　安全性評価** safety assessment

セーフティアセスメント．化学プラントの新設，増設，改造などのとき，プラントの安全性を確保するために，潜在的なハザードの原因の洗出しと事故シナリオの解析を行い，適切な安全対策が講じられているかを評価すること．原因の洗出しには，過去の経験に基づいたチェックリスト，HAZOP\*，FTA\* などが利用される．事故シナリオの解析では，HAZOP や FTA のほかに ETA，FMEA などの手法も利用できるが，解析に膨大な時間を要することと，評価担当者の経験によって解析結果に差が生じることが難点である．一般には定性的な評価で終わることが多いが，重大事故につながる可能性がある場合については，定量的な評価を行うこともある．そのときには，FTA または ETA によって事故の発生頻度を計算する．しかし，原因の発生確率，設備の故障確率，ヒューマンエラーの発生確率などのデータを必要とし，化学プラントにおいては，それら

のデータが不十分であることが問題である．
　　　　　　　　　　　　　　　［柘植　義文］
**あんぜんせっけい　安全設計　safety design**
　化学プラントにおける安全設計は，本質安全設計，能動的安全設計，受動的安全設計に大別される．本質安全設計は，危険性の小さい物質や運転条件を採用して，ハザード自体をなくそうとする設計である．能動的安全設計は，プロセス設計や機器設計の条件を安全側に厳しくして，ハザードの規模や発生頻度を小さくする設計である．受動的安全設計は，緊急停止インターロックシステム*のような安全対策を付加することによってハザードの発生頻度を小さくする設計である．　　　　　　　　　［柘植　義文］

**あんぜんぶんか　安全文化　safety culture**
　国際原子力エネルギー機関（IAEA）の国際原子力安全諮問委員会（INSAG）において，原子力発電所の大事故を防止するための安全施策として，1991 年に安全文化を次のように定義した．"安全文化とは，組織の安全の問題が，なにものにも勝る優先度をもち，その重要度を組織および個人がしっかりと認識し，それを起点とした思考，行動を組織と個人が恒常的に，しかも自然にとることができる行動様式の体系である"　　　　　　　　　　　　［西谷　紘一］

**あんぜんりつ　安全率　safety factor**
　材料の基準強さと許容応力*の比．材料の強さを表す基準強さを，安全率で除して許容応力を決定する．基準強さには引張強さ*または降伏点*を用いることが多いが，実際の材料の使用状況にあわせて，疲れ限度*やクリープ限度などを用いることもある．一般に設計では使用部材が塑性*変形しないように，部材に生ずる応力*が弾性限度以下になるようにするのが普通である．したがって，基準強さには降伏点を用いるべきであるが，材料の降伏点は明確に現れない場合が多いので，引張強さを使用することが多い．安全率は材料の種類，部材の形状，荷重条件などによって異なるが，一例として，Unwin

Unwin の安全率

| 材　料 | 安　全　率 | | |
|---|---|---|---|
| | 静的荷重 | 動的荷重 | |
| | | 繰返し荷重 | 衝撃荷重 |
| 錬鉄，鋼 | 3 | 5～8 | 12 |
| 鋳鉄 | 4 | 6～10 | 15 |
| 銅，軟金属 | 5 | 6～9 | 15 |
| 木材 | 7 | 10～15 | 20 |
| 石材，れんが | 20 | 30 | — |

の安全率を表に示す．これは基準強さとして材料の極限強さを採用したものである．　　　［新井　和吉］

**あんそくかく　安息角　angle of repose**
　息角．休止角．図に示すように，堆積した粉体層の自由表面と水平面のなす角．この角度の最大値は，重力場で極限応力状態にある粉体層の表面が水平面となす角度である．この値は粉体の流動性を示す物性値としてしばしば使用されるが，この値が小さいほど流動性が高い．また，サイロなどの粉体貯槽の設計において，貯蔵容量（体積）の算定において必要な数値である．同一粉体にあっても安息角の値はその測定方法によって多少の違いがある．代表的な測定法には図に示すような注入法，排出法，傾斜法の三つをあげることができる．その測定値の適用のしかたによって選択をする．
　注入法は水平面上に上方から測定粉体を一点投入し，円すい状に堆積させ，その傾斜角を測定する．このさいロート下部と堆積頂部とを接するように落下させる．すなわち粉体の落下高さをゼロに近くして注入したときの傾斜角を計測するとばらつきは少ない．排出法は，容器の底部から容器内に均一に充填された粉体を排出したときに容器内に残存する粉体の傾斜面と水平面とのなす角度を計測する．傾斜法は粉体を均質に充填した容器を傾斜させ，表面の粉体が滑り始める寸前の傾斜角を計測する．
　　　　　　　　　　　　　　　［杉田　稔］

 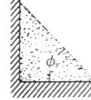 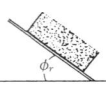

(a) 注入法　　(b) 排出法　　(c) 容器傾斜法
安息角測定法
［粉体工学会編，"粉体工学便覧　第 2 版"，日刊工業新聞社 (1998)，p. 238］

**アンダーウッドのほうほう　——の方法　Underwood's method**
　多成分系蒸留*における最小還流比*の計算法．理想溶液*に対して広く用いられている．まず，次式の $\theta$ を試行錯誤法により求める．

$$\sum_{i=1}^{n} \frac{x_{Fi}}{(\alpha_i - \theta)/\alpha_i} = 1 - q$$

ここに，$n$ は成分数，$x_{Fi}$ は原料中の $i$ 成分のモル分率，$\alpha_i$ は $i$ 成分の最高沸点物に対する相対揮発度*であり $q*$ は原料 1 mol 中に含まれる飽和液のモル数である．次に上式で求めた $\theta$ から次式により最小還流比を計算する．

$$R_{\min}+1=\sum_{i=1}^{n}\frac{x_{D_i}}{(\alpha_i-\theta)/\alpha_i}$$

ここに，$R_{\min}$ は最小還流比であり，$x_{D_i}$ は留出液*中の $i$ 成分のモル分率である．ただし，$\theta$ の値は次の条件を満足する値を選ぶ．

$$\alpha_{hk}<\theta<\alpha_{lk}$$

ここに，$\alpha_{lk}$ および $\alpha_{hk}$ は低沸点限界成分*および高沸点限界成分*の相対揮発度である．　　[大江 修造]

**アンダーセンエアサンプラー**　Andersen air sampler

含じん気流を平板に衝突させると，一定以上の慣性力をもつ粒子が板に分離・捕集されることを利用して粒子径を測定する装置である．気流を高速とするノズルと粒子を分離・捕集する平板を交互に配置し，ノズル径は下流ほど小さくし，最終段には絶対沪紙を置く．各段での捕集量の秤量より，ふるい上分布*を得る．1966年に A.A. Andersen によって考案され，医用，環境分野などをはじめ広く用いられている．　　[金岡 千嘉男]

**あんていけっしょう　安定結晶**　stable crystal

一つの溶液から構造の異なる複数の結晶多形が析出するとき，溶解度がもっとも小さい結晶．　　[大嶋　寛]

**あんていせい　安定性**　stability

微分方程式で支配される動的なシステムになんらかの微小な変動が入った場合，その変動が小さいままでとどまっているような状態を安定といい，逆に小さい状態がしだいに大きくなり，システムの状態を規定する状態変数*の値がもとの値から離れていくような場合を不安定という．このようなシステムの安定，不安定についての性質を安定性という．　　[伊藤 利昭]

**あんていどひ　安定度比**　stability ratio

コロイド分散系*において，コロイド粒子*の凝集が，急速凝集*よりどの程度遅いか，すなわち分散系が安定であるかを示す尺度．急速凝集速度を，その分散系の凝集速度で除した値で定義され，値が大きいほど安定である．凝集速度は溶液の濁度，透過率あるいは吸光度で評価されることもある．安定度比の測定から限界凝集濃度*を実験的に決定できる．　　[森　康維]

**アントノフのしき　――の式**　Antonov's equation

互いに溶けあわない液液間の界面張力*$\sigma_{12}$ は，次のアントノフの式で近似される．

$$\sigma_{12}=|\sigma_1-\sigma_2|$$

ここで，$\sigma_1$ および $\sigma_2$ は両液体の表面張力*であるが，実際はわずかであっても相互に溶解するため，互いに飽和した液体の値を用いる．　　[荒井 康彦]

**アンドレアゼンピペットほう　――法**　Andreasen pipette method

液相沈降法に属する粒子径分布測定法の一つ．試料粉体が懸濁された沈降管内の一定の深さに固定されたピペット先端より，適当な時間間隔で一定体積の懸濁液を吸い出し，粒子濃度を測定する．吸い出した時間と深さからストークスの終末沈降速度式を用いて粒子径を算出し，その粒子径に対応する粒子濃度の関係から質量基準の粒子径分布が得られる．アンドレアゼンピペットによる粒子径分布測定方法は，JIS Z 8821（ピペット法による粉体の粒子径分布測定法）で詳しく規定されている．測定法に慣れれば正確な測定が可能であるので，現在でも標準的な粒子径分布測定方法の一つと考えられている．　　[日高 重助]

**アンドレードのしき　――の式**　Andrade's equation

E.N. daC. Andrade (1930) により提出された液体の粘度*$\mu$ と熱力学温度*$T$ との関係を表す理論式．

$$\log\mu=A+\frac{B}{T}$$

ここで，$A$ および $B$ は物質に固有の定数である．一般に $A$ は気体状態での粘度の対数，$B$ は融解潜熱*を気体定数*で除した値に近い．無極性あるいは極性の小さな液体については融点*と沸点*の間でなりたつが，極性の大きな液体では偏倚が大きくなる．　　[荒井 康彦]

**アントワンのしき　――の式**　Antoine's equation

C. Antoine (1888) により提出された液体の飽和蒸気圧*$p^{sat}$ と熱力学温度*$T$ との関係を表す3定数式．

$$\log p^{sat}=A-\frac{B}{T+C}$$

ここで，$A$, $B$ および $C$ は物質固有の定数である．定数 $C$ を使用しない2定数式は，標準沸点*と臨界温度*との間で近似的になりたつ．標準沸点以下にも適用するためには定数 $C$ が必要である．一般に精度も十分なことが多く，広く使用されている．　　[荒井 康彦]

**アンモニアストリッピング**　ammonia stripping

排水中のアンモニアを除去する方法．アルカリの添加によって pH を10以上に上昇し，アンモニウムイオン（$NH_4^+$）を遊離アンモニア（$NH_3$）に変換し，

空気や水蒸気の吹込みによって排水中から放散・除去する．温度が高いほど，空気や水蒸気の吹込み量が多いほど放散が進行する．

［藤江 幸一］

# い

**イー・アール・ピー　ERP** enterprise resource planning

　経営資源の観点から企業活動全体を統合的に管理し，効率化をはかる経営手法で，統合基幹業務システムという．実際には，調達，生産，物流，販売，会計，人事・給与などを，一つのデータベース上でリアルタイムに統合したソフトウェアパッケージ．海外拠点なども含めたグローバルな範囲までカバーできる機能を備えており，業務改革を前提に標準機能を利用すれば，低コストで高品質な情報システムが構築可能となる．個別の業務間情報も統合・共有化され，市場ニーズにも比較的容易に対応できるなど，企業競争力を高める重要な基盤技術となっている．　　　　　　　　　　　　［川村継夫・船越良幸］

**イー・エス・ピー　ESP** electrostatic precipitator
　⇒電気集じん器

**いおうさんかぶつ　硫黄酸化物** sulfur oxides
　⇒炉内脱硫法，排煙脱硫

**イオンえきたい　──液体** ionic liquid

　溶融した塩のことで，一般には融点が100℃以下の塩．イオン性液体，イオン流体，常温溶融塩などさまざまな呼称も用いられている．カチオンとアニオンから構成されており，カチオンとしてはアルキルイミダゾリウム，アルキルピリジニウム，テトラアルキルアンモニウム，テトラアルキルホスホニウムなど，アニオンとしてはハロゲン，テオラフルオロホスフェイト，テトラフルオロボレイトなどが代表的である．イオン液体は不揮発性，不燃性などの特徴をもち，分離プロセスや化学反応などにおけるクリーンな溶媒などとして工業的にも期待されている．　　　　　　　　　　　　　　　［栃木 勝己］

**イオンきょうど　──強度** ionic strength

　電解質溶液*の有効濃度を表す量．溶液中のイオン i の質量モル濃度を $m_i$，電荷数を $z_i$ とするとき，イオン強度は $I = (1/2) \sum m_i z_i^2$ で定義される．希薄溶液ではイオンの活量* が $I$ だけの関数になる．（⇒ Debye-Hückel の理論）　　　　　［新田 友茂］

**イオンけつごうほう　──結合法** ionic binding method

　酵素の担体への固定化法の一つ．タンパク質である酵素*は等電点以上ではマイナスの電荷，以下ではプラスの電荷をもつ．したがって反応を行う pH で酵素と反対電荷をもつイオン交換樹脂を用いれば，酵素を静電的な相互作用で固定化できる．
　　　　　　　　　　　　　　　　　　　［近藤 昭彦］

**イオンこうかん　──交換** ion exchange

　電解質溶液をある物体に接触させたとき，溶液中のイオンがそれと同じ符号の原子価をもつ物体内のイオンと可逆的かつ化学量論的に当量交換する現象をいい，このような性質を示す物体をイオン交換剤*あるいはイオン交換体という．イオン交換反応は化学反応であるが，同時に膨潤・収縮や収着*現象などの物理的現象を伴うことが多い．イオン交換は古くから硬水軟化に用いられていたが，イオン交換樹脂の開発以来急速に用途が広がり，現在では水の精製や超純水の製造，イオンの分離・精製・回収，電解質と非電解質の分離，湿式精錬，廃水処理に用いられるほか，原子力分野や，触媒，食品・医薬品などの分離・精製，分析など広い分野で利用されている．　　　　　　　　　　　　　　　　　　［吉田 弘之］

**イオンこうかんクロマトグラフィー　──交換──** ion exchange chromatography

　イオン交換剤*を固定相として用いるクロマトグラフィー*の一形式．タンパク質や核酸などの生体由来分子の多くはイオン性の物質であり，それらの分離，分析に利用される．各試料成分の分離挙動は，主として固定相中の解離基との間の静電的相互作用の大小に基づく．吸着させた物質をイオン強度やpHを段階的あるいは連続的に変え，静電的な相互作用を低下させて溶出させる．　　　［近藤 昭彦］

**イオンこうかんざい　──交換剤** ion exchangers

　イオン交換体．イオン交換*反応を行わせるために用いる物体で，溶液に不溶性の固体または液体．固体の場合には基体と結合した交換基（固定イオン*）とこれと反対の電荷をもつ対立イオン*とからなる．対立イオンは可動で，これが固相と接する液相中における同符号の別種の対立イオンと交換する．対立イオンがカチオンの交換剤をカチオン交換剤*（陽イオン交換剤），アニオンの場合をアニオン交

換剤*(陰イオン交換剤)という．それぞれ無機質と有機質に分類され，さらにそのなかにはそれぞれ天然品と合成品とがある．現在，無機質交換剤も使われてはいるが，主としてイオン交換樹脂(陽および陰イオン交換剤など，有機質，合成品)が用いられる．市販のイオン交換樹脂には種々の交換基のものがあり，保有する交換基に従ってそれぞれ酸性・塩基性に強弱の差がある．強酸性樹脂はスルホン基のものだけであるが，強塩基性樹脂としてはトリメチルアンモニウム基(I型樹脂)，ジメチルエタノールアンモニウム基(II型樹脂)がよく用いられる．塩基性は前者のほうがやや強い．基体が液体の場合には液体イオン交換剤*とよばれ，陽および陰イオン交換剤がある． 　　　　　　　　　　　　　　[吉田 弘之]

## イオンこうかんじゅしまく ――交換樹脂膜 ion exchange resin membrane
⇒イオン交換膜

## イオンこうかんそうち ――交換装置 ion exchange unit
イオン交換*用の装置．イオン交換剤*が固体の場合には，固-液の接触方式はバッチ式*，固定層式と連続式*(⇒連続操作)とに大別できるが，現在は固定層式がそのほとんどを占めている．固定層*のおもな方式には二床式，三床式，四床式があり，通常脱炭酸塔がこれらに併設される．最高の精製能力をもつモノベッド*(ミックスベッド*ともいう)は超純水の製造過程において2床の後流に設置するポリッシャー塔として使われる．連続式には移動層*や擬似移動層*があるが，最近では擬似移動層がおもに使われており，糖の分離などの大規模連続分離装置として実用化されている．液体イオン交換剤*を用いる場合の装置は液液抽出*と同じである．
　　　　　　　　　　　　　　　　　[吉田 弘之]

## イオンこうかんたい ――交換体 ion exchangers
⇒イオン交換剤

## イオンこうかんへいこう ――交換平衡 ion exchange equilibrium
イオン交換*の反応平衡，膨潤平衡および収着*平衡の総合された平衡．A, B 2種イオン間の交換をとれば，交換反応 $Z_BR-A+Z_AB \rightleftarrows Z_AR-B+Z_BA$ に対する交換反応平衡は質量作用の法則により $K=a_A^{|Z_B|}\bar{a}_B^{|Z_A|}/\bar{a}_A^{|Z_B|}a_B^{|Z_A|}$ で表される．ここで，$\bar{a}$，$a$ それぞれ樹脂相，溶液相のイオンの活量*，$Z$ は符号を含むイオンの原子価，$K$ は熱力学的平衡係数*，$R$ はイオン交換剤*の基質である．実用上，活量の代わりに濃度 $C$ を用いる場合も多い．この場合，$K_A^B=C_A^{|Z_B|}\bar{C}_B^{|Z_A|}/\bar{C}_A^{|Z_B|}C_B^{|Z_A|}$ で表され，$K_A^B$ はイオン交換選択係数*とよばれる．膨潤平衡は樹脂マトリックスに起因する膨潤圧*$\pi$ で表され，また収着平衡はドナン平衡ともよばれ，ドナンポテンシャル*を使って求められる．総合されたイオン交換平衡式はいくつか知られているが，Gregor の式もその一つである．
　　　　　　　　　　　　　　　　　[吉田 弘之]

## イオンこうかんほう ――交換法 ion-exchange method
イオン交換*を応用した担体へ触媒活性成分を担持する触媒調製法．陽イオン交換樹脂や陰イオン交換樹脂が広く用いられるが，無機イオン交換体も利用される．ほかの担持方法に比べ，再現性よく高分散化された微粒子を触媒表面上に形成させる特徴がある．ゼオライトの陽イオン交換能を利用して調製した各種金属触媒が知られている．
　　　　　　　　　　　　　[木曽祥秋・杉山茂]

## イオンこうかんまく ――交換膜 ion exchange membrane, ionic membrane
イオン交換樹脂膜(ion exchange membrane, IEM)．イオン膜(ionic membrane, IM)．荷電膜*の一種でイオン性の官能基(イオン交換基)を固定電荷として有し，固定電荷による静電反発により正または負のイオンを選択透過させることに用いられる膜状の高分子材料のこと．イオン交換膜にはスルホン酸基などの陽イオンが固定され，陰イオンを選択透過させる陰イオン交換膜*と，第四級アンモニウム基などの陰イオンが固定され，選択的に陽イオンを透過させる陽イオン交換膜*がある．

製造法：あらかじめイオン交換基が導入されているイオン交換樹脂を粉砕して，熱溶融性のオレフィン系のポリマーをバインダーとして溶融成形された膜は，イオン交換樹脂が膜中に不均質に分散しているため不均質膜とよばれる．これに対し均質な膜を重合などの反応により成形し，後反応でイオン交換基を導入したイオン交換膜は，イオン交換基が膜内に均一に分散しているため均質膜とよばれる．また，イオン交換膜の機械的強度を高めるために，織布，不織布，フィブリルなどにより補強されるのが一般的である．水処理用として電気透析*に使用されるイオン交換膜の材料としては，図のように，スチレン-ジビニルベンゼン共重合体やアクリル系ポリマーが用いられるが，耐薬品性が要求されるソーダ電解においてはフッ素系の高分子材料が利用されている．

(a) スチレン系

(b) アクリル系

(c) フッ素系

イオン交換膜の樹脂組成(陽イオン交換膜)

イオン交換膜セレミオンの特性値(旭硝子)

| 名称 | | 種別 | 膜厚 [μm] | 破裂強度*1 [Mpa] | 電気化学特性 | | |
|---|---|---|---|---|---|---|---|
| | | | | | イオン交換容量 [meq g$^{-1}$] | 電気抵抗*2 [Ω cm$^2$] | 輸率*3 |
| 陽イオン交換膜 | CMV | 標準 | 130 | 0.4 | 2.0 | 3 | >0.96 |
| | CMT | 高強度 | 220 | 0.7 | 1.5 | 5 | >0.96 |
| | CMD | 高強度 | 400 | 1.5 | 1.3 | 9 | >0.96 |
| | CSO | 択一価透過選 | 100 | 0.3 | 2.1 | 2 | >0.97 |
| 陰イオン交換膜 | AMV | 標準 | 130 | 0.4 | 2.0 | 2.5 | >0.96 |
| | AMT | 高強度 | 220 | 0.7 | 1.5 | 4.5 | >0.96 |
| | AMD | 高強度 | 400 | 1.5 | 1.3 | 9 | >0.96 |
| | ASV | 択一価透過選 | 130 | 0.4 | 2.1 | 3 | >0.97 |

用途:ED 脱塩・濃縮
*1 ミューレンの破裂強度
*2 交流抵抗(1 kHz・1 mV in 0.5 mol L$^{-1}$ NaCl)
*3 0.5 mol L$^{-1}$ NaCl ‖ 1 mol L$^{-1}$ NaCl

特性値: 表のようにイオン交換膜の特性値としては,イオン交換容量,電気抵抗,輸率*,電気浸透係数*,機械的強度などがある.イオン交換膜のイオン交換容量は,乾燥イオン交換膜の単位重量あたりの固定イオン交換基のミリ当量として $AR$[meq g$^{-1}$] や $AR$ の逆数の $EW$[g eq$^{-1}$] で表される.イオン交換容量が高いほど膜の電気抵抗が小さくなるが,含水率も高くなるため電気浸透*に伴う液移動量が増加する.液移動量は架橋度を上げることにより減少させられるが,電気抵抗を増加させる.イオン交換膜におけるイオンの選択透過性は輸率*で表される.輸率はイオン交換膜利用プロセスの電流効率*に直接影響を与える.

物質移動式: イオン交換膜におけるイオンや溶液の物質移動は,ネルンスト-プランク式*や非平衡熱力学によって取り扱われる.

用途: イオン交換膜の用途としては電気透析*による脱塩・濃縮(食品,飲料水,用水,酸回収),拡散透析(酸回収),電解*(ソーダ電解,電池)がある.
[正司 信義]

**イオンこうかんようりょう** ──**交換容量** ion exchange capacity

イオン交換剤*の交換能力で,各種の表示法がある.

① 理論交換容量:イオン交換樹脂の交換基の濃度に対応するもので,単量体の構造から計算される.乾燥した H 型,Cl 型樹脂 1 g あたりの交換量をミリグラム当量[meq]で表したものと,水に完全に膨潤した H 型または Cl 型樹脂の充填容積 1 mL あたりの[meq]で表したものとがある.強酸性樹脂では実測値とほぼ一致するが塩基性樹脂では一致しない.

② 有効交換容量:実際に交換にあずかりうる交換基に基づいた容量で,①より小さい.乾燥した H 型または Cl 型樹脂 1 g あたりの[meq]で表され,pH,溶液濃度に影響される.実際のイオン交換操作では樹脂は再生*して繰り返し使われるので,完全再生を行わないかぎり,①,②のような新しい樹脂に基づいて定義された交換容量は学術的な場合を除いて役に立たない.再使用される樹脂は完全再生の状態からは,かなり外れた状態にあり,その場合の交換容量は再生度に影響される.再生条件は再生レベルで表される.

③ 破過交換容量:カラム法で破過点*における交換量をカラムの充填容積で除したもので,液流速および充填層高によって値が異なる.

④ 全交換容量:カラム全体が完全に入口の液と

平衡になったときの交換量を，充填容積で除したもの．③，④の単位はいずれも，meq mL$^{-1}$-(樹脂)か交換イオンを $CaCO_3$ に換算して kg-$CaCO_3$ m$^{-3}$-(樹脂)で表す．カラムの充填容積には通液前の値をとる．④の場合，②の結果と比較的よい一致がみられる． ［吉田 弘之］

**イオンじゅうごう** ——**重合** ionic polymerization

連鎖重合*の一つ．成長しているポリマー*鎖の末端(成長末端)がカチオン種であればカチオン重合，アニオン種であればアニオン重合とよばれる．モノマー*がビニル化合物の場合は，ビニル基の置換基が電子供与性ならカチオン重合しやすく，電子求引性ならアニオン重合しやすい．また，環式化合物はおもにイオン重合によってポリマーになる（⇒開環重合）．ラジカル重合*との大きな違いは，成長末端が対イオンとよばれる反対の符号の電荷をもつイオンを伴っていることである．この成長末端と対イオンの解離の程度によって，重合速度や生成ポリマーの立体規則性*が変化する． ［橋本 保］

**イオンしょうげき** ——**衝撃** ion bombardment

基板表面に高エネルギーのイオンを照射すること，およびそれにより引き起こされる基板表面の現象．高エネルギーのイオンにより，表面の緻密化，エッチングなどが起きる．たとえば，薄膜を堆積する場合，堆積中の薄膜に対してイオンを加速して衝突させると，その硬度が向上する．衝突させるイオンのエネルギーが高すぎるとスパッタリングによる薄膜の破壊などの悪影響が生じる． ［松井 功］

**イオンついちゅうしゅつ** ——**対抽出** ion pair extraction

陽電荷を有するイオンと，陰電荷を有するイオンとが中性のイオン対を生成して有機相に抽出される抽出様式．したがって，抽出される金属は，水相中で錯イオンとして存在する．長鎖アルキルアミン，中性リン酸エステル，酸化ホスフィンなどによる金属イオンの抽出がこの系に属する．キレート抽出*は，配位結合性が大きく化学結合的であるのに対し，イオン対抽出は，静電的な相互作用が重要であり，物理的結合が支配的となる． ［後藤 雅宏］

**イオンのかつりょう** ——**の活量** activity of ion

溶液中に存在するイオン $i$ の化学ポテンシャル $\mu_i$ は，無次元活量 $a_i$ と $\mu_i=\mu_i^\circ+RT\ln a_i$ で関係づけられる．ここで $\mu_i^\circ$ は基準状態(通常は溶質の無限希釈状態)の化学ポテンシャルである．活量は有効濃度と考えることができ，イオン $i$ の質量モル濃度を $m_i$ [mol kg$^{-1}$]，活量係数を $\gamma_i$，単位質量モル濃度 $m^\circ=1$ mol kg$^{-1}$ とするとき，$a_i=\gamma_i m_i/m^\circ$ で表される．無限希釈に近づくと $\gamma_i$ は1となる．溶液の電気的中性条件から陰イオンあるいは陽イオン単独の活量係数は測定できないので，平均活量 $a_\pm$，平均活量係数 $\gamma_\pm$ を用いる．ある電解質 CA が $C_{v_+}A_{v_-} \to v_+C+v_-A$ のように解離するとき $v=v_++v_-$ として，$a_\pm=(a_+^{v_+}a_-^{v_-})^{1/v}$，$\gamma_\pm=(\gamma_+^{v_+}\gamma_-^{v_-})^{1/v}$．このとき電解質 CA の活量 $a_{CA}$ は $a_{CA}=a_\pm^v=\gamma_\pm^v m_+^{v_+}m_-^{v_-}$ で表される．希薄溶液のイオンの活量に関しては Debye-Hückel の理論*があるが，高濃度域では Pitzer-Debye-Hückel 式*が知られている． ［新田 友茂］

**イオンはいじょ** ——**排除** ion exclusion

イオン交換剤*(樹脂)を用いて強電解質と弱電解質もしくは非電解質の混合系の分離に使われる方法．この分離はイオン交換反応に基づくものではなく，強電解質がドナン排除*効果(⇒ドナンポテンシャル)に基づき樹脂相への収着が抑制されるのに対し，弱(非)電解質にはこのような性質がないことを利用したもので，イオン交換剤は単に一種の収着剤の役目をしているにすぎない．強電解質 AY の溶液を A 型もしくは Y 型にしたイオン交換樹脂塔に流すと，弱(非)電解質のほうが樹脂に強く収着*されるため塔の入口付近では後者のほうが樹脂層に多く収着され，強電解質はほとんど収着されることなく塔を素通りし，塔出口からは純強電解質が得られる．弱(非)電解質が破過*したあと，塔への通液を止めて純溶媒で溶離*すると，まず強電解質が塔出口に現れ，弱(非)電解質は遅れて溶離される．このようにして分離が行われる．溶離の終った塔は再び次の通液操作に移ることができる．イオン排除はイオン交換ではないので塔の再生*は不必要であり，また分離系によっては分離と濃縮を併せて行うこともできる． ［吉田 弘之］

**イオンはんのう** ——**反応** ionic reaction

一般にイオンの関与する反応．水溶液中の反応は，水の大きな誘電率*のため，イオンが水溶液中で安定化されやすく，イオン間の反応が重要な役割を占める．酸塩基反応，酸や塩基の触媒する反応，塩の複分解反応，電極反応などがある．水や有機溶媒中で有機化合物の関与する反応は，反応物と生成物の両者がともに中性であっても，反応の中間にイオンが生成して反応が進行する場合が多い．加水分解反応，エステル化反応などは酸や塩基のイオンが触媒としてはたらく，イオンの関与する反応である．イオンの活量*は溶媒の誘電率，共存する他種のイオ

ンの濃度などの影響で大きく異なるため，反応機構や速度は媒体の性質に大きく影響される．

分子が正負のイオンに分かれる代わりにラジカルに切断して反応するラジカル反応*は，イオン反応と対比される反応である．気相においてはイオンとイオンの間の反応のほか，イオンと分子の間の反応（これをイオン分子反応という）も重要である．活性化エネルギー*がほとんどゼロのイオン分子反応もあり，これは，星間空間の物質創製に関係して注目されている．　　　　　　　　　　　　　［幸田　清一郎］

**イオンビーム　ion beam**

低圧化でガスの放電などによりイオンを生成し，生成したイオンを高真空領域に引き出すことにより形成されるビーム．ビームのエネルギーの大きさにより成膜（数～数百 eV），スパッター（数百～数千 eV），イオン注入（数千 eV 以上）の効果が現れる．成膜では原子のマイグレーションの促進，安定な核の形成などが起こる．　　　　　　　　［松井　功］

**イオンプレーティング　ion plating**

高真空中で原料の金属（チタンなど）を蒸発させ，蒸発した原子をグロー放電などによりイオン化したあと，負の高電圧を印加した基板に照射して堆積させる薄膜形成法．イオンは負電位により加速され高い運動エネルギーをもって基板へ衝突するので，イオン衝撃*により膜の緻密化，圧縮残留応力の生成が起き，強靭な被膜が形成されることが多い．生成した薄膜が基板からはく離しにくいなどの特徴がある．　　　　　　　　　　　　　［松井　功］

**イオンプレーティングそうち　——装置　ion plating equipment**

イオンプレーティング*により基板，基体に成膜する装置．高真空中で目的材料を蒸発させる蒸発源と，蒸発させた目的原子をイオン化する放電プラズマ発生装置とからなる．蒸発機構にフィラメント加熱，電子ビーム加熱，イオンビーム加熱を用いるものや，放電手段として，直流励起，高周波励起などを用いるものがある．放電プラズマには不活性ガス（Ar, He など）や活性ガス（酸素，窒素，メタンなど）が用いられる．基板温度の上昇を抑えられるので，プラスチックなどの融点の低い材料のコーティングなども可能である．　　　　　　　　［松井　功］

**イオンまく　——膜　ionic membrane**

⇒イオン交換膜

**いかたいしゃさんぶつよくせい　異化代謝産物抑制　catabolite repression**

カタボライトリプレッション．培地中に加えた炭素源から異化によってつくりだされる代謝産物が，特定の酵素タンパク質の合成を抑制する現象．炭素源が直接的に抑制作用を示すのではなく，その代謝産物が抑制作用を示すことから異化代謝産物抑制*とよばれる．これは異化代謝産物を過剰につくらないための調節作用と考えられている．この現象には不明な点もあるが，環状アデノシン一リン酸（cyclic AMP）や cyclic AMP 受容体が関与している．
　　　　　　　　　　　　　［近藤　昭彦］

**いくしゅ　育種　breeding**

有用生物の遺伝的な性質を人間の希望にあわせて改良すること．野生種植物から栽培種への改良にみられるように，人類は古くより行ってきた．育種法としては交雑育種，突然変異育種などが一般的である．動植物を通じてよく用いられているのは，交雑すなわち遺伝的形質の異なる2固体の交配による交雑育種である．一方，微生物の育種では，突然変異育種がよく用いられている．さらに最近では，目的形質を発現させる遺伝子を細胞に導入することで，積極的に分子レベルで育種することも行われている．　　　　　　　　　　　　　［近藤　昭彦］

**イー・シー・アールプラズマ　ECR—— electron-cyclotronresonance plasma**

⇒高密度プラズマ

**いしけっていしえんシステム　意思決定支援—— decision support system**

生産計画・管理業務を例にあげると，その主要な役割は，市場環境・生産環境の現状と将来を見据えた企業/工場の活動方針を，いくつかの経済指標に注目して迅速かつ正確に決定することにある．これらの決定にあたって根拠づけとなる判断材料を提供し，業務の効率化をはかるためのシステム．実用化にあたって，ある条件下ではどのようになるのか試行しながら方針を決定していく対話型システムには，シミュレーション機能が備えられている．
　　　　　　　　　　　［川村継夫・船越良幸］

**いじたいしゃ　維持代謝　maintenance metabolism**

細胞は増殖しない状況でも，生き長らえるために，少量の基質*を消費してエネルギーを生み出しているが，この反応を維持代謝という．このエネルギーは運動，物資の細胞内への取り込み，タンパク質などの細胞内成分の連続的な代謝回転を行うのに使われる．　　　　　　　　　　　［近藤　昭彦］

**いしゅきんぞくせっしょくふしょく　異種金属接触腐食　galvanic corrosion**

**ガルバニック腐食，電位差腐食**．異なる金属が湿潤環境で接続している場合，その環境での腐食電位が低い（レスノーブルまたは卑）金属が優先的に溶解する現象．304ステンレス鋼機器の地中埋設基礎ボルトに誤って炭素鋼を使用した場合，炭素鋼単独の土壌中の腐食電位はステンレス鋼のそれに比べ卑なため，炭素鋼製ボルト表面でアノード反応（腐食反応）が起こり，カソード反応を受け持つステンレス鋼が大面積のため炭素鋼の腐食がさらに加速される．腐食環境で異種金属が接触するときは，必ず絶縁処理をするか，両金属とも，または腐食電位が貴な（カソード反応を受け持つ）金属を樹脂コーティングする． ［山本　勝美］

**いじょうじょうきあつ　異常蒸気圧　abnormal vapor pressure**

ポインティング効果．液体と，それにほとんど溶解しない気体とが共存するときに，気相中の液成分の分圧が液の飽和蒸気圧以上になること．気体の圧力が高いときに起こる． ［滝嶌　繁樹］

**いじょうしんだんほう　異常診断法　fault diagnosis method**

プロセスの異常原因を特定（判断）する手法．プラントが制御可能な範囲にあるうちに，プロセス異常を早期発見・診断することによって，異常の進展を避け，生産損失を低減できる．さまざまな手法が提案されているが，大別すると，過去の運転データや経験などに基づく経験的異常診断法と，プロセスや異常のモデルに基づく論理的異常診断法とがあり，さらに診断に用いる基礎データによって，それぞれに，定量的手法と定性的手法とがある．万能の診断法は存在せず，それぞれに長所と短所があるため，対象と目的によって適切な異常診断法を選択する必要がある．測定系と信号処理系とを組み合わせて構成される異常診断システムの性能は，異常の発生から診断終了までの時間や，正常と異常の識別能力，診断結果の正確さによって評価できる．
［山下　善之］

**いしわた　石綿　asbestos**
⇒アスベスト

**いせいか　異性化　isomerization**

ある化学種が別種の異性体に変化すること，あるいはその反応．たとえば，直鎖炭化水素から分枝炭化水素への反応，オレフィンの二重結合位置の変化，シス型とトランス型の移動，環化反応，アルキル芳香族化合物におけるアルキル基の置換位置の変化などがあげられる．熱，光，触媒などが反応を引き起こす原因になる．炭化水素類の異性化反応には，オクタン価の低い直鎖パラフィンを分枝パラフィンに異性化してオクタン価を高めるなど，工業的に重要な反応も多い． ［幸田　清一郎］

**いせいかこうそ　異性化酵素　isomerase**
⇒イソメラーゼ

**イソ　ISO　International Organization for Standardization**
⇒アイエスオー

**いそうかくはん　異相撹拌　multi-phase mixing, mixing of heterogeneous system**

一般に気液撹拌，液液（不均一系）撹拌，固液撹拌，気固液撹拌のように，連続相である液体の中に気体，液体，固体が単独あるいは複数の組合せで分散相を構成している系の撹拌をいう．まれに気体が連続相，固体が分散相となる固気撹拌も見受けられる．撹拌の目的は異相間の物質または熱移動の促進や，槽内分散系の均質化にある．したがって，目的に応じた装置と適切な操作条件の選定が重要となる．とくに系の変数が多く，しかも互いに作用し合うので操作条件が複雑となり，装置形状が一般のものと大きく異なるのが通例である．

気液撹拌の工業における操作例は，液中へのガスの混入や吸収はもとより，排水ばっ気，バイオリアクター，水素化・塩素化・硫化・酸化，クリーム製造など多種多様である．一般に用いられる翼はRushton翼*，12枚もしくは18枚羽根のディスクタービン翼*などの放射流型フローパターンを示す翼であり，ディスク面で気体をいったん保持する形が通例である．さらに近年は6枚湾曲羽根ディスクタービン翼，スカバー翼などが開発されている．液液（不均一系）撹拌の代表例は懸濁重合，乳化重合，乳化，液液抽出などである．一般に用いられる翼はRushton翼や平板翼*などの放射流型フローパターンを生み出す翼である．固液撹拌の代表例は溶解，触媒を含む化学反応，イオン交換と吸収，晶析と沈殿，スラリーの回収などである．一般に用いられる翼はプロペラ翼*や傾斜パドル翼などの軸流型フローパターン*を示す翼であり，さらに近年はLightnin A 310やEKATOインターミグ翼なども用いられている． ［高橋　幸司］

**イソメラーゼ　isomerase**

異性化酵素．酵素分類の主群の一つで，ある異性体をほかの異性体に相互変換させる反応を触媒する酵素*の総称．反応様式から次の五つに分類されるが，補酵素が関与する場合も多い．① ラセミ化反応，

②シス-トランス異性化反応,③分子内酸化還元反応,④分子内基転移反応,⑤分子内開裂反応.代表的な異性化酵素の工業利用例としては,グルコースイソメラーゼによるグルコースからの異性化糖の生産があげられる.　　　　　　　　[近藤 昭彦]

## イー・ダブリュー・エム・エイかんりず EWMA管理図 EWMA (exponentially weighted moving average) control chart

指数重み付き移動平均管理図.EWMAチャート.特性値の平均値の小さな変化を検出する目的で,Schewhart管理図*に代えて利用される管理図.現時刻から過去にさかのぼるにつれて指数関数的に小さくなる係数で重み付けした特性値の平均値を,その上方および下方管理限界を用いて管理する.
[加納 学]

## いたやのしき 板谷の式 Itaya's equation

乱流*における平滑管*の管摩擦係数*を表す,以下に示す実験式.
$$f = \frac{0.0785}{0.7 - 1.65 \log Re + (\log Re)^2}$$
適用範囲が$3 \times 10^3 < Re < 3.24 \times 10^6$と広く,また$f$について解いた形のため比較的計算しやすいなどの利点がある.　　　　　　　　[吉川 史郎]

## いたわくがたあつろき 板枠型圧沪器 plate-and-frame press

フィルタープレス.バッチ式の加圧沪過機で,フィルタープレスの一種.図のように,側面に沪布*を貼った沪枠と沪液*流路となる溝をもつ沪板を交互に並べて端板の間に締めつけ,スラリーを沪枠の中へポンプで圧入して沪過*する.沪枠がケーク*で充満し,沪過速度がある値まで減少するか,沪枠内部の圧力が許容値に達したら,そこで沪過を中止する.次いで,ケーク洗浄,装置の分解,ケーク除去を行ったあと,再び装置を組み立て,次の沪過サイクルに入る.比較的高圧が利用できるので大きな沪過速度が得られる.　　　　　　　　[入谷 英司]

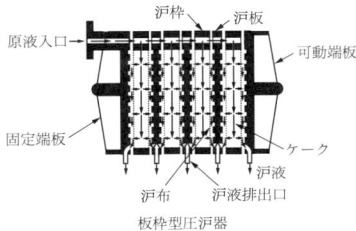

板枠型圧沪器

## いちじあつみつ 一次圧密 primary consolidation

粒子層の圧密*において,粒子間に伝わる固体圧縮圧力(ケーク圧縮圧力*)の変化に即応して生ずる粒子層の変形.混合物の圧密変形が一次圧密のみからなる場合には,テルツァギーの圧密論*が適用できる.　　　　　　　　[岩田 政司]

## いちじおくれけい 一次遅れ系 first order lag system

システムの入力$u(t)$と出力$y(t)$の関係が,
$$\tau_p \frac{dy}{dt} + y = K_p u(t)$$
のような1階の常微分方程式で表される系で,伝達関数*は次式となる.
$$G(s) = \frac{K_p}{\tau_p s + 1}$$
ここで,$K_p$および$\tau_p$は正の定数であり,$K_p$を定常ゲインあるいはゲイン,$\tau_p$を時定数という.この系に単位ステップ入力が入ると出力は$y(t) = K_p(1 - e^{-t/\tau_p})$となる.したがって,定常ゲイン$K_p$は,出力の定常値が入力の定常値の何倍になるかを表す.また,時刻$t = \tau_p$において,出力値は最終値の約63%$[y(t) = 1 - e^{-1} \doteq 0.63]$に達する.すなわち,時定数$\tau_p$は応答速度の目安となる.　　　　[山本 重彦]

## いちじかくはっせい 一次核発生 primary nucleation

結晶がまったく存在しない過飽和溶液中で,過飽和溶液の構造ゆらぎによって自発的に結晶核が発生すること.ここでいう溶液の構造ゆらぎとは,溶媒-溶媒間,溶質-溶媒間および溶質-溶質間の相互作用によって,大小さまざまな会合体(エンブリオ)の形成とその離散が繰り返されていることをいう.溶液中で形成される会合体のすべてが結晶核となるのではなく,会合体が結晶核となるためには固体として安定に存在できるある大きさ以上になることが必要で,熱力学的には次のように説明される.結晶(固体)として存在できるか否かは,溶質の集合によって安定化するという有利(体積エネルギー有利)と,溶液との界面を維持しなければならないという不利(表面エネルギー不利)とのバランスによって決まる.会合体を球であるとすると,会合体形成の自由エネルギー変化$\Delta G$は,次式で表される.
$$\Delta G = \left(\frac{4}{3}\right) \pi^3 \Delta r^3 \Delta G_v + 4\pi r^2 \sigma \quad (1)$$
ここで,$\Delta G_v$は単位体積あたりの体積エネルギー(負の値),$\sigma$は単位表面積あたりの表面エネルギー

(正の値), $r$ は球状会合体の半径である. $\Delta G$ は, 半径 $r$ に対して極大値 $\Delta G_c$ をもち, その極大値を与える半径を臨界核半径 $r_c$ とよぶ. 会合体が安定な固体として存在する, すなわち会合体が結晶核となって結晶成長が始まるためには, 球状会合体の半径が臨界核半径よりも大きくなる必要がある.

一次核発生速度 $J$ は, 会合体形成に伴う自由エネルギー変化がその極大値 $\Delta G_c$ を超える頻度に比例すると仮定して, 次式で与えられる.

$$J = A\exp\left(\frac{-\Delta G_c}{kT}\right)$$
$$= A\exp\left(\frac{-16\pi M_w^2 \sigma^3 N}{3\rho R^3 T^3 \ln^2 S}\right) \quad (2)$$

ここで, $A$ は頻度因子, $M_w$ は分子量, $\rho$ は結晶の密度, $N$ はアボガドロ数, $T$ は絶対温度, $S$ は飽和度 $[=C/C_s$, $C$ は溶液濃度, $C_s$ は十分大きな粒子 $(r=\infty)$ の溶解度]である. ここで形成される臨界核の半径は, 次式となる.

$$r_c = \frac{2\sigma M_w}{\rho RT \ln S} \quad (3)$$

式(2)によって, 核発生速度に及ぼす表面エネルギー, 温度, 飽和度などの影響をよく理解できる. しかし, この理論式は, 溶液中に存在する会合体すべての構造が, 結晶と同じであると仮定して導出されたものである. また, 核発生速度を式(2)で表す, すなわちエネルギー障壁を越える頻度で表すということは, 核発生を平衡論で議論しているということである. 実際の溶液中では, これらの仮定とは異なり, 溶液中には結晶とは異なる構造の会合体が存在していることがわかっている. また, 核発生は連続的なものではなく, ある長さの誘導期間の後に突然起こる非平衡現象であることを示唆する実験結果も得られている. したがって, 式(2)で実際の核発生速度を定量的に見積もることは難しい.

一次核は, 溶液のゆらぎによって発生する核であるが, 目視できないが溶液中に存在する第三物質の表面あるいは容器の壁面を利用して発生しているという説もある. また, 一次核発生に対して, 溶液にすでに存在する結晶によって誘発される核発生を二次核発生 (secondary nucleation) という.

[大嶋 寛]

**いちじこうぞう　一次構造　primary structure**

高分子を構成する繰返し単位の化学構造やこれらの立体的な結合のしかた. 1置換以上のビニル重合体では立体規則性*の違うアイソタクチック, シンジオタクチック, アタクチック構造があり, その物性は大きく異なる. ポリブタジエンのように主鎖に二重結合を有する高分子では, トランス体とシス体がある. また, タンパク質はその種類に応じてアミノ酸配列で決まる固有の一次構造を有する.

[佐々木 隆]

**いちじこうぶんし　一次高分子　primary polymer**

一次分子 (primary chain) ともいう. 非線状高分子において, 分岐や架橋*を切り離したときに得られる直鎖状高分子. 非線状高分子の構造形成に対する解析によく用いられる. たとえば, 重量平均重合度が $\bar{P}_{wp}$ なる一次高分子をランダムに架橋する場合, 一次分子上の各ユニットが架橋点を有する場合 (架橋密度) が $1/\bar{P}_{wp}$ に達した時点でゲル化する.

[飛田 英孝]

**いつおう　溢おう　flooding**

フラッディング. 気液系 (蒸留*, ガス吸収* など) あるいは液液系の向流微分接触操作において, 1相の流速が過大になり, 他相が円滑に流れなくなって, 操作不能になること. トレーとダウンカマーを有する段塔においても液量が過大になりダウンカマーからの排出が不十分になると, 同様な現象が起こる. (⇒ローディング)

[室山 勝彦]

**いつおうそくど　溢おう速度　flooding velocity**

フラッディング速度. 溢おう* 状態に達したときの連続相* の流速. 気液系では気体の, 液液系では連続相の速度をいう. (⇒フラッディング)

[室山 勝彦]

**いつおうてん　溢おう点　flooding point**

フラッディング点. 気液向流充填塔において, 圧力損失対ガス流速の関係がグラフ上でほぼ垂直になり溢おう状態に達したことを表す点, あるいは流速. フラッディング点, 溢おう速度*, フラッディング速度は混用される. (⇒フラッディング) [室山 勝彦]

**いっさんかたんそ　一酸化炭素　carbon monoxide**

CO. 炭素または炭素化合物が不十分な酸素供給のもとで燃焼する場合に生成する無色, 無臭のガス. 石炭や廃棄物をガス化する場合の主生成ガス成分である.

[成瀬 一郎]

**いっぱんかシールすう　一般化——数　generalized Thiele modulus**

シール数は触媒細孔内拡散速度と反応速度の比を表す無次元数* で, 現在では球形粒子・一次反応におけるものが基準となっている. 触媒有効係数* は一般にシール数のみの関数として表される. 一般化シール数は任意の形状の粒子 (体積 $V_p$, 粒子外表面積

$A_p$）および $n$ 次反応へ拡張したもので，上記の関数に精度よく適用できる．一般化シール数は次式のように表される．

$$\phi_p = \frac{\phi_s}{3} = \left(\frac{n+1}{2}\right)^{1/2} \frac{V_p}{A_p} \sqrt{\frac{kC_{As}^{n-1}}{D_e}}$$

ここで，$\phi_p$，$\phi_s$ はそれぞれ一般化シール数，シール数を，$k$ は反応速度定数を，$D_e$ は有効拡散係数を表している．　　　　　　　　　　　　　　　　［相田　隆司］

**いっぱんかんりひ　一般管理費　overhead, overheads**

直接的な現業部門ではない総務や経理，人事など間接部門で通常発生する事業運営費用．役員や事務員の給料・手当，保険料，交際費，賃料，光熱費，通信交通費，事務用消耗品費，減価償却費などの費目がある．　　　　　　　　　　　　　　　　［曽根　邦彦］

**いっぱんどうりきがくほうていしき　一般動力学方程式　general dynamic equation**

GDE．モノマー*の生成，核生成，凝集，凝縮，蒸発，および輸送，沈着損失などによるモノマー，クラスター*，微粒子の動力学的挙動を表す方程式．これらの現象のメカニズムと速度を記述した項で構成され，ポピュレーションバランス式の形となる．この式を解くことで微粒子の合成過程が厳密に評価できるが，微粒子の合成・輸送場や核生成速度などの記述が困難であること，また計算量が膨大となることなどの理由から，実際には簡略化されたモデルが用いられる．（⇒液滴形成モデル，凝集モデル）
　　　　　　　　　　　　　　　　　　　　　　　［島田　学］

**いっぱんはいきぶつ　一般廃棄物　general waste**

廃棄物の処理および清掃に関する法律において，産業廃棄物*でない廃棄物．日常生活に伴って排出される生活系(家庭系)一般廃棄物と，事業活動に伴って排出される事業系一般廃棄物とに分類される．性状からは固形状と液状があり，前者は通常ごみとよんでいるものとほぼ重なり，後者はし尿が該当する．有害性のある廃棄物に，特別管理一般廃棄物に指定されるものがある．一般廃棄物の処理計画を定め，収集，処理処分することなどについては，市町村の責務と位置づけられている．　　［川本　克也］

**いっぽうかくさん　一方拡散　unidirectional diffuison**

A, B 二成分系について，成分 A の物質移動流束* $N_A$ は分子拡散*による拡散流束*と全体移動による物質流束の和として表される．成分 A のみが静止した成分 B の中を拡散*により移動するような場合，この現象を一方拡散という．成分 A の物質移動流束 $N_A$ は，モル流束基準で表わすと次式で与えられる．

$$N_A = -cD_{AB}\frac{1}{1-x_A}\frac{dx_A}{dz}$$

ここで，$x_A$ は成分 A のモル分率，$c$ は全モル濃度，$D_{AB}$ は拡散係数* である．一方拡散は，蒸発*，ガス吸収*，固体の昇華*，溶媒抽出*などの過程で起こる．　　　　　　　　　　　　　　　　［神吉　達夫］

**いつりゅうかん　溢流管　overflow pipe**

オーバーフローパイプ．定水位を保つために余分の液をオーバーフロー(溢流)させて流出させる管．段塔ではダウンカマー，下降管*ともよばれる．
　　　　　　　　　　　　　　　　　　　　　　　［中岩　勝］

**いつりゅうそせいせん　溢流組成線　locus of overflow**

液相線．固液抽出*で原料に対する抽剤*比を変えて得られる，抽出液*(溢流)の組成変化を三角線図*上で示した直線または曲線．抽出液中に固体成分を含まないときには，固体を原点にとった三角線図では斜辺が溢流組成線となる．（⇒底流組成線）
　　　　　　　　　　　　　　　　　　　　　　　［宝沢　光紀］

**イー・ディー　ED　electro dialysis**

⇒ 電気透析

**イー・ティー・エイ　ETA　event tree analysis**

事故などの原因となる事象から始めて，その後の安全装置の動作や運転員の操作の成功・失敗によって木(ツリー)の分岐を行って，最終的にどのような事象(事故または安全な状態)に発展するかを解析する手法．原因の発生確率と分岐点での成功確率がわかれば，事故の発生頻度も計算できる．
　　　　　　　　　　　　　　　　　　　　　　　［柘植　義文］

**いでんしかいせき　遺伝子解析　gene analysis**

生命現象の新しいメカニズムの解明，疾病の診断や治療などを目的として，遺伝子情報の解析が行われている．DNA*の塩基配列を読むシーケンシング，塩基配列の相同性を解析するホモロジー検索，個人差の原因と考えられている遺伝子の DNA 配列に存在する一塩基変異多型を解析する SNPs 解析，単純な 2～4 bp の反復配列であるマイクロサテライトの分布から遺伝子の変異，欠失を解析するマイクロサテライト解析など，多くの遺伝子解析技術が開発，利用されている．　　　　　　　　［長棟　輝行］

**いでんしくみかえ　遺伝子組換え　recombinant DNA (deoxyribonucleic acid)**

自然界では起こらないような異種生物間の遺伝子を組み合わせた組換え体を作製すること．この技術

により，生物学の基礎および応用に関する研究が飛躍的に発展した．具体的には，生物から抽出したDNA*を，ある生物細胞内で増殖可能なDNA(ベクター)に試験管内で酵素*などを用いて結合して組換えDNAを作成し，細胞内に導入することで組換え体を作成する．組換えDNAの導入を受ける細胞を宿主という．大腸菌や酵母*などの微生物を宿主として利用し，ヒト由来の遺伝子をベクターによって組込むことで大量に生産されたヒトタンパク質は，医薬品として利用されている．また，ある生物から目的とする遺伝子を取り出し，改良しようとする生物に導入してタンパク質を合成させることで，新しい性質を生物に組み入れることできる．なお，組換え体については，開発当初は未知な部分が多いことから，安全かつ適切な実験を行うために組換えDNA実験指針が定められている．指針では物理的封込めと生物的封込めの手続きを定め，組換え体を物理的および生物的に施設，設備内に封じ込めて環境への伝播，拡散を防いでいる．

[近藤 昭彦]

### いでんてきアルゴリズム　遺伝的―― genetic algorithm

GA．候補解集合に対して，選択・交差・突然変異・淘汰という生物の遺伝と進化を模倣した過程を繰り返し実行することにより，局所最適解を避けて解集合の目的関数値をしだいに向上させ最適解を求める，組合せ最適化問題*を解く手法．

[長谷部 伸治]

### いどうげんしょう　移動現象 transport phenomena

輸送現象．運動量，熱および物質移動は輸送物性*(粘性係数*，熱伝導率*あるいは拡散係数*)と推進力(速度勾配，温度勾配あるいは質量濃度勾配)の積として統一された現象方程式により記述できる．運動量移動*は，流体が速度の異なる層を構成しているときに，速度の大きい層から小さい層へ運動量が輸送される分子輸送現象の一つである．熱移動*は，流体内に温度差があるときに，温度の高い場所から低い場所へ熱が輸送される分子輸送現象の一つである．物質移動*は，流体内に濃度差があるときに，濃度の高い場所から低い場所へ物質が輸送される分子輸送現象の一つである．これらの分子運動によって起こる移動現象は，単位面積，単位時間あたりに移動する運動量流束(せん断応力)，熱流束，物質流束は，界面と流体との間との推進力を用いて，(移動流束)＝(輸送係数)×(推進力)として表現できる．運動量移動に対するニュートンの法則*により粘性係数が，熱伝導*に対するフーリエの法則*により熱伝導率が，拡散*に対するフィックの法則*により拡散係数がそれぞれ定義される．

このように，運動量移動，熱移動および物質移動は相似性を有しており，これらを統一的に考察し，一つの理論体系にまとめた学問が移動現象である．移動現象は化学工学における各種の単位操作の移動現象の本質を理解するさいに，その基礎理論として重要な役割を果たしている．移動現象を数学的に記述するためには基礎方程式が必要となる．運動量，エネルギー，質量のおのおのについて保存則を適用すると，(系内における蓄積量の時間変化)＝(系に流入する速度)－(系から流出する速度)＋(系内の生成速度)となり，状態を表す変数の時間的変化と流速を含む微分方程式となる．運動量，エネルギー，質量のおのおのに対する保存則は，それぞれ運動方程式*，エネルギー方程式*，連続の式*となる．

なお，運動量流束はテンソル量であり，熱流束と質量流束はベクトル量であるので，移動現象は一次元では相似性が成立するが，三次元の移動現象は相似性が成立しない．

[渡辺 隆行]

### いどうげんしょう　移動現象(気泡) transport phenomena of bubble

気液界面からの物質移動速度は一般に液側の移動抵抗が大きく，液側物質移動係数 $k_L$ あるいはシャーウッド数*により評価されることが多い．気泡が固体球のように接線方向速度線分を無視できる場合，シャーウッド数 $Sh_s$ は Ranz-Marshall の式*で与えられる．

球形気泡内部流れがハダマードの条件*となるレイノルズ数* $Re<1$ の場合には，

$$Sh_s = 0.65(Re \cdot Sc)^{0.5}$$

で表される．ここで，$Sc$ はシュミット数*である．$10<Re<10^3$ では境界層近似による速度分布から次のように表される．

$$Sh_s = 1.13\left(1-\frac{2.93}{Re^{0.5}}\right)^{0.5}(Re \cdot Sc)^{0.5}$$

さらに $Re \ll 1$ において，ポテンシャル流れで与えられる場合には

$$Sh_s = 1.13(Re \cdot Sc)^{0.5}$$

が適用される．

一方，気泡形状が回転だ円体の場合のシャーウッド数 $Sh_{os}$ は，速度分布がポテンシャル流れのとき，$e' = (1-E^{-2})^{0.5}$ とおくと，

$$\frac{Sh_{os}}{Sh_s} = \frac{2E^{1/3}(E^2-1)^{0.5}}{E(E^2-1)^{0.5}+\ln\{E+(E^2-1)^{0.5}\}}$$

$$\left\{\left(\frac{2}{3}\right)\left(1-\frac{e'E^2-E\sin^{-1}e'}{e'-E\sin^{-1}e'}\right)\right\}^{0.5}$$

ここで，$E$ はだ円体の扁平比（$=a/b$）である．気泡形状がきのこ笠状の場合のシャーウッド数 $Sh_{sc}$ はポテンシャル流れの場合，

$$\frac{Sh_{sc}}{Sh_s} = \frac{1.58(3E^2+4)^{2/3}}{E^2+4}$$

で求めることができる．　　　　　　　［寺坂 宏一］

**いどうそう　移動層（床）　moving bed**
　⇨移動層反応装置

**いどうそうはんのうそうち　移動層反応装置　moving bed reactor**

固体-流体間の反応を移動層*により行わせる反応装置のことで，固体が反応物である場合と触媒である場合がある．固体が反応物である場合には，塔底から固体の生成物を取り出すことができる．固体触媒の場合には，触媒活性劣化*が緩やかに起きるときに利用できる．たとえば石油の熱分解では，反応塔で固体触媒表面にコーク（炭素）が析出し触媒活性劣化が起きる．再生塔に劣化触媒を送り，空気により，コークが燃焼し再生された後に再び反応塔へ送り返される．　　　　　　　　　　［後藤 繁雄］

**いどうたんいあたりのたかさ　移動単位あたりの高さ　height per transfer unit**
　⇨HTU

**いどうたんいすう　移動単位数　number of transfer unit**

NTU．微分接触型装置*を用いて，異相間の物質移動を行うときの装置の所要高さを計算するために必要な無次元数．たとえば，図1のように相Ⅰと相Ⅱ間で物質移動*操作を向流*で行うとき，装置の位置 $z$ における各相の着目物質の本体濃度を $X_{\mathrm{I}}$, $X_{\mathrm{II}}$，微小高さ $dz$ での濃度変化を $dX_{\mathrm{I}}$, $dX_{\mathrm{II}}$，$X_{\mathrm{I}}$ と平衡にある相Ⅱの濃度を $X_{\mathrm{II}}^*$，$X_{\mathrm{II}}$ と平衡にある相Ⅰの濃度を $X_{\mathrm{I}}^*$，気液界面での濃度を $X_{\mathrm{I}i}$, $X_{\mathrm{II}i}$，相Ⅰの供給端，排出端での濃度にそれぞれ添字1, 2を付して表し，装置内の全濃度変化を $X_{\mathrm{I}1}\sim X_{\mathrm{I}2}$, $X_{\mathrm{II}1}\sim X_{\mathrm{II}2}$ とするとき，次式による $N_{\mathrm{OI}}$ をⅠ相濃度基準の総括移動単位数，$N_{\mathrm{I}}$ をⅠ相境膜移動単位数という．

$$N_{\mathrm{OI}} = \int_{X_{\mathrm{I}2}}^{X_{\mathrm{I}1}} \frac{dX_{\mathrm{I}}}{X_{\mathrm{I}}-X_{\mathrm{I}}^*} \quad N_{\mathrm{I}} = \int_{X_{\mathrm{I}2}}^{X_{\mathrm{I}1}} \frac{dX_{\mathrm{I}}}{X_{\mathrm{I}}-X_{\mathrm{I}i}}$$

相Ⅱに着目すると同様にして次式となる．

$$N_{\mathrm{OII}} = \int_{X_{\mathrm{II}2}}^{X_{\mathrm{II}1}} \frac{dX_{\mathrm{II}}}{X_{\mathrm{II}}^*-X_{\mathrm{II}}} \quad N_{\mathrm{II}} = \int_{X_{\mathrm{II}2}}^{X_{\mathrm{II}1}} \frac{dX_{\mathrm{II}}}{X_{\mathrm{II}i}-X_{\mathrm{II}}}$$

$N_{\mathrm{OI}}$, $N_{\mathrm{I}}$, $N_{\mathrm{OII}}$, $N_{\mathrm{II}}$ を一括して単に移動単位数という．移動単位数は物質移動の困難さを表し，装置内の濃度変化が大きいほど，また物質移動の推進力が小さいほど大きくなる．推進力*は図2のように相平衡関係および操作線*に依存する．

一般に装置の所要高さ $Z$ は，一移動単位相当高さ*と移動単位数の積で表される．たとえば，充塡塔によるガス吸収では，溶質濃度が低いときは次式で表される．

$$Z = \frac{G_{\mathrm{M}}}{K_y a}\int_{y_2}^{y_1}\frac{dy}{y-y^*}$$

上式において，$G_{\mathrm{M}}[\mathrm{mol\ m^{-2}\ s^{-1}}]$ は塔単位断面積あたりのガスのモル速度，$K_y a[\mathrm{mol\ m^{-3}\ s^{-1}}]$ は気相基準総括物質移動容量係数，$y$ は気相中の溶質のモル分率，$y^*$ は液相と平衡にある気相中のモル分率であり，$G_{\mathrm{M}}/K_y a$ は気相基準の総括HTU*，積分値は気相基準の総括移動単位数である．なお，2相間の伝熱操作において，温度差の逆数を入口，出口にわたって積分した値を熱移動単位数とよぶ．　　［寺本 正明］

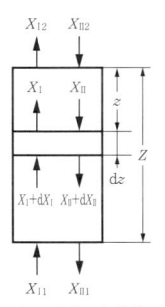

図1　向流2相接触

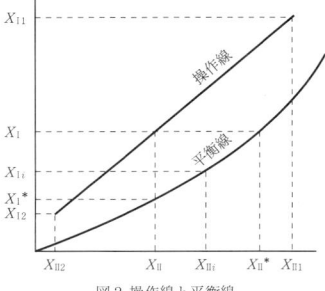

図2　操作線と平衡線

**いどうたんいそうとうたかさ　移動単位相当高さ　height of transfer unit**
　⇒ HTU

**いどうど　移動度　mobility**
　電気泳動度．イオン移動度．媒質中におけるイオンや電子などの荷電粒子の電場下での単位電場あたりの移動速度のこと．溶液中におけるイオンの移動速度 $v_{\text{ion}}$ は電場強度 $E$ に比例し，イオン移動度 $u$ は単位電場におけるイオンの移動速度として，$u=v_{\text{ion}}/E\,[\text{m}^2\,\text{s}^{-1}\,\text{V}^{-1}]$ で与えられる．一方で，電流密度 $i$ はイオン当量濃度 $C$ とファラデー定数 $F$ の関数として $i=v_{\text{ion}}CF$ で与えられ，オームの法則から伝導度 $\kappa=i/E$ であるから，$\kappa=uCF$ となり，モル伝導度 $\Lambda_{\text{m}}=uF$ の関係がなりたつ． 　　[正司　信義]

**いどうどそくていそうち　移動度測定装置　mobility analyzer**
　⇒電気移動度解析装置

**いどがたポテンシャル　井戸型——　square-well potential**
　分子間にはたらく相互作用ポテンシャル $\phi$ を表す関数の一つであり，図のように3パラメーター $(\varepsilon,\sigma,R)$ をもつ．引力項・斥力項の寄与を定性的に理解するのに都合のよい関数である． 　　[新田　友茂]

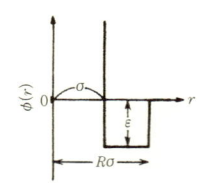

井戸型ポテンシャル

**いとじょうふしょく　糸状腐食　filiform corrosion**
　塗膜下を虫がはうような経路を経て進む腐食形態．Al，Mg，炭素鋼などで起こる．進行の最先端（アノード）部には，低pH，高塩化物濃度の液性が存在することから，局部腐食*の一種といえる．
　　　　　　　　　　　　　　　　[酒井　潤一]

**イナートガスコンデンサー　inert gas condenser, coolercondenser**
　冷却凝縮器．凝縮性蒸気と不凝縮性ガスの混合物を冷却して蒸気を凝縮する熱交換器．不凝縮性ガスと溶媒蒸気の混合物から溶媒を回収する場合などに用いる． 　　[川田　章廣]

**イー・ユー・ディーほう　EUD法　EUD (energy utilization diagram) method**
　EUD法は，エネルギーを与える側とエネルギーを受ける側に分けて考え，与えたエネルギーの質（エクセルギー*）と受けた取ったエネルギーの質（エクセルギー）の差をエネルギー変換の推進力とし，それがエクセルギー損失に相当すると考える．たとえば，燃料ユニットでは与える側は燃焼反応であり，受ける側は熱損失，空気の予熱，燃料の予熱，水蒸気の予熱であるとする．エネルギーの質の表現に，そのエネルギーの有するエクセルギーをエンタルピーで除したエネルギーレベルという値が使用されることもある．　　[亀山　秀雄]

**いんイオンかいめんかっせいざい　陰——界面活性剤　anionic surfactants**
　一つの分子の中に疎水基と親水基を有する化合物（界面活性剤）で，親水基が陰イオン性のもの．代表的なものは，石けんやドデシルベンゼンスルホン酸塩．メチレンブルー活性物質として測定することができる．　　[木曽　祥秋]

**いんイオンこうかんざい　陰——交換剤　anion exchangers**
　⇒アニオン交換剤

**いんイオンこうかんまく　陰——交換膜　anion exchange membrane**
　AEM．第四級アンモニウム基などの正の官能基を固定電荷として有するイオン交換膜*．正の固定電荷との静電反発により陽イオンを排除し，陰イオンを選択透過する．スチレン-ジビニルベンゼン共重合体や，アクリルを用いた炭化水素系の素材が使われている．電気透析*，拡散透析（酸回収），電解*の隔膜として利用される．　　[正司　信義]

**いんきょくぼうしょく　陰極防食　cathodic protection**
　⇒カソード防食

**インクルージョンボディー　inclusion body**
　封入体．大腸菌で組換えタンパク質*を大量発現させると，しばしば菌体内にインクルージョンボディーとよばれる不活性型の不溶性凝集体を形成する．これを尿素，塩酸グアニジンなどの変性剤で可溶化したあと，リフォールディング*することにより活性型タンパク質が得られる． 　　[長棟　輝行]

**インコタームズ　Incoterms**
　国際商工会議所（ICC）制定の"貿易条件の解釈に関する国際規則"の通称．慣用されている貿易条件の費用や危険負担などの解釈を統一するためのもの．
　　　　　　　　　　　　　　　　[小谷　卓也]

## インコネル　inconel

ニッケル基合金*の一種でNi-Cr-Fe系の耐熱合金．その標準組成はNi 76 wt%, Cr 16 wt%, Fe 8 wt%であるが，これにおもにTi, Alを加えた析出硬化型や，さらにCo, W, Nbなどを加えて耐熱性を改善したものなどが多数開発されている．インコネルはSpecial Metals社の登録商標である．(⇒ニッケル基合金)　　　　　　　　　　　　　[新井　和吉]

## インコロイ　incoloy

鉄基合金の一種で，Fe-Cr-NiにAl, Tiを添加した耐熱合金．Special Metals社の登録商標．
　　　　　　　　　　　　　　　　　　　　　[新井　和吉]

## インサイド・アウトほう　——法　inside‐out method

連続蒸留*の操作型問題*に対する厳密な蒸留計算法*の一つ．計算手順は二重ループ化されており，内ループでは気液平衡比，気液エンタルピーの推算に近似モデルを用いてマトリックス法*などの解法により温度，組成，流量を計算し，外ループではその結果と通常の厳密モデルを用いて，近似モデルの係数の更新を交互に繰り返す．熱力学関数の評価にかかる負荷を低減し，収束安定性を高めた解法として汎用シミュレーターに広く採用されている．
　　　　　　　　　　　　　　　　　　　　　[森　秀樹]

## インジェクター　injector

高圧の水あるいは水蒸気をノズルから吸引室に噴出させることで，目的とする流体を吸引し，混合，昇圧して排出する装置．流体の昇圧，圧送を目的とする．小型ボイラー*の蒸気を利用して，そのボイラー自身の給水用に用いられることが多い．(⇒蒸気エジェクター)　　　　　　　　　　　　　[清水　豊満]

## インシトゥそくてい　*in situ* 測定 (晶析過程の)　*in situ* measurement of crystallization process

晶析缶内にセンサーを導入して，溶液濃度・結晶粒径とその分布・結晶個数・多形の種類と，溶媒媒体転移などの結晶析出の様子をその場で測定すること．溶液濃度はIR(赤外吸収)，UV(紫外吸収)，VIS(可視光吸収)，電気伝導度測定によってその場で測定できる．粒径と粒径分布は，晶析缶内を流動する結晶の写真撮影とその画像処理によって，あるいは粒子に照射したレーザー光の反射から連続的に測定することができる．多形の種類と転移過程はIR測定，ラマン測定あるいは *in situ* X線回折測定によって追跡することができる．科学的データに基づいたプロセス管理と製品結晶の品質管理を目的として，*in situ* 測定の意義は大きい．　　　[大嶋　寛]

## インターコンデンサー　inter-condenser

インタークーラー．蒸留塔の濃縮部の中間段に設置する凝縮器．蒸留塔の操作条件によっては，これを設置することで塔の有効エネルギー損失*を減少させ，省エネルギー化をはかることができる．
　　　　　　　　　　　　　　　　　　　　　[小菅　人慈]

## インターナル　internals

⇒内挿物(流動層の)

## インターナルミキサー　internal mixer

混練機*の一種で，高粘性固形状のゴムなどにカーボンブラック，加硫剤などの各種配合剤を混合する密閉型二軸混合機をいう(図参照)．2本のローター羽根がある距離を隔てて，異方向異速度回転をするバンバリー型ミキサーや加圧ニーダーなど，あるいは2本のローター羽根がかみ合わさって，異方向等速度回転をするインターミックスなどがある．撹拌羽根は，2本の太いシリンダーに断面が西洋ナシ形ないしハマグリの殻の縦断面のような太い羽根が，らせん状に付いているなどさまざまな形状のローター羽根を備え，毎分十数から数十回転で操作されることが多く，また材料も加圧供給でき，せん断作用はきわめて強力に行われる．　　　[塩原　克己]

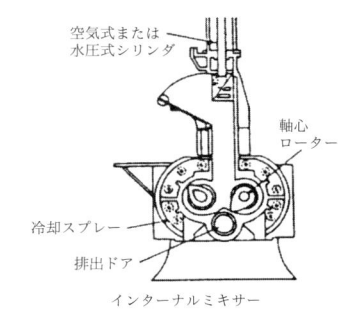

インターナルミキサー

## インターフェロン　interferon

IFN．ウイルス，微生物，エンドトキシンなどによって白血球($\alpha$-IFN)，繊維芽細胞($\beta$-IFN)およびT細胞($\gamma$-IFN)から誘発される抗ウイルス作用をもったタンパク質の総称．IFNには抗腫瘍効果や免疫抑制効果なども報告されている．　　　[近藤　昭彦]

## インターペネトレイティングポリマーネットワーク　interpenetrating polymer network

IPN．相互貫入高分子網目と訳される．網目構造をもつA高分子にBモノマーと開始剤と架橋剤を含

浸させたあと重合すると，互いに非相溶な A 高分子鎖と B 高分子鎖が互いに網目状に絡み合った構造の複合材料が合成される．このように架橋*反応を利用して，非相溶の2種類以上の高分子を相溶化させて得られる化学的ブレンドが，狭義の IPN である．一方の高分子鎖が架橋していない IPN や，物理的架橋により得られる熱硬化性複合樹脂なども含めて，広義の IPN とよばれている． ［瀬　和則］

**インターリボイラー　inter-reboiler**
　蒸留塔*の回収部*の中間段に設置する蒸発器．インターコンデンサー*との適切な組合せにより，蒸留塔の有効エネルギー損失を減少させ，塔の省エネルギー化をはかることができる． ［小菅 人慈］

**インターロックシステム　interlock system**
　機械的あるいは電気的に，ある条件を満足したときだけ操作や動作を許すシステム．たとえば，操作の手順や条件を満足しないと次の操作ができない起動あるいはガード用インターロックシステムや，危険状態を検知したときに自動的に動作する緊急停止用インターロックシステムがある． ［柘植 義文］

**インテリジェントざいりょう　――材料　intelligent material**
　知能材料．スマート材料．材料に自己診断，自己調節，自己修復機能をもたせることにより，環境の変化に対して知的に応答し，自律的に機能を発現する能力を有する材料．建築構造物の健全性評価や防災，宇宙・航空構造物の姿勢制御や微視的破壊の修復，医学・生物分野における生体適合材料の開発，さらには分子設計などの目的を達成するための材料として，注目されている概念である．構造材料の例として，圧電素子や形状記憶合金などを材料内に埋設して健全性をリアルタイムで検知し，診断結果に応じて熱を加えるなどの方法で変形や劣化を自動的に修復する方法などがある． ［仙北谷 英貴］

**インパクター　impactor**
　ノズルからエアロゾル*を噴出して対向する平板などへ衝突させ，粒子を分離捕集する装置の総称．エアロゾル中の粗粒子は衝突板に分離捕集され，微粒子は気流とともに流下する．粒子の慣性を利用するもので，最終段で気流が音速となるインパクター*では，0.3 μm，減圧インパクター*では0.02 μm程度の粒子まで分離できる．衝突板を数段直列に接続し，ノズル口径を下段ほど小さくしたカスケードインパクター*は，エアロゾル粒子の粒子径分布測定に用いられる．ノズルは円形とスリット型式とがあり，それぞれ単一ノズルと多数ノズル方式がある．部分分離効率は，ノズル-衝突板間距離のノズル径に対する比と無次元パラメーター，ストークス数によりほぼ決まるが，粗粒子の捕集板上での反発再飛散に注意が必要である．なお，捕集板を用いない型式のインパクターをバーチャルインパクター*という．（⇒カスケードインパクター，バーチャルインパクター） ［金岡 千嘉男］

**インパクトフローメーター　impact flow-meter**
　⇒衝撃式粉体流量計

**インパルスおうとうほう　――応答法　impulse response method**
　デルタ応答．入力の変化がデルタ関数* $\delta(t)$ で表される場合の系の応答．デルタ応答*ともいう．線形系の理論研究などに広く用いられる．反応器内の流体の混合特性を滞留時間分布関数*で表現する場合に用いる実験法の一つで，インパルス応答を用いる方法をインパルス応答法という．流体に微量のトレーサーを反応器入口に瞬時に注入した後，出口のトレーサー濃度の時間変化を測定する．
［長本 英俊］

**インヒビター　inhibitor**
　⇒腐食抑制剤

**インファレンシャルせいぎょ　――制御　inferential control**
　推定制御．制御手法の一つ．とくにプロセス制御*で採用される．オンラインで制御量を測定できるようなセンサーがなかったり，あっても非常に高額で，センサーを購入する対費用効果が明確でなかったりする場合など，制御したい変数を直接オンラインで測定できないことが多々ある．そのような場合，制御量とは異なる安価で信頼性の高い状態で測定できる変数（代替変数という）を選択し，その変数の測定値から制御量の値を推算し，操作量を決定するという機構をもつ本制御手法がとられる．蒸留塔の留出・缶出液組成を塔内の温度を測定して制御するのが代表例である． ［大嶋 正裕］

**インフラストラクチャー　infrastructure**
　インフラ．産業や都市の基盤となる長期にわたって変化の少ない施設．道路，鉄道，港湾施設，空港，通信網，電力・ガス・水道など． ［曽根 邦彦］

**インフレーションほう　――法　inflation technique**
　サーキュラーダイ法．チューブラー法．フィルムの一般的な成形法．押出機内で可塑化・溶融した樹脂を環状流路をもつサーキュラーダイから押し出し，チューブ状の溶融樹脂膜（バブル）を形成させる．

このバブル内に空気を導入して加圧・膨張させ，冷却空気により冷却・固化させて，チューブ状の連続フィルムを得る．無延伸，横一軸延伸，二軸延伸フィルムを得ることができる．フィルムがチューブ状で得られるので，そのまま二次加工機でヒートシール(熱融着)して切断することにより，容易に袋にすることができる利点がある．また，Tダイ法*に比べて，装置が簡単で設備費が比較的低廉である．また，Tダイ法で発生するエッジビードのロスもなく，フィルム幅方向の物性を均一にできる．一方，欠点としては，空気で膨張させ冷却固化させているので，フィルムの厚み精度がえがたく，また一般には空気冷却のため生産速度に限界があり，十分な透明性もえがたい．

[梶原　稔尚]

# う

**ウイスカー** whisker

針状の単結晶を示し，直径が 0.1～5 μm，長さが 1～500 μm 程度の単結晶材料を意味する．種類にはセラミックス系と金属系のものがあり，断面積が 100 μm² 以下になると急激に上昇して理論強度に近づく．また，同様の形状をした炭素材料のこともさす． [松方正彦・高田光子]

**ウィーデマン-フランツ-ローレンツのかんけい ——の関係** Wiedemann-Franz-Lorenz relation

温度一定の条件下で金属の熱伝導度* $\lambda$ と電気伝導率 $\sigma$ の比が金属の種類によらず一定となる経験則を G. Wiedemann と R. Franz が示し，後に H. A. Lorentz がその比は絶対温度に比例することを見出した．これらを合わせると，$\lambda/\sigma T = L$ (一定) の関係が得られる．これをウィーデマン-フランツ-ローレンツの関係，$L$ をローレンツ数あるいはローレンツ比とよぶ．純金属の $L$ の値は 0℃ では $2.2 \sim 2.9 \times 10^{-8}$ V² K⁻²，0℃ 以上では温度によってあまり変化しない．しかし，非常に低い温度(たとえば水銀では −269.4℃)では金属は電気の超伝導体となるが熱に関してはそうではなく，$L$ は温度によって大きく変化する．また，合金の場合は，$L$ の値はその組成により大きく変化する． [平田 雄志]

**ウィーピング** weeping

棚段* において液が(蒸気上昇用の)開口部から漏れ流下すること．上昇蒸気量が小さいときに発生する．バルブトレー* などはウィーピングに強い． [宮原 昆中]

**ウィリアムスのしすうそく ——の指数則** Williams' power rule

プラント，機器コストの近似値を推算する方法．同種のプロセスの場合コストは容量の $0.X$ 乗に比例することを Williams が提唱した．通常のプラントの場合 $X$ は 6～7 の値であるため 0.6 乗則* ともよばれる． [信江 道生]

**ウィルキー-チャンしき ——式** Wilke-Chang equation

気体および液体分子の液体中における無限希釈相互拡散係数 $D_{12}$ の推算式．Stokes-Einstein 式に基づき，実測値から CGS 単位系を基準として係数を決定したもので，次の式で表される．

$$D_{12}[\text{cm}^2\,\text{s}^{-1}] = 7.4 \times 10^{-8} \frac{(\phi M_2)^{1/2} T}{\eta_2 V_1^{0.6}}$$

ここで，$\phi[-]$ は溶媒の会合係数で，水 2.6，メタノール 1.9，エタノール 1.5，プロパノール 1.2，ほかの液体は 1.0 とする．$M_2$ は溶媒の分子量，$T$[K] は温度，$\eta_2$[cP] は溶媒粘度，$V_1$ は溶質の沸点分子容 [cm³ mol⁻¹] である．$V_1$ が未知の物質については Le Bas の方法により推算される．一般に推算誤差は 10% であり，推算精度と使いやすさの点から広く用いられている． [船造 俊孝]

**Wilson しき ——式** Wilson's equation

1964 年 G.M. Wilson が局所組成の考えを用いて導出した液相活量係数式．

$$\ln \gamma_i = -\ln\left(\sum_{j=1}^{N} x_j \Lambda_{ij}\right) + 1 - \sum_{k=1}^{N} \frac{x_k \Lambda_{ki}}{\sum_{j=1}^{N} x_j \Lambda_{kj}}$$

多成分系の成分 $i$ の活量係数 $\gamma_i$ を構成二成分系の定数 $\Lambda_{ij}$ から推算できる利点がある．なお，二成分系では 2 定数式となる．現在もっとも広く使われている活量係数式の一つであり，二成分系定数が気液平衡データを用いて多数決められている． [栃木 勝己]

**ウィンクラーガスかろ ——化炉** Winkler gasifier

⇒石炭ガス化炉

**ウィーンのへんいそく ——の変位則** Wien's displacement law

黒体* が放射するふく射の強度の波長分布はプランクの式* で記述されるが，その強度が最大になる波長 $\lambda_{\max}$ は，黒体の温度を $T$ として，次の式で表される．

$$\lambda_{\max} T = 2\,898 \quad [\mu\text{m K}]$$

この式をウィーンの変位則とよぶ． [牧野 俊郎]

**ウェイズすう ——数** Weisz modulus

シール数* 中に含まれる反応速度定数 $k$ が不明である場合に，これを実験的な反応速度定数* $k_{\exp} = k\eta$ で置換した修正シール数．ウェイズ数 $\Phi$ とシール数 $\phi_s$ との間には $\Phi = \phi_s^2 \eta$ の関係がある．ここで $\eta$ は触媒有効係数* である． [相田 隆司]

**ウェットコロージョン** wet corrosion
⇨湿食

**ウェーバーすう ──数** Weber number
二相流または液滴表面などにおける界面張力*の影響を示すのに用いられる無次元数*．流体密度を$\rho$，流体の代表速度を$u_0$，境界の代表長さを$l_0$，界面張力を$\sigma$とすると，次式で定義される．
$$N_{We} \text{ または } We = \frac{\rho u_0^2 l_0}{\sigma}$$
この無次元数は，単位体積あたりの慣性力*の代表量$\rho u_0^2/l_0$と界面張力の代表量$\sigma/l_0^2$との比または，運動エネルギーの代表量$\rho u_0^2 l_0^3$と界面エネルギーの代表量$\sigma l_0^2$との比に相当する．　　　［伝田 六郎］

**ウェーブレットかいせき ──解析** wavelet analysis
局所的(時間分解的)な周波数の逆数に対応するスケールという概念を用いて，時間-スケール平面上で信号スペクトルの経時変化を解析する．時間情報を保持したまま周波数情報を観察できるばかりでなく，変動の速さに応じて時系列データの観察(窓)幅を調節するため，観察幅が固定の短時間フーリエ変換とは異なり，広い周波数範囲でピントのあった解析が可能である．信号のフィルターとしての利用のほかに，不連続点の検出や相似な信号の検出などに広く応用されている．　　　　　　　［山下 善之］

**ウォッシュアウト** wash out
ケモスタット*で，希釈率がある限界値を超えたとき，培養槽内の微生物がすべて排出されてしまう現象をいう．これは槽内の微生物の増殖速度に比べて，培地の流出による槽からの微生物排出量が大きくなってしまうためである．　　　　　［近藤 昭彦］

**うずかくさんけいすう 渦拡散係数** eddy diffusivity
⇨乱流拡散係数(熱および物質移動の)，乱流動粘度，渦温度伝導度

**うずど 渦度** vorticity
流体の速度ベクトルにベクトル演算子回転(rot)を施したもの．渦度ベクトル$\boldsymbol{\omega}$を式で表すと，次のようになる．
$$\boldsymbol{\omega} = \text{rot}\,\boldsymbol{u} = \nabla \times \boldsymbol{u}$$
$$= \left(\frac{\partial u_z}{\partial y} - \frac{\partial u_y}{\partial z}\right)\boldsymbol{i}$$
$$+ \left(\frac{\partial u_x}{\partial z} - \frac{\partial u_z}{\partial x}\right)\boldsymbol{j} + \left(\frac{\partial u_y}{\partial x} - \frac{\partial u_x}{\partial y}\right)\boldsymbol{k}$$
ベクトルの各方向成分は，それぞれ$x, y, z$軸を中心とする回転運動の角速度の2倍になっている．

$\boldsymbol{\omega}=0$となる渦なし流れでは，速度ポテンシャル*を定義することができる．Navier-Stokes式*の両辺にrotを施すと，流れ場における渦度の変化を表す渦度方程式を導くことができる．　　［吉川 史郎］

**うずどうねんせいりつ 渦動粘性率** eddy viscosity
渦動粘性係数．乱流変動により輸送される乱流運動量流束を時間平均流の速度勾配に比例すると考え，その比例定数を渦動粘性率と定義する．$x$方向のみに平均流$U$の速度勾配がある場合に，$x$方向の乱流運動量流束を$\tau_{(t)}$，$U$の変動速度を$u'$，$x$方向の変動速度を$v'$とすると，渦動粘性率$\varepsilon_M$は次式で表される．
$$\tau_{(t)} = -\rho\overline{u'v'} = \rho\varepsilon_M\frac{dU}{dx}$$
ここで，$\rho$は密度である．　　　　　　［薄井 洋基］

**うずどゆそうりろん 渦度輸送理論** vorticity transfer theory
固体壁付近の乱流*についての運動量輸送理論*に対して，自由乱流では乱れによって輸送されるのは渦度*であるとの考えに基づいて，1932年G. I. Taylorにより導かれた理論．混合距離*を移動する間，流体塊は渦度を保存しつつ輸送し，移動後の位置の渦度と同化する．この理論によれば，$xy$平面内で$x$軸方向に平均速度$\bar{u}_x$で流れる二次元流れの乱れによるせん断応力$\tau_{yx}(\approx -\rho\overline{u_x'u_y'})$は次式で与えられる．
$$\tau_{yx} = \frac{1}{2}\rho l^2 \left|\frac{d\bar{u}_x}{dy}\right|\frac{d\bar{u}_x}{dy}$$
ここで，$\rho$は流体の密度，$l$は混合距離である．
　　　　　　　　　　　　　　　　　［小川 浩平］

**ウルパフィルター ULPA──** ULPA (ultra low penetration air) filter
HEPAフィルター*の性能を上回る超高性能エアフィルターのこと．定格流量で0.15μmの粒子に対して99.9995%以上の捕集率*をもち，初期圧力損失が一般に300 Pa以下の性能をもつものをいう．　　　　　　　　　　　　　　［横地 明］

**うんてんかんり 運転管理** production management
石油化学プロセスに代表される装置産業での生産システムの主要な諸管理(環境管理，安全管理，設備管理，運転管理，生産管理，品質管理など)の一つ．プロセスを生産の目的に合わせて最適に運転することが運転管理である．上流側では監視/制御システムの設計などが，下流側ではプロセス状態の監視/操

作，異常の検出/診断などが含まれる．現在では，運転管理は計装制御システムの設計とその運用の管理に帰着する．運転管理では，制御システムによる自動化の部分と，制御システムを通じてプロセスを監視するオペレーターの役割分担設計がとくに重要である．従来は制御を含む自動化の部分が注目されたが，最近では少人数化の要請とともに，オペレーターの負荷を軽減するための運転支援の重要性が認識されてきている．

[小西 信彰]

**うんてんしえんシステム　運転支援**── operation assistance system

オペレータがプラントを安全に運転操作するのを目的として，ガイダンス，状態表示，より精選された情報提示などによりオペレーターの運転操作を補助するシステム．とくにプラントのスタートアップ/シャットダウンなどの非定常時，およびプラント異常時には，オペレーターの負荷を軽減させるための有効な運転支援システムが望まれる．さらにはSOP*を置き換えるものとしての期待も高い．

[小西 信彰]

**うんどうがくてきそうじ　運動学的相似**　kinematic

二つの幾何学的に相似な撹拌槽において，相互に対応する位置での速度比が場所によらず同一となるとき，二つの撹拌槽は運動学的相似にあるという．自由表面をもつ撹拌槽では流れが撹拌フルード数*の影響を受けるため，寸法の異なる二つの撹拌槽の間にこの相似性は成立しない．

[平岡 節郎]

**うんどうねんど　運動粘度**　kinematic viscosity

動粘度*．流体の粘性係数* $\eta$ と密度 $\rho$ との比 $\eta/\rho$．記号 $\nu$ を用いる．その SI 単位は $m^2 s^{-1}$ であり，拡散係数の単位と同じである．流体中に速度勾配が存在するときの運動量の拡散係数と考えることができる．

[横山 千昭]

**うんどうほうていしき　運動方程式**　equation of motion

流体力学の方程式の一つで，ニュートンの運動の第二法則(質量×加速度＝力)を流体系に適用したもの．流体を連続体とみなしたとき，これに運動の第二法則を適用する方法の違いにより，次の二つの方程式がある．

① ラグランジュの運動方程式：流体素子を質点とみなし，直角座標 $x_i (i=1,2,3)$ を用いた場合，時刻 $t=0$ に座標 $(x_i)_{t=0}=a_i$ にあった流体粒子の $t=t$ における座標 $x_i$ を $a_i$ と $t$ の関数で表現する方法で，これをラグランジュの方法という．この場合，流体粒子の最初の位置 $a_i$ と $t$ が独立変数，$x_i$ は従属変数で流体が粘性のない理想流体である場合，圧力を $p$，流体単位質量あたりの外力を $k_i$，流体の密度を $\rho$ とすると，ラグランジュの運動方程式は次式で示される．

$$\left(\frac{\partial^2 x_j}{\partial t^2}-k_j\right)\frac{\partial x_j}{\partial a_i}+\frac{1}{\rho}\frac{\partial p}{\partial a_i}=0$$

② オイラーの運動方程式：流体のある座標 $x_i$ のある時刻 $t$ における速度 $u_i$，圧力 $p$ などの変化を記述する方法でこれをオイラーの方法という．この場合，$x_i$，$t$ は独立変数で，速度 $u_i$ などは従属変数となる．この方式で記述された理想流体*の運動方程式が次に示すオイラーの運動方程式である．

$$\frac{Du_i}{Dt}=k_i-\frac{1}{\rho}\frac{\partial p}{\partial x_i}$$

なお，上式左辺は速度成分 $u_i$ の実質微分で，次のように表される．

$$\frac{Du_i}{Dt}=\frac{\partial u_i}{\partial t}+u_j\frac{\partial u_i}{\partial x_j}$$

一方，流体が粘性を有する場合の運動方程式は応力を $\tau_{ij}$ で表すとき，オイラーの方法で表現すると次のようになる．

$$\frac{Du_i}{Dt}=k_i+\frac{1}{\rho}\left(\frac{\partial \tau_{ij}}{\partial x_j}\right)$$

これをコーシーの運動方程式という．この方程式は，流体のみならず一般に変形する連続体に成立する運動方程式である．これに応力とひずみ速度の関係式を代入すると，通常用いられる流体の運動方程式となる．たとえば，ニュートン流体の応力と変形速度の関係式を上式に代入したものが，Navier-Stokes式*である．

[伝田 六郎]

**うんどうほうていしき　運動方程式(粒子の)**　equation of particle motion

速度 $u$ が時間的に変化する流体の中を速度ベクトル $v$ で運動する粒子径 $D_p$ の球形粒子の運動方程式は次式で与えられる．

$$\frac{\pi D_p^3}{6}\left(\rho_p+\frac{\rho_f}{2}\right)\frac{dV}{dt}=F-R+\frac{\pi D_p^3}{6}\frac{3\rho_f}{2}\cdot\frac{du}{dt}$$
$$-\frac{3}{2}D_p^2\sqrt{\pi\mu\rho_f}\int_0^t\left(\frac{dv}{d\xi}-\frac{du}{d\xi}\right)\frac{d\xi}{\sqrt{t-\xi}}$$

ここで，$\rho_p$，$\rho_f$ はそれぞれ粒子および流体の密度，$\mu$ は流体の粘度，$F$ は外力，$R$ は流体と粒子の相対速度に対応する流体抵抗である．左辺には，いわゆる付加質量を考慮している．右辺第3項は流体の非定常運動に関する項，第4項は Basset 項とよばれる粒子運動の履歴に関する項である．

静止流体中を沈降する球形粒子のように，非定常

項が無視できる場合の運動方程式は次式で表される．

$$\frac{\pi D_\mathrm{p}^3}{6}\rho_\mathrm{p}\frac{\mathrm{d}v}{\mathrm{d}t}=F-R$$

［日高　重助］

**うんどうりょういどう　運動量移動　momentum transfer**

流体が速度の異なる層を構成しているときに，その接触面を通して，速度の大きい層から小さい層へ運動量が輸送される分子輸送現象の一つ．速度の速い層は運動量を失って遅くなり，遅い層は運動量を得て速くなることが粘性の原因である．$x$軸方向の流れがあり，その速度$v_x$が$y$の増大とともに増す場合には，$x$軸に平行な単位面積を通して速度の大きい側より小さい側へ$x$方向の運動量が輸送され，その輸送速度は$\mathrm{d}v_x/\mathrm{d}y$に比例する．この単位面積あたりの運動量の輸送速度を運動量流束という．これを$\tau_{yx}$とすれば，

$$\tau_{yx}=-\mu\frac{\mathrm{d}v_x}{\mathrm{d}y}$$

となり，これをニュートンの法則*という．このとき$\tau_{yx}$はせん断応力*であり，比例定数$\mu$は流体の輸送物性*の一つである粘性係数*である．［渡辺　隆行］

**うんどうりょうゆそうりろん　運動量輸送理論　momentum transfer theory**

乱流*を微小流体部分，いわゆる流体塊の不規則運動によるものと解釈すれば，これは気体分子の不規則な熱運動と似たものと考えることができる．したがって，乱流の流体塊の速度を気体分子の速度に対応させると，平均自由行程*に相当するものとして混合距離*の概念が導かれる．このように考え，流体塊がある位置の運動量を保存しつつ混合距離だけ輸送された後に，その位置の流体と混合して同化されるとして，1925年 L. Prandtl によって導かれた理論．この理論は固体壁付近の乱流に適用するとき実験とよくあうといわれている．この理論によれば，$xy$平面内で$x$軸方向に平均速度$\bar{u}_x$で流れる二次元流れの乱れによるせん断応力*$\tau_{yx}(\approx-\rho\overline{u_x{'}u_y{'}})$は，次式で与えられる．

$$\tau_{yx}=\rho l^2\left|\frac{\mathrm{d}\bar{u}_x}{\mathrm{d}y}\right|\frac{\mathrm{d}\bar{u}_x}{\mathrm{d}y}$$

ここで，$\rho$は流体の密度，$l$は混合距離である．この運動量輸送理論における混合距離は渦度輸送理論*における混合距離の$1/\sqrt{2}$倍である．　［小川　浩平］

え

**エアスライド　air slide**
　重力による粉粒体の輸送方法であるが，気流による流動化が利用される．チャネルを水平から下方にわずかに傾斜させ，そのチャネル内で粉粒体が輸送される．チャネルの底部は多孔質板でできており，多孔板の下から粉粒体の流動化に必要なだけの気流が吹き込まれる．進行方向の重力成分はわずかであっても，流動化された粉粒体とチャネル壁との摩擦が小さいので，粉粒体を輸送することが可能となる．気流によって粉粒体を管内で輸送する空気輸送には所用動力が大きいという欠点があるが，エアスライドではこの所用動力が大幅に低減できる．
〔辻　　　裕〕

**エアフィルター　air filter**
　ビル，病院，作業現場，各種製造工程など，特定の限られた空間の空気浄化を目的として使用される沪過集じん装置，あるいは沪過媒体の総称．沪布じん機*（バグフィルター）が高濃度粉じんの除去に使用されるのに対し，エアフィルターは $10\ mg\ m^{-3}$ 以下の低濃度粉じんの除去に用いられる．バグフィルターでは沪材上に堆積した粒子層（ケーク*）で沪過が進行するのに対し（表面沪過），エアフィルターでは沪材で粒子を沪過する（内部沪過，あるいは沪材沪過）．したがって，長期間使用して堆積粉じん量が大きくなり表面沪過に移行すると圧力損失が急激に増加するため，フィルターの交換が必要になる．
　特定空間の粉じん濃度の減衰速度は，エアフィルターの捕集効率*と処理風量の積の関数になる．このため，高捕集効率，低圧力損失であることが要求される．エアフィルターの沪材（メディア）としては，さまざまな多孔質体を利用できるが，圧力損失の面から空間率*の大きな沪材が有利であるため，通常はガラス繊維あるいは高分子繊維からなる繊維充填層が用いられる．対象とする粉じん濃度が低く，エアフィルターの空間率が大きいため，粒子はフィルターを通過するさいに，さまざまな捕集機構によってフィルター内部の繊維上に捕集される．多くの集じん装置が特定の捕集機構により粒子を捕集するのに対し，エアフィルターは粒径，沪過速度，フィルター繊維径によって支配的な捕集機構が変化するため，除去対象となる粒子に応じて沪過条件，沪材を選択する必要がある．
　エアフィルターは，沪過面積を大きくして圧力損失を低く抑えるため，沪材をプリーツ状（スカートのひだ状）に折り込んだ構造のものが多い．沪過面積を大きくすることによって，沪材単位面積に流入する粉じん量を小さくできるので，粉じん堆積時の圧力損失も小さくなりフィルターの長寿命化につながる．同じ沪材であっても，プリーツの数を増やすことによって低圧力損失のエアフィルターになるが，折込み密度が大きすぎると，沪材の抵抗に加えて，プリーツの間を気流が通過する抵抗（構造抵抗）がはたらくため，沪材の折込み密度には最適値が存在する．
〔大谷　吉生〕

**エアフィルターしゅうじんりつそくていほう──集じん率測定法　tesing method of airfilter collection efficiency**
　エアフィルター捕集率測定法．フィルター捕集率（集じん率）試験は大別して，①沪材の捕集率試験，②ユニット試験，③ユニットの走査試験，④設置後の現場試験，がある．測定された試験体上流（沪過前）濃度（$C_1$）と下流（沪過後）濃度（$C_2$）から，捕集率（$\eta$）は$(1-C_2/C_1)\times 100$で求められる．エアフィルター*には一般的な換気用フィルターからクリーンルーム*で使用する高性能なフィルターまで，性能の異なる各種のフィルターが存在するため，試験法は対象とする粒子の性状（組成や粒径，濃度など）を考慮した試験粒子や試験装置（試験用ダスト，エアロゾル粒子，測定器など）がJISなどで細かく規定されている．測定法は比色法や光散乱積算法，質量法，計数法がそれぞれの目的に整合する形で選定使用される．とくに高性能エアフィルター*の捕集率測定は，粒子の指定される粒径範囲に対しての捕集率を要求されるため，粒径測定が可能な光散乱式自動粒子計数器*，およびDMA（微分型モビリティーアナライザー）とCNC（凝縮核測定器）が用いられる．
〔横地　　明〕

**エアリフト　air lift**
　液中に立てた管の下方より圧縮空気または液に不溶性のガスを送入して管内に気液混相の状態をつ

くりだし，管外と管内の比重差を利用して揚液する手法．古くより深井戸，温泉，油田などに使われているが，揚液後の気液分離に工夫を要する．

[伝田 六郎]

**エアレーション　aeration**

ばっ気．水処理法において，水と空気を効率よく接触させて水中に酸素を溶解させると同時に，水中に溶存しているガス（$CO_2$，$H_2S$ など）を空気中に放散させる操作．できるだけ微細な気泡を生成させることによって酸素溶解効率を向上できる．活性汚泥法の運転エネルギーのうち，エアレーションがもっとも大きな割合を占める．活性汚泥法*では，有機物が溶解した酸素により生物化学的に浄化される．また，ばっ気により活性汚泥を均一に懸濁させる．ばっ気方式には，装置底部から空気を気泡として分散させる散気式ばっ気，ばっ気槽表面に設けた撹拌機により大量の水を空気中に液滴として放出し液表面に散布して，水滴内および激しく乱れた液表面へ酸素を移動させる表面ばっ気（機械撹拌式ばっ気），50〜150 m の深いばっ気槽の底に通気するディープシャフト方式などがある．　[寺本正明・藤江幸一]

**エアロゾル　aerosol**

エアロゾルは，気体中に浮遊する粒子の集合に対する総称であるが，一般には，測定，観察できるだけの十分長い時間，気体中に浮遊している粒子-気体分散系をさす．エアロゾルという用語は，液体に分散した粒子（ハイドロゾル）に対応する言葉である．

エアロゾルは，ガス-粒子変換，燃焼，液体または固体の分裂，粉体の分散，凝集分裂などにより生成する．エアロゾル粒子の大きさは，1 nm〜100 μm の5桁にもわたり，その個数濃度もクリーンルーム内のような 1 cm$^3$ あたり1個以下から燃焼による粒子発生源付近の $10^8$ 個以上と，非常に広範囲にまたがっている．エアロゾルにはさまざまな呼び方があるが，これらの多くはその形態あるいは粒子の発生源を示すものが多く，厳密な定義はなく慣用的に用いられている．① ダスト*：機械的な破砕などにより生成した固体粒子で，一般に形状は不規則で，粒径は約 0.5 μm 以上のものをいう．② ミスト*：蒸気の凝縮あるいは噴霧などにより生成した液体粒子．③ ヒューム：燃焼などによって発生した蒸気が凝縮して一次粒子が生成し，それらが凝集したものをいい，粒子は鎖状凝集体であることが多い．④ スモーク（煙）：不完全燃焼あるいは蒸気の凝縮により生成した固体粒子と液体粒子の混合物．⑤ スモッグ：液体，固体粒子の混合物で，紫外線などによってガス-粒子変換で生成した粒子が含まれる．スモッグはスモーク（煙）とフォッグ（霧）の混成語で，ガス状成分も含む一般的な大気汚染物質に用いられる．⑥ 一次粒子：気体中に最初から液体粒子あるいは固体粒子として導入された粒子をいう．⑦ 二次粒子：気体中でガス-粒子変換によって生成した粒子をさすが，一次粒子の凝集体，粉体の再分散によって生成した粒子にも用いられる．

エアロゾルを特定するのに必要なパラメーターとして，粒径あるいは粒度分布，質量あるいは個数濃度，粒子密度，粒子組成，形状などがあげられる．また，大きさを表すパラメーターとしては，幾何学的な粒子の大きさより，相当径（equivalent diameter）が用いられる．相当径とは，測定された粒子の特定の物理的特性と同じ特性をもつ球形粒子の直径である．たとえば，空気力学径はその粒子と同じ終末沈降速度をもつ密度 1000 kg m$^{-3}$ の球形粒子の直径であり，光散乱相当径はその粒子と同じ散乱光強度をもつ透明な球形粒子の直径である．このように相当径は，その粒子と同じ物理的特性を有する粒子の直径として定義されるため，相当径から粒子の物性を予測する場合にはどの相当径を用いるか，注意が必要である．　[大谷 吉生]

**エアロフォイル　aero foil**

薄いアルミニウム板やアルミはく，あるいは波型の酢酸ビニル紙を使用して約 10 mm 程度の空気層をつくる保冷用の断熱材．必要に応じてこれらを重ねて使用する．　[川田 章廣]

**エアワッシャー　air washer**

冷水・温水を空気流中に噴霧*して，空気と熱交換*・物質交換し，空気を冷却・加熱，増湿・減湿する設備．大風量を簡単かつ有効に処理する方法としておもに繊維産業，フィルム産業などで広く使用されている．設備構成としては噴霧ノズル，下部にタンクを備えた噴霧室，気流に同伴された水滴を除去するエリミネーター*からなる．気液の接触効率を高めるため設置面積が大きくなる欠点がある．最近では空気中の化学成分を除去するため，半導体産業などでも広く用いられる．　[三浦 邦夫]

**エイ・アイ・シーエイチ・イーのだんこうりつそうかん　AIChE の段効率相関**　AIChE（American Indtitute of Chemical Engineers）correlation for tray efficiency

AIChE（米国化学工学会）が3大学に依頼して行った段効率に関する研究のなかで，1950年末に Delaware 大学の実験結果に基づく段効率の推算法．こ

の方法は段効率推算の基礎を与え，その後本法に対する試験結果との比較，検討，修正が行われた．最近はこの AIChE 法に基づいて，Chan と Fair が 1982 年および 1984 年に発表した段効率の推算法*がよく用いられている． [大江 修造]

**エイ・イー・エム　AEM** anion exchange membrane

⇒陰イオン交換膜

**エイ・エス・エム　ASM** Abnormal Situation Management

1990 年代に，米国で石油・化学産業界での事故の多発を契機に，ユーザーと Honeywel などのベンダーらで設立されたコンソーシアム．ここでは，過去のプラントの異常，事故を分析し，異常対応システムの今後の方向性を確立しようという試みがなされた． [福田 祐介]

**エイ・エス・ティー・エムじょうりゅう　ASTM 蒸留** ASTM (American Society for Testing Materials) distillation

ASTM(米国材料試験学会)で規定された構造と寸法の蒸留試験装置を用いて，試料採取量と蒸留速度を規定された操作条件下で行う石油製品の分留試験法．いわゆる 100 mL のフラスコを用いた常圧回分式単蒸留法であり，簡単な器具で手軽に求められるので，蒸留性状の表現として広く用いられる．この蒸留試験によって測定された留出率と留出温度との関係を ASTM 蒸留曲線という． [鈴木 功]

**エイ・エム・ディー・イー・エイほう　aMDEA 法** aMDEA process

aMDEA プロセスは吸収液 MDEA のもつ長所を保持し，さらにこれを改善した吸収液を用いた酸性ガス吸収プロセス．現在，もっとも優れた酸性ガス吸収プロセスの一つであり，古いアミン吸収プロセスは aMDEA プロセスに置き換わる例が多くみられる．この aMDEA プロセスのライセンサーは BASF 社．aMDEA 吸収液は，主成分を MDEA とし，これに $CO_2$ の吸収速度を向上させることなどを目的とした添加剤を加えたものである．次のような利点から経済性が高い．① $CO_2$ と $H_2S$ の選択吸収能力が高い．② 腐食性が非常に低いので，低コスト材料の機器を使用できる．③ 熱的，化学的に安定な(劣化しにくい)ため，吸収液の補給量が少なくてすむ．④ 酸性ガスの吸収能が高い(高度除去が可能である)ため，循環液量が少なくてすむ． [渋谷 博光]

**エイチ・イー・ティー・エス　HETS** height equivalent to a theoretical stage

HETP* と同じ考え方であるが，液液抽出* を充填塔* のような微分接触* 装置を用いて行う場合にいう． [宝沢 光紀]

**エイチ・イー・ティー・ピー　HETP** height equivalent to a theoretical plate

理論段相当高さのこと．蒸留* や吸収*，吸着* において充填塔* のような微分接触* 装置の性能を表す一つの尺度で，長さの次元を有し次式で定義される．

$$\mathrm{HETP} = \frac{Z}{n_\mathrm{p}}$$

$Z$ は充填高さ(長さ)[m]，$n_\mathrm{p}$ は理論段数* [－] である．充填高さ 5 m の充填塔によって，10 理論段に相当する分離が可能であれば，HETP＝0.5 m である．HETP は 1 理論段あたりの高さ(長さ)に相当し，その値が小さいほど段数は多くなり，分離性能はよくなる．HETP は充填物(材)の種類，材質，大きさ，また流量などの操作条件および粘度*，拡散係数*，表面張力* などの系の物性によって変わる．
[長浜邦雄・宝沢光紀]

**エイチ・ティー・エス・ティーほう　HTST 法** HTST (high temperature short time) method

高温短時間殺菌法．高温での短時間の殺菌により，食品の品質を損なわずに微生物の殺菌を行うものである．たとえば，牛乳などでは，72～75℃，15 分程度の条件で行われている． [近藤 昭彦]

**エイチ・ティー・ユー　HTU** height per transfer unit

移動単位相当高さ．移動単位あたりの高さ．物質移動あるいは熱移動を行う微分接触装置* において，移動単位数* が 1 であるときの装置の高さ(長さ)．長さの単位をもつ．総括移動単位数* が 1 のときの高さを総括 HTU*，境膜移動単数* が 1 のときを境膜 HTU* という．HTU とそれに対応する移動単位数(NTU)の積が装置の高さとなる．たとえばガス吸収の場合，総括 HTU は $G_\mathrm{M}/K_y a$ で表される．(⇒移動単位数) [寺本 正明]

**エイ・ティー・ピー　ATP** adenosine triphosphate

アデノシン三リン酸．図のように，分子内に 2 個の高エネルギーリン酸結合をもち，生体内のエネルギーの"通貨"とみなされる化合物．広く生体内に存在し，ATP＋$H_2O$ → ADP＋Pi(正リン酸) $\Delta G^{o\prime} = -30.6$ kJ mol$^{-1}$，ATP＋$H_2O$ → AMP＋PPi (ピロリン酸)$\Delta G^{o\prime} = -36.0$ kJ mol$^{-1}$，のようにリン酸基が離れることにより，多量のエネルギーを遊離

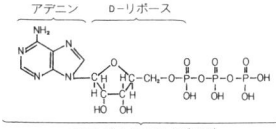

する．このエネルギーは各種の代謝反応の駆動に用いられる． [近藤 昭彦]

**エイチ・ディー　HD** hemodialysis
⇒血液透析

**エイ・ピー・アイ　API** American Petroleum Institute

API code．本来は米国石油協会のこと．通念的にはその工業規格(API 規格)，作業基準を意味する．石油の比重表示方法"API 比重：API ボーメ"をはじめ，石油産業で使用される設備・機器類(パイプライン，熱交換器，圧縮機，ポンプなど)の基準(設計，建設，運転，保守，検査)，推奨業務方法，データシート様式などが欧米諸国で普及している．
[曽根 邦彦]

**えいびんか　鋭敏化** sensitization

ステンレス鋼*中に固溶されていた炭素は500～800℃の温度域に加熱・保持されることにより Cr 炭化物として析出する．このとき，炭化物周辺の Cr 濃度は低下し，本来の耐食性が維持できなくなる．この耐食性が低下した状態を鋭敏化と称し，粒界腐食*を呈する．
[酒井 潤一]

**エイムスしけん　——試験** Ames assay

サルモネラミクロソーム試験(Salmonella microsome assay)．米国カリフォルニア大学の B.N. Ames が開発した代表的な遺伝毒性試験．アミノ酸合成酵素に関する DNA に突然変異が生じたサルモネラ菌を用い，被検物質によって野生株に復帰突然変異した菌体数を計数することによって，被検物質の変異原性強度を測定する方法．化学物質の遺伝毒性の検出，がん原性のスクリーニング試験として，"化学物質の審査及び製造等の規制に関する法律*(化審法)"などの国内外の多くの法規制で公定法として利用されている．
[高梨 啓和]

**えいようようきゅうせいへんいかぶ　栄養要求性変異株** auxotroph, auxotrophic mutant

突然変異によって，酵素*が欠損するか欠陥をもつことで代謝が切断されている微生物や動植物細胞株．このような株では，不完全な代謝*を補うために外部から栄養素を補わなければ成長できない．栄養要求性株は，アミノ酸や核酸などの各種発酵生産や，組換え体作成における宿主として利用されている．
[近藤 昭彦]

**えきえきかくはん　液液撹拌** liquid-liquid mixing

相互不溶の 2 液を撹拌し，一方の液相を液滴として分散させる操作．本操作の主たる目的は 2 液間の物質移動や熱移動の促進，懸濁重合やマイクロカプセル製造のように球形粒子製造にある．ただし，分散相(液滴)と連続相間の熱移動は速やかに起こるので，通常これが問題となることは少ない．相分散限界撹拌速度*，滴径分布や物質移動係数*などが主たるパラメーターになる．(⇒相分散限界撹拌速度)
[加藤 禎人]

**えきえきちゅうしゅつ　液液抽出** liquid-liquid extraction

液体抽出．液体原料(抽料*)中に含まれている目的成分(抽質*)を，溶剤(抽剤*)中に溶解移動させ，これを分離回収して目的物を得る操作．また，原料が固体の場合は固液抽出*という．抽剤としては原溶媒とほとんど溶け合わず，できるだけ抽質のみを選択的に溶解するような溶剤が使用される．揮発しにくい物質や沸点差の小さい混合物，熱に不安定な物質などの分離に用いられる．石油精製をはじめとし，各種化学工業，薬品工業，さらに原子力工業など多くの分野に応用されている．
[宝沢 光紀]

**えきえきにそうりゅう　液液二相流** liquid-liquid two phase flow

図は水平管内での水-油系二相流の空塔速度* $j_\mathrm{f}$ $[=(Q_{f1}+Q_{f2})/A]$ と水比率 $\varepsilon_{f1}[=Q_{f1}/(Q_{f1}+Q_{f2})]$ のマップ上に流動状態の存在領域を示したもので，Ia から V までの七つの流動状態に分類される．ここで，添字 f1 は水相，f2 は油相を示し，$Q$ は体積流量，$A$ は管断面積である．図中の実線は電気伝導度の測定から，破線は視察から得られた．Ia：分離した 2 相の層状流れ，Ib：界面領域で水滴・油滴が生じる 2 相の層状流れ，II：油相が連続相で水相が一様に分散した不安定な油中水滴型(w/o)エマルション，IIIa：管底部に連続水相，上部に w/o エマルション相，IIIb：下部の連続水相中に水中油滴型(o/w)エマルション相，その上部に w/o エマルション相，IV：水相上部に o/w エマルション相，V：不安定な o/w エマルション相．

垂直管内での水-油系液液二相流の流動状態や圧力損失は油相が高密度ガスのようにふるまい,気液二相流に類似した挙動を示す.　　　　[柘植　秀樹]

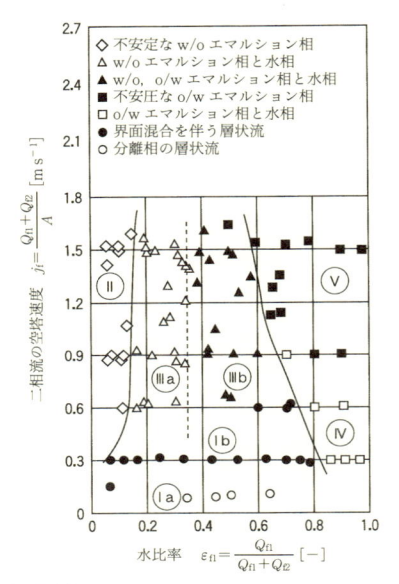

液液二相流[M. Nadler, D. Mewes, *Chem. Eng. Technol.*, **18**, 156 (1995)]

### えきえきへいこう　液液平衡　liquid-liquid-equilibrium

2液相が共存する場合,平衡に達したときの両相の状態一般をいうが,主として両相の組成関係をさす.二成分系では液液平衡関係は相互溶解度として表され,温度とともに変わる.三成分系の液液平衡の一例を三角線図*を用いて表したのが図(a)である.図中の曲線を溶解度曲線*といい,この線と底辺で囲まれた範囲には2液相が存在する.Mで示される混合物は均一相としては実在せず,必ずRとEで示される組成の2液相となる.この両点を結んだ線をタイライン*といい,したがってこの場合平衡関係はタイライン群で示される.Pはプレイトポイント*で,2液相の組成が一致する2相分離領域の極限を示す.2液相中の溶質成分のみに着目して,両相濃度を直角座標に示したのが図(b)の分配曲線*で,その傾斜を分配係数*という.液液平衡データの補間,補外には上述の分配曲線を用いてもよいが,さらによい精度を得るために,直線性のよい相関法が多く提出されている.　　　　[宝沢　光紀]

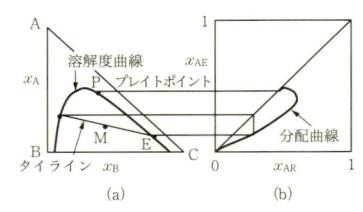

### えきかきょうふちゃくりょく　液架橋付着力　liquid bridge adhesion force

液橋付着力.水膜付着力.2粒子間,あるいは粒子と平板間のすき間に凝縮した液体によって生じる付着力.気相中での付着力としてはもっとも大きな力となる.この付着力 $F$ は,液架橋最狭部の半径 $r$ で次式のように表せる.

$$F = \pi r^2 p + 2\pi \sigma r$$

ここで,$\sigma$ は表面張力で,$p$ は Kelvin の式*で与えられる液架橋内の負圧である.一般に液架橋付着力の大きさは上式の計算結果より大きくなる.これは架橋液中に含まれる微量の溶解性不純物の存在による.この場合,修正した Kelvin の式を用いて不純物存在下の付着力を計算することができる.

固体表面間距離が一定の場合,液架橋力は空気湿度の関数となる.乾燥した状態になると,付着力は液架橋力から,ファンデルワールス力*支配となる.　　　　[森　康維]

### えきガスひ　液ガス比　liquid-gas ratio

ガス吸収塔*,放散塔*,冷却塔*などの気液接触装置内を流れるガスと液の流量比.ガス吸収や放散ではモル流量比 $G_M/L_M$,または被吸収ガス(溶質ガス)を含まない溶媒と同伴ガス*のモル流量比 $G_M'/L_M'$.なお,調湿*や水冷却*操作では,水とガスの質量流量比を液ガス比という.液ガス比は気液向流操作では操作線の勾配に,並流操作ではその絶対値に等しく,その値は操作線の位置,したがって操作線と平衡線間の距離である物質移動の推進力に影響する重要な操作因子である.平衡線の勾配を $m$ とすると,吸収塔では $mG_M/L_M$ の値が1以下(0.5~0.7)に,放散操作では $mG_M/L_M$ が1以上(1.2~2.0)に設定すれば経済的であるといわれている.　　　　[寺本　正明]

### えききょうまくぶっしついどうけいすう　液境膜物質移動係数　liquid-film coefficient of mass trans-

fer
　⇒液相物質移動係数
**えきくうかんそくど　液空間速度** liquid space velocity
　⇒空間速度
**えきけいりゅうどうそう　液系流動層** liquid fluidized bed

　粉粒体層底部から液体を上向きに流し，粒子を流動化させた流動層．気体で流動化させた気系流動層に対して，液体で流動化させるため液系流動層という．粒子に作用する上向きの抗力と粒子の重力とがつり合うことによって，粒子が浮遊状態となり流動化する．液系流動層は気系流動層の気泡に相当するボイドな相が存在せず，均一流動化状態のみが生じ，液流速とともに粒子層が一様に層膨張を起こす．このときの層の空間率は Richardson-Zaki の式で表されることが知られている．　　　　　　　［堤　敦司］

**えきさいぶんぱいき　液再分配器** liquid redistributor

　充塡塔において半径方向に液を均一に流すために用いる装置で，一般には液分配器ともいう．なお，充塡塔では液が塔を流下するにつれて，液の半径方向の流れが不均一になるため，ある高さごとに液を集め再び液を分配させる．それをとくに液再分配器という．　　　　　　　　　　　　　［長浜 邦雄］

**えきしょうポリマー　液晶——** liquid crystalline polymer

　高分子液晶．光学的に異方性のある液体の状態（液晶状態）をとりうるポリマー\*をいう．低分子物質の液晶と同様に，温度の変化で液晶になるサーモトロピック液晶と，溶媒に溶かしたときに液晶になるリオトロピック液晶がある．液晶ポリマーは分子中に，メソゲン基とよばれる棒状または平板状の剛直な部分を含んでいる．メソゲン基がポリマーの主鎖中に存在するものを主鎖型液晶ポリマー，側鎖中に存在するものを側鎖型液晶ポリマーという．
　　　　　　　　　　　　　　　　［橋本　保］

**えきじょうりゅうどうりょういき　液状流動領域** liquid flow region

　流動領域．高分子の貯蔵弾性率が温度の増加とともに急激にゼロへ向かって低下し，物質が液体のように流動する領域．分子鎖の相互移動による領域と考えられ，結晶性高分子\*では融点で表れる．
　　　　　　　　　　　　　　　　［田上 秀一］

**エキストラクト** extract
　抽出液\*．抽残液はラフィネート\*という．
　　　　　　　　　　　　　　　　［宝沢 光紀］

**エキスパートシステム** expert system

　専門家（エキスパート）のもつ経験的知識を整理して，コンピュータに取り込み，だれもがエキスパートと同様の判断や行動ができるようにしようとしたシステム．通常，知識ベースと推論機構（エンジン）とから構成されており，さまざまな構築ツールも開発されている．モデル化の困難な大規模システムや不確定システムを中心にさまざまな問題解決に対して利用されている．　　　　　　　　［山下 善之］

**エキスペラー** expeller
　⇒スクリュープレス

**えきそうエピタキシー　液相——** liquid phase epitaxy

　液相法．液相成長．LPE．結晶に対し熱平衡に近い状態にある溶液または融液\*から，単結晶基板上にエピタキシャル成長\*させる方法．たとえば，GaAs の成長においては，加熱して液体状態となった Ga 溶液中に GaAs を溶かした後，溶液と基板とを接触させる．その後，溶液を冷却することにより過飽和状態となった GaAs が基板上に堆積する．融点よりも低い温度で，かつほかの成膜方法と比較してもっとも熱平衡状態に近い状態で結晶を成長させる方法であるため，良質の結晶を得ることができる．
　　　　　　　　　　　　　　　　［大下 祥雄］

**えきそうはくまくけいせい　液相薄膜形成** melt solidification method of source materials

　薄膜を形成する方法として液相法と固相法がある．液相法は主として融液から固化する方法と，溶液やサスペンションなどの塗布法からなる．きわめて薄い膜形成には塗布法が優れている．塗布法は塗布材料と基板や目的に応じ，さまざまな方法が実用化されている．塗布乾燥により形成された薄膜の物性や機能は塗布液の設計だけではなく，塗布乾燥プロセスに大きく依存する．この理由は，塗布乾燥プロセスにおいてナノ構造とさらに高次構造が形成され，これが薄膜物性に影響を与えるからである．
　　　　　　　　　　　　　　　　［山口 由岐夫］

**えきそうびりゅうしごうせい　液相微粒子合成** fine particle synthesis in liquid phase

　原料溶液から金属を含有する微粒子あるいは高分子微粒子を合成すること．液相を利用した金属含有微粒子の合成は析出法と溶媒蒸発法に大きく分類される．しかし，溶媒蒸発法は気相微粒子合成の範ちゅうに入るものである．析出法は，液相中で目的物質の濃度を飽和溶解度よりも高くすることによっ

て，その物質を微粒子状に析出させる方法である．晶析操作のようにpHや温度を制御して結晶核を析出させる方法をとくに析出法と称するが，化学反応などによって生じる物質が過飽和となって核生成する方法も，すべて析出法の一種である．また，このうち沈殿を生じる場合をとくに沈殿法と称する．沈殿法には，2種類以上の金属が均一に混合・化合した微粒子を沈殿させる共沈法，および沈殿剤を直接添加せずに化学反応により液相中で均一に生成させる均一沈殿法などがある．析出法は，原料から目的物質に転換する操作法によっても分類でき，金属イオンを金属に転換する還元法，金属アルコキシドや金属塩を金属酸化物・水酸化物に転換する加水分解法（金属アルコキシド法）および水熱法，さらに原料イオンを金属化合物に転換する化合物沈殿法がある．さらに，コロイド合成も析出法の一種であり，界面活性剤がつくる逆ミセル中で，目的物質を析出させる逆ミセル法などを利用することによって，より小さい微粒子を合成することもできる．析出法の欠点は，析出剤（沈殿剤）の添加による不均一性が生じること，また，微粒子を溶媒および析出剤から分離する操作が必要となることである．しかし，光による還元析出法ではこれらは問題とならない．また，溶媒蒸発法の意義はこれらの問題が生じない点にある．

一方，高分子微粒子はラテックス粒子とよばれることが多く，その合成には乳化重合法がおもに用いられる．金属の場合と異なることは正ミセルが用いられる点である．この場合，逆ミセル法のようにミセル内だけで反応が進行するわけではなく，水中でも重合が起こる．しかし，生成した高分子は正ミセルに取り込まれ，界面活性剤がつねに吸着・保護した状態で粒子の成長が起こる．このために単分散な微粒子が得られると考えられている．高分子微粒子の生成でもう一つ特徴的な点はシード重合法が確立されていることである．シード粒子の存在下で重合反応を起こし粒子を成長させる方法で，これにより単分散性を保ったまま10倍程度まで粒子を成長させることが可能となっている．このような単分散成長手法は，金属含有微粒子の合成においてはいまだ確立されてはいない． 〔岸田 昌浩〕

**えきそうぶっしついどうけいすう 液相物質移動係数** liquid phase mass transfer coefficient
液境膜物質移動係数．液相内で物質移動が起きるとき，単位面積あたりの物質移動速度が推進力*（濃度差，モル分率差あるいは質量分率差）に比例すると仮定したときの比例係数．物質移動速度および推進力の定義の違いにより単位が異なる．液の流動状態，液の物性，装置の構造などに依存し，その値を推算する多くの相関式がある． 〔後藤 繁雄〕

**えきたいイオンこうかんざい 液体──交換剤** liquid ion exchangers
イオン交換能力をもつ液体で，水に不溶性で分子内に交換基を有する物質で，カチオン交換剤*およびアニオン交換剤*がある．現用されるカチオン交換剤はおもにリン酸基を有する脂肪族炭化水素で交換基は$-OH$基である．アニオン交換剤は高分子アミンで，アミンには第一，第二，第三の3種があり，それぞれ商品として市販されている．おもに有機溶剤に溶解して電解質水溶液と接触させる液液抽出の手法が用いられる．（⇒イオン交換剤）〔吉田 弘之〕

**えきたいサイクロン 液体──** liquid cyclone
ハイドロサイクロン．湿式サイクロン．液体中の粒子を回収するのに利用され，構造は乾式サイクロンと同様である．回転流を利用し，粒子は下部のアンダーフローより，また清浄水は上部のオーバフロー管より排出される．構造を図に記す．入口速度は $3～5 \mathrm{~m~s^{-1}}$，圧損は $0.2～0.5\mathrm{MPa}$ 程度で，分離径は $5～30\mathrm{\mu m}$ が一般的である．乾式サイクロンと異なり入口流量の $10～20\%$ を下部のアンダーフロー部より排出する方式が利用されている．装置が比較的小型となるため広く実用化されている． 〔吉田 英人〕

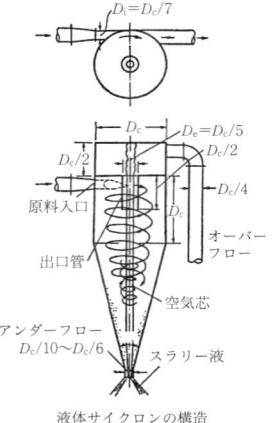

液体サイクロンの構造

**えきたいちゅうしゅつ 液体抽出** liquid extraction

⇒液液抽出

**えきたいねんりょう　液体燃料　liquid fuel**

液体燃料は石油系製品が主体である．その他，石炭液化油*，天然ガスやバイオマスからの合成メタノールやDME（ジメチルエーテル）などがある．原油からは蒸留や改質によってガソリン，灯油，軽油*および重油*などが製造される．ガソリンは石油製品のうちもっとも軽質で，沸点範囲は30～200℃であり，自動車用および航空機用燃料として用いられる．灯油は沸点範囲180～300℃の留分で，精製度によって，1号灯油（白灯油）は暖房用および厨房用燃料，2号灯油（茶灯油）は動力用燃料に分類されている．軽油は沸点範囲250～350℃程度の留分で，流動点により5種類に分類され，ディーゼル機関などの内燃機関燃料として利用されている．重油は動粘度により1種（A重油，硫黄分により2種類）は小型内燃機関や窯炉および金属精錬用燃料，2種（B重油）は内燃機関やボイラ用燃料，3種（C重油，動粘度により3種類）は大型ボイラーや大型内燃機関用燃料，の3種類に分類される．　　　　　　　　　　［二宮　善彦］

**えきちゅうとう　液柱塔　liquid-jet column**

内径が1mm程度の円形ノズルから，吸収液を鉛直方向に均一な流速をもつ層流*の液柱として噴出し，その表面からガスを吸収する装置．気液接触時間が短かく（約$10^{-3}$～$10^{-2}$s），速度分布が均一であるので浸透説*が適用できることから，ガスの液相拡散係数*の測定や，反応吸収*機構に関する基礎研究に用いられる．　　　　　　　　　　　　　［寺本　正明］

**えきちゅうねんしょうじょうはつ　液中燃焼蒸発　submerged combustion evaporator**

バーナーを液中に設置して燃焼を行い，溶液を蒸発させる方法．（⇒蒸発装置）　　　　　［平田　雄志］

**えきてきけいせいモデル　液滴形成——　liquid-drop formation model**

蒸気から凝縮によって液滴が生成する過程を表す理論．系の過飽和度を系の（蒸気圧$P$）／（平衡蒸気圧$P_0$）で定義し，$P/P_0>1$となる場所において液滴が生成すると考える．このとき系の自由エネルギー*変化を液滴の表面エネルギー*変化と，液滴形成によるバルクの自由エネルギー変化で表現すると，系の自由エネルギー変化は生成液滴径に対して極大値をもつ曲線となる．この極大値よりも左側の液滴は不安定で蒸気に戻りやすいが，その右側の液滴径が生成すると安定な核となり成長を始める．そこで，極大値の状態に1個の蒸気分子が付着する速度を液滴核の生成速度とすると，$P/P_0$が支配的となる速度式が与えられ，この速度式は実測値によく一致する．また，このモデルは気相から結晶核が生成する過程に対しても近似的に適用可能である．
　　　　　　　　　　　　　　　　　　　［岸田　昌浩］

**えきふうしきしんくうポンプ　液封式真空——　nash type vacuum pump**

ケーシングに一部液を満たし，その中で羽根車を回転させると，遠心力でケーシング内に液環ができる．2枚の羽根車と液環でできる空間がその回転位置によって違うことを利用して，気体の吸入，吐出をして真空をつくる．ダスト，水，油などを含んだ気体の吸引に適する．　　　　　　　［伝田　六郎］

**えきまくほう　液膜法　liquid membrane method**

二つの溶液相（原料相と受容相）の間に，これと混じり合わない溶媒を挟むことにより液体の膜を形成し，これを物質の分離膜として用いる方法．原料相から液膜相への抽出と液膜相から受容相への逆抽出*が同時に行われ，溶質が原料相から受容相へ移動する．このとき，目的物質との親和性が高い分子をキャリヤー（輸送担体）として液膜相に加えておくと，選択的かつ濃度勾配に逆らった液膜輸送が可能となる．（⇒受動輸送，促進輸送，能動輸送）．
水溶性物質の分離には有機溶媒が，油溶性物質には水が液膜相に用いられる．前者では，金属，アミノ酸やタンパク質，後者では脂肪族や芳香族炭化水素，高度不飽和脂肪酸などの分離例がある．安定で膜厚の薄い液膜を形成するために，多孔質の高分子膜に液膜相を保持した支持膜法*，界面活性剤によりエマルションを形成し，原料相に分散させる乳化液膜法*が用いられる．U字管の中で液膜を形成させるバルク液膜法も基礎研究に利用されている．
　　　　　　　　　　　　　　　　　　　［後藤　雅宏］

**えきれいきゃくぞうしつ　液冷却増湿　cooling humidification**

外部と断熱されたエアワッシャー*などの装置において，不飽和の空気と冷却された冷水とを直接接触させると，空気の乾球温度*が下がり，絶対湿度*が上昇または下降する．入口空気の露点*より冷水出口温度が高い場合は液冷却増湿，反対に低い場合は液冷却減湿*となり，また両者が等しい場合は顕熱*冷却となる．　　　　　　　　　　［三浦　邦夫］

**エクストルーダー　extruder**

スクリュー押出機．高粘性の陶土などを混練し，押出成形するための機器．円筒トラフとよばれる円すい台状の形に絞り込まれた先端に口金が付いている．このトラフ内には回転するスクリューが設置さ

れており，先端口金に向かって混練物を加圧・進行させ，押し出す構造になっている．このほかにプラスチックのコンパウンディングに用いられるエクストルーダーがあるが，スクリューの形状はずっと複雑である． [上ノ山 周]

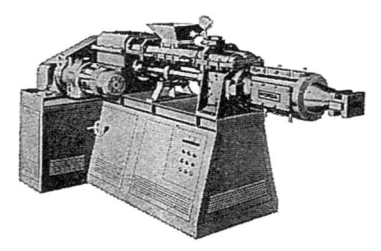

一軸押出機[日本粉体工業協会編，"混合混練技術"，日刊工業新聞社(1980)，p.190]

**エクセルギー** exergy

有効エネルギー．熱力学は絶対零度を基準にして論理が組み立てられているのに対し，エクセルギーは大気環境を基準(dead state)にして論理が組み立てられている．このことから，エネルギーを利用の実態に合うように取り扱うことが可能という．組成にかかわる環境基準の定義が難しい． [仲 勇治]

**エクセルギーかいせき ――解析** exergy analysis

有効エネルギー解析．熱精算図に表すようなエネルギーの量的な(エンタルピー流れ)解析に対して，プロセスや装置のエネルギーの流れを，エネルギーの質的な(エクセルギー*流れ)の面から解析することをいう．これにより，本来果たすべき機能を行うためにどれだけのエネルギーの仕事能力分(エクセルギー)が投入され，どれだけ有効に利用され，どれだけ損出されたかが明確に示され，損出された原因を解明して，改善方法を提案し，それがどれくらいエクセルギー損出を削減することになるかを示すことができる． [亀山 秀雄]

**エクセルギーそんしつ ――損失** exergy loss

プロセスや装置のなかでは操作の不可逆性(エントロピー発生)に基づくさまざまな仕事の能力(エクセルギー)の損失がある．① 不可逆な化学反応，② 混合や拡散，③ 温度差のもとで行われる伝熱，④ 摩擦損失のある流動，⑤ 電気で加熱するなど異なるエネルギー種の不可逆変換，などである．この損失は，望ましい現象を生起させるための駆動力として必要であり，より速く現象を行わせるために大きな損失を伴う場合が多い．しかし，必要以上のエクセルギー損失を避けるための技術的な工夫も必要である． [亀山 秀雄]

**エクセルギーへんかりょう ――変化量** exergy change

自由エネルギー変化量 $\Delta G(\Delta H-T\Delta S)$ の温度 $T$ を，環境温度 $T_0$ に置き換えた変化量 $\Delta H-T_0\Delta S$ をいう．自由エネルギー変化 $\Delta G$ は，仕事を加えることなく自由に任意の温度の熱エネルギーが得られる場合の，現象の変化に伴う仕事の増減を意味する．エクセルギー変化は，熱エネルギーは環境温度以外はエネルギーとしての仕事の能力(エクセルギー*)を有している，と評価した場合の現象の変化における仕事の増減を意味する．温度 $T$ の熱エネルギーは，環境温度からくみ上げるときに必要な最小仕事を有したエネルギーとして評価する．省エネルギー技術の仕事量の評価によく用いられる． [亀山 秀雄]

**エコエフィシエンシー** eco-efficiency

環境効率．企業のための環境対策活動指針であり，少ない資源でより多くの製品をつくること，環境負荷を低減させながら消費者価値を高めた財・サービスをつくることを重視している．1992年に持続可能な開発のための世界経済人会議(World Business Council for Sustainable Development, WBCSD)において提唱された．単に環境負荷発生に対する財・サービスを示す場合もある． [後藤 尚弘]

**エコセメント** eco-cement

廃棄物の焼却灰や下水汚泥を原料として含むセメント．焼却灰中の Ca, Al, Si, Fe がセメント原料となる．生産過程において焼却灰を1400℃以上で焼成するので，ダイオキシンが焼却灰に含まれる場合でもほぼ完全に分解される． [後藤 尚弘]

**エコデザイン** eco-design

⇒エコプロダクツ

**エコノマイザー** economizer

レキュペレーター*が比較的高温の排ガスを対象とするのに対し，中温ないし比較的低温の排ガスを対象として給水予熱に用いられる．一般にボイラー給水を管内，排ガスを管外に流し，フィン付き管を千鳥状に配置しているのが多い． [亀山 秀雄]

**エコプロダクツ** eco-products

資源採取や設計，生産，使用後の廃棄など，各過程での環境負荷を少なくした製品．エコプロダクツの原材料をエコマテリアル，エコプロダクツを生産するために行う設計・生産から，製品の製造までの

環境負荷の評価をエコデザインという．
　　　　　　　　　　　　　　　　　　　［後藤 尚弘］
**エコマテリアル　eco-material**
　⇨エコプロダクツ
**エジェクターかくはんき　――撹拌機　ejector type mixer**
　ジェット撹拌*のうちジェットノズルにエジェクターを用いる方式．エジェクターノズルにより液を吸い込んで槽内に循環流を発生させ，外部循環流と合わせて撹拌効果を増進させるよう工夫されている．エジェクターにより気体を吸い込ませて槽内に気泡を分散させ，気液反応を行うときにも用いられることがある．　　　　　　　　　［上ノ山 周］
**エス・アイ　SI**
　国際単位系のことで，フランス語 Le Système International d'unités の頭文字．7種の基本単位（長さ，質量など），2種の補助単位（平面角および立体角），18種の固有名称をもつ組立単位（力，圧力，エネルギーなど）から構成され，接頭語として16種の10の整数乗倍（たとえば$10^6$はメガとよび記号はMを用いる）が使用される．SIに属さないが，分［min］やリットル［L］のように併用を認められている単位もある．（⇨付録1）　　　　［荒井 康彦］
**エス・イー・シー　SEC　size exclusion chromatography**
　⇨GPC
**エス・エス・ビー・アール　SSBR　Sasol slurry bed reactor**
　SSPD (Sasol slurry phase distillate)．南アフリカのSasol社が開発したF-T合成用のスラリー床反応器．原料ガスは，反応器下部からコバルト系微細触媒粒子とパラフィンなどの高沸点溶媒からなるスラリーに吹き込まれ，スラリーが撹拌される．反応により生じる熱はスラリー床を通る熱交換パイプによって迅速に除去されるため，反応温度の制御が容易である．反応温度は523K付近と比較的低く，灯軽油留分とワックスが主生成物となる．生成物は沪過により触媒粒子から分離される．　［林 潤一郎］
**エス-エヌきょくせん　$S$-$N$曲線　$S$-$N$ curve**
　繰返し応力によって材料の強さが低下する現象を疲労といい，疲労により材料が破壊する場合，縦軸に繰返し応力$S$を，横軸に対数で破断までの繰返し数$N$を示した線図．一般に$S$が小さいほど$N$は増加するため，$S$-$N$曲線は右下がりの曲線となる．鋼材では曲線の傾斜部がある$N$以上で水平となり，ある値以下の$S$ではいくら繰り返しても破壊を生じなくなる．鋼材では，曲線が水平部に移る限界の$N$が$10^6$～$10^7$回の間にくることが多い．また，この水平部に相当する$S$の値が疲労限度*である．一方，非鉄金属のなかには，$N$が$10^7$回を超えても水平が現れないものがあり，このような場合には，曲線の傾斜が非常に緩やかになる$N$（たとえば$2\times10^7$）を指定して，その$N$に相当する$S$を疲労強度と定義することもある．　　　　　　　　　　［新井 和吉］
**エス・エフ・シー　SFC　sequential function chart**
　コントローラーのプログラム言語の一つ．IEC規格およびJIS規格に規定されている．工程歩進制御の記述に優れており，工程間の遷移条件と工程内での処理を明確に分離して記述でき，解読性に優れている．　　　　　　　　　　　　　　　　　［小西 信彰］
**エス・エム・シー　SMC　sheet molding compound**
　マトリクス材料に低収縮材，充填材，重合促進剤などを加えた液状混合物を，ガラス繊維マットなどのマット状の強化材に含浸させ，所定の温度，時間でゲル化させたシート状の成形材料のこと．
　　　　　　　　　　　　　　　　　　　［田上 秀一］
**エスカレーション　escalation**
　資材，労賃，物価水準，為替など状況の変化に応じて売買価格や賃金を調整すること．この場合，修正価格を算出するために使用するコストインデックスに権威あるものを選定，事前に合意することが重要．　　　　　　　　　　　　　　　　　［小谷 卓也］
**エス・シー・アール　SCR　selective catalytic reduction**
　⇨選択触媒法
**エス・シー・シー　SCC　supervisory computer control**
　プラント制御機能を階層的に考えたさいに定値制御の上位に位置する制御機能．定値制御が1ループ単位の入出力制御であるのに対し，SCCは装置あるいはプラント全体の経済性，制御性の観点から複数の制御変数の最適な設定値を決定する．古くはプラント制御の最適性を追及していたが，最近ではさらに上位の経営システムと連携し生産計画の最適化なども担当する．　　　　　　　　　　　　［小西 信彰］
**エス・ティー・ワイ　STY　space time yield**
　⇨空時収率
**エス・ブイ　SV　space velocity**
　⇨空間速度
**エス・ブイ　SV　sludge volume**
　汚泥沈殿率．汚泥を一定時間静置したときの沈殿した汚泥体積を百分率で表したもの．一般に，30分

間静置したときの値($SV_{30}$)が用いられ，汚泥沈降性の指標となる． ［木曽　祥秋］

## エス・ブイ・アイ　SVI　sludge volume index

$SV_{30}$($\Rightarrow$ SV)測定時の沈殿汚泥1gが占める体積[mL]を表し，測定に用いた汚泥のMLSS*から，下式によってSVIを求める．

$$SVI = \frac{SV_{30}}{MLSS} \times 10\,000$$

［木曽　祥秋］

## エスマックほう　SMAC法　SMAC (simplified marker and cell) method

流れの数値解析アルゴリズムの一つ．MAC法*と基本的に同じであるが，MAC法が圧力のPoisson方程式を求解するのに対して，これを簡単化したスカラ・ポテンシャルに対するPoisson方程式を解く手法(半陽的解法)． ［上ノ山　周］

## エックスせんかいせつぶんせきほう　X線回折分析法　X-ray diffraction analysis

X線が物質により散乱されるとき，散乱強度が干渉のため方向によって変化する現象がX線の回折である．X線回折図形が物質の結晶学的構造により固有であることを利用し，物質の同定，特定の回折線強度による物質の定量分析を行う方法をX線回折分析法とよぶ． ［松方正彦・髙田光子］

## エックス-ワイきょくせん　x-y 曲線　x-y curve

気液平衡曲線．二成分系気液平衡の液相組成$x$とそれに平衡な蒸気組成$y$の関係を表す曲線．組成は低沸点成分のモル分率またはモル%が使われることが多い． ［長浜　邦雄］

## エッチング　etching

固体の表面の一部または全面を腐食して取り除き，表面の形状を変化させること．その目的には，穴や溝からなる立体構造形成，模様の製作，形成されるくぼみによる固体(とくに結晶)の欠陥や対称性などの検査，凹凸面の平滑化，平滑面の粗化，などがある．腐食には，化学腐食剤，電界研磨，真空中高温加熱などが用いられ，液相中で行う方法をウェットエッチング，気相中で行う方法をドライエッチングとよぶ． ［羽深　等］

## エッチングそうち　――装置　etcher

エッチング*を行うための装置．基板の保持室，化学物質の供給部，化学反応を励起するための機能からおもに構成される．液相中で行うウェットエッチング装置と，気相・真空中で行うドライエッチング装置がある． ［羽深　等］

## エトベスすう　――数　Eötvös number

ボンド数．流体中を上昇・沈降する気泡・液滴・粒子に関して，界面張力*と浮力との比を表す無次元数である．$Eo = gd^2\Delta\rho/\sigma$で表される．ここで，$\Delta\rho$は連続相と分散相との密度差$|\rho_C - \rho_D|$，$d$は分散相の球相当径，$\sigma$は界面張力，$g$は重力加速度である． ［寺坂　宏一］

## エドミスターのしき　――の式　Edmister's equation

段塔*を用いて多成分系混合ガスのガス吸収*または放散*を行うときの理論段数* $N$ と，各成分の吸収または放散率の関係を与える近似式で，W.C. Edmister(1943)によって提出された．すなわち，

$$\frac{Y_B' - Y_T'}{Y_B'} = \left(1 - \frac{L_{MT} X_T'}{A_E' G_{MB} Y_B'}\right) \frac{A_E^{N+1} - A_E}{A_E^{N+1} - 1}$$

$$\frac{X_T' - X_B'}{X_T'} = \left(1 - \frac{G_{MB} Y_B'}{S_E' L_{MT} X_T'}\right) \frac{S_E^{N+1} - S_E}{S_E^{N+1} - 1}$$

ここで，$L_{MT}$, $G_{MB}$は塔頂への供給液，塔底へのガスのモル流量，$X'$, $Y'$は液相中，気相中の着目成分のそれぞれ塔頂液，塔頂ガスに対するモル比，添え字T, Bは塔頂，塔底を表す．また，$A_E$, $A_E'$および$S_E$, $S_E'$は，それぞれ有効吸収因子および有効放散因子とよばれる無次元数で，$A = 1/S = L_M/KG_M$ ($L_M$, $G_M$は液，ガスのモル流量，$K$は着目成分の平衡比*)で定義される吸収因子$A$と放散因子$S$の塔頂段での値$A_1$, $S_1$および塔底段での値$A_N$, $S_N$の値がわかれば，次式から求められる．

$$A_E = \sqrt{A_N(A_1+1) + 0.25} - 0.50$$

$$A_E' = \frac{A_N(A_1+1)}{A_N+1}$$

$$S_E = \sqrt{S_1(S_N+1) + 0.25} - 0.50$$

$$S_E' = \frac{S_1(S_N+1)}{S_1+1}$$

$A_1$, $A_N$または$S_1$, $S_N$を求めるには塔頂段と塔底段での気液の流量と液温の値が必要であるが，これらの値は各段での吸収率または放散率がすべて等しく，また塔内での液温の変化が全物質移動量に比例すると仮定して推算することができる．しかし，全物質移動量は，全成分に対する吸収率または放散率が計算された後に求められるので，試行法*が必要となる． ［寺本　正明］

## エヌ・アール・ティー・エルしき　NRTL式　NRTL (non-random two liquid) equation

1970年H.RenonとJ.M.Prausnitzが2流体モデルに基づいて導出した液相活量係数式．

$$\ln \gamma_i = \frac{\sum_{j=1}^{N} \tau_{ji} G_{ji} x_j}{\sum_{l=1}^{N} G_{li} x_l} + \sum_{j=1}^{N} \left[ \frac{x_j G_{ij}}{\sum_{l=1}^{N} G_{lj} x_l} \left( \tau_{ij} - \frac{\sum_{r=1}^{N} x_r \tau_{ij} G_{rj}}{\sum_{l=1}^{N} G_{lj} x_l} \right) \right]$$

ただし，$\tau_{ji}=(g_{ji}-g_{ii})/RT$，$G_{ji}=\exp(-\alpha_{ji}\tau_{ji})$．2液相に分離する混合系にも適用できる利点がある．多成分系の成分 $i$ の活量係数は，構成二成分系の定数 $\tau_{ji}$ を用いて推算できる．二成分系では3定数式となるが，第3定数 $\alpha_{ji}$ に系ごとに与えられた推奨値を使うと2定数式になる．Wilson式* と同様に広く活用されており，多数の二成分系定数が決められている．　　　　　　　　　　　　　　[栃木 勝己]

**エヌ・アール・ユー　NRU** number of reaction unit
　⇒反応単位数

**エヌ・エス・シー・アール　NSCR** non selective catalytic reduction
　⇒無触媒脱硝法

**エヌ・エフまく　NF膜** NF membrane, nano-filtration membrane
　⇒ナノ沪過膜

**エヌ・ティー・ユー　NTU** number of transfer unit
　⇒移動単位数

**エヌ・ピー・エス・エイチ　NPSH** net positive suction head
　有効吸込み揚程．正味吸込み揚程．ポンプの入口羽根または吸入ピストン付近の圧力が，移送する液体のその温度における蒸気圧より低くなると，液体の一部が気化していわゆるキャビテーション* が発生する．ポンプ入口にはこれが発生しない圧力をかける必要があり，この圧力を揚程[m]で表したもの．このようにキャビテーションが起きないために，必要なそのポンプに固有な NPSH を required NPSH とよぶ．一方，そのポンプ吸入側に接続する配管の圧力損失や接続する槽の圧力，液面など，その環境によって決定される NPSH を available NPSH とよぶ．　　　　　　　　　　　[伝田 六郎]

**エネルギーしげん　――資源** energy resources
　エネルギー資源は表に示すように，化石燃料*，自然エネルギー*，原子力エネルギー* および未利用エネルギーに分類される．また，燃料の形態によって，固体燃料*，液体燃料* および気体燃料とに分類され

エネルギー源の分類

| 化石燃料 | 石油系 | (液化)石油ガス，原油，ガソリン，灯油，軽油，重油 |
|---|---|---|
| | 天然ガス系 | (液化)天然ガス，メタン，メタノール |
| | 石炭系 | 石炭，石炭ガス，高炉ガス，コークス，タール・ピッチ，泥炭 |
| | その他 | オイルサンド，タールサンド，オイルシェル |
| 自然エネルギー | 水力 | |
| | バイオマス系 | まき，木材，木炭，家畜ふん，メタンガス，エタノール，農業廃棄物 |
| | 太陽熱 | 太陽光，太陽熱 |
| | その他 | 風力，波力，潮力，地熱 |
| 原子力エネルギー | | |
| 未利用エネルギー | 廃棄物 | 都市ごみ，産業廃棄物，汚泥 |
| | 廃熱 | 工場廃熱，変電所，地下鉄，地下街，コンピュータセンター |
| | 冷熱 | LNG基地，冷蔵倉庫 |
| | その他ヒートポンプ熱源 | 大気，地下水，河川水，湖水，海水，下水処理水 |

[便覧，改六，表26・1]

ることも多い．　　　　　　　　　[亀山 秀雄]

**エネルギースペクトルぶんぷ　――分布** energy spectrum distribution
　高周波成分を伴った不規則振動の集まりである乱流場の流速変動をフーリエ変換して，三角関数を使った級数(三角級数)で表現したときの，各波数成分が乱流エネルギーに寄与する割合を表す分布．このエネルギースペクトル分布により乱流場の構造，すなわち乱流場を構成する渦の分布が理解される．乱流* に関する研究では，周波数 $f$ の代わりに平均流速 $\bar{u}$ を用いて書換えた波数* $k=2\pi f/\bar{u}$ が汎用される．既往の研究では，エネルギースペクトル分布 $E(k)$ と波数 $k$ の関係は，波数領域に対応してさまざまな考えが提案されており，もっとも代表的なものは，局所等方性の仮説が成立する比較的高波数領域に対応した Kolmogoroff spectrum law とよばれる $E(k) \propto k^{-5/3}$ である．(⇒ Kolmogoroff の局所等方性乱流理論)　　　　　　　　　[小川 浩平]

**エネルギーちょぞう　――貯蔵** energy storage
　電気エネルギーの貯蔵として，二次電池，超伝導コイル，揚水がある．機械エネルギーの貯蔵として，フライホイール，圧縮空気がある．熱エネルギーの貯蔵は蓄熱とよばれ，大きく分けて三つある．物質

の温度変化を利用する顕熱蓄熱，物資の融解・凝固を利用してする潜熱蓄熱，化学プロセス（反応，吸着など）を利用する化学蓄熱がある．蓄熱に求められる性能は，蓄熱効率，蓄熱密度，応答性，繰返し特性である． 　　　　　　　　　　　　　　　[亀山 秀雄]

**エネルギーほうていしき ──方程式** energy conservation equation

エネルギー保存式．熱力学第一法則* によりエネルギーは保存されるで，任意の系に入るエネルギーの総和は，その系を出るエネルギーと系中に蓄えられるエネルギーの和に等しい．これを流れのある系に対して Lagrange の方法で考えると次式を得る．

$$\rho \frac{D}{Dt}\left(U + \Phi + \frac{1}{2}V^2\right) = -\nabla \cdot q - \nabla \cdot \rho V + \nabla \cdot (\tau \cdot V)$$

ここで，$U$ は内部エネルギー*，$\Phi$ はポテンシャルエネルギーであり，右辺第1項は熱伝導*，第2項は圧力による仕事，第3項は粘性による仕事を表す．上式を変形すると次のようになる．

$$\rho \frac{DU}{Dt} = -\nabla \cdot q - p\nabla \cdot V + \tau : \nabla V$$

圧力が一定で流れている系では，内部エネルギーではなく，エンタルピー* $h$ を用いたエネルギー方程式が一般的に使われる．

$$\rho \frac{Dh}{Dt} = -\nabla \cdot q + \tau : \nabla V$$

上式の左辺ではエンタルピーが用いられているが，右辺第1項の熱伝導の項は通常は温度を用いて表されるので，エネルギー方程式を解くときには不便である．エンタルピーと温度には次式の関係があるので，エンタルピーを用いないで，温度だけを変数として用いることができる．

$$dh = C_p dT$$

ただし反応が起こる流れや，プラズマなどのように電磁反応が起こる場合には，定圧比熱を一定とすることができないことに注意する．　　[渡辺 隆явら]

**エネルギーほぞんのほうそく ──保存の法則** law of conservation of energy
⇒熱力学第一法則

**エネルギーゆそう ──輸送** energy transport

エネルギーの輸送は形態によってそれぞれ異なる．電気エネルギーはケーブルや電磁波，燃料はパイプラインやタンカー，熱エネルギーは流体の温度を上げて送る顕熱輸送，相変化を利用して送る潜熱輸送および吸熱化学反応で化学物質に変えて送り，発熱反応で熱を取り出すケミカルパイプなどがある． 　　　　　　　　　　　　　　　[亀山 秀雄]

**エバポレイティブ・クーラー** evaporative cooler

伝熱管群の上部から冷却水を散布，下部から空気を通風させ，蒸発する水の潜熱を利用して伝熱管群内部を流れるプロセス流体を冷却する装置．(⇒蒸発冷却器) 　　　　　　　　　　　　　[平田 雄志]

**エピタキシャルシー・ブイ・ディープロセスのそかてい ──CVD──の素過程** elementary process of CVD method

CVD* 法によりエピタキシャル成長* を行う場合の素過程は，反応域の温度環境や原料ガスの性質，反応励起方法などにより異なるが，一般に次の過程からなると考えられている．① 原料ガスの輸送，② 気相や基板表面における反応中間体生成，③ 反応中間体の基板表面への物理吸着*・化学吸着*，④ 反応中間体の結晶格子位置への移動（表面拡散*）と化学結合形成，⑤ エピタキシャル結晶と副生成物の生成，⑥ 副生成物の表面からの脱離と輸送．
　　　　　　　　　　　　　　　[羽深　等]

**エピタキシャルせいちょう ──成長** epitaxial growth, epitaxy

エピタキシー．下地の結晶基板と結晶格子が整合するように結晶の薄膜を成長させること．基板に供給する結晶成長原料の状態により，気相，液相，固相エピタキシャル成長とよぶ．基板結晶とエピタキシャル膜が同じ物質であるときにホモエピタキシャル成長，異なる物質であるときにヘテロエピタキシャル成長とよぶ．エピタキシャルとは，ギリシャ語のエピ（の上に）とタクシス（配列，秩序）の合成語である．　　　　　　　　　　　　　　　[羽深　等]

**エピタキシャルまく ──膜** epitaxial film
⇒エピタキシャル成長

**エフ・アイち FI値** FI (fouling) index
⇒ファウリングインデックス

**エフ・アール・アイ FRI** Fractionation Research Incorporated

FRI は 1952 年に米国に設立された会員制の蒸留の研究機関である．形式としては5年ごとに存続を見直す NPO として設立され現在（2004年）まで継続している．工業規模の蒸留塔を建設して系統的に蒸留塔に用いるトレーや充填物およびインターナルの性能を測定し，その結果を解析して蒸留塔の設計計算式を提案している．それらは事実上の世界標準となっている． 　　　　　　　　　　　[大江 修造]

**エフ・アール・ピー FRP** fiber reinforced plastic
⇒繊維強化プラスチック

**エフ・アール・ピーライニング FRP──** fiber

reinforced plastics lining
⇨ライニング

**エフいんし　F因子　F factor**
キャパシティー因子．充填塔*の蒸気(ガス)負荷を表す因子で，蒸気(ガス)の空塔速度*を $u_G$ [m s$^{-1}$]，密度を $\rho_V$ [kg m$^{-3}$]，液密度を $\rho_L$ [kg m$^{-3}$] とするとき，$u_G\sqrt{\rho_V/(\rho_L-\rho_V)}$ の値をいう．なお，圧力が低く，$\rho_V \ll \rho_L$ のときには $u_G\sqrt{\rho_V}$ の値すなわち蒸気(ガス)キャパシティー因子が使われる．なお，従来はこの値をF因子とよぶことが多い． 
［長浜　邦雄］

**エフ・エイ　FA　factory automation**
一般には各種センサー，ロボットなどを使って工場を自動化すること．情報の伝達，処理など一連の工場の管理とともにコンピュータを使って行うことが多い．元来の英語ではなく日本での造語で，機械工場の自動化で使われだした． ［信江　道生］

**エフ・エム・イー・エイ　FMEA　failure mode and effects analysis**
対象システムを構成する機器に着目し，その機器の機能を喪失させるような故障モードをすべて列挙した後，その原因とシステムへの影響を解析する手法． ［柘植　義文］

**エフ・シー・シー　FCC　fluid catalytic cracking**
⇨流動接触分解

**エフ・ジー・ディー　FGD　flue gas desulfurization**
⇨排煙脱硫法

**エフち　$F$値　$F$ value**
殺菌操作において，250°F=121.1°Cにおける加熱致死時間をいう． ［近藤　昭彦］

**エフ・ティー・エイ　FTA　fault tree analysis**
事故や災害など発生してはいけない事象に着目して，その要因となる事象を論理的に解析し，最終的には基本的な機器や部品の故障といった原因レベルまで展開する．解析にさいしては，複数の要因事象が同時に成立しなければいけない場合(AND論理)と，いずれか一つが成立すればよい場合(OR論理)を組み合わせ展開していくところに特徴がある．また，各原因の発生確率が与えられると，頂上事象の発生頻度を計算することができる． ［柘植　義文］

**エフ・ビー・シー　FBC　fluidized bed combustor**
⇨石炭燃焼装置

**エプロンコンベヤー　apron conveyor**
粉粒体の機械的輸送法の一つ．エプロンコンベヤーではローラー付きのチェーンにエプロン(皿板受け)が取り付けられ，粉粒体はその上にのせられて輸送される．通常，傾斜角は20°程度までが多い．粉粒体とトラフの摩擦がないので所用動力の点で有利である．ベルトコンベヤーに比べて単位長さあたりのコストは高いが，ベルトコンベヤーでは困難な高温の粉粒体や塊状物も輸送できるなど適用範囲は広い．底の深い皿板受けを用いるものはパンコンベヤー(pan conveyer)とよばれる．パンコンベヤーでは傾斜角は60°程度まで可能である． ［辻　　裕］

**エマルション　emulsion**
相互に溶解しない2種の液体を強く撹拌したときに生じる混合物で，たとえば水の中に油が乳化したもの，または油の中に水が乳化したもの．身近なものでは牛乳やマヨネーズ，化粧品の乳液などがある．多くの場合エマルションとは安定した乳化物を意味しており，薬剤を添加して乳化状態を助長，安定化することが多い． ［薄井　洋基］

**エマルションかんそうほう　――乾燥法　emulsion drying method**
水よりも沸点の高い有機溶媒(ケロシンが一般的)中に金属塩を含む水滴が分散したエマルション*を準備し，そのエマルションを200°C程度の有機溶媒中に滴下して，水を蒸発させることによって金属塩の微粒子を得る方法． ［岸田　昌浩］

**エマルションじゅうごう　――重合　emulsion polymerization**
⇨乳化重合

**エマルションねんしょう　――燃焼　emulsion combustion**
数十μmに微粉砕された固体燃料と水，界面活性剤を混合することにより，固体を液中に安定に分散させたエマルション*(またはスラリー)を燃料として燃焼する方法．固体燃料よりも輸送・供給性に優れ，加圧プロセスによく用いられる． ［神原　信志］

**エム・アールがたじゅし　MR型樹脂　macroreticular ion exchangers**
多孔質樹脂*の一種．均一な微小球形ゲル型樹脂の凝集体でシャープな細孔径分布を有する二元細孔構造をもつ．非極性溶媒の処理，ガス吸着やタンパク質のような巨大イオンの分離などの特殊な目的に有効である．(⇨多孔質樹脂) ［吉田　弘之］

**エム・アンド・エー　M & A　mergers and acquisitions**
企業の合併・買収のこと．国際化などで産業構造の急激な変化に対応するためにとられる経営戦略の一つ．業界再編成や多角化した事業領域を絞り込む

さいに事業部門の売買の形で行われる.
[曽根 邦彦]

**エム・エイチ・ディーはつでん　MHD発電**　MHD (magneto-hydrodynamics) power generation

電磁流体力学発電．ファラデーの電磁誘導の法則に基づき，作動流体としての導電性流体が磁界を横切るときに誘導起電力を生じさせ，流体のエンタルピーを直接電力に変換する発電．オープンサイクルとクローズドサイクルに大別され，前者では2300 K以上の高温燃焼ガスを，後者では希ガスあるいは液体金属を作動流体とする．ガスを作動流体とする場合，導電率を高めるためにアルカリ金属あるいはその化合物がシード物質として微量添加される．
[林 潤一郎]

**エム・エス・エフじょうはつほう　MSF蒸発法**　MSF evaporation

多段フラッシュ蒸発法．multi stage flash evaporator の略語．[⇒蒸発プラントの図(a)]
[川田 章廣]

**エム・エス・エム・ピー・アールしょうせきそうち　MSMPR晶析装置**　MSMPR crystallizer

撹拌槽型の連続晶析装置の一つで，完全混合の条件を満たしているもの．完全混合・混合抜出しを意味する mixed suspension mixed product removal の頭文字をとって MSMPR(型)晶析装置とよんでいる．このままでも連続装置を意味するが，とくに C(continuous)を頭に付けて CMSMPR と称することもある．完全混合・混合抜出しの条件が満たされると，定常状態での結晶粒子の個数収支（ポピュレーションバランス）をとることによって，次の関係式を導くことができる．

結晶粒径分布： $n(L) = n(o)\exp\left(-\dfrac{L}{G\tau}\right)$

平均粒径： $\bar{L}_N = G\tau$

結晶粒子数： $N_T = B\tau$

核化速度と成長速度： $B_o = n(o)G$

ただし，$n(L)$ は粒径が $L$ の結晶粒子の単位体積あたりのポピュレーション密度で，

$$N_T = \int_0^\infty n(L)dL$$

は単体積あたりの全粒子数を表す．$\tau$ は平均滞留時間，$G$ は結晶粒子の成長速度，$B$ は単位体積あたりの核発生速度である．MSMPR装置では，このように粒径分布 $n(L)$ を測定することによって，核発生速度と成長速度の両者を同時に決定できるが，凝集や破損がないという大きな仮定に基づいている．
[松岡 正邦]

**エム・エフ　MF**　microfiltration
⇒精密沪過

**エム・エフまく　MF膜**　MF (microfiltration) membrane
⇒精密沪過

**エム・エル・エス・エス　MLSS**　mixed liquor suspended solids

活性汚泥法において，流入汚水と返送汚泥が混合された状態にあるエアレーションタンク（ばっ気槽）内の浮遊物質濃度を MLSS という．MLVSS は MLSS 中の有機物量を表す指標で，MLSS を約600℃で約1時間強熱したときの重量の減少量に相当する．いずれも微生物量の指標である．
[木曽 祥秋]

**エム・エル・ブイ・エス・エス　MLVSS**　mixed liquor volatile suspended solids
⇒MLSS

**エム・オー・シー・ブイ・ディー　MOCVD**　metal organic chemical vapor deposition

OMVPE*．気相成長法の一つで，有機金属原料の熱分解反応を利用して薄膜を堆積させる方法．堆積速度ならびに膜組成の制御性が高い．装置構成が比較的単純であるため，大面積化が可能であり量産に向いている．
[大下 祥雄]

**エム・ダブリューほうでん　MW放電**　MW (micro wave) discharge
⇒マイクロ波プラズマ

**エムち　$m$値**　$m$ value

劣化指数（係数）．膜の透過流束*の減少率で，次式によって定義される $m$ の値．膜の耐久性を表す一つの指標とされる．

$$\frac{J}{J_0} = \left(\frac{t}{t_0}\right)^{-m}$$

ここで，$J$ は $t$ 時間後の透過流束，$J_0$ は $t_0$ 時間後の透過流束，$t$ は運転継続時間，$t_0$ は運転初期の基準時間である．
[鍋谷 浩志]

**エム・ティー・ビー・エフ　MTBF**　mean time between failure

平均故障間隔．故障したとき修理して再び使用するアイテム（部品，機器，システムなど）において，引き続いて発生する故障間の動作時間の平均値．アイテムの信頼性を表現する尺度として用いる．
[松山 久義]

**エム・ビー・イー　MBE**　molecular beam epitaxy

分子線エピタキシー．超高真空下（$<10^{-8}$ Pa）にお

いて，るつぼ内の固体原料を加熱し，原料を分子あるいは原子状態で蒸発させて，基板上に薄膜を堆積させる方法．超高真空および複数原料の蒸発量の精密な制御により，残留不純物が少なく組成が制御された良質な薄膜を堆積できる．　　　［大下 祥雄］

**エラストマー　elastomer**
弾性重合体．弾性ポリマー．室温付近で顕著な弾性を示す高分子材料で，合成ゴムあるいはゴム状プラスチックのこと．おおむね原長の2倍以上に引き伸ばすことができ，外力を解放するとほぼ原長に回復する．　　　　　　　　　　　　　［仙北谷 英貴］

**エリミネーター　eliminator**
⇒飛沫捕集器，ミストエリミネーター

**エル・イー・エスモデル　LES ── LES (large eddy simulation) model**
乱流*の数値解を求める場合，流れ場を細かい格子に分割して，それぞれの格子点における運動方程式*の連立解を得る必要がある．乱流渦*の最小スケールよりも小さい格子間隔を設定することは一般に困難であるので，粗い格子における物理量を格子平均量とそれからの変動量に分けて解く方法が提案されており，この格子平均モデルは一般にLESモデルとよばれる．　　　　　　　　　　　　［薄井 洋基］

**エル・エヌ・ジーふくごうかりょく　LNG複合火力　LNG (liquefied natural gas)-fired combined cycle power generation**
液化天然ガス（LNG）複合火力発電．LNGコンバインドサイクル．LNGコンバインドサイクル発電．LNGを燃料とするガスタービン・蒸気タービン複合発電．LNGを気化，次いで圧縮空気と混合し，燃焼器で燃焼する．1300℃以上の高温燃焼ガスによってガスタービンを駆動し，さらにガスタービンからの400～600℃の排気の熱エネルギーによって蒸気を発生させ，蒸気タービンを駆動する．50％以上の高い発電端効率が得られるだけでなく，比較的小容量の場合や低負荷運転の場合でも，効率の低下が小さいなどの特徴を有する．　　　　　　［林 潤一郎］

**エルガンのしき ──の式　Ergun's equation**
固定層*を流れる流体の層流*から，乱流*への遷移域の圧力損失* $\Delta p$ [Pa]を与える式．層流，乱流それぞれの圧力損失を表す式の和として，次のように表される．

$$\Delta p = 150\frac{(1-\varepsilon)^2}{\varepsilon^3}\frac{\mu u_f}{D_p^2} + \frac{7}{4}\frac{\rho u_f^2}{D_p}\frac{1-\varepsilon}{\varepsilon^3}$$

ここで，$\varepsilon$ [−]は空間率*，$\mu$ は流体の粘度* [Pa s]，$u_f$ [m s$^{-1}$]は空塔速度*，$D_p$ [m]は粒子直径，$\rho$ は流体の密度 [kg m$^{-3}$]である．　　　　　［吉川 史郎］

**エル・シー・エイ　LCA　life cycle assessment**
製品の環境負荷を総合的に評価する方法．製品の原材料採取から，製造・使用・リサイクル・最終的廃棄段階に至るまでの資源・エネルギー使用，環境放出物質などを分析し，入出力の勘定表の形で示す方法論．国際規格（ISO 14040）や日本工業規格（JIS Q 14040）がある．　　　　　　　　　　　［曽根 邦彦］

**エル・シー・エス・ティー　LCST　lower critical solution temperature**
下部臨界溶解温度．2（多）成分溶液において，低温で相溶性*を示す溶液の温度を上昇させると液-液相分離*が起こることがあり，この溶液の相分離温度-濃度曲線は下に凸となる．その曲線の下限の温度のこと．LCSTは，水−ニコチン系など水溶液系，ポリイソブチレン−ペンタン系など高分子溶液系および高分子ブレンド*系において見出されている．一般に，高分子溶液系のLCSTは，UCST*より高温域に現れ，それらの臨界溶解温度の中間の温度に関し鏡像型の相図を示す．一方，水−ニコチン系など水溶液系のLCSTは，UCSTより低温域に現れ，内部が非相溶性を示すループ状の相図となる．
　　　　　　　　　　　　　　　　　　［佐伯 進］

**エル・シー・ディー　LCD　limitting current density**
⇒限界電流密度

**エル・ティー・ブイがたじょうはつかん　LTV型蒸発缶　LTV evaporator**
ケスナー型蒸発缶．垂直長管型蒸発缶（long tube vertical evaporator）の略称．［⇒蒸発装置の(n)］
　　　　　　　　　　　　　　　　　　［川田 章廣］

**エル・ディー・エフきんじ　LDF近似　LDF (liner driving force) approximation**
⇒線形推進力近似

**エルトリエーション　elutriation**
⇒飛出し（流動層における粒子の）

**エル・ピー・イー　LPE　liquid phase epitaxy**
⇒液相エピタキシー

**エル・ビーまく　LB膜　LB (Langmuir-Blodgett) membrane film**
⇒ラングミュア−プロジェット法

**エルボ　elbow**
管路の曲がり部に使用する管継手の一種．用途に応じ接続角度，接続方法（フランジか，溶接か，ねじ込みかなど）および材質などが異なりさまざまなものが存在する．JISをはじめ各種海外規格が存在す

る． ［伝田 六郎］

**エレクトレットせんい ──繊維　electret fiber**
　半永久的な分極電荷を保持した繊維で，この繊維からなるフィルターは高効率，低圧力損失を実現できるため呼吸器用のマスクなどに利用される．帯電した高分子シートを切断して繊維状にしたスプリット繊維と，ポリマーを溶融状態で放電しながらノズルから射出するスパン繊維がある． ［大谷 吉生］

**エレクトレットフィルター　eletret filter**
　⇒帯電フィルター

**エレメント　element**
　膜とその支持体および流路材を一体化し，圧力容器に収めるように成形加工した部品であり，その形状はスパイラル，管状，キャピラリー，中空糸などに分類される．膜エレメントを圧力容器に入れることで，圧力を付与することができる膜モジュール*となる． ［都留 稔了］

**エロージョン　erosion**
　繰返しの機械的作用による材料表面の変形・劣化や，脱離・破壊する現象．エロージョンそのものは材料の劣化や破壊の原因を具体的に示していない．そこで，キャビテーション（水中での気泡の発生と崩壊）現象によるエロージョンをキャビテーションエロージョン*，固体粒子衝突による場合を固体粒子衝突エロージョン，サンドエロージョンなどという．固体粒子衝突エロージョンの類義語に粉体摩耗がある．劣化現象は類似しているものの，粒子がある角度をもって材料に衝突するか，粒子が材料に絶えず接触するか否かによって区別される．材料に対して腐食性の環境で生じるエロージョンをエロージョン・コロージョンといい，キャビテーションエロージョン・コロージョンなどという．エロージョン・コロージョンの材料劣化の主因はコロージョン（腐食）であることが多い．エロージョン・コロージョンの典型例は銅合金製の多管式熱交換器の管入口付近に発生する現象で，流体のせん断力や乱れに起因した局部腐食とみなすことができる． ［礒本 良則］

**エロージョン・コロージョン　erosion-corrosion**
　⇒エロージョン

**エロフォールミル　aerofall mill**
　自生粉砕機．直径の大きい回転円筒型容器に砕料粒子塊が挿入され，容器回転に伴って粒子塊自体が粉砕媒体の役割を果たして相互に粉砕*される機構をもつ粉砕機．エロフォールミルは自生粉砕機の一つの商品名である． ［齋藤 文良］

**えんかんないへきたいせきほう　円管内壁堆積法　analysis of CVD using a tubular reactor**
　小径の円管を反応器に用いて，CVD*反応の反応速度解析を行う方法．基板を用いず，管内壁に直接成膜させる．通常，等温条件で実験を行い，反応管内の成膜速度*分布を測定する．反応に伴う体積変化が無視でき，速度過程が一次であれば成膜速度の対数と滞留時間が直線関係となり，その勾配から成膜速度定数を求めることができる．速度定数の管径依存性を測定することにより，律速段階を決定することができる．総括反応速度式*の関数形が不明な場合は微分反応器*の条件での測定が有効である．反応率がゼロと近似できれば，反応管内の原料濃度が直ちに計算でき，成膜速度の濃度依存性と速度定数を容易に求めることができる． ［河瀬 元明］

**えんけいど　円形度　circularity**
　輪郭比．Wadell の形状指数．粒子の形状を定量的に表現する形状指数の一つ．粒子の投影像について，投影面積と等しい円の周長を実際の粒子の周長で割った値．したがって，円形度は1以下の値をとり，投影像が円から外れるほど小さくなる．ただし，厳密には投影像がほぼ円形であっても，表面に凸凹がある粒子では輪郭が複雑に変化するので，円形度はその程度に応じて小さな値となる．このため，粒子の表面性状を表す指標として用いられることもある． ［増田 弘昭］

**えんこうか　塩効果　salt effect**
　塩類効果．水相にさまざまな塩類を添加することにより，液相系の平衡濃度または反応速度などに変化を生じる効果の総称．平衡関係に対する塩効果としては，水相に添加した塩濃度の増加とともに溶解度が減少する塩析*（salting-out）が有名である．反応速度に対する塩効果は，イオン反応およびイオンが関与する触媒反応などにおいてみられる．とくに酸塩基触媒反応に対する塩効果は顕著である．
 ［後藤 雅宏］

**エンジニアリング　engineering**
　技術分野，事業分野によってさまざまな意味に使われているが，本来は"科学技術を経済的に実用に供し人間社会のために役立てること"をさす．そして，ケミカルエンジニアリングは，"研究，経験，実践により得た数学・化学その他の自然科学の知識を，人類の利益のために，物質とエネルギーを利用する経済的方法を開発するための判断に応用する profession である"と，AIChE（米国化学工学技術者協会）の憲章（2003年1月改訂）第3条で定義されている．化学プラントに関するエンジニアリング業務は，

プロセスの開発改良，フィージビリティースタディー（FS），基本設計\*，詳細設計\*，機器資材の調達，建設，運転保守およびこれらの全部または一部を管理するプロジェクトマネージメント\*など広範囲にかかわりがあるが，これらを一貫して実施することはまれで，多くの場合FS以降が分割して発注される．　　　　　　　　　　　　　　　［小谷　卓也］

**エンジニアリングプラスチック**　engineering plastic

汎用プラスチックより耐熱性と機械的強度に優れ，機械部品，電気部品，自動車部品など従来金属が使用されていた部品に使用される．結晶性のポリアミド（PA），ポリブチレンテレフタレート（PBT），ポリアセタール（POM），非晶性のポリカーボネート（PC），ポリフェニレンオキシド（PPO）が五大汎用エンジニアリングプラスチックである．
　　　　　　　　　　　　　　　　［浅野　健治］

**えんしんかそくど**　**遠心加速度**　centrifugal acceleration

単位質量あたりの遠心力をいう．回転半径 $r[\mathrm{m}]$ と角速度 $\omega[\mathrm{rad\,s^{-1}}]$ および回転周速度 $V[\mathrm{m\,s^{-1}}]$ と，次式の関係で表される．重力加速度 $g[\mathrm{m\,s^{-2}}]$ との比を遠心効果\*$Z[-]$とよぶ．

$$r\omega^2 = \frac{V^2}{r} = Zg$$

　　　　　　　　　　　　　　　　［中倉　英雄］

**えんしんこうか**　**遠心効果**　centrifugal effect

遠心力と重力との比として定義され，遠心分離作用力の大きさを示す．回転半径 $r[\mathrm{m}]$，角速度を $\omega[\mathrm{rad\,s^{-1}}]$，回転周速度を $V[\mathrm{m\,s^{-1}}]$，回転数を $N[\mathrm{rpm}]$，重力加速度を $g[\mathrm{m\,s^{-2}}]$ とすると遠心効果 $Z[-]$ は次式で表される．

$$Z = \frac{r\omega^2}{g} = \frac{V^2}{rg} = \frac{\pi^2 r N^2}{900 g}$$

　　　　　　　　　　　　　　　　［中倉　英雄］

**えんしんしききゅうしゅうそうち**　**遠心式吸収装置**　centrifugal absorber

遠心力を利用して吸収液を微細な液滴に噴霧して気体と接触させる方式のガス吸収装置\*．吸収速度は大きい長所があるが，所要動力が大きく，液の飛沫同伴が多い短所もある．（⇒ガス吸収）　［後藤　繁雄］

**えんしんだっすい**　**遠心脱水**　centrifugal drainage

湿潤粒子層や沪過ケーク中に含まれる液体を，遠心力を用いて除去する脱水操作．湿潤粒子層内に含まれる液体は，結晶水のように粒子内部に存在する液体（粒子内液）と，毛管上昇液，ウエッジ液および付着液のように粒子外部に存在する液体（粒子外液）とに類別される．遠心脱水操作では粒子外液が分離の対象となる．脱水を開始すると，粒子層下部の液飽和部の液面が降下する毛管流れと，飽和液面の降下速度に追随できずに液面の後から粒子表面を膜状で流下する膜流れが存在する．通常，遠心脱水過程では毛管流れが短時間で終了し，膜流れが支配的となる．　　　　　　　　　　　　　　　［中倉　英雄］

**えんしんちゅうしゅつき**　**遠心抽出機**　centrifugal extractor

遠心力を利用して，向流分散させた液液抽出\*装置．水平型多段式のポドビルニアク抽出機\*，垂直型多段式のルウェスタ抽出機\*が有名である．接触時間がきわめて短いにもかかわらず，抽出効率\*がきわめて高いのが特徴である．しかし，構造が複雑で高価なため，高価な物質や安定性のよくない物質の迅速抽出に広く適用されている．　［平田　彰］

**えんしんちんこうき**　**遠心沈降機**　sedimentation centrifuge

希薄懸濁液中の固体と液体の分離，あるいはエマルション\*からの液体と液体の分離を遠心力の作用下で行う機械．遠心沈降機は，円筒型，分離板型，デカンター型の3種に大別される．円筒型は，直径 $5 \sim 15\,\mathrm{cm}$ の細長い円筒を回転数 $10\,000 \sim 20\,000\,\mathrm{min^{-1}}$ で回転し，処理量は $1 \sim 10\,\mathrm{m^3\,h^{-1}}$ 程度である．分離板型は，多数の円すい台形の分離板を数mm間隔で積み重ねて沈降面積の増大をはかり，回転数 $3\,000 \sim 10\,000\,\mathrm{min^{-1}}$，処理量は最大 $200\,\mathrm{m^3\,h^{-1}}$ 程度である．デカンター型は，円筒形あるいは円すいと円筒形が組み合わさったドラムを $3\,000 \sim 6\,000\,\mathrm{min^{-1}}$ で水平軸回転させる．ドラムよりわずかに低速で回転するスクリューコンベヤーが，壁面に沈積した固体をかき取りながら排出し，清澄液は反対側の出口より流出する．　　　　　　［中倉　英雄］

**えんしんちんこうそくど**　**遠心沈降速度**　centrifugal sedimentation velocity, centrifugal settling velocity

　⇒沈降速度

**えんしんちんこうめんせき**　**遠心沈降面積**　centrifugal settling area

遠心沈降分離機の処理能力を表す因子．遠心沈降機\*の幾何学的形状と運転条件によって定まる特性値で，遠心沈降機のスケールアップ計算に有用である．処理能力を $Q[\mathrm{m^3\,s^{-1}}]$，重力場における粒子の終末速度を $u_g[\mathrm{m\,s^{-1}}]$ とすれば，遠心沈降面積 $S_e[\mathrm{m^2}]$

は次式で定義される．

$$Q = u_g S_e$$

[中倉 英雄]

**えんしんぶんり　遠心分離　centrifugation**

重力に代えて遠心力を駆動力として，沈降分離，分級，沪過，脱水などを行う機械的分離操作の総称．生じる加速度は実用機で重力の数千から数万倍，実験室試験機では十数万倍にも達する．遠心分離操作は，その目的に応じて遠心沈降，遠心分級および遠心沪過・脱水に大別される．化学工業，鉱工業をはじめ，食品・発酵工業，医薬品，用廃水処理など広範な分野で利用されている．分離の対象としては，懸濁液中の固体と液体の分離（固液系）およびエマルション中の分散相と連続相の分離（液液系）を主体とするが，気液系，気固系，気固液系などの特殊な適用例もある．とくに最近においては，コロイドや超微粒懸濁物質，難沪過性の汚泥・ゲル状物質や油性廃水，タンパク質や核酸などの高分子物質，抗体やホルモンなどの低分子物質，気相中における同位体の分離など，分離の対象となる物質が複雑多岐にわた

遠心分離を行う装置，すなわち遠心分離機\*は，回転円筒の筒壁が無孔の遠心沈降機\*と有孔回転体の内側面に沪材を設け，沪過・脱水を行う遠心沪過・脱水機\*の2者に大別される．遠心沈降機\*の代表として，円筒型，分離板型，デカンター型，また遠心沪過・脱水機\*の代表として，バスケット型，押出板型\*，ピーラー型などがあげられる．最近においては，環境負荷低減の観点から，高脱水化（ハイソリッド），省エネルギー化，耐摩耗性を目的とした開発改良が進められている．さらに，医薬品や食品の製造および品質管理に関する基準（good manufacturing practice, GMP）やファインケミカルなどの製造において機械を分解せずに自動洗浄するシステム（cleaning in place, CIP），スチーム滅菌（steam in place, SIP）対応のシステムなど，サニタリー化やクリーンルーム設置，完全自動洗浄を重視した遠心分離機の高度化が展開されている．　　[中倉 英雄]

**えんしんぶんりき　遠心分離機　centrifugal separation**

遠心力を利用して懸濁液中の固体と液体の分離，あるいはエマルション中の分散相と連続相との分離を行う機械．遠心分離機は，無孔の回転容器を高速回転により懸濁質と清澄液とに分離する遠心沈降機\*と，有孔回転体の内側面に沪材を設け，沪過ケークと沪液とに分離する遠心沪過・脱水機\*の2者に大別される．いずれも回分式と連続式があり，回転軸の方向が垂直と水平に応じて縦型と横型，駆動方式により懸垂式やつり下げ式，また，排出方式によってピーラー型や押出板型など種々の型式に分類される．　　[中倉 英雄]

**えんしんポンプ　遠心——　centrifugal pump**

羽根車の回転により対象液体に速度，さらに圧力エネルギーを与えて昇圧するポンプの総称．往復式に比較し，小型で安価，流量が安定していて幅広い液に対応できる利点がある．しかし，自力で吸い込みができず，安定運転の流量範囲が比較的狭く，高揚程には多段にしなければならない欠点もある．

[伝田 六郎]

**えんしんりゅうどうそう　遠心流動層　centrifugal fluidized bed, rotating fluidized bed**

回転流動層．遠心場を利用して高G下でおもに微粒子を流動化させる流動層．側面が分散板になっている円筒に粒子を入れ，円筒を回転させながら円筒の外側から分散板を通して流体を吹き込み，粒子を流動化させる．流動層は円筒の内面に沿って形成される．通常重力場に比べて数十～200倍ぐらい大きなGとなっているため，ガスを大流速で流せるとともに，凝集しやすく通常では流動化が困難な微粒子を流動化することができる．回転数を変えることで広いガス流速に対応できる，コンパクトである，高SV値が実現できるなどの特徴がある．最近ではナノ粒子の流動化や微粒子コーティングなどが試みられている．　　[堤 敦司]

**えんしんりょくしゅうじん　遠心力集じん　centrifugal dust collection**

遠心力場における粒子の沈降速度は重力場の数百倍にできるので，液体中では約$100\,\mu m$以下，気体中では約$30\,\mu m$以下の微粒子の捕集に遠心力集じんが利用される．回転流をつくるための型式として強制回転方式と非強制回転方式がある．強制回転方式では回転数の変化で分離径を容易に変更できるが，回転部における粒子と材料との衝突摩耗に注意する必要がある．（⇒サイクロン）　　[吉田 英人]

**えんしんろか・だっすいき　遠心沪過・脱水機　centrifugal filter and centrifugal dehydrator, filtering centrifuge**

有孔円筒の内側に金網，沪布などの沪材を設け，遠心力を推進力として沪過，洗浄，脱水およびケーク排出の操作が回分式あるいは連続式で行われる．遠心沪過・脱水機の代表として，バスケット型，押出板型\*，ピーラー型などがある．回転数は通常，

$500 \sim 2\,500\ \text{min}^{-1}$ の低速度で運転され,遠心効果*は$100 \sim 3\,000$程度,分離粒子径は$5\ \mu\text{m}$以上,固体濃度$5 \sim 40\ \text{wt\%}$の懸濁液を対象とする.固体処理量は型式に応じてかなり異なり,最大で$5 \sim 200\ \text{m}^3\text{h}^{-1}$程度である. [中倉 英雄]

**えんすいがたスクリューこんごうき 円すい型——混合機 cone type screw mixer**

図のように円すい型容器中に壁に沿って,単一あるいは複数の傾斜させた縦型のらせん面を有するスクリュー羽根を入れ,その回転および壁からの作用によって粉流体を垂直方向にかき上げつつ,容器中の粉体全体を対流させて広範囲域でせん断作用を受けさせながら,全体の混合をさせる回分式混合機.スクリュー羽根は自転しつつ同時に遊星的公転を行うことから,混合効率が向上されるように工夫されている.スクリュー羽根が中心に垂直に固定されている型式のものもある.容器径に対してスクリュー羽根径が比較的小さく,自転の所要動力は少ないとされるうえ,自転により粉流体が流動化されるので公転動力も小さいといわれている.混合機能を生かして,加熱,冷却,乾燥,反応など多方面で活用される. [塩原 克己]

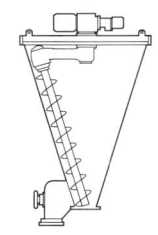

円すい型スクリュー混合機

**えんすいしぶんほう 円すい四分法 coning and quartering method**

微粉体からの代表試料のサンプリングに用いる縮分法の一つ.漏斗などを用いて平面上に粉体を供給すると,円すい状に堆積する.次に,平板を用いて,この円すいの上部から静かに押しつぶすと円盤状に広がる.この円盤状粉体を円盤の中心で直交する2本の直線で4等分し,円盤の中心点で対向する二つの4等分された部分をそれぞれ合わせると,初めの試料は2等分される.さらに小さい試料が必要なときは,2等分された試料の一つを用いて,この縮分操作を繰り返す.この縮分法を円すい四分法とよぶ. [日高 重助]

**えんせき 塩析 salting-out**

水溶液に中性塩(電解質*)を加えたとき,溶けている物質の溶解度が減少する現象,あるいは多量の塩の添加によってコロイド溶液からタンパク質などを沈殿させる操作,または気液平衡で塩を加えることにより溶質の比揮発度*が増大する現象などをいう.生物工学の分野で塩析はタンパク質の分画に利用され,塩析効果の大きな塩として硫酸アンモニウム,硫酸ナトリウム,リン酸カリウムなどが用いられる.(⇨塩入) [新田 友茂]

**えんせきがいふくしゃ 遠赤外ふく射 far-infrared radiation**

多くの固体は$3 \sim 10\ \mu\text{m}$以上の程度の波長の赤外ふく射をよく吸収する.また,$300 \sim 1\,000\ \text{K}$の程度の高温の固体はその波長域のふく射をよく放射する.すなわち,"遠赤外ふく射"は,学術的には赤外ふく射が熱ふく射*とよばれるゆえんを述べるにすぎないが,その語が商業広告に用いられるときには,学術的には立証されない"効果"をもつものであるかのように語られることがある. [牧野 俊郎]

**えんそうとうけい 円相当径 projected area diameter**

Heywood径.不規則な形状の粒子の大きさを表す幾何学的代表径の一つで,粒子の投影面積と等しい面積をもつ円の直径.詳しくは,投影面積円相当径とよぶが,単に円相当径といえばこの相当径をさす.ほかに,投影周長円相当径,内接円相当径などがある.いずれも相当径の一種で,(等体積)球相当径*は物理的意味が明確であるが,測定が困難である. [増田 弘昭]

**エンタルピー enthalpy**

内部エネルギー*$U$と圧力$p$,体積$V$を用いて$H = U + pV$で定義される状態量*.定圧下で非流れ系*の受ける熱量はエンタルピー変化に等しい.また,流れ系*の状態変化に伴う熱量は,位置エネルギーおよび運動エネルギーが無視でき,仕事が関係しないときはエンタルピー変化で表される. [栃木 勝己]

**エンタルピーカーブ enthalpy curve**

⇨コンデンセーションカーブ

**エンタルピーしつどずひょう ——湿度図表 enthalpy-humidity chart**

湿りガス*の性質を図に表したものを湿度図表*というが,このうち湿りガスの温度,湿度*と熱的物性であるエンタルピー*の関係を表したものをエン

タルピー湿度図表とよぶ．おもに冷水装置*や減湿装置*の設計計算に用いられる． ［西村 伸也］

## エンドオブパイプテクノロジー end-of-pipe technology

発生した環境負荷を処理する技術．排ガスや排水，廃棄物を処理する従来型の技術であり，環境負荷そのものを発生させないことが求められている．
［後藤 尚弘］

## エントレインメント entrainment
⇒飛出し（流動層における粒子の）

## エントレーナー entrainer

共沸点*のある混合液の共沸組成を変えるあるいは消滅させるため，または相対揮発度*を変えるために加える第三成分のこと．共沸蒸留*では低沸成分*を加えて塔頂に留出させ，抽出蒸留*では高沸成分*を加え塔底部より抜き出す． ［宮原 昱中］

## エントロピー entropy

熱力学温度*$T$の系が熱量*$dQ$を受け取り可逆的に状態変化したとき，$dS = dQ_{可逆}/T$で定義される状態量*．熱力学第二法則*より，自発的に起こる変化では系と周囲の全エントロピー変化$(\Delta S)_t$はつねに増加し，エントロピーの増加は仕事として使用できない損失仕事$W_{lost}$を与える．
$$W_{lost} = T_0 (\Delta S)_t$$
ここで，$T_0$は周囲の温度である． ［栃木 勝己］

## えんにゅう 塩入 salting-in

塩溶．水溶液に中性塩（電解質*）を加えたとき，溶けている物質の溶解度が増加する現象，あるいは気液平衡で塩を加えることにより溶質の比揮発度が減少する現象をいう．なお，塩入あるいは塩析*の現象を塩効果とよぶ． ［新田 友茂］

## エンブリオ embryo

胚芽．溶液中に存在する大小さまざまな会合体．結晶核発生の先駆現象としてエンブリオの発生がある．古典的結晶核形成理論では，エンブリオが溶液の熱ゆらぎによってある大きさ（臨界核サイズ，核を球としたときは臨界核半径）以上になったとき，その会合体はエネルギー的に安定で結晶核になるとされる． ［大嶋 寛］

## えんよう 塩溶 salting-in
⇒塩入

## えんるいこうか 塩類効果 salting-out(-in) effect

塩効果．中性塩効果．液相に塩類を添加することにより液相系の平衡濃度または反応速度などに変化を生じる効果の総称．平衡関係に対する塩類効果としては，溶解度が塩濃度とともに減少する場合と増加する場合とがあり，前者を塩析*(salting-out)，後者を塩入*または塩溶(salting-in)とよぶ．塩類水溶液への中性溶質分子の溶解度に対してセッチェノフ式*がある．

反応速度に対する塩類効果はイオン反応およびイオンが関与する触媒反応などにみられる．とくに酸塩基触媒反応に対する塩類効果は著しい．反応速度に対する塩類効果には，塩添加により液中のイオン強度が変化し，活性錯合体の活動度が変化するために反応速度が変化する場合と，添加される塩が反応に関与する分子種と共通イオンをもつために，平衡濃度が変化することにより反応速度が変化する場合がある． ［後藤 繁雄］

# お

**オー・イー・エム　OEM** original equipment manufacturer

相手先ブランドで，部品や完成品を供給する委託生産方式またはその製品．本来は相手先商標を付けた製品の生産者を意味する．委託側には商品開発，設備投資の時間と費用の節約，供給側には量産効果によるコスト削減の利点がある．　　　　　[曽根 邦彦]

**オイラーがたモデル　——型——(流動層シミュレーション)** Eulerian model

二流体モデル．固体粒子および流体の運動を，それぞれ連続体として表現する数値解析モデルをいう．微視的にみれば時間的，空間的に不連続である瞬時の粒子と流体の運動は，局所相平均，時間平均，アンサンブル平均などの平均化操作により，流体力などの相互作用を伴う2流体の流れとしてモデル化される．固相に対する応力・ひずみ関係を与える構成方程式モデルとしては，気体運動論に基づくモデルなどがある．　　　　　　　　　　　　[田中 敏嗣]

**オイラーすう　——数** Euler number

Navier-Stokes式*を速度，長さ，圧力などの代表量を用いて無次元化したときに，圧力項の係数として表れる次に示す無次元数*．

$$E = \frac{p}{\rho u^2}$$

ここで，$p$[Pa]，$u$[m s$^{-1}$]はそれぞれ圧力，速度の代表量である．圧力の流れに対する影響を表す．
　　　　　　　　　　　　　　　　　　　　　　[吉川 史郎]

**オイラーのうんどうほうていしき　——の運動方程式** Euler's equation of motion

流れの中の固定点における物理量を観測するオイラーの方法に基づく，理想流体*の運動方程式*．
　　　　　　　　　　　　　　　　　　　　　　[吉川 史郎]

**おうだんながれ　横断流れ** transverse flow

スクリュー押出機*内の流れの成分で，スクリューとバレルとの摩擦の関係で溝内を溝方向と直角の成分をもつ流れ．(⇒スクリュー押出機)
　　　　　　　　　　　　　　　　　　　　　　[梶内 俊夫]

**おうどう　黄銅** brass

真ちゅう．銅Cuと亜鉛Znの合金．引張強さ*はZn 40%付近で最大，伸びはZn 30%付近で最大となり，またZnが35%を超えると硬さが急激に増加する．黄銅系の銅合金には以下のようなものがある．Zn 20%以下の丹銅は加工性，耐食性，熱および電気伝導性がよい．Zn 30%の七-三黄銅(70-30黄銅)は塑性加工に優れ，深絞り加工用の板材になどに用いられている．Zn 35%の65-35黄銅はもっとも強靭で，硬さも高い．Zn 40%の六-四黄銅は焼きなまし状態でもっとも硬いが，冷間での大きな塑性加工は困難であり，熱間で行う．七-三黄銅や65-35黄銅に1～3%のPbを添加した鉛黄銅や快削黄銅は切削加工性がよい．六-四系の黄銅に，1～4%のFe，Al，Mnなどを加え強度を高くしたものが高力黄銅で，高強度で耐食性に優れている．

なお，冷間加工のままの黄銅は，内部に残留応力があるため，アンモニアを含む大気やアミン水溶液中では応力腐食割れ*を生ずることがある．これを防ぐためには，低温で応力除去焼きなましを行う．
　　　　　　　　　　　　　　　　　　　　　　[新井 和吉]

**おうふくどうかくはんき　往復動撹拌機** reciprocal motion mixer

撹拌翼*に回転方向または上下方向の往復運動を与えて混合させる撹拌機(図参照)．円筒形撹拌槽においては翼の回転につれて液が共回りをして，混合が合理的にできない欠点がある．これを防ぐには邪魔板を設けるのが一般的であるが，翼を適当な角度範囲に正逆反転することで混合させることも有効である．槽内に邪魔板*を必要としないことは，ガラスライニングやゴムライニングなどの施工容易性をはじめ，汚れや粘着物質が付き難くかつ洗浄滅菌性に優れることや，スラリーなどがよどむ原因をつくらない効果がある．往復運動は機械式方法と電気式方法とがあり，前者は回転するリンク機構を巧みに応用しており，翼往復角は±π/4程度が多いのに対して，後者は電気的操作によることから往復角は任意に選択できるのはもとより，回転方向を時間周期的に変化させる非定常撹拌とすることも可能である．上下流をつくる翼としてはデルタ・ブレードとよばれる翼断面が三角形のものが多く使われる．往復反転を行う翼と液とは流れに位相差を生じ，強力なせん断作用を受けることで混合が進むため，繊維性ス

往復動撹拌機

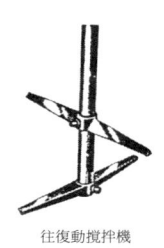

ラリーをはじめ，凝集作用の著しい固体粒子分散や高粘性物質混合に優れている． ［塩原 克己］

**おうふくポンプ　往復―― reciprocating pump**
ピストン，プランジャーなどの往復運動により，シリンダー内に液を吸入，排出して送液するポンプの総称．隔膜の前後運動により同様の効果を得る隔膜ポンプもこれに属する．遠心式に比較し，高揚程および定量性が得られ，高粘性流体の送液にも適するが，脈動を発生しやすく，大流量の送液には適さない． ［伝田 六郎］

**おうりょく　応力　stress**
物体に荷重を負荷すると，物体内部にはこれとつり合う内力が発生する．物体断面に作用する単位面積あたりのこの内力をいう．断面積は，変形が少ない場合は簡便に初期断面積を用いるが，変形が大きい場合には変形時の断面積を用いる．前者を公称応力，後者を真応力として区別する．また，その断面に対して垂直な方向の応力を接線応力（tangential stress），面に平行なものをせん断応力*という．
［久保内 昌敏］

**おうりょくかんわ　応力緩和　stress relaxation**
応力リラクゼーション．材料に変形量一定として荷重を与えた場合に，応力*が経時的に減少する現象．粘弾性*体において起こり，クリープ*と密接な関係がある．おもに高温時に起こり，締結部の締めつけ力低下などの原因となる． ［久保内 昌敏］

**おうりょくしゅうちゅう　応力集中　stress concentration**
物体に外力を加えたときに，物体の形状によって応力が均一に分布せず，部分的に応力が大きくなること．材料表面や内部のき裂や空洞，異種材料との界面などがあった場合，その材料に荷重を加えるとこれらの端部での応力が増大する．応力集中は材料の見掛けの強度を低下させるため，注意を要する．とくに脆性材料において，鋭いき裂状の欠陥が存在すると，著しい応力集中によって見掛けの強度が大きく低下する場合がある． ［仙北谷 英貴］

**おうりょくふしょくわれ　応力腐食割れ　stress corrosion cracking**
時期割れ．腐食環境下で持続的な応力負荷によって材料が破壊する現象．SCC とも略称される．原子力発電プラントでのステンレス鋼 SCC が社会問題となったため，新聞記事でも初期には"ひび割れ"であったが最近では"応力腐食割れ"として新聞用語にもなっている．この現象は，古くは幼児のおむつを入れた黄銅製ごみ箱で粒界型の割れが生じ，アンモニアによる銅合金の代表的な SCC 事例として知られている．

SCC 発生には，材料・環境・応力の3因子が必須であり，材料に特有な SCC 環境があり，応力は引張応力が必要となる．代表的な組合せとして，炭素鋼とアルカリ環境としてのカセイソーダ（かせい脆化*）や酸性ガス吸収用アミン水溶液，オーステナイトステンレス鋼と塩化物イオンを含む水溶液，海塩粒子を含む大気，軽・重質油の水素化脱硫プラントでのポリチオン酸，銅合金ではアンモニアを含む汚染海水，オーステナイトステンレス鋼やニッケル合金と原子力発電プラントの高温水環境，など多くの SCC 事例が報告されている．このような事象は，何もエネルギー関連プラントだけでなく，日常生活の場でも家庭用温水器やビル貯湯槽で，オーステナイトステンレス鋼製容器が水道水中の塩化物イオンにより割れが生じている．これら種々の SCC に対し多くの研究がなされ，材料面，環境面からの対応策が提案されているが，依然として SCC 事例が報告されており，割れ防止に関するデータの共有化の要求が強い．

実際の SCC 防止対策として，工業的には前述した割れ3因子のうちどれかを変更することで防止が可能であり，経済性，信頼性両面からの防止対策の確立がつねに必要となる．具体例として材料変更では，海塩粒子含有の大気側からのオーステナイトステンレス鋼の粒界型 SCC は主因子が溶接入熱による鋭敏化現象であり，低炭素系のステンレス鋼の採用で解決する．同じオーステナイトステンレス鋼 SCC でも，塩化物イオンによる粒内型 SCC 対策の場合，フェライト系ステンレス鋼の採用では材料入手や加工性，ニッケル基合金の採用では経済性などの検討が必要となる．一方，プラント建設時の設計条件で SCC を防止する技術が一部の分野で確立さ

れている．ステンレス鋼製熱交換器で，冷却水中の塩化物イオンにより多くの機器でSCCが発生した．このSCCは，運転温度と冷却水中の塩化物イオン濃度で，304系ステンレス鋼の割れ発生領域が整理できるとの西野らの報告をもとに，化学工学会，化学装置材料委員会が多くのプラントユーザーへアンケート調査を行い，304系ステンレス鋼のSCC防止に対する使用限界を，熱交換器の運転温度と塩素イオン濃度で整理することができた．この種のデータはプラント設計時にエンジニアリングデータとして広く活用されており，炭素鋼のカセイソーダ環境のSCC，水素侵食防止のネルソン線図* などが知られている． [山本 勝美]

**おうりょくほうていしき 応力方程式 stress equation**

コーシーの運動方程式，連続体に対する応力* のバランスから導かれる運動方程式*．この式に，応力とひずみ速度の関係を導入すれば一般にいう運動方程式が得られる． [梶内 俊夫]

**おうりょくほうていしきモデル 応力方程式――stress equation model**

乱流場の流動を数値解析するためのモデルの一つ．N-S方程式* を時間平均したさい現れるレイノルズ応力* の値を，変数の組立てでモデル化するのではなく，偏微分方程式を解析することにより求める．2値方程式モデル等に比べて厳密である分，計算負荷は重たくなる． [上ノ山 周]

**オー・エム・ブイ・ピー・イー OMVPE organometallic vapor phase epitaxy**

CVD* 法の一種であり，有機金属を原料として単結晶エピタキシャル薄膜を成長させる方法．GaAs，InPなどの化合物半導体薄膜形成などに広く用いられている．MOVPE (metal-organic vapor phase epitaxy) ともよぶ．エピタキシャル成長せず，多結晶あるいはアモルファスの薄膜が成長する場合にはMOCVDとよぶ． [霜垣 幸浩]

**おおがたかくはんよく 大型撹拌翼 large size impeller**

大型パドル翼の一種で，低粘度域から高粘度域までの広範囲粘度域において，効率的な撹拌混合を可能とする撹拌翼*．上方向からの投影面積は狭いが，側面からのそれは広い形状を示す．この大型撹拌翼は多種小量生産のバッチ式撹拌翼として，1980代後半から1990年代前半にかけて日本で開発された特有な形状をもつ撹拌翼で，おもなものには図に示すようなものがある．一般には，低粘度流体はプロペラ翼*，パドル翼*，タービン翼* など，高粘度流体はアンカー翼*，ヘリカルリボン翼* などを使用するといった，対象液の粘性や撹拌目的によって翼種を区別して使用することが多い．しかし，これらの翼では広範囲粘度域を，効率的に撹拌混合するための槽内に一つの大きな循環流をつくることは難しい．

大型撹拌翼の基本的な考え方は大型パドル翼であり，翼下部からの強力な吐出流を発生させて，槽内でよどむことなく上部液面近傍を経由して，再び吐出部に戻る循環流を創生する工夫が翼各部になされている．翼下部は，翼の後退化，径の大型化，面積の大型化，二重翼化などや槽底との間隔を少なくすることなどで，径方向からの強力な吐出流を生成している．翼上部は上昇循環流を妨げないように，部分的に発生する固体的回転部* の二次循環流やよどみ，下流部へのショートカットなどの制御流生成とともに，下降流路の工夫がされている．とくにプロセスにおいて，液レベル変化に対して基本的フローパターンが変わることのない安定した撹拌が可能である．パドル翼* などでは液レベル変化に対しこのフローパターンが変わってしまうことや，翼が液面近くにあるときに界面をたたき振動を起こすなどの不具合が生じるが，大型翼ではそれらの問題が回避できる．一般的な液体の撹拌をはじめ，下部からの強力な吐出流を活用した固液撹拌* や物質移動操作，熱移動操作などに有効である． [塩原 克己]

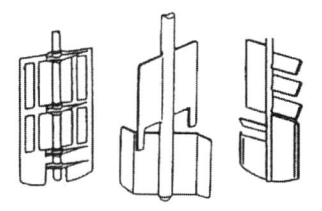

マックスブレンド　フルゾーン　サンメラー

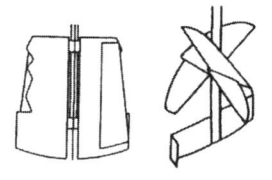

スーパーミックス　Hi-F ミキサー
大型撹拌翼

**オキシダント** oxidant
① 酸化性物質(oxidizing agent). ② 光化学オキシダント. 光化学スモッグの原因物質であり, 窒素酸化物, 炭化水素などの光化学反応で生じるオゾンなどの酸化性物質. 全オキシダントは, 中性ヨウ化カリウム溶液からヨウ素を遊離する酸化性物質であり, 全オキシダントのなかから二酸化窒素を除いた物質が光化学オキシダントである. 目・のどに対する刺激性, 肺機能に対する害がある. なお, 大気圏内のオゾンは温室効果をもつ. 　　　[清水 忠明]

**オキシデーション・ディッチ** oxidation ditch
活性汚泥法*の一種であり, 開放式の循環水路(溝)を活性汚泥と混合された排水をエアレーション*しながら循環させて, その間に排水中のおもに有機汚濁物質を分解・除去する方法. 沈殿池で活性汚泥を沈殿分離し, 上澄み(処理水)を放流する. エアレーションには散気式, あるいは, ブラシ状のローターを水面で回転させる表面撹拌式が用いられる. 小規模集落排水処理に利用例が多い. 　　　[藤江 幸一]

**オキシドレダクターゼ** oxidoreductase
酸化還元酵素. 生体における酸化還元反応, すなわち代謝, 呼吸, 光合成などの系のエネルギー変換に深くかかわる反応を触媒する酵素*. 生体酸化還元反応には, 水素原子対の移動, 電子の移動, 酸素原子の付加などがあるが, エネルギー差が大きい場合が多く, 中間的な酸化還元電位をもつ補酵素を利用する酵素が多い. オキシドレダクターゼには, 脱水素酵素(dehydrogenase), 酸化酵素(oxidase), 水酸化酵素(hydroxylase), 水素添加酵素(oxygenase)などが含まれる. 　　　[近藤 昭彦]

**オークショナリングせいぎょ** ――制御 auctioneering control
ある装置中の温度分布を測定している場合のように, 同種の測定値が複数個あるとき, そのなかの最大または最小の値のものをセレクターにより選択し, 制御量*とする方法. 装置の安全性のため, どの部分においても温度や圧力が一定値を超えないように制御する場合などに使われる. 　　　[山本 重彦]

**オクタノール-みずぶんぱいけいすう** ――水分配係数 octanol-water partition coefficient
化学物質がオクタノール相および水相のそれぞれに分配されて平衡に達したときの, 水相の濃度に対するオクタノール相の濃度の比を表す. その分配比の対数値 $\log P_{ow}$ で表示される場合が多く, その数値が大きいほど化学物質が疎水性であることを示す. 環境科学分野では, 化学物質の生体内への蓄積性(生物濃縮性)を評価する指標の一つとして用いられることもある. 　　　[亀屋 隆志]

**オコーネルのそうかん** ――の相関 O'Connell correlation
塔効率*に関する経験的な相関関係であり, 相対揮発度*と液粘度の積(対数値)を横軸に, 塔効率を縦軸にした図として示され, 右下がりの関係を示す. 　　　[宮原 昷中]

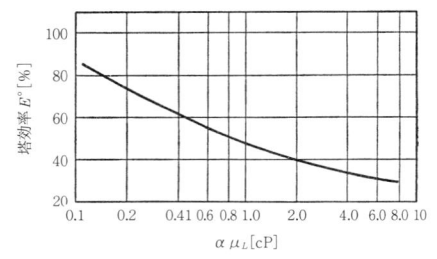

オコーネルの相関[便覧, 改三, 図8・38]

**おざわのほうほう** 小沢の方法
⇒熱分解の解析法

**おしだしせいけい** 押出成形 extrusion
押出機中で可塑化・溶融した熱可塑性樹脂を, 各種の流路形状をもつダイから連続的に押し出し, 所定の断面形状をもつ長尺製品を得る成形法. シート, フィルム, パイプなどの製品をつくるのに用いられる. 製品および賦形の工程によってフィルム成形, シート成形, ラミネート成形, 紡糸, パイプ成形, 異形押出成形などに分類できるが, 広義の意味で押出成形に入る. また, 中空品をつくる押出ブロー成形*や発泡体をつくる発泡押出成形などの複合技術もある. 　　　[梶原 稔尚]

**おしだしぞうりゅうき** 押出造粒機 extruding granulator, extrusion press
粉体原料に加液(水, 結合剤を含む水溶液など)によって適正な可塑性をもたせ, これをダイス, スクリーンなどの孔から押出して均一な形状(一般に円柱状)と大きさの造粒物(顆粒, ペレット)とする造粒機で, この押出し操作にはスクリュー型, ロール圧縮(ダイス付き)型, 垂直多孔円筒型(押出用ブレード内蔵), ペレットミルなどの多様な機種が用いられる. 　　　[関口 勲]

**おしだしながれ** 押出し流れ plug flow
ピストン流. 栓流. 管型反応装置*内での理想化した反応流体の流動状態を意味し, 流れに直角な断面

における速度と濃度が均一な流れ．一定の断面積の管では，反応装置内の速度はどこをとっても等しく，ピストンによって押し出される流れに似ているのでピストン流れともいう．一方，反応装置内の濃度は，流体の混合がないので，流れ方向に分布が生ずる．

［長本 英俊］

## おしだしながれはんのうき　押出し流れ反応器　plug flow reactor

PFR．流通反応装置の一つで，反応器内の流れが押出し流れ* となっている管型反応器．反応器内の流れ方向（管型反応器の軸方向）に反応が進み，反応物の濃度が連続的に低下する．反応器の設計方程式は次のようにして得られる．

反応器入口からある距離にある断面から体積 $\Delta v$ の微小円板領域について物質収支をとる．定常状態において，反応物 A の流入物質量流量を $F_A(v)$，流出物質量流量を $F_A(v+\Delta v)$，微小領域での単位体積あたりの反応による A の消失速度を $(-r_A)$ と書くと，物質収支は $F_A(v)-F_A(v+\Delta v)+r_A\Delta v=0$．したがって，微分形で表すと，$dF_A/dv=r_A$．これを，A の反応率* $X_A[=(F_{A,in}-F_A)/F_{A,in}]$ を用いて積分形で表すと，

$$V_T = F_{A,in}\int_0^{X_A}\frac{dX_A}{(-r_A)}$$

ここで，$V_T$ は反応器の体積，$F_{A,in}$ は反応器入口での A の流入速度である．$V_T$ を反応流体の体積流量 $q$ で割って得られる空間時間* $\tau$ と A の反応器入口濃度 $C_{A,in}$ を用いた次式が，よく用いられる．

$$\tau = C_{A,in}\int_0^{X_A}\frac{dX_A}{(-r_A)}$$

［長本 英俊］

## おしだしばんがたえんしんだっすいき　押出板型遠心脱水機　pusher centrifuge

水平軸型の遠心沪過・脱水機* の一種．有孔円筒内側の沪材面上に懸濁液を連続供給し，沪過，洗浄，脱水後，円筒底部に取り付けた往復運動する押出板によって脱水ケークを連続的に排出する．

［中倉 英雄］

## オーステナイト　austenite

高温の面心立方晶である γ 鉄と炭素の固溶体* のこと．炭素鋼の状態図における $A_3$ 変態線と $A_{cm}$ 変態線で囲まれた高温側の領域に相当する組織で，γ 鉄は最大約 2% の炭素を固溶しうる． ［新井 和吉］

## オストワルドきゅうしゅうけいすう　——吸収係数　Ostwald absorption coefficient

気体の溶解度を表す数値の一種．被吸収ガスの液相中の濃度を $c_L$[kg m$^{-3}$]，気相中の濃度を $c_G$[kg m$^{-3}$]とするとき，$c_L/c_G$ をいう．（⇒吸収係数）

［室山 勝彦］

## オストワルドじゅくせい　——熟成　Ostwald ripening

⇒微粒子の製造

## オストワルドのだんかいそく　——の段階則　Ostwald's step rule

状態が，ある状態（原状態）からほかの状態に自発的に移行するとき，直ちにもっとも安定な状態に移行するのではなく，エネルギー的に原状態にも近い状態を段階的に経て，最後にもっとも安定な状態に移行するという法則．晶析では，一つの溶液から複数の結晶多形* が析出するとき，まず溶解度がもっとも大きい多形が析出し，溶媒媒介転移* によって，順次溶解度が小さい多形に変化することをいう．

［大嶋 寛］

## オストワルドモデル　Ostwald de model

オストワルド-ワールモデル（Ostwald de Waele model）．指数則モデル（power law model）．非ニュートン流体* の流動特性* を表すモデルの一つ．せん断応力* とせん断速度* の関係である流動曲線* が次式で表される．

$$\tau_{yx} = -m\left|\frac{du_x}{dy}\right|^{n-1}\frac{du_x}{dy}$$

ここで，$\tau_{yx}$ はせん断応力，$du_x/dy$ はせん断速度である．パルプサスペンション，セメントスラリーなどがこのモデルで表される．パラメーター $n=1$ のときはニュートン流体*，$n<1$ の場合は擬塑性流体*，$n>1$ の場合はダイラタント流体* とよばれる．

［小川 浩平］

## オストワルドライプニング　Ostwald ripening

粒子径が均一でない微小結晶が分散しているとき，粒子径が大きい結晶は成長して，小さい結晶は溶解する現象．このようなことが起こるのは，凸の曲率が大きい粒子の溶解度は曲率が小さい粒子よりも溶解度が大きいからである．（⇒ギブス-トムソンの式） ［大嶋 寛］

## オスモティクサクションりょく　——力　osmotic suction pressure

水で十分湿った粘土のように，水中に懸濁したコロイド* 微粒子は表面電荷* を帯びておりゼータ電位* を示す．このとき粒子間には電気的反発力が存在し，粒子間距離を広げるために水をさらに吸引しようとする力が現れる．この力のこと．この吸引力は，水分の減少とともに急激に増大するが，粒子ど

うしの接触とともに消減する．この力に対して，水の表面張力*による毛管現象のために現れる吸引力を毛管吸引力*という．以上の事柄は水以外の液体についても同様である．
　　　　　　　　　　　　　　　　　　[今駒 博信]

**オスモティクすい ——水 osmotic water**
　オスモティクサクション力*によって保有される水．
　　　　　　　　　　　　　　　　　　[今駒 博信]

**おせんぶっしつのちょうきょりゆそう　汚染物質の長距離輸送 long-distance transportation of pollutants**
　大気中に排出された汚染物質が，風に流されつつ拡散すること．長距離拡散することにより，大気と混合し汚染物質濃度は希釈される．そのさい，ガス状の汚染物質は粒子化したり，光化学反応などにより変質する場合がある．
　　　　　　　　　　　　　　　　　　[成瀬 一郎]

**オゾンそうはかい　——層破壊 depletion of ozone layer**
　高度20～40kmの成層圏はオゾン濃度が高く，オゾン層とよばれている．ここにあるオゾンがクロロフルオロカーボン(フロン)により破壊されること．オゾンは太陽光に含まれる有害な短波長紫外線を吸収するので，オゾン層が破壊されると地上への紫外線到達量が増え，皮膚がんや白内障などの人間への被害や生態系の変化などが起こることが懸念されている．とくに南極上空では周囲に比べてオゾン層が破壊されることが顕著に起きている領域があり，これがオゾンホールとよばれる．"オゾン層保護に関するモントリオール議定書"(1987)ではフロンなどのオゾン層破壊物質の生産，消費および貿易の規制が定められた．
　　　　　　　　　　　　　　　　　　[清水 忠明]

**おだくふかりょう　汚濁負荷量 pollution load**
　排水処理装置あるいは河川・湖沼などの公共用水域への汚濁物質の流入量．たとえば，排水処理装置の単位容積あたりのBOD*負荷量であればkg-BOD d$^{-1}$ m$^{-3}$などと表示する．
　　　　　　　　　　　　　　　　　　[藤江 幸一]

**オーダードミクスチャー ordered mixture**
　インタラクティブミクスチャー．機械的撹拌で付着力により調製される粒子混合物の一種で，小粒子により表面改質された大粒子でもある．衝撃によるメカノケミカル効果*(埋設，融着，架橋など)で大粒子表面に小粒子が均一に強固に固定されているため，混合物としての分離が起きず，単一粒子単位での混合割合が設定できる．これは，乾式による表面複合化粒子あるいは被覆微粒子が膜化したマイクロカプセル*ともみなせる．
　　　　　　　　　　　　　　　　　　[篠原 邦夫]

**オットーサイクル Otto cycle**
　二つの定容変化と二つの断熱変化より構成される内燃機関の基準サイクル．燃料-空気混合気体の断熱圧縮，電気点火による圧力増大(定容)，断熱膨張によるピストンの作動および排ガスの温度低下による圧力の減少(定容)で表される．気体が理想気体*とすると，オットーサイクルの効率$\eta$は，次式となる．

$$\eta = 1 - \left(\frac{1}{r_c}\right)^{\gamma-1}$$

ここで$r_c$は内燃機関の圧縮比(シリンダー内の圧縮時および膨張時の体積比)であり，$\gamma$は断熱指数*である．
　　　　　　　　　　　　　　　　　　[荒井 康彦]

**おでいちんでんりつ　汚泥沈殿率 sludge volume ⇨ SV**

**オートベーパーあっしゅくほう ——圧縮法 auto vapor compression**
　⇨蒸発プラントの図(c)

**オーバーシュート overshoot**
　行過ぎ量．過度応答において，一時的に目標値を超えて行き過ぎたときの大きさを意味するが，最終定常値を超えた量の最大値と，最終定常値との比率[%]で表す．
　　　　　　　　　　　　　　　　　　[山本 重彦]

**オーバーヘッドコンデンサー overhead condenser**
　塔頂蒸気凝縮器．蒸留塔の塔頂部に設置し，塔頂蒸気を凝縮液化する凝縮器．冷却は通常冷却水で行い，凝縮液はその一部を蒸留塔に還流させ，その残りを抽出液として回収する．
　　　　　　　　　　　　　　　　　　[川田 章廣]

**オーバーライドせいぎょ ——制御 override control**
　複数の制御量*を一つの操作量*で制御する場合に用いられ，状況に応じてスイッチを用いて制御量を切り替える制御方式である．たとえば，図のようなコンプレッサー制御において，吐出流量と吐出圧力を一つのバルブで制御する場合などである．通常は吐出流量が一定になるようにコンプレッサーの回転数を操作しているとする．なんらかの理由で吐出

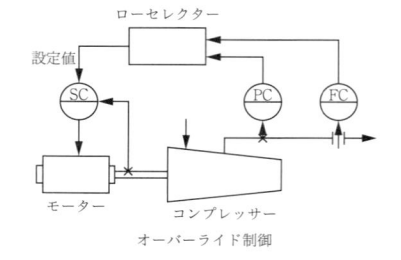

オーバーライド制御

圧力が上限設定値を超えたとすると制御量を圧力に切り替えて，こちらを制御する．この間吐出流量は設定値より下がってしまうが，プラントの安全のために吐出圧力のほうを優先する．制御量の切替えにはハイセレクター*やローセレクター*スイッチを使用する． [山本 重彦]

**オフサイトせつび** ——設備 offsite facilities

付帯設備．用役製造供給，貯蔵，入出荷，受排水，受発電，廃棄物処理などの設備．これらのあるプラント敷地の地域を単にオフサイト(off-site)という．(⇨オンサイト設備) [曽根 邦彦]

**オフセット** offset

定常偏差．制御系が定常状態に落ち着いたあとも残っている偏差(設定値*と制御量*との差)のこと．自己平衡性*のある制御対象を比例動作*のみで制御すると，設定値変更やステップ外乱*などに対しオフセットが残る．オフセットを除去するためには積分動作*を使う． [山本 重彦]

**オー・ユー・アール OUR** oxygen uptake rate

酸素消費速度．好気的プロセスにおいて，微生物のエネルギー源基質の消費に伴う酸素取込み速度． [近藤 昭彦]

**オリゴマー** oligomer

分子量が数百～1万程度の比較的低分子量のポリマー*．添加剤や界面活性剤などの用途でそのまま使用される場合のほか，鎖末端や側鎖に反応性基を有するオリゴマーはポリマー材料の合成原料にも利用される．マクロモノマー*(マクロマー*)もオリゴマーの一種である． [橋本 保]

**オリバーがたろかき** ——型濾過器 Oliver filter

回転円筒型真空濾過器．多室円筒型真空濾過器．連続濾過機のなかでもっとも広く利用されている多室円筒型真空濾過機の一種．連続濾過機の元祖であり，はじめ選鉱分野で使用された．図のように，上部開放で液面が一定に保たれた原液槽に濾過円筒を浸して回転させ連続真空濾過を行う．円筒の周囲は多数の小濾過室に分割され，各濾過室はそれぞれパイプで中央の自動弁に連絡されている．自動弁は真空ポンプと圧縮機に連絡され，濾過*，スプレーによるケーク*洗浄，脱水の操作は減圧下で行い，ケーク除去は圧縮空気の噴出とスクレーパーによって行う．濾過円筒の回転速度は1/3～3 rpm程度，浸液率は40～65%程度である． [入谷 英司]

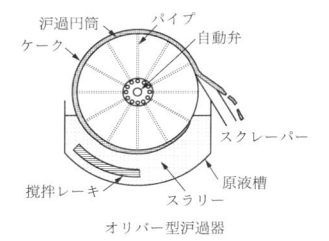

**オリフィスとう** ——塔 orifice column

オリフィスミキサー*．ミキサーセトラー*のうちミキサーの一種として液液抽出*操作に使用されている装置．液液抽出操作に使用されるミキサーには，通常機械的撹拌を用いるものと液の流れによる運動エネルギーを利用したフローミキサー*とがあるが，オリフィス塔は後者に属する．図に示すように，塔内にオリフィス板を多段に挿入したもので，液の乱れが激しいため，液の混合がよくなると同時に液滴の分散*がよくなる．構造が簡単で，液輸送時に抽出を行わせることも可能であり，石油工業，とくに軽質油の精製などに使用されている． [平田 彰]

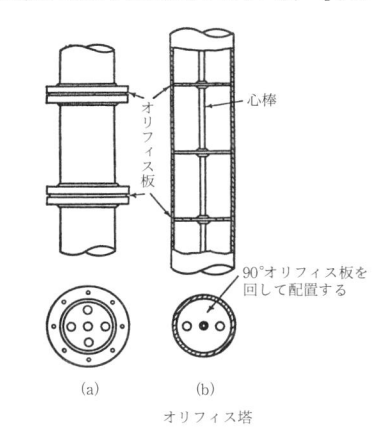

オリフィス塔

**オリフィスパイプがたはんのうき** ——型反応器 orifice pipe reactor

水平管に等間隔でオリフィス板を挿入した反応器．液の逆混合が少ない，ガスのホールドアップが大きい，気泡径が小さいなどの利点があり，二酸化窒素によるニトロ化，アンモニアなどの中和反応，ホスゲンによる反応などに用いられる．

[後藤 繁雄]

**オリフィスミキサー** orifice mixer

オリフィス塔*．液の流れによる運動エネルギーを利用したフローミキサー*の一種で，塔内にオリフ

ィス板を多段に挿入したものである．液乱れのため，液の混合をよくすると同時に，液液2相の流れでは液滴の分散*をよくしようと試みたものである．液液抽出*装置としても利用されている．

［平田　彰］

**オリフィスりゅうりょうけい ──流量計** orifice flowmeter

オリフィスといわれる，中心に管断面より径の小さい円形孔のあいた円盤を管路に挟み込み，その前後の圧力差から流量を測定する計測器．オリフィスにより流れが絞られ，孔を通過した後，元どおりに広がるまでの間に流体が失うエネルギーに対応した圧力損失と流量の関係は，ベルヌーイの定理*に基づいて以下のように表される．

$$Q = C \frac{\pi D_0^2}{4} \sqrt{\frac{2\Delta p}{\rho}}$$

ここで，$Q$ は流量[m³ s⁻¹]，$D_0$ はオリフィス孔径[m]，$D$ は管径[m]，$\Delta p$ はオリフィス上流と下流の間の圧力差[Pa]，$\rho$ は密度[kg m⁻³]である．$C$ [—] はエネルギー損失分を補正する係数を含む流量係数*で，次式で表される．

$$C = \frac{C_c C_u}{\sqrt{1-(C_c m)^2}}$$

ここで，$C_c$ [—] は縮流係数*で，もっとも絞られたときの流れの断面積とオリフィス孔断面積の比を表す．$C_u$ [—] はエネルギー損失を補正する係数である．$m$ [—] はオリフィス孔と管の断面積の比で，開孔比とよばれる．流量係数は開孔比と管内流れのレイノルズ数*により変化するが，レイノルズ数が裕度限界より大きい範囲では開口比のみの関数となる．裕度限界レイノルズ数 $Re_T$ と $Re_T$ 以上の場合の流量係数は，いずれも開孔比により次の二つの式でそれぞれ計算される．

$$Re_T = 10^{4.185 + 2.831m - 1.438m^2}$$
$$C = 0.597 - 0.011m + 0.432m^2$$

操作範囲が $Re_T$ より大きくなる開孔比のオリフィスを選べば $C$ が一定となるため，流量を圧力差のみから求めることができる．

［吉川　史郎］

**オルダーショウとう ──塔** Oldershaw column

Oldershaw の開発したガラス製の小型多孔板塔*で，実験室用の蒸留塔*として広く利用されている．写真のように段に邪魔板，堰，下降管*を備えており，個々の孔径は1 mm程度，開孔率は10%程度である．30段のオルダーショウ塔で，定常に達するまでの所要時間は0.5～1.5時間である．［大江　修造］

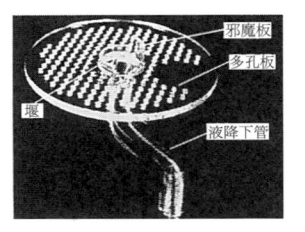

オルダーショウ塔用多孔板

**オルドシュー-ラシュトンとう ──塔** Oldshu-Rushton tower

⇒ミクスコ塔

**オングミル** Angu mill

オングミルはホソカワミクロンが開発したミルの商品名．粉体をミル容器に充填して回転させると，遠心力で容器壁に押しやられ粉体層を形成するが，これを固定のアーム（ステーター）によって擦らせると，粉体粒子表面には繰返しせん断力が作用する．これによって，粉体粒子表面を機械的に活性化させることができるミルであり，摩耗粉も極端に少なくできる．母粒子表面に子粒子を被覆させたり，粒子を接合させたりするなど新しいタイプの粉体処理機として注目されている．

［齋藤　文良］

**オンサイトせつび ──設備** onsite facility

プロセス設備．工場で製品を製造するプロセス工程の装置や設備．これらのあるプラント敷地の地域を単にオンサイト（on-site）という．（⇒オフサイト設備）

［曽根　邦彦］

**オンザジョブトレーニング** on the job training

OJT．プラント運転を担当するオペレーターを実プラントでの実技を通して教育訓練すること．OJTでは異常状態を経験・訓練することがきわめて難しいため，シミュレーターでの訓練と組み合わせるのが通常である．

［小西　信彰］

**おんどきょうかいそう　温度境界層** thermal boundary layer

流体より高い温度の物体を置いた場合に，流体の温度上昇は物体のごく近傍の薄層にのみ限られ，物体から遠く離れたところの流体は物体の温度には影響を受けない．この物体温度の影響が大きい層を温度境界層という．境界層内では，温度変化の大きさが方向によって異なり，界面に沿って $x$ 軸，垂直方向に $y$ 軸をとると，$\partial/\partial y \gg \partial/\partial x$ となる．この仮定を用いて境界層内のエネルギー方程式*を簡略化でき

る．
　速度境界層*の厚さを $\delta$，温度境界層の厚さを $\delta_t$ とすれば，
$$\delta_t/\delta = Pr^{-1/3}$$
という関係がある．$Pr$ はプラントル数*である．液体金属の場合には熱伝導率*が普通の流体に比べて非常に大きくなるので，$Pr \ll 1$ となる．この場合には，
$$\delta_t/\delta = Pr^{-1/2}$$
となる．水平平板における強制対流伝熱*では，相似変換を用いることによって，境界層方程式*を解析的に解き，熱伝達係数*を求めることができる．また，水平平板における強制対流伝熱や垂直平板における自然対流伝熱*の場合では，速度分布と温度分布を仮定することによって，積分法により熱伝達係数を求めることもできる．速度境界層と同様に，エネルギー方程式に関しては散逸エネルギー厚さ $\delta_T^*$ が定義される．
$$\delta_T^* = \frac{1}{u_0^3} \int_0^\infty u_x(u_0^2 - u_x^2) dy$$
ここで，$u_0$ は境界層外部の流速である．
　　　　　　　　　　　　　　　　　［渡辺　隆行］

**おんどけいど　温度傾度　temperature gradient**
　地球上の地域間における気温の格差のこと．
　　　　　　　　　　　　　　　　　［成瀬　一郎］

**おんどさほせいけいすう　温度差補正係数　correction factor for logarithmic mean temperature difference**
　多管式熱交換器*では，通常，管内流体の流れが胴側流体に対して並流*と向流*を組み合わせた往復流であるために，温度差の分布は複雑となり，単なる並流または向流の場合の平均温度差を用いることができない．また，十字流*においても同様である．
　このような場合の伝熱量 $Q$ を求めるために，全体として流れは向流であると考え，対数平均温度差* $(\Delta T)_{lm}$ に温度差補正係数 $F$ を掛けて平均温度差を表すと，$Q$ は総括伝熱係数* $U$，伝熱面積 $A$，および上記の平均温度差を用いて次式で表される．
$$Q = UAF(\Delta T)_{lm}$$
高温流体の入口，出口温度を $T_{h1}$, $T_{h2}$，低温流体の入口，出口温度を $T_{c1}$, $T_{c2}$ とすると，$F$ の値は $(T_{h1}-T_{h2})/(T_{c2}-T_{c1})$，$(T_{c2}-T_{c1})/(T_{h1}-T_{c1})$ の関数として求められる．この関数関係は胴側流路数および管内側流路数によって異なり，複雑であるので，普通は線図に表されている．
　　　　　　　　　　　　　　　　　［平田　雄志］

**おんでんどうりつ　温度伝導率　thermal diffusivity**
　温度拡散率．熱拡散率．温度伝導率 $\alpha$ は次式で定義される．
$$\alpha = \frac{k}{\rho C_p}$$
ここで，$k$ は熱伝導率*，$\rho$ は密度，$C_p$ は比熱容量である．
　　　　　　　　　　　　　　　　　［荻野　文丸］

**おんどひょうじゅん　温度標準　temperature standard**
　理想的な黒体空洞を模して製作される標準黒体は，国際温度目盛 ITS 90 の温度標準とされる．とくに，銀の凝固点(961.78 K)以上の温度は黒体ふく射の強度をもって定義される．
　　　　　　　　　　　　　　　　　［牧野　俊郎］

**おんぱしゅうじん　音波集じん　sonic agglomeration**
　微粒子が浮遊している空間中に音波を作用させると，粒子が振動して相互に接触しやすくなり凝集する現象を利用した集じん法．粒子径や粒子密度が小さい粒子ではその慣性力が弱くなるため凝集*する効果が強くなる．音波凝集によって微粉を粗大粒子に凝集させると集じんは容易になる．ルーバー集じん機*やサイクロン*でも音波凝集作用を併用すると，高い集じん効果が期待されるが，装置からの騒音低減対策が必要である．
　　　　　　　　　　　　　　　　　［吉田　英人］

## か

**かあつふじょうほう　加圧浮上法　dissolved-air pressure flotation**

液体中に懸濁している固体粒子あるいは乳化分散油性粒子に対して，加圧下で溶解・析出させた微細気泡を付着あるいはフロック内に包含させて，浮上槽内で浮上物と処理済み液とに分離する操作．装置は空気溶解槽と浮上槽により構成され，300～400 kPa程度に加圧された過剰圧縮空気が，減圧弁を経て浮上槽内に大気放出される．　　　　[中倉 英雄]

**がいあつろかほうしき　外圧沪過方式　external pressure filtration**

管状膜や中空糸膜などの円筒状をした膜を用い，円筒の外側から内側に透過させる沪過方式．一般には，比較的濁質の多い液を処理する場合に利用される．　　　　　　　　　　　　　　　　　[市村 重俊]

**かいかんじゅうごう　開環重合　ring-opening polymerization**

環式化合物が環を開きながら結合してポリマー*を生成する重合．一般に酸素，窒素，硫黄などを含む複素環式化合物や二重結合を含む炭素環式化合物がモノマー*となり，おもにイオン重合*機構で進行する．　　　　　　　　　　　　　　　　　　[橋本　保]

**かいかんせんず　快感線図　comfort chart**

多くの人が快感ないし快適性を感じる温度，湿度範囲を表した図．ASHRAE(American Sociaty of Heating, Refrigerating and Air-conditioning Engineers，米国暖冷房空調技術者協会)では，座っているか，または軽作業に従事している人の80％が快適と感じる温湿度領域を図のように表している．気流速度が小さく放射熱も小さい場合の事務室などに適用される．夏期と冬期で快感帯が異なるが，これは着衣の違いによるものである．快感帯は夏期，冬期によらず相対湿度はおおよそ30～60％，温度は夏期23℃～26℃，冬期20℃～24℃である．一般に空調設計での事務室内温湿度の設計値は，夏26℃，50％，冬22℃，50％を用いることが多い．

[川田 章廣]

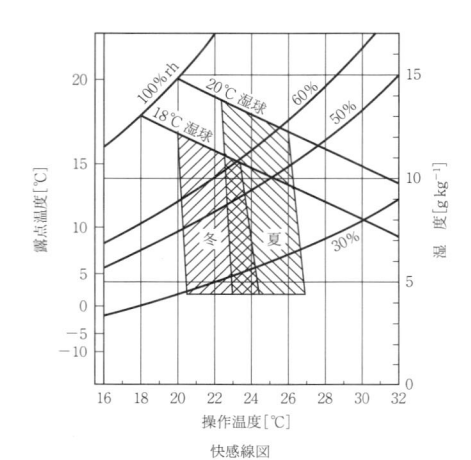

快感線図

["1997 ASHRAE Fundamentals Handbook", 8.12, Fig.4]

**かいきぶんせき　回帰分析　regression analysis**

説明変数の一次式を用いて目的変数を予測するための統計的手法．説明変数が一つの場合に単回帰分析，複数ある場合に重回帰分析とよばれる．説明変数間に強い相関関係がある場合には，主成分回帰やPLS (partial least squares)などの方法が利用される．　　　　　　　　　　　　　　　　　[加納　学]

**かいごうせいきたい　会合性気体　associative gas**

気相で会合錯体を形成する物質のこと．ギ酸・酢酸などの有機酸が代表的であり，酢酸の蒸気は40℃ (1.6 kPa)で約80％が二量体となる．会合性気体は低圧であっても気相の非理想性を考慮する必要がある．(⇒会合溶液論)　　　　　　　　　　[新田 友茂]

**かいごうようえきろん　会合溶液論　associated solution theory**

水素結合や電荷移動によって分子間に生じた会合錯体を新しい独立な分子種とみなし，溶液の非理想性を会合反応によって説明する理論．分子種の化学ポテンシャルが理想溶液*の法則に従うとき理想会合溶液論，また無熱溶液*の法則に従うとき無熱会合溶液論などとよぶ．　　　　　　　[新田 友茂]

**かいしつざい　改質剤　reforming reagent**

抽出操作では，高負荷の条件下においてしばしば

第三相とよばれる高粘性のゲル状相が油水界面に観察される．このような場合に，分相性改良のために添加される物質をいう．液液抽出操作においては，2-エチルヘキシルアルコールやイソデカノールのような高級アルコール類あるいはリン酸トリブチル(TBP)などが改質剤として用いられる．

[後藤 雅宏]

**かいしはんのう　開始反応　initiation reaction**

連鎖反応*のように連続的な長い繰返し反応を生じさせるきっかけとなる反応．たとえば，水素と塩素から塩化水素を生成する反応では，熱あるいは光の吸収により塩素分子から塩素原子が生成する反応が開始反応にあたる．また，開始剤を用いる連鎖重合*反応では，開始剤Iの分解反応I→2R・と生成した活性種R・が単量体Mと反応してRM・を生成する過程を含めて開始反応という．連鎖反応では，繰返し反応を起こさせる活性種(連鎖担体*)が開始反応で生成する．

[今野 幹男]

**かいしゅうぶ　回収部(蒸留)　stripping section**

連続精留塔*の原料供給段より下の部分をいい，缶出液*中の低沸成分*の濃度を下げ，高沸成分*の濃度を高める役割をもつ．(⇒濃縮部)［森　秀樹］

**かいしゅうりつ　回収率　recovery, recovery ratio**

供給流量あるいは量に対して，回収される着目成分の流量あるいは量の比で定義する．造水における膜沪過では，回収率は供給液量に対する膜透過液量の割合として通常は定義されており，回収率は0～1の範囲である．回収率が大きくなるに従い分離性能は低下し，回収率1では供給液と同一成分が膜透過成分となる．着目成分として特定成分をさす場合もあり，さらに非透過側に回収される着目成分として定義する場合もあるので，回収率を用いるさいは十分注意が必要である．

[都留 稔了]

**かいじょうじゅうごう　塊状重合　bulk polymerization**

バルク重合ともいう．厳密には，溶媒で希釈することなく純粋なモノマーのみ(必要なら開始剤，触媒を含む)からポリマーを合成する重合様式*．しかし，工業的には少量の溶媒が共存する場合にも塊状重合とよぶ．塊状重合法は反応器効率が高く，高純度の製品が得られるというメリットがあるが，きわめて高粘度の物質を取り扱わねばならず，撹拌，除熱，移送などに技術的困難が伴うことが多い．なお，ポリオレフィンの製造にみられるような気相の塊状重合もある．

[飛田 英孝]

**かいだんさくずほう　階段作図法　graphical stepwise construction**

蒸留，ガス吸収，液液抽出などの異相系多段向流接触操作において，分離に必要な理論段数*を求める図解法の一つ．気液平衡曲線*と操作線*の間を，水平線と垂直線を交互に用いて階段状の作図を行うことにより，理論段数と各理論段における2相の組成が求められる．蒸留*の分野ではマッケーブ-シール法*とよばれている．

[森　秀樹]

**かいだんせっしょく　階段接触　stage-wise contact**

物質移動や熱移動を目的として2相を接触させるとき，装置内で濃度や温度が階段的(不連続的)に変化するような接触方式をいう．たとえば，棚段塔*を用いて2相を接触させる物質移動操作のように，各段で両相の濃度や温度が階段的(不連続的)に変化するような接触方式を階段接触という．階段接触では，各段を理想段*とみなすと，平衡線と操作線*がわかれば階段作図法*または解析法によって理論段数*が計算できる．実際に必要な段数を求めるには各段の効率(段効率*)または塔効率*が必要である．階段接触に対して，装置内で濃度や温度が連続的に変化する接触方式を微分接触*という．　［寺本 正明］

**かいだんせっしょくがたそうち　階段接触型装置　stage-wise contactor**

階段接触*を行う装置．代表的な装置は，ガス吸収*，抽出*，蒸留*などに用いられる棚段塔*などがある．

[寺本 正明]

**かいてんあっしゅくき　回転圧縮機　rotary compressor**

1個または複数個のローターまたはギヤの回転子が，ケーシング内でときによっては偏心させて回転させて，ケーシングとその回転子がつくりだす空間で気体の吸入，圧縮および排出を行う圧縮機．圧縮の機構は基本的に往復型と同様容積式である．

[伝田 六郎]

**かいてんえんばんがたろかき　回転円板型沪過器　rotary filter press**

⇒ロータリーフィルタープレス

**かいてんえんばんちゅうしゅつとう　回転円板抽出塔　rotating disc column (contactor)**

RDC抽出塔．撹拌器付きの塔型の液液抽出*装置の代表的なもの．図に示すように，塔の中心軸に回転する円板が取り付けられているのでこの名がある．円板を急速に回転させ，そのせん断応力*により相分散を行うもので，シャイベル塔*の充填部を取

り去って処理量の増加をはかり，かつ撹拌翼を円板に変えたものに相当する．1区隔内の混合を促進し，区隔相互間の混合拡散を減少させるため，塔壁に回転円板より孔径の大きい，リング状の邪魔板*(グリッド)が固定されている．しかし，実際には逆混合は重大な問題であり，大塔径になるほど逆混合は大きくなり，区隔長さを大きくする必要がある．

工業的には，塔径4.5 m，塔高10～12 m程度の装置が世界中広範囲に使用されている．適用限界としては，2理論段数*以下や，低界面張力系・低密度差系では他装置のほうが得策である．また，滞留時間*が長いため，医薬品など分解性物質を取り扱うには不適である．現在比較的多方面に使用されており，とくに石油関係の工業に使用されている例が多い．

[平田　彰]

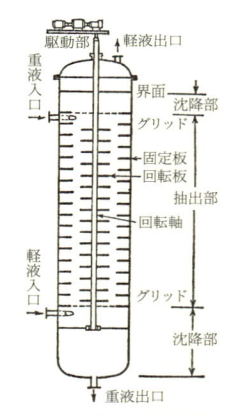

回転円板抽出塔[便覧，改三，図11・45]

**かいてんえんばんほう　回転円板法　rotating biological contactor**

排水中の汚濁物質の分解除去能を有する微生物群が付着生育可能な円板の約半分を排水中に浸漬して，回転させる形式の排水処理装置．円板上に付着した微生物群は，空気中で酸素を，排水中で汚濁物質をそれぞれ取り込むことによって好気的に排水を浄化する．小規模の排水処理に利用される．

[藤江　幸一]

**かいてんえんばんモジュール　回転円盤——rotating disk module**

円盤状の膜を原液内で回転させながら沪過を行うモジュール．回転によって膜表面での物質移動を促進することが可能なため，非常に高粘度の液や懸濁物濃度が高い液の処理に利用される．　[市村　重俊]

**かいてんかんそうき　回転乾燥器　rotary dryer**

乾燥器本体を回転させて，材料を撹拌しながら熱風と接触させ，あるいは伝導伝熱*で加熱して乾燥する乾燥器の総称で，多くの型式がある．熱風式では，内部にリフター(かき揚げ翼)を備えた回転円筒内に材料と熱風が並流*ないし向流*に送り込まれ，材料はかき揚げられてはカーテン状に落下しながら熱風との接触を繰り返す方式が多用される．伝導伝熱式ではスチームチューブ*型などがある．粉粒状や，泥状材料の大量乾燥に多く用いられ，材料の滞留時間*は300～1800 s程度である．　[脇屋　和紀]

**かいてんしきじょしつそうち　回転式除湿装置　rotary dehumidifier**

吸収剤*を含浸させたハニカム(蜂の巣)状ロータ—(回転体)を回転させ，空気を通過させて減湿*する装置．ローターは減湿部と再生部に仕切られ，減湿部で空気中の水分を吸着した吸収剤は再生部において加熱再生され，連続的に除湿*される．ローターとしては多孔質*のセラミックス，吸収剤としてはシリカゲルなどが用いられることが多い．再生によって吸収剤の蒸気圧が下がり，それと平衡する被除湿空気の露点*を下げることができる．[三浦　邦夫]

**かいてんとふ　spin coating**

高速回転(スピン)する基板の上に少量の溶液を滴下させ，均質な薄膜を作製する塗布方法．遠心力で液膜を外周方向へ引き延ばし，余分な塗布液は基板の端から飛び散る．回転数による膜厚の制御が容易．最終的な塗膜の厚みやほかの特質は，塗布液の粘性率，乾燥率，固形率，表面張力などの性質や，最終スピン速度，加速度，乾燥速度などの回転塗布プロセスのパラメーターにより決定される．

[山口　由岐夫]

**かいてんドラムがたぞうりゅうそうち　回転——型造粒装置　rotary drum granulator, rotary drum agglomerator**

⇒転動造粒機

**かいてんねんどけい　回転粘度計　rotational viscometer**

流体に接触した回転体を回転させるさいにかかるトルクと回転数により，粘度*を決定する粘度計．代表的なものに図のような円筒型と円すい・平板型がある．いずれもトルクから求められる回転体表面上のせん断応力*と流体の速度分布を微分して，得られる面上の変形速度*により粘度が計算される．

[吉川　史郎]

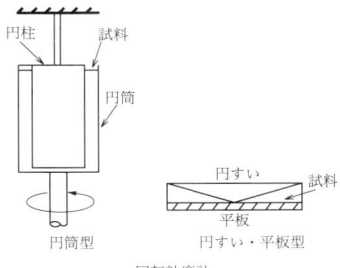

円柱　試料
円筒
円すい　試料
平板
円筒型　円すい・平板型
回転粘度計

**かいてんパンがたぞうりゅうそうち　回転パン型造粒装置**　rotary pan granulator, rotary pan agglomerator
　⇒転動造粒機

**かいてんポンプ　回転——**　rotating pump
　ケーシングの内部で，2本または3本の歯車，仕切板，スクリューを回転させ，吸入側でその空隙に流体を巻き込みながら吐出側に吐き出す機構のポンプの総称．一種の容積式であり，その回転数の調整により定量性があり，高粘性液の送液にも適する．
　　　　　　　　　　　　　　　[伝田　六郎]

**かいてんろしょうきゃくプロセス　回転炉焼却——**　rotary kiln incineration process
　ロータリーキルン焼却．回転炉とは水平面に対してわずかな傾斜角を有した長い円筒状の炉のことであり，ロータリーキルンとよばれている．この回転炉を利用して廃棄物を焼却するプロセスのことをいう．廃棄物によっては自己燃焼するものもあるが，一般には助燃剤を廃棄物の供給部へ投入して焼却する．
　　　　　　　　　　　　　　　[成瀬　一郎]

**かいとう　解糖**　glycolysis
　生物が嫌気的条件下で炭水化物の分解を行ってATP*を生産するエネルギー獲得機構であり，解糖系またはエムデン-マイヤーホフ経路という．グルコースのリン酸化から始まり，2分子のピルビン酸から2分子の乳酸(酵母などでは2分子のエタノール)への還元によって終わる．

$$C_6H_{12}O_6 \longrightarrow 2\,CH_3CHOHCOOH$$
　　グルコース　　　　　　乳酸
$$\Delta G^{\circ\prime} = -197\ \text{kJ mol}^{-1}$$

このさいに2分子のATPが生産される．

$$2\,ADP + 2\,Pi \longrightarrow 2\,ATP + 2\,H_2O$$
$$\Delta G^{\circ\prime} = +61.1\ \text{kJ mol}^{-1}$$
　　　　　　　　　　　　　　　[近藤　昭彦]

**がいねんせっけい　概念設計**　conceptual design
　概念設計はプロセス設計の最初の設計段階にあたる．原料，製品仕様，プラント設計の範囲，ユーティリティー条件，法規や環境・安全などの設計上考慮しなければならない設計基準に基づいて，反応や分離の方式，原料などの導入場所(species allocation)，省エネルギー化などの方式を決めながら，ブロックフローシート，ブロックフローシートを機器などの機能に置き換えた簡単な基本プロセスフローシートを作成する設計工程をいう．したがって，ブロックフローシートは簡単な物質収支をとることから，おおよそのブロックの容量や生産量なども決めることになる．プロセスフローシートは各ブロックの機能をもう少し詳細に設計したものであり，機器設計につなぐために必要な機器特性を規定することになる．この段階の安全性評価は本質安全とよばれており，溶媒の選択や操作温度や操作圧力を危険性の少ない条件へ緩和するように検討されることになる．プロセス安全を本質的に確保するための重要な役割を担っている．
　プロセス全体を一括して設計を進める方法論は完成していないが，反応プロセス合成，分離プロセス合成などのようにブロックごとに設計法が開発されている．反応経路を選択したあと，それをもとにブロックフローシートの概略を作成し，設計基準にある条件をしだいに盛り込みながら設計していく漸進的アプローチとよばれる方法がとられることが多い．概念設計はプロセス設計の条件を決める部分であり，続く基本設計の根幹を形成する部分となっていることから，プロセスライフサイクルにおいてもっと重要なエンジニアリング工程といえる．
　　　　　　　　　　　　　　　[仲　勇治]

**がいぶかんりゅうひ　外部還流比**　external reflux ratio
　精留塔*において凝縮器*からの凝縮液の一部が還流液として塔頂へ戻され，その他は留出液となる．留出液*に対する還流液のモル流量または質量流量比をいう．
　　　　　　　　　　　　　　　[森　秀樹]

**がいぶじゅんかんりゅうどうそう　外部循環流動層**　externally circulating fluidized bed
　⇒循環流動層

**がいぶねつこうかんき　外部熱交換器**　external heat exchanger
　反応器から内容物を一部抜き出して熱交換した後にもとの反応器に戻すことで温度制御をする方式を外部熱交換とよぶ．そのための熱交換器．固定層で

はガスを抜き出して熱交換してから反応器に戻す．外部循環流動層\*反応器では，飛び出した粒子を捕集して反応器にリサイクルする途中に気泡流動層形式の外部熱交換器を設ける場合がある．

[清水 忠明]

**がいぶねつこうかんしきはんのうそうち 外部熱交換式反応装置 external heat exchanger reactor**

反応熱が大きい場合，反応熱を供給あるいは除去するために反応器にジャケットやコイルなどの熱交換器を設け，その壁を通して熱媒体と熱交換することによって反応温度を制御する反応装置．管径の小さな反応管を並列に配置し，管外側に熱媒体を循環させる外部熱交換式固定層反応器などがある．

[堤 敦司]

**かいぶんしょうせき 回分晶析 batch crystallization**

バッチ晶析．非連続式の晶析\*．医薬品およびファインケミカルの分野で広く使われる．少量多品種の生産に適する．晶析過程は非定常で複雑であるが，種晶\*添加により結晶粒度，結晶多形などの制御が可能となる場合がある．系の特性により，蒸発濃縮，冷却，貧溶媒添加あるいは化学反応などが過飽和生成法として適用される．

[久保田 徳昭]

**かいぶんしょうせきそうち 回分晶析装置 batch crystallizer**

バッチ晶析装置．回分式の晶析装置．通常，撹拌機を備えたタンク式の装置である．冷却はジャケット方式で行われることが多い．製品結晶の粒度分布制御には種晶\*添加が有効である．医薬品，ファインケミカルの生産はバッチ晶析によることが多い．

[久保田 徳昭]

**かいぶんじょうりゅう 回分蒸留 batch distillation**

一定量の原料を蒸留缶\*に仕込み，運転開始時には全還流\*条件で運転し，ほぼ定常状態に達してから所定の組成の留出液\*を一定量抜き出して，その操作を終了する回分式の非定常蒸留操作．生産量が少量の場合，処理原料の組成や成分などがたびたび変わる場合，原料中に固体を含む場合などに広く用いられる．回分蒸留には，還流比一定の条件で留出液を抜き出す操作や，還流比\*を時間とともに変化させながら留出液組成を一定に保って留出液を抜き出す操作などがある．前者の場合，留出液組成は時間とともに変化し，後者の場合は一定期間一定組成の留出液を得ることができる．多成分系混合物を回分蒸留で分離する場合には，塔頂に受槽をいくつか用意すれば純度の高い留分を次々に取り出すことが可能である．高沸点成分を目的製品とする場合には，塔頂に原料槽を置いて塔底から缶出液\*を取り出す方法が考えられている．なお，還流操作を行う回分蒸留を回分精留ということもある．

[小菅 人慈]

**かいぶんそうさ 回分操作 batch operation**

化学装置における操作方式の一種で，ある量の原料を1回ごとに装置内に仕込んで一定時間操作し，目的を達成した後排出して，また新しい原料を仕込む方式のこと．回分操作に対して，原料とその処理に必要な物質を一定の割合で装置内に連続的に挿入し，かつ連続的に排出する操作を連続操作という．

回分操作では，ある時間ごとに仕込みや排出を行わねばならないばかりではなく，運転中も温度，濃度などの諸条件が，目的とする生成物の粘度や密度などの物性値に応じて時間とともに変化させることが必要である．そのため装置に要求される応用範囲も広くなることに加え，操作条件を適切に選定することがきわめて重要である．その結果，通常は運転や制御に人手を多く要し，その自動化も連続式に比較して困難である．また，製品の品質が各回ごとに違いやすいのも欠点の一つである．しかし，回分操作は一般に固定費が少なくてすむので，扱う量が少ない少量多品種生産の場合や，試験的段階では広く用いられる方法である．

[高橋 幸司]

**かいぶんばいよう 回分培養 batch culture**

培養の初期にすべての培地成分を仕込んで植菌し，培養終了時に生産物や菌体を含む培養液をすべて回収する方式．培養中は培地成分の濃度などを制御しないため，菌体濃度や基質濃度は経時的に変化し非定常状態となる．回分培養での細胞の増殖曲線は通常，誘導期，指数増殖期(対数期)，定常期，死滅期に分けられる．培地中のエネルギー源などの栄養分が欠乏したり，増殖阻害物質が蓄積して増殖が停止したときが最大の菌体量である． [福田 秀樹]

**かいぶんはんのうき 回分反応器 batch reactor**

回分式反応器．回分反応装置．すべての反応物を反応器に仕込んだ後に反応を開始し，所定の時間反応させて内容物を取り出す操作法で運転する反応器．通常は槽型反応装置が用いられる．反応速度の実験的研究や比較的小規模の高価なものの製造に用いられる．

反応器内の反応流体の流れが完全混合流れ\*とみなされる場合，回分反応器の設計方程式は次のように与えられる．反応流体の体積を $V$，仕込まれた反応物Aの物質量を $N_{A0}$，反応時間 $t$ 経過後のAの

物質量を $N_A$,単位体積あたりの反応によるAの消失速度を $(-r_A)$ と書き,時間 $\Delta t$ の間に消失するAの物質量を $(-\Delta N_A)$ と表すと,物質収支は $-\Delta N_A = -r_A V \Delta t$. 微分形で表すと,$-dN_A/dt = (-r_A)V$. これをAの反応率* $X_A [=(N_{A0}-N_A)/N_{A0}]$ を用いて積分形で表すと,

$$t = N_{A0} \int_0^{X_A} \frac{dX_A}{(-r_A)V}$$

反応中に反応流体の体積が変わらない場合,

$$t = C_{A0} \int_0^{X_A} \frac{dX_A}{(-r_A)}$$

ここで,$C_{A0}$ はAの初期濃度($=N_{A0}/V$)である.　　　　　　　　　　　　　　　[長本 英俊]

**かいほうけい　開放系　open system**
開いた系.外界(周囲)との間でエネルギー(熱量,仕事など)および物質を交換できる系. [横山 千昭]

**かいめんエネルギー　界面——(結晶-溶液間の)　interfacial energy between crystal and solution**
溶液からの結晶生成においては,溶液と結晶間に界面を形成するための界面エネルギーを必要とする.界面エネルギーは,界面張力と界面の面積との積として定義される.界面張力は,結晶表面を形成している溶質分子が結晶内部から引かれる力と溶液から引かれる力との差であり,(エネルギー)/(面積)の単位をもつ.大きな界面エネルギーを必要とするほど,界面を形成しにくい. [大嶋 寛]

**かいめんかくらん　界面攪乱　interfacial turbulence**
異相接触界面を通して熱および物質移動があるとき,これらの移動に伴って流体相に局所的な表面張力や密度の差が生じ,これが駆動力となって界面を中心として激しい流動が誘起される現象.密度差に起因する流れ(レイリー効果*)と表面張力差に起因する流れ(マランゴニ効果*)の双方が撹乱の引き金となりうるが,マランゴニ効果による撹乱をさす場合が多い. [宝沢 光紀]

**かいめんかじょうりょう　界面過剰量　surface excess**
表面過剰量.気液,液液,固液などの界面に吸着*された物質の量.Gibbsの界面モデルを図に示す.2相を仮想界面Xで分割すると,バルク濃度基準で両相に割り当てられる着目成分の仮想物質量 $n'$,$n''$ が決まる.系内に存在する物質量を $n$,界面積を $A$ とすれば,界面過剰量は $\Gamma = n^\sigma/A = (n-n'-n'')/A$ と定義される.仮想界面X(Gibbsの分割面)を成分1について $\Gamma_1=0$ となるように選ぶとき,着目成分の界面過剰量を相対吸着量とよぶ.界面過剰量と界面張力* の間にはGibbsの吸着式* が成立する. [新田 友茂]

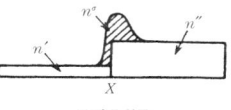

界面過剰量

**かいめんじゅうごうまく　界面重合膜　membrane prepared by interfacial polymerization**
混合しあわない二つの溶媒の界面で,2種類の反応性に富むモノマー間の重合を行うことで,多孔性支持膜の上に薄層を形成させた膜.通常アミン水溶液と酸クロライド有機溶液間で重合反応を行う.逆浸透* 膜,ナノ濾過* 膜として用いられることが多い. [松山 秀人]

**かいめんちょうりょく　界面張力　interfacial tension**
2相(液液,固液,固固)の界面を小さくするようにはたらく張力.(⇒表面張力) [新田 友茂]

**かいめんていこう　界面抵抗　interfacial resistance**
熱や物質が二つの物質の接触界面を通して移動するさいの界面固有に存在する抵抗.界面を挟んで隣接する二つの相が平衡(物質移動の場合には平衡組成,熱移動の場合は等温)とみなせるときは界面抵抗がゼロとなる.物質移動の場合には界面に単分子膜が存在したり,分子が界面を通過するさい向きを変えなければならないようなときに界面抵抗が生じると考えられている.熱移動の場合には二つの物質の微視的な接触が不完全なために生ずる.一般の物質移動装置設計の場合には拡散抵抗に比して界面抵抗は無視できる場合が多い. [宝沢 光紀]

**かいようとうき　海洋投棄　ocean dumping**
限定された廃棄物を指定された海洋に投入することで処分する方法.海洋投棄適合廃棄物であるか,判定基準に適合するかの確認が必要であり,排出海域も制限されている.浄化槽にかかる し尿・汚泥,アルミ精錬で排出される赤泥などが海洋投棄されている."海洋汚染及び海上災害の防止に関する法律""廃棄物の処理及び清掃に関する法律"を参照のこと. [藤江 幸一]

**がいらん　外乱　disturbance**
⇒プロセス変数

## かいりちゅうしゅつほう　解離抽出法　dissociation extraction

　水相に溶解した有機酸類あるいは塩基類を，解離定数の差を利用して溶解度を変化させ抽出*分離する手法．有機酸類においては，カルボキシル基の酸解離定数，塩基類に関してはアミノ基の酸解離定数の違いを利用して，水相への溶解度を大きく変化させることができる．$m$-または$p$-クレゾールなど化学構造の類似した異性体の分離に適している．とくに沸点が類似し，蒸留操作が困難な場合や凝固点が近く晶析操作が困難な場合に有効である．
　　　　　　　　　　　　　　　　　[後藤　雅宏]

## かいりねつ　解離熱　heat of dissociation

　分子などが，構成する原子，ラジカルや，より小さな分子へと解離するときのエンタルピー*変化．生成系のエンタルピーが減少するとき，発熱となり，解離熱としては正の値をとる．反応系と生成系をともに標準状態*としたとき，標準解離熱という．
　　　　　　　　　　　　　　　　　[幸田　清一郎]

## がいりょくかくさん　外力拡散　forced diffusion

　混合物質に外力が課せられ，成分が受ける単位量あたりの力（加速度）が異なるとき，分子拡散*と同時に外力を推進力とする成分の移動が起こる現象．A, B 二成分系における外力拡散を伴う拡散流束*は，次式で表される．

$$J_\mathrm{A}^* = -cD_\mathrm{AB}\left\{\nabla x_\mathrm{A} + \frac{x_\mathrm{A}M_\mathrm{A}\rho_\mathrm{B}}{\rho RT}(g_\mathrm{A}-g_\mathrm{B})\right\}$$

第1項は分子拡散，第2項が外力拡散による流束である．$c$は全濃度，$x_\mathrm{A}$, $M_\mathrm{A}$はそれぞれ成分Aのモル分率と分子量，$\rho_\mathrm{B}$は成分Bの密度，$\rho$は密度，$g_i$ ($i=$A, B) は成分が受ける加速度，$D_\mathrm{AB}$は拡散係数*である．外力拡散は電解質溶液*やイオン化気体内で電場が課せられた系で起こる．なお，このような現象は重力場では$g_\mathrm{A}=g_\mathrm{B}$であり発現しない．
　　　　　　　　　　　　　　　　　[神吉　達夫]

## かえん　火炎　flame

　2種類以上の気体が反応して熱と光を発している状態をいう．狭義には，空気と可燃性気体の燃焼で生じるいわゆる炎のことをいう場合もある．工業燃焼においては，火炎の吹飛びが生じず，また低ガス流速，低燃料負荷でも逆火が生じないように火炎を安定化させる必要がある．そのために，種々の燃焼方式，燃焼装置が開発されている．　[三浦　孝一]

## かえんけいそく　火炎計測　physical measurements in flame

　燃焼計測．火炎内では温度および化学種の濃度分布が存在し，複雑な熱と物質移動現象が起こっている．また，これらを計測することを火炎計測という．そのなかに存在するガスやすすから可視光もしくは赤外光・紫外光を放出する．おもな火炎計測は温度，流速，ガス組成であり，それらの手法は接触法と非接触法に大別される．とくに最近ではレーザーを利用した画像計測が注目されている．　[西村　龍夫]

## かえんのふくしゃほうしゃ　火炎のふく射放射　flame emission of radiation

　火炎には，都市ガスの炎のように透明あるいは薄青色にみえるものと，ろうそくの炎のようにオレンジ色に輝くものがある．前者を不輝炎とよび，後者を輝炎とよぶ．不輝炎は，燃焼生成物である$H_2O$, $CO_2$などの赤外活性気体*が放射するふく射を放射する．そのようなふく射は赤外の複数の波長帯域に局在するふく射（帯域ふく射）からなる．一方，輝炎はそのような気体に加えて，燃焼の中間過程にあるすす（スート, soot）粒子を含み，オレンジ色の可視光を発するとともに，赤外域でも連続的な波長分布をとるふく射（連続ふく射）を放射する．その強度は不輝炎のものに比べてはるかに強い．　[牧野　俊郎]

## かえんようしゃほう　火炎溶射法　flame sputtering

　成膜物質の粉末や棒を酸水素炎や酸素・アセチレン炎中に挿入し，2000〜1万数千℃の温度で加熱し，融液にして基板表面に吹き付けて付着させる成膜法．かなりの高温になるので，多くの高融点物質を成膜できるが，膜には数%の気孔が残留しやすいので，いかに緻密にするかが課題である．しかし，成膜速度が大きく複雑形状物にも成膜できるうえ，大面積化も可能である．超薄膜化やエピタキシャル成長は困難である．　[奥山　喜久夫]

## カオスこんごう　──混合　chaotic mixing

　決定論的な規則に従って運動し，ランダムな因子をまったく含まない力学系であっても，一見不規則で複雑な運動を示す場合があり，このような動的挙動をカオスという．カオス力学系には，あらゆる長さの周期軌道と，それらに比べて圧倒的多数の非周期軌道の両方が含まれている．カオス力学系のもっとも重要な性質は，どんなに近接した2点を通る軌道も，時間経過とともに指数関数的に離れるという初期値鋭敏性である．このような規則性と不規則性の両方の性質を併せもつカオス流れを利用した混合が，カオス混合である．乱流混合のように局所的に強いせん断変形を行う部分がなくても，引伸しと折畳み操作を再帰的に繰り返す大域的な流れがあれ

ば，層流場でも墨流し模様のような複雑な混合パターンのカオス混合を起こすことができる．このような流れは，層流ではあるがラグラジアン乱流とよばれる．

ラグラジアン乱流による混合パターンは，空間スケールを変えて観測しても，同じようなパターンにみえる自己相似性をもつため，特徴的な空間スケールがない．また，マクロな混合パターンからミクロな混合パターンに連続的に移行するため，マクロ混合*とミクロ混合*の明確な区別はなくなる．

[井上 義朗]

**かがくえんほう　化学炎法　chemical flame method**

水素，酸素，メタンなどの燃焼炎中に金属塩や有機化合物の蒸気を導入し，熱分解反応*を起こさせて微粒子を合成する方法．微粒子の大量合成法として古くから利用されている．反応場が高温（1 300～3 000 K）であるため，原料の反応時間は ms のオーダーと短い．その結果，反応生成物のモノマーの急速な形成を経て均一核生成により多量の粒子が生じる．生成した粒子は多くの場合鎖状の凝集体となる．

[島田　学]

**かがくきそうじょうちゃくほう　化学気相蒸着法　chemical vapor deposition**

⇒ CVD

**かがくきゅうしゅう　化学吸収　chemical absorption**

⇒反応吸収

**かがくきゅうちゃく　化学吸着　chemisorption, chemical adsorption**

不可逆吸着*，活性化吸着*．吸着は吸着剤*と吸着質のエネルギー的な相互作用によって生じ，相互作用の強さによって物理吸着*と化学吸着*に分類される．化学吸着は，固体表面の原子と吸着分子あるいは原子との間の強い相互作用（化学結合）による吸着を意味する．化学吸着は物理吸着と異なり，一般に不可逆で，高温で起こり，吸着速度が遅く，かつ吸着熱が物理吸着の 10 倍程度で，単分子層ができれば完結することが多い．化学吸着は，高温で脱着*すると化合物が遊離することも多い．化学吸着は固体触媒作用と密接な関係があるが，吸着質の脱着が困難であるので分離操作としては利用されない．しかし，悪臭物質除去のように物理吸着力だけでは極低濃度物質の吸着能力に問題がある場合には，アルカリ性物質，酸性物質，金属などを活性炭に添加して化学吸着を利用して吸着除去する．

[田門　肇]

**かがくじょうちゃくほう　化学蒸着法　chemical vapor deposition**

⇒ CVD

**かがくちくねつ　化学蓄熱　thermo chemical storage**

可逆化学反応を利用した熱エネルギー貯蔵方法．化学反応を用いることで，広い温度域での熱貯蔵，熱出力が可能である．また，反応物として熱エネルギーを保存することで，従来の顕熱・相変化蓄熱に比べて高密度かつ長期間の熱貯蔵が可能である．反応操作条件によりヒートポンプ*としての操作が可能となり，冷熱出力，昇温出力が可能となる．無機気固反応系と反応気相成分の相変化*系の利用が多い．常温から 1 000℃以上の蓄熱*が可能である．

[加藤 之貴]

**かがくてききそうせきしゅつほう　化学的気相析出法　chemical vapor deposition**

⇒ CVD

**かがくてきさんそようきゅうりょう　化学的酸素要求量　chemical oxygen demand**

⇒ COD

**かがくてきさんそようきゅうりょうそうりょうきせい　化学的酸素要求量総量規制　regulation of total maximum daily loading of COD**

⇒ COD 総量規制

**かがくどうりきがく　化学動力学　chemical kinetics, chemical dynamics**

化学反応の機構と速度を数学的に扱う分野を反応速度論（chemical kinetics）*とよぶ．化学動力学はこれとほぼ同義で用いられる場合と，その一分野ではあるが，反応速度の基礎原理からのなりたちやふるまいをよりミクロな立場で扱う学問分野（chemical dynamics という）をいう場合がある．

[幸田 清一郎]

**かがくぶっしつのしんさおよびせいぞうとうのきせいにかんするほうりつ　化学物質の審査及び製造等の規制に関する法律　Law Concerning the Evaluation of Chemical Substances and Regulation of their Manufacture, etc.**

略して，化審法（Chemical Substances Control Law）．PCB 問題を契機に，化学物質による環境の汚染および人への被害を未然に防ぐことを目的として 1973 年に制定された．環境中で分解されず，魚介類への濃縮率が高く，かつ人への健康影響を与える化学物質，生態系に影響を及ぼす化学物質の製造，輸入，使用などが本法律により規制されている．こ

## かがくへいこう　化学平衡　chemical equilibrium

化学反応における平衡．平衡においては自由エネルギーが極小の位置にある．平衡にあずかる化学種の量的な関係を表すものに化学平衡定数*がある．また，平衡は正反応と逆反応との間で両者の反応速度が等しくなるような反応（原）系と，生成系の間の量的な関係が満たされた状態と考えることもできる．この結果，正味の反応速度はゼロとなっている．蒸発や吸収などの物理的変化の平衡も化学平衡に含めることもあるが，区別するときは後者をとくに物理平衡という．　　　　　　　　　　［幸田　清一郎］

## かがくへいこうていすう　化学平衡定数　chemical equilibrium constant

化学平衡*にある反応系（反応原系，出発系ともいう）と生成系の量的な関係を表す定数．単に平衡定数ともいう．一般的な反応
$$aA + bB \rightleftharpoons rR + sS$$
が定温，定圧のもとで平衡にあると，反応によるギブスの自由エネルギー*変化はゼロであることから，
$$0 = \Delta G = \Delta G^\circ + RT \ln \frac{a_R^r a_S^s}{a_A^a a_B^b}$$
したがって
$$\Delta G^\circ = -RT \ln \frac{a_R^r a_S^s}{a_A^a a_B^b} = -RT \ln K$$
の関係を得る．この $K$ を平衡定数という．ただし，$\Delta G^\circ$ は標準ギブス自由エネルギー変化，$R$ は気体定数*，$T$ は絶対温度，$a_i$ は化学種 i の活量*である．したがって，化学平衡定数の値は標準ギブス自由エネルギー変化 $\Delta G^\circ$ から求められる．

理想溶液*，理想気体*の場合は，活量 $a_i$ の代わりにモル濃度 $c_i$ あるいは分圧 $p_i (= c_i RT)$ を用いて平衡定数を以下のように表して用いることができる．
$$K_c = \frac{c_R^r c_S^s}{c_A^a c_B^b} = K_p (RT)^{-\Delta n}$$
$$K_p = \frac{p_R^r p_S^s}{p_A^a p_B^b} = K_c (RT)^{\Delta n}$$
ここに $\Delta n = (r+s) - (a+b)$ であり，反応を表す化学量論式*における物質量（mol）の変化である．$K_c$，$K_p$ をそれぞれ濃度平衡定数，圧力平衡定数とよぶ．理想条件が満たされる範囲で，$K_c$，$K_p$ はそれぞれ化学種の濃度や分圧，すなわち $c_i$ や $p_i$ に独立の定数であり，$K_c$ は定容下の，$K_p$ は定圧下の平衡の表現に適している．　　　　　　　　　　［幸田　清一郎］

## かがくポテンシャル　化学——　chemical potential

部分モル量*の一種であり，成分 1, 2, …, i, …からなり，$n_1, n_2, …, n_i, …$ mol の物質量を含む混合物について，次式で定義される状態量．
$$\mu_i = \left(\frac{\partial U}{\partial n_i}\right)_{S,V,n_{j\neq i}} = \left(\frac{\partial H}{\partial n_i}\right)_{S,p,n_{j\neq i}} = \left(\frac{\partial A}{\partial n_i}\right)_{T,V,n_{j\neq i}}$$
$$= \left(\frac{\partial G}{\partial n_i}\right)_{T,p,n_{j\neq i}}$$
ここで，$U$ は内部エネルギー*，$H$ はエンタルピー*，$A$ はヘルムホルツ自由エネルギー*，$G$ はギブス自由エネルギー*である．相平衡の条件は，各相中の各成分の化学ポテンシャルが等しいことである．　　　　　　　　　　［栃木　勝己］

## かがくりょうろん　化学量論　stoichiometry

反応に関与する元素や化合物の数量的関係を研究する化学の一部門．狭義には，化学反応式の係数から得られる化合物の物質量の関係の意味にも用いられる．ドイツの化学者 J.B. Richter が 1792 年にその著書のなかで初めて用いた語で，語源はギリシャ語の stoicheion（基本要素）と metrein（測定）との組み合わせである．当初は，質量保存則や定比例，倍数比例などの諸法則がおもな対象であったが，後に，物質の化学組成とその物理的性質との間の数量的関係を研究する分野を意味するようになった．なお，上記の原理に加えて，物質収支*やエネルギー収支*を化学工業のプロセスや操作に適用した分野を，工業化学量論（industrial stoichiometry）とよぶ．
　　　　　　　　　　［大島　義人］

## かがくりょうろんけいすう　化学量論係数　stoichiometric coefficient

量論係数．物質 $R_A$ と $R_B$ が反応して物質 $R_C$ と $R_D$ を生成する化学反応式中の係数 $\nu_i$ をいう．
$$\nu_A R_A + \nu_B R_B \longrightarrow \nu_C R_C + \nu_D R_D$$
係数の符号は反応物質に対しては負，生成物質に対しては正とする．このようにすると化学量論式は次式で表現できる．
$$\sum_i \nu_i R_i = 0$$
また，化学平衡条件は，化学ポテンシャル*を用いて次式で与えられる．
$$\sum_i \nu_i \mu_i = 0$$
　　　　　　　　　　［栃木　勝己］

## かがくりょうろんしき　化学量論式　stoichiometric equation

化学反応式．化学反応を構成する化合物の量的関係を，化学式と係数を用いて表示した式．たとえば窒素と水素からアンモニアを合成する反応は，次式のように表される．

$$N_2 + 3H_2 = 2NH_3$$

反応物質（上記の場合，窒素と水素）は式の左辺に，生成物質（アンモニア）は右辺におく．＝（等号）を用いる代わりに，→（矢印）で反応が進む方向を表すことがあり，⇄を用いる場合には可逆反応*を意味する．

化学量論式は反応による前後の物質変化を示すと同時に，物質間の量的関係，すなわち元素についての物質保存の法則も示している．化学量論式中の各成分の物質量の関係を示す係数（上記の例では窒素，水素，アンモニアについてそれぞれ 1, 3, 2 を），化学量論係数あるいは単に量論係数*という．

化学量論式の一般的な表記方法として，次のような形の式が広く用いられる．

$$\sum a_j A_j = 0$$

ここで $A_j$ は成分，$a_j$ は量論係数であり，生成物質の量論係数を正，反応物質の量論係数を負，反応にあずからない不活性成分についてはゼロとして表現する．

一般の化学反応では，反応物質が化学量論式で要求される比率と同じ組成で供給されるとは限らない．反応物質のうち，化学量論式から要求される比率と比較してもっとも小さい比率で供給される物質を限定反応物質*といい，限定反応物質に比べて過剰に存在する成分を過剰反応物質*という．このさい，過剰率は限定反応物質と反応するのに必要な物質量(mol)に対する過剰物質量(mol)の比で表される．　　　　　　　　　　　　　　　　　　［大島 義人］

**かぎせいぶん　鍵成分　key component**
複合反応を構成する各物質の量論関係を記述するための鍵となる成分．独立な化学量論式*の数と等しい個数の鍵成分を選ぶことによって，反応に含まれるすべての成分の物質量は，鍵成分の物質量の線形結合の形で記述することができる．［大島 義人］

**かぎせいぶん　鍵成分（蒸留）　key component**
⇒限界成分

**かきとりよくかくはんき　かき取り翼撹拌機　scraper blade mixer**
かき取りは化学工業，食品工業などで高粘度物質，ペースト状物質や感熱性物質を加熱・冷却するさいに，伝熱を促進する操作としてよく用いられている．かき取り翼撹拌機としては固定式，スプリング圧着型，流体圧着型蝶番式，流体圧着型フロート式などがある．

撹拌所要動力*はかき取り翼が撹拌槽に接しているため非常に大きくなる．所要動力を小さくする工夫としては，羽根先端を摩擦係数が小さく弾性力に富んだガラス繊維入りのテフロンもしくはゴムなどとし，翼先端をとがらせ，しかも変形し難い構造とし，かき取り時にかき取り角度を $\pi/4$ に設定するとよい．伝熱特性を向上させるためには，かき取り翼として液体本体の温度を均一にするために有効なかき取り翼，すなわち翼の後端部やスリット部に水平翼をもつかき取り翼が望ましい．

かき取り撹拌においてもっとも重要なことは，かき取り翼が槽壁面をつねにかき取り，清浄に保つことである．　　　　　　　　　　　　　　　　　　　　　［高橋 幸司］

**かぎゃくはんのう　可逆反応　reversible reaction**
正反応と逆反応からなる反応．反応は原則としてすべて正反応と逆反応からなる可逆反応と考えることができる．しかし，化学平衡*が生成系に強く偏っていたり，生成物が沈殿して系外へ出てしまうような場合には逆反応は無視できる．このようにして実際上，正反応のみが進行するとみなせる場合を不可逆反応*といい，逆反応が無視できないほどの速度をもつときを可逆反応という．$2NO_2 \rightleftarrows N_2O_4$ の反応は，低温にすると平衡が生成系（$N_2O_4$）に偏るため $NO_2$ の褐色の色が消え，温度を上げると褐色が戻ることで直視観測しやすい可逆反応の一例である．
　　　　　　　　　　　　　　　　　　　　　　　［幸田 清一郎］

**かぎゃくへんか　可逆変化　reversible change**
系の状態が変化する原因となる温度差，圧力差，濃度差などを推進力というが，このとき無限小の推進力で起こる変化のこと．推進力がゼロであれば実際には熱移動や容積変化は起こらないので，無限小の推進力を用いる準静的過程を用いて議論をする場合が多い．可逆変化では系と周囲はつねに平衡状態にあり，周囲になんら変化を残すことなく系をはじめの状態に戻すことができる．なお，熱力学的効率は，サイクルが可逆的であるとき，すなわち可逆機関のときに最大となる．（⇒不可逆変化）
　　　　　　　　　　　　　　　　　　　　　　　［滝嶌 繁樹］

**かきょう　架橋（高分子の）　cross-linking**
橋かけともいう．二つの高分子間に橋をかけ，アルファベットの H 字形の結合を導入すること．多官能性モノマーなどの架橋剤を加えたり，各種の放射線を照射するなどして架橋を導入することができる．架橋反応は三次元網目状高分子を形成し，架橋

の頻度が臨界点を超えると分子量が無限大で，溶媒に不溶かつ融解しないゲル分子となる．通常，ゲル化理論では架橋点を3分岐点(T字形の結合を有するユニット)に対して定義するので，一つの架橋は二つの架橋点により構成されることになり，架橋密度 (cross-linking density)は全構成ユニット中の3分岐点を有したユニットの割合と定義される．

[飛田 英孝]

**かきょうげんしょう　架橋現象　bridge formation**

サイロやホッパーなどの貯槽から粉粒体を排出するときに，貯槽内にアーチを形成して閉塞を生じ，流出を阻害する現象．棚つりともいわれ，固結しやすい粉体において粒子間に再結晶を生じ，固体架橋を生ずる現象を意味することもある．(⇒アーチ，ブリッジ)

[杉田　稔]

**かきょうど　架橋度（イオン交換）　degree of cross-linking**

重合における架橋の程度を表す値．たとえば大部分のイオン交換剤*(樹脂)に用いられている高分子基体は，スチレンと架橋剤ジビニルベンゼン(DVB)の共重合体である．重合時に2官能性モノマーであるDVBの仕込み量を増加させればより密な網目構造の基体が得られる．すなわち，この仕込み量で網目構造の粗密を表す尺度としており，DVB%[(仕込みDVBの重量/全仕込みモノマー重量)×100]を架橋度とよんでいる．

[吉田 弘之]

**かくかんけい　角関係　geometrical view factor**

⇒形態係数

**かくけいせい　核形成　nucleation**

⇒核発生

**かくさん　拡散　diffusion**

成分濃度が一様でない混合物質において，各成分は濃度勾配を推進力として濃度の高い側から低い側に移動する現象．気相，液相，固相のいずれでも起こる．拡散は，基本的には分子の熱運動に起因する自発的な混合過程で，着目成分の分子は異なる成分の分子との相互衝突により運動量を交換しながら移動する．このため，拡散は分子拡散*ともよばれる．拡散速度は分子の熱運動速度に比して桁違いに小さい値をとる．

A，B二成分系について，モル基準を採用すると，成分Aの拡散流束* $J_A^*$ [mol m$^{-2}$ s$^{-1}$] はフィックの法則*により次式で表される．

$$J_A^* = c_A(v_A - v^*) = -cD_{AB}\nabla x_A$$

ここで，$c_A$は成分Aの濃度，$v_A$は成分Aの固定座標からみた移動速度，$v^*$はモル平均速度，$c$は全モル濃度，$x_A$はモル分率である．$D_{AB}$[m$^2$ s$^{-1}$]は拡散係数*で，成分濃度および位置座標に依存しない定数である．$J_A^* = -J_B^*$で，$D_{AB} = D_{BA}$が成立する．物質移動流束* $N_A(=c_A v_A)$[mol m$^{-2}$ s$^{-1}$]は拡散流束 $J_A^*$と次式で関係づけられる．

$$N_A = J_A^* + c_A v^* = -cD_{AB}\nabla x_A + x_A(N_A + N_B)$$

すなわち，二成分系の物質移動流束は拡散流束と全体移動(バルクフロー)による物質流束の和で表される．

多成分系における物質移動流束 $N_i$ とモル分率勾配との一般的な関係は，ステファン-マクスウェルの式*で記述される．$n$成分系に対して，

$$\nabla x_i = \sum_{j=1}^{n} \frac{1}{cD_{ij}}(x_i N_j - x_j N_i)$$

ここで，$D_{ij}$は$i$，$j$二成分系の拡散係数である．この式は，3成分以上の多成分系に対して，$N_i$=(拡散流束)+(全体移動による流束)の形式に変形することはできない($\nabla x_i$の係数が$x_i$，$N_i$の複雑な関数となる)．これに対し，3成分以上の多成分系については，有効2成分拡散係数(effective binary diffusivity)を導入し，物質移動流束を二成分系と類似な形式で表すことがある．

$$N_i = -D_{i,\text{mix}}\frac{dc_i}{dx} + x_i\sum N_j$$

この$D_{i,\text{mix}}$は$D_{ij}$と異なり，成分濃度や座標に依存する．この式は，特定の条件下の拡散に対して有効である．たとえば，$D_{i,\text{mix}}$は，成分$k(\neq i)$の濃度が圧倒的に大きい場合には$D_{i,\text{mix}} = D_{ik}$，成分$j(\neq i)$がすべて等しい速度で移動する(あるいは静止している)場合には，次式で与えられる．

$$\frac{1-x_i}{D_{i,\text{mix}}} = \sum_{j(\neq i)} \frac{x_j}{D_{ij}}$$

拡散は，一般に分子拡散をさしていうが，このほか全圧勾配を推進力とする圧力拡散*，外力を推進力とする外力拡散*，温度勾配を推進力とする熱拡散*がある．

[神吉 達夫]

**かくさんえいどう　拡散泳動　diffusiophoresis**

気体中に置かれた粒子が，媒質気体中に濃度勾配のあるときに，分子量の大きいガス成分の拡散方向へ移動する現象．たとえば，粒子*が水蒸気の蒸発している水面上方にある場合に，水蒸気は濃度勾配により上方へ移動し，空気分子が圧力を一定に保つために下方に移動する．このとき空気分子の質量のほうが水蒸気分子の質量よりも大きいので，粒子は空気分子の濃度分布により下方に移動する．

[横山 豊和]

**かくさんかえん　拡散火炎　height of diffusion flame**

　ガス燃料と空気を別々に燃焼器中に噴出・点火したときに形成される火炎のことをいう．このようによばれるのは，燃料分子と酸素分子が相互に拡散しあって燃焼が進行するからである．これに対して，ガス燃料と空気をあらかじめ可燃範囲に混合しておいて燃焼器に噴出・点火したときに形成される火炎は，予混合火炎とよばれる．拡散火炎の特性の一つとして火炎長さがある．これはガス燃料の噴出速度に依存し，層流では噴出速度とともに直線的に増加するが，乱流ではほぼ一定である．この性質は簡単な拡散理論によって説明できる．　　　［西村 龍夫］

**かくさんけいすう　拡散係数　diffusion coefficient, diffusivity**

　濃度勾配によって生じる拡散量は濃度勾配に比例し（Fickの法則），その比例定数をいう．輸送物性の一つで，$m^2 s^{-1}$ の次元をもつ．単一相の中で機械的あるいは対流による混合がない場，圧力勾配，温度勾配，濃度勾配によって拡散は生じるので，拡散係数の値は温度，圧力，組成に依存する．濃度勾配ではなく，化学ポテンシャル勾配を基準として拡散係数が定義される場合もある．　　　　　［船造 俊孝］

**かくさんけいたい　拡散形態（多孔質固体内の）　diffusion characteristics (in porous solid)**

　多孔質固体\*内では，細孔の径や形状などの特性や細孔構造\*が異なるため，一般に移動機構の異なる拡散過程が同時にあるいは複合的に起こる．その形態として，分子拡散\*，クヌーセン拡散\*，表面拡散\*および活性化拡散\*があげられる．

　マクロ孔のみを有する多孔質固体では分子拡散が支配的となる．メソ孔をともに有する場合には，分子－壁面衝突による運動量交換がきくようになり分子拡散とクヌーセン拡散の複合した遷移域での拡散が起こる．この領域では，圧力勾配が発現し，拡散は非等圧拡散\*となる．特定の条件（Grahamの関係）がなりたつ場合には等圧拡散\*が起こる．メソ孔では，クヌーセン拡散が支配的になる．ミクロ孔では，分子の大きさや孔壁面との相互作用に依存するが，表面拡散あるいは活性化拡散が起こる．表面拡散は，吸着分子が表面圧\*の勾配によって孔表面上を移動する現象で，吸着点から隣接する吸着点にランダムに跳躍するとするホッピングモデル（random hopping model）により説明されている．孔径が分子の直径と比較しうる程度に小さくなると，孔内に侵入した分子は一次元液体のようにふるまうようになり活性化拡散が起こる．活性化拡散は絶対反応速度論に基づいて説明されている．　［神吉 達夫］

**かくさんこんごう　拡散混合　diffusive mixing**

　流体では原子や分子，粉粒体では粒子のランダムな運動によって引き起こされる，局所的な位置交換による混合作用をいう．拡散混合の推進力は，層流では原子・分子の熱運動であるが，乱流では乱流変動も拡散の推進力となる．通常の粉粒体は，粒子サイズが大きいため熱運動が無視でき，粉粒体自身には自己拡散性はないといえる．しかし，近接する粒子間の複雑な力学的相互作用によって局所的な位置交換が起こり，それによる混合作用も拡散混合に含められる．一般に，拡散混合の速度は成分の濃度勾配に比例し，対流混合やせん断混合に比べると遅いが，十分に時間がたてば，構成分子や粒子と同程度のミクロスケールまで均一な混合状態を実現することができる．　　　　　　　　　［井上 義朗］

**かくさんしんとうしょりほう　拡散浸透処理法　diffusion coating**

　カロライジング．クロマイジング．鉄鋼材料の耐食性向上の手段として使われる表面処理技術の一つ．材料表面に耐食性を有する金属を付着させる技術として，溶射（thermal spray coating），肉盛り溶接（weld overlay）とともに工業的に実績が多い．900℃を超す高温の金属粉末中に基材を置き，耐食性を担う金属を基材中に拡散させ基材と合金化させ，基材表面に耐食性を有する新たな合金層をつくる技術である．工業的には，Cr（クロマイジング），Al（カロライジング），Zn（シェラダイジング）の処理鋼が種々の環境で使われている．　　［山本 勝美］

**かくさんせいのかてい　拡散性の仮定　diffuse assumption**

　ふく射伝熱の系は基本的に温度分布のある系であるので，そこでのふく射の流れは非等方的である．また，その流れはふく射の物質への入射・反射・透過方向，物質のふく射放射の方向に依存する．しかし，伝熱評価ではこれらの点を無視して計算の簡略化をはかることがある．ふく射と物質のふく射性質がふく射伝搬の方向に依存しないとするこの仮定を，拡散性の仮定（厳密には完全拡散性の仮定）とよぶ．この大胆な仮定をおくと，半球ふく射\*の方法によるふく射伝熱の計算が可能になり，不透明な表面のふく射性質は半球放射率で代表される．

　　　　　　　　　　　　　　　［牧野 俊郎］

**かくさんせる　拡散セル　diffusion cell**

　膜に遮られた液層の両側に溶質濃度の異なる液体

を入れ，その濃度差を駆動力として膜を透過する成分の透過速度を測定する装置．膜両側界面において，濃度分極を抑えるために撹拌する必要がある．さらに，浸透圧差に起因する溶媒流れの影響も受ける．また，拡散物質の透過の遅れ時間から，拡散係数を算出することも可能である．遅れ時間後に現れる直線的な濃度の時間変化から傾きを求め，フィックの法則* により相互拡散係数を算出する．

[山口 猛央]

**かくさんほうていしき　拡散方程式　diffusion equation**
フィックの第二法則．全濃度が一定で流れや反応を伴わない混合物質について，微分小空間における着目成分の物質収支に基づいた連続の式*に，フィックの法則*による拡散流束*を代入して導かれる微分方程式をいう．着目成分の濃度 $c[=c(r,t)]$ に対する拡散方程式は次式によって表される．

$$\frac{\partial c}{\partial t}=D\nabla^2 c$$

ここで，$r$ は位置座標，$t$ は時間，$D$ は拡散係数である．固体内や静止液体内での濃度分布はこの式を用いて解析することができる．この式で，濃度 $c$ を温度 $T$，拡散係数 $D$ を熱拡散率* (温度伝導度) $a$ で置き換えると熱伝導方程式が得られる．(⇒アナロジー)

[神吉 達夫]

**かくさんほうていしき　拡散方程式(粒子の)　diffusion equation**
流体中に浮遊するサブミクロン粒子は，熱運動によって拡散する．流れを伴うときの粒子濃度の変化は，粒子の慣性を無視すると，次の移流拡散方程式によって表される．

$$\frac{\partial n}{\partial t}=\nabla\cdot\{D\nabla n-(u+v)n\}$$

ここで，$n$ は粒子濃度，$t$ は時間，$D$ はブラウン拡散係数，$u$ は流体の速度，$v$ は外力によって移動する粒子の速度である．

[松坂 修二]

**かくさんりっそく　拡散律速　diffusion controlled rate**
異相系の反応で反応物の拡散過程が全体の反応速度を支配する場合をいう．多孔質固体触媒では，触媒外表面と流体との境膜拡散と，細孔内での拡散があり，後者は触媒有効係数* で評価される．

[田川 智彦]

**かくさんりっそくかのそくどしき　拡散律速下の速度式　rate equation under diffusion controll**
反応が拡散律速* で進行している場合の速度式．固体触媒外表面の境膜拡散が律速の場合，体積基準の反応速度 $r_V$ は境膜内の拡散速度と等しくなる．

$$r_V=k_G a_S(p_A-p_{As})$$

ただし，$k_G$ はガス境膜拡散定数，$a_S$ は触媒単位体積あたりの外表面積，$p_A$, $p_{As}$ はそれぞれ気体本体中と外表面の A の分圧である．細孔内拡散律速の場合は触媒有効係数* を $\eta$ とし，(実測反応速度) $=\eta\times$ (触媒粒子内部も外表面と同じ反応物濃度と仮定した理想的な反応速度) となる．

[田川 智彦]

**かくさんりゅうそく　拡散流束　diffusion flux**
拡散流束は，混合物質の各成分が拡散* により移動する現象について，質量平均速度あるいはモル平均速度で動く座標からみた単位時間，単位面積あたりの質量あるいは物質量(mol)で定義される．質量流束基準およびモル流束基準による拡散流束，$J_i$ [kg m$^{-2}$ s$^{-1}$] および $J_i^*$ [mol m$^{-2}$ s$^{-1}$] はそれぞれ次式で表される．

$$J_i=\rho_i(v_i-v)$$
$$J_i^*=c_i(v_i-v^*)$$

ここで，$\rho_i$ は成分 $i$ の密度，$c_i$ は成分 $i$ の濃度，$v_i$ は成分 $i$ の移動速度，$v$ は質量平均速度，$v^*$ はモル平均速度である．この相対速度は拡散速度(diffusion velocity)とよばれる．拡散流束と推進力の関係はフィックの法則* によって表される．

[神吉 達夫]

**かくていがいらん　確定外乱　measured disturbance**
⇒プロセス変数

**かくはっせい　核発生　nucleation**
核形成．結晶核発生．結晶が成長するための核となる微小固体の形成．核発生には，結晶がまったく存在しないところから発生する一次核発生* とすでに存在する結晶に誘導される二次核発生* がある．一次核発生は，系内に存在する結晶とは異なる気・液・固いずれかの2相界面を利用して起こる不均一核発生* と，それらの界面と関係なく発生する均一核発生* がある．また，二次核発生には，結晶の機械的破砕による微結晶生成(needle breeding, contact nucleation)と流体せん断力などによる結晶表面からの微小結晶構造体のはく離(initial breeding, fluid shear nucleation)によるものがある．

[大嶋 寛]

**かくはんウエーバーすう　撹拌——数　Weber number on agitation**
撹拌翼* を用いて，一方の液中にそれと溶け合わない液を液滴として分散させる操作または液中に気

泡を分散させる操作において，液滴または気泡が周囲の流れから受ける力に対する界面圧（界面張力*）への影響を表す無次元数である．$We$ または $N_{We}$ で表示し，次のように定義される．

$$We = \frac{\rho n^2 d^2}{\sigma/d} = \frac{\rho n^2 d^3}{\sigma}$$

ここで，$\rho$ は液体の密度，$\sigma$ は界面張力，$n$ は撹拌翼の回転速度，$d$ は撹拌翼径である．液滴または気泡に周囲の流体から加えられる力 $\rho n^2 d^2$ と界面圧 $\sigma/d$ との比であり，液滴または気泡を分裂させようとする力と分裂させまいとする力との比と考えることができ，平均液滴径や平均気泡径*の相関やスケールアップ因子として用いられる． 〔望月 雅文〕

**かくはんがたかんそうき　撹拌型乾燥器　agitated dryer**

乾燥器に撹拌翼*を取り付け，これを回転させることで材料と加熱面の接触をよくし，あるいは熱風との接触面積を大にすることを目的とした乾燥器で，回分式と連続式がある．伝導伝熱*式には円筒型や溝型*がある． 〔脇屋 和紀〕

**かくはんこんごう　撹拌強度　mixing intensity**

混合強度．撹拌操作は，混合・分散，物質移動，熱移動および化学反応を促進させる補助操作で，その目的に応じて必要とされる撹拌の強さが異なる．撹拌強度は，これらの熱・物質移動や化学反応の速度と撹拌条件とを対応づけるための定量的指標として用いられる．通常は液単位体積または単位質量あたりの消費動力を用いることが多いが，翼を用いた撹拌操作では，単に翼回転数が用いられることもある．その他，粒子の溶解速度係数や槽内の懸濁物の均一度を用いることもある． 〔井上 義朗〕

**かくはんしょようどうりょく　撹拌所要動力　power consumption**

撹拌・混合操作を行うためには，槽内の液をなんらかの方法によって流動させる必要がある．撹拌槽では撹拌翼*を槽内で回転させることにより槽内の液を流動化させる方法がとられる．このとき，撹拌翼を通して毎時液に導入される運動エネルギーを撹拌所要動力とよぶ．液に与えられる動力は翼の回転数を上げると，層流域では回転数の2乗に比例して，乱流域ではほぼ3乗に比例して急激に増大する．混合・撹拌の目的に応じて液に与える最適な動力値が定まることから，撹拌所要動力は撹拌槽設計の基本的な物理量である．撹拌所要動力は一般に動力数*と撹拌レイノルズ数*を用いて相関され，多くの相関式が報告されている．（⇒動力数） 〔平岡 節郎〕

**かくはんしょようどうりょく　撹拌所要動力（液液撹拌の）　power consumption for liquid-liquid system in a mixing vessel**

相互不溶の2液を撹拌するのに要する動力．相分散限界撹拌速度*以上の翼回転速度に保たれているような良好な分散状態にある場合は，以下に示す分散液の平均の密度 $\rho_M$ と平均の粘度 $\mu_M$ に基づく撹拌レイノルズ数*を用い，均相系の動力特性曲線（動力数と撹拌レイノルズ数の関係）から液液撹拌の所要動力を求めことができる．ただし，分散相体積分率が小さいときには，分散液の密度と粘度は連続相液と大差がないので，連続相液の物性を代用してもよい．

$$\rho_M = \phi \rho_d + (1-\phi) \rho_c$$

$$\mu_M = \frac{\mu_c}{1-\phi}\left(1 + 1.5\phi \frac{\mu_d}{\mu_d + \mu_c}\right)$$

ここで，$\phi$ は分散相の体積分率，$\rho$, $\mu$ はそれぞれ液の密度，粘度，添字 c, d はそれぞれ連続相，分散相を表す．

乱流域では，相分離の状態を含め相分散限界撹拌速度以上の撹拌速度間で，撹拌所要動力の変化の割合に顕著な違いは観測されない．一方，遷移域では，分散状態が不安定で履歴現象やわずかな温度変化による液物性の違いにより，同一の撹拌速度においても分散状態が著しく異なり，均一系の動力特性曲線から大きく逸脱することがあり，分散状態を確認して動力を推算する必要がある．また，液液撹拌*での転相現象*が起きやすい条件下でも分散状態の確認が不可欠である．（⇒撹拌所要動力） 〔望月 雅文〕

**かくはんしょようどうりょく　撹拌所要動力（液単位容積あたりの）　power consumption per unit volume of liquid**

撹拌槽を評価するとき，撹拌所要動力*が一つの指標となる．しかし，撹拌槽の大きさや操作条件によって所要動力は大きく変わる．そこで，撹拌槽内の液量に着目し，液単位容積あたりに換算して撹拌所要動力が液にどの程度与えられているのかを数値化したものを液単位容積あたりの撹拌所要動力とよぶ．通常 $P_v$ [W m$^{-3}$] と略記されることが多い．この値は，撹拌槽のスケールアップ*またはスケールダウンを行うとき，また異相撹拌*の混合状態評価を行うときなどに広く用いられる． 〔平岡 節郎〕

**かくはんしょようどうりょく　撹拌所要動力（気液撹拌の）　power consumption in an aerated mixing vessel**

撹拌槽内の液にガスを供給しながら撹拌するに要

する動力．通気流量に応じた羽根背面におけるガス捕捉に基づく形状抵抗の低下などにより，同一の撹拌速度・通気流量において，通気時の撹拌所要動力 $P_g$ は無通気時の撹拌所要動力 $P_0$ に比較して低下する．この低下の割合は撹拌翼*のガス捕捉量が通気流量や撹拌速度により変化するためであり，無通気時における動力数*と撹拌レイノルズ数*との動力相関法は適切ではない．

一般には，$P_g/P_0$ を通気流量数*$[N_A = Q_g/(nd^3)$，$Q_g$：通気流量，$n$：翼回転速度，$d$：翼径$]$ の関数とした線図を用いて，動力の推算を行う．$P_g/P_0$ の $N_A$ に対する変化の割合は翼の形式により異なるが，同一翼回転速度で通気流量を増加させると $P_g/P_0$ は一定値近づき，低粘度液に対して実用的にはおおよそ0.6を用いて動力を算定すればよい．また，$P_0^2 nd^3/Q_g^{0.56}$ をパラメーターとした有次元の推算式があり，さまざまな形式の撹拌翼の動力を比較的精度よく算定できる．上述二つの推算法は翼が気泡を十分に分散している条件下（撹拌フルード数*が十分大きい）におけるものであるが，槽内の流動状態形成には通気による液への入力も関与することを考慮した推算式があり，フラッディング*条件をも含めた広い操作条件，さまざまな形式の翼に対し，精度よく推算できる．

動力低下の挙動は羽根背面に捕捉されたガスだまりであるキャビティー*の変移と対応しており，液粘度が増加すると，ガス捕捉量が減少し，ついにはキャビティーでのガス交換がなくなると，所定の撹拌速度での通気流量による動力の変化は起こらない．ただし，ガスホールドアップ*の変化による見掛けの密度によるわずかな動力の変化はある．多段撹拌機*では，最下段の翼とそれ以外の翼とではガスの捕捉量が異なるため，多段翼の動力は1段翼の動力の段数倍より大きくなる．（⇒撹拌所要動力）
[望月 雅文]

**かくはんしょようどうりょく　撹拌所要動力（固液撹拌の）** power consumption for solid-liquid mixing

固液撹拌の撹拌所要動力は，固体粒子濃度が10 wt%までは均一系の場合と比較して増加することはない．粒子径や固液密度差が極端に大きくない場合には，30～40 wt%まで動力が増加しないという報告もある．しかしながら，固体粒子濃度が非常に高い場合には大きな動力が必要となるが，流体の密度に比例するわけではない．
[高橋 幸司]

**かくはんそうさのむじげんすう　撹拌操作の無次元数** dimensionless number on agitation

撹拌操作でよく用いられる無次元数には，槽内の流動状態を判断する撹拌レイノルズ数*，撹拌に必要なモーター動力を判断する動力数*，自由表面の渦深さを判断する撹拌フルード数*，撹拌翼から吐出される液量を判断する吐出流量数*，槽内を循環する総液量を判断する循環流量数*，混合時間*や混合速度を判断する無次元混合時間，槽壁やコイルの伝熱速度を判断するヌッセルト数*，液滴径を判断する撹拌ウエーバー数*，液滴や固体粒子界面での物質移動速度を判断するシャーウッド数*，気液撹拌におけるフラッディングの発生を判断する通気流量数*などがある．
[平岡 節郎]

**かくはんそうでんねつ　撹拌槽伝熱** heat transfer in a mixing vessel

撹拌槽における伝熱は，おもに槽を包むジャケットからあるいは槽内に設置されるコイルを通して行われる．特殊なケースとして撹拌翼内に熱媒を通して行われることもある．装置の伝熱特性は，着目する部位の局所熱伝達係数を無次元化したヌッセルト数*をプラントル数*，撹拌レイノルズ数*，装置形状因子，ならびに伝面近傍の粘度比の各項によって相関した式を用いることにより評価される．プラントル数のべき指数は1/3，レイノルズ数のそれは乱流域では0.6～2/3，層流域では1/2とするのが通常である．また，粘度補正項のべき指数には，管内流動における値0.14がそのまま用いられる．
[上ノ山 周]

**かくはんそうのフローパターン　撹拌槽の──** flow pattern in a mixing vessel

撹拌槽内に設置された種々の形状の撹拌翼*によって生み出される流動状態のこと．槽内の未混合領域の有無，気泡・液滴の分散や固体粒子の浮遊しやすさなど，撹拌槽の特徴を把握するために，また操作目的に応じた撹拌翼の選定においてきわめて重要である．測定法としては全体的なフローパターンを把握するのに適している着色トレーサー法，粒子追跡法，水素ガス法，平均速度を求めるホットフィルム法，レーザー法などがある．

プロペラ翼*はおもに軸流型フローパターン*を示し，上向き・下向き流れの別は翼の回転方向による．平羽根タービン翼は強い放射流型フローパターンを示し，撹拌槽の翼高さ位置を境として上下に二つの循環領域を形成する．当然のことながら各位置における速度は三次元的であり，非定常，すなわち撹拌槽内の乱れが存在する．フローパターンは撹拌

翼の形状により変化する．たとえば，タービン翼の羽根を傾斜させると放射流に加えて軸流も生じるようになり，混合流れとなる．プロペラ翼，ディスクタービン翼*，パドル翼などはおもに低粘度流体に対し乱流もしくは遷移域で操作されるが，ときには非ニュートン流体に対しても用いられる．このような場合，撹拌翼を高速度で回転させることは困難となり，翼から離れた壁面近くの領域が流動しなくなり，中心部のみが流動するようになる．この領域に洞つ（キャバン*）が形成される．これを未然に防ぐため大型撹拌翼*が用いられる．アンカー型撹拌機*のフローパターンは槽壁近くの液体の流動を促すが，中心部の流動が停滞しがちであることに加え，上下流がきわめて小さい．この上下流を引き起こすため，ヘリカルリボン撹拌機*が用いられる．明らかに撹拌槽フローパターンは撹拌翼，撹拌槽，邪魔板*ならびに流体のレオロジー特性により変化する．したがって，操作目的に応じてどのような組合せを選定するかがきわめて重要である．数値計算も数多くなされており，非ニュートン流体さらには異相撹拌*にまで適用可能となってきている．

数値計算の最大の利点は，スケールアップならびに操作目的に応じた最適形状の予測が可能な点，さらには数値計算により得られた速度分布より，撹拌所要動力*や混合時間*までも計算できる点にある．しかしながら，種々の仮定を含む計算であるため，目的に応じて計算手法を適切に選定することが重要であることに加え，結果をそのまま用いることには注意が必要であり，実験による検証が望ましい．

[髙橋 幸司]

**かくはんぞうりゅうき　撹拌造粒機　agitation granulator**

容器内の微粉末に水，または結合剤を含む液体を添加しつつ撹拌し，最適な凝集粒を生成させたところで乾燥用高温空気を導入して顆粒をつくる方法．典型的な装置としては容器底部の高速水平回転羽根のせん断効果で湿潤粉体から凝集粒を生成させ，これに加熱空気を吹き込みつつ造粒を行う．なお，この種の機種では円筒容器の底部を回転円板とし，円筒内壁と円板の間（スリット）から乾燥用空気を吹き込む型式の場合，円板上の転動作用により球状で，緻密な顆粒が得られやすい．　　　　　　　　[関口 勲]

**かくはんてんどうりゅうどうそう　撹拌転動流動層　tumbling fluidized bed with agitating blades**

通気回転板と撹拌翼*を備えた流動層．複合型造粒法の一つとして利用される．撹拌造粒*，転動粒*，流動層造粒*の三つの造粒法を組み合わせたものが撹拌転動流動層型造粒である．混合，造粒，乾燥，コーティング，冷却などの単位操作へ柔軟に対応するだけでなく，複合効果による高機能性を有する．　　　　　　　　　　　　　　　　　　[義家 亮]

**かくはんフルードすう　撹拌——数　Froude number on agitation**

撹拌操作で定義される無次元数で，慣性力と重力の比を，撹拌槽の代表量である翼径 $d$[m]，回転数 $n$ [$s^{-1}$] を用いて表したもの．定義式は $Fr = n^2 d/g$．ここで，$g$[m s$^{-2}$] は重力加速度である．この無次元数は，槽中心部の渦深さや槽壁近傍の液面の上昇を支配する無次元数である．　　　　　　　　[平岡 節郎]

**かくはんまくがたじょうはつそうち　撹拌膜型蒸発装置　stirred film evaporator**

⇒蒸発装置の(q)

**かくはんミル　撹拌——　agitating mill, media agitating mill**

媒体撹拌ミル．ボール，ペブル，ビーズなどの粉砕媒体を充填した容器に砕料を挿入し，容器内に撹拌棒，回転ディスクなどを挿入して撹拌し，媒体に運動を与えて砕料を粉砕する粉砕機．乾式，湿式両方式がある．撹拌棒と1枚ディスクタイプには，アトライター，セントリミルなどがあり，高回転速度撹拌のため，媒体には激しい運動が与えられる．一方，数枚の回転ディスクタイプには，塔式粉砕機（タワーミル），サンドグラインダー，パールミルなどがあり，縦型，横型ともに回転速度が比較的小さく，媒体はゆっくりした運動で粉砕*が進行する．ミル本体は固定なので，条件によっては低動力ですむが，スケールアップに限界があるといわれる．

[齋藤 文良]

**かくはんよく　撹拌翼　impeller on agitation**

撹拌操作を行うために，撹拌槽内に設置される翼．撹拌翼の形状には多種多様なものがあり，その使途に応じて選定される．翼型式の分類のしかたはいくつかあるが，低粘性流体用に用いられる小型翼と，高粘性流体用に用いられる大型翼とに大別することがある．低粘性液流体用の小型翼のうち，槽内に形成されるフローパターンの違いにより，翼から半径方向に吐出される放射流（輻流）型翼（Rushton 翼*，ディスクタービン翼*，パドル翼など）と，撹拌軸方向への流れが支配的となる軸流型翼（プロペラ翼*，傾斜パドル翼など）とに分類することがある．図に示すように，(a)は軸流型翼，(b)は放射流型翼とほぼ考えてよい．

高粘性用の大型翼については，平板翼型式のもの（大型撹拌翼*）と，らせん状のヘリカル型式のもの（ヘリカルスクリュー撹拌機*，ヘリカルリボン撹拌機*）ならびにその変形型式のものがある．平板翼型式の大型撹拌翼は近年国内で開発された翼であり，高粘度域だけではなく，広い粘度域さらには培養槽・晶析槽にまで及ぶ異相系への適用が進められている．　　　　　　　　　　　　　　　[上ノ山　周]

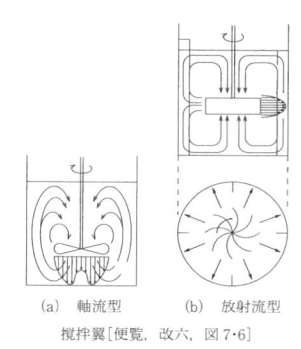

撹拌翼[便覧，改六，図7・6]
(a) 軸流型　(b) 放射流型

**かくはんレイノルズすう　撹拌——数　Reynolds number on agitation**

撹拌槽内の流動状態を評価する重要な無次元数であり，翼径 $d$ [m]，回転数 $n$ [s$^{-1}$]，液の動粘度 $\nu$ [m$^2$ s$^{-1}$]を用いて $d^2n/\nu$ のように定義される．一般に $Re_d$ と略記されることが多い．この無次元数の値は，撹拌槽内の流れが層流か乱流か，またはその間の遷移域にあるのかを判断する基準となる．小型の撹拌槽の操作において層流状態であったものが，スケールアップした大型槽では乱流状態になったりすることがあるので，撹拌条件がどんな撹拌レイノルズ数に相当するのかを，撹拌操作を行う前に確認しておくことが不可欠である．　　　　　　　[平岡　節郎]

**かくふっとう　核沸騰　nuclear boiling**

液中に置かれた伝熱面の温度が液の飽和温度よりある程度高ければ，伝熱面上の一定の場所から気泡が次々と発生し，離脱していく．このような状態を核沸騰とよぶ．核沸騰時の熱流束*が大きい理由として，① 気泡離脱による伝熱面上の温度境界層*の撹乱，② 同理由による温度境界層*の厚みの減少，③ 離脱前の気泡と伝熱面に存在する薄液膜内の高い伝導伝熱*などがあげられている．（⇒沸騰熱伝達）　　　　　　　　　　　　　　[深井　潤]

**かくりつふるい　確率ふるい　probability screen**

希望する分類粒子径よりも大きな網目を用いてふるい分けを行う方法の総称．目詰りが生じにくく処理能力を大きくすることができる．多段の網を使用する方式と，ふるい網の排出端に向かってしだいに網目開きを変化させる二つの方式がある．
　　　　　　　　　　　　　　　　　　[日高　重助]

**かこうかん　下降管　downcomer**

ダウンカマー．溢流管．段塔で段上の液面高さを一定に保つために液をオーバーフロー（溢流）させて下段に流出させる管．　　　　　　　　[中岩　勝]

**かこうこうか　加工硬化　work hardening**
　⇒ひずみ硬化

**かごうぶつちんでんほう　化合物沈殿法　compound precipitation method**

共沈法，均一沈殿法などによって，液相中で化合物微粒子を沈殿させて得る方法．2種類以上の金属を含む化合物の場合には共沈法*がもっともよく用いられ，混合金属塩溶液に沈殿剤を添加することによって，各成分が均一に混合した沈殿を得ることができる．この沈殿を熱分解して複合酸化物にするとセラミックスが得られる．このように化合物微粒子自体は目的物の中間体であることが多いため，化合物沈殿法では各成分を均一に混合することがもっとも強く要求される．また，尿素の加水分解（アンモニア生成）などを用いて液相中で均一に沈殿剤を生成させることによって，より単分散な微粒子を得ることも可能である．

一方，1種類の金属を含む化合物の場合には，ハロゲン化銀や金属硫化物のように化合物微粒子自体が有用であることが多いので，単分散な微粒子が得ることが重要となる．そのため均一沈殿法*やコロイド法がよく用いられる．ハロゲン化銀コロイドをゼラチンなどによって保護しながら合成する理由は，粒子凝集の接触点で急速な再結晶が起こり，粒径が不均一になりやすいためである．　　　[岸田　昌浩]

**かさいのねんしょうげんしょう　火災の燃焼現象　combustion phenomena in fire**

火災は意に反して火が発生し，熱および煙による被害が生じる現象である．その燃焼現象は，着火とその後の火炎の拡大・継続に分けられる．火災で燃える可燃性物質の多くは固体で，その大部分は紙，木材，プラスチックである．これらは200～300℃になると熱分解によって可燃性ガスを発生する．この発生が十分であれば有炎燃焼となり，拡散燃焼の形で維持される．そのあと燃焼範囲の拡大とともに火炎は大きさを増し，火炎は乱流化する．

[西村 龍夫]

**かざかみさぶん　風上差分　up-wind difference**
　上流差分．N-S 方程式*の対流項の離散化手法．拡散項には，流れの上下流で対称的な中心差分でよいが，対流項をこれで離散化すると物理的にあり得ない不具合な計算結果が生じる．これを是正するために，流れの向きにかかわらず，つねに風上側となる後退差分で空間勾配をとる手法．　[上ノ山 周]

**かさねあわせのげんり　重合せの原理　principle of superposition**
　対象系への入力 $x_1$ と $x_2$ に対して系からの出力がそれぞれ $y_1$, $y_2$ であったとする．この系が線形系である場合，$x_1+x_2$ という入力に対する出力が $y_1+y_2$ と加算的になるという原理である．当然，複数入力 $(x_1+x_2+\cdots+x_i+\cdots+x_n)$ に対しても，系が線形系であれば，その出力は，$(y_1+y_2+\cdots+y_i+\cdots+y_n)$ となる．この原理を利用すれば，任意の入力に対する線形系の出力を，個々に方程式を解かずに，任意の入力をなんらかの基本入力の加算和の形に表すことによって，それらの基本入力に対する系の応答の和として，当該入力の応答として求めることができる．このため，線形な系の動特性の解析が非常に容易になる．　[大嶋 正裕]

**かさみつど　かさ密度　bulk density**
　粉体バルクの密度．すなわち，粉体層単位体積あたりの質量．タッピングなどにより，密に充填した場合のかさ密度を固めかさ密度，自然にゆるく充填した場合をゆるみかさ密度という．かさ密度は粉体の詰り具合によって異なり，プロセスのなかでは，時間的にも空間的にも分布する．見掛け密度*ともいうが，粒子の見掛け密度（粒子密度）との混乱を避けるためかさ密度というのが普通である．
[増田 弘昭]

**かじょうはんのうぶっしつ　過剰反応物質　excess reactant**
　化学反応において，化学量論式*から要求される比率，すなわち化学量論*的比率と比較して，過剰に存在する反応物質．化学量論*に従って反応が完結した場合でも，過剰反応物質はすべてが消費されずに一部残存する．　[大島 義人]

**かじょうりょう　過剰量　excess property**
　実在混合物の混合量*と理想系として求めた混合量の差で定義される状態量．　[栃木 勝己]

**かすいぶんかいこうそ　加水分解酵素　hydrolase, hydrolytic enzyme**
　加水分解を行う酵素*の総称であり，酵素分類における主群の一つ．分解される結合や化合物の種類によって分類される．たとえば，エステラーゼ（エステル結合），プロテアーゼ（ペプチド結合），アミダーゼ（ペプチド以外のC-N結合）など．加水分解反応は可逆的な場合が多く，有機溶媒中では合成反応が行えることもある．加水分解酵素は通常補酵素を含まない．　[近藤 昭彦]

**ガスかいしつしきガスかようゆうろ　ガス改質式ガス化溶融炉　pusher type incinerator of pyrolysis gasification with ash melting furnace**
　ごみを酸素あるいは空気をしゃ断したプッシャー炉に投入し，400°C程度まで加熱して熱分解ガスを得たうえで，その熱分解ガスをガス改質炉で純酸素によりガス化し $CO$ と $H_2$ ガスを得，また熱分解残渣であるチャーも灰溶融炉へ供給して，可燃分を完全燃焼させながら含有している灰分を溶融させるごみ焼却炉．本方式の特徴は，ガス化ガスをさまざまな用途に利用できること，熱分解残渣中の金属分を酸化させることなく取り出すことが可能であること，ごみのなかの灰分を溶融させるので灰の減容化が可能なことなどである．　[成瀬 一郎]

**ガスきゅうしゅう　ガス吸収　gas absorption**
　ガス混合物を吸収液と接触させて，液中への溶解度の大きい成分を吸収する操作．ガス吸収の目的は，① 混合気体の分離精製，② 不要成分や有害成分の除去によるガスの精製，③ 有用成分の回収または溶液の製造，④ 気液反応による有用成分の製造に大別される．②の場合をとくにガス洗浄またはスクラビング*といい，その場合の吸収装置をスクラバー*という．①，②の場合は，吸収液に溶解したガスを放散*する操作と組み合わせ，吸収液を吸収装置，放散装置間に循環させる．なお，石灰石こう法排煙脱硫*のように吸収液を再生せず，有害ガス $SO_x$ をセッコウとして回収するプロセスもある．
　ガス吸収は，ガスの溶解様式により，① ガスが物理的に液に溶解する物理吸収*，② ガスが液中の反応成分との反応生成物として溶解する反応吸収*（化学吸収*ともいう），③ 物理吸収，反応吸収ともにガスの溶解に寄与する物理化学的吸収*に分類され，溶質ガス，吸収液の種類や操作圧力などにより最適な方式が用いられる．　[寺本 正明]

**ガスきゅうしゅうそうち　——吸収装置　gas absorber**
　ガス吸収操作を行う装置．気相が液相中に分散する方式のガス吸収装置としては，棚段塔*，通気撹拌槽*，気泡塔*などがあり，他方，液相が気相中に分

散する方式としてはスプレー塔\*，充填塔\*，濡れ壁塔\*，サイクロンスクラバー\*，ベンチュリースクラバー\*などがある．　　　　　　　　[寺本 正明]

**ガスきょうまくぶっしついどうけいすう　──境膜物質移動係数**　gas-film coefficient of mass transfer

気相物質移動係数．気相から固相あるいは液相への物質移動速度が，ガス境膜中の濃度差に比例すると考えられるときの比例係数．ガス境膜中のガスの拡散係数を境膜厚みで割ったものに等しい．気体の物性，装置の形状・大きさ，気体の流動状態によりガス境膜厚みおよびガス拡散係数が変化するため，これらの値によってガス境膜物質移動係数も変化する．（⇒物質移動係数）　　　　　　　[霜垣 幸浩]

**ガスくうとうそくど　ガス空塔速度**　superficial gas velocity

気泡塔\*，流動層\*などの塔型や通気撹拌槽\*のような気液・気固・気液固接触装置において，装置を内部に挿入物や内容物がない空塔とみなして算出したガスの見掛けの平均速度．ガス流量 $Q_g$[m³ s⁻¹]をガス主流方向の装置断面積 $A$[m²]で割った値 $Q_g/A$[m s⁻¹]であり，装置内の真のガス速度とは異なるが，操作条件により装置内に滞留するガス量が変化する気泡塔，流動層，通気撹拌槽など，またガスの通過する実際の断面積を知ることが難しい充填塔\*などにおいて，流動状態を規定する便宜的な流速として広く使用されている．ガス流量を体積流量としたが，質量流量，モル流量を使用した場合は，それぞれ空塔質量速度[kg m⁻² s⁻¹]，空塔モル速度[mol m⁻² s⁻¹]が用いられる．　　　　　　　[望月 雅文]

**カスケードインパクター**　cascade impactor

ノズルと衝突板を組み合わせた粒子捕集器を多段に連結した慣性粒子分級器．1段ごとに分離径を小さくするように，下流に行くほどノズル径が小さくなっている．ノズルの代わりに多孔板状のオリフィスを用いたものはアンダーセンインパクターとよばれ，大気じんの粒度分布の測定に利用されている．慣性力\*を利用しているため分離径は 0.3 μm が限界であるが，装置内を減圧にすることにより 30 nm までの粒子を分級できるインパクターも市販されている．　　　　　　　　　　　　　　　　[大谷 吉生]

**カスケードしきねつこうかんき　──式熱交換器**　cascade heat exchanger

図に示すように，高温流体をトロンボーン型伝熱管内を通し，冷却水を上部の注水装置から降らせて冷却する構造の熱交換器．冷却水は注水装置から滴下板を案内にして滴下して伝熱管外表面を流下し，さらに次の滴下板を案内として次の伝熱管を流下する．伝熱管の着脱によってその本数を容易に変更できる．本装置は，下部から空気を流通させ流下水の蒸発によって，伝熱管内部を流れるプロセス流体を冷却する蒸発冷却器などに用いられる．[平田 雄志]

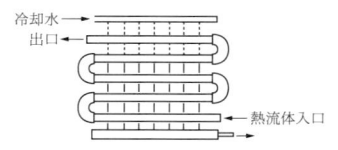

カスケード式熱交換器[便覧，改三，図3・122]

**カスケードせいぎょ　──制御**　cascade control

多重ループ制御\*の一種で，測定変数は複数あるが操作量\*は一つで制御ループが階層構造となっており，上位の制御ループ（マスタールーブ）の出力が下位の制御ループ（スレーブループ）の設定値\*を与える制御形式．たとえば，図に示す加熱炉の温度制御のように，マスタールーブの調節計（温度調節計）の出力をスレーブループの調節計（流量調節計）の設定値とするような制御方法である．この場合，燃料元圧の変動による燃料流量の変動が加熱炉温度に影響する前に，スレーブループの流量調節計が燃料元圧の変動による燃料流量の変動を検出して調節弁の弁開度を調整し，燃料元圧の変動による影響を吸収することが可能となる．　　　　　　　[伊藤 利昭]

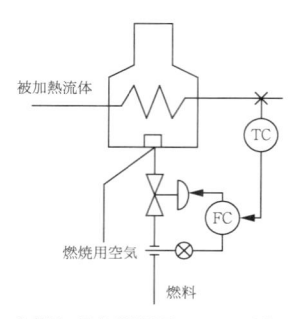

加熱炉の温度-燃料流量カスケード制御

**カスケードほうしき　──方式**　cascade process

分離プロセスなどで単一(1段)の装置での分離が不十分なときに，多数の分離装置を用いて多段階の相似な操作を順次繰り返すプロセスのこと．膜分離装置の一例で説明すると，$I$段目の装置の透過流が$I+1$段目の供給流になり，$I+1$段目の透過流がさ

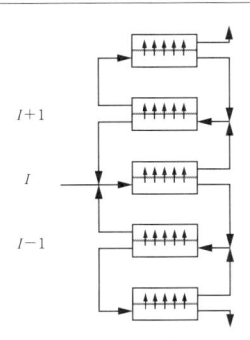

カスケード方式

らに $I+2$ 段目の供給流になる一方で，$I+1$ 段目の未透過流が $I$ 段目の供給流に合流し，$I$ 段目の未透過流が $I-1$ 段目の供給流に合流する，という連結をする配列のプロセス．

[原谷 賢治]

## ガスこうかんけいすう　ガス交換係数　gas exchange coefficient

気泡流動層*では，粒子をほとんど含まない気泡相と粒子濃厚相*の間でのガスの貫流および拡散により，ガスの交換が生じる．層単位体積，単位時間あたりに交換されるガス体積をガス交換係数とよぶ．ガス交換の度合いが層内の気固接触特性あるいは流動接触触媒反応装置の反応成績を左右する．反応器モデリングにおける重要なパラメーターである．

層単位体積あたりの気泡相-エマルション相間の物質移動速度 $N$ [mol m$^{-3}$ s$^{-1}$] は，ガス交換係数 $K_{BE}$ [s$^{-1}$] を用いると次式で表される．

$$N = K_{BE}(C_b - C_e)$$

[⇒物質移動(気泡-エマルション間の)]

[倉本 浩司]

## ガスタービンようねんしょうき　ガス用燃焼器　combustor for gas turbine

ガスタービン燃焼器は，比較的高い圧力の空気流のもとで燃料を燃焼させ，タービン入口で1300～1600℃の高温のクリーンなガスを発生させることが求められる．燃焼室には通常液体燃料が噴出され，気化した燃料が高速度の空気と混合される．そのあと着火して燃焼場が形成される．燃焼生成物は二次空気によって適当な温度まで希釈されて，タービン部へ送られる．燃焼器は缶型と環状型の二つに分けられる．

[西村 龍夫]

## ガスちゅうじょうはつほう　ガス中蒸発法　gas evaporation

不活性ガス中で原料を加熱蒸発させ，低温領域においで過飽和状態*にして核発生*を起こすことによって，ナノ粒子*などを合成する方法．昭和10年代後半に上田良二がZn超微粒子*を合成したことに始まる．原料の蒸発には，抵抗加熱*，誘導加熱，レーザー加熱，プラズマ加熱*，アーク加熱，電子ビーム加熱*などが用いられている．ガス中蒸発法によるナノ粒子*は，不活性ガス中でのプロセスなので純度が高いこと，準熱平衡状態で生成するので結晶性がよいこと，蒸発温度とガス圧力によって粒径制御ができること，粒径分布が狭いことなどの特徴がある．また，酸素，窒素，メタン中で蒸発させることによって，それぞれ酸化物，窒化物，炭化物のナノ粒子*を合成することができる．ガス中蒸発法でフラーレンやナノチューブも合成できる．

[渡辺 隆行]

## ガスバリヤーせい　――性　gas permeability

気体中の各分子は，分子の種類や温度によって，固体表面への吸着量や固体物質中を移動する速度は異なる．この性質に起因して酸素，水蒸気などの特定気体の透過抵抗が大きなことをいう．代表的なものにエチレンビニルアルコール共重合樹脂がある．高ガスバリヤー性フィルムは，食品包装や自動車のガソリンタンクなどに使用されている．

[浅野 健治]

## ガスぶんさんき　ガス分散器　gas distributor

流動層*底部に設置される流動化ガス供給部．その型式には，多孔板式，多孔質板式，バブルキャップ式，パイプグリッド式などがある．ガス分散器には流動化ガスを均一分散させて小気泡を層内に供給する，半径方向に気流の流速分布を与えて粒子の循環を促進して良好な流動状態を実現するなどの機能が要求される．また，層粒子支持の機能が要求される場合もある．

分散器の選定や設計で留意することとして，ガスの均一分散性，気泡*のサイズや分布状態など気泡挙動ならびに粒子流動状態の制御性，耐久性，経済性などがあげられる．工業的には，構造が簡単でトラブルが少ないパイプグリッド式と多孔板がよく用いられる．

分散器の圧力損失は流動層の圧力損失の1/3～1/1倍程度に設定すると，ガスの偏流を防止し，かつ動力費が過重とならない実用的なガス分散器となるといわれている．

[山﨑 量平]

## ガスホールドアップ　gas hold-up

ボイド率*．気液系において，全容積に対して気体の占める容積の割合．気泡塔*における気体の滞留

量や気液二相流*の流動様式と関連づけられる.
[梶内 俊夫]

**ガスホールドアップ** ——(撹拌槽の) gas hold-up in a mixing vessel

ガス滞留量.液や懸濁液を満たした撹拌槽にガスを吹き込む操作において,槽内に滞留しているガス量.液中に分散している気泡の体積分だけ,静止時に比べ液面が上昇するが,この上昇した分の体積がガスホールドアップに等しい.一般には,液とガスの総量あたりのガス量の割合として表示するが,単位液体積あたりのガス量で表す場合もある.ガスホールドアップは物質移動性能を左右するガスの平均滞留時間*や気液界面積*に,直接または間接に関係する重要な因子であり,実測データとともに多くの相関式が報告されている.

ガスホールドアップに対する大多数の相関式は,個々の翼形式に対し,液単位体積あたりの全入力(気液撹拌の撹拌所要動力*と通気動力*との和)とガス空塔速度*との指数関数として与えられ,液粘度の補正項が加わる式もある.巨視的にみれば液中に分散した気泡は浮力により上昇し,液自由表面から槽外に流出するが,個々の気泡は周囲の液流速と気泡の形状との関係から規定される抗力により,液流れに沿って槽内を循環,合一・再分裂を繰り返しながら,液面から流出する.そのため,ガスホールドアップは翼回転速度や通気流量などの操作条件,翼の形状によって変化する.また,液物性に関して,気泡の合一と密接な関係にある液粘度はガスホールドアップに重要な役割を果たす.一方,表面張力の数値そのものの影響は少ないが,気泡表面に吸着する物質やイオンが液中に存在する場合には著しい影響を与える.これに関しては界面化学的にも,必ずしも明確な説明はなされていない.
[望月 雅文]

**かせいぜいか　かせい脆化** caustic embrittlement, caustic stress corrosion cracking

かせい脆性.アルカリ応力腐食割れ.カセイソーダ環境で使われている材料の溶接部近傍に起こる粒界型応力腐食割れ.使用温度とカセイソーダ濃度で炭素鋼,ステンレス鋼の使用限界線図があり,割れ領域でも溶接後の溶接後熱処理(PWHT)により割れ防止が可能となる使用環境もある.同種の割れが,酸性ガス吸収のアミン水溶液で使われている炭素鋼でも起っているが,この場合は使用温度に関係なくPWHTが要求される.
[山本 勝美]

**かせきねんりょう　化石燃料** fossil fuel

石油,天然ガス,石炭,オイルサンド,タールサンドなどで,動物や植物の死骸が地中に堆積し,長い年月の間に変成してできた可燃性物質のこと.
[亀山 秀雄]

**かそうじゅんすいぶっしつ　仮想純粋物質** hypothetical pure compound

混合物の物性は組成に応じて変化するが,その物性を推算するさい,当該組成にある混合物を仮想的に純物質とみなして純物質の推算法を適用する.例としては対応状態原理があり,混合物組成に応じた仮臨界値を有する純粋物質を仮想純粋物質という.
[猪股　宏]

**かそくあつりょくそんしつけいすう　加速圧力損失係数** added pressure loss coefficient

管内固気二相流の圧力損失*が,連続流体が空塔速度* $u_G$ で流れたとしたときの圧力損失と粒子の付加による圧力損失 $\Delta p_S$ の和として表されるとしたとき,さらに $\Delta p_S$ は粒子群の加速による損失 $\Delta p_{SA}$,粒子と壁との摩擦による損失 $\Delta p_{SF}$,粒子を浮遊するために必要な圧力損失 $\Delta p_{SG}$,曲がり管での損失 $\Delta p_{SB}$ の和として表されるとし,加速にかかわる損失を,$\Delta p_{SA} = \zeta_{SA} \rho_G u_G{}^2$ で定義したときの係数 $\zeta_{SA}$ をいう.
[梶内 俊夫]

**かそざい　可塑剤** plasticizer

物質がある外力以下では弾性的な性質をもち,その外力以上では粘性流体的な性質を可塑性という.常温では可塑性を示さない高分子に適当な低分子を混合すると可塑性を示す.この低分子のこと.
[浅野 健治]

**カソードぼうしょく** ——防食 cathodic protection

金属の電位を不活性域まで下げて防食をはかる電気防食法*の一つ.鉄を例にとると,被防食体に外部カソード電流を流すことによりカソード電位を $Fe \rightleftarrows Fe^{2+} + 2e$ が平衡を保つ電位まで,あるいはそれ以下に下げると $Fe \rightarrow Fe^{2+} + 2e$ なる反応が進行しないようになる,すなわち腐食を生じないことになる.このような防食法を陰極防食法という.外部電流を得る方法には,黒鉛などの不溶性陽極を用いて直流電流を負荷する方法と,対象物よりもイオン化しやすい金属を接続する方法がある.　[津田　健]

**ガソリン** gasoline

石油系炭化水素で,市販ガソリンは $C_4 \sim C_{12}$ ぐらいの範囲の200種類を超える炭化水素からなり,平均組成はおおよそ $C_{7.1}H_{13.1}$ で,比重 0.65〜0.75,沸点範囲 30〜210℃,発熱量約 50 000 kJ kg$^{-1}$ の無色透明揮発性の油.原油からの直接蒸留によって得ら

れるほか，原油の蒸留により得られる重質軽油，残渣油の接触分解，水素化分解などによっても得られる．また，天然ガスから得られる天然ガソリンもある．石油系燃料油の一つとして，自動車用，航空用の燃料として用いられているほか，洗浄用，抽出用溶剤としての用途もある．ガソリンの機関内での燃焼のしやすさの指標としてオクタン価があり，オクタン価が高いほうが燃焼しやすい．自動車用ガソリンには2種類の規格があり，オクタン価の高いほうをプレミアム，低いほうをレギュラーとよぶ．航空用ガソリンは，使用条件が厳しいため品質の規定が自動車用よりも厳しくされている． ［桜井 誠］

**カタール katal**

酵素活性を表す単位であり，katで表す．1 katは，1 sに1 molの基質を反応する活性の量で定義される．1972年に国際酵素命名委員会によって勧告された新国際単位． ［近藤 昭彦］

**カチオンこうかんざい ──交換剤 cation exchanger**

固定イオン*が酸基型で陽イオンを交換する機能を有するイオン交換剤．もっとも広く使われているのは陽イオン交換樹脂で，強酸性のポリスチレンスルホン酸樹脂，弱酸性のメタクリル酸系やアクリル酸系樹脂などがそのおもなものである．無機イオン交換剤としてはゼオライトやリン酸ジリコニウムなどがある．イオン交換樹脂に比べ無機イオン交換剤の耐熱性は高い．(⇨イオン交換剤) ［吉田 弘之］

**かっせい 活性 activity**

触媒*が化学反応を促進し，その反応速度を増大させる能力．異なる触媒間で活性を定量的に比較する場合，同一の反応条件における反応速度(より厳密には触媒の単位表面積基準の反応速度)，あるいは同じ反応速度を与える反応温度で比較する．ただし，反応条件を変化させた場合に，活性の大小関係が逆転することもありうるので，活性を比較する場合には，比較したさいの条件を付記する必要がある．触媒の優劣を議論するさいに，活性は一つの重要な指標であるが，同時に生成物の選択性*や触媒としての機能を発現できる期間(寿命)についても考慮し，総合的に評価しなければならない． ［大島 義人］

**かっせいおでいほう 活性汚泥法 activated sludge process**

都市下水や産業排水の処理にもっとも広く利用されている生物排水処理方式である．活性汚泥とは排水中の汚濁物質を分解・増殖する細菌群と，それらを捕食する原生動物などの微小動物群によって構成されており，通常は数百μm程度のフロックを形成している．

図のように，最初沈殿池で懸濁物質を除去された排水は，最終沈殿池から返送された活性汚泥と混合されて，エアレーションタンクでばっ気により酸素を供給されながら有機汚濁物質が除去され，これに伴って増殖した活性汚泥は余剰分が最終沈殿池で沈殿分離される．浄化された上澄水(処理水)は塩素滅菌のあと河川などの公共用水域に放流される．余剰汚泥は濃縮・脱水後に埋立て・焼却などの処理が行われるか，濃縮汚泥を嫌気性消化によって減容化，バイオガス(メタン)回収が行われる．エアレーションタンク内を流れ方向に多段化して好気・嫌気を繰り返すことによって，アンモニアの硝酸への酸化(硝化)と硝酸の窒素ガスへの還元(脱窒)を行わせて，富栄養化による水質汚濁を引き起こす窒素成分の除去が可能である．同様な嫌気・好気を繰り返すことで活性汚泥に高濃度にリンを取り込み，同様に富栄養化の原因物質であるリンの除去も可能である．小規模施設には回分式の活性汚泥プロセスも利用されている． ［藤江 幸一］

**かっせいかエネルギー 活性化── activation energy**

反応速度定数*の温度依存性を表すアレニウスの

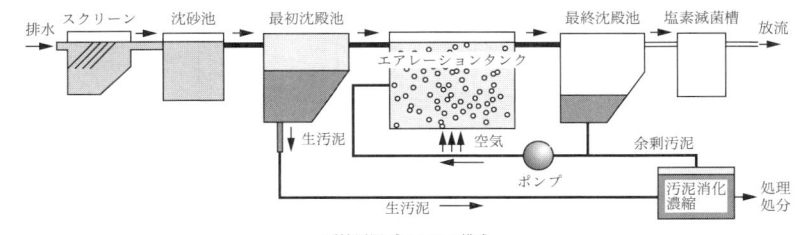

活性汚泥プロセスの構成

式*

$$k = A\exp\left(-\frac{E}{RT}\right)$$

の指数項にあるエネルギー $E$. アレニウスの式は幅広く適用できる式であるが，広い温度範囲では必ずしも完全には温度依存性を表すことができず，また反応速度の理論的取扱いから導かれる速度定数の温度依存性も厳密にはアレニウスの式に一致しない．そこで実験あるいは理論的取り扱いから得られた速度定数の温度依存性をもとにして，活性化エネルギーを以下の式によって定義することがより一般的である．

$$E = RT^2 \frac{\mathrm{d}(\ln k)}{\mathrm{d}T}$$

この活性化エネルギーは，それぞれの温度における速度定数のアレニウスプロットの接線の勾配に対応すると考えることができる．

なお，概略のところ，活性化エネルギーは反応の進行に必要な最小のエネルギーに対応しており，アレニウスの式中の $\exp(-E/RT)$ の項は反応系における分子のうち，反応に必要なエネルギー $E$ を有する分子の割合と考えることができる．活性化エネルギーの値は，反応の種類によって異なるが，化学結合の解離エネルギーの程度かそれより小さな値となることが多い．さらに，活性化エネルギーは化学反応に限らず，アレニウスの式によって温度依存性を表すことができる多くの速度過程に対してもその概念を用いることができる． ［幸田 清一郎］

**かっせいかエンタルピー　活性化――　activation enthalpy**

遷移状態理論*の熱力学的表現に従うと，反応速度定数* $k$ は

$$k = \frac{k_\mathrm{B} T}{h} \times K^{\neq}$$

で表せる．ここに $k_\mathrm{B}$ はボルツマン定数，$h$ はプランク定数*，$K^{\neq}$ は反応(原)系と遷移状態の間の化学平衡定数*(ただし，反応座標方向の自由度を一つ欠いている)である．この平衡定数を標準ギブス自由エネルギー*変化で表し，さらに熱力学の関係式を用いると，

$$k \propto e^{\Delta S^{\neq}/R} e^{-\Delta H^{\neq}/RT}$$

と表現することができる．この式の $\Delta H^{\neq}$ を活性化エンタルピーという．反応(原)系と遷移状態の間のエンタルピー差とみなすことができる．この活性化エンタルピーと活性化エネルギー* $E$ の関係は反応の種類によって異なるが，たとえば，気相二分子反応の場合は，$\Delta H^{\neq} = E - 2RT$ である． ［幸田 清一郎］

**かっせいかエントロピー　活性化――　activation entropy**

遷移状態理論*の熱力学的表現に従うと，反応速度定数* $k$ は

$$k = \frac{k_\mathrm{B} T}{h} \times K^{\neq}$$

で表せる．ここに $k_\mathrm{B}$ はボルツマン定数，$h$ はプランク定数*，$K^{\neq}$ は反応(原)系と遷移状態の間の化学平衡定数*(ただし，反応座標方向の自由度を一つ欠いている)である．この平衡定数を標準ギブス自由エネルギー*変化で表し，さらに熱力学の関係式を用いると，

$$k \propto e^{\Delta S^{\neq}/R} e^{-\Delta H^{\neq}/RT}$$

と表現することができる．この式の $\Delta S^{\neq}$ を活性化エントロピーという．反応(原)系と遷移状態の間のエントロピー差とみなすことができる．溶液系の反応で，反応に伴う溶媒構造の変化の影響を議論する場合などに有力な手段の一つとして用いられている． ［幸田 清一郎］

**かっせいかかくさん　活性化拡散　activated diffusion**

分子径にほぼ等しいいわゆる超ミクロ孔*を拡散する場合，分子は障壁を越えるだけの活性化エネルギーを受けて，遷移状態を経て孔を通過しなければならない場合がある．この現象を活性化拡散といい，拡散係数は

$$D = D_0 \exp\left(\frac{-E_\mathrm{D}}{RT}\right)$$

の形で表される．分子ふるい*作用をもつゼオライト*の空間間をつなぐ通路を分子が通過する場合などはその典型的な例で，この速度が吸着速度を支配することがある． ［広瀬　勉］

**かっせいかきゅうちゃく　活性化吸着　activated adsorption**

化学吸着*に属し，固体表面への吸着*にさいして活性化エネルギー*を必要とするもの．普通，吸着速度は遅い． ［広瀬　勉］

**かっせいさくごうたい　活性錯合体　activated complex**

化学反応において反応(原)系から生成系へ至る経路上に存在すると仮想される，反応の進行に必要なエネルギーを有する複合した化学種．1931年のH. Eyring, M. Polanyiらによる絶対反応速度論*(absolute reaction rate theory)において提案され

た．この活性錯合体と反応（原）系の間に，一種の化学平衡*がなりたつとして反応速度定数*を求めたのが絶対反応速度論である．その後の遷移状態理論*の進歩により，反応経路の中間，とくにポテンシャルエネルギーの峠点近傍になんらかの特殊な領域を仮想し，これを遷移状態と考えることは妥当な概念であるとされてきた．活性錯合体はこの遷移状態に対応するということができる．現在，活性錯合体という概念はしだいに遷移状態という，より広い概念のなかに包含されてきている． ［幸田 清一郎］

**かっせいたん 活性炭 active (activated) carbon**
多孔質性で比表面積が非常に大きな黒色の炭素系物質．主成分はアモルファス炭素で，原料に由来する微量の無機成分（シリカ，アルミナ，鉄など）を含む．多数の細孔に，気体あるいは溶液中の溶質などを強く吸着することができる．このため吸着剤として，気体・液体の精製，脱色，脱臭，溶剤や有害物質の分離・回収に用いられるとともに，触媒の担体として用いられている．製造法は，木材，木炭，ヤシ殻，石炭などを炭化したあと，活性化し精製して得られる．通常は粉末状で，粒状に成形したものもある． ［堤 敦司］

**かっせいたんきゅうちゃくほう 活性炭吸着法 activated carbon adsorption process**
活性炭は比表面積が著しく大きく（800～1500 m$^2$ g$^{-1}$)，多くの有機化合物に対して優れた吸着能力をもつ．気体中の揮発性有機化合物の除去・回収や臭気成分の除去が可能で，気体の浄化に用いられる．また，水中の不純物除去が可能で，浄水処理においては異臭味成分の除去，排水処理においてはCOD*，色度成分，界面活性剤，臭気成分の除去を目的とした高度処理に用いられる．吸着能力の低下した活性炭は再生して利用される． ［木曽 祥秋］

**カット ――（蒸留） cut**
連続成分あるいは多成分からなる混合物を蒸留*するとき，ある沸点を境として留分*に分けること，またはその留分*のこと． ［森 秀樹］

**かつりょう 活量 activity**
活動度．混合物中の成分 $i$ のフガシティー $f_i$ と基準状態における成分 $i$ のフガシティー $f_i^{\mathrm{ref}}$ の比で定義される熱力学濃度の一種．
$$a_i = \frac{f_i}{f_i^{\mathrm{ref}}}$$
基準状態のとり方に依存する．混合物と同一の温度，圧力での純粋物質とすると，活量係数*と組成の積 $a_i = \gamma_i x_i$ で与えられ，理想溶液では $a_i = x_i$ となる．また，混合物と同一温度で $f_i^{\mathrm{ref}} = 1$（単位フガシティー）（⇒フガシティー）とすると $a_i = f_i$ となり，理想気体では分圧に相当する値となる． ［栃木 勝己］

**かつりょうけいすう 活量係数 activity coefficient**
実在混合物が理想的挙動からどの程度偏倚しているかを表す量で，次式で定義される．
$$\gamma_i = \frac{f_i}{x_i f_i^{\mathrm{ref}}} = \frac{a_i}{x_i}$$
ここで，$f_i$ は混合物中の成分 $i$ のフガシティー*，$f_i^{\mathrm{ref}}$ は成分 $i$ の基準状態でのフガシティー，$x_i$ は成分 $i$ の組成であり，$a_i$ は成分 $i$ の活量*である．たとえば，低圧下の液相活量係数は，気液平衡データを用いて次式で算出できる．
$$\gamma_i = \frac{p y_i}{p_i^{\mathrm{sat}} x_i}$$
ここで，$p$ は全圧，$y_i$ と $x_i$ はそれぞれ気相と液相のモル分率であり，$p_i^{\mathrm{sat}}$ は溶液と同一温度における成分 $i$ の飽和蒸気圧*である． ［栃木 勝己］

**かでん 荷電 charging**
気中においてイオンが粒子に衝突し，粒子のもつ電荷を粒子に与える現象．電界荷電と拡散荷電の二つの機構により引き起こされる．電界中に粒子が存在すると，電気力線は粒子近傍で大きくゆがみ，粒子表面に到達する．電界荷電はイオンがこの電気力線に沿って移動し，粒子に衝突する現象で，コロナ放電のように外部電界が存在し，かつ粒径が 2 μm より大きいときにおもな荷電機構となる．ところで粒子が小さくなると，電気力線のゆがみが小さくなるのに対し，粒子のブラウン運動は大きくなる．その結果，イオンの粒子への沈着は，電気力線にかかわりなく，イオンの熱運動に依存することになる．この拡散荷電は，放射線電離のように外部電場がない場合，あるいは電場があっても粒径が 0.2 μm より小さい場合におもな荷電機構となる．

直流コロナ放電で生成されるイオンのように，正負どちらか一方の極性のイオンのみが存在するとき，単極イオンとよばれ，そのイオンによる荷電を単極荷電という．単極電界荷電の場合，粒子がもつ電荷の数（帯電数）は電界強度，粒径およびイオン濃度 $N$ と荷電時間 $t$ の積 $Nt$ に依存し，これら値が大きくなるほど増加する．単極拡散荷電は，粒径と $Nt$ により決まる．両極イオンは正イオンと負イオンが同数存在する場合で，放射線照射や交流コロナ放電により生成される．両極拡散荷電の場合は $Nt$ が十分なとき，粒子群全体の帯電量分布は平衡状態に達

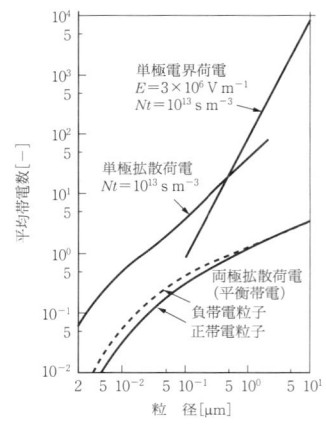

単極および両極イオンによる粒子の帯電数

するため,平衡帯電数は粒径のみの関数となる.
[足立 元明]

**かでんまく　荷電膜　fixed charge membrane, charged membrane**

正または負(あるいは両方)の電荷が固定された分離膜のことで,形状もシート状,円筒状,中空糸と多様である.イオン交換膜* が代表的な例であるが,RO 膜* や NF 膜* にも本来のサイズ排除機能に加えて固定電荷による静電排除機能を利用したものもある.イオン交換膜,RO 膜,NF 膜にはポリスチレン,ポリアミド,ポリスルホンなどの有機高分子材料が用いられているが,無機材料を素材として用いたものもある.
[正司 信明]

**カニンガムのほせいけいすう　――の補正係数　Cunningham's correction factor**

気体中を運動する粒子が気体から受ける流体抵抗力の補正係数.粒子の大きさが,気体分子の平均自由行程* と同程度ないしはそれ以下の場合には,気体は連続的な流体とはみなせなくなり,分子運動のために粒子表面で流体の滑りが生じ,流体速度はゼロとはならない.このため,粒子が気体から受ける粘性抵抗力は,気体を連続的な流体と仮定した抵抗則から予想される値よりも小さくなる.この滑りによる流体抵抗力の減少を補正する係数を,カニンガムの補正係数という.

カニンガムの補正係数 $C_c$ は,理論的解析や実験結果に基づく種々の式で求めることができる.たとえば,気体中の固体粒子に対しては,クヌーセン数* $Kn$ の関数として,

$$C_c = 1 + Kn\left\{1.142 + 0.558\exp\left(\frac{-0.999}{Kn}\right)\right\}$$

また,油滴に対しては,次式で推算できる.

$$C_c = 1 + Kn\left\{1.207 + 0.440\exp\left(\frac{-0.596}{Kn}\right)\right\}$$

[横山 豊和]

**かねつじょうきかんそう　過熱蒸気乾燥　super-heated steam drying**

圧力一定下で飽和蒸気を加熱して飽和温度以上にした蒸気を過熱蒸気という.材料から蒸発した蒸気を加熱した過熱蒸気を熱媒* として循環させることで材料を乾燥する方法で,対流乾燥* に分類される.通常乾燥初期は材料の表面温度が過熱蒸気の飽和温度より低いことから,蒸気が表面に凝縮すると同時に凝縮熱で材料温度が急速に上昇する.水蒸気の場合,大気圧下の乾燥では定率乾燥* での材料温度は 373 K まで上昇して乾燥が進む.このため食品の乾燥では殺菌*,酵素*失活* などの効果があり,低酸素下での処理が可能なため被乾燥物の酸化が少ないなどの特徴がある.加熱温度と材料温度との温度差が小さくなることから低温では熱風乾燥と比べて乾燥速度* は遅くなるが,443 K 付近で熱風乾燥より乾燥速度が速くなる逆転点が存在することが知られている.材料から蒸発* した蒸気だけを系外に排出すればよいので熱損失が少なく,回分式,連続式のいずれにも対応できるが,系内での結露防止や,空気混入防止に注意が必要である.
[脇屋 和紀]

**かねつせん　加熱線　heat supply line**
⇒与熱線

**かねつちしじかん　加熱致死時間　thermal death time**

TDT.熱殺菌操作において,所定温度で供試菌体のすべてを死滅させるに要する加熱時間.$F$ 値* ともいう.また,$F$ 値は一定温度で所定の濃度の菌体を死滅させるのに要する加熱時間で,通常 121℃ における加熱致死時間と定義される.
[福田 秀樹]

**かねつど　過熱度　superheat**

自由液面から蒸発を起こすためには,蒸発潜熱* 分を液体内部から熱エネルギーの形で補わなければならない.そのため,液内部温度は飽和温度* より高く,このような状態を過熱という.また,液内部と液体の飽和温度* との差を過熱度とよぶ.沸騰熱伝達* の場合,伝熱面の過熱度は伝熱面温度と液体の飽和温度* との差で定義される.
[深井 潤]

**かねつりゅうたい　加熱流体　hot stream**

⇒与熱流体

**カプセルゆそう ——輸送 capsule transport**

円筒状容器(カプセル)を管内流によって輸送する方法.カプセル輸送では被輸送物をカプセルに収めて輸送するので,粉粒体に限った輸送手段ではない.粉粒体を管内輸送としてよく用いられる空気輸送やスラリー輸送に比べて,粉粒体による管壁の摩耗,粉粒体そのものの破砕などがないという特色を有するので,粉粒体の輸送にも利用される.搬送用流体としてはおもに水と空気が利用され,前者は水カプセル(hydraulic capsule),後者は空気カプセル(pneumatic capsule)とよばれる.構造によってカプセルを分類すると車輪付きと車輪なしカプセルがあり,車輪付きは重量の大きい場合に用いられる.現在よく使われているのは車輪なしの小規模な空気カプセルであり,書類の輸送などに用いられている.
[辻 裕]

**かぶりんかいしゅうてん 下部臨界終点 lower critical end point**

2成分混合物の気液平衡の臨界軌跡は,各純成分の臨界点を結ぶ曲線となるのが一般的であるが,両成分の親和性が小さい場合には気液液3相平衡と接続することがある.気液液平衡線の低温低圧側で臨界軌跡に接続する場合,この点を下部臨界終点とよぶ.
[猪股 宏]

**かぶりんかいようかいおんど 下部臨界溶解温度 lower critical solution temperature**

⇒臨界溶解温度

**かべこうか 壁効果 wall effect**

装置の内部で起こる流動,伝熱,物質移動などに関する現象の特性が,装置の壁の影響のために装置が無限大の広がりをもつ場合と異なること.たとえば,ある粘性流体を入れた垂直な円筒内を固体球が自由沈降する場合の終末速度*は,無限の広がりをもつ粘性流体中をその粒子が自由沈降する場合の終末速度に比較して小さくなり,その補正には粒径対管径比 $D_P/D_T$ の関数である壁効果補正係数を導入する必要がある.また,粒径対塔径比の小さい充填塔や流動層では,粒子の存在が壁近傍で疎となるため,圧力損失(流動層では層膨張の程度),伝熱あるいは物質移動などの特性が,塔内に充填あるいは流動化粒子の粒径対塔径比の影響を受けて変化する場合があるが,これらも壁効果の一種とみなされる.(⇒端効果)
[室山 勝彦]

**かほうしょく 過防食 over protection**

防食電流を必要以上に流すこと.カソード腐食*電位の目安は飽和硫酸銅電極基準で,$-850$ mV より卑とされている.$-1350$ mV より卑にすると電流値が 1 mA cm$^{-2}$ を超え,過防食状態となり,塗膜はく離や水素脆化を引き起こす.
[酒井 潤一]

**かほうわじょうたい 過飽和状態 supersaturated condition**

気相あるいは液相において,溶質濃度が飽和溶解度より高い状態.過飽和状態においては,結晶相における結晶成分の化学ポテンシャル*が,液相あるいは気相におけるそれより低い.したがって,過飽和状態において結晶は熱力学的な駆動力により核発生し,成長する.
[久保田 徳昭]

**かほうわせいせいほう 過飽和生成法 generation method of supersaturation**

過飽和生成法には,① 冷却法,② 蒸発法,③ 断熱蒸発法,④ 化学反応法,⑤ 加圧法,⑥ 貧溶媒添加法,⑦ アダクツ生成法,⑧ 塩析法,などがある.工業的には主として蒸発法,冷却法が使われる.化学反応法は通常は反応晶析(reactive crystallization, precipitation)とよばれ,炭酸カルシウム,炭酸バリウム,写真感光剤などの製造に広く使われる.貧溶媒添加法は医薬品の製造過程などでよく使われる.
[久保田 徳昭]

**かほうわど 過飽和度 supersaturation, degree of supersaturation**

過飽和の度合いを表す値.結晶成長,結晶核発生の駆動力は過飽和度である.過飽和度は,工学的には溶液濃度 $C$ と飽和濃度 $C_s$ との差 $\Delta C(=C-C_s)$ として表現されることが多い.一方,結晶成長および核発生の理論的取扱いにおいては,相対飽和度 $\sigma$(無次元過飽和度ともいう)が使われる.相対過飽和度 $\sigma$ は $\sigma=\Delta C/C_s$ で与えられる.これは,結晶化成分(溶質)の無次元化学ポテンシャル*の差 $\Delta\mu/kT$ と $\ln(1+\sigma)=\Delta\mu/kT$ の関係にある.とくに $\sigma\ll 1$ の場合,$\sigma=\Delta\mu/kT$ となる.すなわち,$\sigma$ は結晶成長および核発生の熱力学的駆動力 $\Delta\mu/kT$ に等しい.$\ln(1+\sigma)=\Delta\mu/kT$ の関係は気相でも成立する.ただし,気相における $\sigma$ は,$\sigma=(p-p_c)/p_c$ で与えられる.ここで,$p$ は蒸気圧,$p_c$ は飽和蒸気圧である.
[久保田 徳昭]

**かほうわひ 過飽和比 supersaturation ratio**

過飽和度*の表現法の一つ.液相では $C/C_s$,気相では $p/p_s$ と表される.ここで,$C$ は溶液濃度,$C_s$ は飽和溶液濃度,$p$ は蒸気圧,$p_s$ は平衡蒸気圧である.相対過飽和度 $\sigma$ と,$C/C_s=\sigma+1$(液相)および $p/p_s=\sigma+1$ の関係がある.(⇒過飽和度)

[久保田 徳昭]

**かまざんえき　かま残液　residue**
　回分蒸留\*または回分精留\*において，留出しないで塔底部(かま)に残っている液のこと．高沸成分\*に富み，固形分を含むことがある．　[宮原 旻中]

**カミンスキーしょくばい　——触媒　Kaminsky catalyst**
　⇒メタロセン触媒

**かようか　可溶化　solubilization**
　液体に溶けにくい物質が界面活性剤の存在下で，その溶液に溶けるようになる現象．たとえば，臨界ミセル濃度\*以上の界面活性剤水溶液中ではミセル\*が生成する．ミセルの内部は炭化水素の液状集合体であるので，油など水に溶けにくい物質はこの部分に取り込まれるために溶解量が増加する．ミセルへ取り込まれて増加する溶解量の最大値を，その界面活性剤濃度における可溶化量という．
　　　　　　　　　　　　　　　　　[埜村　守]

**かようかいど　過溶解度　supersolubility**
　⇒準安定域

**からじょうモデル　殻状——　shell model, unreacted-core model**
　⇒シェルモデル

**ガラスじょうこうぶんしまく　——状高分子膜　glassy polymer membrane**
　ガラス転移温度が使用温度より高い，すなわちガラス状態にある高分子の膜のこと．ガラス状高分子はセグメント運動が凍結した部分とミクロボイドの部分からなっており，気体の収着には二元収着モデル\*，気体の透過には二元移動モデル\*が合うことが知られている．　　　　　　　　　[原谷 賢治]

**ガラスてんいおんど　——転移温度　glass transition temperature**
　溶融状態にある高分子物質を結晶化させずに融点以下に冷却すると，ある温度以下で急激にガラスのように硬くなる．この温度のこと．ガラス転移温度は，ある程度の高い分子量では分子量にほとんど依存しないことから，高分子主鎖の局所的な運動が凍結される温度と考えられており，高分子鎖の一次構造\*を大きく反映する．ガラス転移温度では熱膨張率\*，熱容量\*が不連続に変化するので，比容\*の測定や示差走査熱分析により決定できる．
　　　　　　　　　　　　　　　　　[佐々木 隆]

**ガラスてんいてん　——転移点　glass transition point**
　ガラス転移温度．高分子材料の性質がガラス状からゴム状性質に変化する温度．すなわち，高分子材料はある温度以下では分子運動が凍結され，硬くてもろいガラス状の性質を示すが，その温度以上になると分子のミクロブラウン運動が起こり，軟らかいゴム状の性質を示す．このような変化が起こる温度をガラス転移点という．一般に，非晶質高分子では明瞭なガラス転移点が観察されるが，結晶性高分子では不明瞭になる．ガラス転移点の前後では，熱膨張係数，弾性率，比熱などの物性が急激に変化する．
　　　　　　　　　　　　　　　　　[仙北谷 英貴]

**ガラスまく　——膜　glass membrane**
　無機膜の一種で，金属酸化物，窒化物，炭化物などで非晶質体を膜材料とする分離膜をいう．一般にはシリカを主成分とする多孔質ガラス膜が知られており，分相法やゾルゲル法によって作製される．
　　　　　　　　　　　　　　　　　[都留 稔了]

**カラムコンポジットカーブ　column composite curve**
　ピンチテクノロジーで用いられる線図で，蒸留塔の高さ方向の温度レベルを縦軸に，その温度での気液の熱負荷(エンタルピー)を横軸にして表現した線図．　　　　　　　　　　　　　　[中岩　勝]

**カラムターゲットほう　——法　column target method**
　与えられた蒸留塔の操作条件において，分離に必要な各段での最小気液流量とそれに対応したエンタルピー量から，熱力学的エネルギーの擬似最小量を求める方法．蒸留塔の省エネルギー\*の検討に有効な手段の一つとして広く使われている．
　　　　　　　　　　　　　　　　　[小菅 人慈]

**カランドリヤ　calandria**
　⇒蒸発装置の(f)

**かりゅう　顆粒　granule**
　造粒体．ペレット．微粒子を種々の造粒方法で，100 μm～1 mm ぐらいに大きくした造粒体で，おもに食品や医薬品など機能性素材に用いられる慣用語である．原料より流動性がよく，飛散性，溶解性\*などが調節できる．　　　　　　　　[篠原 邦夫]

**かりりんかいち　仮臨界値　pseudo-critical value**
　対応状態原理を混合物に適用するさいに，混合物を仮想純粋物質とみなすが，その仮想純粋物質の仮想的な臨界値のこと．仮臨界値は，仮臨界温度，仮臨界圧力，仮臨界モル体積などがあり，いずれも混合物の組成と構成純粋物質の臨界値の関数で与えられる．例を次に示す．

$$T_{\mathrm{cm}} = \sum_{i=1}^{N} x_i T_{ci}, \qquad p_{\mathrm{cm}} = \sum_{i=1}^{N} x_i p_{ci}$$

[猪股　宏]

## カルス　callus

植物体の一部を切り取り，ある種の植物ホルモンを含む固形培地などで培養したときに形成される分化していない状態の植物細胞の塊．植物体のあらゆる部分からカルスを形成させることができる．植物細胞の分化は何種類かの植物ホルモンの濃度比によって制御される．このことを利用して，カルスを分化しない状態で活発に成長させることもできるし，植物個体への再分化を操作することもできる．さらに，カルスは組換え作物の作製にも利用される．たとえば，カルス細胞の染色体に目的遺伝子をアグロバクテリウム法などで挿入し，これを再分化させて植物個体を再生すると，導入遺伝子を安定的に遺伝する遺伝子組換え作物ができる． [近藤 昭彦]

## カールとう　——塔　Karr column

振動板塔．交互振動板塔．図に示すように，下降管*なしの，一連の多孔板を上下振動させて相分散を行う型式の液液抽出*装置．開発された当初は小孔径(直径 2～4 mm)・小開孔比(15～25%)の多孔板を使用していたが，その後，Karr が大孔径(直径 16 mm)・大開孔比(60～65%)に改良し，現在ではこの改良型式が使われることが多いことから，カール塔といわれている．カール塔は均一な分散*が得られ，処理量も抽出効率*もほかの撹拌機付き抽出塔より大きく，スケールアップも容易である．

その他，小孔径・小開孔比の多孔板に上昇管・下降管*を設置して上下往復させるもの，回転円板抽出塔*の円板に小孔をあけて振動させるもの，多孔板の代わりに金網を使用したものなどが考案されている．

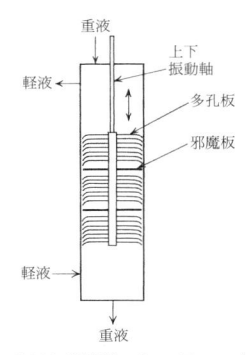

交互振動板塔［便覧，改四，図 10・48(b)］

[平田　彰]

## カルノーサイクル　Carnot cycle

理想気体*に，等温膨張，断熱膨張，等温圧縮，断熱圧縮を可逆的に順次行わせる仮想的な理想熱機関で，その提案者 N.L.S. Carnot の名をとって，カルノーサイクルとよぶ．カルノーサイクルの熱効率 $\eta$ は，次式となる．

$$\eta = 1 - \frac{T_{\mathrm{L}}}{T_{\mathrm{H}}}$$

高温熱源の温度 $T_{\mathrm{H}}$ と低温熱源の温度 $T_{\mathrm{L}}$ のみによって決まり，同一の高温熱源と低温熱源とにより構成されるサイクルの最大の熱効率*を示す．また，可逆サイクルであるので，逆方向に動かすと冷凍機またはヒートポンプ*のサイクルとなる．

[荒井康彦・桜井誠]

## カルマンていすう　——定数　Kármán constant

平均流からの逸脱分(変動流速)×(流体密度)で表される運動量が混合距離*だけ動いて，その場で流体混合により乱流運動量が輸送されると考えるのが，混合距離モデルである．この混合距離*は壁からの距離に比例するとして，その比例定数をカルマン定数とよぶ．通常，カルマン定数は 0.4 またはその近辺の値がとられる． [薄井 洋基]

## カルマンのかれつ　——の渦列　Kármán vortex street

流速 $u\,[\mathrm{m\,s^{-1}}]$ の一様流中にある直径 $D\,[\mathrm{m}]$ の円柱のまわりの流れで，レイノルズ数* $Re = \rho u D/\mu$ が 40 以上になると渦が円柱下流領域に左右交互に等間隔に現れる．これをカルマンの渦列という．渦の出現周波数 $N\,[\mathrm{Hz}]$ に基づいて定義される，無次元数*であるストローハル数 $S_{\mathrm{h}} = ND/u$ が広いレイノルズ数範囲で，ほぼ 0.2 と一定となることが知られている． [吉川 史郎]

## かれいきゃくじょうたい　過冷却状態　supercooling state

液体を徐々に冷却するとき，融点以下になっても凝固しない準安定状態．融点とガラス転移点の間が過冷却液体の領域である．過冷却状態からもとに戻すと，必ずしも同じ状態にならないことも多い．

[栃木 勝己]

## カレンダーせいけい　——成形　calendering

カレンダリング．1 対の圧延ロールで溶融状態のプラスチックを圧延してシート状に連続成形したり，布や紙などの面に溶融状態のプラスチックを被覆するときに用いるカレンダーとよばれる機械を用いて，プラスチックやゴムなどを薄いフィルムやシ

ートに圧延加工する方法．カレンダー成形がもっとも多用されている分野は，軟質・硬質の塩化ビニルのフィルムやシート，タイヤの芯材製品などである．
[田上 秀一]

**かわきど　乾き度　dryness fraction**
クオリティー（quality）．気相と液相が共存する場合，湿り蒸気とよび，総量 $m$[kg]中の乾き蒸気量（気相）を $m_v$[kg]とすると，$x = m_v/m$ が乾き度である．$x=1$ のときは乾き飽和蒸気，$x=0$ のときは飽和液という．（⇒湿り度）
[栃木 勝己]

**かわきねんしょうはいガスりょう　乾き燃焼排ガス量　dry theoretical amount of combustion gas**
理論燃焼ガス量．燃料単位量を理論空気量で完全燃焼したときに得られる水蒸気分を除いた燃焼ガス量[$m^3 kg^{-1}$-fuel あるいは $m^3 m^{-3}$-fuel]．
[成瀬 一郎]

**かんえきがたはんのうき　灌液型反応器　trickle bed reactor**
トリクルベッド反応器*．気液固触媒反応装置*の一種で，気体および液体をともに反応流体として，縦置きの固定層触媒反応装置*に塔頂から下向きに流す気液下向並流充填塔*反応器のなかで，とくに比較的液流量が遅く滴として流下する流域のときの反応器．原油の水素化脱硫では，固体触媒を充填し水素気流中で原油を液相のまま流下させ，原油中の硫化物を水素と反応させて硫化水素として除去するものである．
[後藤 繁雄]

**かんえきじゅうてんとう　灌液充填塔　irrigated packed column**
塔内にラシヒリング*などの充填物を充填し，その上方から液を散布・供給し，ガスを下方または上方から供給して気液を接触させる装置．ガス吸収*，蒸留*，調湿，気液反応などに用いられる．触媒を充填して気液反応に使用する場合は，トリクルベッド反応器*とよばれる．（⇒充填塔，トリクルベッド反応器）
[室山 勝彦]

**かんおんえきしょう　感温液晶　thermochromic liquid crystals**
ある種の液晶は，温度の上昇とともに選択的に散乱する波長光の変化に伴って色が変化する．いくつかの液晶を混合することによって，色が変化する温度域が異なった液晶が得られる．この性質を利用して，流体内や固体面の温度を測定できるようにした液晶を感温液晶という．市販の感温液晶として，径 $5〜30 \mu m$ のマイクロカプセルに封じ込められたもの，シート状にしたものなどがある．
[深井 潤]

**かんがたはんのうそうち　管型反応装置　tubular reactor**
管型反応器．細長い直管，コイル状または U 字形典管の一端から反応原料を供給し，他端から反応生成物を流出させる形式の反応装置．加熱，冷却は管の外部に付けたジャケット*あるいは外管によって行うか，あるいは管を加熱炉内に取り付けて行う．反応流体の流れが押出し流れ*に近いので滞留時間*のばらつきがなく，逐次反応*などによる副反応への行き過ぎを防ぐことができる．機械構造が単純で耐圧構造が容易なことのほかに，伝熱面積がとりやすいので温度調節が容易で，激しい反応熱*の除去や急激な加熱，冷却が可能である．また，処理能力が大きいうえに容量が変えやすい．しかし，長い反応時間が必要な場合には，装置規模がきわめて大きくなり，圧力損失*も大となる欠点がある．気相熱分解反応，液相中和反応，酸触媒によるエステル化反応，けん化反応などの均一系連続反応に利用されている．
[長本 英俊]

**かんきゅうおんど　乾球温度　dry-bulb temperature**
乾湿球湿度計*の湿球温度計の示度を湿球温度*というのに対比して，感温部が乾いた状態にある乾球温度計の示度をとくに乾球温度という．一般の気温に相当する．（⇒乾湿球湿度計，湿球温度）
[西村 伸也]

**かんきょうえいきょうよそく　環境影響予測（アセスメント）　environmental impact assessment**
自然環境に重大な影響を及ぼすことが予測される開発事業などに関して，事前に環境への影響を調査・予測・評価すること．1997 年に"環境影響評価法"として法制化され，指定された対象事業についてその実施が義務づけられた．対象となる環境要素は大気環境，水環境，土壌環境，動植物，生態系，景観，廃棄物，温室効果ガスなどである．対象事業の決定，環境影響評価方法の決定，環境影響評価に対する意見，事業への反映の一連の流れをまとめて環境アセスメントという．
[後藤 尚弘]

**かんきょうおうりょくわれ　環境応力割れ　environmental stress cracking**
ESC．環境応力き裂．ある環境に置かれた高分子材料が，通常は破壊しないような低応力下で割れを生じる現象．割れは材料表面から脆性的に発生し，割れのきっかけが物理的であるのが特徴である．古くから知られていた，油類，表面活性剤などを入れたポリエチレンやポリプロピレン製の容器が，成形

時の残留応力により割れる現象が代表的な例である．これと類似の現象に金属における応力腐食割れ*があるが，この機構が(電気)化学的であることから両者は厳密には区別されてきた．最近では，環境がかかわって材料に割れを生じる現象の総称として使われることもある．　　　　　　　　　[津田　健]

**かんきょうおせんぶっしつはいしゅつ・いどうとうろく　環境汚染物質排出・移動登録　Pollutant Release and Transfer Register**

⇒PRTR

**かんきょうかいけい　環境会計　environmental accounting**

企業の環境保全の取組みから発生したコストと効果を定量的に把握し，その結果をバランスシートなどの会計情報として表し，企業内部および外部に伝達することによって，環境経営を効果的，効率的に推進する仕組み．企業外部の利害関係者への情報開示は，企業の環境保全に対する取組みへの理解を得るための手段であり，環境報告書はその有力な媒体である．　　　　　　　　　　　　　　[堀中　新一]

**かんきょうかんさ　環境監査　environmental auditing**

環境マネジメントシステム規格ISO 14001では，みずから構築した環境マネジメントシステム(EMS)が効果的に機能し，環境方針や目的・目標に向かって継続的改善がされているかを監査・評価する環境監査が求められている．環境監査には，自主環境監査，ほかの環境監査人による相互環境監査および認証機関による定期環境監査がある．これらの環境監査を通じて，事業所などがEMSのレベルアップや環境パフォーマンスの目標などを向上させる努力を行っているかが監査・評価される．
　　　　　　　　　　　　　　　　　[藤江　幸一]

**かんきょうきじゅんたっせいりつ　環境基準達成率　compliance rate of environmental quality standard**

人の健康の保護や生活環境の保全のために維持されることが望ましい目標として，大気，水，土壌，騒音などに環境基準が設定されており，大気環境や公共用水域において，これらの基準を達成している割合が環境基準達成率である．　　　　[藤江　幸一]

**かんきょうきじゅんち　環境基準値(大気)　environmental standard, ambient environmental quality standard**

環境基本法に基づいて，人の健康の保護および生活環境の保全のうえで，大気の汚染，水質の汚濁，土壌の汚染および騒音にかかわる環境上の条件についていて維持されることが望ましい行政上の政策目標を政府が定めた基準．大気汚染にかかわる環境基準には，$SO_2$，$CO$，浮遊粒子状物質(SPM)，$NO_2$，光化学オキシダント(オキシダント*)，ベンゼンなど有害大気汚染物質，ダイオキシン*類などについて定められている．　　　　　　　　　　　　　　[清水　忠明]

**かんきょうきじゅんち　環境基準値　environmental quality standards**

⇒大気環境基準，水質環境基準，地下水環境基準，土壌環境基準

**かんきょうきほんほう　環境基本法　The Basic Environment Law**

環境の保全について基本理念を定め，ならびに国，地方公共団体，事業者および国民の責務を明らかにするとともに，環境の保全に関する施策の基本となる事項を定めることにより，環境の保全に関する施策を総合的かつ計画的に推進し，現在および将来の国民の健康で文化的な生活の確保に寄与するとともに人類の福祉に貢献することを目的とした，環境関連においての最上位に位置する法律であり1993年に施行された．　　　　　　　　　　[亀屋　隆志]

**かんきょうしゅうふく　環境修復　environmental remediation**

埋立地や伐採された森林，化学物質により汚染された土壌・地下水や海域など，人の活動によって改変された環境をもとの自然の状態に戻すこと．一般に多くの時間や労力，コストがかかるため，環境影響の事前評価や汚染の未然防止，早期の調査・浄化が重要である．環境修復には，護岸の撤去やヘドロのしゅんせつなどの物理的な修復，汚染物質の除去などの化学的な修復，植生や土壌生態系，水中生態系などを復元する生物的な修復がある．
　　　　　　　　　　　　　　　　　[小林　剛]

**かんきょうホルモン　環境——　environmental hormones**

内分泌かく乱物質(endocrine disruptors)．ホルモン様作用物質(hormonally active agents, HAA)．さまざまな定義が提唱されており，環境省の定義は"動物の生体内に取り込まれた場合に，本来，その生体内で営まれている正常なホルモン作用に影響を与える外因性の物質"である．世界の各地で野生動物や水生動物に生殖機能の異常が見出され，1991年のウイングスプレッド会議で，化学物質の一部が従来の安全性評価より低濃度で生殖機能に影響を与えていることが指摘された．この作用を示す化学物質を"内分泌かく乱物質"とよぶが，日本

では環境ホルモンが通称となった．　　［服部 道夫］

**かんきょうリスク　環境——** environmental risk

人間の活動によって生じた環境の汚染や変化が，ある一定の条件のもとで，環境中の経路を通じて人の健康や生態系に影響を及ぼす可能性を示す概念．環境の質を評価することにより，間接的に人間活動の評価を行う目的で利用されることが多い．狭義には，有害化学物質による環境汚染などの要因を対象とするが，広義には温室効果ガスの排出や護岸工事などの要因も対象となる．結果がもたらす影響の程度，または影響が及ぼされる確率で評価される．狭義の環境リスクの評価は，評価の対象となる化学物質がどのような危険性（ハザード）を有するかを明らかにしたうえで，その化学物質の危険性の強度を求める．この結果と，当該化学物質の人などへの暴露量を求め，リスク（確率）を算出する．たとえば，化学物質 A ががん原性を有することを明らかにしたうえで，発がん性強度を求める．この結果と化学物質 A の暴露量を求め，発がんリスクを算出する．
　　　　　　　　　　　　　　　［高梨 啓和］

**かんけいしつど　関係湿度** relative humidity

相対湿度*．湿りガス*の体積基準による，湿度*の同温度における飽和湿度*に対する百分率．この値 $\phi$ は理想気体*に対しては，蒸気分圧* $p$ の同温度における飽和蒸気圧* $p_s$ に対する百分率に等しい．すなわち $\phi = 100(p/p_s)$ [％]．　　［西村 伸也］

**かんげきひ　間隙比** void ratio
⇒空隙比

**かんけつてきらんりゅうこうぞう　間欠的乱流構造** intermittent turbulent structure

噴流*や境界層*の流れの外側の領域で発生する現象で，層流*と乱流*とが交互にかつ間欠的に観察される流動状態．乱流が存在する確率，あるいは乱流が観測される時間的割合は間欠因子として表される．　　　　　　　　　　　　　　［黒田 千秋］

**かんしきだつりゅう　乾式脱硫** dry desulfrization
⇒炉内脱硫法，排煙脱硫

**かんしきだつりゅうほう　乾式脱硫法** dry desulfurization process

燃焼排ガスから硫黄化合物を取り除く方式で，固体を用いて溶液を用いない方法．$SO_2$ 用には，活性炭法，PPCP 法*，電子ビーム法がある．また FBC*（流動層燃焼），循環流動層燃焼*で石灰石を媒体粒子*に用いて炉内で $SO_2$ を除去する方法もある．$H_2S$ 吸収には，酸化鉄，酸化亜鉛などの金属酸化物や CaO，Cu と反応させて硫化物を生成する方法がある．
　　　　　　　　　　　　　　　［清水 忠明］

**かんしきぶんきゅう　乾式分級** dry classification

固液状態ではなく固気相で粒子を分級する手法．ふるい分級と流体風力分級に大別される．前者は平面振動ふるい，回転ふるい，超音波ふるいなどがあり，後者は重力分級機，慣性力分級機，遠心力分級機などがある．ふるいの分離径の下限は約 50 μm ぐらいとなり，それ以下の粒子では，ふるいの目が粒子で閉塞するために難しい．また，風力分級機の下限は約 2 μm 程度であるが，最近サイクロン*において特殊な型式ではサブミクロン領域の分級が可能になってきた．　　　　　　　　　　　［吉田 英人］

**かんしせいぎょ　監視制御** human supervisory control

プロセスを生産の目的に合わせてオペレーターが最適に運転するための仕組み．監視制御の基本は計測，判断，操作である．石油，化学プラントのように対象が大規模な場合，装置の細部から全体にわたって監視制御するためのシステムが不可欠である．一般に DCS などによって計測，判断，操作の大部分は自動化されるが，監視制御におけるオペレーターの存在はあいかわらず重要である．　［小西 信彰］

**かんしつきゅうしつどけい　乾湿球湿度計** dry-and wet-bulb psychrometer

湿度計の一種．感温部を十分に湿らせた温度計（湿球温度計）と普通の温度計（乾球温度計）とを湿りガス*中に置き，前者の示度を読んでガスの湿度*を算出する．湿球温度計の示度を湿球温度というのに対して，乾球温度計の示度を乾球温度*という．どちらの温度をはかるときも，放射伝熱*の影響を無視できるようにする必要がある．このことを考慮した乾湿球湿度計としてアスマン湿度計などがある．(⇒湿球温度)　　　　　　　　　　　　［今駒 博信］

**かんしゅつえき　缶出液** bottom, bottom product

連続精留*塔の塔底部から抜き出される液のこと．高沸成分*に富んでいる．　　［宮原 昱中］

**かんしょう　干渉** interaction

干渉とはいろいろな意味で用いられるが，ここでは，制御系における干渉について述べる．プロセス制御*においては，温度，圧力，液レベルなど複数の制御量*が存在する場合が多い．それぞれの制御に 1 入力 1 出力の制御ループを複数組み合わせた多重ループ制御*を用いる場合，ある制御量のための操作

がほかの制御ループに外乱としてはたらき，その影響を除去する操作が，さらにほかの制御ループに影響することがある．この現象を制御ループ間の干渉とよび，場合によっては系全体が不安定になってしまうことがある．

この干渉をできるだけ弱くするために，制御量と操作量をうまく組み合わせる（ペアリングという）ことが重要である．ペアリングに有効な手法としては，RGA(relative gain array)がある．RG(relative gain)は，すべての制御ループを開いたときの開ループゲイン(open loop gain)と，ほかのすべての制御量が設定値に制御されている状態での閉ループゲイン(closed loop gain)の比を示す．それをすべての入出力の組合せについて計算し，配列としたものがRGAである．

いま，$y_1, y_2, \cdots, y_n$を制御量 $y$ とし，$u_1, u_2, \cdots, u_n$ を操作量 $u$ とする．行列 $K_P$ の要素 $[K_P]_{ij}$ は制御量 $y_i$ の操作量 $u_j$ に対する定常ゲイン* で，$y_i$–$u_j$ 間の開ループゲインである．閉ループゲインは，ほかの被制御量が変化しない状態でのゲインであるので，$y_i$–$u_j$ 間の RG を $\lambda_{ij}$ とし，逆行列の要素を用いて，

$$\lambda_{ij} = \frac{(\text{open loop gain between } y_i \text{ and } u_j)}{(\text{closed loop gain between } y_i \text{ and } u_j)}$$
$$= \frac{[y_i/u_j]|_{u_{k=0}}^{\forall k \neq j}}{[y_i/u_j]|_{y_{k=0}}^{\forall k \neq j}}$$
$$= [K_P]_{ij}[K_P^{-1}]_{ji}$$

となる．RGAの各行各列から重複しないように，一つずつ制御量と操作量のペアを選択するが，RGが負のペアはほかのコントローラーがマニュアルにされたり，切られたときに不安定になる可能性が存在するので避けるほうがよい．RGAはつねに，各行各列の和が 1 になる特徴をもち，RGが 1 となるペアは，その制御量と操作量にとってはそのペアが唯一の候補であると判断できる．すべてのペアのRGが1に近く負ではないペアが選択できる場合には，多重ループ制御でも干渉はあまり問題にならないが，そうでないときには，非干渉制御やモデル予測制御などの多変数制御系を用いる必要が生じる．

ペアリングの適切さを判定するものに，次のような指標も存在する．

$$NI = \frac{\det(K_P)}{\prod_{j=1}^{n}[K_P]_{jj}}$$

この $NI$ は Niederlinski Index とよばれる．積分制御要素をもつシングルループ・コントローラーを $y_1-u_1, y_2-u_2, \cdots, y_n-u_n$ のペアに対して適用し，各ループを他のループがオープンのときに安定になるように設定した場合，$NI<0$ は，すべてのループを閉じると不安定になることの十分条件であるので，$NI$ が負になるペアリングは避けるべきであるが，$NI>0$ は安定であるための必要条件でしかなく，安定性を保証するものではない． ［橋本 芳宏］

**かんしょうしすう　干渉指数(モラリの)　Morari resiliency index**
⇒干渉

**かんしょうばん　緩衝板　impingement plate**
受衝板．①（⇒多管式熱交換器）．② 各種の塔や槽などに流体が気体，液体または気液混相でノズルから供給されるさい，気液分離，ショートパス防止，機器内部品への衝撃防止などの目的で設置される板．　　　　　　　　　　　　　　　　　［川田 章廣］

**かんじょうまくモジュール　管状膜——　tubular module**
管型モジュール．内径10～20 mmの管状の形状を有する管状膜を，ヘッダーで複数本に接続したモジュール．管状膜では分離に有効な活性層を管外側に有する場合と内側に有する場合の両方あるが，高分子膜では管内側に活性層を有する場合が多い．膜のスポンジ洗浄が可能なこと，濁質による流路閉塞が起こりにくいことから，濁質供給水の処理に適する．
　　　　　　　　　　　　　　　　　　［都留 稔了］

**かんじょうりゅう　環状流　annular flow**
水平あるいは垂直な円管内の気液二相流* でガス流速が増加すると，液は管壁に沿った環状液膜となり，ガスは管中心部を連続的に流れる環状流となる．なお，液流速の大きい場合には，液の一部はガス流中に液滴として飛散し，環状噴霧流となる．（⇒気液二相流）　　　　　　　　　　　　　　　　［柘植 秀樹］

**かんしょく　乾食　dry corrosion**
ドライコロージョン*．水分が存在しないか，水環境でない場合の腐食．一般に高温腐食を意味する．金属の高温腐食は高温酸化，高温硫化，溶融塩腐食などに分類される．高温酸化はもっとも一般的な高温腐食の一つで，金属酸化物の熱力学的な安定性（平衡解離圧）と金属あるいは酸素の拡散現象によって複雑な挙動をとる．高温における酸化速度は形成される皮膜の電気伝導性，厚さ，皮膜内の各種イオンの拡散性によって決定される．高温硫化では $H_2$ や $H_2S$ を含む環境で硫化物を生成し，金属を激しく腐食する．$SO_2$ を含む雰囲気では高温酸化が主として生じるが，少量の硫化物の生成によって腐食は加速

される．一般に溶融塩（無機塩）の融点は低く，ガスタービンやごみ焼却炉における材料に付着して金属を腐食する．溶融炭酸塩，溶融硫酸塩，溶融硫酸ナトリウム塩による高温腐食が問題となる．また，重油中に含まれるバナジウムにより激しい腐食が生じることがある．これはバナジウムアタックとよばれ，五酸化バナジウムが低い温度で溶融塩を生成することに起因する．　　　　　　　　　　[礒本　良則]

**がんしんほう　含浸法　impregnation method**

触媒活性原料成分を溶解した原料溶液を担体に吸着*や含浸させた後，乾燥・焼成によって担持触媒を調製する方法．担体の吸着量や細孔容積に基づいて原料溶液を吸着含浸させる方法と，原料溶液に担体を加え溶媒を蒸発させる方法に大別される．
　　　　　　　　　　　　　　　　　　[杉山　茂]

**がんすいりつ　含水率　moisture content, water content**

材料の含有する水分を定量的に表すもの．百分率で表されることも多い．質量基準（mass basis）と体積基準（volume basis）とがある．質量基準のうち，湿り材料の全質量あたりの水分量 $w_w$[kg-水/kg-全量]を湿量基準（wet basis）含水率または水分といい，無水質量（乾燥または絶乾質量）あたりの水分量 $w_d$[kg-水/kg-無水質量]を乾量基準（dry basis）含水率という．この両者間には $w_w = w_d/(1+w_d)$, $w_d = w_w/(1-w_w)$ の関係があり，水分含有量の増加とともに両者の差も大きくなる．乾燥のようにその全量が変化する場合には $w_d$ を使用するべきであり，これを含水率とよぶことが多い．体積基準のものは体積（volumetric）含水率または容積含水率 $\phi_v$[m³-水/m³-材料体積]とよばれる．$\phi_v$ と $w_d$ の関係は $\phi_v = w_d\rho_b/\rho_w$, $w_d = \phi_v\rho_w/\rho_b$ である．$\rho_w$[kg m⁻³]は水の密度，$\rho_b$[kg-無水材料/m³-材料体積]は無水材料の体積密度である．材料内の空隙に水が保有される場合，全空隙体積に対して水の占める体積を空隙基準（void basis）含水率または飽和度（saturation）$\phi$[m³-水/m³-全空隙体積]とよび，$\phi$ と $\phi_v$ とには，$\phi = \phi_v/\varepsilon$ の関係がある．$\varepsilon$ は材料の空隙率*[m³-全空隙/m³-材料体積]である．

材料内の含水率分布に着目する場合，局所における値を局所（local）含水率 $c$ とよび，材料全体の平均値を平均（mean, average）含水率 $c_{av}$ とよぶ．一般に含水率とよばれるのは平均含水率のことである．たとえば材料厚さ $L$ の板状材料については，次式で示される．

$$c_{av} = (1/L)\int_0^L c\,dx$$

ここで，$x$ は厚さ方向の距離である．　　[今駒　博信]

**かんせいうんどう　慣性運動（粒子の）　inertial motion**

流体中の粒子が流れの変化に追随できず，直進しようとする動き．1 μm 以上の粒子は慣性に支配されており，粒子径および粒子密度の増加とともに慣性の影響は大きくなる．0.1 μm 以下の微粒子では拡散に支配される．粒子の慣性運動は集じんや分級などの操作に応用されている．　　　　　[松坂　修二]

**かんせいしゅうじんそうち　慣性集じん装置　inertial dust collection device**

慣性集じん．気流中に障害物を挿入し，気流の方向を急に変えても，粒子は慣性力のために直進しようとすることを利用して，粒子を障害物上に衝突，捕集する集じん方式である．慣性力は粒子の質量と速度変化に比例するため，大粒子は容易に分離されるが，小粒子を捕集するには急激な速度変化を与えてやる必要がある．代表的な装置としてインパクター*やルーバー型分級機がある．多段方式のカスケードインパクター*では下段にいくほど低圧となるためサブミクロン粒子の分離が可能となる．粒子が慣性力により障害物に捕集される割合である捕集効率は，次式で定義されるストークス数*によりおもに決定される．

$$S_{tk} = \frac{C_c\rho_p D_p^2 v}{9\mu D_c}$$

ここで $C_c$ はカニンガムの補正係数，$\rho_p$ は粒子密度，$D_p$ は粒子径，$v$ は粒子速度，$\mu$ は流体の粘度，$D_c$ は捕集体代表長さである．分離径を小さくするには粒子速度を大きくすればよいが，粒子の捕集部からの再飛散*が生じやすくなり，また圧損が上昇する．よってルーバー型集じん機では入口速度 2～5 m s⁻¹ 程度の条件で使用されていることが多い．
　　　　　　　　　　　　　　　　　　[吉田　英人]

**かんせいパラメーター　慣性――　inertial parameter**

粒子の運動方程式を無次元化して得られるパラメーターの一つで，粒子の慣性の大きさを表す．ストークス-カニンガム域での粒子の運動に対して，慣性パラメーター $\psi$ は次式で与えられる．

$$\psi = \frac{\rho_p D_p^2 u_0 C_c}{18\mu D}$$

ここで，$\rho_p$ は粒子密度，$D_p$ は粒子径，$u_0$ は流体の代表速度，$C_c$ はカニンガムの（滑り）補正係数*，$\mu$ は

流体の粘度，$D$ は流路などを表す代表長さである．慣性の尺度としてストークス数*$S_{tk}$ もよく用いられるが，$S_{tk}=2\psi$ である． ［増田 弘昭］

## かんせいほう　慣性法(粒子径測定の)　inertial method for particle size analysis

粒子の慣性力* を利用して粒子径分布* をはかる方法．カスケードインパクター法や，多段サイクロン法，TOF(飛行時間)(エアロゾルビーム)法などがあり，粒子のストークス径* を求める測定法として用いられる． ［横山 豊和］

## かんせいりょく　慣性力　inertial force

流体中に置かれた障害物のまわりなどで，粒子が流れの方向変化に追随できず，障害物に衝突するときに粒子に作用する力をいう．静止流体中に一定初速度で打ち出された粒子が静止するまでに移動する距離を停止距離といい，停止距離と捕集体代表長さの半分の比がストークス数*で，このパラメーターが慣性捕集の尺度である． ［大谷 吉生］

## かんせつひ　間接費　indirect cost

製品やサービスなどの原価計算* において直接認識されない原価*．たとえば減価償却費*，福利厚生費，間接労務費など．(⇒製造原価，直接費) ［弓削 耕］

## かんせつれいきゃく　間接冷却装置　indirect cooling

冷水装置．冷却塔．工業用冷却水の再冷却装置のうち，伝熱管内に温水を流し，これを管外から冷却する装置のこと．伝熱管外表面にフィンを設けその表面に外気を強制通風して冷却する方式と，伝熱管を強制通風冷却塔* の充塡* 物として配置し，塔内を流下循環する冷却水によって冷却する方式とがある．密閉式冷却塔がこれに該当する． ［三浦 邦夫］

## かんぜんこんごう　完全混合　perfect mixing, complete mixing

混合操作によって2成分以上の流体あるいは粉粒体の組成が，場所によらず一様になった状態を完全混合状態という．流体系における完全混合状態では，系内部における任意の場所の任意の微小空間を取り出してみても，その組成比が混合前あるいは仕込み原料の組成比に等しい．これに対して，粉粒体系の完全混合状態は，各成分粒子が組成の偏りがないように規則正しく配列した状態に対応し，このような人工的な配置を通常の混合操作で実現することはできない．実際に物質を混合する場合には，必ず統計的ゆらぎを伴う．流体の完全混合状態では，このゆらぎの空間スケールが原子・分子のオーダーであるため無視できる．しかし，粉粒体間や粒子と液体の混合では，(統計的)完全混合状態においても観測可能なスケールのゆらぎが残り，その値はサンプリング量に依存する．このゆらぎの確率分布はポアソン分布に従うが，サンプリング量が大きくなると正規分布に近づく． ［井上 義朗］

## かんぜんこんごうそうがたしょうせきそうち　完全混合槽型晶析装置　perfect mixed crystallizer

⇒ MSMPR 型晶析装置

## かんぜんこんごうそうれつモデル　完全混合槽列——　continuous stirred tank reactors model

流通系装置の挙動を単一あるいは複数個の完全混合槽を連結させたものとみなすモデル．各完全混合槽は集中定数系* で表現できることに長所がある．多数個の撹拌槽を管路によって直列に連結して流通操作を行う槽列反応装置は，形の上からも完全混合槽列とみなしているが，必ずしもこのような形をとらない装置たとえば管型反応装置* に対しても，その中で起こる流体混合を同様な槽列で表してももとの装置の多くの特性が近似的によく表現できる場合が多い．これを数学的にいえば分布定数系* を集中定数系でモデル表現するということになる．装置を等容積の $N$ 個に分割できると考えると，このモデルによる滞留時間分布関数* は次式で与えられる．

$$E(\phi)=\frac{N}{(N-1)!}(N\phi)^{N-1}\exp(-N\phi)$$

ここで，$\phi=t/\tau$ であり，$\tau=V/v$ は($V$ は装置容積，$v$ は容積流速)平均滞留時間* である．上式で明らかなように $N=1$ は完全混合流れ* に，$N=\infty$ はピストン流れ* に相当し，分割数 $N$ が流体混合の程度を表すパラメーターである．なお，このモデルは $N$ 分割した各区間の連結部の容積は無視小で，ここでは混合は起こらないと考えている．ある種の装置では，これとよく似た流動混合状態であるが，隣接区間の間で起こる混合を無視できないことがある．このような場合には各区間の連結部で上流へ向かう逆流による混合を考える必要が生じ，そのような混合モデルを逆流混合モデル* という． ［霜垣 幸浩］

## かんぜんこんごうながれ　完全混合流れ　perfect mixing flow

流通系装置に流入した流体が流入直後に装置内に撹拌混合により均一に分散* されるような流れをいう．実際の装置において，完全にこのような状況を実現することは困難な場合もあるが，理想的な状態では各瞬間の濃度，温度などの物理量は装置内でまったく均一であり，また流出流体の示すそれらの値

はその時刻における装置内の値に等しいと考えてよい．十分激しく撹拌されている撹拌槽を通過する低粘性流体の流れなどは，近似的に完全混合流れとして扱われる．もし，装置内で流体が分子の大きさに近い規模にまで分散されて，個々の分子がばらばらに挙動するような状態となって，完全混合流れの条件が満たされる状態は理想的完全混合状態とよばれ，この状態のもとでは保存則は装置まわりについて適用できるから，次の設計方程式が導かれる．

$$\frac{d(Vc_1)}{dt} = v_0 c_0 - v_1 c_1 + Vr(c_1)$$

ここに，$c_0$ は流入流の，$c_1$ は流出流および装置流体中の着目成分濃度，$r(c)$ は単位容積あたり単位時間に生成する着目成分量，$V$ は装置内流体の容積，$v_0$ および $v_1$ はそれぞれ流入流および流出流の容積流量である．上式からも明らかなように，完全混合流れでは装置内で温度むらや濃度むらは存在せず，着目成分の生成はまったく均一に起こることが特色である．もし，$V$ が一定で，流体の密度変化も起こらないときには，滞留時間分布関数は次式で与えられる．

$$E(\phi) = \exp(-\phi)$$

ここで，$\phi = t/\tau$ であり，$\tau = V/v$（$V$ は装置容積，$v$ は容積流速）平均である．上の $E(\phi)$ は必ずしも理想的完全混合状態でなく，ある程度の多数分子が集合した流体塊として装置内に分散される場合でも，装置内のどの位置にある流体塊も確率的に流出機会に平等に恵まれる限り成立する．しかし，このような場合には先の設計方程式を適用できないことがある． [霜垣 幸浩]

**かんぜんじゃまいたじょうけん　完全邪魔板条件　fully baffled condition**

最適な撹拌条件を設定するために，撹拌槽の側壁に適当な幅の平板（邪魔板）を取り付けることがある．この場合，邪魔板*の幅や設置枚数を変えると，撹拌所要動力*はそれに応じて増加する．しかし，邪魔板幅 $B_W$ や枚数 $n_B$ を増加していくと撹拌所要動力は最大値に収れんする．この最大値を与える邪魔板条件を完全邪魔板条件とよぶ．近似的に

$$(B_W/D) n_B^{0.8} \geq 0.27 Np_{max}^{0.2}$$

を満足するように，邪魔板幅と枚数を組み合わせれば完全邪魔板条件が得られる．ここで，$D$ は槽径，$Np_{max}$ は設置した撹拌翼の最大動力数である．

[平岡 節郎]

**かんぜんせいしけん　完全性試験　integrity test**

精密沪過膜の欠陥を確認するために行う試験．バブルポイント法で測定されるバブルポイント値は，膜の最大細孔径に対応するためピンホールの有無の判断に利用される．ほかに圧力保持法がある．また，精密沪過膜モジュールに対して，処理水の微粒子数や濁度を計測する方法も含まれる． [市村 重俊]

**かんぜんへいそくほうそく　完全閉塞法則　complete blocking law**

閉塞沪過*法則の一つ．沪材*細孔径より粒子径が大きい場合に，1個の粒子が1本の毛管を通過しようとすると毛管頂上で捕捉され，その毛管は完全に閉ざされるとし，毛管を閉塞する確率が未閉塞の毛管数に依存せず一定の場合が完全閉塞である．完全閉塞に従う定圧沪過*では，沪過速度を沪液量*に対してプロットすると，直線関係を示す．

[入谷 英司]

**かんそう　乾燥　drying**

液体（一般には水）を含有する材料に熱を加えて含有液体を蒸発*させ，固体製品を得る操作で，相変化*を伴う液体の除去を熱と物質の同時移動により行う分離操作の一つ．対象となる湿り材料は最初から固体を含有する不均質系と溶液状またはゲル状の均質系に分類できる．なお均質系は，乾燥の進行による材料内部での空隙形成とともに不均質系に変化する．不均質系は固体とスラリー*に分類でき，スラリーは乾燥途中で固体に変化する．固体は多孔性の有無で分類でき，多孔質固体*は親水性*と収縮性の有無で分類できる．このほかに結晶水を有する塩類がある．

材料内の水分は材料の水分保有の特性に従って，材料内を水の状態で移動または拡散*して材料表面に達しそこで蒸発する場合と，材料内部で蒸発して蒸気として表面まで拡散または移動する場合とがある．含有液体が固相（多くは氷）で，これに熱を加えて昇華*により除去することもあり，凍結乾燥*とよぶ．ガスの乾燥を減湿*または除湿*という．

[今駒 博信]

**かんそうおうりょく　乾燥応力　drying stress**

粘土や細胞質材料のように，含水率*の低下とともに収縮する材料で，乾燥*により生じる湿り材料内の含水率分布が原因となって，乾燥途中にのみ発生する応力*．これは，乾燥途中に材料内の一部で塑性*流動が生じることによって生じる乾き材料内の残留応力とは別であるが，これを含めて広い意味で乾燥応力とよぶ場合もある．乾燥途中において低含水率の表層部の収縮が，高含水率の内部に妨げられる結果，表層部では引張応力が，内部では圧縮応力

が発生する．乾燥の進行とともに応力の変化点が材料内部へ移動する結果，材料表面では引張応力，材料中心では圧縮応力が乾燥終了まで継続し，材料内部では乾燥応力が圧縮から引張りに変化する．

[今駒 博信]

**かんそうそくど　乾燥速度　drying rate**

乾燥材料の表面積$1m^2$あたり$1s$間に蒸発する水の量[kg-水/($m^2 \cdot s$)]．このほかに$1 kg$の無水材料あたり$1s$間に蒸発する水の量[kg-水/(kg-無水質量$\cdot s$)]を質量乾燥速度として用いることもある．通気乾燥*においては$1m^2$の通気層断面積あたり$1s$間の蒸発水量[kg-水/($m^2$-通気層面積$\cdot s$)]を用いることが多い．一定温湿度の熱風を用いた定常乾燥条件下で，材料の含水率*または水分量[kg-水]の乾燥時間による減少曲線を微分して得られる値を含水率に対してプロットして求められる曲線を，乾燥特性*曲線という．

[今駒 博信]

**かんそうとくせい　乾燥特性　drying characteristic**

湿り材料の示す乾燥挙動のこと．乾燥速度*の経時変化である乾燥曲線や乾燥速度の含水率変化曲線である乾燥速度曲線が，湿り材料内部での水分の保有状態や移動機構の違いを反映することが理由である．図に示すように，温湿度が一定の熱風を用いた定常乾燥条件下では，乾燥*の進行に伴って乾燥速度が変化する状況から，(Ⅰ) 予備乾燥期間，(Ⅱ) 定率乾燥*期間，(Ⅲ) 減率乾燥*期間の3期間が現れ，熱風の温湿度と平衡する平衡含水率*となって終了する．(Ⅰ)は材料が乾燥条件に対応した状態となるまでの遷移期間であり，短く蒸発水量も少ないので材料予熱期間として扱われる．(Ⅱ)は乾燥速度が一定値を示す期間であるが，現れない場合もある．(Ⅲ)は乾燥速度が減少し続ける期間であり，同種の湿り材料で似た形状を示す．定常乾燥条件下での乾燥速度曲線は，定率乾燥速度，減率乾燥速度，限界含水率*，平衡含水率を明瞭に表し，乾燥に対する材料の特性を示す重要な曲線なのでとくに乾燥特性曲線とよばれている．

また，regular regime*を応用した精度のよい材料特性評価法もある．材料と並流または向流に熱風の流れる連続式熱風乾燥*器では，器内の位置で熱風の温湿度が変化する非定常乾燥条件下で材料が乾燥される．この場合の乾燥速度曲線は，定常乾燥条件下のものとはまったく異なるので，明瞭な材料特性は得られない．

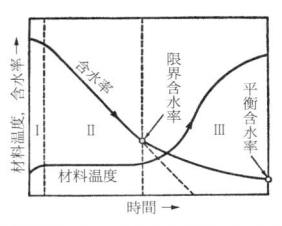

[今駒 博信]

(a) 定常乾燥条件下での乾燥曲線[便覧，改三，図10・1]

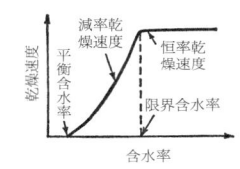

(b) 乾燥特性曲線(定常乾燥条件下での乾燥速度曲線)

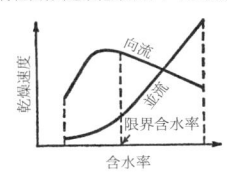

(c) 非定常乾燥条件下での乾燥速度曲線

**かんそくすなろか　緩速砂沪過　slow sand filtration**

19世紀初頭からヨーロッパで広く用いられてきた浄水処理法．深さ$2.5 \sim 3.5 m$の沪過*池の下部に集水装置を設け，その上に砂利層(厚さ$40 \sim 60 cm$)と砂層(有効径$0.3 \sim 0.45 mm$，厚さ$70 \sim 90 cm$)を充填し，$3 \sim 6 m \cdot d^{-1}$のゆっくりとした沪過速度で重力沪過を行う．浄化は主として生物作用による．

[入谷 英司]

**かんどかいせき　感度解析　sensitivity analysis**

基準値からのずれの影響を評価する解析法である．たとえば，プロセス設計などを行うとき，反応速度定数などは不確定性を含むが，その不確定性の反応率などへの影響をこの方法を用いて評価し，反応器の容量に対する設計余裕を決めたりするときに用いる．このように物性などの不確定性，伝熱面の汚れや入力流量や組成などに起こるずれを想定して，注目する状態変数の変化量をみることにより，その影響度合いを設計や操作に反映させるために用いる解析法である．

[仲　勇治]

**ガントチャート　Gantt chart**

ガント(H.L.Gantt)によって提案された，縦軸に

機械や資源を，横軸に時間をとったスケジュールを視覚的に表示するための図．各仕事（ジョブ）に対して，機械や資源を専有する期間を線や長方形で表示する． [長谷部 伸治]

**カントリーリスク　country risk**
金融機関が融資対象国の信用度を評価するのに用いる言葉で，国別危険度あるいは特定国の総合信用度をさす．戦争・内乱・政治体制の変革・対外支払停止など，一企業の努力だけでは対応できないリスクの一つ． [小谷 卓也]

**かんはいれつほう　缶配列法　arrangement of evaporators**
多重効用缶に用いられる効用（蒸発）缶*からの発生蒸気をより低圧，低温で操作している効用缶に供給し，加熱水蒸気の節約をはかるための蒸気の流れ方向に対する溶液の供給方式を表す．液と蒸気を同方向に供給する順流供給*，逆方向に供給する逆流供給*，順流と逆流の特徴を適宜組み合わせた錯流供給*，液を並列に供給し，加熱については前の缶で蒸発した蒸気を利用する並流供給*がある．$n$重効用缶では，1 kgの水から原理的には$n$ kgの水蒸気を発生させることができるが，潜熱が温度によって異なり，また熱損失や沸点上昇があるために，発生水蒸気はこれより10〜20％小さい値となる．
[平田 雄志]

**かんばん　管板　tube sheet**
⇒多管式熱交換器

**かんまさつけいすう　管摩擦係数　friction factor of pipe**
円管内流れにおける摩擦係数*．流体が固体表面と接触して流れる場合の摩擦係数は，流体にはたらく摩擦力を流体単位体積あたりの運動エネルギーと代表面積で除した値として定義される．円管内流れの場合単位面積あたりの摩擦力が管壁面におけるせん断応力 $\tau_\mathrm{w}$ [Pa]に等しくなるため，管摩擦係数 $f$[ーー]は流体の密度を $\rho$ [kg m$^{-3}$]，管断面平均流速を $u_\mathrm{a}$ [m s$^{-1}$]とすると，次式で定義される．

$$f=\frac{\tau_\mathrm{w}}{(\rho u_\mathrm{a}^2/2)}$$

圧力損失を与える Fanning の式*はこの定義に基づいて，摩擦力と圧力による力のつり合いから導かれる．$f$は層流においてはハーゲンポアズイユ式*より導かれる次式で表され，レイノルズ数* $Re=\rho u_\mathrm{a} D/\mu$ のみの関数となる．

$$f=16/Re$$

乱流*では$Re$と管内壁の相対粗度*の関数となる．$f$, $Re$, 相対粗度の関係は実験的に求められており，線図の形で与えられている．平滑管*では乱流の場合でも$Re$のみの関数となり，Blasiusの式*，板谷の式*をはじめとしたいくつかの実験式が用いられている．
なお，機械工学の分野では$\lambda=4f$を管摩擦係数としている． [吉川 史郎]

**かんりゅう　還流　reflux**
塔頂上昇蒸気は凝縮器*で液化された後2分され，片方は留出液*となり，もう一方は塔頂部に戻される．後者を還流液という．塔頂に分縮器*を設けて実施されることもある．還流の役割は，供給段から上昇している高沸成分*を洗い落とし，分離の効率を向上させることである．なお，塔頂に戻されるのを外部還流*という． [宮原 昱中]

**かんりゅうろ　乾留炉　devoletilization furnace**
⇒コークス炉

**かんろかくはんき　管路撹拌機　pipe line mixer**
スタティックミキサー*．パイプラインミキサー*．管路中に設けたオリフィス板，邪魔板*などによる静的な撹拌，およびポンプ，撹拌羽根などによる動的な機械撹拌によって行われる撹拌機の総称．
[塩原 克己]

**かんわほう　緩和法　relaxation method**
リラクゼーション法．蒸留計算法*の一つ．MESH式*の代わりに各段の液ホールドアップを考慮した非定常物質収支式を連立させ，これを初期条件から時間無限大に数値的に積分することにより定常状態の解を得る操作型問題*の解法． [森 秀樹]

# き

**ぎいちじはんのう　擬一次反応　pseudo first order reaction**

どれか1種の化学種以外のすべての化学種の濃度が十分大きく，反応による濃度変化が無視でき，その結果，注目している化学種に関し近似的に一次反応としての時間変化を示す反応．反応速度式*が複数の化学種の濃度の関数として表されるとき，通常は反応の進行に伴ってそれぞれの化学種の濃度も変化するため，反応時間変化は解析できたとしても複雑な挙動を示す．しかし，一種の化学種以外の濃度をすべて十分大きくとることにより，反応の時間変化を簡単化でき，反応次数*や反応速度定数*の決定を容易にすることができる．　　[幸田 清一郎]

**きえきかいめんせき　気液界面積　gas-liquid interfacial area**

気泡塔*や通気撹拌槽*などの気液接触装置における気泡の表面積あるいは界面積の総和であり，気液界面における物質移動速度の算定には不可欠な因子である．一般には，単位液体積あたりの界面積 $a$（比表面積*）[$m^2 \cdot m^{-3}$] として表すことが多い．気液界面積は気泡径分布とその気泡数の割合により決まるため，操作条件や物性と密接な関係にある．通気撹拌槽*では，撹拌所要動力*，通気速度，液の粘度・密度・表面張力により変化し，その測定法には光透過法で代表される光学的方法や化学反応を利用する方法などがあるが，比表面積 $a = 6\phi/d_{32}$（$\phi$：ガスホールドアップ*，$d_{32}$：体積面積平均気泡径，Sauter径*）から概算できる．気液界面物質移動容量係数*の増大は，界面積の増大によるものがほとんどであると考えられている．　　[望月 雅文]

**きえきかくはんそうち　気液撹拌装置　aerated mixing vessel, mechanically agitated gas-liquid contactor**

装置内に供給されるガスを撹拌翼*により気泡として分散し，気液接触させる装置の総称．気液撹拌のおもな目的は，気泡を微細化し，気液間の物質移動を促進するための気液界面積*を大きくするとともに，系全体の均一化をはかることにある．気液撹拌装置としては，ガスの供給方式により，浸漬撹拌式*，表面撹拌式，自己吸引撹拌式の三つに大別できる．（⇒浸漬撹拌式，表面撹拌，自己吸引式気液撹拌）
　　[望月 雅文]

**きえきかこうへいりゅうじゅうてんそう　気液下向並流充填層　gas-liquid concurrent downflow packed bed**

気液下向（下降）並流方式で操作される充填層で，反応吸収あるいは気液固触媒反応に応用される反応器．ガス速度の増大とともに，流動パターンが液膜流，脈動流（あるいは泡立ち流），さらにはスプレー流のように複雑に変化する．（⇒トリクルベッド反応器）　　[室山 勝彦]

**きえきこけいりゅうどうそう　気液固系流動層　gas-liquid-solid fulidized bed**
⇒三相流動層

**きえきこさんそうりゅう　気液固三相流　gas-liquid-solid three phase flow**

管内の気液固三相流は気液の物性や流速，固体粒子の物性，形状，粒径，濃度や管の配置の影響を受けるが，おもに気液二相流*に固体粒子が混入した流れとして扱われる．水平管内の三相流を気泡*の流動状態で分類すると，気泡流*，プラグ流*，スラグ流およびそれらの遷移流となる．管径13.8 mm，粒子濃度（体積分率）0.075，スラリー*空塔速度0.51 m s$^{-1}$の場合の流動状態は，ガス空塔速度 $u_{G0}$ の増加とともに次のように変化する（⇒空塔速度）．① $u_{G0} = 0$：粒子は波状の摺動流*で輸送，② $u_{G0} = 0.20$ m s$^{-1}$：摺動粒子層の表面は平坦となり，気泡の長さは20〜50 mm程度の気体プラグを伴う流れ，③ $u_{G0} = 0.83$ m s$^{-1}$：摺動粒子層の長さは薄くなり，気泡後部のウェークにより液プラグ中に浮遊する粒子が増加する．気泡はさらに長くなり，液プラグ中に気泡が混入，④ $u_{G0} = 1.3$ m s$^{-1}$：液プラグ中の浮遊粒子は管頂近くまで巻き上げられる．気泡長が1 m以上になると気泡下の液相中の粒子は一時的に停止，⑤ $u_{G0} = 4.4$ m s$^{-1}$：スラグ・環状流*となり，停止粒子はみられず，液スラグ中を浮遊して移動する粒子が多くなる．

垂直管内の三相上昇流の場合は気液二相流の流動状態と類似している．粒子は気泡の存在により管壁付近にも存在する．粒子は気泡中をほとんど通過せ

ず，液中に存在する．圧力損失*，各相のホールドアップ*については理論式，実験式が提出されている．

[柘植 秀樹]

## きえきこしょくばいはんのう　気液固触媒反応　gas-liquid-solid catalytic reaction

気体および液体がともに存在し，その両者あるいは一方が反応物で，固体を触媒とする反応．水素化脱硫反応では，水素気流中で固体の成形触媒を用いて原油中の硫化物を水素と反応させ，硫化水素として除去し，品質のよい石油を得ることができる．不飽和油脂の水素添加反応による硬化油の製造には，粉末ニッケル触媒を用いる．

気液固触媒反応は有機化学工業に多くみられる．たとえばベンゼンからシクロヘキサンの製造などである．重合反応にも固体触媒を用いる場合があり，その代表例として中圧法によるポリエチレンの製造がある．その他，医薬品，食品工業のバイオリアクター，製鉄工業の高炉の中でも気液固の3相が存在する反応が起きている．ただし，これらの場合には固体が触媒であるとは限らない．これらの反応を行わせる反応装置が気液固触媒反応装置*である．

[後藤 繁雄]

## きえきこしょくばいはんのうそうち　気液固触媒反応装置　gas-liquid-solid catalytic reactor

気液固触媒反応*を行わせるための反応装置で，多くの種類がある．液相の状態で反応させるのは，気化に要するエネルギーを節約し固体触媒を許容温度以下に保つためである．

固体触媒が静止状態であるか，流動状態であるかにより区別する．静止状態の場合には，気体と液体の流れ方向の差異により，気液向流充填塔，気液上向並流充填塔*および気液下向並流充填塔*の3種があるが，工業的には気液下向並流充填塔(トリクルベッド反応器*ともよばれる)がもっとも多く使用されている．固体触媒が流動状態の場合には，流体(気体あるいは液体)の運動で固体触媒の粒子を流動化させる懸濁気泡塔*(あるいは三相流動層*)と，機械的な撹拌により粒子を浮遊させる懸濁気液撹拌槽に分けられ，両者ともよく使用されている．

[後藤 繁雄]

## きえきじょうこうへいりゅうじゅうてんそう　気液上向並流充填層　gas-liquid concurrent upflow packed bed

気液上向(上昇)並流で操作される気液接触充填層反応器．下向並流に比較して，低ガス速度では液が層を満たす状態となり，伝熱は良好であるが圧損が大きい．(⇒トリクルベッド反応器)　[室山 勝彦]

## きえきにそうりゅう　気液二相流　gas-liquid two phase flow

気液2相の流速や流れ方向により流動状態が異なる．図1は水平管内の気液二相流の一般化流動状態図で，縦軸と横軸は補正ガス空塔速度と補正液空塔速度を示し，補正係数 $\phi_1$ と $\phi_2$ は流れの方向，流動領域により異なった式で与えられる(⇒空塔速度)．内径2.54 cmの円管内を空気-水系が室温で流れるときの $\phi_1$, $\phi_2$ を1とし，基準としている．流動領域は次のように分類される．① 成層流*：液速度が小さい場合には，両相とも連続相として層状に流れ，気液界面は滑らかである．② 波状流*：ガス流速が増加すると，気液界面が波立つようになる．成層流と波状流を併せて分離流*とよぶ．③ プラグ流*・スラグ流：液プラグと気体プラグが交互に流れるプラグ流と，小気泡を含む液体スラグと気体スラグが交互に流れるスラグ流はまとめて間欠流といわれる．また，ガス流速が小さいと，液上部に小気泡が分散した気泡流となる．④ 環状流*：ガス流速が増加すると，液が管壁を環状に，ガスが液滴を含む噴霧流として中央部を流れる．⑤ 分散流：液中に小気泡が分散，あるいはガス中に小液滴が分散して流れる．

垂直管内の気液上昇流は図2の流動様式となる．① 気泡流*：ガス流速が小さい場合には，液中に気泡が分散した気泡流となる．② スラグ流・チャーン流*：ガス流速の増大とともに，気泡は管中心部に集まりやすくなり，やがて気泡が合体して管断面を満たすような気体スラグに成長する．そこで，小気泡を含む液体スラグと気体スラグが交互に流れるスラグ流となる．さらに，液流速が大きい場合には，気泡流やスラグ流ほど形の整った気泡は存在せず，大小多数の気泡が液中に存在するチャーン流となる．スラグ流とチャーン流を併せて間欠流という．③ 環状流：さらにガス流速が増加すると，液は管壁に沿った環状液膜となり，ガスが管中心部を連続的に流れる環状流となる．なお，液流速の大きい場合には，液の一部はガス流中に液滴として飛散し環状噴霧流となる．④ 分散流*：管壁周辺の環状流がなくなり，液相が噴霧された噴霧流となる．垂直下降流の流動様式も基本的には上昇流に類似している．

気液二相流の管路内の圧力損失*は静圧*差，加速損失と摩擦損失の和として表される．摩擦損失については，Lockhart-Martinelliの相関法が現在でも広範囲の流動様式について用いられる．

[柘植 秀樹]

気相と液相とが共存する熱力学的相平衡状態をいう．相平衡に関するギブスの相律*は，$N_f=N_c-2+N_p$ と書ける．ここで，$N_f$ は自由に決められる示強変数の数（自由度）であり，$N_c$ は成分数，$N_p$ は相の数である．つまり，一成分系（純物質）の気液平衡では $N_f=1-2+2=1$ となり，示強変数である温度 $T$ あるいは圧力 $P$ のどちらかを決めればほかが決まってしまう．つまり，純物質では温度を決めれば蒸気圧が，圧力を与えれば沸点が決まってしまう．二成分系では温度や圧力のほかにどちらかの成分の気相と液相の組成が加わる．すなわち，示強変数の総数は 4 となる．相律からは $N_f=2-2+2=2$ であるから，四つの変数のうち二つを与えれば残りの変数は確定し，二成分系の気液平衡*は決まる．なお，3 成分以上の多成分系では成分数 $N_c$ が増えるだけで，とり扱いは二成分系と同じである．なお，気液平衡のなかで，気相と液相の組成が一致する共沸系*，また液相が 2 相以上に分かれる不均一系の場合などでは自由度が異なるので注意が必要である．

同じ成分の混合物でも，気液平衡は圧力（温度）によって変化する．大気圧あるいはそれ以下の圧力の気液平衡を低圧気液平衡*，大気圧を超えた圧力のそれを高圧気液平衡* とよぶことが多い．低圧気液平衡は蒸留や吸収には不可欠の物性であり，実測データを用いるのが普通であるが，グループ寄与法などによって電解質系を除けばかなりの精度で推算することが可能である． [長浜 邦雄]

## きかいてきあんていじょうけん　機械的安定条件 mechanical stability condition

相の安定性* の理論のなかで，密度のゆらぎに対する安定条件のこと．系の圧力を $p$，比体積を $v$，温度を $T$ とするとき，機械的安定条件は $-(\partial v/\partial p)_T>0$（等温圧縮率が正）である． [新田 友茂]

## きかいてきエネルギーしゅうし　機械的——収支 mechanical energy balance

ベルヌーイの定理* を拡張し，ポンプなど流体機械の仕事と配管における摩擦損失を考慮したエネルギー収支のこと．流速を $u[\mathrm{m\ s^{-1}}]$，基準面からの高さを $z[\mathrm{m}]$，圧力を $p[\mathrm{Pa}]$，密度を $\rho[\mathrm{kg\ m^{-3}}]$，重力加速度を $g[\mathrm{m\ s^{-2}}]$ とし，流路上流側，下流側の物理量に添字 1，2 を付けると，次のように表される．

$$\frac{1}{2}u_1^2+gz_1+\frac{p_1}{\rho}+W=\frac{1}{2}u_2^2+gz_2+\frac{p_2}{\rho}+\sum F_i$$

ここで，$W$ は流体機械の仕事，$\sum F_i[\mathrm{m^2\ s^{-2}}]$ は直円管，継手などの配管各部分において粘性により散逸する摩擦損失エネルギーである．いずれも流体単位

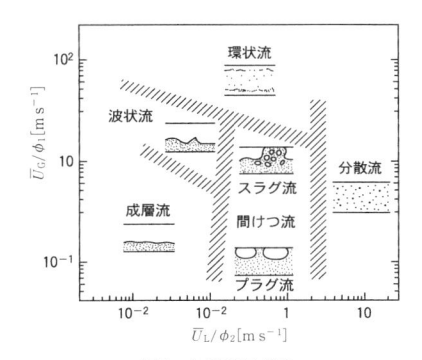

図 1　水平気液二相流
[Weisman, et al., Int. J. Multiphase Flow, 5, 437 (1979)]

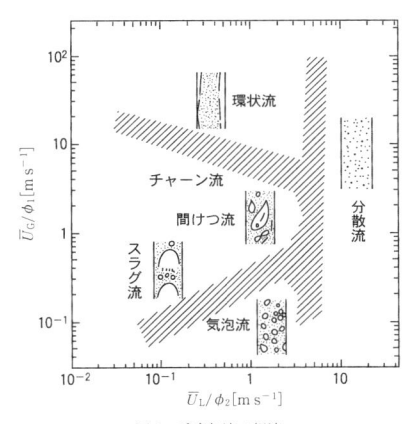

図 2　垂直気液二相流
[J. Weisman, S. Y. Kang, Int. J. Multiphase Flow, 7, 271 (1981)]

## きえきはんのう　気液反応　gas-liquid reaction

気相中の成分が液相に溶解して液相中の分子またはイオンとの反応．塩素化反応，オキソ反応など工業的に実施されている気液反応は，生成物を製品にするのが目的である．そのほかに，気相中のガス成分を吸収除去するのを目的にする場合があり，反応を伴う吸収であるので，反応吸収* とよばれ推進力* が増大するので，反応吸収の速度は物理吸収* の速度よりも大となる． [後藤 繁雄]

## きえきぶんりき　気液分離器　gas-liquid separator

⇒飛沫捕集器

## きえきへいこう　気液平衡　vapor-liquid equilibrium

質量あたりのエネルギーの次元をもつ．摩擦損失は直管によるもの $F_s$，急拡大急縮小によるもの $F_e$，$F_c$，およびバルブ，エルボなど継手によるもの $F_a$ に分類される．$F_s$ は円管の圧力損失を密度で除したものに等しく，Fanning の式* より次式で表される．

$$F_s = 4f\left(\frac{L}{D}\right)\left(\frac{1}{2}u^2\right)$$

$F_e$，$F_c$，$F_a$ も上式からの類推により $u^2/2$ に比例する形で以下のような経験式が用いられる．

$$F_e = K_e\left(\frac{1}{2}u^2\right), \quad K_e = \left(1 - \frac{D_1^2}{D_2^2}\right)^2$$

$$F_c = K_c\left(\frac{1}{2}u^2\right), \quad K_c = 0.4\left(1 - \frac{D_1^2}{D_2^2}\right)$$

$$F_a = 4f\left(\frac{L_e}{D}\right)\left(\frac{1}{2}u^2\right)$$

拡大，縮小管の損失を計算するさいの代表速度は，細い管における断面平均流速である．また，$F_a$ の式中の $L_e$[m] は配管部品を円管に置き換えたときに同じ損失を与える管長さで，相当長さ* とよばれる．

[吉川 史郎]

**きかがくてきそうじ　幾何学的相似　geometrical similarity**

撹拌翼* を含めた二つの撹拌槽の間で，すべての寸法比が一定に保たれているとき，二つの撹拌槽は幾何学的相似にあるという．多くの撹拌槽のスケールアップにはこの方法が採用される．この場合，$P_v$ 一定のスケールアップ* 条件は，もとの小型撹拌槽の回転数に対して大型の撹拌槽の回転数を変えることにより，槽内の液に導入される動力を液単位容積あたりで同一になるようコントロールすることで保たれる．この場合，大型槽の回転数は小型槽の回転数より小さくなる．

[平岡 節郎]

**きかがくてきりゅうけい　幾何学的粒子径　geometric particle diameter**

粒子* の幾何学的な大きさ，形状から求められる粒子代表径の一つ．粒子や粒子投影像に対して，それぞれ 3 本または 2 本の直行する軸の方向での粒子の大きさの各種の平均（単純平均，調和平均，幾何平均）としての代表径，円ないしは球とそれぞれ断面積ないしは体積が等しい粒子の相当径，粒子投影像を挟む一定方向の 2 本の平行線間の距離など，さまざまな決め方がある．

[横山 豊和]

**きかひょうじゅんへんさ　幾何標準偏差　geometric standard deviation**

幾何標準偏差 $\sigma_g$ は対数正規分布において以下の式で定義され，積算ふるい下 84.13% 径と 50% 径の比，あるいは積算ふるい上 15.87% 径と 50% 径の比で与えられる．

$$\ln \sigma_g = \sqrt{\frac{\sum\{n(\ln x - \ln x_{50})^2\}}{\sum n}}$$

ここで，$x$ は粒径，$x_{50}$ は 50% 径，$n$ は個数である．

[横山 豊和]

**きかへいきん　幾何平均　geometric mean**

ともに正あるいは負の 2 数 $y_1$，$y_2$ の幾何平均 $y_{am}$ は，$y_{am} = \sqrt{y_1 y_2}$ である．$y$ が $x$ の関数で，$y = x^{-2}$ と表されるとき，区間 $[x_1, x_2]$ の $y$ の積分平均は，$x_1$ における $y_1$ と $x_2$ における $y_2$ の幾何平均で与えられる．

中空球殻の伝導伝熱では，伝熱面積は半径 $r$ の 2 乗に比例するので，単位面積・単位時間あたりの熱流束 $q$ は $r$ の $-2$ 乗に比例する．この関係とフーリエの法則* より，球殻全面から移動する熱量 $Q$ は，球殻の内表面と外表面の半径 $r_i$，$r_o$，温度差 $\Delta T$ とそれぞれの面積 $A_i$，$A_o$ の幾何平均 $A_{av} = \sqrt{A_i A_o}$ を用いて次式で表される．（⇒対数平均）

$$Q = \frac{A_{av}\Delta T}{r_o - r_i}$$

[平田 雄志]

**きかへいきんけい　幾何平均径　geometric mean diameter**

粒子の投影像を，これに接する 2 本の平行線で挟むとき，その間隔がもっとも小さくなったときの間隔を短軸径 $b$，この平行線に直角な方向にはかった間隔を長軸径 $l$ とよぶ．これらの積の平方根 $\sqrt{lb}$ が 2 軸幾何平均径であり，粒子の投影像の外接長方形と等面積の正方形の 1 辺に相当する．さらに粒子の投影方向の厚み $t$ を考慮した $\sqrt[3]{lbt}$ は 3 軸幾何平均径とよばれ，粒子の外接直方体と等体積の立方体の 1 辺に相当する．

[横山 豊和]

**ききんぞくしょくばい　貴金属触媒　noble metal catalyst**

⇒触媒活性成分，三元触媒

**きけいりゅうどうそう　気系流動層　gas-solid fluidized bed**

固体粒子を気体で流動化する気-固系流動層．図には気系流動層の概念図を示す．ガス分散板* 上で生成した気泡* は，成長しながら層内を上昇し，層表面で破裂する．フリーボード部に飛び出した粒子は層に落下するが，一部は塔外に排出されるためサイクロン* で回収され，層に戻される．気系流動層の流動化状態* はガス速度，温度，圧力などによって影響されるが，粒子の物性によっても異なり，流動化状態

の違いに基づいた粒子の分類図*が提案されている．気系流動層は流動化様式によって，気泡流動層*，循環流動層*，噴流層*などに分類される．応用分野には燃焼，ガス化，触媒反応，乾燥，造粒・コーティングなどがある．　　　　　　　　　　［甲斐 敬美］

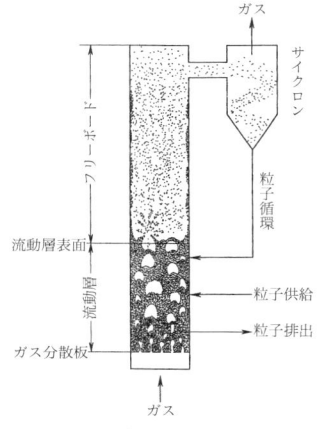

気系流動層[便覧，改六，図8・6]

**きけいりゅうどうそうのりゅうどうじょうたい　気系流動層の流動状態** flow regime of gas fluidized bed
　⇒流動化状態

**きけんよちかつどう　危険予知活動**
　危険予知訓練．KYK（kiken yochi katsudou）．現場の設備や作業環境あるいは作業手順に基づいて，作業のなかに潜む潜在的な危険の可能性とそれに対する対策を少人数のグループで話し合い，危険に対する感受性を高める活動もしくは訓練．現場で起こる可能性のあるトラブルのほかにヒヤリハット事例などを題材にすることも多い．また，化学プラントにおいては，異常時の対応操作訓練に活用しているところもある．　　　　　　　　［柘植 義文］

**きこうりつ　気孔率** porosity
　細孔率．多孔質物質空隙すなわち気孔（細孔，pore）容積も含めた粒子体積 $V$ に占める気孔容積 $V_p$ の割合（$V_p/V$）で，吸着剤では0.6前後の値をもつものが多い．吸着質が毛管凝縮*して液状で吸着されていると考えて，飽和蒸気圧の近くで測定した蒸気の吸着量から気孔容積を求めることができる．気孔容積と気孔表面積の比は気孔の平均直径となるので，気孔率は気孔を特徴づける重要な指標である．
　　　　　　　　　　　　　　　　　［広瀬 勉］

**きこえきかくはん　気固液撹拌** gas-solid-liquid mixing
　水素化，泡沫浮遊選鉱，石炭の液化などは代表的な気固液撹拌である．気固液撹拌においては，固液撹拌*と気液撹拌の両者について考える必要がある．代表的な粒子浮遊状態である粒子浮遊限界撹拌速度* $N_{JS}$ と，気体が完全に槽内に分散するときの撹拌速度 $N_{CD}$ とを比較する．$N_{CD}$ は固体粒子の有無，すなわち固液密度差 $\Delta\rho$，粒子濃度 $X$，粒子径 $d_p$ などの固体粒子特性によらず気液撹拌*について得られた結果と一致する．また，気固液撹拌における $N_{JS}$ は $N_{CD}$ よりも大きく，次式で表現される．
$$N_{JS} \propto \Delta\rho^{0.22} X^{0.12} d_p^{0.12}$$
固液撹拌について報告されている相関式と比較して，密度差の指数が半分以下になっている．また，通気流量 $Q_G$ が通気時と無通気時の $N_{JS}$ との差 $\Delta N_{JS}$ に及ぼす影響は次式で表される．
$$\Delta N_{JS} = 0.94 Q_G$$
幾何学的形状の影響は固液撹拌について得られている関係がそのまま成立する．　　　　［高橋 幸司］

**きこはんのう　気固反応** gas-solid reaction
　気体と固体間の不均一系の反応のこと．気体Aと固体Bが反応して気体Pと固体Sが生成すると考えると，気固反応の量論式は次式のように表せる．
$$a\mathrm{A}_{(g)} + b\mathrm{B}_{(s)} \longrightarrow p\mathrm{P}_{(g)} + s\mathrm{S}_{(s)}$$
　気固反応の最大の特徴は，反応の進行に伴って固体が消費・生成したり，ほかの固体成分に変化する点である．そのため，反応の解析には固体の変化を考慮に入れた取扱いが必要で，多くの気固反応モデル*が提案されている．また，物質移動過程と化学反応過程が逐次的あるいは並列的に進行するため，総括の反応速度は物質移動速度に影響される場合が多い．代表的反応として，熱分解反応*，ガス化反応*，燃焼反応，ばい焼などがあげられる．また，CVD反応も気固反応の一種と考えられる．なお，気固触媒反応*は気体の固体触媒上での反応であるが，固体である触媒が反応に伴い変化しないことから，気固反応とは区別される．　　　　　　　　［三浦 孝一］

**きこはんのうそうち　気固反応装置** reactor for gas-solid reaction
　気固反応を実施する反応装置で，固体粒子の流動状態，気体との接触状態によって移動層*，流動層*，気流層反応装置に大別される．気流層型装置は固体微粒子（粒径＜100 μm）を気体で搬送しながら反応

させる装置で，反応速度が大きい場合に用いられる．例として，1500℃もの高温で実施される石炭のガス化装置があげられる． [三浦 孝一]

**きこはんのうモデル　気固反応── model for gas-solid reaction**

気固反応*において，ガス成分A，あるいは固体成分Bの変化を表すモデルのこと．気固反応装置*を合理的に設計するためには，反応装置単位体積あたりの反応速度$-r_{Ab}$(ガス成分Aの消費速度)と$-r_{Bb}$(固体成分Bの消費速度)が必要であるが，それらは粒子1個あたりの反応速度$-r_{Ap}$, $-r_{Bp}$を定式化すれば得られる．具体的には，$-r_{Ap}$を反応装置内の成分Aの濃度$C_{Ab}$，温度$T$, 固体Bの反応率$X$で表す必要がある．

固体粒子内で成分Aの濃度$C_A$と固体Bの$C_B$が一定とみなし得る微小領域に注目すると，単位体積(空隙も含む)あたりの成分Aの消費速度$-r_A$は，固体成分Bの初濃度$C_{B0}$を用いて，$\partial X/\partial t$と次式で関係づけられる．

$$-r_A = \frac{C_{B0}}{b}\left(\frac{\partial X}{\partial t}\right)$$

$-r_A$が定式化できると，原理的には粒子全体にわたって成分Aの物質収支式とエネルギー収支式を解くことにより，$-r_{Ap}$や粒子1個についての$X$の変化速度$dX/dt$を表す式を得ることができる．$\partial X/\partial t$を表す代表的モデルとして次のものがある．

① 容積反応モデル(一次反応モデル)：
$$\partial X/\partial t = K_v(1-X)$$
ここで，$K_v$は$C_A$と温度$T$を含む見掛けの速度定数である．

② グレインモデル*：
$$\partial X/\partial t = K_g(1-X)^{\frac{2}{3}}$$

③ 細孔モデル*：
$$\partial X/\partial t = K_s(1-X)\sqrt{1-\phi\ln(1-X)}$$
ここで，$\phi$は未反応の固体の物性値で表現される無次元パラメーターである．また，上式中の$K_v$, $K_g$, $K_s$は$C_A$と温度$T$を含む見掛けの速度定数である．

④ 未反応核モデル：
この場合，粒子1個あたりの$dX/dt$が直接得られる．

$$\frac{dX}{dt} = \frac{3bC_{Ab}}{C_{B0}R_0}$$
$$\times \frac{1}{\left(\frac{1}{k_c}-\frac{R_0}{D_{eA}}\right)+\frac{R_0}{D_{eA}}(1-X)^{-1/3}+\frac{1}{k_s}(1-X)^{-2/3}}$$

ここで，$R_0$は粒子の半径，$k_c$, $D_{eA}$はそれぞれ成分Aの粒子外部境膜内物質移動係数，粒子内有効拡散係数，$k_s$は界面反応速度定数である．

未反応核モデル以外でも，化学反応が律速の場合は粒子内の濃度はガス主流中の濃度$C_{Ab}$に等しいので，$\partial X/\partial t$を$dX/dt$に置き換えることができる． [三浦 孝一]

**ぎじいどうそう　疑似移動層　simulated moving bed**

クロマトグラフィー*において難吸着成分Bのピークはより速く，易吸着成分Aのピークはより遅くカラム内を移動するが，両者の中間の速度で吸着剤をキャリヤーDと逆方向に動かす移動層では，B成分はキャリヤーと同方向に，A成分はキャリヤーと逆方向に移動するので両者の分離が進行する．擬似移動層は複数個の固定層を直列につなぎ，原料入口，B製品出口，キャリヤー入口，A製品出口，の各位置を一定時間ごとに順次切り換えることにより，前記移動層の挙動に近づけようとしたものである．吸着剤の移動が連続的ではなく，工程時間ごとの間欠的なものであることが本来の移動層と異なる．

擬似移動層では，キャリヤーの速度と各塔の工程時間をうまく設定して，Aの吸着，Bの吸着，Aの脱着，Bの脱着を1/4周期ずつずらすことが重要である．

UOP社が開発したSorbexプロセス*はロータリーバルブによって工程を切り換えるもので，$p$-キシレン/C8成分分離用のParex, $n$-/$i$-パラフィン分離用のMolex, など多数稼働している．

[広瀬　勉]

**きしつ　基質　substrate**

酵素の作用を受けて化学的変化を受ける化合物または分子．通常，基質は相補的な構造あるいは誘導的適応構造を有する酵素の活性中心に結合する．酵素反応の基質は生体成分のすべてが対象となるが，なかには生体成分としては考えられないようなものも基質となる場合がある． [福田 秀樹]

**きしつしょうひそくどモデル　基質消費速度── substrate consumption rate**

基質がエネルギー源および炭素源となる場合，エネルギー源の消費速度に対する収支式は(全消費速度)＝(増殖のための消費速度)＋(維持代謝のための消費速度)となり，容積基準の基質消費速度$r_s[gL^{-1}h^{-1}]$は次のように表される．

$$r_\mathrm{s} = \left(\frac{r_\mathrm{x}}{Y_\mathrm{x/s}}\right) + mx$$

ここで，$r_\mathrm{x}$ は増殖速度，$Y_\mathrm{x/s}$ は真の菌体収率，$m$ は維持定数，$x$ は菌体濃度である． ［福田 秀樹］

### きしつそがい 基質阻害 substrate inhibition

Michaelis-Menten 動力学型の酵素反応速度は基質濃度に対して飽和曲線を示すが，高濃度の基質によって酵素の反応速度が減少する場合があり，これを基質阻害という．この場合，反応速度に最大値が現れる． ［福田 秀樹］

### きしゃくねつ 希釈熱 heat of dilution

温度と圧力が一定の条件下で，ある濃度の溶液にさらに溶媒を加えて希釈する過程で発生または吸収される熱量．溶解熱* および混合熱* の一種である．希釈すべき溶液濃度が薄いほど希釈熱の値は小さい．また，理想溶液では希釈熱はゼロである． ［滝嶌 繁樹］

### きしゃくりつ 希釈率 dilution rate

フィードバック制御のない連続操作（ケモスタット*）において，培地の供給液流量を培養液体積で割った商のこと．空間速度に等しく，平均滞留時間の逆数に等しい．単一の完全混合槽でのケモスタットでは，定常状態において比増殖速度は希釈率に等しい．つまり，微生物の比増殖速度が培地の供給液量によって規定されることを意味し，人為的に供給流量を変えることにより比増殖速度を制御することができる． ［福田 秀樹］

### ぎじらんすうにちしんごうほう 疑似乱数 2 値信号法 pseudo-random binary signal method

システムの動特性を同定する手法の一つである．ある定常値を中心に高い値と低い値のどちらかをとるように乱数で決めてつくった入力信号列をシステムに加え，出力の応答波形を観察し，その応答波形の形状から入出力間の動的挙動を求める方法である． ［大嶋 正裕］

### きそうごうせい 気相合成 vapor phase synthesis

薄膜や微粒子を CVD* 法，PVD* 法により形成することを総称して気相合成とよぶ． ［霜垣 幸浩］

### きそうはくまくごうせい 気相薄膜合成 vapor phase film deposition

⇒気相合成

### きそうはんのう 気相反応 gas phase reaction

CVD* 法による薄膜形成において，気相で中間体分子が生成されることや，さらに，反応が進展し，核発生を経て微粒子を生成する現象などを総称して気相反応とよぶ．薄膜形成では表面での原料ガスによる薄膜形成反応のほかに，気相反応により形成される活性な中間体の寄与が大きい場合も多い． ［霜垣 幸浩］

### きそうはんのうのりろんてきかいせきほう 気相反応の理論的解析法 theoretical analysis of a gas-phase reaction mechanism

CVD* 反応では多くの場合，気相で原料が分解してラジカルを生じ，ラジカル連鎖反応* が進行する．ラジカル連鎖反応では非常に多種類の化学種が生成し，多数の素反応* からなる複雑な反応機構となる．炭化水素やシラン系の原料については，気相反応の素反応データの蓄積が進み膨大なデータベースが構築されている．原料が与えられれば数百の素反応とその反応速度定数* を集めることができ，またデータのない素反応についても，反応速度定数を理論的に予測することが可能となりつつある．分子種の反応とラジカル種の反応では，反応速度定数の値が大きく異なるのが普通であり，反応速度定数の大小だけでは主要な反応を選択することはできない．完全混合* のような理想化された反応場では，数百の素反応モデルを直接用いたシミュレーションが可能であり，実際の反応条件下での各素反応速度の計算結果に基づいて，主要な反応経路を抽出し，反応工学的モデル* を構築することができる． ［河瀬 元明］

### きそうびりゅうしごうせい 気相微粒子合成 synthesis of nanoparticle by vapor phase method

気相中における微粒子の合成プロセスはガス－粒子転換プロセスともよばれ，化学反応を伴う気相化学反応（chemical vapor deposition, CVD）法，および物理的凝縮（physical vapor deposition, PVD）法にそれぞれ分類される．気相プロセスによる粒子の生成過程では，一般に原料ガスの化学反応もしくは物理的冷却によって形成されたモノマーの過飽和状態から核生成，凝縮，凝集を経て微粒子が合成される．さらに高温場では焼結とよばれる凝集粒子の緻密化過程を伴う．これらの，気相法による微粒子の発生および成長を整理すると次のような因子が影響する．① 化学反応もしくはガスの冷却による凝縮性物質の過飽和状態の形成，② 均一核生成によるクラスターの生成，③ 物理的凝縮もしくは表面・体積反応によるクラスターおよび微粒子の成長，④ 凝集によるクラスターおよび微粒子の成長，⑤ 焼結もしくは融着を伴う形態および結晶の変化，などがおもである．①から③は一次粒子の性状および分布を決定するうえで重要であり，④と⑤は最終的に得られる

二次粒子(凝集粒子)の形態を制御するうえで重要である.

気相法の特徴は,① 量子機能などのサイズ効果が期待できる微粒子の製造が比較的容易である,② 凝集体が通常形成されるが,その構造が制御できる,③ ワンステッププロセスであるために決して高コストプロセスではない,④ 高純度で化学量論比が制御された多成分金属系の微粒子の製造が可能であるなどである.ただし,粒子のサイズが小さくなるとナノ粒子のブラウン運動による反応器内壁への沈着,反応器出口の冷却部での沈着などによる損失により収率が低くなり,その結果製造される微粒子は優れた特性をもっているにもかかわらず,製造コストが高くなってしまう.気相合成プロセスは付加価値の低い粒子よりも高い機能性をもつ微粒子(たとえば,多成分系粒子,複合粒子,表面改質粒子)の製造に適している.

気相微粒子合成プロセスは,使用する熱源により,火炎法,プラズマ法,レーザー法,熱CVD法に分類され,各種の微粒子が合成されている.一般に原料となる蒸気および反応ガスの濃度,キャリヤーガスなどの選択により,微粒子の大きさ,濃度,結晶構造などを制御できることが特徴である.しかしながら,粒子の製造過程は複雑であり,微粒子の形態,サイズ,組成の精密な制御には,製造装置の合理的な設計が必要となる. [奥山 喜久夫]

**きそうぶっしついどうけいすう 気相物質移動係数 gas-phase mass transfer coefficient**

ガス境膜物質移動係数*.気相内で物質移動が起きるとき,単位面積あたりの物質移動速度が推進力*(分圧差,濃度差,モル分率差あるいは質量分率差)に比例すると仮定したときの比例係数.物質移動速度および推進力の定義の違いにより単位が異なる.気体の流動状態,気体の物性,装置の構造などに依存し,その値を推算する多くの相関式がある.
[後藤 繁雄]

**きそくじゅうてんぶつ 規則充填物 structured packing**

充填塔の高さおよび半径方向に整然と規則正しい構造をもった充填物.従来の不規則充填物よりさらに高い物質移動効率と低い圧力損失を目的として,おもに蒸留用に1970年代から開発が始まった.金網製のスルザーパッキング*に代表される初期の規則充填物は,もっぱら高真空蒸留に用いられた.1980年代に入り,おもにコスト削減を目的として,金属やプラスチックの板をスルザーパッキング*のような形(コルゲート形)に加工したり,表面処理をしたりした規則充填物が続々開発された.実用規模の規則充填物は,比表面積が200〜800 m² m⁻³で1エレメントあたりの充填物の高さは,1.5〜2 m程度である.性能とコストの関係が向上し,わが国では現在蒸留塔の3割以上が充填塔で,そのうちの約40％を規則充填物が占めている.(⇒メラパック)
[長浜 邦雄]

**ぎせいりゅうたい 擬塑性流体 pseudo-plastic fluid**

せん断応力*とせん断速度*の関係である流動曲線*が次式で表される流体.
$$\tau_{yx} = -m\left|\frac{du_x}{dy}\right|^{n-1}\frac{du_x}{dy} \quad (n<1)$$
ここで,$\tau_{yx}$はせん断応力*,$du_x/dy$はせん断速度*である.流動曲線は原点を通り,せん断速度の比較的小さい範囲ではせん断応力は急激に増加するが,あるところでせん断速度の増加につれて急激にせん断応力の増加率が減少する.コロイド溶液,高分子溶液にこの性質を示すものが多い.
[小川 浩平]

**きたいあっしゅくき 気体圧縮機 gas compressor**

気体を機械的運動によって圧縮し,その気体の密度を増加させ,その結果としてその圧力を増加させる機械の総称.対象とする気体は圧縮性流体であるので,実際の圧縮においては,流体力学および熱力学上のポリトロープ変化に相当する.機械的な形式には,① 往復式:ピストンの往復運動によって気体を圧縮する,② 回転式:同心または偏心ローターやかみ合いギヤの回転によって気体を圧縮する,③ 遠心式および軸流式:インペラーまたはスクリューを高速で回転させて,気体に運動エネルギーを賦与して気体を圧縮する,がある.形式の選定には,対象とする気体の各種物性,必要とする流量および圧力,設置する場所の各種環境など,総合的に判断する必要がある.
[伝田 六郎]

**きたいていすう 気体定数 gas constant**

ボイルの法則とシャルルの法則をまとめて得られる理想気体*の状態方程式*に表れる定数.
$$pV = nRT$$
ここで,$p$は圧力*,$V$は体積,$n$は物質量*,$T$は熱力学温度*である.右辺の$R$は比例定数であり,気体の種類によらない.この$R$を気体定数といい,その値は次のとおりである.$R = 8.3145$ J mol⁻¹ K⁻¹(あるいはPa m³ mol⁻¹ K⁻¹)
[荒井 康彦]

**きたいねんりょう 気体燃料 gas fuel**

天然ガスや石油ガス，および液体燃料や固体燃料から製造されるガスである．天然ガスには，ほとんどがメタンである乾性ガスと，油田地帯に産出してメタン以外にエタン，プロパン，ブタンなどを含む湿性ガスがある．液化石油ガス(LPG)は常温でわずかな圧力を加えると容易に液化する石油系炭化水素で，プロパン，プロピレン，ブタン，ブチレンを主成分とする．そのほか，製油所から製造される製油所ガス，コークス炉で製造されるコークス炉*ガス，製鉄用高炉から製造される高炉ガスなどがある．
[二宮 善彦]

### きたいぶんしうんどうろん 気体分子運動論 kinetic theory of gases

絶えず乱雑に運動する多数の分子の運動を古典力学の法則にのっとって扱うことにより，気体の性質を定量的に表現してきた理論．分子の大きさは衝突と衝突の間に分子が移動する距離に比べて十分小さく，また衝突は完全弾性衝突と仮定するなどして，定量的な表現に成功した．分子の速度分布がマックスウェル-ボルツマンの分布*に従うこと，理想気体の内部エネルギーと分子の並進運動エネルギーとの関係，衝突と壁からの圧力の関係や平均自由行程の概念，さらに粘度，熱伝導度，拡散係数などの基本的な概念が定量的に明らかにされた．分子は実際には有限な大きさや複雑な相互作用を有するから，より精密な分子運動論は，より厳密なボルツマン方程式*を解く方向へ展開されている．
[幸田 清一郎]

### キックのほうそく ——の法則 Kick's law

キックの法則は，"粉砕に要する仕事量 $W$ は，砕料の体積に比例し，一定量の砕料を粉砕するときに要する $W$ は，粉砕比 $R$ ($=$ 初期粒径 $x_f$/粉砕後の粒径 $x_p$) で決まる"とする仕事法則の一つであり，その関係は次式で表される．

$$W = C \ln(x_f/x_p)$$
$$= C \ln R$$

ここで，$C$ は砕料によって決まる定数である．これは，破砕直前までに固体に蓄えられるひずみエネルギーを粉砕に要する仕事量としている．キックは，この式の導出にあたり，$x_f$ の原料が何回かの粉砕を繰り返して $x_p$ の生成物になるが，各段階での粉砕における $R$，$W$ は一定と仮定した．これによると，砕料の強度は粒子径によって変化しないことになり，均一な固体の理想的な粉砕を考えているといえる．
[齋藤 文良]

### きっこうそがい 拮抗阻害 competitive inhibition

阻害剤が酵素分子の基質結合部位に結合することによって，基質と酵素との結合を妨げ，反応速度を低下させる阻害形式のこと．阻害剤の分子構造は基質*の分子構造と類似している．
[福田 秀樹]

### キッテルトレー Kittel tray

Kittelの考案になる棚段*の一種．上昇蒸気がほとんど水平方向に出る格子構造をしており，これが二つで1組となっている．液下降管*はなく，上のトレー*では液は円周方向に吹き付けられて下のトレーに落下する．下のトレーでは液は蒸気により中心部に集められ下のトレーに流下する．処理量は泡鐘段*に比べ大きいが，操作範囲は液下降管がないため狭い．
[宮原 昱中]

### きどうりろん 軌道理論 trajectory theory

深層沪過*理論の一つ．沪材*層を単位エレメントの集合体とみなし，懸濁粒子に作用する重力，慣性力，流体力学的力，静電気力やファンデルワールス力*などの種々の力を考慮して運動方程式を解き，粒子が沪材層に捕集されるまでの軌道を逐次追跡することにより，そのエレメントの捕集効率が求められる．
[入谷 英司]

### キニョンポンプ Kinyon pump

微粉体を圧力差のあるところへ供給する装置の一種．排出端に向かってしだいにピッチを小さくしたスクリューフィーダー．粉体はフィーダー入口から排出端に進むにつれて圧密され，粉体層自身によるマテリアルシールで逆流を防止して高圧部へ供給する．圧送式空気輸送装置への粉体供給に用いられるが，取り扱える粉体はセメント，微粉炭，フライアッシュなど比較的粒子径のそろった微粉体に限られる．
[増田 弘昭]

### きのうざいりょう 機能材料 specialty materials, specialty chemicals

材料は使用目的により構造材料と機能材料に大別される．前者は目的物形状を形成する材料で，強度，曲げ，伸びなど機械的特性を中心に評価される．後者は外部からの特定の入力に対応して構成物質や素材が，ちょうど人体の五感のように特異的，選択的に反応し対応できる性質をもつ材料と定義される．たとえばダイオード，IC(集積回路)，太陽電池などのデバイス材料，水素吸蔵合金，導電性ポリマーや液晶，接着材料などが典型的機能材料とされる．
[日置 敬]

### きはくきたいのながれ 希薄気体の流れ flow of a rarefied gas

一般に，クヌーセン数が $0.01 < Kn$ での流れをい

う．$0.01<Kn<0.1$ ではスリップ流れ*(滑り流)，$0.1<Kn<10$ では遷移流*，$10<Kn$ ではクヌーセン流れ*(自由分子流)を呈する．滑り流域では主流部は粘性流*を呈するが，壁面近傍のクヌーセン層(自由分子層)で分子壁面衝突による運動量輸送の効果が現れる．この流域では，連続流体の運動方程式*を滑り境界条件のもとに解析することにより流動式を導くことができる．自由分子流域では，気体は壁面を拡散反射した分子で構成されるため，速度分布がマックスウェル分布*であるとして流動式を導くことができる．遷移流域では，分子相互衝突と分子壁面衝突による運動量輸送が同程度にきくようになり，解析は困難となる．連続体あるいは自由分子気体からのアプローチとしていくつかのモデルが提案されているが，基本的にはボルツマン方程式*に基づく解析あるいは実験によらねばならない．この流域では，線形化ボルツマン方程式の数値解あるいはクヌーセンの半実験式が有効である．　[神吉 達夫]

**きはくきりゅうはんそう　希薄気流搬送**　pneumatic transport, dilute transport

工業的には単一粒子の終末速度*の約20倍の高い気体流速で粒子を搬送すること．粒子濃度が高いと鉛直管の場合はチョーキング*が，水平管の場合はサルテーションが起き，安定して粒子が搬送できなくなるので，粒子と気体の質量流量比はほぼ1：20と粒子濃度が非常に低い．循環流動層*ライザー*内で希薄輸送層が形成されると，粒子どうしの接触はほぼなくなり非常に安定した流れとなるが，固気の接触が悪くなる分，反応，燃焼，乾燥などの効率は落ちる．　[武内　洋]

**きはくゆそうそう　希薄輸送層**　dilute transport

⇒希薄気流搬送

**きはくよこんごうきねんしょう　希薄予混合気燃焼**　lean premixed combustion

自動車用ガソリンエンジンの燃費の向上をはかるために希薄な予混合気をエンジンに供給・燃焼させる方法である．しかし，希薄予混合気燃焼は，$NO_x$ の排出が増加することと燃焼安定性が悪化しやすい欠点を有する．これらの欠点を克服するため，スワール流やタンブル流による層状給気燃焼を行っている．　[西村 龍夫]

**きはつせいゆうきかごうぶつ　揮発性有機化合物**　volatile organic compounds

VOC．常温常圧で揮発しやすい有機化合物のこと．大気や水，地下水，土壌の環境基準値，室内濃度指針値などが定められているものもある．室内空気については，総揮発性有機化合物(TVOC)の暫定目標値も定められている．合成原料や溶剤として多量に使われ，ガソリン中にも含まれるベンゼンや，機械部品の脱脂剤，ドライクリーニング用洗浄剤などとして多量に使われているトリクロロエチレンやテトラクロロエチレンは，大気や土壌・地下水などの汚染事例も多い．　[小林　剛]

**きはつど　揮発度**　volatility

混合液体の成分の蒸発しやすさを表す尺度で，その成分の分圧 $p$ と液相モル分率 $x$ の比 $p/x$ をいう．理想溶液では蒸気圧に等しい．(⇒相対揮発度，比揮発度)　[長浜 邦雄]

**きはつぶん　揮発分**　volatile matter

⇒工業分析

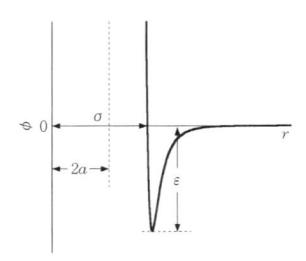

**きはらポテンシャル　木原——**　Kihara potential

木原によって提案された分子間の相互作用ポテンシャルを表す関数．図のように分子の内側に剛体芯(半径 $a$)をもつ3パラメーター($\varepsilon, \sigma, a$)関数で，Lennard-Jones ポテンシャル*よりも多原子分子間の相互作用をよく表す．　[新田 友茂]

木原ポテンシャル

**ギブスじゆうエネルギー　——自由——**　Gibbs free energy

自由エネルギー．エンタルピー*$H$，熱力学温度*$T$，エントロピー*$S$ を用いて，$G=H-TS$ で定義される状態量*．$G$ の変化は化学平衡や相平衡を論ずるさいに重要となる．すなわち，定圧，定温下での変化は $G$ が減少する方向に起こり，$G$ が極小のとき平衡となる．　[栃木 勝己]

**ギブス-デュエムのしき　——の式**　Gibbs-Duhem equation

混合物中の成分 $i$ の部分モル量*とモル分率 $x_i$ との関係を表す重要な熱力学基本式である．たとえば部分モル量として化学ポテンシャル*を用いると，次式となる．

$$\left[\sum_i x_i \mathrm{d}\mu_i\right]_{T,P} = 0$$

また，活量係数*を用いると，次式が得られる．

$$\left[\sum_i x_i \mathrm{d}\ln\gamma_i\right]_{T,P} = 0$$

[栃木 勝己]

## ギブス-トムソンのしき ――の式 Gibbs-Thomson equation

液滴径と蒸気圧の関係を表した式あるいは粒子サイズと溶液濃度の関係を表す式．粒子径が無限大，すなわち平面であるときの溶解度 $C_s$ に対して，粒子径が $r$ である粒子の溶解度 $C$ は，次のように表される．

$$\ln\frac{C}{C_s} = \frac{2\sigma M_w}{v\rho RTr}$$

ここで，$\sigma$ は表面エネルギー，$M_w$，$\rho$ はそれぞれ分子量と粒子密度である．また，$R$ は気体定数，$T$ は絶対温度である．$v$ は，1 mol の電解質が解離して生成するイオンの物質量(mol)であり，非電解質の場合は，$v=1$ である．ギブス-トムソンの式は，ギブス-ケルビンの式，オストワルド-フロインドリッヒの式ともよばれる．

## ギブスのきゅうちゃくしき ――の吸着式 Gibbs equation of adsorption

溶質が気液界面に吸着されるとき，溶液の本体濃度 $C$ と界面における濃度の過剰量，すなわち単位面積あたり吸着量 $\Gamma$ との関係を

$$\Gamma = -\left(\frac{C}{RT}\right)\left(\frac{\mathrm{d}\gamma}{\mathrm{d}C}\right)_T$$

で表した式で，J.W. Gibbs(1876)が希薄溶液に対して熱力学的に導出した．この式により表面張力 $\gamma$ の濃度依存性から吸着量が推定できる． [広瀬 勉]

## ギブス-ヘルムホルツのしき ――の式 Gibbs-Helmholtz equation

ギブス自由エネルギー*$G$ の温度依存性を表す式．

$$\left[\frac{\partial(G/T)}{\partial(1/T)}\right]_P = H$$

ここで，$H$ はエンタルピー*である．この式より，発熱反応は低温ほど有利で，吸熱反応では高温ほど有利であるという重要な結論が得られる．また，混合熱*を過剰ギブス自由エネルギーから算出するさいにも使われる． [栃木 勝己]

## きほう 気泡(流動層の) bubble

気流流動層の大きな特徴の一つで，気泡流動開始速度* $u_{mb}$ 以上にガスを流したときに生成し自由に運動する空隙(void)．粒子層を通過するガスの圧損はガス速度の増加とともに増大するが，$u_{mb}$ より過剰に流すと圧損が大きくなりすぎて，粒子間隙を通過できなくなって空隙を形成する．最小流動化状態にある流動層に気泡を一つだけ導入すると，スフェリカルキャップ状となる．また，気泡横径と気泡上昇速度など，液中の気泡とよく似た挙動を示すことから名づけられた．しかし，流動層では気泡界面は粒子濃度に対応する物理量(たとえば静電容量や透過・反射光量など)がしきい値を超えていることで判定される．ガスは気泡界面を容易に通過でき気泡相と濃厚相*の間を貫流するので，液中の気泡とは本質的に異なる．

微粉系流動層内の気泡は，粒子間隙を流れるガス速度(interstitial gas velocity)より速く上昇するため fast bubble とよばれる．気泡下部のウェイク*部から気泡外部を通って，気泡頂部から再び気泡内に戻るガス流れが観察され，この領域はクラウド*相とよばれ気泡-エマルション相間の物質移動*を支配するこのような物質移動*をガス交換といい，ガス交換係数*とよぶ．一方，粗粉になると気泡上昇速度のほうがガス速度より遅くなり slow bubble とよばれる．この場合，閉じたクラウドは形成されない．ウェイク中央部での粒子上昇速度は気泡上昇速度より速く，ここで粒子の循環が起こる．気泡によるウェイクの同伴により粒子は上部に運搬され，垂直方向の粒子混合*と伝熱が促進される．

ガス速度が速くなると気泡間の干渉により気泡の合体(会合)が生じ，気泡径が増加する．気泡の上部界面はつねに不安定でカーテン状に粒子群が下降し，気泡の分裂を引き起こす．分裂は微粉(粒子分類図*の A 粒子)の場合に多発する．気泡が合体する直前には下方の気泡から先行する気泡に向かってガスが流れる．合体時にはさらに激しく流れ，気泡間の粒子が加速されて先行気泡中に激しく吹き上がる．流動層層表面で気泡合体が連続的に生じるとフリーボードへの粒子の射出や粒子の飛出し*が生じる．さらにガス速度を増すと気泡分率*が増大となり，乱流流動化状態*に移行する．この状態ではガスや粒子の混合がいっそう激しくなり，固気接触効率が高くなる．形状からは気泡とはいえないが，粒子の存在を考慮した仮想的な気泡反応モデルが適用できる．ただし，このような領域では相対的に粒子濃度が低下し，伝熱促進効果は小さい．さらにガス速度を上げた高速流動化状態*では，もはや気泡という概念で現象を扱うことはできなくなる．

[幡野 博之]

**きほうかくはん　気泡撹拌　gas blow mixing**
　気泡の吹込みによって行う撹拌操作．腐食性の液や高温高圧下の反応器など撹拌機の挿入が困難な液に対して用いられる．また，廃水処理槽や気泡塔*型バイオリアクターなど酸素を要求する操作にも広く用いられる．
[加藤 禎人]

**きほうけいすいさんしき　気泡径推算式(流動層の)　equation for estimating bubble size**
　流動層*において，ガス分散器*で生成した気泡は層内を上昇する過程で互いに合一して大きくなる．この気泡の成長を層高とガス流速の関数で表現している式を気泡径推算式といい，数多くの式が提出されている．たとえば，気泡の分裂がほとんど起こらない Geldart の B, D 粒子については，Mori-Wen の式，Hirama らの式，Rowe の式，Darton らの式，Werther の式などがある．また，気泡の分裂が無視できない Geldart の A 粒子も包含した式として Horio-Nonaka の式が提出されている．
[山﨑 量平]

**きほうじょうしょうそくど　気泡上昇速度(流動層の)　bubble rising velocity**
　流動層内を上昇する気泡の速度．単一気泡の上昇速度 $u_b$ は理論的に次式で与えられる．
$$u_b = k_b (g d_b)^{1/2} \quad (1)$$
$d_b$ は気泡の曲率直径を $g$ は重力加速度を表す．また，$k_b$ は定数で 0.7～1.1，流動化粒子の物性に依存する．多数の気泡が群をなして連続して上昇する場合は式(1)に空塔ガス速度と流動化開始速度の差を加えた式が提案されているが，実測値は式(1)と同様な次式で整理できる．
$$u_b = k_b' (g h_b)^{1/2} \quad (2)$$
ここで，$h_b$ は気泡高さを表す．
[山﨑 量平]

**きほうせいせい　気泡生成(流動層の)　bubble formation**
　ガス分散器*の孔より上方に形成されるジェット先端に生成した微小な気泡がジェットから供給されるガスにより，その体積を増し，浮力を生じて上昇し始め，その上昇速度が気泡径の増大速度より大きくなる瞬間に，気泡底部がジェットから離脱して等速に上昇していく．この瞬間のことをいう．気泡生成時の気泡径推算式として，Davidson-Schuler, Chiba-Kobayashi, 三輪らの式が提出されている．
[山﨑 量平]

**きほうど　起泡度　foam ability**
　プール核沸騰(プール沸騰*での核沸騰*)におけ る熱伝達係数*を与える西川・藤田の整理式において，伝熱面の表面状態が新鮮な平滑面に対するものと異なる場合，表面での気泡発生の難易を考慮するために導入された係数である．気泡度 $f_\zeta$ は次式で定義される．
$$f_\zeta = \frac{\zeta}{\zeta_s}$$
ここで，$\zeta_s$ は洗浄平滑面と純粋な液体に対する起泡係数，$\zeta$ は実際の伝熱面と液体との組合せに対する起泡係数である．$h$ を熱伝達係数*，$\Delta T$ を伝熱面の過熱度*とすれば，起泡係数 $\zeta$ は $h = C(\zeta \Delta T^2)^{n-1}$ で定義される値で，気泡の発生しやすさを表す．ここに，$C$ は $\zeta=1$ (すなわち洗浄平滑面)における比例定数である．ただし，起泡度は伝熱表面の条件と液体の物性値に依存し，伝熱面が汚損している場合には，起泡性が増す場合と減る場合があり，$f_\zeta$ は 1 より大きくなることも小さくなることもある．しかし，とくに汚損したり傷つけた面でない限り，$f_\zeta = 1$ としてよいことが多い．
[深井 潤]

**きほうとう　気泡塔　bubble column**
　塔底からガスをノズル，リングスパージャー，多孔板などのガス分散器を通して液中に連続的に吹き込み，気泡群と液との間でガス吸収*や気液反応，生物化学反応操作を行わせる装置．液も連続的に供給してガスと向流*または並流*に接触させる連続操作と，液は流さないで半回分操作*とする場合がある．ガスの圧力損失*が大きく，大量のガスの処理には不向きであるが，液相抵抗支配あるいは液本体反応律速の系でのガス吸収操作または気液反応操作に適している．塔内壁面あるいは挿入管面の伝熱係数が大きいため，外部からの加熱・冷却が容易である．しかし，液相は逆混合の程度が大きく完全混合流れ*に近い混合特性を示す．
　装置構造が簡単で，耐食性材料による制作も容易で腐食性液体を扱うことができ，可動部分を有しないため，高圧反応器としても好適である．また，装置構造として内管挿入による内ループ型，あるいは二つの並立した塔の上部下部をそれぞれ連結した外ループ型の変形気泡塔*の採用や操作法の工夫によって，スラリーや高粘性の液体を扱う操作にも適用できる．(⇒変形気泡塔)
[室山 勝彦]

**きほうのけいじょう　気泡の形状　bubble shape**
　気泡周囲の流体物性，気泡サイズおよび上昇速度の影響により著しく変化する．終末速度*での形状はレイノルズ数*，エトベス数*およびモルトン数*により球形，扁平だ円体あるいはきのこ笠状などに

分類されている.　　　　　　［寺坂 宏一］

**きほうのていこうけいすう　気泡の抵抗係数　drag coefficient of bubble**

単一気泡*の上昇運動のさいに,気泡が流体から受ける抗力を $R$ とするとき,抵抗係数 $C_D$ は $R=C_D(\pi d^2/4)(\rho u^2/2)$ で定義される.ここで,$d$ は球相当気泡径,$\rho$ は液密度,$u$ は上昇速度である.$u$ が終末速度*のとき,$C_D$ はレイノルズ数*およびモルトン数*等の相関式として与えられる.　　［寺坂 宏一］

**きほうはっせいキャビティー　気泡発生——　cavity for bubble nucleation**

核沸騰*においては,伝熱面上の微細なくぼみなどに残存したガスまたは蒸気が成長して気泡が発生する.そのようなくぼみを気泡キャビティーという.言い換えれば,気泡が発生するためにはキャビティーの中が液体によって完全に濡らされていないことが必要であり,そのためには界面接触角を大きくすることや,複雑な形状のキャビティーを設けることが有効である.微細構造面,コーティング,プロモーター付着,粗面化などの技術を通し,気泡の発生を促進し,核沸騰*時の熱流束*を大きくすることができる.　　　　　　　　　　　　　　　［深井 潤］

**きほうひんど　気泡頻度　bubble frequency**
⇒気泡

**きほうホールドアップ　気泡——　bubble holdup**

気泡塔*や気泡流動層*の層内に発生する気泡の体積分率* $\varepsilon_b$.容器内の圧力損失や2相間境界面の大きさなどに関連するパラメーター.気泡の平均上昇速度を $u_b$,気泡の体積流量を $F_b$ [m³ s⁻¹] 塔断面積を $A$ とすると,次の関係がある.

$$\varepsilon_b = \frac{F_b}{u_b A}$$

気泡塔の場合にはガスホールドアップ*あるいはボイド率*に等しいが,気泡流動層の場合には濃厚相*中の空隙とは区別した気泡相だけの体積分率.液相または粒子濃厚相だけの高さを $L_0$ とすると,気泡の存在により,液柱または粒子層は $L_0/(1-\varepsilon_b)$ へと膨張する.ただし,流動層においては,濃厚相の空隙率が気泡の生成により変化する場合があるので注意が必要である.(⇒層膨張比)　　［義家 亮］

**きほうりゅう　気泡流　bubble flow, bubbly flow**

垂直管内での気液二相流*で,ガス流速が小さい場合には,ほぼ均一な気泡が合一,分裂を起こさずに一様に上昇する気泡流となる.気泡流のボイド率*は,Zuber-Findlay の式を補正した式やドリフトフラックスモデル*により求められる.(⇒気液二相流)　　　　　　　　　　　　　　　　　［柘植 秀樹］

**きほうりゅうどうかかいしそくど　気泡流動化開始速度　minimum bubbling velocity**

最小気泡流動化速度.流動化ガス速度を徐々に上昇させたときに,気泡*が発生し始める速度.空塔速度*で表し,通常,$u_{mb}$ と表記される.粒子の分類図*のB粒子においては流動化開始速度* $u_{mf}$ と一致するが,A粒子では $u_{mb}>u_{mf}$ の関係となる.
　　　　　　　　　　　　　　　　　［甲斐 敬美］

**きほうりゅうどうそう　気泡流動層　bubbling fluidized bed**

固気系流動層で,空塔速度 $u_0$ が最小流動化速度* $u_{mf}$ より大きい領域(正確には気泡開始速度* $u_{mb}$ 以上)でみられ,多数の気泡*が発生している流動層.Geldart の分類*のグループA粒子(微粉)の場合,$u_{mb}$ は $u_{mf}$ よりも大きい.また,気泡は分裂合体を繰り返すため成長しにくく,層の膨張が大きい.Geldartのグループ B 粒子の場合には $u_{mb}=u_{mf}$ で,気泡は分裂しにくく,層高を高くすると装置の断面を覆うほどまで成長する.

微粉系の気泡流動層はアクリロニトリル合成など気相触媒反応に,粗粒系の気泡流動層は廃棄物,バイオマス,石炭などの燃焼・ガス化,シリカ粒子の塩素化,ポリオレフィンの気相重合などに適用されている.前者では,気泡が小さいことにより気泡相と濃厚相*の間のガス交換が良好であることが利用されている.また後者では,大気泡による層粒子の撹拌力が利用され,これによる燃料の水平方向拡散の促進,重合熱の効果的除去などが行われている.

流動化流速をさらに上昇させると気泡の分率が限界に達し,乱流流動化状態*に移行する.
　　　　　　　　　　　　　　　　　［堀尾 正靱］

**きほんせっけい　基本設計　basic design**

プロセス設計のうちの概念設計*に続く設計工程で,設計基準をもとにして作成されたプロセスブロックダイヤグラム(フローシート)をもとにして行われる.この設計の目的は,① 原料組成や生産量の変動に対応できる定常操作を実現する,② スタートアップやシャットダウンの非定常操作を実現する,③ さまざまな原因から生じるかもしれない異常状態に対応できる異常時操作や防御システムを設計する,④ 地震などの災害や電力などのユーティリティーのしゃ断事故などに対応できる緊急時操作や防御システムを設計することである.

このため希望する操作条件を実現し,安全性を確保し,プロセス状態を把握するために観測点の配置

や制御システムの設計を行い，また正常時における非定常操作を実現するための補助機器の導入などが検討される．異常時操作を実現するには，さまざまな角度から安全性評価を行い，必要な場所を特定し，異常検知の方法，異常時操作としてインターロックシステム，主たる防御設備などが設計される．この異常時操作の実現に対する考え方は，リスク（異常発生確率×危険度）の考えを導入し，できるかぎり整合性のとれたリスク管理をベースにした設計が要求されるようになってきた．この工程により，物質収支や熱収支が決められていることは当然であるが，すべての構成機器，それらの仕様，操作の考え方，主制御系や主たるインターロックシステムなどがある．プロセスの図面として，定常操作にかかわるプラントの基本部分を表すプロセスフローシートダイヤグラム（process flow diagram）と，この図面に非定常操作や異常時操作に必要な設備を含めた図面をプレリミナリー P & ID がある． ［仲　勇治］

## ぎゃくこんごうながれ　逆混合流れ　back mixed flow

流通系装置内の不完全混合流れ*の総称．不完全混合流れは，流体素子の一部が流れの方向とは逆方向に移動する現象が平坦なピストン流れ*に重なったものと考えることができるので，この呼び方が使われる．したがって，完全混合流れ*，完全混合槽列モデル*，逆流混合モデル*，混合拡散モデル*などの流れはすべて逆混合流れである． ［霜垣幸浩］

## ぎゃくしんとう　逆浸透　reverse osmosis

逆浸透法は，海水淡水化技術の一つの方法として 1953 年にフロリダ大学の C.E. Reid により提案された．溶媒のみを透過する半透膜*で溶液を水と隔てると，溶媒である水は溶液側に移動する．これが，よく知られている浸透現象である．浸透を阻止し平衡状態を保つには，溶液側に余分な圧力を加えなくてはならない．このときの圧力が溶液の浸透圧*である．一方，溶液側に溶液の浸透圧以上の圧力を加えると，溶液中の水は膜の反対側へと移動し，溶液から水を除去することができる．これが逆浸透法の基本的な考え方である．逆浸透法による海水淡水化を実現するには，溶媒である水は通すが，溶質である塩を通さないような半透膜が必要となる．このような膜を求めてさまざまな研究が行われた．

その結果，1960 年に S. Loeb と S. Sourirajan により酢酸セルロースを素材とした非対称膜*の製膜法が開発され，その後の逆浸透法の飛躍的な発展へとつながっていった．逆浸透法により相変化を伴うことなく溶媒の分離を行うことができるため，溶液の濃縮に必要なエネルギーを削減することができる．さらに，加熱を伴わないため，果汁などの液状食品の濃縮に適用した場合には，栄養価の損失を低く抑えることができる．すでに，海水淡水化，果汁濃縮，超純水製造などに広く応用されている．
 ［鍋谷浩志］

## ぎゃくせん　逆洗　backwash

バックフラッシング．逆流洗浄法．膜やフィルター，沪材の洗浄のために，通常の沪過方向と逆方向に沪液またはガスを流す方法．膜の表面形成したケーク層*の除去にとくに有効とされる人が，緻密な分離層をもつ膜には適用できない． ［市村重俊］

## ぎゃくちゅうしゅつ　逆抽出　backward extraction

抽出操作では，原料中の抽質*を抽剤*中に選択的に溶解移動させて抽出液*相と抽残液*相に分離するが，この後，抽出液相中の抽質と抽剤をなんらかの操作により分離回収しなければならない．この方法として通常，蒸留*，蒸発*，抽出*などが使用されるが，抽出操作により抽質を分離回収する操作を逆抽出という．抽質が金属イオンの場合の分離回収にはこの方法が使用されており，溶離液と称する強酸などにより逆抽出が行われる．逆抽出に対し，前段階の抽出操作をとくに正抽出*という．また，抽出剤を用いる金属抽出では 2 液界面での可逆反応過程を伴うが，抽出が進行する側の反応を正抽出反応，その逆を逆抽出反応とよんでいる． ［宝沢光紀］

## ぎゃくミセルちゅうしゅつ　逆——抽出　reverse micelle extraction

有機溶媒中に形成させた逆ミセルを用いて，水相からタンパク質などを抽出する方法．有機溶媒に界面活性剤を添加すると，逆ミセルというナノオーダーの分子集合体を形成する場合がある．その集合体の内部には，water pool とよばれるナノオーダーの水滴が形成される．その水滴の大きさは通常数 nm で，界面活性剤の種類や接触する水相の塩濃度によって変化する．この微小水相内にアミノ酸やタンパク質を選択的に分離・濃縮でき，有機溶媒中でも生体機能を損なわない抽出操作が行える．逆ミセルを形成する代表的な界面活性剤としてアニオン性の 2-エチルヘキシルスルホコハク酸ナトリウム（AOT）がよく知られている．また，有機溶媒としては，イソオクタンなど疎水性の高い脂肪族系の炭化水素が用いられる．抽出のおもな駆動力は静電的な相互作用であり，アニオン性の界面活性剤 AOT を用いた

場合は，タンパク質の表面電荷が正の条件下で抽出率が向上する． ［後藤 雅宏］

**ぎゃくミセルほう　逆——法　reversed micelle method**

有機溶媒中に界面活性剤と金属塩水溶液からなる逆ミセルを分散させて，その逆ミセル中で微粒子を合成する手法．貴金属微粒子の調製に用いられることが多い．この方法は単分散で小さい微粒子が得られやすいという特徴がある．その理由は，界面活性剤が粒子表面に吸着して(保護コロイド)，ある大きさで粒子の成長速度が低下するためと考えられている．また，金属原料塩が逆ミセル中にしか存在し得ないため，均相溶液よりも局所的過飽和となりやすく，核発生が起こりやすい．このことも小さい微粒子が得られる理由の一つである． ［岸田 昌浩］

**ぎゃくりゅうきゅうえき　逆流給液　backward flow feed**

多重効用缶*の給液方式(缶配列法*)の一種．たとえば，I，II，IIIからなる三重効用缶において加熱蒸気をI→II→IIIの順に流す場合，それとは逆に原料液をIII→II→Iの方向に流す缶配列法*を逆流給液という．高濃度で溶液の粘度上昇による支障が起こるとき，または供給温度が低いことが必要なときなどに採用される．(⇒缶配列法) ［平田 雄志］

**ぎゃくりゅうこんごうモデル　逆流混合——back low mixing model**

完全混合槽列の槽間の連結部を通して上流へ向かう逆流があると考える混合モデルの一種．これは一次元の混合拡散モデルの設計方程式を前進差分化したものに相当する．平均流の容積流量を $v$ ，逆流のそれを $v'$ とすると設計方程式は次式で示される．

$$\frac{dc_j}{dt} = \frac{V_j}{v'}(c_{j+1} - 2c_j + c_{j-1}) - \frac{V_j}{v}(c_j - c_{j-1}) + r_j$$

このモデルによる装置特性は一般に完全混合槽列モデルと混合拡散モデルの中間的特性を示す．(⇒完全混合槽列モデル) ［霜垣 幸浩］

**ぎゃっこうぎょうしゅく　逆行凝縮　retrograde condensation**

気体混合物を加圧・圧縮すると凝縮し，加圧に伴なって徐々に液体量が増加するが，さらに圧縮を続けると，液相が消え再び気体になる現象をいう．1892年に J. Kuenen によって初めて報告された現象で，混合物の臨界点近傍で起こることが多い． ［猪股 宏］

**キャッシュフロー　cash flow**

企業の事業活動における資金の流れのこと．キャッシュフロー経営という場合は単に損益計算書*上の利益だけでなく，現金収支の流れに着目して，現時点での利益と資産から生まれるキャッシュフローがどれだけあるかに重きをおきつつ行う経営をいう．キャッシュフロー計算書は，一会計期間におけるキャッシュフローの状況を営業活動，投資活動，財務活動などの区別に表示したもの．営業活動によるキャッシュフローは，損益計算書上の利益に減価償却*，資産・負債の増減を加えて計算したものであり，営業活動によりどのくらいの資金を獲得したかを示すものである．フリーキャッシュフローは企業にとって自由になる，すなわち株主および債権者に分配可能なキャッシュフローであり，営業活動によるキャッシュフローと投資活動によるキャッシュフローとの総和により求められる． ［中島 幹］

**キャド　CAD　computer aided design**
⇒計算機支援設計

**キャバン　cavern**

高分子溶液や粒子濃度の高い微粒子懸濁液は，非ニュートン流体的な挙動を示す場合が多い．ニュートン流体ではせん断速度はせん断応力に比例するが，非ニュートン流体の一種であるビンガム塑性流体では，一定値以上のせん断応力(降伏応力)をかけないと流動化しない．そのため，小さな撹拌翼*を用いて塑性流体を撹拌すると，せん断応力の大きい翼近傍だけが流動化し，翼から離れた流体部分は静止する．この静止域で囲まれた内部の流動域は，空洞のようにみえるためキャバンとよばれる．高分子の重合反応器内部では，重合の進行に伴う塑性流体化と，それにより生じたキャバンが，撹拌混合効果を低下させる．そのため，槽全体にわたる撹拌が可能な，ヘリカルリボン翼などの大型撹拌翼*が用いられることが多い． ［井上 義朗］

**キャビティー　cavity**

通気撹拌槽*において，供給されたガスは回転する撹拌翼*の羽根背面域(ウエーク域)にいったん捕捉された後，気泡に分裂するが，この捕捉された状態のガス相．ガスの捕捉は羽根背面の流れのはく離により生ずるウエーク域の減圧に起因し，通気流量，翼回転速度によりその形状はさまざまに変化する．たとえば，翼回転速度一定で，通気流量を増加させると，ボルテックスキャビティー，クリンキングキャビティー，ラージキャビティーへと推移し，さらにガス量を増加させると，もはや翼がガスを捕捉しきれないフラッディング状態*となる．また，液粘度の増加に伴い，ガスの捕捉量が減少し，キャビティ

きゃひてしよん

一におけるガス交換量も減少して，ついにはガス交換がまったくなくなり，翼に貼り付いたような形状のステイブルキャビティーとなる．

キャビティーの変遷と撹拌所要動力とは密接な関係にあり，通気流量の増大に伴う撹拌所要動力の減少はキャビティー形成による形状抵抗の減少が主たる原因であるといわれている．　　　　［望月　雅文］

**キャビテーション　cavitation**

空洞現象．液体の静圧が局所的にその液体の温度の飽和蒸気圧より低くなり，液体の一部が気化して短時間で蒸気泡を発生した後，短時間で圧力回復して蒸気泡が壊滅する現象．生成する蒸気泡，蒸気泡の集合や蒸気層をキャビティー*(空洞)とよぶ．キャビテーションにより流体機器の性能低下，流体機器の振動，キャビティー崩壊時に発生する騒音，接液部の壊食(エロージョン*)が発生する．ポンプ，船舶用プロペラ，プラントの冷却装置などで問題となる．
［柘植　秀樹］

**キャビテーションエロージョン　cavitation erosion**

⇒エロージョン

**キャピラリーすう　——数　capillary number**

沪過により生じるケーク*や粒子充塡層内*に残留する液の含有率またはノズルからの生成液滴の大きさなど，表面張力*と関係する現象を定量的に表す無次元数*で，液滴の代表径*を $d$, 重力加速度を $g$, 液の表面張力を $\sigma$, その密度を $\rho$ とすると，$d^2\rho g/\sigma$ と表される．また，これは重力場で固体表面に懸垂している液滴において，その液滴にはたらく重力 $d^3\rho g$ と，固体面にその液滴を懸垂させている力 $d\sigma$ の比と表すこともできる．　　　　［伝田　六郎］

**キャピラリーねんどけい　——粘度計　capillary viscometer**

内径の細い円管すなわちキャピラリー内に試料となる流体を流したさいの，流量と圧力損失から粘度*を測定する粘度計．ニュートン流体の場合，キャピラリー内を層流*となる条件で流すことにより，ハーゲン-ポアズイユ式*に基づいて粘度を求めることができる．非ニュートン流体の場合は流量を変化させて測定することにより，せん断応力*と変形速度*の関係を表す流動特性*を知ることができる．
［吉川　史郎］

**キャピラリーまく　——膜　capillary membrane**

中空糸膜．分離膜では，膜モジュール体積あたりの膜面積を大きくし，モジュールあたりの処理量を大きくする必要がある．キャピラリー膜はストロー状の形状をもち，ストローの壁に微細孔があいている構造をもつ．ストローのサイズを細くすることによりモジュールあたりの膜面積を大きくすることができる．ストローの内部に供給液を流し，外側で透過液を得るタイプと，逆に外側に供給液を流し，内側に透過液を流すタイプがある．また，ガス分離膜から限外沪過膜まで，細孔径や用途はさまざまである．　　　　　　　　　　　　　　　　　［山口　猛央］

**キャンドモーターポンプ　canned motor pump**

ポンプの軸とモーターの軸を一体とし，これをポンプのケーシングにいっしょに組み込んだポンプ．この一体物の軸の軸受は液中軸受となるので，グランドシールやメカニカルシールのような軸封部を必要としない．ポンプ室は一般の渦巻ポンプと同じであるが，軸封が困難であったり，液漏れを完全防止したい場合に使用される．　　　　［伝田　六郎］

**キャンドルフィルター　candle filter**

300℃以上の高温含じんガス除去に使われる一端を封じた円筒形の多孔質セラミックフィルター*．粉じんはフィルターの外面に捕集される．形状がろうそく(candle)に似ていることから名づけられたものである．　　　　　　　　　　　　　　　　　［金岡　千嘉男］

**きゅうあっかいきょうど　球圧壊強度　compressive strength of sphere**

球形試験片を平行平板間で圧縮すると，試料内には載荷点近傍を除く大部分に引張力が作用し，とくに脆性材料の球形試験片では，載荷点を結ぶ直径を含む大円面で引張りにより破壊する．この球形試験片の圧縮破壊から引張強度 $\sigma_t$ は，次の平松らの式により得られる．

$$\sigma_t = \frac{0.7P}{\pi r^2} = \frac{2.8P}{\pi D^2}$$

ここで，$P$ は破壊荷重，$r$ は球形試験片の半径(着力点間の距離の1/2)，$D$ は球形試験片の直径である．この式で得られる引張強度は，純粋な意味での引張強度とは異なるので，球圧壊強度とよばれる．粉砕操作における単粒子破砕特性の表示などに用いられる．　　　　　　　　　　　　　　　　　［日高　重助］

**きゅういんろか　吸引沪過　suction filtration**

膜やフィルターの透過側を減圧にすることで供給側との圧力差を生じさせ，これを駆動力として沪過する方法．水処理分野では，水槽に浸漬した膜モジュールをポンプで吸引する手法が採用されている．
［市村　重俊］

**きゅうけいしょうせき　球形晶析　spherical crystallization**

晶析と造粒を同時に行う粒子製造法．良溶媒で調製した溶液をその溶媒とは相互溶解せずかつ溶質にとっては貧溶媒である溶媒中に液滴とし分散させ，それら2種の溶媒に親和性を有する溶媒を微量添加する．これによって，溶質を溶解していた溶媒が周囲の貧溶媒に溶け出し，結晶が析出するとともに，球形に造粒される． 〔大嶋 寛〕

### きゅうけいど　球形度　sphericity

粒子がどれだけ球形に近いかを表す指数．Wadellの定義による球形度(=粒子と等体積の球の表面積/実際の粒子表面積)を真の球形度とよぶ．粒子投影像の面積円相当径と外接最小円の直径の比や，等面積円の周長と実際の粒子の周長の比なども使われる． 〔横山 豊和〕

### きゅうこうけいすう　吸光係数　extinction coefficient

物質中を平行光線が通過するとき，入射光強度 $I_0$ と透過光強度 $I$ の比，すなわち透過率の逆数の常用対数 $\log_{10}(I_0/I)$ を吸光度とよび，物質の光吸収の強さを表す．光吸収度合いは対象物質を含む層の厚さ $l$ [m] に比例し(ランベルトの法則)，その係数を吸光係数とよぶ．さらにそれが層中対象物質濃度 $c$ [mol m$^{-3}$] に比例する(ベールの法則)ときの比例定数 $\varepsilon$ [m$^2$ mol$^{-1}$] をモル吸光係数とよぶ．$\varepsilon$ は波長，温度などで決まる物質固有の値である．なお，光吸収度合いを表現する場合，吸光係数を用いる代わりに(光)吸収係数(absorption coefficient)を用いることもある．これは光吸収の強さを自然対数 $\log_e(I_0/I)$ で表現した場合の吸光層厚さ $l$ に比例する係数である．ベールの法則に従うとき，その比例定数 $\varkappa$ [m$^2$ mol$^{-1}$] をモル吸収係数とよぶ．$\varkappa=2.303\varepsilon$ の関係がなりたつ． 〔菅原 拓男〕

### きゅうしゅうけいすう　吸収係数　absorption coefficient

⇒半透過散乱吸収性媒質

### きゅうしゅう　吸収(ふく射の)　absorption of radiation

物質が外来のふく射のエネルギーを熱エネルギーの形に変換して，みずからの熱エネルギーとすることをふく射の吸収という． 〔牧野 俊郎〕

### きゅうしゅういんし　吸収因子　absorption factor

連続向流吸収塔において，操作線*の勾配すなわち液ガス比* $L_M'/G_M'$ と平衡線の勾配 $m$ の比，$A\equiv L_M'/mG_M'$ を吸収因子という．また，$A$ の逆数 $S\equiv mG_M'/L_M'$ を放散因子という．吸収塔内で $L_M'/G_M'$ および $m$ が一定であれば，理論段数* $N$，入口と出口の気液濃度と吸収因子の間に，次式が成立する．

$$\frac{Y_1-Y_2}{Y_1-mX_2}=\frac{A^{N+1}-A}{A^{N+1}-1}$$

ここで，$Y_1$，$Y_2$ は入口，出口のガス濃度，$X_2$ は入口の液濃度(いずれも同伴ガスまたは純吸収液に対するモル比)であり，上式の左辺を吸収効率* という．$A=1$ のときは，吸収効率は $N/(N+1)$ に等しい．また，$A<1$，$N\to\infty$ のとき $A$ は吸収効率に等しい．

放散* の場合，放散塔で濃度 $X_2$ の原液を濃度 $X_1$ まで低下させるに必要な理論段数 $N$ と放散因子 $S=1/A$ の関係は次式で表される．

$$\frac{X_2-X_1}{X_2-Y_1/m}=\frac{S^{N+1}-S}{S^{N+1}-1}$$

上式の左辺を放散効率* という．なお $S=1$ のとき，放散効率は $N/(N+1)$ に等しい． 〔寺本 正明〕

### きゅうしゅうけいすう　吸収係数(気体の)　absorption coefficient of gas

溶解度係数*．気体の液体に対する溶解度* を表す値で，一定温度において，気体の分圧または全圧が1気圧(101.3 kPa)のとき，単位量の溶媒に溶解する気体の量をいう．気体および液体の量の単位によってオストワルド吸収係数*，キューネン吸収係数*，ブンゼン吸収係数* などがある． 〔後藤 繁雄〕

### きゅうしゅうげんしつ　吸収減湿　dehumidification by absorption

湿り空気* を塩化カルシウム，生石灰あるいは五酸化リンのような固体乾燥剤または塩化リチウム，硫酸，トリエチレングリコールのような液体吸収剤* と接触させて水蒸気を吸収分離する減湿* 方法．常温でもかなり低湿度* まで減湿できる特徴を有するが，吸収剤の吸収蒸気量の増加に伴って吸収速度が低下するため，一定湿度の空気を連続的に得るには，減湿操作と並行して吸収剤の再生を行う必要がある．また，水蒸気の吸収には発熱を伴うため，吸収熱の除去も必要である． 〔三浦 邦夫〕

### きゅうしゅうこうりつ　吸収効率　absorption efficiency

ガス吸収* 操作において，実際のガス吸収速度と，出口ガス濃度が出口での液濃度と平衡にある濃度まで低下するとしたときの仮想的な吸収速度の比．たとえば，連続向流* 操作の場合，ガスの濃度変化を $Y_1$ から $Y_2$，入口液濃度 $X_2$ と平衡にあるガス濃度を $Y_2^*$ とすると，吸収効率は $(Y_1-Y_2)/(Y_1-Y_2^*)$ で表される．なお，並流* 操作では $Y_2^*$ は出口液濃度と平

衡にあるガス濃度である．(⇒吸収因子)

[寺本 正明]

**きゅうしゅうざい　吸収剤　absorbent**

ガス吸収操作において，特定のガスをよく溶解する液体，または溶液として用いられる物質．物理吸収*で用いられる吸収剤と反応吸収*に用いられる吸収剤に分類される．たとえば$CO_2$の物理吸収剤としては冷メタノール，反応吸収剤としては炭酸カリウム，アルカノールアミン*などがある．

[寺本 正明]

**きゅうしゅうしきれいとうき　吸収式冷凍機　absorption refrigerating machine**

低温低圧の冷媒ガス(蒸気)を溶液に吸収させたあと，その溶液を加熱して高温高圧の冷媒ガス(蒸気)とし，それを凝縮器で冷却することによって得られた高温高圧の冷媒液を用いて，その液体が蒸発する場合に蒸発潜熱*として多量の熱を奪う原理を利用して，ほかの流体を冷却する冷凍機．図に示すように主要部は蒸発器，吸収器，再生器，凝縮器*よりなる．蒸発した冷媒蒸気を溶液に吸収させたあと，溶液をポンプで高圧の再生器に送り，そこで加熱して冷媒蒸気を発生させ，凝縮器で冷却液化し，膨張弁を経て低温低圧として蒸発器に入れ，周囲から蒸発熱を奪って気化させ冷却作用を行う．一方，溶液は再び吸収器に戻る．冷媒*には純水やアンモニアが使われ，冷媒蒸気の吸収，再生を繰り返す溶液には臭化リチウム水溶液やアンモニア水が主に使用される．再生は直火や蒸気による加熱が，凝縮は冷却水による冷却が一般的である．

また，再生器が一つの一重効用型(図に示す構成のもので単効用型ともいう)と高圧，低圧の二つの再生器をもつ二重効用型があり，二重効用型は高圧再生器で発生した冷媒蒸気で低圧再生器の溶液を加熱するもので，一重効用型より成績係数*が高い．一般に一重効用型で0.6~0.7，二重効用型で0.9~1.2であるが，一重効用型は80~100℃の低温の加熱源で再生器を加熱すれば運転できるのに対し，二重効用型は150~180℃前後の高温の加熱源が必要である．

[川田 章廣]

**きゅうしゅうそうち　吸収装置　absorber**

⇒ガス吸収装置

**きゅうしゅうりつ　吸収率　absorptance**

物質に入射するふく射は多くの場合，物質の表面や内部で非等方的に散乱されるので，指向性のふく射が入射する場合にも，反射・透過されたふく射の強度・エネルギーは方向分布をもつ．そのため，反射率$R$，透過率$T$，吸収率$A$はさまざまに定義される．表面に垂直な方向からふく射が入射するときに，半球方向に反射・透過されるエネルギーの割合を垂直入射半球反射率$R_{NH}$，垂直入射半球透過率$T_{NH}$，吸収される割合を垂直入射半球吸収率$A_N$とよぶ．半球方向にわたって強度が一様なふく射が入射するときに，半球方向に反射・透過されるエネルギーの割合を半球等強度入射半球反射率$R_{HH}$，半球等強度入射半球透過率$T_{HH}$，吸収される割合を半球等強度入射吸収率$A_H$とよぶ．このような定義の反射率・透過率・吸収率については，次の式が成立する．

$$R_{NH}+T_{NH}+A_N=1$$
$$R_{HH}+T_{HH}+A_H=1$$

吸収が強く不透明な表面については，次の式が成立する．

$$R_{NH}+A_N=1$$
$$R_{HH}+A_H=1$$

(反射率)+(透過率)+(吸収率)=1という関係は，このように添字付きで適切に定義された反射率・透過率・吸収率の間でのみ成立する．この点は分光ふく射*の方法をとる場合にも，全ふく射*の方法をとる場合にも重要である．

[牧野 俊郎]

**きゅうしゅうれいとう　吸収冷凍　absorption refrigeration**

外部より熱を加えることで冷媒の加圧を行い，この冷媒の凝縮，蒸発により低温度(被冷凍物)より熱を連続的に抽出して，高温部(外界)へ熱を捨てることを特徴とする冷凍方式．すなわち圧縮冷凍における圧縮機を吸収器とストリッパーの対に代えたもので，冷媒とその吸収剤が必要である．古くから使用されている例として，アンモニア(冷媒)と水(吸収剤)がある．(⇒圧縮式冷凍機)

[横山 千昭]

吸収式冷凍機

**キュウせん　q線　q line**

二成分系原料の組成を $x_F$, 原料中の液および蒸気の組成を $x, y$ とするとき，それらの関係は次の直線（q線）で表される．

$$y = -\left(\frac{q}{1-q}\right)x + \frac{x_F}{1-q}$$

ここで，q は原料 1 mol に対する沸騰状態の液の比率である．q線は，マッケーブ－シール法*で二成分系連続蒸留塔の理論段数を図解法で求めるさいの原料段を決めるために用いられ，原料線ともいう．
[小菅 人慈]

**きゅうそうとうけい　球相当径　sphere equivalent diameter**

粒子*が球形の場合は，その直径によって粒子の大きさを一義的に定義できるが，一般の粒子は不規則な形状をしているために，さまざまな代表径の求め方が考案されている．球相当径は，対象粒子と同じ幾何学的特徴や物理的挙動を示す球形粒子の直径によって定義される粒子の代表径である．幾何学的特徴による球相当径としては，粒子体積と同一の体積をもつ球の直径で定義される等体積球相当径がある．

一方，物理的挙動による球相当径として代表的なものに沈降速度径*がある．これは，同じ流体中で，対象粒子と同じ密度をもった球形粒子が，対象粒子と同じ速度で沈降する場合の，この球形粒子の直径で定義される．とくにストークスの抵抗法則*が適用できる範囲にある場合，これをストークス径*とよぶ．
[横山 豊和]

**きゅうそくぎょうしゅう　急速凝集　rapid flocculation**

コロイド分散系*において，電解質濃度が限界凝集濃度*を超えると，分散系は不安定となり，粒子が急激に凝集する．この状態を急速凝集とよぶ．DLVO理論*によれば，粒子間相互作用にポテンシャル障壁がない状態に相当する．
[森 康維]

**きゅうそくすなろか　急速砂沪過　rapid sand filtration**

原液の凝集沈殿処理を行ったあとに，$0.02 \sim 0.08$ m min$^{-1}$ のかなり大きな沪過速度で行う砂沪過．下部集水装置の上に，$0.3 \sim 0.4$ m の厚さの砂利層，次いで有効径 $0.45 \sim 0.7$ mm，均等係数 1.7 以上の砂を $0.6 \sim 0.7$ m の厚さ以上に充填する．沪過*を行い，清澄度や圧力損失が許容値に達した時点で沪材*の逆洗を行う．
[入谷 英司]

**きゅうちゃく　吸着　adsorption**

気相または液相中の物質がほかの液相または固相と接するとき，その界面で相の内部と異なる濃度，通常は高い濃度で平衡に達する現象．吸着される物質を吸着質，吸着するほうを吸着剤とよぶ．逆に，吸着質が界面から離れる現象を脱着という．とくに $1\,000$ m$^2$ g$^{-1}$ オーダーの大きな表面積をもつ多孔質固体からなる吸着剤は，空気の除湿，VOC*回収，空気分離，排水処理など，気体や液体の精製・分離に活用される．吸着はまた固体触媒反応の素過程としても重要である．
[広瀬 勉]

**きゅうちゃくけいすう　吸着係数　adsorption coefficient**

固－気，固－液間に吸着平衡が成立している場合の固体吸着量 $q$ [mol kg$^{-1}$] と気相あるいは液相濃度 $C$ [mol m$^{-3}$] の比で，異相間の分配係数の一種．吸着剤 1 kg が吸着平衡*に達するまでに処理できる流体の体積を表す．また，吸着塔のかさ密度との積は吸着塔 1 m$^3$ が処理できる流体の体積を表す．
[広瀬 勉]

**きゅうちゃくけん　吸着圏　adsorption zone**
⇒吸着帯

**きゅうちゃくげんしつ　吸着減湿　dehumidification by adsorption**

湿り空気*をシリカゲル，ゼオライト，活性炭など多孔質*（比表面積が大きい）吸着剤*と接触させて水蒸気を吸着*分離する減湿*方法．吸着剤粒子を充填した充填層*（固定層），移動層*あるいは流動層*の中に空気を流通させる．吸収減湿*と同様，一定湿度*の空気を連続的に得るためには，吸着操作と並行して吸着剤の加熱再生が必要であり，また吸着操作においては吸着熱*の除去も必要である．常温下でかなりの低湿度まで減湿できる．
[三浦 邦夫]

**きゅうちゃくざい　吸着剤(材)　adsorbent**

多孔質の固体を混合気体や溶液と接触させると，特定の成分が吸着され捕集される．この固体は吸着剤とよばれ，活性炭，活性炭素繊維，分子ふるい炭素，シリカゲル，活性アルミナ，ゼオライトに代表されるように比表面積が大きいものが使用される．吸着剤の物性としては細孔構造と表面化学構造がとくに重要である．吸着剤は一般に粉末，粉砕された粒子，あるいは粒子や粉末の成形体（球状または円筒状）であるが，近年，繊維状，ハニカム状，ビーズ状の吸着剤や円筒形に成形された大型の商品が市場に出されている．最近では用語として吸着材が用いられることが多い．
[田門 肇]

**きゅうちゃくしきれいとうき　吸着式冷凍機　ad-**

きゅうちゃくし

sorption refrigerating machine

シリカゲルなどの吸着性の強い固体による冷媒蒸気の吸着*, 脱着*によって冷却作業を行う冷凍機. この場合吸着は吸収式冷凍機*の吸収に, 脱着は再生に相当する. 冷媒には通常純水が用いられ, 吸脱着材には上記シリカゲルのほか, ゼオライトが使われる. 主要部は吸収式冷凍機と同じく冷媒が蒸発する蒸発器, 冷却液化する凝縮器および吸脱着を行う吸着材熱交換器である. 典型的な吸着式冷凍機では2基の吸着材熱交換器があり, それぞれ交互に吸着器, 脱着器として作動させるようになっており, 吸着時には冷却水を, 脱着時には温水を流す. この冷却水, 温水の切替えおよび冷凍機内部での冷媒蒸気流の切替えを弁により周期的に行うことにより, 連続的な冷却を行う. 吸収式冷凍機に比べ, 70〜80℃程度のより低温の温水でも運転できるのが特徴である. 加熱源85℃で9℃の冷水をつくる場合の成績係数は0.68程度になる. [川田 章廣]

きゅうちゃくしすう 吸着指数 adsorption index

フロイントリッヒ式*, $a=kc^{1/n}$ ($c$は吸着成分の濃度, $a$は吸着量, $k$と$n$は定数)における指数$1/n$をいう. $n$が大きいほど吸着相互作用が強く, その成分が選択的に吸着されることを意味する. [田門 肇]

きゅうちゃくじゅし 吸着樹脂 porous resin, adsorption resin

高分子有機化合物からつくられた多孔性の大きさおよそ0.1〜数mmの粒子であり, 多孔性のため内部表面積が大きく, 種々の物質を吸着する. 溶液から有機成分の回収, 分離に用いられる点では無機質の吸着剤*と類似する. 活性炭に比べて高価であり, 吸着性能も劣るが, pHの変化や有機溶剤の使用によって容易に脱着*でき, 繰り返し使用できるので広く用いられている. [田門 肇]

きゅうちゃくすい 吸着水 adsorptive water

固体の内外表面に吸着*されている水分. 吸着水の量は一般に周囲の湿度*増加, 温度低下とともに増加する. 吸着水は結合水*の一種であり, 多孔質固体*における平衡含水率*の大部分は吸着水によって占められる. [今駒 博信]

きゅうちゃくそうち 吸着装置 adsorption apparatus, adsorber

吸着剤*を用いて気体や液体の精製あるいは成分分離を行う装置で, 通常は多孔性固体の内部表面への吸着を利用している. 溶液に粉末の吸着剤(活性炭など)を混合して溶存物質の吸着除去を行う回分式吸着装置(接触沪過装置), 粒状の吸着剤を容器に充填し, その充填層にガスや液を通過させて吸着を行う固定層吸着装置, 粒状の吸着剤の移動層にガスや液を通して吸着を行う移動層吸着装置, 粒状の吸着剤をガスや液で流動化して吸着を行う流動層吸着装置がある. 近年, 擬似移動層*や圧力スイング吸着(PSA*)装置が注目されている. [田門 肇]

きゅうちゃくたい 吸着帯 adsorption zone

吸着圏*. 吸着剤*の充填層に上方から流体(ガス, 液体)を供給し吸着を行うと, 吸着開始直後は塔上部の比較的狭い部分で吸着が起こり, 下部の充填層は吸着に使用されていない. この吸着が生じている部分を吸着帯とよぶ. 吸着帯は時間とともに下方に移動し, 下端に到達すれば破過が生じて充填層出口の流体濃度はゼロでなくなる. すなわち, 出口濃度は徐々に高くなり, 最終的には入口濃度に漸近する. このS字形の濃度曲線を破過曲線*という. 吸着帯が同じ形を保ったまま充填層内を流体の入口から出口へ時間とともに移動することは, 定形濃度分布の近似とよばれている. [田門 肇]

きゅうちゃくていこう-しんとうあつモデル 吸着抵抗-浸透圧―― osmotic-pressure and adsorption-resistance model

限外沪過*における透過流束*の挙動を説明するモデルとして浸透圧モデル*が提案されているが, さらに溶質の吸着に伴う膜透過抵抗の増大の影響を考慮に入れて, その精度を向上させたモデル. [鍋谷 浩志]

きゅうちゃくとうあつせん 吸着等圧線 adsorption isobar

圧力一定の条件下で温度を種々変化させて吸着を行い, 得られた平衡吸着量と温度の関係をグラフ上にプロットしたもの. また, この曲線を表す関数を吸着等圧式という. 現在では, 後述の吸着等温線*, 吸着等温式が一般に用いられる. [田門 肇]

きゅうちゃくとうおんせん 吸着等温線 adsorption isotherm

一定温度での平衡吸着量(平衡関係が成立している場合に単位質量の吸着剤*に吸着された量)と平衡圧あるいは平衡濃度の関係をグラフ上にプロットしたもの. 気相吸着では, 平衡吸着量は吸着質の圧力(濃度)が高いほど, 温度が低いほど大きくなる. 液相吸着では, 溶媒の種類や溶液のpHを変化させると吸着等温線は変化する. なお, 平衡吸着量と平衡圧(平衡濃度)の関係式が吸着等温式である. ラングミュア式*やフロイントリッヒ式*はよく知られ

た等温式である． ［田門　肇］

## きゅうちゃくねつ　吸着熱　heat of adsorption

流体(気体あるいは液体)が吸着*されるときに発生する熱量．普通に吸着熱といえば流体相と吸着相とのエンタルピー差を意味し，正の値であるが，積分吸着熱・微分吸着熱・等量吸着熱などの異なった定義と呼称が使われることがある． ［新田　友茂］

## きゅうちゃくヒートポンプ　吸着――adsorption heat pump

多孔質固体(吸着材)による吸着質の吸着・脱着に伴う発熱・吸熱現象を利用する熱機器．蓄熱機能とともに昇温，冷熱生成を行うヒートポンプ機能を有する．吸着材としてシリカゲル，活性炭，ゼオライト，吸着質として水，アルコール，アンモニアなどが用いられる．吸着ヒートポンプは原理的には熱源のみで駆動するため，未利用排熱を利用した空調用冷熱，冷凍用冷熱の生成あるいは給湯用温熱の生成への展開が期待されている． ［渡辺　藤雄］

## きゅうちゃくへいこう　吸着平衡　adsorption equilibrium

気-固，液-固，気-液界面において吸着が生じる場合の平衡関係をいう．気相吸着では，平衡吸着量は吸着質の圧力(濃度)が高いほど，温度が低いほど大きくなる．液相吸着では，溶質の濃度，温度，pH，溶媒の種類に依存する．吸着にはファンデルワールス力*など種々の相互作用が関与するが，一般に，分子量が大きく，沸点*が高く，臨界温度*が高い物質ほど吸着しやすい．吸着平衡は吸着剤*の設計，吸着装置*の設計や運転の基礎となるもので重要である．吸着平衡から多孔性材料の比表面積や細孔分布などが評価できるので，物性測定に用いられる．図に示すように，吸着等温線*は6種類の型に分類されている．

I型：単分子層吸着*が生ずる場合でラングミュア型とよばれているが，ミクロ孔*や超ミクロ孔をもつ吸着剤への吸着もこの分類となる．II型：多分子層吸着*が生ずる場合でBET型ともよばれている．III型：吸着剤表面と吸着質の相互作用が吸着質間に比べて弱い場合のII型の等温線である．IV型：メソ孔*をもつ吸着剤にみられる．V型：吸着剤表面と吸着質の相互作用が吸着質間に比べて小さい場合のIV型の等温線である．VI型：第一層吸着が完成したあとで，第二層吸着が生ずるために階段状となる．無極性の吸着質が均一表面をもつ非多孔体に吸着する場合にみられる．

吸着平衡の測定では，吸着した気体の容積をはかる方法(容量法)と，吸着による吸着剤の重量増加を求める方法(重量法)を用いて平衡吸着量が得られる．容量法にも，気体の容積を一定に保ち圧力変化から吸着量を求める方法と，圧力を一定に保ち吸着による気体容積の減少量から吸着量を求める方法がある．溶液の吸着平衡は吸着剤を一定量の溶液に加え，一定時間撹拌のあと，吸着剤を分離して溶液の濃度変化から吸着量を算出する．以上はいずれも静的方法(静的吸着*)とよばれ，これに対し吸着剤の充填層に気体や溶液を流して吸着平衡を測定する方法は，動的方法(動的吸着*)などといわれる．動的方法では吸着成分を非吸着性気体に混ぜて充填層に流し，破過曲線*から，あるいは出口濃度が入口濃度に等しくなった状態での吸着剤の重量増加から吸着量を求める．溶液吸着においても工業的に特定成分を除去しようとする場合，この方法で吸着量を求めるのが簡便かつ実際に近いので，カラム試験と称してしばしば行われる． ［田門　肇］

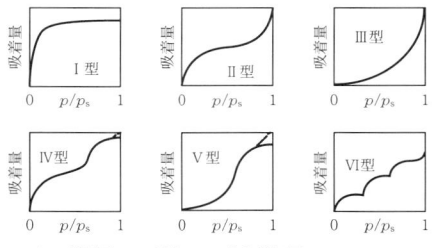

$p/p_s$：相対圧，$p$：圧力，$p_s$：飽和蒸気圧

吸着平衡の分類

## きゅうちゃくへいこうしき　吸着平衡式　adsorption equilibrium equation

気相または液相中の物質が，その相と接する液相または固相との界面において相の内部と異なる濃度を保つ現象を一般に吸着*とよび，物理吸着と化学吸着*に分類する．物理吸着は吸着質と吸着媒界面間にはたらく作用がファンデルワールス力*のような分散力に基づく非特異的な相互作用の場合，および吸着質と吸着媒界面の極性に基づく特異的な相互作用の場合である．一方，化学吸着は吸着質と吸着媒界面間に化学結合をつくる場合である．吸着過程が平衡に達した領域において，吸着平衡式は，吸着質の吸着量と吸着質の濃度(分圧)および温度，これら3者の関係として記述できる．吸着量，濃度(分圧)，温度をパラメーターとして表示した式を，それ

それぞれ吸着等量線，吸着等圧線*，吸着等温線*とよぶ．とくに吸着等温線は，ラングミュア，フロイントリッヒ，BETなど，人名を冠した著名なものが多く，広く吸着機構の理解，および固体表面構造の特性化のために用いられる． ［菅原 拓男］

**きゅうちゃくへいこうていすう　吸着平衡定数　adsorption equilibrium constant**

吸着平衡*を表す式における定数であり，ラングミュア式*，フロイントリッヒ式*，BET式*などにおいて定数として使用される．吸着質と吸着剤*の相互作用の強さに関係し，値が大きいと低圧(低濃度)において吸着量が大きくなる． ［田門 肇］

**きゅうちゃくポテンシャル　吸着——　adsorption potential**

吸着質を気相から吸着相(吸着状態にある相)へ移すときのモル自由エネルギー変化のこと．温度 $T$ において，1 mol の気体を吸着平衡圧力 $p$ から同じ温度での飽和蒸気圧 $p_s$ まで圧縮するのに要する自由エネルギー変化 $A$ は，$A = RT \ln(p_s/p)$ ($R$ は気体定数)で与えられる．$A$ を吸着相の体積 $W$ (吸着量/同一温度での液体状態での密度)に対してプロットしたものは特性曲線とよばれ，温度には依存しない．この特性曲線を使用すれば，ある温度で測定した吸着等温線*からほかの温度での等温線を予測することができる． ［田門 肇］

**きゅうちゃくモデル　吸着——　adsorption model**

吸着は，気相，液相で気体分子あるいは溶質が固体表面や吸着剤*など多孔質固体*の孔表面に選択的に濃縮されて滞在する現象をいう．吸着*は物理吸着*と化学吸着*に大別されるが，一般にはファンデルワールス力*による物理吸着をさす．物理吸着に対する代表的なモデルとして，ラングミュアの単分子層吸着，フロイントリッヒの不均一吸着，Brunauer-Emmett-Teller(BET)の多分子層吸着などのモデルがある．

単分子吸着モデルは，一つの吸着サイトが1個の分子に割り当てられ，平衡状態で気相から空席サイトに打ち込む分子数と，占有サイトから離脱する分子数が均衡するとするモデルである．被覆率 $\theta$ は，$p$ を圧力，$K_{ad}$ を吸着平衡定数*とすると，$\theta = K_{ad}p/(1+K_{ad}p)$ で表される．不均一吸着モデルは，一つの分子が複数以上の吸着サイトを占有するとして，単分子吸着モデルを修正したモデルである．このモデルで1分子が $n$ 個のサイトを占有するとした場合，ラングミュアの等温式*で $p \to p^{1/n}$ に置き換えた式が導かれる．この式の低圧域での漸近式がフロイントリッヒの等温式*である．BETのモデルは，単分子層吸着モデルを多分子層吸着に対して一般化した吸着モデルで，吸着第 $j$ 層に打ち込む分子数と $j+1$ 層から離脱する分子数が均衡するとしている．このほか，Polanyiのポテンシャル理論に基づくDubininらの半実験式がある．このモデルでは平衡吸着量が気体の平衡圧 $p$ から蒸気圧 $p_s$ まで圧縮に要する自由エネルギー*$RT \ln(p_s/p)$ を因子とした特性曲線で相関されるとしている． ［神吉 達夫］

**きゅうちゃくようりょう　吸着容量　adsorption capacity, adsorptive capacity**

吸着量の別名であるが，吸着装置*の能力(容量)の意味で使用されることも多い．吸着装置の設計では，破過点*での吸着量は設計上有用であるので破過容量*とよばれる．吸着剤*が劣化する場合，設計に採用すべき吸着量を設計容量とよぶのはその例である． ［田門 肇］

**きゅうねつはんのう　吸熱反応　endothermic reaction**

反応に伴って熱が吸収される反応．熱力学的にはエンタルピー*が増加する反応である．工業的なものでは，メタンの水蒸気改質による水素の製造や，石灰石の焼成反応などが吸熱反応である． ［幸田 清一郎］

**キュサムかんりず　CUSUM管理図　cumulative sum control chart**

累積和管理図．CUSUMチャート．特性値の平均値の小さな変化を検出する目的で，Schewhart管理図*に代えて利用される管理図．特性値と目標値または平均値からの偏差の累積和を，その上方および下方管理限界を用いて管理する． ［加納 学］

**キューネンきゅうしゅうけいすう　——吸収係数　Kuenen absorption coefficient**

気体の溶解度*を表示する方法の一つ．ある成分の気体の分圧が1気圧(101.3 kPa)のとき，温度 $t$ [℃]の溶媒1gに溶解する体積[$cm^3$]を0℃，1気圧(101.3 kPa)に換算した値． ［後藤 繁雄］

**きょうおしだしせいけい　共押出成形　co-extrusion**

2台以上の押出機を一つの多層ダイに結合し，複数の高分子原料をダイの内または外で積層して多層フィルムや多層シートをつくる成形法．共押出成形による多層化により，ガスバリヤー性*やヒートシール性の付与，中間層の発泡による軽量化など，複数の機能を兼ね備えた成形品を得ることが可能であ

る.　　　　　　　　　　　　　　［梶原　稔尚］
**きょうかいそう　境界層**　boundary layer

速度境界層．物体のまわりの流れにおいてレイノルズ数*が大きい場合には，境界面のまわりを粘性流体*が流れる場合でも，境界面からある程度離れたところでは，粘性*の影響を省略して近似的に完全流体として扱うことができる．粘性の影響が大きいのは物体表面近傍の領域に限定され，その領域内でのみ速度が著しく変化するような薄い層が存在する．この中では流体を粘性流体として取り扱えば，その運動方程式*は簡単化することができる．境界層の概念は，L. Prandtl がせん断応力*による抵抗力を表面近傍の速度勾配の大きな領域の寄与として考えた境界層理論に始まる.

境界層では，固体と流体面のまわりを流れる粘性流体の境界面近傍にできる境界面と流体との相対速度がゼロから外部の流速 $u_0$ まで急変する．境界層の速度分布は滑らかに外部の流速に接続するので，$y=0$ において $du_x/dy=0$，$u_x=u_0$ の条件を満たさなくてはいけない．この条件を満足する点は理論上 $y\to\infty$ の点であるが，実際上 $y=0.99u_0$ のところの厚さを境界層の厚さとする．層流境界層の厚さの近似解としては，速度分布を特定の関数形で与えることにより

$$\frac{\delta}{x}=5.83Re^{-1/2}$$

として表すことができる．

平板上の境界層では，平板先端から近い場合には層流境界層であるが，先端から離れて臨界レイノルズ数 $(3.2\times10^5)$ を超えると乱流境界層*に移行する．乱流境界層は次の三つの領域に分けることができる．壁面近傍では粘性による運動量移動*が支配的である粘性底層*がある．壁面から離れると，乱れによる運動量移動が大きくなり，壁から十分に離れたところでは粘性の影響が無視できる完全乱流領域がある．粘性と乱れがともに寄与する中間領域を過度層とよぶ．乱流境界層の厚さの近似解としては，乱流域で 1/7 乗則，粘性底層には直線的な速度分布を仮定することによって，

$$\frac{\delta}{x}=0.379Re^{-1/5}$$

として表すことができる．工学的には物理的に意味のある境界層の厚さとして，

$$u_0\delta^*=\int_0^\infty (u_0-u_x)dy$$

および

$$u_0^2\delta^+=\int_0^\infty u_x(u_0-u_x)dy$$

で定義される排除厚さ $\delta^*$ や運動量厚さ $\delta^+$ も用いられる.　　　　　　　　　　　　［渡辺　隆行］

**きょうかいそうほうていしき　境界層方程式**　boundary layer equation

境界層近似．境界層*では，速度変化の大きさが方向によって異なり，流れが十分に速い場合には，速度の主要な変化は境界層の内部に限定され，界面に平行な流れ方向の速度勾配は垂直方向の勾配に比べて非常に小さくなる．運動量収支式，エネルギー収支式，物質収支式のなかで，それぞれ粘性，熱伝導*，拡散*による流れ方向の分子輸送項を省略した式が境界層方程式である．界面に沿って $x$ 軸，垂直方向に $y$ 軸をとると，$\partial/\partial y\gg\partial/\partial x$ となる．境界層は薄いので，$x$ 軸方向の運動方程式*では，$\partial^2 u_x/\partial y^2$ に比較して $\partial^2 u_x/\partial x^2$ を省略できる．$y$ 軸方向の運動量方程式*では $u_y$ が小さいので，それを含む項を省略できる．よって運動方程式は

$$\frac{\partial u_x}{\partial t}+u_x\frac{\partial u_x}{\partial x}+u_y\frac{\partial u_x}{\partial y}=-\frac{1}{\rho}\frac{\partial p}{\partial x}+\nu\frac{\partial^2 u_x}{\partial y^2}$$

$$-\frac{\partial p}{\partial y}=0$$

となる．後者の式から，境界層の内部では圧力は厚さ方向に一定となり，外側の流れの圧力と等しくなることがわかる．なお，これらの式では $u$ や $v$ が $x$ と $y$ の二つの変数の関数であるが，相似変換により一つの関数によって表すことができ，常微分化することができる．　　　　　　　　　［渡辺　隆行］

**きょうきゅうしゅうせいばいしつ　強吸収性媒質 (ふく射の)**　strongly absorbing medium of radiation

金属のふく射吸収性は強く，そこに入射する紫外域より波長の長いふく射のエネルギーの 90% 以上をサブミクロンの厚さの表面層で吸収する．また，放射されるふく射はそのような表面層からのものである．このような強吸収性媒質のふく射性質は表面のふく射性質である．強吸収性媒質はふく射をよく反射し，そのふく射吸収率*は低い．真性半導体の可視～近赤外性質もこれに準じる．　　　［牧野　俊郎］

**きょうきゅうちゃく　共吸着**　coadsorption

各種の物質が共存してともに吸着すること．例は少ないが，混合吸着において共存物質の吸着によって吸着量が増加する例がみられるが，これをさすことが多い．酸化処理した分子ふるい炭素において，アルデヒド類の共存によって硫化水素やメチルメル

カプタンの吸着量が増加することは，この例に相当する．しかし，混合吸着において各成分の吸着量は単成分の吸着量よりも小さくなるのが普通であり，これを競合吸着という． [田門 肇]

**ぎょうしゅう 凝集** coagulation, agglomeration

気相あるいは液相中の粒子*どうしが接触あるいは衝突によって互いに付着し，粒子（一次粒子）が集合した新たな粒子（二次粒子）を形成する現象．このようにして形成された粒子を凝集粒子という．凝集粒子どうしの凝集も起こる．凝集粒子には粒子間の付着力の強さにより固い凝集粒子と柔らかい凝集粒子があり，その定量化は今後の課題である．凝集粒子は壁面へ沈着した粒子が再飛散することによっても生じる．微粒子の凝集は粒子の生成や，微粒子の捕集・回収技術などの基礎となっている．凝集を生じても系に存在する粒子の総体積は変わらない．しかし，粒子数は減少し，粒子（凝集粒子）の大きさが増大する．高濃度微粒子分散系の動力学的挙動を支配する重要な現象であり，気相中の微粒子の凝集を抑制することは容易ではない．液相中の微粒子の凝集は，静電的反発力を用いて抑制されるが，粒子表面に界面活性剤や保護コロイドを吸着させて，粒子を安定化させる方法もある．

凝集を粒子の運動機構から分類すると，ブラウン運動による凝集（ブラウン凝集）が代表的で，そのほかには流体の速度差による凝集，乱流凝集，静電凝集，音波凝集などがあげられる． [増田 弘昭]

**ぎょうしゅう 凝集（速度勾配による）** coagulation by velocity gradient

流体中に速度勾配があるとき，浮遊する粒子が互いに相対速度を生じて衝突・接触するが，これによって起こる凝集．一様せん断流れ場では，凝集速度関数*は衝突・接触する粒子の粒子径和の3乗と，流体の速度勾配の積に正比例する．（⇒凝集速度関数） [増田 弘昭]

**ぎょうしゅうけっしょう 凝集結晶** agglomerate, aggregate

結晶の凝集体．晶析によって得られる結晶は，一つ一つの単結晶が独立しているものと凝集結晶とがある．凝集結晶にも，微結晶どうしが融着している場合（agglomerates）と融着していない場合（aggregates）がある． [大嶋 寛]

**きょうじゅうごう 共重合** copolymerization

2種以上のモノマーが同一の高分子鎖に組み込まれる重合反応．3種以上の場合を多成分共重合（multicomponent polymerization）とよぶこともある．形成した高分子を共重合体（copolymer）とよぶ．共重合体にはランダム共重合体（statistical copolymer, random copolymer），交互共重合体（alternating copolymer），ブロック共重合体*（block copolymer），グラフト共重合体*（graft copolymer）がある．ブロック共重合体，グラフト共重合体は，通常，モノマーのみの混合物から1段階の重合で合成することはできない．ランダム共重合体は一般に各単独重合体の中間的性質を示すことが多い．共重合を利用して多様な特性を有した高分子が合成できるが，マテリアルリサイクル*を行う場合には問題となる場合もある． [飛田 英孝]

**ぎょうしゅうそくどかんすう 凝集速度関数** coagulation rate function, coagulation constant

凝集定数．流体中に浮遊する微粒子の凝集に関連して，粒子間の衝突頻度を粒子径を用いて表す関数．次の各式が知られている．

(a) ブラウン凝集：

1) 連続流域
$$K_B = 2\pi(D_{BMi} + D_{BMj})(D_{pi} + D_{pj})$$

2) 遷移流域（フックスの式）
$$K_B = 2\pi(D_{BMi} + D_{BMj})(D_{pi} + D_{pj})$$
$$\times \left[\frac{D_{pi} + D_{pj}}{D_{pi} + D_{pj} + 2g_{ij}} + \frac{8(D_{pi} + D_{pj})}{c_{ij}(D_{pi} + D_{pj})}\right]^{-1}$$

3) 自由分子流域
$$K_B = \frac{\pi}{4}(D_{pi} + D_{pj})^2 c_{ij}$$

(b) 速度勾配による凝集：
$$K_L = 0.17\eta_L(D_{pi} + D_{pj})^3 \left|\frac{du}{dx}\right|$$

(c) 乱流の局所的速度分布による凝集：
$$K_{T1} = 0.16\eta_T(D_{pi} + D_{pj})^3 \left(\frac{\varepsilon_0}{\nu}\right)^{1/2}$$

(d) 乱流速度の時間的変動による凝集：
$$K_{T2} = 1.43\eta_T(D_{pi} + D_{pj})^2 |\tau(D_{pi}) - \tau(D_{pj})|$$
$$\times \left(1 - \frac{\rho}{\rho_p}\right)\left(\frac{\varepsilon_0^3}{\nu}\right)^{1/4}$$

ここで，$D_{BM}$ はブラウン拡散係数，$D_p$ は粒子径，$c_{ij}$ は粒子の2乗平均速度，$g_{ij}$ は粒子径補正因子，$du/dx$ は流体の速度勾配，$\varepsilon_0$ は乱流消散エネルギー，$\nu$ は動粘度，$\eta$ は接近した2粒子の衝突効率，$\rho$ は密度，$\tau$ は粒子緩和時間である． [増田 弘昭]

**ぎょうしゅうそくどしき 凝集速度式** equation of coagulation rate

流体中に浮遊する微粒子の凝集に関して，系に存在する全粒子数の経過時間による減少を表す速度式．もっとも簡単な場合として，単分散粒子のブラ

ウン凝集速度式は次式で与えられる．
$$\frac{dn}{dt}=-\frac{1}{2}K_B n^2$$
ここで，$n$ は時刻 $t$ における粒子数，$K_B$ はブラウン凝集定数である．

粒子径に分布のある多分散粒子系の場合は凝集速度関数を用いた次のポピュレーションバランスによって計算される．
$$\frac{\partial n(v,t)}{\partial t}$$
$$=\frac{1}{2}\int_0^v K(v',v-v')\,n(v',t)\,n(v-v',t)\,dv'$$
$$-n(v,t)\int_0^\infty K(v,v')\,n(v',t)\,dv'$$
ここで，$v$ は粒子体積，$K$ は凝集速度関数*である．

凝集速度関数および初期の粒子径分布が与えられれば，この式を解くことにより粒子径（球相当径）分布の経時変化が求められる． 　　　　　[増田 弘昭]

**ぎょうしゅうほう　凝集法　coagulation**

コロイド粒子のような微小粒子を，撹拌や凝集剤の添加などによって，微小粒子の集合体であるより大きい懸濁粒子を形成させること．粒子径を大きくすることで沈降速度が上昇し沈殿分離が容易になる．浮上分離や膜分離の前処理としても利用される．排水処理や浄水処理工程の前段部分で利用されることが多い．硫酸アルミニウム（硫酸バン土），ポリ塩化アルミニウム（PAC）などの無機系凝集剤に加えて，ポリアクリルアミド系（アニオン系），ジメチルアミノエチルメタクリレート系（カチオン系）などの高分子凝集剤が凝集の促進に利用される．
　　　　　[藤江 幸一]

**ぎょうしゅうモデル　凝集——　coagulation model**

CVD*やPVD*による微粒子合成の過程を表現するモデルの一つ．凝集モデルでは，モノマーの発生が瞬時に終了した後，これらのモノマーが凝集過程のみを経て微粒子へと成長すると簡略化される．さらに，凝集したクラスター*・粒子どうしが直ちに合一すると仮定すると，初期濃度 $n$ のモノマーから $t$ 秒後に生成する微粒子の個数濃度および平均径が，それぞれ $n^{-1/5}t^{-5/6}$，$(nt)^{-2/5}$ に比例するという結果が導かれる． 　　　　　[島田 学]

**ぎょうしゅうりゅうし　凝集粒子　agglomerate, aggregate, clump**

個々の粒子がなんらかの相互作用によって集合し，形成された二次的粒子．もとの構成粒子を一次粒子という．気相や液相に分散された一次粒子は運動に伴って互いに接近し，もっとも安定な位置にとどまることによって凝集粒子をつくりやすい．アグロメレイト（agglomerate）とアグリゲイト（aggregate）が凝集の強さを区別した用語として用いられているが，米国とヨーロッパでまったく逆に使われていることが明らかになり，ISOでは凝集の強さを区別しない用語としてクランプ（clump）を用いることが決められた．液相中での凝集粒子や凝集体は，フロック（floc）あるいはフロキュレート（flocculate）とよばれることが多い．
　　　　　[増田 弘昭]

**ぎょうしゅくき　凝縮器　condenser**

コンデンサー．凝縮性蒸気を冷却して凝縮させる装置で，冷却水あるいはブライン*などの冷媒*により固体壁（主として金属壁）を通して間接的に熱交換を行う表面凝縮器*と，蒸気と冷却水の直接接触により凝縮を行う混合凝縮器*とがある．混合凝縮器では凝縮液が冷却水と混合して排出されるため，凝縮液を回収する必要がない場合に用いられる．
　　　　　[荻野 文丸]

**ぎょうしゅくきょくせん　凝縮曲線　condensation curve**

⇒凝縮熱伝達

**ぎょうしゅくすう　凝縮数　condensation number**

コンデンセイション数．膜状凝縮*を伴う伝熱に関して用いられる無次元数*であり，凝縮液の熱伝導度*を $k$，粘度*を $\mu$，密度を $\rho$，平均の熱伝達係数を $h$，重力加速度を $g$ とすれば，凝縮数 $C_0$ は $C_0=(h/k)\{\mu^2/(\rho^2 g)\}^{1/3}$ で与えられる一種のヌッセルト数*である．ヌッセルトの理論では，傾いた冷却伝熱面を凝縮液が重力によって流下し，液膜厚み方向の温度分布が直線的に変化するとして，膜厚の変化，熱伝達係数などを求めている．これに従えば，凝縮数は冷却伝熱面の傾き角度 $\phi$ と凝縮液膜のレイノルズ数* $Re_f=4\Gamma/\mu$ の関数として，次式で与えられる．
$$C_0=1.47\left(\frac{\sin\phi}{Re_f}\right)^{1/3}$$
なお，$\Gamma$ は伝熱面単位幅あたり流下する液体流量 [kg m$^{-1}$ s$^{-1}$] である． 　　　　　[深井 潤]

**ぎょうしゅくでんねつ　凝縮伝熱　condensation heat transfer**

⇒凝縮熱伝達

**ぎょうしゅくねつでんたつ　凝縮熱伝達　condensation heat transfer**

蒸気に接する冷却伝熱面の温度 $T_w$ を蒸気の飽和温度* $T_{sat}$ 以下に下げていき，伝熱面の過冷却度 $\Delta T_{sub}$

($=T_{sat}-T_w$)に対して熱流束*$q$をプロットすれば,図の実線が得られる.この曲線を凝縮曲線という.$\Delta T_{sub}$が小さなうちは,蒸気が凝縮した液体が無数の液滴となって伝熱面上で成長し流下する滴状凝縮*であり,図中の点線で示すように高い熱伝達係数*を示す.しかし,$\Delta T_{sub}$をさらに大きくしていくと,膜状の流体が伝熱面状に混在する遷移凝縮となって,熱流束は減少していき,そのあと全伝熱面が膜状液体で覆われる膜状凝縮となる.さらに冷却すると液膜は氷となる.凝縮曲線は,蒸気の種類や蒸気中の非凝縮ガスの存在,伝熱面の材質,性状,寸法などによって影響を受ける. [深井 潤]

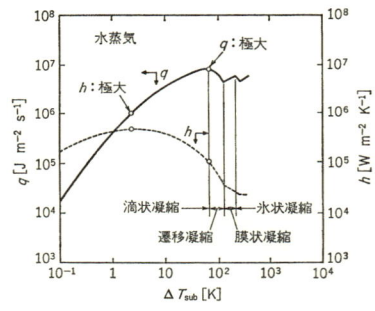

凝縮曲線図[武山斌郎,大谷茂盛,相原利雄,"伝熱工学",養賢堂(1983),p.155]

### きょうしょうてん 共晶点 eutectic point

共融点*.溶液を冷却すると,ある温度で2種以上の結晶が同時に析出して生ずる結晶の混合物を共融混合物というが,この共融混合物が生ずる温度. [横山 千昭]

### きょうせいじゅんかんしきかんがたじょうはつそうち 強制循環式管型蒸発装置 forced circulation multi-tube evaporator

⇒蒸発装置の(i)

### きょうせいたいりゅうじょうはつ 強制対流蒸発 forced convection boiling

⇒強制対流沸騰

### きょうせいたいりゅうでんねつ 強制対流伝熱 heat transfer by forced convection

対流伝熱*のうち,流体がポンプや撹拌機など外部からの仕事により流動する場合を強制対流伝熱という.自然対流伝熱*と対比される用語である. [荻野 文丸]

### きょうせいたいりゅうふっとう 強制対流沸騰 forced convection boiling

ポンプなど外部からの力で流れる流体を管壁を通して加熱し沸騰させること.ボイラーや薄膜型蒸発缶*などにみられる現象で,工業上重要である.図に示すように,垂直蒸発管内に飽和温度*以下の液体を下から流すと,サブクール沸騰*,飽和沸騰*に対応して気泡流,スラグ流がそれぞれ生じ,次に強制対流蒸発となる環状流,環状噴霧流が生じる.最後に,すべての液体は噴霧状態になり,壁面が流体に覆われることのないポストドライアウト域*が現れる.なお,ポストドライアウト域*では,液滴が壁面に衝突する噴霧流伝熱が生じている. [深井 潤]

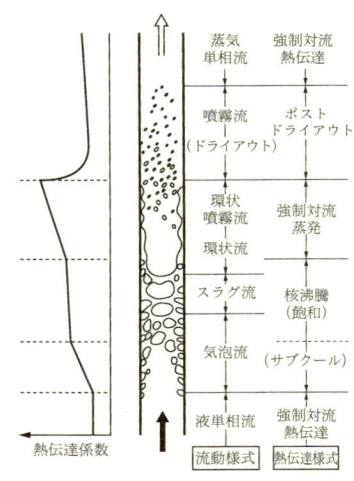

強制対流沸騰[便覧, 改六, 図6・31]

### きょうそうはんのう 競争反応 competitive reaction

同一の反応系から出発して2種以上の反応が同時に進行する反応,あるいはある化学種が,ほかの複数の化学種のそれぞれと反応する場合を競争という概念でとらえた反応.すなわち,前者は併発反応*と同義に用いられている概念で,形式的には,

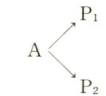

$$A \begin{matrix} \nearrow P_1 \\ \searrow P_2 \end{matrix}$$

と表現できる場合であり,後者は,

$$A + B_1 \longrightarrow P_1$$
$$A + B_2 \longrightarrow P_2$$

である.後者は,AとBの反応においてBの種類に

よって相対的に反応速度がどのように異なるかを検討する場合などに実験的に用いられる．すなわちA, $B_1$, $B_2$ を共存させて $B_1$, $B_2$ を A と競争的に反応させることによってその相対的な速度を求めることができる． ［幸田 清一郎］

**きょうぞんばいよう　共存培養　co-culture**

共培養．混合培養．2種類以上の異なる細胞(微生物-微生物，植物細胞-微生物，動物細胞-動物細胞など)を同一環境下で生育させる培養法．細胞間の直接的，間接的相互作用により，それぞれの細胞を純粋培養＊したときとは異なる培養効果が得られる場合がある． ［長棟 輝行］

**きょうちんほう　共沈法　coprecipitation method**

一般には共沈は，あるイオンが溶解度＊以下にもかかわらず目的の沈殿に伴って沈殿する現象を示す．触媒調製法では，溶解度に関係なく，pHの制御や場合によっては沈殿剤なども併用して共沈殿をつくり，多成分系触媒を調製する方法をさす． ［杉山 茂］

**きょうでんかいしつ　強電解質　strong electrolyte**

HClのような強酸，NaOHのような強塩基およびそれらの中和で生じる塩類(NaClなど)は，水に溶解するとほとんどすべてが $H^+$ や $Cl^-$ などのイオンに解離する．このような物質をよぶ． ［新田 友茂］

**きょうふつこんごうぶつ　共沸混合物　azeotropic mixture, azeotrope**

定沸点混合物．互いに平衡にある気相と液相の組成が等しい混合物．その組成を共沸組成，平衡温度を共沸温度という．定圧下の共沸温度は沸点曲線上で極小値または極大値を示し，前者は最低共沸混合物，後者を最高共沸混合物とよばれる．定温下では全圧曲線上に極大値または極小値を示す．また，三成分系ではサドル型とよばれる共沸混合物も存在する．共沸混合物は通常の蒸留操作では分離不可能であり，抽出蒸留，共沸蒸留あるいは溶媒抽出法などにより分離されている． ［栃木 勝己］

**きょうふつざい　共沸剤　entrainer**

エントレーナー＊．共沸蒸留＊を行うさいに加える溶剤．共沸剤には，原料中の一つあるいはすべての成分と最低共沸混合物＊あるいは最高共沸混合物＊をつくるものが選ばれる．共沸剤は，最低共沸混合物をつくる場合は塔頂から，最高共沸混合物の場合は塔底から共沸を生じるほかの成分とともに留出する． ［小菅 人慈］

**きょうふつじょうりゅう　共沸蒸留　azeotropic distillation**

沸点が互いに近く通常の蒸留＊では分離が困難な混合物や，共沸混合物のように分離の不可能な混合物を分離するため，第三物質(これを共沸剤＊またはエントレーナー＊という)を加えて，原料中の一つの成分あるいはすべての成分と最低あるいは最高共沸混合物＊をつくって行う蒸留．最低共沸混合物＊をつくる場合には原料中の一方の成分を塔底から，最高共沸混合物をつくる場合には塔頂から取り出す．共沸剤は，最低共沸混合物をつくる場合は塔頂から，最高共沸物の場合は塔底から共沸混合物として取り出される．共沸剤を含む共沸混合物が2液相となる場合を不均一系共沸蒸留といい，共沸剤の回収を容易にするために不均一系共沸蒸留が広く用いられている．イソプロピルエーテルを共沸剤に用いたエタノールの脱水プロセスや，酢酸ブチルを共沸剤に用いた酢酸の脱水プロセスなどがその例である． ［小菅 人慈］

**きょうふつてん　共沸点　azeotropic point**

気液平衡にある二成分系あるいは多成分系において，液相と気相の組成が全成分について等しいとき，その点(温度，圧力，組成)を共沸点という．なお，特別な場合，二成分系で二つ以上の共沸点をもつデータが報告されている．

今，成分 A-B-C からなる三成分系を考える．そこには，A-B, B-C, C-A の三つの二成分系と一つの三成分系が存在する．この場合，いくつかの二成分系あるいは三成分系の両方に複数の共沸点が存在する可能性があるし，まったく存在しない場合もある．なお，共沸点があると蒸留によってそれ以上の分離ができないため，蒸留する前に共沸点の有無を知ることが重要である． ［長浜 邦雄］

**きょうまく　境膜　fluid film**

粘性底層＊．流れの中に置かれた物体の表面上に形成される乱流境界層＊の底部(物体の表面に接するごく薄い流体層)では，粘性力が支配的で層流＊状態に保たれる．これを境膜とよぶ．流速分布の実験的研究に基づいて，境膜の存在を最初に主張したのは T. E. Stanton である．境膜の外側には遷移領域を経て乱流＊の層があり，これが外部の流れに接続していると考えることができる．

境膜内において流体は物体表面に沿って流れ，表面に垂直な流れは起こらず，流れによる混合作用を無視できる．したがって，物体表面と流体との間に熱あるいは物質の移動がある場合，境膜内では熱は伝導伝熱＊によって伝達され，物質は分子拡散＊によって移動し，それらの移動速度は主として境膜の厚

さに支配される.移動速度を支配する抵抗の大部分は境膜にあると考えられるが,境膜外での移動の抵抗も多少は存在し,それらを含めた全抵抗をもつ仮想的な境膜を有効境膜*とよぶ.　　　［黒田　千秋］

**きょうまくいどうたんいすう　境膜移動単位数　number of film transfer unit**
⇨移動単位数

**きょうまくエイチ・ティー・ユー　境膜HTU　height per film transfer unit**
⇨HTU

**きょうまくおんど　境膜温度　film temperature**
熱伝達に関する境膜*(これを温度境膜とよぶ)内には温度分布が存在するが,その平均温度をいう.境膜内の温度分布は直線的な場合が多いので,境膜温度は流体本体の温度と固体壁の温度の算術平均*を用いる場合が多い.一般に熱伝達係数*を計算する場合,境膜温度における物性値を用いて計算する.
［荻野　文丸］

**きょうまくしんとうせつ　境膜浸透説　film penetration theory**
液境膜*がガスと接触する乱流液体の表面に存在し,液境膜を構成している各液体要素は液本体の乱流*運動によって更新されるものと仮定して,Toor-Machello(1958)によって提唱された非定常ガス吸収理論.　　　　　　　　　　　［後藤　繁雄］

**きょうまくせつ　境膜説　film theory**
固体面または流体面に接して流れる乱流*状態の流体と,接触面との間の熱移動や物質移動に対する抵抗が,接触面付近の流体の境膜*内に集中していると仮定した理論.乱流流体と固体との接触面の近傍には層流*の流体境膜が存在し,この境膜が熱または物質の移動に対して流体本体よりもはるかに大きい抵抗を示す.境膜説はこの事実に基づいて考え出された理論で,実際の境膜よりも厚い有効境膜*を仮想し,伝熱または物質移動の抵抗はすべてこの有効境膜内に集中されていて,その外側の流体本体には存在せず,温度および濃度は一定である.熱または物質は,有効境膜内を定常状態で熱伝導*または分子拡散*によって移動すると仮定している.

したがって,単位面積の接触面から乱流流体中への伝熱速度 $q[\mathrm{J\,s^{-1}\,m^{-2}}]$,物質移動速度 $N_\mathrm{A}[\mathrm{mol\,s^{-1}\,m^{-2}}]$ は次式のように表される.

$$q = \frac{\lambda}{x_\mathrm{f}}(t_\mathrm{i}-t_\mathrm{f}) = h(t_\mathrm{i}-t_\mathrm{f})$$

$$N_\mathrm{A} = \frac{D}{x_\mathrm{f}}(C_\mathrm{Ai}-C_\mathrm{Af}) = k_\mathrm{c}(C_\mathrm{Ai}-C_\mathrm{Af})$$

ただし,$t, C$ は流体の温度[K],濃度[$\mathrm{mol\,m^{-3}}$]で,添字 i, f は接触面,流体本体中での値を示す.流体の熱伝導度* $\lambda[\mathrm{J\,s^{-1}\,m^{-1}\,K^{-1}}]$ および流体中の溶質の分子拡散係数* $D[\mathrm{m^2\,s^{-1}}]$ を有効境膜の厚さ $x_\mathrm{f}[\mathrm{m}]$ で割った値が,それぞれ伝熱係数* $h[\mathrm{J\,s^{-1}\,m^{-2}\,K^{-1}}]$,物質移動係数* $k_\mathrm{c}[\mathrm{m\,s^{-1}}]$,となる.すなわち境膜説に基づけば,$h$ は $\lambda$ に,$k_\mathrm{c}$ は $D$ に正比例することになる.

乱流*で流れる2流体の接触面の両側に,それぞれの境膜が存在すると仮定したのが二重境膜説*である.　　　　　　　　　　　　　　　［後藤　繁雄］

**きょうまくでんねつけいすう　境膜伝熱係数　film coefficient of heat transfer**
⇨熱伝達係数

**きょうまくぶっしついどうけいすう　境膜物質移動係数　individual film coefficient of mass transfer**
⇨物質移動係数

**きょうまくようりょうけいすう　境膜容量係数　individual film coefficient on volume basis**
⇨物質移動容量係数

**きょうやくせん　共役線　conjugate line**
3成分の液液平衡を三角線図*で表した場合,両相の平衡組成はタイライン*の両端で示されるが,タイラインを数多く引く代わりに,図のように,その両端から適当な基準線に対して平行線を引き,その交点の軌跡で示す方法があり,この軌跡をいう.一般に共役線は比較的ゆるい曲線になることからタイラインの補間や,一方の端がプレイトポイント* P になることからその推定などに使われ分配曲線*の代用になる.正確な値を要求しないときは簡単でよい方法である.(⇨液液平衡)　　　　［宝沢　光紀］

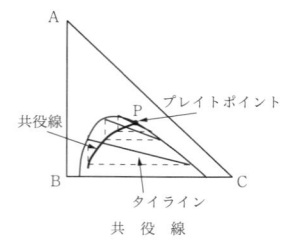

共　役　線

**きょうゆうけつごうほう　共有結合法　covalent binding method**
担体結合法による酵素*の固定化方法の一つで,水不溶性の担体に酵素を共有結合によって固定化させる方法である.結合方法としては,ジアゾ法,ペ

プチド法，アルキル化法などがあるが，ペプチド法に属する臭化シアン活性化法が簡便な方法としてよく用いられる． 〔福田　秀樹〕

**きょうゆうてん　共融点　eutectic point**
共融混合物が生ずる温度．（⇒共晶点）
〔横山　千昭〕

**きょくしょうねつりゅうそくてん　極小熱流束点　minimum heat flux**
⇒沸騰熱伝達

**きょくしょそせい　局所組成　local composition**
一般に溶液では分子の混合はランダムであり，均一組成と考えられるが，微視的には分子間力に差があるのでランダムとはならない．溶液を成分1と成分2を中心とするセルで考える．各分子対の相互作用エネルギーを$\lambda$で表し，成分1のまわりに成分2と成分1を見出す確率の比を$x_{12}/x_{11}$とすると，次式で与えられる．
$$\frac{x_{12}}{x_{11}} = \frac{x_2 \exp(-\lambda_{12}/RT)}{x_1 \exp(-\lambda_{11}/RT)}$$
この$x_{12}$, $x_{11}$を局所モル分率という．$\lambda_{12}$と$\lambda_{11}$が等しいとき，局所モル分率と巨視的な平均のモル分率は一致する．この考えをもとに導出された活量係数式がWilson式*であり，多成分系活量係数が構成二成分系データのみで推算できるようになった．
〔栃木　勝己〕

**きょくしょねつでんたつけいすう　局所熱伝達係数　local heat transfer coefficient**
熱伝達係数*は一般に固体壁面上の位置によって変化する．各位置における熱伝達係数を局所熱伝達係数という．
〔荻野　文丸〕

**きょくしょねつへいこう　局所熱平衡　local thermodynamic equilibrium**
LTE．プラズマを構成する各粒子の温度がほぼ等しく，組成が平衡に近いプラズマの状態のこと．大気圧下での熱プラズマ*はほぼ熱平衡状態であるが，プラズマから放射*によって逃げるエネルギーを同じ機構で補うことは難しいので，局所熱平衡は厳密な意味での熱平衡状態ではない．〔渡辺　隆行〕

**きょくだいねつりゅうそくてん　極大熱流束点　maximum heat flux**
⇒沸騰熱伝達

**きょくぶでんち　局部電池　local cell**
金属の腐食において，材料のアノード溶解反応と環境中の酸化剤のカソード反応の短絡からなる電池モデル．両反応が同一電極で起こりうる．
〔酒井　潤一〕

**きょくぶふしょく　局部腐食　localized corrosion**
ステンレス鋼*やTiに代表される不動態化金属に特有な腐食現象．代表的腐食形態として，孔食*，すき間腐食*，応力腐食割れ*(SCC)があげられる．不動態皮膜が局所的に破壊することで局部的に腐食が進行する．いずれも発生のための臨界電位$E_{Rcrit}$が存在する．$E_{Rcrit}$が，与えられた環境において不動態化している金属の自然浸漬電位$E_{sp}$より卑であれば，局部腐食が生じる可能性がある．

孔食は不動態化した金属の自由表面上の一部でくぼみ状の金属溶解箇所が拡大していく腐食現象で，塩化物イオンの存在下で生じる．ステンレス鋼の孔食電位はpHと塩化物イオン濃度，温度などに依存する．自由表面上で起こる孔食に対して，すき間腐食は沖合い環境との物質移動を制約された狭いすき間の内部における局部腐食である．すき間腐食の開始はすき間内部における，① 溶存酸素の消費，② 内部溶液のpH低下，塩化物イオンの濃縮による脱不動態化，③ すき間内外部での電池の形成，の過程を経て低pH，高塩化物イオン濃度環境となったすき間内部が，すき間外部でのカソード反応の支持を受け，選択的に腐食する．応力腐食割れは引張応力の存在のもとで，不動態皮膜の破壊に伴うき裂の進行という形態をとる局部腐食である．き裂部以外は不動態皮膜を維持している点では孔食，すき間腐食と同様である．

SCCは広義には，① 活性経路割れ(APC)，② 変色皮膜破壊割れ(tarnish rupture)，③ 水素脆性割れ(HE)に分類される．狭義の意味でのSCCであるAPCはアノード分極*により促進される．ステンレス鋼においては塩化物環境下で孔食やすき間腐食を基点とすることが多く，一般には粒内型の割れ経路(TGSCC)をとる．材料が鋭敏化*していると粒界型(IGSCC)の割れ経路となる．変色皮膜破壊割れは，銅などにみられる$\mu$m程度の比較的厚い皮膜の生成・破壊の繰返しに伴うき裂の進展である．水素脆性割れはカソード分極*することにより促進される．カソード反応で生成される水素が材料中に侵入し，強度低下をもたらす結果である．SCCは材料の割れ感受性，下限界以上の引張応力および環境条件の3者の重畳作用の結果生じるので，防止方法としてはそれぞれの観点から考えられる．局部腐食はアノードサイトが限定されることで生じる．したがって，アノードサイトの面積が小さくなく，カソードサイトの面積が大きくならないように工夫することが必要である．また，その発生場所や進行速度を予

測・制御することが困難なので工学的に重要な現象である．炭素鋼の腐食も材料や環境の不均一性により局所化することがある．(⇒マクロセル, 溝状腐食, 迷走電流腐食)　　　　　　　　　　[酒井 潤一]

**きょようおうりょく　許容応力** allowable stress
材料が使用上安全であると考えられる最大の応力*．材料構造物や機械などを構成する材料に生ずる応力を，その材料の基準強さ(引張強さ*や曲げ強さ，降伏点*，疲労限度*，クリープ*限度など)に一致させて設計し，製作することは危険である．そこで，構造物や機械などを構成する材料がその使用中に破壊，破損しないように，材質や荷重の作用のしかた，材料の形状，使用される環境などのすべての条件を考慮して，材料に生じてもかまわない許容応力を決定する必要がある．一般に基準強さを安全率*で除して許容応力を決定する．また，構造物や機械を実際に使用しているときに材料に生ずる応力を使用応力といい，使用応力は許容応力よりも小さくしなければならない．　　　　　　　　[新井 和吉]

**きりゅうかんそうき　気流乾燥器** pneumatic conveying dryer
湿潤時にケーク*状，塊状，もしくは粉粒状材料を $20 \sim 40 \mathrm{~m~s^{-1}}$ で流れる熱風中に供給して分散させ，熱風で材料を搬送しながら乾燥する連続式乾燥器．稼働部分がなく，乾燥管のみの簡単な構造で，熱風温度を高くとれ大量連続処理に適する．
　　　　　　　　　　　　　　　　[脇屋 和紀]

**きりゅうそうはんのうそうち　気流層反応装置** entrained bed reactor
分散した固体微粒子を気流に同伴させて反応雰囲気を通過させることにより，反応を行わせる装置．気固反応速度が大きい場合は固体粒子を微粉砕し，これに大きい比表面積を与えることによって，短時間に所定の反応を大量に行わせることができる．微粉炭燃焼が一例である．このほか，排ガス気流中へ微粉活性炭や $Ca(OH)_2$ 粉末を注入にして脱硫・脱塩を行わせる例もある．この粉体はバグフィルター*で分離捕集されるが，バグフィルターに捕集した粉体層においても脱硫・脱塩反応が進む．また，旋回流式気流層石炭ガス化炉では同じ反応器の中で，気固ガス化反応と反応後の溶融粒子の気流からの分離捕集とが行われている．　　　　　　[二宮 善彦]

**ギリランドのそうかん　　　の相関** Gilliland's correlation
E.R. Gilliland が 1940 年に発表した蒸留塔の理論段数*と還流比*との間の関係．両対数目盛で横軸に $(R-R_\mathrm{m})/(R+1)$，縦軸に $(S-S_\mathrm{m})/(S+1)$ をとって多成分の理想系*に対し多くの実験的計算を繰り返した結果，1本の曲線が得られた．つまり，最小還流比* $R_\mathrm{m}$ と還流比* $R$ を与えると，最小理論ステップ数 $S_\mathrm{m}$ がわかっていれば理論ステップ数 $S$ (理論段数+1)が得られる．きわめて簡便な方法としてとくに設計技術者によって広く用いられている．なお，近似式としては次式が利用されている．

$$\log\left(\frac{S-S_\mathrm{m}}{S+1}\right) = -0.9\left(\frac{R-R_\mathrm{m}}{R+1}\right) - 0.17$$

[大江 修造]

**キルヒホッフのほうそく　　　の法則** Kirchhoff's law
標準反応熱* $\Delta H_r^\circ$ は温度に依存するが，キルヒホッフの法則は異なる二つの温度 $T_1$ および $T_2$ における標準反応熱を結び付けるもので，次式で表される．

$$\Delta H_r^\circ(T_2) = \Delta H_r^\circ(T_1) + \int_{T_1}^{T_2} \Delta C_{p,\mathrm{m}} \, dT$$

また，$\Delta C_{p,\mathrm{m}}$ は次式で求められる．

$$\Delta C_{p,\mathrm{m}} = \sum_J \nu_J C_{p,\mathrm{m}}(J)$$
$$= \sum \nu C_{p,\mathrm{m}}(生成系) - \sum \nu C_{p,\mathrm{m}}(反応系)$$

ここで，$\nu$ は反応式の化学量論数であり，$C_{p,\mathrm{m}}(J)$ は成分 $J$ の定圧モル熱容量である．　　[横山 千昭]

**キルンしきねつぶんかいガスかようゆうろ　　　式熱分解ガス化溶融炉** kiln type incinerator of pyrolysis gasification with ash melting furnace
ごみを酸素あるいは空気をしゃ断したロータリーキルンに投入して，400℃程度まで加熱し熱分解ガスを得たうえで，その熱分解ガスと熱分解残渣であるチャーを空気のような酸化剤とともに溶融炉へ供給し，可燃分を完全燃焼させながら含有している灰分を溶融させるごみ焼却炉．本方式の特徴は，熱分解残渣中の金属分を酸化させることなく取り出すことが可能であること，ごみのなかの灰分を溶融させるので灰の減容化が可能なことなどである．
　　　　　　　　　　　　　　　　[成瀬 一郎]

**キレートちゅうしゅつ　　　抽出** chelate extraction
キレート試薬を抽出剤として用いた金属イオンの抽出法．有機相中のキレート試薬は，油水界面で水相中の金属イオンと反応し，配位数を満たした中性のキレート錯体を生成する．この錯形成反応によって，金属イオンは有機相に抽出される．キレート試薬には，ジチゾン，クペロンなど分析に広く用いられているものがあるが，湿式精錬などに用いる工業

用キレート剤には，疎水基を導入したヒドロキシオキシム，8-ヒドロキシキノリン誘導体，$\beta$-ジケトン類などがある． [後藤 雅宏]

**きんいつかくせいせい　均一核生成**　homogeneous nucleation

⇒均相核生成

**きんいつかくはっせい　均一核発生**　homogeneous nucleation

均質核発生．溶質の自発的な会合による核発生．一方，気・液・固いずれかの2相界面，たとえば容器内壁面あるいは異なる物質の結晶表面などを利用して起こる核発生を不均一核発生*という．(⇒一次核発生，核発生) [大嶋　寛]

**きんいつけいはんのう　均一系反応**　homogeneous reaction

均一反応．物質の拡散も含めた一連の反応過程がすべて単一の相内で起こる反応．これに対し，反応が進行するためには少なくも2相の存在が必要な場合を不均一系反応*という．均一系反応には，気相反応や液相反応，超臨界相中の反応などがあるが，一般に固体中では物質の拡散が遅いため，固相の均一系反応は起こらない．また，液体中で起こる反応でも，混ざり合わない二つ以上の液相が反応に関与する場合には不均一系反応となる．
触媒*を用いた反応の場合，接触反応*のように気体あるいは液体が固体表面で反応する場合には不均一系反応であるが，触媒が反応系内に溶解し均一に存在する場合には均一系反応となる．また，見掛け上均一相中で起こる反応でも，反応器の器壁による触媒作用が反応に大きく寄与している場合もあり，反応機構を議論するさいには十分に注意しなければならない． [大島 義人]

**きんいつちんでんほう　均一沈殿法**　homogeneous precipitation method

金属塩溶液に沈殿剤を添加して微粒子を得る沈殿法において，沈殿剤を溶液中の化学反応によって生成させて，沈殿剤を溶液全体に均一に供給する方法．尿素は60°C程度で加水分解してアンモニアを生成するため，アンモニアを沈殿剤とする場合によく用いられる．系に尿素を加えておき，温度を上げると沈殿剤が系全体に供給され，尿素濃度と温度によって沈殿速度を制御できる．尿素以外にも，チアノアセトアミンの熱分解(硫化水素生成)など多くの化学反応を利用することによって，水酸化物以外にも硫化物，リン酸塩，シュウ酸塩，硫酸塩，炭酸塩などの化合物微粒子の合成に適用可能である．

[岸田 昌浩]

**きんいつふしょく　均一腐食**　uniform corrosion

⇒全面腐食

**きんいつふゆうりゅう　均一浮遊流**　homogeneous floating flow

固体(粉体)を気体または液体の流れにのせて輸送するとき，輸送管内の固体の状態は連続体の流速に関係する．ある程度以上の流速になると，固体は管内に均一に分散されて運ばれる．この状態をいう．(⇒固液二相流) [梶内 俊夫]

**きんいつりゅうどうか　均一流動化**　homogeneous fluidization

⇒パティキュレート状態

**きんいつりゅうどうかじょうたい　均一流動化状態**　homogeneous fluidization

粒子の分類図*のA粒子において，流動化ガス速度を徐々に上昇させたときに，流動化開始速度*を超えた後に現れる流動化の状態．この状態においては気泡*が発生せずに，ある一定のガス速度(気泡流動化開始速度*)まで層の空隙率が大きくなり，層はほぼ均一に膨張する．A粒子の範囲であれば，粒子径および粒子密度が小さいほど，ガス粘度およびガス密度が大きいほど明確な状態として表される．

[甲斐 敬美]

**きんきゅうひじょうじたいかいひうんてん　緊急非常事態回避運転**　protective emergent operation for hazardous event

装置の故障，ユーテリティーの停止，プロセスの異常の誤操作などの原因により事故や災害が発生することを防止するため，その原因となる異常現象を早期に発見して，ある時間内にこの異常現象を排除し，非常事態になることを回避する運転をいう．回避するために許される時間的な制約が厳しいため緊急非常事態回避といわれる． [伊藤 利昭]

**キンク　kink**

結晶表面上のステップが1結晶成長単位(growth unit)分だけずれたところ．結晶表面上の一次元欠陥．キンク位置における最近接原子数は3であり，成長単位はこの位置に組み込まれる．キンク位置に結晶成長単位(あるいは原子，分子)が組み込まれことによってステップが前進し，結晶が成長する(層成長機構)． [久保田 徳昭]

**きんしつかくはっせい　均質核発生**　homogeneous nucleation

⇒均一核発生

**きんしつざいりょう　均質材料**　homogeneous

material

材料内部に固液,固気,液液,気液などの界面が存在しない材料.高分子の濃厚溶液やゲル*などが例であり,材料に溶解した溶媒は拡散*で移動し,含溶媒率(水が溶媒のときは含水率*)の低下とともに収縮する.(⇒不均質材料)　　　　　　[今駒 博信]

**きんしつまく　均質膜** homogeneous membrane
⇒対称膜

**きんそうかくせいせい　均相核生成** homogeneous nucleation

均一核生成.液相から結晶核が生成する場合のモデル理論を意味し,担体表面や容器壁などの異物上に核生成する場合と画して均相核生成とよぶ.液滴形成モデル*が理論の基礎をなしており,とくに気相からの結晶核生成においては,液滴形成モデルと同様な取扱いが可能である.この場合,核生成速度は次式で与えられる.

$$J = \frac{4\pi R^2 nP}{(2\pi mkT)^{1/2}} \exp\left[\frac{-16\pi\sigma^2 v^2}{3k^3 T^3 \ln^2(P/P_0)}\right]$$

ここで,$R$は核の臨界半径,$n$は蒸気中の単位体積あたりの分子数,$m$は分子の質量,$k$はボルツマン定数,$T$は温度,$\sigma$は生成核の表面張力,$v$は生成核1分子の体積,$P$は局所蒸気圧,$P_0$は平衡蒸気圧である.前指数因子に含まれる$n$と$P$が相互依存していることに注意する必要がある.

一方,液相からの結晶核生成においては,臨界核の単位表面に衝突する単位時間あたりの分子数を理想気体の単純衝突数ではなく,液相から結晶面への分子の拡散速度で置き換えて考える.さらに,蒸気圧を濃度で置き換えることによって,上述の式と同様な核生成速度式を表すことが可能となる.

[岸田 昌浩]

**きんそうかくはん　均相撹拌** mixing of homogeneous phase

均相系を対象とした撹拌.たいていの場合は液相と考えてよい.液-液2相になる場合には異相系の取扱いに分類される.逆に,微小固体粒子が液に高密度かつ均一に懸濁するスラリー系の撹拌は,近似的に均相系の撹拌として取り扱う場合がある.均相系における撹拌操作を検討するとき,混合特性,動力特性,伝熱特性の三つが装置の性能を評価するための主要な特性である.混合性能については,混合時間*,混合速度*,混合完了までの平均循環回数などが,動力性能については動力数*が,伝熱性能については,伝熱相関式を構成する各項のべき指数と相関式にかかる係数とが重要な因子となる.

[上ノ山 周]

**きんぞくアルコキシドほう　金属——法** alkoxide method

金属アルコキシドを出発原料に用いて金属酸化物固体を得る方法.また,金属アルコキシドを原料に用いたゾル-ゲル法*の別名称として使われていることが多いが,厳密には,2種類以上の金属を含む系において,すべての金属がコロイド(ゾル)になっているかが不明確な場合,あるいはゾル合成が目的の場合に用いられる.たとえば,金属Aのカチオンと金属Bのアルコキシドからゾルを形成し,ゲル化を経て,加熱処理により複酸化物を得る場合が該当する.この場合,金属Aがゾル-ゲル転移を起こしているとは限らず,金属Bのゲル化に伴って金属Aもゾルを経ずにゲル化している可能性がある.しかし,この場合もエチレングリコールなどの添加によって,金属Aと金属Bが互いに結合したゲルが生成していると考えられている.また,金属アルコキシドの加水分解による金属酸化物ゾルの合成にもこの語が用いられる.

[岸田 昌浩]

**きんぞくイオンようえき　金属——溶液** metal ionic solution

金属が陽イオンあるいは金属錯体の陰イオンとして溶解している溶液のこと.アルカリ金属など明らかに陽イオンに解離している場合,また廃液など他種類の金属イオンが溶解している溶液などにいう.

[岸田 昌浩]

**きんぞくさんかぶつしょくばい　金属酸化物触媒** metal oxide catalyst
⇒触媒活性成分

**きんぞくしょくばい　金属触媒** metal catalyst
⇒触媒活性成分

**きんたいしゅうりつ　菌体収率** cell yield

増殖収率(growth yield).消費された基質質量あたり生成した菌体の乾燥質量のことで,次式で定義される.

$$Y_{X/S} = \frac{生成した菌体の乾燥重量}{消費された基質の質量}$$

また,消費された基質の質量のうち,維持代謝に使用された質量を差し引いて得られる収率*が真の菌体収率とよばれ菌体収率と区別される.

菌体収率は,培地組成,培養条件,細胞の種類などによって変化するが,同じ微生物を同じ培地で培養すれば,ATP*生成効率の差により,好気培養のほうが嫌気培養よりもはるかに高い.また,同じ微生物を最小培地と複合培地で培養した場合,複合培

地では炭素源は主として異化代謝におけるエネルギーの生産にのみに使われ,菌体は培地に含まれるアミノ酸などにより構成されるので最小培地の場合に比べ高くなる.グルコースを基質として微生物を好気培養すると菌体収率はおよそ 0.5 である.

[福田 秀樹]

## きんたいのうど　菌体濃度　cell concentration

培養液中やその他サンプル中における微生物細胞の濃度.菌体濃度の測定には,重量法,濁度法,細胞数計数法などの測定方法があるが,単位体積あたりの乾燥重量[g-dry cell L$^{-1}$]や,光波長 610～660 nm による光の透過率により求めた光学濃度(OD)を適用する場合が多い.

[福田 秀樹]

## キンチのりろん　——の理論　Kynch's theory

低濃度均質懸濁液の回分沈降に関する理論.粒子の沈降速度 $v$[m s$^{-1}$]がその近傍における局所粒子濃度 $c$[kg-solid m$^{-3}$-slurry]のみの関数と仮定すると,粒子フラックス $S(c)(\equiv vc)$[kg-solid m$^{-2}$ s$^{-1}$]について次の物質収支式が成立する.

$$\frac{\partial S(c)}{\partial H}+\frac{\partial c}{\partial t}=0$$

$S(c)$ は $c$ のみの関数より次式が与えられる.

$$\frac{\partial c}{\partial t}+U(c)\cdot\frac{\partial c}{\partial H}=0$$

ここで,$U(c)(\equiv -dS(c)/dc)$ は,懸濁液中の等濃度層の上昇速度を表し,図に示すように原点から沈降曲線に引いた直線となる.また,図中の接線と縦軸との交点を $H'$ とすれば,沈降速度 $v$ は $v=(H'-H)/t$,さらに濃度 $c$ は $c=c_0H_0/(vt+H)=c_0H_0/H'$ で与えられる.ゆえに,1 本の沈降曲線から $c>c_0$ における濃度域の沈降速度 $v$ を求めることができる.

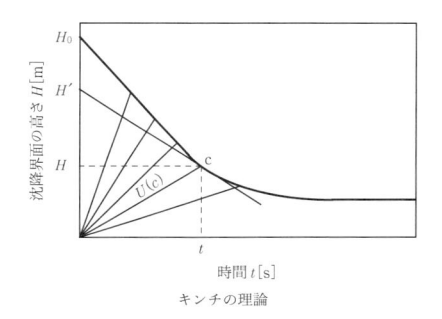

[中倉 英雄]

キンチの理論

## きんとうすう　均等数　distribution constant

Rosin と Rammler が提案した次の粒子径分布式に含まれる分布の広がりを表すパラメーター $n$.

$$R(x)=\exp(-bx^n)$$

$n$ が大きいほど分布が狭く,粒子径がそろっていることになるので均等数という.

[日高 重助]

# く

**くうかんじかん　空間時間　space time**
　流通反応装置\*の反応時間で，滞留時間\*に代わる概念．反応器容積を原料供給速度で割ったものと定義され，反応器容積に相当する原料を処理するのに必要な時間を意味する．空間速度\*の逆数．
　　　　　　　　　　　　　　　　　　[長本　英俊]

**くうかんそくど　空間速度　space velocity**
　S.V.\*．原料となる反応流体の体積流量を反応器容積で割った値．空間速度の逆数を空間時間\*という．たとえば空間速度 5 h$^{-1}$ とは，規定された条件で反応器の5倍の容積の原料が1hあたり供給されることを意味する．反応流体の体積流量には，反応器入口の圧力と温度に対する値が用いられる．反応条件が変化すると空間速度も変化するため，基準状態が用いられる場合がある．一般に液体では 15℃，気体では 0℃，1 atm を基準状態として用いる．また，標準状態\*では液体で，反応器へ供給されるときに気体となるような物質についてはどのような基準状態を採用したか明示すべきであろう．このような場合，液体の供給容積を基準にした液空間速度\*が用いられる．なお，L.H.S.V. は liquid hourly space velocity の略で，時間基準の液空間速度である．
　　　　　　　　　　　　　　　　　　[長本　英俊]

**くうかんりつかんすう　空間率関数　void function**
　空隙率関数．液体中の粒子の沈降において，粒子濃度が高いとき，沈降速度は粒子間の相互作用を受けて小さくなる．この影響を空間率 [＝(液相の体積)/(粒子層と液相の体積)] の関数として表した補正因子を空間率関数という．また，粒子充塡層\*内の流れに対する Kozeny-Karman 式の係数など空隙率\*(空間率)の関数として表した補正因子を，総じて空間率関数とよぶことがある．　　[神吉　達夫]

**くうかんりつぶんぷ　空間率分布(ライザー内軸方向の)　distribution of void fraction**
　循環流動層\*ライザー\*の流れ方向の静圧\*分布 $\Delta p/\Delta L$ を計測し，次式で求められる $\varepsilon$ が空間率である．
$$\frac{\Delta p}{\Delta L}=(\rho_\mathrm{s}-\rho_\mathrm{f})(1-\varepsilon)$$
　空間率分布はライザー内の流動様式を記述するうえで重要である．すなわち，下部に粒子濃厚層\*を有し，上部が希薄な乱流流動化状態\*，空間率分布が非常に大きな値で，一定の希薄輸送層\*など層内の流動様式が推察できる．　　　　　　[武内　洋]

**くうきちょうわ　空気調和　air conditioning**
　空調．空気の温度，湿度\*，清浄度および気流分布を対象空間の要求に合致するように同時に処理すること．対象とする空間の空調の目的によって，保健空調，産業空調に大別される．空調のために室内に供給される空気の温湿度，清浄度を調整するためのエアフィルター\*，空気コイル(熱交換器\*)，加湿器\*，送風機などを納めた空気調和機のほか，ダクト，冷凍機，ボイラー\*などの熱源機器，配管，自動制御設備で構成された空調設備によって実現される．
　　　　　　　　　　　　　　　　　　[三浦　邦夫]

**くうきひ　空気比　excess air ratio**
　理論空気量\*に対する燃焼用に供給する空気量の比．　　　　　　　　　　　　　　　　[成瀬　一郎]

**くうきぶんりじょうりゅうプロセス　空気分離蒸留── air separation distillation process**
　空気を低温蒸留(深冷分離\*)で分離するプロセス．空気を圧縮してドライヤーで乾燥し，主熱交換器，膨張タービンで冷熱を発生させ蒸留分離プロセスに送られる．図に示すように蒸留プロセスは下部塔，上部塔の二つの蒸留塔から構成される．下部塔のコンデンサーと上部塔のリボイラーが熱的に連結された複合蒸留塔が構成され，下部塔塔頂での凝縮熱は上部塔のリボイラー熱として賄われる．また，下部塔リボイラー，上部塔コンデンサーは設けず，下部塔は 500～650 kPa，上部塔は 150 kPa 程度で操作される．乾燥，主熱交換器で冷却された空気は下部塔の底部から供給され，下部塔頂ガスは一部抜き出されて，膨張タービンにより冷熱発生のため使用される．残りは過冷器で冷却され，バルブで減圧されてさらに低温となり，上部塔塔頂に供給される．下部塔塔底液も過冷器で冷却され，減圧されて上部塔の塔底に供給される．上部塔の塔頂より窒素，塔底より酸素が抜き出される．それらの冷熱は過冷器，主熱交換器で回収される．　　　[八木　宏]

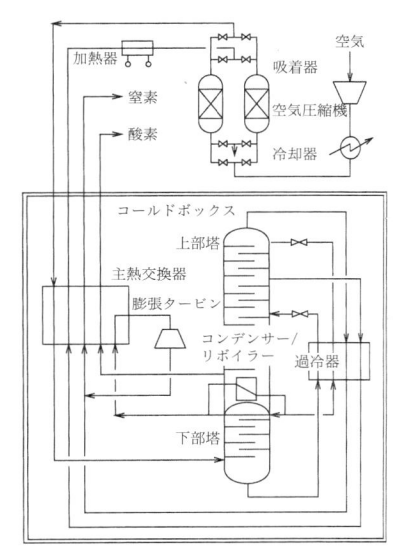

空気分離プロセスフロー[便覧,改六,図10・75]

**くうきゆそう　空気輸送　pneumatic conveying, pneumatic transport**

管路内を空気またはその他の気体によって固体を輸送する技術のことであり,その装置は通常,空気源(ブロワーまたはコンプレッサー),供給部,管路(パイプ),回収部から構成される.作動流体としては空気に限らず,粉じん爆発防止のため不活性ガスも使用される.被輸送物としての固体は粉粒状の場合が多いが,カプセルのように管径とほぼ同じ直径をもつ物体を輸送する場合も含まれる.食品原料,化学原料,医薬品原料,鉱産物,微粉炭,砂,セメント,触媒など製品や製造工程において粉粒体の形態をとるものは,ほとんど空気輸送の対象としてあげることができる.さらに都市におけるごみの輸送も応用例の一つである.空気輸送は機械的輸送法に比べて所要動力が大きいという欠点をもつが,輸送ラインがコンパクトにまとまることや,有害粉じんの飛散や被輸送物への異物の混入を避けることができるなどの長所をもつ.空気輸送の方式は低濃度と高濃度に大きく分かれる.低濃度輸送(dilute phase pneumatic conveying)は吸引式(suction type),圧送式(pressure type)に分類される.吸引式は粉じんの漏れのおそれがないが,長距離輸送には向かない.

複数の供給点から粉粒体を1箇所に集める場合に吸引式がよく用いられる.圧送式において,とくに長距離を望むには高圧容器(ブロータンク*)から粉粒体を供給する方式が用いられる.高濃度輸送(dense phase pneumatic conveying)では気体流量が少なくてすむという長所のほかに,低速で輸送が行われるので,管の摩耗,粒子の破砕が大きく改善されることによる利点も大きい.ただし,単純に粉粒体の濃度を上げ,気流速度を低下させると,粉粒体は運動を停止し,管路閉塞に陥る.それを避けるために特別な装置を付け加えることによって流れの安定化がはかられることも多い.　　　　　　　　　[辻　　裕]

**くうきりきがくけい　空気力学径　aerodynamic diameter**

微粒子の空気(気体)中における運動に基づいて決められる代表径であり,粒子の比重を1としたもの.空気力学径は大気中の微粒子のように,粒子の密度がわからないような場合でも求めることができ,ストークス径*とは次の関係がある.

$$D_{ae} = \sqrt{\frac{\rho_p}{\rho_{p0}}} D_{st}$$

ここで,$D_{ae}$は空気力学径,$D_{st}$はストークス径,$\rho_p$は粒子密度,$\rho_{p0} = 1\,000 \text{ kg m}^{-3}$である.
[増田　弘昭]

**くうきれいきゃくき　空気冷却器　air cooler**

空気を冷却媒体で冷やすための熱交換器.通常フィン付き管*が用いられる.冷却媒体は0~10℃の冷水を流す場合とフロンなどの冷媒を蒸発させる場合(直膨コイルという)がある.冷却媒体の温度が低い場合は,空気が露点温度*以下に冷却されフィン表面に結露するため,空気の出入口温度差が同じでも結露のないときより熱量が大きくなるとともに,結露水を冷却器外部に排出してやる必要がある.また,出口空気の相対湿度はチューブ列数(空気が横切るチューブ列数)に依存するが,通常90~95%になる.　　　　　　　　　　　　[川田　章廣]

**くうげきひ　空隙比　void ratio**

間隙比.粉粒体,または充塡物の正味体積に対する空隙体積の比で,空隙比$e$と空隙率*$\varepsilon$との間には,$e = \varepsilon/(1-\varepsilon)$の関係がある.とくに高空隙率領域での充塡状態のわずかな相違を表すのに便利である.　　　　　　　　　　　　　　　　[入谷　英司]

**くうげきりつ　空隙率　porosity**

間隙率.空間率.粉粒体,または充塡物が見かけ上占める全体積に対する空隙体積の比で,0~1の範囲の値をとる.通常,空隙率には,多孔体粒子など

粒子内部の空隙は含めない．粉体層の空隙率 $\varepsilon$ は，充塡粒子の総質量を $M$，粉体層のかさ体積を $V$，粒子の真密度を $\rho_s$ とすると，次式で表される．
$$\varepsilon = 1 - M/(\rho_s V)$$
空隙率の大きな場合が疎充塡，小さい場合が密充塡となり，$1-\varepsilon$ を充塡率とよぶ． [入谷 英司]

## くうこうようえきせつ 空孔溶液説 vacancy solution theory

二次元表面での吸着を取り扱うギブスの吸着式*の拡張といえる吸着平衡*に関する理論で，1980年に S. Suwanayuen と R.P. Danner により提案された．気相を vacancy（空孔）とよばれる仮想的溶媒と吸着質で構成される溶液とみなし，吸着相を吸着量に対応する表面圧をもった二次元相とみなす．吸着量は各吸着サイトにおける表面過剰量と比表面積の積で与えられる．以上のことから，吸着質の非理想性を考慮して活量係数*を用いて圧力と表面圧の関係を求め，1成分，2成分（混合ガス）の吸着平衡の推算に適用されてきた．なお，vacancy を水分子で置き換えると，水溶液からの吸着にこの理論を拡張できる． [田門 肇]

## くうじしゅうりつ 空時収率 space time yield

空時収量．S.T.Y.*．流通式反応装置の連続操作において，反応器単位容積あたりの目的生成物質の生成速度． [長本 英俊]

## くうどうか 空洞化（産業の） deindustrialization

産業が海外へ展開することにより国内の産業活動，とくに製造業が活性を失うこと．急激な円高，貿易摩擦の進行，国内と海外との労務費や諸経費の格差により輸出の停滞が進み，輸出産業を中心に海外での生産に拍車がかかり，国内での生産が減少していくこと．産業の海外進出，現地生産の拡大に伴い国内産業は空洞化し今後の経済活動が縮小することが懸念されている． [弓削 耕]

## くうとうそくど 空塔速度 superficial velocity

充塡塔*，気泡塔*，流動層* などのように，装置の内部で流通流体の流れが複雑に変化する場合，あるいは複数の流体相が装置内を混在して流通する場合，これらの装置内に充塡物や混在する他相が存在しない空塔とみなして算出される見掛けの装置内平均流速，すなわち流体の流量を塔断面積で割って得られる見掛けの流速．実際の装置内では，ある流体相の空塔速度はその相の真の速度に比例している値でもないが，その流体の通過する真の断面積を知ることが困難な装置内での流動状態を規定する便宜的な流速として，一般に広く使われている．流体の流量として体積流量*，質量流量*，モル流量を採用する場合のそれぞれの空塔速度は，空塔線速度[m s$^{-1}$]，空塔質量速度[kg m$^{-2}$ s$^{-1}$]，空塔モル速度[mol m$^{-2}$ s$^{-1}$]のように表される．空塔速度は化学装置内部での伝熱や物質移動特性の相関，あるいは微分物質収支における代表速度としてよく使用される．
(⇒体積流量，質量流量) [室山 勝彦]

## くうれいしきねつこうかんき 空冷式熱交換器 air cooled heat exchanger

エアフィンクーラー．多数の伝熱管を取り付けた管束* とファン* からなり，伝熱管外面に空気を強制通風し内部流体を冷却する構造の熱交換器*．冷却に工業用水の代わりに空気を使用するため，最近では冷却水が不足がちになった大規模な装置において広く用いられてきた．しかし，大気温度より低く冷却することはできないので，大気温度以下に冷却する必要のある場合には，空冷式熱交換器で予冷し，水などによる冷却器をさらに接続するか，フィン管表面に散水することがある．空気は水と比べて伝熱係数が非常に小さいので，伝熱管としてフィン管* が用いられる．構造上の型式としては，図に示すように吸込通風型と押込通風型とがある． [川田 章廣]

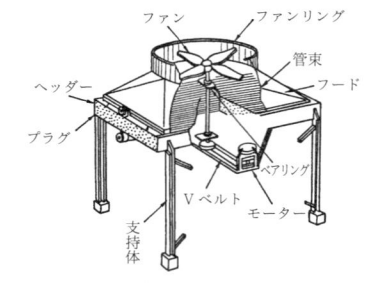

(a) 吸込通風型

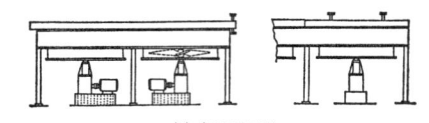

(b) 押込通風型

空冷式熱交換器
[便覧，改三，図3・115，図3・116]

## クエンさんかいろ ——酸回路 citric acid cycle

大部分の生物において中心的な回路をつくる代謝反応系で，図のように解糖やほかの異化反応によっ

て,糖や脂肪酸から生じたアセチルCoA(補酵素A)を水と二酸化炭素に完全酸化する.トリカルボン酸回路(TCA回路)またはクレブス回路ともいう.この回路で生じる還元型補酵素(NADH, FADH)は,さらに呼吸鎖を通じて分子状酸素によって酸化される.この共役により,糖や脂肪酸は完全に分解され最大のエネルギーが引き出される.アセチルCoAの1分子がクエン酸回路と呼吸鎖の共役により完全酸化を受けると,12分子のATP*が生じる.

[近藤 昭彦]

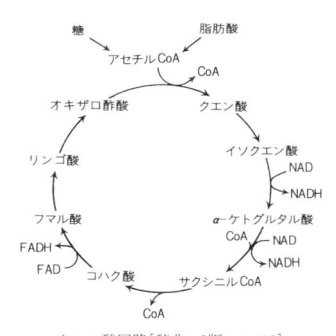

クエン酸回路[辞典,3版, p.142]

**くぎうちこうか くぎ打ち効果 peening effect**
材料表面に直接レーザーを照射すると,材料がアブレーションすることにより高圧のプラズマが発生する.そのプラズマにより生み出される高いインパルス(力積)を利用すると,圧縮の残留応力層を形成することができ,材料の表面処理が可能となる.

[奥山 喜久夫]

**くされしろ 腐れしろ corrosion allowance**
腐食しろ*.腐食性環境で使用される部材の板厚を設計するさい,材料強度計算による板厚に,さらに予測される腐食量に相当するだけ大きくとる肉厚.この考え方はあくまで全面腐食*に対するもので,局部腐食*には適用できないことに注意する必要がある.

[久保内 昌敏]

**くっきょくけいすう 屈曲係数 tortuosity factor**
多孔質固体*の細孔内の拡散*や流れの速度は,空隙率*,孔径など細孔構造*の影響を直接的に受ける.屈曲係数$\mu$は,細孔構造の模式化による定量的な補正因子で,屈曲度$k[=$(物質が実際に細孔内を移動する距離)/(見掛けの固体断面間の距離)$]$と$\mu=k^2$なる関係にある.なお,$\mu$の値は,拡散と流れの場合において必ずしも一致しない.

[神吉 達夫]

**Guggenheimのじゅんかがくへいこうりろん ──の準化学平衡理論 Guggenheim's quasi-chemical equilibrium theory**
分子AとBを混合する場合,混合前にはそれぞれの分子のみと相互作用しており,相互作用対としてはA-A対およびB-B対のみしかないが,混合後にはA-A対とB-B対の一部が切断され,A-B対ができることになる.この現象を次の反応式で表す.
$$A\text{-}A + B\text{-}B \rightleftharpoons 2A\text{-}B$$
A-B対の生成量をA-A対とB-B対の量から形式的に反応平衡と同じ方法で計算し,さまざまな熱力学特性値*を求める理論をGuggenheimの準化学平衡理論とよぶ.

[岩井 芳夫]

**国井-Levenspielモデル ──モデル Kunii-Levenspiel Model**
⇒流動層触媒反応装置

**クーニとう ──塔 Kühni extraction column**
スイスのKühni社が開発した撹拌機付き抽出塔.図に示すように,水車様のタービン翼を使用し,半径方向の放出流を促進し,かつ仕切板としてかなり孔径の大きい多孔板を使用したものである.物質移動の進行により,分散滴径・ホールドアップ*は塔長方向でかなり変化する.したがって,これに対する対応策として,段の形状・撹拌羽根・多孔板開孔比などを各段ごとに調整することにより,滞留時間*の調整のほか,逆混合の減少,一定ホールドアップの保持,最大処理量の確保などを目的としたものである.

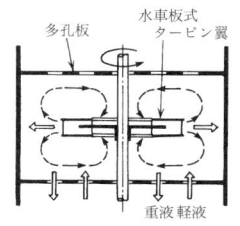

[平田 彰]

クーニ塔

**クヌーセン(クヌッセン)かくさん ──拡散 Knudsen diffusion**
高真空下において気体分子の平均自由行程*が長くなり,装置の代表寸法よりも平均自由行程のほうが長くなると,物質および熱の移動は装置壁面間を直接飛び交う分子によって支配され,分子相互間の衝突は無視できる.このような条件での拡散*を自由分子拡散,またはクヌーセン拡散という.常圧付近での気体の平均自由行程は0.1μm程度であり,

圧力に反比例して増大するため，通常の装置内でクヌーセン拡散が支配的になるには 0.1 Pa 以下の圧力が必要である．しかし，細孔内での拡散などは常圧付近からクヌーセン拡散が支配的である．通常の気体の拡散係数 $D$ が $D=(1/3)\bar{v}\lambda$ と与えられるのに対し，クヌーセン拡散領域での拡散係数(自由分子拡散係数またははクヌーセン拡散係数)は $D=(1/3)\bar{v}d$ となる．ここで，$\bar{v}$ は気体分子の熱並進速度，$\lambda$ は平均自由行程，$d$ は代表長さである．すなわち，平均自由行程が長くなり，代表長さ以上になると，拡散長が代表長さに制限される．このことから明らかなように，クヌーセン拡散が支配的か，通常の拡散が支配的であるかは気体の平均自由行程と代表長さの比であるクヌーセン数* $Kn$ という無次元数によって判断される．$Kn<0.1$ の領域は通常の拡散現象であり，$Kn>10$ の領域がクヌーセン拡散領域である．クヌーセン拡散領域では，物質および熱の移動現象に対してすべて特殊な取扱いが必要となる．拡散係数のほかにも蒸留*は分子蒸留*，熱伝導は分子熱伝導*，流れは分子流*またはクヌーセン流れ*，粘度*は分子粘度というように，すべて通常とは違った考え方を必要とする．なお，$Kn=10\sim0.1$ の中間領域は非常に解析がむずかしく，まだ解明されていない点が多い．(⇒滑り流れ)　　　［霜垣 幸浩］

## クヌーセン(クヌッセン)すう ──数 Knudsen number

減圧下の移動現象*において気体の希薄化(不連続性)の程度を表す無次元数で，分子の平均自由行程* $l$ と流路代表径 $d$ の比で $Kn$ と記され，$Kn=l/d$ で定義される．$Kn$ は，(分子壁面衝突数)/(分子相互衝突数)の意味をもち，$Kn$ が大きくなるほど気体の希薄化の効果が著しくなる．　　　［神吉 達夫］

## クヌーセン(クヌッセン)ながれ ──流れ Knudsen flow

自由分子流．クヌーセン数* が $10<Kn$ の流域では，気体分子が壁面で散乱反射し，気相で相互に衝突することなく，自由な並進運動により圧力の高い側から低い側に確率的に移動する現象．速度分布は，ほぼ平坦と考えてよいが，たとえば半径 $a$ の円管では半径 $r$ 方向に楕円関数 $E[=E(r/a, \pi/2)]$ に比例する緩やかな分布をもつ．この流れは拡散現象ともみなされ，とくに混合気体に対してはクヌーセン拡散とよばれる．(⇒減圧下の移動現象)

［神吉 達夫］

## くみあわせさいてきかもんだい 組合せ最適化問題 combinatorial optimization problem

解集合が順列や組合せで表される離散最適化問題の総称．厳密な最適解を求めるためには，すべての解を列挙する必要があるため，一般に問題のサイズが大きくなるにつれ，可能解の数が爆発的に増加し，厳密な最適解を求めることが困難となる．巡回セールスマン問題，ナップサック問題，集合被覆問題などの代表的な問題に対しては，分枝限定法*を用いて厳密な最適解を求める効率的な解法が提案されている．　　　［長谷部 伸治］

## クライオポンプ cryopump

絶対零度に近い極低温の面で，空気中の分子を液化または固化して真空状態をつくりだすポンプ．その極低温をつくるための方法として，① 液体ヘリウム，液体窒素を利用するもの，② ヘリウムガスの機械式小型冷凍機によるもの，の2種類がある．

［伝田 六郎］

## クラウジウス-クラペーロンのしき ──の式 Clausius-Clapeyron equation

純粋物質の蒸気と液体が平衡状態にあるとき，平衡温度すなわち沸点と液体の蒸気圧*の関係を示す次式をいう．

$$\frac{dp^{sat}}{dT}=\frac{\Delta H_{vap}}{T(V_m^g-V_m^l)} \quad (1)$$

$p^{sat}$ は絶対温度 $T$ における蒸気圧，$\Delta H_{vap}$ はモル蒸発潜熱*，$V_m^g$, $V_m^l$ は平衡状態にある蒸気と液体のモル体積($p$, $V_m$, $\Delta H_{vap}$, $T$ は同一の統一した単位系で表す)．ここで，蒸気のモル体積に対して液体のモル体積が無視できる($V_m^g \gg V_m^l$)とし，また蒸気は理想気体*の法則($pV_m=RT$)に従うと仮定すると，次式が得られる．

$$\frac{dp^{sat}}{p^{sat}}=\frac{\Delta H_{vap}dT}{RT^2} \quad (2)$$

または

$$d\ln p^{sat}=-\frac{\Delta H_{vap}}{R}d\left(\frac{1}{T}\right) \quad (3)$$

式(1)は B. Clapeyron (1834)によって見出され，次いで R. Clausius が熱力学的に式(2)を導出したので，式(1)をクラペーロンの式，式(2)をクラウジウス-クラペーロンの式と区別することもある．$\Delta H_{vap}$ が温度によらず一定であるとして式(2)を積分すると，

$$\ln p^{sat}=-\frac{\Delta H_{vap}}{RT}+const \quad (4)$$

または

$$\ln p^{sat}=A-\frac{B}{T} \quad (5)$$

となる．ここで，$A$, $B$ は物質の種類による定数で

ある．この式によると，蒸気圧の対数と絶対温度の逆数は直線で表されることがわかる．この式はアントワンの式*の基礎となっている．

式(1)は，純粋物質について相平衡の条件を基礎として，熱力学により導出された厳密な式であり，気液平衡*に限らず，固気平衡*（昇華），固液平衡*（融解）など2相平衡に適用される． ［滝嶌 繁樹］

**クラウジウスのげんり** ――の原理 principle of Clausius

熱力学第二法則*の表現法の一つであり，"周囲になんら変化を与えることなく（ある量の仕事を熱に変えずに），熱を低温物体から高温物体へ移動させることは不可能である"をクラウジウスの原理という．熱は高温物体から低温物体に自然に流れるという自然変化の方向性と，逆の方向に流すためには外部からの仕事が必要であること（第二種永久機関の不可能性）を表している．また，R. Clausius は熱力学第二法則の定式化にきわめて重要なエントロピー*の概念を導入した．すなわち，エントロピーは孤立系*の可逆変化*においては不変であるが，不可逆過程である自然変化においては増大し，平衡において極大となる．（⇨トムソンの原理） ［滝嶌 繁樹］

**クラウド** cloud

流動層*において気泡*の上昇速度 $u_b$ が粒子層（エマルション相）における粒子とガスの相対速度 $u_{mf}/\varepsilon_{mf}$ より大きい場合には，気泡内のガスは気泡上部界面より出て周囲を流下し，気泡下部界面より気泡に流入する循環流を形成する．この循環流が形成される粒子層領域のこと．クラウドの直径 $d_c$ については Davidson や Murray による理論式があるが，実測データは次式に適合するとされている．

$$\left(\frac{d_c}{d_b}\right)^3 = \frac{1.17\alpha}{(\alpha-1)}$$

ここで，$d_b$ は気泡径，$\alpha = u_b/(u_{mf}/\varepsilon_{mf})$ である．
［山﨑 量平］

**グラエッサーちゅうしゅつき** ――抽出機 Graesser (rainning-bucket) contactor

RTL抽出機．英国のGraesser社で開発した液液抽出装置．その後，所有者がRTL社に移ったため，RTL抽出機ともいわれる．図に示すように，水平型のシェル内の中心軸上に一連の円板が取り付けられ，円板間にC形のバケットが付いている．シェル内壁と円板の間のすき間を連続相*と分散相*が軸方向に向流*で流れるようになっており，界面は中心軸上に設定される．バケットはゆっくり回転され，図に示すように1相をくみ取ったあとに，他相に運ばれ両相が交互に各相で分散*される．自然の重力によるきわめて緩やかな相分散なので，振動大滴の型で界面まで上昇または下降する．1区隔が0.3理論段位に相当し，処理量も少なく，高密度差，高界面張力系には不向きであるが，エマルション系に適している．操作に柔軟性があるので，突然のシャットダウンに対し，回復が容易である．
［平田 彰］

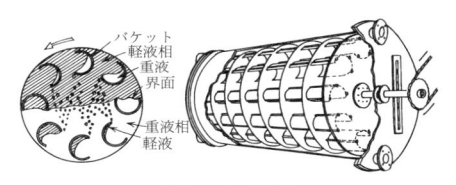

グラエッサー抽出機

**クラスター** cluster

一般には，数百個までの原子または分子が金属結合，共有結合，またはファンデルワールス力*によって結合した集団をさし，微粒子あるいは超微粒子よりも小さいことを強調して使われることが多い．一方，核生成モデルにおいては，臨界核よりも小さい粒子として定義される．すなわち，エネルギー的に不安定で，原子または分子に再分散されやすい状態の集団のことをさす．前者の意味には，金属クラスター，非金属クラスター，炭素クラスター，希ガスクラスター，クラスター化合物などがある．フラーレンは炭素クラスターの代表例である．
［岸田 昌浩］

**クラスターこうかんモデル** ――交換―― cluster renewal model
⇨粒子群交換モデル

**グラスホフすう** ――数 Grashof number

熱移動*に用いられる無次元数*の一つ．$Gr$ または $N_{Gr}$ と記し，$g\rho^2\beta T D^3/\mu^2$ で表される．$g$ は重力加速度，$D$ は代表長さ，$\rho$ は流体の密度，$\beta$ は体膨張係数，$\mu$ は粘性係数*，$\Delta T$ は温度差である．グラスホフ数は速度場および温度場への体膨張による浮力の影響を示す無次元数であって，$Gr/Re^2$ は浮力と慣性力の比を表す．$Re$ はレイノルズ数*である．流速が小さく自然対流が支配的な場合には $Gr/Re^2$ の値が大きくなり，ヌッセルト数*はグラスホフ数とプラントル数*のみの関数となり，レイノルズ数にはほとんど関係しなくなる．一方，流速が大きくなるとグラスホフ数の影響は小さくなり，レイノル

ズ数が支配的になる．H. Gröberによってグラスホフ数が命名されたが，その理由は明らかではない．
[渡辺 隆行]

## クラッドざい ——材 cladding
基材の耐食性向上の一手段で，基材の腐食環境に接する側に耐食材を圧延手段，または火薬による爆発手段で圧着する経済性を考慮した技術．ステンレス鋼やニッケル合金は，炭素鋼との圧延クラッド材から板または鋼管として使用するが，チタン，ジルコニウム，タンタルなどの高耐食材，または鋼構造物の単体部材では，爆着クラッド法が適用されている．
[山本 勝美]

## グラビアロール gravure roll
グラビア印刷用のロール．グラビア印刷すなわち凹版による印刷に使うロールで，凹部の深さおよび面積が変わることにより，印刷紙面上へのインキの付き方が変わって印刷の濃淡が表現できる印刷用のロール．
[伝田 六郎]

## グラフトきょうじゅうごうたい ——共重合体 graft copolymer
主鎖高分子上に別種の高分子がぶら下がった構造を有する共重合体．グラフト重合は，高分子の改質の一手法である．高分子主鎖と分岐した側鎖は熱力学的に相和性が低く，固体状態でミクロ相分離構造を有することが多い．
[飛田 英孝]

## グラムせんしょく ——染色 Gram stain
古くから利用されてきた細菌の染色法で，細菌を大きく2群に分けることができる．具体的にはC. Gramが開発した塩基性色素で細菌を染色し，ヨウ素との錯体を形成させ，アセトンやアルコールで脱色した後，別の色素で後染色する．最初の色素で染まるものをグラム陽性菌(ブドウ球菌，乳酸菌など)，後染色で染まるものをグラム陰性菌(大腸菌，赤痢菌など)という．
[近藤 昭彦]

## クラリファイヤー clarifier
懸濁液中の粒子を沈降により分離させ，清澄液を得ることを主目的とする清澄分離装置．装置の形状は円形と長方形とに大別されるが，懸濁液の大量処理のため実用装置のほとんどが連続式である．円形槽が一般的であり，装置の大きさや用途に応じて中心駆動式，中央駆動式および円周駆動式に分類される．また，装置内の水流方向に応じて水平流式と上向流式に分けられる．懸濁液の大量給液による槽内の密度流や短絡流を防止するため，整流壁の設置や溢流堰の負荷を減じる工夫など，種々の改良がなされている．
[中倉 英雄]

## クリスタル-オスロがたしょうせきそうち ——型晶析装置 Krystal-Oslo type crystallizer
オスロ型晶析装置．クリスタル型晶析装置．オスロ型．クリスタル型．高過飽和度母液を結晶粒子群の懸濁部へ供給して成長を促し，大粒径の結晶粒子群を製造することを目的とした図のような晶析装置．過飽和状態の生成法によって冷却式と蒸発式に分けられる．また，結晶粒子群の懸濁部を流動層型にして分級作用をもたせた型もある．ノルウェーのF. Jeremiansenの貢献によってこの名前でよばれている．
[松岡 正邦]

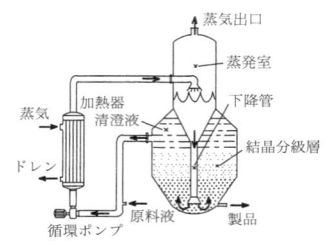

クリスタル-オスロ型晶析装置
[便覧，改六，図9.16]

## クリスマスツリーほうしき ——方式 tapered cascade, Christmas tree cascade
一過流通式の膜処理形態においては，供給液は1個または複数のモジュールを1度だけ通過する．すなわち，循環流れは存在しない．したがって，供給液側の流量は流れ方向に沿って減少することとなる．多段一過流通形式では，クリスマスツリー形式でモジュールを配列することで，供給液側の流量の低下を防いでいる．この形式は，下流側に向かうに従ってモジュールの本数を減少させて配置するものであり，各モジュールにおけるクロスフロー*流量を実質的に一定に保つことができる．
[鍋谷 浩志]

## クリーナーテクノロジー cleaner technology
環境調和型生産技術．財の生産・使用，サービスの提供時に環境負荷を出さない技術．環境負荷発生の予防により，処理に要するコストを低減させる．同様の概念として1990年に国連環境計画(United Nations Environment Programme, UNEP)が提唱したクリーナープロダクションがある．
[後藤 尚弘]

## クリープ creep
一定温度下で一定の荷重(または応力*)を作用させた場合に，時間とともに変形(またはひずみ)が増

大する現象．材料にある応力 $\sigma$ を作用させた場合に，応力-ひずみ線図上には，この $\sigma$ に対応するひずみ $\varepsilon$ が直ちに生ずる．通常は，この応力を一定の値に保持すれば，変形は進行せず，ひずみも一定の値のままとなる．ところが，ある温度以上の環境になるとクリープが生じ，時間の経過とともにひずみが増大し，ときには破断する．このクリープ変形を模式的に図に示す．応力の値が大きいほど，ひずみおよびひずみの増加速度は大きく，また破断までの寿命は短い．加える応力を一定に固定したうえで，温度が異なる場合も類似した曲線群が得られる．温度が高く，材料の融点に近づくほどクリープ現象が激しくなる．

クリープ変形は，図のように，クリープ速度（ひずみの時間的変化率）の時間的変化によって，第 I 期（遷移クリープ），第 II 期（定常クリープ），第 III 期（加速クリープ）に分類される．材料がクリープ変形の進行と材質劣化によって最終的に破断してしまう現象を，クリープラプチャー（またはクリープ破断）といい，温度を変化させて，応力と破断時間との関係を表したものがクリープ破断曲線である．この曲線から時間強度または寿命が求められる．

クリープの生ずる高温環境下で使用される材料の許容応力は，その材料の達成すべき機能に応じて，通常はクリープ破断，クリープひずみ，クリープ速度のいずれかがある余裕をもつように選ばれる．低融点金属やプラスチックでは，常温においてもクリープに留意しなければならない．実用耐熱合金では，溶質元素の添加による固溶強化や，炭化物や金属間化合物による析出強化，高融点金属の添加による拡散抑制強化などによって耐クリープ性を向上させている．また，長期間の使用により内部組織の劣化も生ずるので，実際の変形は必ずしも図のように簡単ではない．高温用の合金鋼としては，クロム鋼（5％，9％），ステンレス鋼*（13 Cr 鋼，18 Ni-8 Cr 鋼），ニッケル基合金*，コバルト基合金などの耐熱合金がある．　　　　　　　　　　　　　　　［新井 和吉］

**クリーンエネルギー　clean energy**
石油や石炭などの化石燃料に代わり $SO_x$，$NO_x$，$CO_2$ などの発生量が少ないまたは出さないエネルギー源．天然ガス，原子力，水力，風力，太陽光，バイオマスエネルギーなどをいう．　［弓削　耕］

**グリーンケミストリー　green chemistry**
GC．サステイナブル・ケミストリー（SC）．グリーン・サステイナブル ケミストリー（G and SC）．環境と資源に配慮した化学技術として，米国の P.T. Anastas と J.C Warner が提案した概念で，化学物質や製品の研究開発・製造に対するガイドライン "GC の 12 か条" を提示した．この提案は，米国では GC，欧州では SC，日本では持続性を加味した GSC とよび，その活動の指針に盛り込まれ，化学技術の現場で実践されている．　　　　　［堀中 新一］

**グリーンこうばい　——購買　green purchasing**
グリーン調達．グリーン購入．eco-friendly goods and services．環境面に配慮し，環境負荷の少ない製品や商品を優先的に購入・調達すること．商品の選別，調達先の選別，調達先との協業，化学物質管理の観点から，① 国などによる環境物品の調達方針と年度ごとの実績の公表，品目ごとに定められたガイドラインに基づいた購入，② グリーン調達基準を作成，調達先の企業体質（例，ISO 14001 の認証取得）と商品（例，梱包材）を評価して選別，③ 調達先とのテーマ（例，リユース設計）ごとに研究開発による環境負荷の低減活動，④ 素材・部品供給者に化学物質管理体制の確立と代替物質の技術開発を要求，が進められている．　　　　　　　　　　　　　　　［服部 道夫］

**クリーンねんしょうシステム　——燃焼——　clean combustion system**
燃焼により生成する環境汚染物質である $NO_x$，$SO_x$，ばいじん，そしてハロゲンなどを含む排水を浄化するシステムを備えた設備をいう．おもに低 $NO_x$ 燃焼装置，排煙脱硝装置，電気集じん機またはバグフィルター，排煙脱硫装置，排水処理装置からなる．
　　　　　　　　　　　　　　　［神原 信志］

**クリーンルーム　clean room**
空気中に含まれる浮遊粒子状物質がある清浄度レベル以下に管理された部屋．ここでは，必要に応じて温度，湿度，ガス状汚染物質濃度などの環境条件についても管理が行われている．クリーンルームには工業製品の製造工程で用いられるインダストリアルクリーンルームと，遺伝子操作などに用いられる

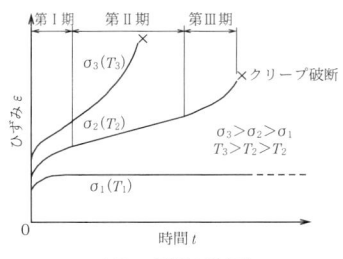

クリープ変形の模式図

バイオロジカルクリーンルームがある．前者のほうが一般に空気清浄度は高く，外部から汚染物質が侵入しないよう内部が正圧に保たれるのに対し，後者では浮遊微生物が漏洩しないよう内圧は負に保たれる．ISOによるクリーンルームの清浄度は，ISOクラス1〜9で表記し，測定対象粒径がD[μm]としたとき粒子濃度$C [\text{m}^{-3}]$が$C = (0.1/D)^{2.08} \times 10^N$と表したときの小数点以下を繰り上げた$N$の値と定義している． [大谷 吉生]

**グループきよほう ──寄与法** group contribution method

分子をそれを構成するいくつかの原子団(グループ)たとえば$-CH_3$, $-CH_2-$, $=CO$, $-OH$などに分割し，さらに各グループは互いに独立で結合順序の影響を受けないものと仮定して，純物質あるいは混合物の性質をグループ間相互作用の和で求める手法．分子として着目するとその数は膨大になるが，グループとして取り扱うとその数は少なくなり，推算式を考案するさい大きな利点となっている．
 [栃木 勝己]

**グレインモデル** grain model
⇒気固反応モデル

**クレーズ** craze
成形品の表面に生じる多数の細かいひびのこと．クレーズは，内部応力のある成形品が薬品や溶剤などに接触したときに発生しやすくなる．学問的には，成形品の内部までひびが貫通したクラックとは区別されている． [田上 秀一]

**グレツすう ──数** Graetz number
管内の層流における対流による熱移動*と，伝導伝熱*による熱移動との比を表す無次元数*の一つ．$Gz$または$N_{Gz}$と記し，$WC_P/kL$で表される．$W$は質量流量，$C_P$は流体の定圧比熱，$k$は熱伝導率，$L$は代表長さである．管の内径を$D$，流体の質量速度を$G$とすると，$W = (\pi/4)D^2 G$となるので，$Gz = (\pi/4)(D/L)(DG/\mu)(C_P \mu/k)$となる．3番目の項はレイノルズ数*，4番目の項はプラントル数*である．1883年にL. Graetzが理想的な層流伝熱のエネルギー方程式*を数学的に解いたときに，この形の無次元数が関数中に現れたため，後世においてこれをグレツ数と名づけたものと思われる． [渡辺 隆行]

**クレムザー-サウダース-ブラウンのしき ──の式**
Kremser-Souders-Brown equation

段塔を用いるガス吸収*(または放散)操作において，溶質濃度が低く操作線が直線とみなせ，かつ平衡曲線が直線とみなせる場合に，理論段数*と吸収効率*(または放散効率*)の間に成立する，A. Kremser (1930)とM. SoudersとG. G. Brown (1932)によって導出された次の理論的関係をいう．

$$\Psi = \frac{y_{AB} - y_{AT}}{y_{AB} - y_{AT}^*} = \frac{(L_M/mG_M)^{n_P+1} - (L_M/mG_M)}{(L_M/mG_M)^{n_P+1} - 1}$$

ここで，$y_{AB}$, $y_{AT}$はそれぞれ塔頂および塔底の気相のモル分率[―]，$y_{AT}^*$は塔底液相濃度$x_{AT}$に対する気相平衡濃度[―]，塔底ガスに対する$n_P$は理論段数，$m$は吸収成分の平衡定数*[―]，$L_M$, $G_M$は塔頂に供給される液，塔底に供給されるガスのそれぞれの空塔モル速度[mol m$^{-2}$ s$^{-1}$]である．上式の変形から理論段数$n_P$を表す次式が得られる．

$$n_P = \frac{\ln \frac{L_M/mG_M - \Psi}{1 - \Psi}}{\ln(L_M/mG_M)} - 1 \quad (L_M/mG_M \neq 1)$$

$$n_P = \frac{\Psi}{1 - \Psi} \quad (L_M/mG_M = 1)$$

(⇒エドミスターの式) [室山 勝彦]

**クロスフロー** cross-flow
タンジェンシャルフロー．十字流．表面に対して垂直な流れ．膜濾過法の方式には全量濾過とクロスフロー濾過があるが，供給液を膜表面，すなわち透過方向に対して垂直に循環させるクロスフロー濾過では，膜面の物質移動が促進されるため，濃度分極現象やケーク層*の形成による膜性能の低下が抑制される．このため，懸濁物質がすべて膜表面に蓄積される全量濾過に比べ高い濾過速度が得られる．
 [市村 重俊]

**クロスフローろか ──濾過** crossflow filtration
十字流濾過．スラリーを濾材*面と平行に高速で流動させて，ケーク*表面に到達する粒子を掃流する濾過法で，ケークレス濾過*の一種．濾過中におけるケーク*の成長が抑制され，濾過速度の低下を阻止できる．とくに，微細な難濾過性の懸濁微粒子の濾過*に対して効果的である． [入谷 英司]

**グローバルスタンダード** international standard
国際標準．地球規模で通用する基準または標準．とくに企業活動や各種管理システム，会計制度・税制，ハイテク分野の製品を主体とする製造規格について使われることが多く，企業活動における株主の権利，時価評価方法，連結決算方式などの会計基準の実施や社外取締役・監査制度などのほか，VTR，DVDなどのハイテク製品の規格などが対象となる． [弓削 耕]

**グローほうでん ──放電** glow discharge

通常，数百Pa程度の圧力で操作される比較的高電圧，低電流密度の放電．電離度は数%以下．明るく発光することからグロー放電とよばれる．非平衡プラズマ*状態にあり，プラズマCVD*に用いられる．二次電子放出と電離増殖で放電が維持される．雰囲気ガスや電極構造を工夫し，常圧でも発生させることができる． 　　　　　　　　　　　　〔河瀬 元明〕

## クロマトグラフ　chromatograph

クロマトグラフィー法によって工業的な分離や定性・定量分析などを行う装置．分析用については，移動相が気体であるか液体であるかでガスクロマトグラフと液体クロマトグラフに大別され，それぞれ多くの装置が市販されている． 　　〔迫田 章義〕

## クーロンそうごさよう　——相互作用　Coulomb interaction

電荷の間にはたらく静電的な力(クーロン力*)による相互作用のこと．電荷に関するクーロンの法則によれば，距離$r$だけ離れた二つの電荷$Q_1$，$Q_2$の間にはたらく力は$F = Q_1Q_2/4\pi\varepsilon r^2$，ポテンシャルエネルギーは$E = Q_1Q_2/4\pi\varepsilon r$と表される．ただし，$\varepsilon$は媒質の誘電率である．原子では電子と原子核の間に引力がはたらき，電子間には斥力がはたらく．また，帯電粒子が電気二重層*をつくるのもクーロン相互作用による． 　　　　　　〔新田 友茂〕

## クローンぞうしょく　——増殖　clone propagation

植物や動物の1個の細胞を培養して，無性的に増殖させ，クローン集団(遺伝的にまったく均一，すなわち見掛けも中身もまったく同じ生物の集団)を得る技術．植物バイオテクノロジーの分野では，優良種苗や無病苗を効率的かつ大量に供給する技術として，開発が進んでいる． 　　　〔近藤 昭彦〕

## クーロンのほうそく　——の法則　Coulomb's law

これは固体の摩擦において，滑り面に対して垂直に作用する力$N$と摩擦力(せん断力)$F$とが比例し，$F = \mu N$という関係式が成立する法則．ここで，$\mu$を摩擦係数という．この摩擦係数は垂直力の大きさにも，摩擦面の大小にも無関係に一定となる．この法則が粉体層内部の滑り面においても適用される場合，その粉体をクーロン粉体という．乾燥砂のような非付着性の粉体はクーロン粉体といえるが，付着性の粉体では多くの場合非クーロン粉体といえる． 　　　　　　　　　　〔杉田　稔〕

## クーロンりょく　——力　Coulomb force

2個の点電荷の間に作用する力．距離$r$を隔てておかれた電荷$q_1$，$q_2$にはたらくクーロン力$F$は，次式で表される．

$$F = \frac{q_1 q_2}{4\pi\varepsilon_r\varepsilon_0 r^2}$$

ここで，$\varepsilon_r$は空間の媒質の比誘電率，$\varepsilon_0$は真空の誘電率である．2個の電荷が同符号のとき斥力，異符号のとき引力が両者の結合線上にはたらく．点電荷が電界中に存在するとき，クーロン力は電荷と電界強度の積に等しい．帯電した粒子にはたらく力を求めるときには，電荷が粒子の中心に集まっているものとして取り扱うことが多い．ただし，粒子どうしが接近して粒子の中心間距離に比べて粒子径が無視できないときには，粒子表面の電荷の分布についても考慮しなければならない． 　　〔松坂 修二〕

# け

**ケイ-イプシロンモデル** $k$-$\varepsilon$ —— $k$-$\varepsilon$ model
　2値方程式モデルの一つ．乱流エネルギー $k$ とその散逸率 $\varepsilon$ の2変量をそれぞれ輸送方程式に立てて，乱流状態を解析するモデル．N–S方程式*を時間平均したさい現れるレイノルズ応力*の値を評価するのに用いられる．　　　　　　　[上ノ山 周]

**けいきどうこうしすう　景気動向指数** diffusion index
　DI. 株価，生産指数，卸売物価などの多くの系列の景気指標を合成し，景気の動向(上向き・下向き)を示す指数．政府が毎月公表する．3か月前の数値と比較して数値が増えた場合はプラス，減少した場合はマイナスとし，多くの系列がプラスの場合は好況，マイナスの場合は不況と判断される．　　[中島　幹]

**けいざいあつさ　経済厚さ** optimum thickness of heat insulation
　保温，保冷に用いられる断熱材*の施工に要する費用と，熱損失から生じる燃料費増大のバランスから定まる経済的な施工厚さ．JIS A 9501(保温保冷工事施工標準)ではその算出式が定められている．
　　　　　　　　　　　　　　　　　　[奥山 邦人]

**けいざいしゅうし　経済収支** economic balance
　装置，機器，プロセス，またその運転方法，実施時期などの比較選定や決定にさいして行う経済性の検討．原則としてそれにかかわる固定的，変動的諸経費の合計を最小にする立場をとり，投資はペイするか，その利益はどれくらいか，設備更新の正しい時期であるかなどの答えを得る．　　　[松本 光昭]

**けいさんきしえんせっけい　計算機支援設計** computer aided design
　CAD. コンピュータを利用して設計すること，およびそのためのコンピュータシステムを示す．建築や機械加工のための設計図の描画，プラント設計での装置の能力決定や反応経路設計，制御系設計など，高度な機能設計を支援するさまざまなシステムが開発されている．　　　　　　　　　　[橋本 芳宏]

**けいしつてんかん　形質転換** transformation
　トランスフォーメーション．ある菌株(受容体)の遺伝形質が，ほかの菌株(供与体)から抽出したDNA*を導入することで変化する現象をいう．また，真核生物の正常細胞が発がん性ウイルスの感染によって腫瘍化することが観察されることから，真核生物のDNA導入による遺伝形質変化も形質転換現象として扱われる．現在では，ベクターに結合した遺伝子なども含めて，DNAを直接細胞に導入すること一般を形質転換とよんでいる．　　[近藤 昭彦]

**けいしつどうにゅう　形質導入** transduction
　ある細菌の遺伝形質(薬剤抵抗性や糖発酵能力など)がバクテリオファージの仲介によって，一つの細胞から別の細胞に移行する現象をいう．この遺伝形質の細胞間移行は，宿主細菌内に溶原化したファージが誘発されてファージ粒子を形成するとき，隣接する細菌の染色体DNA*の一部を取り込み，これがほかの型の細菌に感染することによる．
　　　　　　　　　　　　　　　　　　[近藤 昭彦]

**ケイ・シー・ピー　KCP** Kureha crystal purifier
　英語の呉羽結晶精製装置の頭文字をとったもので，別の晶析装置で製造した結晶粒子群を精製するための塔型の装置．図のようにプロペラ翼を多数付けた軸が2本設置され，その回転によって結晶粒子群は塔下端から上端に輸送される．上端で結晶は加熱融解されて一部が製品として抜き出され，残りは還流液として塔を流下し，上昇してくる結晶粒子群と向流接触する．この接触によって結晶の精製が進行する．$p$-ジクロロベンゼンの精製例などが知られている．　　　　　　　　　　　　　　　[松岡 正邦]

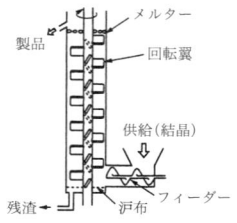

KCP[便覧，改六，図9.23(c)]

**けいしゃばんちんこうそう　傾斜板沈降槽** inclined surface settling tank, lamella separators
　沈殿濃縮槽内に傾斜板を挿入することにより，沈

降速度の促進効果が大幅に増大する装置.傾斜板の表面を沈降粒子が下降し,一方,裏側面に沿って清澄液が上昇する.傾斜板の設置配列やその枚数を組み合わせることにより,傾斜管内での循環流を発生させ沈降と清澄化が効率的に促進される.

[中倉 英雄]

**けいじょうけいすう　形状係数　shape factor**

粒子の形状を定量的に表現する指標の一つ.純粋に幾何学的な形状を球に倣って表す幾何学的形状係数と,非球形粒子の流体中での運動や衝突現象などの力学的効果を球を基準として補正するために用いる力学的形状係数がある.たとえば,体積形状係数は幾何学的形状係数の一つであり,粒子径の3乗に正比例するとした場合の比例係数.非球形粒子の代表径を球相当径(等体積球相当径*)とする体積形状係数 $\phi_V$ は $\pi/6$ となる.すなわち,幾何学的形状係数は代表径のとり方によって異なる.球の(表)面積形状係数 $\phi_S$ および体積形状係数 $\phi_V$ はそれぞれ $\pi$ および $\pi/6$ であり,比表面積形状係数 $\phi_{SV}$ は $\pi/(\pi/6)$,すなわち6である.なお,流動層を扱う分野では Carman の形状係数 $\phi_C = \phi_{SV}/6$ を用いることがある.

力学的形状係数の一つである動力学的形状係数は,実際の粒子に作用する流体抵抗力と粒子と同体積の球に作用する流体抵抗力の比として定義されている.この場合,粒子の代表径として球相当径を用いると,動力学的形状係数は球相当径とストークス径*の比の2乗に等しい.単分散粒子*からなる凝集粒子では,動力学的形状係数は凝集形態によって異なり,鎖状では構成粒子数の1/3乗に正比例し,比例係数は0.86,構成粒子数5以上の塊状では一定値1.23が得られている.また,回転だ円体に対しては理論値が求められている.

これらの形状係数に対し,粒子のアスペクト比,球形度,円形度,充足度,粒子の輪郭をフーリエ変換して得られるフーリエ係数群などは形状指数という.

[増本 弘昭]

**けいじょうしすう　形状指数　shape index**

粒子の幾何学的形状を表現する指数.粒子の形の異方性を表現する均斉度(アスペクト比,長短比,扁平度など),球形度,円形度などの指数が用いられる.また,粒子の二次元投影像の重心からの輪郭を表す動径のフーリエ変換の特性値や,フラクタル次元も用いられる.

[日高 重助]

**けいじょうせんたくせい　形状選択性　shape selectivity**

ゼオライト触媒がもつ重要な機能の一つで,分子径や分子構造の違いが原因で現れる選択性をいう.生成物,反応物,それに遷移状態の3種の選択性が知られている.反応物形状選択性は,ゼオライト細孔内に入ることができない分子は反応しないことが原因で起こる.たとえば直線状の炭化水素と側鎖をもつ炭化水素を同時に反応させると,分子径の小さな直線分子だけがゼオライト内に入り反応する.生成物形状選択性は,細孔の外に出られない分子は生成しないことが原因で起こる.たとえば,トルエンのメチル化によって生成する3種のキシレン異性体のうち,分子径の小さなパラ体だけがゼオライト細孔外に出られるため,優先的に生成する.遷移状態選択性は,細孔構造が原因で遷移状態が形成できないことが原因で起こるが,この例は多く知られているものではない.形状選択性を発現させるためには,分子径に応じた適当な構造のゼオライト種を選ぶか,またはその構造を制御する必要がある.

[丹羽 幹]

**けいじょうりえき　経常利益　ordinary profit**

通常の企業活動に伴って経常的・反復的に発生する収益.営業利益から営業外損益を加減した値が経常利益(損益)である.(経常利益)=(売上高)-(売上原価)-(販売費)-(一般管理費)で表される.通常,経常利益は企業活動を遂行するさいに生ずる損益が正確に反映されるので,企業の正常な収益力を表すもっとも重要な経営指標の一つとなっている.(⇒損益計算書)

[弓削 耕]

**けいそうどろかじょざい　けいそう土沪過助剤　diatomaceous earth filter aid**

代表的な沪過剤*で,非結晶質ケイ酸を主成分とする原料けいそう土を乾燥,粉砕,分級して精製し,さらに多くは1000~1200℃で焼成,分級して製造され,2~40μmの範囲で種々の粒度の製品がある.

[入谷 英司]

**けいたいけいすう　形態係数　configuration factor**

表面間のふく射エネルギー交換*の計算において,一つの表面 i から放射されあるいはその表面で反射される拡散性のふく射がほかの一つの表面 j に達する割合 $F_{ij}$ は,表面 i と表面 j の幾何学的な位置関係だけによって決まる.この割合 $F_{ij}$ を表面 i から表面 j に向かうふく射の形態係数あるいは角関係とよぶ.

[牧野 俊郎]

**けいたいてきとくせい　形態的特性(粒子の)　shape characteristics of particle**

形状指数．形状係数．粒子の形態的特性の表現法として，粒子形状を定量的に表現する形状係数*と形状指数*がある．形状係数は，不規則形状の粒子を球や立方体などの幾何学的に単純な形状に還元するとき，その体積 $v$ や表面積 $s$ などの幾何学特性，あるいは物理特性と粒子径 $D_p$ の関係を結び付ける次式における係数 $\phi$ である．粒子体積 $v=\phi_v D_p^3$，粒子の表面積 $s=\phi_s D_p^2$，ここで，$\phi_v$, $\phi_s$ はそれぞれ体積形状係数，表面積形状係数とよばれる．一方，沈降速度に対する形状補正係数や動力学的形状係数がある．(⇒形状指数)　　　　　　　　　　[日高 重助]

**けいやく　契約　contract, agreement**
contract は約因があり法的強制力のある合意 (legally enforceable agreement) のことで，通常は文書化されている．agreement は合意全般を表す一般的用語であるが，実務ではしばしば contract と同じ意味に使用される．プラントとその構成機器の設計，建設，運転には，機器装置の売買契約だけでなく資本取引契約，知的財産契約，現場工事契約など各種の契約がかかわりをもつ．　　　　　　　[小谷 卓也]

**けいゆ　軽油　light oil**
⇒液体燃料

**ゲイン　gain**
利得．増幅幅．一般には，入力の変化量に対する出力の変化量の比を示す．線形システムにおいては，入力の変化が正弦波状の定常振動であるとき，出力も同じ角周波数の正弦波となるが，このときの出力と入力の振幅比をゲインとよび，角周波数の関数となる．周波数ゼロに対応するゲインを定常ゲインというが，これを単にゲインとよぶこともある．
　　　　　　　　　　　　　　　　　[橋本 芳宏]

**ケーキ　filter cake**
⇒ケーク

**ケーク　filter cake**
ケーキ．沪滓．スラリーを沪材*によって沪過したときに，沪材面上に捕捉されて堆積する粒子層．平均沪過比抵抗が沪過圧力によらず一定となるケークを非圧縮性ケーク，圧力とともに増大するケークを圧縮性ケークという．　　　　　　　[入谷 英司]

**ケークあっしゅくあつりょく　──圧縮圧力　cake compressive pressure**
固体圧縮圧力．ケーク*内の固体粒子に作用する圧縮圧力．ケーク内で沪液*は各粒子の流動抵抗を受けつつ沪材*面に向かって流れ，液圧が減少する．一方，ケーク内の各粒子は，流動抵抗に相当するケーク圧縮圧力を受け，この圧力は次々に加算され，沪材に近づくにつれて大きくなり，圧縮性ケークの場合には，空隙率*が減少する．　　　[入谷 英司]

**ケークせんじょう　──洗浄　cake washing**
ケーク*内に残留する可溶性不純物を除去してケーク固体の純度を高めたり，分離される沪液*の収率を上げたりするために行うケークの洗浄操作．ケーク内の残留液（母液）をこれと同体積の洗浄液で置換するいわゆる置換洗浄は，実際には実現できないので，母液に比べて比較的多量の洗浄液が用いられる．洗浄液として必要な要件は，母液とよく混合し，ケーク内に含まれる物質のうち除去したい物質のみを溶解し，洗浄後にケーク固体や沪液からの分離が容易で，粘度が低いことである．　　　[入谷 英司]

**ケークそう　──層　cake layer**
高濃度懸濁液の沪過において膜を透過しない懸濁物質が膜表面に堆積した層．この層の形成によって沪過抵抗（ケーク層抵抗）は増大し膜の透水性能が低下するため，膜面の物質移動を促進するクロスフロー沪過などが利用される．ケーク層抵抗は層を形成する物質の圧縮性によって変化する．この層を膜表面の緻密層として，より微細な物質を除去する方法はダイナミック沪過とよばれる．　　　　[市村 重俊]

**ケークていこう　──抵抗　cake resistance**
ケーク沪過*において生成されるケーク*内を沪液*が流動するときの抵抗．沪過*の進行とともにケークが成長するため，ケーク抵抗*は増加し，定圧沪過*では沪過速度がしだいに減少する．
　　　　　　　　　　　　　　　　　[入谷 英司]

**ケークのあっしゅくせい　──の圧縮性　cake compressibility**
ケーク*内の固体粒子がケーク圧縮圧力*を受けることにより，ケーク構造が変化する性質を，ケークの圧縮性という．ケークが圧縮性をもつ場合には，沪過圧力を増加させると，平均沪過比抵抗が増大する．圧縮性ケークの平均空隙率は沪過圧力の増加とともに減少し，またケークは均質ではなく，ケーク表面付近は底部に比べてかなり湿潤となる．ケークの圧縮性の指標として，圧縮性指数*が用いられる．圧縮性指数を $n$ とすると，平均沪過比抵抗 $a_{av}$ と沪過圧力 $p$ との関係は，次の sperry 型の実験式で表される．

$$a_{av} = a_1 p^n$$

$n=0$ の場合が非圧縮性ケークであり，$n>0$ の場合を圧縮性ケークといい，$n$ が大きいほど，高圧縮性になる．高圧縮性ケークが形成される場合には，定圧沪過*において，沪過圧力を増加させても，沪過速度

はそれほど増大しない． ［入谷 英司］

**ケークレスろか ——沪過 cakeless filtration**

ダイナミック沪過．薄ケーク層沪過．沪過*操作中にケーク*表面に到達する粒子を掃流してケークの成長をできるかぎり阻止して，沪過速度の減少を抑制する沪過方式．クロスフロー沪過*のほか，回転円板型沪過，回転円筒型沪過，振動型沪過などの種々の方法がある． ［入谷 英司］

**ケークろか ——沪過 cake filtration**

沪滓沪過．捕捉粒子径や沪材*の細孔径にもよるが，濃度がかなり高く，通常 1 vol% 以上の固体を含むスラリーの沪過*では，沪過開始後まもなく沪材面上にケーク*が形成され，これがその後の沪過において沪材の役目をする．この種の沪過をケーク沪過といい，含有固体量が 0.1 vol% 以下の希薄スラリーにおける清澄沪過*の対比語．スラリー中の固体量が，0.1～1 vol% というこれらの中間の濃度の場合には，閉塞沪過*とケーク沪過とが同時に生じて不都合なため，適量の沪過助剤*をスラリーに添加して，またはあらかじめスラリーを濃縮してから，ケーク沪過を行うのが望ましい．ケーク沪過では，沪過の進行とともにケークが成長し，定圧沪過*では沪過速度がしだいに低下し，定速沪過*では圧力損失が増大する．非圧縮性ケークが形成される場合には，定圧沪過では圧力に比例して沪過速度は増大するが，ケークの圧縮性*が増大するほど，沪過圧力の増加による沪過速度の改善効果は小さくなる．定圧ケーク沪過は，ルースの定圧沪過式*で記述でき，実験データを（沪過速度の逆数）対（単位沪材面積あたりの沪液量*）としてプロットすると直線関係が得られ，これに基づきケークの主要な特性値である平均沪過比抵抗が求められる．

ケーク沪過器は加圧沪過器と真空沪過器に大別される．加圧沪過器はバッチ式が多く，ポンプ圧をスラリーに作用させて沪過する．板枠型圧沪器*がその代表的なものである．また，真空沪過器では，沪材の背面に真空を作用させ，上流側を大気圧として沪過を行い，連続沪過が容易である．オリバー型沪過器*（多室円筒型真空沪過器）がその代表的なものである． ［入谷 英司］

**ケーシング casing**

膜モジュール*の膜エレメントを収納する耐圧容器（圧力容器）のこと． ［中尾 真一］

**ケスナーがたじょうはつかん ——型蒸発缶 Kestner type evaporator**

⇒蒸発装置の(n)

**ケーちきせい K 値規制 K-value regulation**

ばい煙発生施設から排出される $SO_2$ の排出基準値*を定める排出規制方式の一つ．$SO_2$ 排出量の上限 $Q[N\ m^3\ h^{-1}]$ を，煙突の有効高さ $H_e[m]$（煙突の高さに上向きの運動量による上昇高さと，排煙温度と大気温度との差による上昇高さを加味したもの）と $K$ 値によって式 $Q = K \times 10^{-3} \times H_e^2$ で定める方式．$K$ 値は地域によって異なり，$K$ 値が小さいほど規制は厳しくなる．工場・事業場が集積しており，$K$ 値規制のみでは環境基準*の達成が困難であるとして，国が指定した地域においては，総量規制基準が課せられる． ［清水 忠明］

**けつえきとうせき 血液透析 hemodialysis**

人工透析．HD．腎不全患者の救命や延命のための代表的な医療技術．半透膜*（血液透析膜）の片側に患者の血液を，もう片方に透析液を連続的に供給し，おもに拡散によって血中から老廃物（尿毒症病因物質）を除去するとともに，透析液から電解質などを血中に供給する．血液透析膜としては，かつては薄膜化が比較的容易な再生セルロースによる緻密膜が主流であったが，現在はポリスルホンなどの合成高分子による多孔質膜が一般的である． ［金child 敏幸］

**けつえきとうせき 血液透析 hemodialysis**

患者の血液を体外に設置した透析装置（ダイアライザーともいう）に循環して，血液中の毒素や老廃物を透析膜によって透析液中に除く治療法．おもに慢性の腎不全患者の腎機能を代行して，血液中の尿素，尿酸，クレアチニンなどのタンパク質分解産物などを除去して，イオンや水分を調整する．透析装置としては，内径 200 μm 程度の中空糸を束ね，管内に血液，管外に透析液を血液と向流で流す中空糸型がよく用いられている．血液はシャント（200 mL min$^{-1}$ 程度の多量の血液を透析装置に送るために，腕時計をするあたりで動脈と静脈をつなぎあわせて太い血管にしたもの）の脱血側より透析装置に入り，透析によってきれいになった血液は再びシャントから血管に戻される． ［近藤 昭彦］

**けつごうエネルギー 結合—— bond energy**

化学結合エネルギーのこと．分子のすべての結合を切って，ばらばらの構成原子に分解するのに必要なエネルギーを分子内の結合の一つ一つに割り振ったものであり，同じタイプの結合に対し結合エネルギーの加成性を仮定して計算する． ［新田 友茂］

**けつごうすい 結合水 bound water**

湿り固体に保有される水分のなかで，固体表面の影響を大きく受けているもの．その蒸気圧*は水の

飽和蒸気圧よりも低い．固体表面への吸着水*や細胞*内水分などが例である．ただし，化学的に結合された水や結晶水などは通常除外される．(⇒自由水)

[今駒 博信]

**けつごうそく　結合則　combining rule**

状態方程式*などの物性推算式を混合物に適用するさい，異種分子間のパラメーターが必要となる．その異種分子間のパラメーターを構成2成分の純物質パラメーターから計算する方法．(⇒混合則)

[岩井 芳夫]

**けっさん　決算　settlement of accounts**

企業が毎月，四半期，半年および年間の各期間に対応して会計帳簿を整理し成績を明らかにし(⇒損益計算書)，資産，負債，資本の計上により財政状態を表示する(⇒貸借対照表)ことなどの一連の会計処理．

[中島 幹]

**けっしょうかくはっせい　結晶核発生　crystal nucleation**

⇒核発生

**けっしょうかげんしょう　結晶化現象　crystallization phenomena**

気体あるいは溶液，融液，非結晶性固体から結晶核が発生してそれが成長し，結晶生成が進むこと．結晶化現象は結晶化の過程に起こるさまざまな現象，たとえば不純物の取込み，多形の出現などを含む場合もある．

[大嶋 寛]

**けっしょうかど　結晶化度　degree of crystallinity**

結晶性個体中の結晶部分の割合をいう．結晶性固体の多くは部分的に非晶質を含んでいる．とくに高分子は非晶質部分が多い．結晶化度は重量分率で表し，粉末X線回折(XRD)，核磁気共鳴(NMR)，密度測定によって決定される．いずれの方法でも，結晶化度の絶対値を求めることは困難であり，目的物質について結晶性がもっとも高いものを基準とした相対値として決定される．高分子物質では結晶化度が高いほど，その伸張性，強靭性が低下する．また，結晶化度は医薬有機化合物の保存安定性にも影響を及ぼす．

[大嶋 寛]

**けっしょうけいじょう　結晶形状　crystal shape**

モルフォロジー．晶癖*．結晶の外形．結晶形状は通常，各面成長速度の相対的大きさによって決まる(成長形，growth form)．すなわち，成長速度の遅い結晶面が発達し，速い面は相対的に小さくなるか消滅する．結晶面が消滅したり新たに現れたりする場合を，とくに晶相変化ということがある．各結晶面の成長速度は，結晶内部構造を反映するが，温度，不純物の存在，溶媒の種類などによっても変わる．したがって，溶媒の変更，不純物の添加によって形状の制御が可能である．成長形に対して，表面自由エネルギーの総和を最少にするべく熱力学的な要因で決まる形を平衡形(equilibrium form)という．これは結晶を融点近傍に維持するなどの工夫をしないかぎり実現できないから，工学的には重要な形状形成メカニズムではない．結晶形状は結晶の粉体特性と密接な関係があるので，その制御は晶析*において重要である．

[久保田 徳昭]

**けっしょうじゅんど　結晶純度　crystal purity**

結晶の純度．通常の晶析*における純度低下の原因は，結晶格子間あるいは格子位置に分子レベルで入り込む不純物のほか，液胞として結晶に取り込まれる不純物(inclusion)，凝集結晶間に閉じ込められる不純物，表面付着不純物がある．有機物の場合，発汗操作により液胞あるいは凝集結晶間の不純物を取り除くことが行われている．

[久保田 徳昭]

**けっしょうせい　結晶性　crystallinity**

固体の全体あるいは部分が規則正しく周期性のある三次元構造をしているとき，その固体は結晶性を有するといい，その度合いに応じて結晶性が高い，あるいは低いといわれる．結晶性の度合いは結晶化度として定量化される．

[大嶋 寛]

**けっしょうせいこうぶんし　結晶性高分子　crystalline polymer**

半結晶性高分子(semicrystalline polymer)．結晶化できる高分子の総称．高分子固体構造は2種類に大別できる．分子鎖の三次元的な配列が規則正しい結晶領域(通常は折りたたみ鎖で形成される薄板状の結晶ラメラ)と，ランダムな配置状態の非晶領域(アモルファス領域)が存在する．高分子固体中に占める結晶領域の重量分率を結晶化度 $X$ といい，化学構造や熱処理・延伸処理条件に依存するが $X=100$ %の高分子は存在しない．一方，非晶性高分子($X=0$%)は存在する．

[桜井 謙資]

**けっしょうせいちょう　結晶成長　crystal growth**

系が過飽和または過冷却の状態におかれているとき，系の安定化に向かって結晶に対して結晶化成分が移動して結晶格子に組み込まれる相変化の過程．成長に伴って結晶面が前進する現象である．したがって，結晶化成分が溶液(気相，融液相の場合もあるを総称して溶液という)本体から結晶表面に向かう物質移動の過程，結晶表面で結晶格子に組み込まれる表面集積過程*(以前は表面反応過程とよんでい

た），および結晶化熱の放出による伝熱過程の三つの速度過程が関与している．溶液からの結晶成長では，結晶化成分の濃度が低いときなどは伝熱過程を考慮しなくてよいことがある．これに対して，金属の結晶成長では伝熱過程が律速であることが多い．

結晶成長理論は表面集積過程を対象としていて，いくつかの理論やモデルが提出されており，それらは結晶表面の分子オーダーでの荒れの程度によって次のように区分することができる．荒れがまったくみられない結晶の成長を扱った二次元核化モデル，らせん転位に基づく渦巻き状のステップ群を扱ったBCF理論*，さらに多層にわたって荒れがみられるときの多核形成（B&SまたはNaN）モデル，最後に金属のような結晶化に伴うエントロピー変化の小さな系では表面が十分に荒れているため，ステップの形成を必要としない一様成長モデルがある．表面の荒れと結晶化に伴うエントロピー変化（$\Delta S$）の関係はJacksonの$\alpha$因子（$\alpha \equiv \xi \Delta S/k$）によって説明されている．ただし$\xi$は結晶面の構造に関係する因子であって，0〜1の間の値をとる．

これらの成長理論では結晶は分子やイオン種を成長単位として進行すると考えられているが，過飽和状態の液相中にはクラスターとよばれる分子やイオン種の集合体の存在が確認されており，これらは結晶成長に成長単位として関与していると考えられる．実際に過飽和溶液中で結晶核が発生すると成長速度が促進される現象（微結晶による成長促進）がみられる．

結晶の成長速度は，結晶面（$hkl$）の前進速度$R_{hkl}$のほかに，結晶粒子の代表径$L$の増加速度$G=\mathrm{d}L/\mathrm{d}t$（線成長速度），結晶の質量$W$の増加速度$\mathrm{d}W/\mathrm{d}t$，として定義される．これらの定義の間には結晶粒子の形状が一定に保たれる場合に，次の関係がみられる．

$$\frac{1}{A}\frac{\mathrm{d}W}{\mathrm{d}t}=\frac{1}{\phi_\mathrm{A} L^2}\frac{\mathrm{d}(\rho_\mathrm{s}\phi L^3)}{\mathrm{d}t}$$
$$=\frac{3\phi_\mathrm{v}}{\phi_\mathrm{A}}\rho_\mathrm{s}\frac{\mathrm{d}L}{\mathrm{d}t}$$
$$=\frac{3\phi_\mathrm{v}}{\phi_\mathrm{A}}\rho_\mathrm{s} G=\frac{6\phi_\mathrm{v}}{\phi_\mathrm{A}}\rho_\mathrm{s}\alpha R_{hkl}$$

ただし，$a$は中心から面（$hkl$）までの距離と代表径$L$との間の比例係数を表し，$\phi_\mathrm{A}$と$\phi_\mathrm{v}$はそれぞれ面積形状係数と体積形状係数を表す．$\rho_\mathrm{s}$は結晶の密度である．また，回分操作では結晶質量の増加速度と溶液中の結晶化成分濃度$w$の低下速度の間には，物質収支より$\mathrm{d}W/\mathrm{d}t=-\rho_\mathrm{L} V(\mathrm{d}w/\mathrm{d}t)$の関係がある．ここで，$\rho_\mathrm{s}$は溶液密度，$V$は溶液の体積を表す．

また，同一条件におかれている結晶粒子がそれぞれ異なる成長速度を示す現象（⇒結晶成長速度の分散）や小さな結晶粒子ほど低い成長速度をもつ現象，すなわち粒径依存の成長速度に関する実験結果が報告されている．これに加えて，晶析装置内の結晶粒子群の成長は，平均的な粒子の代表径または質量の増加速度として定義されるために，本来の成長とは異なる凝集や摩耗といった粒子群に固有な粒径変化現象がみられる．不純物や添加物による結晶面の成長速度の変化により，結晶形態（晶癖）が変化することも知られており，晶析操作において，装置の設計や操作設計を複雑にしている．　　[松岡 正邦]

**けっしょうせいちょうそくどのぶんさん　結晶成長速度の分散**　growth rate dispersion

溶液の過飽和度，流れの条件，結晶粒径など同一の成長条件下におかれているにもかかわらず，個々の結晶が異なる成長速度を示す現象．粒径の小さな粒子に対して多くの報告例があるが，大粒径の粒子も例外ではない．粒子ごとに結晶内部の転位など欠陥密度が異なることや，結晶表面のステップ密度が異なる結果と考えられている．粒子群系では，粒子間の衝突や撹拌翼との衝突などに起因して，結晶内部や表面の欠陥が粒子間で異なることも一因と考えられている．　　[松岡 正邦]

**けっしょうせいちょうゆうこうけいすう　結晶成長有効係数**　effectiveness factor for crystal growth

通常は結晶成長における"表面集積過程の有効係数"を意味し，$\eta=$（実際の成長速度）/（結晶表面の母液条件が本体の条件と同じであるとしたときの成長速度）として定義．したがって結晶の成長速度が表面集積過程支配であるときに$\eta=1$となり，物質移動過程が関与してくると$\eta<1$となる．結晶成長速度に対して伝熱速度過程が関与しているときの表面集積過程の役割は，非等温有効係数として解析される．　　[松岡 正邦]

**けっしょうせいちょうりろん　結晶成長理論**　crystal growth theory

おもに，結晶表面に分子などの成長単位が結晶格子に組み込まれる速度過程を解析した理論．完全結晶の成長を扱った二次元核形成理論，らせん転位による渦巻きステップ群を扱ったBCF理論*，多層の二次元核形成を扱ったB&S理論が代表的である．（⇒結晶成長）　　[松岡 正邦]

**けっしょうたけい　結晶多形**　crystal polymorph

化学物質は同じで構造が異なる結晶．たとえば，

炭素の結晶で，グラファイトとダイヤモンドは多形である．医薬品などの有機化合物では，2～10種の多形が現れる場合が多く，($\alpha$形，$\beta$形，…），（A形，B形，…）あるいは（Ⅰ形，Ⅱ形，…）などと名づけられる．溶媒和物結晶を擬多形とよぶこともある．結晶構造が異なることにより，溶解度，溶解速度，結晶形状など，結晶特性*が異なることから，目的の結晶機能を発現するために多形を制御することは重要である．結晶多形は，粉末Ｘ線解析，示差走査熱量測定(DSC)，赤外吸収(IR)などで同定される．

[大嶋　寛]

**けっしょうとくせい　結晶特性　characteristics of crystal**

結晶のもつ特別な性質．結晶の機能を決定するのは，結晶特性である．結晶特性として，晶癖*，粒子径，粒子径分布，純度，多形，結晶化度，結晶密度，かさ密度がある．晶癖とは結晶の構造は同じであるが，結晶の外観が違うものをいう．これらの特性が異なれば，溶解度，溶解速度，安定性，保存安定性，操作性(流動性，沪過性，静電気特性，打錠性，計量性)，バイオアベイラビリティー（医薬品の生体有効性，薬の効き目)などが異なる．　　　　[大嶋　寛]

**けっしょうぶんり　血漿分離　plasma separation**

血液中の赤血球などの有形成分と液性部分である血漿を分離する操作．血漿分離は血漿交換療法における最初のステップで，中空糸型の血漿分離膜がよく利用されている．血漿交換療法とは，膠原病，重症筋無力症，悪性関節リウマチなどの自己免疫疾患などに対して行われる治療法で，中空糸膜で血漿分離を行ったあとに，血漿中から吸着材による分離技術で病気の原因となる物質(病因物質)を取り除き，きれいになった血漿を有形成分と合わせて患者に戻す治療方法．　　　　　　　　　　　　[近藤 昭彦]

**けっしょうりゅうけいぶんぷ　結晶粒径分布　crystal size distribution**

晶析装置内または同装置から得られる製品の結晶粒子群の大きさの分布．CSDと略記されることがある．通常は代表径のとり方を定義したうえで，個数または質量基準で表示する．たとえば，ふるい分け法を用いると，得られる分布は $\Delta L$ の目開きの間に $\Delta N$ 個の粒子があるとき，$n(L)=\Delta N/\Delta L$ で表す．この $n(L)$ を粒径密度関数[個 $\mu$m$^{-1}$ m$^{-3}$]という（⇒MSMPR晶析装置）．全粒径範囲で合算（積分）すると総個数を与える．質量基準では目開き間の結晶の質量 $\Delta W$ を用いて，同様に $\Delta W/\Delta L$ をプロットして表示する．粒子群の形状が一定であれば，両者の

換算は可能である．　　　　　　　　[松岡 正邦]

**けっそうねつでんたつ　結霜熱伝達　heat transfer at frost formation**

蒸気を含んだガスが，それより温度の低い固体壁面に沿って流れ，蒸気が固体壁面上に霜として昇華するときの熱伝達*をいう．結霜熱伝達の考え方は，液体混合物中の凝固性成分が固体壁面上に凝固する場合の熱伝達にも適用できる．　　　　[荻野 文丸]

**ケデム-カチャルスキーモデル　Kedem-Katchalsky model**

非平衡熱力学に基づいて膜内部での輸送現象を表現したモデルであり，溶媒と溶質の二成分系では次式で表現される．

$$J_v = L_p(\Delta P - \sigma \Delta \pi)$$

$$J_s = \omega(\Delta \pi) + J_v(1-\sigma)\bar{C}_s = \boldsymbol{P}(\Delta C_s) + J_v(1-\sigma)\bar{C}_s$$

ここで，$J_v$ は体積流束，$J_s$ は溶質透過流束，$P$ は圧力，$\pi$ は浸透圧，$C_s$ は溶質濃度．また，$\bar{C}_s$ は膜の両側での対数平均濃度を表す．以上の式において輸送係数は，溶液の透過係数である $L_p$，膜の反射係数 $\sigma$，溶質の透過係数である $\omega$（または $\boldsymbol{P}$），の3個である．この式は一般の膜透過現象の説明に用いられており，さまざまな現象を矛盾なく説明できるとされる．　　　　　　　　　　　　　　　[鍋谷 浩志]

**ゲートがたかくはんき　──型撹拌機　gate type impeller**

門型撹拌機．図のように，垂直または水平の平羽根を門のような形に組み合わせた構造とした撹拌機．多少形状に差はあるが，糸巻き撹拌機やくし型撹拌機，クロス羽根付きアンカー型撹拌機*なども同じ種類である．一般には，翼径 $d$ と槽径 $D$ の比 $d/D$ を大きくとり，槽底近くに設置して比較的低速度で操作される．中高粘度流体や非ニュートン流体などの撹拌操作に使用されるが，あまりに高粘度域までは適用できない．また，低粘度流体においても邪魔板*を併用して低速度で使用すると，翼の各部分に渦流が発生して混合される．しかし，槽内に上下の循環流は生成し難く，最良な撹拌効果は得られない．近年では，この翼の垂直または水平の平羽根を組み合わせた構造と，幅の比較的広いパドル翼*

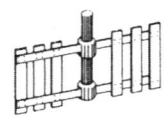

ゲート型撹拌機

の特徴を応用して上下循環流を発生するとともに，局所での渦流による混合が効率よく進行する大型撹拌翼*が多く使用されている． [塩原 克己]

### ケネディーちゅうしゅつき ――抽出機 Kennedy extractor

米国の Angus B. Kennedy 考案による浸漬式の連続多段式固体抽出装置*．図のように，水平あるいは傾斜した容器の底に半円形の桶が直列に並んでおり，おのおのの桶に多くの孔が開いたパドルが回転するようになっている．固体原料はこのパドルにより撹拌抽出され，次の桶に送られる．一方，抽剤*は桶を溢流しながら固体原料と向流*接触する．この方法の長所は，薄いフレイクを原料にできるので抽出効率がよく，きれいなミセラ*が得られ，また所要動力が小さいことである． [清水 豊満]

### ゲノム genome

genome は gene (遺伝子) と ome (ラテン語で集合体の意) の合成語で，一つの生物がもつ遺伝子 (遺伝情報) の全体を意味する．遺伝子情報や遺伝子の制御情報は，生物の細胞内にある1セットの染色体*に DNA*の塩基配列情報として書き込まれている． [長棟 輝行]

### ゲノムかいせき ――解析 genome analysis

生物のゲノムのもつ遺伝情報を総合的に解析すること．ゲノム解析はゲノムを構成する DNA*の塩基配列 (アデニン，グアニン，シトシン，チミンの配列) 情報の決定から始まる．さらに，塩基配列のうちタンパク質*として機能していると予想される領域 (open reading frame, ORF) の推定や，すでに決定された生物の遺伝子の DNA 塩基配列や，タンパク質の機能に関するデータと比較するホモロジー検索やモチーフ検索などにより，ORF の機能 (遺伝子の機能) の推定が行われる． [長棟 輝行]

### ケミカルヒートポンプ chemical heat pump

可逆化学反応の発熱・吸熱現象を利用したヒートポンプ*．ヒートポンプを構成するヒートポンプ系と熱機関系の両方または一方に可逆反応*を用いる．既往の機械駆動式ヒートポンプに比べ化学反応を利用することで，相対的に高い熱効率*，広い操作温度域，優れた蓄熱性，静粛性などが期待できる．用いる反応には無機系，有機系，水素吸蔵合金系などがある．ヒートポンプ系と熱機関系の組合せとして，気液・気固可逆反応系と気相反応成分の相変化*とを利用するものが多い．駆動に要する熱源温度は，有機系では約100℃以下，無機系では常温から約1000℃で0℃以下の冷熱発生，1000℃以上の高温発生が可能である．有機系では触媒反応系が，無機反応では金属酸化物系がよく検討されている．反応は物質移動，熱移動が同時に進行する場であり，効率的な反応熱利用にはこれらの移動促進のための反応層，反応器設計が重要である．また，可逆反応に対する反応性・材料耐久性の確保も同様である． [加藤 之貴]

### ケミカルリサイクル chemical recycle

廃棄物を物理的・化学的に変化させ再資源化・再生利用すること．高分子である廃プラスチックに熱や圧力を加えることや化学反応を利用して，低分子の炭化水素に戻し，原材料や燃料として利用する廃プラスチックのモノマー化，油化，ガス化などがある．これ以外にも，廃プラスチックをそのまま高炉還元剤やコークス原料として利用することや，廃食用油をエステル化してディーゼル燃料にすることもケミカルリサイクルである． [後藤 尚弘]

### ケモスタット chemostat

微生物や動植物の細胞を連続的に培養*する方法の一つで，制限基質を含む培地の供給速度を一定に

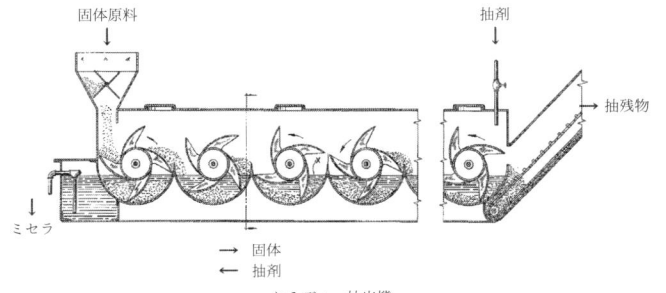

ケネディー抽出機
[G. R. Fitts, F. G. Low, USP 2567474 (1951), 一部修正]

保持することによって,培養槽内を安定な定常状態に維持する連続培養方式.この方式では,細胞濃度や制限基質濃度に対するフィードバック制御機構は伴わない.定常状態では培地成分の濃度が一定に保たれるので,環境因子に対する細胞の生理学や遺伝学などの研究に適している.また,回分培養と比べ,培養槽の生産性は高いので微生物菌体やアルコールなど大量生産型の有用物質の生産には有利である.しかし,連続培養中に変異などで細胞の性質が徐々に変化する場合が多く,生合成活性を長期間維持するのが困難である.また,長期間連続運転を行うためには,雑菌やバクテリオファージなどの汚染対策も完全に行う必要があるので,工業的にはあまり普及していない.　　　　　　　　　　　〔福田　秀樹〕

**ケモメトリックス**　chemometrics
　計量化学.化学(chemistry)と計量学(metrics)を組み合わせた造語で,S. Wold により考案された.統計的手法を利用して化学システム・プロセスの測定データと状態を結び付ける化学の一分野である.
　　　　　　　　　　　　　　　　〔加納　学〕

**ゲル**　gel
　コロイド溶液(ゾル)がゼリー状に固化した物質.コロイド粒子の濃度がある程度以上濃くなると粒子が互いにつながり三次元の網状組織が形成される.これをゲルとよぶ.高分子においては,あらゆる溶媒に不溶である三次元網目構造を有した高分子およびその膨潤体と定義され,その分子量は実質的に無限大である.網目状構造体を膨潤させている溶媒が水である場合にハイドロゲル(hydrogel),有機物質である場合にオルガノゲル(organogel),さらに溶媒が除去されて網状組織のみになったものをキセロゲル(xerogel)とよぶ.ゼラチンや寒天のゲルは95%以上の水を含んだハイドロゲルであり,シリカゲルは多孔質で表面積の大きなキセロゲルである.刺激応答性を有した高吸水性ポリマーをはじめ,ゲル材料は軟らかい高機能性物質として,芳香剤,保冷剤,人工臓器,ソフトコンタクトレンズなど,近年さまざまな分野での応用が急速に進んでいる.
　　　　　　　　　　　　　　　〔飛田　英孝〕

**ゲルクロマトグラフィー**　gel chromatography
　ゲル沪過,分子ふるいクロマトグラフィー,ゲル浸透クロマトグラフィーともよばれ,高分子の溶質の分子量に応じた分離や,分子量の測定ができる.三次元の網目構造をもつゲル粒子では,その網目より大きな溶質はゲル内部に入らないが,小さな物質は分子量に応じた程度に浸入できる.したがって,ゲル粒子を詰めたカラムに高分子溶液を通すと,一定限界以上の大きな分子は素通りするが,それ以下の分子量のものは分子量の大きなものから順に溶出される.このようなゲルの分子ふるい効果*による分離法である.親水性ゲルとしては,アガロース,デキストラン,セルロース,ポリアクリルアミドが,疎水性ゲルとしてはポリスチレンなどが用いられる.　　　　　　　　　　　　〔近藤　昭彦〕

**ゲルこうか　ゲル効果**　gel effect
　⇒自動促進効果

**ゲルダートのマップ**　Geldart map
　⇒粒子の分類図

**ゲルトラーうず　——渦**　Görtler vortex
　流れの方向に凹の曲率をもつ壁面に沿う境界層*では,流速が大きく曲率半径が小さくなると,遠心力の作用で流れが不安定になり,流れ方向に軸をもつ渦(縦渦)が並んで生ずる.これをゲルトラー渦とよび,隣り合う渦どうしは互いに反対の向きに渦巻いている.　　　　　　　　　　　〔黒田　千秋〕

**ケルビンのしき　——の式**　Kelvin's equation
　曲率をもった液表面での蒸気圧 $p$ を表現する式で,次式で与えられる.

$$p = p_{s0} \exp\left(\frac{2\sigma v_m}{rkT}\right)$$

ここで,$p_{s0}$ は平坦な液表面上の飽和蒸気圧,$\sigma$ は表面張力,$v_m$ は液体1分子の体積,$r$ は曲率半径あるいは液滴半径,$k$ はボルツマン定数,$T$ は絶対温度である.液滴や液表面が凸面である場合 $p > p_{s0}$ となり,蒸気圧は高くなる.反対に液表面が凹面である2粒子間の液架橋では蒸気圧は低くなり,液架橋形成が安定となり,大きな液架橋付着力*がはたらく.
　液が溶解性物質を含んでいる場合,平坦な液表面上の飽和蒸気圧 $p_s$ は次式で表され,ケルビンの式の $p_{s0}$ に $p_s$ を代入することで,曲率をもった液表面での蒸気圧が求まる.

$$p_s = \gamma(1-x)\, p_{s0}$$

ここで,$\gamma$ は活量係数,$x$ は溶解性物質のモル分率である.液滴ではケルビン効果で蒸気圧は高くなるが,溶解性物質の混入により蒸気圧は低下する.
　　　　　　　　　　　　　　　〔森　康維〕

**ケルビンモデル**　Kelvin model
　⇒フォークトモデル

**ゲルぶんきょくモデル　ゲル分極——**　gel polarization model
　限外沪過*における限界流束*の挙動を説明するために提案されたモデル.限外沪過においては高分

子量の溶質を対象とするため，拡散係数が塩類に比べて2桁程度小さくなる．すなわち，物質移動係数*も小さくなり，濃度分極*により膜面での溶質濃度が非常に高くなってしまう．このため，膜面での溶質濃度がゲル化濃度を超えてしまい，膜面にゲル層が付着して膜透過抵抗が増大し，その結果，圧力を増加しても透過流束が増加しない，いわゆる限界流束*の現象が観察されると解釈するものである．

[鍋谷 浩志]

## ゲルほうかつほう　ゲル包括法　gel entrapping method

酵素*や菌体の固定化法の一つ．酵素または菌体と担体の間の結合はさせず，担体内に酵素や菌体を包み込む固定化法*である．担体としては，カラギーナンゲルやアルギン酸カルシウムゲルなどの天然高分子または合成高分子が用いられる．

[紀ノ岡 正博]

## げんあつインパクター　減圧―――　low pressure impactor

インパクター*内を減圧状態にして 0.02 μm 程度の微小粒子まで捕集できるようにしたカスケードインパクターの一種．インパクターで，分離径を小さくするには，カニンガムの補正係数*$C_c$と気流速度 $u$ は大きく，ノズル径 $D$ は小さくすればよい．ローブレッシャーインパクターでは，上流側では，ノズル径を小さくして気流を高速とし，後段では圧力を 1/2 気圧以下にすることにより $C_c$ を大きくする方法がとられている．(⇨カスケードインパクター)

[金岡 千嘉男]

## げんあつかのいどうげんしょう　減圧下の移動現象　transport phenomena at low pressures

気体を対象とした移動現象について，クヌーセン数*が $0.01 < Kn$ の流域では，粘性流*や熱伝導*など連続体の移動現象の諸法則は成立しない．気体の流れについては，$Kn < 0.01$ では粘性流を呈するが，$0.01 < Kn < 0.1$ ではスリップ流れ*(滑り流)，$0.1 < Kn < 10$ では遷移流れ*，$10 < Kn$ ではクヌーセン流れ*(自由分子流)となる．滑り流域では，滑り境界条件を用いることにより，連続流体の運動方程式*を適用することができる．一方，自由分子流域では，気体は壁面を拡散反射した分子で構成されるため，分子速度が局所平衡のマックスウェル分布*に従うとして解析できる．遷移流域では，連続体と自由分子気体の特性をともに有するため，粘性流，自由分子流*のいずれからのアプローチも困難となる．この流域では，基本的にはボルツマン方程式*に基づく解析によらねばならない．遅い流れに対しては，線形化ボルツマン方程式の数値解が有効である．また，実用的には，クヌーセンの半実験式が有効である．

このような移動機構は，熱伝導や拡散*に対しても基本的には変わらない．たとえば，界面で相変換(蒸発*，昇華*)を伴う隔壁間での拡散においては，$0.01 < Kn < 0.1$ では壁面で濃度ジャンプを伴う拡散，$10 < Kn$ では自由分子拡散(ヘルツ-クヌーセンの式で表される)が起こる．また，管内における拡散では，$0.01 < Kn$ の広領域において非等圧拡散が起こる．これについては，ステファン-マクスウェルの式*に分子壁面衝突による運動量交換を考慮した Scott らの式，とくに多孔質固体*内の拡散については，ダスティガスモデル(dusty gas model)に基づく Evans らの式が有効である．

[神吉 達夫]

## げんあつじょうりゅう　減圧蒸留　vacuum distillation

真空蒸留*．高温で熱分解を起こしやすい物質の分離に使われる蒸留(水蒸気蒸留*と減圧蒸留*)の一つ．共沸組成*を変えるためにも使われる．減圧することにより，一般に相対揮発度*は大きくなり分離には有利である．一方，塔内の圧力降下により塔底部の圧力は上昇するので高性能規則充填物*など圧力降下の少ない充填物*，トレー*が利用される．塔底部の温度から減圧度が決められる．さらに塔をわざわざ2塔に分けることも行われている．減圧膨張のため上昇蒸気速度が大きくなるので，上昇蒸気量が抑えられ下降液量は少なめとなる．充填物の濡れに注意が必要である．減圧の極限に分子蒸留*がある．

[宮原 㒳中]

## げんか　原価　cost

コスト．企業の経営活動である製品の製造もしくはサービスの提供のために消費された原材料，労働力，設備・機械，電力・蒸気などの経済資源の価値を金額で表したもの．(⇨標準原価，実際原価)

[弓削 耕]

## げんかいがんすいりつ　限界含水率　critical moisture content

湿り材料の対流乾燥*において，温湿度が一定の熱風を用いる定常乾燥条件下では，定率乾燥*期間と減率乾燥*期間の境となる材料の平均含水率*のこと．非定常乾燥条件下では，表面蒸発*期間と内部蒸発*期間の境となる含水率のこと．この含水率以上では，材料表面における水蒸気圧*は水のその温度における値に等しく，これ以下では低い値となる．

限界含水率は平均値なので，材料表面の局所限界含水率と材料内含水率分布曲線の形から定められ，同じ材料なら厚いほど大きくなる．粒子充填層*の局所限界含水率は懸垂水*量にほぼ相当する．（⇒乾燥特性）　　　　　　　　　　　　　　　　［今駒 博信］

**げんかいぎょうしゅうのうど　限界凝集濃度　critical coagulation concentration**

臨界凝集濃度．凝析価．CCC．コロイド分散系*に電解質を添加していくと，ある濃度で急に溶液が白濁し，大きな凝集体が観察される急速凝集*が起こる．このときの電解質濃度を限界凝集濃度といい，DLVO理論*から予測することができる．溶液中のイオン価数が大きいと，限界凝集濃度は急速に小さくなることが経験的に知られている．（⇒シュルツ－ハーディー則）　　　　　　　　　　　　［森　康維］

**げんかいせいぶん　限界成分　key component**

鍵成分*．蒸留*の設計型問題*において分離仕様を決定する成分のこと．蒸留により原料を二つの製品に分離するとき，塔頂からの留出液*に含まれる成分のうちでもっとも重たいものを高沸限界成分*，塔底からの缶出液*に含まれるもっとも軽いものを低沸限界成分*とよぶ．理想系に近い挙動を示す多成分系において，二つの限界成分に着目した擬似二成分系へフェンスキの式*を適用して最小理論段数*を求めることができる．　　　　　［森　秀樹］

**げんかいでんりゅうみつど　限界電流密度　limitting current density**

LCD．物質の移動律速により観察される最大の電流密度*のこと．電極反応においては正・負極間の印加電圧を増加させていくと電極反応が促進され電極に流れる電流密度も増加するが，やがて電極表面への反応物質の拡散による供給が不足し，電極表面での反応物質濃度がゼロとなった電圧で電流密度が頭打ちとなり，限界電流密度が観察される．イオン交換膜*においても，選択透過させるイオン種の膜面への供給が不足すると限界電流密度が観察されるが，膜表面で水解離が促進され，生成した水素イオンや水酸基イオンにより電荷が運ばれるため，明瞭な限界電流密度として観察されないことが多い．

［正司 信義］

**げんかいねつりゅうそくてん　限界熱流束点　critical heat flux**

⇒沸騰熱伝達

**げんかいりえき　限界利益　marginal profit**

製品の売上高から製造に要した変動費*を控除して計算される利益．（限界利益）＝（売上高）－（変動費）＝（利益）＋（固定費）であり，売上高のなかで固定費の補償に貢献できる度合を示し，収益力の大きさを示す．売上高に対する限界利益の割合を限界利益率という．限界利益や限界利益率の大きい製品ほど利益の実現に貢献できる金額が大きく有利な製品である．　　　　　　　　　　　　　　　［弓削　耕］

**げんかいりゅうしきせき　限界粒子軌跡　limiting particle trajectory**

粒子が捕集体に捕捉される場合に，もっとも外側から流入して捕集体に捕集される粒子の描く軌跡をいう．限界粒子軌跡を描く粒子より内側に流入した粒子はすべて捕集されるので，粒子の運動方程式を解いて限界粒子軌跡を求めることにより，単一捕集体の捕集効率を求めることができる．［大谷 吉生］

**げんかいりゅうそく　限界流束　limiting flux**

限外沪過*においては，透過流束*が特徴的な挙動を示すことが知られている．純水を用いて透過流束を測定すると，その値は加えた圧力に比例して増加していくが，高分子溶液の限外沪過では，透過流束は圧力に比例せず，ほぼ一定の値に達する．その後は圧力に依存しなくなる．さらに，この一定値は膜の透過抵抗にも依存しない．これが限界流束とよばれるものである．限界流束と供給液濃度の対数との間には直線関係が成立し，供給液濃度が高くなると限界流束は小さくなる．また，同一の供給液濃度においては，膜面近傍の物質移動条件がよくなる（物質移動係数が大きくなる）につれて，限界流束も大きくなる．　　　　　　　　　　　　［鍋谷 浩志］

**げんがいろか　限外沪過　ultrafiltration**

選択透過性膜を用いて機械的な圧力により膜を透過させる沪過*のうち，分子量が約1 000～数十万程度の溶質を処理対象とする分離法である．これより処理対象の分子量が小さい逆浸透*と，ミクロンオーダーの粒子を処理対象とする精密沪過*との中間に位置する．限外沪過膜の孔径は5～10 nm程度と考えられ，ポリスルホン，ポリアクリロニトリルなどの多くの合成高分子材料でつくられている．操作圧力は0.1～0.2 MPaと，逆浸透に比べて低い圧力で行うが，これは一般に限外沪過においては，圧力を増加しても透過流束*は増加せず，一定の限界流束*に達してしまう場合が多いためである．この原因としては，溶質分子の拡散係数の値が小さく，そのために膜面での濃度分極*の影響が大きく表れ，膜面での浸透圧*が大きくなる場合，あるいは膜面でゲル層が発生して膜に付着する場合，などが考えられる．このほかに膜の孔の内部への目詰りも重要

な原因となる． ［鍋谷 浩志］

**げんかかんり　原価管理　cost control**
　原価管理責任者が設定された標準原価*と実際原価*との差異分析によって得られた原価情報に基づいて短期・長期的観点から，目標原価の維持ならびに実際原価の低減を体系的に実施する管理活動．
［弓削 耕］

**げんかくさいぼう　原核細胞　prokaryotic cell**
　染色体は核膜をもたず，膜のない核様体に存在する細胞．染色体*は1個で有糸分裂を行わない．真核細胞*と対置され，光合成*や酸化的リン酸化は細胞膜で行われる．また，この原核細胞からなる生物を原核生物といい，細菌とラン藻類がこれに属する．
［紀ノ岡 正博］

**げんかけいさん　原価計算　cost accounting**
　一定量の製品やサービスなどを提供するために要した原価を計算すること．製品またはサービスを生産，販売，提供するために消費された物品，労働，サービスなどの数量および価格から原価を計算する過程ならびに計算した原価を比較分析する過程のこと．この原価計算で損益計算，製品の価格設定，原価管理，予算編成などに必要なデータが提供できる．
［弓削 耕］

**げんかしょうきゃく　減価償却　depreciation**
　プラント，機器，装置などの固定資産はある年数のあとに廃棄されるが，廃棄による損失を廃棄されるまでの各事業年度に割り振る会計処理上の手続きをいう．固定資産の取得価格，耐用年数，残存価格から減価償却費が計算されて製造原価に計上される．減価償却の方法としては，定額法，定率法，生産高比例法などが認められているが，どの方法をとるかは税務当局への届出が必要である．
　定額法では各事業年度に同額の減価償却費を計上する．固定資産取得価格を$P$，残存価格を$L$，耐用年数を$n$とすると，各年の減価償却費$D$は，$D=(P-L)/n$である．定率法では固定資産の簿価(未償還残高)$S$に一定率$f$を掛ける．$D=Sf$，$f$は$n$年後に$S=L$となるよう設定する．生産高比例法は鉱業など天然資源を原料とする工業の固定資産について行われる方法で，原料の存在量などから総生産量$T$を推定し，年間の生産量を$M$とすると，$D=(P-L)M/T$で計算される． ［信江 道生］

**げんきこうきかっせいおでいほう　嫌気好気活性汚泥法　anaerobic-aerobic activated sludge process**
　下排水の活性汚泥処理において，酸素が存在する好気状態と酸素が存在しない嫌気状態を繰り返すことで，微生物がリンの摂取と排出を交互に行う現象を利用して，有機汚濁物質除去とリン除去を行う生物学的な水処理方法．(⇒活性汚泥法) ［亀屋 隆志］

**けんきせいしょうか　嫌気性消化　anaerobic digestion**
　メタン発酵法．水中の溶存酸素の存在を嫌う嫌気性微生物を利用して，水中の有機物からメタン発酵を行う生物処理方法であり，発生したメタンガスは燃料として有効利用できる．ばっ気が不要なため低コストであり，旧来より下水処理場から発生する汚泥の減溶に用いられてきた．高負荷処理が可能であり，食品などの高濃度排水の処理分野への適用例も増えている．一般に，30～37℃に加温して行う中温処理が一般的であるが，50～57℃の高温処理法もある．UASB (upflow anaerobic sludge blanket)法などが開発され性能が向上している． ［亀屋 隆志］

**けんこうこうもく　健康項目　health item**
　水質汚濁にかかわる環境基準において，人の健康を保護するために，全国の公共用水域に一律に適用される基準が定められているカドミウム，鉛，ヒ素などの重金属や全シアン，PCB(ポリ塩化ビフェニル)，トリクロロエチレンなどの有害化学物質を含む26項目のこと． ［亀屋 隆志］

**けんさ　検査　inspection**
　試験，測定，目視，操作あるいは監査などの結果に基づき材料，部品，設備，製品またはシステムの状態や運用などが品質要求条件を満たしているかどうかを，あらかじめ定めた合格基準に基づいて判定すること． ［小谷 卓也］

**げんざいかち　現在価値　present value, present worth**
　金銭には時間的価値があるので，将来得られるものの金銭価値を一定の割引率によって現在の価値に換算した価値(金額)のこと． ［中島 幹］

**げんしかエンタルピー　原子化——　enthalpy of atomization**
　元素あるいは化合物中をすべてばらばらの単一原子の状態にするのに必要な標準エンタルピー変化．水の原子化エンタルピーは，HO-HとH-Oの結合解離エンタルピーの和となる．また，蒸発して原子になる固体元素(NaやKなど)では，昇華エンタルピーと同じである． ［横山 千昭］

**げんしだんきよしき　原子団寄与式　group contribution equation**
　グループ寄与法*に基づいて考案された物性の推

算式．標準生成熱の Benson 法，臨界定数の Joback 法や液相活量係数の ASOG*，UNIFAC 式* など広く活用されている．　　　　　　　　[栃木　勝己]

## げんしつそうち　減湿装置　dehumidifier

除湿器．除湿装置．空気中の水分を所定の量まで減らして湿度* を下げるための装置．空気を露点* 以下まで冷却する冷却減湿*，温度を一定に保持したまま加圧して飽和蒸気圧を下げる圧縮減湿*，塩化カルシウムなどの固体吸収剤や硫酸などの液体吸収剤* と接触させる吸収減湿*，シリカゲルなどの吸着剤* と接触させる吸着減湿法* があり，これらの原理を利用した減湿装置をいう．相変化* による発熱を除去するための冷却操作と，吸湿媒体使用のケースでは媒体の再生が必要となる．　　　　[三浦　邦夫]

## けんしゅう　検収　acceptance

納入された物品や設備が所定の仕様や性能を満足，あるいは業者が契約に規定された諸役務を履行したことを顧客が確認し，受取りを承認すること．
　　　　　　　　　　　　　　　　[小谷　卓也]

## げんしりょくエネルギー　原子力——　nuclear energy

核分裂の連鎖反応や熱核反応に伴うエネルギー．原子力エネルギーは現在おもに発電に利用されている．原子力発電では，核燃料の核分裂連鎖反応による原子核エネルギーを熱として取り出し，水蒸気を発生させてタービンを回し，これを発電機へ送って発電する．　　　　　　　　　　[桜井　誠]

## げんすいけいすう　減衰係数　extinction coefficient

⇒半透過散乱吸収性媒質

## けんすいすい　懸垂水　pendular water

湿り粒子充填層* の内部空隙に毛管吸引力* で保有されている毛管水* のなかで，液状では脱水不可能なもの．粒子どうしの接点周囲に形成されるくさび形空間に，表面張力* によって保持されるくさび状水と粒子表面の付着水* の和である．(⇒索状水)
　　　　　　　　　　　　　　　　[今駒　博信]

## げんそぶんせき　元素分析　elementary analysis

燃料を構成する主要元素である炭素，水素，酸素，ならびに硫黄，窒素の含有量を分析定量すること．分析には一般に市販の元素分析計が用いられ，分析結果は水分と灰分を除いた試料基準[d.a.f. (dry and ash free)基準と略称される]の wt% で表示される．石炭については，JIS M 8812 によって分析法が定められている．　　　　　　　[三浦　孝一]

## けんだくきほうとう　懸濁気泡塔　slurry bubble column

スラリー気泡塔．比較的微細な粒子(触媒，原料あるいは生成物)をガスの通気のみで懸濁させて操作する気泡塔．ガス速度の増大，粒径の減少，粒子密度の減少，液粘性の増大および塔底での液の上昇流や循環流の形成は粒子の浮遊を促進する．(⇒気泡塔)　　　　　　　　　　　　　[室山　勝彦]

## けんだくじゅうごう　懸濁重合　suspension polymerization

サスペンション重合．モノマー* がほとんど溶解しない媒体(通常は水)中で，媒体に不溶な重合開始剤を溶解させたモノマーを，撹拌によって滴状に分散・浮遊させた状態で重合させる重合法で，塊状重合と同じ機構で進行する．生成したポリマー* の形態からパール重合やビーズ重合とよぶこともある．媒体が水である場合，モノマーを滴状に分散した状態で安定に重合を進行させるために，水溶性高分子や水に難溶性の無機化合物が分散安定剤として用いられる．塊状重合では重合の進行とともに系の粘度上昇が起こり，反応熱の除去や温度調節が困難となるのに比べて，懸濁重合では媒体が水であるため，系全体の粘度上昇もなく反応熱の除去や温度制御は比較的容易である．懸濁重合は乳化重合に比べて低重合度のポリマーしか与えないが，純度は塊状重合のそれに次いで高いうえポリマーの回収が沪過のみで可能なことや，ポリマーのハンドリングが容易であるため工業的に広く用いられている．
　　　　　　　　　　　　　　　　[埜村　守]

## けんだくぶっしつ　懸濁物質　suspended solids

水中に懸濁・浮遊する微小粒子．水質環境基準* の指標として定められており，2 mm 以上の木片などや 1 μm 以下のコロイド性物質の微細なものは含まれない．規定の沪材で沪過，乾燥させてその重量をはかり，1 L 中に含まれる重量[mg]で表す．
　　　　　　　　　　　　　　　　[藤江　幸一]

## げんたんい　原単位　consumption unit

製造やサービスの提供において製品1単位を生産，加工するのに必要な原材料，労働量，電力，蒸気などの財貨または用役などの原価要素の消費量．kg, $m^3$, 人日, kWh などの単位で計測し，原単位分析の基礎とする．各原単位および生産量から所要量を出し，それぞれの単価を乗ずれば製造原価の推定計算を行うことができる．(⇒原料原単位，ユーティリティー原単位)　　　　　　　　[弓削　耕]

## げんていはんのうぶっしつ　限定反応物質　limiting reactant

反応原料物質のうち，化学量論式*から要求される比率と比較してもっとも小さい比率で供給される物質．化学量論*に従って反応が進行していくと，限定反応物質がもっとも早く完全に消費されることになるため，反応が進行しうる限度を決定する物質である．反応率*を定義する場合には，限定反応物質を基準物質とするのが通常である． [大島 義人]

**けんねつ　顕熱　sensible heat**
物体の温度変化として現れる熱量*．物体の温度変化と平均熱容量(⇒熱容量)との積として計算される．融解熱*，蒸発潜熱*のような一次の相転移に伴う熱量である潜熱*に対応して使われる．
[横山 千昭]

**けんねつちくねつ　顕熱蓄熱　sensible heat storage**
物質を高温または低温に変化させてそれを保温し熱エネルギーを保持する方法．蓄エネルギー量は熱容量*と温度変化量の積で与えられる．蓄熱材には，固体(岩石，耐火れんが，砂利，鉄など)と液体(水，有機液体，溶融塩，液体金属など)がある．
[奥山 邦人]

**けんねつゆそう　顕熱輸送　sensible heat transport**
物質を高温または低温に変化させて，蓄えられた熱エネルギーが配管内の流体の流れとともに別の所に運ばれること．夜間電力を用いて温水をつくりタンクに貯蔵後，翌日給湯に利用する水蓄熱システムでは顕熱輸送を利用している． [奥山 邦人]

**げんゆ　原油　crude oil**
⇒液体燃料

**げんようばい　原溶媒　diluent**
希釈剤．液液抽出において，原料となる溶液は目的成分(抽質*)とそれを溶かしている溶媒とから構成されるが，その溶媒． [宝沢 光紀]

**げんりつかんそう　減率乾燥　decreasing drying, falling drying**
回分式熱風乾燥*器のように，一定温湿度の熱風を用いた定常乾燥条件下で湿り材料が乾燥される場合，限界含水率*以下での乾燥のこと．このとき乾燥速度*は，乾燥の進行とともに減少するので減率乾燥速度とよび，定率乾燥*速度と対比される．減率乾燥の継続する期間を減率乾燥期間とよぶ．水分が毛管水*の状態で材料内に保持されている非親水性*多孔質材料の熱風乾燥*では，材料の表面に水が存在する間は近似的に定率乾燥期間が続き，表面における局所含水率*が限界含水率*以下(そのときの材料内平均含水率が一般の限界含水率である)になれば，材料内部を液状で移動可能な素状水*がないので水分移動速度がゼロであることから，水分蒸発面は表面から材料内部へしだいに後退する．その結果，表面から蒸発面までの伝熱抵抗*，および蒸発面から表面までの蒸発水蒸気の細孔内気相拡散抵抗が増加するため乾燥速度は減少するとともに，材料温度は表面からしだいに上昇し始める．この現象を定式化したものが蒸発面後退モデルである．(⇒漸近到達温度)

水分が毛管水と吸着水*の状態で材料内に保持されている親水性*多孔質材料の熱風乾燥では，定率乾燥期間のあと材料表面において毛管水がなくなっても吸着水が残っている．このとき材料内部から表面への水分移動速度は乾燥の進行につれて減少し，また吸着平衡*関係から吸着水の示す水蒸気圧*も低下するので，乾燥速度が減少する．溶液，ゲル状材料のような均質材料*の熱風乾燥では，材料内の水分移動は拡散*モデルに従い，蒸発面は最後まで表面にとどまるが，親水性多孔質材料と同様，材料内部から表面への水分移動速度と表面での水蒸気圧が乾燥の進行につれて減少するため，乾燥速度もまた減少する．ただし，親水性多孔質材料とは異なり乾燥とともに材料は収縮する．

乾燥特性*曲線として表示したときの減率乾燥速度の形は，材料の水分移動特性，形状そのものに大きく左右される．同じ材料では一般に材料厚さが小さくなると上方に凸に，大きくなると凹に移る傾向にある．材料の特性や形状に依存しない乾燥速度の整理法としてregular regime*が利用できる．連続式熱風乾燥*器のように，熱風の温湿度が場所によって変化する非定常乾燥条件下での乾燥では，限界含水率以下の材料において，材料の水分移動機構は減率乾燥期間のそれと等しいが，必ずしも含水率*減少とともに乾燥速度も減少するとは限らないので，この期間を内部蒸発*期間とよび，減率乾燥期間と区別する． [今駒 博信]

**げんりょうげんたんい　原料原単位　raw materials consumption rate**
単位量の製品を生産するのに必要な諸原料の消費量．原料費の推定計算のさいに使用されるデータである．(⇒原単位) [弓削 耕]

**げんりょうゆうえきこかほう　原料融液固化法　melt solidification method of source materials**
多元系物質からなる原料の温度を上げて融解状態とし，冷却により固化させる方法である．材料と目

的に応じてさまざまな方法がある．一般に，準平衡論的にゆっくりと凝固させることにより高純度化をはかることができる．また，急速冷却により均一な非平衡物質を製造することも可能である．原料の融解状態において，各成分は一様に混ざることが前提になる．つまり，融解状態の撹拌混合はきわめて重要なプロセスである．一様な融液から，冷却速度制御により，大きな単結晶から小さなナノ結晶粒子に至るまでを得ることができる．最近，ナノテクノロジーにおいて，急速冷却によるきわめて高い過飽和度を実現し，さまざまなナノ材料開発が盛んになっている．とくに，メタルやガラス，さらに無機半導体などの分野においては，より優れた機能発現のためのプロセスとして注目されている．

[山口　由岐夫]

# こ

**コアアニュラスながれ** ──流れ　core-annulus flow
　⇨循環流動層

**コイルしきねつこうかんき** ──式熱交換器　coil heat exchanger
　蛇管式熱交換器*．コイル状に巻いた伝熱管を円筒容器内に収め，伝熱管内流体と容器内流体との間に熱交換を行わせる構造の熱交換器*．コイルは通常，銅，鋼，特殊鋼などの管をらせん状または二重らせん状に巻いただけの簡単な構造であるため，価格も低廉で古くから使用されている．とくに小容量の熱交換器や，腐食性の強い流体を取り扱う場合の熱交換器としてしばしば使用される．一般に伝熱管内には高圧，高温の流体を通すが，伝熱管内の清掃が困難であるので，汚れの少ない流体であることが望ましい．汚れの大きい場合には化学的洗浄法を用いる．この熱交換器は伝熱面積を外形寸法に比較して大きくとれないのが欠点である．このため交換熱量がタンク容量に比して小さい恒温タンクなどによく用いられる．管内流体が高圧の場合とくに便利である．
　　　　　　　　　　　　　　　　　　　[平田 雄志]

**こういつねつりょう**　高位発熱量　higher heating value
　高発熱量．総発熱量．燃料が完全燃焼するときに発生する熱量で，燃焼生成ガス中の水を液体として求めた値をいう．低位発熱量*より，水の蒸発潜熱*の分だけ大きい．　　　　　　　　　　　[船造 俊孝]

**こうおんさんか**　高温酸化　high temperature oxidation
　⇨高温腐食

**こうおんしゅうじんそうち**　高温集じん装置　high temperature dust collector
　従来の集じん*素材では対応できない300℃以上の高温含じんガスを対象とする集じん方式の総称．高温ガスのもつ大きな熱エネルギーの高効率回収，とりわけ高効率火力発電技術の開発においてはガス中に懸濁する粉じんの除去が必須の技術であり，サイクロン*，電気集じん器*，粒子充填層フィルター*，セラミックフィルター*などが検討されてきた．セラミックフィルターは，粒子除去特性，耐熱性で優れており，キャンドル，チューブ，ハニカム，クロスフロー，繊維成形体など，種々のタイプのフィルターについて実用化研究がもっとも盛んに行われている．しかし，セラミックフィルターは，K, Na などのアルカリ金属による劣化や機械的強度の変化が実用化において重要な検討課題である．
　温度や反応などにより気相から固相に変化するような物質がある場合，操作温度や雰囲気ガス条件を変えることによりその物質だけを分離することが可能となる．高温集じんはこのような場合に使用可能である．　　　　　　　　　　　　　　[金岡 千嘉男]

**こうおんハロゲンふしょく**　高温──腐食　high temperature halide corrosion
　⇨高温腐食

**こうおんふしょく**　高温腐食　high temperature corrosion, hot corrosion
　水溶液中での湿食*と対比し，乾食ともよばれる．高温腐食を分類すると高温ガス腐食とよばれる高温酸化，硫化，ハロゲン化などの気体との反応によるもの，ごみ焼却炉や石炭だきボイラーなどにみられる溶融塩腐食，Na などの溶融金属腐食など融体との反応によるものがある．高温酸化の生起傾向はエリンガム図にまとめられている．常温における $H_2S$ などによる硫化は表面の水膜が重要であり，湿食と理解される．　　　　　　　　　　　　[酒井 潤一]

**こうおんりゅうか**　高温硫化　high temperature sulfidation
　⇨高温腐食

**こうかがくはんのう**　光化学反応　photochemical reaction
　光反応．物質が光を吸収することによって引き起こされる反応．生物の進化過程が光化学反応なしに理解できないように，光化学反応は日常生活に深く関係し，しかも熱化学反応に比して特異的な場合が多い．それだけに，エネルギー，環境から先端技術に至るあらゆる技術の進展に伴い，光化学反応の直接的な利用あるいは光化学反応を通してのプロセス理解が，重要視されるようになるであろう．
　　　　　　　　　　　　　　　　　　　[菅原 拓男]

**こうがくちょう**　光学長　optical length

ふく射が半透過散乱吸収性媒質*の中を進むとき，ふく射の強度は距離 $s$ あたりに $\exp(-K_e s)$ だけ減衰する．ここで，$K_e$ は減衰係数*である．この指数関数の中身 $\tau = K_e s$ を光学長とよぶ．媒質の層を考えるときには光学厚さということがある．

[牧野 俊郎]

## こうがくていすう 光学定数 optical constant

均質なふく射吸収性の媒質中におけるふく射波(電磁波)の伝搬の速さと振幅の減衰は，物質の屈折率(index of refraction) $n$ と吸収指数(index of absorption) $k$ によって特徴づけられる．この2種の量を $n+ik$ あるいは $n-ik$ の形で表した複素量は，物質のふく射性質を代表する．この量を光学定数あるいは複素屈折率という．光学定数は熱定数の場合のように不特定の定数をさすものではなく，一意的に定義される物理量である．光学定数はふく射の波長に依存し物質の温度に依存する． [牧野 俊郎]

## こうがくぶんかつ 光学分割(晶析による) oprical resolution by crystallization

互いに光学異性である対称体(D体とL体)を等量含むラセミ混合物の溶液から，一方の対称体の結晶を他方と分離して析出させる晶析．対称体は，溶解度などの物理的性質が同じであるため通常の冷却晶析などでは分離できないが，① 目的の対称体の結晶を種晶として用い，優先的にその対称体を析出させる優先晶析法，② ラセミ混合物とジアステレオマーを形成する物質を添加して，ジアステレオマーの溶解度差を利用して一方を結晶として分離することによって分離できる．また，ラセミ体溶液に大きさの異なるD体およびL体の種晶を添加し，成長後の結晶の大きさで分離する方法もある．そのさい，種晶の成長のみが進行し，D体およびL体のいずれについても新たな結晶核が発生しないように十分な量の種晶を添加する必要がある． [大嶋 寛]

## こうきせいきん 好気性菌 aerobic bacteria

空気中ないし酸素の存在下で生育する細菌．嫌気性菌と対する．物質の代謝分解に遊離の酸素を必要とし，多くの細菌が好気性菌である．とくに，酸素がないとまったく生育できないものを偏性好気性菌(strictly aerobic bacteria, obligatory aerobic bacteria)とよび，酸素が必要であっても，分圧が0.2気圧より相当低い所でよく生育するものは微好気性菌(microaerophilic bacteria)とよばれる．大部分の化学合成無機力源細菌，酢酸菌・枯草菌・結核菌・アゾトバクターなどは偏性好気性で，一部の乳酸菌は微好気性である． [紀ノ岡 正博]

## こうぎょうしょうせき 工業晶析 industrial crystallization

⇒晶析

## こうぎょうはんのう 工業反応 industrial reaction

分子を構成する原子の組替えによって異なる分子が生成する場合，これを一般に化学反応とよぶが，化学反応のなかで人間社会と深くかかわり工業的意義のあるものを工業反応とよぶ．工業反応においては，地球温暖化，環境保全，資源循環なども視野に入れ，目的とする反応(主反応)を効率よく進行させて不要な反応(副反応)を抑制するため，適当な触媒*の選択，温度・圧力の設定など，反応過程を最適に操作し，制御することが求められる． [菅原 拓男]

## こうぎょうぶんせき 工業分析 proximate analysis

固体燃料の工業分析とは近似分析(proximate analysis)であり，水分，揮発分*，灰分と固定炭素*の定量をいう．JIS M 8812 では工業分析の方法を次のように定めている．① 水分：恒湿試料約1gを107℃で1時間加熱したときの減量を wt% で表したもの．② 揮発分：恒湿試料約1gを白金るつぼに入れ，900℃で7分間加熱したときの減量から水分を差し引いた値．③ 灰分：恒湿試料約1gを815±10℃で恒量になるまで空気中で加熱し，有機分を完全に燃焼させた後の残留分．④ 固定炭素：水分，揮発分，灰分の和を100から差し引いた値．固定炭素と揮発分の比は燃料比*とよばれ，固体燃料の特性を表す指標として用いられることがある．

[三浦 孝一]

## こうげん 抗原 antigen

抗原抗体反応または免疫応答を誘発できる物質の総称．タンパク，多糖体，脂質など分子量1000以上の物質は抗原になる．免疫原性をもつ完全抗原に対し，比較的小さな分子で免疫原性をもたない抗原をハプテン(不完全抗原)という．ハプテンは適当な担体と結合させると抗原性が出てくる．

[紀ノ岡 正博]

## こうげんモデル 光源── light-source model

光源から照射されるエネルギー強度の角度分布を表現するモデル．エネルギー強度が光源鉛直面とのなす立体角 $\theta$ の変化に伴い $\cos\theta$ に比例して変化すると仮定するのが拡散光(diffuse light)モデルで，$\theta$ のいかんにかかわらず一定と仮定するのが放射光(specular light)モデルである．$\theta$ の値が小さい領域では両モデルによる計算値の違いが小さい．そ

の場合は光源の形状に応じ，たとえば平面状光源であれば平行光線が発せられると考える平行光(parallel light)モデル，管状光源であれば半径方向にのみ光線が発せられると考える半径光(radial light)モデルが適用できる． ［菅原 勝康］

**こうごうせい 光合成 photosynthesis**

光のエネルギーを利用して二酸化炭素と水から有機物を合成する過程で，より一般には，光のエネルギーが生物学的に利用できる自由エネルギーへ変換される過程．光合成の反応は，色素分子が光エネルギーを吸収し，励起された色素分子を生じる光吸収，励起された色素分子がそのエネルギーを反応中心に伝え，酸化と還元を引き起こす光化学反応，その結果反応中心につながる電子伝達系での酸化還元を起こす光合成電子伝達系およびATP*生成の光リン酸化反応，NADPH(ニコチンアミドアデニンジヌクレチドリン酸)とATPを利用した，$CO_2$固定である炭酸同化系からなる． ［紀ノ岡 正博］

**こうごしんどうばんとう 交互振動板塔 reciprocating plate column**

⇒カール塔

**こうごみゃくどうりゅうがたちゅうしゅつとう 交互脈動流型抽出塔 perforated-plate extraction column with reciprocated flow**

軽液と重液を交互に塔内に送入し，同時に交互に塔外へ抜き出す型式の液液抽出*装置．わが国で開発された．塔内は下降管*を有しない多数の多孔板からなり，軽液流動時には重液が静止した連続相*となり，軽液が分散相*として上昇する．重液流動時には，軽液が静止した連続相となり，重液が分散相として下降する．脈動多孔板抽出塔(⇒脈動抽出塔)の操作下限域に相当する脈動条件で，つねに安定な操作が可能となるようミキサーセトラー*型の分散*を安全に行わせる方法として採用されている．さらに液滴生成時および合一時の抽出速度が非常に大きいことを活用している． ［平田 彰］

**こうざんはいすいしょりぎじゅつ 鉱山排水処理技術 treatment technology of effluent from mining industry**

鉱山排水は坑内水，堆積場の浸出水，選鉱排水，精錬排水などがあり，坑内水や堆積場の浸出水は操業を終えたあとでも対策が必要となることが多い．鉱山排水処理では濁質の除去が共通で，動沈殿法*，さらには凝集沈殿法が用いられる．坑内水のpHは酸性から弱アルカリ性まで広いが，硫化鉱主体の鉱山などでの排水は強い酸性を示すことが多い．この場合，石灰などによる中和処理を行うが，溶出した重金属のさらなる除去にはイオン交換法*なども用いられる． ［木曽 祥秋］

**こうさんらん 光散乱 light scattering**

⇒光(ひかり)散乱

**こうじこうぞう 高次構造 supermolecular structure**

高次組織構造．結晶性高分子の溶液や融液から結晶化したとき生ずる結晶相と非晶相からできる組織構造．単結晶ラメラが結晶相の基本単位と考えられ，核中心から放射状にラメラ晶が成長して球晶ができ，非晶相が球晶間に存在する高次構造を呈する．延伸処理や射出成形では，ラメラ晶と非晶相が交互に連結したフィブリル状の高次構造が生じ，また高分子溶液の分子配向結晶化からは伸びきり鎖結晶を中心に，その側面に折りたたみ鎖結晶が周期的に形成した，いわゆるシシカバブ構造が生ずる．

［桜井 謙資］

**こうしそうかんほう 光子相関法(粒子径測定の) photon correlation spectroscopy for particle size measurement**

PCS．コロイド粒子*の大きさを測定する方法の一つ．コロイド*にコヒーレントなレーザー光を照射し，数μs～数ms間隔で散乱光強度の変動を測定し，その自己相関関数から粒子のブラウン拡散係数*，さらには粒子径を求める方法である．粒子のブラウン拡散*をもとにした測定法であるため，数nm～数μmの粒子径が測定範囲である．ブラウン拡散係数を周波数解析法で求める方法と併せて，動的光散乱法*とよばれる． ［森 康維］

**こうしへいきんモデル 格子平均—— grid average model**

LES(large eddy simulation)．乱流場の流動を数値解析するためのモデルの一つ．N-S方程式*を空間的に平均する．コルモゴロフの渦スケール以下の微小渦についてはモデル的に取り扱い，それよりも大きい渦については，直接に計算を行う．時間平均モデルと比較して計算負荷はかなり重くなるが，乱流速度の瞬時値を得ることができる．

［上ノ山 周］

**こうしゅうはかんそう 高周波乾燥 dielectric drying, high frequency drying**

⇒放射乾燥

**こうしゅうはゆうどうかねつほう 高周波誘導加熱法 radio frequency induction heating**

導体に高周波を印加し，導体中に誘導される渦電

流のジュール熱によって加熱を行う方法. 通常の抵抗加熱に用いられる物質が加熱されやすい. 固体を直接加熱するため, 局所加熱が可能で, CVD*法などでは, 基材固体自体あるいはサセプター*を加熱し, コールドウォール*を実現するのに用いられる. 高い昇温速度が得られるとともに雰囲気ガスを加熱せずに固体を昇温できるという特徴があり, 固体の反応性解析の実験などにも利用される.
[河瀬 元明]

こうしょうこうけい 公称孔径 nominal pore size
　精密濾過膜の分離性能を表す指標. 粒子径が既知な標準粒子やバクテリアを利用した濾過試験(チャレンジ試験とよばれる)では, 通常, 90%の阻止率を示す粒子径で示される. また, バブルポイント法(エアーフロー法)を利用した評価法も利用されるが, この場合は流体(通常は空気)透過に対する細孔径(あるいはその分布)を示しており, 必ずしも同じ大きさの懸濁物質を除去できることを保証しているわけではない.
[市村 重俊]

こうしょく 孔食 pitting
　ピッテイング. 孔状に生じる腐食. 水溶液環境での耐食性は材料表面に生成する不動態皮膜による. 不動態皮膜が環境の腐食因子(たとえば塩化物イオン)または動的因子(付加応力)により局所的に破壊すると, その部位が溶解する. 使用環境中で再不動態化が難しい場合, 溶解が進み, 孔状腐食が生じる. 電気化学的には, 材料の腐食電位 $E_{corr}$ が孔食電位 $V_c'$ よりも貴(ノーブル)側にあると局所的に溶解が進む, と説明される. 孔食の防止対策としては, 環境から腐食因子を除去するのは難しく, CrやMoなど耐孔食性を向上する化学成分を多く含む耐食材料, たとえば304鋼に代わる316ステンレス鋼, ハステロイ合金, インコネル合金などの選定が望まれる.
[山本 勝美]

ごうせいガス 合成ガス synthetic gas
　⇒気体燃料

ごうせいこうそ 合成酵素 ligase
　⇒リガーゼ

こうせいてきかれいきゃく 構成的過冷却 constitutional supercooling
　冷却面に結晶層が析出するとき, 結晶表面近くの液相中には濃度分布と温度分布が形成されている. 両分布は独立して形成され, 熱と物質の移動速度としてつり合いがとれていればよい. 一般にシュミット数 $Sc>$ プラトル数 $Pr$ であるので, 温度変化の領域と比べて濃度変化の領域のほうが狭い. このために, 濃度分布をその平衡温度分布に換算して実際の温度分布と比較すると, 過冷却域がみられることがある. このようにして形成された過冷却を構成的過冷却という.
[松岡 正邦]

こうせいのうエアフィルター 高性能—— high efficiency particulate air filter
　HEPAフィルター*. 航空宇宙, 原子力, 半導体, 医療, 薬品, 食品などの産業分野における空気浄化装置の最終段に用いられるフィルターで, 定格流量で0.3μmの粒子に対して99.97%以上の粒子捕集率をもち, かつ初期圧力損失が一般に300 Pa以下の性能をもつものをいう. 濾材はおもにμm級の多分散繊維径のガラス繊維が用いられるが, PTFEなどの合成樹脂繊維を用いたものも開発利用される. 多風量を得るため, 枠内にプリーツ状に織り込んで濾過面積を増やす構造を一般にとる.
[横地 明]

こうせいのうきそくじゅうてんぶつ 高性能規則充填物 high perfomance structured packing
　1980年代までに開発された規則充填物の処理量を, さらに20～30%増加させるために1990年代後半に開発された蒸留用充填物.
[長浜 邦雄]

こうせいのうトレー 高性能—— high performance tray
　圧力損失, 段効率, 操作範囲, 処理能力などの性能と経済性が以前のものよりも優れたトレーのこと. 多くの種類があり, 性能向上をはかるために開発競争が続いている. その多くは特許化されておりライセンサーがいる. それぞれに利点と欠点があるので, 使用目的に応じて選択して使用する.
[鈴木 功]

こうせいのうフィルター 高性能—— high efficiency air filter
　HEPAフィルター*. 空気中の微粒子をほとんど100%捕集する高性能フィルターで, HEPAフィルターとULPAフィルター*がある. HEPAフィルターは定格風量で粒径0.3μmの粒子に対して捕集効率99.97%, 圧力損失300 Pa以下の性能をもつフィルターで, ULPAフィルターは同じ圧力損失で0.15μmの粒子に対して99.9995%以上の捕集効率*を有するエアフィルターをいう. 濾材としてはおもにガラス繊維紙が用いられ, 低圧力損失, 高捕集効率を実現するために, 繊維径を細くしたり, 濾材の折込み(プリーツ)数を多くして濾過速度を小さくする工夫がなされている.
[大谷 吉生]

こうせいのうふきそくじゅうてんぶつ 高性能不規

則充填物　high performance dunmped packing

約100年前に開発されたラシヒリング*，1950年代に開発されたポールリング*（図参照）などは，1980年以前では不規則充填物の代表であった．その後，規則充填物が次々と生まれ，それに伴って規則充填物に近い性能をもった高性能な不規則充填物が開発された．ノートンIMTP，カスケードミニリング（いずれも商品名）などがそれにあたる．　　［長浜　邦雄］

ポールリング

ノートン IMTP　　カスケードミニリング

高性能充填物

こうせいほうていしき　構成方程式　constitutive equation

ひずみと応力を関係づける物質方程式を一般に構成方程式という．ニュートンの粘性法則*はもっとも簡単な構成方程式であるが，種々の複雑流体に対して，純粘性非ニュートン流体*の各種構成方程式が提案されており，弾性を示す流体に対しては各種の粘弾性流体*構成方程式が提案されている．純粘性の構成方程式の代表例として指数法則モデルがあり，粘弾性流体の代表例としてはマックスウェルモデル，フォークトモデルなどがある．　　［薄井　洋基］

ごうせいりつ　剛性率　modulus of rigidity

せん断弾性係数*．横弾性係数*．せん断応力*とせん断ひずみの比．（⇒弾性係数）　　［新井　和吉］

こうそ　酵素　enzyme

生細胞内でつくられるタンパク性の生体触媒*．酵素によって触媒される化学反応を酵素反応というが，生体内の化学反応はほとんどすべてが酵素反応であり，物質代謝はすべて酵素系に依存している．構造はポリペプチドが球状に折り畳まれた球状タンパク質（糖鎖が付いたり各種金属イオンを含むものが多い），あるいはそれを一つのサブユニットとしていくつかのサブユニットが非共有結合により会合したオリゴマータンパク質*である．反応速度を高め，それ自身は変化しないという性質をもつが，反応の平衡は変えない．酵素ータンパク質の立体構造の中に触媒活性部位を中心として，基質*と特異的に結合し，酵素ー基質複合体を形成し，遷移活性複合体を経て生成物を解離する．通常の触媒と比べて温和な条件下で強力に作用するとともに，特定の基質に，特定の反応しか触媒しないという基質特異性および反応特異性が著しく高い．酵素は高温によるタンパク質変性で失活したり，pHなどの微妙な変化により活性に変化を生じる．酵素量は，カタール*などの酵素活性で表す．酵素は，反応の種類により以下の6種類に大別される．① 酸化還元酵素（oxido-reductase），② 転移酵素（transferase），③ 加水分解酵素（hydolase），④ 脱離酵素*，⑤ 異性化酵素（isomerase），⑥ 合成酵素*．　　［紀ノ岡　正博］

こうぞうねんど　構造粘度　structural viscosity

非ニュートン流体の粘度．分散系に加えられるせん断力が増加すると流動しやすくなり，見掛け粘度が小さくなる性質．エマルション，グリース，低温時の潤滑油などがこの性質を示す．F.W. Ostwaldは，この種の溶液の内部にはある種の構造が形成されていると考え，圧力が大きくなると粘度が小さくなるのは流動応力によってその構造が破壊されるためだとして，この種の異常粘度に構造粘度という名称を与えた．しかし，今日の見解では，このような構造に基づく異常粘性は非ニュートン流体のうちの一部分にすぎない．　　［船造　俊孝］

こうそくじゅんかんりゅうどうそう　高速循環流動層　fast fluidized bed

⇒ CFBC

こうそくりゅうどうかじょうたい　高速流動化状態　fast fluidized bed

⇒流動化状態

こうそくりゅうどうそう　高速流動層　fast fluidized bed

流動層*の濃厚領域*が示す流動化状態*の一つ．流動化した粉体がクラスター*を形成し，クラスターの形で気流中に懸垂されている状態．高速流動層の濃厚領域*と希薄領域の境界は明確ではなく，ゆるやかな粒子濃度の推移を伴う．このため，濃厚状態から希薄状態への遷移はなだらかに起こる．高速流動層は粒子循環フラックスが $500 \sim 1000 \text{ kg m}^{-2} \text{ s}^{-1}$ と大きなライザー*リアクターで，触媒反応に用いられている．　　［守富　寛］

こうそのこうぎょうてきりよう　酵素の工業的利用

industrial use of enzyme

　高い基質特異性と温和な条件下での高い反応速度を可能とする酵素は，食品産業，繊維工業，紙・パルプ産業などで産業用酵素として利用されてきた．また，物質生産に対する利用として，アミノ酸を中心とした光学活性化合物の生産や異性化糖の生産で高収率，高純度を得ることから利用されてきた．衣料用洗剤に配合する洗剤用酵素（プロテアーゼ，リパーゼ，セルラーゼ，アミラーゼなど）が，需要としては大きい．このほかにも，特異性の高い反応を利用して，臨床分野などで特定の物質を定量する診断用酵素があげられる．近年，遺伝子組換え技術で生産した酵素が数多く実用化されており，生産コストの削減や，目的生成物の収率・純度の向上といった目的で威力を発揮している．反応操作としては，回分反応操作として酵素を使い捨てる場合が多いが，酵素を固定化すること（固定化法*）により反応容器内での流出や失活の抑制を行って，連続反応操作として使用することもある． ［紀ノ岡 正博］

**こうそひょうしきめんえきそくていほう　酵素標識免疫測定法　enzyme immunoassay**

　EIA．ELISA（enzyme-linked immuno-sorbent assay）．酵素*で標識した抗原*（抗体*）を用いた抗原抗体結合の特異性と標識酵素の活性を利用する高感度分析法．標識抗原と未知濃度の非標識抗原を競合的に固相化抗体に結合させ，標識抗原の結合を妨げる度合いから未知抗原濃度を求める競争固相法，固相化抗体に未知濃度非標識抗原を結合させたあとこの抗原に標識抗体を結合させ，その濃度から抗原濃度を求める非競争サンドイッチ法などの手法がある．標識抗原（抗体）の量は，酵素反応によって発色を呈する基質を加えて，その発色度から求める．
　　　　　　　　　　　　　　　　［紀ノ岡 正博］

**こうたい　抗体　antibody**

　免疫反応において，抗原*の刺激を受けBリンパ球から分化した抗体産生細胞によって生産される，その抗原に特異的結合能を有するタンパク質*の総称．人の抗体には5種類のクラス（G, M, A, D, E）があり，各2本のH鎖，L鎖の計4本のポリペプチド鎖のジスルフィド結合からなる基本構造をもつ．
　　　　　　　　　　　　　　　　［紀ノ岡 正博］

**ごうたいきゅうもけい　剛体球模型　hard sphere model**

　剛体球，すなわち実体積は有するが，分子間引力は備えていない球状物質の分子間相互作用を表すポテンシャル関数で，

$$\phi(r) = \infty \quad r \leq \sigma$$
$$= 0 \quad r > \sigma$$

と書くことができる．$r$は剛体球の中心間距離，$\sigma$は剛体球直径である．剛体球モデルは相互作用の弱い分子の高温での状態を近似的に表しうるにすぎないが，取扱いが比較的簡単となるため，理論計算や計算機シュミレーションにおいてしばしば用いられる．また，一つの基準系として，状態方程式などの性質がよく調べられている．とくに，高次ビリアル係数の厳密な値が知られている． ［船造 俊孝］

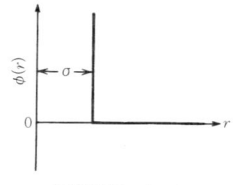

剛体球ポテンシャル

**こうど　硬度　hardness**

　硬さ．材料の機械的性質としての硬さ．材料の硬さは一般的な数量で表すことは難しく，さまざまな硬さ試験機の測定値として表す．一定荷重で圧子を押し込んで，そのときの変形量で表すタイプが多い．試験機，すなわち試験方法によって以下のような硬さが用いられる．① ブリネル硬さ（Brinell hardness）：鋼球圧子を押し込んだときの荷重とくぼみ面積の比．② ビッカース硬さ（Vickers hardness）：ダイヤモンド製正四角すい圧子を押し込んだときの荷重とくぼみ面積の比．③ ロックウェル硬さ（Rockwell hardness）：鋼球またはダイヤモンド製円すい状圧子を用いて基準荷重まで加重し，次に試験荷重まで荷重を負荷してから基準荷重まで戻したときのくぼみ深さの差．④ ショア硬さ（Shore hardness）：先端が球面状のダイヤモンド製圧子を取り付けたハンマーを落下させたさいの，ハンマーの跳上り高さで測定する．⑤ モース硬さ（Mohs hardness）：鉱物の場合に用いる引っかき法で示す硬度． ［久保内 昌敏］

**こうどしょり　高度処理　advanced treatment**

　活性汚泥法*や接触酸化法*などの二次処理では，好気性微生物により生物分解可能な有機汚濁物（BOD*）の除去が行われ，処理性能はBODと浮遊物質（SS）で評価される．二次処理より良好な水質を得るための処理を高度処理と総称し，BOD, COD*, SS

の改善，富栄養化\*の原因物質である窒素やリンの除去，色度などの除去を目的とする．

二次処理のあとに新たな装置を付加して高度処理する場合を三次処理という．砂沪過(COD, SS)，凝集沈殿(SS, COD, リン)，活性炭吸着法\*(COD, 色度成分)などがある．また，三次処理として硝化脱窒法による窒素除去も行われる．

二次処理のプロセスを改変して高度処理を行う方法もある．活性汚泥の分離に膜沪過\*を利用するシステム(膜分離活性汚泥法)，二次処理過程に硝化脱窒作用を組み入れて BOD と窒素を同時に除去する方法，好気・嫌気法による生物学的リン除去，ばっ気槽に直接無機凝集剤を添加してリン除去を行う方法などがある． ［木曽 祥秋］

**こうねつきん　好熱菌　thermophilic bacteria**

生育至適温度が 50℃ 以上で，30℃ 以下ではほとんど増殖しない細菌．とくに，90℃ 以上の至適温度をもつものを超好熱菌とよぶ．好熱菌から得られた酵素は熱安定性が高く，診断薬や工業用触媒として応用が進んでいる． ［紀ノ岡 正博］

**こうねんどえきのかくはん　高粘度液の撹拌　mixing of highly viscous liquid**

高粘度液とは通常数 Pa s 以上の液体をいう．高粘度液の撹拌のおもな目的は均一化にある．したがって，撹拌槽内全域に流動を生じさせるためには，撹拌翼\*としては翼径が撹拌径にほぼ等しいアンカー翼，ヘリカルリボン翼\*などのクロスクリアランス翼が従来より用いられる．したがって，撹拌翼を高速で回転させることは難しく，通常撹拌レイノルズ数 $Re$ が $Re<10$ の層流域もしくは $Re<100$ の遷移域で操作される．ヘリカルリボン翼のように，直接流体を流動させるタイプの撹拌翼を用いてニュートン流体を混合する場合には，撹拌槽のフローパターンは撹拌速度によらず相似となるため，混合時間\* $t_m$ と撹拌速度 $n$ の積である無次元混合時間は，$Re$ 数によらず一定となる．

$$nt_m = \text{const.}$$

なお，混合に適するヘリカルリボン翼の幾何学的形状は翼壁間のクリアランス $c$，翼ピッチ $p$，翼幅 $w$ は槽径 $D$ に対して $c/D=0.05, p/D=0.90, w/D=0.15$ である．

日本においては，大型パドル翼を変形した大型撹拌翼\*が高粘度液の撹拌に頻繁に用いられるようになってきている．一般に，大型撹拌翼の撹拌槽内のフローパターンは撹拌槽内に形成される圧力差により生み出されるため，上式の関係は成立せず，$Re$ 数の増大に伴い $nt_m$ は減少する．なお，2 液の粘度が大きく異なる場合や，液位が変化する場合には，操作条件によっては混合が不良になる場合があるので注意が必要である．擬塑性流体の混合においては，撹拌翼から離れるほど液体の見掛け粘度が増大するために撹拌槽内に粘度分布が生じ，撹拌槽内のフローパターンが変化し，その結果撹拌レイノルズ数の増大に伴い $nt_m$ は若干増加する．なお，撹拌槽内に粘度分布を生じさせないような撹拌翼が擬塑性流体の混合に適している．すなわち，ヘリカルリボン翼においては，ニュートン流体の混合の場合よりも翼ピッチの小さな形状が望ましい．(⇒大型撹拌翼)

［高橋 幸司］

**こうばいようしゅつ　勾配溶出　gradient elution**

クロマトグラフィーで移動相の液の組成を連続的に変化させ，吸着されている溶質を溶離する方法．通常，イオン強度，pH，溶液の極性のいずれかあるいはそれらの組合せにより変化させる．たとえば，イオン交換クロマトグラフィー\*では，イオン強度を高めることにより静電的相互作用を低下させ，溶質を溶出させる操作が行われる．溶離条件をステップ状に変化させる段階溶出\*と比べて，高い分離能が得られるが，勾配を緩やかにしすぎると溶離試料が著しく希釈されるので，適当な溶離条件を設定する必要がある． ［紀ノ岡 正博］

**こうはつねつりょう　高発熱量　higher heating value**

⇒高位発熱量

**こうふくおうりょく　降伏応力　yield stress**

材料の降伏点\*．また，ビンガム流体においては，降伏応力以下のせん断応力\*では流動が生じない．

［新井 和吉］

**こうふくてん　降伏点　yield point**

材料に応力を作用させていくと，ある応力値で材料の一部に塑性\*滑りが発生し，弾性部分が塑性変形する現象を降伏という．この塑性変形が初めて生じる応力の値を降伏点または降伏応力\*といい，設

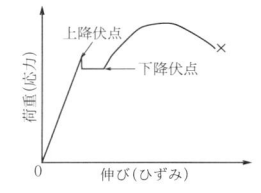

軟鋼の荷重-伸び曲線(応力-ひずみ曲線)

計に対する基準応力の一つとなっている．軟鋼の引張りでは図に示すようなとくに明確な降伏点が上下に二つ現れる．しかし，一般の材料では明瞭な降伏点が現れない．この場合には，降伏点の代わりに耐力*が基準応力として用いられる． ［新井 和吉］

**こうふつげんかいせいぶん　高沸限界成分　heavy key component**
　蒸留*の分離仕様を決定する二つの限界成分*のうちの一つで，蒸留塔の塔頂から留出する成分のなかでもっとも重い成分．この成分より重い成分は実質的に全量が塔底からの缶出液*に含まれる．（⇒低沸限界成分） ［森　秀樹］

**こうぶっしつりゅうそくこうか　高物質流束効果　high mass transfer**
　混合蒸気の凝縮，揮発性溶媒の蒸発，液滴の燃焼などのように物質移動*の推進力が著しく大きく，移動速度が大きい現象においては，界面近傍の速度分布，温度分布，濃度分布がひずむ．その結果，摩擦係数*，熱伝達係数*，物質移動係数*が物質流束*によって変化する．このような移動現象*をいう． ［渡辺 隆行］

**こうふつせいぶん　高沸成分　higher boiling component**
　重い成分．蒸留によって分離しようとする混合物のなかで標準沸点の高い成分のこと．（⇒低沸成分） ［森　秀樹］

**こうぶんしアロイ　高分子——　polymer alloy**
　⇒ポリマーアロイ

**こうぶんしかそざい　高分子可塑剤　plasticizer**
　分子量1000以上の可塑剤*．低分子の可塑剤は揮発，溶出，移行などにより可塑剤効果が低下するが，高分子化によりこれらを抑制する．ガラス転移温度が低く量を必要とする短所がある． ［浅野 健治］

**こうぶんしせいけいかこう　高分子成形加工　polymer processing**
　プラスチック材料で望みの形状のものをつくること．プラスチック製品の製造工程をさす．材料や最終製品によってさまざまな成形加工法があるが，基本的にはプラスチック材料を，① 混合・混練などの前処理をする，② 溶融・溶解などによって流動性を与える，③ 金型や外力などを利用して形状を付与する，④ そのままの状態で固めて取り出す，という手順を踏む．また，広義には上述の手順でつくった製品に機械加工，組立て，めっきなどを施す二次加工まで含まれる． ［田上 秀一］

**こうぶんしはんのうこうがく　高分子反応工学　polymer reaction engineering**
　⇒重合反応工学

**こうぶんしふくごうたい　高分子複合体　polymer composites**
　⇒コンポジット

**こうぶんしブレンド　高分子——　polymer blends**
　⇒ポリマーブレンド

**こうぶんしまく　高分子膜　polymer membrane**
　高分子からなる薄い層状の物質．孔を有する多孔質膜*と，孔のない非多孔質膜*に分類することができる．おもに，多孔質膜は溶液中の溶質分離に，非多孔質膜はガス分離に用いられる．親水性高分子や疎水性高分子などの多くの高分子膜が工業的に用いられている． ［松山 秀人］

**こうぶんしレオロジー　高分子——　polymer rheology**
　高分子溶液，高分子溶融体，固体高分子のひずみと応力の関係を取り扱う学問分野をいう．合成繊維，各種高分子材料の成形加工などの分野における基礎となっている． ［薄井 洋基］

**こうぼ　酵母　yeast**
　生活環の大部分が単細胞であり，主として出芽によって増殖する真核生物の菌類．酵母のなかでもSaccharomyces属は古くから発酵醸造に用いられている．細胞融合技術で育種した酵母は清酒やワイン，焼酎，パンなどに実用化されている．また，遺伝子組換え技術を用いて異種タンパクの分泌生産系が確立されており，B型肝炎ワクチンやインスリンなどが酵母を宿主として生産されている． ［紀ノ岡 正博］

**こうみつどプラズマ　高密度——　high-density plasma**
　数Pa程度の低い圧力領域において，$10^{11}$ cm$^{-3}$以上の密度を有するプラズマ．ドライエッチングや薄膜堆積に応用される．プラズマ中で生成したエッチングイオン種の基板への入射角を垂直に制御する，あるいは気相中での成膜種間の過剰な反応を抑制するために必要な低圧下において，ラジカルやイオン濃度を高く維持できるため，エッチングや膜堆積の速度低下が避けられる．ECRプラズマ，ICPプラズマ，VHFプラズマなどがある． ［大下 祥雄］

**こうようかん　効用缶　effect evaporator**
　工業的な蒸発*操作では加熱水蒸気の節約をはかるために多くの場合，多重効用缶*を用いる．その個々の蒸発缶を効用缶という．（⇒多重効用缶）

[平田 雄志]

### こうりゅう　後流　wake

流れの中に置かれた物体の後方において，圧力が低下することにより境界層がはく離し，下流側に渦を含む低流速の領域が生じる．この領域を後流という．物体から十分離れた下流において，流速は再び周囲と同程度まで回復する． [吉川 史郎]

### こうりゅう　向流　countercurrent, counterflow

装置内で，ある流体とほかの流体，または固体の流れの間に熱や物質移動を連続的に行うとき，両者を逆向きに流す場合を向流という．両者を同じ方向に流す場合を並流*という．並流の場合は両流体の入口で熱移動や物質移動の推進力が最大，出口で最小になるのに対して，向流では装置内で推進力が一様になりやすく，推進力の対数平均*が並流の場合よりも大きくなる．図に熱交換器内の高温流体，低温流体の温度変化を示したが，向流の場合は低温流体を高温流体の出口温度以上に加熱することが可能である．物質移動の場合の流体の濃度変化についても同様の傾向がある． [寺本 正明]

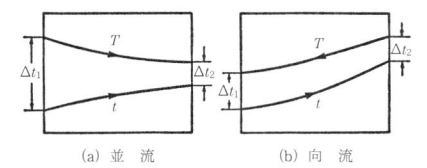

(a) 並流　(b) 向流
簡単な熱交換器における2流体の温度分布
［便覧，改三，図3·15］

### こうりゅうただんちゅうしゅつ　向流多段抽出　countercurrent multistage extraction

⇒多段抽出

### こうれいきん　好冷菌　psychrophiles

低温(0℃以下)で生育可能な菌．通常の温度(20〜30℃)にさらされると生存できない好冷菌(psychrophiles)と，常温でも生育可能な低温菌(psychrotrophs)とに分類される． [紀ノ岡 正博]

### こえきかくはん　固液撹拌　solid-liquid mixing

溶解，晶析，イオン交換や固体触媒を含む液体反応においては，比較的低粘度の液体中に固体粒子を浮遊させることが必要となる．この場合，撹拌翼は固体が沈降するのを防ぐため，また良好な固液物質移動あるいは化学反応を行わせるために適した条件を与えるために用いられる．通常，撹拌レイノルズ数* $Re$ が $Re > 10^4$ の乱流域で操作される．従来より固液撹拌については多くの研究がなされており，粒子浮遊状態，撹拌槽内粒子濃度分布ならびに固液物質移動に関して知見が得られている．固液撹拌に一般に用いられている撹拌翼は，プロペラ翼*や傾斜パドル翼などの軸流型フローパターン*を示す翼であり，下降流を生じさせるように回転させる．また，固体粒子が液体よりも重い場合には粒子浮遊に槽底の形状は大きな影響を及ぼし，フローパターンに沿った輪郭型底面にすると，平底面に比較して1/3程度の動力で粒子浮遊を達成できる．逆に固体粒子が液体よりも軽い場合には，粒子巻込みのためには邪魔板の配置が重要になる． [高橋 幸司]

### こえきちゅうしゅつ　固液抽出　solid-liquid extraction

固体抽出．浸出*．リーチング*．溶媒抽出*．固体原料中に含まれているある目的成分(抽質*)を，溶剤(抽剤*)中に溶解移動し，これを分離回収して目的物を得る操作．前処理として固体原料の粉砕，圧搾などの操作が必要である．固液抽出は鉱石からの金属の抽出，植物種子からの各種油脂の採取，植物からの医薬品の抽出など湿式冶金工業，油脂工業，食品工業，医薬品工業，化学工業などに広く応用されている． [宝沢 光紀]

### こえきにそうりゅう　固液二相流　solid-liquid two-phase flow

固体と液体が共存する流れ．固-液系の輸送層，流動層*，固体抽出器，スラリー*輸送などにみられる．流動様式は，管の傾斜，管径，粒子径，粒子密度，

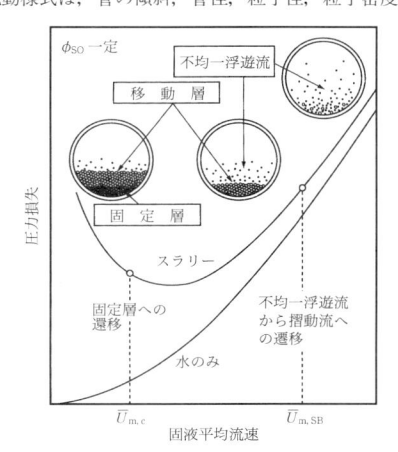

固液水平流の圧力損失と流動状態
［便覧，改六，図5·18］

形状，液物性，流速，固液混合比などの因子の影響を受ける．水平管内の流動状態は，① 固定層を伴う流れ，② 跳躍・摺動層を伴う流れ，③ 不均一浮遊流*，④ 均一浮遊流* と変化していく．これらの境界は，スラリーの流速，粒径に大きく依存する．垂直上昇流の場合は粒子は管内にほぼ均一に分散するが，流速が速くなると中心部に集まる集軸現象が生じる．下降流の場合はほぼ均一に分散する．水平流の圧力損失* は図に示すように，流動様式①，②の境界付近で，最小となる．垂直上昇流の場合は，液が単独で流れた場合の圧力損失に，その区間に含まれる粒子の体積分に密度差を掛けた重量分を加えたものとして計算できる． [梶内 俊夫]

## こえきぶっしついどうけいすう　固液物質移動係数 solid-liquid mass transfer coefficient

固体粒子まわりの液相側物質移動係数．この物質移動係数に関する無次元数であるシャーウッド数* を，乱流理論に基づき，液単位体積あたりの所要動力* $P_V$ をパラメーターにした代表速度 $(P_V\nu/\rho)^{1/4}$ と，平均粒子径 $d_\mathrm{p}$ を用いた粒子レイノルズ数* $d_\mathrm{p}(P_V\nu/\rho)^{1/4}/\nu$ およびシュミット数* で相関することができる．粒子浮遊限界撹拌速度* $N_\mathrm{JS}$ を境に，物質移動係数* の粒子レイノルズ数に対する依存度が急激に変化する． [加藤 禎人]

## こえきぶんりそうさ　固液分離操作 solid-liquid separation

⇒バイオセパレーション，沪過，遠心分離

## こえきへいこう　固液平衡 solid-liquid equilibrium

相平衡の一つで，固相と液相が共存して熱力学的平衡にある状態．一成分系すなわち純粋物質の場合には，温度と圧力のどちらかを定めればほかが決まってしまい，その間の関係は種々の圧力に対する融点の関係として表される．二成分系以上の場合は，液相と固相の状態に応じて次のように分類される．① 液体成分は完全に溶解しあい，固体成分も完全に混じり合って固溶体* をなす．② 液体成分は完全に溶解するが，固体成分はある程度しか混じり合わず，固相の相互溶解度* をもつ．③ 液体成分は完全に溶解するが，固体成分はまったく混じり合わずに純粋な固相を形成し，単純な共晶点* をもつ．また，これら以外に液相が2相に分離する場合もある．固液平衡関係は固液抽出や晶析のさいに必要となる重要な物性値である． [滝嶌 繁樹]

## こきにそうりゅう　固気二相流 solid-gas two phase flow

図は水平管の単位管長あたりの圧力損失* $\Delta p/\Delta l$ と管内の空気空塔速度 $\bar{u}_\mathrm{G}$ の関係を，管径 $d=26$ mm，平均粒径 $d_\mathrm{p}=470\,\mu\mathrm{m}$ のガラスビーズについて粒子質量速度 $q_\mathrm{m,s}$ をパラメーターとして示したものである(⇒空塔速度)．曲線AB は $q_\mathrm{m,s}=0$，すなわち空気単相流のFanning の摩擦損失を示す(⇒Fanning の式)．$q_\mathrm{m,s}=20.1\,\mathrm{g\,s^{-1}}$ の場合，空気速度が大きいCD 間では粒子が管内に一様に分散して流れる均一浮遊流* となる．また，空気速度が減少するDE 間では，粒子の一部が管底をスライドする摺動流* となる．点E では圧力損失は極小値を示し，ほとんど全粒子が摺動するが固定層* はまだ生じない．点E よりさらに空塔速度が低下すると，圧力損失は急激に増加し，点F では粒子が管底に沈積し，固定層が生じ始める．したがって，F での空気速度がその粒子流量に対する最小輸送速度を与える．

垂直管内の固気二相上昇流は空気速度の減少とともに，希薄相流動からスラッキング* を伴う濃厚相流動となる．この流れの不安定性に基づく遷移をチョーキング*(choking)遷移とよぶ．さらに，空気速度を減少させると流動層* 流動から，ついには充填層となる．

固気二相流の圧力損失は，気体のみが流れるときの圧力損失と粒子付加による圧力損失 $\Delta p_\mathrm{s}$ の和として表される．$\Delta p_\mathrm{s}$ は粒子群の加速による圧力損失，粒子群と壁面との摩擦による圧力損失，曲がり管による圧力損失と粒子群を持ち上げるのに要する圧力損失，の四つの圧力損失の和から求められる．

水平管内や垂直管内の粒子速度は実験式が提出されている．垂直管の場合は大粒子では気流の速度分布によらず粒子速度は平坦であるが，小粒子では管中心部が速くなり，気流の速度分布に近づいてくる．$75\,\mu\mathrm{m}$ のFCC 粒子を用いた実験では，垂直上昇流

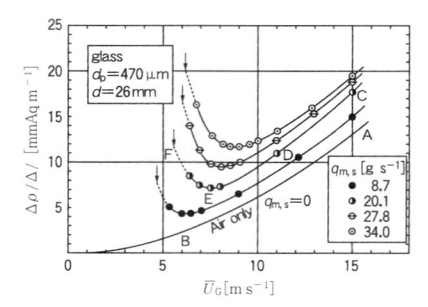

固気二相流[便覧，改六，図5・16]

では管内の粒子体積分率は管中央部では上昇気流により低濃度で一定であるが,管壁周辺の環状部では気体の下降流のために粒子体積分率が急激に増加する.　　　　　　　　　　　　　　　　　[柘植　秀樹]

**こきへいこう　固気平衡**　solid-vapor equilibrium

相平衡の一つで,固相と気相が共存して熱力学的平衡にある状態.純粋物質の場合には温度と圧力のどちらかを定めればほかが決まってしまい,その関係は昇華*曲線(昇華温度,昇華圧*)として表される.二成分系以上の場合は,固液平衡*と同様の分類となる.固気平衡は凍結乾燥や凝縮操作において重要な物性値である.　　　　　　　　[滝嶌　繁樹]

**こきゅうさ　呼吸鎖**　respiratory chain

解糖*系やTCA(トリクロロ酢酸)回路においてNADH$_2^+$やFADH$_2$の形で捕捉された水素は,ミトコンドリアのクリステに存在する電子伝達系(複合体Ⅰ～Ⅳ)を経て,最終受容体の酸素によって酸化され水となる.また,この過程でミトコンドリアのマトリックスから膜間スペースにH$^+$がくみ出され,内膜の内外にH$^+$の濃度勾配が発生する.このH$^+$濃度勾配で生じる化学ポテンシャルを利用して,複合体Ⅴ(H$^+$輸送ATP*合成酵素)がADP(アデノシン二リン酸)とリン酸からATPを合成する(酸化的リン酸化).これらの過程を呼吸鎖とよぶ.大腸菌のような酸素呼吸を行う細菌の場合は細胞膜に複合体Ⅰ～Ⅴが存在する.　　　　　　　　　[長棟　輝行]

**こきゅうしょう　呼吸商**　respiratory quotient

RQ.呼吸率.生体の排出する二酸化炭素量と呼吸する酸素量の比.どのような炭素源(栄養源)がどのような状態で酸化されているかを推定する指標となるので,微生物の培養を制御するために利用される.グルコースが完全酸化される場合は,RQが1となる.タンパク質や脂肪のように分子中の結合酸素の割合が糖類より少ない物質が酸化される場合にはRQは1より小となり,逆にリンゴ酸が呼吸基質になるときは,RQは1よりも大きくなる.
　　　　　　　　　　　　　　　　[紀ノ岡　正博]

**こくえんかふしょく　黒鉛化腐食**　graphitic corrosion, graphitization
　⇒選択腐食

**コークス**　coke
　⇒コークス炉

**コークスろ――炉**　coke oven

製鉄用のコークス*を製造する石炭の乾留炉*をいう.現在,わが国で稼働しているコークス炉は室炉式コークス炉とよばれ,炭化室と燃焼室が交互に配置され,炭化室の直下に蓄熱室を配置した構造をとっている.炭化室に装入された石炭は,両側に配置された燃焼室からの伝熱によって,15～20時間かけて1100℃程度まで加熱されて乾留されコークス(収率0.75程度)となる.この間,コールタール*(収率0.05程度)とよばれる液状炭化水素と水素,メタンを主成分とするコークス炉ガス(収率0.1程度)が副生する.コールタールからは蒸留によってベンゼン,トルエン,キシレン,ピッチ,クレオソート油,ナフタレンなどが回収されている.コークス炉ガスは都市ガスや製鉄所内のエネルギー供給に利用されている.　　　　　　　　　　　　　　[三浦　孝一]

**こくたい　黒体**　blackbody

温度が一様な壁で囲まれた閉空間にはふく射が充満する.そのふく射エネルギー密度*は,その温度の空間に可能な最高のものである.このような空間を黒体空洞とよび,そこに充満するふく射を黒体ふく射(空洞ふく射)とよぶ.黒体空洞に小孔を設けるとその小孔(仮想面)からは黒体ふく射が放射される.この仮想面を黒体面とよぶ.黒体空洞や黒体面を黒体と略称し,黒体空洞をなす壁の温度を黒体の温度という.黒体は,その温度に可能な最高の強度のふく射を放射する(プランクの式*).そのふく射の強度は等方的であり,そのふく射は等方的に偏光している.また,黒体はそこに入射するふく射のすべてを吸収する.歴史的には,黒体に関するプランクらの考察は量子論のさきがけとなった.理想的な黒体空洞を模して実現される標準黒体は温度標準*とされ,ふく射強度*の規準とされる.
　　　　　　　　　　　　　　　　　[牧野　俊郎]

**コージェネレーション**　cogeneration

CHP(combined heat and power).熱電併給システム.発電用原動機の排熱を熱媒体などを介して取り出し,エネルギー効率を高める仕組み.
　　　　　　　　　　　　　　　　　[曽根　邦彦]

**コージェネレーションシステム**　cogeneration system

一つのエネルギー源から二つのエネルギーをつくりだすこと.一般には,熱と電気の併用をさすことが多い.熱機関により得られた仕事で電力を得,排熱を利用するシステム,燃料電池による電力と排熱を利用するシステムなどがある.　　　[桜井　誠]

**コーシーのうんどうほうていしき――の運動方程式**　Cauchy's equation of motion

応力方程式.対流および応力に基づく運動量移動

を考慮した流体の運動方程式*.　　　［吉川　史郎］

**ごじゅうパーセントけい　50%径** median diameter

粉体を構成する粒子群の代表的な大きさの目安として用いられる.粒径積算分布の50%を与える粒子径.粒子径分布が個数基準の場合と，体積基準の場合ではその値が異なるので，これらの間の区別に注意が必要である.個数基準の場合は，小さいものから大きさの順に並べて真中の粒子の直径，重量基準の場合は，それぞれの粒子の重量(密度が一定の場合は体積)の重みを掛けて，その50%値に対応する粒子径となる.　　　　　　　　　　　　　　［横山　豊和］

**こすうちゅういけい　個数中位径** number median diameter

50%径*.ある粒子集合体の粒子*の代表的な大きさを決める方法の一つ.はじめに個々の粒子の適当な代表径*を求め，その代表径の小さいものから大きさの順に粒子を並べたとき，粒子数全体のちょうど半数番目の粒子の代表径を個数中位径とよぶ.粒度の分布状態にもよるが，個数基準では小さな粒子でも1個の重みをもつために，一般に個数中位径は体積基準の中位径よりもかなり小さくなる.
　　　　　　　　　　　　　　　　　　［横山　豊和］

**コストインデックス　cost indexes**

物価の年度ごとの変動を比較するために，ある基準年度の物価を100として，各年度の平均物価を示す数字.　　　　　　　　　　　　　　［松本　英之］

**コゼニー-カーマンしき　――式** Kozeny-Carman's equation

流体が充塡層や粉体層を透過するときの圧力損失を，流速，空隙率*，固体粒子の有効比表面積などを用いて表した式.J. Kozeny (1927)とP. C. Carman (1937)により半理論的に導かれ，充塡層や粉体層を透過する流体の流動抵抗の計算や，透過法による粉粒体の比表面積の決定のために利用される.円管内層流流動を記述するハーゲン-ポアズイユ式*に相当直径の概念を適用して導出され，見掛け流速 $u$ は，空隙率*を $\varepsilon$，固体粒子の有効比表面積を $S_0$，圧力損失を $\Delta p$，流体の粘度を $\mu$，層の厚さを $L$ とすると，次式で表される.

$$u = \frac{\varepsilon^3}{kS_0^2(1-\varepsilon)^2}\frac{\Delta p}{\mu L}$$

$k$ をコゼニー定数といい，通常，$k=5.0$ としてよい.
　　　　　　　　　　　　　　　　　　［入谷　英司］

**こそうはんのうほう　固相反応法** solid-phase reaction

無機材料の合成において，金属塩や酸化物などの原料を固体のまま混合，加熱し反応させる方法.固体状高分子の縮重合*や高分子媒体を用いたペプチド合成などの反応方法も固相反応法とよばれる.
　　　　　　　　　　　　　　　　　　［河瀬　元明］

**こたいさん・えんききしょくばい　固体酸・塩基触媒** solid acid and base catalyst

単独あるいは複合の酸化物，あるいは化合物で，プロトンを与えるブレンステッド酸性質か，電子を受け取るルイス酸性質を表面にもつものが固体酸で，これらは適当な反応条件において，固体酸触媒として機能する.一方，固体塩基は固体酸の逆の機能をもつもので，プロトンを受け取るか，電子を与える性質をもつものと定義される.多数の固体酸触媒とその反応例が知られているが，シリカアルミナや酸型ゼオライトは代表的な固体酸触媒である.
　　　　　　　　　　　　　　　　　　［丹羽　幹］

**こたいしょくばいちょうせいほう　固体触媒調製法** preparation method of solid catalysts

固体触媒により調製法が異なる.大別すると次のようになる.

① 未担持金属酸化物触媒(担持触媒用担体調製法も含む)：一般には目的とする酸化物の金属塩水溶液に沈殿剤を投入し，水酸化物などの沈殿を生成させ，沪過，洗浄および乾燥した後，所定の温度で空気雰囲気下焼成することで金属酸化物触媒を得る.出発原料塩や沈殿剤は得られる触媒に残存する不純物，たとえば塩素や硫黄などの含有量に影響するため，適切な出発原料塩を選択することが重要である.また，乾燥後の焼成処理は表面積に大きく影響し，昇温速度，焼成温度および雰囲気が重要な操作因子である.金属酸化物触媒は単金属酸化物であることはまれで，複数の金属からなる複合金属酸化物触媒であることが多い.この場合，共沈殿生成の際に水酸化物の生成しやすさの違いから不均一な混合沈殿が生じる.沈殿剤の選択および投入方法に十分注意する必要がある.均一沈殿法は沈殿剤に尿素を用い，あらかじめ溶液中に溶解し加熱することで，溶液内のpHが徐々にかつ均一に上昇するので，組成の均一な沈殿が得られやすい.

② 未担持の金属触媒(ラネータイプ)：金属触媒は一般に高価であるため，単位重量あたりの有効表面積を高めるため担持触媒として用いられるが，一部未担持の金属触媒も利用されている.未担持の高表面積金属触媒の調製法には，ラネー合金を利用する方法があげられる.たとえば，水添用Ni触媒で

は，Ni-Alの合金を作製し，得られた合金を水酸化ナトリウム溶液中で展開しAlのみを合金から溶解させる．これにより，きわめて多孔質なNi金属触媒が得られる．多くのダングリングボンドをもつため，高活性であるがゆえに取扱いに注意が必要で，安易に空気中に取り出すとアルカリ展開時に生成した吸蔵水素と，空気中の酸素と激しく反応し危険である．

③ 担持金属および金属酸化物触媒：担持金属および金属酸化物触媒は，数百〜千$m^2 g^{-1}$の比表面積を有する多孔質担体に，活性成分である金属あるいは金属酸化物を担持して使用される．もっともしばしば用いられる調製法の一つに湿式含浸法があげられ，原料金属塩水溶液に多孔質担体を浸漬し，溶液を蒸発乾固することで担体上に所定量の金属成分を析出させる．引き続いて，空気雰囲気中焼成を行うことで析出した塩を酸化分解し担持金属酸化物触媒とする．金属触媒の場合は，さらに水素雰囲気などで還元し触媒として使用する．担体に特別な金属イオン保持サイト（酸塩基サイトなど）が存在する場合は，含浸法でなく，吸着法やイオン交換法が用いられる．より分散性の高い高活性表面積を有する担持触媒が得られる．担体によっては，金属塩水溶液のpHで溶解する場合があり，その場合は水溶液ではなくアルコール溶液などを用いる．たとえば，塩基性のMgOなどは，酸性金属塩水溶液中で$Mg^{2+}$が著しく溶出し，金属成分とともに再析出するため，金属の一部がMgOに埋没し，またMgO自体の表面積も低下する．

④ 特殊な調製方法の例：近年，均一な粒子径分布を有する金属粒子を調製する方法が開発されている．有機溶媒中にナノサイズの均一な大きさの逆ミセルを生成させ，そのミセル中の水溶液中で金属成分を析出還元することで，数〜数十mmサイズの単分散金属粒子を作製することができる．調製時に担体成分のシリカを金属粒子周囲に合成することで，金属粒子を内包した担持触媒が調製される．金属触媒活性の粒子径依存性を検討するうえで重要な触媒調製法である． ［西山 覚］

## こたいしょくばいのさいこうこうぞう　固体触媒の細孔構造　pore structure of solid catalyst

多孔質固体触媒では，通常細孔の大きさは一定ではない．0.5〜1 000 nmまでの広い範囲に広がっている．この広い分布を一つの方法で測定することは困難であり，3〜1 000 nmの比較的大きな細孔分布の測定には水銀圧入法が使用され，100 nm以下の小さな細孔分布の測定には，吸着等温線の変化を利用したガス吸着法が使用される．

細孔の成因を大きく分類すると，ゼオライトのように結晶構造に起因するミクロ細孔あるいはメソ細孔，均一であった物質を処理して有機物あるいは水分を揮発させて得られた活性炭あるいは多孔質ガラスの細孔，一次粒子のすき間にできるメソ細孔および粉末状固体の成形のさいに生成するマクロ細孔がある．触媒の細孔径が大きくなると，細孔内において原料と生成物の拡散が速くなり，拡散律速にならないが，触媒の比表面積が減少する．一方細孔径が小さくなると，触媒の比表面積が上昇し，担持金属の分散に有利であるが，拡散律速になりやすい．このようなジレンマを解決するために，空間的につながる大小二元細孔を共存させたいわゆるバイモダル細孔構造が利用される． ［椿 範立］

## こたいしょくばいのせいけいほう　固体触媒の成形法　shaping methods of solid catalysts

比較的大きな球状触媒の成形には一般に転動造粒機や打錠機が使われ，3 mmより小さい球状触媒の成形にはマルメライザーなどが使われる．また，原料をスラリー*状にし，油中に滴下したり，FCC*触媒のように空中にスプレーして，表面張力を利用し球にする方法もある．ペースト状の原料を特別な形をした孔から押し出し，円柱状，三つ葉などの異型状，リング状，ハニカム状に成形する方法もある．アンモニア合成触媒のように溶融鉄を不定形顆粒状に破砕する例もある． ［東 英博］

## こたいしょくばいはんのうのいどうかてい　固体触媒反応の移動過程　transport process in chemical reactions with solid catalysts

気体や液体の反応物質流体を固体触媒*と接触して反応を進めるとき，流体-触媒外表面間と触媒内に生じる濃度差や温度差を推進力とした熱と物質の移動現象をいう．物質移動*はおもに，① 触媒外表面の流体境膜*を通しての流体から触媒外表面への移動と，② 触媒細孔内の反応を伴う拡散，からなる．この移動過程を考慮すると，一次反応の見掛けの反応速度$r_{obs}[mol\ kg^{-1}\ s^{-1}]$は，次式で与えられる．

$$r_{obs} = \left\{\frac{1}{(k_c a_m)} + \frac{1}{(\eta k_m)}\right\}^{-1} C_{Ab} = k_{obs} C_{Ab}$$

ここで，$k_c$は境膜物質移動係数*$[m\ s^{-1}]$，$a_m$は触媒単位質量あたりの外表面積$[m^2\ kg^{-1}]$，$\eta$は触媒有効係数*$[-]$，$k_m$は触媒の真の反応速度定数*$[m^3\ kg^{-1}\ s^{-1}]$，$C_{Ab}$は流体本体中の反応物質の濃度$[mol\ m^{-3}]$，$k_{obs}$は見掛けの反応速度定数$[m^3\ kg^{-1}\ s^{-1}]$である．また，$1/(k_c a_m)$は境膜の物質移動抵抗*を，

$1/(\eta k_m)$ は反応を含めた触媒内の物質移動抵抗を表す．境膜物質移動係数の値は，充塡層(塔)* と単一粒子(流動層* が該当)について推算式が提出されている．

反応流体が気体の場合，触媒充塡層を用いて 30 cm s$^{-1}$ 以上の空塔速度* で気体を流せば，境膜の物質移動抵抗は無視小となる場合が多い．そのときは触媒外表面の反応物質の濃度は流体と等しく，見掛けの反応速度は $\eta k_m C_{Ab}$ に近似できる．触媒内の物質移動は拡散速度で制限されるため，反応物質の濃度は触媒外表面の値より小さく，触媒有効係数 $\eta$ は 1 以下の値となる．拡散速度は(有効拡散係数*)/(触媒粒子の代表径)$^2$ [s$^{-1}$] で表せ，触媒粒子径を小さくする(拡散速度を速くする)と，触媒内の反応物質の濃度は触媒外表面の値に近づく．そのため，超ミクロ細孔を有する触媒を除くと，触媒粒子径がおよそ 0.3 mm 以下であれば細孔内の拡散抵抗は無視小となり，触媒有効係数 $\eta$ の値は 1 に近似できる場合が多い．触媒微粒子を用いる流動層を除けば，触媒粒子径は数 mm となり，見掛けの反応速度は拡散速度の制限を受ける．通常の触媒内の拡散は分子拡散* とクヌーセン拡散* で表せ，有効拡散係数はおよそ $10^{-6}$ m$^2$ s$^{-1}$ の値である．また，直径が 1 nm 前後の細孔をもつゼオライト触媒の拡散は超ミクロ拡散* とよばれ，単環芳香族で $10^{-13}$ m$^2$ s$^{-1}$, 低級炭化水素で $10^{-11} \sim 10^{-12}$ m$^2$ s$^{-1}$ の値となる．

反応流体が液体の場合，おもな物質移動抵抗は境膜側にある場合が多い．流体が液体と気体でこのような差が生じるのは，気体の拡散係数が液体の値より大きいためである．一方，触媒粒子と流体間の熱移動は，粒子内の伝熱速度が速いため粒子内の温度は均一とみなせ，流体境膜を通した伝熱だけで近似できる．伝熱速度は $h_P a_m (T_s - T_b)$ で表せ，ここで，$h_P$ は境膜伝熱係数* [W m$^{-2}$ K$^{-1}$], $T_s$ と $T_b$ はそれぞれ触媒粒子と流体の温度である．物質移動と熱移動のアナロジーが成立すると，$j$ 因子* を用いて境膜伝熱係数 $h_P$ の値は境膜物質移動係数 $k_C$ の値から推算できる．　　　　　　　　　　　　[増田 隆夫]

**こたいちゅうしゅつ　固体抽出　solid extraction**
⇒固液抽出

**こたいてきかいてんぶ　固体的回転部　cylindrically rotating zone**
邪魔板なし円筒形撹拌槽の中心部に現れる強制渦部．円筒槽内に低粘度液を入れて撹拌すると，撹拌翼* の型式，および槽径に対する翼径比によっても異なるが，軸部を中心として翼直径の 7 割ぐらいの液は翼とほぼ同一の角速度で共回りする．この部分の液は固体の円筒が回転するのと同様な運動をすることとなり，液の混合状態はよくない．
[加藤 禎人]

**こたいねんりょう　固体燃料　solid fuel**
常温で固体状の燃料のことで，化石資源に由来する燃料としては石炭*, 石炭から製造されるコークス*, 石油精製で生成する石油コークスなどがある．バイオマス* に分類される燃料としては，種々の樹木，草木類，木材くず，樹木から製造される薪炭などがある．都市ごみや，都市ごみを圧縮成形して製造される RDF (refuse derived fuel) なども固体燃料とみなせる．古くは，石炭粉から製造される練炭，豆炭，炭団などが家庭で用いられる代表的燃料であった．

最近，これらに代わる燃料として，石炭，木材くずなどのバイオマスと，石灰石を混合・圧縮成形して製造されるバイオブリケットとよばれる固体燃料が，開発途上国で用いられるようになっている．
[三浦 孝一]

**コットレル　Cottrell precipitator**
電気集じん装置．EP, ESP (electrostatic precipitator). 電気集じんにより微粒子を分離捕集する装置．1908 年 Cottrell によって発明された方法に基づくもので，工業プロセス用電気集じん装置をコットレルともいう．　　　　　　　[増田 弘昭]

**コップ・スリー　COP 3　The 3rd Session of the Conference of the Parties**
地球温暖化防止京都会議．1997 年 12 月に京都において開催された気候変動枠組条約第 3 回締結国会議．大気中の温室効果ガス濃度の増加に伴う気候変動を防止するための枠組みを規定した気候変動枠組条約 (United Nations Framework Convention on Climate Change) の加盟国による締結国会議．先進国 38 か国と EU が 2000 年以降の法的拘束力のある温室効果ガス排出削減目標を決めた京都議定書 (Kyoto Protocol) を採択した．
[堀中 新一]

**こていイオン　固定——　fixed ion**
イオン交換剤の基体(固体)に結合している交換基は解離して高分子イオンになっているが，動くことができないのでこの名がある．固定イオンは樹脂相内部に存在する可動イオンと中和しており，樹脂相はつねに電気的中性を保っている．無機イオン交換剤においても同様である．(⇒イオン交換剤)
[吉田 弘之]

こていかさいぼう　固定化細胞　immobilized cell
　微生物，植物細胞，動物細胞などの細胞*を，χ-カラギーナン，ポリアクリルアミドなどの高分子ゲルによるゲル包括法*やポリウレタンフォーム，ホローファイバーなどの多孔質担体への付着，接着法によって固定化した生体触媒*．固定化した細胞を非増殖条件下で利用する固定化静止細胞と増殖条件下で利用する固定化増殖細胞とに分けられる．細胞を固定化することにより細胞の再利用や生成物の分離が容易になり，反応器内に固定化細胞を閉じ込めることにより非増殖条件下でも連続反応が可能になるなどの利点がある．　　　　　　　　[長棟　輝行]

こていかせいたいしょくばいのはんのうそうさ　固定化生体触媒の反応操作　unit process in immobilized biocatalyst
　⇒固定化法，反応操作

こていかせいたいしょくばいのぶっしついどうていこう　固定化生体触媒の物質移動抵抗　resistance of mass transfer in immobilized biocatalyst
　⇒固定化法，物質移動抵抗

こていかせいたいしょくばいはんのうのゆうこうけいすう　固定化生体触媒反応の有効係数　effectiveness factor of reaction in immobilized biocatalyst
　⇒固定化法，有効係数

こていかほう　固定化法　method of immobilized biocatalyst
　固定化法は，酵素・微生物や動植物細胞などの生体触媒をそのままの状態で使用するよりも担体固定したほうが望ましい場合に用いられる．固定化生体触媒(固定化酵素，固定化細胞*)の調製方法としては，共有結合法*などの担体結合法*，架橋法*，ゲル包括法*がある．担体固定することで，酵素を溶液から容易に分離し再利用することが可能であるから，反応操作としては，固定層，流動層における連続操作が採用される．固定化すると生体触媒は担体より外部の機械的ストレスから保護され，撹拌槽や気泡塔のような乱れの大きい装置中でも活性保持できることも大きな利点である．担体内には物質移動抵抗が存在し，生体触媒が遊離した場合に比べ反応が低下するが，その程度は触媒有効係数*で評価される．触媒有効係数は担体内の有効拡散係数*，および担体と外部溶液間の物質移動の分配係数により算出される．　　　　　　　　[紀ノ岡　正博]

こていかんばん　固定管板　fixed tube sheet
　⇒多管式熱交換器

こていしょう　固定床　fixed bed
　⇒固定層

こていそう　固定層　fixed bed
　固定床．固体粒子を充填した層で，充填物の静止している層．ランダムに充填された固体粒子の間を流体が分岐したり合一したりして流れるので，滞留時間の分布が狭く，押出し流れに近い挙動を示す．このため，反応器に用いると反応率が高く，反応選択性が高い．充填粒子が酸化物の場合，熱伝導率が比較的小さくて熱伝導速度が遅いので，層内の温度制御には注意する必要がある．　　　　[長本　英俊]

こていそうしょくばいはんのうそうち　固定層触媒反応装置　fixed-bed catalytic reactor
　固定床触媒反応装置．気固系触媒反応のために，球状，ペレット状などの固体触媒を充填し，原料ガスを連続的に供給して反応させるもっとも一般的な触媒反応器．原料が液体の場合にも用いられる．反応流体の供給量や触媒の充填量を変えることによって，接触時間を任意に変えることができるので，反応率や選択率を制御できることが長所である．欠点は，触媒の充填・交換に手間がかかる，触媒層内の圧力損失が大きい，ダストやミストによる目詰りが生じやすい，触媒層の伝熱性が低いために，反応の暴走をもたらすホットスポットが生じやすいことである．これらの欠点を克服するために，排煙脱硝や自動車排ガス浄化などには，反応器壁面に触媒層をコーティングしたモノリス型触媒反応器*が用いられる．また，とくに大きな反応熱をもつ反応のために，自己熱交換式触媒反応器*，多管熱交換式触媒反応器*が採用されており，流動層触媒反応器*も用いられる．　　　　　　　　　　　　[五十嵐　哲]

こていそうしょくばいはんのうそうちのせっけいほう　固定層触媒反応装置の設計法　design of fixed-bed catalytic reactor
　固定層触媒反応装置の設計法は，管軸方向の温度・濃度分布のみを考慮する一次元モデルと，反応熱の大きな反応のための多管熱交換式反応器などに適用される管軸，ならびに半径方向のそれらの分布を考慮する二次元モデルに大別される．固定層触媒反応は，触媒粒子相と流体相からなる不均一相なので，反応器壁から触媒層への物質・熱移動，触媒層における圧力損失や温度分布を考慮する必要があるが，工業反応装置では反応流体の流量が大きいので，流体と触媒表面間の温度・濃度差は無視できるとして，触媒層を擬均一相として取り扱うことができる．　　　　　　　　　　　　　　　　　[五十嵐　哲]

**こていたんそ　固定炭素　fixed carbon**
　⇒工業分析

**こていとうぶ　固定頭部　fixed head**
　⇒多管式熱交換器

**こていひ　固定費　fixed cost**
　生産量，販売量，や操業度などの原因要因が変動しても，変化せず一定額にとどまる原価．減価償却費*，固定資産税，火災保険料，固定労務費などがそれにあたる．しかし製品単位量あたりで考えると，生産量に反比例して増減する原価である．(⇒製造原価，変動費)　　　　　　　　　　　［弓削　耕］

**コーティング　coating**
　基材固体の表面に薄膜を作製すること．基材がもつ機能とは別の機能を材料に付与することを目的に行なわれる．耐熱，耐摩耗，潤滑，耐拡散，耐酸化，耐食，耐光，耐候，耐汚，はっ水，親水，絶縁，導電などを目的としたコーティングがある．成膜方法は液相法と気相法に大別され，融液固化*，プラズマ溶射法*，ゾル-ゲル法*，噴霧熱分解*，めっき*，CVD法，真空蒸着法*，スパッタリング法* などが用いられる．方法によってコーティング可能な物質が異なり，成膜速度* や付き回り性も違ってくる．また，コーティングを行う条件と材料が使用される条件が異なるとはく離や亀裂を生じることがある．これらの条件を考慮して適切なコーティング法が選ばれることになる．基材とコーティング層の不整合を避けるために，中間層の導入や段階的あるいは連続的な傾斜コーティングが行われることもある．
　　　　　　　　　　　　　　　　　　　［河瀬　元明］

**こてんてきかくせいせいりろん　古典的核生成理論　classical nucleation theory**
　気相，液相および固相などにおける核生成現象を評価する理論として古くから用いられている．この理論ではモノマー* 濃度が一定の過飽和状態を想定し，しかもモノマーの凝縮および蒸発によりクラスターの濃度分布が変化し，平衡状態に達すると仮定する．さらに，クラスターの物性はバルクの状態と同じと仮定し，相転移における自由エネルギー* の変化より求められる臨界核へのモノマーの衝突を核生成速度と考える理論である．　　　　［奥山　喜久夫］

**コドン　codon**
　遺伝暗号の単位．mRNA* を構成している四つの塩基(A：アデニン，G：グアニン，C：シトシン，U：ウラシル)のうちの3個の配列が単位となって，それぞれのアミノ酸を規定している．$4^3=64$ 通りの組合せが可能であるが，そのうちの61通りが21種のアミノ酸を規定するコドン，残りの3通り(UAA，UAG, UGA)がタンパク質生合成の終止コドンに対応している．AUGはメチオニンを規定するコドンであると同時にタンパク質生合成の開始コドンにも対応している．　　　　　　　　　　　　［長棟　輝行］

**コニカルボールミル　conical ball mill**
　転動ボールミルの一種で，円筒状ミル容器の出口(排出口)の一部を下すい状にしたもの．これによって，円すい状部分には小径ボールが分布し，連続操作ではミル排出口付近で砕料が細かく粉砕されるなど砕成物の粒子径分布を狭くすることができる．(⇒ボールミル)　　　　　　　　　　　　　［齋藤　文良］

**ごばんめはいれつ　碁盤目配列　square pitch arrangement**
　直列配列．伝熱管の配列法の一種．(⇒錯列配列)
　　　　　　　　　　　　　　　　　　　［平田　雄志］

**ごみのていいはつねつりょう　ごみの低位発熱量　lower heating value of waste**
　発熱量とは，燃料が完全燃焼したさいに発生する燃料単位質量あたりの熱量[J kg$^{-1}$]をさす．ごみの場合，ごみのなかに水分や水素を含有しているので，水蒸気の蒸発潜熱を回収するかどうかで発熱量が異なることになる．低位とは蒸発潜熱を回収しない場合の発熱量に相当する．(⇒低位発熱量)
　　　　　　　　　　　　　　　　　　　［成瀬　一郎］

**ゴムじょうこうぶんしまく　ゴム状高分子膜　rubbery polymer membrane**
　膜の使用下において，高分子がゴム状態の膜．代表的なものにポリジメチルシロキサン膜がある．ガス分離に用いる非多孔質のゴム状高分子膜では，透過性は高いものの，一般に選択性は低い場合が多い．
　　　　　　　　　　　　　　　　　　　［松山　秀人］

**ゴムじょうへいたんりょういき　ゴム状平坦領域　rubbery plateauregion**
　無定形高分子は低温では分子鎖の運動が凍結(ガラス領域)されているが，温度上昇とともにミクロブラウン運動を開始する(ガラス転移領域)．さらに温度を上昇させると架橋構造をもたないにもかかわらず貯蔵弾性率が測定時間に依存せず一定値を示し，架橋ゴムのような挙動をする時間領域のこと．この挙動は高分子鎖の形の変化が自由に起こるとともに，からみ合いにより生じる．　　　　　［浅野　健治］

**ゴムライニング　rubber lining**
　⇒ライニング

**こようたい　固溶体　solid solution**
　混晶．独立して存在する元素または化合物が分子

レベルで混じりあい,固体状態にあるもの.例として金と銀の合金がある.有機化合物では各成分の結晶構造が近縁関係のときのみ固溶体をつくる.

[岩井 芳夫]

**コリオリのちから ——の力 Coriolis force**

粒子*の運動方程式を回転座標系で表すさいに現れる二つの見掛けの力の一つ.見掛けの力の一つは遠心力であり,もう一つがコリオリの力である.コリオリの力は,粒子質量を $m$,回転座標系からみた速度ベクトルを $v$,角速度テンソルを $\omega$ とするとき,$2mv\times\omega$ で表される.この力を利用して,粉体やスラリーの質量流量計などが開発されている.

[横山 豊和]

**こりつけい 孤立系 isolated system**

外界(周囲)とエネルギーも物質も交換しない系.
(⇒閉鎖系,開放系) [滝嶌 繁樹]

**コールターカウンターほう ——法 Coulter counter method**

⇒電気的検知帯法(粒子径測定の)

**コールタール coal tar**

⇒コークス炉

**コールドウォール cold wall**

CVD*装置などにおいて,気相化学反応を抑えるために基板以外の領域を基板より低温に維持する温度環境および加熱方法.発熱体あるいは被加熱体を基板に接して反応室内に置くと同時に,反応室の壁を冷却することにより実現される. [羽深 等]

**Kolmogorov のきょくしょとうほうせいらんりゅうりろん ——の局所等方性乱流理論 Kolmogorov's turbulent theory of local isotropy**

乱流は波数 $k$ の異なる多くの波あるいは渦の重合せとみなすことができる.外界から流れ場のマクロな空間スケール $l_0$ で投入された乱れのエネルギーは,そのままでは一様でも等方的でもないが,非線形慣性項による各波数間の相互作用によって,しだいに高波数成分の乱れへと移行し,$k \gg k_0 (= 1/l_0)$ の高波数域では,圧力項の作用によって乱れのエネルギーは等方化される(局所等方性の仮説).この高波数域では,慣性力と粘性力の作用が均衡して一種の相似性が成立し,乱れの統計量は単位時間あたりのエネルギー供給量 $\varepsilon$ と,粘性散逸による熱エネルギーへの消散速度を決める動粘度 $\nu$ との,二つのパラメーターだけで一意的に表現されると考えられる(局所相似性の仮説).

A.N. Kolmogorov は,一様でも等方的でもない一般の乱流場においても,平衡領域とよばれる $k \gg k_0$ の高波数領域においては,局所等方性と局所相似性がなりたつと仮定し,次元解析的考察からエネルギースペクトルが次の形になることを示した.

$$E(k) = \varepsilon^{1/4} \nu^{-3/4} F\left(\frac{k}{k_d}\right)$$

ここで,$F$ は任意の関数,$1/k_d \equiv \nu^{3/4}\varepsilon^{-1/4}$ は Kolmogorov の最小渦径である.レイノルズ数*が十分大きい場合には $k_d$ がきわめて大きくなり,慣性小領域とよばれる $k_0 \ll k \ll k_d$ の波数域では,エネルギースペクトルが動粘度 $\nu$ に依存しない領域が現れる.この領域では $E(k)$ は波数 $k$ の $-5/3$ 乗に比例する (Kolmogorov の $-5/3$ 乗則).

$$E(k) = C\varepsilon^{2/3} k^{-5/3}$$

ただし,$C$ は普遍定数である.Kolmogorov の局所等方性理論の考え方は,乱流場における速度変動だけでなく,温度,濃度,圧力などの変動量に対しても適用でき,慣性小領域におけるそれぞれのスペクトルの型は $E_\mathrm{T}(k) \sim k^{-5/3}$,$E_\mathrm{C}(k) \sim k^{-5/3}$,$E_\mathrm{P}(k) \sim k^{-7/3}$ となる.

[井上 義朗]

**コロイド colloid**

大きさが 1 nm〜数 μm のコロイド粒子*が分散媒中に分散した状態をいう.コロイド粒子の性質によって分子(真正)コロイド,ミセル(会合)コロイド,分散コロイド(コロイド分散系*)に大別される.分子コロイドとは,高分子が溶液中に分散している状態で,その大きさと挙動がコロイド粒子とみなせる場合である.ミセルコロイドとは,臨界ミセル濃度*以上の界面活性剤水溶液をさし,界面活性剤分子が会合してミセルをつくっている.逆ミセルをつくっている界面活性剤溶液も含まれる.分子コロイドやミセルコロイドは分散コロイドと異なり,熱力学的に安定である.

コロイド粒子と分散媒の組合せで,種々の呼び方がある.分散媒が気体の場合をエアロゾル*とよぶ.分散媒が液体で,コロイド粒子が液体の場合をエマルション*,固体の場合をサスペンション*あるいはゾルという.とくに分散媒が水の場合をヒドロゾル,有機溶媒の場合をオルガノゾルと分類することもある.分散媒が固体の場合を固体コロイドという.また,コロイド粒子の分散媒への親和性が乏しいと,疎水(性)コロイドあるいは疎液コロイドという.これに対する言葉として,親水(性)コロイドあるいは親液コロイドがある.

なお固体粒子が水に分散した状態を狭義の意味でコロイドという場合がある.

[森 康維]

**コロイドぶんさんけい** ──**分散系** colloidal dispersion (system)

分散コロイド．気体，液体あるいは固体の微粒子がコロイド粒子*となって媒体中に分散している状態．媒体が液体で，分散質が気体，液体，固体の場合，それぞれ，(気)泡*，エマルション*，サスペンション*という．コロイド分散系は熱力学的に不安定であって，凝集*する傾向にある． [森 康維]

**コロイドりゅうし** ──**粒子** colloidal particle

コロイドを構成する分散質のこと．1 nm～数 μm の大きさの範囲にある固体，液体あるいは気体をさす．溶液中の高分子や界面活性剤の集合体であるミセル*あるいは逆ミセルもコロイド粒子である．コロイド粒子はブラウン運動をし，光の散乱能が大きく，チンダル現象が観察される． [森 康維]

**コロナたいでん** ──**帯電** corona charging

コロナ放電*によって生成したイオンが付着して帯電すること．常温常圧下でも比較的高速で粒子を帯電させることができる．コロナ帯電は，イオンが電界に沿って移動して対象に付着する電界荷電と，熱拡散によってイオンが移動する拡散荷電の二つからなるが，数 μm 以上の粒子では電界荷電が支配的であり，0.1 μm 以下の粒子では拡散荷電に支配される． [松坂 修二]

**コロナほうでん** ──**放電** corona discharge, electric corona

針状あるいはワイヤーなどの円柱状電極に高電圧をかけると，不平等電界が形成されて電極近傍は高電界となり，針先端あるいは円柱側面から発光を伴った弱い放電を生じ，電離作用により空間に電子を放出して電子雪崩的に多量のイオンを発生する現象．正と負のイオンが多量に供給されるが，たとえば負の高電圧を針状電極にかけた場合，正のイオンは負電極である針状電極にすぐ引き戻され，集じん空間には負イオンのみが供給される．負の高電圧では負イオンを，正の高電圧では正イオンを，交番高電圧では正・負イオンを空間に多量に供給できる．電圧をさらに上げると，コロナ電流が増加し，供給イオン量を増加させることができるが，ついには火花放電に至る．正コロナと負コロナでは種々の特性が異なる．避雷針の先端周辺でみられる青い光はコロナ放電で，古くはセントエルモの火とよばれた．

工業プロセスでは電気集じん*装置に応用され，最近では，室内環境の空気浄化にも利用されている．また，交番高電圧による正・負イオンは帯電物体の中和に利用されるが，正・負イオンの移動度が異な るので工夫が必要である． [増田 弘昭]

**こんごうかくさんけいすう** **混合拡散係数** mixing diffusivity

装置内における混合の進行過程を流体素子のランダム運動に起因する，と考えたときの混合速度を表す一種の係数．このような考え方に基づくと混合の進行状況は次の保存則で表される．

$$\frac{\partial c_j}{\partial t} = \text{div}(D_\text{m}\,\text{grad}\,c_j)$$

上式はフィックの法則*(第二法則)による非定常の拡散方程式*と同形であり，$D_\text{m}$ は混合の強さを表す係数であるが，分子拡散係数*と同じ次元を有するのでこれを混合拡散係数，あるいは混合分散係数という．上式を回分操作*に対して適用するときには固定座標系で考えればよいが，流系操作に対して適用するときには平均流れとともに移動する座標系を用いねばならない．たとえば，一次元の平坦流れにこのような混合拡散が重なり，さらにその系内で伝熱，物質移動，化学反応などが起こる場合の設計方程式は固定座標系では次式で与えられる．

$$\frac{\partial c_j}{\partial t} = D_\text{m}\frac{\partial^2 c_j}{\partial l^2} - u\frac{\partial c_j}{\partial l} + r_j(c)$$

このように，流系装置内で起こる混合の効果を混合拡散の形で代表させる混合モデル*を混合拡散モデル*といい，そのような流れを混合拡散流れという． [霜垣 幸浩]

**こんごうかくさんモデル** **混合拡散──** mixing diffusion model

流系装置内で起こる流体混合を拡散*によって代表させた混合モデル*の一種．流れの流速を $u$，混合拡散係数を $D_\text{m}$，単位容積あたりの着目成分モル数 $c_j$，単位容積あたり単位時間に生成する着目成分モル数を $r_j(c)$ とすれば，保存則から次の設計方程式が導かれる．

$$\frac{\partial c_j}{\partial t} = \text{div}(D_\text{m}\,\text{grad}\,c_j) - \text{div}(uc_j) + r_j(c)$$

(⇒混合拡散係数) [霜垣 幸浩]

**こんごうき** **混合機** mixer, blender

撹拌機．混練機．機械的な作用によって，2 種類以上の異なる物性の粒子どうしや粉粒体と液体，さらに液体どうしを均一化するための機器・装置．流体の乱流拡散を伴う激しい混合を進めるものを撹拌機，高粘度物質をせん断作用で混合するものを混練機という．狭義には，粒子の相互位置を変えるための外力の与え方で，いくつかの固体混合機の型式がある．容器が回転する場合と，内部の撹拌羽根が回

**こんごうぎょうしゅくき　混合凝縮器　mixing condenser, direct-contact condenser,**

直接接触凝縮器．蒸気を冷却水(液)と直接接触させ凝縮する凝縮器．図に示すように，蒸気と冷却水(液)の流れ方向により向流型と並流型があり，ジェットコンデンサーも混合凝縮器の一種である．バロメトリックコンデンサーとよばれることもある．(⇒バロメトリックコンデンサー，ジェットコンデンサー)　　　　　　　　　　　　　　　　　[川田 章廣]

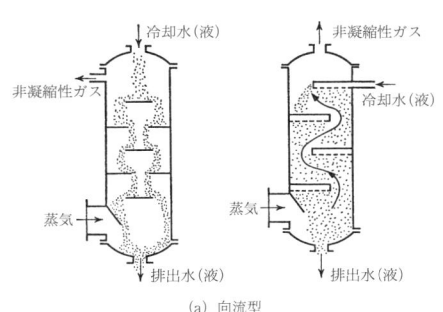

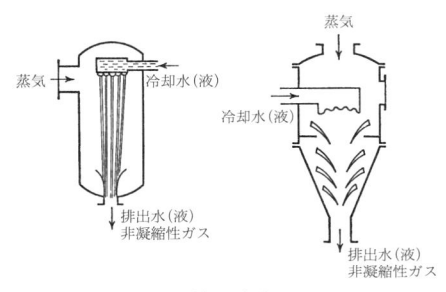

(a) 向流型

(b) 並流型

混合凝縮器[便覧，改六，図6・70]

**こんごうきょうど　混合強度　mixing intensity**

撹拌操作の強さの指標に関しては撹拌強度*の項を，混合の度合いを表す指標については混合度*および混合の尺度*の項を参照のこと．　[井上 義朗]

**こんごうきょくせん　混合曲線　mixing curve**

混合特性曲線．混合機内での混合時間による着目成分の混合度*の変化を描いた曲線．混合機内の混合特性や物質の流動状態を記述するための混合モデルに基づき得られ，混合速度*および最終混合度の予測に使用できる．おもに回分混合で用いられ，連続混合では着目成分の滞留時間分布*に対応し，各装置の操作条件で変化する．　　　　[篠原 邦夫]

**こんごうきょり　混合距離　mixing length**

乱流*を微小流体部分，いわゆる流体塊の不規則運動によるものと解釈し，これを気体分子の不規則な熱運動と似たものと考え，1925年に L. Prandtl によって導入された長さの次元をもった量．気体分子の平均自由行程*に相当する．　　　　[小川 浩平]

**こんごうじかん　混合時間　mixing time**

撹拌槽の混合特性を評価するための一つの指標であり，初期の不均一な状態から槽内の混合が達成され均一な状態になるまでに要する時間．実験的には，呈色法や脱色法ならびに電気伝導度法により計測される．近年では，数値解析による推算もなされている．混合時間に翼回転速度を乗じた無次元数は，混合時間数とよばれる．混合時間は翼回転数に依存するが，混合時間数は操作条件に依存せず，翼に固有な定数と考えてよい．装置の混合性能の比較を行うには，初期の状態や混合完了の判定基準をそろえて計測するが必要がある．(⇒混合速度)　[上ノ山 周]

**こんごうせいすうせんけいけいかくほう　混合整数線形計画法　mixed integer linear programming**

混合整数線形計画問題．MILP．整数値をとる変数と，実数値をとる変数が混在する線形計画問題*．整数変数に関する解領域の分割(分枝)と，整数変数を連続変数とみなした緩和問題の求解を組み合わせた分枝限定法*を用いて解かれることが多い．プロセスの最適合成問題や施設配置問題は，装置や経路を利用するとき1を，また利用しないとき0をとる0-1変数を導入することで，混合整数線形計画問題として定式化される．　　　　　　　　　　[長谷部 伸治]

**こうごうそうがたしょうせきそうち　混合槽型晶析装置　stirred tank crystallizer**

結晶粒子群と母液の両相が撹拌翼やポンプによる流動で完全混合(に近い)状態にある型の晶析装置の総称．一般に連続で操作され，広い粒径分布をもつ

転する場合，気流により流動化あるいは噴流化で粒子を移動させる場合，および高速で撹拌羽根を回転し，せん断と衝撃により微粒子被覆を行う場合に大別される．操作的には回分式と連続式がある．混合機の性能としては，混合特性*と所要動力により評価される．粒子物性の異なる粒子が存在する流動操作であるため，いかにして分離を利用したり抑制して混合度を速く高めるかの工夫がなされている．副次的には，混合による粒子破壊や摩耗による不純物の混入，省スペース，さらには，混合操作前後の粉体処理や複合処理の可能性などを考慮する必要がある．　　　　　　　　　　　　　　　　　[篠原 邦夫]

製品粒子群を生産する． [松岡 正邦]

### こんごうそく　混合則　mixing rule

状態方程式*などの物性推算式を混合物に適用するさい，混合物のパラメーターを組成の関数として与える必要がある．そのさい，混合物のパラメーターを計算する方法をいう．よく用いられている混合則には次式で示す簡易型混合則がある．

$$a = \sum_{i=1}\sum_{j=1} x_i x_j a_{ij}, \quad a_{ij} = (1-k_{ij})(a_i a_j)^{1/2}$$

$$b = \sum_i x_i b_i$$

ここで，$a$ は分子の相互作用を表すパラメーター，$b$ は分子の大きさを表すパラメーター，$x$ は組成（モル分率），$i, j$ は成分 $i, j$ を表す．なお，$k_{ij}$ は異種分子間相互作用パラメーターであり，目的とする実測値をよく表すように決定される． [岩井 芳夫]

### こんごうそくど　混合速度　mixing rate

撹拌槽の混合特性を評価するための一つの指標．混合時間* $t_m$ ないしは無次元混合時間 $nt_m$ の逆数で定義される．低粘度液を対象とした撹拌装置については，測定結果に基づき次式が提示されている．

$$\frac{1}{nt_M} = k \underbrace{\left\{\underbrace{\left(\frac{d}{D}\right)^3 N_{qd}}_{対流} + \underbrace{0.21\left(\frac{d}{D}\right)\left(\frac{N_p}{N_{qd}}\right)^{0.5}}_{乱数拡散}\right\}}_{係数}$$

（無次元混合時間）

$$\times \underbrace{[1-\exp\{-13(d/D)^2\}]}_{吐出量の対流範囲を表す項}$$

[上ノ山 周]

### こんごうど　混合度　degree of mixing

異なる成分種を含んだ流体あるいは粉粒体系において，組成が系内に分布する均一度を定量的に表現する指標．使用目的や用途，着目する成分種，規格化のさいに使用する基準混合状態の選び方などに応じて，さまざまな混合度が提案されている．

流体中での混合状態を定量的に表現するために，P.V. Danckwerts（1953）は濃度ゆらぎの大きさを表す分離強度 $I_s(t)$ と，濃度ゆらぎの空間スケールを表す分離寸法 $L_s(t)$ を定義した．

$$I_s(t) = \frac{1}{\bar{c}(1-\bar{c})} \frac{1}{L} \int_0^L \{c(t,x)-\bar{c}\}^2 dx$$

$$L_s(t) = \frac{1}{\bar{c'}^2} \int_0^L c'(t,x) c'(t,x+r) dr$$

ここで，$c(t,x)$ は時刻 $t$，位置 $x$ における着目成分の濃度，$\bar{c}$ は系内の平均濃度（仕込み濃度），$c'(t,x) = c(t,x) - \bar{c}$ は濃度ゆらぎである．$I_s(t,x)$ と $L_s(t,x)$ の値が小さいほど混合度が高い．

粉粒体の混合に対しても，$I_s$ と同様に濃度ゆらぎの分散値を用いた混合度が定義できる．着目成分粒子が系内に含まれる割合（仕込み組成分立）を $\bar{x}_c$ とすると，$N$ 回のサンプリングによる濃度の分散は

$$\sigma^2 = \sum_{i=1}^N \frac{(x_i - \bar{x}_c)^2}{N}$$

である．この値を混合前の分散値 $\sigma_0^2 = \bar{x}_c(1-\bar{x}_c)$ と，理想的な最良混合状態における分散値 $\sigma_r^2 = \bar{x}_c(1-\bar{x}_c)/n$ で規格化した量

$$M = \frac{(\sigma_0^2 - \sigma^2)}{(\sigma_0^2 - \sigma_r^2)}$$

を，P. M. C. Lacey（1954）の混合指数という．ただし，$n$ は理想混合状態の系から取り出されたサンプル中に含まれる粒子数である．その他，$1-\sigma/\sigma_0$ や $1-\sigma^2/\sigma_0^2$ なども混合度として用いられる．

[井上 義朗]

### こんごうねつ　混合熱　heat of mixing

2種類以上の物質を一定温度，一定圧力下で混合したときに発生または吸収する熱量．とくに，溶質と溶媒がいずれも気体あるいは液体である場合に用いられることが多い．なお狭い意味で，溶質が固体で溶媒が液体の場合に溶解熱*ということがある．

[横山 千昭]

### こんごうのしゃくど　混合の尺度　measure of mixedness

混合状態を定量的に評価する尺度としていろいろなものが提案され，目的や用途に応じて使い分けられる．濃度の均一さを表す混合度のように，混合のよさを指標とする場合と，それとは逆に，濃度ゆらぎ強さを表す分離強度や濃度むらの空間的スケールを表す分離寸法のように，混合の悪さを指標とする場合がある．非溶解性の流体間の混合や，高粘性流体のように拡散係数の小さい流体の混合では，異種流体の接触界面積の増加度を混合指標として用いることもある．その他，統計熱力学や情報理論的な観点から，無秩序さの尺度としての混合エントロピーや情報エントロピーを混合指標とする場合や，混合パターンに自己相似的な幾何学的階層構造が認められる場合には，非整数値をもつフラクタル次元を混合の尺度とすることができる．回分式の撹拌槽では，一定の混合状態に到達するまでの時間を混合の尺度として用いることもある．流通式の反応器の混合評価には，流入流体の出口における滞留時間分布の形状（平均滞留時間，平均滞留時間の分散より高次のモーメント）も混合の尺度として利用される．

[井上 義朗]

### こんごうモデル　混合——　mixing model

装置内で起こる流動，混合状態の特色を数学的に

取扱いの容易な形に表現して，装置の設計や解析を行うとき，これを混合モデルによる取扱いという．化学装置内における流体の流動混合状態は非常に複雑であり，それに伝熱，物質移動，化学反応などの速度過程が重なった場合を厳密に取り扱うことは非常に困難である．そこで，装置内の流動混合状態をおもに支配している一つまたは数種の要因を選び出して流動混合状態を近似し，それに速度過程が重畳するものとして保存則を適用して設計方程式を導き，装置の設計や特性解析を行う．流系装置に対する混合モデルとして，混合拡散モデル*，逆流混合モデル*，完全混合槽列モデル*，循環流モデルおよび組合せモデルなどが用いられ，これらのモデルにおける混合パラメーターの値を変えることにより，押出し流れ*から完全混合流れ*に至る不完全混合流れ*を表現することができる．組合せモデルは単一の装置を押出し流れ，完全混合流れ，混合拡散流れ，短路(⇒短絡現象)，偏流*，スタグナントゾーン*，死空間*，循環流などの種々の流れに分割して，それらを並列ならび直列に配置して流路網を構成し，さらにその間における流体の交換を考慮することによって流れの特色を表現する． [霜垣 幸浩]

### こんごうりょう 混合量 mixing property

混合物の状態量から，同一の温度，圧力における混合物を構成する各純物質の状態量の加算量を差し引いたものをいう．たとえば，$n_1$[mol]の純成分1と$n_2$[mol]の純成分2を混合した場合の混合体積$\Delta V^M$は次のになる．

$$\Delta V^M = V_{mix} - (n_1 V_{m,1}^* + n_2 V_{m,2}^*)$$

ここで，$V_{mix}$は$(n_1+n_2)$[mol]の混合物の体積であり，$V_m^*$は各成分(純物質)のモル体積である．
[横山 千昭]

### コンスタントパターン constant pattern
⇒定型吸着帯

### こんそうりゅうどう 混相流動 multi-phase flow

多相流動．気体または液体だけの流れは単相流または単相流動とよばれるが，固気，固液，気液ならびに液液2相の共存する流れや気液固3相が共存する流れを混相流動という．固相としては粒子状固体を考える．混相流動の流動様式は水平管，垂直管，管の傾斜の程度，混相の流量比や流れ方向により変化する．混相流動は化学工学，機械工学，土木工学，資源工学や原子力工学などの分野に横断的に関与する現象として，着目されている．[柘植 秀樹]

### コンダクタンス conductance

高真空化において，気体が導管内を流れるときに，ある区間における圧力差を$(p_1-p_2)$[Torr]とし，気体の流量と平均圧力$(1/2)(p_1+p_2)$の積を$Q$[L Torr s$^{-1}$]とする．このとき，$Q=C(p_1-p_2)$としたときの$C$[L s$^{-1}$]を高真空におけるコンダクタンスとよび，$Q$を高真空における流量とよぶ．すなわち，高真空下での気体の流れやすさを示す係数である．
[伝田 六郎]

### コンタクトニュークリエーション contact nucleation
⇒二次核発生機構

### コンデンサー condenser
⇒凝縮器

### コンデンサーモデル condenser model

接触電位差*に基づく電荷の移動モデル．異なる種類の物体を接触させると，電荷は移動して相手側の接触面に保持される．この電荷は，表面間の静電容量と接触電位差の積に比例するものとして取り扱われる．ただし，静電容量は接触面積，表面間距離，表面粗さ，空間の媒質の誘電率に依存し，帯電と分離における動的な状態の違いによっても帯電量は変化する．[松坂 修二]

### コンデンセイションすう ——数 condensation number
⇒凝縮数

### コンデンセーションカーブ condensation curve

多成分で構成される蒸気が冷却され凝縮が進んでいくさいの，蒸気入口からある温度に至るまでの積算放散熱量，あるいはその温度とエンタルピーとの関係を表したもの．エンタルピーと温度の関係はとくにエンタルピーカーブという．図に，原油精製に

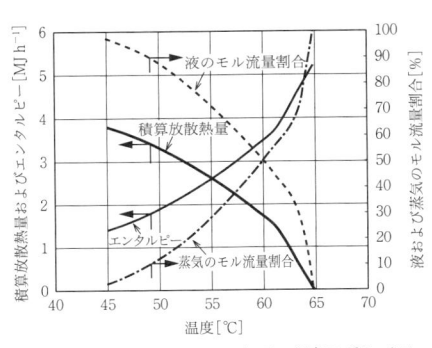

条件：入口流量 222.59 kgmol h$^{-1}$，入口温度 64.5℃，入口圧力 1 085 kPa，出口温度 45℃，出口圧力 990 kPa

コンデンセーションカーブ

おける塔頂蒸気凝縮器に入る炭化水素の混合ガスが凝縮するさいのコンデンセーションカーブの例を示す.積算放散熱量は入口からある温度までのエンタルピー差である.任意温度でのエンタルピーは,気液平衡計算により求められる蒸気や凝縮液中の各成分のモル比および気液比から算定される.多成分混合蒸気を凝縮する凝縮器や冷却凝縮器*の設計に使用される.　　　　　　　　　　　　　　[川田 章廣]

## コントロールドダブルジェットほう ── 法 controlled double-jet method

反応晶析によって写真乳剤を製造する方法.反応槽に反応基質Aおよび Bの2溶液を別々のポンプで供給する.そのさい,一方の反応基質,たとえばAの過飽和度が一定になるようにAの供給速度をフィードバック制御する場合がある.また,生成した微粒子の分散安定性を高めるための保護コロイド,たとえばゼラチンを用いる.　　　　[大嶋 寛]

## コンパクティング compacting

圧縮造粒には通常,タブレッティング,ロール圧縮(ブリケッティング,コンパクティング)の型式があり,このうちのコンパクティングでは二つのロール間に粉体(結合剤を含む場合もある)を供給して板状またはフレーク状の成形体をつくり,これを破砕とふるい分けにより不規則形状の顆粒にする造粒型式をいう.この主要造粒工程はコンパクティングマシン(別名ローラーコンパクター),ロールグラニュレーター(破砕造粒機の一種で,整粒機ともいう)および振動ふるい機から構成される.　　　　　[関口 勲]

## コンピュータりようかしかほう ── 利用可視化法 computer aided flow visualization

CAFV.コンピュータを利用して流れの状態を可視化する方法.数値解析手法を用いた理論計算によるものと,実測結果を可視化するさいにコンピュータを援用するものとの二つに大別される.
　　　　　　　　　　　　　　　　　　[上ノ山 周]

## コンプライアンス compliance

法令遵守.法令などを遵守し適正・適切な企業活動に徹すること.　　　　　　　　　　[中島 幹]

## コンベヤー conveyor

機械的輸送装置の総称.コンベヤーを大きく分類すると,ベルトコンベヤーのようにベルト上に被輸送物をのせて輸送する場合と,被輸送物をトラフ上で滑らせて輸送する場合に分類される.
　　　　　　　　　　　　　　　　　　[辻 裕]

## コンポジット composites

高分子複合体.2種類以上の材料を組み合わせてつくった成形品または材料.たとえば,プラスチックとガラス繊維などの補強材を組み合わせた材料や多層押出成形品などがある.近年注目されているプラスチックとクレーを混ぜてつくったナノコンポジットもその一例である.　　　　　　[田上 秀一]

## コンポジットカーブ composite curve

熱複合線図.$T$-$Q$線図.ピンチテクノロジーで用いられる線図で,プロセスの加熱と冷却の要求熱量を横軸に,温度レベルを縦軸に表現した線図.単一または複数ある与熱流体(プロセス内で熱を放出する流体)の同一温度レベルの熱量を統合して得られる折れ線を与熱複合線とよぶ.同様に受熱流体(プロセス内で熱を受け取る流体)から得られる折れ線は受熱複合線とよばれる.これらにより必要加熱・冷却量,熱回収量が明確に表現される.　　[中岩 勝]

## こんれん　混練　mulling
⇒捏和・混練

## こんれんき　混練機　kneader
⇒捏和・混練機

## こんれんほう　混錬法　kneading method

固-液系の均質化を目的とする単位操作である混錬*を利用した,再現性のよい触媒調製法.2種類以上の成分に必要に応じて沈殿剤やバインダーとなる溶媒を加え,微視的なレベルまで均質な糊状混合物になるまで混錬して,多成分系触媒を調製する.
　　　　　　　　　　　　　　　　　　[杉山 茂]

とや入口速度を上げることが望ましい.また,集じん室下部から流入流量の5〜10%程度吸引を行うブローダウン方式は捕集効率を上昇させるのに有効である.(⇒遠心力集じん)　　　　　　［吉田 英人］

## さ

### サイクロン　cyclone

　流体と粒子を旋回場に導入し,粒子に作用する遠心力によって流体中から粒子を分離する装置.液体中の粒子分離については液体サイクロン(ハイドロサイクロン)といい,気体中の粒子分離のときは乾式サイクロン(ガスサイクロン)とよぶ.代表的な遠心力集じん装置であり,通常のサイクロンといえば乾式サイクロンをいう.サイクロンは自由渦流により粒子に遠心力を与えるもので,可動部分がなく構造も簡単で,分離性能も比較的よいので広く実用化されている.サイクロンの入口形状には図1に示した接線流入式と全円周渦巻式(リンデン型)があり,捕集性能は全円周渦巻式が若干よい.装置へ流入したガスは円筒部および円すい部を旋回しながら下降した後,反転し上昇流により出口管へと排出される.円すい壁や円筒壁で捕集された粒子は下部の集じん室に捕集されるが,一部の粒子は捕集箱から再び上昇流に同伴して,出口管へと移動することがある.この再飛散粒子の割合を低減するには,図2に記したように集じん室上部に設けた逆円すいの設置が有効である.サイクロンの分離径は水平分離理論によると次式となる.

$$D_{pc} = \sqrt{\frac{9\mu b}{2\pi N u_0 \rho_p C_c}}$$

上式で $C_c$ はカニンガムの補正係数,$b$ は入口幅,$\rho_p$ は粒子密度,$\mu$ は流体の粘性係数を表す.サイクロン内部の気流回転数 $N$ についてはサイクロン形状により異なるが,一般に $N=3〜8$ の範囲に存在する.サイクロンの入口速度は通常 $10〜20\,\mathrm{m\,s^{-1}}$,圧損は $1〜2\,\mathrm{kPa}$($100〜200\,\mathrm{mm}$ 水柱)で分離径は一般に1 μm 以上である.また,湿式サイクロンでは入口速度 $1〜5\,\mathrm{m\,s^{-1}}$,圧損は $10〜20\,\mathrm{kPa}$($1\,000〜2\,000\,\mathrm{mm}$ 水柱)で,分離径は一般に約5 μm 以上となる.分離径を小さくするには,サイクロン直径を小さくするこ

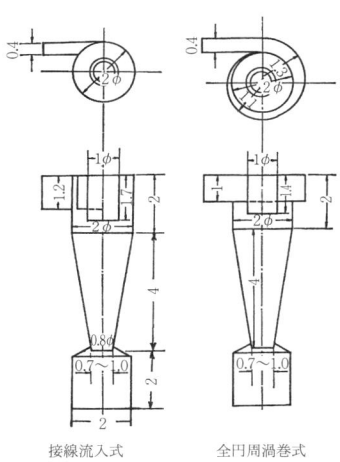

接線流入式　　　　全円周渦巻式
図1　サイクロン入口部の型式

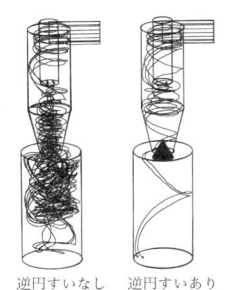

逆円すいなし　逆円すいあり
図2　粒子軌跡の様子($D_p=1.2\,\mu\mathrm{m}$)

### サイクロンスクラバー　cyclone scrubber

　洗浄集じん*装置の一種で図に構造を示す.通常のサイクロン*と異なり,原料の含じんガスは下部から接線的に流入し,清浄ガスは上部から排出する.装置下部の中心に多数のスプレーノズルをもった噴射管を備えており,ノズルから噴射された水滴によって含じんガスは洗浄される.

　水滴に衝突しミスト*を含んだ粒子は遠心力によって円筒壁に捕集される.液ガス比は $1〜2\,\mathrm{L\,m^{-3}}$,

圧損は 1〜2 kPa 程度であり，ベンチュリースクラバー*の気液分離器として利用されている．

[吉田 英人]

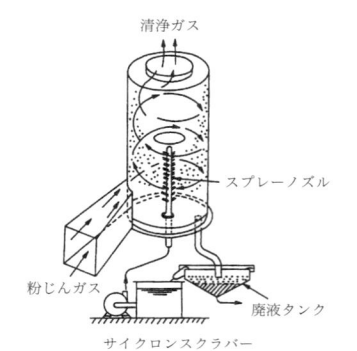

清浄ガス
スプレーノズル
粉じんガス
廃液タンク
サイクロンスクラバー

## さいこうきょうふつこんごうぶつ　最高共沸混合物　maximum azeotropic mixture

圧力一定のもとで，共沸点*温度が沸点曲線上で極大値を示す混合系をいう．なお，一般に最高共沸系は最低共沸*に比べその数はずっと少ない．

[長浜 邦雄]

## さいこうこうぞう　細孔構造　pore structure

多孔質固体*の空隙部は，孔の形状や径の異なる細孔群の網目構造(ネットワーク)を形成している．空隙率*，平均孔径，孔径分布，屈曲係数*などは多孔質固体の空隙部の特性を表す重要な因子である．加えて，細孔はマクロ孔・メソ孔・ミクロ孔群に分類されており，空隙部がこのうち一つの細孔群で形成されている場合には一元細孔構造，二つの細孔群で形成されている場合には二元細孔構造であるという．細孔構造は，固相を形成する一次粒子が非多孔性か多孔性かによって，前者では一元細孔構造，後者では二元細孔構造を示す．たとえば，アルミナはメソ孔群の一元細孔構造，活性炭はマクロ・ミクロ孔群よりなる二元細孔構造を示す．空隙部の特性や細孔構造は，多孔質固体の物性や機能の発現に直接的に関係する．また，多孔質固体の細孔内の移動現象*を定式化するうえで重要な因子である．

[神吉 達夫]

## さいこうないかくさん　細孔内拡散　pore diffusion

細孔内における分子の拡散は，気相中の分子の平均自由行程*(分子がほかの分子と衝突して，次にほかの分子と衝突するまでに進む距離の平均)に比べて細孔径が十分に小さくなると，通常の分子拡散とは異なる挙動を示す．細孔径が 2〜50 nm であるメソ孔領域では分子の存在確率が小さくなるので，分子が移動する過程では，分子相互の衝突は起こらずに，分子が細孔内壁と衝突を繰り返すことで移動する．このような拡散を細孔内拡散あるいはクヌーセン拡散*とよぶ．分子の移動は壁との衝突によって妨げられるので，細孔内拡散係数は分子拡散係数よりも小さくなる．また，細孔内拡散係数は細孔径に比例するが，温度の 1/2 乗に比例し，分子の分子量についてはその逆数の 1/2 乗と比例関係にある．細孔内に拡散して入った分子が細孔内壁に吸着した場合には，圧力(気体濃度)の勾配が存在すると表面濃度の分布が生じることで，この濃度分布に沿って二次元的に分子が移動する表面拡散が起こる．細孔径が分子サイズに近くなると温度とともに拡散速度が増大する活性化拡散とよばれる挙動を示す．

[草壁 克己]

## さいこうはんけい　細孔半径　catalyst pore size

固体触媒のほとんどは多孔質固体であって，粒子内部に存在する表面積は $10 \sim 1\,000\ \mathrm{m^2 g^{-1}}$ にもなる．これは触媒内部に存在する細孔によるものである．細孔の半径は以下のように分類される．ウルトラミクロ細孔(0.7 nm 以下)，スーパーミクロ細孔(0.7〜2 nm)，メソ細孔(2〜50 nm)，マクロ細孔(50 nm 以上)．

[椿 範立]

## さいこうモデル　細孔——　pore model

限外沪過*における膜特性を，膜構造に基づくふるいのメカニズムにより記述するモデル．円筒状の孔が膜の表から裏に通じていると仮定し，その半径，長さ，膜表面の開孔比および溶質半径により，非平衡熱力学モデル*における三つの輸送係数を表現している．細孔モデルにより，細孔半径と長さおよび膜表面の開孔比が既知の膜については，いかなる溶質に対しても分離特性を推定することが可能となる．

[鍋谷 浩志]

## さいこうようせき　細孔容積　pore volume

細孔体積．触媒あるいは担体の細孔構造を示す特性値であり，窒素吸着法による測定では，30 nm 以下の細孔の単位質量あたりの容積として与えられる．

[髙橋 武重]

## さいこうりつ　細孔率　particle void fraction

粒子空隙率．多孔質固体の吸着剤や触媒などにおいて，固体内部に存在する全細孔容積が固体の外表面の内部の体積に占める割合．全細孔容積とは，マクロ孔*，メソ孔*，ミクロ孔*，サブミクロ孔*のそ

れぞれの容積の和. したがって, 固体が粒子状の場合には粒子空隙率 (一般には $\varepsilon_p$ と記述される) と同じである. 　　　　　　　　　　　　　[迫田 章義]

**さいしょうえきガスひ　最小液ガス比　minimum liquid-gas ratio**

連続式ガス吸収*操作の操作線*の勾配は液ガス比*によって決まるが, 所定のガス吸収*を行う場合, 液ガス比がある値以下では操作不能となる. このときの液ガス比を最小液ガス比, 液流量を最小液流量または最小理論液(流)量という. たとえば, 図(a)に示す向流操作において, 塔底のガス濃度 $Y_B$, 塔頂のガス濃度 $Y_T$, 液濃度 $X_B$ が与えられたとき, 操作線が点 B を通るとき点 B で平衡線と操作線が交わり, 物質移動の推進力がゼロとなって操作不能となる. このときの操作線の勾配が最小液ガス比となり, 装置の長さが無限大になる. 実際はこれ以上の液ガス比で操作する必要があり, その値は経済性を考慮して決められる. (c) の場合は直線 TP の勾配が最小液ガス比となる. なお, 水冷却*操作などにも最小液ガス比が存在する. 　　　　　　[寺本 正明]

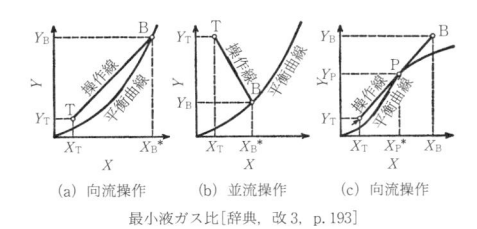

(a) 向流操作　(b) 並流操作　(c) 向流操作

最小液ガス比 [辞典, 改 3, p.193]

**さいしょうえきりゅうりょう　最小液流量　minimum liquid rate**

⇒最小液ガス比

**さいしょうかねつりょう　最小加熱量　minimum heat supply**

省エネルギープロセスを設計するとき, 総括熱複合線*が熱のピンチ条件 ($T$-$Q$ 線図* において受熱複合線と与熱複合線が接するとき) をつくるときの加熱量をいう. ただし, ピンチ条件をつくったときに, 与熱複合線の高温部に対する受熱複合線がない場合, 与熱複合線の高温部に受熱複合線の高温部をそろえる. この場合には最小加熱量はゼロである. (⇒最小冷却熱量) 　　　　　　　　　　[仲 勇治]

**さいしょうかんりゅうひ　最小還流比　minimum reflux ratio**

蒸留塔*を用いて蒸留を行うさいには必ず還流

が必要である. しかし, この還流量が少ないと目的の分離がどのように理論段数*を多くしても分離が不可能となる. 分離を行うためにそれ以上還流比*を小さくできないという値を最小還流比という.
　　　　　　　　　　　　　　[大江 修造]

**さいしょうきほうりゅうどうかそくど　最小気泡動化速度　minimum bubbling velocity**

⇒気泡流動化開始速度

**さいしょうステップすう　最小——数　minimum step number**

最小理論段数*からリボイラー分の 1 段を引いた数値. 　　　　　　　　　　　　[中岩 勝]

**さいしょうせっきんおんどさ　最小接近温度差　minimum approach temperature**

プロセスの省エネルギー化をはかるために熱交換器*ネットワークを設計するとき, 受熱複合線と与熱複合線との温度差の最小値をいう. この最小接近温度差は, 設計される熱交換器ネットワークを実現可能にするものであり, エネルギーや熱交換器のコストなどにより影響を受ける. 設計するときには最小接近温度差を与えて, 両者の温度差がこの温度差を超えないように近づけることにより, 熱回収量や外部熱源量が決まる. 　　　　　　　　[仲 勇治]

**さいしょうちゅうざいひ　最小抽剤比　minimum solvent ratio**

液液抽出*を向流多段抽出*操作で行う場合, 原料液に対する抽剤*の量の比を小さくしていくと, ある極限において分配曲線*上で操作線*が平衡線*と接するようになりそれ以上の抽出操作が不可能となる. このときの抽剤比. 　　　　　　[宝沢 光紀]

**さいしょうりゅうどうかそくど　最小流動化速度　minimum fluidization velocity**

⇒流動化開始速度

**さいしょうりろんえきりゅうりょう　最小理論液流量　minimum theoretical liquid rate**

⇒最小液ガス比

**さいしょうりろんだんすう　最小理論段数　minimum theoretical number of plate**

還流比無限大 (全還流) の操作条件における所用理論段数で, 目的の蒸留分離に対する理論段数の最小値. 相対揮発度が組成や温度に関係なく一定の場合には, 次のフェンスキの式で最小理論段数 $n_m$ が計算される.

$$n_m = \frac{\log(x_{D1}/x_{D2})(x_{W2}/x_{W1})}{\log \alpha_{12}} - 1$$

ここで $x_{Di}$, $x_{Wi}$ は $i$ 成分の留出物*組成と缶出物*

組成(モル分率), $a_{12}$ は 1 の成分に対する 2 の成分の相対揮発度* である. 多成分の場合には 1 の成分として低沸点限界成分* を, 2 の成分として高沸点限界成分* をとることが多い. 　　　[中岩　勝]

**さいしょうれいきゃくねつりょう　最小冷却熱量　minimum heat demand**

省エネルギープロセスを設計するとき, 総括熱複合線* が熱のピンチ条件($T-Q$ 線図* において受熱複合線と与熱複合線が接するとき)をつくるときの冷却熱量をいう. ただし, ピンチ条件をつくったときに, 受熱複合線の低温部に対する与熱複合線がない場合, 受熱複合線の低温部に与熱複合線の低温部をそろえる. この場合には最小冷却熱量はゼロである. (⇒最小加熱量) 　　　[仲　勇治]

**さいせい　再生(イオン交換)　regeneration**

イオン交換樹脂のような比較的高価なイオン交換剤* を使用するイオン交換* では, 使用後薬品により交換能を交換前の状態に回復させて反復使用する. この操作を再生という. 再生に使用される薬品(再生剤)は陽イオン交換樹脂では普通 NaCl, HCl, 陰イオン交換樹脂では NaOH で, いずれも水溶液の状態で使われる. 再生により, 樹脂中に存在していたイオンが交換により濃縮回収される. 樹脂の単位充填容積あたりに使われる再生剤の量を再生レベルという. 吸着* の場合にも吸着剤* が各種の物質を吸着して吸着能力を失った場合, これを脱着* し, さらに次の吸着操作に用いうるようにすることを再生という. 熱風脱着, 水蒸気脱着の場合は, 吸着と再生が同一装置内で, 送入気体を切り換えることにより行われ, 脱着後に乾燥*, 冷却などの工程を経て再生される. また, 気体吸着の場合, 吸着時より圧力を低くして再生することも行われている. 糖液精製における活性炭* や骨炭はこれを吸着塔から取り出し, 再生炉において被吸着質を燃焼除去して再生する. 　　　[吉田　弘之]

**さいせいガスタービンサイクル　再生──　regenerative gas turbine cycle**

ブレイトンサイクル* のような単純ガスタービンサイクルのタービンからの排気は, 通常十分に高温である. この高温排気がもつ熱量* を, 圧縮出口からの燃焼空気の予熱に利用すると, サイクルの熱効率* が向上する. このようなサイクルを再生ガスタービンサイクルという. また, このときの高温排気と燃焼空気との熱交換に用いる熱交換器* を再生式熱交換器* という. 圧力比が大きくなり, 圧縮機出口温度がタービン出口温度よりも高くなると再生が成立し

なくなる. 　　　[桜井　誠]

**さいせいしきねつこうかんき　再生式熱交換器　thermal regenerator, regenerative heat exchanger**

⇒蓄熱式熱交換器

**さいせいほう　再生法(吸着剤の)　regeneration method of adsorbent**

吸着剤* の再生とは, 使用済み吸着剤の吸着能力を回復し, 再使用できる状態にすることである. 吸着プロセスにおいて, 使用済み吸着剤は再生したあとに繰り返し使用されることが多い. 吸着質が有用物ならば回収する. 吸着質が無価値のときは, 単に吸着剤から脱離させればよい. 吸着剤の再生は吸着プロセスの経済性を考えるうえできわめて重要な要因である. 吸着質の脱着* 以外の再生法としては, 高温での過熱水蒸気による不揮発性の吸着質の分解(加熱再生), および吸着剤に繁殖した微生物のはたらきによる吸着質の分解(生物再生)が用いられている. 　　　[田門　肇]

**さいそじゅうてん　最疎充填　loosest packing**

粒子や充填物がもっともゆるく充填された状態. 均一球の充填では, 立方配列に相当し, 配位数は 6, 空間率は 0.476 である. 一般の粉粒体では, できるだけ力を加えないで充填された状態. (⇒最密充填) 　　　[増田　弘昭]

**さいだいかくはんしょうようどうりょく　最大撹拌所要動力　maximum power consumption**

乱流領域で撹拌翼* の示す最大の撹拌所要動力*. 完全邪魔板条件* の乱流域では液の粘度は変化しても動力数* は一定値を示し, この値を超えることはない. 邪魔板* のない場合でも, 撹拌開始の瞬間や, 層流*, 乱流* の境界のレイノルズ数* でほぼ最大動力数* を示す. (⇒撹拌所要動力) 　　　[加藤　禎人]

**さいだいしごと　最大仕事　maximum work**

カルノーサイクルのような可逆的な操作から得られる仕事量. 可逆的な操作は理想化された条件であるので, 実際の操作は不可逆過程であり, 摩擦などのために得られる仕事量はこれより小さくなる. 等温可逆過程における最大仕事はヘルムホルツの自由エネルギー* 変化に等しい. 　　　[船造　俊孝]

**さいだいでんねつ(ねつでんたつ)けいすう　最大伝熱(熱伝達)係数(流動層の)　maximum heat transfer coefficient**

気泡流動層* の層壁面からの伝熱(熱伝達)係数とガス速度の関係を求めると, ガス速度が低い固定層状態では伝熱係数がきわめて低く, ガス速度を上げ

ていき流動化が開始して粒子が動き始めると伝熱係数が急激に増加する。さらにガス速度を高くすると伝熱係数は減少に転ずる。このとき得られる伝熱係数の最大値。アルキメデス数* $Ar=1\sim 15^5$ の範囲では Zabrodsky らの式, $Ar=10^5\sim 10^8$ では Borodulya らの式がある。また, $Ar$ の全域について Martin の式がある。粒子群交換モデル*に従えば, 流動化開始*からガス速度を上げていくと, しばらくは気泡の頻度*がガス速度とともに増えて粒子群の交換が活発になる。そのためにガス速度増加とともに伝熱係数が増加するが, ある程度以上ガス速度が速いと, 今度は伝熱面が伝熱の悪い気泡で覆われる割合が増えることによってかえって伝熱係数が低下することで説明できる。気泡流動層では, このようにガス速度と伝熱係数の間に比例関係がないため, 負荷変化に伴う熱回収のコントロールに工夫を要する。 [清水 忠明]

**さいだいひんどけい　最大頻度径　modal diameter, mode-diameter**
　最頻度径。モード径。粒子径頻度分布において頻度が最大値を示す粒子径。最大頻度径の値は個数基準と質量基準で異なるのが普通である。
 [増田 弘昭]

**さいていきょうふつこんごうぶつ　最低共沸混合物　minimum azeotropic mixture**
　圧力一定のもとで, 共沸点*温度が沸点曲線上で極小値を示す混合系をいう。なお, 一般に最低共沸系は最高共沸系*に比べその数はずっと多い。
 [長浜 邦雄]

**さいてきかせいぎょ　最適化制御　optimization control**
　設定値*の最適化とその設定値を実現するための制御の組合せをいう。プロセス制御*で導入実績の多い DMC (ダイナミックスマトリックスコントロール*) では, LP (linear programming) による静的最適化と, ステップ応答モデル*を用いた最小自乗法によるモデル予測制御*を用いている。数百の測定量と操作量*を同時に考慮した大規模な最適化制御の実施例がエチレンプラントなどにあり, 品質や安全, 操作量*の上下限などの制約を満たしつつ, 経済性の最適な操業が実現されている。 [橋本 芳宏]

**さいてきかほう　最適化法　method of optimization**
　⇨プロセス制御

**サイドカット　side cut**
　側流。蒸留塔の中間から抜き出すこと。一般に不純物除去や塔内流量の調整のために利用される。原油の常圧蒸留塔 (トッパー) はガソリン, 灯油, 軽油などの中間留分を, また減圧蒸留塔は潤滑油留分を抜き出すのに利用している。(⇨サイドストリパー方式) [鈴木 功]

**サイドコンデンサー　side condenser**
　サイドリフラックスをかけるためのコンデンサー* (冷却器)。一般には塔頂に還流をかけて塔頂液の分離をよくするが, その必要があまりなくサイドカットの分離をよくしたい場合に用いる。これにより塔頂の直径を小さくでき, 塔頂と比較して温度の高い熱が得られるので熱源として有効利用しやすい。おもに原油蒸留装置に利用されている。(⇨サイドリボイラー) [鈴木 功]

**サイドストリパーほうしき　──方式　side stripper method**
　原油の常圧蒸留塔 (トッパー) のサイドカット*のストリッピングをする方式。サイドカットに含まれる軽質分を除去する目的で用いられる。この方式は1本の蒸留塔と数本のサイドストリッパーを組み合わせ, 多成分をおのおのに分けて得ることが可能となり。分離をあまり要求されない場合に使用される。
 [鈴木 功]

**サイドリボイラー　side reboiler**
　蒸留装置のサイドカット (側流)*に含まれる軽質分を除去する場合, 付設のストリッピング装置の段数が多いときにはリボイラー* (再沸器) を付設する。リボイラーストリッピングともよばれ, スチームを直接吹き込む方式が一般的である。この場合, 熱を与えることと同時に減圧効果も得られる。
 [鈴木 功]

**さいひさん　再飛散　reentrainment, resuspension**
　媒体中を浮遊する微粒子が壁面や物体表面に沈着した後, なんらかの原因により再び媒体中に戻り浮遊する現象。集じん操作, 微粒子輸送, 分級, 粉砕など, とくに乾式の粉体操作で, 効率や粉体物性を変化させる原因となる。集じん操作では捕集粉体の払落し時の再飛散が効率を下げるが, 自然に起きる再飛散も重要である。気流による再飛散では沈着した個々の粒子が再飛散することはまれであり, 普通は沈着面で粒子の凝集が起こり, 気流から受ける流体抵抗力が粒子と沈着面の間の付着力を超えるような, 十分大きな凝集粒子が再飛散する。凝集粒子は捕集が容易になるので, 集じん操作の前処理として再飛散を利用することもある。再飛散は媒体の運動

のほか，一次粒子の大きさ・形状・表面物性，相手表面の物性・凹凸，静電界の有無，重力の方向，振動の有無など多くの因子によって変化する．条件によっては，壁表面で粒子層の規則的なしま模様を生じ，沈着層を形成するか再飛散するかは物質の相変化と類似する現象とみられる．壁面に衝突した粒子が直ちに媒体中に戻る場合は反発あるいは反発・再飛散といい，これと区別する場合は沈着・再飛散という．

[増田 弘昭]

**さいふつき　再沸器　reboiler**

リボイラー．塔底部において抜き出した液の一部（缶出液*）を製品とし，残りを上昇蒸気供給のため加熱蒸発させる装置．強制循環方式と自然循環方式（サーモサイフォンリボイラー）の2方式がある．

[宮原 昰中]

**さいふつひ　再沸比　reboil ratio**

缶出液*量に対する塔底部上昇蒸気量の（モル）比のこと．この場合，両者の組成は異なるが塔頂の還流比*に対応している．

[宮原 昰中]

**さいぼう　細胞　cell**

生命活動の基本単位．細胞膜に囲まれ，原則的には内部に遺伝情報をもつDNA*を収納する核，タンパクの合成工場であるリボソームなどの小器官（オルガネラ）をもつ．生体の構造的かつ機能的単位．増殖は通常，細胞が2個に分かれる細胞分裂という形で行う．細胞は二つの群，原核細胞*と真核細胞*とに分けられる．遺伝子工学の有力な材料となる大腸菌などは，原核細胞に分類される．生物の個体には，大腸菌のように細胞単体のものと，ヒトのように多くの細胞が組み合わさったものとがあり，前者を単細胞生物，後者を多細胞生物とよぶ．多細胞生物体では通常多くの種類の細胞が分化し，それぞれの機能に応じて分化した構造を細胞内にもっている．これらの同種の細胞が集まって組織を構成する．この場合の細胞を組織細胞といい，単細胞生物や遊走子，配偶子（胞子，精子，卵子），血球などのように，1個が独立したものを遊離細胞（free cell）という．

[紀ノ岡 正博]

**さいぼうしゅうき　細胞周期　cell cycle**

細胞分裂によって生じた娘細胞がもう一度分裂して2個の娘細胞になる過程．細胞周期は細胞分裂期（mitotic phase, M期）と分裂間期とに分けられ，分裂間期はさらに$G_1$期（DNA*合成準備期），S期（DNA合成期），$G_2$期（細胞分裂準備期）とに区分される．細胞*はM期→$G_1$期→S期→$G_2$期の周期を繰り返すことで増殖する．また，分化した組織細胞や接触阻止条件下にある正常細胞などでは，細胞は$G_1$期の途中で細胞周期から外れた静止状態にあり，この時期を$G_0$期とよぶ．

[長棟 輝行]

**さいぼうはさい　細胞破砕　cell disruption**

細胞内から目的物質を回収するさいに，物理的作用により破砕すること．化学的作用により破砕することを溶菌操作*という．物理的作用としては，流体せん断，固体せん断，研磨，超音波，凍結・融解，乾燥粉砕などがあるが，工業的なタンパク質・酵素の生産プロセスでは，一般に高圧の細胞懸濁液を間隙を通して，大気圧に戻すさいに生じるせん断力（高圧流体せん断）を利用した高圧細胞破砕装置（フレンチプレス）が用いられる．固体せん断によるものは凍結した細胞に圧力をかけ，バルブから射出するさい，細胞破砕が起こる．

[紀ノ岡 正博]

**さいぼうゆうごう　細胞融合　cell fusion**

細胞と細胞が融合し，隔壁が消失して核の増加した細胞（異核接合体：ヘテロカリオン）になる現象をいう．つづいて細胞核が融合し，この段階まで含めてよぶ場合もある．遺伝子操作と並ぶバイオテクノロジーの基幹技術．細胞を人為的に融合することで，両方の遺伝情報をもつ融合細胞を形成することをねらっている．細胞融合は植物，糸状菌では育種技術，動物ではハイブリドーマを形成してモノクローナル抗体を生産するための必須技術となっている．

[紀ノ岡 正博]

**さいみつじゅうてん　最密充填　closest packing**

粒子や充填物がもっとも緻密に充填された状態．均一球の充填では，菱面体配列に相当し，配位数は12，空間率は0.259である．一般の粉粒体では，タッピングなどによって，できるだけ密に充填された状態．（⇒最疎充填）

[増田 弘昭]

**サイロ　silo**

粉粒体をばら状で貯蔵する直立型貯槽のこと．一般にサイロという言葉は，粉粒体を貯蔵するすべての直立型ばら積み貯槽の総称として使用される場合がある．サイロはバンカーと比較して貯槽の高さが大きい容器に対して使用され，一般に貯槽の直径または幅に対する高さの比が1：1.5以上のものをいう．サイロの形状はいろいろあるが，一般に円形，長方形，六角形，八角形の水平断面を基本形としている．また，貯槽からの粉粒体の排出のために筒体下部に1個または数個の排出口をもち，ホッパー形の傾斜壁をもつ場合が多い．古くはサイロは木材やれんがなどつくられていたが，現今では鉄筋コンクリートや鋼板製のサイロが主流を占めている．独立

した単槽では直径が 40～50 m, 貯槽高さが 70 m という大型の石炭サイロが稼働しており, 輸入穀物などを貯蔵するサイロには 50～80 基のサイロが一体となった群槽のサイロが出現している.

[杉田 稔]

**サウダース-ブラウンのしき ——の式 Souders-Brown equation**

段塔*の断面積を求めるための許容蒸気速度 $G$ を求める実験式.

$$G = C\{\rho_V(\rho_V - \rho_L)\}^{1/2}$$

ただし, $G$ は単位断面積あたりの蒸気質量速度[kg m$^{-2}$ s$^{-1}$], $\rho_V$, $\rho_L$ はそれぞれ蒸気, 液の密度[kg m$^{-3}$]である. 係数 $C$[m s$^{-1}$]は段間隔により, たとえば, 0.01(段間隔 25 cm), 0.045(同 50 cm), 0.06(同 90 cm)の値をとる. [森 秀樹]

**さえぎり 遮り interception**

粒子が捕集体に捕集される場合, 粒子が流体とまったく同じ運動をしていても, 粒子が大きさをもつために捕集体と接触して捕集される現象を遮り効果という. この効果は, 捕集体の大きさが小さいほど, 粒子の大きさが大きいほど大きく, 粒径と捕集体の寸法の比は遮りパラメーターとよばれる.

[大谷 吉生]

**さえぎりパラメーター 遮り—— interception parameter**

⇒遮り

**さくさんセルロースひたいしょうまく 酢酸——非対称膜 cellulose acetate asymmetric membrane**

⇒酢酸セルロース膜

**さくさんセルロースまく 酢酸——膜 cellulose acetate membrane**

酢酸セルロースを素材とした分離膜. 海水の淡水化技術として提案された逆浸透*法は, S. Loeb と S. Sourirajan が酢酸セルロースを素材とした非対称構造を有する膜(酢酸セルロース非対称膜)の発明に成功したことより, 高脱塩・高造水量化が実現され実用化に至った. しかしながら, 酢酸セルロースは天然素材であるために微生物による分解を受けやすいといった欠点を有する. [鍋谷 浩志]

**さくじょうすい 索状水 funicular water**

湿り粒子充塡層*の内部空隙に毛管吸引力*で保有されている毛管水*の一部で, 太い毛管はからでも細い毛管が満水状態にあるときの毛管水のこと. 索状水のなかで液状脱水が不可能なものを懸垂水*という. [今駒 博信]

**さくりゅうきゅうえき 錯流給液 mixed flow feed**

多重効用缶*の給液方式(缶配列法*)の一種で, 順流と逆流の特徴を適宜組み合わせた溶液の供給法. (⇒缶配列法) [平田 雄志]

**さくれつはいれつ 錯列配列 staggered arrangement**

千鳥配列*. 多管式熱交換器*などの伝熱管の配列法の一種. 管外流体の流れ方向に伝熱管を並べる配列法を直列配列*に対して, 流体の流れる方向がジグザグに変わるようにした管束の配列方式. 図(a)が直列配列*あるいは正方形ピッチ並列, 図(b)が正方形ピッチ錯列, 図(c)および(d)が三角形ピッチ錯列である. 錯列配列は直列配列に比べて, 熱伝達係数*が大きくなるが, 圧力損失*も大きい.

[平田 雄志]

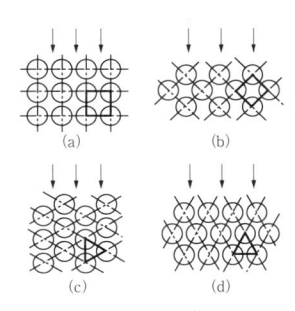

(a)正方形ピッチ並列
(b)正方形ピッチ錯列
(c), (d)三角形ピッチ錯列
[辞典, 初版]

**Sutherland しき ——式(熱伝導率) Sutherland equation**

常圧気体の熱伝導率 $k^0$ についての推算式. おもに単原子分子, 二原子分子に適用される. 温度変化をよく表現する式として知られ, 次式で表される.

$$k^0 = \frac{cT^{3/2}}{T + S}$$

ここで, $c$ はある基準温度における熱伝導率によって定まる係数, $T$ は絶対温度[K]であり, $S$ は Sutherland 定数[K]で物質ごとに定められている. ほかに多くの推算式が提案されており, 今日ではあまり使用されない. [⇒ Sutherland 式(粘度)]

[船造 俊孝]

**Sutherland しき ——式(粘度) Sutherland equation**

常圧気体の粘性係数(粘度)$\eta^0$ についての推算式.

おもに単原子分子，二原子分子に適用されるが，各種低分子有機化合物についても使用される．温度変化をよく表現する式として知られ，次式で表される．

$$\eta^0 = \frac{cT^{3/2}}{T+S}$$

ここで，$c$ はある基準温度における粘性係数によって定まる定数，$T$ は絶対温度[K]であり，$S$ は粘度係数のSutherland定数[K]で物質ごとに定められている．ほかに多くの推算式が提案されており，今日ではあまり使用されない．[⇒ Sutherland式(熱伝導率)]
[船造 俊孝]

**サージング** surging

液体輸送(ポンプ)，気体輸送(ブロアー，コンプレッサー)にかかわらず，遠心式でその特性曲線が山形をなし，最高吐出圧のときの吐出流量よりもその流量が低いときに，管路を含むその輸送系が不規則な自動振動を起こすことがあり，これをいう．
[伝田 六郎]

**サスティナブル・ディベロップメント** sustainable development

持続可能な発展．1972年に発表された"成長の限界"を受けて，地球環境の悪化と社会経済の発展を両立させる概念として，国連の委託を受けた"環境と開発に関する世界委員会"通称ブルントラント委員会が1987年に報告した"われら共通の未来"のなかで"持続可能な発展とは，将来の世代がみずからの欲求を充足する能力を損なうことなく，今日の世代の欲求を満たすような発展をいう"との定義を行い，1992年リオ地球サミットで採択され，世界の行動計画"アジェンダ21"の基盤となった．
[服部 道夫]

**サスペンション** suspension

粒子が流体中に分散され，ただよっている状態の混合物をいう．われわれの身近に接するサスペンションの例としては，印刷塗料，ペンキ，インクジェットプリンターのインキなどがあり，食品にも微粒子が懸濁されたものが多い．また，種々の電子材料には微粒子を分散させた材料が用いられている．インキのように懸濁された状態をうまく保つためには粒子の会合・凝集を防ぐ必要があり，適当な分散剤が加えられる．水処理などにおいては粒子を強制的に凝集させて沈降を促進し，粒子を取り去る必要がある場合もある．このような場合には，適当な凝集剤を加える必要がある．このように，微粒子の分散を制御して多くの有用なサスペンションがつくりだされ，調製されて日常製品として用いられている．
[薄井 洋基]

**サスペンションじゅうごう ——重合** suspension polymerization

⇒懸濁重合

**サセプター** susceptor

CVD* 装置において，薄膜を形成させる基板を反応室内に保持するために用いられる台．誘導加熱では発熱体，抵抗加熱や赤外線加熱では被加熱体となる．炭化ケイ素など，熱伝導性と耐腐食性に優れた材質からつくられることが多い．
[羽深 等]

**さっきん 殺菌** sterilization

微生物の増殖活性を完全になくし，無菌状態をつくり出す操作．医療機関では死滅の程度によって滅菌* および消毒(disinfection)に分けて使用している．滅菌とは物質中の微生物などすべての生命体を死滅または除去することで，消毒は病原性の微生物を死滅させて感染症を防止することである．おもな殺菌法としては，加熱殺菌(火炎滅菌，乾熱滅菌，高圧滅菌，UHT法*，HTST法*)と冷殺菌(紫外線・放射線殺菌，薬剤殺菌)に分けられる．このほか，沪過滅菌* が加熱できない物質や空気などからの除菌に用いられている．これらは，滅菌すべき対象によって使い分けられる．
[紀ノ岡 正博]

**ざっきんおせんぼうしじゅつ 雑菌汚染防止技術** technique of biological contamination control

バイオ製品製造プロセスの死命を制する重要な技術である雑菌汚染防止技術は，殺菌*，除菌*，静菌(繁殖抑制)，進入しゃ断などの微生物制御技術の組合せにより製造条件および製品品質保証の目的が達成される．要因解析に基づく汚染防止の立案のさいに，使用する培地などの液(UHT法*，HTST法* などの加熱滅菌)，通気空気などのガス(沪過滅菌*)，これらを使用する場(設備や移送ライン)と個々への対応が必要である．
[紀ノ岡 正博]

**さっきんほう 殺菌法** sterilization method

⇒ HTST法

**サドルてん ——点** saddle point

定圧下における成分1-2-3からなる三成分系の気液平衡について，沸点が等しい液組成を結んだ等沸点曲線を図に示す．ここで，二つの二成分系は最低共沸(A点，B点)を示し，ほかの一つは最高共沸(C点)を示す．この三角図を温度を紙面に垂直になるように三次元(曲面)的にみれば，点Cは最高値を示す．点Cから曲面上を下降するとその曲面は最初は凸であるがだんだん凹に変化する．その点がDである．D点近傍では曲面は馬のくらの形をなしており，

サドル点といわれる．このような挙動を示す系の蒸留曲線は非常に複雑であり，原料組成によって塔頂や塔底の組成が変化する． [長浜 邦雄]

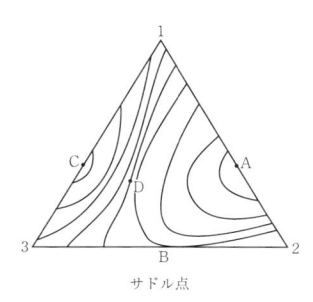

サドル点

**サブクールふっとう ——沸騰** subcooled boiling
⇨表面沸騰

**サブミクロこう ——孔** sub-micropore
⇨超ミクロ孔

**サブミクロンりゅうし ——粒子** sub-micron particle
直径が 6～200 μm の粒子のこと． [成瀬 一郎]

**サプライチェーン・マネージメント** supply chain management
原材料・部品の供給業者，メーカー，卸売業，小売業を経て行われる製品の全供給活動を組織化し，相互の調整を強化して，顧客サービスの強化と効率の改善をはかることを目的としたもの．実際にはERP* や APS (advanced planning and scheduling) システムを活用し，社内の業務慣行と対取引先関係の管理を一体化している．調達(購買)，生産(製造)，物流(輸送)，在庫(倉庫管理)，販売(営業)の業務を調整の対象にしている． [川村継夫・船越良幸]

**さぶんセルモデル　差分——** finite satage model
充填層* を均質な層とみなすのではなく，その不均質な性質に基づいたモデル．充填層を軸方向に一定の間隔で分割するとともに，半径方向にも一定の幅の円環状に分割する．そしてこの一つのセル内では熱および物質が完全混合状態* になるものとみなし，充填層をこのような差分セルの集合体としてモデル化する．このモデルは簡単ではあるが比較的層内流体の動きをよく表しており，軸方向混合拡散(⇨混合拡散係数)の影響も考慮されている．
[霜垣 幸浩]

**さぶんほう　差分法** finite difference method

FDM．基礎方程式の離散化手法の一つ．有限体積法が面で離散化するのに対して，差分法は点で離散化する．有限体積法，有限要素法に合わせて有限差分法ともよばれる． [上ノ山 周]

**サーマルエヌ・オー ——NO** thermal NO
空気中の $N_2$ を起源として生成する NO をサーマル NO という．サーマル NO は，Zeldovich NO* とプロンプト NO* の二つの機構により生成するが，おもに Zeldovich NO の機構で生成する．
[神原 信志]

**サーマルスイングサイクル** thermal swing cycle
TSA．低温での吸着による不純物の除去と，高温での脱着による吸着剤の再生を繰り返すサイクル操作で，ロータリー吸着ユニット* による空気の除湿や希薄 VOC* の浄化で実用化されている．
[広瀬 勉]

**サーマルノックス ——$NO_x$** thermal $NO_x$
⇨炉内脱硝法

**サーマルリサイクル** thermal recycle
廃棄物を燃焼させることにより発生する発熱エネルギーを，熱エネルギーや電気エネルギーに変換して利用するリサイクル法．最新鋭の一般廃棄物焼却炉では，ごみが有する発熱量を熱および電気エネルギーに変換し有効利用している． [成瀬 一郎]

**サーミスターりゅうそくけい ——流速計** thermistor current meter
温度により電気抵抗が変化する半導体のサーミスターを利用した流速計．流れの中に一定電圧をかけたサーミスターを設置し，流れにより熱が奪われ，抵抗とともに変化する電流の値から流速を知ることができる． [吉川 史郎]

**サーモグラフィー** thermography
物質から放射される熱ふく射の二次元分布を測定して，その物質の二次元温度分布を推定する方法としてサーモグラフィーがある．二次元的なふく射温度測定* の方法である． [牧野 俊郎]

**サーモパーベーパレイション** thermopervaporation
⇨膜蒸留

**さらがたぞうりゅうき　皿型造粒機** pan granulator, pan pelletizer, pan agglomerator
⇨転動造粒機

**サルテーションそくど ——速度** saltation velocity
固気二相流* において，気体流速の増加に対する当該二相流の単位長さあたりの圧力損失* は，気体

流速の低い領域では減少し，ある流速を境としてそれ以上では増加する現象となる．その最小圧力損失となる気体流速をいう． [伝田 六郎]

**さんいつエネルギー　散逸——　dissipation energy**

流動している流体のもつ運動エネルギーは，粘性作用によって熱エネルギーに変換される．このエネルギーのこと．流体単位質量あたり毎時の散逸エネルギー $\varepsilon[\mathrm{W\ kg^{-1}}]$ は，流体の動粘度 $\nu[\mathrm{m^2\ s^{-1}}]$ を用いて次式のように与えられる．

$$\varepsilon = \nu \Phi = \frac{(-\boldsymbol{\tau}:\nabla \boldsymbol{v})}{\rho}$$

ここで，$\tau[\mathrm{Pa}]$ は応力テンソル，$\boldsymbol{v}[\mathrm{m\ s^{-1}}]$ は速度ベクトル，$\rho[\mathrm{kg\ m^{-3}}]$ は流体の密度であり，$\Phi[\mathrm{s^{-2}}]$ は散逸関数または粘性消散関数(viscous dissipation function)とよばれる．

等方性乱流場での散逸エネルギー $\varepsilon$ は，乱流*の変動速度の2乗平均値 $\overline{v'^2}$ と乱流の最小渦スケール $\lambda_g$ を用いて，次式のように表される．

$$\varepsilon = 15\nu \frac{\overline{v'^2}}{\lambda_g^2}$$

A.N. Kolmogoroff は，粘性によるエネルギー散逸に主として寄与する乱流渦の寸法 $\lambda_\nu$ および速度 $u_\nu$ に関して，散逸エネルギー $\varepsilon$ を用いた次式の関係を導いた．

$$\lambda_\nu = \left(\frac{\nu^3}{\varepsilon}\right)^{1/4}$$

$$u_\nu = (\nu\varepsilon)^{1/4}$$

これらの物理量は乱流場の微細構造に重要な因子である．

撹拌槽のような閉じた流れ系では，撹拌翼*によって定常的に液に与えられる液単位容積あたりの撹拌所要動力* $P_\mathrm{v}$ と，槽内で消散する散逸エネルギー $\varepsilon$ は，液体の密度 $\rho$ を用いて $P_\mathrm{v}=\rho\varepsilon$ のように関係づけられる． [平岡 節郎]

**さんかかんげんこうそ　酸化還元酵素　oxidoreductase**

酸化還元反応を触媒する酵素の総称．生体内で物質の生成，有毒物質の代謝解毒，活性化，エネルギーの獲得に利用されており，様式，性質，電位の供与体や受容体の種類によって脱水素酵素(デヒドロゲナーゼ)，還元酵素(レダクターゼ)，酸化酵素(オキシダーゼ)，オキシゲナーゼ(酸素添加酵素)，ヒドロペルオキシダーゼに分類される．生体の利用する酸化還元反応は概してエネルギー差が大きく，活性を発現するためには中間的な酸化還元電位をもつ補酵素・色素類の仲介が必要である． [紀ノ岡 正博]

**さんかくせんず　三角線図　triangular diagram**

三角図．三成分系の組成関係を表すのに用いる図の一種．正三角形または直角三角系を用いるが原理は同じである．組成を各成分の分率でとり，三角形の各頂点にそれぞれの純成分をとると，各辺は2成分の混合物を示し，3成分混合物は三角形内の一点で示される．正三角形を用いると，図(a)の点Pのように点の位置から直感的に各成分の濃度がわかる利点がある．3成分の分率の合計は1であるから，2成分濃度を変数として普通の直角座標で示したのが図(b)の直角三角形で，このほうが抽出計算に便利であるので多用されている．図の $x$ は分率，添字 A, B, C は各成分で，図(b)の場合の $x_\mathrm{B}$ は $1-x_\mathrm{A}-x_\mathrm{C}$ で求める．いずれの場合にも二つの混合物どうしの混合(または分離)は，それらの2点を結ぶ直線を各量の逆比で内分(または外分)した点で示される(いわゆる"てこの原理"が成立する)ので，図上で量的な計算ができ，また種々の操作を図上で示したり，条件を求めるのに便利である．とくに液液平衡*，気液平衡*，固液平衡，抽出計算などに多く用いられる．(⇒液液平衡) [宝沢 光紀]

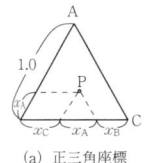

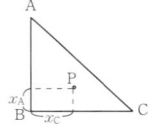

(a) 正三角座標　　(b) 直角三角座標

三 角 線 図

**さんかちほう　酸化池法　oxidation pond system**
⇒ラグーン法

**さんぎょうはいきぶつ　産業廃棄物　industrial waste**

産業活動に伴う廃棄物のうち，法律と政令で指定するものをいう．法では燃えがら，汚泥，廃油，廃酸，廃アルカリ，廃プラスチック類，その他政令で指定されるものとされ，政令では，紙くず，木くず，繊維くず，動植物性残渣，金属くずなど合計で19種類が指定されている．紙くず，木くずなどには業種の指定があり，非該当物は事業系一般廃棄物となる．この指定に関しては，不法投棄や不適正処理との関連で問題が指摘されている．産業廃棄物の処理については，排出事業者による自己処理責任が規定されている． [川本 克也]

**さんぎょうはいきぶつしょりほうしき　産業廃棄物処理方式　treatment technologies of industrial wastes**

産業廃棄物*の処理については，対象が固形物か液状物かで，さらに固形物でも水分をどの程度含むかによって適用にふさわしい技術が異なる．一方，処理のおもな対象が有機物であるか無機物であるか，さらに特別管理産業廃棄物で有害特性を示すかどうかによっても異なる．いま，下水汚泥のような水分含量の多い有機性の固形物を想定した場合のおもな単位操作には脱水，乾燥，焼却および溶融などがある．また，種々の廃棄物が混合して含まれる場合，前処理技術として破砕，選別，圧縮などの単位操作を適用する．廃液を対象とする場合には，凝集・沈殿，生物処理(嫌気性または好気性処理)などの通常の水処理技術が適用されるが，濃厚な場合には焼却炉で噴霧して燃焼処理を行うほうが有利な場合もある．重金属の除去にはキレート吸着法を通常適用する．有害物質の無害化を目的とする場合には，焼却(熱分解)や溶融などの熱処理操作が確実な方法である．PCB(ポリ塩化ビフェニル)関連の廃棄物には化学的原理による脱塩素化法などが適用される．

［川本　克也］

**さんげんしょくばい　三元触媒　three-way catalyst**

ガソリンエンジン自動車の排ガス処理用触媒．有害な未燃の炭化水素，一酸化炭素および窒素酸化物の3成分を同時に浄化するので三元触媒とよばれる．一般に，アルミナなどの耐熱性に優れた担体に，活性金属である白金，ロジウムなどの貴金属を超微粒子状に分散させたものを塗布したモノリス型触媒*が用いられている．エンジンに供給する空気と燃料の比が触媒にとって最適となるよう，制御するシステムとの組合せにより高浄化率を実現している．

［新庄　博文］

**さんじくへいきんけい　三軸平均径　mean diameter of the three dimensions**

1個の粒子*を平面上に投げ出し，もっとも安定な状態でこの平面に垂直な方向から見た投影像を，これに接する2本の平行線で挟んだときの最小間隔を短軸径 $b$，短軸径に直角な方向ではかった間隔を長軸径 $l$，粒子が静止している平面とこれに平行で粒子と接する平面との距離を厚み $t$ と定義し，この三つを三軸径とよぶ．三軸平均径には，これらの三軸径の算術平均，調和平均，幾何平均などが用いられる．

［横山　豊和］

**さんじゅうてん　三重点　triple point**

一成分系(純粋物質)の状態図において，気，液，固の3相が平衡状態で共存する点．図のTがそれである．相律*によれば1成分で3相が共存する場合は不変系(自由度*0)になるから，$p$-$T$座標上の一定点で表され，その物質に固有のものである．たとえば，水の三重点は $p_T = 0.61$ kPa $(4.58$ mmHg$)$，$T_T = 273.16$ K である．三重点では昇華曲線，融解曲線，蒸発曲線(蒸気圧曲線)の3本の2相境界線が交わる．2成分以上の混合物では異なる3相が平衡状態で共存する点も三重点という．

［滝嶌　繁樹］

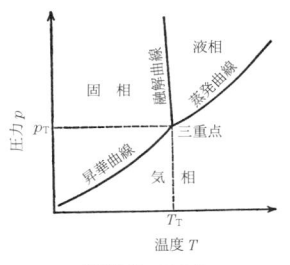

純粋物質の三重点

**さんじゅうりんかいてん　三重臨界点　tricritical point**

ベンゼン，エチルアルコール，水，硫酸アンモニウムの四成分混合系は，20℃と40℃の間では三つの液相に分離するが，全体の成分比を調節しながら48.9℃に近づけると各相の成分比は互いに近づき，48.9℃で3相同時の臨界状態に達し，その付近では顕著なタンパク光が観測される．これは三重臨界現象の一例であり，同種の臨界現象は $FeCl_2$ やジスプロシウムアルミニウムガーネット(dysprosium aluminum garnet, DAC)などの反強磁性体の磁場中での常磁性-反強磁性転移，$^4$He，$^3$He 混合系の常流体相-超流体相転移などにもみられる．ハイドレートを含む系でも同様な現象が観測されている．三重臨界現象は L. Landau により予言されたが，詳細な理論は M. Fisher らにより，繰込み群の方法を用いて考察されている．

［猪股　宏］

**さんじゅつへいきん　算術平均　arithmetic mean**

相加平均．2数 $y_1$，$y_2$ の算術平均 $y_{am}$ は $y_{am} = (y_1+y_2)/2$ である．$y$ が $x$ の一次関数で表されるとき，区間 $[x_1, x_2]$ における $y$ の積分平均は，$x_1$ における $y_1$ と $x_2$ における $y_2$ の算術平均で与えられる．(⇒対数平均)

［平田　雄志］

**さんしょうきどう　参照軌道**　reference trajectory

⇒モデル予測制御，ダイナミックマトリックスコントロール

**さんすいろしょうほう　散水沪床法**　trickling filter

直径10cm程度の砕石を高さ1～1.5m程度の高さに積み上げて沪床とし，その上部から排水を散水する．沪床内を排水が流下する間に，砕石表面に付着生育した微生物群によって排水中の汚濁物質が好気的に分解・除去される．1回の流下では汚濁物質の除去が目標値に達しない場合は，沪床下部で集められた排水を再度循環散水することで，処理水質を向上する．19世紀後半に考案された排水処理方式であり，散水する動力のみを必要とすることで，排水処理に要するエネルギーが少ないという特徴を有するが，活性汚泥法*に比較して処理水質が劣ることから，広く利用されるに至っていない．砕石に換えてプラスチック製の沪床を利用することで，装置の単位体積あたりの処理能力を向上できる．微生物が付着生育可能で，耐久性があればどのような担体でも沪床として利用できるので途上国などでの利用に適している．　　　　　　　　　　　　　　　　［藤江 幸一］

**さんそいどうようりょうけいすう　酸素移動容量係数**　volumetric oxygen transfer coefficient

エアレーション*タンクなどの気液接触装置において酸素溶解性能を定量化するための指標．エアレーションタンクの単位体積あたりの酸素溶解速度$Q[\text{g m}^{-3}\text{h}^{-1}]$は，酸素移動容量係数$K_{La}[\text{h}^{-1}]$を用いて次式で示される．ただし，$C_S[\text{g m}^{-3}]$は空気中の酸素と平衡にある飽和溶存酸素濃度，$C[\text{g m}^{-3}]$は水中の溶存酸素濃度である．

$$Q = K_{La}(C_S - C)$$

$K_{La}$は物質移動係数$k_l[\text{m h}^{-1}]$と気液接触面積$a(=6\varepsilon/d[\text{m}^{-1}])$の積として与えられる．ここで$\varepsilon$がガスホールドアップ，$d$は気泡直径であり，$\varepsilon$は空等速度で表示した通気量$u_g[\text{m h}^{-1}]$に比例すると考えてよい．微細な気泡を生成できる散気装置を設置し，$u_g$を上昇させることで酸素溶解速度を大きくできる．　　　　　　　　　　　　　　　　　　　　　［藤江 幸一］

**さんそうじょうりゅう　三相蒸留**　three-phase distillation

不均一系蒸留*．塔内で気相とともに2液相が生じる系の蒸留．共沸蒸留*などでしばしばみられる操作で，共沸剤*の回収が容易になるように，塔頂あるいは塔底付近で共沸剤を多く含む2液相系をつくらせることが行われる．　　　　　　　　　　［小菅 人慈］

**さんそうモデル　三相――（流動層の）**　three-phase model for fluidized bed

流動層反応器*において，気泡相，粒子エマルション相に加え，気泡の周囲に形成されるクラウド*を考慮した気固接触モデル．Geldartの分類によるB粒子において適用されることが多い．Kunii-Levenspielモデルが代表例．（⇒粒子の分類図）

［筒井 俊雄］

**さんそうりゅうどうそうはんのうき　三相流動層反応器**　three-phase fluidized-bed reactor

気液固流動層反応器．広義には流動化流体が気体と液体である流動層反応器．狭義には粒子の密度が液の密度より大きく，粒子は連続相である液体の上昇流によって支持され，気体はその中を分散気泡として上昇する流動層反応器．　　　　　　［林 潤一郎］

**さんそくどかていモデル　三速度過程――**　three step model

結晶の成長速度過程は，結晶化成分の物質移動と表面集積*に加えて，結晶化熱の放出過程の合計三つの速度過程からなるという考え方．物質移動と表面集積の両速度は等しく，伝熱速度はそれに結晶化熱を乗じたものに等しい．（⇒結晶成長有効係数）

［松岡 正邦］

**さんそしょうひそくど　酸素消費速度**　oxygen consumption rate, OCR

⇒OUR

**さんそふかねんしょう　酸素富化燃焼**　oxygen enhanced combustion

通常の空気燃焼バーナーの空気ラインに酸素を加えることや，空気燃焼の火炎中に酸素を添加することによって，酸素濃度を22～30%程度に富化して燃焼させる方式である．燃焼速度の増加と燃焼範囲が拡大し，難燃性物質の焼却も可能となる．酸素富化に伴い火炎温度が上昇し，これによって炉温の上昇や昇温時間の短縮が可能になり，省エネルギー効果がある．また，酸素富化によって排ガス量が減少するので，排ガスやばいじん処理プラントの小型化が可能である．酸素の製造法としては深冷分離法*，PSA法*，膜分離法*などがあるが，工業炉ではPSA法が普及している．　　　　　　　［二宮 善彦］

**さんそふかまく　酸素富化膜**　oxygen enrichment membrane

空気から酸素を濃縮した気体をつくる目的の分離膜のこと．シリコーン系やポリイミドなどの高分子膜が用いられている．一般に高分子の酸素透過係数

は窒素に比して大きいので,高分子膜に圧縮空気を供給すると,膜の透過側に酸素が濃縮された気体を得ることができる.未透過気体には窒素が濃縮されるので窒素製造用としても用いられる.
[原谷 賢治]

**サンプリング sampling**

粉粒体母集団あるいは粒子分散系から,測定や分析のために母集団を代表する少量の粒子を採取すること.粉粒体では粒度偏析を生じることがあり,信頼性のあるデータを得るには適切なサンプリングを行う必要がある.その基礎的事項が JIS Z 8816(粉体試料サンプリング通則)に規定されている.なお,サンプリングを行うために種々のサンプリング装置やサンプラーが開発されている.粒子分散系からサンプリングする場合,とくに,気相分散系では粒子の慣性による誤差に注意が必要で,普通サンプリングプローブ入口で内外の流速を等しくする等速吸引が行われる.
[増田 弘昭]

**サンプリングていり ——定理 sampling theorem**

サンプル定理.デジタル信号処理の重要な定理の一つである.連続信号値 $x(t)$ を一定サンプル周期 $T$ ごとに離散化して信号列 $\{\cdots, x(-T), x(0), x(T), x(2T), \cdots\}$ をつくった場合,もとの信号 $x(t)$ がもっていた情報のどれだけが失われるか,情報を失わないようなサンプル周期 $T$ はどれだけかという問題に対する答えを与えている定理である.定理の内容は,信号 $x(t)$ がもつもっとも高い周波数を $f$ とした場合,サンプル周期 $T$ を $1/2f$ より短くすれば,情報は失われることがないというものである.
[大嶋 正裕]

**サンプルサイズ sample size**

粉粒体母集団からサンプリング* によって採取した粒子の量.粒子径分布の測定や混合粉体の成分測定において,信頼性のあるデータを得るにはサンプルサイズを十分に大きくする必要があるが,大きすぎると解析に時間がかかりすぎるなどの問題を生じる.適切なサンプルサイズは要求される信頼性,測定対象とする物理量の分布の広さ,設定した評価関数などによって異なる.JIS Z 8816(粉体試料サンプリング通則)があるが,複雑な系で適切なサンプルサイズを決めるには試行錯誤が必要である.粒子径分布測定での必要最小なサンプルサイズは,粒子径分布を対数正規分布で近似できる場合に対して解析解が得られている.
[増田 弘昭]

**さんらん 散乱(ふく射の) scattering of radiation**

ふく射が媒質中を伝搬するとき,媒質の誘電率あるいは屈折率がふく射の波長のオーダーの距離のうちに急に変化すると,ふく射はその伝搬方向を変化させる.この現象をふく射の散乱とよぶ.この現象は,気体の中に浮遊する粒子群,凹凸のある固体表面などで起こる.前者を粒子散乱とよび,後者を表面散乱とよぶ.散乱はふく射の回折・干渉現象をいくぶん巨視的に述べるものである.
[牧野 俊郎]

**さんらんアルベド 散乱—— scattering albedo**
⇒半透過散乱吸収性媒質

**さんらんけいすう 散乱係数 scattering coefficient**
⇒半透過散乱吸収性媒質

**ざんりゅうおうりょく 残留応力 residual stress**
⇒熱応力

**ざんりゅうせいゆうきおせんぶっしつ 残留性有機汚染物質 persistent organic pollutants**

POPs.環境中で分解しにくく(難分解性),水にも溶けにくい,脂肪に溶けやすく生物に濃縮しやすい(生物蓄積性),さらに大気や海洋を経由して地球規模で長距離を移動しやすい(長距離移動性)などの性質をもち,人や生態系に有害な影響を与えるおそれの高い化学物質の総称である.

地球規模の環境汚染を引き起こしていることから,国際的に協調して残留性有機汚染物質(POPs)の廃絶,削減などを促進するために"残留性有機汚染物質に関するストックホルム条約"(POPs 条約)が 2001 年に採択され,2004 年 5 月に発効された.アルドリン,ディルドリン,エンドリン,クロルデン,ヘプタクロル,トキサフェン,マイレックス,ヘキサクロロベンゼン(HCB),DDT,ポリ塩化ビフェニル(PCBs),ダイオキシン(PCDDs),ジベンゾフラン(PCDFs)の 12 物質を対象として,その製造・使用の禁止または制限,排出の削減,在庫・廃棄物の適正管理および処理などの対策が定められている.
[加藤 みか]

# し

**シー・アイ・ピー　CIP** cleaning in place
　定置洗浄(CIP)は，生産設備を分解せずに洗浄・殺菌する方法で，多くの食品工場に導入されている．CIPを実現するには，専用の設備，洗浄すべき対象物に対する洗剤の選定，製品と洗剤の混入防止などの措置が必要となる．　　　　　［紀ノ岡 正博］

**シー・アール・ティーオペレーション　CRT——** CRT (cathode-ray tube) operation
　監視制御に必要な情報をディスプレー装置(CRT)から得て，プラント操作をキーボードやタッチパネルなどにより行うプラントオペレーションの方式の一つ．以前は計器盤(ボード)を用いたボードオペレーションが主流だったが，1975年のDCS*の出現によりCRTオペレーションが一般化した．
　　　　　　　　　　　　　　　　　　　［小西 信彰］

**シー・イー　CE** current efficiency
　⇒電気効率

**シー・イー・エム　CEM** cation exchange membrane
　⇒陽イオン交換膜

**シー・エイ・イー　CAE** computer aided engineering
　計算機支援(援用)工学．広義の意味としては，製造プロセスや装置を含む，工業製品の設計・開発を支援する計算機システムをさす．CAEの有用性の一つは，製品開発における従来の実験的試行錯誤を計算機上の試行錯誤に置き換えることで，コストの低減や開発スピードの向上を達成できることである．もう一つの有用性は，実験で計測できない系(非常に微小な領域内での現象把握や大型製品の解析など)や実現が困難な仮想系(無重力系や材料物性の一つだけを変えた対照解析など)でもCAE解析は可能であり，工業的に現象把握やトラブルの原因解明にも活用できる．CAEでは，計算機上で解くための数理モデル化がなされるが，現実の工業プロセスで生じる現象は複雑であり，単純な数式で表すことは難しく，どのような系でも確実に予測できるわけではない．計算のモデル化，支配方程式などを十分に理解し，現実の現象との差を解釈できることが，CAEを有効に利用するために不可欠である．
　　　　　　　　　　　　　　　　　　　［梶原 稔尚］

**シー・エイチ・アールほう　CHR法** CHR (Chien-Hrones-Reswick) tuning
　PID制御*のパラメーター比例ゲイン*(積分時間*，微分時間*)を決める代表的手法の一つ．1952年にK.L. Chien, J.A. Hrones, J.B. Reswickによって提案された．プロセスのステップ応答からプロセスゲイン，応答速度，等価むだ時間を測定し，それらの価を使い，外乱*と設定値*それぞれのステップ変化に対し，オーバーシュート*をゼロにする場合と20%にする場合について，P制御，PI制御*，PID制御それぞれの最適パラメーターを与えている．
　　　　　　　　　　　　　　　　　　　［山本 重彦］

**ジェイいんし　$j$因子** $j$-factor
　熱伝達係数*$h$および物質移動係数*$k$に関する無次元数*で，次式で定義される$j_H$を伝熱の$j$因子，$j_D$を物質移動の$j$因子とよぶ．

$$j_H = \left(\frac{h}{\rho C_p u}\right) Pr^{2/3} = \frac{Nu}{(RePr^{1/3})}$$

$$j_D = \left(\frac{k}{u}\right) Sc^{2/3} = \frac{Sh}{(ReSc^{1/3})}$$

ここで，$\rho$は流体の密度，$C_p$は流体の比熱容量，$u$は流体の代表速度，$Pr$はプラントル数*，$Sc$はシュミット数*，$Nu$はヌッセルト数*，$Sh$はシャーウッド数*，$Re$はレイノルズ数*である．A.P. ColburnおよびT.H. Chiltonによって導入された．
　$j_H$および$j_D$は一般にレイノルズ数，流れの幾何学的形態および境界条件の関数であると仮定すれば，これは円筒まわりの流れ，充塡層*中の流れ，レイノルズ数の大きい場合の管内流れなどでよく成立することが知られている．特別な場合として，$j_H = j_D = f/2$なる関係をチルトン-コルバーンのアナロジー*という．これはプラントル-テイラーのアナロジー式あるいはカルマンのアナロジー式(⇒アナロジーの理論)を簡略化したものである．　　　　　［荻野 文丸］

**ジェイ・ピー・アイ　JPI** Japan Petroleum Institute
　JPI規格．石油学会およびその規格(石油ならびに関連装置の規格)．石油類試験関係規格と石油，石油

化学工業用装置関係規格がある．　　［曽根　邦彦］

## シー・エス・ティー・アール　CSTR　continuous stirred tank reactor
⇨連続槽型反応器

## シー・エス・ティーそくていほう　CST測定法　CST (capillary suction time) measurement

沪過*試験法の一つで，沪紙の毛管吸引作用に基づく毛管吸引時間(CST)の測定により，スラリーの沪過性を評価する方法．平板の上に沪紙を敷き，その上に円筒を置いたあとスラリーを円筒内に注ぐと，沪紙の毛管吸引作用によりスラリーは沪過*され，沪液*は沪紙内を浸透し同心円状に広がる．ある一定の距離を広がるのに要する時間(CST値)が自動測定され，スラリーの沪過性が評価される．CST値が小さいほど，スラリーの沪過性は良好となる．
［入谷　英司］

## ジェット　jet
流動層*において，ガス分散器*の孔からガスを層中に吹き込むと，孔の向きにかかわらず形成される粒子濃度が著しく低い空洞．ジェット高さは，ジェットとジェットの間の不動粒子層内へのジェット内ガスの透過流により粒子層が流動化し，ジェット壁が崩壊する高さで決まる．ジェットの形状はジェット高さとジェット径によって大略決まる．なお，気泡*はこのジェットの先端で生成，離脱する．
［山﨑　量平］

## ジェットかくはん　──撹拌　jet mixing
槽内の適当な場所にジェットノズルを設置し，ポンプを介して槽内の液を外部循環しながら，ジェットノズルを通して液を吐出して混合する方式．撹拌翼*を取り付けられない大型槽や，あまり激しい混合操作を必要としない槽での混合操作に用いられる．ジェットノズルの取付け位置およびジェット流の方向は，デッドスペースができるような極端な取付け方を除けば，あまり混合時間*に影響を与えない．ジェット撹拌での混合時間は，ノズル径およびノズルからの吐出流速に逆比例し，槽径の1.5乗に比例して変化するといわれている．(⇨エジェクター撹拌機)　　［平岡　節郎］

## ジェットコンデンサー　jet condenser
エジェクターコンデンサー．混合凝縮器の一種で，図のように冷却水をノズルからジェット状に噴出し蒸気と直接接触させて蒸気を凝縮する凝縮器*．不凝縮ガスは蒸気の凝縮と同時に冷却水に巻き込まれ，下部出口から流出するため本体からの抽気の必要はないが，凝縮量あたり冷却水が多量に必要である．

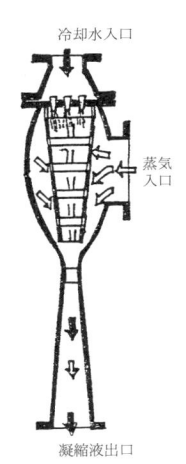

ジェットコンデンサー
［尾花英郎，"熱交換器設計ハンドブック増訂版"，工学図書(2000), p. 869］

(⇨混合凝縮器)　　［川田　章廣］

## ジェットスクラバー　jet scrubber
スクラバー*の一種．概略の構造は図に示すとおり，蒸気または水エジェクターと同じである．洗浄水は高速で噴射され，周囲の含じんガスを吸引しスロート部で加速され，拡大管を通過する間に気液の混合，水滴とダストとの衝突，拡散などによってダストを分離する．使用水量は $10\sim50\,\mathrm{L\,m^{-3}}$ と多くなるが，ガス圧力が上昇するので送風機を必要としない．一般に処理ガス量の少ない場合に利用される．
［吉田　英人］

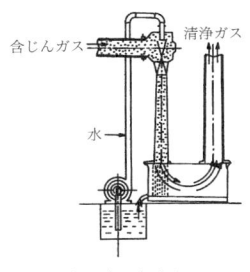

ジェットスクラバー

## ジェットポンプ　jet pump
高圧またはやや高圧の駆動流体(液体またはガス)をベンチュリーノズルの中心部よりジェット噴射

し，それによってその中心部に発生する真空を利用して被輸送流体(多くは液)を巻き込んで，その駆動流体とともに吐出するもの．流体の混合や効率の悪さはあるが，簡便で使用目的によっては便利である．
[伝田 六郎]

**ジェットミル** jet mill
気流粉砕機．微粉砕機．数気圧以上の圧搾空気または高圧蒸気，高圧ガスを噴射ノズルより噴出させ，これによって原料粒子を加速し，粒子どうしの衝突または摩砕によって粉砕*する粉砕機．乾式粉砕機で1～数μm程度までの微粉が得られ，温度上昇が少なく，摩耗粉の混入なども少ない．一方，エネルギー効率は低く，消費動力が大で，処理量にも限界がある．ジェット粉砕機の型式には水平旋回流をつくるマイクロナイザー型，垂直型の旋回流をつくるジェットオーマイザー型，固気混合流の対向衝突によるBlaw-Knoxあるいは Trostジェット型，衝突版に固気混合流を衝突させる方法，超音波ノズル中での固気混合流による方法などがある．多くのジェットミルでは乾式で行われ，かつ気流を利用して分級したり，気流分級機を直結した砕料の粒子径分布を狭くすることができる．　　　　　　[齋藤 文良]

**ジェットりゅう** ──流 jet
⇒噴流

**シー・エフ・ビー・シー** CFBC(循環流動層型燃焼装置) circulating fluidized bed combustor
⇒流動層

**シー・エム・ピー** CMP chemical mechanical polish
化学的機械的研磨法．化学反応を利用しながら機械的に基板表面を研磨して平坦化する方法．シリコン基板や半導体素子のシリコン酸化膜の平坦化などに実用化されている．半導体素子の狭い溝や接続孔に金属膜を埋め込む方法としての応用も進められている．　　　　　　　　　　　　　　[大下 祥雄]

**ジー・エム・ピー** GMP good manufacturing practice
医薬品の製造および品質管理に関する規範(優良製造規範)．医薬品製造工場の建物，機械設備，品質管理，原材料の購入記録などを規定している．1964年米国においてはじめて医薬品製造を対象に実施された．1969年に開かれた第22回WHO総会で採択され，日本では1979年10月に公布された．
[紀ノ岡 正博]

**シェルモデル** shell model, unreacted-core model
未反応核モデル．コアモデル．気体と固体との非触媒反応において固体粒子内部に未反応の部分(未反応核)が存在し，その外側に生成物層が形成され，両者の界面でのみ反応が起こるとする気固反応モデル．石炭の燃焼，鉱石の還元，ばい焼などに適用される．反応の進行に伴い反応界面が粒子内部に向かって移動し，生成物層が拡大するとともに未反応核が縮小していくとする．① ガス境膜内拡散，② 生成物層内拡散，③ 未反応核表面での界面反応，の三つの過程が直列につながっているとして，速度過程がモデル化されている．このほかの気固反応モデルとして，炭素粒子の燃焼のように生成物層が形成されない場合の未反応核モデルや，反応が固体粒子全域で起こるとする全域反応モデルなどがある．
[堤 敦司]

生成物層　未反応核

未反応核モデル

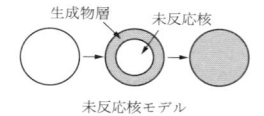

**シー・オー・エム** COM coal-oil mixture
⇒石炭スラリー

**シー・オー・ディー** COD chemical oxygen demand
化学的酸素要求量．水の有機汚濁指標の一つで，過マンガン酸カリウムまたは二クロム酸カリウムを酸化剤として有機物を酸化分解し，消費された酸化剤の量を酸素量で表したもの．酸化剤に前者を用いた場合を$COD_{Mn}$，後者の場合を$COD_{Cr}$と区別することがある．　　　　　　　　　　　　　　[木曽 祥秋]

**シー・オー・ディーそうりょうきせい** COD総量規制 regulation of total maximum daily loading of COD
海域や湖沼などの水質を改善および保全する目的で，とくに指定された水域に排出されるCOD*負荷量を削減することを目的とする．指定水域は，東京湾，伊勢湾(水質汚濁防止法)，瀬戸内海(瀬戸内海環境保全特別措置法)，霞ヶ浦，印旛沼，琵琶湖，諏訪湖，釜房ダム貯水池，中海，野尻湖(湖沼水質保全特別措置法)である．関連する都府県知事は，総量規制基準および汚濁負荷削減計画を定めている．総量規制の対象となる特定施設*にあっては，1日のCOD排出量を測定し，記録する必要がある．
[木曽 祥秋]

**じかかいけい** 時価会計 current value account-

ing, market value accounting
　貸借対照表上の資産(土地, 有価証券など)は通常その取得価格によって表示されるが, これをその時点における価格を用いて評価する会計処理.
　　　　　　　　　　　　　　　　　　[中島　幹]

**じかんきじゅんほぜん　時間基準保全　time based mainteinance**
　TBM. アイテム(部品, 機器, システムなど)の劣化の程度に相関が強いと思われる時間的パラメーター(使用時間, 使用回数, 生産量など)を選んで, 故障が発生しないことを保証できる限界値を理論的あるいは経験的に求め, 時間的パラメーターが限界値に達する前に修理・交換を行う保全方式.
　　　　　　　　　　　　　　　　　　[松山 久義]

**じきぶんり　磁気分離　magnetic separation**
　磁性の違いを利用して粒子を分離する操作. 粒子は構成成分によって磁化率が異なり, 強磁性体(ferromagnetic), 常磁性体(paramagnetic), 反磁性体(diamagnetic)に分けられるが, 磁界によって粒子の受ける力がそれぞれ異なるので選別あるいは分離することができる. 乾式の磁気分離のほか, 磁気沪過, 磁気試薬添加法, 磁気誘導法(渦電流法), 磁性流体法など多くの方法がある. 微弱な常磁性微粒子の分離には希土類永久磁石の利用や超伝導磁石を用いた高勾配磁気分離(high gradient magnetic separation, HGMS)が利用される. 磁気分離は主として鉱物などの分離精製に利用されてきたが, 各種工業製品や食品, 医薬品の製造プロセスにおいて, 混入異物の除去に利用されている.　　[増田 弘昭]

**しきょういんし　示強因子　intensive factor**
　示強的性質*. 物質の熱力学的特性値*のうち物質量*によらない特性値. 温度, 圧力*などがある. 体積は物質量に依存するため示量因子*であるが, モル体積は示強因子である.　　　　　[荒井 康彦]

**しきょうせい　示強性　intensive property**
　物質量*に依存しない性質のこと. (⇒示強因子)
　　　　　　　　　　　　　　　　　　[荒井 康彦]

**しきりべん　仕切弁　gate valve**
　仕切板(ゲート)とよばれる弁を流路と直交する方向に昇降して, 流路の開閉を行うバルブの総称. 流路の完全しゃ断および完全開放のどちらかを行うには適しているが, 流量の制御を行うには適していない.　　　　　　　　　　　　　　　　　[伝田 六郎]

**ジグザグぶんきゅうき　——分級機　zig-zag classifier**
　ジグザグ鉛直流路の上方より粒子を供給し, 下方より上昇気流を送ると, 粗粉は重力によって下方に沈降し, 微粉は気流によって上方に移動することにより分離できる形式の分級機. 粒子は図に示すようにジグザグな壁面と何度も衝突することになるため, 微粉のみが上方で回収される. 分離径は一次と二次風量を調節することで可変にすることができ, 一般に 0.1 mm 以上となる.　　　[吉田 英人]

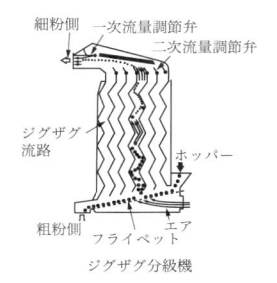

ジグザグ分級機

**じくしごと　軸仕事　shaft work**
　ポンプやタービンにより外部に対し, あるいは外部よりなされる機械的仕事. このほか, 流動仕事があるので, 全仕事 $W$ は一般に次式で与えられる.
$$W = 軸仕事 + 流動仕事 = W_s + \Delta(pV)$$
ここで, $p$ は流体の圧力*であり, $V$ は体積である.
　非流れ系*では流動仕事が生じないため, また位置および運動エネルギーが無視できるとすれば, 可逆的な軸仕事は次式で求められる.
$$W_s(非流れ系) = \int_1^2 p dV$$
流れ系*においても位置および運動エネルギーが無視できるとすれば, 可逆的な軸仕事は次式で求められる.
$$W_s(流れ系) = -\int_1^2 V dp$$
　　　　　　　　　　　　　　　　　　[荒井 康彦]

**じくばりき　軸馬力　shaft horsepower**
　モーターや水車のようなエネルギー授与機構と, ポンプやブロワーのようなエネルギー受給機構が同一の軸を共有して回転エネルギー(動力)を伝達するときの動力を, 馬力の単位で表現したもの.
　　　　　　　　　　　　　　　　　　[伝田 六郎]

**じくほうこうぶんさん　軸方向分散　axial dispersion**
　固定層吸着操作において, 流れの方向すなわち半径方向に垂直の軸方向に, 流体中の成分が流れの乱

れや分子拡散によって分散する現象．乱流域においては充填層内の粒子間隙ごとに完全混合が起こるとする直列完全混合槽モデルで，層流域においては間隙における流速分布を考慮するモデルで解釈される．さらに，流速が低い場合には分子拡散の寄与も無視できなくなる．しかし，充填物が微少粒子や繊維状の場合には，上述の一般則が当てはまらない場合もある．軸方向分散の程度は，一般に下記の充填粒子径 $D_p$ 基準のペクレ数*$Pe$ で示される．

$$Pe = \frac{D_p u}{E_z}$$

ここで，$u$ は流速であり，$E_z$ は軸方向分散係数 (axial dispersion coefficient) である．

[迫田 章義]

## Ziegler-Nichols ほう ──法 Ziegler-Nichols tuning

Z-N 法．PID 制御*のパラメーター(比例ゲイン*，積分時間*，微分時間*)を決める代表的手法である．1942 年に J.G. Zieger と N.B. Nichols によって提案された．これには，限界感度法とステップ応答法の 2 種類がある．

① 限界感度法：コントローラーを比例制御のみにして，比例ゲインを上げていくと持続振動が発生する．そのときの比例ゲイン(限界感度 $K_u$)および持続振動の周期(限界周期 $P_u$)を測定し，次の表にもとづき PID 制御のパラメーターを決める．

|  | $K_c$ | $T_I$ | $T_D$ |
|---|---|---|---|
| P 制御 | $0.5 K_u$ | — | — |
| PI 制御 | $0.45 K_u$ | $0.83 P_u$ | — |
| PID 制御 | $0.6 K_u$ | $0.5 P_u$ | $0.125 P_u$ |

② ステップ応答法：図のように，ステップ応答からプロセスゲイン $K_P$ 応答の傾斜 $\tau_P$ および等価むだ時間 $\tau_d$ を求め，これらの測定値から次の表に基づき PID 制御のパラメーターを決める．

|  | $K_c$ | $T_I$ | $T_D$ |
|---|---|---|---|
| P 制御 | $\tau_p/\tau_d K_p$ | — | — |
| PI 制御 | $0.9 \tau_p/\tau_d K_p$ | $3.3 \tau_d$ | — |
| PID 制御 | $1.2 \tau_p/\tau_d K_p$ | $2 \tau_d$ | $0.5 \tau_d$ |

Ziegler-Nichols 法

[山本 重彦]

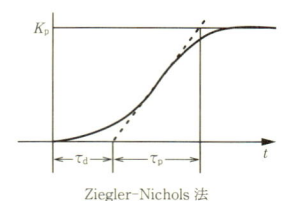

## じくりゅうがたフローパターン 軸流型── axial flow pattern

プロペラ翼*や傾斜タービン翼などにより生み出される軸に沿った方向に形成されるフローパターンのこと．翼が上向き流れを生み出す場合には液体は槽中央部を上昇し，槽上部で外側に向かい，槽壁近傍を下降し，槽底部で中心部に向かい，再び槽中央部を上昇するようになり，翼が下向き流れを生み出す場合にはまったく反対方向の流れとなる．一般に，固体分散に適している．

[高橋 幸司]

## じけいれつモデル 時系列── time series model

時系列解析．システム(対象プロセス)の入出力間の動的挙動を表現するための数式モデルの一つ．ブラックボックスモデル*の一種に分類できる．出力と入力とサンプル信号を使って，出力の現在値 $y(t)$ を入力信号と出力の過去値 $[\{x(t-i)\}, \{y(t-i)\}]$ の線形結合で表し，入出力間の動的な伝達特性を表す離散モデルである．線形結合のつくり方の違いによって，次のようなモデルがある．

自己回帰モデル(AR)：
　　$y(t) = a_1 y(t-1) + \cdots + a_n y(t-n) + e(t)$
自己回帰外生変数モデル(ARX)：
　　$y(t) = a_1 y(t-1) + \cdots + a_n y(T-n)$
　　　　　$+ b_1 u(t-1) + \cdots + b_n u(t-m) + e(t)$
自己回帰移動平均モデル(ARMA)：
　　$y(t) = a_1 y(t-1) + \cdots + a_n y(t-n) + e(t)$
　　　　　$+ c_1 e(t-1) + \cdots + + c_l e(t-l)$

ここで，$e(t)$ は，白色ノイズを意味する．

[大嶋 正裕]

## シーケンシャル・モジュラー・アプローチ sequential modular approach

定常状態を扱うプロセスシミュレーションで，入口条件，操作条件，性能パラメーターを与えて出口状態を計算する操作型計算を行うように装置(ユニット)をモデル化し，上流側から順次計算する方法．リサイクルがあるプロセスでは，ある流れ(ストリーム)を切断してその状態を仮定し，繰り返し収束計算を行って解を求めることが行われる．(⇒プロセスシミュレーターの構成法)

[横山 克己]

## シーケンスせいぎょ ──制御 sequential control

あらかじめ定められた順序または一定の論理によって定められる順序に従って，制御の各段階を逐次

進めていく制御．制御の各段階の移行条件を時間で記述する時駆動型と，事象で記述する事象駆動型の2種類がある．連続プロセスにおけるプラントの自動起動・停止，バッチプロセスの自動運転，ベルトコンベヤーや空気輸送設備などによる固体・粉体輸送の自動運転などに使用される．　　　[伊藤 利昭]

**じこうこうか　時効硬化　age hardening**
　一般に材料の性質が時間とともに変化する事象を時効といい，とくに硬さや強さが時間とともに増大する現象を時効硬化という．合金において，過飽和固溶体\*から中間相や第2相が溶質原子の拡散\*によって時間とともに析出することが原因であることが多く，これを析出硬化(precipitation hardening)という．この効果を利用して機械的性質を改良する方法を時効処理(aging treatment)という．
[久保内 昌敏]

**しこうふくしゃ　指向ふく射　directional radiation**
　伝熱の系を構成する物質には温度分布があり，放射率\*・反射率などの物質のふく射性質はふく射の方向に依存するので，その系におけるふく射には方向分布がある．したがって，ふく射伝熱評価はふく射の方向領域ごとになされるのが望ましい．このようにふく射伝搬の方向分布を考慮して，物質のふく射性質やふく射伝熱を扱う方法を指向ふく射の方法とよぶ．　　　[牧野 俊郎]

**しこうほう　試行法　trial and error method**
　試算法．未知数の数と同数の関係式またはグラフを用い，未知数の一つを仮定して解いた値が，残りの一つの関係式またはグラフを満足するまで，仮定を繰り返して解を求めていく方法．　　　[松本 英之]

**じこかくさんけいすう　自己拡散係数　self-diffusion coefficient, self-diffusivity**
　成分Aの分子が同種のA分子中を拡散するさいの拡散係数．また，イオン交換樹脂中のイオンの拡散について，イオンの移動量を濃度勾配と電位勾配からなる推進力とした場合の比例定数を自己拡散係数とする場合もある．　　　[船造 俊孝]

**じこきゅういんしききえきかくはん　自己吸引式気液撹拌　gas inducing agitation**
　撹拌翼の回転による遠心力を利用して撹拌槽内に気体を吸引する方式の気液撹拌\*．通常，中空の撹拌翼\*とシャフトを一体化させたものを使用し，シャフトから気体を取り込む．この方式では通気を行うためのポンプを省略できる．(⇒気液撹拌)
[加藤 禎人]

**じこじょうきあっしゅくほう　自己蒸気圧縮法　auto vapor compression**
　⇒蒸発プラントの(c)

**じこしょくばいはんのう　自己触媒反応　auto catalytic reaction**
　⇒自触反応

**じこそくしんこうか　自己促進効果　autoacceleration**
　⇒自動促進効果

**しごと　仕事　work**
　力とそれが作用した距離の積として定義されるエネルギー．単位は J=Nm　　　[船造 俊孝]

**しごとかんすう　仕事関数　work function**
　固体表面から1個の電子を放出させるのに必要な最小エネルギー．電子を真空中に飛び出させないためのポテンシャルといい換えることもできる．仕事関数は，電子の放出現象と重要なかかわりをもつが，物体間の電子の移動や化学的活性を左右する量でもある．金属の仕事関数は，光電子放出のしきいエネルギーと一致し，真空準位を基準にしたフェルミ面上での電子の束縛エネルギーに等しい．また，ポーリングの電気陰性度と線形関係が認められるが，ばらつきが大きく，同じ金属でも表面の電子密度が原子配列構造に依存するので，表面の方位によって値は異なり，不純物の含有率や分子吸着に伴う表面状態の影響も受ける．　　　[松坂 修二]

**しごとしすう　仕事指数　work index**
　粉砕仕事指数．ボンドの仕事指数．仕事指数 $W_i$ [kWh t$^{-1}$] は，Bondが提案した工業的粉砕仕事量を求める式中に定義されている値で，砕料の粉砕しにくさ，すなわち粉砕抵抗を表す砕料物性の一つである．$W_i$ は無限大の大きさの砕料1tを80%通過径が100μmになるまで粉砕するのに要する仕事量と定義される．$W_i$ の測定法は JIS (M 4402, 1976年) になっている．　　　[齋藤 文良]

**しごとりつ　仕事率　work**
　動力．仕事の時間的割合のこと，つまり単位時間あたりの仕事量．単位は W=J s$^{-1}$ である．
[船造 俊孝]

**じこねつこうかんしきはんのうそうち　自己熱交換式反応装置　autothermal reactor**
　反応器内部で発生した反応熱を，触媒層外を流れる原料の反応流体と管壁を通して熱交換させて除去するとともに，この熱を反応原料自身の予熱に利用する形式の反応装置．省エネルギーではあるが，ガスの場合は管壁を通しての伝熱能力が低く，適用範

囲が狭い．また，反応熱が大きい場合には温度制御が難しく，このような場合には熱媒体を利用する外部熱交換式反応装置*が用いられる．　［堤　敦司］

**じこへいこうせい　自己平衡性　self-regulation**
変動の影響を外部からの操作なく抑制する性質を自己平衡性といい，変動が入っても，その変動自体が一定になれば新たな定常状態に漸近する．この性質を有するシステムを定位系という．たとえば，吸熱反応は自己平衡性を有し，なんらかの変動で，温度が高くなっても反応が促進されることにより温度が下がり，もとの状態に近い状態に落ち着く．
［橋本　芳宏］

**しざいしょようりょうけいかくシステム　資材所要量計画――　material requirement planning**
需要に応じて，製品・原材料の在庫，配合表/部品表（各製品を単位量生産するのに必要な原材料の量を規定）や発注から納入までのリードタイムから各原材料をいつ発注すればよいかを管理するシステム．データの整備，維持に工夫を要するが，共通の原材料が多い場合には在庫の適正化に効果がある．ERP の一つである SAP R/3 には消費主導型 MRP* と計画主導型 MRP* がある．
［川村継夫・船越良幸］

**しさん　資産　asset**
企業が所有している有形の財貨または無形の権利で，交換価値や有用性をもっているもの．現金預金，売掛金，受取手形，商品・製品などの棚卸資産，土地，建物，機械・装置などの設備資産を含む有形資産および知的財産権，営業権などの無形資産が主体である．企業が調達した資金を営利的に利用した結果として，企業内に存在する資金の運用形態を示すもの．（⇒資本）　［弓削　耕］

**しじそう　支持層　support layer**
膜上部の分離機能を有する薄層を支える下部の多孔性の層．透過速度を高めるために分離層は薄膜化が望ましいが，機械的強度が低下するため，分離層を支える支持層を備えた膜が用いられることが多い．分離層と支持層が同じ材質からなるロープスリラーラン膜*と，異なる材質からなる複合膜*に分けることができる．複合膜の支持層となる多孔膜は，相転換法*により作製される場合が多い．
［松山　秀人］

**シー・シー・ピー　CCP　capacitively coupled plasma**
⇒容量結合型プラズマ

**しじまく　支持膜　supported membrane**

基板などの上に成膜された膜のこと．基板上に析出させる原料としては，融液，溶液，スラリー溶液があげられるが，基板上に析出させただけでは膜としての機能は果たしにくいため，基板とある程度の強度で密着している必要がある．
［松方正彦・高田光子］

**じしょくばいさよう　自触媒作用　autocatalysis**
反応生成物がその反応自身の触媒*として機能する反応を自触反応*といい，このような生成物の作用を自触媒作用という．　［大島　義人］

**じしょくはんのう　自触反応　autocatalytic reaction**
自己触媒反応．反応生成物がその反応の触媒*として作用する反応．このような生成物質の作用を自触媒作用*という．たとえば希薄水溶液中のエステルの加水分解では，酸（水素イオン）が触媒作用をもつことが知られているが，次式のように加水分解によって酸が生成するため，反応の進行に伴って反応速度が増加する．

$$RCOOR' + H_2O \longrightarrow RCOOH + R'OH$$

さらに反応が進むと，反応物質の消失によって反応速度は減少に転じる．この反応の転化率*を反応時間に対して図示すると，最初はゆっくりと上昇し，変曲点を経て転化率100%に漸近するS字形の曲線となる．反応速度の極大値はこの曲線の変曲点の値に相当する．また，触媒となる生成物質の量が少ない反応初期の反応速度はほぼゼロに近く，ある有限の時間後に突然反応が始まるように感じられることがあり，これを反応に誘導期があるという．
［大島　義人］

**シース　sheath**
さや．プラズマが固体壁と接する場合に，その壁と隣接して生成する電場を伴う薄い層のこと．電子はイオンよりも熱速度が大きいので，プラズマから固体壁への電子のフラックスがイオンより大きくなり，プラズマ本体ではイオンが過剰となって電位が上がる．壁との間に生じた電位差によって，イオンは壁に向かって加速され，電子は減速される．よって両者の壁への流入量が等しくなるような電場で定常状態となる．シースの役割は，より動きやすい電子を静電的に閉じ込めるようなポテンシャルの障壁をつくることである．電位差と電子の熱運動がシースの形成に重要となり，その層の厚さはデバイ長の数倍程度となる．シース内部では電気的に中性ではない．シース中での励起原子密度は小さいので発光強度は小さい．そのためにグロー放電*では基板は

暗部で覆われる． ［渡辺 隆行］

**ジス　JIS　Japanese Industrial Standards**
　JIS規格．日本工業規格．同規格に準拠し所定の手続きを経た製品にJISマーク表示が許諾される．日本規格協会(JSA)が運営母体． ［曽根 邦彦］

**しすうそくそくどぶんぷ　指数則速度分布　exponential velocity distribution**
　⇒乱流速度分布

**システムごうせい　――合成　system synthesis**
　システム解析(分析)と対になるシステムに関する基本問題の一つで，与えられた入力を与えられた出力へと変換するシステムを定める問題．設計のようなより広い意味で用いられることもある．大規模かつ複雑なシステムでは，システム全体の目的を達するようにサブシステム間の相互関係を明確にすることが目的となる．ピンチ解析に基づいたヒートインテグレーションなどは，プラントでのエネルギー有効利用を目的としたシステム合成の一例である．
 ［北島 禎二］

**システムようそ　――要素　system element**
　プロセスシステムのなりたちに関与しているプロセス変数(状態変数，操作変数など)の情報単位．とくに，バイオリアクターで培養操作を制御するさい(バイオリアクターの制御*)は，温度，撹拌速度，通気速度，pH，溶存酸素濃度，基質濃度，細胞濃度，代謝産物濃度などのプロセス変数があげられる．
 ［紀ノ岡 正博］

**しぜんエネルギー　自然――　natural energy**
　太陽熱，太陽光，風力，波力，潮力，地熱，水力，バイオマス系(まき，木材，木炭，家畜ふん，メタンガス，バイオエタノール，農業廃棄物)のエネルギーの総称． ［亀山 秀雄］

**しぜんじゅんかんしきかんがたじょうはつそうち　自然循環式管型蒸発装置　thermo-siphon reboiler**
　⇒蒸発装置の(c)

**しぜんたいりゅうでんねつ　自然対流伝熱　heat transfer by natural convection**
　対流伝熱*のうち，流体中の温度分布に対応して流体中に密度分布が形成され，この密度分布のため，流体中の軽い部分(高温部)は上昇流となり，重い部分(低温部)は下降流となるような場合，すなわち温度分布によって流動が引き起こされる場合の伝熱を自然対流伝熱という．強制対流伝熱*に対比される用語である． ［荻野 文丸］

**しぜんたいりゅうふっとう　自然対流沸騰　natural convection boiling**

プール沸騰．流体を強制的に流動させることのない沸騰のこと．静止液中に置かれた伝熱面，加熱器上に置かれた湯沸し，外部から加熱される容器の内壁などにおける沸騰は，いずれも自然対流沸騰である． ［深井 潤］

**じぜんだつりゅうほう　事前脱硫法　pretreatment, coal cleaning(石炭の事前脱硫), hydrodesulfurization(石油の水素添加脱硫)**
　燃料を燃やす前にあらかじめ硫黄を燃料から取り除くこと．石油では水素と反応させて$H_2S$として除去する水素化脱硫*が主流である．石炭では，物理的方法(Sを含む灰分と可燃分を密度差あるいは表面の親水性・疎水性，パイライトの磁性を用いて分離する)，化学的方法(Sを酸化する，NaOHや硫酸第二鉄と反応させる，水素を添加する)，生物学的方法(微生物による)などがある． ［清水 忠明］

**しぜん(でんきょく)でんい　自然(電極)電位　immersion potential, corrosion potential, rest potential, open circuit potential**
　腐食電位．平衡電位．開路電位．試料電極が腐食環境中に浸漬されたときに示す電位．試料電極(一般には金属)の内部アノード分極曲線*と環境中の酸化剤(自然環境では溶存酸素，水素イオン)の内部カソード分極曲線*の交点として求められる．内部分極曲線およびその交点での腐食電流値は直接的には求められない．自然(電極)電位(自然浸漬状態)における腐食速度(電流値)はターフェル外挿法，分極抵抗法などで求めることができる． ［酒井 潤一］

**しぜんはっか　自然発火　spontaneous ignition**
　ある種の可燃性粉粒体において，その堆積層が外部からの熱の供給や着火源がなくても自然に発火する現象．普通，これらの粉粒体は空気にさらされることで酸化し，反応熱が堆積層の内部に蓄積して局部的な温度上昇を生じることがある．この温度上昇により，反応速度がさらに速くなってついには発火に至る． ［増田 弘昭］

**じせんほう　磁選法　magnetic separation method**
　廃棄物中の主として鉄分を，永久磁石や電磁石の磁力によって吸着させる方法．プーリー式，ドラム式，つり下げ式などがある． ［成瀬 一郎］

**じぞくかのうがたはってん　持続可能型発展　sustainable development**
　有限な地下資源を有効に利用しつつ，水力・風力・太陽光・バイオマスなどの再生可能エネルギーの利用を進め，人口爆発を抑え，大気や土壌や水の汚染

を防止し，生物多様性を維持して，地球という宇宙船の住人が世代を越えて長期に安定的に繁栄するような文明の発展形態．1987年環境と開発に関する世界委員会(WCED)で委員長を務めた当時のノルウェー首相ブルントラント女史によって提唱され，その後の国連環境開発会議(UNCED)やわが国のリサイクル法体系の基本的な視点となっている概念．
[堀尾 正靱]

**じぞくかのうせい　持続可能性　sustainability**
⇨持続可能型発展

**シー・ダブリュ・エム　CWM　coal-water mixture**
⇨石炭スラリー

**シーターほう　θ法　θ method**
蒸留計算法*で用いる仮定値の修正法の総称．仮定値から得られた計算結果と蒸留塔全体の成分物質収支式を用い，物質収支を満足させるように次の仮定値を与える方法．ライスターらは，1959年にθ法と逐次段計算を組み合わせた計算法を初めて提案した．(⇨ライスターらの方法)　　　[森 秀樹]

**しっかつ　失活　inactivation**
タンパク質*，酵素*など生体高分子が本来の生物学的活性を失うこと．とくに酵素が触媒活性を失うことを意味する場合が多い．失活の原因としては，加熱，凍結，高圧，超音波などの物理的因子や有機溶媒，酸化還元剤などの化学的因子による酵素タンパク質の変性(三次元構造の破壊)，オリゴマー酵素のサブユニットへの解離，金属イオンの脱離などがあげられる．　　　[紀ノ岡 正博]

**しっきゅうおんど　湿球温度　wet-bulb temperature**
外部と断熱された系内で気体と液体が接触し，気体から液体に熱が伝わり，その熱量分だけ液体が蒸発し, しかも気体の温度，湿度*および液温が変化しないような状態になったときの液温 $t_w$[℃]を，そのときの気体の状態に対する湿球温度といい，そのときの気体の温度 $t$[℃]を乾球温度*という．このような状態は比較的少量の液体が多量の気体と接触しているときに起こる．気体中の液の蒸気分圧*および $t_w$ における飽和蒸気圧*をそれぞれ $p$, $p_w$[Pa], $t_w$ における蒸発潜熱*を $\lambda_w$[J kg$^{-1}$]，気相物質移動係数*を $k_G$[kg m$^{-2}$ s$^{-1}$]，気相の境膜伝熱係数*を $h_G$[W m$^{-2}$ K$^{-1}$]，放射伝熱*および伝導伝熱*などによる補正係数を $\alpha$ とすれば，動的平衡に達したときには次式がなりたつ．

$$\frac{p_w - p}{t - t_w} = \frac{\alpha h_G}{\lambda_w k_G} \quad (1)$$

また，実用上は $p$, $p_w$ の代わりに湿度 $H$ および $t_w$ における飽和湿度* $H_w$[kg kg$^{-1}$-dry gas]を用い，上式を近似的に次式のように表す．

$$\frac{H_w - H}{t - t_w} = \frac{\alpha h_G}{\lambda_w k_H} \quad (2)$$

ここで，$k_H$[kg m$^{-2}$ s$^{-1}$]は湿度差 $\Delta H$ を推進力*とする物質移動係数である．

湿球温度の測定には，温度計の感温部を湿った脱脂綿，ガーゼなどで覆い，かつ周囲からの放射伝熱の影響を少なくするため感温部周囲のガス流速を5 m s$^{-1}$ 以上に保ち，$\alpha$ をできるかぎり1.0に近づけることが必要である．式(1)，式(2)中の $h_G/k_G$, $h_G/k_H$ は湿球係数とよばれ，実験によって求めなければならないが，$\alpha \fallingdotseq 1$ の場合には，気体および液体の種類あるいは熱拡散率*と拡散係数*の比であるルイス数などで決まる値で，気体の流速には無関係である．湿球係数を求めることができれば，$t$ と $t_w$ を測定すれば上式から $p$, $H$ が求められる．乾湿球湿度計*はこの原理を応用したもので，アスマン湿度計や振りまわし式湿度計は，$\alpha$ を1に近づけるように工夫したものである．なお，空気-水系の $h_G/k_H$ は1.09，空気-有機液体系では，1.47〜2.30の実測値が得られている．また，湿度図表*を用いれば，$t$ と $t_w$ から直ちに $H$ を読むことができる．　　　[西村 伸也]

**シックスシグマ　six sigma**
品質．経営管理上のミスを100万回のうち3.4回の発生頻度(標準偏差6σ)以内に抑えることを目標に，品質や経営に影響を及ぼすプロセスの改善を行い，顧客満足と企業利益の向上をはかる経営革新手法．モトローラ社が開発し，GEなどの多くの企業が導入している．　　　[信江 道生]

**シックナー　thickener**
懸濁液中の粒子を沈降させて，濃厚な懸濁液を得ることを主目的とする連続式沈殿濃縮装置．装置の形状は，図に示すように円すい形の底部をもつ円筒

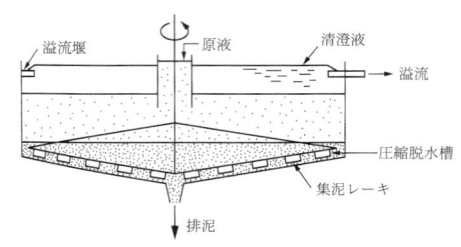

連続式シックナー[便覧，改六，図15・8]

型槽が通常用いられる．原液は槽の中心部より供給され，沈降作用による濃縮汚泥は底部より排出される．一方，清澄液は円周上端部の溢流堰を越えて流出する．槽底部に沈積した汚泥は，ゆるやかに回転するレーキ（かき取り羽根）作用により中央の排泥口へ集められ，さらに圧縮脱水槽中での固体粒子の再配列現象により，沈殿濃縮が促進される．

[中倉 英雄]

**じっこうめひらき　実効目開き**　effective opening

ふるい分ける粉体の特性や，ふるい分け条件を考慮して定義した分離粒子径をふるいの実効目開きという．ふるいの分離粒子径は，ふるい分ける物質やふるい分け条件によって変わる．ふるい分けの分離粒子径を定義する方法はいくつかあるが，Fagerholtの理論に基づく方法がよく用いられる．Fagerholtは時間$t$の間ふるい分けたときの分離粒子径は，さらに$2t$時間ふるい分けたときに網下になった粒子の平均等体積立方体積相当径に等しいことを示した．この平均等体積立方体相当径を等体積球相当径に直して実効目開きとする．

[日高 重助]

**じつざいきたい　実在気体**　real gas

不完全気体．理想気体*の状態方程式*に従わない気体のこと．理想気体の状態方程式に完全に従う気体はないので，実際に存在する気体はすべて実在気体であるが，低温あるいは高圧下で理想気体の状態方程式から顕著に偏倚した気体を実在気体とよぶことが多い．

[岩井 芳夫]

**じっさいげんか　実際原価**　actual cost

製品の製造やサービスの提供のために実際に発生した原価．各原価要素について，その実際価格および消費量に基づいて計算される原価であり，標準原価と比較して管理用に使われる．（実際原価）=（実際価格）×（実際消費量）．（⇒原価，標準原価）

[弓削 耕]

**じつざいようえき　実在溶液**　real solution

理想溶液*から偏倚した溶液のこと．溶液を構成する分子の大きさが異なるか，各分子間の分子間ポテンシャルの大きさが異なる溶液．混合熱や体積変化が生じ，活量係数*は1から偏倚する．

[岩井 芳夫]

**しっしきせっかい・セッコウほう　湿式石灰・――法**　wet-type lime gypsum process, wet-type limestone gypsum process, limestone scrubbing process, lime scrubbing process

$SO_2$を含む排煙と石灰石（$CaCO_3$）微粉を懸濁させた液と接触させて$SO_2$を$CaSO_3$として捕集し，さらにそれを酸化してセッコウ$CaSO_4$とする湿式脱硫法*である．生成したセッコウはセッコウボードなどの原料に用いられ，また，乾式脱硫法*に比べて高脱硫率が得られる．しかし，乾式に比べて高コストである，水を大量に消費する，排水処理設備を必要とするなどのデメリットもある．大規模微粉炭火力発電所などに使われる．

[清水 忠明]

**しっしきだつりゅうほう　湿式脱硫法**　wet-type desulfurization (absorption) process

燃焼排ガス中から硫黄化合物（$SO_2$，$H_2S$）を除去するときに溶液あるいはスラリー（懸濁液）による吸収を用いる方法．$SO_2$用（排煙脱硫法*）には湿式石灰・セッコウ法*，水マグ法*，ソーダ法*などがある．$H_2S$用には化学吸収法（モノエタノールアミンなどアルカノールアミンあるいはアルカリ塩の溶液），物理吸収法（有機溶剤），湿式酸化法（アルカリ溶液吸収＋空気酸化による溶液再生）がある．

[清水 忠明]

**じっしつじかんびぶん　実質時間微分**　substantial derivative

対流微分．Lagrange的微分．全微分で時間微分を表している場合には，観測者の移動速度は任意であるが，流れの速度で移動している場合には，特に実質微分とよび$D/Dt$と表す．実質微分は静止座標系での時間微分であるオイラー的微分$\partial/\partial t$とは区別する．$D\varphi/Dt$は$\partial\varphi/\partial t$に対して$V\cdot\nabla\varphi$だけ大きい値となる．オイラーの方法による連続の式*は，次式で表すことができる．

$$\frac{\partial\rho}{\partial t}+\nabla\cdot\rho V=0$$

この連続の式を実質時間微分によって変形すると次のようになる．

$$\frac{\partial\rho}{\partial t}+\nabla\cdot\rho V=\frac{\partial\rho}{\partial t}+\rho\nabla\cdot V+V\cdot\nabla\rho$$
$$=\frac{D\rho}{Dt}+\rho\nabla\cdot V=0$$

[渡辺 隆行]

**しつじゅんこそうせん　湿潤固相線**　wet solid phase line

⇒底流組成線

**しっしょく　湿食**　wet corrosion

高温ガス環境の腐食である乾食*に対して，水環境および水分が関与した湿潤環境における金属の腐食をいう．湿食は金属の電気化学的な反応とみなすことができる．電気化学的な腐食が進行するためには，金属の酸化反応（アノード反応）だけでなく，環境中のイオンや酸素などの還元反応（カソード反応）

も同じ量必要である．たとえば酸性環境中の酸素による鉄の腐食反応は次式で表される．

$$Fe + \frac{1}{2}O_2 + 2H^+ \longrightarrow Fe^{2+} + H_2O$$

腐食現象を理解するために平衡論的な考え方と速度論的な考え方がある．前者は，腐食反応を一つの平衡反応と考えることに基づく．反応式に対するギブスエネルギー変化や，電気化学的平衡がなりたつときの熱力学的ポテンシャル変化から平衡電位を求めることができる．後者は腐食反応の大小や速度は腐食電流によって決まるというもので，ポテンシオスタットを用いた電気化学的な手法で腐食電位や電流が測定される．

腐食の形態により，均一腐食*，異種金属接触腐食，すき間腐食，孔食，粒界腐食，脱成分腐食，通気差腐食，エロージョン・コロージョン*，応力腐食割れ，腐食疲労，水素脆化，水素侵食，迷走電流腐食，微生物腐食などに分類される．これらの腐食は外観で決められる場合が多い．前述の腐食の形態は，大きく均一腐食*と不均一腐食に分けられる．不均一腐食は金属が酸化するアノードと環境中にある物質の還元反応が起こるカソードが分離した形態であり，均一腐食以外のほとんどの形態が不均一腐食に含まれる．すき間腐食および孔食は局部腐食ともよばれ，不動態化した金属の一部の溶解速度が高くなる腐食形態である．異種金属接触腐食は種類の異なる金属の平衡電位が異なるために，接触することにより電池を形成し，電位の低いほう（アノード）が腐食する現象である．通気差腐食は溶存酸素の供給のよい部分と悪い部分の間でマクロ腐食電池を形成し，悪い部分の侵食が孔食状になる現象である．粒界腐食は鋭敏化したステンレス鋼において結晶粒界の近傍にクロム欠乏層を生じ，この部分とその他の部分でマクロ腐食電池を形成し腐食する現象をいう．応力腐食割れは引張応力が生じている部位が腐食環境にさらされると，ある時間経過後に突然割れる現象をいう．塩化物を含む環境で，オーステナイト系ステンレス鋼がこの応力腐食割れを受けやすい．微生物腐食は，微生物の活動により加速される腐食のことをいう．鉄細菌，鉄酸化細菌，硫酸塩還元細菌および硫酸酸化細菌などがそれぞれの環境で繁殖し腐食が発生する． ［礒本 良則］

## しつど　湿度 humidity

ガス中に含まれる蒸気の量を絶対湿度*または単に湿度といい，飽和状態における湿度を飽和湿度*という．湿度の単位の取り方には体積基準[kg-vapor m$^{-3}$-humid gas]，質量基準[kg-vapor kg$^{-1}$-dry gas]およびモル基準[kmol-vapor kmol$^{-1}$-dry gas]があるが，通常工学的な諸計算を行う場合には，比較的低温度（0～100℃程度）のガスに対しては質量基準が，高温度（100℃以上）の工業ガスに対してはモル基準が適している．体積基準による湿度は古くから物理学や気象学の分野において用いられてきたが，工業プロセスにおいてはガスの温度や圧力が変化することが多いので，計算基準が変化して不都合である．体積基準の湿度の同温度における飽和湿度に対する百分率を関係湿度*または相対湿度* $\phi$ という．この値はガスが理想気体*とみなせる場合には，ガス中の蒸気分圧* $p$ のその温度における飽和蒸気圧* $p_s$ に対する百分率に等しい．すなわち $\phi=100(p/p_s)$ [%]．一方質量基準の湿度 $H$ およびモル基準の湿度 $H'$ のそれぞれに対する飽和湿度 $H_s$ および $H_s'$ に対する百分率を，比較湿度*または飽和度 $\Psi$ という．すなわち $\Psi=100(H/H_s)=100(H'/H_s')$ [%]．工業的諸計算においては，ガス温度が蒸気成分の沸点以下では比較湿度 $\Psi$ を用いることが多いが，ガス温度が蒸気成分の沸点以上になると，この値は不合理となるので，関係湿度 $\phi$ を用いるほうが合理的である．

質量基準の湿度は1 kgの乾きガスに伴われる蒸気の質量として定義され，全圧を $P$ とすると次式で与えられる．

$$H = \frac{(M_v/M_g)p}{P-p}$$

ここで，$M_v$ および $M_g$ はそれぞれ蒸気および乾きガスの分子量である．また，モル（基準の）湿度*は次式で与えられる．

$$H' = \frac{p}{P-p} = \frac{M_v}{M_g}H$$

空気-水蒸気系の場合には $M_v/M_g=0.622$ であり，また $H$ と $H'$ に対する飽和湿度* $H_s$ および飽和モル湿度 $H_s'$ は，上記2式中の $p$ の代わりにガス温度における飽和蒸気圧 $p_s$ を用いればよい．

［西村 伸也］

## しつどずひょう　湿度図表 humidity chart, psychrometric chart

乾燥*，調湿*，水冷却などの操作に必要な計算を図表上で行うために，湿りガス*の湿度*，エンタルピー*，比熱容量*や比容*などと温度との関係，ならびに断熱飽和*線，等湿球温度*線などを示した図表．モリエ線図*もその一つであるが，上記の諸計算には直交座標を用いたキャリヤー線図を改良したも

のがよく用いられる．湿度を質量基準で表したものとモル湿度で表したものとがある．空気-水蒸気系の常圧における湿度図表は専門書や便覧類に示されているが，必要に応じて一般のガスと有機蒸気の系についても作成することが可能である． ［西村 伸也］

**しつどセンサー　湿度── humidity sensor**

室内または外気の湿度*を検出し，制御や計測に使いやすい電気信号に変換し伝送する装置．金属酸化物の焼結*体であるセラミックスの水分吸脱着*による電気抵抗変化を利用したセラミックスセンサー，塩化リチウムの吸脱着に伴う電気抵抗変化を利用した塩化リチウムセンサー，導電性ポリマー*材料の電気特性変化を利用した高分子膜センサー，多孔質*酸化アルミの誘電率*変化を利用した酸化アルミニウムセンサーなどがある． ［三浦 邦夫］

**しつりょうさようのほうそく　質量作用の法則　law of mass action**

化学反応にあずかる物質の活量*が，化学平衡*にどのように関係するかを示す法則．C.M. Guldbergと P. Waageによって提唱(1867)され，J.H. van't Hoffによって確立(1887)した．すなわち，以下の反応

$$aA + bB + \cdots \rightleftharpoons rR + sS + \cdots$$

が化学平衡にある場合，

$$K = \frac{a_R^r a_S^s \cdots}{a_A^a a_B^b \cdots}$$

の値はそれぞれの物質iの活量*$a_i$の値とは関係なく一定の値をとる．$K$を(化学)平衡定数*という．当時は活量ではなく濃度によって定義されていた．

熱力学第二法則により平衡下ではギブスの自由エネルギー*が極小をとることから，この質量作用の法則を導くことができる． ［幸田 清一郎］

**しつりょうちゅういけい　質量中位径　mass median diameter**

粒子集合体を構成する粒子を軽いものから重さの順に並べたとき，もっとも軽い粒子からの質量の積算値が全体の粒子質量の50％になったときの粒子の大きさを，質量中位径とよぶ．個数中位径*とは基準が異なり，質量は粒子径の3乗に比例するために，質量中位径は粗大粒子の存在に大きな影響を受ける．質量基準の処理量が問題となる一般の粉体操作では，質量中位径が粉体の代表粒子径として多用されている． ［横山 豊和］

**しつりょうぶんせきほう　質量分析法　mass spectrometry**

マススペクトロメトリー．MS．分子をイオン化し，高真空中で磁場や電場の中を走らせ，イオンがその質量$m$と電荷数$z$の比$m/z$によって異なった軌道または速度をもつことを利用して分離検出し，$m/z$を横軸とした質量スペクトルを得る．微量試料で高精度の分子質量と組成式が得られ，さらに分解生成した断片(フラグメント)イオンの解析から分子構造や分解機構の知見が得られる．質量分析計*(マススペクトロメーター，mass spectrometer)には，高精度の質量測定と定量に適する二重収束磁場偏向型およびフーリエ変換イオンサイクロトロン共鳴型，直進させたイオンの検出器への到達時間から$m/z$を求める方式で，イオン質量の制限なしに広域のスペクトルが得られる飛行時間型，小型軽量で簡便な四重極型，特定イオンの蓄積が可能なイオントラップ型など多くのタイプがある．静電噴霧イオン化(electrospray ionization, ESI)法やマトリックス支援レーザー脱離イオン化(matrix assisted laser desorption ionization, MALDI)法の進歩により，不揮発性の物質，生体高分子，合成高分子などの質量測定が容易となった． ［松尾 斗伍郎］

**しつりょうほぞんしき　質量保存式　mass conservation equation**

⇒連続の式

**シー・ディー　CD　current density**

⇒電気密度

**じていすう　時定数　time constant**

⇒一次遅れ系

**ジー・ディー・ピー　GDP　gross domestic product**

国内総生産．一国の経済規模を示す指標として，1年間にその国で生産された商品やサービスの価格の総額．国内で生産されているものであれば外国籍企業(個人も含む)の分も含める．日本では内閣府が各種の基礎統計をもとに作成する． ［岩村 孝雄］

**シーディング　seeding**

種晶添加．過飽和溶液に種結晶(シード)を添加する操作．おもに回分晶析*において行われる．シーディングには，添加したシードを成長させて製品結晶とする場合と，単に結晶化を促す引金として利用する場合の二つのケースがある．後者の場合，これにより核発生の再現性が増し回分晶析操作が安定化するが，製品結晶の粒度分布は広い．これに対して前者の場合，回分晶析操作が安定化するばかりでなく製品結晶の粒度分布が狭くなり，シーディングによって，製品粒径の制御も可能となることが明らかにされている．回分晶析における操作の安定化すなわ

ちバッチごとの製品品質の変動を避けることは，工業的に非常にたいせつである． 　　　　　[久保田 徳昭]

**じどうしゃはいガスじょうか　自動車排ガス浄化　auto motive exhaust gas cleaning**
　⇒三元触媒

**じどうそくしんこうか（じどうかそくげんしょう）自動促進効果（自動加速現象）　autoacceleration**
　自己促進効果．ゲル効果．Trommsdorff効果．ラジカル重合*では重合の進行とともにモノマー*濃度が減少するので，通常，重合速度はモノマー濃度の減少に比例して低下する．しかし，重合が進みポリマー*濃度が増えて重合場の粘度が上昇すると，重合場のラジカル停止反応速度定数の値は急激に低下する．この結果，重合場のラジカル濃度が著しく増加してモノマー濃度の減少による重合速度の低下を抑制，あるいは重合速度を加速する．
　　　　　　　　　　　　　　　　　　[埜村　守]

**シードチャート　seed chart**
　製品結晶粒径と種晶*粒径および種晶添加量の関係を与えるチャート．回分晶析*における装置および操作の設計に利用される．両対数グラフ上で，種晶添加質量比 $C_s$ に対して無次元製品結晶平均粒径（製品結晶の体積平均径 $L_p$ と種晶体積平均径 $L_s$ の比）を描いた線図である．ここで，$C_s = W_s/W_{th}$（$W_s$：種晶添加質量，$W_{th}$：理論結晶析出量）である．$W_{th}$ は，バッチ終了時の残留過飽和度がゼロの場合溶解度から計算できるが，実機を用いた実験によっても簡単に求められる．シードチャート中には，二次核発生*機構による微結晶の生成がない場合の理想結晶成長曲線も描かれている．このチャートにより，微結晶の生成を避けながら種晶のみを成長させるためのシーディング*条件（臨界種晶添加比 $C_s^*$）を決定できる．このシードチャートは，厳密には個々の系について実験的に決定されなくてはならないが，バッチ晶析の定性的な検討にはその一般的な形を知るだけでも十分役に立つ． 　　[久保田 徳昭]

**サバテサイクル　Sabate cycle**
　⇒熱サイクル

**しはらいじょうけん　支払条件　payment conditions, payment terms**
　顧客が業者に代金を支払う条件のこと．国内・国外のいずれの場合も代金請求や支払の時期，金額および方法は契約書に定めておく．小額物品や役務では一括払いのこともあるが，大型機器やプラントの場合，頭金，出来高払い金，留保金などに分ける分割払いあるいは延払いであることが多い．

　　　　　　　　　　　　　　　　　　[小谷 卓也]

**ジー・ピー・シー　GPC　gel permeation chromatography**
　ゲル浸透クロマトグラフィー．SEC（サイズ排除クロマトグラフィー）．液体クロマトグラフィーの一種．広い孔径分布の微細孔をもち，試料物質と吸着などの相互作用がない多孔性ゲル粒子をカラムの充填材（固定相）として用いる．溶媒流（移動相）に打ち込まれた溶質分子は，細孔への浸透と移動相への再溶出を反復しながら流下するが，分子サイズが大きいほど浸透しうる径の細孔分率が小さいので，保持時間が短く先に流出する．これを利用してポリマーやオリゴマーの分子量分布の測定に広く使用される． 　　　　　　　　　　　　　　　　　　[松尾 斗伍郎]

**シー・ブイ・ディー　CVD　chemical vapor deposition**
　化学蒸着法．原料となる化学物質を気化させて反応器に供給し，反応させて薄膜や微粒子などの固体を析出させる方法．反応の励起方法として加熱による熱CVD法，プラズマによるプラズマCVD法，光による光CVD法などに分類される．反応の圧力は大気圧から1/1000気圧程度の減圧にすることが多い．原料としては有機金属やハロゲン化金属などの気体あるいは蒸気圧の高い液体を用いることが多いが，固体を昇華させて供給する場合もある．気体，液体を原料とするため，蒸留による原料の高純度化が容易であり，高純度化合物の作製に適している．大面積基板への薄膜作製も可能であることから，量産に適した薄膜作製プロセスとして，ULSI（超超大規模集積回路）用の各種絶縁膜，金属膜の形成，半導体デバイス用エピタキシャル薄膜成長，耐摩耗性向上のためのセラミックスコーティングなどに幅広く用いられている．微細な凹凸の内部にまで均一に薄膜を成長させることも可能であり，この点においてPVD*法に比較して優位である．このため，微細化されたULSI用の薄膜作製やドリルの刃などへのセラミックスコーティングにおいて必須の薄膜作製技術となっている．
　成長速度の原料濃度依存性は，低濃度で1次，高濃度で0次となるラングミュア型の反応機構となることが多いが，低圧での反応では1次領域しか観測されないこともある．また，気相での反応により原料が部分的に分解あるいは重合し，活性な中間体を形成し，これが薄膜作製に寄与することも多く，一般にその反応機構は複雑である． 　　[霜垣 幸浩]

**シー・ブイ・ディーそうちのせっけいほう　CVD装**

**置の設計法** CVD reactor design

CVD*装置を設計する方法．最初に作製するCVD膜*の特性・品質（組成，膜厚，結晶性*など）と均一性および生産性*を定め，次にそれを達成する化学反応，反応励起手段と反応環境の指針を定め，数値計算・実験などに基づいて輸送現象*と化学反応の具体的様子を予測しながら反応装置（反応室と反応励起装置）の構成と形状を設計し，最適化する．これにあわせて，原料ガス供給，排出ガスの除害，基板搬送，制御・通信部とインターロック*を設計する． 〔羽深 等〕

**シー・ブイ・ディーまく** **CVD膜** CVD film

CVD*法により形成された膜．CVD膜には，絶縁膜，金属・導体膜，半導体膜などがある．半導体集積回路，液晶表示装置をはじめとする先端部品と機器の製造に広く用いられている．結晶性*（単結晶，多結晶，非晶質）をはじめとする膜質は薄膜作製と条件（圧力，温度，励起方法，原料ガスなど）によって制御されるので，成膜方法や条件を名称に用いて，CVD膜を区別している．たとえば非晶質シリコン低温プラズマCVD膜などとよばれる． 〔羽深 等〕

**シー・ブイ・ディーまくせいせいそうち** **CVD膜生成装置** CVD reactor

CVD*法に用いられる装置．略してCVD装置ともいう．CVD膜*生成装置は，生成される膜質や化学反応の励起方法により，エピタキシャル成長*装置（半導体シリコン単結晶薄膜など），常圧CVD装置（CVD酸化膜形成など），減圧CVD装置（メタル膜，シリサイド膜，多結晶シリコン膜など），プラズマCVD装置，光CVD装置などに分類されている．いずれも，原料ガス供給部，反応室，加熱部，反応励起部，排出ガス除害部，基板搬送室，制御機器とインターロック*などから構成される．工業生産装置においては，枚葉式*のCVD装置の生産性を上げるために，基板搬送室を介してCVD膜生成装置とそのほかの複数の処理装置をクラスター状につないで，マルチチャンバー化していることが多い．また，運転状態を装置外部に通信する機能を有しているもの，薄膜作製後の基板を次の工程に運ぶために，基板を収めたカセットを搬送ロボットに受け渡す機能を有しているものがある． 〔羽深 等〕

**シー・ブイ・ディーまくはんのうきこう** **CVD膜反応機構** CVD reaction mechanism

CVD膜*を形成する化学反応の機構には大別して熱分解，水素による還元，金属蒸気による還元，基板表面とCVD用原料ガスの反応による新たな物質形成，化学輸送反応（ハロゲンサイクルなど），酸化反応，プラズマ励起反応，光励起反応，のような種類があり，これらは気相，基板表面で進行する．CVD膜を生成する化学反応の機構を考えるにあたっては，原料ガスの濃度，反応が起こる場所，基板温度などによる成膜速度*とその分布の変化，反応生成物の解析，成膜条件による膜質の変化などを把握する．そして，素反応および支配的化学反応と律速過程を把握することがたいせつである．反応速度定数の温度依存性（アレニウスの式*）から反応の活性化エネルギー*を求め，ほかの反応あるいは現象のもつ活性化エネルギーの値と比較することにより反応機構，律速過程を考察できる．反応機構を知ることにより，目標とする膜質を実現できる反応の最適条件（温度，圧力，濃度，励起方法など）を選択することが可能となる． 〔羽深 等〕

**シー・ブイ・ディーメカニズム** **CVD――** CVD mechanism

CVD膜*形成の主要メカニズムは，大別してガスの輸送現象*と化学反応であり，両方の寄与のもとに進行する．輸送現象には，原料化学種の基板表面への輸送と吸着，副生成物の脱離と基板表面からの輸送がある．これらは，反応容器に導入するガスの性質と流速，加熱方法と条件に加えて反応容器全体の形状などにより決定される．反応容器内の物質の輸送の方向と速度は，おもに流れと拡散*により決定され，不均一な温度場においては熱拡散（ソレー効果）の影響が現れる．化学反応には，原料化学種の気相の化学反応，基板表面の化学反応がある．基板表面に到達するまでに原料化学種を活性な状態に変えておくことが必要な場合には，気相中で均一化学反応を行って中間体を形成する．基板表面では不均一化学反応により薄膜を形成し，同時に生じた副生成物を放出する．一方，気相中で薄膜の微粒子を形成し，微粒子表面の化学反応によって大きな粒子に成長させてから基板表面に付着させる方法もある．
 〔羽深 等〕

**しほん** **資本** capital

企業が事業の設立，保持，拡大時に株主から集める基金．企業に対する投資額．企業が営利目的のために使う財産の貨幣評価額で，資産*と負債の差額としての純資産をいう．資産提供者が出資者である自己資本（資本合計）が総資本（負債と資本の合計）に占める割合を自己資本比率といい，企業資本の調達源泉の健全性や資本蓄積の度合いを示す指標であ

る．（⇒資産） [弓削 耕]

**しほんかいてんりつ　資本回転率　capital turnover**

売上高を資本で除した比率．分母に使用総資本，固定資産，棚卸資産，営業資本などを用い，それぞれの回転率を求める．1年間の売上高を得るために資本をどれだけ有効に利用できたかを示す．
[岩村 孝雄]

**しほんひよう　資本費用　capital cost**

総括原価方式による原価算定時に使用する語．

営業費用＋資本費用＝総括原価

資本費用は資本維持に必要な収入，費用の総括で，資本的収入と資本的支出に仕分けされる．資本的収入には他部門への負担金付替えや資産売却代金などがあり，資本的支出は支払利息，資産維持費（設備改良，老朽更新等）などからなる． [日置 敬]

**シム　CIM　computer integrated manufacturing**

統合FA（factory automation）．コンピュータにより設計，製造，在庫管理などを共通のデータベースに統合し，受注から製品納入までの一連の企業活動にかかわる情報の流れを一元化した統合生産システム． [曽根 邦彦]

**しめつき　死滅期　death phase**

回分培養*で生菌数の増加が停止する定常期に続いて，菌体の溶解などで減少していく時期（減衰期）のこと．生菌数が減少し始める死滅加速期（accelerating death phase）と，その後，指数関数的に減少する対数死滅期（logarithmic death phase）とに分けられ，総細胞数では自己分解が起こらない限り，定常期と死滅期との区別はつかない．
[紀ノ岡 正博]

**しめりエンタルピー　湿り――　humid enthalpy**

乾きガス*1kgとこれに同伴される蒸気$H$[kg]の混合ガスが保有するエンタルピー*．温度$t$[℃]の湿りガスのエンタルピーは，次式で与えられる．

$$i = i_G + i_v H$$
$$= \int_0^t c_H dt + \lambda H$$

ただし，$H$は絶対湿度*[kg-vapor kg$^{-1}$-dry gas]，$i$は湿りエンタルピー[kJ kg$^{-1}$-dry gas]，$i_G$は乾きガスのエンタルピー[kJ kg$^{-1}$-dry gas]，$i_v$は蒸気のエンタルピー[kJ kg$^{-1}$-vapor]，$\lambda$は基準温度$t_0$[℃]における液の蒸発潜熱*[kJ kg$^{-1}$]，$C_H$は湿り比熱容量*[kJ kg$^{-1}$-dry gas K$^{-1}$]である．

なお，空気-水系では，普通，エンタルピーの基準に0℃の乾き空気と0℃の水をとる．常温の湿り空気のエンタルピーは次式で与えられる．

$$i = (1.005 + 1.846H) t + 2501H$$

（⇒湿り比熱容量，絶対湿度） [西村 伸也]

**しめりガス　湿りガス　humid gas**

蒸気を含んだ不活性ガス*．蒸気を含まないガスを乾きガスという．（⇒湿り空気） [今駒 博信]

**しめりくうき　湿り空気　humid air**

蒸気を含んだ空気．蒸気を含まない空気を乾き空気という．通常，空気といえば水蒸気を含んだ湿り空気のことをいう． [西村 伸也]

**しめりど　湿り度　wetness fraction**

乾き度*を$x$とすると湿り度は$(1-x)$で表される． [栃木 勝己]

**しめりひねつようりょう　湿り比熱容量　humid heat capacity**

乾きガス1kgと，これに同伴される$H$[kg]の蒸気よりなる湿りガス*の温度を定圧のもとで1K上昇させるのに必要な熱量．乾きガスの比熱容量を$C_G$[kJ kg$^{-1}$ K$^{-1}$]，蒸気の比熱容量を$C_V$[kJ kg$^{-1}$ K$^{-1}$]としたとき湿り比熱容量$C_H$[kJ kg$^{-1}$-dry gas K$^{-1}$]は，次式で与えられる．

$$C_H = C_G + C_V H$$

とくに常温の空気-水蒸気系では，次式で与えられる．

$$C_H = 1.005 + 1.846H$$

また，モル基準の場合は，次式で与えられる．

$$C_H' = C_G' + C_V' H'$$

定圧モル比熱容量$C_G'$はガスの種類によりいくつかのグループに分類でき，同じグループの気体はだいたい等しい値を示す．たとえば，0～400℃において，空気および$O_2, N_2, CO, H_2$などは大略29 kJ kmol$^{-1}$-dry gas K$^{-1}$，水蒸気は大略35，$CH_4, CO_2, SO_2$は大略41である．したがって，燃焼ガスのように複数の気体が混在した混合ガスであっても，湿り比熱容量の大略の計算は可能である． [西村 伸也]

**しめりひよう　湿り比容　humid volume**

湿り比容積．乾きガス1kgとこれに同伴される蒸気$H$[kg]が占める体積．湿りガス*の温度を$t_G$[℃]，全圧を$P$[kPa]，ガスおよび蒸気の分子量をそれぞれ$M_g$および$M_v$とし，理想気体*と仮定すれば，湿り比容$V_H$[m$^3$ kg$^{-1}$-dry gas]は次式で表される．

$$v_H = 22.4 \left(\frac{t_G + 273}{273}\right)\left(\frac{101.3}{P}\right)\left(\frac{1}{M_g} + \frac{H}{M_v}\right)$$

湿りガスが蒸気で飽和されているときの湿り比容を飽和比容といい，その値は上式の$H$の代わりに

$t_G$ における飽和湿度* $H_S$ を用いれば求められる.また乾きガス1kmolとこれに伴われる蒸気 $H'$ [kmol]が占める体積をモル比容といい,これを $v_H'$ [m³ kmol⁻¹-dry gas]とすると次式で表される.

$$v_H' = 22.4\left(\frac{t_G+273}{273}\right)\left(\frac{101.3}{P}\right)(1+H')$$

[西村 伸也]

## シャイベルとう ――塔 Scheibel column

撹拌機の付いた抽出塔のなかでは最初に工業化された装置で,金網充填層と撹拌機の付いた撹拌室を塔内に交互に多段に積み重ねたもの.各段において,分散相*の分散と合一が繰り返され,かつ充填層により,逆混合が防止され抽出効率が増大する.後に改良され,図に示すように2種類の邪魔板が設置された(第2塔).一つは充填層と撹拌室の境目に塔壁部に接したリング状の外側の邪魔板で,逆混合がいっそう低下する.ほかの一つは,2枚のリング状の内側の邪魔板で,撹拌羽根を挟み込み,撹拌室における液の回転運動を抑制したものである.この内側邪魔板間には数枚の金網層を設置し,液滴分散をより効率的にしてある.さらに装置組立法に工夫がなされた第3塔も提出されている. [平田 彰]

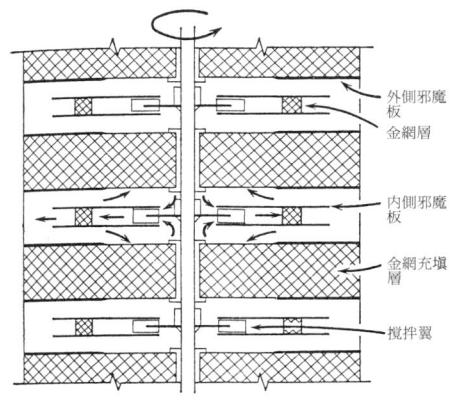

シャイベル塔(第2塔)[便覧, 改五, 図11・34]

## ジャイレトリークラッシャー gyratory crusher

旋動型粗砕機.コーンクラッシャー.円すい状ケーシングの中に頂点を上にして回転する円すい体があり,ケーシングと円すい体の間隙に原料を供給し,かみ込ませて粉砕する粗粉砕機.回転円すい体を支える垂直軸が上下不動で,下部が旋動運動することによって間隙が周期的に変動し,それによって原料は粉砕される.コーンクラッシャーも同じタイプ. [齋藤 文良]

## シャーウッドすう ――数 Sherwood number

物質移動現象に用いられる無次元数*の一つ. $Sh$ または $N_{Sh}$ で記し,境膜物質移動係数*と代表長さの積を拡散係数*で割った商で表される.流体の運動により壁面へ物質伝達により移動する質量と,静止した同じ流体で分子拡散*により移動する質量との比を示している.代表長さとしては,濡れ壁塔*では管内径,充填塔*では充填物の代表径などを用いる.熱移動*の場合のヌッセルト数*と同様に,物質伝達係数*を無次元化したものと考えられる.
[渡辺 隆行]

## ジャクソンのアルファいんし ――のα因子 Jackson's α factor

1958年に K. A. Jackson が提唱した固液界面の荒れに関する理論における因子.結晶とその融液が融点 $T_m$ で共存している場合の固体表面の荒れを議論するさいに用いられ,$\alpha \equiv \xi \Delta S/k$ と定義される.ここで,$\Delta S$ は融解エントロピー,$k$ はボルツマン定数,$\xi$ は結晶内部の最近接格子点数に対する,界面二次元格子内の最近接格子点数の比である.$\alpha>2$ であれば界面はスムーズ,$\alpha<2$ の場合は荒れているとされる. [久保田 徳昭]

## じゃくでんかいしつ 弱電解質 weak electrolyte

酢酸やシュウ酸のような弱酸,アンモニアのような弱塩基およびそれら中和で生じる塩類のような,水に溶解すると大部分が分子状で存在するが,一部はイオンに解離する物質のこと. [新田 友茂]

## ジャケット jacket

撹拌槽内を冷却あるいは加熱するために槽を包む

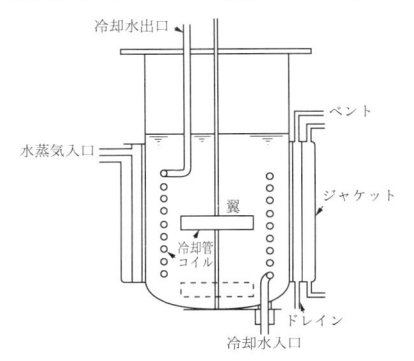

ジャケット[S. Nagata, "Mixing Principles and applications", Kodansha (2000), p. 86]

形で設置される装置。熱媒として水蒸気を用いる例を図に示す。　　　　　　　　　　　　［上ノ山 周］

**しゃこうほう　遮光法（粒子径測定の）** single particle light blockage method for particle size measurement

1個の粒子に遮られた光量を検知して粒子の大きさを測定する方法。基本的には光の直進性を利用しており、回折現象などは無視している。一定速度でレーザー光を走査し、光の遮られた時間あるいは散乱光信号の持続時間から粒子の大きさを求める。粒子の密度や屈折率は必要なく、手軽に測定できるが、光の直進性を利用しているため、測定対象は比較的大きい粒子である。　　　　　　　　　　［森　康維］

**しゃしゅつ　射出** emission
⇒放射

**しゃしゅつせいけい　射出成形** injection molding

成形材料を加熱溶融させて、あらかじめ閉じられた金型のキャビティーに圧力をかけて射出充填した後、固化または硬化させて成形品とする成形法。高分子成形加工法のなかで代表的な成形法である。金型の観点からみた射出成形の基本工程は次のとおりである。① 金型を閉める、② 溶融状態の成形材料を金型内へ射出する、③ 充填直後、成形圧力を一定時間保持する、④ 射出された成形材料を冷やす、⑤ 金型を開き、製品を取り出す。特徴として、① 三次元自由形状の成形が可能（離形ができる範囲で）、② 寸法精度、転写精度などが高い、③ 生産性が高い、などがあげられる。高分子成形製品の主要な製造法の一つ。　　　　　　　　［薄井洋基・田上秀一］

**しゃしゅつりつ　射出率** emittance
⇒放射、放射率

**ジャストインタイム** just in time

JIT。生産プロセスでのむだを徹底的に排除することを目的とし、必要な物を必要なときに必要な量だけ生産し、供給しようとするシステム。必要な量を決めるのは後工程であることがポイントとなっている（後工程引取り方式）。トヨタ生産方式（かんばん方式）として、JIT の仕組みは多くの製造業に取り入れられている。　　　　　　　　［川村継夫・船越良幸］

**しゃど　射度** radiosity

表面間のふく射エネルギー交換＊の計算において、一つの表面からはその表面が放射するふく射とその表面で反射されたふく射が放出される。この2種のふく射の単位面積、単位時間あたりのエネルギーを合わせたものを射度という。その単位は、分光ふく射＊の方法では $W\,m^{-2}\,m^{-1}$、全ふく射＊の方法では $W\,m^{-2}$ である。　　　　　　　［牧野 俊郎］

**シャドウグラフほう　―法** shadowgraph method

光学的可視化手法の一つ。流体の密度勾配の変化から流れ場の状況を可視化する。流れ場に点光源あるいは平行光源から光を通して、スクリーンまたはフィルム上に投影し、現れる明るさの変化の模様をもとに流れを調べる。　　　　　［上ノ山 周］

**シャフトろしきガスかようゆうろ　―炉式ガス化溶融炉** shaft furnace type incinerator of gasification

ごみ、コークスおよび石灰石を1700℃程度の高温還元雰囲気であるシャフト炉に直接投入して、ごみのガス化と灰の溶融を炉内で同時に行う焼却炉。酸化剤として酸素富化空気、補助燃料としてコークスをそれぞれ供給している。生成するガス化ガスの発熱量はほかの灰溶融焼却炉と比較して高い。本方式の特徴は、残渣中の金属分を酸化させることなく取り出すことが可能であること、ごみのなかの灰分を溶融させるので灰の減容化が可能なことなどである。　　　　　　　　　　　　　　　　　　　　　　　　　［成瀬 一郎］

**シャープレスがたえんしんちんこうき　―型遠心沈降機** Sharples centrifuge

米国の Sharples 社によって開発された円筒型遠心沈降機で、チューブラー型ともよばれる。おもに希薄固体懸濁液やエマルションの分離に用いられる。通常、直径 5～15 cm の細長い円筒を回転数 10 000～20 000 rpm で運転し、遠心効果＊は 10 000～20 000 程度である。処理能力は $100 \sim 1000\,L\,h^{-1}$ 程度である。なお、タービン駆動の場合には回転数 50 000 rpm、遠心効果＊ 62 000 が、また燃料油などの処理で最大 $4500\,L\,h^{-1}$ の通液量が可能な型式もある。　　　　　　　　　　　　　　　　　　［中倉 英雄］

**じゃまいた　邪魔板** baffles

撹拌槽内の流体の流れを制御して、撹拌・混合に最適な流動状態を設定するため、撹拌槽の側壁に適当な幅の平板を数枚縦向きに設置する平板のこと。通常槽径の 1/10 幅の平板を 4 枚設置することが多く、この条件を標準邪魔板条件とよぶことがある。撹拌槽の条件によっては、平板を槽上部から挿入したり、槽底に設置することもある。また、平板の代わりに丸棒や F 字形、D 字形のものを挿入することもある。高い熱除去を必要とするときは、邪魔板と伝熱装置を兼ねた邪魔板が用いられることもある。一般に、邪魔板を挿入すると撹拌所要動力は増加す

る．多管式熱交換器などでは，流れの方向を変換させてその短絡を防いだり，通路面積を縮小して流速を大きくしたりするために用いる板も邪魔板とよばれる．(⇨完全邪魔板条件)　　　　　　　　　　[平岡 節郎]

**ジャンマルコ-ベトロコークほう** ──法 Giammarco-Vetrocoke process

G-V法．天然ガス，石炭ガスなど工業原料ガスからの酸性ガス除去プロセスで，$CO_2$ 除去プロセスと $H_2S$ 除去プロセスがある．$CO_2$ 除去プロセスでは，$K_2CO_3$ または $Na_2CO_3$ 水溶液に $As_2O_3$ を添加した吸収剤を用いる．反応式は

$$6 CO_2 + 2 K_3AsO_3 + 3 H_2O \rightleftharpoons$$
$$6 KHCO_3 + As_2O_3$$
$$CO_2 + K_2CO_3 + H_2O \rightleftharpoons 2 KHCO_3$$

であり，吸収速度，吸収容量とも熱炭酸塩法*に比べて著しく高い．$H_2S$ 除去プロセスでは，次の吸収，消化，酸化(Sの析出)および再生の4段階

$$KH_2AsO_3 + 3 H_2S = KH_2AsS_3 + 3 H_2O$$
$$KH_2AsS_3 + 3 KH_2AsO_4$$
$$= 3 KH_2AsO_3S + KH_2AsO_3$$
$$3 KH_2AsO_3S = 3 KH_2AsO_3 + 3 S$$
$$3 KH_2AsO_3 + (3/2)O_2 = 3 KH_2AsO_4$$

の反応からなる．生成したSは浮上するので濾過分離する．いずれも吸収能力が高く，消費蒸気量は少なく，腐食性もほとんどないが，吸収剤は有毒である．　　　　　　　　　　　　　　　　[渋谷 博光]

**じゆううず　自由渦** free vortex

回転する流れにおいて，周方向の流速が回転軸からの距離に反比例して減少する流れ．自由渦では角運動量が一定，渦度*がゼロとなり，エネルギー損失がない理想的な流れとなる．一方，中心付近で流速が距離に比例する流れを強制渦とよぶ．

[黒田 千秋]

**しゅうえき　収益** income

利益．会社運営の基盤である売上高がその会社の収益の源泉である．損益計算書*の経常損益の部に，売上高から売上原価その他の費用を控除した営業利益，それに金利など営業外損益を加減した経常利益*，さらにそこから特別損益，税金などを控除した純利益が順に記載される．　　　　　　　　[岩村 孝雄]

**しゅうえきりつ　収益率** rate of return on investment

資本収益率．各年度の収益*を総投資額で割った比率．一般に総資本経常利益率が使われ，売上高利益率と資本回転率の積として算出される．経営状態の良否や新規提案案件の採否の判断材料の一つとして使う　　　　　　　　　　　　　　　　[岩村 孝雄]

**じゆうエネルギー　自由──** free energy

最大仕事関数．熱力学第一法則*で用いられる内部エネルギー*$U$，エンタルピー*$H$ および第二法則*で導入されたエントロピー*$S$ を同時に考慮した状態量*．Gibbs 自由エネルギー*$G = H - TS$ と Helmholtz 自由エネルギー*$A = U - PV$ があり，$G$ はたんに自由エネルギー，$A$ は最大仕事関数ともよばれる．定温，定圧下における自発的変化では，$G$ がつねに減少する方向に進行し，平衡状態では $G$ が極小値となる．定温，定体積下では，$A$ がつねに減少する方向に進行し，平衡状態では $A$ が極小値となる．　　　　　　　　　　　　　　　　[栃木 勝己]

**じゆうがんすいりつ　自由含水率** free moisture content

湿り材料の乾燥において，含水率*から平衡含水率*を減じた値．ある乾燥条件のもとで湿り材料を乾燥*するとき，到達しうる乾燥度は，その乾燥条件に対する平衡含水率までである．したがって自由含水率は，乾燥によって除去しうる最大水分量を表す．なお，自由含水率の計算にはすべて乾量基準含水率が使用される．　　　　　　　　　　　　[今駒 博信]

**じゅうきんぞくおせん　重金属汚染** contamination by heavy metals

土壌あるいは水質に環境基準を超える濃度の重金属が含有している状況のこと．一般に土壌に関しては，溶出試験を実施することにより汚染の状況を評価する．　　　　　　　　　　　　　　　　[成瀬 一郎]

**じゅうきんぞくのじょきょ　重金属の除去** removal of heavy metals

重金属の除去には不溶化して固液分離，イオン交換，膜分離法などの方法が用いられる．不溶化は水酸化物などの形成，石灰凝集，アルカリ性にして鉄(II)を加えて混合水酸化物を形成し，最終的にフェライトを形成するものなどがある．重金属イオンはイオン交換やキレート形成によって除去でき，このような機能をもつ樹脂やゲルが用いられる．また，電気透析や逆浸透(RO)膜のような膜分離法で濃縮・除去できる．　　　　　　　　　　　[木曽 祥秋]

**じゅうごうき　重合器** polymerization tank

重合反応を行う装置．内部の流動と反応熱除去方法によって分類される．もっとも多用されているのは槽型である．除熱はジャケットやコイル，流動は撹拌翼で行っている．流動層型はモノマーガスを循環させて顕熱で反応熱を除去する気相反応器で，オ

レフィン系ポリマーの主流である．塔型は上部から下部への押出し流れで重合を進める．横型は多数の回転翼を備えており気液界面積が大で，ポリエステルなどの重縮合系に使用されている．　[浅野　健治]

**じゅうごうけいしき　重合形式　type of polymerization**

モノマーを重合する形式であり，工業的に利用されている重合反応の形式には，大別して付加重合*，重縮合*，重付加*，付加縮合*，開環重合*がある．付加重合は，もっとも広く用いられている重合形式であり，連鎖の活性種がラジカルであるかイオンであるかによって，ラジカル重合*とイオン重合*に分けられる．重合形式は，どのような状態で重合を行うかという重合様式*と組合せて，適切な重合プロセスを設計するうえできわめて重要な因子である．

[飛田　英孝]

**じゅうごうたい　重合体　polymer**
⇒ポリマー

**じゅうごうど　重合度　degree of polymerization**

鎖長(chain length)ともいう．ポリマー*(重合体)を構成しているモノマー*(単量体)数．一般に高分子化合物は，異なる重合度の分子の混合物であり，その平均の方法により，数平均重合度，重量平均重合度，z平均重合度などが用いられ，数平均≦重量平均≦z平均なる関係が成立する．重合度と重合度分布は高分子物質の性質を決定する重要な因子であるのみならず，高分子形成過程の理解のためにも必須の情報である．重合度に単量体あたりの分子量を掛けたものがポリマーの分子量となる．数平均分子量は末端基定量法，浸透圧法などにより，また重量平均分子量は光散乱法により実測できる．また，固有粘度と分子量の経験的な関係式に基づいた分子量決定法に粘度法があり，この場合には粘度平均分子量が得られる．　[飛田　英孝]

**じゅうごうはんのうこうがく　重合反応工学　chemical reaction engineering of polymerization, polymerization engineering**

高分子反応工学(polymer reaction engineering)とよばれることも多い．高分子製造に関連した反応工学*．高分子材料の高品質化，高機能化，生産性の向上，環境適合化などを目ざして重合反応の速度論，反応装置，反応操作を反応工学的立場で取り扱う学問領域．一般に重合反応は，重合度が1から無限大までの無限個数の活性種が複雑に組み合わされた複合反応*であり，急激な粘度の増大や大きな発熱を伴う．さらに，高分子の物性は，分子量分布*，組成

分布，分岐/架橋構造，モルフォロジーなどにより複雑に変化し，低分子物質の化学反応とは大きく異なった特徴を有する．所望の特性を有したポリマーを工業的に生産するためには，反応機構の解明，重合反応のモデル化および速度論的取扱い，広い粘度範囲にわたる混合と伝熱の問題，高粘度の非ニュートン流体*の取扱い技術，反応操作の高分子構造への影響，重合や混合・流動に対するシミュレーション技術，スケールアップ法，適切な制御方法など，きわめて広範かつ複雑な問題を含む．　[飛田　英孝]

**じゅうごうようしき　重合様式　method of polymerization**

重合反応を行う手法を表し，一般に高分子製造プロセスは塊状重合*，溶液重合*，懸濁重合*，乳化重合*のいずれかの重合様式に分類することができる．ポリオレフィン生産に近年用いられるようになった気相塊状重合法は，用いる反応器，プロセス構成などが液相塊状重合と大きく異なるため，液相と気相の塊状重合を区別して，5種類の重合様式があると考えることもできる．高分子製造プロセスは，反応メカニズムに基づいた重合形式*と，実際にどのような状態で重合させるかという重合様式を適切に組み合わせて設計される．また，プロセスをどのように操作するかという操作方式(回分操作*，半回分式操作*，連続操作*)も重要な因子である．求められる製品の形態，物性，生産量により重合形式・重合様式の選択および操作方法が決定される．

[飛田　英孝]

**じゅうしゅくごう　重縮合　condensation polymerization**

縮合重合．縮合反応の繰返しによってポリマー*が生成する重合．低分子化合物の脱離を伴って重合は進行する．反応に平衡がある場合，脱離した分子を反応系から除去して生成ポリマーの重合度*を高める．たとえば，ジカルボン酸とジオールをモノマー*に用いて重縮合を行うと，ポリエステルと水が生じる．　[橋本　保]

**じゅうじりゅう　十字流　cross flow (current)**

2流体を直接または間接接触させて2流体の間で伝熱または物質移動を行う場合，2流体の流れ方向が直交するような流し方を十字流または直交流という．このほかに，2流体を流す方向として向流*，並流*がある．十字流は放熱器，蒸発冷却器*，空気調和*などに用いられる．多管式熱交換器*においても邪魔板*によって胴側流体を伝熱管に直角に流し，流体の乱れを促進させて伝熱効率を向上させること

が多い．この場合の伝熱速度式の温度推進力としては，向流や並流の場合に用いる対数平均温度差*を用いることはできず，それに温度差補正係数*を乗じた平均温度差を用いる．また，段塔*の段上の液の流れと蒸気の流れは互いに直角で十字流をなすが，このような場合の物質移動に対する推進力*も同様に，対数平均濃度差のように簡単に表すことはできない． ［平田 雄志］

**じゅうじりゅうしきたてがたいどうそう　十字流式立型移動層** crossflow vertical moving bed
⇨移動層装置

**じゅうじりゅうろか　十字流沪過** crossflow filtration
⇨クロスフロー沪過

**しゅうじん　集じん** dust collection
気体中の微粒子を分離捕集する操作．集じんで対象となる粒子の大きさは1μm以下から数百μmまで，濃度もクリーンルームのように個数濃度でしか記述できない1cm³あたり1個以下の濃度から，煙道のような数g m⁻³の濃度までその範囲は広い．集じん機では，捕集効率，圧力損失，耐熱性，耐薬品性，メンテナンスなどが問題となる．捕集効率に関して，粉じん濃度が低いときには初期捕集効率が，濃度が高いときには粉じん負荷時の捕集効率が重要である．気体中からの粒子の分離は，さまざま粒子と流体の相対運動の違いを利用して行われる．おもな分離機構として，① 重力*（重力集じん），② 慣性（慣性集じん），③ 遠心力*（遠心分離），④ 遮り*，⑤ ブラウン拡散*，⑥ 静電気力*（電気集じん），⑦ 熱泳動力*，のようなものがある．

集じん機を設計，選択する場合の重要な因子は，集じんの対象となる粉じんの大きさと処理流量である．捕集効率に関しては，上記の①，②，③は粒径が大きいほど高く，逆に⑤は粒径が小さいほど低い．また，処理風量に関しては，②および③のサイクロン*以外では処理風量が小さいほど捕集効率は高い．⑦において，熱泳動速度*は粒径にほとんど依存せず，熱泳動による捕集効率も粒径によらずほぼ一定になるため，粒度分布を測定するさいの粉じんのサンプリングにも利用されている．遮りは単独で分離機構として作用することはまれで，ほかの分離機構と同時に作用し，いずれの分離機構も有効に作用しない捕集機構の境界領域で有効な捕集機構である．静電気力による捕集効率*は，粒子および捕集体の帯電状態，電界分布などによって変化するが，粒子と捕集体とも帯電している場合には，強いクーロン力によって粒子を捕集するため，低圧力損失で高い捕集効率が実現できる．

各集じん装置にはそれぞれ特徴があり，捕集効率を高め，経済的に運転するため複数の装置を直列に接続して使用することが多い．すなわち，前置集じん装置で大きな粒子を取り除き粉じん濃度を下げて，後続の集じん機の負荷を軽減し，集じんシステムの性能の向上がはかられる． ［大谷 吉生］

**しゅうじんこうりつ　集じん効率** dust collection efficiency
⇨集じん率

**しゅうじんりつ　集じん率** dust collection efficiency
捕集効率．集じん装置のもっとも重要な性能指標であり，次式で定義される．

$$\eta = \frac{\text{単位時間に装置で捕集された粉じん質量[kg s}^{-1}\text{]}}{\text{単位時間に装置に流入した粉じん質量[kg s}^{-1}\text{]}}$$

実際には装置の入口と出口で同時に測定した粉じん流量 $w_0$, $w_1$[kg s⁻¹]から集じん率を求めることが多い．

$$\eta = \frac{w_0 - w_1}{w_0}$$

さらに基準状態(0℃, 1 atm)に換算した入口，出口での乾きガス基準の粉じん濃度 $C_0$, $C_1$[kg N m⁻³]を用いると次式となる．

$$\eta = \frac{C_0 - C_1}{C_0}$$

［吉田 英人］

**じゅうすい　自由水** free water
湿り固体中に保有される水分で，その蒸気圧*が水の飽和蒸気圧と等しいもの．たとえば，比較的大きい細孔をもつ多孔質固体*中の毛管水*，固体外表面の付着水*，粒子間隙が比較的広い場合のオスモティク水*などである．（⇨結合水） ［今駒 博信］

**しゅうせいあつみつけいすう　修正圧密係数** modified consolidation coefficient
一次圧密*速度を支配する因子．テルツァギーの圧密論*に基づくと，固液混合物の空隙比*$e$，時間 $t_c$，排水面と任意の位置の間に存在する単位断面積あたりの固体体積 $\omega$ の関係は以下の圧密方程式で表すことができる．

$$\frac{\partial e}{\partial t_c} = \frac{\partial}{\partial \omega}\left(C_e \frac{\partial e}{\partial \omega}\right)$$

$C_e$ が修正圧密係数であり，次式で定義される量である．

$$C_e = \frac{1}{\mu a \rho_s (-de/dp_s)}$$

ここで，$\mu$ は液粘度，$a$ は比抵抗，$\rho_s$ は固体密度，$p_s$ はケーク圧縮圧力* である．$C_e$ は拡散係数と同じ（長さ）$^2$/（時間）の次元を有する．$C_e$ の値が大きいほど圧密速度が速い． ［岩田 政司］

**じゆうぞくえいようせいぶつ　従属栄養生物　heterotroph**

生育に有機炭素源を必要とする生物．独立栄養生物* と対置される．そのうち紅色無硫黄細菌など光化学反応によるものを光合成従属栄養生物，動物およびほとんどの菌類での化学的暗反応によってエネルギーを獲得するものを化学合成従属栄養生物とよぶ． ［紀ノ岡 正博］

**じゆうたいせき　自由体積　free volume**

系の体積から分子の実体積を引いた体積で，分子が動けるすき間の体積のこと．斥力の大きさを表す．格子理論では分子は格子で区切られた細胞に配置されているとし，各分子は細胞の中心のまわりで周囲の分子と相互作用しながら動いていると近似する．この細胞の中の分子が自由に動ける空間を自由体積という． ［岩井 芳夫］

**しゅうちゃく　収着　sorption**

固体表面上に，あるいは細孔の内部を充填する形で分子・原子が吸着*（adsorption）される現象と，固体の分子構造の内部に分子・原子が吸収（absorption）される現象の総称．この両者を厳密に区別することが困難な場合によく使われる． ［迫田 章義］

**しゅうちゅうていすうけい　集中定数系　lamped parameter system**

動特性が常微分方程式で表現されるシステム．偏微分方程式で表される分布定数形* でも，空間を小さな領域に分割し，その小さな領域内は均一として，一つの値で代表させ，各代表値の連立常微分方程式として近似し，集中定数系として扱うこともある． ［橋本 芳宏］

**じゅうてんきほうとうはんのうき　充填気泡塔反応器　packed bubble-column reactor**

気液固触媒反応装置* の一種で，気体および液体をともに反応流体として，縦置きの固定層触媒反応装置* に塔頂から上向きに流す気液上向並流充填塔* 反応器のなかで，とくに気液流量が遅く，気体が気泡として上昇する流域のときの反応器．液が連続相であるために，灌液型反応器* に比較して固体触媒との接触と反応成績がよく，温度も均一になりやすい長所があるが，固体触媒の流動による摩耗が起きる短所もある． ［後藤 繁雄］

**じゅうてんこうぞう　充填構造　packing structure**

粉体粒子をある空間に充填あるいは堆積したときの構造．この充填構造は粒子特性，粒子間相互作用力とともに粉体の特性を決定する重要な特性である．粒子充填構造を表す指標として，粉体充填層単位体積あたりの空間の割合を示す空隙率，または粒子体積の割合を示す充填率，着目粒子に接触している粒子の個数である配位数，粉体充填層単位体積あたりの質量であるかさ密度，粒子接触角度分布，動径分布関数などがそれぞれの目的に応じて用いられる． ［日高 重助］

**じゅうてんじょうりゅうとう　充填蒸留塔　packed column**

棚段*（トレー）ではなくさまざまな充填物* を用いた蒸留塔のこと．最近では蒸留塔全体の約1/3を占める．棚段に比べ，最近の高性能規則充填物* を用いた塔は，単位高さあたりの圧力損失が数分の1，理論段相当長さ* は1/2程度である．とくに，圧力損失が小さいため，減圧あるいは真空蒸留に最適である．従来，充填蒸留塔は小型蒸留塔に適用されていたが，最近は塔径が数mを超える大型塔にも利用されている．充填物としては，ポールリング* に代表される不規則充填物*，スルザーパッキング* に代表される規則充填物* あるいは最近の高性能充填物* が使われる．また，充填物の下部にはそのサポートと蒸気分散装置が必要で，充填蒸留塔の上部には液分配器が必須である． ［長浜 邦雄］

**じゅうてんそう　充填層　packed bed**

多数の固体粒子を詰めた層を充填層とよび，とくに固体粒子が静止している場合には固定層* とよぶ．充填物は流れを乱し混合を激しくし，接触面積を増加させるなどの役割を果たす．また，熱媒* として作用することもある．単一相流体の伝熱，反応および2相間の物質移動（ガス吸収*，調湿*，液液抽出*），固体触媒反応などに利用される．
［長本 英俊］

**じゅうてんそうフィルター　充填層——　packed bed filter**

繊維層フィルター．液体または気体中に浮遊する粒子を沪過分離するフィルターで，充填物の種類により繊維充填層* と粒子充填層* に大きく分けられる．粒子濃度が高い場合には，充填層の表面で捕集された粒子による層が形成され，これによって沪過が進行する（表面沪過）．これに対し粒子濃度が低い

場合には,粒子は充填層を通過するさいに内部で捕集され,内部沪過が進行する(沪材沪過).
[大谷 吉生]

**じゅうてんちゅうしゅつとう 充填抽出塔 packed extraction column**
⇒充填塔

**じゅうてんとう 充填塔 packed column**
異相間の物質移動や熱移動を行うことを目的として,図のように空塔内に充填物*を充填した塔.微分接触型装置*の一つである.たとえば,ガス吸収*操作では,吸収液が充填物表面を流下し,ガスは充填物間の空隙を流れる.異相間の接触面積が大きく,かつ圧力損失が小さくなるような種々の充填物が考案されている.充填塔は抽出*や水冷却*装置としても用いられている.なお,固体触媒や吸着剤を詰めた塔は通常充填層とよばれている. [寺本 正明]

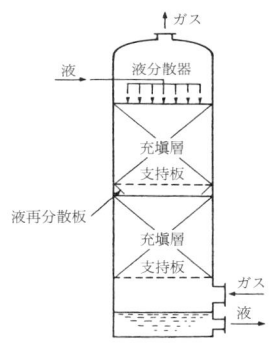

充填塔の構造[日本化学会編,"分離精製技術ハンドブック",丸善(1993), p.61]

**じゅうてんとうのインターナル 充填塔の―― internals for packed column**
充填物以外の塔内に設けられた各種機器.下から上がってくる蒸気の流れを塔の半径方向に均一に流すための蒸気分散板,コンデンサーから流れてくる還流液を塔内に均一に流下させるための液分配器,および液の偏流(チャネリング*)を防ぐため塔内にある高さごと設けられた液再分配器*,かなりの重量である充填物を支えるサポート,充填物の飛散と破損を防止するホールドダウンプレートなど.
[長浜 邦雄]

**じゆうど 自由度 degree of freedom**
平衡状態にある系において,相の数を変化させずに互いに独立に変化させうる状態変数の数.化学反応を含まない場合には,次のGibbsの相律*によって与えられる.

$$f = N - P + 2 \tag{1}$$

ここで,$f$は自由度,$N$は成分数,$P$は共存する相の数である.独立変数として採用できる量は示強的性質*だけであり,温度,圧力のほか,各種の相中の成分の組成(モル分率または重量分率)などである.たとえば,一成分系(純粋物質)の三重点は自由度0で,物質ごとに定まっているが,2相の共存線(自由度1)は温度あるいは圧力の関数であり,均一相(自由度2)では温度と圧力を独立に決めることができる.式(1)は相平衡(等化学ポテンシャル)の条件と組成の制約(モル分率の和が1)からなる連立方程式を解くために与えるべき変数の数を表したものである.

なお,化学反応を伴う場合には,化学平衡を表す独立な反応式の数を$R$とすると自由度は,次式で与えられる.

$$f = N - P + 2 - R \tag{2}$$
[滝嶌 繁樹]

**しゅうどうりゅう 摺動流 saltation flow**
水平管内の気液固三相流*でスラリー*粒子が管底をすりながら流れる状態.ガス流速の増大とともに摺動粒子層の長さは薄くなる.スラリー流速が遅い場合には気泡*後部の渦により,摺動粒子の一部が浮遊し始め,圧力損失*は極小値を示す.固気二相流*や固液二相流*でも固体粒子が関与する流れでは摺動流が生じる. [柘植 秀樹]

**しゅうはすうおうとう 周波数応答 frequency response**
安定な線形システムに定常正弦波入力$A\sin(\omega t)$が入ったとき,定常出力が$B\sin(\omega t+\phi)$のように,やはり正弦波になる.これを周波数応答といい,角周波数$\omega$により,振幅比$B/A$と位相角$\phi$が変化する.この入出力間の伝達関数*$G(s)$に$s=j\omega$を代入して得られる複素数(ここで$j=\sqrt{-1}$)を複素平面でベクトル表現すると,その絶対値$|G(j\omega)|$は周波数応答の振幅比$B/A$と等しく,その偏角$\angle G(j\omega)$は位相角$\phi$と等しい.$G(j\omega)$は角周波数$\omega$の関数で,周波数伝達関数という. [橋本 芳宏]

**じゅうふか 重付加 polyaddition**
付加反応の繰返しによってポリマー*が生成する重合.ジオールとジイソシアナートをモノマーとして用いたポリウレタンの生成が例である.低分子化合物の脱離を伴わないで重合が進行することが重縮

合*と異なっている． [橋本　保]

## しゅうまつじょうしょうそくど　終末上昇速度 terminal rising velocity

単一気泡が，重力下で作用する密度差に伴う浮力と，気泡に対する流体の抗力がつり合った状態で静止液体中を上昇する速度．液液系における分散滴に対しても定義される． [室山 勝彦]

## しゅうまつそくど　終末速度 terminal velocity

終速度．終端速度．静止流体中を運動する単一粒子に作用する重力などの外力と，粒子が流体から受ける抵抗力がつり合い，定常状態に達した粒子運動速度．終末速度を $u_t$，粒子密度を $\rho_p$，流体密度を $\rho$，粒子径を $d_p$，重力加速度を $g$ とすれば，次式で表される．

$$u_t = \sqrt{\frac{4g(\rho_p - \rho)d_p}{3\rho C_D}}$$

ここで，$C_D$ は抵抗係数*で粒子レイノルズ数*の関数として与えられる．$C_D$ は粒子相が固体か流体かあるいは連続相が気体か液体かによって異なる．固体粒子の場合，比較的遅い流れではストークスの抵抗法則*が成立し，高レイノルズ数域 $10^3 < Re < 2\times 10^5$ では $C_D = 0.44$ となる．低・中レイノルズ数 $(0.5 < Re < 10^3)$ では次式が比較的よく成立する．

$$C_D = \frac{24}{Re}(1 + 0.125 Re^{0.72})$$

一方，気泡や液滴のような流体粒子の場合には形状が変形，振動あるいはらせん運動を伴う場合があり，固体粒子の場合と必ずしも一致しない．液滴の場合の $C_D$ は，振動を伴わない場合，

$$C_D We M^{-0.15} = \frac{4}{3}\left(\frac{Re}{M^{-0.15} + 0.75}\right)^{1.275}$$

振動を伴う場合，

$$C_D We M^{-0.15} = 0.045\left(\frac{Re}{M^{-0.15} + 0.75}\right)^{2.37}$$

が実験的に得られている．ここで $We$ はウエーバー数*，$M$ はモルトン数*である．気泡の場合は，気液界面の汚染状況あるいは液相の非ニュートン性によっても $C_D$ は異なる．$Re < 1$ でハダマードの条件*が成立するとき，

$$C_D = \frac{16}{Re}$$

精製液系で $1 \ll Re < 200$ では次の実験式が比較的よく使われる．

$$C_D = 18.5 Re^{-0.82}$$

[寺坂 宏一]

## しゅうまつそくど　終末速度 terminal velocity

静止流体中を運動する粒子にかかる浮力，外力および流体からの抵抗力がつり合ったときの粒子の速度．外力を重力のみとすると流体中の球形粒子の運動方程式は粒子の質量，直径，密度，速度をそれぞれ $m[\mathrm{kg}]$, $D_p[\mathrm{m}]$, $\rho_p[\mathrm{kg\ m^{-3}}]$, $u[\mathrm{m\ s^{-1}}]$ とし，抵抗係数* を $C[-]$，流体の密度 $\rho[\mathrm{kg\ m^{-3}}]$ とすると次のようになる．

$$m\frac{du}{dt} = mg - m\frac{\rho}{\rho_p}g - C\frac{\rho u^2}{2}\frac{\pi D_p^2}{4}$$

上式の右辺各項はそれぞれ重力，浮力，抵抗力を表す．抵抗力は，粒子との相対速度に基づく流体単位体積あたりの運動エネルギーに比例するため，粒子の加速に伴い増加し，最終的には重力と浮力の差とつり合う．そのときの速度が終末速度で，それ以降は等速運動となる．終末速度 $u_t [\mathrm{m\ s^{-1}}]$ は上式の左辺を0とおくことにより，次のように表される．

$$u_t = \sqrt{\frac{4gD_p(\rho_p - \rho)}{3\rho C}}$$

レイノルズ数* $Re = \rho u D_p/\mu$ が 0.4 以下の範囲では，$C = 24/Re$ で表される Stokes 則がなりたつ．この関係を上式に代入すると，$u_t$ は以下のようになる．

$$u_t = \frac{gD_p^2(\rho_p - \rho)}{18\mu}$$

ここで，$\mu[\mathrm{Pa\ s}]$ は流体の粘度*である．$Re > 0.4$ の範囲では $C$ について種々実験式が提案されており，それらにより $u_t$ を求めることができる．

外力が重力以外の場合，たとえば遠心力では上式の $g$ を，重力加速度と遠心効果との積 $gZ(r) = r\omega^2$ で置き換えれば，$u_t$ を求めることができる．ただし，$Z$ は $r$ の関数であるため，実際には一定の終末速度とはならない点に注意する必要がある．

[吉川 史郎]

## しゅうまつちんこうそくど　終末沈降速度 terminal settling velocity

粒子が流体中を移動するとき，重力やほかの外力（遠心力やクーロン力など）と流体抵抗のつり合いによって，粒子の速度はある値に漸近する．最終的な到達速度を終末速度*といい，粒子が流体中を沈降する場合には，終末沈降速度とよぶ．静止している粒子が沈降するときの速度は，粒子の運動方程式*を解くことによって得られる．粒子の速度は理論的には無限時間を経過しないと一定にはならないが，ストークスの抵抗法則が成立する微粒子では，瞬時に終末速度に漸近するので，粒子の非定常運動を無視することが多い．沈降を利用した粒子径の測定では，粒子は初めから終末沈降速度で移動するものと

して取り扱われている．ストークスの抵抗法則が成立するとき，重力による終末沈降速度 $v_t$ は，次式で表される．

$$v_t = \frac{C_c(\rho_p - \rho_f)gD_p^2}{18\mu}$$

ここで，$C_c$ はカニンガムの補正係数，$\rho_p$ は粒子密度，$\rho_f$ は流体の密度，$g$ は重力加速度，$D_p$ は粒子径，$\mu$ は流体の粘度である．　　　　　　［松坂 修二］

**じゅうゆ　重油　heavy oil**
⇒液体燃料

**しゅうりつ　収率　yield**
限定反応物質*がすべて目的生成物に転化した場合の量に対する，実際の目的生成物の生成量の割合．反応率*と目的生成物質の選択率*の積が，その物質の収率に等しい．　　　　　　　　　［大島 義人］

**じゅうりょくちんこう　重力沈降　gravitational settling**
流体中の粒子が重力により鉛直下方へ運動すること．重力場での粒子の運動は，粒子に作用する重力と流体抵抗によって決定され，両者が等しいときに粒子は一定速度で沈降する．この速度は，重力終末沈降速度とよばれ，粒子にストークスの流体抵抗*が作用する場合，終末沈降速度*は粒径の2乗に比例する．重力終末沈降速度と代表気流速度の比は重力パラメーターとよばれ，このパラメーターの値が大きいほど，粒子捕集に重力沈降が有効にはたらく．重力沈降は，粒子径の測定や流体からの粒子の分離に利用されている．気体中の数 μm 以下の粒子では緩和時間が小さいため，粒子は最初から鉛直方向には終末沈降速度で運動するとみなすことができる．
　　　　　　　　　　　　　　　　　［大谷 吉生］

**じゅうりょくちんこうしつ　重力沈降室　settling chamber**
重力沈降*を利用して粉じん粒子を気流から分離する装置．気流を水平に流すと，浮遊粒子は重力沈降によって気流から外れ沈着捕集される．除去性能はそれほど高くなく，流速が遅く大きな粒子に対して有効である．沈降室に平行な板を多段挿入することにより，短い沈降距離でも粒子の捕集が可能になる．　　　　　　　　　　　　　　　［大谷 吉生］

**じゅうりょくちんでんほう　重力沈殿法　gravity sedimentation**
粒子と媒体（液体）の密度が異なるとき，それぞれにはたらく重力の差を利用して粒子を沈殿させる固液分離法．沈降速度は密度差と粒径に依存する．一般に理想的沈殿池またはホッパー型の沈殿池が用い

られ，槽内に傾斜板を配置して効率化したものもある．　　　　　　　　　　　　　　　［木曽 祥秋］

**じゅうりょくパラメーター　重力―― gravity parameter**
⇒重力沈降

**しゅおうりょく　主応力　principal stress**
主応力面に作用する垂直応力．外力を受ける物体内のある断面における応力*状態は，一般に垂直応力成分とせん断応力*成分が作用するが，ある断面において座標軸を適切に選ぶと，せん断応力成分がゼロとなり，垂直応力成分のみが残るようになる．そのときの三つの直交軸(主軸)に垂直な面を主応力面といい，その面に作用する垂直応力を主応力という．なお，等方均質体では主応力と主ひずみ(principal strain)の方向は一致する．　　　［久保内 昌敏］

**しゅくごう　縮合　condensation**
2個以上の官能基間から，簡単な化合物(水，アルコール，アンモニアなど)の副生を伴い，新しい結合の生じること．分子内および分子間の縮合に分けられ，さらに後者には同一分子間の縮合(自己縮合)と異種分子間の縮合(交差縮合)がある．［今野 幹男］

**しゅくりゅうけいすう　縮流係数　coefficient of contraction**
管路の急縮小部やオリフィス*下流では，いったん流線*の束すなわち流管が，縮小管あるいはオリフィス孔の径より小さい断面に収縮する．そのときの断面積と，縮小管あるいはオリフィス孔の断面積の比を縮流係数という．　　　　　　　　［吉川 史郎］

**しゅせいぶんぶんせき　主成分分析　principal component analysis**
PCA．特徴抽出と次元縮小を目的とした多変量解析手法．対象に関して複数の変数が測定されている場合に，変数間の相関関係を解析し，できるだけ情報を損失することなく，測定データのばらつきを少数の合成変数(主成分)で説明するための手法であり，共分散行列の固有値問題として定式化される．共分散行列の固有値が主成分の分散に一致するため，第 $i$ 主成分は $i$ 番目に大きな固有値に対応する固有ベクトルとして求められる．主成分を説明変数とする回帰分析*を主成分回帰とよぶ．
　　　　　　　　　　　　　　　　　　［加納 学］

**しゅどうおうりょくじょうたい　主動応力状態　active stress condition**
粉体貯槽内に粉粒体を静かに投入すると，堆積した粉粒体は水平方向への変位なく堆積する粉粒体自重によって垂直方向に圧縮される．この状態での貯

しゅとうおうり

槽内粉粒体の最大主応力線は図に示すように垂直方向に閉じた状態となり、このときの応力状態を主動応力状態という。土質力学において最初に考えだされたもので、クーロンやランキンの土圧論が有名である。　　　　　　　　　　　　　　　[杉田　稔]

主動応力状態の最大主応力線図
[粉体工学会編, "粉体工学用語辞典　第2版", 日刊工業新聞社(2000), p.148]

**じゅどうおうりょくじょうたい　受動応力状態　passive stress condition**

粉粒体貯槽から静置された粉粒体を排出するとき、排出が開始されると、排出口上の粉粒体から順次垂直方向へ膨張が許され粉粒体の流動が発生する。完全に流路が形成されると、粉粒体層内の応力状態は受動応力状態となり、最大主応力線は図に示すように水平方向にアーチ状となる。　[杉田　稔]

受動応力状態の最大主応力線図
[粉体工学会編, "粉体工学用語辞典　第2版", 日刊工業新聞社(2000), p.148]

**しゅどうじょうたい　主動状態　active state**
⇒主動応力状態

**じゅどうじょうたい　受動状態　passive state**
⇒受動応力状態

**じゅどうゆそう　受動輸送　passive transport**

溶質が、濃度勾配あるいは電気化学ポテンシャル勾配に従って輸送される輸送形式。単純拡散による輸送と、透過側での反応を伴う促進輸送*およびキャリヤー(輸送担体)による促進輸送*がある。
　　　　　　　　　　　　　　　[後藤 雅宏]

**じゅねつりゅうたい　受熱流体　heat demand fluid**

冷却流体(cold stream). 熱交換器における低温側の流体をいう。　　　　　　　　　　[仲　勇治]

**Shewhart かんりず　――管理図　Shewhart control chart**

3シグマ法管理図. Shewhart チャート. プロセスが安定な状態にあるかどうかを調べるために、W. A. Shewhart により提案された管理図。横軸に時刻, 縦軸に品質やプロセス条件などの特性値をプロットし、特性値が上方および下方管理限界内に存在すれば安定状態と判定する。平均値を中心として上下方向に標準偏差の3倍となる管理限界を設定する方法を、3シグマ法とよぶ。　　　　　[加納　学]

**シュミットすう　――数　Schmidt number**

物質移動現象に用いられる無次元数*の一つ。$Sc$ または $N_{Sc}$ で記し、動粘度*$\nu$と拡散係数*$D$の比で表される。熱移動*におけるプラントル数の役割と同様な役割を物質移動*に対して演ずる。シュミット数は流体の物性のみに関係し、気体の場合は $Sc=0.2\sim5$ であり、液体の場合は $10^3\sim10^4$ のオーダーである。$Sc<1$ ならば、速度境界層*よりも濃度境界層*のほうが厚くなり、$Sc=1$ では二つの境界層*の厚さが同じになり、$Sc>1$ ならば濃度境界層よりも速度境界層のほうが厚くなる。この名称は、E. Schmidt にちなんで名づけられたもので、A.P. Colburn が1933年 AIChE* シカゴ大会で提案し、Trans. AIChE, **29**, 174 (1933)で使用したことに始まる。　　　　　　　　　　　　　[渡辺 隆行]

**Schmide-Wenzel しき　――式　Schmidt-Wenzel equation**

G. Schmidt と H. Wenzel が1980年に提案したファンデルワールス型状態方程式. 同タイプの Soave Redlich-Kwong式, Peng-Robinson式の $p$-$V$-$T$ の精度向上を目的として修正がなされている。基本的に2パラメーターであるため、臨界点条件により普遍関数に還元できるが、臨界圧縮因子は定数でなく、物質の偏心因子の関数で表現される。
　　　　　　　　　　　　　　　[猪股　宏]

**シュリーレンほう　――法　Schlieren method**

光学的可視化手法の一つ。流体の密度勾配から流

れ場の状況を可視化する．流れ場に平行光線を通して屈折させ，この屈折光を集めてナイフエッジで切断し，スクリーンまたはフィルム上に現れる明暗の模様をもとに流れを調べる．　　　　　　[上ノ山 周]

## シュルツ-ハーディーそく ――則 Schultz-Hardy law

コロイド分散系*において，限界凝集濃度*(CCC)は対イオンの種類にはほとんど依存しないが，対イオンの価数 $z$ が大きくなると急速に小さくなり，次の関係となることが実験的に見出された．

$$CCC \propto z^{-n}$$

この関係をシュルツ-ハーディー則といい，$n \fallingdotseq 6$ である．DLVO 理論*を用いると，この指数値を導き出すことができ，粒子の表面電位*が高いときは $n=6$，表面電位が低いときは $n=2$ となる．実際の系では $2 \leqq n \leqq 6$ と考えられる．　　[森 康維]

## Joule-Thomson けいすう ――係数 Joule-Thomson coefficient

$\mu = (\partial T/\partial p)_H$ で定義され，エンタルピー一定下での圧力変化に伴う温度変化を表し，気体の冷却・液化などのプロセスで重要な因子である．$\mu = -1/C_p (\partial H/\partial p)_T$ とも導かれる．$\mu > 0$ の条件下であれば急激な膨張により温度の低下が起こる．理想気体については $\mu = 0$ となる．　　　　　[船造 俊孝]

## じゅんあんていいき　準安定域 metastable zone

過溶解度．マイヤーズの概念*．結晶核が発生しにくい過飽和溶液領域．準安定域の限界を示す過溶解度曲線は，溶解度曲線にほぼ並行になるといわれている．過溶解度は実験的に，溶液を冷却して行ったときに，最初の結晶核が見つかる点として決定される．この値は，結晶核の検出法，冷却速度，撹拌速度などによって大きく変化する．さらに，測定条件が同じでも確率的にばらつくことがある．溶解度が熱力学的な値であるのに対して過溶解度は核発生の起こりにくさの指標であり，速度論的な値である．準安定域という名称は安定過飽和領域を連想させるが，そのような領域は必ずしも存在しない．準安定域の大きさすなわち過溶解度の実験データの取扱いには，十分注意が必要である．実験室における実測の過溶解度が $\Delta C^*$ であったとしても，実装置において $\Delta C < \Delta C^*$ の領域が必ずしも安定ではないからである．過溶解度は溶液を徐冷したときの単なる核発生点と解釈するのが適当である．過飽和溶液の安定性を示す物性値ではない．なお，過溶解度の値は濃度差 $\Delta C^*$ よりも過冷却度 $\Delta T$ で表すことが多い．　　　　　　　　　　　　　　　　[久保田 徳昭]

## じゅんあんていけっしょう　準安定結晶 metastable crystal

一つの溶液から構造の異なる二つの結晶多形が析出するとき，溶解度が大きいほうの結晶．また，溶解度が小さいほうの結晶を安定結晶という．一つの溶液から三つの結晶多形が析出するとき，溶解度が大きい順に，不安定結晶，準安定結晶，安定結晶とよぶ．　　　　　　　　　　　　　　　　　[大嶋 寛]

## じゅんかんがたしゃかい　循環型社会 recycling-based society

循環型経済システム．2000 年に公布された循環型社会形成推進基本法が目指す循環を基本とした社会の概念．資源消費と廃棄物発生を抑制する手段を 3R(reduce, reuse, recycle) として，企業は省資源，省エネルギー，再利用，リサイクルしやすい製品や，廃棄物を原料として活用する技術開発や連携，消費者はライフスタイルの変化やリサイクル商品の選択など，行政はそのための市場・基盤の整備や教育・啓発などが求められている．欧米では "refuse：再生利用できない物質や有害物質を設計段階で回避する" を加えて 4R としている．　　　[服部 道夫]

## じゅんかんりゅうどうそう　循環流動層 circulating fluidized bed

気泡流動層*のガス流速を増加させると層内の粒子が系外に飛び出す．この粒子を捕集器で集め，再び流動層内に戻すようにした装置．基本構成要素はライザー*，サイクロン*およびダウンカマー*である．粒子循環量は燃焼などでは $100\,\mathrm{kg\,m^{-2}\,s^{-1}}$ 以下，流動接触分解*ではその約 10 倍が一般的である．ライザー内の粒子流動状態は燃焼あるいは反応の効率を左右する．流動状態はライザー形状，粒子径，ガス流速などに影響され一概にはいえないが，ガス流速の増加とともに乱流流動化状態*，高速流動層*を経て希薄輸送層*へと遷移する．ライザー内ではガス層が連続体なので固気接触が改善され，またガス処理量が大きく，ライザー内全体を均一温度に容易に保つことができ，粒子の分級*や凝集*が少ないなど気泡流動層にはない長所がある．いくつかのライザーを組み合わせ，それぞれに独自の機能をもたせたり，さらにはダウンカマー内での反応，サイクロン内での熱交換などシステム化することも可能である．　　　　　　　　　　　　　　　　　　[武内 洋]

## じゅんかんりゅうどうそうねんしょうそうち　循環流動層燃焼装置 circulating fluidized bed combustor

CFBC．循環流動層*を用いた燃料の燃焼装置．と

くに断らない限り高ガス流速(おおまかにいって 3 m s$^{-1}$ 以上)で操業され,濃厚層内に伝熱管群のない外部循環流動層* を用いるときにこの用語を使う.無煙炭などの着火性の低い固体燃料までも高効率で燃焼できるとともに,媒体粒子* に石灰石を混入することで炉内脱硫ができることが特長である.通常では炉内脱硫に最適な 850℃ 前後の温度で運転する.なお,気泡流動層* で内部に粒子循環流を伴う場合もあるが,この場合は内部循環流動層* 燃焼装置とよぶ.　　　　　　　　　　　　　　[清水 忠明]

**じゅんかんりゅうりょう　循環流量　circulation flow rate**

撹拌翼* を回転すると,撹拌軸のまわりに主流としての回転流を発生するが,翼のポンプ作用によって回転流と直角方向に循環流も発生する.この二次的に発生する流れを循環流とよび,単位時間あたりの循環流量を $Q_c$[m$^3$ s$^{-1}$] と略記されることが多い.これは翼のポンプ作用によって発生する吐出流に同伴されて発生する流れで,回転方向の主流に対してこの流れを二次循環流とよぶこともある.(⇒循環流量数)　　　　　　　　　　　[平岡 節郎]

**じゅんかんりゅうりょうすう　循環流量数　circulation flow rate number**

撹拌翼* の回転に伴って発生する回転流に直角方向に循環流が発生する.この流れを循環流とよぶ.単位時間あたりの循環流量* を $Q_c$[m$^3$ s$^{-1}$] とし,翼直径 $d$[m] と回転数 $n$[s$^{-1}$] を用いて $Q_c/nd^3$ のように無次元化したものを循環流量数とよぶ.通常 $Nq_c$ と略記されることが多い.　　　　　[平岡 節郎]

**じゅんじゆうず　準自由渦　quasi-free vortex, semi-free vortex**

半自由渦.自由渦* に摩擦などで多少のエネルギー損失が伴うときに生じ,周方向流速の半径方向への減少は,自由渦よりも穏やかとなる.サイクロン* や撹拌槽* の壁近傍の旋回する流れが,この流動状態となることが多い.　　　　　　[黒田 千秋]

**じゅんすいとうかけいすう　純水透過係数　pure water permeability**

溶解-拡散モデル* あるいは非平衡熱力学モデル* において膜性能を表す輸送係数の一つ.純水を透過させたさいの透過流束* を,膜の両側での機械的圧力差で除することにより求められる.　[鍋谷 浩志]

**じゅんすいとうかりゅうそく　純水透過流束　pure water flux**

PWF.膜の透水性能を示す指標で,単位時間あたり単位膜面積を透過する純水の量として与えられる.水温と圧力の影響を受けるので,一定の水温,圧力のもとで測定する必要がある.　[鍋谷 浩志]

**じゅんすいばいよう　純粋培養　pure culture, axenic culture**

一つの生物種が単独状態で培養されること.多種の細胞存在下での混合培養(mixed culture, xenic culture)の対語.純粋培養すると,自然界での状態とは形態的,生理的に変化する場合がある.また,自然界で密接に共生または寄生関係にあるものは純粋培養が難しい.　　　　　　　　[紀ノ岡 正博]

**じゅんねんせいりゅうたい　純粘性流体　pure viscous fluid**

弾性,塑性を示さない粘性流体の総称.応力と変形速度との間に比例関係が成立するとするニュートンの粘性法則* は,もっとも簡単な純粘性流体モデルである.応力と変形速度との間に比例関係が保たれない非ニュートン流体* に対しては,指数法則モデル(Ostwald-de Waele モデル),Eyring モデル,Reiner-Philippoff モデルなどが提案されている.
　　　　　　　　　　　　　　　　[薄井 洋基]

**じゅんりゅうきゅうえき　順流給液　forward flow feed**

多重効用缶* の給液方式(缶配列法*)の一種.たとえば I, II, III からなる三重効用缶で,加熱用蒸気も原料溶液もともに I→II→III の順に流す方式.(⇒缶配列法)　　　　　　　　　　　　　　　　[平田 雄志]

**じゅんれんぞくねんしょうしきしょうきゃくしせつ　准連続燃焼式焼却施設　semi-continuously-fed incinerator**

焼却炉へ供給するごみを半連続的に供給して焼却するごみ焼却施設をさし,廃棄物処理法では 16 時間稼働あたり 40~180 t のごみ処理能力を有する焼却炉が相当する.　　　　　　　　　　[成瀬 一郎]

**しょうエネルギー　省——(蒸留)　energy conservation in distillation**

連続蒸留* では,溶液をいったん気相に変換するためにそれに必要な蒸発熱を供給することと,発生させた蒸気から凝縮熱を奪って再び液相に戻す操作が必要となる.これにより,比較的単純な構造の装置を用いるわりには高い精度の分離を安定に,連続的に行うことが可能となるが,その操作には多量の加熱,冷却が必要となる.このような蒸留プロセスの特徴を生かしつつエネルギー消費量を削減する手段としては,以下のような方法がある.

① 高効率な溶剤の添加や操作圧力の変更などによる熱力学物性(平衡物性)の改善.② 熱機関の概念

(ランキンサイクル,ヒートポンプなど)の利用. ③ 多塔化,多フィード化などによるシステム的改善および制御技術を用いた非定常操作による省エネルギー化. これらの省エネルギー化技術はそれぞれ特徴を有するが,実施の検討にさいしては省エネルギー効果やコストのみならず操作性や安全性への配慮が必要である. 〔中岩 勝〕

**しょうエネルギーぎじゅつ 省――技術 energy conservation technologies**

エネルギーを有効に利用して,むだに使われるエネルギーを少なくするための技術の総称. プロセス内では,断熱技術*,排熱回収技術*,コージェネレーション技術*,各種ヒートポンプ技術*,エネルギー輸送*・エネルギー貯蔵*技術などさまざまな省エネルギー技術が使用されている. エネルギー消費量の少ない高性能な装置は,省エネルギー技術を有するものと考えられる. 従来のプロセスに省エネルギー技術をを新たに導入するだけでなく,エネルギー効率の悪い装置をエネルギー効率の高い機器に置き換えることで,省エネルギーを実現することもできる. 〔亀山 秀雄〕

**しょうか 昇華 sublimation**

固体物質が,液体状態を経ることなく直接気体に変化する現象. 逆に,気相→固相の場合を凝結または逆昇華というが,一般には気相→固相→気相の変化現象を広く昇華という. 半導体膜*の製造では,結晶純度・構造・大きさ・形状などを制御するために,凝結操作が広く利用されており,昇華は分離精製工程*における重要な操作の一つである. また,凍結乾燥*も昇華操作の応用である. 〔今駒 博信〕

**しょうかあつ 昇華圧 sublimation pressure**

固相と気相が平衡状態で共存する場合に系が示す圧力. 通常は飽和状態での昇華圧を表す. 一成分系(純粋物質)の昇華圧は温度のみの関数である. 〔滝嶌 繁樹〕

**しょうかだっちつ 硝化脱窒 nitrification and denitrification**

排水処理において,生物学的に窒素を除去するための反応. 好気性細菌(*Nitromonas*属, *Nitrobactor*属など)によってアンモニウムイオンが最終的に硝酸イオンに酸化される過程が硝化であり,この反応ではアルカリ度が消費されpHが低下する. 硝酸イオンは,水素供与体(有機物)の存在下で通性嫌気性細菌によって窒素分子に還元される. この過程が脱窒で,pHは上昇する. 硝化(好気性条件)と脱窒(無酸素条件)はさまざまな方法で組合せが可能で,多様なシステムが開発されている. 〔木曽 祥秋〕

**しょうかねつ 昇華熱 heat of sublimation**

純粋物質が,定温,定圧下において固体から気体へ相変化(昇華*)するときに吸収する熱量. 潜熱*の一種. 〔滝嶌 繁樹〕

**じょうきあつ 蒸気圧 vapor pressure**

⇒飽和蒸気圧

**じょうきあっしゅくしきじょうはつほう 蒸気圧縮式蒸発法 thermo vapor recompression, mechanical vapor recompression**

⇒蒸発プラントの(c)

**じょうきあつせんず 蒸気圧線図 vapor pressure diagram**

物質の飽和蒸気圧*と温度の関係を線図の形で表したもの. 気相法による材料合成の分野では,固体,液体の原料が用いられることがあり,真空蒸着法*,MOCVD*では,蒸発分子・原子の飽和蒸気圧と分子運動速度*から総括蒸発速度*が計算される. 純物質の飽和蒸気圧は通常 Antoine 式*で相関されるが,MOCVD原料のような特殊な物質の場合には,限られた温度範囲でのデータが線図の形で与えられることがある. 〔河瀬 元明〕

**じょうきエゼクター 蒸気―― steam ejector**

蒸気噴射ポンプの一つで,水蒸気をノズルから吸引室に超音速流で噴射し,ガスを巻き込みながらディフューザーという並行部のある隘路に押し込んで,出口の広がり部で減速増圧して巻き込んだガスの排出を行う装置. 〔伝田 六郎〕

**じょうきタービン 蒸気―― steam turbine**

高圧蒸気の熱エネルギーを運動エネルギー*に変換し,さらにそれを回転の機械的エネルギーに変換して動力を得る原動機. 水蒸気の使用方法によって,復水タービン*,背圧タービン*,抽気タービン*などの諸方式がある. 〔川田 章廣〕

**じょうきとうか 蒸気透過 vapor permeation**

浸透気化*では液体を供給するが,蒸気で供給する場合を蒸気透過とよぶ. 透過にさいして相変化を伴わない点を除けば原理的には浸透気化と同様の膜分離手法となるが,実際には相変化の潜熱を供給する必要がないので,装置,プロセスは簡便になる. (⇒浸透気化) 〔中尾 真一〕

**しょうきゃくプロセス 焼却―― incineration process**

ごみの減容化,生成する焼却灰の安定化・無害化・資源化,埋立処分場の延命化,輸送コストの軽減化などを目的として,ごみを燃やすプロセス. 一般に,

ごみの発熱エネルギーを回収し，熱および電気エネルギーに変換するエネルギー変換プロセスを有する必要はない．実用化されているおもな焼却炉には，固定床方式，ストーカー方式，ロータリーキルン方式，流動床方式，シャフト炉方式などがある．また，焼却方式に関しても，従来は直接焼却が主流であったが，近年，熱分解方式，部分燃焼ガス化方式，直接溶融方式，ガス改質式などが実用化されている．焼却炉および焼却方式の選定はごみの性状，ごみの組成，ごみ発生量などに依存する．　　[成瀬 一郎]

**しょうきゃくろ　焼却炉　incinerator**

一般家庭からの都市ごみや，スラッジ*，汚泥，などの廃棄物を焼却処理するための装置の総称．焼却によって廃棄物を衛生的に減容化・減量化するとともに無害化・安定化し，灰から有害物質が溶出しないようにして最終埋立て処理する．焼却炉の型式には，小型回分式の固定炉から，中大型炉であるストーカー炉，ロータリーキルン炉，流動層*炉などがある．このほかに，廃油や廃溶剤など液状の廃棄物を焼却する噴霧燃焼炉がある．日本では埋立地が少ないため，従来から可燃性廃棄物は燃焼させて減容化がはかられてきた．このため，世界の焼却炉の7割が日本にあるといわれている．最近は，ダイオキシン対策およびエネルギー回収のために，連続式で100 t/日以上の大型化が志向されている．さらに，ダイオキシン類の完全抑制と，焼却灰の溶融・固化による安定化をより効率よく実現するガス化溶融炉などが開発されてきている．　　[堤　敦司]

**しょうげきあつりょくけいすう　衝撃圧力係数　impact load coefficient**

サイロなど貯槽設計において設計用荷重値の算定に用いられる係数．貯槽への粉粒体をばら投入する能力が増大するに伴い，投入時に貯槽底部に衝撃的な圧力の増大がみられる．これを投入時の衝撃圧(荷重)といい，日本および主要国の貯槽設計基準では，静定圧力値に衝撃圧力係数を乗じて貯槽底部の設計圧力値を算定する．　　[杉田　稔]

**しょうげきしきふんたいりゅうりょうけい　衝撃式粉体流量計　impact flow-meter**

インパクトフローメーター．粉体供給機などから排出される粉粒体の質量流量を，力積と運動量の関係に基づいて計測するオンライン流量計．一定高さから重力落下する粉粒体を傾斜板に衝突させて流下させたとき，傾斜板に作用する衝撃力は流下する粉粒体の質量流量に正比例する．この力をばねと差動トランスを用いて検出すれば質量流量に比例する信号が得られる．

わが国で研究開発されたオンライン流量計で，ベルトスケールやホッパースケールなどの秤量式に比べて検出遅れが格段に小さいという特徴があり，自動制御用検出端として優れている．しかし，粉粒体の力学物性に依存するので，検定を要する．衝撃力の水平方向分力を検出する形式が実用されており，外国製では湾曲板や円すい状検出部を用いた形式のものもあるが，検出部にかかる鉛直方向分力を検出する方式では，付着粉体の影響によるゼロ点ドリフトなどの誤差を伴う．　　[増田 弘昭]

**しょうげきつよさ　衝撃強さ　impact strength**

衝撃試験時に試験片が吸収するエネルギーを，試験片の切欠部の原断面積で割った値のこと．すなわち，衝撃荷重に対して材料が示す抵抗．実用上，材料の衝撃強さの相対値として衝撃値がよく用いられる．　　[矢ケ﨑 隆義]

**じょうげしんどうかくはん　上下振動撹拌　mixing by up-and-down impeller**

流動抵抗の大きな円盤を撹拌翼*として用いて，ゆっくりと上下に往復振動するものや，数mmの振幅で高速に振動させるものがある．緩やかな流れで弱いせん断作用の撹拌が得られるため，放線菌や動物細胞のようなせん断に弱い微生物の撹拌に用いられる．また，上下振動に加えて回転を行わせる場合もあり，中・高粘度液の混合はもとより，異相系撹拌にも用いられる．低動力で優れた混合性能が得られている．しかしながら機構が複雑とならざるを得ず，高圧に耐える軸封がなく，設備費が高くなるのが難点である．(⇒振動撹拌)　　[高橋 幸司]

**しょうけつ　焼結　sintering**

粉体*あるいはその成形体を，その融点以下の温度で個々の粒子を結合(凝結)し，強度を増大させる熱処理．金属の酸化物や炭化物や粉体を混合，プレス成形，焼結して作製される合金を凝結合金といい，凝結現象を利用した金属加工法を粉末冶金という．焼結方法には固相焼結と液相焼結の2種類がある．　　[新井 和吉]

**しょうけつろ　焼結炉　sintering furnace**

焼結プロセスに用いられる加熱炉．一般の工業炉と同様に材料に応じて，加熱速度，焼結温度・時間，焼結雰囲気などが調節できるように設計されているが，これに加えて成形体の装入，移動および焼結体の取出し方にさまざまな工夫がこらされているのが特徴である．大量生産に適した連続式炉と，少量生産あるいは大型焼結体用にバッチ式炉がある．加熱

方式には経済的なガス加熱と温度制御が容易な電気加熱がある. [堤 敦司]

**しょうさいせっけい 詳細設計 detailed design**

基本設計のあとを受けて行われる最終のプロセス設計段階. 詳細設計は設備保全を中心として, サンプリングラインや残留物のパージラインなどの間欠的に行われる操作に必要な配管系, フラッシングや化学洗浄ラインなどをも含めたすべての機器の詳細を設計する. 作成される図面は二次元で描かれているP&ID*であり, 同時に最終のプロットプランと合わせて三次元配管図も用意される. P&IDには, 機器のスペックシートと合わせてプラントのすべての情報が盛り込まれていることから, プラント管理を実施するときにもっとも重要な図面と機器の設計情報を提供することになる. [仲 勇治]

**しょうさんえんゆうえきふんむほう 硝酸塩融液噴霧法 nitrate melt atomization method**

多くの硝酸塩は100～200℃で融解する. 種々の金属硝酸塩を混合融解した均一溶液を噴霧し, 高温で分解すると金属の酸化物粒子が合成できる. 複合酸化物微粒子の製造も可能である. [奥山 喜久夫]

**じょうしゃかん 蒸煮缶 cooking boiler**

パルプを得るためチップを薬品と混合して煮る釜. 大豆など醸造用穀物を蒸すための釜をさすこともある. [川田 章廣]

**しょうしょ 仕様書 specification**

スペック. 機器, 設備, 装置の最終的な生産物の特徴や性能や目標を明確化した文書. プロジェクトや顧客のニーズ(要望)に応じて広範なものもあれば, 非常に簡便なものもある. 請負契約や購買時の重要な文書. [曽根 邦彦]

**じょうすいしょりぎじゅつ 浄水処理技術 water treatment technology**

浄水処理技術の基本は, 砂沪過による浮遊物質の除去と消毒である. 原水の汚濁が進み塩素要求量が大きく, 不連続点塩素処理*や過剰塩素処理を必要とする場合は, 砂沪過に先立って塩素処理を行う(前塩素処理). 砂沪過は緩速沪過と急速沪過に大別される. 前者は比較的に清浄な原水に適しており, 4～5 m d$^{-1}$の沪過速度で操作され, 砂層表面に微細な粘土や微生物群によって形成された沪過膜が, 沪過と微生物作用によって汚濁物を除去する. 急速沪過ではその前に凝集沈殿を行い, 沪過速度は120～150 m d$^{-1}$である.

原水の水質がさらに悪化すると, 異臭味やトリハロメタン生成が問題となるため, 高度浄水処理が行われる. 多くは急速砂沪過の後にオゾン処理と活性炭吸着*処理を行っている. また, 近年小規模浄水施設を中心として, 凝集-膜沪過法*の導入が進んでいる. 凝集操作のあと精密沪過(MF)膜または限外沪過(UF)膜で処理するもので, 病原性の原生動物であるクリプトスポリジウムなども有効に除去できる. [木曽 祥秋]

**しょうせき 晶析 crystallization**

工業晶析. 工業的な結晶製造操作あるいは結晶化による工業的分離精製操作. 古くは晶出ともいった. 連続, 回分いずれの操作法も工業的に行われているが, 医薬原料, ファインケミカルの製造には回分操作が多い. 晶析操作は結晶縣濁系で行われることが多く, 製品は結晶性粉体として得られる. 縣濁晶析においては結晶成長, 結晶核発生および結晶の凝集と破壊が同時進行し, 現象は複雑である. 有機物の精製を目的に行われる精製晶析(融液晶析)の場合は, 懸濁晶析法のみならず, 結晶を装置冷却壁上に層状に析出させる場合もある. 精製晶析の場合はもっぱら結晶純度が重要視される. 通常の溶液晶析の場合は, 結晶粒度分布, 純度, 結晶形状の高度な制御が必要となる. また, 多形制御, 結晶性の制御も重要視されている. [久保田 昭弘]

**しょうせきそうち 晶析装置 crystallizer**

溶液あるいは融液から結晶相を生じさせ, 粒子群または高純度の融液を製品として得る装置. 化学工業や医薬品工業などで中間製品や製品の製造, 分離・精製に広く用いられている. [松岡 正邦]

**じょうたいかんし 状態監視 condition monitoring**

⇒プロセス監視

**じょうたいきじゅんほぜん 状態基準保全 condition based maintenance**

CBM. アイテム(部品, 機器, システムなど)の劣化の程度と相関の強い測定可能な非時間的なパラメーターを選んで, 故障が発生しないことを保証できる限界値を理論的あるいは経験的に求め, そのパラメーターの測定値が限界値に達する前に修理・交換を行う保全方式. [松山 久義]

**じょうたいほうていしき 状態方程式 equation of state**

状態式. 系の圧力, 温度, 体積および物質量の関係を式で与えたもの. もっとも簡単な状態方程式は理想気体*の状態方程式である. ほかに, ビリアル状態方程式*, ビリアル展開型の状態方程式*, ファンデルワールス式*, ファンデルワールス型状態式*な

ど，さまざまな状態方程式が提案されている．状態方程式よりすべての熱力学特性値*を求めることができ，また相平衡*関係を計算することができる．

[岩井 芳夫]

**じょうたいりょう　状態量　quantity of sate**

物質の状態のみに依存する性質．系の性質は，一般に圧力*や温度などの関数となる．系の現在の状態(圧力や温度など)が規定されれば，変化過程にはよらず一義的に定まる性質を状態量あるいは状態関数という．密度や内部エネルギー*，エンタルピー*，エントロピー*，自由エネルギー*などは，いずれも状態量である．一方，熱や仕事*はそれらを授受する変化過程に依存し，現在の状態で規定することはできないため，状態量ではない．非状態量である熱や仕事などは，変化過程の経路によるので経路関数ともいう．

[荒井 康彦]

**じょうちゃく　蒸着　vacuum deposition**

真空容器内で金属などを加熱蒸発させ，その蒸気を品物の表面に薄膜状に堆積させて皮膜を形成する方法．蒸発した原子が基板表面までほかの原子と衝突せずに輸送されるようにするため，また堆積した金属薄膜が酸化など受けないようにするために，通常は$1\times10^{-4}$ Pa以下の高真空下で行われる．加熱蒸発させるためには，タングステンなどの高融点金属上に蒸着物質を置き，高融点金属に通電し，そのジュール熱により蒸発させる方法が一般的であるが，電子線の照射により蒸発させる電子線ビーム蒸着なども用いられる．非常に広範な用途があり，古くから用いられているレンズの反射防止膜，表面反射鏡などの光学的用途のほかに，電気器具関係のペーパーコンデンサー，抵抗器，印刷回路などに利用され，また装飾用としてプラスチック，紙または布上に蒸着させる．化合物半導体などを作製する分子線エピタキシー(MBE)法も蒸着の一種である．(⇒真空蒸着)

[霜垣 幸浩]

**じょうちゃくほう　蒸着法　vacuum evaporation**

⇒蒸着

**しょうとつこうりつ　衝突効率　impaction efficiency**

流体中に浮遊する粒子が捕集体に衝突あるいは接触する確率をいう．粒子が捕集体に捕集されるためには，粒子が捕集体と接触し，そこで保持される必要がある．このため，捕集効率*は衝突効率と付着効率の積として与えられる．

[大谷 吉生]

**しょうとつたいでん　衝突帯電　impact charging**

物体間の衝突面で生じる帯電．接触帯電*と共通するところが多いが，衝突速度が増加すると有効接触面積が大きくなるので，それに伴って電荷の移動量も大きくなる．また，衝突エネルギーや摩擦の影響で，帯電特性が変化することがある．

[松坂 修二]

**しょうとつだんめんせき　衝突断面積　collision cross section**

分子間の衝突において，衝突に有効な断面積を示しており，衝突粒子対の空間的大きさを与えるもの．一般のポテンシャルのもとでは，衝突断面積は衝突粒子の相対速度とともに減少する．簡単のため2粒子をそれぞれ衝突直径 $d_1$ および $d_2$ の剛体球とみなすとすれば，両者の距離が $d_{12}=d_1+d_2$ で衝突が起こるため，この場合には，衝突断面積は相対速度によらず，$\pi d_{12}^2/4$ で示される．

[松方正彦・高田光子]

**しょうとつちょっけい　衝突直径　collision diameter**

分子を剛体球としたときの球の直径 $\sigma$. 特定の分子Aは，ほかの分子がAの中心から分子の中心間距離が $\sigma$ まで近づけばつねに衝突することになる．剛体球モデルでは粒子が直径 $\sigma$ まで接近すると，ポテンシャルエネルギーが無限大となり，相互に侵入できないことを表す．

[船造 俊孝]

**しょうとつひんど　衝突頻度　collision frequency**

ある1個の粒子に注目し，ほかの粒子との単位時間あたりの衝突の回数のこと，もしくは単位粒子濃度における単位体積，単位時間あたりの衝突回数のこと，もしくは単位体積，単位時間あたりの衝突回数，すなわち衝突数のことをいう．

[松方正彦・高田光子]

**しょうとつろん　衝突論　collision theory**

分子間の衝突を考察することによって化学反応の速度を決定する理論．分子間の衝突のうち，反応に必要なエネルギー以上を有する組合せが反応に至ると考えることにより，反応速度定数* $k$ として

$$k=Z_{12}\exp\left(-\frac{E}{RT}\right)$$

を得ることができる．ここに $Z_{12}$ は化学種1，2の間の衝突頻度であり，$E$ は活性化エネルギー*，$R$ は気体定数*，$T$ は絶対温度である．実験的に得られる速度定数との差は，反応の進行に要求される立体配置を考慮していないことに起因すると考えて，その補正として立体因子 $p$ を上式に乗じて用いることがある．

[幸田 清一郎]

**じょうはつ　蒸発　evaporation**

液体が潜熱*を得て蒸気となる現象，または液体に潜熱を与えて蒸気とする操作．工業的には不揮発性物質を溶質とする溶液を加熱・沸騰させて溶媒を蒸発させ，溶液を濃縮する操作をいう．蒸留*も溶液を加熱，沸騰させる点では蒸発と同じであるが，蒸留では液中の各成分がともに蒸気となるので蒸留装置と蒸発装置とは著しく異なる．しかし，溶質の濃度が薄い場合には溶質の分圧が無視できるほど小さい場合でも，溶質の濃度が高くなると無視できなくなる場合がある．たとえば，グリセリン水溶液ではある濃度までは蒸発装置で濃縮できるが，それ以上濃縮するためには，蒸留装置を用いなければならない．　　　　　　　　　　　　　　［平田　雄志］

**じょうはつかんこほう　蒸発乾固法　evaporation to dryness**

溶液または液体を含む物質から，液体を蒸発させて乾燥した固体を取り出す方法．水質分析では，総溶解性物質(TDS)，$n$-ヘキサン抽出物質*などの測定に用いられる．化学分析では，溶質成分の不溶化や溶媒の変更の目的でも利用される．［木曽　祥秋］

**じょうはつこうりつ　蒸発効率　vaporization efficiency**

段効率*の定義の一つ．第 $n$ 段を去る蒸気の組成 $y_n$ と，その段を去る液と平衡にある仮想の蒸気組成 $y_n^*$ を用いて次式で定義される．

$$E_\mathrm{V} = \frac{y_n}{y_n^*}$$

［森　秀樹］

**じょうはつしょうせき　蒸発晶析　evaporative crystallization**

蒸発濃縮によって過飽和状態*を生成させて行う晶析．連続，回分のいずれにも適用される．外部に熱交換機を備えた強制循環型，内部に熱交換器をもつカランドリヤ型など数多くの種類の装置が開発されている．［久保田　徳昭］

**じょうはつせんねつ　蒸発潜熱　latent heat of vaporization**

温度，圧力が一定の条件下において，純物質が液体から気体に相転移するときに吸収する熱量．(⇒潜熱)　　　　　　　　　　　　　　［横山　千昭］

**じょうはつそうち　蒸発装置　evaporator**

蒸発缶．溶液の中から溶媒を蒸発させ濃縮する装置の総称で，溶液の粘性，結晶性，熱変性，熱分解性などの性質や要求される濃縮純度などによって各種の型式が使い分けられている．以下にその分類を示す．

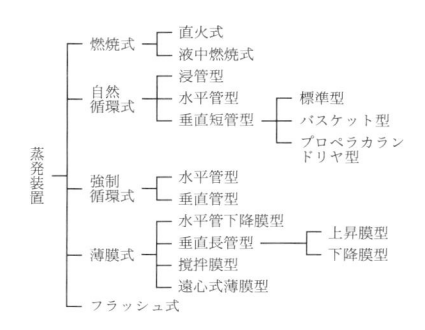

```
           ┌ 燃焼式 ──┬ 直火式
           │          └ 液中燃焼式
           │          ┌ 浸管型
           │ 自然     ├ 水平管型      ┌ 標準型
           │ 循環式   ├ 垂直短管型 ──┼ バスケット型
蒸発       │          │              └ プロペラカラン
装置 ──┤                                 ドリヤ型
           │ 強制     ┌ 水平管型
           │ 循環式   └ 垂直管型
           │          ┌ 水平管下降膜型
           │ 薄膜式   ├ 垂直長管型 ──┬ 上昇膜型
           │          ├ 撹拌膜型      └ 下降膜型
           │          └ 遠心式薄膜型
           └ フラッシュ式
```

次に各型式の概要について説明する．

(a)　直火式　液を入れた容器を炎や熱ガスで直接加熱し蒸発させる型式で，小規模のものが多く，濃厚液の煮詰めなどに用いられる．濡れ壁を直火に当てて蒸発する型式もある．

(b)　液中燃焼方式[図(a)]　液中に熱ガスを噴出させるか，あるいはバーナーを液中に設置して直接加熱し，高温の燃焼ガスを液中に噴出させて蒸発を行う．熱ガスと液の間を仕切る伝熱板がないので，バーナーの先端以外はスケール生成や晶析による障害はない．腐食性がはなはだしいが，熱に安定な物質(硫酸ナトリウム，リン酸，希硫酸，塩化マグネシウム)の濃縮に用いられている．発生蒸気は燃焼ガスを含み利用は困難である．飛沫除去が大切である．

(c)　自然循環式　溶液の循環にポンプを使用せず沸騰部と液下降部の比重差を利用する多管式の蒸発装置で，浸管型，水平管型，垂直短管型(標準型，バスケット型，プロペラカランドリヤ型)などがある．

(d)　自然循環式浸管型[図(b)]　蒸発部が満液となっており，溶液は伝熱管内を流れる加熱媒体で加熱され伝熱管外部で沸騰し，管群周辺のすき間を下降するという自然循環が生じている．管外面の清掃が難しいため清澄な液に適する．垂直管型に比べ液深の影響が小さく，飛沫による損失は少ないが，ボイラー用水の前処理などに限られあまり使われていない．

(e)　自然循環式水平管型[図(c)]　溶液は伝熱管外で凝縮する加熱媒体で加熱され，伝熱管内で蒸発する．循環速度が小さくスケールが付着しやすいので，低粘性の清澄な液に適する．

(f)　標準型[図(d)]　カランドリヤとよばれる高さ2m以下の垂直加熱管群の中央にダウンテ

しょうはつそう

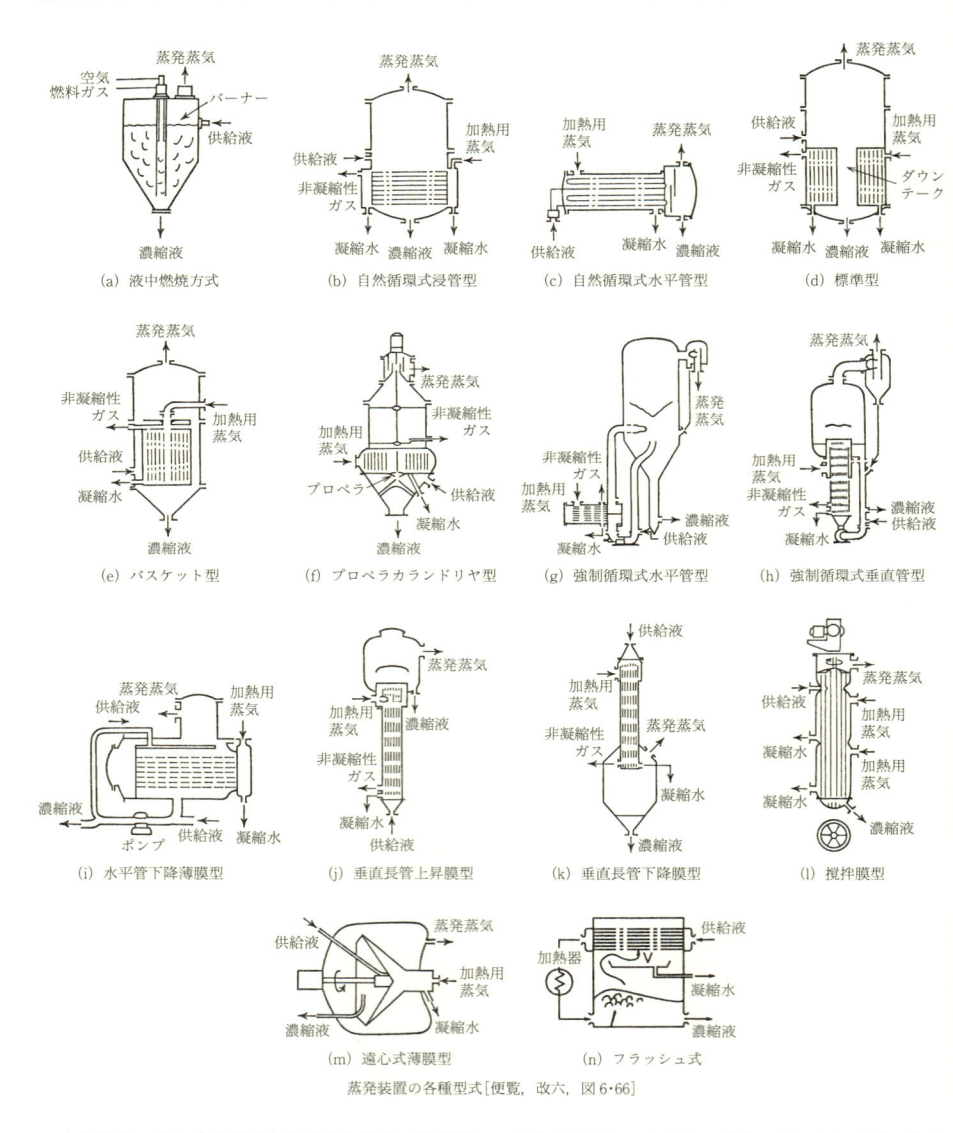

(a) 液中燃焼方式
(b) 自然循環式浸管型
(c) 自然循環式水平管型
(d) 標準型
(e) バスケット型
(f) プロペラカランドリヤ型
(g) 強制循環式水平管型
(h) 強制循環式垂直管型
(i) 水平管下降薄膜型
(j) 垂直長管上昇膜型
(k) 垂直長管下降膜型
(l) 撹拌膜型
(m) 遠心式薄膜型
(n) フラッシュ式

蒸発装置の各種型式[便覧, 改六, 図6・66]

ークを設け，液の自然循環を促進する構造の蒸発装置である．開発当時この構造を標準とよんだので，標準型といわれる．カランドリヤ型蒸発缶とよぶ場合もある．

（g）バスケット型[図(e)]　標準型と構造はほとんど同じであるが，ダウンテークがカランドリヤの中央になく周辺にある．したがって必要な場合に外部に取り出すことができるので，保守が容易である．伝熱面積 100 m² 程度までの比較的小型のものに限られる．

（h）プロペラカランドリヤ型[図(f)]　標準型のダウンテークの下にプロペラを設け，液の循環流量を増やし効率向上をはかったもので，食塩の結晶缶として広く使われている．

（i）強制循環式　溶液の循環にポンプを用い，蒸発管内流速を上げることにより自然循環式に比べ高性能化した蒸発装置で，水平管型，垂直管型がある．

（j）強制循環式水平管型[図(g)]　加熱管内流速は通常 $2\,\mathrm{m\,s^{-1}}$ 程度である．伝熱温度差が小さいとか，粘性が高くて自然循環の困難な液，装置が材料価格の制限から伝熱面積を小さくしたいときなどに用いられ，スケール付着が少なく，発泡性の液にも適している．

（k）強制循環式垂直管型[図(h)]　自然循環式に比べ設置面積および伝熱面積を小さくできる．伝熱管長さは 2～5 m のものが多い．そのほか特性は水平管型と同じである．

（l）薄膜式　加熱管内で溶液の液膜を薄くして操作するか，加熱管外で溶液を膜状に流下させる蒸発装置の総称．水平管下降液膜型，垂直長管型(上昇膜型，下降膜型)，撹拌膜型，遠心式薄膜型などがある．

（m）水平管下降薄膜型[図(i)]　溶液を水平管群の上から散布し，管外面を液膜の状態で流す．液の散布はノズルや多孔板で行う．熱伝達が良好で液深による沸点上昇がないので，真空下での蒸発に適する．溝付き管やコルゲート管を使用すると，総括伝熱係数が $10\,000\,\mathrm{W\,m^{-2}\,K^{-1}}$ を超える場合もあるため，海水淡水化に多く使用される．また，吸収式冷凍機の蒸発器や吸収器に適用されている．

（n）垂直長管型　加熱管の長さ 4～10 m の蒸発装置で，略して LTV 型蒸発缶またはケスナー型蒸発缶とよばれる．加熱管内に高速の気液二相流を発生させ，液境膜伝熱係数を増加させるため総括伝熱係数が大きい，据付け面積が小さい，管内の滞留時間が短いなどの長所がある．これには上昇膜型および下降膜型がある．

（o）垂直長管上昇膜型[図(j)]　蒸発能力あたりの装置費は通常もっとも安く，容易に大容量のものが製作できる．管径は 50 mm ぐらい，管長は 4～11 m 程度である．液深による沸点上昇も小さく，蒸発時間も短いので熱に敏感な液にも適する．ミルクやパルプ廃液(黒液)の濃縮に大規模に用いられており，腐食性液の濃縮にも適する．

（p）垂直長管下降膜型[図(k)]　溶液は加熱管群の頂部から供給し，管内を膜状に下降する間に蒸発濃縮が行われる．管内の圧力損失は小さく，液深による沸点上昇も少ない．伝熱面での液ホールドアップは小さく過熱される心配はないので，食品のような熱に敏感な物質の濃縮に適用される．

（q）撹拌膜型[図(l)]　外とう加熱の円筒形または円すい形伝熱面内でかき取り羽根を回転させ，伝熱面上に液膜を形成させると同時にそれをかき取り，蒸発の均一化と伝熱促進をはかった蒸発装置である．ルーワ型またはターバフィルム型ともよばれる．高粘度，スケールが析出しやすい液，懸濁溶液，熱に敏感な液の濃縮に適する．尿素，食品，医薬品の濃縮に使われている．

（r）遠心式薄膜型[図(m)]　回転する円すい頂部内面に溶液を供給し，遠心力で液膜を形成し，外面から蒸気で加熱して蒸発させ，円すい底部周辺から濃縮液を回収する．洗浄，殺菌が容易であることから，食品や医薬品に適用される．

（s）フラッシュ式[図(n)]　蒸発缶上部の蒸発室を貫通する伝熱管の内側を通すことによって予熱された液を，外部の熱交換器でさらに加熱した後，絞りを通して減圧下の缶に戻すことにより，液と伝熱管の温度差(5～10℃)によって液をフラッシュ蒸発させる蒸発法．蒸気は伝熱管外側で凝縮し，液の予熱に使用される．また，フラッシュ蒸発後の液は，蒸発潜熱を奪われるため温度が低下する．[⇒蒸発プラントの(a)]

[川田　章廣]

**じょうはつそくど　蒸発速度　evaporation rate**

単位面積から単位時間あたりに蒸発する溶液の重量のことをいい，単位は $\mathrm{kg\,m^{-2}\,s^{-1}}$ で表される．蒸発速度は通常(恒率乾燥)蒸気圧に依存し，減率乾燥の場合には膜中の溶媒の拡散速度に依存する．

[山口　由岐夫]

**じょうはつプラント　蒸発——　evaporating plant**

単一の蒸発装置(缶)を複数組み合わせた蒸発プラントで，分類は次のとおりである．

```
              ┌ 多段フラッシュ法
              ├ 多重効用法
蒸発プラント ┼ 蒸気圧縮法
              ├ 複合法
              └ ハイブリッド法
```

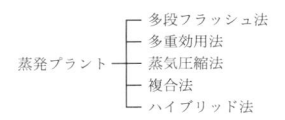

次に各方式の概要について説明する．

（a）多段フラッシュ法[図(a)]　蒸発缶上部の蒸気室を貫通する伝熱管の内側を通すことにより

予熱された溶液を，外部の熱交換器でさらに加熱し，絞りを通して再び減圧下の缶に戻すと，液と伝熱管の温度差（5～10℃程度）によって液は沸騰状態となり，フラッシュ蒸発する．蒸気は伝熱管外側で凝縮して取り出せる．一方，液は蒸発によって潜熱を奪われ，その分だけ温度が低下する．これを逐次何回か繰り返す蒸発操作を多段フラッシュ法という．伝熱面で沸騰しないのでスケールの析出を防ぐことができ，また凝縮液がそのまま取り出せるので，海水淡水化プラントに広範に普及している．MSF 蒸発法（multi-stage flash evaporator）ともよばれる．

(b) 多重効用法[図(b)] 一定量の蒸発に対する熱消費を少なくするため，数個の蒸発缶を順次連結して，一つの蒸発缶で発生した蒸気を次缶に導き，液の加熱・蒸発に用いるものである．蒸発缶には液の流動方向および伝熱管の形状と配置などの違いによって，水平管型，垂直長管下降膜型，垂直長管上昇膜型，下降液膜プレート型などがある．

(c) 蒸気圧縮法[図(c)] 蒸気の潜熱を利用して熱経済性を高めるため，蒸発缶内で液から発生する蒸気を圧縮することによって，蒸気の温度および凝縮温度を上昇させ，これを通常は同一缶の液の加熱用蒸気に供するものである．自己蒸気圧縮法またはオートベーパー圧縮法ともよばれる．発生蒸気の圧縮に圧縮機を用いる機械的圧縮法と，蒸気エジェクタを用いる熱圧縮法があるが原理は同じである．多重効用法で用いられる各型式の蒸発缶がそのまま使用できる．蒸留塔への応用として，塔頂蒸気を圧縮機で昇圧昇温し，塔底のリボイラー*の熱源とし，凝縮液は，一部環流液として塔頂に返し，残りは製品として抽出する例がある．

(d) 複合法 多段フラッシュ法，多重効用法，蒸気圧縮法を組み合わせた次のような方式がある．① 蒸気圧縮-多重効用法，② 多重効用-多段フラッシュ法，③ 蒸気圧縮-多段フラッシュ法，④ 蒸気圧縮-多重効用-多段フラッシュ法．

(e) ハイブリッド法 蒸気を消費する蒸発法（通常，多段フラッシュ法）および逆浸透法を火力発電所と最適比率で組み合わせ，淡水および電力をもっとも経済的に生産するなどの複合システムである．たとえば，中東産油国では，夏季のおもな電力消費が冷房用であるため，冬季には極端な需要減少がある．一方，淡水の需要はそれほど減少しないので，四季を通じての淡水と電力生産の最適システムを構成する必要がある．また一般に，多段フラッシュ法は冬季に，逆浸透法は夏季に有利となるので，

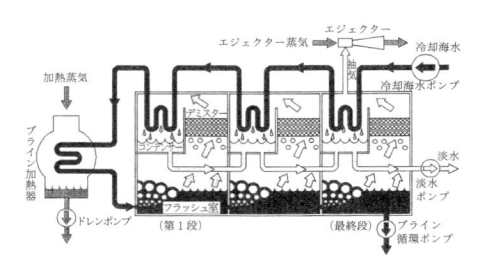

(a) 多段フラッシュ法[三菱重工業株式会社技術資料]

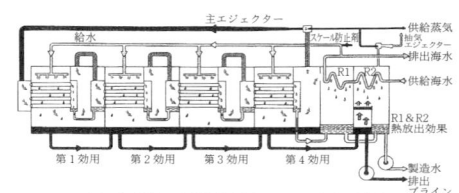

(b) 多重効用法[株式会社ササクラ技術資料]

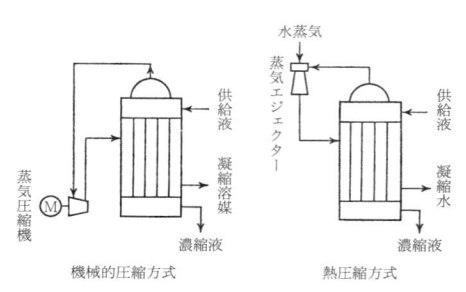

(c) 蒸気圧縮法[便覧，改六，図6・80]

蒸発プラントの各方式

両者を組み合わせることにより効果が得られる．

[川田 章廣]

**じょうはつれいきゃくき　蒸発冷却器　evaporative cooler**

エバポレイティブクーラー．空気を下部より伝熱管群の間を強制通風させ，冷却水を塔頂から管群上に散布する構造の熱交換器．図に示すように冷却水は伝熱管群の表面を流下する間に，底部より吹き込まれた空気流と向流*に接触して一部は蒸発し，大部分は下部の水たまりに戻り循環する．そのときの蒸発潜熱*により冷却水温が低下し，同時に伝熱管内を流れるプロセス流体が冷却される．管群を通過した空気はエリミネーター*によって同伴水分を分

離した後排出される．この方法は空冷式熱交換器*に比べて高い冷却能力をもち，また水冷式に比べて冷却水量を節減できる利点がある． ［川田 章廣］

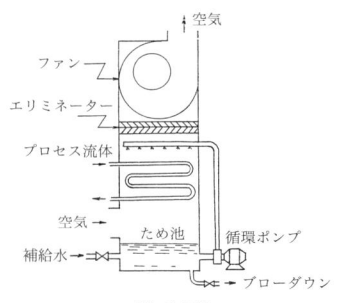

蒸気冷却器
[尾花英郎，"熱交換器設計ハンドブック増補版"，工学図書(2000), p.718]

### しょうひそくど　消費速度(酸素の)　uptake rate of oxygen

培養における培地成分(基質*)が消費される速度で，炭素源，酸素などが検討される．とくに，酸素は培地中に溶存した状態で供給されるが，飽和濃度が低く律速段階となりやすく，その速度は，維持代謝のための消費と増殖のための消費を考慮した基質消費速度モデル*で表現されることが多い．また，酸素消費速度(OUR)は，発酵槽の出入口でのガス中酸素分圧測定により算出できることから，培養制御における状態変数の一つとして用いられている．
［紀ノ岡 正博］

### じょうぶりんかいしゅうてん　上部臨界終点　upper critical end point

2成分混合物の気液平衡の臨界軌跡は，各純成分の臨界点を結ぶ曲線となるのが一般的であるが，両成分の親和性が小さい場合には気液液3相平衡と接続することがある．気液液平衡線の高温高圧側で臨界軌跡に接続する場合，この点を上部臨界終点とよぶ． ［猪股 宏］

### じょうぶりんかいようかいおんど　上部臨界溶解温度　upper critical solution temperature

⇒臨界溶解温度

### しょうへき　晶癖　crystal habit

結晶形状．モルフォロジー．結晶が示す外形のこと．結晶*形状は結晶自身の内部構造を反映したものではあるが，内部構造のみでは決まらない．温度，過飽和度，不純物の有無，溶媒の種類などの成長条件によって変わる．これは，結晶の形が各結晶面の成長速度の相対的違いによって決まるからである(成長形，growth form)．成長速度の遅い面が発達する．形状の変化には2種類あり，成長の途中で新たな結晶面が現れたり消滅したりする場合を晶癖変化といい，結晶面の消滅・出現を伴わず結晶面の相対的大きさが変わる場合を晶相(ドイツ語でKristal Tracht)変化と区別する場合がある．このような区別は日本語とドイツ語にはあるが，英語にはない．英語ではどちらも crystal habit といわれる．上述のように晶癖は成長条件によって変わるが，結晶形状の制御の立場からは不純物効果が重要である(この場合は不純物というより添加物とよぶほうがいい)．水溶液系における結晶の形状は，たとえば3価の金属イオン($Fe^{3+}$, $Al^{3+}$, $Cr^{3+}$)によって著しく変わる．また，有機物の場合，結晶構成分子の官能基をほかの官能基に置換した化合物が添加物として効果を示すことが知られている(tailor-made additive)．形状制御を目的とした場合，添加物の選定が重要であるが，現時点ではその選定の一般的なガイドラインはなく，経験によらざるを得ない．晶癖という言葉は多面体結晶だけでなく，雪のような樹枝状結晶に対しても使われことがある．これらの結晶は拡散律速条件下で成長し，結晶の形は通常の多面体結晶の安定成長の場合と異なり，結晶界面の形態不安定性により決まる． ［久保田 徳昭］

### じょうみゃくさんぎょう　静脈産業　venous industry

廃棄物や使用済み製品の処理・再資源化にかかわる産業．廃棄物の収集・運搬に関する業種も含まれる．関連法の整備や環境関連コストの上昇を背景として，今後の成長が見込まれる．しかしながら，法規制などによる新規参入の困難さ，処理廃棄物量の確保の問題，再生品の価格変動の問題など，静脈産業整備へ向けた課題は多い．これに対して，バージン資源を用いた財の生産にかかわる産業を動脈産業という． ［後藤 尚弘］

### じょうりゅう　蒸留　distillation

気液の組成が異なることを利用する液体混合物の分離操作の一つ．多成分(3成分以上)でも，それぞれの純粋成分に分離可能なためもっとも広範囲に応用されている．この操作を実施する蒸留塔*は米国では約4万本あるといわれている．単に蒸発させるだけの単蒸留*(蒸発による海水淡水化*も蒸留)から，蒸気を放熱させて凝縮*してもとに戻すウイスキーの蒸留などがある．さらに積極的に液を戻す(還流*)

方法(精留\*)もある．今日ではほとんどが精留であり，通常単に蒸留とよばれている．対象は常温で液体のものは言うに及ばず，固体の金属なども塩化物として融点を下げ，蒸留分離の後塩素を除去するものや，気体であっても空気分離蒸留プロセス\*の例もある．

熱分解しやすいものでは，水蒸気蒸留\*，減圧(真空)蒸留\*で，また処理量が膨大なものでは，加圧して蒸留する．大規模なものでは，連続蒸留\*，小規模なものでは回分蒸留\*が用いられる．連続蒸留では通常単一塔の中段に液を供給し，留出液\*と缶出液\*を得るために，リボイラー\*と凝縮器\*を備えている．しかし，より複雑なものに中段から第三の製品を抜き出したり，塔中段に溶剤を添加する共沸蒸留\*，抽出蒸留あるいはペトリューク式蒸留塔\*，塔中段に触媒を充填する反応蒸留\*など多くの応用がある．同位体の分離には理論段1000段以上の超蒸留\*も実施されており，塔径\*15 mを超える塔もある．全成分を分離するに必要な塔の本数は理論的には(成分数)-1本である． ［宮原 昰中］

### じょうりゅうかん 蒸留缶 still

蒸留がま．スチル．蒸留塔の底部に設置し，蒸留に必要な熱を熱交換器(リボイラー\*)により与え，蒸気を発生させるための装置．リボイラーは塔内の底部に組み込む場合と塔外に付設する場合がある．蒸留塔の底部は上部から高沸点成分に富んだ液が流れ込み，この液は加圧水蒸気により加熱されて蒸気が発生し塔内を上昇する．連続蒸留\*ではここから缶出液\*を抜き出す． ［鈴木 功］

### じょうりゅうけいさんほう 蒸留計算法 distillation calculation method

蒸留塔\*の仕様，運転状態，分離性能を計算するための方法の総称．階段作図法\*，解析的方法およびコンピュータを用いる数値的方法がある．狭義には，連続蒸留\*に関してコンピュータを用いて，所定の分離を得るために必要な蒸留塔の理論段数，還流比を求める計算法(⇒設計型問題)，指定された蒸留塔および操作条件によって得られる製品組成を求める計算法(⇒操作型問題)をさす．とくに，後者は，緩和法\*，マトリックス法\*，$\theta$法\*，Newton-Raphson法，それらの改良版としてインサイド・アウト法\*，ホモトピー・コンティニュエーション法\*など，非線形連立方程式の数値解法として数多く提案されてきた．蒸留計算法の基礎となる蒸留塔モデル\*も従来からある平衡段モデル\*に新たに速度論モデル\*が加わり，解析の範囲が広がりつつある．

［森 秀樹］

### じょうりゅうとう 蒸留塔 distillation column

蒸留\*または精留\*を行う塔型の気液接触装置．塔本体は棚段\*または充填物\*で構成，中段に原料を供給，塔頂・塔底部から製品を抜き出す．塔底部に再沸器\*，塔頂に凝縮器\*を備えている． ［宮原 昰中］

### じょうりゅうとうモデル 蒸留塔—— distillation model

蒸留塔\*内での気液接触による熱・物質移動過程を表現するモデル．蒸留計算法\*のための独立変数と基礎式を与える．流入する蒸気と液が段上で平衡状態に達してそれぞれ流出すると考える平衡段モデル\*と，二重境膜説\*に基づき界面を通して気液双方向に熱と物質が移動すると考える速度論モデル\*がある．平衡段モデルを用いて現実の段を表現するためには段効率\*を導入する． ［森 秀樹］

### じょうりゅうプロセスのせいぎょ 蒸留——の制御 control of distillation process

供給液の流量，温度，組成が一定であるとき，留出液\*，缶出液\*として規格(濃度)を満たす製品を出すように制御することが目的である．蒸留塔\*には流れの分岐が三つある．供給液が留出液と缶出液に，塔頂凝縮液が留出液と還流\*液に，塔底部液が缶出液と上昇蒸気に，蒸留塔では物質収支を満たすように制御しなければならないので，これらの分岐の片方は流量制御するが，他方は普通液面制御する．これらの制御は一般に通常のP.I.D.制御\*による．組成を制御するには，塔中段の温度変化の大きな点の温度を検出して上昇蒸気量を変化させるなど種々の方式がある．その他供給液量が変動する場合，流量を比率制御にするなど多くの方法が提案されている． ［宮原 昰中］

### じょうりゅうもんだいのじゆうど 蒸留問題の自由度 degrees of freedom in distillation problem

適用する蒸留塔モデル\*により，蒸留に関する独立変数と基礎式の数が決まる．ここで原料供給条件などが指定されても独立変数の数は基礎式の数よりも多く，その差が自由度となる．蒸留問題を健全なものとするためには自由度に相当する数の変数を指定する必要があり，変数の選択のしかたにより蒸留問題の性質が決まり，大きく設計型問題\*と操作型問題\*の二つに分類される． ［森 秀樹］

### じょきょりつ 除去率 rejection

⇒阻止率

### じょきん 除菌 sterile filtration

気体中や液体中に混在する微生物を除去するこ

と．方法としては，沪層を構成する沪材への微生物の慣性衝突，付着，静電荷による付着などにより微生物の除菌を行う depth filter と，微生物の直径より小さな細孔径をもったメンブランによって菌の通過を防ぎ除菌する absolute filter とがある．操作上問題となるのは微生物以外の固形物による目詰りである．とくに液体の除菌には，適切な前処理を行うことで比較的含有固形物が少なく，熱分解しやすい培地などの無菌化に対してきわめて有効な手段である．　　　　　　　　　　　　　　　　　［紀ノ岡 正博］

## しょくばい　触媒　catalyst

ある反応系に対して，化学量論式*には表れないが，共存するとその反応速度に著しい影響を与える物質．触媒自身はその反応の化学量論*に無関係であるため，反応の前後では変化せず，反応の平衡には影響を与えない．触媒という語は，スウェーデンの化学者 J.J. Berzelius (1779～1848)が提唱し，その後 F.W. Ostwald によって上記のように定義された．生成物自身が触媒作用をもつ自触媒反応*を広義の触媒反応に含めるべく，触媒を"反応式に表れる次数よりも高い反応次数で速度式に表れる物質"として定義することもある (P. Bell の定義)．

触媒は，反応物質と触媒とが均一に混合し，同一相にある場合の均一(系)触媒と，異なる相にある場合の不均一(系)触媒に大別される．

触媒が反応速度を増大させる能力を活性*という．逆に添加によって反応速度を低下させる触媒を負触媒*という．触媒作用の機構は複雑であるが，一般には触媒が反応物質と複合体を形成することによって，反応経路や速度が影響を受ける．酵素*も触媒の一種である．触媒は化学工業プロセスにおいて反応速度や目的生成物の選択性を向上させる目的で広く用いられ，重要な役割を担っている．
　　　　　　　　　　　　　　　　　［大島 義人］

## しょくばいかっせいせいぶん　触媒活性成分　active component of catalyst

活性成分 (active component)．触媒を構成する成分のうち，触媒作用を実際に発現するのに必須な成分．たとえばアンモニア合成触媒の触媒活性成分は鉄であり，エチレン酸化によるエチレンオキシド製造プロセスでは銀である．

触媒活性成分には目的反応に応じて種々の元素が用いられる．とくに3～11族の遷移金属は，d軌道またはf軌道が電子で満たされていないためさまざまな酸化数をとることができ，触媒活性成分として固体触媒のみならず錯体触媒にも頻繁に用いられる．

水素が関与するアンモニア合成，選択水素化，水蒸気改質*などには，安定な金属状態が得られる5～11族の遷移金属を活性成分とする金属触媒*が用いられる．なかでも白金族(Au, Ag, Pt, Pd, Rh, Ir, Ru, Os)を触媒活性成分とする触媒を貴金属触媒*とよび，自動車排ガス触媒*には不可欠である．また，白金属を除く遷移金属の酸化物は遷移金属酸化物触媒*として酸化反応，脱水素反応などに使用される．典型金属の酸化物は化学的に安定なため，単体で触媒担体として用いられるか，シリカアルミナのように複合酸化物を固体酸として用いる場合が多い．典型金属を含む2～15族の金属酸化物を総称して金属酸化物触媒*という．

一般に，固体触媒は多成分からなり，たとえばエチレン酸化触媒は，銀のほかにアルミナやアルカリ金属が触媒中に含まれる．アルミナは触媒担体*であり，活性成分である銀を高分散状態にして活性成分の表面積を広げるとともに，触媒粒子の機械的強度を上げ，また熱伝導を高める目的で用いられる．アルカリ金属(Na, Cs など)は触媒活性成分の性能を改善・促進する成分として添加され，助触媒*あるいは促進剤とよばれる．高価な貴金属を活性成分とする触媒の場合，大部分が担体で貴金属は1%に満たないことも多く，量的に多い成分が必ずしも触媒活性成分とは限らない．担体が単なる活性成分の支持体ではなく，触媒作用の重要な役割を受け持つ場合がある．接触改質に用いられる担持白金触媒は二元機能触媒といわれ，白金が水素化および脱水素の触媒作用を示すとともに，アルミナなどの酸性担体が異性化の機能を受け持つ．ゼオライト触媒*やピロリン酸バナジル触媒のように，特定の結晶相や化合物相が触媒作用発現に必須な場合もあり，これらを活性相とよぶことがある．活性成分や活性相の触媒作用発現には，固体表面の特定の構造をもった原子団や化学種が必須であると考えられており，これらの部位は活性中心，活性点あるいは活性サイトといわれる．
　　　　　　　　　　　　　　　　　［薩摩　篤］

## しょくばいかっせいれっか　触媒活性劣化　catalyst deactivation

触媒活性低下．反応経過時間とともに触媒活性が低下する現象．活性劣化の原因には，① 触媒毒になる物質(被毒物質)の強吸着，② コークスと称される炭素状物質の細孔内への堆積，③ シンタリングといわれる細孔容積の減少に伴う比表面積の低下，そして，④ 担体に担持された活性金属の凝集による分散度

の低下などが知られている．また，多くの場合，複数の原因が重なって劣化が進行して劣化の解析を困難にしている．その他の活性劣化原因としては，有効金属成分の揮発や触媒組成の変化も知られている．このように，活性劣化という結果は同じであるが，その原因は千差万別である．

活性劣化を一時的な劣化と永久的な劣化に分類することも行われている．メタルのような不揮発成分の強吸着を除いた原因①は，一時的な劣化の代表例である．触媒上に堆積したコークを燃焼する操作を加えれば，原因②も一時的な劣化といえる．それに対して，原因③と④は永久的な劣化に分類される．（⇨触媒の再生） ［高橋 武重］

**しょくばいかっせいれっかのそくどろん　触媒活性劣化の速度論　catalyst deactivation rate**

反応経過時間とともに，活性が低下する現象としてとらえられる触媒劣化を定量化すること．固体触媒の活性と反応経過時間との関係は，次の二つのパターンに大別される．① 活性が反応経過時間ともに単調に減少して最終的にはまったくなくなるパターン，② 反応開始後の短い時間では活性低下が観察されるが，その後は一定の活性を示すパターンである．パターン①の触媒は固定層反応器に利用できない．それに対して，パターン②は完成された商業触媒が示すパターンである．出口反応率が100%を示す実験結果は，充填した触媒量が原料を反応させるのに過剰であるときに観察される．このような場合，触媒は劣化しているので，ある反応経過時間になると突然活性劣化が観察される．一般に活性劣化速度は，反応経過時間の関数で表される．また，コークの生成が劣化の原因であるときには，コーク濃度の関数として表される場合もあるが，反応器の設計に使用するためには，前者のほうが使いやすい．

［高橋 武重］

**しょくばいじょうりゅう　触媒蒸留　catalytic distillation**

反応蒸留*の一つであるが，とくに固体触媒を用いた反応蒸留を強調する目的で使われることがある． ［小菅 人慈］

**しょくばいたんたい　触媒担体　catalyst carrier**

従来触媒*構成物のなかでそれ自体はほとんど活性を示さないが，触媒の支持や希釈に用いられ，反応の場で物理化学的に安定した物質と認識されていたが，現在では次のようなさらに多面的な機能があることがわかっている．① 成形性：担体を用いることで触媒を好ましい形に成形し機械強度を高めるこ とができ，触媒のサイズ，細孔構造は物質移動や熱移動にも密接に関係する．② 比表面積拡大：比表面積を大きくした担体に，活性金属を微粒子状で高分散固定・隔離させることにより金属の比表面積が増加し，重量あたりの活性が向上し，耐毒性が増し，活性サイトができやすくなる効果も現れる．③ 金属微粒子の固定・隔離：活性サイトの密度を調節することで反応の選択性を上げ，反応熱によるシンタリング，揮散を防ぐことができる．けいそう土，軽石，活性炭，シリカ，アルミナ，チタニア，ジルコニア，マグネシア，ゼオライトやこれらの混合物，セラミックス，窒化ケイ素，コージェライトなども汎用されるようになった．（⇨助触媒） ［東 英博］

**しょくばいねんしょう　触媒燃焼　catalytic combustion**

触媒の活性な表面上で，気相燃焼よりも低い温度で酸化反応が進行することを利用した燃焼法．白金族の貴金属触媒は優秀な酸化触媒であるが，クロム，マンガン，鉄，コバルト，ニッケルなどの金属の酸化物も強い活性をもち，完全酸化触媒として機能する．触媒燃焼では低濃度ガスの完全酸化が容易なため，未燃分を含む排ガス処理や有害ガス処理などの環境分野で利用されている．また，高温燃焼においても$NO_x$がほとんど生成しないため，ガスタービン燃焼器，暖房用ヒーターや給湯器などのエネルギー分野への応用が広がりつつある． ［二宮 善彦］

**しょくばいのさいせい　触媒の再生（劣化した）　regeneration of deactivated catalyst**

触媒再生．活性劣化した触媒の活性を復活させる操作．多くの場合劣化した触媒を特定のガスの存在下で加熱処理する操作が行われる．固体酸触媒を使用した流動接触分解装置（FCC*）により重質油の反応を行うと，大量のコークが生成する．これを再生塔に送り，コークを空気の存在下で燃焼・除去する．すなわち，FCCは反応と再生が一組になって操作されるプロセスである．再生不能な触媒として，細孔が破壊されて表面積が減少した触媒，活性金属径が大きくなった触媒あるいは高温にさらされて触媒構造が破壊された触媒があげられる． ［高橋 武重］

**しょくばいはんのうき　触媒反応器　catalytic reactors**

固体触媒を用いた反応器の型式には，槽，層，床，管および塔などの語が用いられるが，その区別は明確でなく慣用的に用いられている．しかし，反応器の長さと直径の比が小さいものを"槽""層"あるいは"床"とよぶ．比が大きくて直径の小さなものを

"管"とよび,"塔"は直径が大きく,比も比較的大きいものをさすことが多い.また,反応器の型式選定には,触媒活性劣化*の速度,粒径の大小などが重要な決め手になる.以下に代表的な反応器を示す.触媒活性劣化がほとんどなく,粒径が大きいときには固定層触媒反応装置*が用いられる.触媒活性劣化が遅く,粒径が大きいときには移動層反応装置*が用いられる.触媒活性劣化が速く,粒径が小さいときには流動層型反応器*が用いられる.また,撹拌槽反応器は機械力による撹拌機を備えた反応器であり,反応物の相および流通方法(回分式,半回分式,連続式)にかかわらず広く用いられる. [後藤 繁雄]

**しょくばいふんさいほう 触媒粉砕法 crushing method of catalyst**

触媒有効係数の推定法*の一種.粒径の異なる固体触媒について反応速度を測定する.それ以上粒径を小さくしても反応速度が増加しなくなったときの反応速度で,ほかの触媒*の反応速度を割った値が触媒有効係数*を与える. [相田 隆司]

**しょくばいまく 触媒膜 catalytic membrane**

膜型反応器*において膜自体が反応触媒活性を有する膜をいう.複合膜*の場合は,分離層が触媒活性を有する場合だけでなく,触媒が分離膜の中間層や支持体に担持されている場合も触媒膜とよぶ.
[都留 稔了]

**しょくばいゆうこうけいすう 触媒有効係数 effectiveness factor of catalyst**

有効係数.多孔質の触媒*粒子を用いた反応において,粒子内拡散の速度に比べて反応速度が速い場合には,粒子内の反応物濃度が低下する.そのため測定される反応速度は,拡散の影響がない場合の真の反応速度と異なる.触媒有効係数は,粒子内拡散が見掛けの反応速度に及ぼす影響を定量的に表している.E.W. Thiele (1939)によって最初に提案されたが,現在では拡散があり,有効係数 $\eta$ は,触媒粒子内面積がすべて外表面と同一濃度,温度にあるときの反応速度に対する実際の反応速度の比と定義される.

球形触媒で,等温一次反応の場合の有効係数は次式で表される.

$$\eta = \frac{3}{\phi_s}\left(\frac{1}{\tanh \phi_s} - \frac{1}{\phi_s}\right)$$

ここで,$\phi_s = R\sqrt{k/D_e}$,$R$ は球の半径,$k$ は容積基準の反応速度定数*,$D_e$ は細孔内の有効拡散係数*であり,$\phi_s$ は粒子内の反応速度と拡散速度の比を表す無次元数*で,シール数*とよばれる.球形以外の粒子では粒子外表面積 $A_p$ と体積 $V_p$ を用い,$n$ 次反応 $r_A = kC_A^n$ の場合には次式で定義される一般化シール数*$\phi_p$ を用いると,等温系のすべての場合が球形触媒による一次反応の曲線でほぼ近似できる.

$$\phi_p = \frac{\phi_s}{3} = \left(\frac{n+1}{2}\right)^{1/2}\frac{V_p}{A_p}\sqrt{\frac{kC_{As}^{n-1}}{D_e}}$$

$\phi_s$ が0.1より小さいと $\eta$ はほぼ1に近く,反応に比べて拡散*の効果は無視できるが,5より大きくなると粒子内拡散が支配的となり,$\eta = 1/\phi_s$ となる.拡散が支配的な領域では見掛けの反応速度は粒径の増加とともに減少し,見掛けの反応次数*は $(n+1)/2$ 次となり,活性化エネルギー*の値も反応次数に関係なく真の値の1/2となる.非等温系の有効係数も多くの研究者によって求められている.発熱反応*では粒子内部の温度が外表面の温度よりも高くなるので,この温度上昇の効果が濃度低下に伴う反応速度の減少の効果を上回る場合には,$\eta$ は1より大きくなる可能性がある.二次反応以上になると拡散の効果が大きく,温度効果は相殺される傾向にある.また,負の次数をもつ反応では濃度が低くなるにつれて反応速度が速くなるので,この場合も $\eta$ は1より大きくなる可能性がある.

有効係数の推定法として,触媒粉砕法*,ウェイズ数*を用いた方法などがある.触媒粉砕法は粒径のみを変えた触媒を用いて,反応速度が不変となったときの触媒粒子の有効係数を1とみなし,これを基準とした反応速度の比を粒径の大きい触媒の有効係数とするものである.実測される反応速度定数は,真の定数 $k$ に有効係数を掛けた $k\eta$ である.一方,ウェイズ数を用いた方法では,実測した反応速度($-r_A$)$_{obs}$ を用いる.シール数には真の反応速度定数 $k$ が含まれており,これが不明な場合は $\phi_s$ 対 $\eta$ の関係から $\eta$ を直接的に求めることはできない.ウェイズ数 $\Phi$ は実測できる数値から構成された無次元数で,次式のように定義されている.

$$\Phi = \frac{-(V_p/A_p)^2(-r_A)_{obs}}{C_{As}D_e} = \phi_s^2 \eta$$

左辺の量はすべて既知であるから,$\phi_s^2\eta$ すなわち $\Phi$ 対 $\eta$ の線図を用意しておくと,有効係数を求めることができる. [相田 隆司]

**しょくばいゆうこうけいすうのすいていほう 触媒有効係数の推定法 estimation of catalyst effectiveness factor**

触媒有効係数を推定するには3通りの方法が知られている.① 触媒粉砕法*:触媒を砕いては反応試験を行い,反応速度がそれ以上に増大しなくなる粒

径範囲を見出す．このとき触媒有効係数が1であるため，そのときの反応速度をもとにもとの触媒の有効係数を算出する．② 粒径変化法：粒径の異なる2種類の触媒を準備して，各触媒の一般化シール数の比＝触媒粒径の比および各触媒有効係数の比＝反応速度の比が満たされるように触媒有効係数を回帰的に求める．ただし，どちらかの触媒が反応律速になっていることが必要条件である．③ 単一実験法：変形シール数の2乗と触媒有効係数との積を新たな変数 $\varPhi$ として定義すると，$\varPhi$ と触媒有効係数の関係が定まる．$\varPhi$ は単一触媒の反応速度とその有効拡散係数から求められるため，$\varPhi$ を算出すれば触媒有効係数が求められる．

[岸田 昌浩]

## しょくひんレオロジー 食品—— food rheology

食品は一般に固体・液体・気体の同種または異種の混合物であり，味覚と併せてそのかみごたえ，のど越し感などの食感は食品の重要な因子である．食品のひずみと応力の関係を取り扱う分野を食品レオロジーとよぶ．食品のレオロジー*は一般に粘弾性流体*モデルで表現されるが，人間のそしゃくなどの感覚と粘弾性特性を的確に結び付け，その特性値を食品の開発に役立てていく努力が続けられている．

[薄井 洋基]

## しょくふ 織布 woven filter cloth

繊維を紡いで糸にし，それを規則的な組織に織った布で，沪材*として用いられる．原糸には，長繊維のモノフィラメントとマルチフィラメント，単繊維のスパンステープルがある．フィラメント沪布は表面が滑らかで目詰りしにくく，ケーク*のはく離が容易である．スパンステープル沪布は高清澄度の沪液*を得るのに適しているが，目詰りしやすい．

[入谷 英司]

## ジョークラッシャー jaw crusher

動物の顎の形式に類似した2枚の破砕板から構成される粗砕機の一つ．破砕板間隙は上方が広く，下方は狭くなっており，上方より原料が供給されると，周期的に変動する2枚の破砕板間隙にかみ込まれて粉砕*され，砕成物は下部より排出される．

[齋藤 文良]

## じょしつほう 除湿法 dehumidifying method

減湿法*．空気中の水分を所定の量まで減らすまたは除去する方法．冷却除湿，圧縮除湿，吸収除湿，吸着除湿法があり，除湿剤を使用する場合，固体を使用する乾式法と液体を使用する湿式法に大別される．

[三浦 邦夫]

## じょしょくばい 助触媒 promoter

促進剤．固体触媒で主成分のほかに少量加えることで活性，選択性，安定性などが向上する添加物をいう．助触媒の効果は物理的および化学的要因による．前者の例として，微結晶触媒成分に熱的安定性の高い $Al_2O_3$, $SiO_2$, $MgO$ などの不活性微粒子を加えると，反応に伴う微結晶の合一による表面積の減少が抑制され，活性の低下を抑えることができる．このような助触媒を構造的促進剤(textual promoter)あるいは安定剤(stabilizer)とよぶことがある．触媒主成分の結晶構造や電子状態に影響を及ぼし，吸着・表面反応・脱離に関与する活性点の数と質を変化させる助触媒も多数知られており，化学的促進剤(chemical promoter)とよぶことがある．一例をあげると，アンモニア合成触媒は鉄を主成分とし，$Al_2O_3$, $K_2O$, $CaO$, $MgO$ などが助触媒として含まれている．$K_2O$ は鉄の電子状態を変化させ，反応物である窒素の吸着を起こりやすくしている．

[荒井 正彦]

## じょせんけいすう 除染係数 decontamination factor

蒸発*缶などで起こる飛沫同伴*を防止するために用いる装置，たとえばセイブオール*などの評価に用いる係数．略して $DF$* ともいう．

$$DF = \frac{(飛沫捕集前の着目成分の蒸気中の濃度)}{(飛沫捕集後の着目成分の蒸気中の濃度)}$$
$$= 1 - \eta$$

ここで，$\eta$ は捕集効率* である． [平田 雄志]

## じょそうくかん 助走区間 entrance region

流体が管路を流れる場合，入口付近では下流に向かって速度分布が変化し，ある程度の距離を経た後に，流れ方向に速度分布が変化しない発達した流れとなる．この入口から流れが発達するまでの間を助走区間という．助走区間の距離 $l$[m]は円管内流れの場合，層流*ではレイノルズ数 $Re$ と管内径 $D$ [m]の関数となり次式で表される．

$$l = (0.06 \sim 0.065) ReD$$

乱流の場合は次式のようになる．

$$l = (25 \sim 40) ReD$$

[吉川 史郎]

## じょでん 除電 static elimination

物体が保持する電荷を取り除くこと．コロナ放電や放射線，軟X線，紫外線などの電離作用によって生成したイオンを付着させて電気的に中和させる方法と，針状電極などを用いて自己放電を促進する方法とがある． [松坂 修二]

## ジョブショップもんだい ——問題 job-shop

scheduling
　利用する機械の順序が指定されている複数のジョブ(いくつかの異なる作業からなる仕事,あるいは複数の機能の異なる装置を利用する1バッチの生産)に対して,各機械におけるジョブの処理順序を決定するスケジューリング問題*.　　　　　[長谷部 伸治]

**じりつまく　自立膜**　self-standing film
　基板などの支持体なしで成膜される膜のこと.これに対し,支持体上で成膜される膜は支持膜とよばれる.　　　　　　　　　　　　　　　[山口 由岐夫]

**しりょういんし　示量因子**　extensive factor
　示量的性質.物質の熱力学特性値*のうち,物質量*に依存する特性値.体積や質量は物質量に依存するので示量因子であるが,モル体積およびモル質量は示強因子である.また,内部エネルギー*,エンタルピー*,エントロピー*,自由エネルギー*などはいずれも示量因子である.　　　　　[荒井 康彦]

**しりょうせい　示量性**　extensive property
　物質量*に依存する性質のこと.(⇒示量因子)
　　　　　　　　　　　　　　　　　　　　[荒井 康彦]

**シリンダードライヤー**　cylinder dryer
　内部を加熱した回転金属円筒の表面に,連続したシート状材料を密着させて乾燥する伝導伝熱*乾燥器.製紙,染色後の布などの乾燥では加熱円筒を30〜40本配列し,円筒を回転しながら材料を送りながら連続乾燥する.　　　　　　　　　　[脇屋 和紀]

**シール-ゲデスほう　──法**　Thiele-Geddes method
　1933年にE.W.ThieleとR.L.Geddesとが発表した蒸留塔*の逐次段計算法*で,段数を与えて塔頂,塔底の組成$X_{ID}$と$X_{iw}$を求める方法.長い間ほとんど使われなかったが,計算機の発達とともにこの方法の優秀さが認められ,よく使われるようになった.ルイス-マセソン(Lewis-Matheson)法では組成そのものを扱うのに対して,本法では,組成の比によって操作線の式も平衡関係も表すこと,温度を仮定して塔の両端から計算を始めて原料段に達したら,平衡関係を利用して$X_{ID}/X_{iw}$を求め,それを利用して各段の組成を決定し,組成の和が1にならなければ温度の仮定をやり直すことである.
　　　　　　　　　　　　　　　　　　　　[大江 修造]

**シールすう　──数**　Thiele modulus
　多孔質体内部を原料が拡散しながら反応する場合の拡散速度と反応速度の比を表す無次元数*であり,多孔質体内部での原料濃度分布を知る目安として使われる.粒形固体触媒による一次反応のシール数は$\phi_s = R/3\sqrt{k/D_{eff}}$と表され,$R$は球の半径,$k$は反応速度定数*,$D_{eff}$は有効拡散係数*である.$\phi_s<0.1$であれば多孔質体内部の原料濃度分布は均一であり,$\phi_s>10$であれば内部に拡散により原料が供給されるよりも速く反応により消費されてしまうため,濃度分布は不均一になる.反応速度式の形に応じて,また一般の場合に拡張するため,シール数の変形が種々提出されている.触媒有効係数は一般にシール数のみの関数として表される.(⇒触媒有効係数)　　　　　　　　　　　　　　　　　[霜垣 幸浩]

**しんかくさいぼう　真核細胞**　eukaryotic cell
　核膜に包まれた核をもつ細胞*.原核細胞*と対置される.細菌とラン藻植物などを除き,酵母やほとんどの動物および植物の細胞がこれに属する.有糸分裂を行い,細胞質内には膜系がよく発達し,小胞体,ゴルジ体,ミトコンドリア,葉緑体,リソソームなどの細胞小器官が存在し,それぞれ特異的機能を果す.　　　　　　　　　　　　　　　[紀ノ岡 正博]

**しんくうかんそう　真空乾燥**　vacuum drying
　熱に敏感な湿り材料を比較的低温で乾燥するため真空に近い雰囲気下で乾燥する方法.材料温度が湿り成分の氷点以上の場合を真空乾燥といい,氷点以下で氷を昇華*させて乾燥する場合を凍結乾燥*という.伝導伝熱*,放射伝熱*,あるいは両者併用で材料を加熱し,発生蒸気の凝縮器*と真空排気系で構成される.回分式のものが多く,箱型*,撹拌型*,回転混合乾燥器などがあり,連続式では撹拌型,ドラム乾燥器*などが用いられる.　　　　　[脇屋 和紀]

**しんくうじょうちゃくほう　真空蒸着法**　vacuum deposition
　蒸着法.金属,半導体,あるいは熱的に安定な有機化合物などの原料を真空中で加熱蒸発させ,発生した蒸気を基板などの上に凝縮させて薄膜を堆積させる方法.蒸着装置内部の残留ガスは堆積膜中の不純物となるため,通常$10^{-2}$Pa以下の真空下で膜堆積を行う.加熱方法としては抵抗加熱が一般的であるが,電子線やレーザーを用いた方法もある.比較的簡便に均質な薄膜が得られるため,コーティングや半導体素子など多くの分野で使用されている.
　　　　　　　　　　　　　　　　　　　　[大下 祥雄]

**しんくうじょうりゅう　真空蒸留**　vacuum distillation
　⇒減圧蒸留

**しんくうはんのうそうち　真空反応装置**　vacuum reactor
　CVD*法やPVD*法などの薄膜形成やドライエ

ッチングでは1/10～1/1000気圧程度の減圧下で反応させることが多い．これらの反応装置のこと．
[霜垣 幸浩]

**しんくうポンプ 真空―― vacuum pump**
真空を発生させる装置の総称．大きく分類すると次のようになる．① 機械的ポンプ：ピストンの往復運動によるもの，偏心ローターの回転運動によるもの，羽根車の回転運動と液封によるもの(ナッシュ式液封真空ポンプ*)，まゆ型ローターの2軸回転運動によるもの(ルーツポンプ*)などがあり，容積式ポンプともいわれる．吸引側気体を吐出側に排出して真空をつくりだすタイプが主流である．また，高速タービンの回転により気体を吸引して真空をつくりだすタイプもある．② 液噴射ポンプ：液体の高速噴射により気体を吸引する．③ 気体噴射ポンプ：気体の高速噴射により気体を吸引(エゼクター)する．油拡散ポンプ*もこれに属する．④ その他：気体凝縮の容積減少を利用したクライオポンプ*，分子レベルの気体の特性を利用したスパッタイオンポンプ*がある．必要とする真空のレベル，その真空の品質，装置のコストなどさまざまな条件を考慮して最適の方式を選定する．
[伝田 六郎]

**シングルウインドー single window**
一つのCRT*(ディスプレー装置)に複数システムの情報を表示する方式．監視制御は複数のサブシステムにより実現されることが一般的であるため，それぞれのサブシステムの監視や操作を1箇所から行えるのがこのメリットである．
[小西 信彰]

**じんこうじんぞう 人工腎臓 artificial kidney**
人工臓器*の一つで，腎臓機能を代替するもの．腎臓は沪過・分泌により濃集し，これを尿として体外に導く排出器官で，水分平衡あるいは浸透調節の主要器官をも兼ねることから，慢性腎不全患者の腎機能を代行して代謝*終末産物の除去，およびイオンや水分の調整を行う人工臓器．おもな方法としては，血液を体外に循環し，透析膜を通して濃度によって透析液中に代謝終末産物を除くとともに，透析側を陰圧にして水分除去を行う血液透析*が広く知られている．
[紀ノ岡 正博]

**じんこうぞうき 人工臓器 artificial organ**
生体が本来備えている臓器の機能を代行するため，人工的につくられた代替物．機能別では，機械的に生体の支持を行う人工骨，人工関節，輸送系を代行する人工心臓，人工血管，人工気管，物質の移動・変換を行う人工肺，人工腎臓，人工肝臓，生体系の制御に関連するペースメーカー，人工膵臓などに分類される．生体臓器の機能を完全に代行することは依然困難であり，人工臓器と臓器移植ならびに組織工学*による代替組織と相補って治療に用いられている．
[紀ノ岡 正博]

**じんこうとうせき 人工透析**
血液透析*．人工腎臓．腎不全患者の救命や延命のために用いられる人工的な装置を人工腎臓とよぶが，現在はほとんどの患者に対して血液透析*が用いられているため，この二つの言葉が混同されて生まれた造語(慣用語)であると考えられる．
[金森 敏幸]

**しんしゅつ 浸出 leaching**
リーチング．固液抽出*．おもに鉱石からの金属回収で用いられる用語．
[宝沢 光紀]

**しんすいせいざいりょう 親水性材料 hydrophilic material**
親水性内壁の比較的小さな細孔を有する不均質系多孔質固体*の総称．細孔壁の吸着水*の総量が細孔内に存在可能な水の総量に比べて無視できない．活性アルミナなどのように水蒸気に対する比表面積*が数十 $m^2 g^{-1}$ 程度以上ならばこの材料に分類できる．(⇒非親水性材料，不均質材料，均質材料)
[今駒 博信]

**しんすいせいまく 親水性膜 hydrophilic membrane**
親水性の材料からなる膜．おもに親水性高分子からなる多孔膜をさすことが多い．代表的なものに酢酸セルロース膜がある．水溶液中の溶質分離や血液透析などの応用では，膜中の孔が水で満たされる必要があり，また疎水性相互作用に基づくタンパク質などの吸着に基づく膜性能の劣化が低減できることから，親水性膜が有用である．
[松山 秀人]

**じんせい 靱性 toughness**
材料の破壊に対する抵抗の一つで，強度と延性を併せもつような粘り強さを意味する性質．材料の応力-ひずみ線図の面積(積分値)によって定量的に評価される．
[仙北谷 英貴]

**しんせきかくはんしき 浸漬攪拌式 submerged impeller type**
槽底近くに設置した攪拌翼*により，翼直下のスパージャーを通して供給されるガスを微細化し，液中に分散させる通常の通気攪拌槽*の別称．槽液へのエネルギー入力として，通気によるもの，攪拌によるものの二つの手段があるため，表面攪拌式，自己吸引攪拌式に比べ，より槽内の流れを幅広く変えることができる利点を有する．(⇒通気攪拌槽)

[望月 雅文]

## しんせきまく　浸漬膜　submerged membrane

液中に浸漬して利用する膜．水頭差を利用した加圧または透過側を減圧にすることで沪過を行う．膜の形状には，平膜，管状膜，中空糸膜があり，一般には槽浸漬型モジュール*として利用される．

[市村 重俊]

## しんそうろか　深層沪過　deep bed filtration

砂，アンスラサイト，ざくろ石などからなる粒状層を沪材*とした清澄沪過*で，上水道や工業用水などの沪過*に用いられる．厚い沪材層からなり，液中に懸濁している微粒子が，それよりはるかに大きな沪材構成粒子の間隙に捕捉される．微粒子は重力沈降*，ブラウン運動，遮り効果などの複合作用により沪材粒子の表面まで輸送され，静電気力やファンデルワールス力*，またはふるい効果*によって沪材表面に捕捉される．

[入谷 英司]

## しんそうろかまく　深層沪過膜　depth type membrane

デプスフィルター．表面細孔径が懸濁物質より大きく，膜内部で懸濁物質を捕捉しながら取り除くことが可能な膜．

[市村 重俊]

## しんたん　浸炭　carburizing

炭素蒸し．低炭素鋼あるいは合金鋼などに対し，適当な浸炭剤中で加熱することにより炭素を鋼表面から内部に拡散させて表面部における炭素濃度を高くし，次いで焼入れ焼戻しをすることにより表面を硬化させる一連の操作のこと．浸炭剤の種類によって，固体浸炭，液体浸炭，気体浸炭とに分類される．現在は，浸炭剤の温度や濃度制御による表面炭素濃度の調整が容易であるなどの理由から，気体浸炭が主流となっている．通常，浸炭層の深さは 0.5～1.5 mm 程度である．金属が炭素を含む環境性ガスにさらされることにより，金属元素との間で炭化物を析出し，劣化していく現象も浸炭とよばれる．

[矢ヶ﨑 隆義]

## しんとうあつ　浸透圧　osmotic pressure

純溶媒 A と，A に溶質 B を溶解した溶液とが A だけを通す半透膜で隔てられた場合，溶媒は半透膜を通って溶液中へと拡散していく．溶媒の移動を阻止し溶液と溶媒との平衡を保つには，溶液側に余分な圧力を加えなくてはならない．このときの圧力が溶液の浸透圧 $\pi$ である．平衡（浸透平衡）になるためには，A の化学ポテンシャルが膜の両側において等しくならなくてはならない．すなわち，溶液中の A の化学ポテンシャルが純 A のそれと等しくならなくてはならない．溶液中の A の化学ポテンシャルに，純 A のそれと異なった値をとらせる因子は二つある．その一つは，溶液内で A が希釈されることによって起こる化学ポテンシャルの変化であり，これによって次式の分だけ A の化学ポテンシャルは減少する．

$$\Delta\mu = RT\ln a_A = RT\ln\frac{P_A}{P_A{}^*}$$

ここで，$R(=8.314\,\mathrm{J\,K^{-1}\,mol^{-1}})$ は気体定数，$T$ は絶対温度である．また，$a_A$ は溶液中の A の活量であり，$P_A$ および $P_A{}^*$ はそれぞれ溶液上の A の分圧と純 A の蒸気圧とである．これとまったく大きさの等しい化学ポテンシャルの増加が圧力 $\pi$ によって起こる．したがって，平衡状態においては次式がなりたつ．

$$\int_0^\pi V_A dP = -RT\ln\frac{P_A}{P_A{}^*}$$

ここで，$V_A$ は A の部分モル容積 (partial molar volume) であるが，これが圧力によって変化しないとすると，すなわち，溶液は事実上圧縮されないとすると，次式が得られる．

$$\pi = -R\frac{T}{V_A}\ln\frac{P_A}{P_A{}^*}$$

たいていの場合，溶液中の溶媒の部分モル容積 $V_A$ は，純溶媒のモル容積 $V_A{}^*$ に等しいと近似できる．また，理想溶液という特殊な場合には，$P_A/P_A{}^*$ が溶媒 A のモル分率 $X_A$ に等しくなり，次式が得られる．

$$\pi = -R\frac{T}{V_A{}^*}\ln X_A$$

さらに，$X_A$ を $(1-X_B)$ で置き換えることにより，希薄溶液については $\ln(1-X_B) \fallingdotseq -X_B$ という近似を行うことができ，次式が得られる．

$$\pi = RT\frac{X_B}{V_A{}^*}$$

希薄溶液であるから，$X_B \fallingdotseq n_B/n_A$（$n_B$，$n_A$ は A および B のモル数）となり，次式が得られる．

$$\pi = RT\frac{n_B}{n_A V_A{}^*} \fallingdotseq RTm'$$

ここで，$m'$ は容積モル濃度（単位容積の溶液中の溶質の量）である．この式は，C. W. Frazer と H. W. Morse によって用いられたものである．溶液がきわめて希薄であれば，$m'$ はモル濃度 $c$（単位容積の溶液中の溶質の量）の値に近くなり，結局，ファントホッフ式*として広く知られている次式が得られる．

$$\pi = RTc$$

[鍋谷 浩志]

## しんとうあつモデル 浸透圧── osmotic pressure model

限外沪過*における透過流束*の挙動を説明するため，ゲル分極モデル*に代わって提唱されたモデル．従来，高分子量溶質の浸透圧*は，ファントホッフ式*に従えば小さな値となり，限外沪過法においては無視できるとされてきた．しかし，実際には，浸透圧は濃度の2～3乗に比例するような形で急激に増加し，濃度分極*により膜面での溶質濃度が大きくなると無視できなくなることが示された．すなわち，限界流束*現象は，膜面の溶質濃度の増加とともに浸透圧が増加し，そのため透過流束が増加しないことが原因とされたのである．浸透圧モデルの利点は，浸透圧の値が測定されていれば，計算により透過流束が求められるという点にある．

[鍋谷 浩志]

## しんどうかくはん 振動撹拌 vibrating mixing

回転する撹拌翼*を使用せず，扇状の板を振動させることによって液体の混合を行う方式．実用化されているものは多層の板を液体内で数十Hzの低周波数で振動させ，その反力を利用して液体を駆動させる方式のものである．比較的低粘度の液では非常に高い循環流量*が得られ，乱流強度*も高いためめっき槽などに実用化されている．

[加藤 禎人]

## しんとうきか 浸透気化 pervaporation

浸透気化法．溶媒または溶媒水溶液分離に用いられる手法．膜を挟んで供給側に混合溶液を流す．一方で，透過側は減圧し蒸気とすることにより，濃度差（ケミカルポテンシャル差）を駆動力として透過を行う．したがって透過側は気相となる．透過側も液体である逆浸透*法と異なり，浸透圧の影響を受けないため高い分離性能が得られる．しかしながら液相から気相への相変化を伴うため，エネルギー的には逆浸透法と比較して不利となる．透過蒸気は凝縮され回収される．透過の原理は膜への溶媒成分の溶解と，それに続く溶媒の膜中での拡散からなる．溶解拡散モデルで表される．応用としては，アルコール水溶液からのアルコールの濃縮または脱水に利用されている．

透過モデルとしては，膜と液との界面では溶解平衡が成立するとして，その濃度で膜中を溶媒が拡散し，透過側でも，蒸気と膜との界面で溶解平衡が成立するとして，フィックの法則*より透過流束を計算する．

$$J_s = -\frac{\rho_s D}{(1-v_s)}\frac{\partial v_s}{\partial z}$$

積分して次式を得る．

$$J_s = \frac{1}{\delta}\int_{v_s^{\text{perm}}}^{v_s^{\text{feed}}}\frac{\rho_s D}{(1-v_s)}\partial v_s$$

ここで，$J_s$は溶媒の膜透過流束，$\rho_s$は溶媒密度，$D$は溶媒の膜中での拡散係数，$v_s$は膜中に溶解した溶媒の体積分率，$v_s^{\text{feed}}$, $v_s^{\text{perm}}$は供給側または透過側界面で溶解平衡にある膜中の溶媒分率，$z$は膜厚方向の距離，$\delta$は膜厚である．このとき，溶媒が膜中に収着することによる膨潤効果が大きく，拡散係数は膜の厚み方向に大きく変化する．拡散係数の濃度依存性を考慮する場合は数値計算により解を得る．

簡単化のために，溶媒の拡散係数は一定として平均値$\bar{D}$，をとり，分母の$(1-v_s)$項もほぼ1とみなすこともある．この場合には解析的に解が得られる．

$$J_s = \frac{\rho_s}{\delta}\bar{D}(v_s^{\text{feed}} - v_s^{\text{perm}})$$

膜厚と密度の項を除けば，拡散係数と供給側と透過側での溶解性の差の積が透過流束となる．溶解拡散モデルとよばれるゆえんである．

[山口 猛央]

## しんどうコンベヤー 振動── vibratory conveyer

粉粒体の機械的輸送装置の一つ．振動させたトラフ上に粉粒体をのせて輸送する振動コンベヤーは，熱い粉粒体や摩耗性のある粉粒体に使用されることが多い．冷却，乾燥，脱水などの操作が輸送中に行え，汚れが付きにくいなどの特徴をもつ．一方，輸送距離が短い場合に限られるという欠点もある．供給機として用いられることも多い．振動の周波数や振幅は，用途に応じて変えられる．加振の機構によって振動コンベヤーを分類すると，クランク式，おもり式，電磁式などがある．

[辻 裕]

## しんとうせつ 浸透説 penetration theory

ガスと接触している液の表面層は，一定時間経過するごとに液本体からの新鮮な液体によって更新されると考え，液相内へのガス吸収はつねに非定常状態下で行われる，として展開されたガス吸収*理論．Higbie(1935)によって提唱された．液体中への液表面の更新時間がきわめて短いため，表面層内への溶質ガスの拡散*，浸透は無限深さの静止液中への非定常の分子拡散*とみなしうるものとする．

任意の時間$\theta$における気液の単位接触面積あたりの瞬間吸収速度$N_{\text{AI}}$[mol s$^{-1}$ m$^{-2}$]は次式で与えられる．

$$N_{\text{AI}} = \sqrt{\frac{D_\text{L}}{\pi\theta}}(C_{\text{AI}} - C_{\text{AL}}) \quad (1)$$

ここで，$C_{\text{AI}}$, $C_{\text{AL}}$は溶質ガスの気液界面，液本体中

の濃度[mol m$^{-3}$], $D_L$ は液相内の分子拡散係数*[m$^2$ s$^{-1}$]である。液表面の更新時間が $\theta_c$[s]で一定であるとすると,気液接触時間 $0 \sim \theta_c$ 間の平均物質移動速度 $N_A$[mol s$^{-1}$ m$^{-2}$]は次式となる。

$$N_A = \int_0^{\theta_c} N_A \frac{d\theta}{\theta_c} = 2\sqrt{\frac{D_L}{\pi \theta_c}}(C_{Ai} - C_{AL}) \quad (2)$$

式(2)を液相物質移動係数*$k_L$[m s$^{-1}$]の定義式 $N_A = k_L(C_{Ai} - C_{AL})$ と等置して $k_L$ を求めると,次式が得られる。

$$k_L = 2\sqrt{\frac{D_L}{\pi \theta_c}} \quad (3)$$

すなわち,浸透説に基づく場合の $k_L$ は $D_L$ の0.5乗に比例する。

浸透説は液柱塔*や気液接触の濡れ壁塔*での液相物質移動,液体中に分散*された気泡または液滴からの物質移動や,気液接触の充填塔*での液相物質移動の機構など接触時間のきわめて短い場合に適用できる。　　　　　　　　　　　　　　[後藤 繁雄]

### しんどうねんどけい　振動粘度計　vibrating viscometer

ある流体(実用的にはニュートン流体*)に一定周期で振動する振動体を入れ,その流体の流体抵抗に基づく振動体の振幅の変化をひずみ計などで検出して,その流体の粘度を測定する計器。その流体の粘度とひずみとの関係をあらかじめ校正しておくことが必要。　　　　　　　　　　　　　　[伝田 六郎]

### しんどうフィーダー　振動――　vibrating feeder

樋(trough, pan)などの振動によって,ホッパー内の粉粒体を連続的に引き出す粉体供給機。振動を電磁石によって与える場合を電磁フィーダーといい,偏心おもりによる場合を機械(駆動)式振動フィーダーという。強制振動数が系の固有振動数に一致すると共振が起こるが,普通は固有振動数を強制振動数より1~2Hz程度大きくとる。各種の型式があり,供給量の調節が容易であるが,フラッシングを生じやすい微粉体には不向きである。　　　　　　[増田 弘昭]

### しんどうふるい　振動ふるい　vibrating screen

ふるい網が網面に垂直方向の振動成分をもち,回転数が600rpm以上のふるい機をいう。網面上のふるい分け物質の負荷やふるい分け効率を考慮して円,楕円,直線などの振動形式がある。実用している振動ふるい機の遠心効果 K は 5.0~6.0 の範囲である。　　　　　　　　　　　　　　　[日高 重助]

### しんとうへいこう　浸透平衡　osmotic equilibrium

⇒浸透圧

### しんとうモデル　浸透――　penetration model

浸透モデルは,着目成分が静止液相内を非定常の分子拡散*により移動するとして,濡れ壁塔*や充填塔*内における気液接触系の物質移動*の機構の説明や液相物質移動係数*の推算法を与える一つの移動モデルである。このモデルでは,半無限級の液相における拡散方程式*の解より接触時間 $0 \sim \theta_c$ にわたる平均物質移動流束を求め,液相物質移動係数 $k_L$ が次式で与えられるとしている。

$$k_K = 2\sqrt{\frac{D_L}{\pi \theta_c}}$$

ここで,$D_L$ は拡散係数*である。なお,浸透厚み $\delta_c$ は,境膜説*  $k_L = D_L/\delta_c$ と比較すると,$\delta_c = \sqrt{\pi D_L \theta_c/4}$ に相当する。このモデルは伝熱にも適用されることがある。　　　　　　　　　　　　　　[神吉 達夫]

### しんどうりゅうどうそう　振動流動層　vibro-fluidized bed

機械的振動を加えた流動層*。振動付加により粉粒体の流動性が向上し,流動化に必要な流体量が減少することで流動化開始速度*の低下が可能となるほか,難流動性である付着性粒子や湿潤性粒子の流動化が可能となるなどの利点をもつ。　[押谷　潤]

### しんふってんきょくせん　真沸点曲線　true boiling point curve

TBP曲線*。石油留分の性状を小型の充填塔*で,回分蒸留*して得られる留出率と留出温度の関係を示す曲線。石油精製の蒸留塔の設計や運転に利用される。真沸点曲線を求めるのにガスクロマトグラフィーで測定し近似的に合成することも行われており,最近は測定も容易になっている。また,蒸留塔を設計する場合では,真沸点曲線と同様に留出物と比重の関係を示す曲線に基づき,留出物を20~30成分に分割し,相関式を用いて,近似的な擬成分に定義することが行われる。　　　　　　　　　　[八木　宏]

### シンプルほう　SIMPLE法　semi-implicit method for pressure-linked equation

流れの数値解析アルゴリズムの一つ。SOLA法*の基本アルゴリズムであるHSMAC法と同様に,圧力の修正計算のさい,移流項や粘性項の計算を省略する手法。全陰的解法である点がHSMAC法とは異なる。　　　　　　　　　　　　　[上ノ山　周]

### しんみつど　真密度　true density

内部の空洞や細孔を除いた粒子の密度。すなわち,空洞や細孔のない完全に充実した個体粒子の密度。粒子には内部に空洞や細孔などを含むものがあり,単に粒子密度というと,これらを含んだ密度をさす。

中空粒子や多孔質粒子の粒子密度は真密度より小さい．粒子密度は，粒子が種々の密度の成分から構成されている場合もあるので，見掛け粒子密度ということもある．流体中での粒子の運動を解析する場合，さらに開細孔を含めた有効粒子密度が必要である．普通，真密度の測定は粒子を十分に粉砕して行う．

[増田 弘昭]

**しんらいせいちゅうしんほぜん 信頼性中心保全** reliability centered maintenance

RCM．1960年代に米国において航空機の整備のために開発された手法．近年，原子力プラント，化学プラントなどに適用され始めた．着目する設備の機能を列挙し，それらの機能の低下・喪失（故障モード）の影響をFMEA*によって評価すること，およびそれらの機能を支える部品の信頼度の経時変化を理論と実験とを用いて解析することを基本としている．安全性に影響する故障モードについては発生の防止に有効な保全方式を採用し，安全性に影響しない故障モードについては，損失の期待値と保全費との和が最小となる保全方式を採用する．

[松山 久義]

**しんれいぶんり 深冷分離** low temperature separation process, subzero fractionation

低温分離．多成分混合ガスを圧縮，冷却，膨張などの操作によって液化させ，蒸留または凝縮によっておのおのの成分ガスに分離する方法．空気を液化して低温で各成分に蒸留分離する空気分離をはじめ，石油系ガス，天然ガスなど広く利用されている．分離される物質は，酸素，窒素，希ガス，重水素などの無機ガス，メタン，エチレン，プロピレンなどの有機ガスがある．蒸留操作*は通常の蒸留と変わらないが，圧縮装置，冷凍冷却装置，保冷設備などが必要である．プラントは保冷のためコンパクトになるよう設計され，多くの工夫がなされている．分離精製プロセスには精留塔が用いられるが，低温用の熱交換器は熱損失が少なくなるよう小型で熱交換面積が大きいものが用いられる． [鈴木功・堤敦司]

## す

**すいぎん　水銀　mercury**
常温で液体である唯一の金属である．有機水銀の有毒性は高い．
　　　　　　　　　　　　　　　　　[成瀬 一郎]

**すいしつおだくのげんいんぶっしつ　水質汚濁の原因物質　cause of water pollution**

　水質汚濁は，自然由来また人間活動に起因して水系に排出されるさまざま物質によって引き起こされる．自然由来の汚濁物質には，山林や湿地からのフミン質などの有機物，温泉や岩石などに起因する酸や無機物質などがある．人為起源では，生活排水，産業排水，農畜産業からの排水，廃棄物埋立て地浸出水などのポイントソースからの排出に加えて，農地やゴルフ場，道路表面などから雨水流出水に伴って排出されるものもある（ノンポイントソース）．汚濁物質は，浮遊物質，有機汚濁物（BOD*，COD*），全窒素，全リンなど総括的な指標で表されるものが基本であるが，それらを構成する物質はきわめて多様である．

　有害物質については特定の化学物質が水質汚濁指標*とされる．これらの物質の多くは，排水などに本来的に含まれている物質であるが，塩素消毒過程で生成されるトリハロメタンや，燃焼過程で生成されるダイオキシン類などのような非意図的生産物質もある．
　　　　　　　　　　　　　　　　　[木曽 祥秋]

**すいしつおだくぼうしほう　水質汚濁防止法　water pollution control low**

　1967 年に公害基本法が制定され，1970 年に"工場排水等の規制に関する法律"と"公共用水域の水質保全に関する法律"（水質保全 2 法）が衣替えした"水質汚濁防止法"が成立し，1971 年には水質汚濁防止法が施行され，事業場などから排出される排水に対する濃度規制が行われるようになった．1978 年には水質汚濁防止法の一部改正により，広域的な閉鎖性水域*について水質総量規制制度が導入され，東京湾，伊勢湾，瀬戸内海について，COD*（化学的酸素要求量）を指標とした規制が実施された．水質汚濁防止法で定める公共用水域とは，河川，湖沼，港湾，沿岸海域その他公共の用に供される水域に加えて，これらに接続する公共溝渠，かんがい用水路その他公共の用に供される水路を含む．ただし，終末処理場を現有する下水道，流域下水道に接続する公共下水道および流域下水道は公共用水域から除外される．

　水質汚濁防止法の概要および目的は，① 工場および事業場から公共用水域に排出される水の排出を規制すること，などによって公共用水域の水質の汚濁の防止をはかり，もって国民の健康を保護するとともに生活環境を保全すること，ならびに工場および事業場から排出される汚水および廃液に関して，人の健康にかかわる被害が生じた場合における事業者の損害賠償の責任について定めることにより，被害者の保護をはかる．② 排水規制は特定施設を設置する工場または事業場から排出される水を対象として行うこととし，この特定施設の指定は，製造業関係に限定することなく，広く各業種について行う．③ 排水規制の基準は，水質汚濁の事前防止の見地から，全公共用水域を対象として，まず全国一律の基準を定め，さらに排水基準によっては水質汚濁の防止が十分ではないと認められる水域があるときは，都道府県がその条例でより厳しい上乗せをすることができる．④ 排水基準を順守させるため，従来の工場排水規制法に準じて，特定施設の設置などの届出，届出事項の計画変更命令，汚水処理方法の改善命令などにつき規定するほか，新たに排出水の排出停止命令の制度を設ける．排水基準違反行為は直ちに処罰できる直罰規定を設ける．⑤ これらの権限を都道府県知事および政令で定める市長に委任する．

　加えて，1972 年 6 月 22 日の法改正により無過失損害賠償責任の考え方が導入され，さらに 1978 年 6 月 13 日の法改正により総量規制*制度が導入された．
　　　　　　　　　　　　　　　　　[藤江 幸一]

**すいしつかんきょうきじゅん　水質環境基準　environmental for water pollution quality standard**

　環境基本法*に基づき，公共用水域で維持することが望ましい基準として，人の健康の保護に関する環境基準（健康項目*）と，河川，湖沼，海域における生活環境の保全に関する環境基準（生活環境項目）が定められている．健康項目には，全国の公共用水域に一律に適用される 26 項目について設定されてお

り，また現時点では直ちに環境基準とせずに引き続き知見の集積に努める要監視項目として，22項目の指針値も設定されている．生活環境項目は，利用目的的適応性や水生生物の生息状況の適応性の観点から分類される水域類型ごとに，BOD*，COD*，DO(溶存酸素量)などの基準値が定められているほか，富栄養化を防止するため，湖沼および海域についての全窒素および全リンについての環境基準が定められている．(⇒類型指定) 〔亀屋 隆志〕

**すいしつひょうかしひょう　水質評価指標　water quality index**

自然水や排水の水質を評価・判定するための指標で，有機汚濁物，有害性，衛生学的安全性，富栄養化*への影響などの観点に基づいている．物理学的指標(温度など)，化学的指標(pH，COD*，重金属など)，生物学的指標(大腸菌群数など)に大別でき，総合的指標も検討されている．

水質環境基準*では，一般項目と健康項目*に大別して指定され，前者にはpH，BOD*，COD*，SS(浮遊物質)，DO(溶存酸素)，大腸菌群数がある．富栄養化による水質汚濁が進んでいる水域にあっては，全窒素と全リンも指定されている．後者には，水銀やカドミウムなどの重金属類，トリクロロエチレンなどの低沸点有機塩素系化合物，ベンゼンなどの有害物質，農薬などを含む26項目が指定されている．また，ダイオキシン類については別途定められている．排水の排出基準にも同様な項目が指定されている． 〔木曽 祥秋〕

**すいじょうきかいしつはんのう　水蒸気改質反応　steam reforming reaction**

スチームリフォーミング．天然ガスやナフサなどの炭化水素*や，メタノールなどのアルコールを水蒸気と反応させることにより，合成ガス*や水素を製造する反応．炭化水素の改質はNiやRu系触媒を使い400〜1000℃で行われるが，触媒上への炭素析出による活性劣化を抑制するために，量論比よりも過剰の水蒸気が用いられている．一方，メタノールの水蒸気改質では，Cu系の触媒が用いられ，反応温度が200〜300℃と炭化水素の改質よりも低く，炭素析出による活性劣化も起こらない． 〔岩佐 信弘〕

**すいじょうきじょうりゅう　水蒸気蒸留　steam distillation**

蒸留がま中の熱液に直接水蒸気を導入して行う回分蒸留*．分解しやすい高沸点成分*の蒸留には普通減圧蒸留*や真空蒸留*が使用されるが，原料成分の分圧を減少させる方法として水蒸気を吹き込むことによって分圧を下げ，大気圧下の操作でしかも通常の沸点以下の温度で蒸留ができる．もし塔頂*製品が凝縮して水と溶け合わないならば，2液相を生成するのでデカンテーションによって分離できる．高沸点液から溶解ガスを追い出すようなとき，商業プラントでは水蒸気を使用する．また，比較的不揮発性の物質から貴重な物質を分離するための小規模な回分操作でも水蒸気が使用されるが，多くの場合水蒸気の利用は減圧蒸留より高価になることが多い．
〔大江 修造〕

**すいしんりょく　推進力　driving force**

熱移動*，物質移動*の起こる場合の温度差，濃度差を推進力とよんでいる．水-空気間で熱移動と物質移動が同時に起こる場合には，空気中のエンタルピー*差をとくにエンタルピー推進力とよぶ．また，異相間の移動現象を取り扱うときに，便宜上用いる総括伝熱係数*や総括物質移動係数*を定義する場合の推進力を総括推進力*とよぶ．熱移動，物質移動以外にも，たとえば可逆反応*の場合，その時点での値と平衡値との濃度差あるいは分圧差を推進力とよぶ． 〔後藤 繁雄〕

**すいせいにそうちゅうしゅつ　水性二相抽出　aqueous two-phase extraction**

水相にデキストランやポリエチレングリコールなど2種類の水溶性高分子を加えると，ある条件下で，デキストランを多く含む下層とポリエチレングリコールを多く含む上層に分かれる．この2相間への分配の差を利用して物質を分離する手法．また，ポリエチレングリコールと硫酸アンモニウムなど水溶性高分子と無機塩の水性二相系を用いる場合もある．2相間の平衡関係は，加える成分の濃度と温度によって大きく変化する．

上層のポリエチレングリコール相が疎水的，下層のデキストラン相が親水的な性質を示すためさまざまな物質の分配挙動に差が生じる．水相間の分配比を利用するため，タンパク質やアミノ酸など生理活性物質の分離として用いられる．また，タンパク質の分配挙動からタンパク質表面の疎水性の度合いを予測する手法としても有効である．有機溶剤を使わず穏和な条件で分離操作が行えるため，環境調和型の分離操作として位置づけられている．
〔後藤 雅宏〕

**すいそかだつメタルはんのう　水素化脱——反応　hydrodemetallation reaction**

水素化脱金属反応．HDM(hydrodemetallation)．重質油中にはおもにニッケルやバナジウムが合計で

30～200 ppm 含まれている．これらの金属はポルフィリン化合物として存在しており，水素化処理によってニッケルやバナジウムが除去される．反応で除去された金属は触媒に堆積し，活性を永久的に低下させる．　　　　　　　　　　　　　　[出井　一夫]

**すいそかだつりゅうはんのう　水素化脱硫反応 hydrodesulfurization reaction**

水添脱硫．HDS(hydrodesulfurization)．石油中の硫黄はおもにチオール，スルフィド，チオフェンの形で存在する．水素存在下で，触媒活性点に吸着された硫黄化合物は，C－S結合が切断されて炭化水素と硫化水素になる．なかでもジベンゾチオフェン類の脱硫速度は小さく，軽油中の硫黄化合物低減を困難にしている．(⇒事前脱硫法)　　[出井　一夫]

**すいそきゅうぞうごうきん　水素吸蔵合金　hydrogen storing alloy**

水素貯蔵合金．室温付近で気体水素を大量に吸収することができ，加熱によって容易に数気圧の気体水素を放出する性質を有する合金のこと．これらの性質を利用して，水素の貯蔵や運搬に利用されている．La-Ni，Fe-Ti，Mg-Ni などの金属間化合物が知られている．　　　　　　　　　　[矢ケ崎　隆義]

**すいそぜいか　水素脆化　hydrogen embrittlement**

金属や合金鋼に水素が吸収されることによりもろくなる現象．とくに構造部材料となる鉄鋼材料などついて問題となることが多い．製鋼，酸洗い，溶接などの工程中で，水分の分解や有機物の燃焼などによって水素が供給され，この水素が鋼中に吸収されることにより鋼材の延性や靱性が低下することになる．めっきや電気防食(カソード防食)のさいに，カソード部で発生する水素が金属や合金に吸収される作用も同じ現象である．通常，吸収された水素濃度が増大するのに伴い脆化現象は著しく顕著になる．また一般に，材料の強度が高くなればなるほど水素脆化に対する感受性は高くなるとされている．水素の溶解度および拡散速度は結晶構造によって異なることから，水素の集積度に変化が生じ，割れ挙動に差異をもたらすことにもなる．なお，鉄鋼材料中に水素が侵入し，水素のガス化によるガス圧と水素脆化とにより割れが発生する現象を，水素誘起割れという．　　　　　　　　　　　　[矢ケ崎　隆義]

**すいそゆうきわれ　水素誘起割れ　hydrogen induced cracking**

⇒水素脆化

**すいちゅうほうでんほう　水中放電法　discharge under water**

水中で電極間に高電圧パルスを印加することによって水中放電を起こし，この放電のストリーマーによって生成する化学的活性種，強電界，紫外線，衝撃波などにより，水中微生物の殺菌や有害有機物の分解などの水処理を行う方法のこと．水中放電によってナノ粒子*，フラーレン，ナノチューブを合成することができる．　　　　　　　　　　[渡辺　隆行]

**すいちょくじょうしょうはくまくがたはんのうそうち　垂直上昇薄膜型反応装置　vertically rising thin film type reactor**

気液並流上向型装置の一種．ガス流速が速いために液相が管壁で薄膜となり，気液接触面に撹乱波が生じ，気液間の物質移動速度が促進され，管壁を通しての伝熱速度も速くなる．無水硫酸による液状有機化合物のスルホン化および硫酸化反応などの大きな発熱を伴う瞬間反応で，生成した硫酸化物が熱分解しやすい場合などに使用される．　　[後藤　繁雄]

**すいちょくたんかんがたじょうはつそうち　垂直短管型蒸発装置　short tube vertical evaporator**

⇒蒸発装置の(c)

**すいちょくちょうかんがたじょうはつそうち　垂直長管型蒸発装置　long tube vertical evaporator**

⇒蒸発装置の(n)

**すいちょくぶんかつがたじょうりゅうとう　垂直分割型蒸留塔　divided-wall column**

蒸留塔内を垂直壁によって二つに分割した蒸留塔．垂直壁で仕切られた片側の中段に多成分系原料を供給すると，塔頂と塔底からは低沸成分*と高沸成分*が抜き出され，垂直壁で仕切られたもう一方の中段から中間成分を抜き出すことができる．塔頂と塔底にはコンデンサー*とリボイラー*が各一つずつ設置されている．三成分系混合物の場合は1塔で3成分に分離することもでき，かつ蒸留塔の消費エネルギーも削減することができる．共沸蒸留*や抽出蒸留*に適用した例も報告されている．

[小菅　人慈]

**すいねつでんきかがくほう　水熱電気化学法　hydrothermal-electrochemical syntheses**

水熱条件下において，電気化学処理を施す手法．溶液から直接良質な薄膜を合成できる特徴をもつ．反応温度や電気化学条件を変化させることにより，膜厚や膜組織を制御することが可能である．

[松方正彦・高田光子]

**すいねつほう　水熱法　hydrothermal method**

常温常圧水への溶解度が低い物質でも高温高圧の

水では溶解度*が増し、同時に化学反応速度も増大する性質を利用して、高温高圧水中で物質あるいは粒子を合成する方法。また、高温高圧下では特殊な反応が進行する場合もある。代表的な例は、シリカやアルミナなどのゲルを高温高圧水中で溶解析出させてゼオライトを合成するものである。また、溶解度が増大した溶液を冷却するなどの操作で、結晶析出させてセラミックス微粒子を合成する場合などにも用いられる。 [岸田 昌浩]

**すいぶんかっせい 水分活性 water activity**
湿り物質の示す水蒸気分圧 $p$ をその温度に対する飽和蒸気圧 $p_s$ で割った値 $p/p_s$。食品や微生物などの含有水成分の実効値として用いられ、この値を%で示したものが、関係湿度*に相当する。水分活性が1以下になると一般に微生物増殖、腐敗が抑制される。 [紀ノ岡 正博]

**すいマグほう 水マグ法 flue gas desulfurization (FGD) process using magnesium hydroxide**
水酸化マグネシウム法の略。排煙脱硫法*(湿式脱硫法*)の一つ。水酸化マグネシウム[$Mg(OH)_2$]溶液で $SO_2$ を捕集し、最後は酸化して $MgSO_4$ とする。$MgSO_4$ は水溶性であるので、海などに放流する。中小規模の燃焼装置で海岸近くに設置されている場合によく使われる。 [清水 忠明]

**すいりきがくてきあっさく 水力学的圧搾 hydraulic expression**
泸過圧密。板枠型圧泸器*などの圧搾機構のないフィルタープレスにおいて、装置内にスラリー*を注入し、ケークが泸室に充満したあとも加圧を続けると、泸過ケーク*の圧密*が生ずる。この現象は、圧搾*と異なり、泸過終了時に泸液の流れ方向が変化するために生じ、水力学的圧搾とよばれる。泸過ケーク内部では液圧とケーク圧縮圧力*の和は泸過圧力と等しくなっている。泸過ケーク充満後はスラリー供給部近傍でのみ液の流れが生ずるため、泸過ケーク内部の液圧がゼロとなり、これを埋め合わせるため、ケーク全体にわたってケーク圧縮圧力が増加しケークが圧密される。実際には、ケークと泸材との摩擦により固体の移動が妨げられるため、圧搾と同じ効果は得られない。 [岩田 政司]

**すいりょくゆそう 水力輸送 hydraulic transport**
粉粒体の水力輸送はスラリー輸送ともよばれ、土砂、汚泥や木材チップなどのパイプライン輸送として古くから利用されてきた輸送技術である。水力輸送のシステムは基本的には、固体粒子と水の混合物の貯槽、スラリーポンプ、輸送管、脱水設備、バンカー(受入れタンク)からなる。スラリーポンプは水力輸送の心臓部に相当する。空気輸送*では汎用のブロワーやコンプレッサーが使用できるが、水力輸送では粒子と流体の混合物がポンプによって輸送管に運ばれるので、ポンプの摩耗対策が重要となり、水力輸送用に設計されたポンプが使われる。流体を利用する点においては空気輸送と同じであるが、液体の密度が被輸送物の密度と同程度であるため、粒子は浮遊しやすく、流体運動に追従しやすい。したがって水力輸送で可能な輸送量や輸送距離は空気輸送とは桁違いに大きく、数百 km の輸送ラインにおいて約 500 万 t y$^{-1}$ の輸送能力の実績がある。
[辻 裕]

**スウォームパラメーター swarm parameter**
電子スウォーム(電子群)の特性を表す物理諸量。おもに荷電粒子の生成、輸送、エネルギー移行過程を表すもの。電場空間内での電子移動度、イオン移動度、電子拡散係数、イオン拡散係数などをさす。
[松井 功]

**すうちかいほう 数値解法(流れの) numerical method**
流体の流れの解は、質量、運動量およびエネルギーの各方程式を与えられた初期条件と境界条件のもとで解くことにより得られる。流れの厳密解、解析解はごく限られた系についてのみ得られており、その他の場合には近似解を得る努力が続けられてきた。ところが近年のコンピュータの発達に伴い、多くの複雑な流れに対して数値解が得られるようになってきた。各基礎方程式は流れ場の中のどの位置でも成立する必要があり、これらの偏微分方程式を流れ場に生成させた格子点のまわりで離散化し、離散化方程式の安定かつ誤差の少ない連立解を得る手法を総括して、流れの数値解法とよぶ。離散化の方法は有限差分法*・有限体積法・有限要素法*などがあり、それぞれに利点や特徴がある。離散化基礎方程式は種々の解法によって解かれるが、その代表例として MAC 法、SMAC 法、HSMAC 法、SIMPLE 法、SIMPLER 法などがある。 [薄井 洋基]

**ずかいほう 図解法 graphical method**
単一反応に対する直列連続槽型反応器などの設計に用いる方法の一つで、作図することにより解を得る方法。直列連続槽型反応器では、連続槽型反応器に対する物質収支式に基づき、反応速度のグラフを、反応成分濃度を横軸にとってつくる。$i$ 番目の槽の反応成分濃度は、横軸上の $i-1$ 番目の槽の濃度の点

を通る直線と反応速度曲線の交点から決定される．このように，入口濃度から順次作図していくことによって解が得られる．　　　　　　　　[長本 英俊]

## すきまふしょく　すき間腐食　crevice corrosion

金属間や金属と非金属との間に構造上のすき間ができる場合，このすき間内の溶液と外部の溶液中での酸素あるいは金属イオンなどの濃度差により形成される濃淡電池作用によって，その部位で腐食が進行する局部腐食現象のこと．　　　[矢ケ﨑 隆義]

## スキンそう　──層　skin layer

非対称膜*あるいは複合膜*の表面に形成される分離能力を有する薄い層．膜により多孔質の場合と非多孔質の場合とがある．非多孔質のスキン層はとくに緻密層*とよぶ．　　　　　　　[中尾 真一]

## スクラバー　scrubber

洗浄集じん．気体中に浮遊する粒子状物質をミスト*噴流を利用して洗浄捕集する装置．代表的な装置としてジェットスクラバー*，スプレー塔，サイクロンスクラバー*があり，スプレー塔の構造を図に示す．乾式集じんでは捕集が難しい微粒子まで捕集することが可能であるが，粉じんを含んだスラリー液の後処理が必要である．また，洗浄液を循環使用しても，定期的な新しい液との交換が必要である．集じん効果に加えて原料ガスの冷却効果や有害ガスの除去にも利用できる．　　　　　　　[吉田 英人]

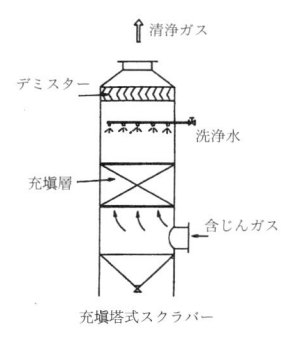

充填塔式スクラバー

## スクラビング　scrubbing

洗浄集じん．ガスを液体と直接接触させることによって，ガス中の粒子状物質を液中に捕集する操作．液体が液滴，液膜として気体と接触する方式と，気体が気泡として液中に分散する方式などがあり，液としてはおもに水が使用される．集じんと同時にガスの冷却やガス中の不要成分の吸収除去も可能である．集じん機構としては，重力，慣性力，遠心力，ブラウン拡散*，遮り*，粒子の凝集などがあげられる．スクラビングを行う装置をスクラバー*といい，ベンチュリースクラバー*，ジェットスクラバー*などがある．

なお，ガスを水などの液体で洗浄し，ガス中の不要成分や有害物質を液中に吸収・除去する吸収操作をスクラビング，その装置をスクラバー*とよぶことがある．　　　　　　　　　　　　[寺本 正明]

## スクリューおしだしき　──押出機　screw extruder

静止したシリンダー（バレル）内にらせん溝を切ったスクリューを回転させて，内部の流体を軸方向に移送させる機能を有する装置．プラスチックの成形加工や高粘性流体の輸送に利用される．ホッパー*に供給されたペレットまたは粉末状の固体が移動の過程で溶融され，混練，加圧されてバレル先端のダイスから型に押し出される．スクリュー内の溶融流体は，溝方向への圧力流れと溝断面を横断的に流れる横断流れから構成される．スクリューの本数によって，単軸押出機，二軸押出機*，多軸押出機さらに遊星ギヤ押出機などがあるが，主流は単軸押出機と二軸押出機である．二軸押出機は2本のスクリューが互いにかみ合っているか，かみ合っていないか，同方向に回転するか，異方向回転かによって分類される．スクリューの回転速度，溝深さなどはプラスチック材料とその使用目的によって選定される．
　　　　　　　　　　　　　　　　[梶内 俊夫]

## スクリューかくはんき　──攪拌機　screw mixer

スクリュー撹拌機はバッチ式に対して連続式混練機として使用される．スクリュー型は単軸，二軸，多軸などの混練*押出機としての活用が多く，容器固定型水平軸のスクリュー押出機に分類される．捏和・混練機*はせん断だけでなく，処理対象物質を圧縮する機能をもたせていることに特徴がある．処理対象物質に与えられたせん断応力と，その時間がレオロジー特性を決定することから，成形加工性向上のためにはこれらの制御が重要である．図のような二軸押出機などでは加工履歴の程度がスクリュー構成，すなわち加工機によって大きく異なる．二軸スクリューではスクリュー間隙のごくわずかな領域のみで応力を受け，また間隙通過後はひずみが開放されて応力が緩和されることなどから，高分子樹脂分野でとくに多用されている．複数のピッチのスクリュー，逆スクリュー，特殊ニーディングディスクなどの最適な組合せや，テーパーとストレートのスクリューを組み合わせるのも効果的である．（⇒横型混

すくりゅうこん

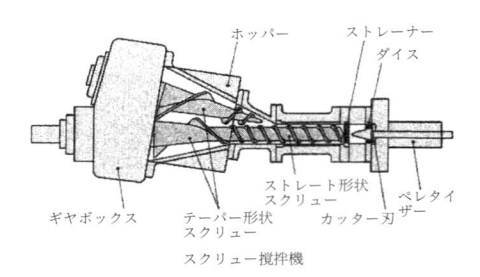

(練式攪拌機)　　　　　　　　　　　　　　［塩原　克己］

**スクリューコンベヤー**　screw conveyor

粉粒体の機械的輸送装置の一つ．ねじ羽根を取り付けたシャフト(ねじ軸)をトラフまたは管内に横たえ，シャフトの回転によって粉粒体を輸送する機械である．スクリューコンベヤーでは，粉粒体の投入と排出が容易で，流量コントロールにも適している．したがってスクリューフィーダー*とよばれ，供給機として用いられることも多い．さらに特徴として，乾燥，加熱，冷却，混合などの操作も可能である．反面，長距離輸送に向かず，また粉粒体は羽根面を滑りながら輸送されるので，ベルトコンベヤー*に比べ所要動力が大きくなる．羽根の種類については二重羽根スクリュー，パドル付きスクリュー，カットフライトスクリュー，リボンスクリューなどがあり，粉粒体の特性，混合などの操作の目的に応じて使い分けられる．　　　　　　　　　　　　［辻　　裕］

**スクリューフィーダー**　screw feeder

円筒あるいはU字形断面のトラフ内でらせん状のスクリューを回転させ，スクリュー羽根の進行によって粉粒体を強制的に押し出す形式の供給機．粉体自身によって気密が保たれ，ある程度の圧力差があるところへの供給ができる．特徴としては，斜め上方，鉛直方向など，比較的任意の方向への供給ができる．トラフを多孔構造にすれば分級や脱水などができる．トラフにジャケットを付ければ，加熱や冷却ができる，湿った粉体や高温の粉体も供給できるなどがある．スクリューとしてはピッチおよび径が一定のものが普通であるが，ピッチが排出端に近いほど大きいもの，ピッチおよび径ともに排出端に近いほど大きいもの，ピッチが排出端に近いほど小さいものなど，目的に応じて種々の型式がある．スクリューとトラフのすき間への粒子のかみ込みにより運動不能になることがあり，必要に応じて過負荷防止のシャーピンを用いる．流量と回転数の関係を示す静特性は，広い範囲で線形であるが，瞬間流量はかなり大きな周期的変動をする．コイル状のスクリューを用いた型式もあり，この場合，流量の脈動は比較的小さい．　　　　　　　　　　　　［増田　弘昭］

**スクリュープレス**　screw press

エキスペラー．固定された外筒沪材と，その中で回転するウォーム軸からなる連続式圧搾装置．植物種子の搾油に古くから使用されているが，食品工業における脱水工程，廃水処理汚泥の脱水にも用いられている．ウォームと外筒の間隙は入口から出口に向かって狭くなっているので，固液混合物容積が減少し圧搾*される．装置内の圧搾圧力は，固液混合物の流動・輸送特性に左右される．スクリューポンプと異なり，ウォームを低速で回転させるほど固液混合物の脱液が進みスクリュー輸送の抵抗が大きくなるため，装置内の圧力は高くなる．搾油用のスクリュープレスでは，100 MPa程度の圧搾圧力を発生させることができる．　　　　　　　　　［岩田　政司］

**スケジューリング**　scheduling

処理すべき仕事とその処理を実行可能な機械群(装置，人)が与えられたとき，さまざまな制約条件を満たしあらかじめ定めた評価を最適にするように，各仕事の各機械への割り当て，各機械での処理順序と処理開始時刻を定める手続きをいう．

解法は，厳密な最適解を求める方法と，最適とは限らないができるだけよい解(スケジュール)を求める方法に大別される．前者としては，2機械フローショップ問題*に対するジョンソンの方法が解析的方法として有名である．一般的な問題に対する厳密な最適解は，問題を混合整数線形計画問題*として定式化し，分枝限定法*などの手法を用いて求められる．後者としては，分枝限定法での計算時間を制限し，それまでの時点で得られた暫定解を実行解とする方法や，さまざまなディスパッチングルール*を用いる方法がある．最近ではシミュレーテッドアニーリング，タブー探索，遺伝的アルゴリズム*などのメタヒューリスティクスとよばれる方法も利用されている．　　　　　　　　　　　　　　［長谷部　伸治］

**スケール**　scale

熱交換器*の汚れの一つであるスケールは，スライム，スラッジとともに伝熱係数低下，流動阻害，腐食の原因となる．以下にそれぞれについて解説する．

スケール：蒸発缶や熱交換器の伝熱面上に，運転の経過とともに付着する薄層状の固体．付着の原

因は溶質*の析出であり，析出成分により硬質スケールと軟質スケールがある．前者は$CaSO_4$，$Na_2SO_4$など強酸塩の場合で非常に硬く除去しにくい．後者は$CaCO_3$，$Mg(OH)_2$などアルカリの場合である．付着防止にはpH制御法などが用いられる．

スライム：細菌類（バクテリア），糸状菌（カビ），藻類などの微生物を主体とした土砂やさびなどが，微生物の生産した粘性物質により一体となった粘性のある泥状塊のこと．防止のために次亜塩素酸ナトリウムなどの殺菌剤や，各種の有機系スライムコントロール剤が通常使用される．

スラッジ：伝熱面に固着せず底部に沈積している軟質の沈殿物のこと．金属材料の腐食生成物やスライムなどで構成される．付着防止と除去にはスポンジボール洗浄法*が有効である． [川田 章廣]

## スケールアップ  scale up

一般にはプラントあるいは機器の規模を拡大すること，およびそれに伴なう技術・手法．通常化学プラントの開発は，実験室規模→パイロットプラント→実装置の手順で進むが，機器，装置，配管の設計にはおのおのの段階で流動，伝熱などの化学工学的考察，反応工学を駆使したスケールアップの手法，材料工学など経験に基づく総合的な知識が必要である． [信江 道生]

## スケールアップ——（撹拌槽の） scale up of mixing vessel

小型の撹拌槽で行ったのと同様の撹拌・混合操作を大型槽においても実現できるよう，処理容量を大きくするための手法．したがって，スケールアップとは，小型槽と相似の大型槽をつくるだけでなく，回転数や邪魔板条件も含めて，最適な操作条件を設定することも含まれる．乱流撹拌槽では，液単位容積あたりの撹拌所要動力*を，小型槽と大型槽で同一にするよう回転数を設定する方法がとられる．複数の撹拌目的を実現するためには，小型槽と大型槽が幾何学的に相似とならないスケールアップ手法がとられることもある．[⇒スケールアップ（$P_V$ 一定の）] [平岡 節郎]

## スケールアップ——（気液撹拌槽の） scale up of aerated mixing vessel

試験室における小型モデル気液撹拌槽の状態と同じ撹拌効果を，大型の実機で実現するための設計基準を得ること．気液撹拌では，ガス吸収速度の制御が重要な課題であり，所定の濃度推進力のもとでは，液側基準の総括容量係数* $K_La$ が設計因子となる．一般には，モデル槽と実機における液単位体積あたりのガス吸収速度が同一に対応する，$K_La$ 一定が設計基準となる．この条件を撹拌槽内につくりだすために，操作・運転条件，装置形状・寸法などをいかにするかが，気液撹拌槽のスケールアップである．$K_La$ は液単位体積あたりの撹拌所要動力* $P_{V,g}$ と通気動力* $P_{V,a}$，および両者のバランスにより決まる．そのため，両者をバランスよく変えて $K_La$ を一定にするスケールアップが理想的であるが，付帯機器を含めた装置上の制約やスケールアップ因子の複雑化を考慮すると，撹拌条件を一定にする方法と，通気条件を一定とする方法が現実的であろう．

モデル槽と実機が幾何学的相似の場合，① $P_{V,a}$ が同一，すなわちガス空塔速度*が同じでは，$P_{V,g}$ も同じにする必要があるため，$nd^{0.67}$（$n$：翼回転速度，$d$：翼径）を一定，② VVM*（液体積あたりの通気流量）が同一では，$P_{V,a}$ が装置のスケールに比例して増大するため，$nd^{0.86}$ を一定にすれば両者の $K_La$ を同じにできる，との報告が空気～水系，ディスクを有する翼についてある．

液単位体積あたりの動力によるスケールアップでは，槽内のエネルギー散逸の分布が同じであることが前提条件であり，槽の大型化に伴い槽壁近くのエネルギー散逸速度が急激に減少すること，大型化によっても気泡径はあまり変化しないこと，翼槽径比により翼のガス捕捉量が著しく違うことなどの点に十分留意してスケールアップを行う必要があるが，ガス捕捉量の少ない翼については多い翼と同様の取扱いができる．ただし，高粘度液では液混合に有利な翼を選択する必要がある．[⇒スケールアップ（撹拌槽の）] [望月 雅文]

## スケールアップ——（晶析装置の） scale up of crystallizers

実験室の小規模装置で得られた晶析*データをもとに，実機レベルの大型装置を設計すること．所望の生産速度を得るための装置容積は，基本的にはマスバランスから決定できる．しかし，所望の粒度の製品結晶を得るための撹拌速度の決定，撹拌翼の選定は難しい．撹拌速度は二次核発生*速度，すなわち結晶数に大きく影響するからである．撹拌翼先端速度（チップスピード），撹拌動力などをスケールアップ因子とする場合がある． [久保田 徳昭]

## スケールアップ——（$P_V$ 一定の） scale up based on power consumption per unit volume

撹拌槽の容量を拡大（スケールアップ）する場合，拡大した撹拌槽でももとの撹拌槽と同じミキシング

条件を実現させる必要がある.この場合,二つの槽の間でどんな物理量を同じにすることが合理的かが問題となる.その一つに,撹拌に必要とされる撹拌所要動力*を槽内の溶液量で割った液単位容積あたりの撹拌所要動力 $P_V$[W m$^{-3}$]を,両槽で同一とする手法がある.一般には乱流状態にある撹拌槽,気-液,液-液,固-液といった異相系の撹拌槽のスケールアップ手法としてよく用いられる. [平岡 節郎]

## スケールエフェクト scale effect

機械,装置,プラントなどの規模を大きくした場合,幾何学的に相似条件をとっても性能が異なること,あるいは当初推定し得なかった現象が出てくることをいう.これは流動,伝熱,撹拌,壁面の状況,細部の構造などが微妙に影響することによる.
[信江 道生]

## すす soot

炭化水素燃料が不完全燃焼した場合,黒色の微粒子が生成する場合がある.これをすすとよぶ.燃焼過程で生成するすすには気相析出型と残炭型に分類できる.前者は,直径数～百 nm の球状粒子が連なった形を呈する.後者は数百 μm の大きな粒子になる場合もある.(⇒燃焼反応) [成瀬 一郎]

## スタグナントゾーン stagnant zone

デッドゾーン(dead zone).流体が流通する流通式反応器,熱交換器,充塡層などにおいて,流体の流れで流体混合が不良でよどみが生じ滞留時間が非常に長い領域が存在するとき,その領域をスタグナントゾーンという.チャネリングや循環流れと同様,非理想流れであり,いずれも装置の性能を低下させるためできるかぎりこのような流れが生じるのを避けるように工夫することが重要である.スタグナントゾーンは滞留時間分布関数において,長いテーリングがみられることによって検知できる.ただし,過度に滞留時間が長い場合はテーリングがみられないことに注意する必要がある. [堤 敦司]

## スタッガードグリッドほう ——法 staggered grid method

流動状態を数値解析するさいの計算する位置と変数配列との関係の一つ.コンピュータを用いて計算するためには,解析する対象を多くの要素(格子)に分割して計算する必要があり,その位置がまず決められる.分割された格子の体積中心で圧力・温度・濃度などのスカラー変数を定義,計算し,格子の各面中心で,速度ベクトルの各成分を定義,計算する方法.互いに半格子分,位置関係がずれることから食違い格子法とよばれる.このようにすることで,

解の振動現象や無意味な解への落込みを防ぐことができる. [上ノ山 周]

## スタティックミキサー static mixer

モーションレスミキサー.ミキサー自身は動く部分がなく,流体が管内部に固定されたエレメントを通過するだけで混合の目的が達成される.しかも,撹拌所要動力に相当する圧力損失が比較的小さく,口径,エレメント数を調整することによって混合の目的である溶解,抽出,ガス吸収などの諸操作を行うことができる.このように,インライン方式の撹拌概念が登場してから,従来の槽内撹拌方式に関連する常識とは別の技術分野が開けつつある.

各種スタティックミキサー

| | |
|---|---|
| スタティックミキサー<br>(Kenics, 米国) | $L/D = 1.4 \sim 2$ |
| スタティックミキシング<br>エレメント SMW<br>(Sulzer, スイス) | |
| ロス ISG ミキサー<br>(Charless & Ross, 米国) | |
| スクエアミキサー<br>(櫻製作所, 日本) | $L/C = 1.5$ |
| シマザキパイプミキサー<br>(晃立工業, 日本) | |
| ハイミキサー<br>(東レ, 日本) | $L/D = 1$ |
| コマックスミキサー<br>(Komax Systems, 米国) | |
| ライトニングインライナー<br>(Mixing Equipment, 米国) | |

表に示すような種々のエレメントが市販されている.高粘度系の混合は液体の分割と折畳みの機構によってなされる.一方,液液(不均一系)や気液分散では,液滴や気泡の分裂がエレメントによるせん断によって行われ,高い界面積が与えられる.スタティックミキサーによる撹拌混合は,撹拌槽による混合方式に比べ時間遅れが極端に小さく応答が速いことと,流体の流れが理想的なピストン流れに近いことが特徴である.したがって,一つのエレメントの効率を十分に理解しているならば,混合目的を達成

するために必要なエレメントの大きさや数を計算することができる。大きさとしては直径1cm〜0.5m程度までそろっている。　　　　　　　　［高橋　幸司］

**スターリングサイクル** Stirling cycle
　等温圧縮，定容圧縮，等温膨張，定容膨張の四つの行程から構成されるサイクル．等温圧縮で吸収する熱量と等温膨張で放出する熱量の大きさは同じになるので，熱交換機により再生利用することができる．そうすれば，スターリングサイクルの熱効率*は，同じ温度条件で作用するカルノーサイクル*の熱効率と等しくなる．スコットランドのR. Stirlingがこのサイクルで作動する熱機関を考案した．
　　　　　　　　　　　　　　　　　　［桜井　誠］

**スタンドパイプ** stand pipe
　粒子循環装置の構成部品で，上部と下部の装置をつなぐ管．管内を移動する粒子と気体の流れ方向の違いや，粒子濃度の違いで，気体のシール，粒子用バルブ，固気接触器など種々の機能をもたせることができる．　　　　　　　　　　　　　　　［武内　洋］

**スタントンすう ——数** Stanton number
　熱移動*に用いられる無次元数*の一つ．$St$ または $N_{St}$ で記し，$h/C_p \rho u$ で表される．$h$ は熱伝達係数*，$C_p$ は定圧比熱，$\rho$ は流体の密度，$u$ は流速である．スタントン数は管壁への熱移動量と流体のもっているエネルギー流量の比である．管内の対流伝熱*にはヌッセルト数*の代わりにスタントン数が用いられる．また，$St = Nu/(Re \cdot Pr)$ という関係がある．$Nu, Re, Pr$ はそれぞれヌッセルト数，レイノルズ数，プラントル数*である．この名称は，1933年のAIChE*のシカゴにおける円卓会議において推奨された．　　　　　　　　　　　　　　　　［渡辺　隆行］

**スチームチューブロータリードライヤー** steam-tube rotary dryer
　回転乾燥器*の一形式で，回転円筒の内壁付近に円筒全長にわたって，1〜3列の水蒸気管を放射状に配置することで，円筒の底部で材料に埋もれている水蒸気管からの伝導伝熱*により材料が受熱する連続式乾燥器．乾燥器内は蒸発水分を除く程度に通気される．　　　　　　　　　　　　　　　［脇屋　和紀］

**スチームトラップ** steam trap
　蒸気配管から水蒸気を抜き出さず，ドレン（凝縮水）だけを抜き出すための装置．蒸気に混入した空気を排出できるものもある．図に示すベローズ型，フロート型，バケット型や，ほかにバイメタル型，インパルス型などがある．ベローズ型はベローズの応力の関係から，暖房のラジエーターのような低圧部分に用いられ，ドレンと空気が同時に排出される．フロート型はドレン量の多い場合に適し，空気の排出もできる機構をもつ．バケット型は蒸気とドレンの比重差を利用したもので，バケットの取付け法で各種の型式がある．　　　　　　　　［川田　章廣］

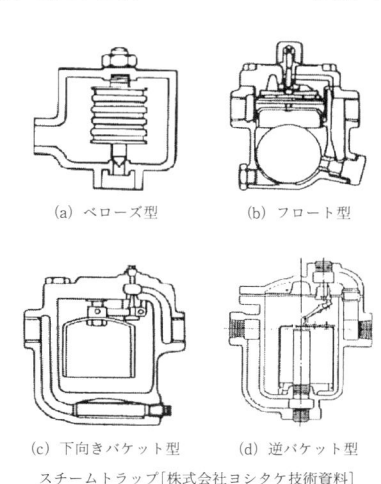

(a) ベローズ型　　(b) フロート型
(c) 下向きバケット型　　(d) 逆バケット型
スチームトラップ［株式会社ヨシタケ技術資料］

**スチームふんしゃ ——噴射** steam injection
　⇨水噴射

**スチル** still
　蒸留器のこと．蒸留缶*，蒸留釜*ともいい，蒸発部と凝縮部（コンデンサー）とをもつ．蒸留塔の底部に設けた蒸気発生用の蒸発*装置をいう場合もある．　　　　　　　　　　　　　　　　　［川田　章廣］

**ステークホルダー** stake holder
　利害関係者のこと．企業にとっては株主，顧客，社員，取引先，地域社会，諸官庁などがこれにあたる．　　　　　　　　　　　　　　　　［中島　幹］

**ステージぶんりけいすう ——分離係数** stage separation factor
　段分離係数．分離係数．膜でA，B2成分混合気体を分離するときの分離性の尺度を表す係数で，テストセルやモジュールでのA,B成分の低圧側（透過側）のモル分率 $y, 1-y$ と，高圧側のモル分率 $x, 1-x$ を用いて次式で定義する．1段の膜分離操作の分離係数を蒸留などと同じ定義式で表している．

$$\alpha = \frac{y}{1-y} \cdot \frac{1-x}{x}$$

とくに気体分離では，透過係数に圧力依存性がな

い理想的な膜で，透過流量が供給流量に比較して無視小の操作や完全混合のセルでは $\alpha$ は次のように表すことができる．

$$\alpha = \frac{\alpha^*+1}{2} - \frac{Pr(\alpha^*-1)}{2x} - \frac{1}{2x}$$
$$+ \left[\left(\frac{\alpha^*-1}{2}\right) + \frac{(\alpha^*-1)-Pr(\alpha^{*2}-1))}{2x}\right.$$
$$\left. + \left\{\frac{Pr(\alpha^*-1)+1}{2x}\right\}^2\right]^{0.5}$$

ここで，$\alpha^*$ は A 成分/B 成分の透過係数比で，$Pr$ は高圧側圧力 $p_h$ と低圧側圧力 $p_l$ の圧力比 $p_l/p_h$ である．$Pr$ がゼロとみなせる条件での $\alpha$ は $\alpha^*$ に等しくなるので，$\alpha^*$ を理想分離係数ともいう．また，膜の分離性能の表示指標として $\alpha^*$ を使用する場合は単に膜の分離係数というときもある． 　　[原谷 賢治]

## ステップ　step

結晶表面で分子(結晶成長単位)の高さだけ違うへりの部分のこと．結晶の成長は成長単位がここに到達して結晶格子に組み込まれる過程である．光学顕微鏡で観察できるしま状のステップは，分子オーダーのミクロステップが集中して見えるマクロステップである． 　　[松岡 正邦]

## ステップおうとうほう　——応答法 step response method

パルス応答法や疑似乱数2値信号法と並ぶシステムの動特性を同定する手法の一つ．システムへの入力変数* を定常値からステップ状に変化させ，出力の応答波形を観察し，その応答波形の形状から，入出力間の動的挙動を求める方法である． 　　[大嶋 正裕]

## ステップおうとうモデル　——応答—— step response model

FSR (finite step response model)．システム(対象プロセス)の入出力間の動的挙動を表現するための数式モデルの一つ．操作量である入力がステップ状に変更されることに伴い生ずる出力変数* の応答を，離散値として計算することのできるモデルである． 　　[大嶋 正裕]

## ステップカバレッジ　step coverage

トレンチカバレッジ．ULSI(超々大規模集積回路)作製などにおいて，溝(トレンチ)や孔(ホール)などの内部に均一に薄膜を形成する必要があり，そのさいの均一性をステップカバレッジと総称する．一般には溝や孔の底部の膜厚と入口付近の膜厚の比として定義される．PVD* 法および CVD* 法による薄膜合成において，薄膜成長速度が原料濃度に対して1次であり，かつ，溝やホール内への製膜分子種の拡散がクヌーセン拡散* の場合，ステップカバレッジ $S_c$ は近似的に次式で与えられる．

$$S_c = \frac{1}{\cosh\phi + (W\phi/2L)\sinh\phi}$$
$$\phi = \frac{L}{W}\sqrt{\frac{3\eta}{2}} \quad \text{(トレンチの場合)}$$
$$\phi = \frac{L}{W}\sqrt{3\eta} \quad \text{(ホールの場合)}$$

ここで，$W$ はトレンチまたはホールの幅，$L$ は深さであり，$\eta$ は付着率である．上式から明らかなように，ステップカバレッジは付着率とアスペクト比 ($L/W$) の関数である．

PVD 法による薄膜作製の場合は，$\eta$ がほぼ1であるためステップカバレッジが悪いのに対し，CVD 法では $10^{-7}$ 程度から1.0までの幅広い値をとり，アスペクト比が10以上のトレンチやホールにも均一に薄膜を形成できる可能性がある．また，ラングミュア型の反応速度式に従う場合，0次反応領域ではステップカバレッジはほぼ100% 均一になる．なお，上記の解析は薄膜堆積に伴うトレンチやホールの形状変化が無視できる程度の薄い薄膜形成段階でのステップカバレッジを前提としており，埋込みを考慮するような場合の詳細な解析を行うには，モンテカルロ法によるシミュレーションを活用する． 　　[霜垣 幸浩]

## ステップすう　——数　number of steps

マッケーブ-シール法* などによって蒸留塔* の理論段数* を求めるとき，塔頂および塔底の組成間に存在する階段の数をいう．なお，リボイラーを設置した蒸留塔の場合には，階段の数のなかにリボイラー分が含まれるため，塔内理論段数に1を加えたものがステップ数になる． 　　[小菅 人慈]

## ステファン-マックスウェルのしき　——の式 Stefan-Maxwell equation

多成分系における拡散* について，拡散流束* $N_i$ と ($i=1,2,\cdots,n$) と拡散推進力であるモル分率勾配 $\nabla x_i$ との関係は次式で与えられる．

$$\nabla x_i = \sum_j \frac{1}{cD_{ij}}(x_i N_j - x_j N_i)$$

この式は多成分系の拡散に対する一般式で，ステファン-マックスウェルの式とよばれる．$D_{ij}$ は $i, j$ 二成分系の拡散係数* である．この式は，マックスウェルにより，着目成分の分圧勾配がほかの分子との相互衝突による運動量の交換速度に等しいとして，分子運動論に基づいて導かれた．この一般式はボルツ

マン方程式*から導くことができる． ［神吉 達夫］

**ステファン-ボルツマンのしき ——の式** Stefan-Boltzmann's equation

黒体*面はさまざまの波長のふく射を放射するが，温度 $T$ の黒体面がその単位面積・単位時間あたりに，真空の半球空間に向けて放射すふく射の全エネルギー $E_B^{total}$ [W m$^{-2}$] は黒体の真空空間への全放射能であり，次のステファン-ボルツマンの式で表される．

$$E_B^{total} = \sigma_{SB} T^4$$

ここで，$\sigma_{SB}$ はステファン-ボルツマン定数である．上式は，プランク式*をふく射の波長で積分して導かれる． ［牧野 俊郎］

**ステンレスこう ——鋼** stainless steel

クロムまたはクロムとニッケルを多量に添加することにより，金属表面に素地金属と組成や構造の異なる不働態皮膜（緻密な保護皮膜）を形成しこれを維持することにより耐食性を著しく高めた鉄基合金のこと．歴史的にも耐食性材料の代表格．通常，フェライト系，オーステナイト系，マルテンサイト系，オーステナイト-フェライト系（二相系），析出硬化系などに大別される．ステンレス鋳鋼品の化学成分などは JIS 5121 に，熱処理と機械的性質などは JIS 5122 に規定されている．

① フェライト系ステンレス鋼：C 0.12％ 以下，Cr 12～30％ を含有したフェライト組織を有するステンレス鋼．Cr 13％ 系のステンレス鋼は，もともと Cr 13％ を含む熱間工具鋼などから発展したもの．Cr 18％，C 0.12％ 以下の SUS 430 が代表鋼であり，大量に生産され供給されている．SUS 420 J 1 や SUS 430 J 2 (Cr 13％，C 0.3％) に対し，Cr の添加量を増加することにより強度，耐熱性，耐食性を向上させたもの．② オーステナイト系ステンレス鋼：Fe-Cr-Ni 系の合金で Cr 12～26％ と Ni 6～22％ とを添加，高温のオーステナイト組織が室温まで維持されたステンレス鋼．さらに Mo, Cu, Ti, Nb を添加することもある．高価な Ni をもっとも少なくしてオーステナイト組織を得るためには，Cr 18％，Ni 8％ の組成がよいとされている．また，耐粒界腐食性および溶接製を改良するためには C 含有量を低下させる必要があり，現在，C 0.08％ とした 18-8 ステンレス鋼 (SUS 304) がもっとも一般的な鋳鋼品．③ マルテンサイト系ステンレス鋼：Cr 12～18％，C 0.15～1.2％ を含有し，熱処理によってマルテンサイト変態を経て硬化させたステンレス鋼．焼入れ・焼戻し処理を施すことにより優れた強靭性，耐力，引張強さなどの機械的性質を現出させることができるとともに耐食性もあるが，通常，耐食性はほかの系統のステンレス鋼に劣る．SUS 403, SUS 410 が代表的な鋼種．④ オーステナイト-フェライト系ステンレス鋼：Cr 23～28％ と Ni 3～6％ とを含有させ，オーステナイト相とフェライト相との混相組織にしたもので二相ステンレス鋼ともいう．SUS 329 J 1 が代表鋼．通常，オーステナイト系ステンレス鋼より強度は高いが，靭性に劣る．耐応力腐食割れ性，耐粒界腐食性に優れる．⑤ 析出硬化系ステンレス鋼：高度の機械的性質を有し，過酷な腐食環境に耐える材料として開発されたもの．たとえば，オーステナイト系ステンレス鋼に Al や Cu を添加，熱処理により析出硬化させて強度を著しく高めた鋼種では，Cr 17％，Ni 7％，Al 1.15％ を添加した 17-7 PH (precipitation hardening) ステンレス鋼が代表的な鋼種． ［矢ケ﨑 隆義］

**ストーカーしきしょうきゃくプロセス ——式焼却** —— stoker incineration process

ストーカー燃焼．ストーカーとは火格子燃焼炉のことをさし，一般廃棄物の焼却プロセスに数多く採用されている．ストーカー燃焼炉*は，乾燥部，揮発分燃焼部，チャー燃焼部および灰出し部から構成されている．多くの場合，火格子を機械的に移動させることや，空気量の炉下部からの供給分配を変化させることで炉内の燃焼制御を行っている．

［成瀬 一郎］

**ストーカーねんしょう ——燃焼** stoker combustion

⇒ストーカー式焼却プロセス

**ストーカーねんしょうろ ——燃焼炉** stoker

ストーカー（火格子）燃焼炉は，石炭をはじめ，木くず，都市ごみなどの固形燃料の燃焼装置である．燃焼用空気を噴出させる多数のすき間を有する鋳物製のストーカー上に固形燃料が散布され，ストーカー上で表面燃焼*する．燃焼時に発生する CO と大部分の揮発分は炉の空間部でガス燃焼する．（⇒ストーカー式焼却プロセス） ［二宮 善彦］

**ストークス径 ——径** Stokes diameter

不規則な形の粒子の大きさを表す有効径（等価代表径）の一種．ストークス-カニンガム域での粒子の運動に対して，ストークス径 $D_{st}$ は次式で与えられる．

$$D_{st} = \sqrt{\frac{18\mu v_t}{(\rho_p - \rho) g C_c}}$$

ここで，$\mu$ は流体の粘度，$v_t$ は粒子の終末沈降速度，

$\rho_p$ は粒子の密度, $\rho$ は流体の密度, $g$ は重力加速度, $C_c$ はカニンガムの滑り補正係数である. 重力場での粒子の終末沈降速度 $v_t$ を測定し, それと等しい終速度をもつ球の直径 $D_{st}$ をストークスの式から逆算したもの. 液体中での沈降では $C_c=1$ としてよい. 流体抵抗がストークス域外となる大きい粒子の場合, 粒子の終末沈降速度と同じ終速度を示す球の直径を沈降速度径という. なお, 微粒子ではストークス径の測定に遠心場も用いられる. [増田 弘昭]

**ストークスすう** ──**数** Stokes number
⇒慣性力

**ストークスのていこうほうそく** ──**の抵抗法則** Stokes law of drag

ストークスの法則. 直径 $d$ の球形固体粒子が粘度 $\mu$ の無限に広がる粘性流体中を十分遅い速度 $u$ で運動するとき成立する抵抗法則. 球形粒子にはたらく抵抗力を $R$ とすれば, 次のように書ける.
$$R = 3\pi\mu du$$
慣性力より粘性力が支配的で, レイノルズ数* $Re$ が 1 以下の遅い運動に対して成立する近似式である. 抵抗係数* $C_D$ を用いれば次のように表される.
$$C_D = \frac{24}{Re}$$
これは Navier-Stokes 式*のストークス近似により導かれる. 重力と抵抗力がつり合えば, 運動速度が終末速度 $u_t$ に達し, ストークスの式が成立する.
$$u_t = \frac{\Delta\rho g d^2}{18\mu}$$
ここで, $\Delta\rho$ は密度差, $g$ は重力加速度である. 落球粘度計や沈降法による粒子粒度測定にもこの原理が用いられる. 気液二相流の場合にも, 分散相の変形や内部流れが無視できる条件では適用されるが, 希薄な連続相中の微粒子の場合には, 粒子にはたらく抵抗力を近似できず, カニンガムの補正が必要になる. (⇒カニンガムの補正係数) [寺坂 宏一]

**Stockmayer ポテンシャル** Stockmayer potential

極性分子間にはたらく相互作用ポテンシャル $\phi$ を表す関数であり, 次式で表される.
$$\phi(r) = 4\varepsilon\left\{\left(\frac{\sigma}{r}\right)^{12} - \left(\frac{\sigma}{r}\right)^6\right\} + \left(\frac{\mu^2}{r^3}\right)F(\theta)$$
右辺第 1 項は Lennard-Jones ポテンシャル*, 第 2 項の $\mu$ は双極子モーメント, $F(\theta)$ は分子軸の配向角 $(\theta)$ の関数, $r$ は分子間 (分子の中心間) 距離である. [新田 友茂]

**ストランド** strand

⇒クラスター

**ストリッパー** stripper

ストリッピング*(放散*)を行う装置. 放散塔* ともいう. [寺本 正明]

**ストリッピング** stripping, desorption

放散. 液体中に溶解している気体または揮発性物質を気相中に追い出す操作. ストリッピングには, 間接加熱, 水蒸気または不活性気体を直接接触させる, 減圧するなどの方法がある. 吸収塔から出た吸収液を再生する塔をストリッパーまたは放散塔*とよぶ. また, 蒸留塔の回収部*をストリッピングセクションとよんでいる. [鈴木 功]

**ストリッピングファクター** stripping factor

充填塔のような異相間の微分接触装置の設計や運転において重要な, 気液平衡線*の傾き $m$ と操作線*の勾配 $L_{Ml}/G_{Ml}$ の比つまり $mG_{Ml}/L_{Ml}$ をいう. これをパラメーターとして充填塔の高さを決めるために必要な移動単位数* (NTU*) が求められる. [長浜 邦雄]

**ストレットフォードほう** ──**法** Stretford process

石炭ガス, 石油ガスなど工業原料ガスおよび燃料ガスから $H_2S$ を除去する湿式プロセス. 吸収液には $Na_2CO_3$ および $NaHCO_3$ の混合水溶液に, 2,6-および 2,7-アントラキノンジスルホン酸 (ADA) のナトリウム塩およびバナジウム酸ナトリウムを添加したものが用いられる. このプロセスの反応は
$$Na_2CO_3 + H_2S = NaHS + NaHCO_3 \quad (1)$$
$$4NaVO_3 + 2NaHS + H_2O$$
$$= Na_2V_4O_9 + 2S + 4NaOH \quad (2)$$
$$Na_2V_4O_9 + 2NaOH + H_2O + 2ADA$$
$$= 4NaVO_3 + 2ADA(還元) \quad (3)$$
$$2ADA(還元) + O_2 = 2ADA + H_2O \quad (4)$$
である. 式(1)は吸収, 式(2)は S の析出, 式(3)は $NaVO_3$ の再生, 式(4)は ADA の空気による酸化, 再生である. 操作は通常, 大気圧, 293〜308 K で行われ, $H_2S$ 濃度 1 ppm 以下にまで精製できる. [渋谷 博光]

**ストローハルすう** ──**数** Strouhal number

周期的に変動する非定常流において, 非定常の影響の大きさを表す無次元数*. $Sr$ または $N_{sr}$ と記す. 一様な流れの中を流れの方向に一定の相対速度をもって運動する物体の背後において, 単位時間に発生する伴流の渦の数を $N[Ls^{-1}]$, 物体の代表長さを $D$, 流体と物体の相対速度を $u_0$ とするとき, ストローハル数は $ND/u_0$ で定義される. 円柱のストロ

一ハル数はレイノルズ数*の関数となることが実験的に知られている． [渡辺 隆行]

**すなろかき　砂沪過器　sand filter**

砂を沪材*として，古くから上水道や工業用水などの沪過*に用いられている装置．重力式砂沪過器が一般的であり，沪材層通過前後の水面が大気圧に開放されていて，両水面の高低差のみによって沪過が行われる．沪過が進行し，沪材層に懸濁物質が堆積し沪過能力が低下すると，沪材層はほとんどの場合，浄水を逆流させ沪材層を流動化して洗浄する逆洗操作によって再生される．沪過速度の大きさによって，緩速砂沪過器と急速砂沪過器に大別される． [入谷 英司]

**スパイラルせいちょう　――成長　spiral growth**
⇒ BCF 理論

**スパイラルねつこうかんき　――熱交換器　spiral heat exchanger**

図のように2枚の伝熱板を一定間隔に保って渦巻形に巻き，二つの流路を構成した構造の熱交換器*．渦巻板式ともローゼンブラッド型ともいう．2流体は相互に干渉されずにそれぞれの流路を流れるので，向流*，並流*いずれの操作も可能である．流路は長方形の断面をもち，渦巻状に巻かれているため流れは複雑であるが，伝熱係数*は直管内流れの場合より2～3倍大きい．また，流路が単一であるので流路の一部に付着物ができるとその付近の局所的流速が増加し，流体自体の摩擦で付着物を除去する自己清浄作用がはたらいて，着垢現象が少ないといわれている．伝熱板はステンレス鋼，アルミニウム，銅，銅合金などの耐食性材料が多く，標準的な最高使用圧力と温度はそれぞれ0.6 MPa，200℃程度，伝熱面積2～12 m²である．パルプ工業，薬品，化学繊維，醸造工業などで多管式に代わって使用される場合が多い． [川田 章廣]

**スパイラルモジュール　spiral module**

膜モジュール*の一種で，平膜*を渦巻き状に巻いたもの． [中尾 真一]

**スパウテッドベッド　spouted bed**

噴流層．流動層*のような気泡による不規則な粒子混合操作と異なり，ガス分散器*を用いず粒子層底部を円すい状として，単孔のノズルから高流速で粒子層にガスを流入させ粒子を強制的に内部循環させる．中心軸付近はガス流とともに上向きに粒子が流れる噴流（スパウト）が形成され，その周囲を粒子が移動層*のように環状に下降する．1 mm以上の粗い粒子や湿った粒子などの流動化に適しており，物理操作に多く用いられる． [中里 勉]

**スパウテッドベッドドライヤー　spouted bed dryer**

円筒の下部に逆円すいを付設した装置に粒状材料を充填し，逆円すいの底頂部から熱風を吹き込むと，粒子は熱風により円筒中心に沿って充填層*上部に運ばれた後層頂部で分散*して壁近傍を下降して循環する．この循環層をスパウテッドベッド*といい，この層を用いる乾燥器をスパウテッドベッドドライヤーという． [脇屋 和紀]

**スパージャー　sparger**

通気撹拌槽*，気泡塔*，流動層*などの気液・気固・気液固接触装置におけるガス吹込み用分散器の総称．一般には，通気撹拌槽の撹拌翼直下に設置されたものをいい，もっとも簡単な構造のものは開放管（単孔ノズル）である．しかし，スパージャーの形状・寸法・配置によりガス分散状態が異なり，装置性能を左右するため，水平管やリング状管（リングスパージャー）に複数の孔を開けた構造のもの，多孔板を使用したものなどさまざまな形状のものが考案されている．とくに，実機においてはその寸法・形状にあわせて種々の工夫がなされている．なお，固体粒子を含む系では，粒子によるガス噴き出し孔の目詰りに注意が払われている． [望月 雅文]

**スーパーストラクチャー　super-structure**

いくつかの実現可能なプロセス構造を合わせてつくったプロセス構造をスーパーストラクチャーという．たとえば，可能な複数のプロセスフローシートを選び，重ね合わせてこのスーパーストラクチャーをつくる．これを用いてMILP（mixed integer non-liner programming）などの手法で最適化して，最適

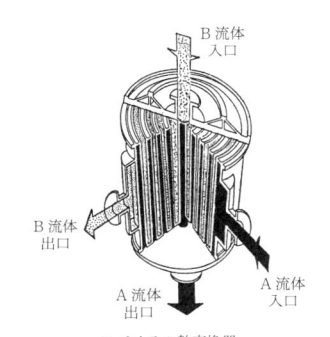

スパイラル熱交換器
[尾花英朗，"熱交換器設計ハンドブック　増訂版"，工学図書(2000)，p.615]

なフローシートを選ぶことができる．　［仲　勇治］

**スパッターイオンポンプ**　sputter ion pump

ある一定の磁場の中で，ペニング放電で生成した陽イオンがカソード板に衝突したときに発生するスパッタ原子に，空気中の活性ガスが吸着される現象を利用して排気する真空ポンプ．極・超高真空領域を求めるのに適したポンプである．　［伝田 六郎］

**スパッターりゅうしのエネルギーぶんぷ** ——粒子の——分布　energy distribution of sputtered particles

スパッタリング*により薄膜成長を行うさい，基板表面に到達するスパッター粒子のもつ運動エネルギーの分布．スパッタリング*でターゲットから放出される粒子は通常，数〜10 eV の運動エネルギーを有するが，雰囲気ガス分子と衝突することによりしだいに熱平衡化する．衝突回数に応じて，初期エネルギー粒子と熱平衡粒子の混在したエネルギー分布を生ずる．　［松井　功］

**スパッターりゅうしのかくどぶんぷ** ——粒子の角度分布　angular distribution of sputtered particles

⇒スパッタリング

**スパッタリング**　sputtering

固体表面に高いエネルギーをもつイオン，電子などの粒子を衝突させ，その衝撃により固体表面から原子を飛び出させること．高運動エネルギー粒子が固体表面に衝突すると，弾性衝突により構成原子に運動量が与えられる．さらにこの一次反跳原子が固体内で近傍の原子と次々に衝突を繰り返し，いわゆる衝突カスケードを形成する．その結果，固体表面から原子が放出される．基板から放出される原子にはエネルギー分布および角度分布が存在し，衝突カスケードを考慮することにより説明される．
　　　　　　　　　　　　　　　　　　　［松井　功］

**スパッタリングしゅうりつ** ——収率　sputtering yield

スパッタリング収量．ターゲットに入射するイオン1個あたり放出される原子数(atom/ion)と定義される．スパッタリング収率には入射イオンの質量とターゲット原子の質量の比，衝突断面積の大きさ，ターゲット表面における原子の結合エネルギーなどさまざまな要因が影響する．　［松井　功］

**スパッタリングほう** ——法　sputtering process

スパッタリング*を用いた成膜方法．一般には真空中に不活性ガス(Arなど)を導入しながら，基板とターゲット(成膜させる目的物質)間にグロー放電を起こし，イオン化したArをターゲットに衝突させて，ターゲットからはじき飛ばされた原子を基板に成膜させる．減圧容器内で目的原子を蒸発させて成膜する蒸着法*に比べ，スパッターされた原子が大きな運動エネルギー(平均5〜10 eV)を有して基板に衝突すること，およびターゲット表面で反射された高エネルギー粒子が基板に入射することが特徴である．いずれも薄膜の物性(欠陥密度，膜応力，摩耗性，密着性など)に影響を与える．真空蒸着では困難な高融点物質の成膜が行えるが高エネルギー粒子の制御が課題である．　［松井　功］

**スーパーバイザリーせいぎょ** ——制御　supervisory control

監視制御．通常のコントローラーの上位に位置する制御で，コントローラーの挙動を監視し，停止・開始，パラメーター調整などを行う．仕込み，昇温，排出と段階的に進行するバッチプロセスでは，計画どおり進行しているか監視し，計画からのずれには，設定値*変更や各処理の開始・終了のタイミング変更などの介入を行うことをよぶ．　［橋本 芳宏］

**スーパーフラクショネーション**　super fractionation

超蒸留．分離しようとする2成分の相対揮発度*が1に近く(一般には1.2〜1.3以下)，沸点差が小さい場合の蒸留で，分離濃縮に数百段を要する蒸留をいう．キシレン異性体の分離が有名である．p-キシレンとエチルベンゼン系では，1本の塔では段数が不足するので，2〜3本に分割した蒸留塔が用いられている．また，メタンの蒸留による炭素の安定同位体である $^{12}C$ と $^{13}C$ の分離濃縮は，沸点差は0.03℃，相対揮発度は1.003〜1.005であり，$^{12}C$ を99.8%から99.9%へ濃縮するのに数千段を要する．
　　　　　　　　　　　　　　　　　　　［鈴木　功］

**スピッツカステン**　spitzkasten

先のとがった複数の箱という意味のドイツ語が語源である．簡単な構造の多槽型重力式の湿式分級装置であり，図にその様子を示す．ホッパーのような

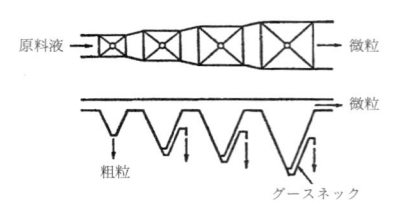

スピッツカステン分級機

角すい形容器を数個直列に連結した形をしており，原料は左側から流入して下流の容器ほど平均径の小さい粒子が回収できる．また，微粉を含んだ液は右側から排出され，特殊な水平流型の水ふるい装置である． [吉田 英人]

## スピノーダルぶんかい ——分解 spinodal decomposition

均一に相溶した混合系を非相溶領域へクエンチしたときに起こる相分離*の機構．非相溶領域では，混合自由エネルギーの組成に対する二階微分 ($d^2\Delta G_{mix}/dx^2$) が負になるため相溶状態は不安定であり，系内の濃度ゆらぎが自発的に増大することにより相分離が進行する．他方，($d^2\Delta G_{mix}/dx^2$) が正になる準安定領域ではスピノーダル分解ではなく，核形成・成長機構により相分離が起こる．ポリマーブレンド*では，上記二つの相分離機構によって生じる相分離中間構造は大きく異なる． [佐々木 隆]

## スピンコーティング spin coating

形成する膜の成分を揮発性の溶剤に溶解させた溶液を，円板状の基板などの上に滴下し，高速回転による遠心力を用いて溶液を基板上に広げると同時に溶剤を気化させて薄膜を形成する方法．おもに半導体製造工程においてレジスト薄膜を形成する用途などに用いられる．回転数は毎分数千回転程度，厚さは 1 μm 程度であることが多い．塗布膜厚は，基板の回転数，回転の立上がり，回転時間，レジストの粘度，分子量，濃度，溶媒の蒸気圧などにより制御される． [羽深 等]

## スプラッシュゾーン splash zone

流動層*表面直上の領域で，気泡破裂により層表面からの粗粒子の射出と自然落下が定常的に起きている領域．スプラッシュゾーンはフリーボード部*に含まれ，その最下部に位置する．気泡の破裂に起因する粒子射出には，① 気泡の前頂部からの射出と，② 気泡のウェイク*からの射出の二つがある． [鹿毛 浩之]

## スプリットキーせいぶん ——成分 split key component

蒸留*によって分離しようとする混合物の成分のなかで，揮発度*が高沸限界成分*と低沸限界成分*の間にあるもの． [森 秀樹]

## スプリットレンジせいぎょ ——制御 split range control

一つの制御量*の制御において，二つ以上の操作量*をレンジによって使い分ける制御方式である．たとえば，バッチ反応プロセスにおいて温度が低いときは蒸気弁を操作して加熱するが，発熱反応が起こり，温度が上昇してきた場合は冷却水の弁を操作して温度制御を行う．このように，制御量（この例では温度）をレンジに分割して，それぞれのレンジ内では異なった操作端を操作することにより広範囲の制御を可能にするものである． [山本 重彦]

## スプレーとう ——塔 spray column, spray tower

噴霧塔*．フィード液体を塔内に設置したスプレーノズルなどを通して多数の微小液滴に細分し，空塔内でガスまたは第二の液体中に分散*・接触させ，ガス吸収*または液液抽出*を行わせる装置．図のように気液スプレー塔(a)と液液スプレー塔(b)の 2

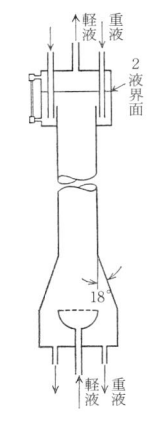

Elgin 型スプレー塔[便覧，改五，図 11·30]

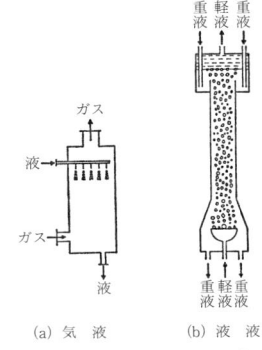

スプレー塔[辞典，改 3, p.273]
(a) 気液　(b) 液液

種類がある．気液スプレー塔は構造が簡単で建設費が安く，ガスの圧力損失*が少ないなどの利点をもつが，液の噴霧により塔内でガスの逆混合流れ*が起きやすいため，吸収効率*はあまり高くない．しかし，吸収と同時にガス中の粉じんを除去したい場合や吸収によって液体中に沈殿物・析出物が発生する場合には，閉塞しにくいという利点がある．液液スプレー塔も構造が簡単で建設費が安いなど，気液スプレー塔と同様な利点をもつが，連続相の逆混合流れのために抽出効率*はあまり高くない．したがって，高い抽出率を必要とする抽出操作には不適当であるが，固体粒子を含む液体の抽出には好適である．図に示す Elgin 型が有名である．
[渋谷博光・平田彰]

### スプレーフラッシュじょうはつほう ──蒸発法 spray flash evaporation

高温高圧の過熱液をスプレーノズルから低圧の蒸気室に放出して，フラッシュ蒸発*させる蒸発法．蒸発室下部の潜りオリフィスから過熱液を放出してフラッシュ蒸発させる場合に比べ，液深による沸点上昇の影響を受けにくいこと，微粒化による液表面積増大および既蒸発液と未蒸発液の混合が生じにくいことにより，高い蒸発性能を得ることができる．
[川田 章廣]

### スポンジそう ──層 sponge layer

膜の支持層*には指状の大きな空洞があいた構造とスポンジ状の構造とがあり，後者をとくにスポンジ層とよぶ．(⇒支持層) [中尾 真一]

### スポンジボールせんじょうほう ──洗浄法 sponge ball type tube autocleaning

多管式熱交換器*の伝熱管内の汚れを，ボール状の硬質スポンジを用いて自動洗浄する方法．ボール容器，ボール分離器などよりなり，伝熱管入口から1日数回，管内径より10%程度大きいボールを水といっしょに通し，出口で水と分離して回収する．運転しながら軟質スケール，スライム，スラッジなどの付着，堆積を抑制できる特徴がある．(⇒スケール)
[川田 章廣]

### スミスほしょうき ──補償器 Smith predictor

むだ時間補償．入出力間の伝達関数*が $G_P(s)e^{-\tau_d}$ で表されるむだ時間* $\tau_d$ をもつプロセスに対して使われる，図に示すような制御系である．むだ時間のあるプロセスでは，制御量の操作量 $u(s)$ に対する応答がむだ時間分だけ遅れる．影響が制御量に現れてから，さらに操作変数を変更し制御量を制御していたのでは遅すぎる．そのため，むだ時間を除いたプロセスの伝達関数 $G_P(s)$ を使って，むだ時間に相当する時間だけ将来の動きを予測し，操作量を動かす構造となっている．
[大嶋 正裕]

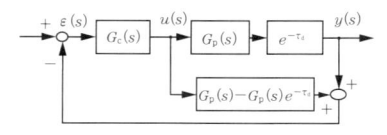

スミス補償器

### スモーカーほう ──法 Smoker's method

二成分系蒸留における理論段*数の解析的計算法．E.H. Smoker により 1938 年に発表され，その後の計算法の発達に大きな影響を与えた．全還流*の場合のフェンスキの式*を一般の還流比の場合に拡張したものである．

$$s = \frac{\log[(1-\beta x_W')x_D'/(1-\beta x_D')x_W']}{\log \gamma}$$

ここで，$s$ はステップ数，$\beta$，$\gamma$ は相対揮発度と操作線の傾斜などから求められるパラメーターで，$x_D'$，$x_W'$ は留出物組成，缶出液組成，相対揮発度などから計算できる．
[大江 修造]

### スモルコフスキーりろん ──理論 Smoluchowski theory

コロイド粒子*のブラウン拡散*による凝集過程に対して Smoluchowski が 1917 年に提案した理論．粒子がすべて単分散の球形粒子で，粒子間に相互作用がなく，衝突した粒子は直ちに同体積の球形粒子になると仮定すれば，凝集速度定数は粒子径によらず，$K_B = 8kT/(3\mu)$ となる．また，初期粒子個数濃度を $n_0$ とすると，$t$ 時間経過後の粒子個数濃度 $n$ は次式で求まる．

$$n = \frac{n_0}{1+(K_B/2)n_0 t}$$

[森 康維]

### スライム slime
⇒スケール

### スラッギング slugging

塔径の比較的小さい流動層*において，塔径程度まで成長した大気泡*が連続的に層内を上昇し，層上部の粒子層がピストン状に上下運動する流動状態．また，そのときの大気泡をガススラッグという．スラッギングには粒子によって種々の流動様式があり，比較的小粒径，低密度粒子の場合には，液中の大気泡と類似の弾頭状ガススラッグが層内を上昇し，一方，比較的大粒径，高密度の粒子の場合には

スラグが柱状化し、弾頭状ガススラグの上昇速度の1/2程度の速度で上昇する。　　　　　[山﨑 量平]

**スラグ**　slug
⇨スラッギング

**スラッジ**　sludge
高濃度なスラリー*をいう。スラリーと同じ意味で使用されることが多く、水ふるい装置の粒子堆積部、シックナーの下部流出液の状態をさす。濃度としては、回分沈降曲線の圧縮脱水区間の状態をさすことが多く、20～30 wt%となっている。フィルタープレスなどの濾過装置においても、濾布上に堆積した固液相をスラッジとも表現する。　　　[吉田 英人]

**スラッジブランケットがたぎょうしゅうちんこうそう　——型凝集沈降槽**　sludge blanket clarifier
凝集剤を添加混合した原水を、あらかじめ生成させたフロック(凝集塊)の流動層*(スラッジブランケット)に導入して、スラッジ濃縮と液体の清澄化を行う装置。生成した微小フロックがスラッジブランケットの中を上向きに通過する間に、大径フロック群と接触・捕捉により分離が促進される。
[中倉 英雄]

**スラリー**　slurry
泥漿。液体中に固体粒子が膠質化学的あるいは撹拌などによって分散した懸濁液。比較的多量の液体と固体粒子の混合物をさす場合もある。
[小川 浩平]

**スラリーながれ　——流れ**　slurry flow
⇨固液二相流

**スラリーはんのうそうち　——反応装置**　slurry reactor
粒子流動型反応装置。微少な触媒粒子を液相中に分散、懸濁させて気液固触媒反応*を行わせる反応装置。粒子を懸濁させる方法に2種類ある。一つは、流体の運動で粒子を流動化させる懸濁気泡塔*あるいは三相流動層*である。他方は、機械的な撹拌により粒子を浮遊させる懸濁気液撹拌槽反応装置である。なお、気体が存在しない液固触媒反応にも適用できる。　　　　　　　　　　　　[後藤 繁雄]

**ずりおうりょく　ずり応力**　shear stress
⇨せん断応力

**ずりそくど　ずり速度**　shear rate
⇨変形速度

**スリップそくど　——速度**　slip velocity
流体とその流体中を運動している物体の相対速度。とくに循環流動層*では固体粒子と流体との速度差で表現する。スリップ速度が粒子の終末速度*

より大きい場合、粒子は層内で個々に分散しておらず、群(クラスター)として挙動している。
[武内 洋]

**スリップながれ　——流れ**　slip flow
クヌーセン数* $Kn$ が $0.01 < Kn < 0.1$ の流域では、気体の主流部は粘性流*を呈するが壁面から平均自由行程*のオーダーの厚みのクヌーセン層における運動量輸送のバランスから、速度のスリップ(滑り)が現れる。このような流れをスリップ流れ(滑り流*)という。(速度スリップ)＝(スリップ係数)×(壁面での速度勾配)で表され、速度スリップにパラボラ状の分布を上乗せした速度分布を示す。スリップ係数は長さの単位をもち、平均自由行程のオーダーである。(⇨減圧下の移動現象)　　　　[神吉 達夫]

**スルザーパッキング**　Sulzer packing
スイスのSulzer社が1965年に初めて実用化に成功した規則充填物*(図参照)。当初は、分離が非常に困難な軽水と重水の蒸留分離(相対揮発度1.03～1.05)を目的として開発された。とくに塔径によらずに同じ断面構造をもてば、スケールアップ時に効率が一定に保てるのではないか、という発想に基づいて、その後の規則充填物の模範となったスルザーパッキングの形状が生まれた。素材は金網、プラスチック網であり、比表面積は 500～1700 m$^2$ m$^{-3}$ で、HETP* は 0.15 m 程度と非常に小さい。また、圧力損失も非常に小さいためこの充填物はとくに高真空蒸留によく使われる。　　　　　　[長浜 邦雄]

スルザーパッキング

**スルフィノールほう　——法**　Sulfinol process
Shell (SIPM)社がライセンスをもつ酸性ガス*除去プロセス。天然ガス、石油ガスなど燃料ガスおよび原料ガスから酸性ガスを除去する精製プロセス。吸収液には、物理的および化学的吸収剤の混合物、すなわちスルホラン 15～40% と DIPA(ジイソプロパノールアミン)または MDEA(メチルジエタノールアミン) 45～50% の混合物が用いられる。

$H_2S$ の分圧が高い場合には，吸収容量は MEA (モノエタノールアミン) 水溶液よりも大きい．スルホランの効果でアミン濃度を高めることができ，吸収剤の循環量を比較的小さくできる．代表的な用途はLNG (液化天然ガス), NG (天然ガス), 合成ガス向けである.

原料ガス中の $H_2S$, $CO_2$, COS (硫化カルボニル), RSHなどの酸性ガスが除去される．使用済み吸収剤は加熱後，放散塔*で再生される．吸収剤は安定で，劣化はほとんどなく，腐食性も低い.

[渋谷 博光]

**スループット** through-put

おもに半導体を製造する工程・装置において，単位時間内に加工・反応などの処理ができる基板の枚数．工業生産用装置の設計や選択のさいの重要な指針である．一般的な生産性*を表すために用いられることがある.

[羽深　等]

**すんぽうこうか　寸法効果** size effect

粒子の破壊強度試験において，試験片の寸法が小さくなるほど弱い欠陥を含む確率が小さくなるので，破壊強度の測定値が大きくなる．これを強度の寸法効果とよぶ.

[日高 重助]

# せ

**せいあつ　静圧　static pressure**

ベルヌーイの定理*の式を，圧力の次元で表した場合の圧力エネルギーの項のこと．ピトー管*の静圧測定孔のように，流れの中で速度に対して平行に設置された測定孔により測定される．孔を流れに向けて設置した場合，動圧*と静圧*の和である総圧が測定される．ベルヌーイの定理では位置エネルギーがほぼ一定の場合，総圧が一定となるため，流速の速い領域と遅い領域がある場合，静圧差が生じることとなる．
　　　　　　　　　　　　　　　　　　[吉川 史郎]

**せいかがくてきさんそようきゅうりょう　生化学的酸素要求量　biological oxygen demand**

BOD．排水を含む水中に含まれている有機物が好気性微生物の呼吸によって消費される溶存酸素量．この値が大きい水ほど，微生物が成育しやすく（水が腐りやすく），したがって有機物に汚染されていることを意味する．一般には試料を稀釈水で稀釈し，20℃で5日間放置したときの酸素消費量を測定する．
　　　　　　　　　　　　　　　　　　[紀ノ岡 正博]

**せいかつかんきょうこうもく　生活環境項目　items related to the protection of the living environment**

水質汚濁防止法の規定に基づいて省令で定められている水質環境基準および排出基準項目のなかで，有害物質以外の水質評価項目*．水質環境基準では，pH，BOD*，COD*，SS（浮遊物質），DO（溶存酸素），大腸菌群数の基準値が定められている．
　　　　　　　　　　　　　　　　　　[木曽 祥秋]

**せいかつけいいっぱんはいきぶつ　生活系一般廃棄物　household solid waste**

家庭より排出される廃棄物．商店，事務所，飲食店などから排出される事業系一般廃棄物と区別される．平成13年度の一般廃棄物の排出量は約5200万トンであり，生活系一般廃棄物はそのうちの約67%（約3500万トン）を占める（環境省資料より）．内訳は容積比ではプラスチック製容器包装材がもっとも多く，次いで容器包装以外の紙類，紙製容器包装材が多い．重量比では紙類と厨芥類が多い．今後はこれら廃棄物の排出を抑制することが求められる．
　　　　　　　　　　　　　　　　　　[後藤 尚弘]

**せいかつはいすいしょり　生活排水処理　domestic wastewater treatment**

生活排水は，し尿および雑排水（厨房，洗濯，風呂，洗面排水など）を含む排水をいい，次のいずれかの方法によって処理しなければならない．し尿のみの場合は，戸別収集してし尿処理施設などによる処理と，旧単独処理浄化槽による処理がある．し尿と雑排水を含む場合は，下水道，浄化槽（合併処理），農業集落排水処理施設，コミュニティー・プラントなどのいずれかによる処理が行われる．生活排水の処理では，沈殿分離（一次処理）による浮遊物質の除去，好気性生物処理による BOD*の除去と沈殿分離による汚泥の分離（二次処理）を行い，最終的には消毒して放流する．

二次処理には，浮遊性の微生物を用いた方法（活性汚泥法，回分式活性汚泥法，膜分離活性汚泥法など）と，生物膜法と総称される付着汚泥を用いた方法（接触酸化法*，散水沪床法，回転円板法，流動床法など）がある．二次処理水の有機汚濁物および窒素やリンなどの水質をさらに改善するためには，三次処理を含む高度処理*が行われる．
　　　　　　　　　　　　　　　　　　[木曽 祥秋]

**せいきゅうちゃく　正吸着　positive adsorption**

吸着剤*の表面で吸着質の濃度が増大する現象をいい，通常工業的に用いられる吸着現象である．逆の場合を負吸着という．
　　　　　　　　　　　　　　　　　　[吉田 弘之]

**せいぎょじゆうど　制御自由度　number of control objectives**

⇒プロセス方程式

**せいぎょせいのう　制御性能　controller performance**

制御系の性能全般をさすが，通常，速応性と振動性の2点から評価される．設定値のステップ変化に対する応答で評価することが多く，速応性の指標としては，立ち上り時間（最終値までの変化幅の10～90%に達する時間），むだ時間（出力が変化し始めるまでの時間），行き過ぎ時間（最初の行き過ぎのピークまでの時間），整定時間（最終定常値の許容範囲に収まるまでの時間）などがある．振動性については行き過ぎ量の最大値，減衰比（最初の二つの行き過ぎ量の比）などがある．定常偏差であるオフセット*

も重要な評価対象であるが，誤差の積分要素をもつ制御系では，調整に関係なくオフセットは生じない．さらに，制御誤差を積分したIAE(制御誤差の絶対値の積分)，時間の重み付けをした積分値ITAE，誤差の2乗を積分したISEなども，評価指標として用いられる．　　　　　　　　　　　　［橋本　芳宏］

**せいぎょりょう　制御量　controlled variable**

制御対象に属する量のうちで，それを制御することが目的となっている量．計測した値をフィードバック信号とする直接制御量と，直接制御量に起因する制御量で，計測が困難であるためフィードバック信号としない間接制御量の2種類がある．
　　　　　　　　　　　　　　　　　　［伊藤　利昭］

**せいけいき　成形機　molding machine**

広義には材料から製品を成形するために使用する機械のことをいうが，一般には高分子成形加工で使われる一つないし複数の機械の総称．おもに，① 混合・混練などでプラスチック材料に前処理を行う部分，② それに熱や圧力をかけて流動化させる部分，③ 所定の形状を与える部分，④ 製品に機械加工，組立てなどの二次加工を施す部分，に分けられる．たとえば，①の部分は二軸押出機*，②の部分は射出成形機における加熱筒部分や単軸押出機が，その役割を担っていることが多い．③の部分は，射出成形機では金型や型締シリンダーなどの部分，押出成形*では押出機先端に取り付けられるダイや，押し出された後の成形品の加工に使用する延伸機や引取機など，ブロー成形*では試験管やチューブ状の形をしたブロー成形の予備成形品であるパリソンを形づくるダイと割り型になった金型と，ボトル内に空気を吹き込むための機器などが，その部分に相当する．　　　　　　　［田上　秀一］

**せいげんこうそ　制限酵素　restriction enzyme, restriction endonuclease**

DNA*の特定な塩基配列を識別して二本鎖を切断する"はさみ"に相当する酵素．細菌細胞中で外来の異種DNAを分解するが，自株のDNAあるいは自株型に修飾されたDNAには作用しないという作用特異性をもつ．制限酵素は，Ⅰ，Ⅱ，Ⅲ型に分類され，とくに，Ⅱ型の酵素を用いると，DNAを特異的にかつ系統的に切断することができる．また，同じ種類の酵素で切断されたDNA断片の末端は，同じ構造をもつことになる．このような特性から，制限酵素はDNA塩基配列の決定や遺伝子工学に欠くことのできない重要な道具となっている．
　　　　　　　　　　　　　　　　　　［紀ノ岡　正博］

**ぜいこうかかいけい　税効果会計　tax effect accounting, income tax allocation accounting**

企業会計の"費用・収益"の計上と法人税等税法の"損金・益金"の計算が異なるので，法人税などの期間分配を適正に行うことをはかる会計のことをいう．すなわち法人税などを実際にいくら払ったかではなく，その決算期に支払うべき税額はいくらかを計算して計上する会計である．実際の納税額が支払うべき税額より多い部分は繰延べ税金資産として貸借対照表に記載されるので，その分利益が多くなる．　　　　　　　　　　　　　　　　［中島　幹］

**せいさんかんり　生産管理　production management**

生産管理業務の目的とは，経営環境変化のもとで，生産活動全般の管理を通じ収益を維持・改善することにある．広義には，研究開発・設計・試作も対象とするが，一般には一定の品質と数量の製品を，所定の期日までに生産するために経営資源，すなわち人的労力，設備・機器材，原材料などを経済的に運用させること．

具体的には，① 生産計画立案，② スケジューリング(月間あるいは週間の生産計画を日次あるいは時間単位の計画に落とし込むこと)，③ 生産指示・調整(スケジューリングが原材料投入など生産上の指標を時間単位に規定するのに対し，生産指示はこれらに加えさらに細かな運転指針を生産現場に与える)，④ 生産実績収集の四つの機能に大別される．また，生産活動全般にわたるため，実施にあたっては，① 生産と販売，② 全社と個々の工場，③ 工場内のプラント間，④ 運転と設備管理，⑤ 販売・生産・物流活動と会計などの基幹業務間の調和をはかりながら全体最適を目指す必要がある．
　　　　　　　　　　　　［川村継夫・船越良幸］

**せいさんけいかく　生産計画　production planning and scheduling**

生産計画の目的とは，顧客・市場の要請にこたえる生産活動を，利益の最大化，コストの最小化，納期対応などをはかりながら実現することにある．一般には，生産活動計画の対象期間は，5～10年にわたる長期計画，1～数年間を対象とする中期計画，年度計画，月次計画などがある．長期および中期計画は設備計画，人員計画，財務計画，原材料計画などを目的とするため経営計画としてとらえられて，1か月単位を区切りとした年度計画以降を生産計画とよぶことが多い．見込み生産では，営業活動を通じて得られる需要予測に基づき販売計画が立てられる

と，これに対応して生産計画が立てられ，両者を調整して計画内容(生産品目，生産数量，納期)が決定される．決定の手段として線形計画法などの数理計画法が利用されることが多いが，求めるべき計画内容の項目数や設備上の制約が多い場合には工夫を要する．
[川村継夫・船越良幸]

**せいさんじょうほうシステム　生産情報——** production information system, manufacturing information system

企業における生産活動を効率，効果的に進めるために必要な情報システムの総称．おもな機能は，販売計画，製品・原材料在庫，プラント運転状況，設備稼働状況などのデータをもとに生産計画を検討・立案し，必要に応じスケジューリングソフトなどを利用して時間単位に展開された生産指示を行う．また，プラントの実績データから，計画との差異を分析しタイムリーに生産指示に対する調整を行う．ERP* と区別をするためシステム機能を新たに定義して範囲の明確化をはかったものを，MES (manufacturing execution system, 生産実行システム) という．
[川村継夫・船越良幸]

**せいさんせい　生産性** productivity

一般に，1単位のインプット(投入，例，労働時間，設備投資など)から産出されるアウトプット量(付加価値生産量)として定義される．この数字が大きいほうが効率に優れ，伸び率が大きいほうが経済のパフォーマンス(成績)がよいと評価される．派生語に付加価値生産性や労働生産性があり，労働生産性(単位労働者または単位労働時間あたりの付加価値)としばしば混同されるので注意する．(⇒付加価値)
[日置　敬]

**せいせいしょうせき　精製晶析** purification crystallization

精製を目的とした晶析操作で，融液晶析と同義語として用いられることが多い．発汗* や洗浄，再結晶などの現象が含まれる．蒸留と同様に製品融液の還流操作が重要である．
[松岡　正邦]

**せいせいねつ　生成熱** heat of formation

ある化合物1 mol を，それを構成する基準状態にある元素から得るために必要なエンタルピー* 差に対応して出入りする熱．生成物が構成元素より小さいエンタルピーをもち，したがってエンタルピーが減少する場合に，その生成反応によるエンタルピー変化は負の値をとるが，反応は発熱反応となり，生成熱は正の値をとる．生成熱はどのような状態からどのような状態の化合物を得るかによって差が生じる．標準状態の構成元素から，標準状態の化合物を得る場合を標準生成熱(標準生成エンタルピー* の符号を変えたもの)という．生成熱はその化合物の関係する反応に伴うエンタルピーの変化，反応にあずかるほかの化合物の標準生成エンタルピーなどから，反応に伴うエンタルピーの保存に関する法則(Hessの法則*)によって算出することもできる．
[幸田　清一郎]

**ぜいせいはかい　脆性破壊** brittle fracture

弾性範囲内での破壊，あるいは塑性変形を伴わない破壊．延性の低い材料の破壊では脆性破壊が起こるが，延性的な材料であっても，低温にしたり変形速度を大きくしたりすると脆性破壊を起こす場合がある．
[仙北谷　英貴]

**せいせきけいすう　成績係数** coefficient of performance

動作係数．COP．冷凍装置の性能を表す係数．(低温部から吸収した熱量)/(冷凍のために加えた機械的仕事量)で定義される．カルノーサイクルを逆方向に操作した，二つの等温可逆変化と二つの断熱可逆変化によりなる理想的冷凍サイクルでは，COP$=T_1/(T_1-T_2)$ となる．$T_2$, $T_1$ はそれぞれ低温部，高温部の絶対温度であり，通常用いられている圧縮冷凍(⇒$p$-$i$ 線図)は図に示すように，等エントロピー変化(圧縮)($a \to b$)，等圧冷却($b \to c \to d$)，等エンタルピー変化(膨張)($d \to e$)および等圧蒸発($e \to a$)のサイクルよりなり，それぞれのモルあたりのエンタルピーを $i$ とすると，COP$=(i_a-i_e)/(i_b-i_a)$ となる．
[船造　俊孝]

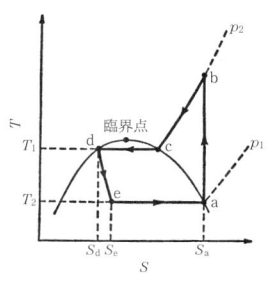

圧縮冷凍，$p$-$i$ 線図

**せいぞうげんか　製造原価** manufacturing cost

製造コスト．単位量の製品を製造するのに必要な全経費のこと．製造原価は直接費* と間接費* に分ける．変動費* と固定費* に区分することもある．

[日置 敬]

**せいぞうぶつせきにんほう　製造物責任法　Product Liability Law**

PL法．設計，製造もしくは表示に欠陥がある製品を使用した消費者，利用者あるいは第三者が，その欠陥のために生命，身体，財産に損害を受けた場合に，その製品の製造業者や販売業者が負うべき損害賠償責任を製造物責任（PL）という．被害者の速やかな救済と同時に，事業者における安全施策の推進を目的とする製造物責任法は，1994年公布，1995年7月から施行された．　　　　　　　　　　[堀中 新一]

**せいそうりゅう　成層流　stratified flow**

密度の異なる流体が連続相として層状に流れる流れ．たとえば，水平円管内を流れる気液二相流*でガス流速，液流速ともに小さい場合には，気相，液相とも連続相として層状に流れ，気液界面は波立たず，滑らかであり，成層流といわれる．こうした成層は相間の密度差や温度差による密度差により生じる．この場合のボイド率*は気相と液相に分離した層状流モデルであると考えられる．　　　　　[柘植 秀樹]

**せいそくようえきろん　正則溶液論　regular solution theory**

非理想溶液モデルの一つ．1929年にJ.H. Hildebrandによって名づけられた溶液モデルで，非電解質溶液に適用される．溶液の非理想性は，一般に混合熱*と混合エントロピーの和で表現されるが，混合エントロピーの寄与は理想系で近似され考慮されていない．溶液の非理想性を表す重要な因子である活量係数 $\gamma_1$（二成分系溶液中の成分1について）は，次のScatchard-Hildebrand式で求められる．

$$\ln \gamma_1 = \frac{V_{m,1}}{RT}(\delta_1 - \delta_2)^2 \phi_2^2$$

ここで，下添字1，2は成分1，2を表し，$V_m$ はモル体積，$\delta$ は溶解度パラメーター*であり，$\phi$ は体積分率*である．したがって，得られる活量係数*はつねに $\gamma_1 \geq 1$ となり，Raoultの法則*より正の偏倚を示す．この式の利点は，各純成分の物性値より活量係数が求められることであるが，相互作用の強い系や会合を生ずる系には適用が困難である．

[荒井 康彦]

**せいたいしょくばい　生体触媒　biocatalyst**

反応を触媒する機能をもつ酵素*やそれを含む生体内小器官，微生物*，動植物細胞の生体（細胞*）をさす．生体触媒を利用した反応は，化学触媒のものと比較して，常温・常圧で反応が進行し，基質特異性が高く，副生物が少なく，水溶性反応で安全性が高いなど多くの利点がある．とくに酵素は高い基質特異性があり，光学活性化合物の生産に用いられている．細胞を利用するには，特異な目的産物のための優良株の分離・育種が必要である．近年，遺伝子組換え*に対する技術進歩により目的産物の効率的発現が可能となった．さらに，細胞株に応じた培養装置・操作の改良が必要である．生体触媒反応を効率よく行う装置をバイオリアクター*とよび，微細である生体触媒は懸濁状態で用いることが多い．バイオリアクターの最初の工業化例としては，ペニシリン発酵装置があげられる．また，触媒の有効利用，分離回収の観点から固定化生体触媒*（もしくは固定化細胞*）によるバイオリアクター開発も行われている．　　　　　　　　　　　　　　　　[紀ノ岡 正博]

**せいちゅうしゅつ　正抽出　forward extraction**

⇒逆抽出

**せいちょうそくしんげんしょう　成長促進現象（微結晶による）　growth rate enhancement by microcrystal**

結晶粒子の成長速度が，母液中に存在する結晶核などの微結晶によって促進される現象．母液中の微結晶の数や発生後の年齢（粒径）に影響されるという報告がある．一方，核よりは大きなミクロンレベルの微細粒子の衝突による成長促進も報告されている．　　　　　　　　　　　　　　　[松岡 正邦]

**せいちょうはんのう　成長反応　propagation reaction**

連鎖反応*のなかで，連鎖担体*との反応で連鎖担体を再生しながら生成物を生じる反応過程．連鎖重合*においては，低重合体から高重合体を生成する反応過程．ラジカル重合やイオン重合において，開始反応*によって生成した活性種は単量体*との付加反応で鎖長を伸ばしても，新たな活性種として再生するので，これが失活するまで，次々に単量体との成長反応を繰り返す．一般に成長反応速度は，簡単化のため単量体濃度の一次反応で表され，成長反応速度定数は分子量には依存しないとされることが多い．　　　　　　　　　　　　　　　　[今野 幹男]

**せいちょうぶんり　清澄分離　clarifying separation**

希薄懸濁液を対象に，粒子の沈降作用により清澄な液体を得ることを目的とする操作．粒子の沈降過程は，非凝集性懸濁液系と凝集性懸濁液系の二つに大別される．非凝集性懸濁液系の場合，沈降槽の清澄度は液流速によって決定される．凝集性懸濁液系の場合，沈降中に粒子どうしの衝突によって凝集作

用が進行するため，分離効率は槽内液流速のみならず流体の滞留時間にも依存する．設計にさいしては，実際と同様の凝集操作を行った懸濁液を沈降試験管内に仕込み，一定時間ごとに深さ方向の固体濃度を測定することにより固体除去率曲線を得る．

[中倉 英雄]

**せいちょうろか　清澄沪過　clarifying filtration**

0.1 vol% 以下の固体を含む希薄スラリーの沪過*で，清澄液の回収が主目的となり，飲料および水沪過，製薬工業，電気めっき液，溶剤回収などに広く利用される．沪材*面上にケーク*が形成されるケーク沪過*の対比語である．工業的には数百 ppm 以下のスラリーを対象とする場合が多い．清澄沪過では，おもに沪材層内部で粒子が捕捉され，沪材層の表面にケークが形成される前に操作を中止するのが普通である．比較的薄い沪材に対して行われる閉塞沪過*と，厚い沪材を用い，捕捉される粒子の径が沪材の空隙径に比べてはるかに小さく，粒子の捕捉が沪材内部の奥深くまで行われる深層沪過*の二つに大別される．

[入谷 英司]

**せいてききゅうちゃく　静的吸着　static adsorption**

動的吸着*に対する言葉．新鮮な吸着剤に流体を接触させて吸着質を平衡に至るまで吸着させる操作，またはその平衡状態のこと．気相の圧力を一定圧力に保ち吸着*によるその体積変化，気体の吸着による吸着剤の重量増加，一定体積下での気体の圧力変化または溶液の濃度変化，などから平衡吸着量が算出される．

[広瀬 勉]

**せいでんエアフィルター　静電——　electrostatic air filter**

静電気力により粒子の捕集効果を高めたエアフィルター．静電エアフィルター*では，捕集粒子の帯電や繊維の帯電，あるいは外部電界の有無によって，さまざまな種類の静電気力が粒子-繊維間に作用する．粒子，繊維とも帯電した場合はクーロン力，粒子のみ帯電では影像力，繊維のみ帯電では誘起力，外部電界が存在するときには誘電分極力がはたらく．静電気を利用することにより高い捕集効率が低圧力損失で実現できる．

[大谷 吉生]

**せいでんきりょく　静電気力　electrostatic force**

静電気に関係する力の総称．静電気力のなかで代表的なものは，2個の点電荷の間に作用するクーロン力*であり，同符号のとき斥力，異符号のとき引力が両者の結合線上にはたらく．その力の大きさは2個の電荷の積に比例し，点電荷の距離の2乗に反比例する．電荷が壁に近づくと，壁には異符号の電荷が誘起される．これによって生じる引力を電気影像力*という．電荷をもたない物体でも静電気力ははたらく．電界中に誘電体をおくと分極する．不平等電界の場合，分極した物体は電界強度の大きいほうに引力を受ける．また，平等電界の場合でも，誘電体が棒状であり，角度をもっておかれたときには偶力が生じる．静電気力は場の力であるが，二つの物体が接触したときには付着力としても作用する．静電気に関係する多くの力学的現象は，これらの力によって説明できる．

[松坂 修二]

**せいでんそうごさよう　静電相互作用　electrostatic interactions**

電荷あるいは多極子や誘起された多極子の間にはたらく静電気力に基づく相互作用．たとえば，$r$ だけ距離の離れた2個の電荷 $Z_1e$ と $Z_2e$ がクーロン力で作用しているとき，その2粒子間のクーロンポテンシャルは，

$$V(r) = \frac{Z_1 Z_2 e^2}{4\pi\varepsilon_0\varepsilon_r r}$$

であり，$r^{-1}$ に依存する比較的長距離の相互作用を示す．ここに $\varepsilon_0$ は真空の誘電率*，$\varepsilon_r$ は媒体の比誘電率である．媒体の効果は比誘電率の寄与を通して現れる．

[幸田 清一郎]

**せいでんはんぱつポテンシャル　静電反発——　electrostatic repulsive potential**

溶液中，とくに水溶液中で2物体が接近すると，互いの電気二重層*が重なり，物体間のイオン濃度がバルク溶液中より高くなる．このイオン濃度差に由来した浸透圧により，2物体間に反発力が生じる．この反発力に抗して，無限遠点から2物体を近づけるに要する仕事を静電反発ポテンシャルという．DLVO 理論*では，この静電反発ポテンシャルとファンデルワールスポテンシャル*の和から，コロイド分散系*の安定性を評価する．

[森 康維]

**せいでんぶんきゅうほう　静電分級法（粒子径測定の）　electrostatic classification method for particle size measurement**

0.5 μm 以下のエアロゾル*粒子の代表的な粒子径分布測定法．放射線源などで平衡帯電状態まで荷電したエアロゾル粒子を直流電場内に導く．粒子の移動速度は，粒子径，平衡帯電量*および電界強度の関数であるため，あらかじめ粒子径と平衡帯電量の関係を仮定あるいは実測することで，電界強度を変えた一連の測定から粒子径分布を計算できる．微分型と積算型があるが，精度のよい前者が主流となっ

ている． ［森　康維］

**セイブオール　save-all**
⇒飛沫捕集器

**せいぶつかがくこうがく　生物化学工学　biochemical engineering**
　生体触媒*を利用して工業的物質生産の効率化を目指す生物工学のうちで，バイオリアクター*，バイオセパレーション*などの装置設計，操作，制御などを対象とし，単位操作*や反応操作*の原理を生物機能の応用に利用する技術体系．生物機能を利用するバイオプロセスの構築において，実験室レベルの小さなスケールから実プロセスの大きなスケールへ橋渡しする重要な技術． ［紀ノ岡　正博］

**せいぶつかがくてきさんそようきゅうりょう　生物化学的酸素要求量　biochemical oxygen demand**
⇒BOD

**せいぶつこうがく　生物工学　bioengineering**
　微生物，動物，植物などの生物がもつ多彩な機能を工学的な視点から解明し，利用しようとする学問の総称．培養工学，生物化学工学，微生物工学，細胞工学，医用工学，酵素工学，遺伝子工学，タンパク質工学，代謝工学などを包含する． ［本多　裕之］

**せいぶつはんのうプロセスシステム　生物反応──bioprocess system**
⇒プロセスシステム工学

**せいぶんかいせいプラスチック　生分解性──biodegradable plastics**
　グリーンプラ．生体内または微生物のはたらきにより分解されるプラスチック材料．一般にタンパク質*や多糖類など，生体が必要とする高分子には生分解性がある．脂肪族ポリエステルは生分解性が高く，合成高分子では乳酸，グリコール酸などの重合体，微生物が代謝する$\beta$-ヒドロキシ酪酸の重合体*などが知られている． ［久保内　昌敏］

**せいぶんかいせいポリマー　生分解性──biodegradable polymer**
　使用中は通常のポリマーと変わらない．使用後は第一段階として，自然界に存在する微生物の外側にいる酵素の加水分解反応によって，ポリマー表面層の分子鎖が切断されて低分子量化される．さらに第二段階で，この低分子成分は微生物体内に取り込まれて好気性条件下では二酸化炭素と水に，嫌気性条件下では二酸化炭素とメタンに分解される．分類としては，微生物産生系，デンプン，キトサン，セルロースなど天然物利用系および化学合成系に分けられる． ［浅野　健治］

**セイボール　save-all**
⇒飛沫捕集器

**せいまくきこうけっていのじっけんてきしゅほう　成膜機構決定の実験的手法　experimental method for determining a CVD reaction mechanism**
　化学反応を伴う成膜プロセスであるCVD*は，原料の輸送・拡散，気相での原料やラジカルなどの反応による成膜種*の生成，成膜種の成長表面への輸送・拡散，成膜種と共存ガス，生成物の吸脱着，表面拡散や表面反応などの素過程が進行する複雑な成膜機構からなる．律速段階の推定には，円管内壁堆積法*やマクロキャビティー法*などが用いられる．反応に関与する体積と表面積の比を変えて実験を行うことにより，気相反応と表面反応の寄与を分離定量することができる．成膜速度の見掛けの活性化エネルギーから律速過程を推定することも行われる．また，付着確率*の測定から成膜種が分子種かラジカル種かを判定することができる． ［河瀬　元明］

**せいまくしゅ　成膜種　deposition precursor**
　成膜前駆体．プリカーサー．CVD*反応において，基板ならびに膜成長表面に実際に付着する化学種のこと．熱CVDでは原料分子自体と原料の気相反応で生成したラジカルやほかの分子種のいずれか，あるいは両方が成膜種となる．プラズマCVD*では一般にプラズマ中で生じたラジカルが成膜種となる．いずれの場合も成膜種は1種類とは限らない．成膜種によって付着確率*が異なり，成膜種の種類は製品品質に直接影響する． ［河瀬　元明］

**せいまくそくど　成膜速度　deposition rate**
　薄膜，厚膜を作製するさいの膜の成長速度．通常，膜厚増加速度[m s$^{-1}$]で表される．成膜速度は，成膜量と成膜時間の関係を測定して求められる．膜厚増加速度は単位表面積あたりの体積成長速度であるから，成膜前後の質量変化から膜の質量増加速度を求め，膜の密度と式量から成膜速度に換算することもできる．単位表面積あたりあるいは基材単位質量あたりの質量増加速度や，物質量増加速度あるいは原子層数の増加速度で表されることもある．
［河瀬　元明］

**せいまくほう　成膜法　deposition method**
　薄膜の作製方法には，気相にある原料から膜を堆積させる気相法，めっきやLPE*のように液体または溶液から膜を成長させる液相法，非晶質膜を過熱して単結晶膜を得るような固相法がある．また，気相法においては，真空蒸着法*やスパッタリング法*に代表される膜堆積過程において，とくに化学反応

を想定しない物理的方法(PVD法*)と，MOCVD法*などの膜堆積にさいし化学反応を利用する化学的方法(CVD法*)がある． [大下 祥雄]

**せいまくレート　成膜── deposition rate**
⇒成膜速度

**せいみつろか　精密沪過　microfiltration**
MF．0.01～数μm程度の細孔をもつ精密沪過膜を利用して，微粒子や微生物などの懸濁物質を分離する圧力駆動の膜分離操作．基本的には細孔によるふるい操作であり，不純物の除去，有用物質の回収や濃縮という固液分離が可能となる．そのため，上下水処理，食品，医療，半導体分野などその用途は多岐にわたる．上下水処理においては，従来の凝集沈殿・砂沪過法に代わる処理法として導入が進められている．また，逆浸透*や限外沪過*の前処理としても利用される．精密沪過膜には有機もしくは無機材料からなるさまざまな種類があり，それらの細孔構造は素材や作製法によって異なる．膜の性能は細孔構造に依存するが，一般には公称孔径*で評価されている．ただし，細孔径には分布が存在するため完全性試験*の重要性も指摘されている．また，細孔より小さな物質であっても膜素材と懸濁物質間にはたらく相互作用によって捕捉されることも多い．

代表的な沪過の方式として，全量沪過(デッドエンド沪過)とクロスフロー沪過*がある．それぞれ，沪過圧力を一定にする定圧沪過操作と沪過速度を一定にする定速沪過操作が可能である．ただし，いずれも沪過の進行とともにファウリング*とよばれる膜の汚染現象により膜性能の低下が生じ，定圧沪過では沪過速度が低下し，定速沪過では操作圧力が増加する．全量沪過では，懸濁物質が膜に堆積し続けるため非定常操作となるが，このさいの沪過性能は，細孔閉塞沪過モデルとケーク沪過モデルによって解析することが可能である．一方，クロスフロー沪過*では，膜面のかき取り効果によって，沪過初期の非定常状態のあとに定常状態に達するため，高い沪過速度を維持させることが可能である．この現象に対して多くの解析モデルが提案されているが，いまだ確立はされていない．膜性能の低下は膜素材の改良や沪過装置の運転条件によってある程度の抑制が可能であるが，実用上は膜の洗浄によって性能回復がはかられる．

洗浄方法には，逆沪*などの物理的洗浄と酸化剤などを利用する薬品洗浄がある．洗浄方法や頻度は膜の汚染状態によって異なるが，一般には定期的に物理洗浄を行い，物理洗浄が効果を示さなくなったときに薬品洗浄が行われる． [市村 重俊]

**せいめいかがく　生命科学　life science**
ライフサイエンス．① 生物学や医学などの諸科学により生命現象や生命機能など"生命の仕組み"を解析し，その研究成果を人類や自然生物に応用し，人類福祉の向上に役立てようとする自然科学の一部門．② 科学の分野での生命研究だけでなく，生命研究がもたらす社会的影響を研究する人文科学，社会科学，哲学，生命倫理学など，多くの学問分野を統合した総合科学． [堀中 新一]

**せいりゅう　精留　rectification**
混合液体を揮発度*の差を利用して各成分に分離する操作．還流*を行う蒸留をとくに精留とよび区別することがあるが，工業的に使用する場合には普通還流を行うので，一般に蒸留といえば精留のことである． [鈴木　功]

**せいりゅうかん　整流管　shroud**
シュラウド．管内流体の速度分布を適切な状態にするための側板や囲い板のある部品．直管長が十分にとれない場合や，オリフィス流量計*の上流側に同一平面上にない弁や曲管があるなど，管内に乱流*や旋回流*が発生しやすい場合に用いられる．
 [中里　勉]

**せいりゅうとう　精留塔　rectifying column**
蒸留塔*．精留を行う塔型の気液接触装置．塔として段塔，充塡塔*などが用いられる．操作方法により連続式と回分式がある．連続式の場合原料は中間段から供給され，塔底から塔内を上昇する蒸気と，塔頂から塔内を流下する還流液とがほぼ向流に接触し，低沸点成分は塔頂に近いほど，高沸点成分は塔底に近いほど増加する．したがって塔内温度分布は塔頂で低く，塔底で高くなる． [鈴木　功]

**せいりゅうばん　整流板　distributor**
流体を均一に(あるいは意図的に分布させて)流すために，ある程度の流体抵抗をもたせた板状の部品．多孔板や多孔質板，金網などがあり，流体通路中に設置される．(⇒ガス分散器) [中里　勉]

**ゼオライトのけっしょうこうぞう　──の結晶構造　structure of zeolite crystal**
正四面体構造の$SiO_4$が基本単位で，この単位が立体的に構成されることによって，ゼオライト*の結晶構造がつくられる．ミクロ細孔とよばれる1 nm以下の細孔が形づくられるのが特徴で，これが原因でほかの材料にはみられない独特の分子ふるい機能をもつ．カチオンである$Si^{4+}$が，ほかのカチオン，たとえば$Al^{3+}$や$Ti^{4+}$と置き換わることによって，

さまざまな組成と機能をもつゼオライトとなる.
[丹羽　幹]

**ゼオライトまく ——膜 zeolite membrane**
　無機膜\*, セラミック膜\*の一種. セラミックやステンレスの支持層の上にゼオライトを膜状に作製したもの. 通常, 多結晶膜となる.　　[中尾 真一]

**せきがいかっせいきたい　赤外活性気体　infrared active gases**
　ふく射伝熱で重要でもっとも強く熱ふく射\*を吸収・放射する気体は $H_2O$ と $CO_2$ である. 一方, $N_2$ や $O_2$ は熱ふく射を吸収・放射しない. 一般に気体は単純な分子構造をとるので, そのふく射性質は固体の場合に比べて単純である. 強い吸収・放射は赤外域のいくつかの狭い波長帯域で起こる(表参照). その選択的な波長特性を換算して全半球放射率 $\varepsilon_H^{total}$ の形で簡略化してとり扱う方法もある.　　[牧野 俊郎]

赤外活性気体の吸収帯域

| 気体 | 吸収帯域[μm] |
|---|---|
| $H_2O$ | 1.4, 1.9, 2.7, 6.3, 20 |
| $CO_2$ | 2.0, 2.7, 4.3, 15 |
| $CO$ | 2.35, 4.7 |
| $SO_2$ | 4.0, 4.3, 7.4, 8.7, 19 |
| $NO$ | 2.7, 5.3 |

**せきがいせんかんそう　赤外線乾燥　infrared radiation drying**
　⇒放射乾燥

**せきさんほしゅうこうりつ　積算捕集効率　cumulative collection efficiency**
　総合効率. 粒子の捕集装置において入口の含じん流に粒子径分布 $f$ が存在する場合, 各粒子径ごとの捕集効率 $\Delta\eta$ を入口粒子径分布で積算することで得られる効率.

$$E = \int_0^\infty f \Delta\eta dD_p$$

$E$ の値は粒子分離装置への一定時間における入口粉体量 $m_f$, および捕集粉体量 $m_c$ の質量比と等しい.

$$E = \frac{m_c}{m_f}$$

[吉田 英人]

**せきさんりゅうしけいぶんぷ　積算粒子径分布　cumulative particle size distribution**
　積算粒径分布. 粉体がどのような大きさの粒子をどのような量的割合で含んでいるかを, ある粒子径より小さい粒子の量の全粒子量に対する割合で表すふるい下積算分布(undersize distribution), およびある粒子径より大きい粒子の量の全粒子量に対する割合で表すふるい上積算分布(oversize distribution)がある. 任意の粒子径における両者の和は 1 になる. 現在は, ふるい下分布\*で表示することが標準化されている. 量的割合を粒子個数に基づいて表す個数基準分布と, 粒子質量に基づいて表す質量基準分布がよく用いられるが, 両者は普通大きく異なった分布となる. ふるい下積算分布を粒子径で微分すると頻度分布\*が得られる.　　[増田 弘昭]

**せきたん　石炭　coal**
　⇒固体燃料

**せきたんえきか　石炭液化　coal liquefaction**
　石炭から液体燃料\*を製造することをいう. 通常は固体の石炭を高温(400〜450℃)・高圧(15〜30MPa)の水素と反応させて(水素化分解)液体にすること, すなわち直接液化を意味する. 広義には, 石炭を乾留して得られるタールを水素化分解して液化する乾留水添液化法, 石炭をいったんガス化して一酸化炭素と水素に変換しておいてから, Fischer-Tropsch 法などにより液体燃料を合成する方法(間接液化)を石炭液化に含める. 直接液化法は 1913 年にドイツの F. Bergius により発明され, 第二次世界大戦中のドイツにおいて, 本法により多量の合成石油が製造された. Fischer-Tropsch 法を用いる間接液化は南アフリカで商業運転されている. 最近, 液体燃料としてガソリンではなくメタノールや DME (ジメチルエーテル)を最終製品とする間接液化法が注目されており, 世界中で種々の技術開発が実施されている.　　[三浦 孝一]

**せきたんガスか　石炭ガス化　coal gasification**
　石炭のガス化とは文字どおりには石炭を気体に変換することであるが, 工業的には石炭を高温に加熱あるいは高温で水蒸気, 酸素, 水素, 二酸化炭素などのガス化剤と反応させて, $CO$, $H_2$, $CO_2$, $CH_4$ などの気体に変換することをいう. ガス化は不完全燃焼とみなすこともできる. したがってガス化の化学的, あるいは物理的な進行過程は燃焼の場合と類似であるが, ガス化の場合はガス雰囲気が還元雰囲気であることが燃焼の場合と大きく異なる. 石炭のガス化の目的は, 都市ガス代替ガスの製造, 化学製品を合成するための原料ガス(合成ガス\*)の製造, 発電用のクリーンガスの製造に大別される.
[三浦 孝一]

**せきたんガスかそうち　石炭ガス化装置　coal**

gasification reactor
　石炭のガス化に用いられる反応装置で，粒子とガスの接触様式によって，移動層型ガス化装置，流動層型ガス化装置，気流層型ガス化装置に大別される．移動層型装置は固定層型ともよばれる．移動層型装置では塊状(粒径5〜80 mm)の石炭が，流動層ガス化装置では5〜6 mm以下に粒子径を調製した石炭粒子，気流層型ガス化装置内では微粉砕された石炭粒子(粒径<75 μm)が供給されて，それぞれ1000℃以下，900〜1100℃，1500℃以上の温度でガス化されて，$H_2$とCOが主成分のガスが製造されている．商業的に運転されている代表的な装置としては，移動層装置は南アフリカで運転されているLurgi炉が，気流層装置は世界中で運転されているTexaco法ガス化炉*があげられる．(⇒石炭ガス化炉)
[三浦　孝一]

**せきたんガスかねんりょうでんちふくごうはつでん　石炭ガス化燃料電池複合発電** integrated coal gasification fuel cell combined cycle power generation
　IGFC．石炭をガス化し，生成ガスを燃料として燃料電池*，ガスタービンおよび蒸気タービンを駆動する複合発電．溶融炭酸塩型あるいは固体酸化物型の燃料電池が用いられる．石炭の高位発熱量基準で約60%の発電端効率が得られると期待される．
[林　潤一郎]

**せきたんガスかふくごうはつでん　石炭ガス化複合発電** integrated coal gasification combined cycle power generation
　IGCC．石炭を空気，酸素あるいは酸素と水蒸気を用いて加圧下でガス化し，生成ガスを燃料とするガスタービン・蒸気タービン複合発電．COおよび$H_2$を主成分とする生成ガスは，脱じん，脱硫によって精製してから圧縮空気と混合して燃焼器に導入される．
[林　潤一郎]

**せきたんガスかふくごうはつでん　石炭ガス化複合発電** integrated coal gasification combined cycle power generation
　石炭を高温ガス化炉内でガス化し，発生した可燃性ガスをガスタービンに導き，燃焼させることでガスタービンを回し発電するとともに，高温の排ガスから蒸気を発生させて蒸気タービンでも発電する2段階の発電方式(コンバインドサイクル発電方式)である．これにより従来型の石炭火力発電の発電効率41〜43%に比べて，数%発電効率が向上する．また，エネルギーの変換効率が高くなるため二酸化炭素排出量を1〜2割程度削減できる．
[二宮　善彦]

**せきたんガスかろ　石炭ガス化炉** coal gasifier
　炭素を主成分とする石炭などの固体燃料をCO，$H_2$，$CH_4$などの燃料ガスに転換する装置．生成したガスは，高効率複合サイクル発電の燃料または化学原料として用いる．ガス化剤としては$CO_2$，$H_2O$があり，これらと炭素を反応させると吸熱反応でCO，$H_2$を生ずる．吸熱反応の熱源として，ガス化剤に酸化剤(酸素または空気)を混入して燃料の一部をガス化炉内で燃焼させる形式(部分燃焼方式)が多い．部分燃焼方式での気固接触方式は気流層，流動層*，スパウテッドベッド*の型式があり，それぞれ，高温で灰を溶融させる，灰付着を防ぐために比較的低い温度で運転する，部分的に高温部をつくって抜き出し粒子を造粒する，などの特長がある．また，移動層方式も比較的低温で灰を溶融させない方法と，高温で灰を溶融させて取り出す方法がある．溶融した金属あるいは金属塩の中へ石炭を吹き込む方式も研究されたことがある．
　酸化剤に酸素を用いるとCO，$H_2$を主成分とする中カロリーガスが生成し，空気を用いると窒素で希釈されるので低カロリーガスとなる．高圧で水素をガス化剤に用いるとメタンを多く含む高カロリーガスが得られる．酸化剤による部分燃焼方式とは別に，ガス化炉とは別個に流動層式燃焼装置を設け，そこで燃料を燃焼して媒体粒子*を高温化して，高温粒子をガス化炉に供給して粒子顕熱でガス化反応を行わせる方式もある．媒体粒子循環方式では，酸化剤に空気を用いながらも得られるガスを中カロリーガスにできる特長がある．(⇒石炭ガス化装置)
[清水　忠明]

**せきたんかりょく　石炭火力** coal-fired power generation
　石炭を燃焼してボイラーを加熱し，発生した高温高圧の水蒸気によって蒸気タービンを回して行う発電．現在は微粉炭を燃料とする微粉炭火力がほとんどを占める．燃焼排ガスに含まれる硫黄酸化物，窒素酸化物，ばいじんは，ボイラー下流の排煙処理装置で除去される．
[林　潤一郎]

**せきたんスラリー　石炭——** coal slurry
　微粉砕した石炭を液体と混合・スラリー化した燃料のこと．石炭の貯蔵，輸送を容易にするために開発されたもので，これまでに石炭の重油スラリー(coal-oil mixture, COM)，水スラリー(coal-water mixture, CWM)，メタノールスラリー(coal-methanol mixture, CMM あるいはメタコール)が開発さ

れた．いずれのスラリーでも石炭の粒子径分布の制御がなされており，石炭濃度はCOM中で約50％，CWM中では約70％にも達する．さらに，CWMの場合には少量の界面活性剤が用いられている．COMとCWMは昭和60年代に発電用に一部商用化されたが，現在は用いられていない． ［三浦 孝一］

**せきたんてんかんプロセス 石炭転換—— coal conversion process**

熱化学反応によって石炭を熱エネルギー，燃料，流体燃料，化学原料あるいは炭素質素材へと転換するプロセスの総称．燃焼，ガス化，炭化（コークス化），熱分解，燃焼および液化が代表的なプロセス．
［林 潤一郎］

**せきたんねんしょうそうち 石炭燃焼装置 coal combustor**

石炭燃焼炉は，操作ガス流速によって，ストーカー炉*（固定層や移動層），気泡流動層炉，循環流動層炉，気流搬送式燃焼炉（微粉炭燃焼炉）に分類される．ストーカー炉はおもに，ごみ燃焼あるいは開発途上国における塊炭燃焼に使用され，大粒径の固体燃料を投入できるが，伝熱制御および炉内環境汚染物質の抑制燃焼が比較的困難である．気泡型および循環型燃焼炉は電力事業用や一般産業用ボイラーに採用されている．この型式の最大の特徴は，炉内脱硫が可能で排煙脱硫装置が必要でないこと，伝熱制御が容易にあることにある．微粉炭燃焼炉は，排煙脱硫装置が必要であるが炉床負荷を高くすることができ，さらに大型化も容易なことから，石炭火力発電所で多く採用されている． ［二宮 善彦］

**せきぶんきゅうちゃくねつ 積分吸着熱 integral heat of adsorption**

新鮮な吸着剤に一定量の吸着質が吸着されるまでに発生する熱量の合計，または吸着質1 mol あたりに換算して表す． ［広瀬 勉］

**せきぶんじかん 積分時間 integral time**
⇒ PID制御

**せきぶんどうさ 積分動作 integral action**

I動作．PID制御*の動作の一つである．偏差の積分に比例したコントローラー出力を出す．定置制御*において，制御量*を設定値*と一致させ，オフセット*（定常偏差）をゼロにするはたらきをする．
［山本 重彦］

**せきぶんはんのうき 積分反応器 integral reactor**

反応流体が流れ方向に1回通過することによって高い反応率*が得られる反応器．一般に管型反応装置*を用い，速度解析を行うことを目的として高い反応率で操作される反応器のことで，微分反応器*に対してこの名称が用いられる．反応管内の流れ方向の各位置において反応流体の状態（たとえば濃度，温度など）が異なり，各位置における反応速度も変化する．したがって，反応管から排出される流体の反応率は，各点における反応量を反応管入口から出口まで積分した値に相当する．反応速度が反応器内で変化する場合が積分反応器であるのに対し，反応速度が反応器内の各点で同一とみなされる場合が微分反応器*である．積分反応器によって反応速度を解析する場合には，ほかの条件を一定にしながら反応器入口の物質量流量を変化させることによって空間時間*のみを変化させ，反応器出口における反応率の空間時間依存性を調べる方法が一般的であり，得られたデータについて積分法あるいは微分法を適用して反応速度式*を求める． ［大島 義人］

**せきぶんプロセス 積分—— integral process**

積分系，積分要素．出力が入力の積分値に比例するプロセスで，入力がゼロであり続けても，そのときの出力がゼロでなければ，その出力値を維持し，入力が非ゼロで一定であれば，出力は変化し続けるという特徴をもつ．積分プロセスの代表例は貯留タンクである．タンク断面積を$A$とすると，流出流量が貯留タンクの液面高さと無関係であれば貯留タンクの液面高さは，次式で表現され，

$$A\frac{dh}{dt} = Q_i - Q_o$$

液面高さ$h$と流入流量$Q_i$および流出流量$Q_o$の関係は積分プロセスとして表現される． ［伊藤 利昭］

**せきゆかりょく 石油火力 petroleum-fired power generation**

石油火力発電．石油を燃焼してボイラーを加熱し，発生した高温高圧の水蒸気によって蒸気タービンを回して発電機を駆動する発電．燃料には重油，原油あるいはLPG（液化石油ガス）が使われる．最新鋭発電ユニットの発電端効率は40％前後である．
［林 潤一郎］

**せきゆコークス 石油—— petroleum coke**
⇒ 固体燃料

**セグリゲーション segregation**

均一な相から分離して異なった相が生じること（凝離）．または，2種以上の流体あるいは固体の各成分が分散して，分子オーダーで均一なミクロなスケールまで混合しない状態（偏析*）．後者の現象は，流体の粘度が高くなり，分子拡散が小さくなったとき

に生じやすい．流体が完全に偏析した状態は，流体粒子間に混合が生じない場合に相当し，滞留時間分布\*のある流通反応装置\*で反応を行ったときに，その影響が現れる． 　　　　　　　　　　　[今野 幹男]

**せだいじかん　世代時間　generation time**

微生物などの細胞が分裂するまでの時間．世代時間が変わらなければ，その微生物は比増殖速度 $\mu$ が一定の対数増殖を続ける．このとき世代時間は $\ln 2/\mu$ に等しい． 　　　　　　　　　　　[本多 裕之]

**ゼータでんい　——電位　zeta potential**

帯電した表面が液体中を運動するとき，表面近傍の液体分子数層は表面とともに移動し，液体本体との滑りはその外側で起こる．電気二重層\*の形成で生まれた電位は，表面から液体本体へとしだいに小さくなっていくが，この滑り面での電位をゼータ電位とよび，電気泳動法，電気浸透法，流動電位法などで測定することが可能である．希薄コロイド分散系のゼータ電位は，多くの場合電気泳動法で求められる．濃厚分散系では，電気浸透法や流動電位法，近年では超音波法が用いられる．ゼータ電位は測定が容易なため，帯電した表面の電位(表面電位\*)とは厳密には異なるが，その代用としてよく利用される． 　　　　　　　　　　　[森　康維]

**せっかいせきしょうせいそうち　石灰石焼成装置　limestone firing furnaces and kiln**
　⇒移動層反応装置

**せっかい・セッコウほう　石灰・——法　limestone gypsum process, limestone scrubbing process, lime scrubbing process**

燃焼排ガスの中から $SO_x$ を除去する方法として，Ca系の固体脱硫剤である石灰石 ($CaCO_3$) や $Ca(OH)_2$，CaO と $SO_2$ を反応させて酸化し，セッコウ ($CaSO_4$) にする方式．通常は，石灰石スラリー(懸濁液)に $SO_2$ を吸収させる湿式石灰・セッコウ法\*をさす． 　　　　　　　　　　　[清水 忠明]

**せっけいがたもんだい　設計型問題　design type problem**

蒸留問題の自由度\*の与え方による分類の一つ．分離仕様(製品純度，回収率)と還流比を指定して，蒸留塔の仕様(総段数，原料供給およびサイドカット\*の位置)を求める問題のこと．多成分系の設計型問題に対しては，操作型問題\*を解きながら分離仕様を満足する条件を探索する方法が実用的である． 　　　　　　　　　　　[森　秀樹]

**せっけいせんず　設計線図(晶析における)　design chart**

所望粒径の結晶を生産するために必要な装置容積を決定するための線図．また，この線図は製品結晶粒径の推定にも使える．豊倉らによって提案された． 　　　　　　　　　　　[久保田 徳昭]

**せっけいほうていしき　設計方程式　equation for reactor design**

反応器内の閉じた空間に関する物質収支\*やエネルギー収支\*をもとに，反応器を設計するために用いる方程式．この方程式を解くことにより，とくに反応率\*や選択率\*，反応時間(流通式反応器の場合には空間時間\*)を，相互の関数として表現できる．理想的な反応器の場合，反応器の形状や操作の特徴に応じて収支式を簡略化することができ，結果としてそれぞれの反応器について設計方程式の一般的な解が得られる． 　　　　　　　　　　　[大島 義人]

**せっしょくかく　接触角　contact angle**

固体面に液体の自由表面が接触する場所で液表面と固体面とのなす角(液の内部にある角，図参照)．接触角が小さい液体はその固体面上に広がる(濡れやすい)性質をもつ． 　　　　　　　　　　　[新田 友茂]

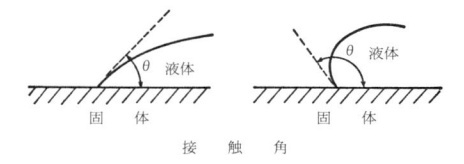

接触角

**せっしょくさんかほう　接触酸化法　contact aeration process**

接触ばっ気法．好気性生物処理法の一種で，生物膜法の代表的な処理方法．生物反応槽内に接触材を浸漬し，その表面に付着・増殖した微生物によって汚濁物を除去する方法．生物反応槽をばっ気することにより，酸素の供給と槽内の撹拌を行う． 　　　　　　　　　　　[木曽 祥秋]

**せっしょくたいでん　接触帯電　contact charging**

電子状態の異なる物体どうしを接触させて分離したときに生じる帯電．接触電位差\*を駆動力として電荷が移動する．帯電量は接触面積に比例するが，接触圧，接触する物体の表面の粗さや硬さによって有効接触面積は異なる．接触圧が小さすぎると帯電は不十分であり，接触圧を大きくしすぎると融着やはく離が生じるので，接触帯電の測定では，適正な圧力のもとで複数回の接触を行うのがよい．帯電の評価には，ファラデーケージを用いて帯電量を測定

する方法と，表面電位を測定する方法とがある．
　　　　　　　　　　　　　　　　　　［松坂　修二］
**せっしょくでんいさ　接触電位差　contact potential difference**
　CPD．異なる物質を接触させるとき界面に生じる電位差．接触帯電*の駆動力になる．電子は仕事関数*の小さい物質から大きい物質に移動し，金属どうしでは，両者のフェルミ準位が等しくなるところで平衡に達する．このときの接触電位差は，二つの仕事関数の差を電気素量で割った値に等しい．
　接触電位差 $V$ は，以下に述べる Kelvin 法によって測定できる．基準電極と対象物によって平行板コンデンサー(静電容量 $C$)をつくり，導線でつなぐと電荷 $Q=CV$ が誘起される．片方の電極を振動させて平行板の間隔を変えると，静電容量 $C$ の変化に伴って電荷 $Q$ が変わるので，導線に電流が流れる．外部電位を加えると，静電容量 $C$ を変化させても電流が流れないようにすることができる．このときの外部電位が接触電位差に相当する．　　　［松坂　修二］
**せっしょくでんねつていこう　接触伝熱抵抗　contact thermal resistance**
　接触熱抵抗．2相の接触界面を通して熱が流れるとき，その接触部分に温度差が生ずる場合がある．この温度差が生ずる原因となる抵抗をいう．この原因として2相の真の接触が見掛けの接触界面の一部分においてのみ起こっているため，あるいは，2相の表面にごく薄い異種物質の膜が存在することなどがあげられる．　　　　　　　　　　　　［荻野　文丸］
**せっしょくはんのう　接触反応　contact reaction**
　不均一相の界面で進行する触媒*反応．古くは一般の触媒反応と同義語として使われていたが，現在では固相界面の存在を必要とする気体あるいは液体の反応，すなわち固体触媒反応を意味することが多い．　　　　　　　　　　　　　　　　　　［大島　義人］
**せっしょくばっきほう　接触ばっ気法　contact aeration process**
　⇒接触酸化法
**ぜったいエクセルギーほう　絶対——法　absolute exergy method**
　標準状態にある安定な化学物質を基準に設定した化学物質のエクセルギーを使用して，エクセルギー解析*を行う方法．物質と熱や動力などのエネルギーをエクセルギーの絶対値として同一に表示でき，エクセルギー損失量が明確になり，損出原因究明に有効な方法である．　　　　　　　　　［亀山　秀雄］
**ぜったいおんど　絶対温度　absolute temperature**
　⇒熱力学温度
**ぜったいしつど　絶対湿度　absolute humidity**
　湿りガス*に含まれる蒸気の量で，単に湿度*ともいう．普通，乾きガス 1 kg に同伴される蒸気の質量

$$H = \frac{M_V}{M_G}\left(\frac{p}{P-p}\right)$$

と定義される．ただし，$H$ は絶対湿度[kg-vapor kg$^{-1}$-dry gas]，$M_G$ はガスの分子量，$M_V$ は蒸気の分子量，$P$ は全圧[Pa]，$p$ は蒸気の分圧[Pa]．なお，乾きガス 1 mol に同伴される蒸気のモル数のことをモル湿度という．　　　　　　　　　［西村　伸也］
**ぜったいはんのうそくどろん　絶対反応速度論　theory of absolute reaction rate**
　H. Eyring, M. Polanyi らによって提案(1931)された反応速度定数*を求める理論．化学反応において反応(原)系から生成系へ至る経路上に，活性錯合体*と称される反応の進行に必要なエネルギーを有する複合した化学種を仮想し，この活性錯合体と反応(原)系の間に一種の化学平衡*がなりたつとして反応速度定数の表現を求めた．活性錯合体は反応の進行方向の座標に関する自由度を一つ欠いている．理論の導出の結果，反応速度定数 $k$ は，

$$k = \frac{k_B T}{h}\exp\left(\frac{-\Delta G^*}{RT}\right)$$

と求められる．ここに $k_B$ はボルツマン定数，$T$ は絶対温度，$h$ はプランク定数*，$\Delta G^*$ は活性化自由エネルギーであり，活性錯合体のギブス自由エネルギー*の反応(原)系からの差である．指数関数の項は，活性錯合体の平衡定数に対応する項と考えることができる．なお，この平衡定数，したがって速度定数は分配関数*を用いて表現しておくこともできる．反応(原)系と活性錯合体の分配関数，エネルギー差がわかると反応速度定数は計算で求めることができる．
　その後の反応理論の進歩により，反応経路の中間，とくにポテンシャルエネルギーの峠点近傍になんらかの特殊な領域を仮想し，これを遷移状態と考えることは妥当であるとされており，活性錯合体はこの遷移状態に対応するということができる．現在，絶対反応速度論は遷移状態理論*に包含されたと考えることができる．　　　　　　　　　　　［幸田　清一郎］
**セッチェノフしき　——式　Sechénow equation**
　Sechénow が 1892 年に提案した塩類水溶液への中性溶質分子の溶解度*を与える実験式．

$$\log \frac{S_w}{S} = k_s C$$

ここに，$S_w$ および $S$ は純水および塩類水溶液への中性溶質分子の溶解度，$C$ は塩類水溶液中の塩の濃度，$k_s$ は定数である．van Krevelen および Hoftijzer はこの式を拡張して，電解質水溶液中への気体の溶解度を求める次式を提案した．

$$\log \frac{H}{H_w} = k_v I$$

ここに，$H_w$ および $H$ は純水および電解質水溶液への気体溶解に対するヘンリー定数*，$I$ は電解質水溶液のイオン強度*，$k_v$ は定数である．なお，$k_s$ および $k_v$ は塩類あるいは電解質の種類，荷電数，気体の種類，温度に依存する．　　　　　　　　　［後藤 繁雄］

**せっちゃくいぞんせいさいぼう　　接着依存性細胞**　anchorage dependent cell
　増殖に足場を必要とする動物細胞の総称．臓器由来の細胞は接着依存性を示す．逆に，免疫担当細胞などの血球系細胞は接着非依存性細胞である．
　　　　　　　　　　　　　　　　　　　　［本多 裕之］

**せっていち　　設定値**　set point
　SP．制御装置に与える制御量*の目標値をいう．計測装置，制御装置，監視装置などの特性や機能を決定するパラメーターのうち，外部から設定可能なパラメーターの値を設定値ということもある．
　　　　　　　　　　　　　　　　　　　　［伊藤 利昭］

**ゼットせんず　　$z$ 線図**　$z$-diagram
　実在気体の状態方程式を $pV=ZRT$ で表した場合，補正係数として用いられる $Z$（圧縮因子）を対臨界圧力と対臨界温度をパラメーターとした線図．気体の種類によらず使用できる．　　　　　　［猪股 宏］

**せつびかんり　　設備管理**　maintenance
　設備保全．設備管理は設備保全と同義に使われてきた．設備保全は設備の機能を管理する業務で，事後保全，予防保全，改良保全に分類される．事後保全は，設備が機能を喪失したあとで，設備全体を更新するか，設備の劣化部位・部品を補修・更新して設備の機能を回復する保全方式である．予防保全は，設備が機能を失う前に，劣化防止措置を実行するか，劣化部位・部品を補修・更新して設備の機能を維持する保全方式である．改良保全は，設計ミス，製作ミス，施工ミスによって設備に埋め込まれた弱点を探索し除去することにより，設備の機能の維持・向上をはかる保全方式である．しかし，近年，設備管理は，設備の機能を管理するだけでなく，設備を固定資産として管理する業務も含む概念に拡張されつつある．　　　　　　　　　　　　　　　［松山 久義］

**セメントしょうせいろ　　──焼成炉**　cement kiln
⇒移動層反応装置

**セラミックフィルター**　ceramic filter
　高温集じんに用いられる磁器製フィルターの総称である．コーディエライトやムライトなどの酸化物，SiC や FeAl などの粒子を焼結した多孔質体やセラミックス繊維を用いるタイプなどがある．
　　　　　　　　　　　　　　　　　　　　［金岡 千嘉男］

**セラミックまく　　──膜**　ceramic membrane
　非金属の無機固体材料を膜材料とする分離膜を意味する．とくに，金属酸化物，窒化物，炭化物などの単結晶あるいは多結晶体をさし，これらの非晶質体であるガラス膜*と区別する場合もある．シリカ，アルミナ，チタニア（酸化チタン），ジルコニア，ゼオライトなどの金属酸化物膜が実用化されている．
　　　　　　　　　　　　　　　　　　　　［都留 稔了］

**ゼルドビッチエヌ・オー　　──NO**　Zeldovich NO
　空気中の $N_2$ を起源として生成する NO（サーマル NO）の代表的生成機構をいう．$N_2+O=NO+N$，$N+O_2=NO+O$ からなる反応であり，$N+OH=NO+H$ を加えて拡大 Zeldovich 機構ともよばれる．この反応では $O_2$ 濃度と温度の増加により NO が急増する．　　　　　　　　　　　　［神原 信志］

**セレクソールほう　　──法**　Selexol process
　酸性ガス成分を吸収除去する物理吸収*プロセスの一つ．吸収剤に Union Carbide 社の Selexol 溶媒（ポリエチレングリコールのジメチルエーテル）を用いる．元来，$H_2S$ や硫黄化合物の選択的除去に適しているが，COS（硫化カルボニル），メルカプタン，$NH_3$，HCN などの除去にも有効である．近年，IGCC (integrated gasification combined cycle) における合成ガスの精製にも実績をあげており，2002 年に世界で 55 基の実績がある．この溶媒は比熱が小さい，$H_2S$ の溶解熱が小さい，蒸気圧が低い，化学的に安定で劣化が起こりにくいなどの利点がある．回収される酸性ガスは後続のクラウス法硫黄回収装置の処理に適している．操作条件の一例は，フィードガス圧力 2〜14 MPa，酸性ガス濃度 5〜60%．セレクソール法のデザインパッケージは UOP 社が提供している．　　　　　　　　　　　　　　［渋谷 博光］

**ゼロエミッション**　zero emission
　異業種間で廃棄物をやり取りする産業クラスタリングを構築して資源の有効活用と廃棄物の発生抑制を促す概念．単なる"ごみゼロ"ではない．国連大学が 1994 年に提唱した．当初は，有機質廃棄物による養豚や魚養殖，キノコ栽培など，有機質廃棄物に着目した食品産業と農畜産業の連携など途上国向け

の色彩が強い概念であった．日本国内では国連大学を中心とした産官学の連携によって，研究開発が行われ，事業所や工業団地への導入が進められてきた．ゼロエミッションは規模別に三つに分類することができる．① プロセスゼロエミッション：製造プロセス単位で廃棄物発生を抑制することや，廃棄物をやり取りすること．② ゼロエミッションネットワーク：異業種間で廃棄物をやり取りすること．③ 地域ゼロエミッション：プロセスゼロエミッションやゼロエミッションネットワークを導入する場合の地域への影響や導入の方法（法律，合意形成，企業活動）を検討すること．　　　　　　　［後藤尚弘・服部道夫］

**ゼロてん　ゼロ点　zero point**

伝達関数*の分子多項式＝0 の根を示す．ゼロ点は，そのシステムの安定性に直接には影響しないが，内部モデル制御*のような逆システムを用いる制御を適用するときには，重要な着目点となる．ゼロ点の実部がすべて負のシステムを最小位相系といい，実部が正のゼロ点が存在する場合には，非最小位相系*という．非最小位相系のステップ応答は逆応答となる．　　　　　　　　　　　　　　　［橋本 芳宏］

**せんいおんど　遷移温度　transition temperature**

材料の破壊挙動が延性から脆性（あるいはその逆）に移行するときの温度．衝撃試験における衝撃エネルギーが急激に変化するときの温度で表すことが多い．このように低温で材料がもろくなる性質を低温脆性*という．　　　　　　　　　　　　　［津田 健］

**せんいきょうかプラスチック　繊維強化── fiber reinforced plastic**

FRP．繊維で強化したプラスチックのこと．繊維にはガラス繊維，炭素繊維，アラミド繊維などを用いる．プラスチックには，もともとは不飽和ポリエステル樹脂やエポキシ樹脂などの熱硬化性樹脂が使用されていたが，近年では熱可塑性樹脂も幅広く利用されている．熱可塑性樹脂の FRP は短繊維を用いて射出成形によって製品を得る場合が多く，FRTP（fiber reinforced thermoplastic）とよんで，FRP と区別する場合がある．　　　　［仙北谷 英貴］

**せんいじょうたいりろん　遷移状態理論　transition state theory**

反応経路の中間，とくにポテンシャルエネルギー曲面上の峠点近傍に遷移状態と称する特殊な領域を仮想し，これに基づいて反応速度定数*を分子統計熱力学などを用いて導出する理論．なお，峠点とは反応座標に沿ってはポテンシャルエネルギーが極大，それ以外の座標に対しては極小をとるポテンシャル曲面上の鞍点である．H. Eyring, M. Polanyi らによって提出(1931)された絶対反応速度論*は活性錯合体*を中間に仮想しているが，活性錯合体は遷移状態と同義にとることができる．したがって遷移状態理論は Eyring らの理論の発展上にあるとみることができる．

絶対反応速度論（活性錯合体理論）では，活性錯合体と反応（原）系（出発系ともいう）との間に化学平衡を仮想して速度定数の式を導出したが，一般に遷移状態と反応（原）系との間に化学平衡を仮想することなく同一の式を導出することができる．遷移状態理論で導かれる式は定温，一定体積下で

$$k = \chi \left(\frac{k_B T}{h}\right)\left(\frac{f^\neq}{\prod_i f_i}\right)\exp\left(\frac{-E_0}{RT}\right)$$

として与えられている．$k_B$ はボルツマン定数，$T$ は絶対温度，$h$ はプランク定数*，$f^\neq$ は遷移状態の分配関数，$f_i$ は化学種 $i$ の分配関数* である．また $E_0$ は遷移状態と反応（原）系の基底状態間のエネルギー差である．$R$ は気体定数*．$\chi$ は透過係数とよばれるが，遷移状態を一度生成系の方向へすぎたものが再度戻ってくることを補正するための係数である．さらに必要に応じて遷移状態の対称性，トンネル効果などの補正が加えられる．

遷移状態は通常，ポテンシャルエネルギー曲面上の峠点に対応する分子構造をとるとされているが，実際は遷移状態近傍での経路の行き来があるため，$\chi$ の補正を行わない遷移状態理論速度定数は，本来の速度定数より大きく計算される．これを最小とするように遷移状態の位置（構造）を最適化する試み（これを変分遷移状態理論とよぶ）などが行われている．最近は，遷移状態の構造は非経験的（*ab initio*）量子化学計算*で求めることも可能となってきたため，反応速度定数の理論的な予測はかなりの精度まで進んできている．また遷移状態の構造の分光学的な研究も相当の進展をみている．　　　［幸田 清一郎］

**せんいそうフィルター　繊維層── fibrous filter**

⇒充塡層フィルター

**せんいながれ　遷移流れ　transition flow**

遷移流．クヌーセン数* $Kn$ が $0.1 < Kn < 10$ の滑り流*と自由分子流*の中間流域における気体の流れをいう．この流域では，分子相互衝突および分子壁面衝突による運動量輸送が同程度にきくため，気体は連続体としても自由分子気体としても扱うことはできない．この流域の流れの予測には，線形化ボルツマン方程式*の数値解あるいはクヌーセンの半実験式が有効である．（⇒減圧下の移動現象）

[神吉 達夫]
**せんいふっとう　遷移沸騰　transition boiling**
　液中に置かれた伝熱面の温度上昇とともに，伝熱面から液体への熱流束は増大し，そのあと核沸騰*から膜沸騰*へ移行する．この中間の領域は遷移沸騰とよばれ，核沸騰と膜沸騰が共存し，これらが時間的にも場所的にも不規則に変動している．遷移沸騰では，伝熱面温度の上昇とともに熱流束が減少する．（⇒沸騰熱伝達）　　　　　　　[深井　潤]

**せんかいりゅう　旋回流　swirling flow, vortex flow**
　サイクロン*や撹拌槽*などの装置内でみられる竜巻に類似した三次元的流れ．周方向流速の半径方向分布は，Rankineの組合せ渦*あるいはBurgers渦*で近似することもできるが，実際の装置内においては軸方向流速や半径方向流速が存在し，単純な回転流とは流動状態が多少異なる．旋回の強さの指標としては，渦の強さの指標である循環（渦度*の面積分量）を使うと有効である．
　管内に発生する旋回流においては，周方向流速が大きな値をもつ領域で遠心力の効果により管軸近傍が減圧状態となり，下流領域の流体を吸い込み，上流方向に向かう逆流現象が管軸近傍に発生する．乱流*状態の旋回流は，乱流強度*が中心軸近傍でとくに強くなり，乱流混合の効果が大きくなるため，旋回流燃焼*にも利用されている．　　　　　[黒田 千秋]

**せんかいりゅうねんしょう　旋回流燃焼　combustion with swirling flow**
　燃料を乱流で供給する一般のガス燃焼や噴霧燃焼*では，燃料流や燃焼用空気流の速度は火炎伝搬速度に比べて大きいので，燃焼が不安定になりやすい．それを抑制する燃焼法の一つが旋回流燃焼で，燃焼用空気あるいは予混合ガスに旋回を与えて噴射管の直上に低速の循環域を形成させて火炎を安定化させる．　　　　　　　　　　　　　[西村 龍夫]

**ぜんかんりゅう　全還流　total reflux**
　蒸留塔の塔頂から出た蒸気を全縮器で凝縮させ，それを再び全部塔頂に液として戻すこと．したがって留出量はゼロであるため還流比*は無限大となる．なお，既設の蒸留塔で全還流操作を行うと，有限還流比では得られない最高の蒸留分離が達成される．そのため蒸留塔の性能を調べるときや，蒸留のスタートアップにあたって全還流操作がよく用いられる．　　　　　　　　　　　　　　[長浜 邦雄]

**ぜんきんとうたつおんど　漸近到達温度　asymptotic temperature in the falling drying period**
非親水性材料*の減率乾燥*期間では，材料内部で保有水の蒸発が生じているが，この蒸発は材料厚さ方向の一部で生じており，乾燥の進行とともにこの部分が材料内部に移動していく．その結果，材料の内部は乾き圏と湿り圏に分けられ，湿り圏の乾き圏側の一部が蒸発圏となる．ここで蒸発圏での蒸発が，すべて湿り圏と乾き圏の境界面でのみ生じると近似すれば現象は単純化される．この乾燥モデルを蒸発面後退モデルという．漸近到達温度は，このモデルにおいて乾燥進行とともに境界面が漸近する温度のこと．この温度は，材料表面から乾き圏を通って境界面までの伝熱抵抗*と，境界面で蒸発した水蒸気が乾き圏の空隙を通って材料表面まで移動する拡散*抵抗のつり合いから決まる一種の動的な平衡温度である．したがって，この温度は乾燥材料の物性値と乾燥条件から自律的に決まることから，定率乾燥*期間の材料温度である湿球温度*と対比させて擬湿球温度ともよばれる．　　　　　[今駒 博信]

**せんけいけいかくほう　線形計画法　linear programming**
　LP．線形(一次)の等式，不等式で表される制約条件のもとで，線形の目的関数の最大(最小)値を求める問題(線形計画問題)を解く手法．代表的な算法として，シンプレックス法が広く実用化されている．また，大規模な問題に対しては，カーマーカー法などの内点法が有効と報告されている．安定して最適解が得られることから，プロセスの最適運転条件のオンライン・リアルタイムでの導出など，化学プロセスの最適化問題の解法としても広く利用されている．　　　　　　　　　　　　　　　　　[長谷部 伸治]

**せんけいすいしんりょくきんじ　線形推進力近似　linear driving force approximation**
　LDF近似．吸着剤粒子内における吸着質分子の拡散を詳細に記述する拡散方程式を解くことなく，粒子内の平均吸着量 $\bar{q}$ の経時変化を，最終的に到達する平衡吸着量 $q^*$ とその時点での平均吸着量の差，あるいはその時点の平均吸着量に平衡な仮想的な流体中濃度 $C^*$ と実際の濃度 $C$ の差を推進力として記述する近似法．総括物質移動係数(上述のそれぞれの場合，$K_S a_v$ および $K_F a_v$)を用いると次のように書ける．

$$\gamma \frac{\partial \bar{q}}{\partial t} = K_S a_v (q^* - \bar{q})$$

$$\gamma \frac{\partial \bar{q}}{\partial t} = K_F a_v (C - C^*)$$

ここで，$\gamma$ は吸着剤の充填密度である．

[迫田 章義]

**センサーベースシステム** sensor-based system
プロセスの状態を知るために各種計測器を中心に構成されたシステム．データ収集，分析を担当する．制御を担当するDCS*，PLC* などとオンラインで結合される場合とされない場合がある．
[小西 信彰]

**ぜんさんそようきゅうりょう** **全酸素要求量** total oxygen demand
TOD．有機汚濁物質などを完全に酸化分解するのに必要な酸素量．一定濃度の酸素を含む不活性気体を供給した触媒燃焼管に試料水を導入して燃焼させ，燃焼排ガス中の酸素濃度を測定して算出する．
[木曽 祥秋]

**センシタイジング** sensitizing
エッチング処理後に，素地表面を無電解めっきの化学反応に対して敏感にするために行う処理．この処理には一般に塩化スズ溶液が用いられる．また，この処理は試料表面全体に均一に行わなければならない．
[奥山 喜久夫]

**ぜんしゅくき** **全縮器** total condenser
蒸留塔* に付属して用いられる表面凝縮器* で，塔頂よりの蒸気を全部凝縮させて，その一部を還流* とし，残りは留出物として取り出す目的で使用される．
[荻野 文丸]

**ぜんじゅんかんほうしき** **全循環方式** total recycle process
精密沪過法，限外沪過法，ナノ沪過法，逆浸透法において，膜性能評価を行う場合，供給液の濃度変化を防止する目的で膜透過液全量を供給液に戻して操作する方法．
[中尾 真一]

**せんじょうかいふくりつ** **洗浄回復率** cleaning recovery ratio
膜分離，とくに多孔膜による沪過を行うと，膜の透過流束が経時的に減少する．これには，膜の汚れや，細孔詰り，膜上の堆積物が原因となることが多い．膜を洗浄することにより，膜透過流束を回復することが可能であり，その初期流束との比を回復率とよぶ．
[山口 猛央]

**せんじょうしゅうじん** **洗浄集じん** wet scrubbing
湿式集じん．洗浄液（おもに水）の液滴や液膜を捕集体として，ガス中に浮遊している粒子を分離する操作．
洗浄集じん装置はスクラバーともよばれ，含じんガス中に洗浄液をノズルから噴霧して微小液滴と

し，噴霧液滴と気流の相対速度の違い，あるいは粒子の液滴への拡散を利用して液滴に粒子を捕集する．構造が簡単で，処理ガスに水分が多い場合など乾式集じん機では壁面に付着したり，沪材を詰まらせてしまう場合にも利用できる．さらに，洗浄集じん装置は集じんだけでなく，有害ガスの洗浄液への吸収による除去も同時に行えるメリットがある．このため，エアウォッシャーとしてクリーンルームにも設置されるようになっている．捕集体に液滴あるいは液膜を利用するため，排水処理の問題がある．
[大谷 吉生]

**せんしょくたい** **染色体** chromosome
遺伝子を含み，顕微鏡で観察することができる核内の物質．分裂増殖するときに倍化し，正確に娘細胞に受け継がれる．ヒト正常細胞では2倍体になっており46本存在し，生殖細胞では減数分裂を経て23本になる．
[本多 裕之]

**せんせいちょうそくど** **線成長速度** linear growth rate
結晶粒子の粒径の増加速度で表した成長速度．粒子の形状が一定であるときは，形状係数を用いて質量の増加速度に変換できる．（⇒結晶成長）
[松岡 正邦]

**せんたくかんすう** **選択関数** selection function
粒子径分布* が時間的に変化する粉砕過程において，任意の時間 $t$ における粒径 $D$ の粒子が粉砕* される確率 $P$ の $t$ に関する偏微分 $(\partial P/\partial t)$ をいう．一般に選択関数は粒径の増大とともにはじめは増加するが，やがて一定となり，その後は低下する．したがって，粉砕では選択関数が極大となる条件を選ぶことが重要である．粉砕速度の解析において破壊関数（粒子径分布関数）とともに重要なパラメーターである．
[齋藤 文良]

**せんたくけいすう** **選択係数（イオン交換）** selectivity coefficient
イオン交換平衡* を表すのに使用され，溶液中のBイオンがA型イオン交換樹脂のAイオンと交換する場合，BイオンのAイオンに対する選択係数 $K_A^B$ は，次式で表される．

$$K_A^B = \frac{C_A^{|Z_B|} \bar{C}_B^{|Z_A|}}{\bar{C}_A^{|Z_B|} C_B^{|Z_A|}} = \frac{(1-x_B)^{|Z_B|} y_B^{|Z_A|}}{(1-y_B)^{|Z_B|} x_B^{|Z_A|}} \left(\frac{C_0}{Q}\right)^{|Z_B|-|Z_A|}$$

ここで，$\bar{C}$，$C$ それぞれ樹脂相，溶液相の各イオンの濃度[meq mL$^{-1}$]，$Z$ は符号を含むイオンの原子価，$Q$ は樹脂の全交換容量（⇒イオン交換容量）[meq mL$^{-1}$]，$C_0$ は溶液相全イオン濃度[meq mL$^{-1}$]，$y$ および $x$ はそれぞれ樹脂相および溶液相

における各イオンの当量分率で，それぞれ $\bar{C}/Q$, $C/C_0$ に等しい．$K_A{}^B$ は質量作用の法則* が成立する場合は液相組成によらず一定である．また，この値は架橋度* によって影響を受ける．同価イオンの場合，B が選択的であると $K_A{}^B > 1$ である．原子価が異なる場合，平衡関係は上式を変形した次式で表され，

$$K' = K_A{}^B \left(\frac{Q}{C_0}\right)^{|Z_B|-|Z_A|} = \frac{C_A{}^{|Z_B|} \bar{C}_B{}^{|Z_A|}}{\bar{C}_A{}^{|Z_B|} C_B{}^{|Z_A|}}$$

$$= \frac{(1-x_B)^{|Z_B|} y_B{}^{|Z_A|}}{(1-y_B)^{|Z_B|} x_B{}^{|Z_A|}}$$

全イオン濃度 $C_0$ に大きく依存する．すなわち，見掛けの平衡定数 $K'$ は全イオン濃度が低いほど大きくなり，選択性もそれに伴い大きくなる．

[吉田 弘之]

**せんたくしょくばいほう 選択触媒法 selective catalytic reduction**

SCR．$NH_3$ は次の反応で選択的に NO と反応する．$4NO + 4NH_3 + O_2 = 4N_2 + 6H_2O$, $6NO_2 + 8NH_3 = 7N_2 + 12H_2O$．酸化チタンをベースとした触媒を用いると 300〜450℃ で反応し，$NH_3/NO$ モル比＝1.0 で 80〜90％ の脱硝率を得ることができる．国内ではこの脱硝法が多く採用されている．

[神原 信志]

**せんたくスパッタリング 選択—— selective sputtering**

イオンを複数の元素からなる固体(合金，酸化物など)に照射して構成元素をスパッタリングする場合，構成元素のそれぞれのスパッタリング収率* が異なることにより，スパッターされた固体の表面組成がスパッター前と異なってしまう．これを選択スパッタリングとよぶ．固体に入射するイオン 1 個あたりに放出される原子数（スパッタリング収率*)がそれぞれの構成元素のもつ質量，昇華エネルギー，イオンとの衝突断面積などに依存することによる．

[松井 功]

**せんたくせいちょう 選択成長 selective growth**

成長前の基板上にマスクパターンを施した状態で結晶成長を行うことにより，マスクのない部分にのみ原料が供給され成長が起きることをいう．半導体薄膜作製のさいによく用いられる技術である．

[松方正彦・高田光子]

**せんたくど 選択度 selectivity**

分離係数．液液抽出* における抽剤* の分離能力を示す数．原料中の目的成分をなるべく多く溶かし，同時にほかの成分をなるべく溶かさないものが選択度が大きい．蒸留* における比揮発度* に相当する．

[宝沢 光紀]

**せんたくとうかまく 選択透過膜 permselective membrane**

膜透過において透過物質に対し選択性を有する膜．分離性能を示す膜はすべて選択透過膜である．

[中尾 真一]

**せんたくふしょく 選択腐食 selective leaching**

脱成分腐食．合金を構成する成分のうち，電位が低い成分のみが選択的(優先的)に溶出する形態の腐食．鋳鉄において，Fe が溶出し黒鉛のみが残る黒鉛化腐食*，Cu-Zn 合金の一つである黄銅* において Zn 成分のみが溶出する脱亜鉛腐食*，Cu-Al 合金の一つであるアルミニウム青銅における脱アルミニウム腐食*，Co-W-Cr 合金における脱コバルト腐食などがある．いずれも部材の初期形状は保たれるが，腐食の進行とともに強度が大きく低下する．

[津田 健]

**せんたくりつ 選択率 selectivity**

実際に転化した反応物質* の総量のうち，着目する生成物に転化した量の割合．反応量が少ない場合や大きな誤差を含む場合には，便宜的に生成物質の合計量を分母とすることもあるが，この場合にはすべての生成物が検出・定量されている必要がある．選択率は 0 以上 1 以下の値をとり，反応率* と選択率の積が，その生成物の収率* となる．

[大島 義人]

**せんだん・あっしゅくこんごう せん断・圧縮混合 shearing mixing**

速度勾配のある流れ場中の微小な流体塊は変形する．この変形は，単純せん断変形と主軸方向の一様な伸縮み変形の和に分解できる．濃度むらとなる流体塊が分散した流体媒質中に速度勾配が存在する場合においても，各流体塊はせん断・伸張・圧縮変形を受けて細長いしま模様を形成する．この変形作用が続くとしま模様の幅や間隔が狭くなり，巨視的にみれば，系全体としての濃度の均一化が進行したのと同じ効果を与える．このような巨視的な混合作用をせん断・圧縮混合という．粉粒体系におけるせん断混合は，速度差によって生じる粒子相互の滑りや衝突などの，局所的な位置交換による混合作用をさす．

[井上 義朗]

**せんだんおうりょく せん断応力 shear stress**

ずり応力．流体が流動している場合に，流体内に仮想した面に平行な方向に作用する応力*．流動曲線* は，一般にこのせん断応力とせん断速度* との関係を表す曲線で，実在の粘性流体* はこの流動曲線

によって分類される．流体がニュートン流体*の場合はせん断応力とせん断速度が正比例し，それを表す関係式をニュートンの粘性法則*とよぶ．せん断応力は固体や粉粒層においても発生する．

[小川 浩平]

**せんだんこんごう　せん断混合　shear mixing**

混合の素過程の一つ．対流混合*，拡散混合*と同時に起こるが，粉体層内での速度分布(差)に起因して，せん断面での粒子間に生じる滑りと衝突により粒子が相互に入れ替わる混合．また，撹拌羽根*の先端や壁面，底面近傍では，粒子塊の圧縮と引伸ばしによる解砕効果で混合度が上がり，この機構を生かした混合機も多い．　　　　　　　　　[篠原 邦夫]

**せんだんしけん　せん断試験　shear test**

静置粉体層が崩壊によって動的状態に変わるときの崩壊面にかかる垂直応力 $\sigma$ とせん断応力 $\tau$ との関係を求め，粉体層の力学的特性とくに内部摩擦特性を評価するための試験方法．所定空隙率の粉体層について垂直応力を変えて試験を行い，各垂直応力 $\sigma$ に対するせん断応力 $\tau$ の関係を $\sigma$-$\tau$ 平面にプロットすれば，破壊包絡線が得られる．破壊包絡線は試料粉粒体層の空隙率によって変わるので，まず，2段重ね(3段重ねの場合もある)の容器内に充塡した試料を所定の空隙率まで圧密(予圧密)する．その後，予圧密時の垂直応力よりも小さな垂直応力を負荷し，容器のいずれか一方を水平方向へ変位させるのに要したせん断応力を求める．せん断面が1面の場合を一面せん断，2面の場合を二面せん断という．通常，円筒形のセルが用いられる．そのほか，より応力状態が明確なものに三軸圧縮試験とよばれる試験方法がある．これはゴムスリーブに試料を挿入し，円柱状に成形した試験体の2軸方向に一定の液体圧を作用させつつ，軸方向に圧縮することによりせん断破壊を生じさせて，その内部摩擦特性を把握する方法である．　　　　　　　　　　　[杉田 稔]

**せんだんそくど　せん断速度　shear rate**

⇒変形速度

**せんだんだんせいけいすう　せん断弾性係数　modulus of shearing elasticity**

横弾性係数*．剛性率*．せん断応力*とせん断ひずみの比．(⇒弾性係数)　　　　　　[新井 和吉]

**せんねつ　潜熱　latent heat**

温度，圧力が一定の条件下で，純物質が一次の相転移を起こしたときに発生もしくは吸収する熱量．温度が変化しないことから潜熱といい，温度変化が生ずる顕熱*に対して用いられる．　[横山 千昭]

**ぜんねつこうかんき　全熱交換器　total heat exchanger**

全熱交．熱の経済的利用を目的として，室内からの排気と室内に取り入れる外気(給気)との間で顕熱*だけでなく潜熱*も同時に交換する空気-空気熱交換器．シリカゲルなどを含浸させたハニカム(蜂の巣)状ローターを回転させ，上半分に外気を，下半分に室内からの排気を通す．冬期は室内からの高温・高湿の排気がローターに蓄熱・吸湿され，外気はこれとの熱交換(エンタルピー*交換)によって加熱・増湿され室内に取り入れられる．夏期は逆の現象が起こる．熱回収率は80%程度と大きい．積層ハニカムに排気と外気を交互に流通させる固定式もある．

[三浦 邦夫]

**せんねつちくねつ　潜熱蓄熱　latent heat storage**

物質に熱エネルギーを加えることにより相変化または相転移をさせ，潜熱という形でエネルギーを蓄える方法．蓄エネルギー量は潜熱量と蓄熱材質量の積で与えられる．熱エネルギーを取り出すさいの温度が一定になる．蓄熱密度は顕熱蓄熱*に比べて大きい．蓄熱材として，氷，有機物(パラフィンなど)，無機塩(低温域は NaOH 主成分，高温域は NaCl，$MgCl_2$ 主成分)，無機水和物($Na_2SO_4 \cdot 10 H_2O$ など)，共融混合物などがある．　　[奥山 邦人]

**せんねつゆそう　潜熱輸送　latent heat transport**

物質の相変化または相転移により，蓄えられた熱エネルギーが配管内の流体の流れとともに別の所に運ばれること．氷の粒子を含んだスラリーによる潜熱輸送は，夜間電力を用いて製氷し，それを溶かして冷房などに利用する氷蓄熱システムに利用される．　　　　　　　　　　　　　　[奥山 邦人]

**せんはんけい　栓半径　radius of plug**

塑性流体*が円管内を流れるとき，管内のせん断応力*が降伏応力*より小さくなる，管中心付近の栓流*といわれる円柱状領域の半径．同じ圧力差で流れる場合，流体の降伏応力が大きいほど栓半径は大きくなる．　　　　　　　　　　　　[吉川 史郎]

**ぜんふくしゃ　全ふく射　total radiation**

ふく射伝熱を評価するときに分光ふく射*の方法は厳密ではあるが，その場合，計算は複雑になり，また多くの場合，物質のふく射性質の波長特性の知見も十分ではない．そこで，物質のふく射性質におけるふく射の波長特性を無視し(灰色の仮定*)，ふく射を波長積分されたふく射エネルギーの流れとみる方法をとることがある．この方法を全ふく射の方法とよぶ．この方法をとると，分光ふく射の方法をと

る場合に比べて計算は簡単になり，ふく射性質の知見は少なくてすむ．同時に，深刻な評価誤差が生じうる． [牧野 俊郎]

**ぜんめんふしょく　全面腐食　general corrosion**
均一腐食*．材料表面の全体にわたって均一に生じる腐食．腐食が全面的に分布しているものの，均一ではない形態をもつものがあり，この場合には均一腐食*とはいわない．したがって，均一とは広い表面において金属の溶解速度(腐食速度)に分布がないことを意味する．場所によって腐食速度に分布がないときには，その部位の侵食の度合いあるいは寿命を比較的簡単に予測することができる．この形態の腐食には腐食しろを見込むことで対処も容易である．均一腐食*は材料表面に保護皮膜が形成されない水環境で生じる．一般に，プルベー(電位-pH)図*における腐食領域で生じる場合が多い．その例に，pH値の低い環境あるいは海水環境における普通鋼があげられる．腐食による金属の侵食速度を示す単位にmm y$^{-1}$がある．一般に，0.1 mm y$^{-1}$以下の腐食速度であれば耐食性はよいとみなされ，1 mm y$^{-1}$を超えるとその環境で用いることはできないと判断される． [礒本 良則]

**ぜんゆうきたんそ　全有機炭素　total organic carbon**
⇒ TOC

**せんりゅう　栓流　plug flow**
塑性流体*が円管内を流れるとき，せん断応力*が降伏応力*より小さくなる管中心付近では，せん断による変形が生じないため流速が一定となり，円柱状になって運動する．この領域を栓流という．また，その領域の半径を栓半径*という．反応工学におけるいわゆるピストン流れのことをさす場合もある． [吉川 史郎]

**ぜんれんぞくねんしょうしきしょうきゃくしせつ　全連続燃焼式焼却施設　continuously-fed incinerator**
焼却炉へ供給するごみを連続的に供給して焼却するごみ焼却施設．廃棄物処理法では1日80 t以上のごみを処理する施設が相当する． [成瀬 一郎]

**ぜんろかほう　全沪過法　dead-end filtration**
精密沪過*法など，膜沪過時に供給液の全液を膜に供給する方法．クロスフロー沪過のように，膜を透過しなかった溶液が膜面から流出する流路はない．すべての供給液を膜へ供給するバッチ型の装置が用いられる．膜により阻止された溶質は，膜面に堆積し，ケーク沪過へと移行する．したがって，膜の透過抵抗が時間とともに増加し，膜を透過するフラックス*は時間とともに減少する． [山口 猛央]

# そ

**そうあつ　総圧　total pressure**

ベルヌーイの定理*の式を，圧力の次元で表した場合の運動エネルギーの項である動圧*と，圧力エネルギーの項である静圧*の和．ピトー管*の先端の孔のように，流れの中で速度に対して垂直に設置された孔はよどみ点となり，動圧がゼロとなるため，そこにおいて測定される圧力が総圧となる．ベルヌーイの定理で位置エネルギーがほぼ一定の場合，総圧が一定となることより，野球における変化球の原理のような，流速と圧力に関する諸現象が定性的に説明される．　　　　　　　　　　　　［吉川 史郎］

**そうがたはんのうそうち　槽型反応装置　tank reactor**

管型反応装置*に対応する装置．管型では管の入口から出口へと物質濃度は連続的に変化していると考えられるのに対して，槽型では混合がよいために濃度は均一化される．また，容量を大きくすることが可能なので，暴走のおそれのある反応をゆっくりと進行させるときや，反応条件の制御を十分に行いたいときに好都合となる．液相系の反応に一般によく用いられる．　　　　　　　　　　　［長本 英俊］

**そうかついどうたんいすう　総括移動単位数　number of overall transfer unit**

⇒移動単位数

**そうかつエイチ・ティー・ユー　総括 HTU　height per overall transfer unit**

⇒HTU

**そうかつエヌ・ティー・ユー　総括 NTU　number of overall transfer unit**

⇒移動単位数

**そうかつエンタルピーいどうようりょうけいすう　総括──移動容量係数　over-all volumetric co-efficient of enthalpy transfer**

冷却塔*のような気液接触装置においては，熱と物質の同時移動によって水が冷却*されるが，その移動速度は水温における飽和水蒸気のエンタルピー*と空気のエンタルピーの差を推進力として，これに気液の接触面積と比例係数を乗じて求められる．このさいの比例係数を総括エンタルピー移動係数といい，装置単位体積あたりの有効接触面積との積を総括エンタルピー移動容量係数という．有効接触面積の推定が困難な場合に容量係数*が用いられる．　　　　　　　　　　　　［三浦 邦夫］

**そうかつおんどさ　総括温度差（蒸発）　effective temperature difference**

蒸発*に利用される温度差．蒸発装置における伝熱量 $Q$ は，総括熱伝達係数 $U$，伝熱面積 $A$，総括温度差 $\Delta T$ を用いて次式で表される．

$$Q = UA\Delta T$$

加熱側蒸気の温度としては，通常，その圧力に対応する飽和温度 $T_{sat}$ をとる．一方，被濃縮液の温度は，缶内蒸発圧力に対応する蒸気の凝縮温度 $T'$ をとる場合と，溶質および静圧頭による沸点上昇の補正を加えた平均液温度 $T$ をとる場合がある．これらに対応して見掛けと真の総括温度差 $\Delta T_a = T_{sat} - T'$ と $\Delta T_t = T_{sat} - T$ が決まり，それらを用いて見掛けの総括伝熱係数 $U_a$ と真の総括伝熱係数 $U_a'$ が上式で定義される．なお，伝熱面積として，被濃縮液と接している側の伝熱面積をとるのが普通である．

［平田 雄志］

**そうかつすいしんりょく　総括推進力　overall driving force**

物質移動や熱移動が複数の媒体中で起こるとき，各媒体での推進力*の和をいう．複数の媒体を通しての物質移動速度や熱移動速度が総括推進力に比例するとするとき，総括物質移動係数*や総括伝熱係数*はそれらの比例定数として定義される．

［寺本 正明］

**そうかつせいちょうそくど　総括成長速度　over-all crystal growth rate**

結晶の成長機構や律速段階に関係なく，母液の過飽和度または過冷却度の関数として表した成長速度．このときの速度係数を総括結晶成長速度係数 $K$ という．物質移動速度が既知のとき，表面集積速度との関係を導くことができる．　　　　　［松岡 正邦］

**そうかつでんねつけいすう　総括伝熱係数　over-all heat transfer coefficient**

⇒総括熱伝達係数

**そうかつねつでんたつけいすう　総括熱伝達係数　overall heat transfer coefficient**

固体壁を隔てて高温流体1から低温流体2へ熱が伝わる場合，次式で定義される $U_1$ を面1基準の総括熱伝達係数という．

$$\frac{1}{U_1}=\left(\frac{1}{h_1}\right)\left(\frac{A_1}{A_{s1}}\right)+\left(\frac{1}{h_{s1}}\right)\left(\frac{A_1}{A_{s1av}}\right)$$
$$+\left(\frac{L}{k_w}\right)\left(\frac{A_1}{A_{av}}\right)+\left(\frac{1}{h_{s2}}\right)\left(\frac{A_1}{A_{s2av}}\right)+\left(\frac{1}{h_2}\right)\left(\frac{A_1}{A_{s2}}\right)$$

ここで，$h_1$, $h_2$ はそれぞれ流体1および2の熱伝達係数*，$h_{s1}$, $h_{s2}$ は面1および2上の汚れ係数*，$L$, $k_w$ は固体壁の厚さおよび熱伝導率*，$A_1$, $A_2$ は面1および2の伝熱面積，$A_{s1}$, $A_{s2}$ は面1および2上のスケール*の流体側の伝熱面積，$A_{s1av}$, $A_{av}$, $A_{s2av}$ はそれぞれ $A_{s1}$ と $A_1$, $A_1$ と $A_2$, $A_2$ と $A_{s2}$ の平均伝熱面積である．このとき温度 $T_1$ の高温流体1から温度 $T_2$ の低温流体2へ単位時間に伝えられる熱量を $Q$ とすれば，次式となる．

$$Q=U_1A_1(T_1-T_2)$$

いずれの面を基準にとるかは任意であって，$A_2$ または $A_{av}$, $A_{s1}$ 等を基準としてもよい．たとえば，$A_2$ を基準にとるときは上の総括熱伝達係数の定義式中の $U_1$ を $U_2$ に，$A_1$ を $A_2$ にすればよい．このときは次式となり，

$$Q=U_2A_2(T_1-T_2)$$

$U$ の値は異なるが $Q$ の値は変わらない．通常の場合はスケールの厚さは薄いので，$A_{s1}\fallingdotseq A_1$, $A_{s2}\fallingdotseq A_2$ と考えてよい．この場合は次のように書くことができる．

$$\frac{1}{U_1}=\frac{1}{h_1}+\frac{1}{h_{s1}}+\left(\frac{L}{k_w}\right)\left(\frac{A_1}{A_{av}}\right)$$
$$+\left(\frac{1}{h_{s2}}\right)\left(\frac{A_1}{A_2}\right)+\left(\frac{1}{h_2}\right)\left(\frac{A_1}{A_2}\right)$$

総括熱伝達係数のだいたいの値は，多管型水蒸気凝縮器1200～2900，多管型アンモニア凝縮器700～1700，液-液熱交換器60～1200，ガス-液熱交換器10～60，ガス-ガス熱交換器10～35，水蒸気によるガス加熱（自然対流）10～60［いずれも J m$^{-2}$ s$^{-1}$ K$^{-1}$］である． ［荻野 文丸］

**そうかつねつふくごうせん　総括熱複合線　overall heat composite lines**

プロセスの省エネルギー化を目的として定義される熱複合線の総称名であり，受熱複合線と与熱複合線の二つがある．二つの複合線を，温度レベルを一致させながら，相対的に合わせることにより回収熱量，そのときに必要な外部から投入すべき加熱源量，冷却熱源量を決めることができる．また，二つの複合線が接するとき，つまり最小接近温度差*がゼロになるとき，理論上の最大の熱回収量を与えるが，熱交換器の接触面積が無限大になるために実現は不可能である．このときの加熱量が最小加熱量，冷却量が最小冷却量となる．

省エネルギー化をはかろうとするプロセス部分において，総括熱複合線を用いて熱交換器ネットワーク構成することができる．① プロセス流体に対する冷却機能と加熱機能に相当する場所を探し，それぞれを与熱流体と冷却流体に分類する．ここで注意すべきことは，冷却機能とは，プロセス流体が高温側で，冷却媒体側が低温側となっているところ，高温側流体が熱交換器ネットワーク（ヒートインテグレーションシステム）の与熱側になる．逆に加熱機能とは，プロセス流体が低温側であり加熱媒体は高温側になるところであり，低温側流体が受熱流体になる．② 与熱側と受熱側のそれぞれの流体群について，熱複合線*を描く．③ 両複合線を用いて熱交換器ネットワークの全体の熱回収量を決める．このとき最少接近温度を仮定しなければならない．総括熱複合線は，$T$-$Q$ 線図*，あるはカルノー効率-エンタルピー線図に描くが，$T$-$Q$ 線図が一般に利用されている． ［仲　勇治］

**そうかつはんのうそくど　総括反応速度　overall reaction rate**

⇒未反応核モデル

**そうかつはんのうそくどしき　総括反応速度式　overall rate equation of chemical reaction**

物質移動や反応など複数の過程を経た結果として観察される見掛けの物質量の変化速度を，単一反応*の反応速度式*と同様の形式にまとめて表現した式．物質移動過程の影響が大きい不均一系反応*や，複数の素反応が関与する複合反応*について，反応速度の濃度依存性などを総括的に表現するための式である． ［大島 義人］

**そうかつはんのうそくどていすう　総括反応速度定数　overall reaction constant**

総括反応速度式*における速度定数．総括反応速度定数の大きさや温度依存性を解析することにより，反応を構成する全過程のなかで反応速度に大きく影響する素過程をある程度推測することができる． ［大島 義人］

**そうかつぶっしついどうけいすう　総括物質移動係数　overall coefficient of mass transfer**

物質移動速度が有効接触面積*および総括推進力*に正比例すると仮定したときの比例係数．たとえば，気液両相間の物質移動で二重境膜説*を仮定

したときに，気相本体濃度と液相本体濃度に平衡な気相濃度との差，あるいは液相本体濃度と気相本体濃度に平衡な液相濃度との差を総括推進力とするときの係数である．前者を気相基準総括物質移動係数，後者を液相基準総括物質移動係数とよぶ．総括物質移動係数は装置設計に用いるさいに便利である．
[後藤 繁雄]

**そうかつようりょうけいすう　総括容量係数　over-all volumetric coefficient**

2相の直接接触による物質移動*または伝熱を目的とする装置の所要体積，または所要高さを求めるために用いられる係数．総括物質移動容量係数あるいは総括伝熱容量係数の総称である．装置の単位体積あたり，単位時間の物質移動量あるいは伝熱量が総括推進力*に比例すると仮定したときの比例係数のことである．
[後藤 繁雄]

**そうかへいきん　相加平均　arithmetic mean**

算術平均．変量 $y_1, y_2, \cdots, y_n$ の相加平均 $y_{am}$ は，それぞれの重み $w_1, w_2, \cdots, w_n$ を用いて次式で定義される．

$$y_{am} = \frac{\sum_i^n w_i y_i}{\sum_i^n w_i} = \frac{w_1 y_1 + w_2 y_2 + \cdots + w_n y_n}{w_1 + w_2 + \cdots + w_n}$$

各変量の重みが同一のときには，$y_{am}$ は単純相加平均となる．(⇒対数平均)

$$y_{am} = \frac{\sum_i^n x_i}{n}$$

[平田 雄志]

**そうかんいどうしょくばい　相関移動触媒　phase-transfer catalyst**

有機-水の両相にそれぞれ存在する基質と相互作用し，相間を移動し反応を促進する触媒の総称．水溶性のイオン性基質と油溶性の基質を反応させる場合，溶媒として互いに混じり合わない二相系が用いられる．水相中に存在するイオン性の基質と中性のイオン対を形成し，有機相への分配を高めることによって反応を促進させる触媒．有機相中に存在する基質が水相中で錯体を形成し，水相における反応が促進される例もある．代表的な相関移動触媒として，テトラブチルアンモニウム塩などのテトラアルキルアンモニウム塩がある．第四級アンモニウム塩のほか，ホスホニウム塩，クラウンエーテル類なども用いられる．
[後藤 雅宏]

**そうぎょうど　操業度　percentage of capacity**

操業率．生産設備の生産能力に対する実際の生産量の割合．操業度60%とは，その設備のもつ生産能力の60%しか稼働していない状況をいう．操業度が下降すると，生産原価に占める固定費の割合が上昇するためコストアップとなる．
[松本 英之]

**そうきょくしモーメント　双極子── dipole moment**

分子を構成する原子の電気陰性度が異なると，電気陰性度の大きい原子には負電荷が，小さい原子には正電荷が生ずる．このことより，分子は電気双極子となり，双極子モーメントを有する．正電荷 $+e$ が負電荷 $-e$ より距離 $r$ だけ離れているとすれば，双極子モーメント $\mu$ は，$\mu = er$ となる．単位としては極性分子の研究に多大の貢献をした P. Debye にちなんで，Debye 単位 [D] を用いることがあるが，SI* では $1\,\mathrm{D} = 3.336 \times 10^{-30}\,\mathrm{C\,m}$ である．
[荒井 康彦]

**そうごうほしゅうこうりつ　総合捕集効率　over-all collection efficiency**

集じん装置全体の捕集効率で，部分捕集効率*あるいは単一体捕集効率*に対応する言葉として用いられる．部分捕集効率に対応する場合は，部分捕集効率に粉じんの粒度分布関数を掛けて，それを全粒径範囲にわたって積分することにより総合捕集効率が求まり，これは集じん装置に流入した全粉じん量に対する捕集された粉じん量の割合を表す．また，充塡層フィルター*において単一体捕集効率*に対応する場合は，単一体捕集効率を充塡層厚さ方向に積分することにより求められる．粒径ごとの充塡層フィルター全体の捕集効率を表す場合は，とくに前者と区別するため，総合部分捕集効率とよばれることもある．
[大谷 吉生]

**そうごかくさん　相互拡散　counter diffusion**

A, B 二成分系混合物中で，両成分が互いに反対方向に拡散*する場合の拡散現象．混合物内の任意の位置での A, B の $z\,[\mathrm{m}]$ 方向への拡散速度を $N_\mathrm{A}$, $N_\mathrm{B}$ [mol s$^{-1}$ m$^{-2}$] とし，この位置での A のモル分率を $x_\mathrm{A}\,[-]$，分子拡散係数* を $D_\mathrm{AB}\,[\mathrm{m}^2\,\mathrm{s}^{-1}]$，混合物のモル密度を $\rho_\mathrm{M}\,[\mathrm{mol\,m}^{-3}]$ とすれば，フィックの法則*によってこの場合の $N_\mathrm{A}$ は，混合物内の濃度勾配に基因する A の拡散速度と混合物全体としての流れ，すなわちバルクフロー (bulk flow) $N\,(=N_\mathrm{A}+N_\mathrm{B})$ によって移動する A の拡散速度との和となり，次式で与えられる．

$$N_\mathrm{A} = -\rho_\mathrm{M} D_\mathrm{AB} \frac{\partial x_\mathrm{A}}{\partial z} + (N_\mathrm{A} + N_\mathrm{B}) x_\mathrm{A} \quad (1)$$

定常状態での拡散で，$\rho_\mathrm{M}$, $D_\mathrm{AB}$ が一定値であると仮定して式(1)を積分すると次式となる．

$$N_A + N_B = \frac{\rho_M D_{AB}}{z} \ln \frac{1-[1+(N_B/N_A)]x_{A2}}{1-[1+(N_B/N_A)]x_{A1}} \quad (2)$$

ただし，$x_{A1}$, $x_{A2}$ は拡散域両端の $x_A$ の値，$z$ は拡散域両端間の距離である．式(2)は二成分系の定常拡散の基本式であり，相互拡散の場合には $N_A$ と $N_B$ のうちのどちらかが負の値をとる．

A，B両成分が反対方向に等しい速度で拡散する場合をとくに等モル相互拡散*とよび，式(1)の右辺第2項がゼロとなり，簡単化される．（⇒一方拡散）

[後藤 繁雄]

### そうごかくさんけいすう　相互拡散係数　mutual diffusion coefficient, mutual diffusivity, interdiffusion coefficient

成分Aの分子がほかのB成分中あるいは混合物中に拡散する場合の拡散係数で，それぞれ $D_{AB}$ あるいは $D_{Am}$ で表される．とくに，A，B二成分系混合物中で，両成分が互いに反対方向に拡散する場合は等モル相互拡散といい，その拡散係数は $D_{AB} = D_{BA}$ である．

[船造 俊孝]

### そうごようかいど　相互溶解度　mutual solubility

2種類の液体を混合すると，完全に溶け合って均一な溶液にはならず，それぞれ飽和溶液となって2液相で平衡状態になることがある．このときのそれぞれの液体に対するほかの液体の溶解度を相互溶解度という．

[横山 千昭]

### そうさあつりょく　操作圧力　operating pressure

精密沪過法，限外沪過法，ナノ沪過法，逆浸透法などの圧力差を駆動力とする膜分離法や膜によるガス分離において，供給液あるいは供給ガスに加える機械的圧力のこと．

[中尾 真一]

### そうさがたけいさん　操作型計算　computation for designing operations

市販されている多くのプロセスシミュレーターは，プロセス設計条件と操作条件を与えてプロセス状態を推定するものであり，プロセス設計条件と，希望する有限のプロセス状態（希望値）を実現する操作条件を求める計算のことをいう．プロセス設計条件と直接的に与えられたプロセス条件から操作条件を求める方法と，シミュレーションを繰り返しながら希望値になるように収束計算する方法とがある．

[仲 勇治]

### そうさがたもんだい　操作型問題　operation type problem

蒸留問題の自由度*の与え方による分類の一つ．蒸留塔の仕様（総段数，原料供給およびサイドカット*の位置）と操作条件（還流比，留出液*，缶出液*，サイドカットの流量）を指定して，留出液，缶出液，サイドカットを含めて塔内組成分布，温度分布を求める問題のこと．（⇒設計型問題）

[森 秀樹]

### そうさせん　操作線　operating line

ガス吸収*，蒸留*，液液抽出*などの異相間物質移動操作において，装置内における物質収支式をいう．二成分系の場合，グラフにプロットするとその関係は直線あるいは曲線で表される．なお，調湿*や冷却*などの操作では，装置内のある断面における空気のエンタルピーと水温の関係を表す式を操作線という．

それぞれ一つの原料供給部，塔頂部，塔底部をもつ通常蒸留塔を考える．原料供給部より上の濃縮部*に関する成分 $i$ の物質収支式から次式が得られる．

$$y_{n+1} = \frac{L_n}{V_{n+1}} x_n + \frac{D}{V_{n+1}} x_D \quad (1)$$

これが濃縮部の操作線の式である．ここで，留出量* $D$，留出組成* $x_D$，塔頂から数えた第 $n$ 段を去る液のモル流量 $L_n$ およびその組成 $x_n$，その下の段から上がってくる蒸気のモル流量 $V_{n+1}$ とその組成 $y_{n+1}$ である．つまり，式(1)は，$x_n$ から $y_{n+1}$ を，あるいは逆に $y_{n+1}$ から $x_n$ を求めるのに使うことができる．なお，蒸気および液の流量が一定である等モル流量を仮定すると，式(1)は還流比* $R(=L/D)$ を用いて以下のように書き直すことができる．

$$y_{n+1} = \frac{R}{(R+1)} x_n + \frac{1}{(R+1)} x_D \quad (2)$$

また，原料供給段より下の回収部*の操作線は以下の式で表される．

$$y_m = \frac{L^*_{m+1}}{V^*_m} x_{m+1} - \frac{W}{V^*_m} x_W \quad (3)$$

この式は，缶出量* $W$ とその組成 $x_W$，塔底から数えた第 $m$ 段を去る蒸気モル流量 $V^*_m$ とその組成 $y_m$，第 $m$ 段に入る液のモル流量 $L_{m+1}$ とその組成 $x_{m+1}$ のうち，$y_m$ と $x_{m+1}$ の間の関係を表す．

[長浜 邦雄]

### そうさてん　操作点　operating point

液液抽出*操作の一つである向流多段抽出*操作において，三角線図*を使用して，図上で抽出計算を行う場合，図のように原料の組成を示す点 F と最終の抽出液相の組成を示す点 $E_1$ とを結ぶ直線と，抽剤*の組成を示す点 S と最終の抽残液相の組成を示す点 $R_N$ とを結ぶ直線との交点をいう．一般に，任意の段（$m$ 段）から出ていく抽残液の組成を示す点 $R_m$ と，$m$ 段に入ってくる抽出液の組成を示す点 $E_{m+1}$ とを結ぶ直線（すなわち操作線）は必ずこの操作点を

通るので，三角図による所要段数計算などの場合には，この操作点を求めてから行われる．(⇒多段抽出)
［宝沢 光紀］

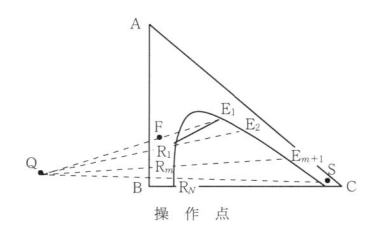

操作点

**そうさりょう　操作量**　manipulating variable
制御量*を変動させるための制御対象への入力のこと．プロセス制御*では操作端のほとんどが調節弁であり，調節弁開度が操作量となることが多い．
［伊藤 利昭］

**ぞうしつそうち　増湿装置**　humidifier
加湿装置．空気中の水蒸気の量を増加させることを増湿または加湿といい，そのための装置を増湿(加湿)装置という．水蒸気を空気中に噴射する蒸気加湿，水を加熱蒸発させる水加湿がおもに用いられるが，気液接触による方法もある．　　［三浦 邦夫］

**そうじへんかん　相似変換**　similarity transformation
層流境界層方程式は偏微分方程式であるため厳密解を得ることが困難である．そこで境界層*内の速度分布が相似であると仮定し，次式で示される無次元数 $\eta$ を導入する．

$$\eta = y\left(\frac{U}{\nu x}\right)^{1/2}$$

ここで，$U, \nu, y, x$ はそれぞれ境界層外縁速度，動粘度，壁からの距離，流れ方向距離である．この無次元数を導入することにより，境界層方程式は $\eta$ を変数とする常微分方程式に変換され，容易に解を得ることができる．このような手法を相似変換の方法とよぶ．　　　　　　　　　　［薄井 洋基］

**そうじょうへいきん　相乗平均**　geometric mean
幾何平均．変量 $y_1, y_2, \cdots, y_n$ の相乗平均 $y_{gm}$ は，次式で定義される．(⇒対数平均)

$$y_{gm} = (y_1 y_2 \cdots y_n)^{\frac{1}{n}}$$

［平田 雄志］

**ぞうしょくしゅうりつ　増殖収率**　growth yield
生体内での基質の流れを増殖と維持(維持定数 $m$)に分解して考えるとき，基質消費速度は $(-\mathrm{d}S/\mathrm{d}t) = (1/Y_G)(\mathrm{d}X/\mathrm{d}t) + mX$ (ここで $X$ は菌体濃度，$S$ は基質濃度)と表現され，そのときの $Y_G$ を増殖収率という．生体内で利用される基質のうち純粋に増殖に利用される基質に対する菌体増殖量に相当し，全基質消費量に対する菌体増殖量(菌体収率 $Y_{X/S}$) とは異なる．　　　　　　　　［本多 裕之］

**そうしんせきがたモジュール　槽浸漬型――** submerged type module
活性汚泥ばっ気槽や凝集沈殿槽に膜を直接浸漬して沪過を行うためのモジュール．槽の水頭を利用して加圧する方式と透過側を減圧にする方式がある．
［市村 重俊］

**そうたいきはつど　相対揮発度**　relative volatility
⇒比揮発度

**そうたいしつど　相対湿度**　relative humidity
湿りガス*の体積基準の，湿度の同温度における飽和湿度*に対する百分率．関係湿度*ともいう．この値 $\phi$ は，理想気体*に対しては蒸気分圧 $p$ の同温度における飽和蒸気圧* $p_S$ に対する百分率に等しい．すなわち $\phi = 100(p/p_S)[\%]$. (⇒湿度)
［西村 伸也］

**そうたいしつりょう　相対質量**　relative mass
炭素12の原子1個の質量を12としたときの元素や化合物の相対的な平均質量のこと．通常使われている元素の"原子量"あるいは化合物の"分子量"とは，それぞれ相対的な平均原子質量や相対的な平均分子質量のことである．　　　　　　　［船造 俊孝］

**そうたいせんはんけい　相対栓半径**　relative plug radius
塑性流体*の管内流動における栓半径*と管内半径の比．　　　　　　　　　　　　　　　　　　　［吉川 史郎］

**そうたいそど　相対粗度**　relative roughness
円管の内壁の平均粗さを管内径で除した値のこと．凹凸状の内壁面の高さの平均値と，もっともくぼんだ部分を基準とした内径を用いる．乱流*における管摩擦係数*とレイノルズ数*の関係を表すさいのパラメーターとして用いられる．　　［吉川 史郎］

**そうたいねんど　相対粘度**　relative viscosity
比粘度*．同一温度における溶液の粘性係数* を $\eta$，純溶媒の粘性係数を $\eta_0$ とするとき，その比 $\eta/\eta_0$ を相対粘度という．　　　　　　　　　［横山 千昭］

**そうてんかんほう　相転換法**　phase inversion method
高分子多孔膜を作製する一般的な手法．高分子溶液を，高分子濃厚相(マトリックス相)と希薄相(孔

に相分離させることにより多孔膜を作製する．非溶媒の取込みや冷却により相分離を誘起させる場合が多い．ロープ-スリラーヤン膜はこの手法により作製される．また，複合膜*用の支持多孔膜の作製にもおもにこの手法が用いられる． [松山 秀人]

**そうとうちょっけい　相当直径　equivalent diameter**

断面が円以外の形状の管内の摩擦係数*を算出するさいの代表長さのことで，動水半径*の4倍として定義される．これは円管の場合の代表長さである管内径が，動水半径の4倍であることからの類推による．二重管型熱交換機などにおける伝熱相当直径は多少定義が異なり，流路の断面積の4倍を伝熱辺長*で除したものとなる． [吉川 史郎]

**そうとうながさ　相当長さ　equivalent length**

配管継手と同等の摩擦損失を与える直円管の長さ．機械的エネルギー収支*の摩擦損失項のうち，バルブ，エルボなどの継手の損失 $F_a[m^2\,s^{-2}]$ は，Fanningの式*に基づく直管の損失を表す式で，管長 $L[m]$ の部分に相当長さ $L_e[m]$ を代入した次式により計算される．

$$F_a = 4f\left(\frac{L_e}{D}\right)\left(\frac{1}{2}u_a^2\right)$$

ここで，$D[m]$，$u_a[m\,s^{-1}]$，$f[-]$ はそれぞれ継手を接続する直円管の内径，管断面平均流速，管摩擦係数*である．各種継手の相当長さは便覧などに $L_e/D$ の値として示されている． [吉川 史郎]

**そうのあんていせい　相の安定性　phase stability**

相の安定性は，系に加わるゆらぎ(摂動)の種類によって機械的安定性(密度の摂動)，熱的安定性(温度の摂動)，拡散安定性(組成の摂動)に分類される．どの場合にも，自由エネルギー曲面の摂動に対する二次微分が正であればその点は局所的に安定，負のとき局所的に不安定となる．機械的安定条件*は等温圧縮率が正，熱的安定条件は定積熱容量が正，混合物の拡散安定条件は自由エネルギーの組成に対するJacobian行列が正定値となることである．なお，拡散不安定領域が機械的不安定領域*よりも広いので必ず前者の安定性を調べる必要がある．また，上の局所的安定条件は状態近傍での小さな摂動に対する安定条件であり，大きな摂動に対しては大域的な安定条件が必要である．拡散に関する大域的安定条件は"組成軸上にある自由エネルギー曲面の任意の点における接平面がつねに曲面の下にあること"である．すなわち，ある点の接平面がどこかで曲面の上に出れば，もとの点は不安定で必ず相分離が起こり，結果として二つ以上の相が現れ，それらは共通接平面上に存在する． [新田 友茂]

**そうはつねつりょう　総発熱量　gross heat value, gross calorific value**

⇒発熱量

**そうふうき　送風機　blower**

比較的低圧(0.1 MPa 以下)で気体(多くは空気)を送り出し，送出気体の冷却を必要としない程度の気体輸送機．さらに低圧での送出のファン，0.1 MPa 程度以上の圧力で送出するコンプレッサーと比較される．機械構造的には遠心式および回転式が一般的である． [伝田 六郎]

**そうぶんさんげんかいかくはんそくど　相分散限界撹拌速度　minimum impeller speed for liquid-liquid dispersion**

完全分散限界撹拌速度．密度差のある相互不溶の2液を撹拌し，一方の液相を他方の液相中に完全に分散するに必要な限界の撹拌速度．液液分散操作では，操作目的にあわせて滴径分布*を制御する必要性から，滴径分布によりこの分散系を評価する．これとは別に，液液分散操作の前提である相分離を起こさない良好な分散状態を得ようとの面から，槽内の分散相分布の偏りに着目し，分散状態を評価しようとの考え方がある．

一般には，撹拌速度を速くしていくと，分散相と連続相とが分離して2相を形成する相分離の状態から，槽内のどの部分からサンプルを採取しても分散相と連続相が存在する完全分散状態を経て，サンプル中の分散相分率が同一となる均一分散状態になる．ただし，均一分散と液滴の単分散とは異なる．相分散限界撹拌速度は運転条件の決定に重要な役割を果たすため，撹拌フルード数*の形で整理し，それが2液の密度差，平均密度，平均粘度，分散相体積分率，翼形状の関数とした無次元相関式が報告されている．この撹拌速度の実測は，分散相の密度が連続相より小さい場合には，液自由表面上の分散相の小プールの消長から判定する．なお，撹拌槽の転相現象*が起こる可能性のある条件下では，相分散限界撹拌速度の実測，推算はきわめて難しい．(⇒分散限界撹拌速度) [望月 雅文]

**そうぶんり　相分離　phase separation**

均一な溶液が2相または多相に分離すること．溶液が濃度の異なる液相に分離する液-液分離や，固相と液相に分離する固-液相分離などがある．2(多)成分溶液における相分離は，相平衡*条件が成立することに伴い起こる現象であり，相分離した各相の

**そうへいこう**

相対量はてこの規則*により決まる．液-液相分離は，一般にUCST*より低温域，LCST*より高温域で起こる．相分離には，通常のマクロ相分離のほか，分子レベルで相分離しマクロ相分離を示さないミクロ相分離*がある． 　　　　　　　　[佐伯　進]

**そうへいこう　相平衡　phase equilibrium**

系を構成する複数の相に外的作用を加えずに無限時間放置し，各相が巨視的に変化せず，熱力学的に安定であるとき相平衡状態にあるという．各相における温度および圧力が等しく，各成分の化学ポテンシャル*あるいはフガシティー*は等しい．

[岩井　芳夫]

**そうへいこう　相平衡(高分子混合系の)　phase equilibrium in polymer mixture systems**

工業的に重要な高分子混合系としては，高分子に溶媒や添加剤を加えた高分子/低分子二元混合系，ポリマーブレンド*である高分子/高分子二元混合系，さらには3成分以上を含む混合系がある．一般に，混合系が均一に相溶するか2相に分離するかは組成，温度，圧力に依存する．高分子/低分子混合系では，UCST*型の相図が多くみられ，またその相平衡は格子モデルに基づいたフローリー–ハギンス式*によりかなりうまく説明できる．一方，高分子/高分子混合系は均一に相溶する系(相溶系*)は少なく，また相溶系の多くはLCST*型の相図を示す．高分子/高分子混合系で均一相溶が起こるための主要な原動力は，負の混合熱を生じさせるような異種高分子間の相互作用であり，混合によるエントロピー増大の寄与は高分子/低分子混合系に比べて著しく小さい．ポリエチレンのように結晶性高分子を含む混合系では，結晶化による固-液相分離が起こり，相図はさらに複雑になる． 　　　　　　　　[佐々木　隆]

**そうへんか　相変化　phase change**

相転移．相変態．温度・圧力・組成などの変化に伴って，ある相から別の相に変化する現象．たとえば，液体を加熱すると蒸気になるが，これは液相から気相への相変化である． 　　　　　[岩井　芳夫]

**そうぼうちょう　層膨張　bed expansion**

流動化状態*での気泡*を含む層の高さと，流動化開始速度*における層高との比を層膨張比とよぶ．気泡が小さいと上昇速度も小さくなるため，気泡ホールドアップ*が大きくなり，流動層膨張比*も大きくなる．気泡相とエマルション相間の気泡体積あたりのガス交換速度*は，気泡径が小さいほど界面積が増え，大きくなるので，層膨張が大きな流動化状態であるほど固-気接触は良好になる．(⇒層膨張比)

[甲斐　敬美]

**そうようけい　相溶系　miscible system**

相溶性とは，二(多)成分系において異種分子どうしが分子状に均一に混合する性質をいい，この性質を示す系．相分離*を示す不均一系が非相溶系である．一つの溶液系においても1相を示す領域を相溶領域，2(多)相を示す領域を非相溶領域として区別する．マクロな相分離*を示す溶液系では，相分離温度-濃度曲線による相図をもとに相溶領域が決まるが，ミクロ相分離*を示す系では，相溶系か非相溶系かの判定自体が困難となる． 　　　　　　[佐伯　進]

**そうりつ　相律　phase rule**

相平衡*状態にある相の数$P$と成分の数$c$により，自由度$F$は次式で表される．

$$F = P - c + 2$$

これを相律という．たとえば，二成分系の気液平衡*では，$P=2$，$c=2$なので，自由度$F$は2となる．つまり，温度，圧力，液相組成および気相組成のうち，二つを固定すれば残りの二つが決まる(自由に動かすことができない)． 　　　　　　　　[岩井　芳夫]

**そうりゅう　層流　laminar flow**

流体が入り混じることなく層状に流れ，流速が時間，空間に対してランダムに変動することのない状態をいう．いずれの流れ場においてもレイノルズ数*がある値以下であれば層流となる．これは，レイノルズ数が低い流れでは粘性の影響が大きく，なんらかの原因で速度の乱れが生じることがあっても，それが増幅せずに消失するためと考えられている．定常な円管内流れではレイノルズ数が2100以下で層流となる． 　　　　　　　　[吉川　史郎]

**ぞうりゅう　造粒　granulation**

粉末，溶液，溶融液，懸濁液などから，形状や粒径の比較的そろった造粒物をつくる操作．この造粒物には，顆粒，ペレット，プリル，複合粒子，被覆粒(コーティング粒子，被覆粒子など)，錠剤などの例があり，原料，製法あるいは業種によってさまざまな名称が慣習的に用いられる．また，造粒物の形態は，使用上の目的や条件にもっとも適している形状，構造，成分，見掛け密度，大きさなどを備えている必要がある．すなわち，造粒の大きな目的には，次のような典型例があげられる．

① 粉体自体の処理効果：偏析や固結の防止，圧縮性や流動性の改善など．② 熱・物質移動，反応などにおける機能的形態：溶解(融)，通気(液)抵抗の軽減，成分の徐放制御，触媒など．③ 粉体管理上の対策：搬出入の省力化，輸送容量の低減，発じんや粉

じん爆発の防止，計量の利便性など．

単位操作としての造粒は，次のような方法に分類される．

① 成長様式による造粒：転動，振動，撹拌などの作用で運動している加湿粉体（通常，凝集用バインダー，被覆用の溶質，微粒子などを含む噴霧液を添加），あるいはこれらの作用や流動層（噴流層，転動流動層なども含む）などで乾燥状粉体に噴霧液を供給し，凝集または被覆の現象を利用して適正な顆粒，ペレット，被覆粒子，複合粒子などの造粒物に成長させる方法．② 圧密様式による造粒・成形：バインダーの溶液を含む可塑性の粉体原料をダイスやノズルから押し出す方式，種々のバインダーを含む粉体原料，または乾燥状粉体原料をロール間圧縮（ブリケッティング，コンパクティング），打錠などの機械的加工によって円柱状顆粒（ペレット），ブリケット，錠（タブレット）などの造粒物・小成形物をつくる方法．③ 液滴発生様式による造粒：滴下または噴霧の方式で溶融液を冷却空気流中に分散させ，この発生液滴の冷却固化によって球状の造粒物（プリル，ビーズ，顆粒ともいう）をつくる方法（air prilling）．なお，この分類には溶液や懸濁液から噴霧乾燥によって造粒を行う方式を含むことが多くなった．

このほか，凝集剤を含む懸濁液を撹拌・転動の作用のもとで凝集粒を発生させる造粒方式（液中造粒），あるいは広義の観点では合成法，晶析法などにマイクロカプセルを含めた多様な造粒法があげられる． [関口 勲]

**ぞうりゅうそうち 造粒装置 granulator, agglomerator**

この名称はとくに単位操作として分類される造粒用の装置類に限定される．造粒* という観点では，転動，振動，撹拌，流動層などの作用で運動している粒子群に噴霧液を供給し，そのさいに発生する凝集または被覆の現象に基づいて顆粒，ペレット，被覆粒子，複合粒子などの造粒物に成長させる装置類を中心的に造粒装置という名称が使われる．これらには操作上，造粒様式として成長速度過程を含むのが特徴である．

造粒の成長速度過程を対象とする装置類では，大別して転動，通気および撹拌の三つの基本的な機構があげられる．① 転動方式の装置類：回転パン型や回転ドラム型の転動造粒機* 類がある．② 通気方式：流動層造粒機*，転動流動層造粒機，撹拌機構内蔵の流動層や転動流動層造粒機（複合型），噴流層造粒機などがある．③ 撹拌方式：高速せん断用の撹拌羽根を容器底部に設置した典型的な撹拌造粒機* などがある．また，以上の諸機構を組み合わせた複合型造粒機（例，パドル付き転動流動層）もある．このほかにはとくに典型的な造粒目的での使用にさいして押出し造粒機*，噴霧乾燥（冷却）造粒装置などの機種があげられる． [関口 勲]

**そうりゅうねんしょう 層流燃焼 laminar combustion**

燃焼現象の大部分は気相中で生じるが，反応帯を通過する流れの状態によって燃焼特性は大きく異なる．流れが層流の場合の燃焼は層流燃焼とよばれる．層流燃焼では，熱伝導や拡散などの移動現象は分子運動による輸送過程によって行われ，火炎面は滑らかである． [西村 龍夫]

**そうりょうきせい 総量規制 regulation of total maximum daily loading**

水質保全対策として濃度規制を補完するものとして，瀬戸内海，東京湾，伊勢湾のような広域的な閉鎖性水域* の水質改善をはかるため水質総量規制が導入された．これは，水域ごとに水質汚濁負荷量の許容限度量すなわち環境容量を設け，当該水域でカットすべき生活系・工場系などの汚濁負荷量* を，そこに汚濁負荷をもたらす後背地に配分するやり方であり，汚濁負荷量により規制を行う．

総量規制基準は知事によって定められ，排水量が 50 m$^3$ d$^{-1}$ 以上の工場・事業場からの排出負荷量の許容限度 $L$[kg d$^{-1}$] は次式で定める．

$$L = CQ \times 10^{-3}$$

ただし，$C$[mg L$^{-1}$] は業種区分ごとの COD（化学的酸素要求量）などの値，$Q$[m$^3$ d$^{-1}$] は排水量である．

窒素，リンが規制項目に加わった第五次水質総量規制の総量規制基準が 2002 年 10 月から新・増設の工場・事業場に，2004 年 4 月からは既設の工場・事業場にも適用となり，閉鎖的海洋水域にかかわる指定水域および指定地域に立地する排出総量 400 m$^3$ d$^{-1}$ 以上の事業者は，COD とともに全窒素，全リンの連続測定が義務づけられている． [藤江 幸一]

**そうれつモデル 槽列——（流れモデルとしての） reactors model**

⇒完全混合槽列モデル

**そくしんゆそう 促進輸送 facilitated transport**

特定の物質に特異的な親和性をもつ担体（キャリヤー）によって，特定の物質のみが輸送される過程．通常の輸送に比べて，高い透過速度が得られる．また，担体と親和性をもたないほかの物質の透過速度は遅いため，目的とする物質の透過選択性を高める

ことができる.濃度勾配に逆らって輸送される能動輸送* とは異なり,濃度勾配差を推進力とする.
[松山 秀人]

**そくどきょうかいそう　速度境界層　velocity boundary layer**
⇒境界層

**そくどポテンシャル　速度——　velocity potential**

渦度のない流れでは,勾配ベクトルが速度ベクトルと一致するスカラー関数を定義できる.次式で表されるこの関数 $\phi$ を速度ポテンシャルという.

$$\boldsymbol{u}=(u_x, u_y, u_z)=-\mathrm{grad}\,\phi=-\frac{\partial\phi}{\partial x}\boldsymbol{i}-\frac{\partial\phi}{\partial y}\boldsymbol{j}-\frac{\partial\phi}{\partial x}\boldsymbol{k}$$

ポテンシャルが定義できることから渦なし流れをポテンシャル流れ* ともいう.二次元流れにおいては,流れ関数* $\varPsi$ との間に Cauchy-Riemann の関係があることから,次式に示す複素速度ポテンシャル $w$ を定義することができる.

$$w=\phi+i\varPsi$$

[吉川 史郎]

**そくどろんモデル　速度論——　rate-based model**

段塔* あるいは充填塔* 内の組成分布,流量分布,所要段数あるいは塔高を求めるための計算法の一つ.それは物質収支式*,エンタルピー収支式,モル分率に関する式,および各相の熱および物質移動速度* 式で構成される.各相の熱および物質移動流束を推算するために,伝熱* および物質移動係数* の推算式と輸送物性* の推算式が必要となる.
[小菅 人慈]

**そくめんかくはん　側面撹拌　side-entry mixing**

撹拌槽が大型になると縦型の撹拌槽においては撹拌軸を長くする必要が生じ,軸たわみの問題が生じてしまう.撹拌槽の使用目的が液体の貯蔵や保温,スラリー中の固体の沈降防止などの比較的緩やかな撹拌で十分な場合,撹拌翼* が撹拌槽の側面から挿入される.中容量から大容量の低粘度液の混合に適し,原油貯蔵槽の側面には複数台の撹拌翼が取り付けられることがある.
[高橋 幸司]

**そくりゅう　側流　side stream**
⇒サイドカット

**そしきこうがく　組織工学　tissue engineering**

ティッシュエンジニアリング.ヒト由来の細胞や組織を用いた医療デバイスや人工臓器を作製するための工学技術体系のこと.ヒト(または動物)細胞,増殖(分化)制御因子,人工マトリクス(スキャフォールド)の三つの要素を組み合わせた細胞組織を利用した人工臓器の作製技術体系であり,実用化されつつある組織工学製品は皮膚,軟骨,骨,靭帯,腱など結合組織系のものが多い.
[長棟 輝行]

**そしきばいよう　組織培養　tissue culture**

動物や植物などの多細胞生物が構築する組織を培養すること,またはその方法.動物細胞では目的の組織にあわせて増殖因子を加える必要がある.植物細胞では植物ホルモンを必要とする.
[本多 裕之]

**そしりつ　阻止率　rejection**

除去率.特定の溶質が膜により透過を阻止される割合を示す値で,通常は次式で定義される.

$$R_{\mathrm{obs}}=1-\frac{C_{\mathrm{p}}}{C_{\mathrm{b}}}$$

これは,見掛けの阻止率* とよばれるもので,$C_{\mathrm{p}}$ および $C_{\mathrm{b}}$ はそれぞれ透過液および供給液の溶質濃度である.膜分離法においては,膜を透過する流れによって膜面に運ばれてきた溶質は,膜によって阻止されそこに蓄積するため,膜面の溶質濃度は供給液本体の濃度よりも高くなっている.この現象は濃度分極* とよばれ,膜透過現象に大きな影響を及ぼす要因の一つである.濃度分極の結果,膜は実際には膜面濃度 $C_{\mathrm{m}}$ の溶液に対して阻止を行っており,したがって,真の阻止率 $R$ は次式で定義される.

$$R=1-\frac{C_{\mathrm{p}}}{C_{\mathrm{m}}}$$

これが真に膜特性を表す阻止率である.
[鍋谷 浩志]

**そすいせいパラメーター　疎水性——　hydrophobic parameter**

物質の疎水性,あるいは脂溶性を表すパラメーター.とくに溶媒(溶剤)の疎水性を判定するさいによく用いられる.ある物質の,1-オクタノール/水における分配係数 $P$ の対数値($\log P$)で定義される.

$$\log P=\log\left(\frac{1\text{-オクタノール中のある物質の濃度}}{\text{水中のある物質の濃度}}\right)$$

この値が大きいほど疎水的,小さいほど親水的であることを意味している.

代表的な溶媒,メタノール,エタノール,ベンゼン,ヘキサンの $\log P$ はそれぞれ $-0.76$, $-0.24$, 2.1, 3.5 である.
[後藤 雅宏]

**そすいせいまく　疎水性膜　hydrophobic membrane**

疎水性の材料からなる膜.おもに疎水性高分子からなる多孔膜をさすことが多い.代表的なものに,

ポリエチレン膜，ポリスルホン膜，ポリフッ化ビニリデン膜がある． [松山 秀人]

## そせい 塑性 plasticity

材料が変形してもとに戻らない性質のこと．物質に応力を加え変形が生じた場合，弾性限度内であれば力を取り除けば変形は解消するが，弾性限度外であれば力を取り去っても永久ひずみを生じ変形が残留する．延性や展性も含まれる． [矢矧 隆義]

## そせいりゅうたい 塑性流体 plastic fluid

ある応力*以下では流動を起こさないが，その値を超えると流動を起こす性質を有する流体．塑性流体にはそれぞれこの限界の応力値があり，降伏応力*とよばれる．とくに，せん断応力*とせん断速度*の関係である流動曲線*が直線の場合はビンガム流体*とよばれ，その流動曲線は次式で表される．

$$\tau_{yx} = -\eta \frac{du_x}{dy} + \tau_y$$

ここで，$\tau_{yx}$はせん断応力，$du_x/dy$はせん断速度，$\tau_y$は降伏応力である．ビンガム流体には粘土やセメントのスラリー，ペイントなどがある．

[小川 浩平]

## Sauter けい ——径 Sauter diameter

面積平均径．ザウテル径．体面積平均径．粒子群を構成する個々の粒子に対して，それぞれと同じ表面積をもつ球形粒子の直径を，全粒子について平均化した個数基準の体面積平均径のことをいい，比表面積平均径に相当する． [横山 豊和]

## ソーダほう ——法 flue gas desulfurization (FGD) process using sodium hydroxide

水酸化ナトリウム法．排煙脱硫法*(湿式脱硫法*)の一つ．NaOH溶液で$SO_2$を捕集する．NaOHのコストが高いのが不利な点であるが，生成物である$Na_2SO_4$が再利用できる場合などに使われる．

[清水 忠明]

## ソックスとていげんぎじゅつ $SO_x$と低減技術 sulfur oxides and their reduction technologies

$SO_x$は燃焼排ガスに含まれる$SO_2$と$SO_3$の総称である．燃料を空気過剰で燃焼すると，燃料中の可燃性硫黄はほぼ全量が$SO_2$の形態で排ガス中に移行する．$SO_3$量は通常では少ないが，燃焼条件，後段における触媒作用を有するものと排ガスの接触などによっては無視できない量が生成する．燃料の灰中に含まれる硫酸カルシウムは，1 000℃以下の比較的低温で酸素過剰で燃焼する場合には安定であるが，還元性ガスと接触するか高温にさらされると熱分解して$SO_2$が生成する．$SO_x$は直接人体に影響する大気汚染物質であり，また広域的には酸性雨の原因物質として森林・湖沼などの生態系に影響を及ぼす．$SO_x$発生防止方法としては，事前脱硫*，炉内脱硫*，排煙脱硫法*がある． [清水 忠明]

## そはんのう 素反応 elementary reaction

それ以上，反応としての性質を失わずに細かくできる限界の反応．化学量論式*に表れる反応は，通常は素反応が組み合わさってできた複合反応*である．

気相における反応は，比較的厳密に，素反応とその複合した総括としての反応として理解することができる．気相における$H_2$の$O_2$による燃焼反応

$$H_2 + (1/2)O_2 \longrightarrow H_2O$$

は総括の反応であり，

$$H + O_2 \longrightarrow HO + O$$
$$O + H_2 \longrightarrow H + OH$$
$$H_2 \longrightarrow 2H$$

等の素反応の組合せでなりたっている．このような組合せのあり方は反応機構（あるいは反応経路）とよばれる．ある素反応に関与する分子の数を反応分子数*という．これは正の整数である．関与する分子数に応じて一分子(あるいは単分子)，二分子反応などと称する．

気固界面反応や溶液系の反応では，溶媒などが複雑に関係するため，通常，正確に素反応を定義したりそれを実験的に決定することは困難である．

[幸田 清一郎]

## Soave-Redlich-Kwong のしき ——の式 Soave-Redlich-Kwong equation

G. Soaveによって1972年に提案されたファンデルワールス型状態方程式．Redlich-Kwong式の改良式である．Peng-Robinson式とともに現在多用されている状態方程式である．モル体積$v$に関して3次であり，関数形はRedlich-Kwong式と同じである．引力パラメーター$a$については蒸気圧の推算精度を向上させるために，偏心因子を用いた温度依存性が考慮されている．なお，$b$は体積パラメーターである．

$$p = \frac{RT}{v(v-b)} - \frac{a(T_r, \omega)}{v(v+b)}$$

[猪股 宏]

## そめんかん 粗面管 rough wall pipe

乱流*における管摩擦係数*がレイノルズ数*だけでなく，相対粗度*の関数となる管．壁面の凹凸の高さが粘性底層*の厚さより大きい場合に，粗度の影響がでると考えられている．それより粗さが小さ

い場合は平滑管*として扱うことができる.
[吉川 史郎]

**ソーラほう SOLA法** SOLA (solution algorithm) method

流れの数値解析アルゴリズムの一つ.MAC法*のように圧力に対する Poisson 方程式を解く代わりに,連続の式*を拘束条件として,圧力と速度を同時に反復的に修正しながら流れの式を時間進行的に求解する.そのさい各タイムステップでの速度の初期推定値は,運動方程式*を陽的に離散化したものから計算する(半陽的解法).
[上ノ山 周]

**ゾル-ゲルほう ──法** sol-gel process

金属化合物を溶液中で加水分解・重縮合して金属酸化物あるいは金属水酸化物のゾルを調製し,さらにその反応を進行させてゲルとしたあとに,ゲルを加熱して金属酸化物固体を調製する方法.得られる固体は非晶質であることが多く,ガラスおよびセラミックスの製造法として知られている.出発原料は,金属の無機物でも有機物でもよいが,金属アルコキシドがもっとも一般的である.この方法の特徴は,従来の溶融法よりも低温で,より純度の高いガラスが得られることである.また,ゲル段階で繊維状や膜状にすることによって,容易にガラス繊維やガラス被膜を得ることもできる.
[岸田 昌浩]

**ソレーこうか ──効果** Soret effect

液相中での熱拡散*をとくにソレー効果という.均一な組成の溶液中に温度勾配が存在すると熱拡散によって濃度分布が形成される.そのときの物質流束*は,温度勾配に基づく熱拡散流束と形成された濃度勾配による拡散流束の和で与えられる.液相熱拡散においては,熱拡散係数の代わりにソレー係数を用いることがある.(⇒熱拡散).
[平田 雄志]

**そんえきけいさんしょ 損益計算書** profit and loss statement, income statement

P/L.営業年度通期(通常1年間)の営業成績を示すもの.この期における全収益*からそれに対する全費用を差引き当期利益を表示する.この利益が生み出された計算要素と当期未処分利益の金額を明示する.
[岩村 孝雄]

**そんえきぶんきてん 損益分岐点** break-even point

販売量または操業度*に対応する売上高とそれに要する総費用が一致する点.(損益分岐点)=(固定費*/限界利益率*)で求められ,ここで(限界利益率)=1−(変動費/売上高)である.これ以上の販売量では利益が,これ以下では損失が発生する.新製品の企画時の有力な判定基準であり,売値・設備能力の決定に役立てる.また,現行商品の優劣の判定にも有効である.
[岩村 孝雄]

**ゾーンメルティング** zone melting

棒状の固体の一端を加熱して融解し,その融解部分を一定の速度でほかの端まで移動させることによって,固相中の不純物を除去または制御する操作.単結晶の育成にも応用される.一般に不純物は固相よりも液相中に濃縮されやすいことを利用している.
[松岡 正邦]

# た

**ダイアフィルトレーション** diafiltration
⇒透析濾過法

**ダイアライザー** dialyzer
透析器．半透膜を備え，透析*によって分離を行う装置．拡散透析*は分離速度や選択性が高くないため，工業的にはあまり使用例は多くなく，一般には血液透析器(hemodialyzer)のことをさす場合が多い． [金森 敏幸]

**たいえんそせい　耐塩素性** chlorine resistance
塩素に対する膜モジュールまたは膜エレメントの耐久性をいう．塩素は膜面での微生物の増殖防止や薬品洗浄に用いられ，膜に付着した汚れの除去や殺菌に有効であるが，強い酸化力を有するため，膜材質によっては，膜自身も酸化されて劣化することがある．したがって，塩素剤を使用する場合には，膜や膜モジュールの強度や性能が低下しないかどうか，あらかじめ耐塩素性を調べておくことが重要である． [鍋谷 浩志]

**たいおうじょうたいげんり　対応状態原理** corresponding state principle
物性値およびそれを支配する温度，圧力などの変数を適当な基準値で還元すると，それらの関係が物質固有の定数を含まぬ普遍的な形で表されるという法則．異なった状態にある異種の物質でも，温度および圧力の対基準値が同じであれば，その物質は互いに対応状態にあるという．この原理は 1873 年 J.D. van der Waalsによって初めて提唱された．流体の状態方程式として有名なファンデルワールスの式には，物質定数 $a$, $b$ が含まれるが，式中の変数を対臨界値: $p_r = p/p_c$, $v_r = v/v_c$, $T_r = T/T_c$ で置き換えると，次のように物質定数 $a$, $b$ を含まない式になる．

$$\left(p_r + \frac{3}{v_r^2}\right)\left(v_r - \frac{1}{3}\right) = \frac{8}{3}T_r$$

この式は，流体の基準点として重要な臨界点の値がわかれば，任意の流体について $p$-$V$-$T$ 関係を計算できることを示している．この対応状態原理は，$p$-$V$-$T$ 以外の諸性質についてもなりたつ．種々の物質を対象にし，きわめて広い範囲にわたる各種の物性定数を計算しなければならない化学工学において，もっとも適用範囲の広い法則の一つである． [猪股　宏]

**たいおうせん　対応線** tie-line
⇒タイライン

**ダイオキシン** dioxin
ダイオキシンは，化学的には 1,4-ジオキシンのことであるが，一般にはポリ塩化ジベンゾ-$p$-ジオキシン(polychlorinated dibenzo-$p$-dioxin, PCDD)を示す．塩素数および塩素の置換位置によって 75 種の異性体が存在し，2,3,7,8 の位置に塩素が置換した 2,3,7,8-テトラクロロジベンゾ-$p$-ジオキシン(2,3,7,8-T$_4$CDD)はもっとも毒性が強いといわれている．(⇒ダイオキシン類) [加藤 みか]

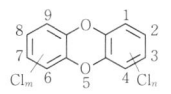

ダイオキシン

**ダイオキシンはっせい　——発生(燃焼過程からの)** dioxyn emission from combustion
⇒廃棄物焼却炉

**ダイオキシンるい　——類** dioxins
DXNs. 従来，ポリ塩化ジベンゾ-$p$-ジオキシン(PCDDs)とポリ塩化ジベンゾフラン(PCDFs)の総称であったが，2000 年のダイオキシン類対策特別措置法の施行により，コプラナーポリ塩化ビフェニル(Co-PCBs)も含めて"ダイオキシン類"と定義されている．燃焼や化学物質の製造過程などで非意図的に生成され，発がん性や内分泌撹乱性(環境ホルモン作用)などが疑われ，人や生態系に有害な影響を与えるおそれの高い残留性有機汚染物質*(POPs)である．(⇒ダイオキシン) [加藤 みか]

**たいかだんねつれんが　耐火断熱れんが** insulating fire brick
れんがを多孔質化して断熱性能を向上した耐火物．耐火物は一般に強度や耐火性はあるが断熱性に問題のある場合があり，これを改良したもの．けいそう土質，粘土質，高アルミナ質など多くの材質があり，材質により特性が異なるが，おおよそ最高使用温度は 900〜1800℃, 熱伝導率 0.14〜0.71 W m$^{-1}$ K$^{-1}$,

圧縮強さ0.9～6.4 MPaである． [川田 章廣]

**たいきおせんぶっしつ　大気汚染物質**　air pollutant

大気中に微量存在する気体状，エアロゾル状，粒子状の物質であって，人間の健康，植物または動物にとって有害な物質をさす．大気汚染防止法では，硫黄酸化物，ばいじん，カドミウムとカドミウム化合物，塩素($Cl_2$)，塩化水素(HCl)，フッ素(F)，フッ化水素(HF)など，鉛と鉛化合物，窒素酸化物，一般粉じん，特定粉じん(石綿)，特定物質28種類[アンモニア，フッ化水素，シアン化水素，一酸化炭素，ホルムアルデヒド，メタノール，硫化水素，リン化水素，塩化水素，二酸化窒素，アクロレイン，二酸化硫黄，塩素，二酸化炭素，ベンゼン，ピリジン，フェノール，硫酸($SO_3$を含む．)，フッ化ケイ素，ホスゲン，二酸化セレン，クロルスルホン酸，黄リン，三塩化燐，臭素，ニッケルカルボニル，五塩化リン，メルカプタン]，有害大気汚染物質234物質，うち"優先取組物質"として22物質[アクリロニトリル，アセトアルデヒド，塩化ビニルモノマー，クロロホルム，酸化エチレン，1,2-ジクロロエタン，ジクロロメタン，ダイオキシン類，テトラクロロエチレン，トリクロロエチレン，1,3-ブタジエン，ベンゼン，ベンゾ[a]ピレン，ホルムアルデヒド，水銀およびその化合物，ニッケル化合物，ヒ素およびその化合物，ベリリウムおよびその化合物，マンガンおよびその化合物，六価クロム化合物，クロロメチルメチルエーテル，タルク(アスベスト様繊維を含むもの)]と"指定物質"として(ベンゼン，トリクロロエチレン，テトラクロロエチレン)が定められている．粉じん・ばいじんとしては，これまでは10 μm以下のもの(PM 10)が注目されていたが，最近ではより肺に入りやすいものとして2.5 μm以下のもの(PM 2.5)が注目されている． [清水 忠明]

**たいきおせんぼうしほう　大気汚染防止法**　air pollution control law

大気汚染に関して，国民の健康を保護するとともに，生活環境を保全することを目的として，大気環境を保全するため1968年に制定された法律．環境基本法において設定された環境基準*を達成することを目標に，固定発生源(工場や事業場)から排出される大気汚染物質*について，物質の種類ごと，排出施設の種類・規模ごとに排出基準値*などを定め，規制を実施している．また，自動車排出ガスにかかわる許容限度も定めている．規制の対象となる大気汚染物質*としては，ばい煙，特定物質，粉じん，有害大気汚染物質がある． [清水 忠明]

**たいききゃく　大気脚**　barometric leg
⇒バロメトリックレグ

**たいききゃくぎょうしゅくき　大気脚凝縮器**　barometric leg condenser
⇒バロメトリックコンデンサー

**たいこうせい　耐候性**　weather(ing) resistance, atmospheric corrosion resistance

屋外に暴露された材料の，太陽光中の紫外線，可視光線，空気中の酸素，オゾン，窒素酸化物や硫黄酸化物，降雨(雪)，結露，温度履歴などに対する耐久性．金属材料では，主として化学的因子による腐食が問題となる．高分子材料では，分子鎖の切断が起こったり，添加剤などの成分の揮散や化学変化が起こったりすることにより，変色やき裂の発生などが観察される場合がある． [仙北谷 英貴]

**たいこうねんしょう　対向燃焼**　opposed jet combustion

上下から可燃性ガスを吹き出すことより対向流場をつくり，よどみ付近で平面状の火炎を形成させる燃焼．このときの燃焼場は流れが単純で，種々の計測も容易であるので，対向燃焼は実用よりも研究用として予混合燃焼，拡散燃焼における火炎構造の詳細を調べるために利用されている． [西村 龍夫]

**たいこうゆそう　対向輸送**　antiport counter transport

キャリヤー輸送において，ある溶質の輸送が別の溶質の輸送過程を利用して行われる場合，二つの溶質の移動方向が逆である輸送形式をいう．図のように，溶質Aは，溶質Bと競争的にキャリヤーCと反応して膜中に取り込まれ，受容相でBと直ちに交換する．このときBはAの輸送される方向とは逆の方向に輸送される．Bの濃度を高くすることによりBの拡散に駆動されてAの能動輸送*が可能となる．酸性抽出剤をキャリヤーとした金属イオンの液膜輸送はこれにあたる．(⇒能動輸送)

[後藤 雅宏]

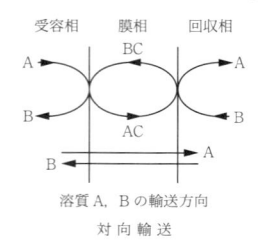

溶質A，Bの輸送方向
対向輸送

**だいさんほうそくエントロピー 第三法則―― third law entropy**

絶対エントロピー．$T=0\mathrm{K}$でエントロピーを0とする規約に基づいて求められるエントロピー．(⇨熱力学第三法則) [荒井 康彦]

**たいしゃ 代謝 metabolism**

微生物は通常，数少ない炭素源を利用して生命活動を維持するためのエネルギーを獲得すると同時に，無数の細胞内の構成成分をすべて生合成している．微生物が取り込んだ基質が，酵素反応によって合目的的に種々の物質に変化していくことを代謝，とくに物質代謝，物質の変化に伴って合目的的にエネルギーを獲得することをエネルギー代謝という．[本多 裕之]

**たいしゃくたいしょうひょう 貸借対照表 balance sheet**

B/S．決算日の時点での会社の財務状況を示す．表の左側に会社のもつすべての資産を，右側に負債と資本*を表示する．これは企業活動を支える資金の調達とその運用の表示であり，経営分析の基礎データを提供する． [岩村 孝雄]

**たいしゃさんぶつせいせいそくどモデル 代謝産物生成速度―― model for metabolite production rate**

代謝産物生産比速度は通常$\pi$で表され，増殖速度式と同様次式で示される．

$$\frac{dP}{dt}=\pi X$$

ここで，$X$は菌体濃度，$P$は代謝産物濃度である．代謝産物生成速度モデルとしては，次のLeudeking-Piretの式がよく知られている．

$$\frac{dP}{dt}=\alpha(dX/dt)+\beta X$$

あるいは比増殖速度$\mu(=dX/Xdt)$を使って

$$\pi=\alpha\mu+\beta$$

代謝産物生成も増殖速度式(⇨増殖収率)と同様，増殖に伴って生産される生産物と増殖を伴わずに生産される生産物があると考えれば，上式がなりたち，増殖連動型の完全な一次代謝産物生産様式を示す場合は$\beta$が0，完全な二次代謝産物では$\alpha$が0となる．たいへん複雑な生合成過程を経て生産される生成物の場合にも，実験的にこの式がよく適応する場合がある．グルタミン酸発酵では比増殖速度の低下に応じて生産性が高くなるが，このような場合は$\alpha$を負とおく．また，複雑な式ではあるが次式も知られており，酵素生産やアミノ酸生産で適用されている．

$$\pi=k_1+k_2\mu+k_3\mu^2$$

右辺第3項に関して生物的な意味はとくにない．各係数も実験的にのみ決定できる． [本多 裕之]

**たいしゃしゅうりつ 代謝収率 metabolite yield**

代謝産物収率．消費された基質量に対する生成した代謝産物量．通常$Y_{P/S}(=\Delta P/\Delta S)$で表し，$dP/dt=-Y_{P/S}(dS/dt)$なる関係がある．代謝がきちんとわかっている場合，菌体生成がまったく起きないとすると，最高の$Y_{P/S}$である理論代謝産物収率を算出することができる． [本多 裕之]

**たいしょうきじゅんけい 対称基準系 symmetric convention**

純物質基準系．活量係数を用いるさい，着目成分の基準状態が必要となる．対象としている系と同温・同圧における純物質の液体状態を基準にとるこの基準系のこと．活量係数*は基準系のとり方により変わるので，活量係数を表すさいには基準系を明示しなければならないが，この基準系を用いた場合のみ基準系の記述を省略できる．この基準系では基準状態のフガシティー*は近似的に飽和蒸気圧*で与えられる．また，i成分の液相組成$x_i$が1に近づくと，活量係数$\gamma_i$は1に近づく． [岩井 芳夫]

**たいしょうまく 対称膜 symmetric membrane**

均質膜．非対称構造をもたず，膜の厚さ方向に構造変化のない膜． [鍋谷 浩志]

**たいしょくエフ・アール・ピー 耐食FRP corrosion resistant FRP**

耐化学薬品性に優れたFRP(繊維強化プラスチック*)のこと．耐食FRPの強化繊維には，Cガラス繊維とよばれる耐食性の高いガラス繊維が使用される場合が多い．マトリックスとしてはイソフタル酸系の不飽和ポリエステル樹脂やビニルエステル樹脂，エポキシ樹脂などが使用される． [仙北谷 英貴]

**ダイスウェル die swell**

バラス効果．プラスチック溶融体や高分子溶液などの粘弾性流体を円管などの管から流出させると，流出した流体の断面積が管の断面積よりも大きくなる現象．ダイなどの流路内で発生した粘弾性流体の弾性ひずみの回復によるものである． [田上 秀一]

**たいすうせいきぶんぷ 対数正規分布 log-normal distribution**

片側にすそを引くような非対称の分布は，横軸を算術目盛から対数目盛に変えることにより正規分布に近づきやすくなる．粒径$x$の対数$\ln x$が正規分布に従う場合，粒径分布$Q(x)$は次式の対数正規分布

$$Q(x)=\frac{1}{\sigma_x\sqrt{2\pi}}\int_0^x \exp\left\{-\frac{(\ln x-\mu_x)^2}{2\sigma_x^2}\right\}\mathrm{d}(\ln x)$$

ここで,$\sigma_x$,$\mu_x$は,それぞれ$\ln x$の標準偏差と平均値である.したがって,$\sigma_g=\exp\sigma_x$は粒径$x$の幾何標準偏差,$x_g=\exp\mu_x$は粒径$x$の幾何平均径となる.また,$\mu_x$は$Q(x)=0.5$となる値であるので,$x_g$は50%径となる.

粒子径$x$が対数正規分布に従うとき,$Q(x)$と$x$の関係は,対数正規確率紙上で直線になる.個数分布と質量分布では基準が異なるために$\mu_x$は違う値になるが,$\sigma_x$はいずれの基準分布でも同じ値になる.したがって,各基準分布はグラフ上で平行線となり,換算が簡単である. [横山 豊和]

**たいすうとうかそく 対数透過則 log-penetration law**

充塡層フィルター*において,充塡層内での浮遊粒子濃度が充塡層厚みに対して指数関数的に減衰することをいう.すなわち,次式で表される.

$$\ln\frac{C}{C_0}=-kL$$

ここで,$C$は充塡層内の粒子濃度,$C_0$は入口濃度,$L$は充塡層深さ,$k$はフィルター定数とよばれ,単一体捕集効率と充塡層の構造により決定される.対数透過則は,充塡層内の微小充塡層厚さに対して物質収支をとることにより得られ,粉じん負荷の影響が無視できて充塡層内の単一体捕集効率*が等しく,粉じんの粒度分布が比較的狭い場合に成立する.
[大谷 吉生]

**たいすうへいきん 対数平均 logarithmic mean**

正数$y_1$,$y_2$の対数平均$y_{lm}$は次式で定義される.

$$y_{lm}=\frac{y_2-y_1}{\ln(y_2/y_1)}$$

$y$が$x$の関数で$y=ce^{ax}$で表されるとき(ただし,$a$,$c$はともに定数),$x$のある範囲$[x_1,x_2]$で$y$の平均値$\bar{y}$を求めると,平均値の定義から次式が得られる.

$$\bar{y}=\int_{x_1}^{x_2}y\mathrm{d}x/\int_{x_1}^{x_2}\mathrm{d}x=\frac{c}{a}\frac{e^{ax_2}-e^{ax_1}}{x_2-x_1}$$
$$=\frac{y_2-y_1}{\ln(y_2/y_1)}=y_{lm}$$

すなわち,指数関数的に変化する量の平均値は対数平均で与えられる.

伝熱装置あるいは物質移動装置内を流れる流体の温度,濃度または温度差,濃度差などを$y$とおくと,それらは流れとともに変化し,その様子は入口からの距離$x$の指数関数とみなしうる場合が多い.したがって,このような装置内の温度,濃度など$y$の平均値は,装置の入口,出口における値の対数平均で表される.たとえば,対数平均温度差*,円筒壁の伝導伝熱*における平均伝熱面積などがある.

2個の正数$y_1$,$y_2$の平均値として,対数平均のほかに,算術平均*(相加平均*)$y_{am}=(y_1+y_2)/2$,幾何平均*(相乗平均*)$y_{am}=\sqrt{y_1 y_2}$,調和平均$1/y_{hm}=(1/y_1+1/y_2)/2$などがある.これらの平均値の大きさは(相加平均)>(対数平均)>(相乗平均)>(調和平均)の順に小さくなる. [平田 雄志]

**たいすうへいきんのうどさ 対数平均濃度差 logarithmic mean concentration difference**

ガス吸収*,液液抽出*などの異相間物質移動を連続的に行わせる装置の両端における濃度差推進力の対数平均*値のこと.熱交換器*の対数平均温度差*に相当する値である.物質移動装置内での推進力は装置の各断面で異なることが多いが,微分接触型装置*においては,接触する2相間の平衡関係と操作線*がともに直線で近似できる場合に限り,装置全体としての平均推進力として対数平均濃度差を使用することができる. [後藤 繁雄]

**たいすうへいきんおんどさ 対数平均温度差 logarithmic mean temperature difference**

向流または並流で流れる熱交換器*内の断面aにおける高温流体の温度を$T_a$,低温流体の温度を$t_a$とし,ほかの断面における高温流体の温度を$T_b$,低温流体の温度を$t_b$とすると,ab 2点間の平均温度差は,次式で表されるa,b各点における温度差の対数平均$(\Delta t)_{lm}$で与えられる.これを対数平均温度差という.

$$(\Delta t)_{lm}=\frac{(T_a-t_a)-(T_b-t_b)}{\ln\{(T_a-t_a)/(T_b-t_b)\}}$$

熱交換器*の伝熱速度を総括伝熱係数*,伝熱面積および温度差の積として表現する場合,温度差は伝熱区間の各部分で異なるが対数平均温度差を用いてよいことが厳密に証明される. [薄井 洋基]

**たいすうほうそく 対数法則 logarithmic law**
⇒乱流速度分布

**だいすうほうていしきモデル 代数方程式——algebraic stress model**

ASM.乱流場の流動を数値解析するためのモデルの一つ.N-S方程式を時間平均したさい現れるレイノルズ応力*の値を,応力方程式のように偏微分方程式を解析することにより求めるのではなく,これを簡略化した代数方程式を解くことで求める.計算負荷は応力方程式モデル*と2値方程式モデルとの

中間となる． ［上ノ山 周］

**たいせきそうとうけい 体積相当径** volume equivalent diameter

等体積球相当径．粒子*の代表径の一つ．個々の粒子の体積 $V$ と同一の体積をもつ球の直径 $d=\sqrt[3]{(6V/\pi)}$ を体積相当径とよぶ．粒子を，これらと同体積をもつ仮想球として取り扱う場合にこの相当径が使用される． ［横山 豊和］

**たいせきぶんりつ 体積分率** volume fraction

容積分率．濃度の表し方の一つ．混合系の全体積に対するある着目成分の体積の割合を表す．成分 1, 2, 3, … の体積をそれぞれ $v_1, v_2, v_3, \cdots$ とすると，たとえば成分 1 の体積分率は $v_1/(v_1+v_2+v_3+\cdots)=v_1/\sum v_i$ で表される．これを 100 倍したものを体積百分率という．なお，一般に混合過程は体積変化を伴うため，混合後の状態で体積分率を正確に表現することが困難である．通常は混合物と同温，同圧の純粋物質の体積を用いて表現することが多い．
 ［滝嶌 繁樹］

**たいせきへいきんけい 体積平均径** volume mean diameter

粒子径分布のある粉体粒子の大きさを表す平均粒子径の一種．個数基準の粒子径頻度分布を $f(D_p)$ とすると，体積平均径 $D_V$ は次式で定義される．

$$D_V = \sqrt[3]{\int_0^\infty f(D_p)\,D_p^3 dD_p}$$

すなわち，粒子がすべて球形であれば体積平均径 $D_V$ により計算される粒子体積 $(\pi/6)D_V^3$ が次式で計算される平均体積

$$\frac{\pi}{6}\int_0^\infty f(D_p)\,D_p^3 dD_p$$

に等しくなる． ［増田 弘昭］

**だいたいフロン 代替——** substitute for CFCs

フロンは天然には存在しない物質で，エアコンディショニング冷媒，洗浄剤，発泡剤，噴射剤として広く使用されてきた．安定な物質であるため大気中に放出されると対流圏で分解されず成層圏に達し，オゾン層を破壊する．日本では 1988 年にオゾン層保護法が制定され，特定フロン CFC（クロロフルオロカーボン）が 1996 年製造禁止，指定フロン HCFC（ハイドロクロロフルオロカーボン）が 2019 年製造禁止とされ，各社は代替フロン HFC（ハイドロフルオロカーボン）に切り替えているが，HFC は地球温暖化・京都議定書で温室効果ガスとして排出削減対象である． ［服部 道則］

**だいたいへんすう 代替変数** secondary measurement

⇒インファレンシャル制御

**たいでん 帯電（液中粒子の）** charging of particles in liquid

コロイド粒子*が正味の電荷をもつこと．表面解離基，吸着イオンあるいは格子欠陥によって，コロイド粒子の多くは帯電する．すなわち表面電荷*をもっている．しかし，巨視的には電気的中性の原理に従っているので，表面電荷*と等量で，反対符号のイオンが粒子表面近傍に集り，電気二重層*を形成している．すなわち液中のイオンの一部は粒子表面に吸着し，残りは静電気力*と熱運動によるブラウン拡散*のため，粒子のまわりに広がって存在すると考えられている．前者をステルン層，後者を拡散電気二重層とよぶ． ［森 康維］

**たいでんげんしょう 帯電現象（粒子の）** electrostatic phenomena

帯電は表面に関係する現象であり，粒子は質量に比べて表面積が大きいので，帯電の影響が現れやすい．粒子の帯電は異種物質との接触帯電とイオンによる帯電とに大別される．前者は，空気輸送，流動層，混合，粉砕などの粉体操作においてしばしばみられる現象であり，接触によって高帯電の粒子が得られるので，トナーや粉体塗料の帯電にも応用されている．後者はコロナ帯電*が代表的であり，イオンの極性や濃度の調整が容易で粒子の帯電を制御しやすいため，エアロゾルの荷電装置として広く用いられている．

気相中に浮遊する帯電粒子は，クーロン力*の影響を受けやすく，同符号の帯電粒子が高濃度で存在するとき，静電反発力によって粒子は拡散し，異符号の帯電粒子が混在するときには引力によって凝集する．外部電界が存在する場合，帯電粒子は電界に沿って移動する．電気集じん装置や静電粉体塗装は，電界中での帯電粒子の移動を応用した代表例である．粒子が壁やほかの物体に近づくと，クーロン力のほかに電気影像力*がはたらく．また，粉体層を構成する個々の粒子が外部電界の影響で一定方向に分極すると，粒子間の付着力は増加する．帯電粒子が壁に強固な沈着層を形成したり，輸送管を閉塞させたりするのは，これらの力が複合的にはたらくためである．

帯電した粒子の電荷は時間とともに漏洩するが，比抵抗の大きい誘電体では電荷の漏洩が遅く，空気輸送や流動層など繰り返して帯電が行われる場合，気中放電限界に達することが多い．放電エネルギー

が大きい場合，粉じんや可燃性ガスに着火して，火災や爆発などの災害を引き起こす原因になる．
[松坂 修二]

**たいでんフィルター 帯電―― charged filter**
エレクトレットフィルター．静電エアフィルター*など，捕集体である繊維が帯電しているフィルターのこと．繊維を帯電させる方法として，摩擦帯電を利用したもの，帯電粒子を繊維に付着・固定させたもの，繊維自体に電荷を埋め込んだものなどがある．強い静電気によって粒子を捕集するため，高い捕集効率が低圧力損失で実現できるが，捕集された粉じんの捕集効率への影響が問題となる．堆積粉じんの捕集効率の影響は，捕集する粒子の形態（液体か固体か）によって変化する．すなわち，固体粒子の場合，捕集された粒子は帯電繊維の電荷を中和することなく，圧力損失の増加にのみ寄与するため，捕集効率は時間とともに上昇する．これに対して液体粒子では，液体の種類によっては繊維の電荷を中和するため，圧力損失はほぼ一定で，捕集効率のみが時間とともに低下する．大気じんなど固体，液体粒子の混合物では，どちらの効果が支配的になるかによって捕集効率の経時変化は異なってくる．[大谷 吉生]

**たいでんれつ 帯電列 triboelectric series**
電子状態の異なる物体を接触あるいは摩擦して分離すると，一方は正に，他方は負に帯電する．接触させる物体に応じて，帯電の極性は変わるので，正に帯電しやすいものから，負に帯電しやすいものまで順に並べることができる．この帯電列のなかで離れた位置にある二つの物質を接触させると，帯電の傾向が明確になりやすい．帯電の極性は物体の結晶面の向き，不純物や吸着などの表面状態，雰囲気の湿度，ガスの種類，接触状態などによって変わるので，帯電列が逆転することもあるが，おおまかな帯電の傾向を判断するときには便利であり，現在でも広く利用されている．[松坂 修二]

**ダイナミックまく ――膜 dynamically formed membrane**
多孔質セラミックスや焼結ステンレスなどを支持体として，含水酸化物や高分子電解質溶液などを濾過しながら，これらの溶質あるいはコロイドを支持体上に付着あるいは目詰まりさせ，これらの層に溶質阻止性能をもたせた膜．[鍋谷 浩志]

**ダイナミックマトリックスコントロール dynamic matrix control**
DMC．設定値の最適化を行う最適化制御*の機能も有するモデル予測制御手法の一つ．DMCのモデル予測制御では，サンプル時刻ごとに，離散時間系のステップ応答をもとに有限時間の将来を予測し，有限時間の将来の操作について，将来の誤差と操作量*の変化の2乗積分を最小にする演算を行い，その時刻用の操作量*を実行する．DMCでは，操作量変化を算出する時間幅（入力ホライズン*），制御誤差を算出する時間幅（予測ホライズン*），評価関数における制御誤差の2乗和の重みと，操作量の変化の2乗和の重みが調整パラメーターとなる．DMCにおける誤差の減衰特性は，評価関数の重み係数の設定に大きく依存するが，モデル予測制御には，参照軌道*として理想の誤差の減衰特性を示す軌道を逐次設定し，そこからの予測値の偏差を最小にするように操作量を決定するアルゴリズム（model algorithm control）も存在する．[橋本 芳宏]

**ダイナミックろか ――濾過 dynamic filtration**
⇒ケークレス濾過

**だいにビリアルけいすう 第二――係数 second virial coefficient**
ビリアル状態方程式*中の$1/V_m$あるいは$p$の項（一次の展開項）の係数で，2分子間の相互作用を表す．（⇒ビリアル状態方程式，ビリアル係数）
[横山 千昭]

**だいひょうけい 代表径 characteristic diameter**
さまざまな形や構造，密度をもった1個の粒子の大きさを特性づける一つの代表的なスカラー量を，代表径とよぶ．粒子が真球の場合はその直径，立方体の場合は1辺の長さでその粒子の大きさを一義的に表現することができるが，一般の不規則な形状をした不定形粒子では，その大きさを特性づける代表径を決める方法がいくつかある．

代表径の表し方は，① 三軸平均代表径，② 相当径，③ 統計的径に大別される．

①の三軸平均代表径は，一定の方法で決定した粒子の短軸径$b$，長軸径$l$，ならびに厚み$t$の単純平均，調和平均，幾何平均として得られる代表径である．実用的には，3軸のうち，厚みを省略して，粒子の投影像の短軸径と長軸径の平均値を利用する二軸平均代表径が多用されている．

②の相当径は，基本的に粒子の幾何学的な大きさや，その運動に関する諸特性と同じ特性を得る球または円の直径で定義される．幾何学的な大きさとしては，体積，表面積，投影面積，円周長などがあり，それぞれに応じて，等体積球相当径*，等表面積球相当径，投影円相当径（Heywood径），投影円周長相当径などがある．さらに，粒子の投影像に外接および

内接する円の直径(それぞれ外接円相当径ならびに内接円相当径)も相当径に分類される．一方，運動に関する特性としては，終末沈降速度\*が一般的で，粒子が沈降するときの終末速度と同じ沈降速度を有する球の直径は，等沈降速度球相当径(ストークス径\*)として粉体，粒子工学においてよく利用されている．

③の統計的径には，Mirtin径\*，Feret径\*，定方向最大径などがある．これらはいずれも粒子の投影像に対して一定方向を定め，それぞれ投影面積を2等分する線分の長さ，粒子を挟む2本の平行線間の距離，各粒子の最大幅で定義されている．いずれの代表径を用いるかは，その代表径の使い方を考慮して決める必要がある． ［横山 豊和］

### たいようふくしゃ 太陽ふく射 solar radiation

太陽からは，5800 Kの黒体のふく射に近い波長分布をもつふく射がやってくる．その太陽エネルギーを工学的に利用する方法として，太陽からのふく射のエネルギーを半導体などによって光電変換し直接的に電気エネルギーを得る方法と，太陽からのふく射エネルギーをいったん熱エネルギーの形で吸収しその熱エネルギーの利用をはかる方法がある．太陽エネルギーの熱利用については，波長選択性表面\*の開発が重要である． ［牧野 俊郎］

### タイライン tie-line

結線．対応線．主として，2液相を形成するような三成分系で，互いに平衡にある両相の組成を示す三角線図\*上の点を結ぶ線をいう．すなわち，この線の両端が液液平衡\*関係を表す．三角線図上では，2液相と1液相の範囲を区切る溶解度曲線\*上にタイラインの両端が存在し，各組成においてタイラインが無数に引ける．なお，抽出に限らず一般には互いに平衡にある2点を結ぶ線をすべて広義にタイラインとよぶことも多く，またさらに単に対応する2点を結ぶ線をタイラインとよぶこともある．たとえばガス吸収などの場合は，気液本体組成を示す点と界面組成を示す点とを結ぶ線をタイラインとよぶことがある．(⇨液液平衡) ［宝沢 光紀］

### タイラーきゅうしゅうき ——吸収器 Tyler absorber

U字状の石英管またはガラス管を水平に多数並べ交互に直列に接続して，屈曲した管路をつくり，管内底面を吸収液が薄層状に流下し，ガスは管内の液薄層上部空間を液とは向流に流して液と接触させる方式の吸収装置．管外から冷却できるので，溶解度が大きく多量の吸収熱を発生するようなガス吸収\*操作に用いられる．(⇨ガス吸収) ［室山 勝彦］

### ダイラタントりゅうたい ——流体 dilatant fluid

せん断応力\*とせん断速度\*の関係である流動曲線\*が，次式で表される流体．

$$\tau_{yx} = -m\left|\frac{du_x}{dy}\right|^{n-1}\frac{du_x}{dy} \quad (n>1)$$

ここで，$\tau_{yx}$はせん断応力，$du_x/dy$はせん断速度である．流動曲線は原点を通り，せん断速度の比較的小さい範囲ではせん断応力もわずかに増加するが，あるところでせん断速度の増加につれて急激にせん断応力が増加する．水を含んだ砂やデンプンの層はこのような性質を示す． ［小川 浩平］

### たいりつイオン 対立—— counter ion

樹脂相内にあって固定イオン\*と反対荷電をもち，かつ動きうるイオンをいい，対イオンともよばれる．

対立イオンは樹脂相とこれに接する溶液相の間を拡散\*によって移動することができるが，樹脂相内にはつねに固定イオンと当量だけ存在し，電気的中性を保っており，洗浄によっても除去することはできない．樹脂相内に存在する対立イオンと，溶液内の同一符号を有するイオン種との間でイオン交換\*現象が起きる．(⇨イオン交換剤) ［吉田 弘之］

### たいりゅうかんそう 対流乾燥 convection drying, convective drying

熱風をその熱源および発生蒸気を運び去る媒体として用いる乾燥法を総称し，もっとも多く用いられている方法で，熱風乾燥ともいう．熱風温度と被乾燥物温度との温度差が伝熱の推進力となり，定率乾燥\*域における材料温度はその熱風の湿球温度\*となるので，乾燥速度\*，装置の小型化の点からは熱風温度が高く，その湿度\*が低いことが望ましいが，熱風温度の上限は，被乾燥物の熱的制約あるいは装置上の制約などにより決められる．対流乾燥はほかの乾燥法に比べ一般に排ガス量が多く，排気の持ち去る熱量が大きいことから，排ガスを循環利用することにより，系外への排ガス量を減らして熱効率を向上させる工夫がなされている．熱風温度，排気温度が高い場合には，熱風湿度による乾燥速度の低下率は小さく，高い比率で排ガス循環を行うことが可能であり熱効率も高くなる．

おもな乾燥器として，流動層乾燥\*器，回転乾燥器\*，気流乾燥器\*，噴霧乾燥器\*，通気乾燥\*器などがあげられる． ［脇屋 和紀］

### たいりゅうこんごう 対流混合 convective mixing

移動混合．撹拌翼*や混合容器自体の回転あるいは振動によって引き起こされる，流体(粉粒体)塊の巨視的な移動，引伸しや折畳みなどの変形，細分化などの作用によって，濃度むらの巨視的スケールでの均一化をもたらす大域的な混合作用をいう．この対流混合は，混合操作の比較的初期に顕著な効果を表し混合速度も速い．対流混合が進行すると，濃度の異なる流体(粉粒体)塊の接触界面積が増加し，それと同時に濃度むらのしま模様の幅が減少することが多いため，濃度勾配を推進力とする拡散混合*を促進させる効果がある．　　　　　　　[井上　義朗]

**たいりゅうじかん　滞留時間　residence time**

ある時間に反応器に入った物質が，反応器出口から出ていくまでに，どの程度反応器内にとどまっていたかを表す時間のこと．この場合，ある時間に同時に入った物質でも，反応器内の流動状態の影響を受け，とどまっている時間には差異が生じる．ある時間に同時に反応器に入った物質が，どのような時間に出口から出ていくかを確率分布で表したものを滞留時間分布関数*とよぶ．そして，その分布の平均値を平均滞留時間とよぶ．(⇒滞留時間分布関数)
　　　　　　　　　　　　　　　　　[平岡　節郎]

**たいりゅうじかんぶんぷかんすう　滞留時間分布関数　residence time distribution function**

流通式反応操作において，ある時間に原料供給口から反応器内に入った物質が，反応器出口から出ていくまでに反応器内にとどまっている時間を滞留時間*とよぶ．また，入口から同時に入った物質がどのような確率で出口から出てくるかを表示したものを滞留時間分布関数とよぶ．この分布関数を，時間 0〜∞まで積分したとき1となるよう正規化した関数 [$E(t)$関数] で表すことが多い．また，この分布関数から求められる滞留時間の平均値を平均滞留時間とよぶ．反応器が完全混合*であれば，その分布関数は時間とともに指数関数的に減少する関数

$$E(t) = \frac{e^{-t/\bar{t}_0}}{\bar{t}}$$

であり，反応器が押出し流れであればデルタ関数

$$E(t) = \delta(t - \bar{t})$$

となる．ここで，$\bar{t}$ は平均滞留時間である．滞留時間を平均滞留時間で無次元化した変数 $\theta (= t/\bar{t})$ を用いて表した $E(\theta)$ で滞留時間分布関数を表示することも多い．このとき

$$E(\theta) = \bar{t} E(t)$$

の関係が成立する．通常の反応器では，完全混合でも押出し流れでもない分布関数形を示すことが多

い．　　　　　　　　　　　　　　　[平岡　節郎]

**たいりゅうでんねつ　対流伝熱　heat transfer by convection**

流体が運動しているときは，熱伝導のみならず流体自身によっても熱が運ばれるので，これを対流伝熱とよぶ．対流伝熱のうち，流体がポンプや撹拌機など外部からの仕事により流動する場合を強制対流伝熱*という．これに対し，流体中の温度差により密度差が生じ，この密度差により流体が流動する場合を自然対流伝熱*という．　　　　　　[荻野　文丸]

**たいりゅうねつでんたつ　対流熱伝達　heat transfer by convection**

一般に固体と流体との間の伝熱を熱伝達といい，流体が固体壁に接して流動しているときの熱伝達を対流熱伝達という．流体の運動が外部からの力によって起こる場合，および流体と固体との間の温度差による密度差によって起こる場合の対流熱伝達を，それぞれ強制対流熱伝達および自然対流熱伝達という．

対流熱伝達における固体と流体との間の単位面積，単位時間あたりの伝熱量 $q$ は，次式で表される．

$$q = h(T_w - T_m)$$

ここで，$h$ は熱伝達係数*，$T_w$ は固体壁の表面温度，$T_m$ は流体の温度である．　　　　　　[荻野　文丸]

**たいりゅうりょう　滞留量　holdup**
⇒ホールドアップ

**たいりょく　耐力　proof strength, offset yield stress**

降伏応力．延性的な材料において永久ひずみが所定の値になる応力値．降伏点*が不明瞭で降伏応力*が求めにくい材料の場合の降伏応力に相当する．JISでは0.2%の永久ひずみを生じるさいの変形応力として耐力を定義し，この場合の耐力を $\sigma_{0.2}$ と標記する．　　　　　　　　　　　　　　[久保内　昌敏]

**たいりんかいち　対臨界値　reduced value**

ある物質量に関してある状態における値と臨界状態における値との比．たとえば，温度 $T$ [K] と臨界温度 $T_c$ [K] との比 $T/T_c$ を対臨界温度といい，$T_r$ で表す．対臨界圧力 $p_r (= p/p_c)$，対臨界モル容積 $v_r (= v/v_c)$，対臨界密度 $\rho_r (= \rho/\rho_c)$，対臨界エンタルピー $H_r (= H/H_c)$ などは，すべて対臨界値であって無次元である．対臨界値は任意の状態における状態量を臨界点における値を基準として表したものであって，対応状態原理の表示には欠くことができない．原語"reduced"の訳語として"還元"などの語が用いられることもあるが，臨界状態を基準にしたこと

が明らかではない. ［猪股　宏］

## タイロックスクリーン　Ty-Rock screen
偏心駆動型の振動ふるい機. Tyler 社の商品名であるが, 回転するアンバランスウエイトをスプリングで浮かせて振動させる方式の一般名となっている. ［日高　重助］

## タイロッド　tie rod
⇒多管式熱交換器

## ダウナー　downer
触媒粒子を下降気流中に分散させて気固接触させる形式のリアクター. FCC（流動接触分解*）プロセスでは従来上昇気流を用いたライザー*が使用されてきたが, ライザーに比べダウナーでは粒子やガスの逆混合を抑制する効果が期待される. このことから, 接触分解でのガソリン選択率を向上させるため, あるいは高過酷度条件で水素移行反応を抑制しプロピレンなどの低級オレフィンを併産するため, ダウナー FCC プロセスの開発が行われている.
［筒井　俊雄］

## ダウンカマー　downcomer
下降管. 溢流管. 段塔で段上の液面高さを一定に保つために液をオーバーフロー（溢流）させて下段に流出させる管. ［中岩　勝］

## ダウンカマーフラッディング　downcomer flooding
段塔においてダウンカマー*（下降管*, 溢流管*）内の液面の上昇, または泡沫液滞留量の増大により液が正常に下段に流れなくなる現象. 圧力損失*が急増し, 運転不能に陥る. 同様に飛沫同伴*（エントレインメント）の増大により液が正常に下段に流れなくなる現象は, ジェットフラッディングとよばれる. ［中岩　勝］

## ダウンテーク　downtake
自然循環式の蒸発装置において沸騰液の循環を助けるために設けた液の下降用の管. いわゆる標準型蒸発装置*では加熱用管群, すなわちカランドリヤ*の中央に太い中空の円管を設けてダウンテークとよんでいる.［⇒蒸発装置の(f)］なお蒸留塔の棚段上部から堰を越えた液を流下させる降液管や, ボイラーの蒸気ドラムから液を蒸発部入口に戻す配管などは, ダウンカマー*とよんでいる. ［川田　章廣］

## たかいちゅうしゅつ　多回抽出　multiple extraction
並流多段抽出. 抽出*操作において, 抽剤*を分割して同一原料を何回も処理する操作.（⇒多段抽出）
［宝沢　光紀］

## たかんしきねつこうかんき　多管式熱交換器　shell-and-tube heat exchanger, multi-tubular heat exchanger
シェルアンドチューブ熱交換器. 図に示すように, 平行に並んだ多数の伝熱管の束を円筒形の胴（胴筒）の中に収めた構造の熱交換器*. もっとも代表的な熱交換器で, 相変化を伴わない単純な液-液または気-液熱交換器として用いられるほか, 凝縮器*や蒸発器としても広く用いられている. 通常, 高圧の腐食性流体や汚れの大きい流体を管内に流し, 低圧で粘度*の大きな流体を胴側に流す. 容積あたりの伝熱面積が大きく, 伝熱面積あたりのコストが低廉であることが特徴である. 普通, 伝熱管を水平にした横置き型で使用されるが, 蒸発操作の場合, あるいは据付け面積の制限を受ける場合などには縦置き型として使用される. 構造上固定頭部, 胴部, 後頭部の3部分からなるが, 多管式熱交換器の代表的な規格である TEMA（Tubular Exchanger Manufacturers Association）の標準では, 固定頭部, 胴部, 後頭部それぞれの構造にアルファベットを付け, 3者の組合せで多管式熱交換器を構造的に区分している. たとえば図(a), 図(b)はそれぞれ AES, CFU とよばれるが, AES は固定頭部がふた板分離型(A), 胴部が1パス型(E), 後頭部が遊動頭割フランジ型(S)であり, CFU はそれぞれ管板一体型(C), 長手邪魔板2パス型(F), U 字管型(U)の多管式熱交換器を示す.

以下に主要用語を概説する.

管 板： 管束*の末端を固定し管束を熱交換器に組み込むとき胴に結合される部分で, 管板と胴との結合方式により, 固定管板型, 遊動頭型, U 字管型などがある.

固定管板型： 管板を胴両端に溶接その他の方法で固定したもので, 流体の温度があまり高くなく, 伝熱管の伸縮が大きくない場合に使用される.

遊動管板： 後頭部は胴に固定され管板だけが動く構造の管板.

遊動頭型： 一方の管板は胴に固定され, 後頭部は流体の温度により伝熱管が伸縮しても自由に移動しうる構造. 管束を胴から引き抜いて清掃および点検ができる.

U 字管型： 伝熱管に U 字管を使用し管束の管板を胴の一端に固定し, 伝熱管が流体温度により自由に伸縮できるようにしたものである.

邪魔板： 管外流体の流速や乱れ*を増加して伝熱係数*を大きくするため, および伝熱管の支持の

ために設けられ，管に直角なものと平行なものがあり，またその形もいろいろあるが，普通，管に直角な半月形のもの(欠円形邪魔板または切欠き型邪魔板とよばれる)が多く用いられている．

緩衝板*： 流入する流体(蒸気など液滴を含んだ気体の場合が多い)が直接伝熱管に衝突しないように設けた板で，受衝板ともいい流体の衝突による振動やエロージョン*による伝熱管の損傷を防止するためのものである．

タイロッド： 邪魔板どうしの間隔を保ち固定するために両管板間，または管板と端部の邪魔板間に渡される支持棒． 　　　　　　　　　　　［川田 章廣］

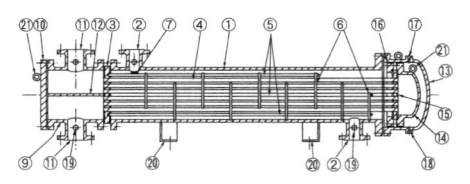

(a) 遊動頭型(AES)熱交換器

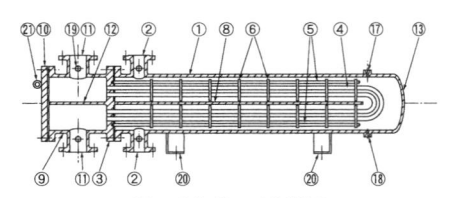

(b) U字管型(CFU)熱交換器

①胴，②胴側ノズル(管台)，③固定管板，④伝熱管，⑤固定棒(タイロッド)およびスペーサー，⑥邪魔板および支持板，⑦暖衝板，⑧長手邪魔板，⑨仕切室，⑩仕切室ふた，⑪仕切室ノズル(管台)，⑫仕切板，⑬胴ぶた，⑭遊動頭ぶた，⑮遊動管板，⑯遊動頭裏当てフランジ，⑰ガス抜き座，⑱ドレン抜き座，⑲計装用座，⑳支持脚，㉑つり金具

多管式熱交換器［"Standards of the Tubular Exchanger Manufacturers Association", 7th ed., TEMA (1988), p.3］

**だかんしきねつこうかんき　蛇管式熱交換器　coil heat exchanger**

コイル式熱交換器*．コイル状に巻いた伝熱管を容器に収め，管内流体と容器内流体との間に熱交換を行わせる熱交換器*． 　　　　　　　　　　　［平田 雄志］

**たかんねつこうかんしきしょくばいはんのうそうちのせっけいほう　多管熱交換式触媒反応装置の設計法　design of multi-tubular heat-exchanging catalytic reactor**

プロピレンの直接酸化によるアクリル酸製造などの，大きな発熱を伴う気固系触媒反応のためには，反応管を直径の小さな反応管に分割し，多管式熱交換器と同じ構造にして伝熱面積を増大させる．多管熱交換式触媒反応装置の設計は，基本的には自己熱交換式*のそれに準ずる．熱媒体として反応原料ではなく，反応器側に関係なく条件の設定が可能な外部熱媒体を用いる場合は，外部熱交換式となり，最適な温度分布が狭いときに用いられる．

　　　　　　　　　　　　　　　　　［五十嵐 哲］

**たげんそスパッタリング　多元素——sputtering**

複数の元素を含むターゲット(陰極物質)材料を用いたスパッタリング法*．ターゲット材の元素組成を変えることにより，異なる組成を有する薄膜を堆積させることができる． 　　　　　　　　　　　［大下 祥雄］

**たこうしつイオンこうかんじゅし　多孔質——交換樹脂　macroporous ion exchangers**

イオン交換樹脂の基体が網目構造をもつ通常のものをゲルイオン交換型樹脂といい，一つの網目の大きさはミクロ孔あるいはウルトラミクロ孔に対応する．一方，マクロポアーを有する樹脂を多孔質イオン交換樹脂といい，ポーラス型とハイポーラス型(⇒MR型)樹脂に大別される．ハイポーラス型樹脂はシャープな細孔径分布を有し，二元細孔構造をもつ．ポーラス型樹脂はハイポーラス型に比べ幅の広い細孔径分布を有する．いずれも基体の部分はゲル型でこの部分でイオン交換が行われる．乾燥状態や非極性溶媒中では網目構造が収縮しイオン交換は樹脂の表面のみで行われる．多孔質樹脂では比表面積が大きいためこのような状態でもイオン交換を行うことができる． 　　　　　　　　　　　［吉田 弘之］

**たこうしつこたい　多孔質固体　porous solid**

固相と空隙の相で構成され，細孔群が網目構造を形成した固体．細孔群について，孔径が 4 nm 以下をミクロ孔，4～100 nm をメソ孔，100 nm 以上をマクロ孔と称している．多孔質固体の種類によるが，空隙率*は 35～50%，比表面積*は 150～1 500 $m^2 g^{-1}$ に及ぶ．また，多孔質固体は，一次粒子の特性や造粒プロセスに応じて，一元細孔構造あるいは二元細孔構造を示す．多孔質固体は，細孔構造*や孔表面の親和性により分離機能を発現する．吸着剤*やイオン交換膜*はその実用例である．吸着剤としては，親水性のシリカ・アルミナ系，合成ゼオライト，疎水性の活性炭，分子ふるい炭などがあり，浄水，溶剤回収，ガス分離*などに用いられている．イオン交換基をもつ多孔質樹脂は，イオン交換*やクロマトグラフィー分離に利用されている．また，触媒担体としても広く利用されている．このほか，断熱材や

相セパレーターなど構造材としても利用されている．　　　　　　　　　　　　　　　［神吉　達夫］

**たこうしつこたいのさいこうないいどうげんしょう**
**多孔質固体の細孔内移動現象**　transport phenomena in porous solid

多孔質固体\*の細孔内移動現象は，細孔の平均径を代表長さとするクヌーセン数\*によって，連続域，滑り域，遷移域，自由分子と流域が区分され，各流域において移動機構が異なる．このことについては，減圧下の移動現象\*と基本的には変わらないが，細孔の形状，孔径，孔径分布，空隙率\*，屈曲係数\*など細孔構造\*の影響を受けるためこれらの因子を考慮した模式化が必要となる．マクロ・メソ孔内での流れや拡散\*による物質流束は，一元細孔構造に対するパラレルポアモデルや，二元細孔構造に対するランダムポアモデルに基づく有効透過係数\*や有効拡散係数\*を用いて表されている．ミクロ孔では，表面拡散\*，活性化拡散\*，毛管凝縮相\*の移動が起こるが，細孔構造に加え界面との相互作用を考慮することが必要となる．伝熱の場合には，空隙相，固相の両相での熱流を考慮する必要がある．多孔質固体の熱流は，固相，空隙相の容積比率を定量化した直列・並列セルモデルに基づく有効熱伝導率\*を用いて表されている．　　　　　　　　　　　　［神吉　達夫］

**たこうしつまく**　**多孔質膜**　porous membrane

孔をもつ膜で，孔のふるい効果により透過物質の分離が達成できる．孔の大きさにより，精密沪過\*膜，限外沪過\*膜，ナノ沪過\*膜などに分類される．相転換法\*，延伸法，焼結法などにより作製される．
　　　　　　　　　　　　　　　　　　［松山　秀人］

**たこうばんちゅうしゅつとう**　**多孔板抽出塔**　perforated plate extraction column

重力式の逐次段型式の代表的な液液抽出\*装置．図に示すように，塔内に孔を多数あけた多孔板を適当な間隔で多段に設置した比較的構造の簡単な装置である．分散相\*はこの多孔板を通して連続相\*中に分散し，連続相は下降管\*(または上昇管)より次段へ下降(または上昇)する．各段ごとに分散相の分散\*と合一が繰り返されるため，操作に柔軟性がないが，滴生成時の物質移動がとくに大きい．さらに各段間の連続相の逆混合がないため，ほかの重力式に比べて抽出効率がよく，スケールアップも容易である．
　　　　　　　　　　　　　　　　　　［平田　彰］

**たこうばんとう**　**多孔板塔**　sieve tray tower

シーブトレー塔．多数の小孔を有する水平板をトレー\*とする段塔\*で，泡鐘塔\*とほぼ同じ年代から

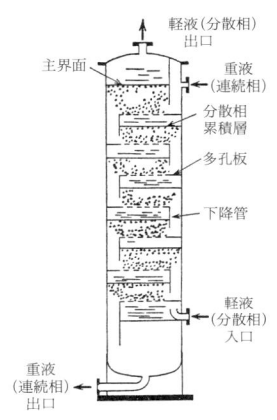

多孔板抽出塔［便覧，改五，図11・31］

用いられ，蒸留や吸収操作に利用される．多孔板塔は下降管\*をもち，気液は十字流で接触する．蒸気の通過による圧力損失が段上液のヘッドよりいく分大きくなるような大きさの孔をあけ，ウィーピング\*(液漏れ)を避ける．塔内で固体を析出したり，重合が起こるような液を扱う場合には掃除回数を減らすため大きな孔(1/2インチ程度)をあける．1950年ごろまでは操作範囲が制限されることからあまり用いられなかったが，最近の調査では段塔のなかではもっともよく用いられている．なお，ほかの塔に比べて，トレーを水平に保つことが蒸気のバイパスを避けるために重要である．　　　　　　　［大江　修造］

**たしゅうきせいぎょ**　**多周期制御**　multi-rate control

サンプリング周期の違う複数の制御量\*を，複数の操作量\*で制御する多変数制御\*手法．
　　　　　　　　　　　　　　　　　　［大嶋　正裕］

**たじゅうこうようかん**　**多重効用缶**　multi effect evaporator

蒸発缶で発生する水蒸気の潜熱\*を回収・利用するために同形の蒸発缶を2基以上用い，初めの缶で発生した水蒸気を順次，次の缶の加熱部に送入して加熱用水蒸気の節約をはかることができる複数蒸発缶を配列した装置．この場合それぞれの蒸発缶を効用缶という．水蒸気の流れの順に直列に$n$個の効用缶を並べたものを$n$重効用缶という．普通は2～7重効用缶が用いられるが，これに対して1基の蒸発缶を用いるとき，これを単一効用缶\*という．
　　　　　　　　　　　　　　　　　　［平田　雄志］

## たじゅうこうようじょうりゅうプロセス　多重効用蒸留── multi-effect distillation process

多重効用缶の原理による2塔以上の蒸留塔システム．それぞれの塔の操作圧力を変え，高圧で操作される塔のコンデンサー*の凝縮熱を低圧で操作される塔のリボイラー*に供給することにより，省エネルギー化を可能とするプロセス．中間リボイラー*やコンデンサーとの組合せなど，種々のパターンが可能である．最高圧力の塔のリボイラー，最低圧力の塔のコンデンサーには熱源が必要なので，適用にさいしてはこれらを考慮する必要がある．

[中岩　勝]

## たじゅうループせいぎょ　多重──制御 multi loop control

マルチループ制御．一つの制御量*を一つの操作量*でフィードバック制御*するシングルループを複数組み合わせた制御系．このとき，操作量と制御量との組合せ（ペアリングという）を適切に選択しないと，制御ループ間の干渉*により良好な制御性能*が得られないことがあるので注意が必要である．

[橋本　芳宏]

## だじょうき　打錠機　tableting machine

大別して単発打錠機とロータリー打錠機がある．単発打錠機では，上下1組のきねが，うす内に充填された粉体を圧縮して成形する（例，錠剤）．きねの上下動作は偏心軸の作用で行われる場合が多い．大量生産用のロータリー打錠機では，水平に回転するターンテーブルの外周に，うすが等間隔に埋め込まれており，ターンテーブルが回転する間に，粉体の充填，圧縮，排出の一連の操作が行われる．このほかには小さな錠剤の周囲を別の粉体で積層させる有核打錠機，異成分の粉体を2層，3層のように積み重ねて錠剤をつくる多層打錠機などがある．

[関口　勲]

## ダスト　dust

浮遊粉じん．気中に浮遊している固体粒子状の物質をいう．法的な用語として，大気汚染防止法第2条第4項では，"物の粉砕，選別その他の機械的処理または堆積にともない発生し，または飛散した物質"として定義されている．発生源としては，燃焼排ガスなどの人為的起源と，火山活動，土壌の巻上げや海水の飛沫から生じる海塩粒子などの自然発生源がある．粒径範囲は100 μm～1 nmまで広範であるが，TSP（全浮遊粒子状物質）またはSPM（浮遊粒子状物質）とは区別して，粒径によって生体影響が異なるため，$PM_{10}$（10 μm以下の浮遊粒子状物質），$PM_{2.5}$（2.5 μm以下の粒子）として，環境中の濃度基準が設けられるようになっている．（⇒エアロゾル）

[大谷　吉生]

## ダストストーム　dust storm

強風によって砂やちりなどが巻き上げられる現象．気象学的には砂嵐とよばれている．

[成瀬　一郎]

## たせいぶんけいきゅうちゃく　多成分系吸着 multi-component adsorption

吸着質が複数ある場合の吸着*で，吸着平衡と吸着速度において互いにほかの成分の影響を受ける．ただし，ある成分の吸着に対してほかの成分の影響が無視できる場合には，厳密には多成分系であっても単成分系として扱える．吸着平衡に関しては相互の影響が大きいことが多いので，種々の推算法が提案されている．もっとも一般的に用いられているのは，ラングミュア吸着式*を個々の成分の単成分系の吸着平衡に適用してパラメーターを決め，多成分系ではそのパラメーターをそのまま使う下記のMarkham-Benton式である．

$$q_i = \frac{K_i C_i q_i^\infty}{1 + \sum K_i C_i}$$

この式が広く用いられるのは多成分系の推算が解析的に比較的容易に行えるためであるが，実測値とよく一致することはあまり期待できない場合が多い．一方，Myers-Prauznizによる理想吸着相溶液（ideal adsorbed solution, IAS）モデルは，複雑ではあるものの信頼性が高いと考えられている．

[迫田　章義]

## たせいぶんけいじょうりゅう　多成分系蒸留 multicomponent distillation

成分数が3以上の混合物を対象とする蒸留．成分数を$n$とすると，連続蒸留*によってそれを$n$個の純粋成分に分離するために必要な蒸留塔の数は$n-1$本である．一方，回分蒸留*によれば原理的には1本の蒸留塔でそれが可能である．連続蒸留の設計や操作を考える場合は，多成分を二つの製品にするために，まず高沸点および低沸点限界成分*による分離仕様を与える必要がある．その分離仕様を満足させるための蒸留の設計型問題*では，四つの自由度があり，通常は低沸点限界成分および高沸点限界成分の回収率，還流比*（最小還流比*以上），最小を指定する．一方，操作型問題*では濃縮部段数，回収部段数，還流比，留出液量（あるいは缶出液量）の四つを与える．なお，設計型問題では，最小理論段数*をフェンスキの式*によって計算し，最小還流

比\*をアンダーウッドの方法\*によって求め,最後にギリランドの相関\*を用いて,最適還流比を仮定することによって所要段数が求められる.この方法を簡易解法というが,本来は逐次段計算\*に基づく厳密解法によって計算する必要がある.多成分系の回分蒸留は基本的には2成分の回分蒸留と同じである.つまり,還流比一定操作と留出組成一定操作の二つがある.なお,回分蒸留では液ホールドアップが分離にかなり影響を及ぼすことが知られている.

[長浜 邦雄]

**たせいぶんけいのきえきへいこう 多成分系の気液平衡** vapor-liquid equilibrium for multicomponent system

成分数が3以上の混合系の気液平衡\*.気相,液相が各1相共存する$n$成分系の気液平衡のギブスの自由度\*は,$n$である.つまり,液組成$x_i (i=1, n)$,蒸気組成$y_i (i=1, n)$,温度$T$,圧力$P$のうちの$n$個を与えれば残りはすべて決まってしまう.たとえば,$n-1$個の液組成と圧力を指定すれば,沸点計算によって残りの$x_i, y_i, T$は決まってしまう.なお,多成分系の気液平衡の計算にはウイルソン式\*のような多成分系の活量係数\*を良好に表すことのできる式が必要になる.なお,これらの活量係数式中の2成分パラメーターは,各構成二成分系データから決める.一方,多成分系の気液平衡の測定は,ただ成分数が増えるだけ,つまり組成分析が大変になるが,そのほかは二成分系の場合とまったく同じである.

[長浜 邦雄]

**たそうフィルムせいけい 多層——成形** multilayered film casting

多層フィルムの成形法はおもに共押出法とラミネート法に分類される.前者はTダイ法\*,インフレーション法\*などに分けられ,多層ダイを用いて積層する方法である.後者には,複数のフィルムを接着剤を用いて貼り合わせるドライラミネーションやホットラミネーションなどの方法や,圧着によって多層化する押出ラミネートなどがある.

[梶原 稔尚]

**ただんえんばんかんそうき 多段円盤乾燥器** multi-stage disk dryer

材料をのせる円盤を多段に重ねた円筒状の連続式熱風乾燥\*器で,材料を最上部の円盤に供給し,各円盤上に設けたスクレーパー(かき取り翼)の角度によって順次下段へ落下させながら乾燥する.円盤に熱媒\*を通して熱風と併用する場合が多い.

[脇屋 和紀]

**ただんだんねつはんのうそうさ 多段断熱反応操作** multi-stage adiabatic reaction process

断熱反応操作では反応熱が大きい場合,温度変化が大きくなりすぎるので断熱操作を何段かに分けて行い,各段の段間で温度を調節する操作をいう.これによって触媒層の温度を最適温度分布に近づけることができる.各段間の温度調節方式としては,① 各段に熱交換器を設け,次段入口温度を調節する方式,② 各段間に冷却あるいは加熱用ガスを導入することによって,次段入口温度を調節する方式がある.多段断熱操作はメタノール合成,アンモニア合成,$SO_2$の酸化など工業的に広く用いられており,主として発熱反応に対して用いられるが,吸熱反応に対しても用いられることもある.(⇒断熱反応操作)

[堤 敦司]

**ただんちゅうしゅつ 多段抽出** multi-stage extraction

抽出操作において,1回の抽出では目的の抽出率\*が得られない場合に,何回かこれを繰り返すこと.その操作方法に多回抽出\*,向流多段抽出\*がある.多回抽出は,図(a)のように抽剤を数回に分割し,毎回新しい抽剤\* $S_1, S_2, \cdots$ を用いて抽出を繰り返す方法で,そのつど得られる抽出液$E_1, E_2, \cdots$は順次薄くなるが,抽料\*中の抽質\*成分を十分抽出するのに適している.理論的には,一定量の抽剤を用いる場合は分割数すなわち回数が増すほど抽質の抽残量は少なくなるが,実際上は限度がある.並流多段抽出または十字流多段抽出とよぶこともある.向流多段抽出は図(b)のように抽出槽(または段)を数個並べ,抽料Fと抽剤Sとをその列の両端から入れ,互いに向流させつつ各槽で抽出を行う方法で,抽質の抽残量も少なく抽出液の濃度も高いものが得られるので,工業的に広く用いられている.また最近では,蒸留のように還流を行う場合もある.

[宝沢 光紀]

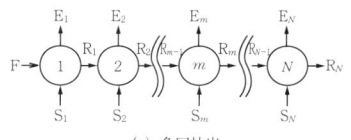

(a) 多回抽出

(b) 向流多段抽出

多段抽出

**ただんフラッシュじょうはつほう　多段――蒸発法　multi-stage flash evaporation**
　⇒蒸発プラントの(a)

**ただんよくかくはんき　多段翼撹拌機　multiple impellers mixer**
　1本の回転軸に複数の撹拌翼*を取り付けた，いわゆる多段翼により撹拌する撹拌装置あるいは撹拌槽．回転軸の向きにより縦型と横型とに大別できるが，一般には縦型をいい，空気酸化反応槽，発酵槽，重合反応槽などとして幅広く使用されている．縦型の大型撹拌槽では，大型化に伴う槽内容物あたりの伝熱面積の減少や槽壁近傍におけるエネルギー散逸速度の低下の是正，気液撹拌での気泡滞留時間の増加，敷地の有効利用などのために槽径$D$に比べ槽高$H$の大きい縦長の撹拌槽($H/D>1.2$)が広く用いられており，縦長の形状ゆえに単段の撹拌翼では軸方向の均一化が十分行えない場合に，この撹拌機が用いられる．しかし，この撹拌機では翼どうしの相互干渉があり，混合・分散・物質移動速度などの撹拌特性値は単段翼に比較し，低下するのが一般的である．そのため，翼の設置間隔，各段の翼形式の選定には十分注意を払う必要がある．とくに，最下段の翼による撹拌と以外の上方の翼とで気泡の分散状態が異なる気液撹拌や，固体粒子の浮遊高さに限界のある固液撹拌ではその必要性が増す．　　　［望月　雅文］

**ただんりゅうどうそう　多段流動層　multistage fluidized bed**
　各段にガス分散器*を設け，高さ方向に多段化した流動層*．粉粒体が各段を下降する型では，粉粒体と流体の多段向流接触が可能となる．多段化により，粉粒体の滞留時間分布が狭まり，反応率の向上や充填量の減少などが期待できる．　　　　［押谷　潤］

**だつあえんふしょく　脱亜鉛腐食　dezincification**
　⇒選択腐食

**だつアルミニウムふしょく脱――腐食　dealuminification, dealuminumification**
　⇒選択腐食

**だつえんりつ　脱塩率　salt rejection**
　塩に対する阻止率*．　　　　　　［鍋谷　浩志］

**だっき　脱気　deaeration, degasification**
　液中に溶解している不凝縮性ガスを放散*分離すること．一般には充塡塔*やスプレー塔*を用い真空下で操作する(真空脱気という)が，脱気の条件が厳しいときは水蒸気を加熱用およびキャリヤーとして使用する(加熱脱気という)．蒸発*装置における凝縮蒸気側の境膜伝熱係数*が不凝縮性ガスの混入によって低下することを防止するため，および蒸発装置，高圧ボイラーなどの腐食を防止するためなどに行う．蒸発法による海水淡水化*の場合は，スケール*防止のため酸を加えて，脱炭酸を行うことがあるが，この場合キャリヤーは空気である．
　　　　　　　　　　　　　　　　［川田　章廣］

**だっしゅうざい　脱臭剤　deodorant**
　⇒脱臭フィルター

**だっしゅうフィルター　脱臭――　deodorizing filter**
　屋内空気中に含まれるアンモニア，トリメチルアミン，メチルメルカプタン，硫化水素など人間が不快と感じる臭気の原因となる物質を除去するための装置．通気したときの圧力損失を極力小さくするために，ハニカム状や繊維状に成形した吸着剤が用いられることが多い．　　　　　　　［迫田　章義］

**だっしょう　脱硝　denitration**
　⇒炉内脱硝法，排煙脱硝

**だったん　脱炭　decarburization**
　鋼中の炭素量が低下する現象．化学プラントで使われている鉄鋼材料の代表的な脱炭現象は，高温高圧水素環境下で使われている炭素鋼・低合金鋼にみられる．水素が鋼中に拡散し，鋼中の炭化物($Fe_3C$)や固溶炭素との反応でメタンを生成し，結果として鉄鋼の強度を担う炭素量が低下し，鋼の強度低下や膨れをもたらす(⇒水素侵食，ネルソン線図)．精錬あるいは熱処理の過程で鋼中の炭素を除去する意味で使われることもある．　　　　　［山本　勝美］

**だっちゃく　脱着　desorption**
　脱離*．被吸着質が吸着剤*表面から気相や液相に移る現象，あるいは吸着剤から被吸着質を除去すること．脱着操作は吸着質を回収できる利点をもつ．工業的な吸着装置*では吸着剤を脱着，再生*して再び吸着に使用するので，脱着は重要な工程である．脱着は次の方法で行われる．
　① 圧力を下げて比較的弱く吸着された気体を脱着(減圧再生)．② 非吸着性ガスによって吸着質の濃度を下げて脱着(パージ脱着)．③ 温度を上げて低沸点の吸着質を脱着(加熱脱着)．④ 水蒸気の凝縮熱を利用して常温から100℃程度の沸点の有機溶剤を脱着(水蒸気脱着)．⑤ 吸着質を吸着性が強いほかの物質で置換(置換脱着)．⑥ 酸またはアルカリを用いてpH変化させ吸着質を脱離(薬品再生)．⑦ 溶媒による抽出と再生(溶媒再生)．
　減圧脱着やパージ脱着は気相吸着においてよく用いられる．とくに，低圧で脱着，高圧で吸着させる

方式は圧力スイング吸着(PSA*)とよばれる．PSAは省エネルギーの観点から近年注目されており，空気分離，除湿などによく使用されている．液相吸着の場合にはパージガスと同様な作用を行うものを溶離剤といい，これによる脱着を溶離*という．加熱脱着は吸着剤の温度を上げて脱着させる方法で，熱風や水蒸気はパージガスとしての役割もある．この加熱脱着と吸着を繰り返す吸着操作は温度スイング吸着(TSA*)とよばれる．とくに水蒸気を使用する場合は水蒸気脱着ともよばれる．薬品を使用した脱着はおもに液相吸着において用いられ，酸やアルカリによってpHを変化，溶媒を使用して吸着質の吸着剤への親和性を低下させることによって脱着を行う．工業的には気体の吸着処理では加熱脱着が，溶液の吸着処理では吸着剤を取り出して炉で再生あるいは加熱によって脱着することが多い．

〔田門　肇〕

**だつり　脱離　desorption**
⇒脱着

**だつりこうそ　脱離酵素　lyase**
⇒リアーゼ

**だつりゅう　脱硫　desulfurization**
⇒炉内脱硫法，排煙脱硫

**だつりゅうほう　脱硫法　desulfurization process**
燃料あるいは排煙から硫黄化合物を除去する方法．燃料から除去することを事前脱硫*，燃焼炉内での除去を炉内脱硫*，燃焼後の排煙からの$SO_2$除去を排煙脱硫*とよぶ．また，燃料を$CO$，$H_2$などのガスに転換してガス中の$H_2S$などを除去することもある．(⇒乾式脱硫法，湿式脱硫法)　〔清水 忠明〕

**たてだんせいけいすう　縦弾性係数　modulus of longitudinal elasticity**
ヤング率．引張または圧縮応力(垂直応力)と，引張または圧縮ひずみ(縦ひずみ)の比．(⇒弾性係数)
〔新井 和吉〕

**たとうじょうりゅうプロセス　多塔蒸留——multi-column distillation process**
2成分以上の成分を分離するために複数の蒸留塔からなるプロセス．省エネルギー，製品仕様の調整，また運転の観点から分離順序の決定，予備蒸留塔の設置，サイドストリッパーの設置を検討する必要がある．多成分分離の例としてナフサ分解のエチレンプロセスでは省エネルギー観点から予備蒸留塔を設置したり，最適な分離順序を決定する．また，石油精製のトッピング*では製品仕様に合致するように，サイドストリッパーを設けて，軽質分を除去す

る方式などがある．　〔八木　宏〕

**たなだん　棚段　tray**
トレー．気液接触を効率的にして，分離効率を上げるために塔内部に装着する装置の一種(ほかに充填物)．蒸気を上昇させるための開口部と下降液を下降させるための下降管*を設けてある平板または類似物で塔を水平に仕切る．蒸気用開口部は円い孔(シーブトレー*など)または長方形のスリット(ターボグリッドトレー*など)が設けられ，泡鐘段*のように蒸気を反転させたり，孔の面積を可変にして(バルブトレー*)液と接触させるものもある．液は何箇所かに集中させて，下の段に導く(下降管*)．まれには下降管がなく，上昇蒸気用の開口部を通り断続的に流下させるもの(デュアルフロートレー型*という)もある．　〔宮原 昱中〕

**たなだんしきじょうりゅうとう　棚段式蒸留塔　tray column**
蒸留塔*には単蒸留*のように塔内が空洞のものもあるが，内部に充填物*を不規則にまたは規則的に充填した充填塔*と，棚段*を備えた棚段塔*がある．蒸気は棚段の開口部を通り上昇するが，これに対し液は棚段の端に上段から下降管*を通り流下し，棚段上を水平に流れながら蒸気と接触し，ほかの下降管に達する．いわゆる十字流*接触をする．塔径*が大きくなると塔内を2,4,…に分割して液はその区間だけを流れるようにする．なお，下降管のない棚段では液も開口部を通りウィーピング*によって全面から流下する．　〔宮原 昱中〕

**たなだんとう　棚段塔　tray column**
⇒棚段式蒸留塔

**たねしょう　種晶　seed crystal**
シード．バッチ晶析*操作において外部から加える結晶のこと．添加した種晶を成長させて製品とする場合と，晶析過程の安定化あるいは結晶化の引金として添加する場合がある．後者の場合，添加した種晶により発生した二次核が成長して製品となる．また，成長実験あるいは二次核発生*実験に用いる結晶のことを種晶ということもある．

〔久保田 徳昭〕

**タービドスタット　turbidstat**
完全混合反応器で微生物の連続培養を安定に操作するための方法の一つ．フィードバック制御のないケモスタット*培養法に対して，タービドスタット法は，菌体濃度を濁度計などなんらかの方策で検出し，その値が一定になるように培地の供給流量をフィードバック制御する方法である．ウォッシュアウ

ト\*近傍の増殖の動特性を調べるために有用である． [本多 裕之]

**タービンかくはんき ──撹拌機** turbine impeller

多数の長方形羽根板よりなるパドル翼\*系撹拌機の総称で，円板の周囲に長方形羽根板を取り付けたディスクタービン翼\*も含められる．近年はむしろディスクタービン翼\*をさす場合が多い．パドル翼\*系には，羽根の取付け角度が垂直な平板翼\*のファンタービン翼，羽根の取付けが傾斜した傾斜パドル翼のピッチドブレードタービン翼，平板翼を回転方向とは逆に後退させたパドル翼の湾曲羽根ファンタービン翼などがある．

ファンタービン翼，湾曲羽根ファンタービン翼などは流体を軸方向から吸引し，翼回転による遠心作用で半径方向に吐出される放射流と，円周方向への旋回流の合成流となる．この種の翼は，プロペラ\*などと比較して羽根背面にはく離渦が生成しやすく，せん断作用の比較的大きい翼であるが，とくに湾曲翼\*は放射流の吐出効率を高めるとともに，せん断作用を減少させるなどの特徴がある．

ピッチドブレードタービン翼は，半径方向の放射流を羽根板の取付け角度によって軸方向流に変更すること，およびせん断作用の変化が可能である．この傾斜取付け角度は通常30°～60°の範囲とされるが，45°における使用がきわめて多い．これらの翼は，槽径 $D$ と翼径 $d$ の比 $d/D$ や翼の槽底からの位置がフローパターンに変化を与え，せん断特性や循環特性などに大きく影響する．一般には $d/D=0.3$～$0.6$，羽根幅 $b=0.1$～$0.2d$，羽根枚数2～6で邪魔板\*を併用することが多い．邪魔板を併用できない場合は，偏心させて使用されるが振動などの留意が必要である．構造や形状が比較的単純であり，応用性や大型化が容易なことから，低粘度から中粘度の幅広い用途の撹拌に多用されている．

[塩原 克己]

**タービンポンプ** turbine pump

インペラー(回転羽根車)を回転することによって昇圧する渦巻ポンプの一種．ケーシングの内側に固定案内羽根を付け，インペラーにより流体に与えられた運動エネルギーがこの固定案内羽根によって減速加圧されて，比較的効率よく昇圧される．運転上やや不安定である欠点をもつ． [伝田 六郎]

**タフトほう ──法** tuft method

流動を可視化する計測手法の一つ．タフトとは短い糸の意．タフトのなびき具合により，流動の方向，強さを半定量的に知ることができる．タフトの設置のしかたにより，表面タフト法，格子タフト法などとよばれる． [上ノ山 周]

**ダブリュー・ダブリュー・ディー・ジェイしょうせきそうち WWDJ晶析装置** WWDJ (wall wetter double-decked jacket) crystallizer

独立に温度を制御できる上下2段のジャケット(double-decked jacket)を有する回分式晶析装置．槽内下部に溶液を仕込み，上部ジャケット部は空間である．撹拌軸には，回転によって結晶スラリーを上部壁面に撒布するためのデバイスが備えられている．撒布されたスラリーは上部壁面に沿って落下し，下部晶析槽に戻る．これにより，結晶スラリーは，下部晶析槽と上部空間に接する壁面を循環することになる．上部ジャケット温度を下部スラリー温度よりも高く設定しておけば，スラリーが上部壁面に沿って落下する間に微結晶が溶解する．それによって生じた過飽和分は下部晶析槽で大きな結晶の成長によって消費され，結果として粒子径分布が狭い大きな結晶が得られる．上下ジャケットの温度を適切に設定することにより結晶多形の制御も可能である．

[大嶋 寛]

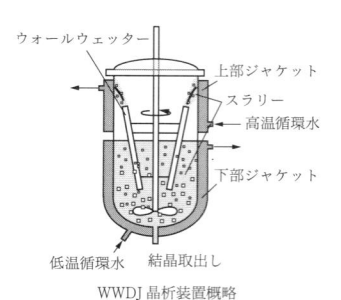

WWDJ晶析装置概略

**ダブリュー・ティー・オー WTO** World Trade Organization

世界貿易機関．第二次世界大戦後のGATT(関税貿易一般協定)の流れを受け，1995年国際間の多角的貿易自由化を推進し，国際協定の制定，新貿易交渉ラウンドの展開をはかる目的で創設された国際機関．特定国に対する貿易上の差別を禁止した"最恵国待遇義務"を始め，農産物，サービス，から知的所有権などに至る広汎な分野での国際協力を推進し相互互恵をはかる．実務上は輸出入，海外投資などを進めるにあたり諸規制などに注意を要する．

[日置 敬]

**ダブレットぶんり ——分離 doublet separation**

多成分系蒸留*の分離仕様の与え方のうち,成分を揮発度*の順に並べたときに高沸限界成分*と低沸限界成分*が隣り合う場合のこと. [森 秀樹]

**たぶんさんりゅうし 多分散粒子 poly-disperse particles**

粒子径分布*の広がりが無視できないような粒子群. 一般には,粉粒体は多分散粒子であるのが普通である. これに対し,比較的粒子径がそろっており,粒子径分布の広がりが無視できるような粒子群を単分散粒子という. [増田 弘昭]

**たぶんしきゅうちゃく 多分子(層)吸着 multi-layer adsorption**

単分子吸着*に対応して使われる用語で,固体表面に分子が何層も積み重なって吸着した状態をいう. 多分子吸着の平衡関係をBET式*で表すことが多い. [田門 肇]

**たへんすうかんし 多変数監視 multivariate monitoring**

従来,状態監視*(プロセス監視*)は1変数について行われることが多かったが,多変数を同時に監視することで精度や信頼性,効率を向上できる場合も多い. 正常運転時のプロセスの時系列データから複数の変数間の関係をモデル化しておき,そのモデルにどの程度適合しているかを判定することによって,多変数の同時監視が可能となる. 代表的手法としては,PCA*,PLS(部分最小二乗法)や状態方程式*に基づく方法などが利用されている.
[山下 善之]

**たへんすうせいぎょ 多変数制御 multivariable control**

複数の制御量*に対する複数の操作量*の影響を同時に考慮し,各操作量を全体が好ましくなるように制御する方法. 非干渉制御,最適制御*,モデル予測制御*などの制御方法が存在する. 大規模なものでは,エチレンプラントの数百の制御量と操作量を同時に制御するものがある. [橋本 芳宏]

**たへんりょうかいせき 多変量解析 multivariate analysis**

複数の変数(変量とよばれる)の大量のデータを解析処理する手法. 解析手法には目的に応じて種々ある. 変量 $y$ と $\{x_1, \cdots, x_n\}$ との間の線形の因果関係を $y = a_1 x_1 + \cdots + a_n x_n + b$ という回帰方程式で表現しようとするための重回帰分析法,$\{x_1, \cdots, x_n\}$ の多変量がもつエッセンスとなるものを個別な変量を線形に合成し,$a_1 x_1 + \cdots + a_n x_n$ なる値で表現するための主成分分析法,$\{x_1, \cdots, x_n\}$ の変数(たとえば,温度,圧力などという変数)が,ある値のときにいいものがつくれ,ある値のときに悪いものしかできない. 個別にその変量をみていたのでは,よしあしを決めるしきい値がわからない. そのようなときにデータの白黒を判断する判断基準を,変量の線形結合としてデータから求める判別分析法などが代表的な多変量解析手法である. [大嶋 正裕]

**ターボあっしゅくき ——圧縮機 turbo compressor**

ケーシングの内部でインペラー(回転羽根)を高速で回転して,気体に運動エネルギーを賦与することによって送出気体を昇圧する機械. 0.1 MPa 程度以上に昇圧するもので,必要によっては送出気体の冷却を必要とする. [伝田 六郎]

**ターボグリッドトレー turbo-grid tray**

蒸留用の棚段*の一種. Shell Development 社の開発になるもので下降管*をもたず,向流接触するタイプのトレー*でシャワートレーともよばれる. 開口部は簡単な細長いスリットであり,適当な間隔でバーを並べたタイプと,細長い孔をプレートに打ち抜いた2種類がある. 処理量が大きく圧力損失も小さいが,簡単な構造であるため操作範囲が狭い.
[宮原 昰中]

**ターボブロワー terbo blower**

ケーシングの内部でインペラー(回転羽根)を回転して,気体に運動エネルギーを賦与することによって送出気体を昇圧する機械. 送出気体の圧力が 0.1 MPa 程度以下で,送出気体の冷却を必要としない程度のものをいう. 送出気体の圧力がさらに低い常圧程度のものがターボファンである. [伝田 六郎]

**ターボぶんしポンプ ——分子—— turbo molecular pump**

タービン翼やヘリカル溝をもつ動翼とそれに対する静翼を交互に組み合わせ,動翼を分子レベルの高速で回転することにより,気体分子に運動量を与えて排気する機械式真空ポンプ. 超高真空レベルの真空を得るのに適する. [伝田 六郎]

**ターミナルモデル terminal model**

連鎖重合*において共重合体を生成するさい,活性末端の反応性が,末端にあるモノマーの種類のみに依存するとした共重合モデル. 数学的には一次のマルコフ鎖を仮定したことになる. 前末端基の効果を考慮したモデルを penultimate model とよぶ.
[飛田 英孝]

**タールサンド tar sand**

たるししき

⇒オイルサンド

**ダルシーしき ——式** Darcy's equation
⇒ダルシーの法則

**ダルシーのほうそく ——の法則** Darcy's Law
固定層*内を流体が比較的低い流量で流れる場合の流速と圧力損失*の関係を与える法則.1856年フランスの水道技師 H. Darcy は砂を充填した層による水道の沪過実験により透過流量 $Q[\mathrm{m}^3\,\mathrm{s}^{-1}]$ とヘッド差 $H[\mathrm{m}]$,層断面積 $A[\mathrm{m}^2]$,長さ $L[\mathrm{m}]$ の間の関係について,次式を提案した.

$$\frac{Q}{A} = k_\mathrm{D} \frac{H}{L}$$

式中の $k_\mathrm{D}[\mathrm{m}\,\mathrm{s}^{-1}]$ は,水の透過しやすさを表す透過係数である.その後の研究により,粘度* $\mu[\mathrm{Pa\,s}]$ の影響を考慮して次式が導かれた.

$$\frac{Q}{A} = k\frac{\Delta p}{\mu L}$$

ここではヘッド*差の代わりに,圧力損失と透過流量の関係が示されている.この式をダルシーの式*という.上式の $k[\mathrm{m}^2]$ は $k_\mathrm{D}$ と同じく透過係数であるが,次元が異なる.また,$k$ の逆数は固定層の流動抵抗となる.さらに,透過係数に対する固定層の空間率,粒子の比表面積を考慮することにより導かれた式として,Kozeny-Carman 式*がある.

[入谷英司・吉川史郎]

**タワーミル tower mill**
⇒塔式粉砕機

**たんいそうさ 単位操作** unit operation
化学工業プロセス上の概念で,物質の組成や状態を変化させたりエネルギーを加えるなどの諸操作.たとえば伝熱,蒸発*,晶析*,蒸留*,吸収,抽出*,乾燥*,沪過*,粉砕*,膜分離*などである.工業規模で行うための装置の設計や操作条件を決定する基礎理論の追及のうえに立って体系化されたものであり,この用語は1915年の A.D. Little の文献に初めてみられる.化学工業プロセスは,単位操作の組合せでつくられていて,それぞれのプロセスは,取り扱う物質や単位操作の組合せの違いによると考えることができる.化学反応については,これを操作的にみて単位反応*,あるいは反応操作*(unit process)とよび,おもに物理的な操作をさす単位操作と並列することが多いが,反応操作も広く単位操作の一員であるとする考えもある. [幸田 清一郎]

**たんいつきほう 単一気泡** single bubble
ほかの気泡や容器の影響を受けずに,連続した静止流体中を単独で上昇する気泡.複数の気泡が集合した気泡群では異なった挙動を示す.気泡の形状*や終末速度*は気泡のサイズや液物性などにより著しく変化する. [寺坂 宏一]

**たんいつこうようかん 単一効用缶** single effect evaporator
蒸発*缶の缶液が高濃度で,かつ粘度*も沸点上昇*も大きく多重効用缶*を採用してもその効果が期待できない場合,単一の蒸発缶を用いることがある.これを単一効用缶という.多重効用缶の一缶は,単に効用缶*とよぶ. [平田 雄志]

**たんいつはんのう 単一反応** single reaction
反応の量論関係を一つの化学量論式*によって記述できる反応.単一反応のうち,化学量論式がそのまま一つの素反応*に対応する場合を単純反応という.いくつかの素反応から構成される反応であっても,中間生成物の反応性が非常に高く,安定な生成物として検出したり分離したりできない場合には,単一反応として扱われる.これに対し,反応過程を表すために複数の化学量論式が必要な場合を複合反応*という. [大島 義人]

**たんいはんのう 単位反応** unit process
反応操作.化学プロセス*において利用される化学的操作.燃焼*,ばい焼*,焼成,酸化,還元,電解*,硝化,ハロゲン化,スルホン化,アルキル化,エステル化,重合,縮合*,発酵などがその例である.単位操作*が化学プロセスの主として物理的変化を対象にしているのに対し,単位反応はこれらの反応の化学的操作,すなわち工業規模で経済的に実現するための装置の設計や操作条件の決定に関する基礎理論の追求を目的として提唱された.そもそも単位反応は意訳であり,また最近では単なる反応の一分類法を表す語として曲解されつつあるため,単位操作に対応して反応操作*とよぶことも多い.

[大島 義人]

**だんかいようしゅつ 段階溶出** stepwise elution
イオン交換クロマトグラフィー*あるいはアフィニティークロマトグラフィー*などの吸着クロマトグラフィーにおいて,カラムに吸着した目的成分を,pHや塩濃度などを段階的に変化させて溶出させる方法(stepwise elution).溶出条件が不明な場合は,連続的に変化させる濃度勾配溶出法(gradient elution)がとられるが,条件がわかれば段階溶出法がとられる. [本多 裕之]

**たんかすいそ 炭化水素** hydrocarbon
HC.炭素と水素だけからなる化合物の総称.炭素原子の連なり方によって鎖式炭化水素と環式炭化水

素とに大別される． [成瀬 一郎]

## だんかんかく　段間隔　tray spacing

棚段*設置の繰返し高さ．液が上段に混入(エントレンメント*)しないためには高いほうが望ましい．一方塔高さは低いほうが経済的である．ほぼ3種類に分類される．空気分離などコールドボックス内に設置される塔では100 mm前後，ドイツなどでアルコール用に屋内に設置するものでは約200 mm，石油精製など屋外のものでは人間が中に入って保守できるに十分な500〜750 mmである． [宮原 昰中]

## たんげんしそうせいちょうほう　単原子層成長法　atomic layer deposition

CVD*法による薄膜成長の一種であり，2種類の原料ガスから薄膜を形成する反応において，交互に原料を供給することによって単原子層ずつの成長を行わせる方法．たとえば，水蒸気を用いた酸化物薄膜の形成では，まず最初に有機金属ガスなどの原料を供給し，表面に1分子層だけの吸着を行わせる．吸着が飽和した段階で原料を反応器からパージし，次に水蒸気を導入し，表面に吸着している有機金属ガス分子を反応させて単原子層の酸化物薄膜を得る．原料ガスの組合せにより，酸化物，窒化物，硫化物，金属などの作製が可能である．原料ガスが比較的大きな分子を原料とする場合には，一つの分子が複数の吸着サイトを占有するため1サイクルに1原子層の成長とはならず，0.2〜1.0原子層の成長となる．原理的にガス供給サイクル数により膜厚を厳密に制御できるため，数nmレベルの良質な薄膜が要求されるULSI(超々大規模集積回路)用ゲート絶縁膜やバリヤメタルの形成に適している．また，反応温度は比較的低温であることや，ステップカバレッジ*が非常によいなどの特徴を有している．

[霜垣 幸浩]

## だんこうりつ　段効率　plate (tray) efficiency

段塔*の一つの段の物質移動性能を理論段*と比較して表す尺度．一般には，気相基準のマーフリー段効率*の定義がよく引用される．塔径がある程度以上になると，水平方向に段上の液組成が分布をもつため点効率*と段効率は等しくならない．塔径が0.5 m以下になると段上の液は完全に混合しているとみなすことができ，二つの効率は等しくなる．また，塔効率*と段効率は操作線*と気液平衡線が平行な場合にのみ等しくなる． [森 秀樹]

## だんこうりつのすいさん　段効率の推算　prediction of tray efficiency

多くの段効率*の理論的な推算法は二重境膜説に基づいている．推算に用いられる相関式は，ほとんどが1950年代末に発表されたAIChEモデルによっている．そのモデルは，その後幾多の修正が行われ，最近では以下に示すChanとFairによって提案されたモデルが多く使われている．

① 蒸気側および液側の境膜移動単位数 $N_G$, $N_L$ を以下の式から求める．

$$N_G = k_G a_i t_G$$
$$N_L = k_L a_i t_L$$

ここで，蒸気側物質移動係数と接触面積の積は次式より求める．

$$k_G a_i = \frac{\{19.1 D_G^{0.5} (1030 FF - 867 FF^2)\}}{(h_C)^{0.5}}$$

ここで，

$$FF = \frac{u_B}{u_{B,flooding}}$$

ここで，$u_B$ は孔(蒸気通過)面積基準の線速度である．また蒸気側の滞留時間は，

$$t_G = \frac{(1-\phi) h_C}{12 \phi u_B}$$

ここで，$h_C$ は清澄液深，$\phi$ は泡沫液の密度である．一方，液側の物質移動係数と面積の積は，

$$k_L a_i = (0.49 F_{ga} + 0.17)(6000 D_L^{0.5})$$

ここで，$F_{ga}$ は孔面積基準のF因子，$D_L$ は液相拡散係数である．液側の滞留時間は，

$$t_L = \frac{h_C A_B}{0.0267 GPM}$$

から計算する．ここで，$A_B$ は孔面積，$GPM$ は質量液流量[g min$^{-1}$]である．

② 気相基準の総括移動単位数 $N_{OG}$ および点効率 $E_{OG}$ を次式から求める．

$$\frac{1}{N_{OG}} = \frac{1}{N_G} + \frac{\lambda}{N_L}$$
$$E_{OG} = 1 - \exp(-N_{OG})$$

ここで，$\lambda$ は気液平衡線*の勾配と操作線*の勾配との比である．

③ マーフリーの段効率* $E_{MV}$ を求める．

点効率 $E_{OG}$ から $E_{MV}$ を求める方法はAIChEの段効率の推算*と同じであり，次式を用いる．

$$\frac{E_{MV}}{E_{OG}} = \frac{1 - \exp(-\eta - Pe)}{(\eta + Pe)[1 + \{(\eta + Pe)/\eta\}]} + \frac{\exp(\eta - 1)}{\eta[1 + \{(\eta/(\eta + Pe)\}]}$$

ここで，

$$\eta = \frac{\{(1 + 4\lambda E_{OG}/Pe)^{1/2} - 1\} Pe}{2}$$

ここで，

$$Pe = \frac{H^2}{D_{e}t_L}$$

また,

$$D_e^{0.9} = 0.378 + 1.71u_G + 0.102L' + 0.180h_w$$

ここで, $Pe$ はペクレ数, $H$ は段上の液流路長さ, $D_e$ は段上の液の混合拡散係数[cm$^2$ s$^{-1}$]である.

④ $E_{MV}$ から次式によって塔効率 $E°$ を求める.

$$E° = \frac{\ln\{1 + E_{MV}(\lambda - 1)\}}{\ln \lambda}$$

[長浜 邦雄]

**たんじゅんさんかぶつびりゅうし 単純酸化物微粒子 single oxide microparticle**

複合酸化物に対する語で, 1種類の金属からなる酸化物のこと. シリカやアルミナが代表例.

[岸田 昌浩]

**たんじゅんせんだんながれ 単純せん断流れ simple shear flow**

物質の粘度およびレオロジー*定数を決定しようとすると, 適当な流れ場において変形と応力の関係を実測する必要がある. このレオロジー*測定に適した流れ場を総称していう. 代表的なものとして, 円管内流れ(Poiseuille 流れ), 同軸回転円筒間流れ(Couette 流れ)円すい・円盤間流れ(cone and plate 流れ)などがあり, 試料をこのような流れ場に入れて, 変形速度と応力の関係を測定することにより各種レオロジー*定数を決定する.

[薄井 洋基]

**たんじょうりゅう 単蒸留 simple distillation**

微分蒸留*. 蒸留缶*と凝縮器*からなる装置を用いて, 蒸留缶で発生した蒸気を途中で分縮させることなく凝縮器まで導き, 凝縮器で蒸気を凝縮させる操作. おもに低沸点成分に富んだ液を得る蒸留操作で, 還流を伴わない回分操作である. 任意の時刻における釜(かま)内の残留液の組成と留出液*の組成の関係は, レーリーの式*で表される.

[小菅 人慈]

**だんせいけいすう 弾性係数 modulus of elasticity**

材料が比例限度以下の応力*で弾性変形する場合, 応力とひずみの間には比例関係があり, この関係をフックの法則*という. このときの比例定数を弾性係数という. 弾性係数は弾性変形領域での材料の変形の度合いを示すものであり, すなわち同一の応力(または荷重)において, 弾性係数が大きい材料ほど変形が小さい.

応力が垂直応力 $\sigma$(引張応力および圧縮応力), 荷重方向のひずみを縦ひずみ $\varepsilon$ とすると, $E = \sigma/\varepsilon$ で表される $E$ を縦弾性係数*またはヤング率*という. せん断応力 $\tau$*とせん断ひずみ $\gamma$ の間にもまったく同様な関係がなりたち, $G = \tau/\gamma$ で表される $G$ を横弾性係数*またはせん断弾性係数*あるいは剛性率*という. また, $E$ と $G$ とポアソン比*$\nu$ の間には, 一定の関係 $E = 2G(1+\nu)$ の関係がなりたつ. したがって, $E$, $G$, $\nu$ のうちの二つが求まれば, ほかの一つは計算により求めることができる.

[新井 和吉]

**たんそしゅうりつ 炭素収率 carbon yield**

使用した培地中で消費された炭素源の炭素量に対して, 生成した微生物菌体中の全炭素量の比.

[本多 裕之]

**たんそぜい 炭素税 carbon tax**

環境税, 温暖化対策税の一つ. 温暖化対策として $CO_2$ を発生する燃料に税をかけて, 税収助成で省エネルギーや燃料転換をはかり, $CO_2$ 排出を抑制しようとするもの. 1990年1月にフィンランドで初めて炭素税が導入され, その後 EU 全体での導入がはかられたが, 現時点では各国が独自の税制で導入している. "温暖化対策税" "エネルギー規制税" "電力税" "一般燃料税" など名前が違うように, 納税義務者, 対象範囲, 課税標準, 税収使途などがそれぞれ異なる. 日本では環境省を中心として導入検討を進めている.

[服部 道夫]

**たんそせんい 炭素繊維 carbon fiber**

ポリアクリロニトリル, レーヨンなどの有機繊維や精製した石油ピッチを紡糸した繊維を不活性ガス中で加熱焼成して, 炭素化および黒鉛化することにより実質的に炭素元素だけからなる繊維状の材料. 焼成温度により弾性率と強度は変化する. 金属よりも軽く耐熱性と耐薬品性に優れており, 釣りざお, ゴルフクラブ, 航空機部品, コンクリートの補強などに利用されている.

[浅野 健治]

**たんそせんいフィルター 炭素繊維—— activated carbon fiber filter**

合成繊維またはその布を炭化・賦活*して得られる繊維状の活性炭で, 繊維内拡散*の抵抗が小さいという特徴をもち, 空気浄化や浄水用のフィルターとして利用される.

[広瀬 勉]

**たんたい 担体 carrier, support**

それ自体はほとんど触媒*作用をもたないが, 触媒の支持や希釈に用いられる物質. 一般にけいそう土, 軽石, 活性炭, シリカゲル, アルミナなどが用いられる. 担体として多孔性の物質を用いることに

より，触媒の比表面積を大きくする効果がある．
[大島 義人]

**たんたいけつごうほう　担体結合法** carrier binding

触媒としての酵素を不溶化し，反応系中にとどめることで酵素の繰返し利用を可能にし，酵素反応器のコストを削減するための方法の一つ．シリカゲルやアルミナを用いた物理吸着法，DEAE（ジエチルアミノエチル）基などの静電的相互作用*を利用したイオン結合法*，直接化学結合を利用した共有結合法*などがある．
[本多 裕之]

**たんちゅうしゅつ　単抽出** single extraction

一回抽出．液液抽出*または固液抽出*における回分操作法の一種．抽出を行わせる容器に，固体または液体原料と抽剤*の全量を入れ，混合，接触させ，ただ1回だけ抽出させる操作法で，毎回原料と抽剤を新しく入れ替える．撹拌が十分ならほとんど平衡に達するが，一定量の抽剤で1回しか抽出させないので抽出される抽質*量が比較的少なく，工業的にはほとんど用いられない．抽剤を分割して同一原料を何回も処理する操作を多回抽出*という．
[宝沢 光紀]

**だんとう　段塔** plate column, tray column

棚段塔*．プレート塔*．空塔内にトレー*（棚段ともいう）を所定の間隔で所定の個数分設置した構造をもつ気液あるいは液液接触装置．液はダウンカマー*（下降管*，溢流管*）を通って段上を流れ，蒸気はトレー上の小孔あるいは管状の蒸気導管を通って液相内に気泡として分散する．このとき，異相間で熱や物質の交換が行われる．なお，操作条件によって気相中に液滴が分散する場合もある．段塔は，泡鐘塔，多孔板塔*バルブトレー*のような十字流トレーとリップルトレーのようなシャワートレーに大別される．
[小菅 人慈]

**だんねつぎじゅつ　断熱技術** heat insulation technology, thermal insulation technology

熱伝導度*の低い材料，熱放射率*の低い材料，熱放射しゃへい構造，粉末充塡，真空排気などを組み合わせることにより，高温の保温したい物からの熱伝導*，対流，熱放射*による外界への熱損失，あるいは低温の保冷したい物への外界からの熱侵入を効果的に抑制する技術．
[奥山 邦人]

**だんねつきゅうちゃく　断熱吸着** adiabatic adsorption

吸着装置は固定層が基本となっているが，粒子間を伝わる熱伝導速度は一般に遅いうえに，気孔率の高い多孔性吸着剤の熱伝導率が低いので，塔壁からの熱交換で吸着装置の温度を制御することは実用的ではなく，固定層吸着では事実上断熱状態で吸着が進行する．吸着熱*は吸着質の凝縮熱と同程度と大きく，熱容量の小さい気相吸着では吸着熱の発生はそのまま気体温度の上昇となる．温度上昇は吸着量を下げ，等温吸着の場合に比べて分離性能を低下させるので注意が必要である．逆に，再生工程では温度低下による再生不良の原因となる．断熱吸着過程の定量的記述は，熱と物質の同時移動に関する計算機シミュレーションに頼らざるを得ないが，ゼオライトによる除湿のように直角平衡で表される場合には簡便な解析解が使用できる．また，ロータリー吸着ユニット*による空気の除湿にさいしては，空気線図を援用した簡便法が参考になる．
[広瀬 勉]

**だんねつけいど　断熱傾度** adiabatic temperature gradient

大気の鉛直方向の温度変化（温度傾度）で，乾燥した空気が鉛直上方に上昇したときに断熱膨張をするときの高さ方向の温度変化．
[清水 忠明]

**だんねつざい　断熱材** heat insulator, heat insulating materials, thermal insulating materials

高温の保温したい物や低温の保冷したい物と常温の外界環境の間に介在させて，高温系から常温環境への熱損失*や常温環境から低温系への熱侵入を抑制するための材料．熱伝導度*の小さい固体のほか，内部に無数の空隙をもつ繊維質材料，気泡分散材，粉末層は断熱材として優れている．（⇒保温材）
[奥山 邦人]

**だんねつしすう　断熱指数** adiabatic constant

断熱係数．気体の定圧熱容量 $C_p$ と定容熱容量 $C_v$ の比 $\gamma=C_p/C_v$．$C_p$，$C_v$ は温度により変化するが，$\gamma$ の値はほとんど変化しない．理想気体の断熱可逆変化については次式の関係がある．

$$\left(\frac{T_2}{T_1}\right)=\left(\frac{p_2}{p_1}\right)^{(\gamma-1)/\gamma}$$

理想気体の断熱変化を表すのに便利である．
[船造 俊孝]

**だんねつせこう　断熱施工** installation of heat insulator

断熱材の施工にあたっては，使用温度範囲，熱伝導率*，物理的・化学的強さ，単位体積あたりの価格，適応性，安全性，施工性などを考慮して適切な材料を選定する．標準的施工例は JIS A 9501（保温保冷工事施工標準）を参照のこと．
[奥山 邦人]

**だんねつはんのうそうさ　断熱反応操作** adiabatic reaction process

反応経過中あるいは反応装置内において，反応熱をまったく反応系外に取り出さないような操作．断熱反応では反応熱がそのまま反応流体のエンタルピー（あるいは温度）変化となるので，反応の進行に伴う反応率の増加と温度変化の比は反応熱と反応流体の平均比熱によって決まる特性がある．

[堤　敦司]

**だんねつへいこうかえんおんど　断熱平衡火炎温度　adiabatic equilibrium flame temperature**

⇒燃焼反応

**だんねつほうわ　断熱飽和　adiabatic saturation**

任意の温度 $t$ [℃]，湿度* $H$ [kg-vapor/kg-dry gas] の湿りガスが，$C_H(t-t_S)=\lambda_S(H_S-H)$ で定義される式に従って行う仮想的変化を断熱飽和変化といい，$t_S$ を断熱飽和温度という．$C_H$ は湿りガス ($t$, $H$) の湿り比熱容量* [kJ(kg-dry gas)$^{-1}$ K$^{-1}$]，$H_S$, $\lambda_S$, は $t_S$ に対する飽和湿度* および蒸発潜熱* [kJ kg$^{-1}$] である．この変化は近似的に断熱増湿装置*における湿り空気*あるいは断熱式熱風乾燥*器において，表面蒸発*期間内の材料に接する湿り空気が装置内でしだいに顕熱*を失い，湿度が増加していく状態変化を表し，装置が無限大の接触面積をもつ場合に，湿り空気の到達する温度は断熱飽和温度となる．空気-水蒸気系においては，湿球温度*はこの変化中ほぼ一定で，断熱飽和温度ともほぼ一致するため，近似精度よく空気の状態変化を表すと考えてよい．この場合には断熱飽和温度を断熱冷却*温度ともいう．

等エンタルピー変化を断熱飽和変化とする場合もある．

[西村　伸也]

**だんねつれいきゃく　断熱冷却　adiabatic cooling**

気体が外部とまったく熱交換がない状態で冷却される過程．とくに湿りガス*が空気-水蒸気系の場合には，湿度図表*上に引かれる断熱飽和*線に沿って冷却される過程をいう．

[西村　伸也]

**タンパクしつ　——質　protein**

生体を構成する20種類のアミノ酸がペプチド結合してできた高分子量の生体内構成成分．生体内の反応を触媒する酵素もタンパク質の一つ．英名プロテイン(protein)はギリシャ語の proteios に由来し，第一に大切なものを意味する．

[本多　裕之]

**たんぶんさんりゅうし　単分散粒子　mono-disperse particles**

粒子径が一定の粒子群．実在の粒子群では粒子径がそろっていることは厳密にはありえないので，粒子径分布*が十分に狭い場合に単分散粒子とみなす．分布の広がりがどの程度の場合に単分散とみなせるかは，その粒子群のかかわる現象によって変わる．

[増田　弘昭]

**たんぶんしそうきゅうちゃく　単分子層吸着　monolayer adsorption**

相界面における物質濃度が相内部より高い（正吸着*）系において，吸着している物質が1層だけの場合．界面を構成する原子と吸着分子間の電子交換によって結合をつくる化学吸着がその典型である．これに対して，物理吸着の場合は2層以上積み重なって吸着することが多く，そのような場合を多分子層吸着とよぶ．単分子層吸着に関する平衡関係（吸着平衡式*）にはラングミュア吸着等温式*が適用される．

[菅原　拓男]

**たんぶんしるいせきほう　単分子累積法　the film fabrication of liquid phase**

⇒ラングミュア-プロジェット法

**だんめんへいきんりゅうそく　断面平均流速　cross average velocity**

管内流で体積流量を管断面積で除して求められる流速．円管内流れの場合，速度分布を断面にわたって積分することにより求められる体積流量を，断面積で除することにより，管中心の最大流速が断面平均流速の2倍であることが，以下のように示される．

$$u_a = \frac{1}{\pi R^2}\int_0^R 2\pi ru\,dr$$
$$= \frac{1}{\pi R^2}\int_0^R 2\pi r u_{\max}\left\{1-\left(\frac{r}{R}\right)^2\right\}dr$$
$$= \frac{1}{2}u_{\max}$$

[吉川　史郎]

**たんりょうたい　単量体　monomer**

通称モノマーとよばれ，高分子化合物を構成する基本単位．たとえば，縮重合に用いられるモノマーには，ジアミン，ジオール，ジカルボン酸などがあり，一方ラジカル重合にはエチレン誘導体，すなわちビニル化合物がある．

[今野　幹男]

**たんろげんしょう　短路現象　short pass**

流動操作において，反応器内に流入した流体の一部が均一に分散されることなく短い滞留時間で出口からすぐに流出する現象．偏流や吹抜け，チャネリング*などの現象も広い意味でこれに含まれる．混合が不良となり，反応器の性能が低下するなど反応器では避けるべき現象である．

[堤　敦司]

# ち

**ちいきかんきょうもんだい　地域環境問題　problem of local environment**
　原因と影響が限定的な環境問題．おもに大気汚染，水質汚濁，騒音，振動，悪臭，土壌汚染，地盤沈下，廃棄物が地域環境問題とされている．これまでは人間への健康影響のみが重視されてきたが，最近は道路やダム建設，里山保全，貴重種の絶滅などの自然生態系全体への影響も重視されるようになった．これ以外にもダイオキシンや内分泌撹乱物質（環境ホルモン）などの化学物質による影響，自動車排ガス中の粒子状物質と窒素酸化物などさまざまな問題がある．　　　　　　　　　　　　　　　　　［後藤　尚弘］

**ちかすいおせん　地下水汚染　groundwater pollution**
　汚染物質が液状もしくは水に溶けて地下浸透し，地下水を汚染すること．比重が大きく粘度が低いテトラクロロエチレンやトリクロロエチレンなどの揮発性有機塩素化合物，土壌への吸着性の低い硝酸性窒素やヒ素などは，地下浸透しやすく汚染事例も多い．また，地下水まで汚染が進むと，浄化期間が長く浄化コストも多大となるため，早期の調査や汚染の未然防止が重要である．現在，26項目の地下水環境基準が定められている．　　　　　［小林　剛］

**ちかすいようすいほう　地下水揚水法　pump and treat ground-water remediation**
　揮発性有機化合物*，重金属，油などにより汚染された地下水をくみ上げ，ばっ気，活性炭吸着，凝集沈殿などの水処理技術を用いて汚染物質を除去する方法．地盤沈下のおそれがあるため，処理水は再び地下に戻すことが多い．　　　　　　　［小林　剛］

**ちから　力　force**
　質量 $m$ の物体に加速度 $a$ がはたらくとき，$ma$ を物体に作用する力という．単位はニュートン $N = kg\ m\ s^{-2}$．　　　　　　　　　　　　　　　　　　　［船造　俊孝］

**ちかんきゅうちゃく　置換吸着　displacement adsorption**
　吸着力の強い物質（置換剤）がすでに吸着している物質に置き換わって吸着すること．置換吸着は多成分系の破過曲線に現れる重要な吸着現象である．なお，吸着剤* を繰り返し使用するには置換剤の脱着* が必要である．　　　　　　　　　　　　　　［田門　肇］

**ちかんこんごう　置換混合　displacement mixing**
　流体の変形や移動に伴う巨視的な混合は，流体塊の細分化による作用と，その細分化された流体塊の再配置作用の二つに大別できる．再配置作用に基づく混合をとくに置換混合という．スタティックミキサー* の混合は，主として置換混合によって行われる．　　　　　　　　　　　　　　　　　［井上　義朗］

**ちかんだっちゃく　置換脱着　displacement desorption**
　物質 A を吸着している吸着剤* に置換剤 B を吸着させ，A を B で置き換え，A を脱着すること．A を主体に考えると置換脱着であり，B を主体にすると置換吸着である．吸着剤を繰り返し使用する場合には，置換剤を脱着しなければならない．そこで A よりも多少吸着性の弱い置換剤を脱着に使い，次の A の吸着のさいに置換剤をまず脱着させるか，あるいは加熱して置換剤を脱着させる方法がとられる．置換脱着をうまく利用すると吸着剤の再生* が経済的に行える場合もある．置換脱着の例はモレキュラーシーブ* による $n$-パラフィンの分離，置換クロマトグラフィーなどにみられる．　［田門　肇］

**チキソトロピー　thixotropy**
　揺変性と訳され，本来等温可逆的なゾル-ゲル変化を意味していた．しかし，最近では等温状態においてひずみを加えることにより，その物体が一時的に見掛け粘度の低下を生じる現象を意味することが多い．多くの微粒子分散系（サスペンション* 系）において観察され，時間の経過に従って流体特性値が大きく変化するため，サスペンション* 取扱い系の設計・運転に注意を要する．時間依存性流体に対する多くの構成方程式が提案され，そのモデル定数の決定方法が報告されている．　　　　　　　　　［薄井　洋基］

**チキソトロピーりゅうたい　——流体　thixotropic fluid**
　加えられたせん断応力* が一定でも，時間とともに粘度* が減少する流体（逆にせん断速度* が一定でも，時間とともにせん断応力が減少する流体）．塗料や濃厚な粘土溶液などがこの性質を示す．これと逆の現象を示す流体がレオペクシー流体* である．

[小川 浩平]
**ちきゅうかんきょうもんだい　地球環境問題**　problem of global environment

原因あるいは影響が地球規模であり，かつ影響が世代間に及ぶ環境問題．おもに次の問題が地球環境問題として認識され，各方面で対策が講じられている．① 地球温暖化，② オゾン層の破壊，③ 熱帯林の減少，④ 開発途上国の公害，⑤ 酸性雨，⑥ 砂漠化，⑦ 生物多様性の減少，⑧ 海洋汚染，⑨ 有害廃棄物の越境移動．1970年代よりさまざまな地球規模の環境破壊が指摘されていたが，1982年の国連環境計画(United Nations Environment Programme, UNEP)・ナイロビ宣言で国際社会が取り組むべき地球環境問題として認識された．さらに，1992年の環境と開発に関する国連会議(United Nations Conference on Environment and Development, UNCED，別名地球サミット，ブラジル・リオデジャネイロ)においてリオ宣言とその行動計画(アジェンダ21)を採択し，地球環境問題解決のための国家と個人の行動原則を示した．この会議の結果，気候変動枠組み条約や生物多様性条約が採択された．さらに，2002年の持続可能な発展に関する世界首脳会議(World Summit on Sustainable Development, WSSD，別名環境開発サミット，南アフリカ共和国・ヨハネスブルグ)において，アジェンダ21の見直しがなされた． [後藤 尚弘]

**ちくじせっしょくモデル　逐次接触――(流動層の)**　successive contact model of fluidized bed

流動層*の濃厚相*(おもに気泡相とエマルション相からなる)の上部には，多くの触媒粒子が浮遊している希薄相が存在する．この領域では触媒と反応ガスの接触が十分に起こっていると考えられ，この領域での反応を考慮したモデルである． [甲斐 敬美]

**ちくじだんけいさん　逐次段計算**　step-by-step tray calculation

気液平衡曲線*と操作線*の式を用いて1段ずつ計算を進めていく蒸留計算法*．その代表的なものにルイス-マセソン法*とシール-ゲデス法*がある．前者は塔頂と塔底の組成を与えて理論段数を計算する方法で，後者は段数を与えて各段の組成や流量を計算する方法である． [小菅 人慈]

**ちくじはんのう　逐次反応**　consecutive reaction

直列反応，連続反応．反応生成物が次の反応の出発物質となって，さらに反応が継続していく

$$A \longrightarrow B \longrightarrow C$$

で表記されるような形式の反応．並発反応*と並ぶ，複合反応*の代表的な一つの形式である．ほとんどの複合反応は，逐次反応と併発反応の組合せで成立しているとみなすことが可能である．逐次反応の中間に存在する化合物Bの収率には極大が生じるが，その値は前後の反応速度定数のほか，反応装置内の流体の流通方式によって変わる．収率は一般に管型反応装置*によるほうが，槽型反応装置*によるより大きい． [幸田 清一郎]

**ちくねつ　蓄熱**　heat storage, thermal storage

熱エネルギーを物質の温度変化や相変化*により吸収させたり，化学変化により化学エネルギーに変換して一時的に貯蔵し，必要なとき熱エネルギーとして利用できるようにすること．熱源または熱需要側に周期的変動がある場合に，設備に蓄熱機能を備えることでエネルギーの安定供給や有効利用がはかれる．たとえば，夜間電力によりヒートポンプ*を稼働して蓄熱し，昼間の空調に利用することで建物の電力負荷平準化やヒートポンプ容量の軽減が可能となる． [奥山 邦人]

**ちくねつき　蓄熱器(装置)**　heat accumulator, thermal (heat) storage unit

熱を一定期間蓄える装置．蓄熱材には水，れんが，石，コンクリートなどが用いられる．熱を貯蔵温度と取出し温度の差で蓄えるものを顕熱蓄熱*方式，また蓄熱材の相変化潜熱を利用する方式を潜熱蓄熱*という．顕熱蓄熱には上記材料が使用されるほか，高温の熱水を蓄えておき，必要時に顕熱蓄熱分だけの熱を蒸気の形で取り出す蒸気アキュームレーターがあり，産業用に使用されている．一方，潜熱蓄熱には冷熱を氷の形で蓄えておき必要時に冷水を取り出す方式(氷蓄熱という)や，化学蓄熱材をマイクロカプセルに封じ込め相変化の潜熱を利用する方法などがある．潜熱蓄熱は容積あたり蓄熱量を大きくとれ装置がコンパクトにできるため，氷蓄熱が空調分野で普及している． [川田 章廣]

**ちくねつしきねつこうかんき　蓄熱式熱交換器**　heat storage heat exchanger, regenerative heat exchanger

再生式熱交換器．金属，セラミックス，耐火れんがなどを通風可能な構造にした蓄熱体に高温気体を流すことにより蓄熱しておき，次段階で低温気体を蓄熱体に流すことにより放熱させ低温気体を昇温する方式の熱交換器*．回転式，切換式，移動層式などの種類があるが，今日では回転式と切換式が多く使われている．図(a)のように，回転式はマトリックスとよばれる多数の薄い波形鋼板と平板を交互に重ね

合わせた蓄熱体が，回転軸を中心に同心円状に取り付けられたディスクを1～20回/分程度で回転させることにより高温気体と低温気体と交互に接触させ，蓄熱，放熱のサイクルを繰り返すもので，ユングストローム空気予熱器が代表例である．比較的軽量，コンパクトにできることや流れの方向転換による伝熱面の自己清浄作用があることが特徴であるが，高温側と低温側間にある程度の漏れがあることが欠点である．ガスタービンの再生熱交換器，ボイラーや工業炉，石油精製炉の空気予熱器や排煙脱硫装置の処理ガス昇温用ガスヒーターなどに使用されているほか，最近ではバーナー自体に回転式エレメントを内蔵し，燃焼用空気を加熱することで省エネルギーをはかったものもある．切換式は図(b)のように2基の蓄熱体をもち，高温気体と低温気体の流れをダンパーや弁で周期的に切り換えることにより，一方に高温気体，もう一方に低温気体を流すサイクルを繰り返す方式である． ［川田　章廣］

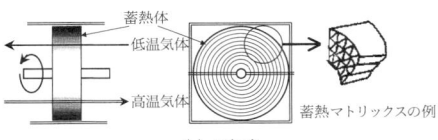

(a) 回転式

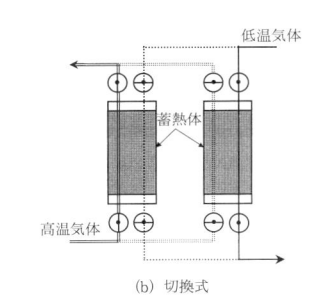

(b) 切換式

ダンパーあるいは弁：開，閉

蓄熱式熱交換器
［尾花英朗，"熱交換器設計ハンドブック　増訂版"，工学図書(2000)，p.219］

**ちくねつしきねんしょう　蓄熱式燃焼** combustion with regenarator

燃焼器と蓄熱装置を組み合わせて，燃焼で生成した熱エネルギーを有効に利用する燃焼方法である．蓄熱装置は顕熱の蓄積体あるいは熱エネルギー変換体としてはたらく． ［西村　龍夫］

**ちっかしょり　窒化処理** nitriding treatment

材料表面に窒化物をつくり硬化させる表面処理法．窒化処理のもとになる窒化とは，アンモニア合成反応工程などで環境中のNが鋼中に拡散・蓄積し，鋼の機械的特性を劣化させる現象である．窒化処理はこの原理を有効に利用して，鋼中に窒化物をつくりやすいAlやCrを含有させ，材料表面を硬化させる．処理方法としても，アンモニアガスによるガス窒化法に加えて，イオン窒化法，酸窒化法などがある． ［山本　勝美］

**ちっそさんかぶつ　窒素酸化物** nitrogen oxides
⇒炉内脱硝法，排煙脱硝

**ちっそじょきょぎじゅつ　窒素除去技術** nitrogen removal technology

湖沼や内湾の富栄養化*による水質汚濁を低減するために，排水処理において窒素除去が必要とされる．排水の生物学的処理において，微生物の増殖（余剰汚泥の生成）に伴い窒素が除去されるが，生活排水処理*ではこの作用による除去率は20～30%程度と低い．窒素除去には，生物学的方法が広く用いられている．好気性細菌（*Nitromonas*属，*Nitrobactor*属など）によって，有機態窒素（タンパク質など）とアンモニウムイオンを最終的に硝酸イオンに酸化する硝化過程と，硝酸イオンを通性嫌気性細菌によって窒素分子に還元する脱窒過程を組み合わせて行う（硝化脱窒*）．

そのほかの方法として，溶液をアルカリ性にしてばっ気し，アンモニアを揮散させるエアストリッピング，アンモニウムイオンに対する選択性の高いゼオライトによる吸着がある．また，塩素を注入してアンモニアを窒素分子に酸化する不連続点塩素処理があり，浄水処理*で用いられている．
［木曽　祥秋］

**ちてきしょゆうけん　知的所有権** intellectual property rights

知的財産権．特許・商標などの工業所有権と著作権の総称．発明の保護強化を通じて産業再生を目ざす"知的財産立国"の国家方針，ものづくりと並んで映画や音楽・ゲームなどいわゆるコンテンツを重視する傾向や，国際的な模造品問題など，知的財産の権利に対する認識が高まっている． ［松本　光昭］

**ちてきせいぎょ　知的制御** intelligent control

通常のPID制御*やON-OFF制御ではなく，バイオプロセスの状態をとらえて高度に制御する制御方法の総称．とくにファジィー制御などの熟練者の経験を制御に組み込んだ手法，人工ニューラルネッ

トワークなどのバイオプロセスの非線形性に適応できる手法，遺伝的アルゴリズムといった高度な最適化手法などが含まれる．　　　　　[本多 裕之]

**ちどりはいれつ　千鳥配列　staggered arrangement**

多管式熱交換器*などにおける伝熱管の配列法の一種．(⇒錯列配列)　　　　　　　　[平田 雄志]

**ちみつそう　緻密層　dense layer**

非対称膜*，複合膜*のスキン層のうち，とくに非多孔質なものを緻密層とよぶ．　　　[中尾 真一]

**ちゃくもくせいぶんほぞんしき　着目成分保存式　mass conservation equation for a component in a mixture**

混合物質のある着目成分の局所における質量密度が対流，拡散および化学反応によって時間的に変化するとき，微分小な空間要素において物質収支をとることにより定式化される微分方程式．着目成分$i$の保存式は次式で表される．

$$\frac{\partial \rho_i}{\partial t}+\nabla \cdot (\rho_i v_i)=r_i$$

ここで，$\rho_i$は成分$i$の密度，$v_i$は成分$i$の移動速度，$t$は時間，$r_i$は反応項である．なお，モル基準で表しても同様な式が成立するが，この場合，反応によりモル数が変化することに注意が必要である．
　　　　　　　　　　　　　　　　　[神吉 達夫]

**ちゃっかおんど　着火温度　ignition temperature**

⇒燃焼反応

**チャネリング　channelling**

偏流．充填塔*，充填層*，移動層*，流動層*，気泡塔*などで，気体や液体が塔の半径方向で均一に流れず，一部に偏って流れる現象．層を構成する粒子の径が小さいほど，また粒子間付着力*が強いほど発生しやすい．したがって，付着凝集性の強い粒子や，湿った粒子，表面の溶融した粒子では，比較的大きな粒子においても観察される．また，気液向流の充填塔では気体ばかりでなく液体の流れも偏ることがある．蒸留塔や吸収塔ではこれらを総称してモル分布（maldistribution，"mal"とは悪いの意）という．いずれの場合も分離や反応に対して好ましくない現象である．　　[鹿毛浩之・長浜邦雄]

**チャーンりゅう　――流　churn flow**

気液二相上昇流でガス流速と液流速の増大とともに，気泡流*やスラグ流ほど形の整った気泡*は存在せず，大気泡の分裂などにより，大小多数の気泡が液中に存在する流れで，スラグ流と併せて間欠流とよばれる．チャーンは激しく撹拌するという意味で

ある．(⇒気液二相流)　　　　　　　[柘植 秀樹]

**ちゅういけい　中位径　median diameter**

メディアン径．50%径．積算粒子径分布の値が50%に相当する粒子径．個数基準と質量基準で，それぞれ値が異なり，前者は個数中位径(count median diameter, CMD)，後者は質量中位径(mass median diameter, MMD)という．粉体粒子の概略の大きさを表すのに用いられるが，粒子径分布*の広がりが情報として必要な場合は標準偏差などをあわせて表示する．　　　　　　　　　　　　[増田 弘昭]

**ちゅうおんきん　中温菌　mesophile**

低温，高温ではなく，中程度の温度で生育する微生物の総称．乳酸菌，酵母，コウジ菌，アミノ酸生産菌，抗生物質生産菌など通常の工業的に有益な微生物はほとんどが中温菌である．　　　[本多 裕之]

**ちゅうかいエネルギー　仲介――　intermediary energy**

あるプロセスからほかのプロセスへのエネルギーの移動の仲介をしているエネルギーで，熱や仕事などが考えられる．仲介エネルギーは，エネルギーの流れの方向と量および質という特性をもっている．
　　　　　　　　　　　　　　　　　[桜井 誠]

**ちゅうかんそう　中間層　intermediate layer**

限外沪過*やナノ沪過*，ガス分離などに使用するセラミック膜*の支持層*は，通常，孔径が数十μmの層と，その上に形成された孔径が数～数十nmの層との2層構造になっている．この後者の層をとくに中間層とよぶ場合がある．　　　　　[中尾 真一]

**ちゅうかんへいそくほうそく　中間閉塞法則　intermediate blocking law**

閉塞沪過*法則の一つ．はじめ，標準閉塞*とケーク沪過*との中間的な法則として提案された．沪材*細孔径より粒子径が大きい場合に，1個の粒子が1本の毛管を通過しようとすると毛管頂上で捕捉され，その毛管は完全に閉ざされるとし，毛管を閉塞する確率が未閉塞の毛管数に比例し，沪過*の進行とともに閉塞確率が減少する場合が中間閉塞法則である．中間閉塞に従う定圧沪過*では，沪過速度の対数値を沪液量*に対してプロットすると，直線関係を示す．　　　　　　　　　　　　[入谷 英司]

**ちゅうき　抽気　steam extraction, purge**

① 低圧水蒸気が必要な場合，生蒸気を使う代わりに多重効用缶*のなかで適当な圧力をもっている効用缶から，蒸気の一部を取り出して用いること，あるいはタービン内を膨張する蒸気の一部を膨張の途中から抜き出して，ボイラーの給水加熱や工場用蒸

気などに用いること．② 凝縮器や蒸発装置の加熱蒸気側などから，供給液や加熱蒸気に含まれる空気や不凝縮ガスあるいは漏洩空気，冷却水中の溶存空気を排出すること．この操作により所定の真空度が維持できる．抽気装置には真空ポンプやスチームエジェクターなどがある． [川田 章廣]

**ちゅうきタービン 抽気──** extraction turbine
タービンを通る蒸気の一部を所要の圧力のところから抜き出してプロセス用とし，残りの蒸気をタービンに使用する場合の蒸気タービン．タービン排気を復水器* で凝縮させる場合を抽気復水タービン，またタービン背圧を高くし，排気も使用する場合を抽気背圧タービンという．プロセス用蒸気を必要に応じて加減でき，また発電出力も増減できる．
[川田 章廣]

**ちゅうくうしモジュール 中空糸──** hollow fiber membrane module
膜モジュール* の一種で，中空糸膜からなるモジュール．(⇨膜モジュール) [中尾 真一]

**ちゅうくうせいけい 中空成形** blow molding
⇨ブロー成形

**ちゅうざい 抽剤** solvent
溶剤．原料中に含まれる目的成分(抽質*)を抽出* するための溶剤．抽剤としては抽質を選択的に溶解する性質をもつものが選ばれる． [宝沢 光紀]

**ちゅうざんえき 抽残液** raffinate
ラフィネート．液液抽出* によって抽質を回収した後の残りの液，すなわち大部分が原溶媒* で，これにわずかの抽剤* を含む液をいう．なお，これを抽残液相とよび，さらにこれから抽剤の大部分を除去した液を抽残液とよんで区別することもある．
[宝沢 光紀]

**ちゅうざんぶつ 抽残物** raffinate
ラフィネート．固液抽出において，抽出後の固体を大部分とする残渣(底流または湿潤固相という)．または，それから抽剤の大部分を取り除いたもの．
[宝沢 光紀]

**ちゅうざんりつ 抽残率** un-extracted ratio
抽出されずに抽料* 中に残った抽質* の割合．1−抽出率* となる． [宝沢 光紀]

**ちゅうしつ 抽質** solute
原料中に含まれている抽出* する目的の物質．溶質という場合もある．(⇨抽出) [宝沢 光紀]

**ちゅうしゅつ 抽出** extraction
固体または液体原料(抽料*)中に含まれている特定の目的成分(抽質*)を溶剤(抽剤*)中に選択的に溶解，移動させ，これを回収して目的物を得る操作．固体が原料の場合を固液抽出*，液体が原料の場合を液液抽出* という．高分子水溶液が組成によって2相を形成する性質を利用する水性二相抽出* や，超臨界流体を抽剤とする超臨界流体抽出* など特殊な抽出操作もある． [宝沢 光紀]

**ちゅうしゅついんし 抽出因子** extraction factor
抽出操作において，原溶媒* と抽剤* が溶け合わない場合，連続抽出塔の操作線の勾配，$R/E$ ($R$ は抽残液* の，$E$ は抽出液* の流量)に対する平衡線の勾配すなわち分配係数 $m$ の比，$mE/R = S_E$ の値をいう．放散塔* の放散因子* に対応するもので，無次元数である． [宝沢 光紀]

**ちゅうしゅつえき 抽出液** extract
エキストラクト．抽出* 後に得た抽質を含む抽剤* の多い溶液．なお，これを抽出液相とよび，これから抽剤の大部分を除去した液を抽出液とよんで区別する場合もある． [宝沢 光紀]

**ちゅうしゅつこうりつ 抽出効率** extraction efficiency
⇨抽出率

**ちゅうしゅつざい 抽出剤** extractant
⇨抽出試薬

**ちゅうしゅつしやく 抽出試薬** extracting reagent
抽出剤．目的物質と選択的に反応し，抽出溶剤に可溶な化合物をつくる試薬の総称．通常，水溶液中に存在している金属イオンは水和して電荷を有しているため有機相中にはまったく溶解しない．したがって，これら金属イオンを有機相中に抽出させるためには金属イオンの電荷を中和し，かつ配位している水分子を親油性の大きい分子で置き換える必要がある．抽出試薬は，有機相に抽出される化学種の型により，ヒドロキシオキシム，オキシン，$\beta$-ジケトンなどのキレート抽出試薬，酸性リン酸エステルや長鎖カルボン酸などの非キレート抽出試薬，第三級アミンやリン酸トリブチル(TBP)などのイオン対抽出試薬の三つに大別される．
最近では，核酸やアミノ酸など生体分子を抽出するために，クラウンエーテルやカリックスアレーンを基本とした包接型の抽出試薬も開発されている．
[後藤 雅宏]

**ちゅうしゅつじょうりゅう 抽出蒸留** extractive distillation
分離すべき2成分が共沸混合物* を形成しているか，また2成分の相対揮発度* が1に近く分離が困

難な場合に，溶剤を用いて分離を可能にする蒸留法の一つ．溶剤は原料成分より揮発性が小さく，原料2成分の共沸点を消滅させかつ相対揮発度を大きく変化させる物質が選ばれる．たとえば，アセトンとメタノールの共沸混合物に水を溶剤として加えて蒸留する場合，塔頂からアセトンを，塔底からメタノールと溶剤の水を取り出す．溶剤は原料2成分のどちらか一方と親和性の大きなものが選ばれ塔頂から供給する．溶剤は揮発性が小さい物質なので，塔内を塔底に向かって下流する．そこで，原料中の親和性の小さな成分は塔頂へ，親和性の大きな成分は溶剤とともに下流し塔底から取り出される．塔底から取り出された混合溶液は，別の蒸留塔で溶剤と分離され，溶剤は循環使用される．

溶剤はその損失につながるので揮発性が小さくかつ熱に安定な物質が選ばれる．また，親和性の大きな物質との溶解が大きくいわゆる溶解力が大きいこと，もう一つの原料成分の相対揮発度に対する溶剤存在下での相対揮発度*との比，すなわち選択性が大きいものが好ましい．石油留分の$C_4$留分からブテン-1，$C_5$留分からのイソプレン，$C_8$留分からのキシレンなどの抽出蒸留が有名で，極性をもち沸点の高い溶剤が使用されている．　　　　［鈴木　功］

**ちゅうしゅつはんのう　抽出反応　extractive reaction**
　反応の進行と同時に液液抽出*が行われる液相反応．たとえば，A⇄Rなる可逆反応*において，目的の生成物Rを選択的に系外へ抽出除去することによって，化学平衡を生成物側にシフトさせることができる．また，A→S→Rのような逐次反応において，目的生成物であるRを抽出操作によって選択的に系外に抽出除去することによって，副生成物Sの生成量を低減できる．　　　［後藤雅宏・長本英俊］

**ちゅうしゅつりつ　抽出率　extraction efficiency**
　抽出効率．液液抽出*，固液抽出*において，原料中の抽出可能な抽質*の量に対する実際に抽出された抽質量の比．抽出率を$E$とすると$E=(c_0-c)/(c_0-c^*)$．ここで，$c_0$は原料中の抽質濃度，$c^*$は原料相中の平衡抽質濃度，$c$は抽出された原料相中の抽質濃度である．1－抽出率の値を抽残率*という．
　　　　　　　　　　　　　　　　　　　　　［宝沢　光紀］

**ちゅうりょう　抽料　feed for extraction**
　原料．抽出*の対象となる固体または液体の原料．
　　　　　　　　　　　　　　　　　　　　　［宝沢　光紀］

**チューブフィルター　tube filter**
　高温集じんに使われる両端が開いた円筒形の多孔質セラミックフィルター*．含じんガスはチューブ内に導入され，粉じんはフィルター内面に捕集される．熱膨張率の低いコーディエライトを原料とするフィルターが実用化されている．　［金岡　千嘉男］

**チューブラーまく　──膜　tubular membrane**
　管状の膜．管状膜ともいう．（⇒膜モジュール）
　　　　　　　　　　　　　　　　　　　　　［中尾　真一］

**ちょうえんしんぶんり　超遠心分離　ultracentrifugation**
　重力加速度の数万から数十万倍の遠心力を付与することにより，コロイドやウイルスなどの超微粒子，タンパク質や核酸などの高分子，および抗体やホルモンなどの低分子物質を沈降・分画する操作．また，分析用としては定常濃度勾配あるいは沈降速度の測定から沈降係数，拡散係数を求め，物質の分子量が決定される．　　　　　　　　　　　［中倉　英雄］

**ちょうかい　潮解　deliquescence**
　ある種の水溶性固体が大気中の水分を吸収して水溶液の状態になる現象．その固体の飽和水溶液の示す水蒸気圧*が，大気中の水蒸気圧よりも小さい場合に生じる．（⇒風化）　　　　　　　［今駒　博信］

**ちょうしつ　調湿　humidity control**
　空気中の湿度*と温度を特定の条件に調整すること．調湿には増湿（加湿）と減湿があり，前者には蒸気加湿，水加湿が，後者には冷却減湿*，圧縮減湿*，吸収減湿*，吸着減湿*がある．空気調和*においては，外気と室内空気を混合して所定の温湿度に調整するが，両者の混合比，それぞれの空気の温湿度を考慮して増湿と減湿，加熱と冷却を組み合わせて自動制御によってこれをつくりだし空調空気として供給する．　　　　　　　　　　　　　　［三浦　邦夫］

**ちょうじょうりゅう　超蒸留　super fractionation**
⇒スーパーフラクショネーション

**ちょうたんじくひ　長短軸比　length breadth ratio**
　長短度．アスペクト比*．粒子*の長軸径*と短軸径*との比．粒子の異方性を表す指標の一つで，粒子形状の長細さを示す指数．球や立方体の1から始まり，均斉度が小さくなるにつれて数値が大きくなる．
　　　　　　　　　　　　　　　　　　　　　［横山　豊和］

**ちょうびさいかこうぎじゅつ　超微細加工技術　ultra fine process**
　ULSI（超々大規模集積回路）作製などにおいて，1μm以下の微細な形状を形成する工程．フォトリソグラフィーによるパターン転写，ドライエッチングなどにより実現される．フォトリソグラフィーの光

源を短波長化することによって100 nm程度の微細加工も可能となっており，さらに電子線直描技術，X線露光技術などによって100 nm以下の微細加工も可能となっている． [霜垣 幸浩]

**ちょうびふん　超微粉　ultrafine powder**

超微粒子*からなる粉体．その大きさは分野により大きく異なり，物理分野では数μm以下の粒径，化学分野では数百nm以下の粒径を意味することが多い．金属粉末のように10μm以下の粉末と厳密に定義される場合もある．体積に対する表面積の割合が著しく大きいために，固体表面の機能を利用した触媒またはセンサーへの用途に用いられることが多い．焼結体原料として用いると結晶子径のそろった焼結体が得られるという長所もある．最近では，導電性ペースト，誘電材料やペンキ原料などにも利用されている． [岸田 昌浩]

**ちょうびりゅうし　超微粒子　ultrafine particle**

非常に微細な粒子のことであり，物理分野では数μm以下の粒径，化学分野では数百nm以下の粒径を意味することが多い．広義には液相中の気体粒子や液体粒子も含まれるが，一般には固体粒子が想定されている．超微粒子のみからなる集合体を超微粉*とよぶ．調製法は，細分化する方法と生長させる方法とに大きく分けられるが，数百nm以下の超微粒子を細分化法で調製することは困難であるため，生長法で調製することが一般的である．生長法においては，熱分解法，ゾル-ゲル法，沈殿法*，エマルション法などが用いられる．体積に対する表面積の割合が著しく大きいために，固体表面の機能を利用した触媒やセンサーに古くから用いられてきたが，その用途は年々拡大している．久保効果の提唱以来，超微粒子の物性がバルクのそれとは大きく異なることがわかってきたためである．

可視光吸収がバルクとは異なる金の超微粒子は最近塗料にも用いられるようになった．さらには，誘電体，導電性材料，半導体封止剤，電磁波吸収剤，ナノコンポジット磁石など電子・磁性材料への応用も活発に研究されている． [岸田 昌浩]

**ちょうびりゅうしまく　超微粒子膜　ultrafine particle membrane**

10 nm以下のナノ粒子を含む溶液をディッピング法，スピンコート法，スプレー法などの方法により塗布乾燥させ，成膜したもの．たとえば，ディッピング法とは基板を塗布液中に浸漬後，塗布液を一定速度で降下させることにより成膜する方法である． [奥山 喜久夫]

**ちょうミクロかくさん　超——拡散　ultra-micro diffusion**

⇒固体触媒反応の移動過程

**ちょうミクロこう　超——孔　ultra-micropore**

サブミクロ孔．吸着質分子と同じ程度の大きさの細孔．この細孔を有する吸着剤は一般に分子ふるい効果*を有する．また，この細孔における吸着質分子の拡散は，細孔壁とみずからの間のポテンシャル壁を乗り越える移動となり，大きな活性化エネルギーを要する． [迫田 章義]

**ちょうりんかいすいさんか　超臨界水酸化　super-critical water oxidation**

水中に溶存あるいは浮遊する有害な化合物を，反応媒体である水の臨界温度(374℃)および臨界圧力(22.1 MPa)を超える超臨界条件下で酸化分解する反応．湿式酸化法と同様，廃水や有害廃棄物の分解処理に応用され，多くの有機化合物は秒単位の反応時間で完全酸化される．超臨界水は有機溶媒に近い誘電率をもち，常温常圧の水にほとんど溶解しない有機物でも高い濃度で溶解する．また，酸化剤である酸素の溶解度も高いため，湿式酸化法でしばしば問題となる相間の物質移動の制約を受けることがない．超臨界水酸化の大きい反応速度は，このような超臨界水の物性面の特徴と関係づけて説明されている． [大島 義人]

**ちょうりんかいりゅうたい　超臨界流体　super-critical fluid**

状態図で温度-圧力線図の臨界点(たとえば二酸化炭素では304.2 K，7.31 MPa，水では343℃，22.4 MPa)より高温高圧領域にある状態を超臨界状態といい，この状態のこと．超臨界$CO_2$または超臨界水が広く利用されている．密度が連続的かつ大幅に変化できるのが最大の特徴であり，物性を目的に応じて温度・圧力で調整できる．液体状態より粘性が小さいので流動抵抗が小さく，また拡散係数が大きいために微細空間への浸透性にも優れている．水については，誘電率やイオン積も大きく変化するので，極性から無極性物質まで処理可能な高性能媒体として工業的応用分野が広がっている． [猪股 宏]

**チョーキング　choking**

鉛直管における固気二相流の流動様式において，それまで均一に気流中で希薄分散していたものがガス流速の低下や粒子負荷の増加によりその安定性が崩れ，粉粒体が配管断面全体を密集しながら上方に移動する輸送形態の遷移のこと．流動層*の上部希薄領域に相当する相から下部の濃厚領域*に相当す

る相への移行である．両相の境界が一定高さにとどまらず移動することによる現象．チョーキングに伴い所要圧力の急増が起きるため，送風機設計のさい注意が必要である．(⇒流動化状態) [中里 勉]

**ちょくせつシミュレーション　直接―― direct numerical simulation**
DNS．乱流場の流動をなんらモデルを使わずに数値解析すること．原理的には分割格子の大きさをコルモゴロフの渦スケール程度に刻む必要がある．計算負荷はもっとも重くなるが，モデルを使用するさいに必要となるパラメーターを設定する必要がないなど，取扱いはむしろ単純となる． [上ノ山 周]

**ちょくせつせっしょくしきねつこうかんき　直接接触式熱交換器　direct contact heat exchanger**
冷却塔のように，高温流体と低温流体を直接接触させて熱交換を行わせる伝熱装置． [平田 雄志]

**ちょくせつせっしょくりゅうし　直接接触粒子　direct contact particles**
⇒流動層触媒反応装置

**ちょくせつひ　直接費　direct cost**
製品の製造・販売またはサービスの提供のために直接消費されたことが識別できる原価．原料費や用役費がそのおもなものである．原価は直接費と間接費*とに分類される．(⇒間接費) [弓削 耕]

**ちょくせつふんむほう　直接噴霧法　direct spray method**
塗布したい基板に塗布液を直接噴霧する塗布方法．手軽に任意の形状を有する基板に塗布できる利点を有する反面，膜厚の一様性の制御は難しい． [山口 由岐夫]

**ちょくせつれいきゃくそうち　直接冷却装置　direct cooling**
冷水装置．冷却塔．工業用冷却水の再冷却装置のうち，温水をその温度より低い平衡操作温度の空気と直接接触させ，水の蒸発潜熱*により冷却する装置．いわゆる冷却塔*がこれに該当する． [三浦 邦夫]

**ちょくせんじゆうエネルギーかんけい　直線自由――関係　linear free energy relationship**
反応機構が共通する反応の反応速度定数*や，化学平衡定数*の比の対数をとると成立する直線関係．はじめ経験的に示されたが，以下のような理論的な裏づけが与えられている．
すなわち，遷移状態理論*によると反応速度定数*は，活性化ギブス自由エネルギー$\Delta G^*$を用いて$\exp(-\Delta G^*/RT)$に比例する．一方，反応(原)系と生成系との間の平衡は標準ギブス自由エネルギー*の差$\Delta G^\circ$によって$\exp(-\Delta G^\circ/RT)$に比例する．一例として芳香族の置換基が異なっていても，反応の基本的な機構が同じと考えられる場合は，置換基が変わっても，$\Delta G^*$と$\Delta G^\circ$とは，比例的に変化すると期待できる．すなわち，
$$\Delta G^*_1 - \Delta G^*_2 = \alpha(\Delta G^\circ_1 - \Delta G^\circ_2)$$
が成立する．ただし，$\alpha$は比例定数である．反応速度定数と平衡定数はそれぞれ，その対数が$-\Delta G^*$と$-\Delta G^\circ$とに比例するから，
$$\ln \frac{k_1}{k_2} = \beta \ln\left(\frac{K_1}{K_2}\right)$$
の関係が得られる．$\beta$は比例定数である．この関係を直線自由エネルギー関係という．とくに芳香族化合物の反応速度定数と平衡定数に関する置換基効果に対する，このような比例関係はハメット則*として体系化され広く用いられている．このような比例関係はハメット則のほか，酸触媒反応に関するブレンステッド則*など，一般にかなり広くなりたつことが知られている． [幸田 清一郎]

**ちょくれつはいれつ　直列配列　in-line arrangement**
多管式熱交換器*などに用いられる伝熱管を管外流体の流れの方向に配列する方式．(⇒錯列配列) [平田 雄志]

**ちょくれつれんぞくそうがたはんのうき　直列連続槽型反応器　CSTRs (continuous stirred tank reactors) in series**
槽列反応器．連続槽型反応器の複数個を直列に並べたもの．一般に一つの連続槽型反応器を複数に分割して直列につなぐと，反応器の体積は小さくてすむようになる． [長本 英俊]

**ちょそう　貯槽　storage tank**
粉粒体をばらのまま貯蔵する容器のことであって，貯蔵される粉粒体の物性や，貯蔵量，貯槽の用途などによって多くの種類がある．それらには，タンク，ホッパー，バンカー，サイロ，ビンなど種々の呼称がある．貯槽の一般的な特徴としては，次のようなことがあげられる．① 粉粒体がばらのまま，能率的な貯蔵とハンドリングができる．② 輸送費の削減が可能となる．③ 平床式の倉庫に比較して，同一の敷地で数倍の貯蔵能力をもつ．④ 貯蔵量あたりの設備費が少なくてすむ．⑤ 貯蔵，排出，貯蔵量の制御・管理などを自動的に行うことができる．⑥ 容易に加圧，保温，防湿，くん蒸などの作業が可能である．⑦ 貯蔵物の変質，腐敗，損傷，虫害，鼠害な

どを防ぐことができる. [杉田 稔]

**ちょっかくへいこう　直角平衡**　rectangular isotherm

平衡関係を樹脂相当量分率 $y$ と液相当量分率 $x$ の関係で表し，上に凸の直角を示したとき，これを直角平衡という．原子価が 1 のイオン型樹脂に多価の原子化のイオンが交換するとき，液相の全イオン濃度が低濃度であれば直角平衡の近似が成立する．
[⇒選択係数（イオン交換）]　　　[吉田 弘之]

**チルトン-コルバーンのアナロジー**　Chilton-Colburn analogy

通常の伝熱と物質移動および運動量の輸送の間には類似性があり，伝熱および物質移動のジェイ因子 $j_H$，$j_D$ は互いに等しく，下記の関係が成立する．

$$j_H = j_D = \frac{f}{2}$$

これは 1934 年に T. H. Chilton と A. P. Colburn によって見出された関係で，これをチルトン-コルバーンのアナロジーとよぶ．ここで $f$ は摩擦係数* でありジェイ因子はそれぞれ，次式で定義される．

$$j_H = St_H Pr^{2/3}, \quad j_H = St_D Sc^{2/3}$$

ここで，$St_H$ および $St_D$ はそれぞれ熱および物質移動に関するスタントン数* である．

これらの関係式は，熱，物質，運動量の同時移動現象に応用され，プラントル数* およびシュミット数* が 0.5 より大きい場合の平板境界層および管内流の場合にはよく成立するが，物体のまわりの流れの場合は，$j_H = j_D < f/2$ となる．なお，プラントル数が 1 のとき，この関係式はレイノルズアナロジーと一致する． [薄井洋基・荻野文丸]

**ちんこうけい　沈降径**　settling velocity diameter

ある粒子が流体中を沈降するときの終末沈降速度* と同じ速度で沈降する，密度が同じ球形粒子の直径で定義される粒子径．沈降速度の領域によって，ストークス径*，アレン径，ニュートン径などがある．
[横山 豊和]

**ちんこうせいりゅうし　沈降性粒子**　sedimental particle

ジェットサム（jetsam）．多成分粒子からなる粉粒体分散系とくに流動層* において，ほかの成分と比較して相対的に沈降性を有する粒子をいう．おもに密度や粒径の大きな成分が該当する．[押谷 潤]

**ちんこうそくど　沈降速度**　sedimentation velocity, settling velocity

重力，遠心力あるいはクーロン力などの外力の作用で，粒子などが流体中を沈降する速度のこと．と

くに外力が遠心力の場合，遠心沈降速度* という．外力が流体抵抗力とつり合って沈降速度が一定になったときの速度を，終末沈降速度* とよぶ．
[森　康維]

**ちんこうそくどけい　沈降速度径**　settling velocity diameter

⇒ストークス径．

**ちんこうてんびんほう　沈降天秤法**　sedimentation balance method

積算形均一分散沈降法に属し，正式には沈降質量法とよばれる．沈降容器内を沈降する粒子を秤量皿で受け止め，皿上に沈降した粒子質量の時間変化を測定し，沈降法* の原理で粒子径分布を算出する．規格に JIS Z 8822（沈降質量法による粉体の粒子径分布測定方法）などがある． [森　康維]

**ちんこうぶんり　沈降分離**　sedimentation

流体中に懸濁している粒子あるいは液体粒子を，重力場，遠心力場あるいは静電気力場における沈降現象を利用して分離する操作．沈降分離操作はその目的に応じて，分級，清澄分離*，沈殿濃縮* に大別される．分級は，流体中における粒子密度や粒子径などの違いによる粒子の運動速度差を利用して，固体粒子群を分別する操作をいう．清澄分離* は，希薄懸濁液中の粒子を沈降分離により清澄な液体を得る操作を，また沈殿濃縮* は，液体中に懸濁している固体粒子をより濃厚な泥しょうにする操作を，それぞれおもな目的とする．各種化学工業，鉱工業をはじめ上水・工業用水の供給，工業排水や下水処理など広範な分野で応用されている．分級装置には乾式と湿式があり，前者の代表として水平流型・上昇流型重力分級機や遠心力を利用したサイクロン，後者の代表として全流分級機や表面分級機，液体サイクロンなどがあげられる．清澄分離装置としては，原液に凝集剤を添加して凝集フロックを形成させ，円形あるいは長方形の槽内で清澄化を行うクラリファヤー* やスラッジブランケット型凝集沈降槽* などがある．沈殿濃縮装置としては，沈積した汚泥をレーキ（かき取り羽根）により沈殿作用を促進させるシックナー* などがあげられる． [中倉 英雄]

**ちんこうほう　沈降法（粒子径測定の）**　sedimentation method for particle size measurement

沈降分析．重力や遠心力などの外力によって，媒体中を落下する粒子の終末沈降速度* から粒子の大きさを測定する方法．通常はストークスの抵抗法則* に基づく沈降速度式を用いる．とくに外力に遠心力を用いる場合を遠心沈降法，媒体に液体を用いる場

合を液相沈降法とよぶ．

媒体全体に試料を分散させる均一分散法と，媒体の一部に試料を添加する一斉沈降法がある．また，粒子濃度の測定に増分形(微分形)と積算形(積分形)がある．関係する規格として，JIS Z 8820-1(液相重力沈降法による粒子径分布測定方法—第1部：測定の一般原理及び指針)などがある． ［森　康維］

**ちんちゃくそくど　沈着速度　deposition velocity**

粒子が表面に沈着するフラックス(単位時間，単位面積あたりの移動粒子量)を，壁面から十分離れたバルク相の濃度(粒子濃度)で割ったもので，速度の次元をもつためこのようによばれる．通常の粒子捕集において捕集体表面は濃度がゼロ(完全吸収壁)とみなせるため，沈着速度は物質移動係数に等しい．

［大谷吉生・松坂修二］

**ちんでんせいせい　沈殿生成　precipitation**

広くは結晶あるいは非結晶(アモルファス)を問わず，気相あるいは液相から固体を析出させることをいう．とくに反応晶析*によって溶解度が小さい無機化合物の結晶を析出させることをいう場合が多い． ［大嶋　寛］

**ちんでんのうしゅく　沈殿濃縮　thickening**

流体中に懸濁している固体粒子を，重力沈降よってより濃厚な懸濁液にする操作．各種化学工業や鉱工業，食品・発酵工業や上水・工業用水の供給，用廃水処理など多くの工業分野において生じる懸濁液は，その大量処理を要求される．そのため，まずはじめに沈殿濃縮法によって脱水処理を行うことが，プロセス全体の効率を考えるうえでもっとも経済的である．沈殿濃縮装置として，シックナー*があげられ，本装置により所要濃度の濃縮懸濁液と清澄な溢流液が連続的に得られる． ［中倉 英雄］

## つ

**ついイオン　対——　counter ion**
　固定電荷を有する荷電膜*およびコロイドは固定電荷と反対符号のイオンを内部に有し、対イオンとよばれる。対イオンは固定電荷と異なり、内部を透過することができる。　　　　　　　　　[正司 信義]

**ついじゅうせいぎょ　追従制御　follow-up control**
　自動追尾。設定値*が時間的に変化する制御系のうち、時間的変化が任意の未知量である場合を追従制御という。　　　　　　　　　　　[伊藤 利昭]

**ついちせいぎょ　追値制御　follow-up control**
　追従制御。設定値*が時間的に変化する制御系を総称していう。時間的変化が任意の未知量である場合は追従制御*、時間的変化が既知の場合はプログラム制御*とよぶことがある。　　　　　[伊藤 利昭]

**つうきかくはんそう　通気撹拌槽　aerated mixing vessel, mechanically agitated gas-liquid contactor**
　気液撹拌槽。供給されたガスを撹拌翼*により液中に気泡として分散させ、気液接触を行う撹拌槽の総称として用いることもあるが、一般には浸漬撹拌式*通気撹拌槽をいう。槽底近くに設置した撹拌翼直下のスパージャー*を通して強制的にガスを吹き込み、翼によりガスを微細化し気液界面積*を大きくして、気液間の物質移動を促進するとともに、系全体の均一化をガス吹込みと翼の回転により行う撹拌槽である。気液系反応槽や発酵槽として使用されている。
　通気撹拌槽では、供給されたガスは翼にいったん捕捉され、キャビティー*を形成し、その先端から発生した気泡が合一・再分裂を繰り返しながら槽内を循環した後、液自由表面から排出される。これらガス相の挙動が通気撹拌槽の運転では望まれる一方で、ガスを翼が捕捉できないフラッディング*を一般には避ける必要がある。そのため、翼としては、フラッディング*が起きにくいディスクを有する翼形式、とくにディスクタービン*がよく用いられる。しかし、キャビティーの形成による動力の低下に対し無通気時の動力を基準にした定格出力のモーターが過大となるとの考えから、キャビティーをできるだけ形成しない形状の翼も開発されている。また、ガスの滞留時間を長くする目的で槽の形状を縦長にする場合には、1本の回転軸に複数の翼を設置した多段翼撹拌機*を用いる。撹拌翼のガス分散への役割に比して、液混合への役割がおろそかにされがちであるが、ガス分散の役割をスパージャーに担わせ、液混合を翼に果たさせようとの考え方もあり、とくに高粘度液では有効な手段となる。　　[望月 雅文]

**つうきかんそう　通気乾燥　through flow drying**
　粉粒状材料、フレーク状材料など通気性のある材料を金網、多孔板上に堆積させ、この層に直角に上方あるいは下方から熱風を通気させて乾燥する方法。材料の堆積面と並行に熱風を流して乾燥する場合と比べて、熱伝達係数*が大きく、伝熱面積が増加し、水分および蒸気の移動距離が減少するなどにより、乾燥速度*は大きくなる。通気式の箱型乾燥器*、バンド乾燥器*、回転式通気乾燥器などがあり、流動層*乾燥器では送風機*の動力が大きくなる場合などに使用される。　　　　　　　　[脇屋 和紀]

**つうきだっすい　通気脱水　air-blow drainage**
　湿潤濾過ケーク内に存在する液体を、空気圧力を通過させることによって排出する脱水法。通常、加圧あるいは真空条件下で操作され、濾過ケーク内の空隙毛管液のみならず、くさび毛管液および付着液の脱水を行う。通気圧力 $p$ の設定においては、通気脱水の推進力 $[p/(\rho g)+H$、$\rho$ は液体密度、$g$ は重力加速度、$H$ はケーク層厚さ$]$ と毛管上昇圧力 $(h_c \rho g$、$h_c$ は毛管上昇高さ$)$ との比が重要な操作パラメーターとなる。　　　　　　　　　　[中倉 英雄]

**つうきどうりょく　通気動力　aeration power input**
　通気撹拌槽*のスパージャー*から、強制的に吹き込まれたガスによって単位時間に槽内に供給されるエネルギー。このエネルギーは、流入ガスが有する運動エネルギーとガスの槽内における等温膨張に基づくエネルギーの和と考えられ、通気動力 $P_a$ は近似的に次式により算定できる。

$$P_a = \rho g H Q_g = \rho g u_g V$$

ここで、$\rho$ は液密度、$g$ は重力加速度、$H$ は無通気時における液深、$Q_g$ は平均静液圧下 $\rho g H$ における

通気流量, $u_g$ はガス空塔速度*, $V$ は液体積である. 通気撹拌槽* では, 通気動力* は翼による撹拌動力とともに槽内へのエネルギー入力であり, ガスホールドアップ*, 物質移動容量係数* など気液撹拌における特性値に影響を与える. とくに, 通気支配領域あるいはフラッディング* に近い領域ではその重要性が著しく増す.　　　　　　　　　　[望月 雅文]

**つうきりゅうりょうすう　通気流量数　gas flow rate number**

気液撹拌槽において, スパージャーまたは単孔ノズルから槽内に吹き込まれる通気流量を $Q[\mathrm{m^3\,s^{-1}}]$ とするとき, これを撹拌槽の代表長さである翼径 $d$ [m]および操作条件としての翼回転数 $n[\mathrm{s^{-1}}]$ を用いて, $Q/nd^3$ のように無次元化したものを通気流量数とよぶ. 通気流量数は, 気液撹拌操作においてローディングやフラッディングが生じる条件を判断する無次元数として広く用いられる.　　[平岡 節郎]

**つうせいけんきせいきん　通性嫌気性菌　facultative anaerobe**

酸素が存在してもしなくても生育することができる微生物の総称. 酸素は酸化剤であり毒であるため, 微生物によっては酸素が存在すると生育できない絶対(偏性)嫌気性菌が存在する. また一方で, 酸素は最終の電子受容体であり, 酸素が存在しないと生育できない絶対好気性菌などが存在する. しかし, 大腸菌を代表とする通性嫌気性菌はどちらの条件でも生育できる.　　　　　　　　　　　[本多 裕之]

**つかれきょうど　疲れ強度　fatigue strength**
　⇒疲労強度

**つかれげんど　疲れ限度　fatigue limit, endurance limit**
　⇒疲労強度

# て

**ていあつろか　定圧沪過　constant pressure filtration**
スラリーの沪過*を行うために必要な圧力差，すなわち沪過圧力を，沪過期間中一定に保って行う沪過操作で，沪過速度は時間の経過とともにしだいに減少する．定圧に保たれた圧縮空気圧をスラリーに作用させた場合，定容量型吐出しポンプを用いて沪過し，圧力がしだいに上昇してリリーフ弁が作動しはじめたあとの場合，または連続真空沪過の場合などが定圧沪過に属する．定圧沪過は理論的な取扱いが容易で，沪過試験も簡単であり，もっとも詳細に研究されている．定圧沪過ではケーク*の平均沪過比抵抗と湿乾質量比はほぼ一定に保たれる．
[入谷 英司]

**ディー・イー・エム　DEM　discrete element method**
⇒離散要素法(流動層シミュレーション)

**ていいはつねつりょう　低位発熱量　lower heating value**
低発熱量．正味発熱量．燃料が完全燃焼するとき発生する熱量で，燃焼生成ガス中の水を気体として求めた値をいう．高位発熱量*より，水の蒸発潜熱*の分だけ小さい．(⇒発熱量)
[船造 俊孝]

**ディー・エイ・イー・エム　DAEM　distributed activation energy model**
⇒熱分解の解析法

**ディー・エヌ・エイ　DNA　deoxyribonucleic acid**
デオキシリボヌクレイン酸．通常は，プリン(アデニン，グアニン)，ピリミジン(シトシン，チミン)といった塩基とリボースとリン酸が結合し，リン酸を介してホスホジエステル結合してポリマーになったものをいう．塩基の配列が生物の特徴を決める遺伝暗号なので，DNAが遺伝子の本体である．
[本多 裕之]

**ディー・エヌ・エイチップ　DNA―― DNA (deoxyribonucleic acd) chip**
数cm角の小さなガラスや半導体などの基板上に，数百～数万種類の塩基配列の異なる特定のDNA*断片を高密度に格子状に整列させたもの．DNAチップには，光リソグラフィー法によって望みのDNAの塩基配列をもつ25塩基長程度のオリゴヌクレオチドをガラス基板上で固相合成したものと，mRNA*から作製した全長cDNAをガラス基板上にスポットして固定化したものの2種類がある．あらかじめ蛍光標識した試料DNAまたはmRNAのなかから，基板上に固定されたDNAと相補的に結合したものを蛍光により高感度に検出することができる．結合した位置から試料DNA(mRNA)の塩基配列の情報が，蛍光強度からDNA(mRNA)量の情報が得られる．相補的に結合した試料DNA(mRNA)量を電気化学的に検出するタイプのDNAチップも製品化されている．DNAチップは，一度に数万種類のDNA(mRNA)を同時に解析できるため，多数の遺伝子の発現解析，個人によって異なるDNAの一塩基変異多型(SNPs)の同時解析に利用されており，病気に関係する遺伝子の研究や，患者個人の体質に合う医薬品や治療方法を選ぶテーラーメード医療へ応用されつつある．
[長棟 輝行]

**ディー・エフ　DF　decontamination factor**
除染係数*．系内に存在する不純物，汚染物質などを除去するさいの効率を示す係数．目的成分当初濃度を$C_0$，除去後濃度を$C$とするとき$C_0/C$がDFで，通常>1である．
[日置 敬]

**ディ・エム・シー　DMC　dynamic matrix control**
⇒ダイナミックマトリックスコントロール

**ティー・エル・オー　TLO　Technology Licensing Organization**
大学等技術移転促進法に基づき，大学など研究機関の研究成果を社会に還元するために設立される機関．技術シーズの発掘，研究者に代わって特許出願業務の請負，企業への特許実施権の供与などを行う．
[松本 光昭]

**ディー・エル・ブイ・オーりろん　DLVO理論　DLVO theory**
ロシアのDerjaguinとLandau，およびオランダのVerweyとOverbeekが独立に提案したコロイド分散系*の安定性に関する理論．コロイド粒子間にはたらく相互作用を静電反発ポテンシャル*とファンデルワールスポテンシャル*の和として表現し

た．限界凝集濃度*における電解質の価数依存性をこの理論から推定し，経験則であったシュルツ-ハーディー則*を実証した． [森 康維]

**ティー・オー・シー TOC** total organic carbon

全有機炭素．水中の有機物量を炭素濃度として表したもの．触媒を充填した燃焼管に試料水を導入して燃焼し，生成した$CO_2$を非分散型赤外線吸光装置で測定する．なお，同時に測定される炭酸塩などの無機炭素を別途測定して差し引くか，あらかじめ試料水からパージしてから測定する． [木曽 祥秋]

**ティー・オー・ディー TOD** total oxygen demand
⇒全酸素要求量

**ていおんぜいせい 低温脆性** low temperature brittleness

低温で材料がもろくなる現象．一般に材料は，低温では荷重に対して変形しにくくなるため，脆性破壊を起こしやすい． [仙北谷 英貴]

**ていおんプラズマ 低温——** low temperature plasma

電子の温度が，分子，原子，イオンの温度より高い非平衡プラズマ*であり，減圧(普通，数百Pa以下)の気体中での放電で生じる．原子やラジカルが活発に生成され，反応性に富んだプラズマである．(⇒熱プラズマ) [島田 学]

**ティー・キュウ・エム TQM** total quality management

TQC．総合的品質管理(経営)．1996年に日本科学技術連盟はTQCの名称をTQMに変更した．TQCは品質管理を全社的に展開して，企業の全部門の参加と協力により，製品やサービスの品質をつくり込む活動であるが，TQMではこれを拡大し，製品やサービスの品質はもとより業務，経営者や従業員，経営の質など経営にかかわるすべての品質の向上を追及し，維持する活動としている． [堀中 新一]

**ティー・キュウ・シー TQC** total quality control
⇒TQM

**ティー-キュウせんず $T-Q$線図** $T-Q$ diagram

プロセスにおける熱の出入りに注目して温度対熱量の関係を示す線図であり，省エネルギー化(ヒートインテグレーション)を目的として用いることが多い．熱にだけ注目すると$T-H$線図も同じ意味をもつが，仕事の出入りまで考えてエネルギーインテグレーションを取り扱う場合には，$T-H$線図を用いることもある．エクセルギー*を表現するためには，温度軸をカルノー効率($=1-T_0/T$，$T_0$は環境温度)に変えて表現する．この線図は曲線になるので熱交換ネットワーク設計業務に活用し難い．エクセルギー損失は高温側の温度変化曲線と低温側の温度変化曲線で囲まれる領域として表される．$T-Q$線図(あるいは$T-H$線図)は，比熱が一定であるという仮定がなりたつ範囲で，流体の温度変化を直線として表示できることから，設計に利用されることが多い．比熱容量が一定でない場合，たとえば熱交換器内で多成分系流体が凝縮を起こしたり，蒸発したりする場合には熱交換器内の温度変化を計算し，部分線形化を行って利用する． [仲 勇治]

**ていけいきゅうちゃくたい 定型吸着帯** constant pattern

コンスタントパターン．吸着等温線が上に凸の曲線平衡関係の系の固定層吸着においては，吸着帯*はある十分な距離を進行したあとは，一定の型を保持したまま進行するようになる．この一定型となった吸着帯のことをいう．これは，吸着帯の高濃度域のほうが低濃度域より進行速度が速いために吸着帯を縮める作用がはたらくことと，軸方向分散*によって吸着帯を広げる作用がはたらくことがつり合うためである．したがって，吸着平衡関係が直線平衡や下に凸の曲線平衡関係の場合には，定型吸着帯は形成されず，吸着帯はどんどん長くなる．

[迫田 章義]

**ていこうかねつほう 抵抗加熱法** resistance heating method

抵抗体(発熱体)への通電で生じるジュール熱を合成・反応装置の熱源とする方法．薄膜用装置では，発熱体で装置壁面を囲む場合(ホットウォール)と発熱体を基板の支持台に配する場合(コールドウォール*)の2者があり，微粒子用装置では前者のみが用いられる．(⇒電気炉加熱法) [島田 学]

**ていこうけいすう 抵抗係数** drag coefficient

流体中を運動する物体にかかる抵抗力は，物体と流体の相対速度に基づく流体単位体積あたりの運動エネルギーと，物体の運動方向への投影面積に比例する．その比例係数を抵抗係数という．球形の物体にかかる抵抗力$R_f[N]$はこの定義により，抵抗係数を$C_D[-]$，流体との相対速度を$u[\text{m s}^{-1}]$，流体の密度を$\rho[\text{kg m}^{-3}]$，球の直径を$D_p[\text{m}]$とすると，次式で表される．

$$R_f = C_D \frac{1}{2}\rho u^2 \frac{\pi D_p^2}{4}$$

上式は，摩擦力と摩擦係数の関係を表す式と形式的

に同じであるが，抵抗力 $R_f$ は物体表面のせん断応力の表面全体についての積分値である摩擦抵抗*と，直応力の積分値である形状抵抗の和である点で，管内流れの摩擦力とは異なる．抵抗係数は，一般に $Re_p = \rho u D_p/\mu$ で定義される粒子レイノルズ数*の関数となる．その関数はレイノルズ数の値の範囲により異なる．$Re_p < 0.4$ の範囲では，対流項の影響を無視した場合の Navier-Stokes 式*の解として導かれるストークス則 $C_D = 24/Re_p$ がなりたつ．それ以外の範囲についてはいくつかの実験式が提案されている．いずれの場合も，物体の終末速度*を算出するさいに重要となる． [吉川 史郎]

**ディー・シー・エス DCS distributed control system**
⇒分散型制御システム

**ていしきょり 停止距離 stopping distance**
静止流体中に初速 $v_0$ で打ち込まれた粒子が停止するまでの距離．ストークス-カニンガム域での粒子の運動に対して，停止距離 $S$ は次式で与えられる．
$$S = \frac{\rho_p D_p^2 v_0 C_C}{18\mu}$$
ここで，$\rho_p$ は粒子密度，$D_p$ は粒子径，$v_0$ は粒子の初速，$C_C$ はカニンガムの滑り補正係数，$\mu$ は流体の粘度である．停止距離は粒子緩和時間と初速の積でもある． [増田 弘昭]

**ディシジョンテーブル decision table**
多数の条件とそれによって決まる動作を表(テーブル)の形で表したもの．ロジック既述言語として応用される．すべての状態を列挙して動作を決定するため，条件などの記述漏れを防げるという長所がある． [小西 信彰]

**ていしはんのう 停止反応 termination reaction**
連鎖反応*中の反応過程の一つで，連鎖担体*が失活する反応．停止反応は連鎖担体間の反応で生じるほか，連鎖単体と不純物との反応でも生じる．停止反応の機構によって生成重合体の末端構造が変わってくる． [今野 幹男]

**ていじょううんてん 定常運転 steady state operation**
指定された原料から指定された製品を，指定された運転条件で継続して生産する運転．定常運転では，プラント機器と運転の信頼性，製品の品質，生産速度およびプラント運転の経済性を重視する． [伊藤 利昭]

**ていじょうゲイン 定常―― static gain**
⇒一次遅れ系，二次遅れ系，ゲイン

**ていじょうじょうたいきんじ 定常状態近似 steady state approximation**
複合反応*の機構の研究に用いられる理論的な解析方法の一つ．複合反応の中間に存在する化学種の濃度が反応の進行中も定常に保たれると仮定することによって，それぞれの素過程としての反応速度式*から複合反応全体の総括的な速度式を，解析的に得る方法である．

たとえば，逐次反応*
$$A \longrightarrow B \longrightarrow C$$
によって複合反応がなりたっていて，それぞれの素過程の速度が一次反応速度定数 $k_a, k_b$ で表せるものとしよう．いま B の濃度 [B] は
$$\frac{d[B]}{dt} = k_a[A] - k_b[B]$$
の速度式に従うが，ここで定常状態近似
$$\frac{d[B]}{dt} = 0$$
をあてはめると，定常状態の濃度 $[B]_{ss}$ は
$$[B]_{ss} = \frac{k_a}{k_b}[A]$$
となる．したがって C の生成速度は
$$\frac{d[C]}{dt} = k_b[B]_{ss} = k_a[A]$$
によって与えることができる．定常状態近似は，中間の化学種がいったん生成しても直ちに以後の反応で消費されるために，その濃度がごく小さく，時間変化が無視できる近似がなりたつほど，正確な結果を与える．このため，反応の中間段階でラジカル種が主要な役割を占めるラジカル連鎖反応*などにおいて，定常状態近似は強力な理論的解析法を与える．なお，定常状態がなりたつには，反応の開始からある程度の時間経過が必要であることにも注意する必要がある． [幸田 清一郎]

**ディスクタービンよく ――翼 disk turbine impeller**
Rushton 翼．円板の周囲に複数の長方形の羽根板を取り付けた撹拌翼*の総称．ボス部に直接多数の長方形羽根板を取り付けたパドル系タービン翼*とほぼ同様の効果をもつ．一般には 6～8 枚の羽根板を取り付け，槽径の 1/3 くらいの翼径 $d$ としたものを，槽底から $0.5\sim1.5d$ の高さに設置し，中速回転から高速回転で邪魔板を併用して使用することが多い．

この種の翼は図のように，羽根の取付け角度が垂直の平羽根ディスクタービン翼*，取付け角度を傾斜

させた傾斜ディスクタービン翼，羽根板を回転方向とは逆に後退させた湾曲ディスクタービン翼などに分類される．特殊な用途に有効であるとされるベーンドディスク翼(⇒ベーンドディスク撹拌機)や，矢羽根タービン翼などもディスクタービン翼に類する．平羽根ディスクタービン翼は流体を軸方向から吸引し，半径方向に吐出させ，吐出性能およびせん断性能をバランスよくもっている．また，この翼は相対的に動力の変動が少なく，ディスクのはたらきにより気体などを十分に保持し，羽根背面に生じたキャビティー*を効果的に分裂分散させるので，気液系分散における気体の微細化や液液系分散における液滴の微細化によく使用される．傾斜ディスクタービン翼は吐出流を放射方向から軸方向に変えたもので，平羽根ディスクタービン翼に比べてせん断性能は劣るが，少ない動力で同一の吐出流を得ることができる．湾曲ディスクタービン翼は平羽根ディスクタービン翼に比較して，せん断作用を多少減らし吐出量を増加させたものもので，フローパターンは流体を軸方向から吸引し，半径方向に吐出される放射流となり，平羽根ディスクタービン翼や矢羽根タービン翼も同様となる． ［塩原　克己］

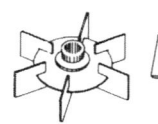

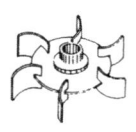

平羽根ディスク　　傾斜ディスク　　湾曲ディスク
タービン翼　　　　タービン翼　　　　タービン翼

**ディスクドーナツとう　──塔　disk-doughnut column**

バッフル塔．遂次段型式の液液抽出*装置．図に示すように，液体の流れを邪魔するように円筒型の側壁からドーナツ型の邪魔板*と中心部に円板型の邪魔板を交互に配列させたもので，バッフル塔*の一種である． ［平田　彰］

**ディスパッチングルール　dispatching rule**

スケジューリング問題*において，利用可能な機械に次に処理する仕事を割り当てるための規則．待ち行列への到着時刻，対象装置での処理時間，仕事の残り処理時間，納期などのさまざまな情報に基づく規則が提案されている． ［長谷部　伸治］

**ディーゼルサイクル　Diesel cycle**

熱力学的サイクルのうちの定圧サイクルで，ディーゼル機関の理論サイクル．断熱圧縮，定圧加熱，断熱膨張，等容冷却の四つの行程から構成されている．ディーゼルサイクルの理論熱効率*は，圧縮比の関数として表され，圧縮比が大きいほど大きくなる．同じ圧縮比の場合，ガソリン機関の理論サイクルであるオットーサイクル*のほうが熱効率は高くなるが，実際はディーゼル機関の圧縮比のほうがずっと大きいため，熱効率も高くなる． ［桜井　誠］

**ていそくろか　定速沪過　constant rate filtration**

沪液*の流出速度，すなわち沪過速度を沪過期間中一定に保って行う沪過*操作．定容量型吐出しポンプを用いて，スラリーを沪過器に圧入した場合に定速沪過が行われる．定速沪過では沪過圧力が時間とともに増加するので，1回の沪過試験から沪過特性に及ぼす沪過圧力の影響が求められる．
 ［入谷　英司］

**ティーダイほう　Tダイ法　T-die technique**

フラットダイ法．フィルムおよびシートの代表的成形法．スリット状すき間を有するTダイ(フラットダイ)から押し出されたシート状の溶融樹脂を冷却ロールへ導き，ロール表面で冷却・固化することでフィルムおよびシートを得る．インフレーション法*に比べて，軸方向の厚み精度が高い利点があるが，端部にエッジビートとよばれる肉厚部が生じ，製品から取り除かれる欠点もある． ［梶原　稔尚］

**ティーターベッド　teeter bed**

平均粒子径が200〜800 μmの粗粒子(Geldartの分類によるB粒子．⇒粒子の分類図)を用いる流動層*．層内では気泡*相互の合体による気泡の成長(気泡サイズの増大)が著しく，層上部では0.3〜0.5 m以上の大気泡となることもある．気泡径が塔径以上になると粒子が激しく上下動するスラッギング*を生じる．粒子や，内挿管などの摩耗*が大きい．粗大粒子の乾燥*や燃焼・ガス化などの固-気反応など

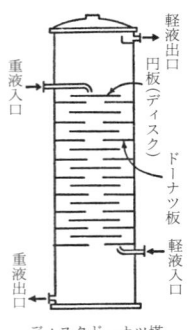

ディスクドーナツ塔

**ディー　$D$ 値**　$D$-value, decimal reduction time

熱による微生物の殺菌過程で微生物濃度が 1/10 に減少するまでの時間（90％ 死滅するのに必要な時間）．熱死滅過程が熱死滅速度定数 $k_d$ を定数とする一次過程に従うとすれば，$D$ 値は $\ln 10/k_d (=2.303/k_d)$ に等しい．さらに $D$ 値を 10 倍あるいは 1/10 に低下させる加熱温度差を $Z$ 値という．　［本多　裕之］

**ていちせいぎょ　定値制御**　regulatory control

制御量* の目標値である設定値* が一定のフィードバック制御をいう．　［伊藤　利昭］

**ディップコーティング**　dip coating

数センチポアズ程度の粘度をもつ溶液に基板などを浸した後，引き上げることにより，乾燥もしくは分解などの反応を起こさせ，加熱してコーティング膜とする方法．　［松方正彦・髙田光子］

**ティー・ディー・エイチ　TDH**　transport disengaging height
　⇒輸送出口高さ

**ティー・ディー・ティー　TDT**　thermal death time

加熱致死時間．ある温度で，一定数の対象の微生物が死滅するまでの時間．食品製造現場では芽胞形成菌の耐熱性の測定・評価法としてよく用いられてきた．とくに 121 ℃ における TDT を $F$ 値とよび，加熱殺菌の処理条件を検討するうえでよく利用される．　［本多　裕之］

**ディー・ティー・ビーがたしょうせきそうち　DTB 型晶析装置**　DTB (draft-tube-baffled) crystallizer

スウェンソン DTB 型晶析装置．ドラフトチューブ* およびバッフルを備えた撹拌槽型の晶析装置．装置本体の下側には分級脚が取り付けられている．結晶懸濁液はドラフトチューブ内を上昇し外側を下降し循環する．ドラフトチューブ内部を上昇した懸濁液は比較的静かに蒸発するため，過飽和度は低く維持される．核発生速度は低く保たれ，壁面への結晶の付着も少ない．バッフルと装置壁間の清澄液は連続的にポンプで取り出され，外部循環部で加熱昇温後，分級脚最下部に戻される．原料液はドラフトチューブ中ほどに供給され，成長した結晶は分級脚下部から取り出される．わが国では，メラミン，尿素，塩素酸ソーダなど多くの実施例がある．
　［久保田　徳昭］

**テイトしき　——式**　Tait equation

水および海水の圧縮に関する研究から，P.G.Tait により提案された一定温度における高圧液体の比体積 $V$ の圧力 $p$ の関係式．

$$V = V_0\left\{1 - A\ln\left(\frac{B+p}{B+p_0}\right)\right\}$$

ここで，下付き添え字 0 は任意の基準状態を表し，$A$ と $B$ は物質固有の定数であり，一般に温度に依存する．テイト式は実測データに基づいて導出された式であり，500 MPa 以上の高圧液体の圧縮挙動をきわめて正確に表現できる．　［横山　千昭］

**ていノックスねんしょう　低 $NO_x$ 燃焼**　low $NO_x$ combustion

低 $NO_x$ 燃焼は，燃焼条件の変更または燃焼方法の工夫によって可能である．低酸素燃焼により，酸素分圧と火炎温度が低下するような燃焼条件にすることでサーマル $NO^*$ を抑制できる．低 $NO_x$ バーナー* や二段燃焼*，濃淡燃焼*，燃料二段吹込み*，排ガス再循環* のような燃焼方法を用いると，サーマル NO とフューエル NO の同時抑制が可能となる．低酸素燃焼，低 $NO_x$ バーナー*，二段燃焼，排ガス再循環* を組み合わせた低 $NO_x$ 燃焼法が一般的である．　［神原　信志］

**ていノックスバーナー　低 $NO_x$ ——**　low $NO_x$ burner

噴出する燃料と空気の混合を空気力学的に制御し，局所的な燃料過剰領域を形成することによりサーマル $NO^*$ とフューエル $NO^*$ を抑制するバーナー．空気は燃料搬送用の一次空気と旋回流をもつ二次空気，三次空気に分割されて供給される．
　［神原　信志］

**ていはつねつりょう　低発熱量**　lower heating value
　⇒発熱量，真発熱量，低位発熱量

**ティー・ピー・エム　TPM**　total productive management, total productive maintenance

本来は総合的生産保全(total productive maintenance)すなわち設備，生産，生産保全を統合した管理の意味で使用されたが，現在はより広汎な領域すなわち総合的生産マネジメントの意味に使用されている．単に設備管理の問題にとどまらず，生産技術の改善，設備改善，生産コストの削減合理化，原料や用役，間接費，輸送費の合理化など，すべての面で徹底した生産性向上を目ざす管理手法をいうことが多い．(⇒ PM)　［日置　敬］

**ディー・ピーがたしょうせきそうち　DP 型晶析装**

**置　DP crystallizer**

DTB 型晶析装置*の改良型で,月島機械によって開発された晶析装置. DP は double-propeller を意味する. 名前のとおり DP 型晶析装置ではドラフトチューブ*の内部だけでなく外側にも撹拌機が取り付けられていて, 低速回転でも結晶の懸濁状態が十分保持できるようになっている. そのため機械的衝撃による二次核発生*が著しく抑えられ, 粒径の大きな結晶が得られる. 硫安, ホウ酸, 炭酸カリウムなど多くの実施例がある.　　　　　[久保田 徳昭]

**ティー・ビー・ピーきょくせん　TBP 曲線**　TBP (true boiling point) curve
　⇒真沸点曲線

**ていふかねんしょう　低負荷燃焼**　low intensity combustion

燃焼装置には, 単位時間, 単位炉容積あるいは単位炉床面積あたりに発生させることができる燃焼熱量が定まっており, その量を下回った条件で燃焼させる操作. 通常, 空気比は増大するので, 火炎の安定性を確保するための工夫を要する.　　[成瀬 一郎]

**ディプスフィルター**　depth filter

培養液から生産物を回収するため, 培養が終了した培養液は, まず清澄沪過を行って, 細胞, 細胞破砕物, タンパクの凝集物などを除去する. この清澄沪過工程で使われるフィルターの構造は, 表面沪過(サーフェスフィルター)と深部沪過(ディプスフィルター)の二つに分けられる. 深部沪過では粒子の保持層が厚く, 外面層から内面層へ通過するに従い段階的に沪過・吸着・分離されるので寿命が長く, 圧力損失が小さく大流量が得られる.　　[本多 裕之]

**ていふつげんかいせいぶん　低沸限界成分**　light key component

蒸留*の分離仕様を決定する二つの限界成分*のうちの一つ. 蒸留塔の塔底からの缶出液*に含まれる成分のなかでもっとも軽い成分であり, この成分より軽い成分は実質的に全量が留出液*に含まれる.(⇒高沸限界成分)　　　　　　[森 秀樹]

**ていふつせいぶん　低沸成分**　lighter component, lower boiling component

軽い成分. 蒸留*によって分離しようとする混合物のなかで標準沸点の低い成分のこと.(⇒高沸成分)　　　　　　　　　　　　　　　　　[森 秀樹]

**ディフュージョンバッテリー**　diffusion battery

気相中に浮遊する微粒子の粒子径あるいは粒子径分布*を, ブラウン拡散*に基づいて測定する装置. たとえば, ある長さの細管内に重力の影響が無視できるような微粒子エアロゾル*を層流*で流すと, ブラウン拡散によって粒子は壁面に沈着するので出口での粒子個数濃度 $n$ は減少し, 次のようになる.

$4D_{BM}x/u_{av}D^2 = \alpha \leq 0.0312$ のとき,
$$\frac{n}{n_0} = 1 - 2.56\alpha^{\frac{2}{3}} + 1.2\alpha + 0.177\alpha^{\frac{4}{3}} + \cdots$$

$4D_{BM}x/u_{av}D^2 = \alpha > 0.0312$ のとき,
$$\frac{n}{n_0} = 0.819\exp(-3.657\alpha) + 0.0976\exp(-22.3\alpha)$$
$$+ 0.032\exp(-57\alpha) + \cdots$$

ここで, $D_{BM}$ はブラウン拡散係数, $x$ は細管の長さ, $u_{av}$ は断面平均流速, $D$ は細管の直径, $n_0$ は細管入口での粒子個数濃度である. 単分散粒子の場合, 濃度比 $n/n_0$ を測定し, 逆算によって $\alpha$ を求めるとブラウン拡散係数がわかり, 粒子径が得られる. 多分散粒子*の粒子径分布を得るには, 必要な精度に応じて細管径, 長さあるいは流量を変えて十分な数の独立なデータをとることが必要である.

細管の代わりに, 平行平板や網目(スクリーン)も用いられ, 後者はスクリーン・デイフュージョンバッテリーという. 0.1 μm 以下の粒子の濃度測定には CNC(凝縮核計数器)が用いられる.(⇒バッテリー抽出器)　　　　　　　　　　　　[増田 弘昭]

**ディプレッグ**　dipleg

サイクロン*で捕集した粒子を再び流動層*内に還流させるさいに用いられる管. 管下端を流動層内の濃厚領域*に浸漬する. 管内の粒子保持による圧力損失で, 気体および粒子の逆流を防ぐ機能ももたせる. 多段サイクロンを用いる場合には管内径を小さくしていく必要がある.　　　　　　　[武内 洋]

**ていほうこうけい　定方向径**　unidirectional particle diameter

Feret(フェレー)径*. 不規則な形をした粒子の大きさを表す幾何学的代表径の一種. 粒子の投影像を任意の一定方向の2本の平行線で挟んだ場合の平行線間距離. 顕微鏡によって粒子径を測定するときにもっとも普通に用いられる方法である. そのほか, 粒子の投影面積を2等分する線分の長さで定義される定方向面積等分径*(Martin 径)や定方向最大径などがある. 定方向径(Feret 径)は, 粒子が視野内でランダムに配置されているならば統計的にランダムな方向に測定することになり, 円周率 π を掛ければ近似的に投影粒子の周長が求められる. 多数の粒子について測定するのが普通であり, 定方向径を代表径とする粒子径分布*も同時に得られる.

[増田 弘昭]

**ていほうこうめんせきとうぶんけい　定方向面積等分径**　unidirectional diameter bisecting the projected area, Martin diameter

Martin 径*．粒子の代表径の一つ．粒子の投影像に対して，一定の方向を決め，その方向の直線で粒子を2分割し，両者の面積が等しくなったときの粒子を切断する部分の線分の長さ．定方向最大径やフェレー径などとともに総称して定方向径，あるいは統計的平均径といわれる．　　　　　　　　［横山　豊和］

**テイラーうず　――渦**　Taylor vortex

共軸二重円筒の環状部に流体を満たし，外円筒を静止，内円筒を低い速度で回転させると，層流の旋回流が生じる．回転数がある臨界値を超えると，内円筒を取り巻いてドーナツ状に積み重なった二次的回転流が生じ，これをテイラー渦という．さらに回転数が増加すると，テイラー渦自体が不安定となって渦境界が波状に変形し，さらに内部まで乱れて，ついには完全に乱れた旋回流となる．管内流に対するレイノルズ数*と同様，環状部の旋回流に対してテイラー数*$Ta$が定義される．

$$Ta = \frac{\omega R_1 d}{\nu}\sqrt{\frac{d}{R_1}}$$

間隙幅が小さい場合には，層流旋回流は $Ta > 41.2$ で不安定となり，テイラー渦を生じる．

［平田　雄志］

**テイラーすう　――数**　Taylor number

共軸二重円筒装置において，主として，内円筒が回転する場合の流動状態を表すために用いられる無次元数である．$Ta$ または $N_{Ta}$ と記し，次式で定義される．

$$Ta = \frac{\omega R_1 d}{\nu}\sqrt{\frac{d}{R_1}}$$

ここで $R_1$ は内円筒半径，$\omega$ は内円筒の角速度，$d$ は円筒間の間隙幅，$\nu$ は流体の動粘度*である．テイラー数は，円筒内流れのレイノルズ数*に環状部流路の曲率を考慮したものと解釈することができる．間隙幅 $d/R_1$ が小さい場合には，$Ta$ 数が 41.2 を超えると，層流旋回流は不安定になり安定なドーナツ状のテイラー渦*が発生する．また，上式で定義した $Ta$ を自乗したものをテイラー数と定義する場合もある．　　　　　　　　　　　　　　［平田　雄志］

**ていりつかんそう　定率乾燥**　constant drying rate

回分式熱風乾燥*器のように，一定温湿度の熱風を用いた定常乾燥条件下で湿り材料が乾燥される場合の，限界含水率*以上での乾燥のこと．定率乾燥の継続する期間を定率乾燥期間とよぶ．このときの乾燥速度は自由水面からの水の蒸発速度と等しく，材料への流入熱量はすべて蒸発に用いられる．したがって，乾燥速度は一定となり含水率*は時間に比例して減少することから恒率乾燥ともよばれる．材料温度は湿球温度*にほぼ等しく一定である．定率乾燥期間では，材料内の水分が液状で表面まで移動し，そこで蒸発する．したがって，水分の移動抵抗は表面の境膜*にのみ存在する．連続式熱風乾燥器のように熱風温湿度が変化する非定常乾燥条件下で湿り材料が乾燥される場合，限界含水率*以上での水分移動機構は定率乾燥のそれと等しいが，必ずしも一定の乾燥速度を示すとは限らない．そこで，この期間を表面蒸発*期間とよび，定率乾燥期間と区別する．（⇒減率乾燥，乾燥特性）　　　［今駒　博信］

**ていりゅうそせいせん　底流組成線**　locus of under flow

湿潤固相線．固相線．固液抽出*において抽残物*のスラリーを底流といい，一定の操作条件のもとで原料に対する抽剤*比を変えて得られる各底流組成を図上で示したもの．図において点Aを抽質，点Bを不溶解固体，点Cを抽剤にとった三角線図*では，固体に対する溶液の質量比 $(A+C)/B$ が一定（すなわち，溢流が固体を含まぬ場合は底流量一定）の底流組成線は AC に平行な HI で示され，また固体に対する抽剤量の比 $C/A$ が一定のときも，HA のようになる．一般には HJ のように両者の中間にくる．

固液抽出の諸計算において底流組成線と溢流組成線*とは，液液抽出の諸計算における溶解度曲線*に相当するものであるが，溶解度曲線は系によって決まるのに対し，これらの組成線は操作条件によって違ってくる．溢流Eと底流Rとが平衡にあるときのタイラインは ER のように原点を通ることから，これらの線を用いて理論段数を求めることができる．

［宝沢　光紀］

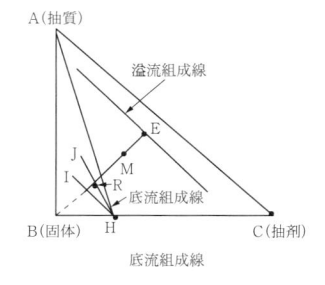

**ていりゅうりょうろか 定流量沪過 constant rate filtration**
定速沪過．精密沪過*法など，膜沪過時に膜を透過する沪過フラックス*を一定とする手法である．膜により阻止された溶質が膜面に堆積し，膜透過抵抗が増え，膜を通るフラックスを一定に保つため膜間の差圧が時間とともに上昇する． [山口 猛央]

**ディレイベッド delay bed**
吸着剤*を用いて放射性ガスを処理するために使用される固定層*のこと．用語からわかるように，放射性ガスを吸着剤層に吸着して，吸着時間(保持時間)を利用して放射能の許容濃度以下まで崩壊させるものである． [田門 肇]

**ディン DIN Deutsches Institut für Normung**
DIN規格．ドイツ規格協会またはドイツ規格を意味する． [曽根 邦彦]

**ディーンすう ——数 Dean number**
曲管に対するレイノルズ数に相当し，直管における慣性力と遠心力の積の平方根を粘性力で除して，次式で表される無次元数．
$$De = \frac{ru}{\nu}\sqrt{\frac{r}{R}}$$
ここで，$r$は曲率半径以外の管の代表長さ，$R$は曲率半径，$u$は代表速度，$\nu$は動粘性係数*である． [小川 浩平]

**デカンターがたえんしんちんこうき ——型遠心沈降機 decanter centrifuge**
懸濁液中の固体と液体の分離を目的とする遠心沈降機の一種．直径が数十cm～1m程度の円すい部と円筒部が組み合わさった形のドラムを，水平回転軸のまわりに回転数3 000～6 000 min$^{-1}$で運転する．ドラムよりわずかに低速で回転するスクリューコンベヤーがドラム壁面に沈積した固体をかき取りながら円すい部出口側より排出する．清澄液は反対側の円筒端より溢流する．円すい部，円筒部のみの型式のものもあり，いずれも遠心効果*は500～4 000程度で，処理量は2 000～9 000 L h$^{-1}$と比較的大きい． [中倉 英雄]

**てきおうけいすう 適応係数 accommodation coefficient**
気相の分子が界面に入射して反射されるとき，反射分子のエネルギーおよび面に平行な運動量成分は界面の分子との相互作用によって，固相や液相の状態や温度に対応する値に近づき，また衝突分子自体が界面に取り込まれるが，これらの過程において，どれだけエネルギーや運動量，質量が交換されたかを表す係数．これらの量の交換がまったくなければ適応係数は0，また表面の熱的平衡と完全に同じになった場合には，適応係数は1となるように定義される．すなわち交換される物理量について，入射時の値を$y_i$，反射後の値を$y_r$，さらに完全に平衡に達した後の値を$y_e$とするとき，適応係数$\alpha$は
$$\alpha = \frac{\langle y_r \rangle - \langle y_i \rangle}{y_e - \langle y_i \rangle}$$
で表される．ただし，物理量は統計的な平均をとっている．たとえば熱運動を考えた場合，熱的適応係数は，表面温度，入射分子の温度，反射分子の温度をそれぞれ$T_w$，$T_i$，$T_r$とするとき
$$\alpha = \frac{T_r - T_i}{T_w - T_i}$$
である． [幸田 清一郎]

**てきおうせいぎょ 適応制御 adaptive Control**
制御手法の一つ．制御対象の動特性に適応させて，コントローラーの調整を自動的に行う制御手法である． [大嶋 正裕]

**てきけいのけいじへんか 滴径の経時変化 change of drop size during stirring time, transient drop size**
非定常操作により液液分散を行う回分式液液撹拌槽内での操作時間に伴う液滴径の変化，あるいは平均液滴径の時間変化．回分式液液撹拌槽では，分散相は相分離の状態から液滴に細分化され，液滴の合一・再分裂を繰り返しながら，操作時間の経過とともに微細化が進行し，最終的には液滴の分裂する頻度と液滴どうしが合一する頻度がつり合う定常な分散状態に達する．一般には，平均液滴径として物質移動速度の算定の利便性からSauter径*($d_{32} = \sum n_i d_{pi}^3 / \sum n_i d_{pi}^2$，$n_i$：滴径$d_{pi}$の液滴個数，$d_{pi}$：液滴径)を採用する．低粘度液滴については，撹拌ウェーバー数*および撹拌速度の関数とした実験式があり，界面活性剤がない場合には定常な分散状態になるまでに数時間を要する．また，定常分散状態におけるSauter径について，次の無次元相関式の形が多く報告されている．
$$\frac{d_{32}}{d} = C_1(1 + C_2\phi) We^{-0.6}$$
ここで，$d$は翼径，$We$は撹拌ウェーバー数，$C_1$，$C_2$は定数，$\phi$は分散相体積分率である． [望月 雅文]

**てきけいぶんぷ 滴径分布 drop size distribution**
液液撹拌槽や回転円板抽出塔*などの液液接触装置における液滴径の空間的頻度分布．頻度の基準と

しては液滴個数や液滴体積が一般的であり、懸濁重合*やある種の晶析操作*のように、液滴がそのまま目的になる粒子になる場合には、滴径分布が重要な評価因子となる。

装置内で液滴径が不均一となる原因は、装置内各場所におけるせん断力が異なるためである。回分式液液撹拌槽では、液滴群はせん断力の異なる槽内をさまざまな流路を経て循環しながら合一・再分裂を繰り返す。そのため、操作時間の経過に伴い、槽内平均の滴径分布は徐々に液滴径の小さいほうにシャープになりながら移行し、分裂と合一の頻度がつり合う定常分散状態となる。この時点での分布は正規分布あるいは対数正規分布に近づくのが一般的である。これら分布の推移は装置の形状、撹拌速度、液物性、分散相体積分率および槽内各部位により異なるが、ポピュレーションバランス法*を用いた解析によりある程度の予測が可能である。　[望月 雅文]

**テキサコほう　Texaco 法　Texaco process**
⇒石炭ガス化装置

**てきじょうぎょうしゅく　滴状凝縮　drop-wise condensation**
凝縮熱伝達*において、蒸気が冷却伝熱面上を滴状に凝縮し落下する現象をいう。蒸気はつねに冷却面に直接触れるため膜状凝縮*に比べ熱伝達係数*ははるかに大きく、水蒸気の場合数十万 $W\ m^{-2}\ K^{-1}$ に達する。滴状凝縮は冷却面が液で濡れにくい場合に起こるので、液体で完全に濡らされない有機物質を冷却面に供給して、水蒸気の滴状凝縮を促す促進剤もある。(⇒凝縮熱伝達)　[深井 潤]

**てきじょうぎょうしゅくそくしんざい　滴状凝縮促進剤　promoter of drop-wise condensation**
凝縮熱伝達*において、膜状凝集*より熱伝達係数*の大きな滴状凝縮*に保つためには、伝熱面の表面エネルギーを小さくし、凝縮液を濡れにくくする。その方法として、冷却面に金などの貴金属、テフロンなどの高分子化合物、硫化銅などの硫化物の被覆を施すのが有効である。銅または銅合金性の伝熱面では、$(C_{12}H_{25}S)_4Si$、ステアリン酸、モンタンワックス、$(C_{18}H_{37}S)_4Si$ などの促進剤を蒸気に添加すれば滴状凝縮*が起こりやすい。　[深井 潤]

**テクノロジーアセスメント　technology assessment**
技術アセスメント。技術(とくに新技術)の実用化がもたらす社会的効果を事前に評価し、その悪影響を未然に防止する手段。米国のアセスメント法では"新科学技術がもたらす利益のみでなく、そのもつ危険性に注目し、同時に当該科学技術の性格を国民に周知させる必要がある。そのための早期警報システム"と定義されている。今日の高度化された科学技術社会では、新技術開発にあたって関係者がとくに留意すべき事項である。　[日置　敬]

**デザインパッケージ　design package**
プラントあるいは機器装置などの基本設計、詳細設計、設計図面、必要なデータなどを一括にしたもの。内容はそれぞれの用途、契約で異なり一定したものではない。　[信江 道生]

**テストモジュール　test module**
大型装置の設計に必要な工学データ採取の目的で設置されるほぼ実装置規模(通常部分的)のモデル設備。シミュレーション技術の進歩で最近はあまり行われなくなった。(⇒モジュールテスト)
　[日置　敬]

**データシート　data sheet**
設備や装置を構成する機器の特徴と性能(目標)を記述するために様式化された文書や書式。適用規格、アイテム記号(機器管理番号)、所要数量、所要予備品などが必要に応じて記載される。　[曽根 邦彦]

**データしょり　──処理　data processing**
⇒リアルタイムデータ収集・処理システム、データマイニング

**データベース　database**
複数のユーザーやアプリケーションで共有されるデータの集合のこと。データベース管理システム(DBMS)まで含む場合もある。DBMSはデータに対するアクセス要求にこたえるものであり、これによって特定のアプリケーションからデータベースを独立させることができる。なお、従来のデータベースを利用者の分析作業(on-line analytical processing, OLAP)に適した形に構築し直したものとしてデータウェアハウスがある。　[山下 善之]

**データマイニング　data mining**
大量かつ多様なデータから、有用なパターンやルールなどの情報や知識を抽出すること。すなわち、データベース*からの知識獲得。通常、何段階かの前処理を経て、いわゆるデータマイニングアルゴリズムを適用して解析するが、これは特定の手法というよりは、統計的解析や情報理論的あるいは経験的解析など、さまざまな解析手法を組み合わせた総称である。データや解析結果の可視化ツールも内蔵したソフトウェアが開発されている。　[山下 善之]

**データリコンシリエーション　data reconciliation**
測定データの信頼性と精度を数理的に検証・修正

する手法．物質収支や熱収支などのプロセスモデルに基づいて，空間的あるいは時間的に分布する複数のデータ間の整合性を満たすようにデータの調整を行う．測定データの精度向上とグロスエラー（計器故障や大きな計測誤差）の検出が可能である．基本的には，データに含まれる冗長性に基づいて誤差を低減し，測定データの精度と信頼性を向上する手法である．　　　　　　　　　　　　　　[山下 善之]

**デッドエンドろか ——沪過 dead-end filtration**
沪液*の流れ方向がスラリーの供給方向と一致する沪過*のこと．ケーク沪過*で一般に行われている沪過方式である．デッドエンド沪過では，沪過の進行とともに沪材*面上に生成されるケーク*が成長するため，沪過速度がしだいに低下し，実用上これがもっとも大きな問題となる．スラリーを沪材面と平行に高速で流動させてケーク表面に到達する粒子を掃流するクロスフロー沪過*の対比語である．
[入谷 英司]

**Debye-Hückel のりろん ——の理論 Debye-Hückel theory**
強電解質*が水溶液中で正負イオンに完全電離すると仮定し，イオン間にはたらくクーロン相互作用によって電解質溶液*の性質を説明する理論(P. Debye と E.A.J. Hückel, 1923). 一つのイオンのまわりには異種イオンが引き付けられてイオン雰囲気ができ，その中でイオンがエネルギー的に安定化されるという理論で，希薄溶液の熱力学的性質や粘度・拡散係数などをよく説明する．　　[新田 友茂]

**デファクトスタンダード de facto standard**
事実上の標準．公的な基準ではないが，市場競争の結果として標準となった基準で，グローバルスタンダードになる場合が多い．　　　　　　[松本 光昭]

**デプスフィルター depth filter**
膜表面だけでなく膜内部で懸濁物質を捕捉するフィルター．フィルター表面で固形物を捕集するスクリーンフィルターでは急激な沪過抵抗の増大を招くのに対し，目詰りが起こりにくいため高濃度懸濁液の処理に利用されることが多い．　　[市村 重俊]

**テーブルフィーダー table feeder**
水平な回転テーブルの上に形成された粉体層をスクレーパーにより切り出す形式の粉体供給機．鉱石などの粗大粒子用からミクロンオーダーの微粉体用まで実用されている．テーブル上への粉体の供給は重力により行うのが普通であるが，微粉に対してはホッパー内部に調圧板を設けてブリッジを防止する，回転撹拌翼により粉体の流れを促進する，かき取り用の羽根が回転して粉体を切り出すなど，種々の型式がある．基本形のテーブルフィーダーは，構造，操作とも簡単で故障が少ない．供給流量を広範囲に変えられる，所要動力が小さい，運転が静かである，などの特徴がある．とくに，流量可変範囲が非常に広く，テーブル上に薄い粉体層を形成して微量の粉体を切り出すことも可能である．比較的流動性がよく，安息角を形成する粉体に適用できる．ホッパー下部とテーブル間のすき間（スカートクリアランス）を広くすればさらに大流量の供給が可能である．かさ密度の制御が比較的容易にできるので定量性も得られるが，フラッシングを起こしやすい粉体への適用は難しい．　　　　　　　　[増田 弘昭]

**デミスター demister**
⇒飛沫捕集器

**デミングしょう ——賞 Deming Prize**
日本の品質管理の発展に貢献した米国の W.E. Deming 博士を記念して，日本科学技術連盟が創設した賞．TQM*に業績のあった個人への本賞，TQM を実施して業績を上げた企業への実施賞と事業所表彰がある．　　　　　　　　　　　　　　[堀中 新一]

**デュアルフロートレー dual flow tray**
蒸留塔のトレーの一種であり，ダウンカマー*のないシーブトレー*（多孔板）である．トレー全体が気液接触に使われるため，非常に高い蒸気速度が扱える．エントレインメント*（飛沫同伴）が小さい反面，液はウィーピング*で下方のトレーに流れるため，低い蒸気速度ではトレー上の液相の形成が不安定で，低ロード運転には不向きで，運転の融通性は低い．また，大口径の塔にもトレー上の液相形成が不安定なため，不向きである．しかし，圧力損失は低く，単純な構造でトレーコストも割安である．(⇒棚段式蒸留塔)　　　　　　　　　　　[八木　宏]

**デュフォーこうか ——効果 Dufort effect**
一様な温度の混合系に濃度勾配が存在するとき，その濃度勾配に対応した熱流束*を生ずる現象をいい，熱拡散（ソレー効果*）の逆の効果である．液相中のデュフォー効果は普通，気相中の大きさの略 1/1000 程度であり，デュフォー効果は液相中では検出しにくい．（⇒熱拡散）　　　　　　　[平田 雄志]

**デューリングせんず ——線図 Dühring chart**
純粋の液体あるいは溶液とそれと極性の似た標準液について，同じ蒸気圧を示す温度をプロットすると直線関係が得られることが多い．このようにして作成した温度対温度線図をデューリング線図という．濃度の異なる水溶液の場合には，水を標準液と

するとほぼ平行に近い直線群が得られるので，図表を作成する場合にも，沸点を求める場合にも便利である． 　　　　　　　　　　　　　　　　　　［平田　雄志］

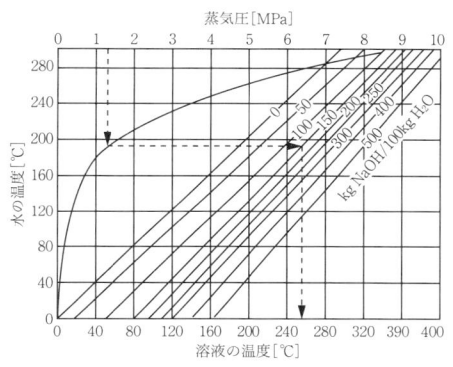

カセイソーダ水溶液のデューリング線図
［便覧，改六，図6・65］

## デルタエルのほうそく　$\Delta L$の法則　$\Delta L$ law

同一懸濁条件下で成長する結晶の成長速度が粒径によらず一定で，しかもすべての結晶について同一であるとする法則．1929年にW. L. MaCabeにより初めて実験的に示された．多くの系でこの法則が厳密には成立しないことが知られている（成長速度の分散，成長速度の粒径依存）が，この法則は，その成立を仮定することにより結晶粒度分布の解析が著しく簡単になるため，よく使われる．なお，$\Delta L$の法則の$\Delta L$は，結晶の線成長量のことである．
　　　　　　　　　　　　　　　　　　［久保田　徳昭］

## テルツァギーのあつみつろん　──の圧密論　Terzaghi's consolidation theory

粒子層の変形が粒子間に作用する固体圧縮圧力（ケーク圧縮圧力*）の変化に即応して生ずる一次圧密*による変形のみからなる，として導かれた土質力学および圧密脱水の基礎理論．粒子層に作用する加圧力は，粒子組織による抵抗力（ケーク圧縮圧力）とその間隙にある過剰液圧により支えられていると考える．液が排出されるにつれ，液圧は低下し，ケーク圧縮圧力が増加し圧密が進行する．粒子層の空隙比*はケーク圧縮圧力のみの関数であり，ケーク圧縮圧力が増加すると直ちに空隙比は減少すると考えている．テルツァギーの圧密論に基づくと，沪過ケークおよび均質な半固体状固液混合物の平均圧密比* $U_c$は，それぞれ次式で表すことができる．

$$U_c = 1 - \exp\left(-\frac{\pi^2}{4}T_c\right)$$

$$U_c = 1 - \sum_{N=1}^{\infty}\frac{8}{(2N-1)^2\pi^2}\exp\left\{-\frac{(2N-1)^2\pi^2}{4}T_c\right\}$$

ここで，$T_c = i^2 C_e t_c / \omega_0^2$であり，$i$は排水面の数，$C_e$は修正圧密係数*，$t_c$は圧密時間，$\omega_0$は排水面単位面積あたりの固体体積である．$U_c$は$T_c$の値により一意的に定まるため，圧密に要する時間は排水面単位面積あたりの処理固体量の2乗に比例し，排水面の数の2乗に反比例する． 　　［岩田　政司］

## テールパイプ　tail pipe

⇒バロメトリックレグ

## てんいこうそ　転移酵素　transferase

トランスフェラーゼ．官能基の転移を触媒する酵素の総称．シアル酸転移酵素などの糖転移酵素は，抗がん剤や抗菌活性などの新規な生理活性をもつ糖類縁体の合成に重要であり注目されている．また，GOTやGPT（両者とも血液検査による肝疾患の指標）はアミノ基転移酵素であり種々の細胞に含まれ，障害を受けたとき血液中に漏出することから，主として肝機能障害の指標として血液検査で用いられる． 　　　　　　　　　　　　　　　　　［本多　裕之］

## でんいピー・エイチず　電位-pH図　potential vs. pH diagram

⇒プルベー図

## でんかい　電解　electrolysis

電気分解．電解質水溶液や溶融電解質などのイオン伝導体に電流を通して，電極面とイオン伝導体との界面で起こる化学反応を略して電解という．広い意味の単位操作の一つである．電解には1対の電極が必要で，電流の流入する側の電極を陽極または正極，流出する側の電極を陰極または負極といい，電解を行う装置を電解槽という．

電解の特徴は，電解反応が二次元的空間である電極と電解液の界面近傍において起こり，反応にあずかる量はファラデーの法則*により電極と液の界面を通る電気量によって定まり，反応速度は電流密度によって制御できることにある．電解では陰極において還元反応，陽極において酸化反応が起こり，電極電位を調節して任意の酸化，還元段階の生成物が得られる．なお，電解を維持するのに必要な電位差を分解電圧という．工業的には水電解，食塩電解，電気冶金，電気めっき，電解研磨などに利用されている． 　　　　　　　　　　　　　　　　　［長本　英俊］

## でんかいしつ　電解質　electrolyte

水などの溶媒に溶解させると解離してイオンを生

じる物質．電解質は電離度の大小によって強電解質*と弱電解質*に区別される．電離によって溶液の電気伝導度が増加し，pHや沸点上昇など熱力学的物性に大きな影響がある． [新田 友茂]

**でんかいしつようえき　電解質溶液　electrolyte solution**

水などの溶媒に電解質*を溶解した混合液を電解質溶液という．電解質溶液の性質は電離したイオンの種類，水和，クーロン相互作用*などによって説明される．（⇒Debye-Hückelの理論） [新田 友茂]

**でんかいふじょうほう　電解浮上法　electrolytic flotation**

水中における電気分解を用いて，微細気泡を発生させ浮上分離を行う方法．装置は電極を装備した浮上槽と，低電圧電流を供給するための変圧整流器より構成される．水中に直流電流が流れると，電極の陽極および陰極面より，酸素および水素の微細気泡がそれぞれ発生する．気泡径は60μm以下，電圧は5～15V，電流密度は30～40 A m$^{-2}$程度である． [中倉 英雄]

**でんかゼロてん　電荷ゼロ点　point of zero charge**

PZC．コロイド粒子*が帯電する機構としては，表面解離基によるもの，吸着イオンによるもの，格子欠陥によるものなどがある．水中の酸化物粒子では，表面解離基のためpHの低い領域で正に，高い領域で負に帯電する．また，AgIのようなイオン結晶粒子では，水溶液中に存在する過剰の構成イオンが吸着することで，正あるいは負に表面が帯電する．すなわち，これらの粒子では表面の電荷がゼロとなる条件が存在し，このときのpH値やイオン濃度の対数値を電荷ゼロ点とよぶ．表面に特異吸着イオンが存在しない場合は，等電点*(IEP)と等しい． [森　康維]

**てんかりつ　転化率　conversion**

反応率*．反応の開始段階に存在した任意の反応物質の量のうち，反応によって消費されて生成物に転化した量の割合．限定反応物質*の転化率は0以上1以下の値をとり，対象の反応がどの程度進行したかの目安となる．回分操作*の場合には反応前後の物質量の割合で，また連続操作*の場合には反応器の入口と出口の物質量流量の割合で，それぞれ定義される． [大島 義人]

**でんきいどうど　電気移動度　electrical mobility**

電気素量$e_0$を$n_p$(整数)個もつ粒子が電界$E$の気相中を移動するとき，粒子にはたらくクーロン力は$n_p e_0 E$となる．クーロン力と流体抵抗力とがつり合って，粒子の移動速度が定常状態であるとき，移動速度は$B_e E$と表現できる．このときの係数$B_e$が電気移動度であり，流体抵抗力がストークスの抵抗法則*に従うとき，次式となる．

$$B_e = \frac{n_p e_0 C_c}{3\pi\mu d_p}$$

ここで，$C_c$はカニンガムの補正係数*，$\mu$は媒体の粘性係数，$d_p$は粒子径である． [森　康維]

**でんきいどうどかいせきそうち　電気移動度解析装置　electrical mobility analyzer**

モビリティーアナライザー．移動度測定装置．気相中に浮遊する電荷をもった微小粒子やイオンの電気移動度を測定する装置．静電分級器と検出器から構成される．分級器の一方の電極から導入された帯電粒子は，電界$E$により速度$v_e$で移動し対向電極に沈着するが，気流にのって距離$L$だけ流下する．この距離$L$は流速および電極間距離が一定のとき，$v_e$の一次関数となる．微分型解析装置は，$L$の位置にあけたスリットから特定の$v_e$で移動する粒子のみを取り出し，検出器で測定する．積分型は，距離0～$L$の間に沈着しなかった粒子，すなわち特定の$v_e$よりも遅い粒子をすべて測定する．電気移動度$Z[\mathrm{m^2\,V^{-1}\,s^{-1}}]$は，$Z = v_e/E$で求められ，さらに粒子のもつ帯電数が既知の場合は粒径に変換できる． [足立 元明]

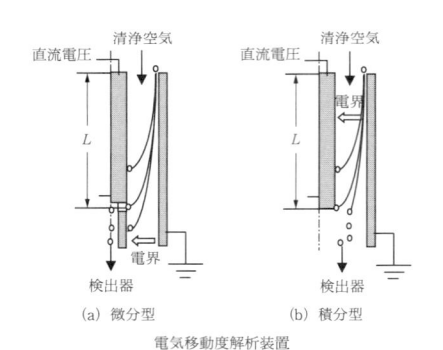

電気移動度解析装置
(a) 微分型　(b) 積分型

**でんきえいぞうりょく　電気影像力　image force**

電荷が壁あるいはほかの物体の近傍にあるとき，相手側の物体には異符号の電荷が誘起される．接地した金属平板では，表面を鏡として異符号で同量の電荷が平板の背後に存在するように電界が形成される．このときの電荷を影像電荷という．電気影像力

は影像電荷との間にはたらく力として求められる．
[松坂 修二]

## でんきえいどう　電気泳動　electrophoresis
染色体DNA\*とプラスミドDNA，RNA\*の分離など，主として核酸の分離に用いられる精製法の一つ．電位を印加した電解液中で，DNAなどの電荷をもつ高分子の移動度\*は分子量に依存した移動速度で移動する．このため，同じ分子量をもつ高分子はつねに同じ位置に集団で存在し，異なる分子量をもつ類似物質と分離できる．
[本多 裕之]

## でんきしゅうじん　電気集じん　electrostatic precipitation
ESP．EP．気相中に浮遊する微粒子を荷電し，電界中の帯電粒子に作用する静電気力を利用して分離捕集する操作．微粒子を荷電するには，普通，コロナ放電が用いられる．工業プロセス用電気集じん装置(electrostatic precipitator, ESP, EP)を発明者の名前をとってコットレルともいう．電気集じん装置には種々の型式があるが，たとえば，負の直流高電圧をかけたワイヤーを，接地した平板電極の間につるした構造の電気集じん装置の場合，ワイヤーのまわりには高電界が形成され，コロナ放電が生じて正と負のイオンが電極間に多量に供給される．このとき，正のイオンは負電極であるワイヤーにすぐに引き戻され，集じん空間には負イオンのみが供給される．空間に放出されたイオンは接地した平板電極に向かって電界で加速されながら移動し，集じん空間に存在する微粒子はこれらのイオンの付着によって帯電する．同時に，ワイヤーと平板電極の間には電界が形成されており，帯電粒子は帯電量と電界強度の積に等しい力(クーロン力)を受けて平板電極に向かって移動し，沈着捕集される．

工業用では火花放電に移行する電圧(火花放電電圧)の高い負コロナ放電式が用いられるが，室内空気の浄化用にはオゾン発生量の少ない正コロナ放電式が用いられる．放電電極の形状には種々の工夫があり，また，電気集じん装置としては湿式，乾式，二段式，ワイドギャップ式など，各種の型式がある．バグフィルター\*に比べて圧力損失が小さく，比較的高温のガスも処理できるが，粒子の電気比抵抗の値によっては捕集ができない場合や，捕集した粒子層から逆電離現象を発生する場合などがある．
[増田 弘昭]

## でんきしゅうじんき　電気集じん機　electrostatic precipitator
電気集じん\*法によって粒子状物質を除去する装置．装置に入った粒子はコロナ放電などによって荷電され，電界中でクーロン力を受けて集じん極に捕集される．捕集粒子が集じん極上で適当な厚さになると電極を機械的に槌打して粒子層をはく離し，ホッパーへ落下させる．電気集じん機は，粒径によらず集じん効率が高い(99.9%程度)，圧力損失が低い(100~200 Pa)という特徴がある．また，電力の消費が少ない，運転保守が簡単などのメリットがあるため，建設費は高いが大型高性能集じん装置としてさまざまな排ガス処理に用いられてきた．しかし，逆電離などを防止するため粉じんが一定の電気抵抗をもつよう粉じんの水分率を調整する必要があること，電気集じん機内でダイオキシンが生成するなどの問題がある．
[大谷吉生・成瀬一郎]

## でんきしんとう　電気浸透　electro osmosis
二つの電解質溶液をイオン交換膜\*などの隔膜で仕切ったときに観察される界面動電現象の一つで，電気透析\*や電解\*において隔膜を透過するイオンに伴って，周囲の液体が摩擦力により同伴して隔膜を透過することをいう．
[正司 信義]

## でんきしんとうけいすう　電気浸透係数　electro osmosis constant
イオン交換膜\*において電位差を駆動力としてイオン移動が起こると，電気浸透\*により移動水和イオンの周囲の水分子も摩擦力により随伴移動する．このときイオン交換膜を透過する単位イオン電流あたりの電気浸透液量のことを，電気浸透係数という．
[正司 信義]

## でんきてきけんちたいほう　電気的検知帯法(粒子径測定の)　electro sensing zone method for particle size measurement
電気的検知法．コールター(カウンター)法．エレクトロゾーン法．細孔を有する隔壁で仕切られた二つの容器に電解質溶液を入れ，それらの間に電圧を印加すると，電気抵抗は主として細孔部の溶液の電気抵抗に支配される．この細孔部を電気抵抗の十分大きな粒子が通過すると，粒子体積だけ溶液が排除され，細孔部での電気抵抗が増加する．粒子体積に比例した電気抵抗増分量が測定でき，粒子の等体積球相当径が計算される．細孔としては10~2 000 μmのものが用いられる．細孔径の2~40%の大きさが計測可能であるため，一つの細孔で測定できる粒子径範囲は狭い．
[森 康維]

## でんきてきちゅうせいじょうけん　電気的中性条件　electro neutrality condition
陽イオン濃度と陰イオン濃度が等しく電気的に中

性であることを電気的中性条件という．イオン交換膜や半透膜ではドナン電位が発生し，微視的には電気的中性条件がなりたたないが，わずかなイオンの偏りでも大きな電位差が発生するため，実質的には系のすべての場所で電気的中性条件がなりたつものとして取り扱うことができる． ［正司 信義］

**でんきとうせき　電気透析　electro dialysis**
ED．電位差を駆動力としてイオン交換膜*により脱塩と濃縮を行う透析*方法．図のように，陽イオン交換膜*と陰イオン交換膜*を交互に通液部となるスペーサーを間に介して多数組積層し，その両端に1対の電極を配置する．陽極側の陰イオン交換膜と陰極側の陽イオン交換膜で仕切られた通液部は脱塩室に，それとは反対に，陽極側の陽イオン交換膜と陰極側の陰イオン交換膜で仕切られた通液部は，濃縮室とよばれる．このように構成された電気透析槽では，脱塩室と濃縮室が交互に配置され脱塩室には原液が供給される．脱塩室では陽イオンは陰極に向かって右側に移動し，陰イオン交換膜を透過して濃縮室に移動するが，濃縮室の陰極側は陰イオン交換膜で仕切られているために，さらに陰極側の脱塩室に透過することはできない．同様にして，陰イオンは脱塩室から左側の濃縮室に移動し，結果として原水中の塩は脱塩室から濃縮室に移動し濃縮される．
［正司 信義］

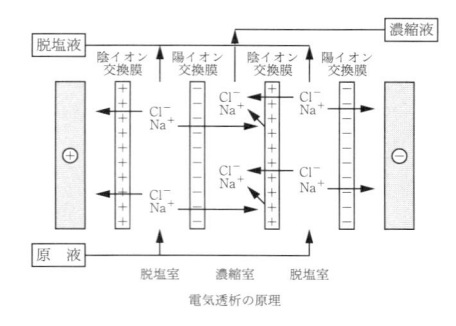

電気透析の原理

**でんきにじゅうそう　電気二重層　electric double layer**
拡散電気二重層．液中のコロイド粒子*の多くは帯電している．巨視的には電気的中性の原理に従うので，粒子の表面電荷*と当量で反対符号の電荷が粒子表面付近にイオンの形で集まる．これを電気二重層とよぶ．もっとも一般的なモデルでは，イオンの一部は粒子表面に吸着し，残りは静電気力*と熱運動によるブラウン拡散のため粒子近傍は濃く，遠ざかるにつれて薄くなる濃度分布をとる．前者をステルン層，後者を拡散電気二重層とよぶ．ステルン層中のイオンはときには表面電荷を上回り，表面電位とは異符号のステルン電位が得られることもある．

いまステルン層を含めて粒子と考えると，ステルン層電位は表面電位とみなせる．この表面電位が低く，デバイ-ヒュッケル近似が成立する場合，半径 $a$ の球表面から距離 $r$ だけ離れた点での電位 $\psi$ は，次式で表現される．

$$\psi = \psi_0 \left(\frac{a}{r}\right) \exp\{-\chi(r-a)\}$$
$$\chi^2 = \frac{2n_0 Z^2 e_0^2}{\varepsilon_r \varepsilon_0 kT}$$

ここで，$\psi_0$ は球表面あるいはステルン層の電位，$n_0$ はイオン個数濃度，$Z$ はイオンの価数，$e_0$ は電気素量，$\varepsilon_0, \varepsilon_r$ はおのおの真空の誘電率と溶媒の比誘電率である．また，$k$ はボルツマン定数，$T$ は絶対温度である．$\chi$ の逆数をデバイ長さあるいは"電気二重層の厚さ"とよび，拡散電気二重層の広がりを表す．

コロイド分散系*の安定性を論じるには，DLVO理論*や静電反発ポテンシャル*に含まれる表面電位*の値が必要であるが，表面電位やステルン電位を実験的に得ることは難しく，ゼータ電位*で代用することが一般的である． ［森　康維］

**でんきぼうしょく　電気防食　electric protection**
防食しようとする金属に防食電流*を流し，金属の電位を変化させることにより腐食を防止する方法．腐食電位*を低くして，金属が安定に存在する不活性域にまで移動させるのを陰極防食法*，逆に電位を高くして，金属表面に溶解速度の小さい不動態皮膜*を形成する不動態域にまで移動させるのを陽極防食法*といい，両者を併せて電気防食法という．後者は適用が，不動態を生じる材料と環境の組合せに限られるため実用例が少なく，通常は電気防食といえば前者をさすことが多い．陰極防食法は，淡水，海水，土壌など自然環境における防食法として多用され，防食電位に保つために必要な電流の与え方により，外部電源方式と流電陽極方式の二つがある．前者は不溶性電極を正極，被防食体を負極として直流電流を流す方法で，後者は犠牲陽極法ともよばれ，被防食体にこれよりも電位の低い金属を接続し，両者間の電位差を利用して電流を流す方法である．犠牲陽極としては亜鉛，マグネシウム，アルミニウムの金属または合金が用いられている． ［津田　健］

**でんきろかねつほう　電気炉加熱法　electric furnace method**

薄膜・微粒子の気相合成の分野では，熱による原料の励起でCVD*やPVD*を行わせる合成手法の一つとして位置づけられる．電気炉には，抵抗加熱炉，交流誘導炉，アーク炉などがあるが，材料合成にはおもに前2者が用いられている．ほかの熱励起法（プラズマ，火炎など）に比べると到達温度は低いが，温度や反応時間などの変更が容易で，したがって合成条件を比較的制御しやすいという特徴がある．（⇨抵抗加熱法）　　　　　　　　［島田　学］

**てんけいきんぞくさんかぶつしょくばい　典型金属酸化物触媒　noble metal catalyst**

⇨触媒活性成分，三元触媒

**てんこうりつ　点効率　point efficiency**

段塔*の段上の1点について考える物質移動性能の尺度の一つ．任意の成分についての気相基準総括点効率 $E_{OG}$ は，段上のある点から上昇する蒸気の組成 $y$，その点を去る液の組成 $x$ に平衡な仮想的な蒸気組成 $y^*$，その点に下の第 $n+1$ 段から入ってくる蒸気の組成 $y_{n+1}$ を用いて次式で定義される．

$$E_{OG} = \frac{y - y_{n+1}}{y^* - y_{n+1}}$$

（⇨段効率）　　　　　　　　　　　　［森　秀樹］

**でんしエネルギー　電子——　electron energy**

⇨電子エネルギー分布関数

**でんしエネルギーぶんぷかんすう　電子——分布関数　electron energy distribution function**

EEDF．プラズマ中で等方的運動をしている電子の速度を運動エネルギーで表したときの度数分布のこと．プラズマの生成および維持機構の解明や中性ガスの励起，分解，化学反応などの非弾性衝突の種類，および反応速度を決定するうえで重要なパラメーターである．放電プラズマ中では高エネルギー領域においてマックスウェル分布からずれる．電子エネルギー分布関数は，プラズマチャンバーの形状や大きさ，ガス圧力に依存する．　　　［渡辺 隆行］

**でんしおんど　電子温度　electron temperature**

電子温度は電子のエネルギー分布を特徴づける量であり，熱平衡のときはマックスウェル分布となる．通常の気体と同様に，プラズマ中の電子がもつ平均エネルギーに比例する量として，電子温度を定めることができる．電子温度は電子ボルト[eV]で表すことが多い．1 eV は 11 600 K に相当する．電子の質量は原子核に比べて数千分の1以下なので，イオンよりも容易に電場で加速されて高温になる．

［渡辺 隆行］

**でんじききのうセラミックス　電磁気機能——　electromagnetic ceramics**

電子セラミックス．電気，磁気，温度，圧力，湿度，光，ガスなどの物理的あるいは化学的環境の変化に対して電磁気的な反応を示し，その反応を目的に応じて利用するセラミックス．電磁気的な性質により誘電材料，圧電材料，半導体材料，絶縁用材料，磁気記録材料，永久磁石材料，磁性体，透光性セラミックスなどとして利用されている．［渡辺 隆行］

**でんしすうみつど　電子数密度　electron number density**

電子数密度は，その各場所での静電ポテンシャルで定まる次式のボルツマン分布を形成する．

$$n_e = n_{e0} \exp\left(\frac{eV}{kT_e}\right)$$

電子数密度はラングミュアプローブやマイクロ波干渉計などで測定することができる．励起状態の電子数密度がボルツマン分布を形成しているという仮定を用いることによって，分光計測法でプラズマの電子温度*を求めることができる．　［渡辺 隆行］

**でんしなだれ　電子雪崩　electron avalanche**

気体中に正負両電極を設置し電極間に電圧を印加すると，初めは宇宙線や自然放射能などの電離作用によって生じた少数の電子やイオンによるきわめて微弱な電流（暗電流または暗流という）が流れる．この状態からさらに電圧を上げていくと，電場中に存在する電子は電場によって加速され，気体分子に衝突して，気体原子に束縛されている電子をたたき出す．この過程が次々に繰り返され，初めはわずか数個であった電子の数はねずみ算的に増加する．この現象を電子雪崩とよぶ．プラズマ放電の初期にみられる現象．　　　　　　　　　　　　［松井　功］

**でんしビームかねつほう　電子——加熱法　electron beam heating**

EB加熱．融点の高い固体原料の表面に電子線を収束し，固体原料の表面のみを過熱溶融させて原料蒸気を得る方法．固体原料を保持する容器は冷却されており，容器に接する部分の原料は融解しないため，保持容器からの原料に対する汚染が少ない．

［大下 祥雄］

**でんしビームほう　電子——法　electron beam flue gas treatment**

排ガス中に $NH_3$ を注入し，電子ビームを照射することによって同時脱硫脱硝を行うことができる．電子ビーム照射で生成するラジカルにより反応が起

こる．副生成物は $NH_4NO_3$ と $(NH_4)_2SO_4$．
　　　　　　　　　　　　　　　　　　[神原　信志]

**てんしゃ　転写　transcription**

RNA*ポリメラーゼの作用でDNA*からRNAが合成されること．すべてのRNAがつねに転写されるわけではなく，多くのタンパク質が関与し，厳密に転写制御されている．原核生物では，プロモーターとよばれる特有のDNAの塩基配列がσ因子で認識されて転写が開始される．真核細胞では転写制御因子が遺伝子の上流のエンハンサー配列に結合し，同時に，プロモーターを読み取ることによって転写が開始される．
　　　　　　　　　　　　　　　　　　[本多　裕之]

**てんそうげんしょう　転相現象(液液撹拌での)　phase transition for liquid-liquid mixing**

液液撹拌*における転相(相転移)とは，分散相と連続相の逆転現象を意味する．つまり，撹拌条件(界面活性剤の種類と濃度，水相と油相の容積比，どちらの相に撹拌翼を位置させるかなど)によってo/w型(水中油滴型)がw/o型(油中水滴型)に，またはその逆方向に転移する現象である．　[加藤　禎人]

**でんたつかんすう　伝達関数　transfer function**

線形システムの入出力間の動特性を示すもので，出力の時間変化 $y(t)$ が入力の時間変化 $u(t)$ のみによる場合，伝達関数*$G(s)$は，これらのラプラス変換*した $Y(s)$ と $U(s)$ により，次のように表現できる．

$$Y(s) = G(s) U(s)$$

出力に複数の入力 $u_i(i=1,\cdots,n)$ が関係するさいには，それぞれの入出力間に伝達関数 $G_i(i=1,\cdots,n)$ が存在し，出力の動特性は次のように線形結合で表現される．

$$Y(s) = \sum_{i=1}^{n} G_i(s) U_i(s)$$

$u(t)$ が別のシステムの出力で，そのシステム伝達関数が $H(s)$，入力が $x(t)$ である場合，システムの結合は伝達関数の積として表現でき，制御系の解析に有力なツールである．

$Y(s) = G(s) U(s)$ ＆ $U(s) = H(s) X(s)$ ⇒
$$Y(s) = G(s) H(s) X(s)$$

システムの入出力関係が，次のような微分方程式で表現できるとき，

$$a_n \frac{d^n y}{dt^n} + a_{n-1} \frac{d^{n-1} y}{dt^{n-1}} + \cdots + a_0 y(t) = bu(t)$$

$u$ から $y$ への伝達関数は，次式となる．

$$G(s) = \frac{b}{a_n s^n + a_{n-1} S^{n-1} + \cdots + a_0}$$

伝達関数の分母の $s$ の次数が1のシステムを一次遅れ系*，2のシステムを二次遅れ系*という．
　　　　　　　　　　　　　　　　　　[橋本　芳宏]

**でんどうせいセラミックス　伝導性——　conductive ceramics**

金属的伝導をする $In_2O_3$：Sn などの酸化物セラミックス．伝導機構は結晶構造と密に関係しており，化学量論的な組成からのずれによる酸素欠損や格子間金属イオンなどが電気伝導に寄与する．透明電極やガスセンサーなど広く用いられている．
　　　　　　　　　　　　　　　　　　[大下　祥雄]

**てんどうぞうりゅうき　転動造粒機　tumbling granulator**

バインダーを含む湿潤粉体に転動運動を与え，これによる圧密や整形を伴いつつ比較的球状に近い凝集造粒物(ペレット，顆粒)を生成する造粒装置類の代表名である．この典型的な装置には回転傾斜パン(皿)，回転ドラム(または円すい容器)などによる転動作用が利用される．たとえば，回転傾斜パン型では，パンの最高位置付近で原料粉末とスプレー液を供給し，パンの回転に伴う転動作用により凝集した球状ペレットを下部のリムから排出する．製品粒径は数～数十mm程度．また，粒径はパン内の原料滞留量に関係し，回転速度や傾斜角が大きいほど，パンの深さが小さいほど，小さくなる．この種の造粒機は製鉄原料，骨材，肥料などの大量の造粒処理に用いられる．　　　　　　　　　[関口　勲]

**でんどうでんねつ　伝導伝熱　heat transfer by conduction**

⇒熱伝導

**でんどうねつかんそう　伝導伝熱乾燥　conduction drying, conductive drying**

材料を加熱面から伝導伝熱*で加熱して乾燥を行う方式で，対流乾燥*と並んで広く使用されている乾燥法．静置式の箱型乾燥器*や棚式真空乾燥*器，あるいは加熱面上の材料の更新を行うことで乾燥速度*が大きくなることから，回転乾燥器*，撹拌型乾燥器*などに使用される．大気圧下での乾燥では通常，蒸発*した蒸気を運び去るために少量の空気を流して乾燥を行う．対流乾燥に比べて大きな温度差をとりにくいが，排気の持ち去る熱量が少なく熱効率が高い．　　　　　　　　　　　　[脇屋　和紀]

**デンドリマー　dendrimer**

中心核に相当する基から規則的に枝分かれしながら分子鎖が放射状に伸びたポリマー*やオリゴマー*．樹枝状の(dendritic)分子構造を有することか

らこのような名でよばれる。デンドリマーは中心核になる分子から縮合反応や付加反応を繰り返して,分岐したポリマー鎖(枝の部分)を成長させて合成するのが一般的である。デンドリマーの特徴は同じ重合度*の直鎖状のポリマーに比べて,その末端基の数が格段に多いことである。また,多くのデンドリマーがほぼ球状の分子形態を形成することが示されており,分子表面に存在する多数の末端官能基や分子内部の空洞を利用した機能性ポリマーとしての応用が検討されている。　　　　　　[橋本　保]

**でんねつ　伝熱　heat transfer**

空間内の温度の高い場所から低い場所に熱が移動する現象をいう。伝熱現象は,物体を構成する分子の運動および熱振動によって熱が伝わる熱伝導*あるいは伝導伝熱*,流体の熱伝導に加えて流体の運動によって熱が運ばれる対流伝熱*,電磁波が関与するふく射伝熱*に大別される。　　　　[平田　雄志]

**でんねつ　伝熱(流動層の層壁面からの)　heat transfer between wall and fluidized bed**

流動層*内部の伝熱面での伝熱係数は,数百 W m$^{-2}$ K$^{-1}$ のオーダーであり,同じガス速度で比べると気流中の伝熱係数より1桁くらい大きい。これは粒子が熱媒体となって,粒子(群)が伝熱面に接触しては粒子(群)と伝熱面が熱交換し,やがて離れるということを繰り返し,つねにフレッシュな粒子が伝熱面に存在するため伝熱面付近の温度境界層が形成されにくいからである(粒子群交換モデル*)。粒子群交換の機構は,気泡流動層では気泡の通過に伴う粒子の移動であり,循環流動層(の壁面)ではクラスター(粒子群)が壁面に沿って落下しては壁面から離れることである。粒子径が大きくなると伝熱係数は低下する。また,温度が上がると伝熱係数は増加するが,これは温度が上がるとガスの熱伝導度が増加するためと,600℃以上になると熱放射による伝熱の寄与が増えるためである。同様に,熱伝導度の高いガスを用いると伝熱係数は増加する。装置を加圧すると伝熱係数がやや増加する。粒子密度,粒子比熱が大きいと伝熱係数は増加する。粒子の熱伝導度はあまり伝熱係数には影響しない。　　　　　[清水　忠明]

**でんねつけいすう　伝熱係数　heat transfer coefficient**

⇒熱伝達係数

**でんねつけいすう　伝熱係数(粒子-流体間の)　heat transfer coefficient between particle and fluid**

粒子層の平均温度 $T_p$ と流体側の平均温度 $T_f$ を推進力とし,粒子外表面積を基準にして定義した伝熱係数。流体中に置かれた単一粒子まわりの粒子径基準ヌセルト数 $Nu$ は Ranz により $Nu=2+0.6 Re_p^{1/2} Pr^{1/3}$ で与えられている($Re_p$ は粒子レイノルズ数*, $Pr$ はプラントル数*)。充填層における $Nu$ は同様に $Nu=2+1.8 Re_p^{1/2} Pr^{1/3}$ で与えられる。気泡流動層内粒子の $Nu$ は, $Re_p$ が 100 以上では,単一粒子の場合と充填層の場合の間にほぼ入るが, $Re_p$ が 100 以下での $Nu$ は層構造の影響により単一粒子の場合よりはるかに小さくなり, $Re_p$ の 1.3 乗程度に比例する。循環流動層*においては,測定データが少ないが,同一の $Re_p$ では気泡流動層の場合よりわずかに $Nu$ が小さくなることが報告されている。
　　　　　　　　　　　　　　　　[清水　忠明]

**でんねつけいすう　伝熱係数(流動層の内挿管からの)　heat transfer coefficient between immersed tube and fluidized bed**

気泡流動層*に伝熱管群を内挿して熱回収を行うとき,温度 $T_w$ の伝熱管表面からの熱フラックス $Q$ [W m$^{-2}$] を,層の温度 $T$ を用いて次式で表すときの係数 $h_w$ 。

$$Q=h_w(T_w-T)$$

設置方式には水平伝熱管と垂直伝熱管がある。たとえば気泡流動層石炭燃焼ボイラーでは,直径40〜50 mm 程度の水平伝熱管を水平方向に管直径の数倍程度の間隔をあけて配置する。底部分散板から吹き込まれるガスジェット中ではガス速度が速くて配管摩耗*が生じやすいので,伝熱管はジェットの上端より高い位置(分散板上数十 cm)に設置される。循環流動層燃焼装置*では高流速のガスと粒子による伝熱面摩耗を避けるため,気泡流動層でみられるような伝熱管群の配置はできず,装置周囲壁面あるいは面状に整形した伝熱管群を気流に平行に設置した伝熱面で熱回収を行う場合が多い。また,外部熱交換器*を用いて循環粒子からの熱交換も行われている。[⇒伝熱*(流動層の層壁面からの)]
　　　　　　　　　　　　　　　　[清水　忠明]

**でんねつしき　伝熱式(気液撹拌槽の)　heat transfer equation in an aerated mixing vessel**

通気撹拌槽における伝熱式は,局所熱伝達係数の無次元数であるヌッセルト数* $Nu$ をレイリー数* $Ra$ を用いて相関することにより表示される。次式に示すように,相関式におけるレイリー数のべき指数は 1/3 であり,レイリー数が十分小さいときには,ヌッセルト数は分子拡散に相当する理論値 2.0 に漸近する。

$$Sh = Nu = 2.0 + 0.31 Ra^{1/3}$$

式から明らかなように，本相関は系の操作条件にはよらず，系の物性値のみに依存することになる．なお，通気撹拌*槽においては，物質移動係数の無次元数であるシャーウッド数 $Sh$ と $Nu$ とは等価として取り扱われる．　　　　　　　　　　[上ノ山 周]

**でんねつそうとうちょっけい　伝熱相当直径　thermal equivalent diameter**
⇒相当直径

**でんねつそくしんかん　伝熱促進管　tube for heat transfer augmentation**
蒸発操作や沸騰操作において，熱伝達係数*を大きくするために，伝熱面に溝やコーティングを施した伝熱管の総称．らせん形の溝を付けたもの(コルゲート管)，さまざまな形状の微細なキャビティー*を施したもの，多孔性焼結金属で被覆したものなどがある．(⇒気泡発生キャビティー)　　　[深井 潤]

**でんねつていこう　伝熱抵抗　thermal resistance**
熱抵抗．面積 $A$，厚さ $L$，熱伝導率*$k$ の平板(面積 $A$ は非常に大きいとする)の両面の温度がそれぞれ $T_1, T_2 (T_1 > T_2)$ に保たれているとき，この平板の両面間を単位時間に流れる熱量 $Q$ は，熱伝導*に関するフーリエの法則*より次式で与えられる．

$$Q = \frac{T_1 - T_2}{(L/kA)}$$

この式を電流に関するオームの法則

$$I = \frac{E}{R}$$

と比較すると，$Q, T_1 - T_2$ はそれぞれ電流量 $I$ および電位差 $E$ に対応するので，電気抵抗 $R$ に対応する $L/kA$ を伝熱抵抗という．円筒状の板あるいは中空球状の板の場合は，それぞれ面積 $A$ として内面積と外面積の対数平均*および幾何平均*$A_{av}$ を用いる．同様に，対流伝熱*においては $1/hA$ が伝熱抵抗である．ここで $h$ は熱伝達係数*である．
多層板の全伝熱抵抗は，各板の伝熱低抗は直列であるので，それらの和で与えられる．

$$R_{tot} = \Sigma \left( \frac{L}{kA_{av}} \right)_i$$

[荻野 文丸]

**でんねつばいたい　伝熱媒体　heating medium**
熱媒．冷媒．熱交換器*において伝熱温度あるいは反応装置などの操作温度を維持する目的で，加熱や除熱に使用する流体．目的物の加熱に用いる場合を熱媒*，目的物の冷却に用いる場合を冷媒*という．一般に使用される熱媒は煙道ガス，加熱空気，水，油，水蒸気などである．水蒸気は加熱用熱媒としてもっとも広く用いられているが，高温加熱を要する場合には高圧となるため取扱いが非常に難しくなる．また，油による加熱では長時間の使用により熱分解を起こし変質するおそれがある．このため高温の加熱あるいは温度維持のために開発されたものが高温熱媒体*であって，低圧で高温が得られる．高温熱媒体の条件としては操作範囲で流体であること，難燃性で熱的に安定であること，熱伝導率*，比熱*，潜熱*が大で操作圧力があまり高くないこと，腐食性と毒性がなく安価であることが要求される．ダウサム A*は米国 Dow Chemical 社で開発された代表的な高温熱媒体で使用上限温度380℃ある．また600℃まで使用できる高温熱媒体として HTS (heat transfer salt) がある．　　　　　　　[川田 章廣]

**でんねつへんちょう　伝熱辺長　heat transmitting perimeter**
流体が管路または開溝の一部，または全部を満して流れるとき，流れに直角な一断面において流体が接している周縁のうち，熱伝達の行われる部分の長さをいう．[⇒相当直径(伝熱)]　　[荻野 文丸]

**てんねんガス　天然ガス　natural gas**
⇒気体燃料

**でんりしゅうはすう　電離周波数　ionization frequency**
1個の電子が単位時間に電離を起こす回数のこと．電離速度係数に気体分子密度を乗じた値が電離周波数となる．電離断面積から求めることができ，気体分子数密度，電子の速さによって決まる．
[渡辺 隆行]

**でんりゅうこうりつ　電流効率　current efficiency**
CE．電気化学系において流した全電流のうち，目的とする電極反応やイオン移動に使用された電流の割合のこと．電極での副反応，イオン交換膜*の輸率*，電解槽および電気透析*槽での液漏洩や漏洩電流が電流効率低下の原因である．　　　[正司 信義]

**でんりゅうみつど　電流密度　current density**
CD．電極やイオン交換膜*の単位面積あたりに流れる電流のこと．物質の移動律速に伴う電流密度の最大値は限界電流密度*とよばれる．　[正司 信義]

# と

**Deutsch のしき** ──式 Deutsch equation
電気集じん機*の集じん率 $E$ の表現式で，次式で表される．
$$E = 1 - \left(\frac{Av_e}{Q}\right)$$
ここで，$A$ は集じん極の面積，$v_e$ は静電気による沈着速度，$Q$ は処理風量である．この式は，装置内で電界強度が一定すなわち沈着速度が一定，粉じん濃度は気流に直交する断面で一様という条件で，装置内の微小要素に対して物質収支をとることにより導出される． ［大谷 吉生］

**とう 頭** head
⇒ヘッド

**どうあつ 動圧** dynamic pressure
圧力の次元のベルヌーイの定理*の式で，$\rho u^2/2$ で表される運動エネルギーの項のこと．ピトー管*の先端の孔のように，流れの中で速度に対して垂直に設置された孔はよどみ点となり，動圧がすべて圧力エネルギーである静圧*に変換され，そこでの圧力を測定すれば，動圧と静圧の和である総圧が得られる．静圧管により測定された静圧との差より動圧を計算することができ，流速を求めることができる．
［吉川 史郎］

**とうあつかくさん 等圧拡散** isobaric diffusion, diffusion at uniform pressures
分子拡散*は一般に等圧過程である．しかし，毛細管や多孔質固体*の細孔内の気体の拡散において，とくにクヌーセン数*が $0.01 < Kn$ の流域では分子壁面衝突による運動量交換がきくようになり，非等圧拡散*が起こる．これに対し，各成分 $i$ の拡散流束* $J_i$ の分子量 $M_i$ の間に Graham の関係
$$\sum_i \sqrt{M_i} J_i = 0$$
がなりたつとき圧力勾配は発現せず，拡散は等圧下で起こる．このような拡散を等圧拡散という．（⇒減圧下の移動現象） ［神吉 達夫］

**とうえきおんそうさせん 等液温操作線** operating line under constant liquid temperature, adiabatic cooling line
断熱冷却線．外部と断熱された装置内において，適度に加熱した不飽和の空気を，装置を循環する液と接触させて冷却増湿*を行った場合，循環液が気液接触部以外で熱の授受を行わなければ，液温はその操作条件における一定の平衡温度（平衡操作温度）に落ち着く．このような装置におけるエンタルピー*収支式を等液温操作線といい，水－空気系においては断熱冷却*線とほぼ一致し，平衡操作温度は断熱飽和*温度となる． ［三浦 邦夫］

**とうえきおんぞうしつ 等液温増湿** humidification under constant liquid temperature
断熱飽和．外部と断熱されたエアワッシャー*などの装置内において，不飽和の空気と循環する水とを，噴霧・充塡層*・濡れ壁*などにより直接接触させた場合，空気の乾球温度*が下がり，絶対湿度*が上昇すること．断熱飽和*ともいう．このようなエアワッシャーは空気の洗浄装置や増湿装置*として利用される． ［三浦 邦夫］

**とうおんはんのうそうさ 等温反応操作** isothermal reaction process
流体が反応過程中あるいは反応装置内に滞留している間，反応系が一定温度に保たれているような操作．一般には反応熱が小さい場合に実現されるが，反応熱がある程度大きくても次のような場合には等温反応操作が実現される．① 反応流体に熱容量の大きな不活性成分（水蒸気など）が添加されているとき．② 固体触媒中に熱容量の大きい不活性成分が添加，混入されているとき．③ 流動層において触媒の移動によって伝熱が促進されるとき．等温操作では反応速度に対する温度効果を考えなくてすむのでその扱いは容易であり，反応速度の測定などに広く採用されている． ［堤 敦司］

**とうかけいすう 透過係数** permeation coefficient, permeability
膜を透過するフラックス*は，同じ素材の膜でも，膜厚や操作圧力によって変化する．膜素材どうしを比較するには，これらの条件に左右されないパラメーターが必要である．ここで，通常のガス分離膜や蒸気透過膜では，透過抵抗は膜厚に比例し，膜透過流束は膜間にかかる操作圧力に比例する．透過係数は膜透過流束に膜厚を積算し，操作圧力で除するこ

とによって，ほかの条件によらない膜素材本来の性能を表現する．一般に，以下の式で表される．

$$P = \frac{J\delta}{\Delta P}$$

ここで，$P$ は透過係数，$J$ は膜透過流束，$\delta$ は膜厚，$\Delta P$ は操作圧力である．

また，膜が膜厚み方向に均一とは限らず，実効の膜厚みがわからず，膜厚みで積算することによっても膜厚みを一般化したことにならない場合がある．この場合，膜透過流束を操作圧力で除すだけとなり，透過率(permeance)とよばれ無機ガス分離膜などの場合に多く用いられる． [山口 猛央]

**とうかけいすうひ　透過係数比　permeation coefficient ratio**

選択性．ガス分離または蒸気透過膜で一般的に用いられる．膜を透過する物質 A および B があるとき，それぞれの透過係数* の比を透過係数比とよぶ．供給ガスを 2 成分混合系として実験するときには，それぞれの透過流束から別々に透過係数を求め，その比を計算する．一方で，一つの膜に対し，A 成分 1 成分だけの実験から透過係数を求め，その後 B 成分 1 成分だけの透過係数を求め，それぞれの単成分における透過係数の比を計算したものを，理想分離係数または理想透過係数比とよぶ． [山口 猛央]

**とうかそくど　透過速度　permeation rate**

透過流束．膜を透過する流体の速度または流束である．膜を透過する流体の流束(フラックス*)を表すときには，膜透過流束とよぶほうが一般的である．ただし，この二つは厳密には分けられていない．たとえば浸透気化法では，透過速度を透過流束と同一の意味で使用する．ほかの膜法では，一般に透過流束が膜を通るフラックスの表現法として用いられる．透過速度は，膜透過流体の平均の線速を表す場合もある．どちらをさしているかは，物質量の単位に気をつけることが重要である． [山口 猛央]

**とうかながれ　透過流れ　permeation flow**

膜に液またはガス，蒸気を供給すると，膜を透過した成分・流れと，膜を透過せずに膜セルから排出される成分・流れとに分けられる．透過流れは膜を透過した成分・流れをさす．(⇒非透過流れ)

[山口 猛央]

**とうかりつ　透過率　transmittance, particle penetration**

⇒吸収率，捕集効率

**とうかりゅうそく　透過流束　permeation flux**

膜透過流束．膜を透過する物質の流束．通常は膜面積あたりで定義する． [金森 敏幸]

**とうけいてきひんしつかんり　統計的品質管理　statistical quality control**

SQC．データに基づいて品質の安定と改善を実現するために，統計的手法を用いる品質管理*．W.A. Shewhart による管理図および H.F. Dodge と H.G. Roming による抜取り検査に端を発し，管理図のほか，ヒストグラムやパレート図などが広く利用されてきた．より高度な問題解決の手段として，実験計画法や多変量解析が利用される． [加納 学]

**とうけいてきプロセスかんり　統計的——管理　statistical process control**

統計的工程管理．SPC．統計的手法を利用して，プロセス(工程)を維持・改善するための管理活動．品質は結果であり，その品質がつくり込まれた過程である生産プロセスを管理することによって，品質の安定と改善を実現できる．工程の維持管理には管理図が，解析と改善には実験計画法や多変量解析が用いられる．多変量解析を利用した統計的プロセス管理は，とくに多変量統計的プロセス管理(multivariate SPC)とよばれる． [加納 学]

**とうけつかんそう　凍結乾燥　freeze drying**

湿り材料を凍結し，真空下で氷を昇華* させて乾燥する方法で，真空乾燥* の一種．熱にきわめて敏感な材料の乾燥に用いられる．乾燥は材料表面から昇華面が後退して進行し，熱は伝導伝熱*，または放射伝熱* で与えられ，少量では回分式箱型乾燥器* が用いられる． [脇屋 和紀]

**とうこうりつ　塔効率　column efficiency**

段塔* の分離性能を表す尺度の一つで，次式で定義される．

$$塔効率[\%] = \frac{所要理論段数}{所要実段数} \times 100$$

塔効率は装置の構造，操作条件，系の物性により変化する．経験的な相関としてオコーネルの相関* がある． [森 秀樹]

**どうすいはんけい　動水半径　hydraulic radius**

管路流れにおける代表長さ．管断面積を濡れ周辺長さで除した値として定義される．円管の場合 $D/4$ となることから，断面が円以外の形状の管路の場合，動水半径の 4 倍として定義される相当直径* に基づいたレイノルズ数* と管摩擦係数* の関係より，圧力損失* が求められる．固定層* の場合にも，同様に空間率* と充塡粒子の比表面積* の比として動水半径が定義される．その動水半径に基づくレイノルズ数と，管摩擦係数の積が一定となるものとすることに

より，固定層*内を流体が低流量で流れる場合の圧力損失を与えるKozeny-Carman式*を導くことができる．　　　　　　　　　　　　　　　［吉川 史郎］

**とうせき　透析　dialysis**

半透膜*を介して濃度の異なる溶液(一般には水溶液)を接触させ，濃度差または電位差を駆動力として溶質(または溶媒)を膜透過させる単位操作．前者を拡散透析，後者を電気透析とよぶ．拡散透析では溶質の膜内移動速度は溶質の濃度差と膜内拡散係数によって決まるが，膜内拡散係数は温度と溶質の分子径によってほぼ決定される．このため，拡散透析では溶質の透過流束*や選択性はあまり高くなく，濃縮や分離などの工業的操作には不向きであり，血液透析*のほか，食品工業における脱塩など，比較的特殊な用途に限られている．一方電気透析は，荷電膜(いわゆるイオン交換膜*)を用いて特定のイオン(または水)のみを比較的高い選択性で透過させ，また透過流束は駆動力である電位差で制御できるため，脱塩や製塩など工業的に広く用いられている．透析と総称されるが，膜内の輸送現象は拡散透析と電気透析ではまったく異なるので，注意を要する．
　　　　　　　　　　　　　　　　　［金森 敏幸］

**とうせきき　透析器　dialyzer**
⇒ダイアライザー

**とうせきろかほう　透析沪過法　diafiltration**

透析分野と膜沪過分野とでは異なる意味で用いている．まず透析分野の定義より説明する．半透膜*を介して濃度の異なる溶液を配置すると，濃度の濃いほうから薄いほうへと拡散*によって溶質が移動するが，同時に浸透圧差によって逆方向に溶媒(一般的には水)が移動する．この浸透圧差に逆らって圧力差を与えると，それに応じて溶質拡散と同方向に溶媒が移動し(沪過*)，その流れ(対流*)にのって溶質も移動する．このように，透析*(拡散*)と沪過(対流)が同時に起こる膜透過現象を透析沪過とよぶ．

これに対し，膜沪過分野では，ときに限外沪過法の一つの操作方法として用いられる用語．A, B 2 成分(Aが膜透過成分)の分画において，供給液中には必ず未透過のA成分が残る．これを透過側に回収するため供給液に溶媒を加え，さらにA成分を透過させる操作．間けつ的に加える回分透析沪過法と，供給液量がつねに一定となるように連続的に加える連続透析沪過法とがある．これにより非透過成分Bが目的成分の時は純度が上昇し，透過成分Aが目的成分のときは回収率が上昇する．ただしAが目的のときはその濃度は著しく低下する．

　　　　　　　　　　　　　　　［金森敏幸・中尾真一］

**とうそくきゅういん　等速吸引　isokinetic sampling**

気流中の粉じんをサンプリング管(プローブ)を用いてサンプリングする場合，サンプリング管入口部の平均速度を，プローブを設置する気流の主流速度に等しくとる吸引法をいう．比較的大きな粒子をサンプリングする場合に等速吸引を行わないと，粒子の慣性力*によって，吸引速度が主流速度より小さい場合は粒子濃度が高く，逆に吸引速度が主流速度より大きい場合は粒子濃度が低くなる．
　　　　　　　　　　　　　　　　［大谷 吉生］

**とうたいせききゅうそうとうけい　等体積球相当径　equivalent diameter of equal volume sphere**

粒子の大きさの表現法の一つで，着目粒子の体積と等しい体積をもつ球の直径で表した粒子径．
　　　　　　　　　　　　　　　　［日高 重助］

**どうつつ　胴筒　shell**
⇒多管式熱交換器

**どうてきあつりょくけいすう　動的圧力係数　dynamic overpressure factor**

日本をはじめとして先進各国の貯槽設計基準では，設計用の圧力値を算定するにあたって排出時に発生する動的圧力の増大に対して，ヤンセン式*などで算定された静的圧力値に対する動的圧力値の比として，動的圧力係数という形で規定されている．日本建築学会の容器構造設計指針によれば図に示すような最小必要値の規定がある．　　　［杉田 稔］

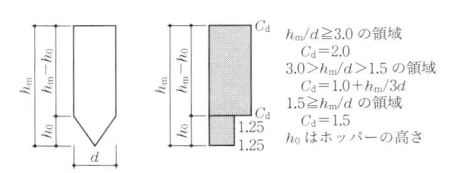

$h_m/d \geq 3.0$ の領域
$C_d = 2.0$
$3.0 \geq h_m/d > 1.5$ の領域
$C_d = 1.0 + h_m/3d$
$1.5 \geq h_m/d$ の領域
$C_d = 1.25$
$h_0$ はホッパーの高さ

排出時の動的圧力係数 $C_d$ の最小必要値
［粉体工学会編 "粉体工学用語辞典 第 2 版"，日刊工業新聞社 (2000), p.239］

**どうてききゅうちゃく　動的吸着　dynamic adsorption**

カラム試験．気体の吸着平衡*の測定に用いられる定量法や重量法，さらに溶液の吸着平衡の測定に用いられる回分吸着法は静的吸着*とよばれる．これに対して，吸着剤*の充塡層に気体や溶液を流して吸着平衡を測定する方法は，動的吸着とよばれる．動的吸着では吸着成分を含む気体や液体を吸着剤充

填層に流し，破過曲線* あるいは出口濃度が入口濃度に等しくなった状態での吸着剤の重量増加から，吸着量を求める．動的吸着による吸着剤の性能試験や成分分離試験は，実際の吸着操作に対応するので広く用いられる． ［田門　肇］

**どうてきけいかくほう　動的計画法　dynamic programming**

⇒リアルタイム最適化，最適化制御

**どうてきひかりさんらんほう　動的光散乱法(粒子径測定の)　dynamic light scattering method for particle size measurement**

準弾性光散乱法(QELS)．DLS．ブラウン拡散* をするコロイド粒子* からの散乱光のうち，入射光と波長の等しい散乱光の強度ゆらぎを観測し，粒子のブラウン拡散係数*，さらにはストークス-アインシュタインの関係式を利用して，粒子の大きさ(ストークス径*)を求める方法である．散乱光の強度変化の時間相関(自己相関関数)から拡散係数を求める方法を光子相関法* とよぶ．時間変動を高速フーリエ変換し，周波数解析から拡散係数を求める方法を周波数解析法ともよぶ．

散乱光強度の時間変動の測定手法に，入射光を参照する方法としない方法があり，前者をヘテロダイン方式，後者をホモダイン方式とよぶ．
［森　康維］

**どうでんせいポリマー　導電性——　conducting polymer**

金属のように電気を流すことのできるポリマー*．半導体的な導電性をもつものも含めていう．導電性ポリマーの基本構造は π 電子が分子全体に広がった共役系ポリマーであり，現在では，ポリアセチレン，ポリピロール，ポリチオフェン，ポリフェニレンビニレン，ポリアニリンなど多くの例がある．白川英樹らが初めて合成したフィルム形状のポリアセチレンに化学的ドーピングを行うことにより，高い導電性をもつポリマーが開発されたのが最初の発見である．その後，ポリアセチレンフィルムを延伸配向させることにより，$10^5$ S cm$^{-1}$ を上回る導電率が達成されている． ［橋本　保］

**とうでんてん　等電点　isoelectric point**

ある物質の総電荷がちょうどゼロになる pH をその物質の等電点といい，その pH で溶解度がもっとも小さくなる．アミノ酸やそのポリマーであるタンパク質はアミノ基とカルボキシル基をもつため，溶液の pH によっては，陽イオンとしても陰イオンとしてもはたらく．pH 勾配をつけ，電位を印加してタンパク質の分離を試みると，等電点の位置でフォーカシング(濃縮)し分離できる．この性質は細胞内タンパク質の網羅的解析(プロテオミクス)に使われている． ［本多　裕之］

**どうねんせいけいすう　動粘性係数　kinematic viscosity**

運動粘度．動粘性率．動粘性係数．粘度* と密度との比．拡散係数*，熱拡散率* と同じく[$L^2 T^{-1}$]の次元をもつことから，運動量移動における拡散係数と理解される． ［吉川　史郎］

**どうねんど　動粘度　kinematic viscosity**

粘性係数と密度の比．(⇒運動粘度) ［横山　千昭］

**どうはんガス　同伴ガス　carrier gas**

ガス吸収操作などで，吸収液* に吸収されない不溶性ガス．同伴ガスの流量は装置内で変化しないので，物質収支* をとるときの計算の基準に用いられ，操作線* も同伴ガスのモル流量を用いて表されることが多い． ［寺本　正明］

**どうぶ　胴部　shell**

⇒多管式熱交換器

**どうまさつかく　動摩擦角　angle of dynamic friction**

粉粒体が連続的に運動している状態において粉粒体層どうしの摩擦角，あるいは粉粒体層と固体面との間の摩擦角をいい，この角度の正接を動摩擦係数という．固体連続体の摩擦と同様に静摩擦角より一般的に小さな値となる． ［杉田　稔］

**とうモルそうごかくさん　等——相互拡散　equimolar diffusion**

A，B 二成分系において，成分 A，B が互いに逆方向に等しいモル数だけ拡散* により移動する現象をいう．成分 A の物質移動流束* $N_A$[mol m$^{-2}$ s$^{-1}$]は $N_A = -N_B$ で，拡散流束* $J_A^*$ と等しくフィックの法則* により次式で与えられる．

$$N_A = J_A^* = -CD_{AB}\frac{dx_A}{dz}$$

ここで，$C$ は全濃度，$x_A$ はモル分率，$D_{AB}$ は拡散係数* である．なお，この場合，モル平均速度は $v^* = 0$ であるが，質量平均速度 $v$ は有限の値をもつ．分子量を $M_i (i=A, B)$，平均密度を $\rho$ とすると次式で与えられる．

$$v = -\frac{(M_A - M_B)}{\rho}CD_{AB}\frac{dx_A}{dz}$$

［神吉　達夫］

**とうゆ　灯油　kerosene**

石油製品の一つ．沸点が 150〜300℃ 程度で析出さ

れる石油製品(および中間製品)の総称．無色透明の特有のにおいのする液体で，炭素数9～15の炭化水素，硫黄分80 ppm以下，引火点は40℃以上と高く取扱いが容易のため，家庭用の暖房機器や給湯器の燃料に使われるほか，工業用，産業用途として洗浄，溶剤にも用いられる．また，精製度を高めたものは航空機のジェットエンジンなどの，ガスタービンエンジンの燃料に使われる． [亀山 秀雄]

## どうりきがくけいじょうけいすう　動力学形状係数 dynamic shape factor

実際の不規則形状粒子に作用する流体抗力と，その粒子と同体積の球に作用する流体抗力の比で，不規則形状粒子の幾何学的大きさと，動力学的大きさの関係を表す係数． [日高 重助]

## どうりきがくてきけいじょうけいすう　動力学的形状係数(凝集粒子) dynamic shape factor (agglomerate, aggregate, clump)

凝集粒子や不規則形状粒子の幾何学的大きさと動力学的大きさの関係を表す形状係数*．ストークス則*のなりたつ範囲での動力学的形状係数は，次式で定義される．

$$\chi = \frac{凝集粒子の受ける流体抵抗力}{粒子と同体積の球の受ける流体抵抗力}$$
$$= \frac{相当球の終末沈降速度}{凝集粒子の終末沈降速度}$$
$$= \frac{v_{ts}}{v_t} \frac{D_e^2}{D_{st}^2}$$

ここで，$\chi$は動力学的形状係数，$v_{ts}$は相当球の終末沈降速度*，$v_t$は凝集粒子の終末沈降速度，$D_e$は(等体積)球相当径，$D_{st}$は凝集粒子のストークス径*である．単分散球形粒子の凝集では，凝集粒子数$n=2$で$\chi=1.12$，$n \geq 5$の塊状凝集粒子で$\chi=1.23$，鎖状凝集粒子では$\chi=0.86n^{1/3}$が得られている． [増田 弘昭]

## どうりょく　動力 power
⇒仕事率

## どうりょくすう　動力数 power number

撹拌所要動力*に関する無次元数$N_P$．撹拌所要動力$P[W]$，液密度$\rho[kg\ m^{-3}]$，撹拌速度$N[s^{-1}]$，撹拌翼径$d[m]$を代表長さとしたとき，$N_P \equiv P/\rho N^3 d^5$として定義される．完全邪魔板条件では最大動力数を示す．動力数が算出できれば撹拌槽の大略の諸性能(混合時間，伝熱，物質移動など)を見積もることができる重要な無次元数である．(⇒撹拌所要動力) [加藤 禎人]

## とくせいそくど　特性速度 characteristic velocity

抽出塔の流動特性を知る目安となる速度で，これを$u_k$とすれば次式で定義される．

$$u_k(1-\phi_D) = \frac{u_D}{\phi_D} + \frac{u_C}{1-\phi_D}$$

$\phi_D$は分散相*分率，$u_D$は分散相空塔速度*，$u_C$は連続相*空塔速度である． [宝沢 光紀]

## どくせいとうりょう　毒性等量 toxicity equivalency quantity

TEQ．ダイオキシン類は各異性体ごとに毒性が大きく異なるため，もっとも毒性の強い2,3,7,8-テトラクロロジベンゾ-$p$-ジオキシン(2,3,7,8-$T_4$CDD)の毒性を基準として，ほかの異性体の毒性を相対的に示した毒性等価係数(toxic equivalency factor, TEF)に各異性体濃度を掛けて合計した値として一般に表示される． [加藤 みか]

## どくせいひょうか　毒性評価 toxicity evaluation

化学物質や排水・排ガスなどの環境サンプルの毒性強度を，分析機器の代わりに生物を用いて評価することをさすことが多い．使用する生物には，生態影響評価の目的では藻類，ミジンコ，小型魚類などが多く用いられ，人の健康影響評価の目的ではラット，ウサギ，モルモットなどが多く用いられる．評価される毒性の種類は多岐にわたり，急性毒性，慢性毒性，発がん性，生殖発生毒性などさまざまである． [高梨 啓和]

## ドクターブレードほう　――法 doctor blade coating method

塗布方法の一つ．ドクターブレードという器具を用いて，粉末にバインダー，可塑剤，分散剤，溶剤を均一に混合して調整したスラリーなどを，平坦な金属，ガラス板，プラスチックなどの基板上に平滑に塗布する方法である． [山口 由岐夫]

## とくていしせつ　特定施設 specified facilities

人の健康，または生活環境に被害を及ぼすおそれのある汚水もしくは廃液を排出するものとして，水質汚濁防止法および条例で定めている施設．法においては日平均排水量が50 m³以上，条例では日平均排水量が20 m³または30 m³以上の施設． [木曽 祥秋]

## とくていゆうがいぶっしつ　特定有害物質 specified toxic species

土壌汚染対策法において，人の健康に被害を生ずるおそれが大きいものとして指定された25種類の物質のこと．土壌汚染対策法では，特定有害物質を使用する特定の施設(有害物質使用特定施設)の使用

を廃止したとき,土地所有者等に対して土壌汚染状況調査の実施を義務づけている.特定有害物質はその性質により3種類に区分されている.① トリクロロエチレン,テトラクロロエチレンなどの11種類の揮発性有機化合物,② 鉛,ヒ素などの9種類の重金属など,③ 有機リン化合物などの5種類の農薬など,である.　　　　　　　　　　　　［成瀬 一郎］

**とくべつかんりはいきぶつ　特別管理廃棄物　waste subject to special control**

爆発性,毒性,感染性その他の人の健康または生活環境にかかわる被害を生ずるおそれがある性状を有する廃棄物をいう.有害性が高くとくに厳しい管理を要する廃棄物の規制を強化するために設けられ,収集・運搬・処分などについて政令で定める特別の基準が適用される.特別管理一般廃棄物と特別管理産業廃棄物に区分される.焼却施設の集じん灰は前者に該当し,廃液の廃油,腐食性の強い廃酸・廃アルカリ,廃石綿などが後者に該当する.無害化,安定化のはかれる中間処理を施すことで有害な特性が消失したものについて,通常の廃棄物として取り扱うことができる.　　　　　　　　［川本 克也］

**どくりつえいようせいぶつ　独立栄養生物　autotroph**

光あるいは無機化合物の結合エネルギーを利用してエネルギー獲得できる生物を独立栄養生物とよび,有機化合物の化学エネルギーを利用する従属栄養生物*と区別する.水素細菌,鉄酸化細菌,硝酸菌,硫黄細菌,光合成細菌や植物がこれにあたる.
　　　　　　　　　　　　　　　　　［本多 裕之］

**どくりつぎょうせいほうじん　独立行政法人　independent administrative institution**

中央省庁の事務のうち,試験研究機関,自動車検査,国立病院,大学など,実施部門を切り離したほうが能率的に運営しうるものを独立した法人にゆだね,行政組織のスリム化をはかる制度.アウトソーシング(外部化)の一種で,英国のエージェンシー(外庁)制がモデルとなっている.貸借対照表,損益計算書の作成を義務づけ,第三者委員会による業績評価を受ける.　　　　　　　　　　　　［松本 英之］

**としゅつせいのう　吐出性能　capacity of discharge flow rate**

撹拌翼*の回転に伴って翼から吐出される液量,すなわち吐出流量*は,撹拌・混合操作においてもっとも重要な特性値の一つである.この吐出流量は撹拌翼の形状・寸法と翼回転数によって決まる.吐出流量はポンプの吐出性能と同格であり,大きな吐出流量を与えるためには大きな撹拌所要動力*が必要となる.したがって,与えられた撹拌所要動力に対して,どの程度の吐出流量が得られるのかが吐出性能として評価される.(⇒吐出流量数)　　［平岡 節郎］

**としゅつりゅうりょう　吐出流量　discharge flow rate**

撹拌翼*を回転すると,翼から半径方向または軸方向に向かって液が吐出される.この翼から毎時吐出される液量を吐出流量とよび,$Q_d [m^3 s^{-1}]$と略記することが多い.吐出流量は撹拌槽内の液の循環を誘起し,液の混合状態を左右する重要な物理量となるので,撹拌槽を設計するうえで必ず評価しておく必要がある.(⇒吐出流量数)　　　［平岡 節郎］

**としゅつりゅうりょうすう　吐出流量数　discharge flow rate number**

撹拌翼*の回転に伴って翼から吐出される液量,すなわち吐出流量 $Q_d [m^3 s^{-1}]$は,翼の形状・寸法と回転数 $n [s^{-1}]$に支配される.翼の代表寸法として翼径 $d [m]$を選び,吐出流量 $Q_d$を無次元化すると $Q_d/nd^3$なる無次元数を得る.これを吐出流量数とよび,$Nq_d$と略記されることが多い.(⇒吐出性能)　　　　　　　　　　　　［平岡 節郎］

**どじょうおせん　土壌汚染　soil contamination**

事故による漏出や不適切な取扱いなどにより,重金属類,有機塩素系溶剤,油類,農薬類,ダイオキシン類などが土壌中にその自浄作用を超えて蓄積し,人の健康への悪影響が懸念されたり,土壌のさまざまな機能を低下させること.土壌汚染は局所的であるため発覚しにくく,浄化も困難なことから,汚染状態が長期間継続する特徴がある.現在27項目の土壌環境基準が定められ,土壌汚染対策法により調査および対策が行われ始めている.　［小林　剛］

**どじょうおせんしゅうふくぎじゅつ　土壌汚染修復技術　soil remediation technology**

浄化技術と封込め技術とがあり,前者では土壌掘削法*や土壌ガス吸引法*,バイオレメディエーション*などがある.また,モニタリングしながら,自然の拡散や分解による浄化を待つ科学的自然減衰(MNA)という技術も提案されている.後者は,しゃ断・しゃ水工法,固形化・不溶化などの汚染物質が土壌中を移動しにくくする技術である.汚染物質の種類や濃度,地下水位,浄化費用,土地利用状況を考慮して,適切な技術を選択する必要がある.
　　　　　　　　　　　　　　　　　［小林　剛］

**どじょうガスきゅういんほう　土壌ガス吸引法　soil vapor extraction method**

真空抽出法．土壌中のガスをポンプで吸引し，土壌間隙に液状で存在したり，土壌粒子に吸着して存在する汚染物質を気化，脱離させて除去する土壌浄化技術．掘削せずに浄化できるため，建物の下や深層の汚染にも対応できる． ［小林　剛］

**どじょうくっさくほう　土壌掘削法　soil excavation method**
土壌を掘削し，揮発性の汚染物質を加熱して脱着させたり，重金属や油などの汚染物質を水や界面活性剤などの薬液により洗浄して浄化する技術．原位置で汚染土壌を浄化し，埋め戻すことも多い．
［小林　剛］

**とつぜんへんい　突然変異　mutation**
紫外線，各種の化学変異剤の暴露により遺伝的変異を受けること，あるいは受けた細胞．遺伝子の複製ミスにより起きる自然突然変異もある．通常は変異を修復する機構がはたらくが，条件を整えれば紫外線照射で100万分の1くらいの割合で突然変異株を得ることができる．化学変異剤を使った突然変異は優良植物の品種改良のために積極的に使われてきたが，最近では遺伝子工学の発展により，遺伝子組換え植物の育種のほうが重点的に行われている．
［本多裕之］

**トッピング　topping distillation**
石油精製において常圧蒸留塔．原油を大気圧下で蒸留して，おおまかな分離を行うプロセス．たとえば塔頂からLPG，軽質ナフサ，側流*から重質ナフサ，灯油，軽油，ガスオイル(atmospheric gas oil, AGO)を，また塔底から重油を分離する蒸留プロセス．側流からの抜出しは製品仕様の確保が困難などの理由で，サイドストリッパーを設けて，軽質留分を除去することが行われている． ［八木　宏］

**ドナンはいじょ　――排除　Donnan exclusion**
⇒ドナンポテンシャル，イオン排除

**ドナンへいこう　――平衡　Donnan equilibrium**
ドナン電位．電解質の種類や濃度が異なる2液を半透膜*やイオン交換膜*などの隔膜で仕切ると，サイズ排除や固定電荷の反発により隔膜を拡散できないイオンが生じるため，平衡状態においても2液の組成は等しくならない．このような平衡状態をドナン平衡といい2液の濃度差に伴う電位差（ドナン電位）が発生する． ［正司信義］

**ドナンポテンシャル　Donnan potential**
イオン交換*樹脂相と溶液相の電気ポテンシャルの差 $\bar{\varphi}-\varphi$ をいう．イオン交換樹脂相の対立イオン*濃度は溶液相のそれより大きいから，濃度差に基づいて溶液相へ移動しようとするポテンシャルをもつ．反対に対立イオンと反対の荷電をもつ溶液相の可動イオンは濃度が樹脂相のそれより大きいので，樹脂相に移動しようとするポテンシャルをもつ．これらのポテンシャルに基づいて実際にイオンの移動が起これば，樹脂相および溶液相は帯電することになるが，帯電が生じようとすると，樹脂相でも溶液相でもそれぞれ移動しようとするイオンを引き戻そうとする力がはたらき，実際には樹脂相，溶液相とも電気的中性が保たれている．ドナンポテンシャルはこのイオンを引き戻そうとするポテンシャルで，理論的に次の式で与えられる．

$$E_{\mathrm{Don}}=\bar{\varphi}-\varphi=\frac{1}{Z_i F}\left(RT \ln \frac{a_i}{\bar{a}_i}-\pi v_i\right)$$

ここで，$Z_i$ は $i$ イオン種の原子価，$F$ はファラデー定数*，$R$ は気体定数*，$T$ はケルビン度*[K]，$a_i$，$\bar{a}_i$ は溶液相および樹脂相の $i$ イオン種の活量*，$\pi$ は膨潤圧*，$v$ は微分分子容である． ［吉田弘之］

**とびだし　飛出し（流動層における粒子の）　elutriation**
気泡流動層*では，層表面での気泡*の破裂や気流による搬送により層を形成する粒子の一部がフリーボード領域（粒子濃厚層表面から塔頂までの区間）へ射出される．輸送出口高さ*(TDH)以上で微粉の断面平均質量速度（飛出し速度）$G_{\mathrm{f}}$ [kg s$^{-1}$ m$^{-2}$]平衡に達した微粒子の気流同伴(entrainment)．風ふるいにより微粉だけを分離する操作(elutriation)の概念を拡張したもの．$G_{\mathrm{f}}$ は層内（濃厚領域*内）の微粉の質量分率 $X_{\mathrm{f}}$ に比例し，次式の係数 $K^*$ を飛出し速度定数という．

$$G_{\mathrm{f}}=K^* X_{\mathrm{f}}$$

を粒子の飛出しとよぶ．この粒子濃厚層表面近傍の粗粒子の射出と落下が定常的に起きている領域を，スプラッシュ領域とよぶ． ［倉本浩司］

**トピックス　TOPIX　Tokyo stock price index and average**
東証株価指数．株式市場全体の動向を表す指標．東証一部上場の全企業の株価を対象に時価総額を指数化したもの．1968年1月4日のそれを100とし，その後の各時点での株価総額を増資時などの要因を修正のうえ連続性をもたせた指数として表す．
［岩村孝雄］

**ドーピング　doping**
半導体結晶中に不純物を添加しp型あるいはn型の伝導領域を形成すること．Siに対してはB(p型)，PおよびAs(n型)が不純物として一般に用い

られる．結晶成長時に不純物を添加する方法に加え，熱拡散法，合金法，イオン注入法などがある．
[大下 祥雄]

**とふ　塗布　coating**
　液体塗料を固体壁面に塗って，その固体壁面上に塗料の薄い皮膜を形成させることで，固体壁面とメニスカスに囲まれた流路（ニップ部*）に形成される液体架橋（ビードゥ*）を通して，比較的高速で走る乾いた固体壁面に当該液体塗料を供給して，その壁面を濡らしながら均一な所定厚みの液膜を，その固体壁面に形成させるものである．塗布操作は，対象とする固体壁面の種類および粗さなどの壁面の性状，液体塗料の種類および粘度*などの液体性状，形成する液膜の厚さおよび塗工速度などの操作条件により微妙な変化があり，ときには空気の巻込みやブしま模様の発生現象などの塗布欠陥を引き起こすことがある．したがって，その種々の条件に適合させるためいろいろな塗布方式があるが，代表的なものは，フォワードロール*方式，リバースロール*方式，グラビアロール*方式，ブレード*方式，エアナイフ*方式，スロットダイ方式，スライド方式およびカーテン*方式などがある．
[伝田 六郎]

**トムソンのげんり ──の原理　Thomson's principle**
　熱力学第二法則*の重要な表現の一つであり，"高温物体から低温物体へ熱を移動することなく（なんの変化も残さずに），熱源より熱をもらい，それを仕事に変えることは不可能である"，あるいは"循環的な過程で，一つの熱源から熱をとり，それを完全に仕事に変えることは不可能である"などで表される内容を，トムソン（後のケルビン）の原理という．すなわち，熱機関では一部の熱を必ず低温熱源に移さなければならないので，熱効率100％の熱機関をつくることができない．熱力学第二法則には，このほか種々の表現があり，それぞれ異なるようにもみえるが，その本質的な内容は同一である．（⇒クラウジウスの原理）
[滝嶌 繁樹]

**ドメインけいせい ──形成　domain formation**
　⇒ミクロ相分離

**ドライコロージョン　dry corrosion**
　⇒乾食

**ドラフトチューブ　draft tube**
　撹拌翼*から吐出された流体が撹拌槽内全体を循環して，再び翼に戻るように流れを強制する案内円筒．一般に翼はこの円筒内に挿入されて，軸流型撹拌装置に使用されることが多い．撹拌槽径に対して撹拌液深さが大きく，上部から下部へ，下部から上部に至る（上下の）流れを制御して，大循環流の生成促進が必要な場合にきわめて有効である．円筒内の翼の入口，出口に整流板を設けることで，より直線的な流れにすることや，槽外壁側と円筒内の流れ断面積を等しく設けるなどによって，せん断作用の少ない最少速度勾配の循環流を生成できる．とくに槽内の固形微粒子を浮遊懸濁するのに効果があり，微粒子沈降速度と上昇循環流速度の一致を保つ（調整をする）ことができれば，効率的均一分散が可能となる．また，高粘度液の混合に対してはスクリュー撹拌機*をこのドラフトチューブに入れれば，まだらのないプラグフローの混合ができる．気泡塔などに使用しても同様の効果が得られる．
[塩原 克己]

**ドラムかんそうき ──乾燥器　drum dryer**
　加熱された回転ドラムの表面に，液状，泥状材料を薄い膜状に付けて1回転以内に乾燥させ，乾燥製品をドラム表面でかき取る乾燥器で，ドラムは1個または2個である．乾燥時間は5～60sで製品の形状はフレーク状のものが多い．
[脇屋 和紀]

**トランジショナルこう ──孔　transitional pore**
　吸着剤*や触媒担体などに使用される多孔性材料がもつ細孔のうち，半径が1.5～100 nmのものをいう．最近ではこの用語が使われることは少ない．
[田門 肇]

**トランスファーナンバー　transfer number**
　熱および物質移動*において，全体移動による界面に垂直な速度が大きくなるとき，速度場とともに温度場や濃度場も影響を受けるようになる．とくに壁面で吹出しや吸込みを伴う場合にはこの効果が顕著になる．トランスファーナンバー $B_H$, $B_M$ は，このような高物質流束効果を通常の系での熱流束*や物質移動流束*と関係づけるための無次元数で，それぞれ次式で定義される．

$$B_H = \frac{v_s}{u} \frac{RePr}{Nu} = \frac{c_p(T_s - T_\infty)}{l}$$

$$B_M = \frac{v_s}{u} \frac{ReSc}{Sh(1-\omega_s)} = \frac{\omega_s - \omega_\infty}{1-\omega_s}$$

ここで，$v_s$は界面での速度，$u$は主流速度，$c_p$は定圧比熱，$l$は蒸発潜熱*，$T$は温度，$\omega$は質量分率，$Re$はレイノルズ数*，$Pr$はプラントル数*，$Nu$はヌッセルト数*，$Sc$はシュミット数*，$Sh$はシャーウッド数*である．通常の系のヌッセルト数を$Nu_0$，シャーウッド数を$Sh_0$とすると，それぞれ次式で関係づけられる．

$$\frac{Nu}{Nu_0} = g(B_H)$$

$$\frac{Sh(1-\omega_S)}{Sh_0(1-\omega_S)} = g(B_M)$$

［神吉 達夫］

**トランスフェラーゼ** transferase
⇒転移酵素

**トランスフォーメーション** transformation
⇒形質転換

**トリクルベッドはんのうき** ——反応器 trickle bed reactor

灌液充填塔．反応器に固体触媒を充填し，触媒層の上面に原料液または溶媒を散布して触媒粒子の表面を濡らして流下させ，水素などの反応性ガスと接触させて反応させる操作で，石油留分の水素化や水素化脱硫反応*または F-T 合成に応用される．固定層*操作なので，気相，液相の流れはともに押出し流*れとして近似でき，反応の転化率*を上げることができる．しかし，低液速度では粒子表面の濡れが不十分で，半径方向に均一な液ホールドアップ分布が得られにくく，半径方向の伝熱特性は良好とはいえない．並流*接触では気液下降並流，気液上昇並流（上昇流の場合はトリクルベッドではない）の二つの操作が可能である．並流充填塔では操作範囲が広いが，気液流量によって気液接触状態が複雑に変化する．また，反応操作では被吸収ガスの液相濃度が低く保たれるため，物質移動推進力における優位性を考えての向流操作選択のメリットは小さい．（⇒気液下降並流充填塔，気液上昇並流充填塔）［室山 勝ій］

**ドリフトフラックスモデル** drift flux model

Zuber-Findlay (1965) により提出された気液二相流*のモデルで，気相の相対速度（ドリフト速度）$u_R$ は気相速度 $u_G$ と二相流の平均速度（$\overline{u_G}$：ガス空塔速度，$\overline{u_L}$：液空塔速度）の差として，次式で表せることを示した．

$$u_R = u_G - (\overline{u_G} + \overline{u_L}) = \frac{\overline{u_G}}{\varepsilon_G} - (\overline{u_G} + \overline{u_L})$$

ここで，$\varepsilon_G$ はガスホールドアップ*である（⇒空塔速度）．本モデルに基づいた次の構成式中のパラメーター $C_0$ と $u_R$ は気泡流*，チャーン流*，スラグ流，環状流*などの流動様式により定式化されている．

$$u_G = C_0(\overline{u_G} + \overline{u_L}) + u_R$$

ドリフトフラックスモデルは固気二相流*にも適用されている． ［柘植 秀樹］

**トルートンのきそく** ——の規則 Trouton's rule

標準沸点 $T_b$ [1 atm (101.325 kPa)] における沸点におけるモル蒸発エントロピーすなわちモル蒸発潜熱 $\Delta H_{vap}$ を $T_b$ で除した値は，液体の種類によらないという経験則．F.T. Trouton (1884) により見出され，無極性純液体の $\Delta H_{vap}/T_b$ の値は約 88 J mol$^{-1}$ K$^{-1}$ となる． ［荒井 康彦］

**ドルトンのほうそく** ——の法則 Dalton's law

分圧の法則．混合気体の法則．理想気体*の混合物中の着目成分の分圧*は，その成分のモル分率と混合気体の全圧の積で表され，したがって各成分の分圧の和は全圧に等しいという法則．J. Dalton が提唱した．成分 1, 2, 3, … からなる理想混合気体中のモル分率を $y_1, y_2, y_3, \cdots$，全圧を $\pi$ とすると，各成分の分圧 $p_1, p_2, p_3, \cdots$ は次のように表される．

$$p_1 = y_1\pi, \quad p_2 = y_2\pi, \quad p_3 = y_3\pi, \cdots$$

これより，$y_1 + y_2 + y_3 + \cdots = 1$ なので

$$p_1 + p_2 + p_3 + \cdots = \pi$$

が与えられる．理想気体の混合物のみに適用される法則であるが，常圧付近ならば，多くの気体は理想気体とみなせるので，工学的計算には適用可能である． ［滝嶌 繁樹］

**トルビッドげんしょう** ——現象 Torbid phenomena

分子蒸留において，液蒸発面の表面に蒸発を抑制する渋滞面が生成する現象． ［長浜 邦雄］

**トレー** tray

段塔．段塔*内に設けた気液接触用の水平な棚段．とくに蒸留塔では良好な気液接触を行わせるため各種のトレーが開発されているが，気液の接触方法により向流および十字流式がある．図のように向流式(a)ではダウンカマー*を設けずに気液がトレーを介して接触する．十字流式(b)ではダウンカマーから出た液はトレーを横切って流れ，溢流堰を越えてダウンカマーに流れ込み，1段下のトレーに流れる．蒸気は下段からトレーの開口部を通って，トレー上の液と十字流接触をしながら上段の開口部に向かう．

十字流式ではトレー上の液の流し方により，さらにはシングルパス(c)，ダブルパス(d)，リバースフロー(e)など種々の型式がある．このほかにラジアルフロー式やダウンカマーを設けないキッテルトレーなどがある．泡鐘*および多孔板*，バルブトレー*などは代表的な十字流式トレーである．わが国で開発されたトレーとしてターボグリッドトレー，ニューバーチカルシーブトレー，リフトトレー，アングルトレーなどがある．シャワートレーは，ダウンカマーをもたないトレーで，トレー上の液レベルはトレ

一上の開口を通過して上昇する蒸気の圧力損失と液のホールドアップのバランスによって決まる．この構造のものとしてターボグリッドトレーとリップルトレーがある．十字流式では1段ごとに液の流れが180°変わるが，これを同一方向にする型式のものもある．トレーの高性能化は絶えず行われていて，ダウンカマーをトレーの下端よりやや上部にし，トレー上の気液接触面積の増大をはかったり，トレー上の液の流れを整えるために開口部の蒸気吹出し方向に工夫を加えるなどがある．これらを高性能トレー*という．

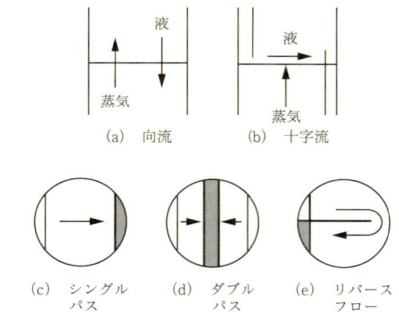

[大江 修造]

(a) 向流　(b) 十字流
(c) シングルパス　(d) ダブルパス　(e) リバースフロー
トレーの型式と十字流の液の流し方

**ドレインかいしゅうそうち　――回収装置　drain recovery unit**
　加熱用水蒸気は使用後ドレイン(凝縮液)として排出される．スチームトラップから排出された高温ドレインを回収ポンプを用いて圧送し，ボイラー給水として再利用する装置．

[亀山 秀雄]

**トレーサーほう　――法　tracer method**
　流動を可視化する計測手法の一つ．トレーサーは追跡子の意．注入トレーサー法，化学反応トレーサー法などがある．注入トレーサー法には，流れ場に目印となるトレーサーを間欠的，離散的に注入する流跡法と，連続的に注入する流脈法とがある．トレーサーの動きにより，流れ場の流速分布・乱れの状況などを知ることができる．(⇒流れの可視化)

[上ノ山 周]

**トレースエレメント　trace element**
　⇒微量金属

**トレーニング・シミュレーター　training simulator**
　プラント運転を担当するオペレーターを教育訓練するための仮想システム．オペレーターが対象プロセスや運転システムについての理解を深め，プラントの通常運転操作を学ぶことのみならず，スタートアップ-シャットダウンおよび異常状態での運転操作を修得することを目的とする．OJT*を補うあるいはOJTに先立つ訓練方法として重要である．

[小西 信彰]

**トレンチカバレッジ　trench coverage**
　⇒ステップカバレッジ

**トロンメル　trommel**
　回転ふるい．円筒形，八角筒形，六角筒形，裁頭円すい形，多角円すい形などの網面を回転させてふるい分けを行うふるい機．構造が簡単で動力も小さいが，網面での粉体の運動が重力流動であるため細かい粒子のふるい分けには向かない．

[日高 重助]

**トンネルかんそうき　――乾燥器　tunnel dryer**
　トンネル型をした連続式熱風乾燥*器で，乾燥器の長さ方向に数台ないし10台程度の送風機*を設けて，熱風を材料と十字流*，らせん流で流しながら循環する．乾燥器の出入口でのみ吸排気を行う場合，材料と熱風は全体として並流*または向流*になる．

[脇屋 和紀]

# な

**ないあつしきろかほうしき　内圧式沪過方式　core-side pressurized filtration method**

とくにキャピラリー膜*の場合に用いられる．ストロー状のキャピラリー膜では，ストローの壁に細孔があり，流体の沪過を行う．このとき，ストローの内側に供給液を流し，外側へ透過液を取り出す手法を内圧式沪過方式とよぶ．この場合，操作圧力はストローの内側にかける．反対に，外側から内側へ流体を沪過する場合は外圧式沪過方式とよぶ．

[山口　猛央]

**ナイキストせんず　——線図　Nyquist diagram**

制御系の解析で用いられることの多い周波数応答*の表現法で，角周波数 $\omega = 0 \sim \infty$ に対する周波数応答を複素平面上にプロットしたベクトル軌跡をよぶ．本来は，閉ループ系の一巡伝達関数に複素右半平面を囲む大きな閉回路上の複素数を代入した複素数の軌跡をよぶが，周波数応答を複素平面上に描いたベクトル軌跡の呼称として用いられることもある．

[橋本　芳宏]

**ないそうぶつ　内挿物(流動層の)　internal (of fluidized bed)**

インターナル．流動層*内の熱の除去あるいは供給，流動状態制御などを目的として，流動層反応器*の内部に設置される構造物の総称．除熱には一般にスチーム発生式伝熱管が用いられる．通常，垂直に複数設置され，使用本数や設置位置により除熱量や除熱位置を制御する．気泡*の分裂促進や流動状態の一様化など流動状態制御には，多孔板，格子グリッド，金網，リングバッフルなど水平型のもの，伝熱を兼ねた垂直型のものなどが使用される．

[筒井　俊雄]

**ないぶあつ　内部圧　internal pressure**

等温において内部エネルギー($U$)の体積($V$)変化を表す変数．内部圧を $\pi$ で表すと，$\pi = (\partial U/\partial V)_T$ で定義される．気体分子運動論によれば，気体が容器に及ぼす圧力は二つの成分に分かれる．一つは分子の熱運動による外向きの圧力(熱圧)，もう一つは分子間引力による内向きの圧力(内部圧または内圧)である．気体の内部圧は一般に小さく(理想気体はゼロ)，液体では大きい．

[新田　友茂]

**ないぶエネルギー　内部——　internal energy**

系を構成している物質の温度，圧力に応じて物質自身が保有するエネルギーを表す状態量．具体的には，分子の運動のエネルギー(分子の並進と回転，分子内の原子の振動と回転)，分子内の電子のエネルギー，および分子間力に基づく分子間相互作用エネルギーの総和であり，系全体(流れ系*)としての運動エネルギーや位置エネルギーは含まない．

内部エネルギーの変化は，熱力学的には熱量と仕事によって求めることができる．すなわち，閉鎖系*を1の状態から2の状態へ変化させるために，系に加えた熱量を $q$，仕事を $W$ とすると，系の内部エネルギー変化 $\Delta U$ は，変化の過程には無関係に次式で与えられる．

$$\Delta U = q + W$$

上式は熱力学第一法則*の数学的表現である．定容過程では体積変化による仕事の授受がないため，電気的仕事などのほかの仕事がない場合には内部エネルギー変化は定容過程における熱量を表す．

[滝嶌　繁樹]

**ないぶかんりゅうひ　内部還流比　internal reflux ratio**

連続蒸留塔*の濃縮部*の任意の段あるいは任意の位置における還流液流量と留出液流量の比．通常，還流比*(あるいは外部還流比*)は留出液流量に対する塔頂での還流液量の比として定義されるが，内部還流比は塔内で気液流量が変わる場合に用いられる．

[小菅　人慈]

**ないぶじゅんかんりゅうどうそう　内部循環流動層　internally circulating fluidized bed**

⇒循環流動層

**ないぶじょうはつ　内部蒸発　internal evaporating**

連続式熱風乾燥*器のように非定常乾燥条件下で湿り材料が乾燥される場合，限界含水率*以下での乾燥のこと．水分移動の機構は減率乾燥*のそれと同じである．非親水性材料*の減率乾燥では，材料内部において液状水蒸発を生じる．このように，材料内部において蒸発を起こしている部分を内部蒸発圏という．内部蒸発圏は乾燥の進行とともに内部へ発

達していき，そのあとに乾き圏を生じる．内部蒸発圏における局所的な液状水の蒸発速度を，内部蒸発速度という．(⇨表面蒸発，乾燥特性，乾燥，減率乾燥) ［今駒 博信］

**ないぶまさつかく　内部摩擦角　angle of internal friction**

静置されている粉体層内のある面において崩壊によって動的状態にまさに変わろうとするとき，層内に発生する崩壊面に作用する垂直応力 $\sigma$ とせん断応力 $\tau$ との関係を，$\sigma$-$\tau$ 平面にプロットしたものが破壊崩落線とよばれ，クーロンの式，あるいはワーレン-スプリングの式で表される．破壊崩落線またはその崩落線が曲線となるときは，その接線が $\sigma$ 軸となす角を内部摩擦角，その勾配を内部摩擦係数という． ［杉田 稔］

**ないぶまさつけいすう　内部摩擦係数　coefficient of internal friction**

内部摩擦角 $\phi$ の正接 $\tan\phi$．(⇨内部摩擦角) ［杉田 稔］

**ないぶモデルせいぎょ　内部——制御　internal model control**

IMC．1980 年代に，M. Morari らにより提案された，プロセスの伝達関数*モデルを直接に使った制御手法の一つであり，その制御構造は図のように表される．制御構造の基本は，次のとおりである．プロセスの入出力間の伝達関数 $G_P(s)$ のモデルとして $G_M(s)$ が与えられたとき，そのモデルをプロセスと並列におき，その出力の差をフィードバックする．プロセスとそのモデルへの操作量*を決めるコントローラーを $F(s)Q(s)$ と表現すると，$Q(s)$ は，モデル $G_M(s)$ の要素のうち，逆関数がとれる部分の逆関数 $G_{M-}(s)$ を使って $Q(s)=f(s)G_{M-}^{-1}$ と決められる．たとえば，モデルが $K_P/(1+\tau_P s)e^{\tau_d s}$ である場合，$G_M(s)=G_{M-}(s)G_{M+}(s)$ と分解表現し，逆関数がとれる部分 $G_{M-}(s)$ は $K_P/(1+\tau_P s)$ となり，逆をとると未来の信号値を使わなければならなくなる $e^{-\tau_d s}$ が $G_{M+}(s)$ となる．一方の要素 $F(s)$ には，$F(s)Q(s)$ の分子と分母多項式の次数の差が1以上に大きくならないように，定常ゲインが1の多重遅れの伝達関数 $1/(1+\alpha s)^n$ がとられる．$n$ の値を選んで，次数を調節する．

モデルが完璧にプロセスの動特性を表現しており $[G_M(s)=G_P(s)]$，外乱*がなければ，コントローラーへフィードバックされる信号はゼロであり，設定値*信号 $r(s)$ から出力信号 $y(s)$ への伝達関数は，$y(s)=F(s)r(s)$ となる．このことより，$\alpha$ を小さくすればすばやい制御性が，$\alpha$ を大きくすればゆっくりした応答を期待した制御系設計となる． ［大嶋 正裕］

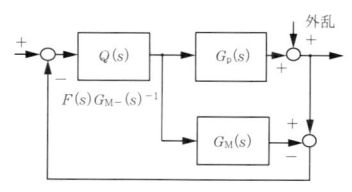

内部モデル制御

**ないぶろか　内部濾過　inner filtration**
⇨深層濾過

**ながれかんすう　流れ関数　stream function**

非圧縮性流体の二次元流れにおいて，基準となる点と任意の点の間の流量を与える関数．任意の2点間を通過する流量は，それぞれの点における流れ関数の値の差となる．流線*を横切る流れは存在しないこと，流線上では流れ関数は一定となる．流れ関数を $\Psi$ とすると，微小距離 $ds=\sqrt{(dx)^2+(dy)^2}$ 間の流量は $d\Psi$ となり，次式で表される．

$$d\Psi = u_y dx - u_x dy$$

一方，$d\Psi$ は $\Psi$ の全微分であるから，流れ関数と流体の速度は次の関係を満足する．

$$u_x = -\frac{\partial \Psi}{\partial y}, \quad u_y = \frac{\partial \Psi}{\partial x}$$

ポテンシャル流れ*においては，速度ポテンシャル*を実部，流れ関数を虚部とする複素速度ポテンシャルを定義することができる． ［吉川 史郎］

**ながれけい　流れ系　flow system**

物質の出入りがある系．単位時間に系に入る質量と系から出る質量が等しく，系内の各位置における物質の状態が時間によって変わらない条件が保たれるとき，これを定常流れ系という．流れ系におけるエネルギー保存の式としてベルヌーイの定理*が知られている． ［滝嶌 繁樹］

**ながれのかしか　流れの可視化　flow visualization**

計測によるものと計算によるものとに大別される．前者にはトレーサー法*・タフト法*・壁面トレース法・光学的可視化法などがある．最近では計測法と数値解析法とを組み合わせた可視化法であるトモグラフィー手法も発達してきた． ［上ノ山 周］

**ながれのすうちシミュレーション　流れの数値——**

## numerical simulation of flow field

CFD (computational flow dynamics). 計算による流れの可視化*法. 質量保存則を表す連続の式*と流れの運動方程式*であるN-S方程式*を基礎方程式とする. 連続の式を拘束条件として, N-S方程式を求解することにつきる. 直円管や同心二重円筒内の流れなどきわめて単純な系であれば, 数学的に厳密な解析解として計算することができるが, N-S方程式の非線形的な性格により, 一般には厳密解は得られず, コンピュータを用いた近似計算となる. これは反復計算となるが, そのアルゴリズムには, SIMPLE法*, MAC法*, SMAC法*など, 種々提案されている. 流れ場が乱流*である場合には, これに加えて乱流モデル*を使うなど特別な工夫が必要となる. 一方, 層流*流動場では, 非ニュートン的なレオロジー特性が問題となる場合がある. この場合には, 粘度の空間勾配など, N-S方程式を拡張した取扱いが必要となる. (⇒乱流の数値シミュレーション) [上ノ山 周]

## ナチュラルステップ natural step

スウェーデンで設立された世界的環境保護団体. 健全な自然循環と人間活動のために次の4項目を提唱している. ① 鉱物資源が生物圏で増え続けない, ② 人工物質が生物圏で増え続けない, ③ 土地利用形態を守る, ④ 資源を公平かつ効率的に使用し, 人々のニーズを満たす. [後藤 尚弘]

## ななぶんのいちじょうそく 1/7乗則 1/7 power law

円管内乱流*および平板乱流境界層流*れにおける速度分布は, 壁に近い領域を除いて壁からの距離の1/7乗に比例することが, 実験的に知られている. この速度分布にみられる法則を1/7乗則という. [薄井 洋基]

## ナノテクノロジー nanotechnology

合成法や反応制御で構造設計が可能な分子レベルよりは大きいが, 従来技術では加工などの構造設計が困難なおおむね1〜100 nm ($10^{-9}$〜$10^{-7}$ m) 程度の微細レベルで, 物質の構造を設計・制御することによって新たな機能を物質に付与する技術の総称. 物質の製造・加工プロセスも従来にない革新的な技術を必要とするため, 構造・機能・プロセス一体となった開発が必要とされる. 応用分野は, 材料, 医薬品, 化成品, 環境, エネルギーなどさまざまな分野に広がっており, 原料や部品・素材さらには得られた部材を組み合わせたデバイスなどの開発, さらにはナノ領域での構造や機能を評価・分析するため新たな計測法の開発も重要な開発要素である.

ナノテクノロジーの研究開発は, 材料・新素材をターゲットとした経済産業省・NEDO (新エネルギー・産業技術総合開発機構) の材料ナノテクノロジープログラムなどの国家プロジェクトが起爆剤となって進められる. このプロジェクトでは, 高分子, ガラス, 金属, ナノカーボンなどの材質を縦糸に, "ナノ粒子""ナノコーティング""ナノ機能合成技術"など材料の材質によらない共通的な技術を横糸にし, さらに全体の基盤となる"ナノ計測"と得られた成果をまとめ広く理解を深めるための"知識の構造化"など複数のプロジェクトが連携しながら取り組まれている. 国内外の動きに刺激され, さまざまな分野で研究・開発されたナノ構造設計による新機能物質の応用, 実用化分野として, たとえば, ナノ粒子 (⇒ナノ粒子) では, セラミックスやナノ粒子を

ナノテクノロジーの応用

| 分野 | ナノ粒子材質・構造 | 機能 | 応用 |
|---|---|---|---|
| 医療・健康診断 | 半導体 CdSe, CdS など | 量子効果, 発光特性, 量子ドット | スクリーニング, 診断, 薬剤送達状態の観察, 遺伝子の迅速大量診断など |
|  | ナノカプセル | 表面機能設計型薬剤内包カプセル | 特定臓器, 患部への選択的送達, 人口赤血球など |
| 化粧品 | ナノカプセル ナノ粒子被覆 シリカなどのナノ被覆 表面修飾 | 毛穴〜表皮への浸透 光散乱, 光沢 芯物質保護, 光学特性の制御 | 栄養成分の表皮からの供給 紫外線カット, 皮膚の保護 光学特性, 皮膚への親和性 しみなどのぼかし |
| 環境・安全 | 酸化物多孔体担持, $TiO_2$ | 有害有機成分の分解 (塗布紙, 繊維の保護) | シックハウス症候群対策 |
| 表示デバイス | ナノ粒子内包マイクロカプセル | 内包粒子の電子泳動 | 電子ペーパー |

分散させたポリマー，ガラスなどなど光学的，電磁気的，機械的性質に優れた材料素材として利用され始めている．ただ，バルク材料として利用する場合は，合成したナノ粒子を塗布，成形，焼結や固化反応などによる固定化と，多くのプロセスを必要とするため，実用段階に達したものはまだ少ない．ナノ粒子やナノカプセルをそのままあるいは若干の加工で利用可能な，化粧品，医療・健康分野での応用が盛んで，表のようなさまざまな用途に利用されている．

[神谷 秀博]

## ナノりゅうし　ナノ粒子　nanoparticle

1 μm よりも小さい超微粒子*のことで，とくに数～数百 nm の粒子をさす．超微粒子の範囲があいまいであるのに対して，マイクロメートルスケールよりも小さいことを明確とするためにつくられた語．調製法，性質および用途は超微粒子と同様である．

[岸田 昌浩]

## ナノろかまく　ナノ沪過膜　nanofiltration membrane

NF 膜．ナノ沪過とは 2 nm 以下のサイズの溶解分子や粒子を阻止することが可能な沪過分離法であり，ナノ沪過に用いられる膜をナノ沪過(NF)膜とよぶ．逆浸透膜*と限外沪過膜*の中間の細孔径を有し，分画分子量*としては 200〜1 000 程度の分離膜に相当する．膜細孔径が 1〜2 nm 程度になると，細孔表面と溶質との相互作用が透過機構に大きく寄与するために膜表面特性，とくに表面荷電による分離性が発現するようになり，分離機構にはふるい機構と荷電効果の両方を考慮する必要がある．農薬などの低分子有機化合物の阻止，超純水製造における電解質溶質の低圧での除去，1〜2 価イオン混合系での 2 価イオン除去による軟水化などに応用される．市販されているナノ沪過膜のほとんどはポリアミド系複合膜であり，無機ナノ沪過膜は開発段階である．

[都留 稔了]

## ナレッジマネジメント　knowledge management

組織のなかに蓄積されている，あるいは組織外にある，過去の経験から得られた知識や技術やノウハウなどの知的資産を積極的に活用し，組織内の新しい価値を創造する力や資産に変えていく経営管理手法．組織員がさまざまな業務経験で得た専門知識，ノウハウ，情報などの暗黙知を IT (情報技術)を駆使して全組織全体で一元管理し，社内のネットワークで情報交換し，情報共有化し，形式知化する．

[弓削　耕]

## なんかてん　軟化点(高分子材料)　softening point

軟化温度．加熱によって固体材料が軟化するときの温度．高分子材料では明確な融点を示さない場合があるため，耐熱性の指標として利用される．試験方法によって軟化点は異なった値になるので，注意を要する．

[仙北谷 英貴]

## なんぶんかいせいぶっしつ　難分解性物質　hardly biodegradable compounds

残留性物質．環境水中あるいは土壌中の微生物によって分解されにくく，環境中に放出された場合には長期間にわたって環境中に残留しやすく，人の健康や生物に悪影響を及ぼす可能性が懸念される化学物質．生物分解性試験の結果によって評価され，化学物質による環境汚染防止を大きな目的とする化学物質審査規制法においても，まず最初のチェック項目に指定されている．(⇒残留性有機汚染物質)

[亀屋 隆志]

# に

**にげんいどうモデル　二元移動——　dual transport model**

二元輸送モデル．ガラス状高分子膜中の気体透過現象を表すモデルで，二元収着モデルで表されるヘンリーの法則*溶解の気体分子とラングミュア型吸着の気体分子が，それぞれ並列に独立してフィック型の拡散移動をすると仮定するモデル．透過フラックス $J$ は次式で表される．

$$J = -D_D \frac{dC_D}{dx} - D_H \frac{dC_H}{dx}$$
$$= k_D D_D \left\{ 1 + \frac{FK}{(1+bp_h)(1+bp_l)} \right\} (p_h - p_l)/\delta$$

ここで，$F = D_H/D_D$，$K = C_H'b/k_D$ で，$C_D$, $D_D$ は膜中へヘンリーの法則に従い溶解した気体分子の濃度と拡散係数，$C_H$, $D_H$ は膜中へラングミュア型吸着した気体分子の濃度と拡散係数，$k_D$ は溶解度係数 $C_H'$ は孔飽和定数，$b$ は孔親和定数，$p_h$, $p_l$ は気体の高圧側と低圧側の圧力，$\delta$ は膜の厚みである．

[原谷　賢治]

**にげんしゅうちゃくモデル　二元収着——　dual sorption model**

二重収着モデル．ガラス状高分子への気体の収着（吸収と吸着）を表すモデルで，気体の全収着濃度 $C$ を，気体分子が高分子鎖セグメント間にランダムに分配するヘンリーの法則*に従う溶解濃度 $C_D$ と，気体分子がミクロボイド中へ分配するラングミュア型に従う吸着濃度 $C_H$ の和で表す．

$$C = C_D + C_H = k_D p + \frac{C_H'bp}{1+bp}$$

ここで，$k_D$ は溶解度係数 $C_H'$ は孔飽和定数，$b$ は孔親和定数，$p$ は気体の圧力である．

[原谷　賢治]

**にげんゆそうモデル　二元輸送——　dual transport model**

⇒二元移動モデル

**にさんかたんそ　二酸化炭素　carbon dioxide**

$CO_2$．空気中に約350 ppm存在し，天然ガス，鉱泉中などにも含まれている場合が多い．地球温暖化ガスの一つである．

[成瀬　一郎]

**にじあつみつ　二次圧密　secondary consolidation**

粒子層の圧密*において，粒子間に作用する固体圧縮圧力（ケーク圧縮圧力*）の変化に即応しない圧密．これは粒子層の粘弾性挙動に起因する一種のクリープ*変形である．固体圧縮圧力の変化に即応する一次圧密*と即応しない二次圧密は同時に現れるが，一次圧密による変形は圧密初期に顕著であり，二次圧密による変形は圧密後期に顕著となる．二次圧密を表現する力学モデルには，フォークトモデル*が用いられる．

[岩田　政司]

**にじおくれけい　二次遅れ系　second order system**

伝達関数*の分母が次のように，二次式で表現されるシステムを二次遅れ系とよぶ．

$$G(s) = \frac{K_p}{1 + 2\varsigma\tau s + \tau^2 s^2}$$

ここで，$K_p$ はゲイン，$\varsigma$ は減衰係数とよばれる．$\tau$ は時間のパラメーターで，$\omega_n = 1/\tau$ は固有角周波数とよばれる．二次遅れ系のステップ応答を図に示すが，$\varsigma \geq 1$ のときは非振動的な応答となり，$1 > \varsigma > 0$ では振動的になる．$\varsigma = 0$ では正弦波状の持続振動となり，$\varsigma < 0$ では不安定になる．

[橋本　芳宏]

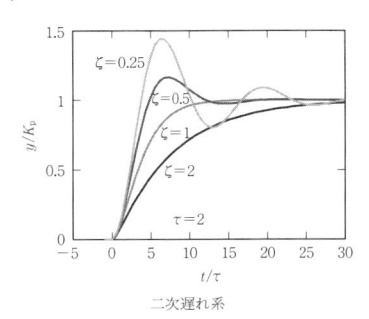

二次遅れ系

**にじかくはっせい　二次核発生　secondary nucleation**

溶液中にすでに存在する結晶によって誘起される結晶核発生．気相においては知られていない．結晶の存在しない安定な溶液に結晶を投入して撹拌すると，たやすく結晶核（二次核）が発生する．二次核発生は一次核発生に比べてはるかに起こりやすい．し

たがって，比較的低過飽和で運転される工業装置のなかでは，二次核発生が支配的であって，一次核発生はほとんど起こらない．ただし，難溶性物質の沈殿生成においては，結晶存在下でも一次核発生が支配的に起こると考えられている．それは溶解度が低いため，相対過飽和度が非常に大きい状態で運転されているためである．また，結晶粒子が小さく二次核を発生させにくいためでもある．

二次核発生はその機構により次のように分類される．まず，イニシャルブリーディング(initial breeding)．これは，乾いた結晶を過飽和溶液に投入した場合に，結晶に付着していた微結晶がはがれ落ちる現象をいう．新たな固相の出現という意味での核発生とはほど遠い．結晶をあらかじめ洗浄することで簡単に防止できる．また，多結晶体および針状結晶が機械的衝撃で壊れる現象(polycrystalline breeding, needle breeding)も真の核発生ではない．結晶懸濁条件下で流体力学的せん断力(fluid shear)によって引き起こされる二次核発生もあるが，これは晶析装置内ではそれほど顕著ではない．晶析装置内で顕著に起こるのは，コンタクトニュークリエーション(contact nucleation)である．これは，撹拌翼・結晶間の衝突，器壁・結晶間，結晶どうしの衝突などの機械的衝撃によって引き起こされる二次核発生である．コンタクトニュークリエーションの機構としては，機械的衝撃による結晶表面の微視的破損あるいは吸着層，すなわち成長中の結晶表面に吸着されている擬似固体層の離脱が考えられている．コンタクトニュークリエーション速度は機械的衝撃の頻度に関係するから，撹拌速度および装置容積に依存する．一般に装置容積が増大すると，単位体積あたりのコンタクトニュークリエーション速度は低下する．二次核発生が起こるためには，親の結晶はある程度の大きさ以上の大きさをもっていなくてはならないとする最少粒径の考えがある．

二次核発生速度に関する理論式はない．二次核発生速度 $B^o$ は $B^o = k_n(\Delta C)^n M_t^i$ のような実験式で表現される．ここで，$k_n$ は定数(撹拌速度，温度の関数)，$\Delta C$ は過飽和度，$M_t$ は結晶懸濁密度すなわち懸濁液単位容積あたりの結晶質量である．二次核発生速度に対するスケールアップ効果の見積りは装置設計上重要であるが，難しい．それは，上式の定数 $k_n$ に対する装置スケールの影響が十分把握されていないからである． 　　　　　　　　　　　[久保田 徳昭]

**にじくえんしん　二軸延伸　biaxially extension**

熱可塑性高分子フィルムを互いに直交する2方向に延伸する方法．縦方向(引取り方向)と横方向に同時に延伸する同時二軸延伸と，縦延伸を行った後，横延伸を行う逐次二軸延伸に分けられる．Tダイ法*ではテンターとよばれる延伸機との組合せで，同時および逐次延伸が達成できる．一方，インフレーション法*では同時二軸延伸フィルムを得ることができる． 　　　　　　　　　　　[梶原 稔尚]

**にじくおしだしき　二軸押出機　twin screw extruder**

二軸混練機．2本のスクリューを配置した押出機．単軸押出機とは異なり，2本のスクリューで大きな応力や複雑な流れを発生させることができることから，高分子材料のブレンド化，複合化に用いられている．また，バッチ式混練機に対して連続式であるため生産性が高い．2本のスクリュー軸にはおもに輸送の目的で用いられるフルフライトスクリューや，混合・混練を目的とした混練エレメントが配置されている．混練エレメントには，レンズ状やおにぎり状のニーディングブロックや連続型・不連続型ローターなど多くの種類があり，目的に応じて使い分けられる．また，スクリュー形状として一条ねじ，二条ねじおよび三条ねじなどの種類がある．最近は，これらのエレメントがブロック化しており，目的に応じて配置を変更することが多くなっている．また，スクリューのかみ合い型式として，完全かみ合い型，部分かみ合い型，非かみ合い型がある．完全かみ合い型では1本のスクリューが相手のスクリュー溝表面をかき取るセルフクリーニング型があり，材料の滞留を防ぐことができる．また，回転方向として，同方向回転と異方向回転があり，一般には同方向回転が用いられることが多い．可塑化・溶融，混合・混練のほかに，脱揮，脱水や，重合反応を伴うリアクティブプロセッシング*にも用いられる．

　　　　　　　　　　　　　　　　[梶原 稔尚]

**にじげんかくせいちょうモデル　二次元核成長——two dimensional nuclei growth model**

結晶表面が分子レベルで平滑なときの成長機構として提案され，結晶表面の母液の過飽和度を推進力として二次元(円盤状)の島状の核が形成する過程が，その面の成長速度を支配しているとするモデル．このモデルで導かれる成長速度は過飽和度が低いとき実質的な成長がみられないほど低いために，多くの実験結果を説明することができない．このためBCF理論*が提出された．　　　　　[松岡 正邦]

**にじたいしゃさんぶつ　二次代謝物　secondary metabolite**

抗生物質などの直接増殖に関係しない代謝産物を二次代謝産物という．その生産様式は増殖に連動せず，対数増殖後期から定常期にかけて生産されるケースが多い．これに対して，増殖に連動して生産されるアミノ酸や核酸などは増殖期間に生産され，一次代謝産物とよばれる．　　　　　　　　［本多 裕之］

**にじゅうかんねつこうかんき　二重管熱交換器**
double-pipe heat exchanger

直径の小さい管1本をそれより直径が大きい管の中に挿入した構造の熱交換器*で，内管中を流れる流体と，外管と内管との間隙(環状部)を流れる流体との間で熱交換させる．構造が簡単で，伝熱面積の増減が自由にできる．高圧ガスあるいは腐食性流体の熱交換に多く使用され，比較的小容量の熱交換器に適している．2流体の温度差が大で，内管と外管との間に伸縮を吸収する必要のある場合は，U字形伝熱管を用いたり，直管のときは外管に伸縮継手を用いる．通常，環状部には漏洩しても危険のない流体あるいは低圧流体を通し，内管に高圧流体を通す．適当な流速の向流*型にすれば，高い伝熱効率と少ない圧力損失*を得ることができるが，さらに熱伝達係数*を高め，伝熱面積を増大させる目的で内管としてフィン管*を用いることがある．
　　　　　　　　　　　　　　　　［荻野 文丸］

**にじゅうきょうまくせつ　二重境膜説**　two-film theory, double-film theory

LewisとWhitmanが1924年に提唱した異相流体間の物質移動機構に関する仮説．乱流*で流れる異相流体の接触面の両側には，それぞれの流体の有効境膜*が存在し，両流体間の物質移動に対する抵抗はすべてこの両境膜内に集中されている．接触面では平衡が成立しており，両境膜内の物質移動は，定常状態で分子拡散*によって行われると仮定している．(⇒境膜説)　　　　　　　　　［後藤 繁雄］

**にじゅうしゅうちゃくモデル　二重収着——**
dual sorption model
⇒二元収着モデル

**にせいぶんけいじょうりゅう　二成分系蒸留**
binary distillation

二成分系混合物を蒸留*すると，低沸および高沸成分*はそれぞれ塔頂と塔底に濃縮される．理論段*1段の蒸留塔*の場合，塔頂からは塔底の液組成に平衡な蒸気組成のものが得られるが，多段蒸留塔*を用いると，塔頂と塔底からその理論段数*に応じて高濃度の製品を得ることができる．このことは連続蒸留*でも回分蒸留*でも同じである．二成分系最低共沸混合物*を分離する場合，塔頂に共沸組成のものが，塔底に高沸点成分が得られる．最高共沸混合物*の場合には塔頂から低沸点成分，塔底から共沸組成のものが得られる．　　　　　［小菅 人慈］

**にせいぶんけいのきえきへいこう　二成分系の気液平衡**　vapor-liquid equilibrium for binary system

2成分からなる混合系の気液平衡．1点の二成分系気液平衡データは温度($T$)-圧力($P$)-液組成($x_1$)-蒸気組成($y_1$)で表し，組成は慣例的に低沸点物質(1)の組成(モル分率)で表す．ここで，圧力一定の定圧データと温度一定の定温データがある．蒸留は定圧で行われるため，平衡蒸留器*などによって測定した定圧気液平衡データが有用である．しかし，定温データのほうが測定しやすいため，そのデータをもとに活量係数式*のパラメーターを決定し，それを用いて定圧データを計算によって求めることがよく行われる．なお，$x_1$と$y_1$を横軸と縦軸にプロットした$x$-$y$曲線*は2成分蒸留のマッケーブ—シール法*などでよく使われる．　　　　　　　［長浜 邦雄］

**にそうモデル　二相——(流動層の)**　two-phase model (for fluidized bed)

流動層反応器*の濃厚領域*において，気泡*によるガスの流れを気泡相とし，粒子エマルション相(濃厚相*)との間のガス成分の物質移動*を考慮した気固接触モデル．ToomeyとJohnston(1952)以来，流動層反応モデルや物質移動モデルの基本形をなしてきた．気泡相内のガスは通常プラグ流*(ピストン流)として扱われているが，エマルション相内のガスについては軸方向分散を無視する考え方(vertically unmixed emulsion, VUME)や，完全混合*とする考え方(perfectly mixed emulsion, PME)など，さまざまな扱いがなされている．Lewisら(1959)は気泡相内に浮遊するダイレクトコンタクト粒子の反応への影響を考慮し，Miyauchi(1981)は濃厚領域*より上方に存在する希薄相のダイレクトコンタクト粒子の反応への影響をさらに考慮し，単一反応*に関する二相モデル型流動層反応モデルを展開した．また，Tsutsui(2004)はこのモデルを逐次反応*系に対して発展させた．　　　　　［筒井 俊雄］

**にそうりゅうでんねつ　二相流伝熱**　two-phase flow heat transfer

広義には相異なる2相(気-液，気-固，液-固)の混相流*の熱伝達とも解釈できるが，一般には，気液二相流の熱伝達を二相流伝熱と称している．二相流伝熱のうちとくに重要なのは，管内を液体および気体

が混合しながら，強制対流* あるいは自然対流* の沸騰状態で流れている二相流沸騰である．二相流沸騰は古くより，蒸気ボイラーや化学工業用蒸発缶などで取り扱われている．(⇒強制対流沸騰伝熱)
[深井　潤]

**ニーダー　kneader**
⇒捏和・混練機

**にだんねんしょう　二段燃焼　two staged air combustion**
燃焼空気を二つに分割して吹き込む代表的な炉内脱硝法．低空気比の空気をバーナーから吹き込むことで形成される還元域でNOxを還元し，残りの空気をバーナー上方から吹き込み完全燃焼させる技術である．
[神原　信志]

**にちぎんたんかん　日銀短観　short-term economic survey of enterprises in Japan**
企業短期経済観測調査．日本銀行が四半期ごとに約8200社を対象にアンケートを実施し，生産高，売上高，輸出額，設備投資額など広範な調査を行い景気動向を探る．直近の経済全般をみる景気のバロメーターとして注目され，そのうち大企業・製造業の業況判断(DI)が代表的な指標の一つである．
[岩村　孝雄]

**にちへいきんとうかりゅうそく　日平均透過流束　day averaged flux**
1日を単位時間とする膜の単位表面積あたりの透過量．単位は $kg\ m^{-2}\ d^{-1}$ または $m^3\ m^{-2}\ d^{-1}$ である．膜もしくは膜モジュールの性能指標として利用される．
[市村　重俊]

**にっけいへいきん　日経平均　the Nikkei stock average**
東証一部上場の各業種を代表している225銘柄の株価の単純平均を基準とし，増資，減資，株式分割，合併などのつど除数を修正して，これまでの株価と比較しやすいようにした株価指数．原則として毎年10月に構成銘柄の定期見直しを行う．
[岩村　孝雄]

**ニッケルきごうきん　──基合金　nickel-base alloy**
ニッケル合金．Niは面心立方晶で，加工性がよく，熱間・冷間加工ができ，靭性に優れ，低温脆性* を示さず，さらに，耐食性も良好である．Ni-Cu系合金には白銅(キュプロニッケル)，洋白，モネルメタルなどがあり，展延性や耐食性，高温特性に優れ，また美しい光沢を有するものもあり，電気製品や熱交換機，装飾品や食器などに用いられている．Ni-Cr系合金は電気抵抗や耐食性，耐熱性が良好で，電熱用抵抗線や耐食・耐熱用材料として使われている．ニッケル基耐熱合金には，Ni-Cr-Ti合金のナイモニック，NiにCr, Mo, Co, Wなどを添加したハステロイ*, NiにCr, Ti, Al, Feなどを添加したインコネル* などがある．なお，モネル，ナイモニック，インコネルなどは，Special Metals社の登録商標である．
[新井　和吉]

**ニデルリンスキインデックス　Niederlinski index**
⇒干渉

**にゅうかじゅうごう　乳化重合　emulsion polymerization**
エマルション重合．マクロエマルション重合．モノマー* をほとんど溶解しない媒体(普通は水)中に，モノマーと界面活性剤を加えて撹拌するとモノマー油滴が分散・浮遊したエマルションが生成する．媒体が水の場合，これに過硫酸カリウムなどの水溶性重合開始剤を加えると，水中で発生したラジカルはモノマーを可溶化* したミセルに侵入して，重合を開始しポリマー* 粒子に転化させる．生成したポリマー粒子は油滴から水相を経てモノマーの補給を受けながら重合を続ける．そのモノマーがポリマー粒子に吸収されて油滴が消滅したあとは，ポリマー粒子内の残存モノマーを消費しながら重合が進行し，最終的に直径が50〜500 nmのポリマー粒子の乳濁液(高分子ラテックス)が生成する．本重合法の特徴は，重合速度や生成ポリマーの重合度が塊状重合などに比べてかなり大きいこと，それらを独立に制御できること，媒体が水であるため環境にやさしく重合熱の除去も容易なことである．
[埜村　守]

**にゅうさつ　入札　bid, tender**
複数の業者に同一の条件でプロポーザルを提出させ公平な競争と審査を行い，顧客にとってもっとも有利な条件(価格，能力，品質など)を提示した企業に発注する仕組みを入札(制度)というが，業者が条件を提示することを入札ということもある．実施方法により，一般競争入札，指名競争入札，公開入札，非公開入札などがある．
[小谷　卓也]

**にゅうりょくへんすう　入力変数　input variable**
⇒プロセス変数

**にゅうりょくホライズン　入力──　control horizon**
⇒モデル予測制御，ダイナミックマトリックスコントロール

**ニューセラミックス　new ceramics**
陶磁器や耐火物など，おもに天然のケイ酸塩を原

料とする伝統的なセラミックスに対して，新しいセラミックスをいう．アルミナ，チタン酸バリウム，窒化ケイ素，炭化ケイ素など近年に登場した新しい機能性セラミックス群の総称． 〔奥山 喜久夫〕

## ニュートンのねんせいほうそく ──の粘性法則 Newton's law of viscosity

ニュートン流体* が $x$ 方向に平行な平行平板間に満たされているときに，一方の平板が一定の速度で動いている場合の流れ方向に現れるせん断応力* $\tau_{yx}$ と，流れと直角方向のせん断速度* $-du_x/dy$ の次式で表される関係．

$$\tau_{yx} = -\eta \frac{du_x}{dy}$$

ここで，速度 $u_x$ は $x$ 方向の流体の速度であり，比例係数 $\eta$ は分子粘性係数あるいは単純に粘度* とよばれる．平板はある $y$ 値に隣接する流体層に $x$ 方向の運動量を引き起こし，その流体層は隣接する流体層に $x$ 方向の運動量を引き起こし，という現象が連鎖する．このことは $\tau_{yx}$ が単位時間，単位面積あたりの $y$ 軸に垂直な面を通して移動する $x$ 方向の運動量であることを示している．この法則に従う流体をニュートン流体という．空気，水，油などが代表的なニュートン流体であるが，多くの流体(高分子溶液，高分子溶融体，固気混合物など)はニュートンの法則に従わない．これらの流体は非ニュートン流体* と総称され，種々の非ニュートン流体モデルが提案されている． 〔薄井洋基・小川浩平〕

## ニュートンのれいきゃくのほうそく ──の冷却の法則 Newton's law of cooling

高温物体を大気中に放置したとき，物体と大気の温度差に比例して物体が熱量を失うという法則を，ニュートンの冷却の法則という．数式的には次式で表わされる．

$$q = h(T_w - T_a)$$

ここで，$q$ は単位面積あたり単位時間に放出される熱量であり，$T_w - T_a$ は物体と大気の温度差，$h$ は比例定数である．

物体からの放熱の機構は，主として対流熱伝達*，放射(ふく射)熱伝達* の2者が関係する．放熱が強制対流熱伝達のみによって行われる場合は，この法則が成立する．しかし，自然対流熱伝達による場合は，$h$ は $T_w - T_a$ の関数となるので，この法則は成立しない．一方，熱放射(熱ふく射)* により，単位面積，単位時間に失われる熱量は，ステファン-ボルツマンの法則* から絶対温度* の4乗の差に比例する．したがって，放熱速度は厳密には温度差に比例しないが，温度差が小さいときは近似的にこの法則が成立する． 〔荻野 文丸〕

## ニュートンりゅうたい ──流体 Newtonian fluid

粘性流体* のうちで，せん断応力* とせん断速度* が比例関係を示し，流動曲線* が原点を通る直線で表される流体．ニュートン流体としては，水，常温・常圧の空気，水あめ，グリセリン水溶液などがある．(⇒ニュートンの粘性法則) 〔小川 浩平〕

## ニューラルネットワーク neural network

人間の神経細胞のはたらきを単純化して模倣することから生まれた，システムの入出力関係を記述するモデル．単純なユニット(ニューロン)を結合させ，さらにその結合に調整パラメーターとしての結合重みを定義して，並列性と学習機能を実現している．時系列データの処理やパターン認識に向いているといわれている．神経ネットワークと区別するため人工ニューラルネットワークとよばれる．人工ニューラルネットワークは，非線形もしくは線形に信号変換を行うニューロンをユニットとしたネットワーク構造をもち，その構成にはニューロンが相互に結合しているリカレントニューラルネットワークと，階層的な構造で信号の流れが1方向である多層ニューラルネットワークに分けることができる．ネットワーク内の要素であるニューロンは実際の機能を単純化した多入力1出力系のモデルが用いられる．これを数学的に表現すると，次のように表すことができる．

入力： $x = \sum_{j=1}^{N} w_j z_j - \theta$

出力： $y = f(x)$

ここで，$x, y$ はこのニューロンへの入力および出力であり，$z_j$ はこのニューロンに結合しているほかのニューロンのうちの，第 $j$ 番目のニューロンからの出力である．$w_j$ はほかの第 $j$ ニューロンからこのニューロンへの結合強度である．また，$\theta$ はしきい値とよばれている．$f(x)$ はシグモイド関数であり，次の関数がよく用いられる．

$$f(x) = \frac{1}{1 + \exp(-x)}$$

さまざまな構造や学習法が提案されているが，階層型のニューラルネットワークを誤差逆伝搬法(back propagation法)で学習させて利用する方法が広く用いられている．適切な入出力データが用意できれば，学習によって簡単にモデルを構築できる場合が多く，さまざまな分野で応用されている．

にようざいちゅうしゅつ　二溶剤抽出　double solvent extraction
⇒分別抽出

[本多裕之・山下善之]

にりゅうたいモデル　二流体―― two fluid model
⇒流動層シミュレーション

# ぬ

**ぬきやまてん　抜山点　Nukiyama point**

過熱度*と熱流束*の関係を示す沸騰曲線*において，核沸騰*から極大熱流束点*に達する直前で，極大の熱伝達係数*を示す点である．この沸騰曲線は 1934 年に抜山四郎により初めて発表された．(⇒沸騰熱伝達，バーンアウト点)　　　　[深井　潤]

**ヌッセルトすう　——数　Nusselt number**

伝熱現象に用いられる無次元数*の一つで，$Nu$ または $N_{Nu}$ で記し，$hD/k$ で表される．$h$ は熱伝達係数*，$D$ は代表長さ*(たとえば管直径)，$k$ は流体の熱伝導度* である．$\delta$ を有効境膜*の厚さとすれば，$h = k/\delta$ と表せるので，$Nu = D/\delta$ となる．すなわち，ヌッセルト数は代表長さと有効境膜厚さの比である．また，壁温を $T_w$，流体本体の温度を $T_b$，壁からの距離を $y$ とすれば壁面での熱収支*より次式を得る．

$$Nu = \frac{\partial[(T_w-T)/(T_w-T_b)]}{\partial(y/D)}\bigg|_{y/D=0}$$

すなわち，ヌッセルト数は壁面上での無次元化された温度勾配であるともいえる．普通の対流伝熱では $Nu = f(Re, Gr, Pr)$ の関係がなりたつ．ここで $Re$，$Gr$，$Pr$ はそれぞれレイノルズ数*，グラスホフ数*，プラントル数*である．強制対流*の場合は，$Re$ と $Pr$ が，自然対流*の場合には $Gr$ と $Pr$ が支配的となる．なお，シャーウッド数*のことを物質移動に関するヌッセルト数ということもある．　[平田 雄志]

**ヌッセルトりろん　——理論　Nusselt theory**

ヌッセルトの膜状凝縮理論．静止飽和蒸気の垂直平面上における膜状凝縮*の理論のこと．層流で流下する液の表面温度を飽和温度とし，エネルギー方程式中の対流項を無視することによって，速度分布と温度分布を求め，液膜の厚さや局所熱伝達係数を求めることができる．(⇒凝縮数)　　[渡辺 隆行]

**ぬれかべとう　濡れ壁塔　wetted-wall column**

濡壁塔(じゅへきとう)．図(a)に示すように，垂直円筒の内壁に沿って流れる薄膜状の液体を，管の中心部を流れるガスまたは第二の液体と接触させて物質移動や熱移動を行わせる装置．外壁に液膜を形成させる方式を含めて，2 相間の接触面積が正確に測定可能なため古くから，蒸発*，蒸留*，ガス吸収*，調湿*，液液抽出*，などの界面を通しての輸送特性の解明のための実験装置として用いられてきた．管の内壁に液膜を形成させる気液接触濡れ壁塔は管外からの熱交換が容易であるので，HCl ガスの水による吸収(塩酸の製造)やベンゼンの塩素化などのように，多量の発熱を伴う反応吸収操作に適している．工業装置としての気液接触濡れ壁塔は，図(b)に示すように多管式の熱交換器*の構造のものが使用される．　　　　　　　　　　[寺坂宏一・室山勝彦]

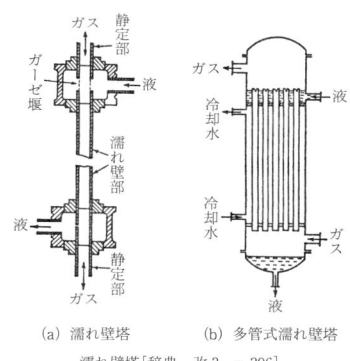

(a) 濡れ壁塔　　(b) 多管式濡れ壁塔

濡れ壁塔[辞典，改 3，p.396]

**ぬれめんせき　濡れ面積　wetted area**

充填塔を用いて気液接触操作を行うとき，充填物の全表面積のうち，液によって濡れている面積．通常，充填塔の単位容積あたりの面積[$m^2 m^{-3}$]で表す．濡れ面積は液流速の増加とともに増加し，ローディング点*以下ではガス流速に無関係である．また，充填物が大きいほど充填物全表面積 $a_t[m^2 m^{-3}]$ の濡れ面積 $a_w[m^2 m^{-3}]$ の割合が増加する．液の界面張力が小さいほど $a_w$ が大きくなる．濡れ面積は気液接触面積とは異なるが，その概略値として用いられることがある．　　　　　　　　　　[寺本 正明]

# ね

**ネガティブ・フィードバック** negative feedback
⇒フィードバック制御

**ねついどう　熱移動** heat transfer
　伝熱．熱移動の機構には，熱伝導*，対流，熱放射*の3種類がある．温度は分子の熱的運動の大小を表す指標なので，固体内あるいは静止流体内に温度差があるときに高温から低温の領域へ分子運動によってエネルギーが輸送される．この現象を熱伝導という．その移動量は温度勾配に比例し，単位時間，単位面積あたりの熱移動量 $q$ は
$$q = -k\,\mathrm{grad}\,T$$
で与えられる．これをフーリエの法則*という．比例定数の $k$ は熱伝導率*である．
　流体が運動しているときに流体によってエネルギーが運ばれる現象を対流伝熱*という．その移動量は温度差に比例し，単位時間，単位面積あたりの熱移動量 $q$ は
$$q = h(T_\infty - T_0)$$
で与えられる．これをニュートンの法則*という．$T_\infty$ は流体の温度，$T_0$ は固体の温度である．通常，物体の表面温度や流体の温度は必ずしも一様ではないので，$T_\infty$ や $T_0$ としてどのような値を用いるかはそのつど明示する必要がある．比例定数の $h$ は熱伝達係数*である．熱伝達係数は定数ではなく，流体の種類，流れの状態などによって定まる値である．対流熱移動ではこの熱伝達係数の求め方が重要である．対流伝熱の場合には流体の流れによって温度分布が影響を受けるので，流動現象も含めて検討しなくてはいけない．対流伝熱には強制対流と自然対流の二つがあり，グラスホフ数* $Gr$ とレイノルズ数* $Re$ を用いて判断できる．$Gr \gg Re^2$ ならば自然対流であり，$Gr \ll Re^2$ ならば強制対流である．また，相変化が起こっている場合の凝縮伝熱*や沸騰伝熱*も対流伝熱の一種と考えられる．

物体内の電子の自由運動，原子や分子の振動，回転などに起因する電磁波の放射と吸収によって熱エネルギーが運ばれる現象を熱放射という．熱エネルギーに変換される波長範囲は大部分が赤外領域にある．熱放射による移動量は温度の4乗に比例する．黒体からの熱放射は
$$q = \sigma T^4$$
で与えられ，これをステファン-ボルツマンの法則*という．$\sigma$ はステファン-ボルツマン定数で $5.67 \times 10^{-8}\,\mathrm{W\,m^{-2}\,K^{-4}}$ である．熱放射では，熱を運ぶ物質を必要としないことが熱伝導や対流と著しく異なる．
　　　　　　　　　　　　　　　　［渡辺　隆行］

**ねついどう　熱移動(流動層内での)** heat transfer in fluidized bed
　流動層のおもな熱的特性は，粒子運動に伴う顕熱移動により層内がほぼ均一温度であることである．このため層の見掛けの有効熱伝導度*は固体金属並みかそれ以上である．粒子とガスの温度差もわずかであるが，燃焼反応などにより粒子あるいはガス温度が高い場合には，粒子-ガス間伝熱，粒子-粒子層間伝熱，粒子混合拡散により熱移動が起こる．流動層内の伝熱*面や浸漬物表面への熱移動，すなわち粒子層-伝熱面間伝熱は粒子群による更新，伝熱面上ガス境膜内伝熱，粒子間ガス膜内伝熱，粒子-ガス間伝熱，放射伝熱からなり，気泡流動層の層内伝熱管や循環流動層ライザー伝熱壁面での伝熱係数は粒子径やガス流速にもよるが，$100 \sim 400\,\mathrm{W\,m^{-2}\,K^{-1}}$ 程度である．　　　　　［守富　寛］

**ねつえいどう　熱泳動** thermophoresis
　微粒子が温度勾配のある気体中に置かれたとき，高温側から低温側へと移動する現象．粒子のまわりでの気体分子の運動は高温側のほうが激しいので，全体として高温側からより大きな運動量を与えられるため，粒子は高温側から低温側に向かって力を受ける．熱泳動速度は，この力（熱泳動力）と流体抵抗力のつり合いにより次式で表される．
$$v_{\mathrm{Th}} = -K_{\mathrm{Th}}\frac{\nu}{T}\frac{dT}{dx}$$
ここで，$v_{\mathrm{Th}}$ は熱泳動速度，$K_{\mathrm{Th}}$ は熱泳動係数，$\nu$ は気体の動粘度，$T$ は粒子まわりでの気体の平均温度，$dT/dx$ は粒子まわりでの気体の温度勾配である．熱泳動係数は粒子径および気体分子の平均自由行程*のほか，気体と粒子の熱伝導率の比に依存する．一般に，熱泳動は粒子径 $0.1\,\mu\mathrm{m}$ 以下で支配的となり，$0.1\,\mu\mathrm{m}$ より小さい粒子では，熱泳動速度が粒子径にあまり依存しない．このため，微粒子のサン

プリングにも用いられる．高温物体の表面近傍には微粒子の存在しない層ができることや，冷却管表面では微粒子の沈着が促進されること，また日常的にみられる壁面の汚れなどにも熱泳動が関係している．　　　　　　　　　　　　　　　　　　［増田　弘昭］

**ねつおうりょく　熱応力　thermal stress**
　材料内の温度分布や，異材間での熱膨張率*の差異に基づいて発生する応力．たとえば，材料を加熱すると熱膨張するが，自由な膨張が拘束されると圧縮を受けたと同じ状態となり，応力が発生する．鋳造や溶接のさいには，物体に外力が作用しなくても冷却時の温度変化に伴って応力が生じ，完全に室温に冷却した後もいわゆる残留応力*が発生する．さらに，物体内に温度勾配あるいは温度変化が起こると熱応力が発生し，外的応力や残留応力がなくても熱応力だけで材料が降伏することがある．温度変化が急激な場合を熱衝撃*，繰り返し負荷される場合を熱疲労*とよぶ．　　　　　　　　　　　　［久保内　昌敏］

**ねっか　捏和　kneading**
　⇒捏和・混練

**ねつかくさん　熱拡散　thermal diffusion**
　混合物中で温度勾配によって起こる物質の拡散を熱拡散という．熱拡散による成分 $i$ の質量流束 $\boldsymbol{j}_i^{(\mathrm{T})}$ は次式で与えられる．
$$\boldsymbol{j}_i^{(\mathrm{T})} = -D_i^{(\mathrm{T})} \nabla \ln T$$
ここで，$D_i^{(\mathrm{T})}$ は熱拡散係数，$\nabla \ln T$ は $\ln T$ の勾配，$T$ は温度である．
　このように，温度勾配によって物質流束が生ずる現象を熱拡散効果あるいは Soret 効果と称し，その逆の濃度勾配によって熱流束を生ずる現象を拡散熱効果，あるいは Dufour 効果と称する．この二つの効果は，不可逆過程の熱力学における典型的な干渉作用（カップリング）によって発生する［オンサガー（Onsager）の相反定理］．
　熱拡散による物質流束は，濃度勾配によって生ずる普通拡散の物質流束に比べ数オーダー小さい．成分 $i$ の拡散の方向は，$D_i^{\mathrm{T}}$ の値が正のとき温度の高いほうから低いほうに拡散し，負のときはその逆である．
　1938年，K. Clusius と G. Dickel は円筒内に加熱面と冷却面をつくり，熱拡散と自然対流の組合せにより2成分を分離する，いわゆる向流型熱拡散塔（Clusius-Dickel塔）をつくった．しかし，この熱拡散塔の分離効率はあまりよくない．　　［荻野　文丸］

**ねつかくさんけいすう　熱拡散係数　thermal diffusion coefficient**

熱拡散定数．熱拡散係数 $D_i^{(\mathrm{T})}$ は次式で定義され，熱拡散*の起こりやすさを表す係数である．
$$j_i^{(\mathrm{T})} = -D_i^{(\mathrm{T})} \nabla \ln T$$
ここで，$j_i^{(\mathrm{T})}$ は熱拡散による成分 $i$ の質量流束であり，$\nabla \ln T$ は $\ln T$ の勾配，$T$ は温度である．熱拡散係数 $D_i^{(\mathrm{T})}$ は次の関係を満足する．
$$\sum D_i^{(\mathrm{T})} = 0$$
成分 A, B よりなる二成分系において次式で定義される $k_\mathrm{T}$，$\alpha$ および $\sigma$ を，それぞれ熱拡散比，熱拡散因子およびソレー係数という．
$$k_\mathrm{T} = \left(\frac{\rho}{c^2 M_\mathrm{A} M_\mathrm{B}}\right)\left(\frac{D_\mathrm{A}^\mathrm{T}}{D_\mathrm{AB}}\right) = \alpha x_\mathrm{A} x_\mathrm{B} = \sigma x_\mathrm{A} x_\mathrm{B} T$$
ここで，$\rho$, $c$ はそれぞれ混合物の密度およびモル密度，$M$, $x$ はそれぞれ分子量およびモル分率で添字 A, B は各成分を表す．$D_\mathrm{AB}$ は二成分系拡散係数である．気体混合物では $\alpha$ の値は濃度にあまり依存しないので，$\alpha$ がよく用いられ，$\sigma$ は液体混合物でよく用いられる．剛体球モデルでは次式となる．
$$\sigma = \frac{105}{118} \frac{M_\mathrm{A} - M_\mathrm{B}}{M_\mathrm{A} + M_\mathrm{B}}$$
熱拡散係数は分子間の相互作用によって正または負になりうる．とくに気相での値は分子間ポテンシャルの検証にも用いられる．$D_\mathrm{A}^\mathrm{T}$ などの値が正のとき成分 A は温度の高いほうから低いほうに拡散し，負のときはその逆である．　　［荻野　文丸］

**ねつかくさんりつ　熱拡散率　thermal diffusivity**
　⇒温度伝導率

**ねっか・こんれん　捏和・混練　kneading-mulling**
　粉粒体に液体を結合材として混ぜ合わせることにより，均質なペースト状の物質をつくる操作，ならびに高粘度物質に少量の固体あるいは液体を均質に練り込む操作．触媒・食品・化粧品などの広い工業分野で用いられている．操作の機構については，せん断，折畳み，圧縮，引延しと粉砕操作とが重なるマクロ混合*過程がまず進行し，次いで微視的な拡散混合的粒子移動により，最終的な均質化が達成されると考えられている．操作の過程における系の状態は，固相・気相・液相各相の連続・不連続性の組合せにより，ペンジュラー域，ファニキュラー（I）域，ファニキュラー（II）域，キャピラリー域，スラリー域と区別されることがある．なお，捏和と混練を今述べた3相系の状態との関連において区別する場合もあるが，化学工学の分野においては，これらを同義語と考えて差し支えない．　　［上ノ山　周］

**ねっか・こんれんき　捏和・混練機　kneader**
　捏和・混練*操作を達成するための機器．

[上ノ山 周]

**ねつかそせいエラストマー　熱可塑性——** thermoplastic elastomer

　常温では加硫したゴムと同様にゴム弾性体(エラストマー)であるが，高温では可塑化する高分子材料．分子構造は，ゴム成分である軟質ブロックと樹脂成分である硬質ブロックからなるブロック共重合*体である．常温では両ブロック鎖は互いに相溶せず，硬質ブロック鎖の凝集相が架橋点としてはたらくが，高温では凝集相は消失してポリマー*鎖は流動するため，一般の非架橋高分子と同様に成形加工ができる．そのためリサイクルに適したゴム材料でもある．　　　　　　　　　　　[橋本　保]

**ねつかんかこう　熱間加工** hot working
　⇒冷間加工

**ねつかんきょう　熱環境(地球の)** thermal environment
　⇒ふく射伝熱(地球環境)

**ねつかんじょう　熱勘定** heat balance
　⇒熱収支

**ねつかんりゅうけいすう　熱貫流係数** overall heat transfer coefficient
　⇒総括熱伝達係数

**ねつケロセン　熱——** heat kerosen
　蒸気圧の低い有機化合物(たとえばケロセン)の熱媒体を加熱した表面に，金属イオンの水溶液のミストを吹き付けて水を蒸発させ，溶質粒子を析出させる方法．比較的小規模であれば連続運転および連続捕集も可能である．　　　　　　　[奥山　喜久夫]

**ねつこう　熱交** heat exchanger
　熱交換器の現場用語．2流体の間で熱交換を行わせ，同時に一方を加熱，他方を冷却させる目的に使用する装置．(⇒熱交換器)　　　　[平田　雄志]

**ねつこうかせいじゅし　熱硬化性樹脂** thermosetting resin
　加熱によりポリマー*分子間の架橋*と分子量の増大が起こり，不溶不融の三次元構造を形成して硬化する樹脂．加熱により反応する官能基を有していて，硬化させる前は比較的分子量が小さいポリマーが多い(⇒オリゴマー)．付加縮合*により生成するフェノール樹脂や，エポキシ樹脂などが例である．
　　　　　　　　　　　　　　　　　[橋本　保]

**ねつこうかんき　熱交換器** heat exchanger
　保有する熱エネルギーが異なる二つの流体の間で，熱エネルギーの交換を行わせる目的に使用する機器の総称．2流体間の熱交換を行わせ，一方を加熱，他方を冷却させる目的に使用する装置で，単に熱交*ともよばれる．使用目的により，冷却器，加熱器などとよばれる．一方の流体が凝縮する蒸気の場合，目的が蒸気の凝縮の場合には凝縮器*，低温側流体の加熱が目的の場合には加熱器である．低温側が沸騰する液体の場合は，目的がその液体の蒸発であれば蒸発器であるが，高温側流体の冷却が目的の場合には冷却器である．構造上から分類すると，もっとも一般的な多管式熱交換器*をはじめ，コイル式熱交換器*，二重管熱交換器*，平板熱交換器*，スパイラル熱交換器*，カスケード式熱交換器*などがある．これらは伝熱壁を隔てて熱交換する形式であるが，一方，充填物を詰めた容器内に冷・熱の2流体を時間的に交互に通し，熱流が充填物に与えた熱エネルギーを冷流が持ち去るようにした再生式熱交換器*もある．熱交換器の単位時間の全伝熱量は次式で与えられる．

$$Q = UA(T-t)_{lm}$$

熱交換器の熱的設計のポイントは伝熱面積 $A$ を求めることにある．上式中の $U$, $(T-t)_m$ の値が推算できれば，所要の交換熱量 $Q$ に対する伝熱面積 $A$ が算出できる．$(T-t)_{lm}$ は両流体の平均温度差で，入口，出口における温度差の対数平均*に温度差補正係数*を乗じて求められる．$U$ は総括伝熱係数で，管内側，および管外側の境膜伝熱係数*，管壁の熱伝導率*と厚みから算出される．　　[平田　雄志]

**ねつこうかんきネットワークこうせい　熱交換器——構成** synthesis of heat exchanger network
　熱交換器群構成の目的はプロセスシステムをヒートインテグレーションによる省エネルギー化することであり，エネルギー原単位を下げることである．この導入はプロセス合成の段階から始まる．ヒートインテグレーションの基本は，プロセスフローシートにおいて冷却されている機器での除熱(熱回収系では与熱流体)と加熱されている機器での受熱(熱回収系では受熱流体)を組み合わせて，スチーム・冷却水の供給量を減らす方法である．構成の方法は加熱流体と冷却流体を分けて，交換可能な熱量と温度範囲を特定する．与熱と受熱の熱複合線をそれぞれ作成する．熱交換接近温度を仮定して両複合線をマッチングさせることにより熱回収の枠組みを決めて，ネットワーク構成の設計に入る．注意すべきことは，マッチング条件から各熱交換器の熱交換条件が決められているが，その定常状態に到達できるか，交換流体間の禁止条件がないか，生産条件が変化したときに問題はないかなどの検討が必要である．

[仲 勇治]

**ねつこうりつ 熱効率 thermal efficiency**
　熱システムにおける目的として得られた熱量とシステム駆動のための所要熱量との比．システムの性能を示す一評価指標．熱機関においては得られた仕事と所要高温熱源熱量との比．ヒートポンプ*においては冷熱発生能評価の場合は生成冷熱量に対する駆動仕事の比，昇温性能評価では発生高温熱量に対する駆動仕事の比．なお，反応・乾燥プロセスなどでは理論所要熱量と実所要熱量との比を表す．評価対象プロセスと効率の評価目的によって個々に定義される．　　　　　　　　　　　　　[加藤 之貴]

**ねつサイクル 熱―― heat cycle**
　サイクルとは，物質がいろいろな状態変化をして最終的にはじめの状態に戻ることである．熱サイクルでは，外部の高温熱源からの受熱過程と外部低温熱源への放熱過程を含み，この受熱量と放熱量の差を仕事として取り出すことができる．熱サイクルにはさまざまなものがあるが代表的なものに，外部の熱源で加熱したり冷却したりするランキンサイクル*やスターリングサイクル*，燃料を内部で燃焼させて動力を得るディーゼルサイクル*，ブレイトンサイクル*などがある．　　　　　　　　　　[桜井 誠]

**ねつシー・ブイ・ディー 熱 CVD thermal CVD**
　高温の空間および基板表面でガスの熱分解，還元，酸化，置換反応などを生じさせて，薄膜や微粒子を合成する方法．原料ガスの適切な選択と混合により多種類の物質が得られる．ガスの圧力により常圧熱 CVD*と減圧熱 CVD に分類されるが，後者では合成装置内の温度やガス濃度分布の制御性がよくなることが多く，薄膜合成*では一般に膜厚や膜品質の均一性が向上する．薄膜合成装置内には 1 枚ないし複数枚の基板が置かれ，ガスが基板上でできるだけ均等に流れる構造になっている．また，合成装置全体を加熱する場合（ホットウォール）と，基板のみを加熱する場合（コールドウォール*）がある．微粒子合成の場合は，熱 CVD 法は壁面を電気炉で加熱した管状装置を用いた合成法をさすことが多い．原料やガスの温度分布を変えることで，サブミクロンからナノメートルオーダーの粒子が得られる．反応ガスとともに粒子（シード粒子）を導入すると，条件によってはシード粒子のまわりに固相が析出し，コーティング粒子を製造できる．（⇒ホットウォール型 CVD 装置，コールドウォール）　　　　[島田 学]

**ねつしめつとくせい 熱死滅特性（微生物の） characteristics on thermal death**
　一定の高温度で死滅する微生物の死滅速度はそのときの生細胞の濃度に依存するとすれば，死滅速度 $(-\mathrm{d}X/\mathrm{d}t) = k_\mathrm{d}X$（ただし，$X$ はそのときの菌体濃度，$k_\mathrm{d}$ は熱死滅速度定数）なる式が得られる．時間に対して残存菌体濃度の対数をプロットすると，その微生物の熱死滅特性を反映した直線が得られる．熱死滅速度定数 $k_\mathrm{d}$ は温度が高いほど大きな値になり，アレニウスの式*に従うことも知られている．また，耐熱性の胞子では $k_\mathrm{d}$ が極端に小さくなる．バイオリアクターでは，雑菌汚染を防ぐ必要があるため混入しているであろう微生物の熱死滅特性を知ることが重要である．　　　　　　　　　　　　[本多 裕之]

**ねつしゅうし 熱収支 heat balance**
　運動エネルギー，位置エネルギーの変化が内部エネルギーのそれに比べて小さく，かつ外界から加えられる仕事がないとき，系に出入りする熱エネルギーがエネルギー保存則を満たす．そのときのエネルギー収支を熱収支という．定常流れ系では，系に入るエンタルピーを $H_\mathrm{i}$，系を出るエンタルピーを $H_\mathrm{o}$ とすれば，熱収支は $H_\mathrm{o} = H_\mathrm{i} + Q$ と書くことができる．ここで，$Q$ は系に加えられる熱量である．
[小菅 人慈]

**ねつしょうげき 熱衝撃 thermal shock**
　⇒熱応力，熱衝撃係数

**ねつしょうげきけいすう 熱衝撃係数 thermal shock parameter**
　熱衝撃抵抗係数．材料が急激な温度変化により，衝撃的に熱応力*を受ける現象を熱衝撃*といい，その強さを表す指標．一般に厚さ $2a$，熱伝導度*$k$，引張強さ*$\sigma_\mathrm{B}$，縦弾性係数*$E$，熱膨張係数*$\alpha$ の平板が表面からビオ*$(ah/k)$（$h$ は熱伝達係数*）の熱衝撃を受ける場合，熱衝撃に耐えうる最大温度がビオ数の小さいとき $k\sigma_\mathrm{B}/E\alpha$ に，ビオ数が大きいとき $\sigma_\mathrm{B}/E\alpha$ に比例することから，これらを第一および第二の熱衝撃係数という．　　　　　　[久保内 昌敏]

**ねつしょうげきていこうけいすう 熱衝撃抵抗係数 thermal shock parameter**
　⇒熱衝撃係数

**ねつしょり 熱処理 heat treatment**
　鉄鋼あるいは非鉄金属材料に所要の性質あるいは組織を生じさせるために，加熱，冷却操作をすること．鋼のような結晶構造の異なるいくつかの同素体を有する材料では，高温から冷却するとき，原子が当該温度で平衡にある位置に配列しようとして固体内拡散により移動する．しかし，冷却速度が速い場合には十分な拡散が起こらないため，非平衡構造や

組織を生じる．すなわち，使用する温度域，冷却速度，ある温度での保持時間などによってさまざまな性質，組織を得ることが可能となり，とくに鉄鋼材料においては使用目的に応じて最適な性質，組織を与える材料技術としてきわめて重要である．金属材料のうちで鉄鋼材料がもっとも広く使用される理由の一つが，熱処理によって幅広い性質を付与することができる点にある．熱処理の目的は，強度の調整，組織の調整，製品形状の安定化，表面性状の調整，耐食性の改善，磁性の向上など種々あり，どのような処理を行うかは，金属の種類，化学組成，用途によって決定される．

代表的な熱処理に，熱間加工*によって粗大化，非均一化した結晶粒を微細化，整粒化するために加熱，空冷する焼ならし*，鋳造による偏析の除去，軟化による加工性の改善，加工や溶接による残留応力の除去などを目的に加熱後，徐冷する焼きなまし*，急冷することで拡散を伴わない格子変態であるマルテンサイト変態によって硬くてもろいマルテンサイト組織を得る焼入れ*，焼入れによる不安定な鋼の内部応力を除去し，材質の安定度を高め，用途に応じたバランスのとれた強度と靱性* を有する材料を得るために，再加熱後空気中で放冷する焼戻し* などがある．焼入れの範ちゅうに入るが，冷却速度を極端に大にすると，拡散，結晶化する前に液体状態で固化することが考えられる．こうして得られたのが非晶質合金（アモルファス合金*）である．以上の熱処理は，冷却速度の差はあるもののいずれも連続的に温度を変化させながら行う処理であるが，ある温度を一定に保つと，その温度，拡散速度に依存する組織を生じる．このような変態を恒温変態といい，縦軸に温度，横軸に時間をとって組織の状態を示した図を 3 T あるいは T-T-T 曲線（time-temperature-transformation curve）といい，熱処理の本質あるいは上述の熱処理とは異なる熱処理方法を理解するうえで重要である．

ジュラルミンに代表される Al 合金のように，構成元素の固溶限が温度低下とともに急激に減少するような材料では，高温で完全に固溶した状態から急冷すると固溶限をはるかに超えた過飽和固溶体を生じる．これを室温で保持あるいは再加熱すると過飽和固溶体が分解し，その温度および組成で安定な状態に向かって異相を析出して硬化する．これを析出硬化あるいは時効硬化* という．また，高温加熱と焼入れを併せた熱処理を溶体化処理という．

[津田　健]

## ねつしんとう　熱浸透　thermo-osmosis

膜分離において透過の駆動力は膜両側での化学ポテンシャル差であり，化学ポテンシャルは濃度，圧力，電位，温度などによって与えられる．膜の両側に温度の異なる溶液が存在するときに，その温度差により溶媒の輸送が起きる現象を熱浸透とよぶ．

[都留　稔了]

## ねつせいさん　熱精算　heat balance

⇒熱収支

## ねっせん（ねつまく）りゅうそくけい　熱線（熱膜）流速計　hot-wire (hot-film) anemometer

熱線風速計．白金やタングステンなどの金属細線に電流を通して流れの中に置くと，電流による発熱と流れによる放熱がつり合った平衡温度となる．この平衡温度は流速によって変化し，したがって熱線の電気抵抗も変化する．この電気抵抗変化から流速を測定する装置が熱線流速計である．熱線プローブは主として気体の計測に用いられ，液体の場合は熱膜が用いられる．複数の熱線を同時に用いて多次元の流れの計測も可能である．代表的信号検出法には定温度型と定電流型があり，応答の速い定温度型が広く用いられ，乱流* の計測も可能である．

[黒田　千秋]

## ねつたんさんえんほう　熱炭酸塩法　hot potassium carbonate process

熱炭酸カリ法．工業原料ガスから $CO_2$ を除去するために使用されるアルカリ塩系の化学吸収プロセスで，吸収剤には炭酸カリウム（$K_2CO_3$）を中心に用いる．$K_2CO_3$ だけを用いる熱炭酸カリ法のほかに，カタカーブ（Catacarb）法，ベンフィールド法*，アルカシッド法*，ジャンマルコ-ペトロコーク法* なども広義の熱炭酸塩法である．狭義には熱炭酸カリ法をさし，この場合，吸収塔と再生塔の操作温度はそれぞれ概略 90～110℃ および 100～110℃ である．吸収装置内で原料ガスは 25～35% の $K_2CO_3$ 水溶液と接触し，ガス中の $CO_2$ は吸収・反応して $KHCO_3$ を生成する．使用済み吸収液は再生塔で加熱されて，$CO_2$ を放出し，再生される．吸収と再生は

$$K_2CO_3 + CO_2 + H_2O \underset{再生}{\overset{吸収}{\rightleftarrows}} 2\,KHCO_3$$

に示される反応により起こる．原料ガス中の $H_2S$ も同時に除去される．

[渋谷　博光]

## ねつでんたつけいすう　熱伝達係数　heat transfer coefficient

熱伝達率．伝熱係数．固体-流体間で熱移動が行わ

れるとき, 固体表面における熱流束を $q_w$ (固体から流体に向かう方向を正とする), 固体表面の温度を $T_w$, 流体の代表温度を $T_m$ とすれば, 次式で定義される $h$ を熱伝達係数または熱伝達率という.

$$h = \frac{q_w}{T_w - T_m}$$

熱伝達係数の単位は $\mathrm{J\,m^{-2}\,s^{-1}\,K^{-1}}$ あるいは $\mathrm{W\,m^{-2}\,K^{-1}}$ である. 固体表面近傍の流体の温度分布を, 固体表面における温度勾配と同じ勾配の直線であると仮定し, 温度が $T_m$ に等しくなるまでの固体表面からの距離を $\delta$ とすれば, $h = k/\delta$ となる. $k$ は流体の熱伝導率* である.

熱伝達係数の考え方は固体壁での強制対流熱伝達, 自然対流熱伝達のみならず, 凝縮熱伝達, 沸騰熱伝達あるいは流体-流体間の伝熱に対しても適用される. これら種々の場合における熱伝達係数の計算式が提出されている. 熱伝達係数は一般に固体表面上の位置の関数であるが, 多くの計算式は固体表面上の位置について積分平均した平均熱伝達係数* を与えている. 熱伝達係数のだいたいの値は沸騰する水 1700～35000, 膜状凝縮する水蒸気 4600～17000, 膜状凝縮するダウサーム 1200～3500, 管群に直角に流れる空気 (強制対流) 17～45, 同 (自然対流) 6～9, 管内を流れる水 1200～6000, 管内を流れる油 60～1700 [いずれも $\mathrm{J\,m^{-2}\,s^{-1}\,K^{-1}}$] である.

[荻野 文丸]

**ねつでんたつけいすう　熱伝達係数 (粒子-流体間の)　heat transfer coefficient between particle and fluid**
⇒伝熱係数 (粒子-流体間の)

**ねつでんたつけいすう　熱伝達係数 (流動層の内挿管からの)　heat transfer coefficient between immersed tube and fluidized bed**
⇒伝熱係数 (流動層の内挿管からの)

**ねつでんどう　熱伝導　heat conduction**
分子運動によってエネルギーが伝達される熱移動* の機構のこと. 固体, 液体, 気体ともに起こり, 熱移動量は温度勾配に比例する. 単位時間, 単位面積あたりの熱移動量 $q$ は

$$q = -k\,\mathrm{grad}\,T$$

で与えられる. これをフーリエの法則* という. 負の符号は熱が温度勾配の負の方向に伝わることを示している. 比例定数の $k$ は熱伝導率* であり, 一般に固体, 液体, 気体の順に小さくなる. 温度範囲が大きい場合には, 温度による熱伝導率の変化を考慮する必要がある. 非定常熱伝導の場合には, 熱拡散率* $\alpha = k/\rho C_p$ が重要であり, 粘性や拡散* における動粘度* や拡散係数* に相当している.　[渡辺 隆行]

**ねつでんどう　熱伝導　heat conduction**
伝導伝熱. 物体内を熱が高温部から低温部へ流れる場合, 物体を構成する分子の運動および熱振動によって熱が伝わる現象をいう. 熱伝導では物質の移動はない. ただし, 物質が金属の場合には自由電子によってエネルギーが運搬されることもあるが, これは熱伝導に含まれる. 固体内での熱移動は熱伝導によるものである. 流体内でも熱伝導が起こるが同時に対流伝熱* を伴うことが多い.

熱伝導ではフーリエの法則* が成立し, 次式で表される.

$$q = -k\nabla T$$

ここで, $q$ は熱流束*, $k$ は物体の熱伝導率*, $\nabla T$ は温度勾配である. 熱流束 $q$, 温度勾配 $\nabla T$ はベクトル量である. 上式を直角座標系で書けば

$$q_x = -k\frac{\partial T}{\partial x}$$

$$q_y = -k\frac{\partial T}{\partial y}$$

$$q_z = -k\frac{\partial T}{\partial z}$$

$q_x$, $q_y$, $q_z$ はそれぞれ $x, y, z$ 方向の熱流束である. 比例定数 $k$ を熱伝導率という. (⇒熱伝導率)

[荻野 文丸]

**ねつでんどうど　熱伝導度　thermal conductivity**
⇒熱伝導率

**ねつでんどうほうていしき　熱伝導方程式　heat conduction equation**
固体または静止した流体におけるエネルギー保存の式

$$\rho C_v \frac{\partial T}{\partial t} = -(\nabla \cdot q)$$

を熱伝導方程式という. ここで, $\rho$, $C_v$ はそれぞれ密度および定容比熱容量, $T, t$ および $q$ はそれぞれ温度, 時間, 熱流束* で, $\nabla \cdot q$ はベクトル $q$ の発散である. もし密度が一定ならば, 定容比熱容量 $C_v$ の代わりに定圧比熱容量 $C_p$ が用いられる. さらに熱伝導率* $k$ が一定ならば, 熱伝導方程式は次式となる.

$$\rho C_p \frac{\partial T}{\partial t} = k\nabla^2 T$$

直角座標系では次式である.

$$\rho C_p \frac{\partial T}{\partial t} = k\left(\frac{\partial^2 T}{\partial x^2} + \frac{\partial^2 T}{\partial y^2} + \frac{\partial^2 T}{\partial z^2}\right)$$

[荻野 文丸]

**ねつでんどうりつ　熱伝導率　thermal conductivity**

熱の伝えやすさを示す輸送物性の一つ．固体または静止した流体内に $y$ 方向に温度分布があり，ある $y$ で $y$ 軸に垂直な単位面積の面を考えるとき，この面を通して温度の高い側より低い側へ熱が移動し，その移動速度 $q_y$ は $y$ 方向の温度勾配 $dT/dy$ に比例することが経験上知られている．すなわち

$$q_y = -k\left(\frac{dT}{dy}\right)$$

これを熱伝導に関するフーリエの法則という．上式の負号は熱の移動方向を考慮したものであり，$dT/dy$ が正であれば $q_y$ は負となり，熱は $y$ の負の方向に移動することを示す．

比例定数 $k$ を熱伝導率という．熱伝導率の単位は $J\,m^{-1}\,s^{-1}\,K^{-1}$ あるいは $W\,m^{-1}\,K^{-1}$ であり，その値は金属 $10\sim400$，石材 $0.6\sim3.5$，断熱材 $0.02\sim0.12$，水 $0.6$，そのほかの液体 $0.1\sim0.3$，水素 $0.16$，そのほかの気体 $0.01\sim0.03$ [いずれも $J\,m^{-1}\,s^{-1}\,K^{-1}$] の範囲にある．種々の物質の熱伝導率は化学工学便覧（改訂六版）に掲載されている．（⇒熱伝導）

[荻野　文丸]

**ねつばい　熱媒　heating medium**
⇒伝熱媒体

**ねつひろう　熱疲労　thermal fatigue**
⇒熱応力

**ねっぷうかんそう　熱風乾燥　hot air drying**
⇒対流乾燥

**ねつふか　熱負荷　thermal load**

燃焼室熱負荷．単位時間あたりに燃焼炉へ供給する燃料の熱供給量．燃焼炉内の体積基準と炉床面積基準の二つがあり，前者を体積熱負荷 $[W\,m^{-3}]$，後者を面積熱負荷 $[W\,m^{-2}]$ とよぶ．燃焼炉あるいは焼却炉の燃料投入能力あるいはごみ処理能力をそれぞれ表す一つの指標である．

[成瀬　一郎]

**ねつふくごうせん　熱複合線　heat composite lines**

プロセスの省エネルギー化を目的として，与熱熱複合線と受熱複合線の二つが定義されている．熱複合線は，省エネルギー化をはかろうとするプロセス部分において（⇒総括熱複合線），まずプロセス流体に対する冷却機能と加熱機能に相当するところを探し，それぞれを与熱流体と冷却流体に分類する．このとき各流体の出入口温度，交換熱量と組成は決められている．与熱流体群と受熱流体のそれぞれの群について，熱複合線を描くことになる．熱複合線は $T$-$Q$ 線図*に描くのが一般的であるが，熱交換によるエクセルギー損失をみたいときには，カルノー効率-エンタルピ線図に描くこともある．一つの熱交換器の温度熱交換状態は，流体の比熱が一定であるとすると，図1のように描くことができる．図1の与熱流体の温度変化を表す線を与熱線，受熱流体の温度変化を表す線を受熱線という．

熱複合線は次の手順により作成される．① 分類された与熱あるいは受熱流体群のすべての交換温度を用いて，熱交換量を分割する．② 図2に示されるように，比熱が一定の仮定のもとで共通温度領域 abcd の対角線を引けば熱複合線をつくることができる．

[仲　勇治]

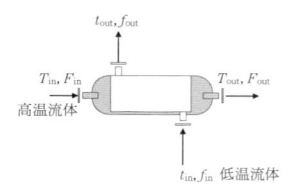

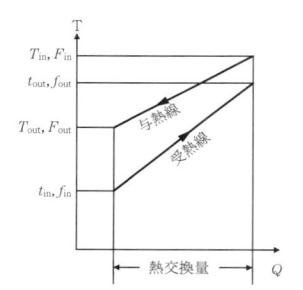

図1　熱交換器の $T$-$Q$ 線図上の表現

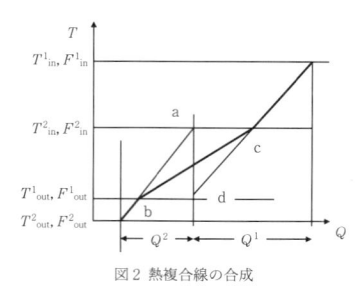

図2　熱複合線の合成

**ねつふくごうせんずのぶんかい　熱複合線図の分解　decomposition of over-all heat composite lines**
　プロセスの省エネルギー化のために描かれた総括熱複合線から，熱交換ネットワークを構成するために行う操作をいう．このために次のような手順で与熱・受熱複合線を分割する．
　① 2本の総括熱複合線を最小接近温度差になるようにマッチングさせる．ただし，受熱複合線の最高温度部が与熱複合線の下に潜り込むような場合は，与熱複合線の最高温度部に合わせる．逆に，受熱複合線の最低温度部が与熱複合線の最低温度部よりはみ出る場合は，両者の端点をそろえるように位置させる．両者の場合は，最小接近温度は想定した最小接近温度より大きくなる．② 各熱複合線の角点から温度軸に平行に線を引くことにより，複数の流体が関係する熱交換状態を規定する．つまり，交換熱量と与熱側と受熱側の流体の温度交換状態を仮定する．③ 最小接近温度をつくっている熱交換状態の場所から，温度交換状態を維持しながら流体ごとの交換熱量が明らかになるように分解する．与熱側流体と受熱側流体を組み合わせる．このときに，いくつかの留意点を検討する必要がある．a) 組合せによっては最小接近温度を下回る場合があるが，許容できるかどうかの判断が必要である．b) 与熱側と受熱側の熱量に過不足がでる場合があるので，コストを抑える意味から熱交換器数が少なくなるようす．c) 安全性などの面から禁止されている組合せを避けなければならない．④ ②の分解で規定された熱交換状態について③の操作をすべて行う．⑤ ④の操作で，熱交換器ネットワークが組み上がるが，小さな熱交換器が発生する可能性があるので，規定した熱交換状態を無視して同一流体間の熱交換器を一つにする．このとき，熱交換する流体の組合せを変更してもよいが，最小接近温度を下回らないかどうかを調べる必要がある．　　　　　　　　[仲　勇治]

**ねつふくしゃ　熱ふく射　thermal radiation**
　高温の物質は多くの場合，ふく射*(電磁波)を放射するが，このふく射の放射は物質におけるイオン・電子などの荷電粒子の熱運動に起因する．これは熱エネルギーからふく射エネルギーへのエネルギー変換の過程にあたる．このように放射されたふく射は，おもに赤外域のふく射である．赤外域のふく射は，また物質におけるイオン・電子などの荷電粒子の熱運動とよく共鳴して，そのエネルギーを吸収されやすい．これはふく射エネルギーから熱エネルギーへのエネルギー変換の過程にあたる．このように熱ら変換されやすく熱に変換されやすい赤外域のふく射を，その意味で熱ふく射とよぶ．熱ふく射はレーザーとは対照的に電磁波としての可干渉性に乏しく，指向性に乏しい．　　　　　　　[牧野　俊郎]

**ねつプラズマ　熱——　thermal plasma**
　熱プラズマは粒子密度が高く，イオンや中性粒子の温度がほぼ電子温度*と等しいプラズマである．熱プラズマは大気圧下でのほぼ熱平衡状態にあるプラズマであるが，プラズマから放射によって逃げるエネルギーを同じ機構で補うことは難しいので，厳密な意味での熱平衡状態は実現しにくい．ただし各粒子の温度がほぼ等しく，組成も平衡状態に近い局所熱平衡*のプラズマをつくることは比較的容易である．熱プラズマは，温度が5 000〜20 000 K，電離度が0.1〜0.5の部分電離プラズマである．
　　　　　　　　　　　　　　　　[渡辺　隆行]

**ねつぶんかいはんのう　熱分解反応　pyrolysis reaction**
　熱エネルギーによって化合物が成分単体，あるいはほかの化合物に分解する反応．工業的に重要な反応で多方面で利用されている．たとえば，石灰石$CaCO_3$は650℃以上で熱分解反応により$CaO$と$CO_2$に分解される．石油工業では，熱分解反応を利用したクラッキングにより，800℃以上で軽質ナフサ(石油の常圧蒸留で得られる沸点25〜100℃の成分)を分解して石油化学工業の原料であるエチレンを製造している．また，石炭の熱分解(乾留)はコークスを製造する反応として重要である．　[三浦　孝一]

**ねつぶんかいはんのうのかいせきほう　熱分解反応の解析法　analysis method of pyrolysis reaction**
　熱分解反応の速度解析法のことで，具体的には，固体の分解率(反応率)$X$と時間(温度)の関係を表す式を決定することをいう．熱分解反応が単一反応からなるとみなせる場合は，$X$の変化速度は次のように書くことができる

$$\frac{dX}{dt} = k_0 e^{-E/RT} f(X)$$

ここで，$T$は絶対温度，$k_0$は頻度因子，$E$は活性化エネルギーである．$f(X)$は$X$の関数で，一次反応の場合は$f(X)=1-X$となる．三つ以上の一定の昇温速度($a$)において測定した$X$対$T(t)$の関係から，$E$と$k_0$, $f(X)$を決定する種々の方法が提案されている．
　複合反応の場合の一般的な解析法はないが，$E$と$k_0$が異なる無限個の一次反応が並列的に起こるとモデル化できる場合は，$X$と時間$t$の関係は次式で

与えられる．
$$X = \int_0^\infty \exp(-k_0 \int_0^t e^{-E/RT} dt) f(E) dE$$
ここで，$f(E)$は規格化された活性化エネルギー $E$ の分布関数で，
$$\int_0^\infty f(E) dE = 1$$
を満足するように定義される．一般には，天下り的に $k_0$ に一定値を与え，$f(E)$ を Gauss 分布で近似して解析する方法が広く採用されているが，最近 $k_0$ の値と $f(E)$ の関数形を仮定することなく簡単に $k_0$ と $f(E)$ を決定できる方法が提出された．この解析法は DAEM (distributed activation energy model)，あるいは並列一次反応モデルとよばれることがある． [三浦 孝一]

**ねつぼうちょうりつ 熱膨張率 thermal expansion coefficient**

圧力一定で物体の体積が，加熱により温度の上昇に伴って増加するとき，その増加比率の温度変化に対する割合を示す量．一般には体積変化に関する体積膨張率 $\alpha = (dV/dT)/V_0$ ($V$ は体積，$T$ は温度，$V_0$ は 0℃ における体積)を意味するが，固体の場合には長さの変化に関する線膨張率 $\beta = (dl/dT)/l_0$ ($l$ は長さ，$l_0$ は 0℃ における長さ)を用いることもある．等方性の物質では $\alpha \cong 3\beta$ がなりたつが，異方体では $\beta$ の値は方向によって異なる．熱膨張率は温度によって変化するが，狭い温度範囲での変化は小さく実際上一定とみてよい場合も多い．
[横山 千昭]

**ねつようりょう 熱容量 heat capacity**

一定量の物質の温度を 1℃ だけ上げるのに必要な熱量．熱力学的には熱量 $dQ$ が加えられ，温度変化が $dT$ であったとすると，熱容量 $C$ は次式で表される．
$$C = \frac{dQ}{dT}$$
物質の温度上昇に必要な熱量は，同じ物質でも，圧力を一定としたときと，体積を一定としたときとで異なるので，それぞれ定圧熱容量 $C_p = (dQ/dT)_p$，定容熱容量 $C_V = (dQ/dT)_V$ といって区別する．$C_p$ と $C_V$ の差は，熱力学より次式で表される．
$$C_p - C_V = T \left(\frac{\partial p}{\partial T}\right)_V \left(\frac{\partial V}{\partial T}\right)_p$$
理想気体では，$pV_m = RT$ が成立するので $C_{p,m} - C_{V,m} = R$ となる． [横山 千昭]

**ねつりきがくおんど 熱力学温度 thermodynamic temperature**

絶対温度．熱力学温度目盛りでは，温度を $T$ と記し，単位は K で表す．熱力学温度 $T$ とセルシウス温度 $t$ の間には，次の関係がある．
$$T[\text{K}] = t[℃] + 273.15$$
[荒井 康彦]

**ねつりきがくせんず 熱力学線図 thermodynamic diagrams**

気体や液体の熱力学量の計算においては，圧力 $p$，体積 $V$，温度 $T$，エンタルピー $H$，エントロピー $S$ の五つの熱力学量がもっとも重要となる．混合物ではこのほかに組成 $x$ が加わる．純物質の状態は二つの熱力学量によって一義的に規定される．上記の五つの量のうち二つを縦軸，横軸に選び，それによって定まるほかの 3 変数またはその他の性質を等高線によって示したものを，熱力学線図という．座標軸に選ばれる二つの熱力学量の組合せには，通常次の 5 種類がある．① $p$-$H$，② $T$-$H$，③ $T$-$S$，④ $S$-$H$，⑤ $H$-$x$．(⇒モリエ線図) [横山 千昭]

**ねつりきがくだいいちほうそく 熱力学第一法則 first law of thermodynamics**

エネルギー保存の法則．エネルギーは相互に変換されるだけで，創造されることも破壊されることもないことに基づく自然法則．非流れ系* になされた仕事* を $W$，熱として加えられたエネルギーを $Q$ とすると，内部エネルギー* 変化 $\Delta U$ は，次式で与えられる．
$$\Delta U = Q + W$$
この式は熱と仕事が等価であることを意味する．定常流れ系* についてのエネルギー保存の法則は，次式となる．
$$\Delta U = Q + W + m\Delta(pv) + mg\Delta Z + \frac{m}{2}\Delta \bar{u}^2$$
ここで，$m$ は流体の質量，$p$ は圧力*，$v$ は比体積，$Z$ は基準面よりの高さ，$\bar{u}$ は流速であり，$\Delta$ は流入口と流出口の差であることを意味する．右辺第 3 項が流動エネルギー，第 4 項が位置エネルギー，第 5 項が運動エネルギーを表すが，一般に第 4 項および第 5 項の寄与は小さく無視されることが多い．
[荒井 康彦]

**ねつりきがくだいさんほうそく 熱力学第三法則 third law of thermodynamics**

エントロピー* の絶対値を規約する法則．W. Nernst の熱定理として知られる実験事実 "物質の物理的，化学的変化に伴うエントロピー変化は，低温になるほど小さくなり 0 K においてゼロとなる" に基づいている．$T = 0$ K でもっとも安定な状態にある

すべての元素のエントロピーをゼロと約束すると，すべての物質(完全結晶)のエントロピーは0Kにおいてゼロとなる．これを熱力学第三法則という．

$$S(完全結晶，0K) = 0$$

この規約により，任意の状態のエントロピーの絶対値を次式で求めることができる．

$$S(T) = \int_0^T \frac{C_p}{T} dT + \sum \frac{\Delta H}{T}$$

ここで，$\Delta H/T$はそれぞれの温度で生ずる融解，蒸発などに伴うエントロピー変化である．このようにして得られるエントロピーを第三法則エントロピーまたは絶対エントロピーという． 　　　[荒井 康彦]

**ねつりきがくだいにほうそく　熱力学第二法則　second law of thermodynamics**

自然変化の方向性(不可逆性)を示す重要な法則．"自然界で自発的に起こる変化(たとえば高温から低温へ熱が流れるなどの自然現象)では，着目する系とその周囲のエントロピー*変化の和である全エントロピー変化$(\Delta S)_t$はつねに増大し，変化が停止する平衡状態で極大となる"と表記される．

$$(\Delta S)_系 + (\Delta S)_周囲 = (\Delta S)_t \underset{平衡}{\overset{自然変化}{\geq}} 0 \quad (1)$$

また，系に着目すれば次式となる．

$$(\Delta S)_系 \underset{平衡}{\overset{自然変化}{\geq}} \int_1^2 \frac{dQ}{T} \quad (2)$$

ただし，$(\Delta S)_系$は状態が1から2へ変化したさいの系のエントロピー変化であり，Qは系が周囲より吸収した熱である．Tは周囲の温度であり，積分値は周囲のエントロピー変化である．式(1)，(2)が熱力学第二法則の数学的表現である．(⇨可逆変化，不可逆変化) 　　　[荒井 康彦]

**ねつりきがくてきへいこうていすう　熱力学的平衡定数　thermodynamic equilibrium constant**

活量*$a$または反応の標準ギブス自由エネルギー*変化$\Delta G_r°$より定義される平衡定数．

$$K = \prod_i a_i^{\nu_i} = \exp\left(-\frac{\Delta G_r°}{RT}\right)$$

ここで，$i$は生成物および反応物を表し，$\nu_i$は化学量論係数であり生成物で正，反応物で負とする．なお，$\Delta G_r°$は，各成分の標準生成ギブス自由エネルギーより求めることができる．(⇨平衡定数) [荒井 康彦]

**ねつりきがくとくせいち　熱力学特性値　thermodynamical characteristic property**

熱力学関数．熱力学系が平衡状態にあるとき，これを特徴づける熱力学量のこと．内部エネルギー*，エントロピー*，ヘルムホルツの自由エネルギー*，ギブス自由エネルギー*や，これらから誘導される量などが相当する． 　　　[岩井 芳夫]

**ねつりゅうそく　熱流束　heat flux**

ある単位面積の面を，その面に垂直に単位時間に流れる熱量を熱流束という．一般にある物理量が，ある単位面積の面をその面に垂直に単位時間に流れる場合，その流れる量をその物理量の流束という．物理量が運動量であればそれは運動量流束であり，物質量であれば物質流束(物質量の単位が質量であれば質量流束，モルであればモル流束)である． 　　　[荻野 文丸]

**ねつりょう　熱量　heat**

物質が状態変化を起こすさいには熱の吸収あるいは放出があり，変化の形態により反応熱，顕熱*，潜熱*などがある．熱量とはこれらの状態変化に伴って移動する熱エネルギーの量をいう．[横山 千昭]

**ネドールプロセス　NEDOL── NEDOL process**

従来の石炭直接液化技術である溶剤抽出法，直接水添法およびソルボリシス法の3方式を統合したわが国独自のれき青炭液化プロセス．石炭液化としては比較的低温，低水素圧力で50〜60重量%の液化油収率が得られる． 　　　[林 潤一郎]

**ネルソンせんず　──線図　Nelson chart**

ネルソンチャート，水素侵食防止図．重油や軽油などからの脱硫黄を目的とした水素化脱硫プロセスなどの高温高圧水素環境で使われる炭素鋼，Cr-Mo鋼の水素侵食(hydrogen attack)防止線図．米国石油学会の規格(API Publication 941)でもあり，使用環境の温度と水素分圧で各材料の使用限界曲線を示してある．水素侵食とは，環境側から原子状水素が拡散侵入し，鋼中の炭素や炭化物(代表的には$Fe_3C$)と反応しメタンを生成し，脱炭*により鋼強度が低下したり膨れたりする現象である． 　　　[山本 勝美]

**ネルンストのきんじしき　──の近似式　Nernst approximate formula**

H.W. Nernstが化学平衡*系に対して，いくつかの近似と実験値を用いて導いた化学平衡定数の推算式．十分な精度は期待できないが，熱力学定数の不明な反応系について概略値を与える便宜さがある．なお，金属をそのイオンを含む溶液に浸したときに現れる単極電位差に関する式はネルンストの式とよばれる． 　　　[長本 英俊]

**ネルンスト-プランクしき　──式　Nernst-Planck equation**

イオン交換膜*における物質移動流束を表した

式．イオン交換膜での物質移動は濃度勾配，電位勾配および電気浸透*・浸透圧*による溶液移動があるが，ネルンスト-プランク式では溶液移動の項を無視して簡略化している．

$$J_i = D_i \frac{dC_i}{dx} + z_i u_i C_i \frac{d\phi}{dx}$$

ここで，$J_i$はイオン種iの移動流束，$D_i$は拡散定数，$C_i$は濃度，$z_i$は荷電数，$u_i$は移動度，$\phi$は電位である． ［正司 信義］

**ねんしょうおんど　燃焼温度　flame temperature**
⇒レーザーによる燃焼計測

**ねんしょうかんけつじかん　燃焼完結時間　time for complete combustion**
⇒燃焼反応

**ねんしょうき　燃焼器　burner**
⇒バーナー

**ねんしょうけいさんほう　燃焼計算法　combustion calculation**
燃焼操作において，気体，液体および固体燃料を燃焼させるのに要する理論空気量*や所用空気量，燃焼後に生成する燃焼ガスの理論生成量や排ガス組成，および燃料の発熱量などを，物質収支および熱収支から計算する方法のこと． ［二宮 善彦］

**ねんしょうけいそく　燃焼計測（レーザーによる）laser diagnostics**
燃焼場における温度，速度，濃度の計測は従来プローブ法に頼ってきた．しかし，プローブ法は分解能や燃焼場への撹乱などの制限がある．これに対して，非接触，温度や圧力に対して無制限という利点をもつのがレーザー計測である．計測は，種々の原理に基づき，速度，温度，濃度，噴霧・粒径ならび火炎などと多面にわたるが，各計測とも相当の経験が必要である． ［西村 龍夫］

**ねんしょうげんかい　燃焼限界　limits of combustion**
可燃限界．気体燃料と空気または酸素の混合物が燃焼可能な最大混合割合と最小混合割合を燃焼限界という．この限界は混合気体中の燃料のvol%で表され，最大混合割合を上限，最小混合割合を下限とよぶ．燃焼限界は重力，温度，圧力などの影響を受けるため，混合気に固有の値ではない．
［西村 龍夫］

**ねんしょうしつねつふか　燃焼室熱負荷　thermal load in combustor**
熱負荷．単位時間あたりに燃焼炉へ供給する燃料の熱供給量のこと．燃焼炉内の体積基準と炉床面積基準の二つがあり，前者を体積熱負荷[W m$^{-3}$]，後者を面積熱負荷または炉床負荷[W m$^{-2}$]とよぶ．燃焼炉あるいは焼却炉の燃料投入能力あるいはごみ処理能力をそれぞれ表す指標である． ［成瀬 一郎］

**ねんしょうそくど　燃焼速度　combustion rate**
⇒燃焼反応

**ねんしょうねつ　燃焼熱　heat of combustion**
燃焼反応に伴って出入りする熱．反応（原）系に対して生成系のエンタルピーが減少する場合，燃焼によるエンタルピー変化は負であり，対応して発熱反応が起こっている．燃焼熱は燃焼反応のエンタルピー変化の符号を反対にしたものであり，発熱反応で正の値をとる．反応物，生成物をともに標準状態とした場合を標準燃焼熱という．ヘスの法則*によって燃焼熱は関連する化合物の生成熱から算出することができ，逆に実測された燃焼熱から，生成熱を求める場合も多い． ［幸田 清一郎］

**ねんしょうのかしか　燃焼の可視化　flame visualization**
火炎中の複雑な現象をとらえるために温度，速度，濃度などを可視化して計測する方法である．古くは密度変化に基づくシュリーレン法，シャドウグラフ法があるが，定量的な計測には適さない．温度，濃度場の計測には，レーザーを利用したレイリー散乱法やラマン散乱法などがある．また，速度場の計測にはトレーサー法に基づく粒子画像流速測定法（PIV）がある． ［西村 龍夫］

**ねんしょうはんのう　燃焼反応　burning reaction, combustion reaction**
気体*，液体*，固体燃料*など，用いる燃料によってその燃焼反応の特徴は異なる．気体燃料の燃焼は，燃料と空気とをあらかじめ均一に混合してから燃焼させる予混合燃焼*方式と，燃料と空気とを別々の口から噴出し拡散混合させて燃焼させる拡散燃焼方式に分けられる．予混合燃焼方式では，火炎が小さく高負荷燃焼が行えるが，逆火などの危険性を伴う，これに対して拡散燃焼方式では火炎が大きく，燃焼負荷率が小さいが，操作範囲が広く逆火などの危険性が少ない．

液体燃焼では液体燃料が加熱されて蒸発し，その蒸気が気相で燃焼する形態をとる．液体燃料の滴の大きさ（液滴径）の違いにより，10$^{-3}$cm以下ではエアロゾル燃焼，10$^{-3}$〜10$^{-1}$cmの範囲では液滴燃焼，それ以上では液面燃焼になる．液体燃料を工業的に燃焼させる場合は，燃焼を促進させるために液滴径をできるだけ小さくし，これによって空気との接触

面積を大きくして効率的に燃焼させる液滴燃焼方式が多く使用されている．また，液体燃料を霧化し燃焼させる噴霧燃焼*方式，液体燃料を高温物体面(高温セラミック多孔体など)に付着させ，蒸発を促進させて燃焼させる蒸発燃焼方式などもある．

固体燃料の燃焼では，固体が熱分解して生成する低沸点成分(揮発分*)の気相での燃焼と，固定炭素などの固体成分が表面で周囲空気と接触して，燃焼する表面燃焼とが連続的あるいは同時に複合して起こることが多い．また，固体燃料中に含まれる灰分が多い場合は，粒径に変化のないまま可燃分が燃焼し，あとに多孔質の灰層が残る．

液体燃料は通常，気体燃料とは異なり，遊離硫黄，硫化水素，メルカプタンなどの硫黄成分や，ピリジン，キノリンなどの窒素分を含む．また，固体燃料も硫黄分や窒素分を多量に含むため，これらの燃料燃焼時においては $SO_x$ や $NO_x$ が生成し，大気汚染や低温部腐食の原因になりやすい．このため，低 $SO_x$ および $NO_x$ 対策が重要である． ［二宮 善彦］

**ねんしょうモデル 燃焼——(固体燃料の) combustion model of solid**

固体燃料の燃焼は，固体の熱分解によって発生する揮発分の燃焼と，固定炭素などの固体成分が表面で周囲空気と接触して燃焼する表面燃焼とが，連続的あるいは同時に複合して起こる．これらの一連の現象を説明するために種々の燃焼モデルが開発されている．揮発分の燃焼モデルとしては，揮発分の放出過程を説明する熱分解モデル*や素反応モデル*，固体粒子内の固定炭素の燃焼過程を説明する気固反応モデル*などがある． ［二宮 善彦］

**ねんせいけいすう 粘性係数 viscosity**

粘性率，粘度．速度勾配をもって流れている流体中には，速度勾配に比例する接線応力が現れる．たとえば流体が $x$ 軸に平行に流れ，速度 $u$ が $y$ 軸方向に変化しているとき，$y$ 軸に垂直な面には $\eta(\partial u/\partial y)$ の大きさの接線応力が現れる(ニュートンの粘性法則)．この比例定数 $\eta$ は流体によって定まる定数であり，粘性係数という．その SI 単位は Pa·s である．気体の粘性係数の研究は，気体分子運動論の妥当性を実験的に明らかにしたことで有名である．一般に，温度が上がれば気体では粘性係数は増加し，液体では指数関数的に減少する．また，通常，圧力の増加に伴い液体では粘性係数は増加するが，低圧の気体では粘性係数はほぼ一定か，場合によっては減少(初期密度効果)することが知られている．

［横山 千昭］

**ねんせいていそう 粘性底層 viscous sublayer**

層流底層．固体壁に接して流体が乱流*で流動して乱流境界層*を形成するとき，壁面に接するところに生じる層流*に近く乱れの少ないきわめて薄い層．固体壁と流体本体の間で熱や物質の移動があるときは，その移動速度の大部分はこの粘性底層の厚さに依存する． ［小川 浩平］

**ねんせいながれ 粘性流れ viscous flow**

流体には塑性流動を示すもの，粘弾性流動を示すものなどがあるが，塑性・弾性をまったく示さない流体を純粘性流体とよぶ．純粘性流体は空気・水・油などのニュートン流体と，ひずみ速度と応力が比例関係を示さない純粘性非ニュートン流体*に分けられる．これらの純粘性流体の流動形態を粘性流れとよぶ．一方，真空技術関係では分子流*，滑り流れに対して層流*をとくに粘性流れとよぶ．

［薄井 洋基］

**ねんせいりつ 粘性率 viscosity**

⇒粘性係数

**ねんせいりゅうたい 粘性流体 viscous fluid**

粘性を有する流体の総称．応力*が作用している間は変形し，一定の応力の作用下では変形が時間に比例し，また応力を取り去った後でも変形がまったく回復しない流体．せん断応力*とせん断速度*の関係を示す流動曲線*は，粘性流体の場合は原点を通る曲線となる． ［小川 浩平］

**ねんだんせい 粘弾性 viscoelasticity**

液体としての性質(粘性)と固体としての性質(弾性)をあわせもつ性質．高分子をガラス転位温度*以上に上げた溶融物や，高分子の濃厚溶液は粘弾性を示し，理論的には緩和現象として取り扱われる．非線型粘弾性も含めてレオロジー(rheology)とよばれる場合もある． ［瀬 和則］

**ねんだんせいりゅうたい 粘弾性流体 viscoelastic fluid**

粘性だけでなく弾性もその動きに関与する流体．粘弾性流体の流動では弾性の効果により，はね戻り現象(管路内を流動するときに流体の速度が速くなったり遅くなったりする現象)，法線応力効果(静止流体中に差し込んだ棒を回転させたときに流体が棒に貼り付いて上方へ昇ってくる現象)，バラス効果*(流体がノズルから吐出するとき吐出流の径がノズル出口径より大ききなる現象)，特異サイフォン現象(容器中の流体に細管を挿入し，圧力差を利用して流体を流出させているときに，流体表面よりも上方にわずかに細管入口を移動しても流出が続く現象)，逆

方向二次流れ(容器中の流体表面で円盤を回転させると,容器中に粘性流体とは逆方向に回転する二次流れが生じる現象)などの特徴的な現象がみられる.(⇒法線応力差)　　　　　　　　　　　[小川 浩平]

**ねんだんせいりゅうたいのかくはん　粘弾性流体の撹拌**　mixing of viscoelastic fluid

粘弾性流体は,粘性と弾性の特性を併せもつ流体であり,これを撹拌するとき,ニュートン流体ではみられない特異な現象が生じる.たとえば,同心二重円筒装置を縦に置き,両円筒間に本流体を満たして内筒を回転させる.流体は弾性効果から,内筒を締め付けるように装置中央部に集まる.槽底部には底面があるため,逃げ場を失った流体は,勢い液自由表面を内筒のまわりに隆起させる.ニュートン流体であれば,遠心力効果により軸まわりは陥没することから,これはまったく逆の現象である.同現象は発見者にちなんでワイゼンベルク効果とよばれている.また,放射流型翼付き撹拌装置内で同流体を撹拌するときには,翼回転速度が低いときには吐出よりも,むしろ弾性による翼への巻き付き現象が生じる.十分に回転数を上げると吐出流となる.このような場合でも,粘弾性流体は時間依存的な流体であり,翼の前後と翼間とではせん断のかかり方が違ってくることから,実際には複雑な振動現象を生じる.　　　　　　　　　　　　　　　　[上ノ山 周]

**ねんど　粘度**　viscosity

粘性係数.ニュートンの粘性法則* において,応力* と変形速度* の比例係数として定義される,流動に対する抵抗を表す流体の物性.　　　　[吉川 史郎]

**ねんどしすう　粘度指数**　viscosity index

潤滑油の粘性係数* の温度依存性を表す量で,略号 $VI$ が用いられる.粘度指数は,粘性係数の温度変化のきわめて小さいペンシルバニア系潤滑油を 100 とし,きわめて大きいガルフ・コースト系のものを 0 として定められ,値が大きいほど粘性係数の温度変化が小さい.算出法は日本工業規格(JIS-K 2283)で規定されている.

$$VI = \frac{L-U}{L-H} \times 100$$

ここで,試料油の 40℃ での動粘度* を $U$ とし,100℃ で試料油と同じ粘性係数を示し粘度指数が 0 および 100 の石油の 40℃ における動粘度を,それぞれ $L$ および $H$ とする.最近では粘度指数向上剤を加えた潤滑油も多く,粘度指数が 100 を超えることもある.　　　　　　　　　　　　　　　　[横山 千昭]

**ねんりょうきはくねんしょう　燃料希薄燃焼**　fuel lean combustion

予混合希薄燃焼.あらかじめ燃料と空気を混合し燃焼する方法.この燃焼方法におけるサーマル $NO^*$ の生成特性は,空気比 1.0 付近に鋭いピークをもち,それより低空気比側あるいは高空気比側ではサーマル NO の発生を抑制できる.　　　　　　[神原 信志]

**ねんりょうでんち　燃料電池**　fuel cell

燃料の電気化学的酸化反応による直接発電を行う装置.電解質膜とその両表面に接する多孔性電極とからなる構造体を一つの単位とし,通常その複数の連結体(スタック)からなる.発電効率が高く,環境汚染物質の排出が少ないことを特徴とし,移動体用電源,分散型電源,コージェネレーションシステム* などに注目されている.用いる電解質材料,運転条件などで表のようなタイプがある.　　　　[中川 紳好]

燃料電池の種類

| 種類 | アルカリ水溶液型 (AFC) | リン酸水溶液型 (PAFC) | 溶融炭酸塩型 (MCFC) | 固体酸化物型 (SOFC) | 固体高分子膜型 (PEFC) |
|---|---|---|---|---|---|
| 電解質 | 水酸化カリウム (KOH) | リン酸 ($H_3PO_4$) | 炭酸リチウム ($Li_2CO_3$),炭酸カリウム ($K_2CO_3$) | 安定化ジルコニア ($ZrO_2 + Y_2O_3$) | イオン交換膜 (カチオン交換膜) |
| イオン導電類 | $OH^-$ | $H^+$ | $CO_3^{2-}$ | $O^{2-}$ | $H^+$ |
| 作動温度 | 50〜150℃ | 190〜220℃ | 600〜700℃ | 〜1000℃ | 50〜120℃ |
| 触媒 | ニッケル・銀系 | 白金系 | 不要 | 不要 | 白金系 |
| 燃料(反応物質) | 純水素 | 水素 | 水素,一酸化炭素 | 水素,一酸化炭素 | 水素 |
| 一酸化炭素 | 10 ppm 以下 | 1%以下 | — | — | 10 ppm 以下 |
| 二酸化炭素の含有 | 含有不可 | 含有可 | 含有可 | 含有可 | 含有可 |
| 燃料源 | 高純度水素 | 天然ガス,ナフサ,メタノール | 石油,天然ガス,メタノール,石炭 | 石油,天然ガス,メタノール,石炭 | 天然ガス,メタノール,改良ガソリン |
| 発電効率 | 60% | 40〜60% | 45〜60% | 50〜60% | 40〜50% |

**ねんりょうにだんふきこみ　燃料二段吹込み**　reburning

リバーンニング.主燃焼域の下流に再度燃料を吹

き込み，その燃料の熱分解で生成する炭化水素やアンモニア，シアン化水素などによって NO を還元する低 $NO_x$ 燃焼法．リバーンニング燃料として，褐炭，炭坑からの石炭ガス，天然ガスなどが使用される． ［神原 信志］

**ねんりょうひ　燃料比　fixed carbon to volatile ratio**

⇨石炭

**ねんりょうへんかんプロセス　燃料変換——　fuel conversion process**

灰を含む固体燃料(石炭，石油コークス，タールサンド，バイオマス*など)をハンドリングが容易な電気や液体燃料に変換し，変換の過程でクリーン化(脱硫，脱窒素)を目指すプロセス．燃料を燃焼して蒸気タービンを回して発電するプロセス，ガス化して熱分解して都市ガスにするプロセス，部分酸化してさまざまな変換[複合発電，燃料電池，MHD(電磁流体力学)発電]を経て発電するプロセス，直接液化法・間接液化法[ガス化してから，フィッシャートロプシュ*法や MTG 法(methanol to gasoline)により]して液体燃料*にするプロセスなどがある．

［亀山　秀雄］

## の

**のうこうそう　濃厚相**　dense phase, emulsion phase
　粉粒層を気体によって流動化する場合，粉粒体が密に集合している状態の中を気泡が上昇する現象が現れる．このさい粉粒体の密に集合している相をいう．希薄相の対比語．　　　　　　　　　　[守富　寛]

**のうこうりゅうどうそう　濃厚流動層**　dense fluidized bed
　⇒流動化状態

**のうこうりょういき　濃厚領域**　dense region
　固定層*に下方から流すガス流速を増加させると，粉粒体は均一流動化*，気泡流動化*を経て，乱流流動化*，高速流動化状態*へと移行する．流動層装置下部の粉粒体が密に集合した各状態に固有の特徴的領域のこと．　　　　　　　　　　[守富　寛]

**のうしゅくすい　濃縮水**　retentate, concentrate
　⇒非透過流れ

**のうしゅくながれ　濃縮流れ**　concentrated flow
　⇒非透過流れ

**のうしゅくばいりつ　濃縮倍率**　concentration factor
　膜分離処理における供給液容積(重量)を濃縮液容積(重量)で割った値．濃縮液に注目する場合は，この語を用いてよいが，透過液に注目する場合は，容積減少率を用いるほうが好ましい．　　[鍋谷　浩志]

**のうしゅくぶ　濃縮部**　rectifying section, enriching section
　連続蒸留*塔において原料供給段より上の塔の部分をいう．理論段*を仮定した二成分系蒸留塔の濃縮部*の操作線*の式は，次のようになる．

$$y_n = \frac{R}{R+1}x_{n-1} + \frac{1}{R+1}x_D$$

ここで，$n$ は塔頂より数えた段数である．$R$ は還流比*，$y_n$ は第 $n$ 段における低沸成分*の蒸気組成，$x_{n-1}$ は第 $n-1$ 段における低沸成分の液組成，$x_D$ は留出液*組成である．なお，原料を蒸留缶*に仕込むタイプの回分蒸留*塔では，塔全体を濃縮部と考えることができる．　　　　　　　　　　[小菅　人慈]

**のうたんねんしょう　濃淡燃焼**　off stoichiometric combustion
　バイアス燃焼．燃料過剰の燃焼バーナーと空気過剰の燃焼バーナーを交互に配置する低 $NO_x$ 燃焼法．燃料過剰帯では強い還元域が形成されるため NO 生成は抑制され，空気過剰帯では火炎温度が低下するためサーマル NO* が抑制される．
　　　　　　　　　　　　　　　　　[神原　信志]

**のうどうゆそう　能動輸送**　active transport
　溶質が，濃度勾配や電気化学ポテンシャル勾配に逆らって輸送される輸送形式．供給側あるいは受容側に，輸送される溶質とは別に，膜中のキャリヤーと可逆的に反応する溶質を高濃度に加えておくと，この溶質の受動輸送に伴って目的の溶質が能動輸送される(⇒共輸送，対向輸送)．細胞膜では，別の溶質の輸送過程あるいは ATP(アデノシン 5′-三リン酸)の加水分解によるエネルギー供給過程などをともなって，キャリヤータンパク質による特定の物質の能動輸送が行われている．　　　　　[後藤　雅宏]

**のうどきょうかいそう　濃度境界層**　concentration boundary layer
　濃度分布が急激に変化する領域のこと．濃度境界層の概念は温度境界層*と同じである．速度境界層*の厚さを $\delta$，濃度境界層の厚さを $\delta_D$ とすれば，

$$\delta_D/\delta = Sc^{-m}$$

という関係がある．$Sc$ はシュミット数*である．Pohlhausen の数値計算によれば，$Sc>0.6$ の範囲では上式の指数 $m$ は 1/3 と近似できる．流れと平行に置かれた平板からの物質移動では，相似変換を用いて境界層方程式*を解くことにより，濃度分布を求めることができる．　　　　　　　[渡辺　隆行]

**のうどすいしんりょく　濃度推進力**　driving force in terms of concentration difference
　不均一系における境界層内の物質移動流束* $N$ [mol m$^{-2}$ s$^{-1}$]は，界面での濃度 $C_i$，主流の濃度 $C$ との差を推進力として，次式の形式で表すことができる．

$$N = k_f(C_i - C)$$

このように，(物質移動流束)＝(物質移動係数)×(界面での濃度と主流濃度の差)と表され，この濃度差を濃度推進力という．$k_f$[m s$^{-1}$]はモル流束規準の物質移動係数*である．このほか，系に準じてモル分率

差，質量分率差，分圧差，湿度差などが用いられる．
(⇨物質移動)　　　　　　　　　　　　［神吉　達夫］

**のうどぶんきょく　濃度分極**　concentration polarization

　膜分離法においては，膜を透過する流れによって膜面に運ばれてきた溶質は，膜によって阻止されそこに蓄積するため，膜面での溶質濃度は供給液本体よりも高くなっている．この現象は濃度分極とよばれ，膜透過現象に大きな影響を及ぼす要因の一つである．

　膜の分離特性は，膜面での溶質濃度 $C_m$ と，透過液の溶質濃度 $C_p$ とで定義される真の阻止率 $R(=1-C_p/C_m)$ で評価することが望ましい．$C_m$ は実測ができないため，通常は濃度分極モデルに基づいて導かれた濃度分極式(次式)で計算される．

$$\frac{C_m - C_p}{C_b - C_p} = \exp\frac{J_v}{k_f}$$

ここで，$J_v$ は透過流束*を表す．また，$k_f$ は濃度分極層内の溶質の物質移動係数*で，次式で定義される．

$$k_f = \frac{D}{\delta}$$

ここで，$D$ および $\delta$ はそれぞれ溶質拡散係数と濃度分極層の厚さである．濃度分極式を用いることにより，物質移動係数が既知の場合には，測定された $J_v$，$C_b$ および $C_p$ の値から $C_m$ を計算することができ，さらに膜の分離特性を表す真の阻止率を計算することができる．　　　　　　　　　　　　　　　［鍋谷　浩志］

**ノックスとよくせいぎじゅつ　$NO_x$ と抑制技術**　$NO_x$ formation and reduction

　燃焼によって生成する $NO_x$ は NO と $NO_2$ の総称であり，そのほとんどは NO である．NO は空気中の $N_2$ が高温で酸素と反応することを起源とするサーマル NO* と，燃料中の窒素分を起源とするフューエル NO* の二つの生成経路がある．NO の生成を抑制するには，火炎温度と酸素濃度の低下が有効である．これを実現する方法として，低 $NO_x$ バーナー*，二段(多段)燃焼*，排ガス再循環*，濃淡燃焼，スチーム噴射*がある．　　　　　　　　［神原　信志］

**ノックダウン**　knock down

　一般には比較的大型の機器，装置などを分解して輸送し現地で組み上げること．輸送が困難な場合，あるいは現地調達品を組み込む場合などに有効である．　　　　　　　　　　　　　　　　　　［信江　道生］

# は

**はいあつタービン　背圧——** back-pressure turbine

動力と同時にプロセス蒸気を必要とする場合に，高圧蒸気をタービンで所要の圧力まで膨張させて動力を得，その排気をプロセス用とする方式の蒸気タービン．背圧(back pressure)とは蒸気タービン*，蒸気機関などから排出される蒸気の圧力が大気圧以上であるとき，そのゲージ圧*をいう．産業用や熱併給発電(コージェネレーション)用に多く使用される．　　　　　　　　　　　　　　　［川田　章廣］

**はいいじゅうごう　配位重合** coordination polymerization

成長しているポリマー*鎖の末端(成長末端)と重合触媒の金属との結合の間に，モノマー*が挿入を繰り返して進行する連鎖重合*．反応機構はイオン重合と類似しているが，モノマーは成長末端と反応する前にまず触媒金属に配位する点が異なっており，このような名でよばれる．配位したモノマーは金属のまわりの立体構造の影響を受け挿入方向が制御されるため，立体規則性*ポリマーが生成しやすい．K. Ziegler がトリエチルアルミニウムと四塩化チタンを組み合わせた触媒によりエチレンを重合し，直鎖状のポリエチレンを得たのが最初の例である．その後，G. Natta がプロピレンの重合に適用して立体規則性*ポリマーを初めて合成した．(⇒メタロセン触媒)　　　　　　　　　　　　　　　　［橋本　保］

**はいいすう　配位数** coordination number

ある中心分子または原子の周囲に配位する分子，原子あるいは原子団の数のこと．結晶中ではある中心分子(原子)に隣接するほかの分子(原子)の数のこと．固体では結晶構造にもよるが，面心立方格子では12である．一方溶液中では結晶構造をとらないため，ある中心分子と強く相互作用する分子の数をさし，通常10くらいである．錯体中では中心原子と配位結合している原子数のこと．　　［岩井　芳夫］

**はいいすう　配位数(粉体の)** coordination number

粒子接触点数．粒子配位数．配位数は，もともと着目粒子に接触しない近隣粒子も含めて，いわゆる第一層近接粒子の個数であるが，粉体工学では，1個の着目粒子の表面に接触する粒子の個数を意味する．粒子充填構造を表す一つの指標としても用いられ，粉体の物理的ならびに化学的現象の解析に重要である．均一球形粒子の最密充填における配位数は12で，空隙率の増加とともに減少する．
　　　　　　　　　　　　　　　［日高　重助］

**はいいろのかてい　灰色の仮定** gray assumption

物質のふく射性質は物質とふく射の相互作用を表すものであるので，基本的にふく射の波長に依存するが，この点を無視して伝熱評価の簡略化をはかることがある．物質のふく射性質が波長に依存しないとするこの仮定を灰色の仮定とよぶ．この大胆な仮定をおくと，全ふく射*の方法によるふく射伝熱の計算が可能になり，たとえば不透明な表面のふく射性質は，全放射率(＝全吸収率)で代表されることになる．　　　　　　　　　　　　　　　［牧野　俊郎］

**はいえんだつしょうほう　排煙脱硝法** flue gas denitration

燃焼排ガス中の窒素酸化物を除去する方法．乾式法と湿式法に大別されるが，排水処理の問題から乾式法が主流となっている．乾式法は，排ガスに $NH_3$ を添加し触媒下で脱硝を行う選択触媒法*がもっとも多く採用されているが，無触媒脱硝法，活性炭吸着法，電子ビーム法*も知られている．湿式法はNOを $O_3$ などで酸化し $NO_2$ に転換した後，アルカリ溶液に吸収させるアルカリ吸収法を代表として，液相酸化法，直接吸収法が知られている．
　　　　　　　　　　　　　　　［神原　信志］

**はいえんだつりゅうほう　排煙脱硫法** flue gas desulfurization

FGD．燃料を燃焼した後の排煙に含まれる $SO_2$ を燃焼炉から出たあとに除去する方法．溶液に吸収させるか，固体に吸収させるかで湿式脱硫法*，乾式脱硫法*に大別できる．また，その中間的な方法として半乾式脱硫法*がある．湿式脱硫法には，湿式石灰・セッコウ法*，水マグ法*，ソーダ法*などがある．また，乾式脱硫法には，活性炭法，PPCP法*，電子ビーム法があり，半乾式脱硫法は煙道に $Ca(OH)_2$ などの脱硫剤と水・スチームを吹き込む方法がある．
　　　　　　　　　　　　［清水忠明・成瀬一郎］

バイオセパレーション　bioseparation

　バイオプロセスで生産されるバイオプロダクト（生産物）を分離精製することあるいはその工程．細胞などの生物材料には無数の類似物質が含まれるため，バイオプロダクトの精製は複雑でコストがかかる．大きさや沈降速度の差を利用した機械的分離法として，精密沪過膜を用いた膜分離や遠心分離が，分子の大きさや静電的相互作用の違いに起因する移動速度の差を利用した輸送的分離法として限外沪過膜，逆浸透膜などを用いた膜分離，透析*や電気泳動*が，拡散速度の差や分配係数の差を利用した拡散的分離法として，ゲル沪過クロマトグラフィー，イオン交換クロマトグラフィー，疎水性クロマトグラフィー，アフィニティークロマトグラフィーなどの各種クロマトグラフィーによる分離や抽出*，超臨界流体抽出などがある．　　　　　　　［本多　裕之］

バイオファウランツ

　海水の取水口などに付着し復水器の冷却水量の減少，伝熱阻害などの問題を発生する魚介類などの水生生物のこと．スクリーニングや塩素注入による殺菌法などさまざまな防護策がとられる．
　　　　　　　　　　　　　　　　　　［川田　章廣］

バイオマス　biomass

　量的な生物資源．生物由来の有機性資源で化石燃料*を除いたもの．バイオマスを燃焼してエネルギーを得るときに放出される $CO_2$ は，光合成により大気から比較的最近吸収したものであり，大気中の $CO_2$ を増加させず（カーボンニュートラル），持続可能性*をもつ．化石燃料をバイオマスで代替すれば，$CO_2$ の排出を削減し，温暖化対策*となる．バイオマスには，森林や建材などの木質系，稲わらなどの農業系，畜産・水産加工残渣，食品工業残渣，厨介類などの廃棄物*がある．バイオマスの利用は，直接燃焼，ガス化*・燃焼などのサーマルプロセスによる発電やガス利用，メタン発酵・エタノール発酵などの微生物プロセスによる燃料製造，油分や廃油を精製したバイオディーゼル燃料（BDF）製造，ガス化ガスからのメタノール合成などによる燃料製造，ポリ乳酸やポリフェノールからのプラスチック製造など多様な経路がある．さらに，植物系バイオマス中のセルロース分を分解する方法としては，爆砕や超臨界流体処理などがある．　　　　　　　［堀尾　正靱］

バイオリアクター　bioreactor

　微生物や動物・植物細胞用の培養装置や酵素利用反応器など生物プロセスで使われる反応器の総称．培養装置としては液体培養装置と固体培養装置に分けられる．増殖に酸素を必要とする好気性微生物を培養する液体培養装置としては，通気撹拌培養槽がもっとも広く用いられている．撹拌翼*のほかに，通気用のスパージャー*，効率的な撹拌のための邪魔板*，温度制御のための冷却管などが配置されている．酸素移動容量係数 $k_La$ が操作条件を決める一つの指標になる．揮発性の高いエタノールを炭素源とし，酢酸を生産する食酢の製造では，低い通気量で高い $k_La$ が実現できるようキャビテーション*を利用して通気するアセターターが知られている．撹拌翼を用いない液体培養装置として気泡塔型培養槽がある．気泡塔は基本的な構造は簡単であるが，多段塔型，多孔板ドラフトチューブ付き塔型，循環式塔型などが開発されている．微生物タンパク質生産のために開発された気泡塔は $7380\,h^{-1}$ の非常に高い $k_La$ が達成されたことで知られている．固体培養用のリアクターとして通気ができ，蒸米の固体層を撹拌する通風式自動製麹器もある．

　担体結合法や架橋法，包括法で固定した微生物や酵素を用いる反応装置を固定化バイオリアクターとよぶ．担体を詰めた充填層型反応装置は PFR* 形式の反応器として取り扱うことができる．固定化酵素反応器が多いが，固定化増殖微生物反応器は包括固定化酵母を用いたエタノール発酵で用いられる．排水処理で用いられる上向流型嫌気性スラッジブランケット培養装置（UASB）は，積極的に固定化するのではなく微生物が自発的に形成する粒子を使う方法であり，メタン発酵が迅速化できることで知られている．　　　　　　　　　　　　　　　　　　［本多　裕之］

バイオリアクターのせいぎょ　──の制御　control of bioreactor

　バイオプロセスは常温常圧で進行し，しかも至適範囲が狭いため厳密な制御が要求される．さらに，複数の生物反応が同時に進行する複雑系であり，時間遅れもあることから制御は困難である．培養槽では雑菌汚染を防ぐため減菌するが，蒸気滅菌に耐えるセンサーが限られており，オンライン計測できる測定項目が少ないことも困難さを増している．温度，pH，DO（溶存酸素量）などの一定値制御は可能であるが，複雑な反応系そのものをモデリングすることが非常に困難であるため，予測制御や最適制御は難しい．最近ではニューラルネットワーク*などの知的制御によるより高度な制御法が開発されつつある．　　　　　　　　　　　　　　　　　　［本多　裕之］

バイオレオロジー　bio-rheology

　生態系における各種物質の示すひずみと応力の関

係を取り扱う学問分野．再生医療工学分野における筋肉，血管，骨などの物質のレオロジー特性，血液などの体液のレオロジー，皮膚の粘弾性など生体組織とそのひずみ-応力応答などが研究され，多くの生体模倣材料の開発に役立っている．　　　［薄井 洋基］

**バイオレメディエーション　bioremediation**

微生物が化学物質を分解する能力を利用して，環境汚染物質を常温・常圧で分解，無害化する技術であり，低濃度で広範囲の汚染を比較的経済的に浄化できる．とくに土壌・地下水汚染，海洋汚染の浄化に多く用いられている．既存の微生物に酸素や栄養分を与えることで，微生物を活性化させ，浄化作用を促進させるバイオスティミュレーション，対象汚染物質について分解能力のある微生物を汚染土壌中に注入し，酸素や栄養分を与えて活性化させるバイオオーギュメンテーションがある．後者のほうが汚染場所の状況を問わず高い効力が期待できるが，生態系を撹乱する可能性もあるため注意が必要である．テトラクロロエチレンやトリクロロエチレンなどの揮発性有機ハロゲン化合物や油類のほか，PCB（ポリ塩化ビフェニル）やダイオキシン類などの研究事例もある．副生成物の発生，栄養分などの注入による汚染の拡大のおそれもあり，十分な事前評価が必要である．　　　［小林 剛］

**はいが　胚芽　embryo**

⇒エンブリオ

**ばいかじかん　倍加時間　doubling time**

世代時間．細胞が倍加するまでの時間．
　　　［本多 裕之］

**はいガスさいじゅんかん　排ガス再循環　flue gas recirculation**

燃焼により発生した排ガスの一部を再度ボイラー内に注入させることにより，酸素濃度と火炎温度を低下させ，サーマル$NO^*$の発生を抑制する方法．しかし，多くの場合 NO の抑制よりも発生蒸気の温度制御の目的で用いられる．　　　［神原 信志］

**はいきそくど　排気速度　pumping speed**

真空ポンプ*において，吸引口断面における気体の，現実の単位時間あたり排出量を体積で表したもの．この真空排出量は，真空容器表面またはその材料の内部から放出される気体，真空容器を透過または漏洩する気体，および真空ポンプから逆流する気体の合計である．　　　［伝田 六郎］

**はいきぶつ　廃棄物　waste**

⇒廃棄物の分類

**はいきぶつうめたて　廃棄物埋立て　landfill of wastes**

埋立．廃棄物を中間処理し，減量・安定化・再資源化をはかったあとの残渣を最終処分するために埋立てが行われる．山間部などの内陸で行う陸上埋立てと海面埋立てがあり，後者には東京都中央防波堤埋立て処分場の例がある．埋立ては，対象物を適切に貯留し，自然の浄化機能により安定・無害化させ，最終的に自然に還元する過程と位置づけられる．すなわち，物理化学的および生物学的作用により有機物の分解と安定化・減容化が進む．埋立て物やその分解により発生する浸出水およびガスの対策が適切にとられねばならない．　　　［川本 克也］

**はいきぶつさいしゅうしょぶん　廃棄物最終処分　final disposal of wastes**

最終処分．廃棄物を最終的に陸上・水面埋立てなどの埋立て処分および海洋投入処分すること．埋立て処分場には安定型，管理型およびしゃ断型があり，法令によって構造基準，維持管理基準が定められている．安定型処分場は，廃プラスチック類，ゴムくず，建設廃材など5品目のみの処分に用いられ，しゃ断型処分場は特別管理産業廃棄物の処分に用いられる．管理型処分場はこれら以外の廃棄物の処分に用いられ，しゃ水構造と浸出水処理施設，飛散を防ぐ覆土などが義務づけられている．　　　［川本 克也］

**はいきぶつしょうきゃくろ　廃棄物焼却炉　incinerator of waste**

都市ごみや工場からの固体廃棄物，排ガスや排水処理施設からのスラッジや汚泥ケークなどを焼却処理するための装置のこと．従来はストーカー炉と流動層炉が大部分を占めていたが，1990年代後半以降ダイオキシン対策のためにガス化溶融炉が一部で用いられるようになっている．ストーカー炉は火格子炉ともいい，傾斜した火格子の上にごみを投入し，火格子を振動させながら燃焼する方式で，もっとも一般的な焼却炉である．流動層炉は砂を流動媒体，空気を流動化ガスとして形成した流動層*中にごみを投入して燃焼させる方式で，中小規模の焼却炉である．ガス化溶融炉には熱分解炉と溶融炉からなるもの，部分燃焼ガス化炉と溶融炉からなるもの，シャフト炉方式でガス化と溶融を一体で行うものなどがある．ごみは450～600℃で熱分解されて，高カロリーのガスと固体残渣となる．次に溶融炉でガスを酸素あるいは空気で燃焼させて，2000℃近い高温として固体残渣を溶融する．この方式により，灰の減容化とダイオキシン発生の抑制が可能といわれている．　　　［三浦 孝一］

## はいきぶつのぶんるい　廃棄物の分類　clasification of wastes

"廃棄物の処理及び清掃に関する法律"では，廃棄物は産業廃棄物*と一般廃棄物*の2種類に分けられる．以下の19種類が産業活動に伴い排出される産業廃棄物に指定され，これを除く廃棄物が一般廃棄物となる．すなわち，燃えがら，汚泥，廃油，廃酸，廃アルカリ，廃プラスチック類，紙くず，木くず，繊維くず，動植物性残渣，ゴムくず，金属くず，ガラスくず，鉱さい，がれき類，家畜ふん尿，家畜の死体，ダスト類，以上の産業廃棄物を処分するために処理したもの（コンクリート固形化物）が産業廃棄物である．また，毒性や爆発性などで人の健康や生活環境に被害を及ぼす可能性のある廃棄物が特別管理廃棄物*と規定され，上記2廃棄物中で特別管理一般廃棄物と特別管理産業廃棄物が定められている．前者には，廃エアコンなどの中のポリ塩化ビフェニル（PCB）使用部品，焼却施設の集じん灰，病院などから発生する感染のおそれのある廃棄物が該当し，後者には廃油（揮発油類など），pH2以下の廃酸，pH12以上の廃アルカリ，感染性廃棄物，特定有害産業廃棄物（廃PCB，PCB汚染物，PCB処理物，有害物を含む汚泥，アスベストなど）が該当する．

[川本　克也]

## はいしゅつきじゅん　排出基準　effluent standard, emission standard

ばい煙や汚水などを排出する工場・事業場が守らねばならない汚染物質の排出の上限値．大気汚染防止法*では排出基準，水質汚濁防止法*では排水基準という．これらの基準を超えた場合は処罰の対象となるほか，改善のための措置がとられる．一般排出基準（施設ごとに国が定める基準），特別排出基準（大気汚染の深刻な地域における新設施設に適用されるより厳しい基準），上乗せ排出基準（都道府県が条例によって定めるより前2者より厳しい基準），総量規制基準（大規模工場に適用される工場ごとの総排出量基準）がある．行政施策の目標値としての意味を有する環境基準とは異なり，工場・事業場に対して強制力をもった規制基準としての役割を有する．

[亀屋隆志・清水忠明]

## はいしゅつけんとりひき　排出権取引　emission trading

京都議定書で採択された温暖化ガス削減の達成方法の一つ．削減の数値目標が設定されている国や企業に割り当てられた排出量に余裕のある国や工場から，排出権を買って自己の割当分に充当する売買の仕組み．世界全体の温室効果ガス削減費用を低減させるといわれる．

[服部　道夫]

## ばいしょう　ばい焼　roasting

⇒燃焼装置

## ばいしょうざい　媒晶剤　habit modifier

添加物．不純物．結晶*の形状制御のために加える添加物（あるいは不純物）．特定の結晶面に吸着された添加物がその面の成長を抑制し，その結果，結晶形状が変わる．結晶成長に対する不純物効果の解明は進んでいるが，媒晶剤の選定は経験に頼ることが多い．多くのデータが文献にみられる．

[久保田　徳昭]

## ばいじん　dust

化石燃料の燃焼に伴って生成する固体粒子．主成分は未燃成分や灰などの無機成分である．わが国では直径が10μm以下の粒子をばいじんと称している．

[成瀬　一郎]

## はいすいしょりぎじゅつ　排水処理技術（流動層による）　wastewater treatment

液系流動層*あるいは三相流動層*の利用例の一つで，硝化菌を固定化した高分子ゲルによる排水中アンモニアの酸化処理，好気性微生物を付着したポリスチレンやポリビニルゲルによる排水中有機性汚濁物質の分解除去など，おもに生物的な排水処理技術．

[義家　亮]

## ハイセレクタースイッチ　high selector switch (HS)

⇒オーバーライド制御

## ばいたいりゅうし　媒体粒子（流動層の）　bed material

流動層*を構成し，熱や物質を移動させる媒体となる粒子．反応には必ずしも関与しないが，伝熱・混合・蓄熱などの物理的条件の設定のために必要とされる場合に媒体とよばれることが多い．たとえば流動層燃焼で，実際に燃焼している燃料粒子は粒子全体のごくわずか（数%以下）であり，残りは燃料粒子から伝熱面への熱移動のための熱媒体となっている場合や，石灰石を媒体に用いて炉内脱硫を行うなどしている．なお，気固反応を用いて酸素や炭素を粒子上に保持して移動させる場合でもこの用語が使われる．

[清水　忠明]

## Hayden-O'Connellのほうほう　――の方法　Hayden-O'Connell's method

J.G. HaydenとJ.P. O'Connell（1975）が提案した第二ビリアル係数*を推算する方法のこと．第二ビ

リアル係数の寄与項を自由, 準安定, 結合および化学項に分け, 臨界定数*と分子パラメーターにより純物質および交差ビリアル係数を計算する方法. 無極性物質, 極性物質および会合性物質の第二ビリアル係数が良好に推算可能である.　　　［岩井　芳夫］

## はいねつ　排熱　waste heat

エネルギー変換プロセスを経たのち, 再利用の有無にかかわらず熱の形態で排出されるエネルギーを総称する. 排熱には, 固体顕熱, 排ガス顕熱, 水蒸気潜熱, 温排水などの形態がある.　　　［亀山　秀雄］

## はいねつかいしゅうぎじゅつ　排熱回収技術　waste heat recovery technology

プロセスから利用されずに排出される熱エネルギーを回収して有効に利用する技術の総称. 熱エネルギーの利用方法に, ① 回収してそのまま熱利用するもの, ② 回収した熱の温度をより高い温度にして利用するもの, ③ 回収した排熱を用いて環境温度より低い冷熱を発生させるもの, ④ 熱エネルギーを動力やほかのエネルギー形態に変換するもの, がある.
　　　［亀山　秀雄］

## はいねつかいしゅうそうち　排熱回収装置　waste heat recovery equipment

排熱回収技術*を用いた具体的な装置. 回収した熱をそのまま使うドレン回収装置*, エコノマイザー*, レキュピレーター*, 排熱ボイラー*, アキュムレーター*や, 排熱の温度を利用温度にあわせて利用するヒートポンプ*, 吸収式冷凍機, 吸着式冷凍機や電気や動力などほかのエネルギー形態に変換するごみ焼却発電, エジェクターなどがある.
　　　［亀山　秀雄］

## はいねつボイラー　排熱──　waste heat boiler

燃焼排ガスから熱を蒸気で回収し, タービンの電力源や吸収式冷凍機熱源などに利用される. 省エネルギー技術として広く利用されている.
　　　［亀山　秀雄］

## ハイパーソープション　hypersorption

吸着剤*の選択吸着性を利用したガスの連続分別法で, 精留*効果を利用して低級炭化水素の分離や CO, $CO_2$ の除去に使用されてきた. 原料ガスがハイパーソーバーとよばれる移動層吸着塔の中央部に供給されると, ガス中の吸着成分は, 塔内を上から下へ移動する吸着剤により選択的に吸着され, 吸着剤とともに下方に移動する. 吸着剤は下部で間接加熱されたあとに水蒸気で脱着*され, 吸着成分は塔底ガスとして取り出される. 脱着された吸着剤はガスによって塔頂へ送られ, 冷却されたあとに再び吸着に使用される. 塔底ガスの一部は還流として塔に戻され, 塔内を上昇して再び吸着剤と接触して精留効果を与える. 一方, 塔内を上昇する原料ガス中の吸着性が弱い成分は塔頂ガスとして取り出される. なお, ハイパーソプションでは吸着剤として活性炭が使用されることが多い. 操作例として, 活性炭を用いて 5% のエチレンを含む $H_2$-$CH_4$ ガスから, 93% 程度のエチレンを分離するさい, 圧力 5 atm で, 濃縮部, 吸着部の層高はそれぞれ約 1.5 m 程度である.　　　［田門　肇］

## パイプラインはんのうき　──反応器　pipeline reactor

複数の流体原料を混合して反応させることを目的とする管型反応装置*. 混合する流体の量比, 粘度, 管の形状に応じてさまざまな流動状態が得られるが, 押出し流れ*とみなせ逆混合流れ*が起きにくい. さらに, 反応器内の混合を促進するためにスタティックミキサー*が内蔵される場合もある. また, 抽出などに用いられる場合は, 反応器出口に相分離装置が必要になる. (⇒ファイバーフィルム反応器)
　　　［清水　豊満］

## パイプラインミキサー　pipe line mixer

管路撹拌機*. ラインミキサー*. 管路中に設けたオリフィス板, 邪魔板, 振動板および撹拌翼*などを具備した機械的撹拌によって, 流体を連続的に流しながら短時間に効率的に混合を行う撹拌機. 特別の定義はないが, オリフィス板, 邪魔板*, 液流によって振動させる振動板など, 流体の運動エネルギー利用による静的撹拌機をスタティックミキサー*, そして撹拌翼などによる外部動力により駆動する動的撹拌機をパイプラインミキサーと大まかに区別する場合がある.

プラントのパイプラインの途中に設置して, 自動的な連続高速撹拌や連続添加混合などのプロセスに多用されている撹拌機である. 図はその一例で, 流体がシェル内を通過する間に完全混合する必要からきわめて強力な撹拌とショートパスを防ぎつつ, 流量損失を最少にする工夫として多孔板状の邪魔板を設けることや, 2室2段に撹拌翼を設けるなどの方法が用いられている. 撹拌翼は, 撹拌混合効果に寄与するはく離渦が発生しやすい, せん断作用の大きいディスクタービン翼*やディスパー翼などと, シェル内循環流フローパターンに有効なプロペラ翼*などの組合せが比較的に多い. また, 液体の流入口や流出口の位置も混合性能に影響を与えることが多い. とくにシェル軸芯と撹拌翼軸芯が同軸の場合,

旋回流を誘起しやすく遠心力分離などを起こすことから，流入口は翼回転方向を考慮したうえシェル軸芯に対し偏芯取付けとする．パイプラインミキサーは，小型の撹拌シェル内で高速撹拌による混合が極短時間に展開されるため，組成調整や流量調整をはじめ，定量の複数少量液体を高いコストパフォーマンスのもとで処理することが可能である．
　　　　　　　　　　　　　　　　［塩原　克己］

パイプラインミキサー

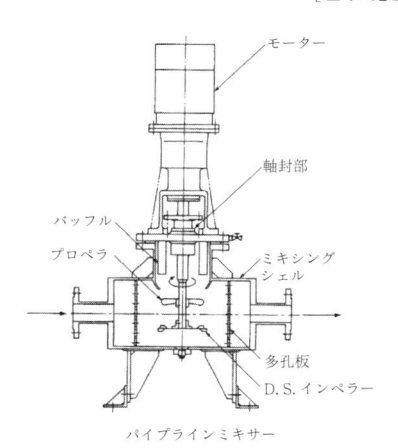

(図：モーター，軸封部，バッフル，プロペラ，ミキシングシェル，多孔板，D.S.インペラー)

**バイポーラーまく ——膜 bipolar membrane**
　複極膜．陽イオン交換膜*と陰イオン交換膜*を積層させたイオン交換膜のことで，通常は両膜の積層界面に触媒層を有する．バイポーラー膜を用いた電気透析*では膜中で水の解離が促進され，電極反応での水の理論分解電圧の1.23 Vより小さい0.82 Vの理論電位差で，酸およびアルカリ製造を行うことができる．　　　　　　　　　　［正司　信義］

**ばいよう　培養 culture**
　微生物，植物，動物卵（または胚）あるいは動植物の組織の一部を外的条件（栄養条件も含む）を制御して人工的に生活，発育，増殖させる操作もしくは手法．環境要因として多くの場合，温度，光，浸透圧などの物理的，および酸素，二酸化炭素，栄養物質，水素イオン，酸化還元電位などの化学的因子がある．培養のプロセス変数*を微生物の培養を例にとると，まず細胞濃度（菌体濃度）が状態変数として重要である．微生物の代謝に影響を及ぼす因子を例にあげて整理すると，培養のプロセス工学的変数はいくつかのグループに分けられる．第一のグループはプロセスへの入力に関するもので，基質供給速度，酸素移動速度，前駆体供給速度，酸やアルカリの供給速度，熱移動速度などである．第二は細胞環変数で，基質濃度，溶存酸素濃度，生産物濃度などでバイオリアクターシステムを制御する操作変数である．第三は生物反応速度で，増殖速度，基質消費速度，生産物生成速度などである．第四は細胞の代謝機能を生理的に示す生理状態変数である．比増殖速度*，比基質消費速度などがこれにあたる．　［新海　政重］

**ばいようそう　培養槽 fermenter, culture vessel**
　微生物や動植物細胞を培養*するための容器のことで，試験管や三角フラスコのような小さなガラス製容器は通常含めない．スーパージャーを備えた通気撹拌槽がよく用いられている．通常の撹拌槽と異なる点は雑菌汚染に耐えることや，撹拌機の軸受部が無菌シールされていることなどである．培養槽内は通常50～100 kPa程度加圧下で運転される．培地の調製，蒸気滅菌，冷却，空気圧縮機，除菌，消泡，pH測定および調節，種菌摂取，サンプリングなどのための装置や設備が付属しており，培養槽とこれらの周辺部との接続部分はスチームシールされている．超大型の培養槽は気泡塔型が多い．
　　　　　　　　　　　　　　　　［新海　政重］

**ばいようのプロセスへんすう　培養の——変数 process parameter of culture**
　⇒培養

**バインダー binder**
　結合剤．物質間の結合（接着）媒体であるが，とくに粉体関係では造粒や成形の操作において粉体状の原料に適当な凝集性や成形性（可塑性）をもたせ，かつ用途目的に合致した強度（崩壊性），溶解性，反応性などを考慮し，固体粒子間の結合媒体として使われる物質をいう．バインダーには高分子類（CMC, PVA, ゼラチンなど），水ガラス，ベントナイト，アスファルト，ピッチなどが業種や用途目的によって使い分けられる．高分子類バインダーは一般に溶媒と併用される．　　　　　　　　　［関口　勲］

**ハウゲン-ワトソンのしき ——の式 Hougen-Watson's equation**
　工業固体触媒設計に必要な反応速度評価を目的として提出された経験式．反応物の細孔内拡散過程*に比して表面過程が遅い場合，ラングミュア-ヒンシェルウッド機構に基づき，固体触媒反応速度は一般に，(反応速度)＝(反応速度項)×(ポテンシャル項)/(反応抵抗項)で表現できる．式中の各項は反応物・生成物の吸脱着，あるいは表面反応過程がそれぞれ律速の場合に応じて異なった式で表示される．

[菅原 拓男]

**はかいきょうど　破壊強度（粒子の）　fracture strength of particle**

強度．物体が破壊するときの応力をその物体の破壊強度という．強度には圧縮強度，引張強度，せん断強度などがあり，物体内のわずかな欠陥の有無により鋭敏に左右される．完全に均一で，欠陥を含まない物体の強度を理想（理論）強度といい，実測強度は理想強度の1/100～1/1 000程度であるといわれる．球形試験片を平行平板間で圧縮すると，試料内には載荷点近傍を除く大部分に引張力が作用し，とくに脆性材料の球形試験片では載荷点を結ぶ直径を含む大円面で引張りにより破壊する．この球形試験片の圧縮破壊から引張強度 $\sigma_t$ は，次の平松らの式から得られる．

$$\sigma_t = \frac{0.7P}{\pi r^2} = \frac{2.8P}{\pi D^2}$$

ここで，$P$ は破壊荷重，$r$ は球形試験片の半径（着力点間の距離の1/2），$D$ は球形試験片の直径である．この式で得られる引張強度は，純粋な意味での引張強度とは異なるので，球圧壊強度*とよばれる．粉砕操作における単粒子の破壊強度として用いられる．
(⇒球圧壊強度)　　　　　　　　　　[日高 重助]

**はかいじんせい　破壊靱性　fracture toughness**

材料のき裂の進展に対する抵抗を表す値．き裂の進展に要する応力拡大係数 $K$ あるいはエネルギー解放率 $G$ の値などが用いられ，$K_C$ あるいは $G_C$ などと表記する．き裂の開口方向に引張応力を受ける状態をモード I とよび，このモードにおける破壊靱性 $K_{IC}$ を用いる場合が多い．脆性材料では破壊靱性が低く，強靱な材料ほど破壊靱性は大きくなる．一般的な鋼材の $K_{IC}$ は 50～100 MPa m$^{1/2}$ である．
　　　　　　　　　　　　　　　　[仙北谷 英貴]

**はかいほうらくせん　破壊包絡線　yield locus**

静止粉体層中のある面に垂直応力 $\sigma$ を作用させ，次にせん断応力を徐々に増大させるとせん断応力がある値 $\tau$ になったとき，粉体層はその面で滑り崩壊を起こす．このまさに滑り崩壊を起こす極限状態の $\sigma$ と $\tau$ をいろいろな $\sigma$ の値について求めて，それらの値を $\sigma$-$\tau$ 平面にプロットすると1本の曲線が得られる．この曲線は破壊面上の点における極限状態のモール円の包絡線になるので，破壊包絡線とよばれる．この破壊包絡線は粉体層の空隙率 $\varepsilon$ により変化するので，$\sigma$-$\tau$-$\varepsilon$ 空間に描かれた破壊包絡線群をロスコー状態図とよぶ．　　　　　[日高 重助]

**はかいりきがく　破壊力学　fracture mechanics**

き裂が存在する材料の破壊を検討するための工学的手法．材料力学では，材料の破壊と変形を扱うが，鋭いき裂を有する材料の破壊を論じることが困難である．破壊力学では，き裂先端近傍の応力やひずみの状態を応力拡大係数 $K$ などのパラメーターを用いて，き裂を含む材料の強度評価を行うことが可能である．き裂先端近傍の塑性変形が小さい場合には，応力拡大係数 $K$ あるいはエネルギー解放率 $G$ が用いられ，塑性変形が大きい場合には，積分値 $J$ が用いられる．　　　　　　　　　　[仙北谷 英貴]

**はかきょくせん　破過曲線　breakthrough curve**

吸着剤を充填した固定層へ一定流量で流体を流して吸着質を吸着させるとき，出口での吸着質濃度を経過時間または供給流体の体積に対してプロットした曲線．イオン交換の場合は漏出曲線とよばれる．
　　　　　　　　　　　　　　　　　[広瀬　勉]

**はかじかん　破過時間　breakthrough time**

吸着剤を充填した固定層に吸着質を含む流体を連続的に流して吸着を行わせたとき，破過点*に達するまでの時間．(⇒破過点)　　　[広瀬　勉]

**はかてん　破過点　breakthrough point, break point**

吸着剤を充填した固定層に吸着質を含む流体を流し始めた当初は，吸着質は入口に近いところで吸着されてしまうので，出口では吸着質濃度ゼロの清浄な流体が得られる．ある時間経過後，固定層は，①ほぼ吸着平衡に達して吸着能力をなくした入口に近い領域，②平衡吸着量から吸着量がゼロにまで変化して，吸着質の吸着除去能力を発揮している中央部の吸着帯*とよばれる領域，③吸着質濃度がゼロに近い流体と接しているので，まだ吸着能力を保持したまま待機している出口に近い領域，の三つの領域に別れる．時間経過とともにこの三つの領域は出口に向けて押し流されるので，そのうち吸着帯の前端が固定層の出口に達して，出口での吸着質濃度が急に増加するようになり，ついに許容濃度を超えるようになるが，この点を破過点とよんでいる．また，この許容濃度を破過濃度とよび，便宜的に入口濃度の5％あるいは10％がとられる．　　[広瀬　勉]

**はかようりょう　破過容量　breakthrough capacity**

吸着剤を充填した固定層に吸着質を含む流体を連続的に流し，破過点*に達するまでに吸着した層全体の吸着剤の平均吸着量，または破過点までに処理した流体の体積のこと．固定層吸着装置の設計で重要な指標となる．　　　　　　　　[広瀬　勉]

はくそうりゅうしき　薄層流式　thin film flow method
　膜セルの物質移動を促進するために，膜面に薄層で供給液を流すろ過方式．　　　　　　［山口　猛央］

ばくはつげんかいのうど　爆発限界濃度　explosive limit concentration of dust
　空気中に浮遊する可燃性の粉体が，なんらかの原因で着火して爆発に至るような粉じん濃度．粉じん爆発が起きるには着火粒子の熱で隣接する粒子が次々と燃焼することが必要である．したがって，粒子間の距離が粉体粒子の燃焼特性に応じた最大限界値以下でなければ爆発しない．この濃度が粉じんの爆発下限濃度である．いっぽう，粉じん濃度が高すぎると，燃焼に必要な酸素の量が不足して燃焼が止まるので爆発しない．これが爆発上限濃度である．普通，爆発下限濃度は数十 mg L$^{-1}$ 程度，上限濃度は数 g L$^{-1}$ 程度であるが，粉体の種類，粒子径，粒子径分布，分散性，環境条件などに複雑に依存するので，粉じん爆発試験装置を用いて実験を行うのが普通である．JIS Z 8818（可燃性粉じんの爆発下限濃度測定方法）がある．　　　　　　　　　　　［増田　弘昭］

バグフィルター　bag filter
　含じん気流を遮るように配置した円筒あるいは封筒形のろ布により，粒子をろ過捕集し，堆積粉じんを周期的に払い落としながら，連続運転するろ過集じん装置である．構造および取扱いが簡単で集じん率*が高いので，有用粉体の回収や公害防止など多方面に使用されている．粒子は，ろ布の内面または外面に捕集される．払落し*の直後以外，粒子は堆積粉じん層によるふるい効果*により捕集されるので，粒子径によらず集じん率は高い．ろ過速度は織布で 2 cm s$^{-1}$ 前後，フェルトでは 4〜7 cm s$^{-1}$ 前後，圧力損失*は 500〜3 000 Pa 程度である．ろ布には織布と不織布があり，各種の天然，合成繊維や金属または鉱物繊維などが素材として用いられており，250℃ 付近まで使用できるものもある．堆積粉じんの払落し形式には，機械的振動，逆気流，パルスジェットなどがあり，バグフィルター*の形状にも影響するので，バグフィルターを払落し方式によって分類することがある．（⇒ろ布集じん）
　　　　　　　　　　　　　　　　　　［金岡　千嘉男］

はくまくがたかくはんき　薄膜型撹拌機　thin film type mixer
　高粘度液を対象とした撹拌型式の一つ．操作は流通式で伝熱は壁面から行われる．また，物質移動速度は大とすることができる．パドル型羽根の場合，壁面に形成される液膜厚みは，羽根と壁間のクリアランスの値から計算される．図に示すように実装置として具体的には，BUSS 社の Viscon，日立製作所の傾斜翼コントロ，神鋼パンテック（現神鋼ソリューション）のエクセバなどがある．　　　　　［上ノ山　周］

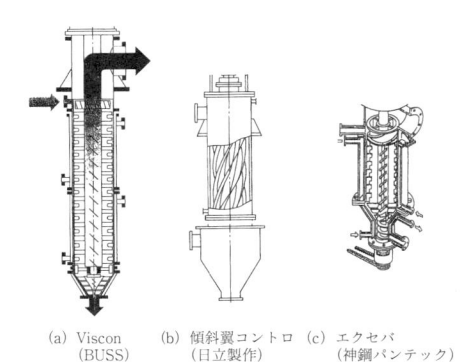

(a) Viscon (BUSS)　(b) 傾斜翼コントロ（日立製作）　(c) エクセバ（神鋼パンテック）

薄膜型撹拌機［便覧，改六，図 7・36］

はくまくがたじょうはつそうち　薄膜型蒸発装置　falling film evaporator, climbing film evaporator
　⇒蒸発装置の(1)

はくまくごうせい　薄膜合成（プラズマ CVD 法による）　thin film making process by plasma CVD
　プラズマ放電内の高エネルギー電子は気体分子と衝突し反応性の高い原子または分子（通常はラジカル）を生成する．この生成種を基板または基体上に堆積させ成膜すること．反応性の高い生成種を用いるため基板を加熱しなくても成膜できるが，段差形状の被覆性（ステップカバレッジ*）は熱 CVD* などに比べ劣る．原料気体の利用効率（電子衝突による原料の分解効率）は 10〜20% 程度であることが多い．プラズマ源としては，低圧（数百 Pa 以下）の原料気体に電極を介して高電圧を印加して形成されるグロー放電を利用する．基板周辺にコイル状の電極を設置する誘導結合型と，基板と電極を対置させ高電圧を印加する容量結合型がある．用いられる周波数は直流から高周波までさまざまであるが，13.56 MHz の RF 周波数が一般的である．実用的には加熱を避けて薄膜を成長するプロセス（たとえば，LSI における低融点のアルミ配線以降の後段のプロセスなど）に用いられる．また，シランガスを用いたアモルファスシリコン薄膜の形成に適しており，太陽電池の生産に用いられている．プラズマ内に存在するイオン

や電子は，薄膜の緻密性などに影響する．
[松井　功]

**パケットこうかんモデル ——交換—— packet renewal model**
⇒粒子群交換モデル

**ハーゲン-ポアズイユしき ——式 Hagen-Poiseuille's equation**
ニュートン流体*が円管内を層流*で流れるさいの流速，あるいは体積流量と圧力損失*の関係を与える次に示す式．
$$Q = \frac{\pi D^2}{4} u_a = \frac{\pi D^4 \Delta p}{128 \mu L} = \frac{\pi R^4 \Delta p}{8 \mu L}$$
ここで，$Q[\mathrm{m^3 \, s^{-1}}]$は体積流量，$u_a[\mathrm{m \, s^{-1}}]$は管断面平均流速，$\Delta p[\mathrm{Pa}]$は圧力損失，$D[\mathrm{m}]$は円管内径，$R[\mathrm{m}]$は円管半径，$L[\mathrm{m}]$は管長さ，$\mu[\mathrm{Pa \, s}]$は粘度である．1839年にドイツの技師 G. Hagen が水道管設計のための実験により，また1841年にフランスの医師 J.Poiseuille が血流に関する実験によりそれぞれ独立に圧力損失，体積流量，管長さの関係を見出したことにより両者の名でよばれる．また，この関係を満足する流れをハーゲン-ポアズイユ流れとよぶこともある．

上式は Navier-Stokes 式を定常，軸方向一様，速度は軸方向成分のみという条件で解いて得られる次の速度分布式を，管断面にわたって積分することにより導かれる．
$$u = \frac{\Delta p R^2}{4 \mu L} \left\{ 1 - \left( \frac{r}{R} \right)^2 \right\}$$
ハーゲン-ポアズイユ式を $\Delta p$ について解き，Fanning の式*に代入すると，層流における管摩擦係数*とレイノルズ数*の関係 $f = 16/Re$ が得られる．
[吉川　史郎]

**はこがたかんそうき　箱型乾燥器 chamber dryer, tray dryer**
少量処理用の回分式乾燥器で，装置内に棚段と加熱源を有し，材料を棚段上に置いて乾燥する乾燥器．熱風を循環する対流乾燥*では並行流式と通気式があり，箱型真空乾燥*器では棚段を加熱する伝導乾燥*あるいは放射乾燥*が用いられる．[脇屋 和紀]

**パーコレーション　percolation**
固体粒子の充塡層の上方から流体を流す方式の操作法．家庭用のコーヒー沸し器もこの方式である．そのための装置をパーコレーターという．この方式は固液抽出*のほか，吸着*，イオン交換*，汚水処理，蓄熱式熱交換器など化学工業に広く使用されている．効率は比較的よいが，チャネリング*を起こしやすい欠点もある．広義には沪過現象と訳され，充塡構造の中を連続体が貫流する現象をさす．
[宝沢 光紀]

**はさいエネルギー　破砕—— fracture energy**
粉砕エネルギー．固体を粉砕するに要するエネルギー．粒子径 $D_1$ の粒子を粉砕して粒子径 $D_2$ の粒子にするに要する破砕エネルギーは，次式で表される．
$$\mathrm{d}W = -cD^{-n}\mathrm{d}D$$
ここで，$c$, $n$ は定数で，$n=1$ として積分するとキックの法則，$n=2$ の場合はリッティンガーの法則*，$n=1.5$ とするとボンドの法則* となる．
[日高 重助]

**はさい・ふんか　破砕・粉化 pulverization**
圧縮，衝撃，切断，せん断，摩擦などの機械的な力で，固体は細分化され粉砕される．反応や搬送を目的に個体を粉砕することが工学的に広く行われるが，その目的に応じ，粒度と粒径分布を制御する必要がある．また，使用する粉砕機も mm 単位に粉砕する粗粉砕機から，μm 単位に粉砕する微粉砕機まで，圧縮，せん断，衝撃など機構も異なる種々の機種があり，固体の性状や粒度の要求により適切な選択が必要である．[小俣 幸司]

**はしこうか　端効果 end effect**
ある装置を用いて，伝熱，物質移動などのある操作を行わせる場合，装置の入口および出口近傍で流れの状態やホールドアップ分布に不均一性が生じ，熱・物質の輸送速度が装置の中央部分でのものと異なるために，装置内での平均的な伝熱，物質移動などの特性が装置の長さの影響を受けて変化すること．端効果は，それらの特性を装置長さに対してプロットしたとき，長さがゼロにおける切片の値として評価される．[室山 勝彦]

**はじょうりゅう　波状流 wavy flow**
水平円管内の気液二相流*で成層流*の状態からさらにガス流速が増加すると，気液界面が波立つようになる流れをいう．成層流と併せて分離流とよばれる．（⇒気液二相流）[柘植 秀樹]

**はすう　波数 wave number**
高周波成分を伴った不規則振動の集まりである乱流*に関する研究で周波数 $f$ に代わって汎用される変数．平均流速 $\bar{u}$ を用いて次式で表される．
$$k = 2\pi f / \bar{u}$$
周波数 $f$ が単位時間あたりの振動数を表すのに対して，波数 $k$ は単位長さあたりに存在する振動数を表すベクトル量であり，三次元の各方向に考えることができる．乱流が時間的だけでなく，空間的

もランダムに変動する物理量を対象とするために必要とされる． ［小川 浩平］

**バスケットがたじょうはつそうち ——型蒸発装置** basket-type evaporator
⇒蒸発装置の(g)

**バスタブきょくせん ——曲線** bath-tab curve
アイテム(部品，機器，システムなど)の瞬間故障率の経時変化を表す曲線．使用開始時においては初期故障のために瞬間故障率が高く，初期故障が出尽くしてからは，瞬間故障率が低い値で安定し，使用時間が長くなると劣化現象の進行により再び瞬間故障率が上昇する様子がバスタブの形に似ているので，この名称でよばれる． ［松山 久義］

**ハステロイ** Hastelloy
米国 Haynes Stellite 社が開発した Ni を主成分とする一連の高級耐食合金の商品名．ステンレス鋼などの耐食材料と比して，その耐食性はきわめて高く，過酷な腐食環境での使用に耐えうる．その種類によって特有の耐食性があり，たとえば，ハステロイ B-2 は還元性の酸に対する耐食性が高いことから，塩素や尿素製造プラントに適用されている．さらに，ハステロイ S は Mo を多量に含むことから，耐食性に加え熱膨張係数が小さいために高温用材としてガスタービンの部材などに適用されている．(⇒ニッケル基合金) ［矢ケ﨑 隆義］

**ハゾップ HAZOP** hazard and operability study
配管や機器に着目し，流量や圧力などのプロセス変数の正常状態からのずれを想定する．そのずれの原因を上流側に，そのずれが及ぼす影響を下流側に向かって解析する．ずれの想定では，LESS, MORE などのガイドワードを用いる定性的な解析手法である．普通，各分野の専門家が数人集まった検討チームで解析を行い，安全対策の妥当性を系統的に検証する． ［柘植 義文］

**ハダマードのしょうけん ——の条件** Hadamard's condition
単一流体粒子が一定速度 $u$ で連続流体相中を運動しているとき，粒子内外に層流の完全循環流が形成される条件．このとき抵抗係数 $C_D$ は解析的に，

$$C_D = \left(\frac{3k_v+2}{3k_v+3}\right)\frac{24}{Re_p}$$

で与えられる．ここで，$k_v$ は粒子相粘度と連続相粘度の比である．$k_v=0$ のとき気泡に相当し，$k_v=\infty$ では固体球に対するストークスの式* に一致する．また，粒子レイノルズ数* $Re_p$ が1より小さいとき，粒子は球形とみなすことができる． ［寺坂 宏一］

**バーチャル** virtual
本来は"仮の，仮想的な"の意味．実際には最近の IT(情報技術) 発展に伴い，インターネットのような仮想空間上で"実在の姿と同様な認識，取扱いが可能な対象"を総称し，たとえばバーチャル・リアリティー，バーチャル・カンパニーのように使用される．前者は仮想現実感，後者は仮想企業(IT を利用し実在のオフィスや生産設備なしに実際の活動を円滑に進める企業組織)の意味である． ［日置 敬］

**バーチャルインパクター** virtual impactor
インパクターがノズルから噴出させたエアロゾル* を捕集板に衝突させて粒子を分離・捕集するのに対し，捕集板の代わりに捕集ノズルを用いて小流量(普通全流量の 1/10 程度)で吸引し，粒子を分離・捕集する形式のインパクター．慣性の大きい粒子(粗粒)は直進して捕集ノズルに流入し，慣性の小さい粒子(細粒)はノズル間のスリットから流出する．粗粒も細粒も気流に浮遊した状態で得られ，通常，0.2～10 μm 程度の微粒子の分級に用いられる．捕集板を用いるインパクターをリアルインパクターともいう．
リアルインパクターでは捕集板に衝突した粒子はすべて捕集されることが理想であるが，実際には，粒子の再飛散がある．バーチャルインパクターはこれを避けるために開発されたもので，再飛散の影響は小さい．しかし，捕集ノズルの吸引気流に含まれる細粒が粗粒として分級* され，部分分級効率曲線の傾きはリアルインパクターに比べて小さい．これらの欠点を克服するため，コア部および周辺部にクリーンエアを導入する改良法がある．リアルインパクターと同様，減圧法，超音速法，マイクロノズル法などを適用すれば，分級のカット径をさらに小さくできる可能性がある． ［増田 弘昭］

**パチューカタンク** Pachuca tank
固体抽出* に使用される固体分散型回分式の大型の空気撹拌槽．図のように槽の底部は円すい形になっており，内部中央に上下の開いた管があり，その底部に空気吹込み用ノズルがある．槽内に固体原料および液体の抽剤* を入れ，ノズルから空気を吹き込むと，懸濁液と空気の混合物はこの管内を急速に上昇し，空気は液表面から外へ排出される．他方，懸濁液は管の外側をタンク底部に向かって流れ，再び管中に入り循環する．設備費，操業費ともに比較的安く，故障も少ないため，長時間の操業に適しており，原料が微細な場合に適している．抽出中に空

[R. E. Treybal, "Mass Transfer Operation", 3rd ed., McGraw-Hill (1980), p.727]

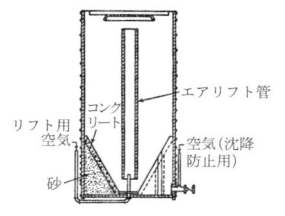

パチューカタンク

気酸化を行うことも可能である．空気吹込み用ノズルの摩耗が激しい欠点がある．　　　　［清水 豊満］

## はちょうせんたくせいひょうめん　波長選択性表面　spectrally selective surface

太陽からのふく射エネルギーを表面で吸収して熱エネルギーの形に変換し，その利用をはかるとき，太陽からのふく射のエネルギーはおもに可視～近赤外の波長域にあるので，その表面は（短波の）波長域で吸収率*の高いものであるのがよい．一方，その表面も大気空間にふく射を放射してエネルギーを失うが，そのふく射はおもに赤外域の（長波の）ふく射であるので，その表面はその波長域では放射率*の低いものであるのがよい．このような機能をもつ波長選択性表面が開発されている．　　　　［牧野 俊郎］

## はっかん　発汗　sweating

結晶中に取り込まれた母液を取り除くために，結晶化段階の温度より高く保つと，固液平衡とてこの関係から結晶中の液相（母液）の分量が増し，その結果母液が結晶内部から汗のように外部（表面）に出てくる現象，およびこれを利用した操作法．
　　　　［松岡 正邦］

## はつがんせいしけん　発がん性試験　carcinogenicity test

長期間にわたり，試験動物に化学物質を反復投与したときに発現する発がん性に関する情報を得るための試験．ラットやマウスなどの2種類以上のげっ歯類を，1群あたり雌雄各50匹以上用いて24～30か月程度試験し，対照群のほかに少なくとも3段階の投与群を設けることが多い．全試験動物の一般状態を毎日観察し，定期的に体重や摂餌量などを測定する．試験終了後，血液検査を行った後に，解剖して各種観察・検査を行う．　　　　［高梨 啓和］

## ばっき　ばっ気　aeration
⇒エアレーション

## パッキングファクター　packing factor

充塡塔の圧力損失*あるいはフラディングポイント*の一般的な相関図を作成するために導入された因子．不規則充塡物*の種類およびサイズごとにこの因子が決定され，この値を用いることによってEckert(1970)の一般相関図からの圧力損失*およびフラディングポイントを求めることができる．なお，この因子は実験的に決定されるものであり，また最近の規則充塡物の相関にはあまり用いられていない．　　　　［長浜 邦雄］

## バッグフィルター　bag filter
⇒バグフィルター

## バックプロパゲーションほう　——法　back propagation method

階層型ニューラルネットワーク*の学習法の一つ．階層型ニューラルネットワークでは入力層と出力層以外に隠れ層(hidden layer)がある．バックプロパゲーション法は隠れ層の学習を可能とするアルゴリズムとして提案され，教師つき学習に使われている．ネットワークの出力値と教師が教える真の値との差が誤差であるが，この誤差が最小になるようまず出力層への重みの最適化を行う．これをもとに一つの前の隠れ層の誤差を最小とするよう重みの最適化を行う．　　　　［新海 政重］

## はっこうそう　発酵槽　fermentor

発酵を行う撹拌槽*，気泡塔，貯蔵槽の総称．好気性微生物を利用して発酵を行う場合には，気液界面物質移動容量係数*を高く保てる通気撹拌槽*，エアリフトタイプ*が好まれる．（⇒気液撹拌，多段翼撹拌機）　　　　［加藤 禎人］

## はっせいげんたいさく　発生源対策　emission control at source

排水，排ガス，廃棄物などの発生源までさかのぼり，プロセスの改良や他方式による代替，プロセスのクローズド化，リサイクルの推進などによって排出そのものの削減を行う考え方と方策．排出された廃棄物，排水などの処理・処分を考えるエンド・オブ・パイプ的対策と違って，ゼロエミッション*の基本的考え方および方策である．　　　　［藤江 幸一］

## はったすう　八田数　Hatta number

$Ha$, $N_{Ha}$. 反応吸収*において，溶解ガスと液中の反応物質との反応が擬一次の不可逆反応であるとき，境膜説*に基づく反応係数*$\beta$は，次式で表される（八田四郎次，1932）．

$$\beta = \frac{\gamma}{\tanh \gamma} \quad (1)$$

$$\gamma = x_L \sqrt{\frac{k_r}{D_L}} = \frac{\sqrt{k_r D_L}}{k_L} \quad (2)$$

ただし，$x_L$ は有効境膜*厚さ，$k_r$ は擬一次反応速度定数，$D_L$ は溶解ガスの拡散係数*，$\gamma$ は無次元数である．van Krevelen ら(1947)はこの理論を充塡塔による反応吸収に適用したとき，式(2)において $x_L$ の代わりに $(\mu_L^2/\rho_L^2 g)^{1/3}$ ($\mu_L$：液粘度，$\rho_L$：液密度，$g$：重力加速度)を用いて $\gamma'$ を定義し，$\gamma'/\tan h\gamma'$ を八田数として用いている．しかし，現在では式(2)で定義される $\gamma$ を八田数とよんでいる．八田数は反応速度と拡散速度の比を表し，触媒有効係数の理論に用いられるシール数*と同様の意味を有する無次元数である．式(1)は境膜説以外の反応吸収理論に対しても用いられるように，八田数 $\gamma$ は次式で定義される．ただし，$k_L$ は物理吸収*の液相物質移動係数*である．

$$\gamma = \frac{\sqrt{k_r D_L}}{k_L} \quad (3)$$

[寺本 正明]

**バッチしょうせき ——晶析** batch crystallization
⇒回分晶析

**バッチねんしょうしきしょうきゃくしせつ バッチ燃焼式焼却施設** batch-fed incinerator
焼却炉へ供給するごみを連続的ではなく，回分的に供給して焼却するごみ焼却施設．廃棄物処理法では，機械式の場合8時間稼働あたり100 t以下，固定火格子式の場合8時間稼働あたり20 t以下の焼却施設が相当する． [成瀬 一郎]

**バッテリーちゅうしゅつき ——抽出機** battery extractor
垂直円筒型あるいは角型の回分式固体抽出*装置．図のように装置内は二重底になっており，上底は多孔板あるいは格子からなり，その上に固体原料

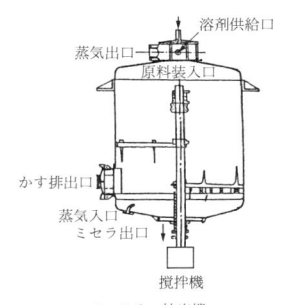

バッテリー抽出機
[W. H. Goss, *J. Am. Oil Chem. Soc.*, **23**, 348 (1946)]

を置く．これに抽剤*を原料が十分に浸るように加えて，一定時間放置あるいは撹拌して抽出を行う．抽出液は孔のあいた底部から抜き出す．通常は開放型であるが，加温して用いることも多く，抽剤の沸点が低いときには密閉して加圧することもある．複数の密閉加圧型装置を直列につなぎ，原料固体と抽剤を向流*接触させるものをとくにディフュージョンバッテリー*という． [清水 豊満]

**バッテリーリミット** battery limit(s)
BL．単数または複数のプラント装置が構成する区画の外周．ときには隣接プラント装置との配線配管の接続点あるいは境界線を意味する． [小谷 卓也]

**はつねつはんのう 発熱反応** exothermic reaction
反応に伴って熱の発生する反応．熱力学的には，反応(原)系から生成系へ至るときにエンタルピーが減少する反応である．炭化水素の燃焼反応や酸・塩基の中和反応は発熱反応である． [幸田 清一郎]

**はつねつりょう 発熱量** heating value, calorific value
燃料の単位量が化学量論的に完全燃焼するときに発生する熱量．気体燃料*では $[MJ\ m^{-3}_N]$，液体燃料*，および固体燃料*では $[MJ\ kg^{-1}]$ で表示する．発熱量には，高発熱量(総発熱量) $H_h$ と低発熱量(真発熱量) $H_l$ とがある．高発熱量は燃料中の水分および燃焼によって生成された水分の凝縮熱を含む熱量で，通常，熱量計で測定される．高発熱量と低発熱量との関係は，次式で与えられる．

$$H_l = H_h - 2.443 G_s \quad [MJ\ kg^{-1}\text{-燃料}]$$

ここで，$G_s$ は燃料1 kgあたりに生じる水蒸気[kg]である． [二宮 善彦]

**バッフル** baffles
⇒邪魔板

**バッフルとう ——塔** baffle column, baffle tower
ディスクドーナツ塔*．逐次段型式の液液抽出*装置．図に示すように，液体の流れを邪魔するように，円筒型の塔の側壁から交互に邪魔板*を出した装置である．構造が比較的簡単で，長期間使用できる点が長所となっている．スプレー抽出塔*に比べて連続相*の逆混合が少なく，また各板上で液滴が分散*，合一を繰り返すことにより，抽出効率*が若干高い．邪魔板の配列のしかたには，このほか円板とドーナツ型の邪魔板を交互に置く方法もあり，これをディスクドーナツ塔*とよんでいる．

[平田 彰]

バッフル塔

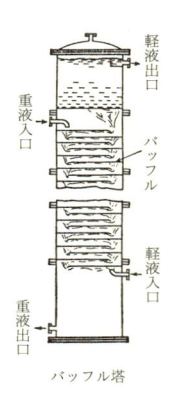

**はっぽうせいけい　発泡成形　foaming, expansion molding**
　高分子材料中に気泡を形成させて発泡プラスチックをつくる成形法の総称．熱分解型発泡剤を樹脂中に均一に分散させて発泡させる発泡剤分解法には，常圧および加圧発泡法があり，加圧発泡法のなかには押出発泡法，プレス発泡法，射出発泡法がある．また，硬化反応と発泡を同時に行う化学反応法は熱硬化性樹脂*の発泡に用いられる．　　［梶原　稔尚］

**パティキュレートじょうたい　——状態　particulate fluidization**
　⇒均一流動化状態

**Pade きんじ　——近似　Pade approximation**
　むだ時間*要素を有理関数で近似する方法の一つ．一般には整数 $m, n$ について次のような式となる．

$$e^{-\tau_d S} = \frac{1+\sum_{i=1}^{m}(-1)^i \frac{m(m-1)\cdots(m-i+1)}{(m+n)(m+n-1)\cdots(m+n-i+1)i!}(\tau_d S)^i}{1+\sum_{i=1}^{n}\frac{n(n-1)\cdots(n-i+1)}{(n+m)(n+m-1)\cdots(n+m-i+1)i!}(\tau_d S)^i}$$

$m=n=1$ の場合は次式となる．

$$e^{-\tau_d S} = \frac{1-\tau_d S/2}{1+\tau_d S/2}$$

$m=n=2$ の場合は次式となる．

$$e^{-\tau_d S} = \frac{1-\tau_d S/2+(\tau_d S)^2/12}{1+\tau_d S/2+(\tau_d S)^2/12}$$

［山本　重彦］

**Patel-Teja's しき　——式　Patel-Teja's equation**
　N. Patel と A. Teja によって 1982 年に提案された以下に示すファンデルワールス型状態方程式．Peng-Robinson 式の $p$-$V$-$T$ 計算精度の向上を目的としている．臨界圧縮因子に経験的に物質依存性を導入することで，とくに液相側の密度の推算精度がかなり向上している．

$$p = \frac{RT}{v(v-b)} - \frac{a(T_r, \omega)}{v(v+b)+c(v-b)}$$

［猪股　宏］

**パドルかくはんき　——撹拌機　paddle impeller mixer**
　⇒平板翼

**バーナー　burner**
　燃焼器．気体燃料，液体燃料，固体燃料の燃焼装置への噴射機器をいう．ガスバーナーは拡散燃焼用と予混合燃焼用があり，予混合燃焼では噴出速度が火炎伝播速度より遅いと逆火が起こる．油バーナーは燃料の噴霧器と空気調節器からなり，混合比が燃焼限界に達した点で着火燃焼する．微粉炭バーナーは微粉炭を一次空気で搬送し炉内に噴出させ，二次空気と混合して燃焼させる．　　［西村　龍夫］

**バナジウムアタック　vanadium attack**
　バナジウム侵食．重油系を燃料とする加熱炉・ボイラー缶体構造物や管外面で起こる溶融塩腐食*の一種．V を多く含む重油の場合，燃焼中に炉や缶体構造物，管に付着した灰中の $V_2O_5$ は Na 酸化物と低融点酸化物を生成し，500℃ 以上で使われると金属表面で激しい腐食が起こる．防止策としては，Mg 化合物を添加して付着灰の融点上昇をねらうか，Cr 量の多い耐食材料の選定などがある（⇒乾食）．
［山本　勝美］

**ハニカムフィルター　honeycomb filter**
　多孔質セラミックスで蜂の巣構造につくられた高温集じん装置*用フィルター．ハニカムの出入口を交互にふさぎ，片方から流入した含じんガスをハニカム壁面で通過させ，もう一方の側の空いている孔からクリーンガスを排出する．（⇒高温集じん装置）　　［金岡　千嘉男］

**ハーバートのしき　——の式　Harbert's equation**
　1945 年，米国の W.D. Harbert が *Ind. Eng. Chem.* 誌に発表した多成分系の連続蒸留計算法のなかで解析的な方法である．解析的な取扱いをするために気液平衡関係として相対揮発度*を用い，相対揮発度は蒸留塔の濃縮部*と回収部*で一定であり，また全蒸気流量と全液流量も濃縮部*と回収部*で一定と仮定し，塔内組成分布を求める式を導いた．
［鈴木　功］

**バブリングりゅうどうそう　——流動層　bubbling fluidized bed**
　⇒気泡流動層

バブル(流動層の)　bubble (in fluidized beds)
　⇒気泡
バブルキャップ　bubble-cap tray
　⇒泡鐘段
バブルポイント　bubble point
　精密沪過膜などの多孔性膜を水やアルコールなどの液体で細孔を十分に濡らし、膜の片側を空気などで加圧したときに、他方の膜面から最初に気泡が発生する圧力。バブルポイントは、溶液の表面張力、細孔径とLaplace式で関連づけることができ、多孔性膜の最大細孔径に相当する。　　　[都留　稔了]
パーベーパレーション　pervaporation
　⇒浸透気化
ハマカーていすう　——定数　Hamaker constant
　ファンデルワールスポテンシャル*の物性定数である。真空中における同種物質間のハマカー定数は実験や理論で求めることができ、一般には$10^{-20}$J程度である。真空中あるいは空気中での異種物質間のハマカー定数は、次の近似式で表される。
$$A_{12} = \sqrt{A_{11}A_{12}}$$
ここで、$A_{ii}$は物質$i$間の真空中でのハマカー定数、$A_{12}$は物質1と物質2間のハマカー定数である。さらに媒体3を介在した物質1と物質2間のハマカー定数$A_{132}$は、次の近似式で表現できる。
$$A_{132} = (\sqrt{A_{11}} - \sqrt{A_{33}})(\sqrt{A_{22}} - \sqrt{A_{33}})$$
なお、媒体3の真空中のハマカー定数$A_{33}$の値が、物質1と物質2の真空中のハマカー定数$A_{11}$と$A_{22}$との中間値をとるとき、$A_{132}$は負となり、ファンデルワールス力は斥力となる。すなわち、同種物質間のファンデルワールス力はつねに引力であるのに対して、異種物質間のファンデルワールス力は第三物質である媒体によって引力にも斥力にもなる。
　　　　　　　　　　　　　　　　[森　康維]
ハメットそく　——則　Hammetts' rule
　ベンゼン誘導体の反応速度や平衡に及ぼす置換基の影響を定量的に評価するために、1937年にL.P. Hammettが提案した経験則。とくにメタ、パラの置換基に対してよくなりたつ。経験式
$$\log \frac{k}{k_0} \quad \text{あるいは} \quad \log \frac{K}{K_0} = \rho\sigma$$
と表現され、$k$と$K$、$k_0$と$K_0$は置換基のある場合とない場合の反応速度定数*あるいは化学平衡定数*である。$\sigma$は置換基定数とよばれ反応の種類にはよらず、置換基の種類と位置によって異なる定数である。Hammettは、置換安息香酸の25℃、水中の解離定数を用い、その$\log(K/K_0)$値を$\sigma$とした。$\sigma$の基準は水素原子に対するものになり、$\sigma=0.00$である。一方、$\rho$は反応定数とよばれ、反応の種類や温度、溶媒などによって異なる定数である。置換安息香酸の25℃、水中の解離平衡が、$\rho=1.00$になる。電子吸引性の置換基定数は正の値、電子供与性のそれは負の値をとる。一方、電子吸引性の置換基で有利になる平衡や反応は正の反応定数をもち、供与性の置換基で有利になる平衡や反応は負の反応定数となる。置換基定数や反応定数はHammettの初期のものに比べその概念や値はより広く展開され、有機反応論の発展に大きく寄与した。
　理論的にハメット則は直線自由エネルギー関係*の一例であると考えられる。　　　[幸田 清一郎]
バラー　Barrer
　均質なフィルムや膜の気体透過係数の単位を$cm^3$(STP)$cm\,cm^{-2}\,s^{-1}\,cm\,Hg^{-1}$で表したとき、$1\times10^{-10}$の値をBarrerとよんで慣用単位的に用いる。気体透過研究の先駆者の一人である英国の学者R. M. Barrerの名を付けたといわれており、とくに高分子膜の分野で多く用いられている。　[原谷 賢治]
はらいおとし　払落し　dust release
　バグフィルター*の沪布表面に堆積した粉じん*を周期的に取り除くための操作。沪布、対象粉じんなどにより種々の方法がとられるが、おもなものは以下のものがある。①機械的振動：沪布の上端か中央部を振動する方式。②逆気流：含じんガスの沪過方向と逆向きに清浄気流を送り込む方式。③パルスジェット：沪布内面上部から高圧空気のジェット気流を瞬間的に与え、その衝撃力と誘起される逆気流により払い落とす方式。
　　　　　　　　　　　　　　　　[金岡 千嘉男]
パラコール　parachor
　S. Sugden (1924)によって表された表面張力と気液密度との関係。ほぼ温度に無関係な物質固有の値をもち、次の式で定義される。
$$P = \frac{M}{(\rho_L - \rho_v)}\sigma^{1/4}$$
ここで、$P$がパラコール[$cm^3\,g^{1/4}\,s^{1/2}$]であり、$M$は分子量、$\rho_L$、$\rho_v$はそれぞれ液体とそれに共存する蒸気の密度[$g\,cm^{-3}$]、$\sigma$は表面張力[$dyn\,cm^{-1} = g\,s^{-2}$]である。異なる液体が同一表面張力を示すときの分子容の比較値と考えられる。各種有機化合物の$P$の値はグループ寄与法により推算でき、相互拡散係数の推算式などに溶質、溶媒を代表する物性値として用いられる。　　　　　　　　　　　[船造 俊孝]
パラコールこうぞういんし　——構造因子　structual contributions of parachor

各分子のパラコールは構成原子や構造について加算性があり，分子構造からその値を推算することができる．必要な加算因子はO.R. Quayle, *Chem. Rev.*, **53**, 1046 (1953)より入手できる． [船造 俊孝]

**パラジウムまく ――膜 palladium membrane**

パラジウムを膜材料とする分離膜のこと．緻密パラジウム膜は水素のみを選択的に透過させる．その透過機構は，膜供給側において水素分子は水素原子としてパラジウムに溶解し，膜内を拡散し，膜透過側で脱離する溶解拡散による． [都留 稔了]

**バラスこうか ――効果 Barus effect**

メリントン(Merrington)効果．粘弾性流体*にみられる特異現象の一つで，法線応力差*などが起因して，流体がノズルから吐出するときの吐出流の径がノズル出口径よりも太くなる現象．合成樹脂の押出成形や，合成繊維の溶融紡糸などにみられる． [小川 浩平]

**バラストトレー Ballast tray**

蒸留塔内に設置されるバルブトレー*の一種．軽重2枚のカバープレートが蒸気速度に応じて開口するトレー．バラストトレーは商標名である．(⇒バルブトレー) [八木 宏]

**パリソン parison**

ブロー成形*において，金型に挟んで空気を吹き込むために予備成形された中空のプラスチック材料のこと．材料や成形法により，パリソンのつくり方や形状は異なる．たとえば，押出ブロー成形におけるパリソンは，成形の直前に押出機からチューブ状に押し出された成形体である．また，延伸ブロー成形や射出ブロー成形におけるパリソンは，射出成形*によりつくられた成形体であり，試験管に似た形をしている． [田上 秀一]

**バリヤーメタル barrier-metal**

電極の金属が半導体中に拡散することを抑制するための金属窒化膜あるいは金属膜．SiLSIにおいては，アルミ配線に対する窒化チタン，銅配線に対するタンタル系薄膜が代表的である． [大下 祥雄]

**バルキング bulking**

活性汚泥の単位重量あたりの体積が増加して沈降しにくくなる現象．膨化ともいい，SVI*が上昇する．この現象が著しくなると沈殿による固液分離が困難となり，処理水質が悪化するとともに，活性汚泥濃度の低下を招く．バルキングした活性汚泥中には，糸状性細菌や放線菌などが多くみられる．また，細菌の細胞が多量の結合水を含み比重が小さくなることも原因の一つである．操作上の原因としては，低い溶存酸素(DO)，低いBOD-MLSS負荷率などが一般的に指摘されている． [木曽 祥秋]

**バルクおんど ――温度 bulk temperature**

バルク(bulk)は大部分・大半という意味であり，壁から離れ温度変化がなくなった流体本体の温度をバルク温度という．ただし，バルク温度を用いて熱収支をとる場合には，熱収支式を満足するように定義した流体平均温度(混合平均温度)をバルク温度として用いる必要がある．たとえば，密度，比熱の温度変化が無視できる流体が円管内を流れている場合の流体平均温度 $T_{av}$ は，次式で与えられる．

$$T_{av} = \int_0^R uT 2\pi r \mathrm{d}r / \int_0^R u 2\pi r \mathrm{d}r$$
$$= \int_0^R uT 2\pi r \mathrm{d}r / \langle u \rangle \pi R^2$$

ここで，$R$ は円管半径，$u$ は局所速度，$\langle u \rangle$ は断面平均速度である．温度変化が壁近くのごく狭い領域に限られる場合には，バルク温度を流体平均温度とみなすことができる． [平田 雄志]

**バルクじゅうごう ――重合 bulk polymerization**

⇒塊状重合

**バルクプラズマ bulk plasma**

直流または高周波放電で生じたプラズマ場では，放電電極表面付近にシース*とよばれる高電界領域が生じる．バルクプラズマとは，このシースを除いた本体の領域をいう．この領域では，電子温度，電子数密度，イオン密度，プラズマ電位などのプラズマパラメーターは空間的に一様であるとみなされる．また，バルク領域とシース領域の境界では，電子，イオン，ラジカルの生成が活発に起こる． [島田 学]

**パルスおうとうほう ――応答法 pulse response method**

インパルス応答法と同じシステムの動特性を同定する手法の一つ．システムへの入力変数*を定常値からパルス状に変化させ，出力の応答波形を観察し，その応答波形の形状から，入出力間の動的挙動を求める方法である．ステップ入力が加えられない積分系や不安定な対象の同定には，この手法がとられる． [大嶋 正裕]

**パルスかでん ――荷電 pulse charging**

電気集じん機の放電極にパルス高電圧を印加し，イオンを断続的に発生して粉じんを荷電する方法．電圧をパルス状に印加するため，火花放電を起こすことなく非常に高い電圧が印加でき，高密度のイオ

ンを安定に発生できる. [足立 元明]

**パルスカラム** pulse-column
⇨脈動抽出塔

**パルスねんしょう ――燃焼** pulse combusion
間欠燃焼. パルス燃焼は, 燃焼室と尾管という単純な構成により, 2サイクル内燃機関の動作に類似した, 吸気, 燃焼, 膨張, 排気の行程を繰り返す燃焼法である. ほかの燃焼方式に比べて高負荷燃焼, 高熱伝達, 高静圧・変動排気, 低$NO_x$排出, 多種燃料燃焼といった優れた特性を有する. [西村 龍夫]

**バルブトレー** bulb tray
蒸留用の段塔トレー*の一種. 気液の接触形式は十字流で, 平らな板で覆われた比較的大きな開口があり, キャップ(覆い板)はある範囲内で垂直に移動して蒸気を通気させる. 蒸気速度の小さいときは開口が少なく, また蒸気速度の増加とともにキャップは上昇して大きな開口となる. 開口が最大のときにはシーブトレー*と同じ機能を示す. [八木 宏]

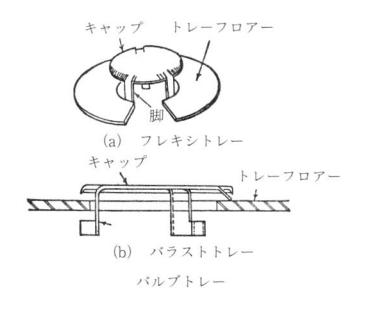

(a) フレキシトレー
(b) バラストトレー
バルブトレー

**バルブポジションせいぎょ ――制御** valve position control
一つの制御量*に対して複数の操作量*がある場合の制御方式の一つ. たとえば, 反応器の温度制御において, 冷媒流量と冷却水流量の二つの操作量が可能な場合, 冷媒流量を操作量として用いると速応性はよいがコスト的に高くなりすぎることがある. このような場合に, 設定値*と制御量の偏差が大きいときには冷媒流量を操作量として用い, 偏差が小さくなったら操作量を冷却水流量に切り替える制御方式である. このように本来の制御量のほかに操作量の一つである冷媒流量の操作端であるバルブ開度をも制御量としているので, この名前がついている. [山本 重彦]

**バロメトリックコンデンサー** barometric condenser
大気脚凝縮器. 真空蒸発缶*などからの蒸気を冷却水と直接接触させ, 凝縮した蒸気と冷却水とを真空中からポンプなどを用いず, バロメトリックレグ*を利用して大気中に抜き出す凝縮器. 混合凝縮器*の一種である. 図(a)にバロメトリックコンデンサーの一例を示し, 図(b)にバロメトリックレグを形成するための配管(テールパイプ)を含む装置全体を示す. 図(b)の場合, 不凝縮ガスはスチームエジェクターを用いて排出する. [川田 章廣]

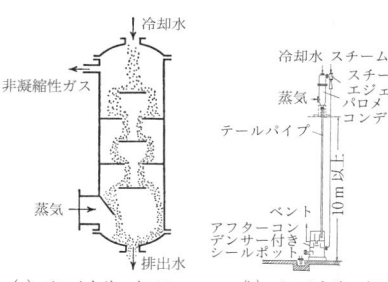

(a) バロメトリックコンデンサー
[化学工学協会編, "初歩化学工学", いずみ書房(1964), p.120]

(b) バロメトリックレグ
[尾花英朗 "熱交換器設計ハンドブック 増訂版", 工学図書(2000), p.890]

バロメトリックコンデンサー

**バロメトリックレグ** barometric leg
大気脚. ほぼ大気圧に等しい静圧*を示す垂直管中の水柱のこと. この垂直管のことをテールパイプとよぶ. 管内の水柱上面の圧力は高真空となるので, バロメトリックコンデンサー*の底部に長さ約10 m(1 atm=10.34 m 水柱)の垂直管を接続して, 下端を大気中に開放した水槽中に入れて水封すれば, コンデンサーの真空度*に応じて管内の水位が定まり, 水柱上部に凝縮する水は, 下端の水槽からあふれ出る. (⇨バロメトリックコンデンサー)
[川田 章廣]

**バーンアウトてん ――点** burn-out point
沸騰伝熱において核沸騰*から膜沸騰*へ移行するさいの極大の熱流束*を示す点である. 伝熱面から液体にこれ以上の熱流束が投入されたとき, 伝熱面温度が飛躍し, 伝熱面が焼損する場合がある. しかし, バーンアウト点に達しても必ずしも焼損には至らないため, 現在は極大熱流束*あるいは限界熱流束点とよぶのが一般的である. (⇨沸騰熱伝達, 抜山点) [深井 潤]

**はんかいぶんしきそうさ 半回分式操作** semi-

batch operation
　ある反応を回分操作*で行うさいに，反応物や生成物の一部について連続操作*を組み合わせて行う操作．たとえば，発熱の大きな反応では反応に伴う急激な温度上昇を避けるために，反応物の一部を徐々に供給することが有効である．また，生成物の一部を反応器外に連続的に抜き出すことによって，平衡を移動させたり相分離を回避したりすることもある．回分操作と連続操作の中間的な性格をもつため，用途や様式は広範かつ多様であるが，一般に反応器の設計は複雑になる．　　　　　　［大島　義人］

**はんかいぶんばいよう　半回分培養　semibatch culture**
　⇨流加培養

**はんかんしきだつりゅうほう　半乾式脱硫法　semi-dry desulfurization process**
　排煙脱硫法*の一つで，煙道で固体状のCa(OH)$_2$によりSO$_2$を捕集させる方法の一つ．一つの方法として，炉内に石灰石(CaCO$_3$)を吹き込みCaOに熱分解するとともに一部炉内脱硫*させたあと，煙道部に水またはスチームを吹き込んで未反応CaOをCa(OH)$_2$に転化して反応させる方式がある．排ガス中の水分濃度が飽和蒸気圧に近いほど脱硫率が高まることが知られている．水の使用量は湿式石灰・セッコウ法*に比べて少ないが，乾式法に比べて多い．また，脱硫剤をスプレーで煙道に吹き込む方式もある．　　　　　　　　　　　　　　［清水　忠明］

**はんきゅうふくしゃ　半球ふく射　hemispherical radiation**
　ふく射伝熱を評価するときに，指向ふく射*の方法は厳密ではあるが，その場合，計算は複雑になり，また多くの場合，ふく射性質の方向特性の知見も十分ではない．そこで，物質のふく射性質については拡散性の仮定*をおいて，ふく射の方向特性を無視し，ふく射を半球積分されたふく射エネルギーの流れとみる方法をとることがある．この方法を半球ふく射の方法とよぶ．この方法をとると，指向ふく射の方法をとる場合に比べて計算は簡単になり，ふく射性質の知見は少なくてすむ．同時に深刻な評価誤差を導入することが生じうる．　　　［牧野　俊郎］

**バンクロフトてん　──点　Bancroft point**
　二成分系の気液平衡に関し，両成分の飽和蒸気圧を温度に対してプロットしたとき，2本の蒸気圧線が交わる点．この点を境に，対象二成分系に関し，共沸が出現あるいは消滅する．　　　［長浜　邦雄］

**はんげんき　半減期　half-life period**
反応によって出発物質の濃度が初期の値の半分になるまでの時間．反応が一次反応の場合，半減期 $\tau$ は $\tau=(1/k)\ln 2$ となり，初期の濃度に依存しない．ここに $k$ は一次反応の速度定数である．核反応における崩壊も一次反応で表され，その一次速度定数は崩壊定数，半減期は平均寿命とよばれる．
　反応が出発物質の濃度の $n$ 次反応である場合には，半減期は，初期濃度を $a$ とすると
$$\tau=\frac{2^{n-1}-1}{(n-1)ka^{n-1}}$$
で求められ，初期濃度に依存する．初期濃度を変化させて半減期を測定し，その速度定数との関係を用いて反応次数や速度定数を求める方法を半減期法*という．　　　　　　　　　　　　［幸田　清一郎］

**はんげんきほう　半減期法　half-life period method**
　反応によって初期の濃度が半分になるのに要する時間，すなわち半減期*を測定し，その初期濃度依存性から反応の次数を定めたり，半減期から速度定数を求める方法．　　　　　　　　［幸田　清一郎］

**はんしゃけいすう　反射係数　reflection coefficient**
　反発係数．非平衡熱力学モデル*において膜性能を表す輸送係数の一つ．これを初めて定義した人の名をとってステーバーマンの反射係数ともよばれる．膜の半透性の程度を示す値であり，これが1であると完全な半透膜であり，0だとまったく選択性のない膜を表す．　　　　　　　［鍋谷　浩志］

**はんしゃりつ　反射率　reflectance**
　⇨吸収率

**はんとうかきゅうしゅうせいばいしつ　半透過吸収性媒質(ふく射の)　semi-transparent absorbing medium of radiation**
　CO$_2$，H$_2$Oなどの気体の層，誘電体や有機物の固体の層などは，ふく射を吸収するが，その吸収は金属のように強いものではないので，そこに入射したふく射は層の内部に入り，体積的な吸収を受けながら層の中を進み，その一部は層を透過することがある．このような媒質をふく射の半透過吸収性媒質とよぶ．ふく射がこのような媒質中の距離 $ds$ を進む間に，ふく射の強度 $I$ は $-KI\,ds$ だけ減衰する．$K$ を吸収係数*[m$^{-1}$]とよぶ．ふく射強度の変化 $dI$ は，次の式で表される．
$$dI=-KI\,ds$$
積分形で書くと，位置 $s=0$ におけるふく射の強度を $I_0$ として位置 $s$ における強度は，次の式で表され

る.
$$I = I_0 \exp(-Ks)$$
吸収係数 $K$ が気体の濃度 $c$ あるいは分圧 $p$ に比例するとみなせるとき,上式は次のように表される(ベールの法則).
$$I = I_0 \exp(-K_c c\, s)$$
$$I = I_0 \exp(-K_p p\, s)$$
[牧野 俊郎]

**はんとうかさんらんきゅうしゅうせいばいしつ 半透過散乱吸収性媒質**(ふく射の) semi-transparent scattering-absorbing medium of radiation

雲,粉体層,繊維質の層などはふく射を強く吸収するものではないので,そこに入射したふく射は層の内部に入り,体積的な吸収*と散乱*を受けながら層の中を進み,その一部は層を透過する.このような媒質をふく射の半透過散乱吸収性媒質とよぶ.ふく射がこのような媒質中の距離 $ds$ を進む間に,ふく射の強度 $I$ は吸収のために $-KI ds$ だけ減衰し,散乱のために $-SI ds$ だけ減衰する.$K$, $S$ をそれぞれ吸収係数*,散乱係数* とよぶ.これらの係数の単位は $m^{-1}$ である.吸収と散乱に起因するふく射強度*の変化 $dI$ は,次の式で表される.
$$dI = -(K+S) I ds$$
積分形で書くと,位置 $s=0$ におけるふく射の強度を $I_0$ として位置 $s$ における強度は,次の式で表される.
$$I = I_0 \exp\{-(K+S)s\}$$
このような吸収・散乱現象はふく射の波長に強く依存するので,多くの場合,その取り扱いは分光ふく射*の方法による.吸収係数,散乱係数をこれらの量と等価な2種の量の形で次のように表すことがある.
$$Ke = K + S$$
$$\omega = \frac{S}{Ke}$$
ここで,$Ke$ を減衰係数*といい,$\omega$ を散乱アルベド*という. [牧野 俊郎]

**はんとうまく 半透膜** semipermeable membrane

溶媒は通すが溶質を通さない膜.ただし,溶質の阻止率*はその分子量と膜の特性により異なる.水を通し,食塩などの低分子物質を通さない半透膜を逆浸透*膜,水や低分子物質を通し,コロイドやタンパク質などの高分子物質を通さない膜を限外沪過*膜とよぶ. [鍋谷 浩志]

**バンドかんそうき ——乾燥器** band dryer

トンネル乾燥器*の一種で,材料をエンドレスの金網や多孔板製バンド上にのせて搬送しながら熱風を通気して乾燥する方式で,トンネル乾燥器と区別してバンド乾燥器という.通常の場合バンドは1段であるが多段式もある. [脇屋 和紀]

**はんのうきのせいてきあんていせい 反応器の静的安定性** static stability of reactor

反応器は一般的に,物質および熱の流れに関して定常になるように運転されるが,運転・操作条件やパラメーターによって定常状態がどのような影響を受けるかを反応器の静的安定性という.静的安定性問題は,定常状態における物質収支および熱収支を表す微分方程式の解に対して,パラメーターの感度解析を行うもので,このため静的安定性はパラメーター敏感性ともいわれる.(⇒反応器の動的安定性) [堤 敦司]

**はんのうきのどうてきあんていせい 反応器の動的安定性** dynamic stability of reactor

定常状態で運転されていた反応器が,運転条件などが急に変わった場合や変動した場合,どのような経路をたどって,どのような定常状態に移行するのかという問題を反応器の動的安定性という.動的安定性問題は,非定常状態の物質収支および熱収支を表す微分方程式に基づいて解析がなされる. [堤 敦司]

**はんのうきゅうしゅう 反応吸収** chemical absorption, absorption with chemical reaction

化学吸収.ガスが吸収液*中の反応物質との反応を伴って吸収される場合のガス吸収*.一般に,物理吸収*と比較して吸収速度,吸収量が大きく,特定のガスを選択的に吸収することができる.反応吸収には,アルカノールアミン*や $K_2CO_3$ 水溶液による $H_2S$ の吸収のように混合ガス中の不純物や有害物質を除去する場合と,硝酸製造のように有用物質の製造を目的とする場合がある.前者の場合,反応は可逆反応であり,吸収塔でガスを吸収した吸収液はストリッパー*に送られて再生されたのち吸収塔に循環・再使用されるので,吸収剤としてはガス吸収速度・溶解度のみならず再生の容易さも考慮して選択される.ただし,石灰石こう法*による湿式排煙脱硫のように吸収液($CaCO_3$ スラリー)を再生せずに $SO_2$ をセッコウ($CaSO_4 \cdot 2H_2O$)として回収する場合もある.なお,炭化水素の空気酸化,塩素化のような気液反応操作も有用物質を製造するためのガス吸収操作とみなせる. [寺本 正明]

**はんのうけいすう 反応係数** enhancement factor, reaction factor

反応吸収*において，反応による吸収速度の促進効果を表す無次元数．反応吸収では，液相内で起こる反応のために物質移動抵抗が物理吸収の場合よりも減少するので，反応吸収速度は物理吸収速度よりも大きくなる．気液界面，液本体での溶解ガスAの濃度を$C_{Ai}$, $C_{AL}$, 反応吸収の場合の液相物質移動係数を$k_L'$, 反応吸収と同じ流動条件での液相物質移動係数*を$k_L$とし，反応吸収速度$N_A$を

$$N_A = k_L'(C_{Ai} - C_{AL}) = \beta k_L(C_{Ai} - C_{AL})$$

で表すとき，式中の$\beta(=k_L'/k_L)$を反応係数という．反応係数は1以上の値をとり，物理吸収では1となる．$C_{AL}$は液本体中で化学平衡が成立しているとして求められるが，反応が不可逆で速度が速い場合は$C_{AL}=0$となる．

反応係数は，反応様式(単一反応*，複合反応*，化学量論係数*)，反応速度(反応次数*，反応速度定数*，化学平衡定数*)，液中の成分の濃度，拡散係数*，$k_L$ (液の流動状態)などの因子の複雑な関数であり，反応係数の推算は一般に困難であるが，一次反応，不可逆二次反応などの簡単な反応の場合は$\beta$の解析解，近似解があり，利用することができる．

[寺本 正明]

**はんのうけいろごうせい　反応経路合成　synthesis of reaction path**

原料や製品の品種，質の多様化，資源節約や持続可能な発展*の問題は，過去に実用化をみなかった反応に実現の可能性を与える可能性も考えられる．このような可能性のある反応経路を探索するために，現在までに集積された知見をデータベースに格納し，これらの情報を組織的にかつ効率的に利用するシステムが必要であり，実用化されている．J. E. Coreyらによって OCSS が 1969 年に最初に開発され，その後も LHASA として現在もなお継続して研究が進められている．主たる反応経路探索システムのリスト[1]があるが，以下の目的に応じて開発されている．① 目的化合物を設定し，そこに至るまでの反応経路と原料物質を示す，② 原料物質と目的化合物を設定し，途中の反応経路を決定する，③ 原料物質を指定し可能な反応経路を探索する．一般に目的とする反応経路は複数個あることが多く，そのなかから与えられた経済状態や製造環境に合うプロセスを選択することになる． [仲　勇治]

**はんのうこうがく　反応工学　chemical reaction engineering**

化学工学の一分野をなす，反応装置の最適設計や操作に対する工学．化学的な操作のうち，蒸留*や分離などの物理的な操作は単位操作*として体系化され，一方，化学反応に直接関係する部分は反応操作*として取り扱われ，これが反応工学として確立してきた．これには 1940 年代の O.A. Hougen や K.M. Watson らの功績が大きい．

現在の反応工学の具体的な内容は，化学反応の工学的解析と，反応装置の設計に大別できる．化学的な基礎は反応速度論*にあり，工学的基礎は熱や物質の移動を扱う移動速度論にある．取扱いの基本概念は物質などの収支にあり，多くはモデル化を行って議論を進める．しかし，明快な解析的な解や設計が可能とは限らず，実験式や推算式，数値計算などによることも多い． [幸田 清一郎]

**はんのうこうがくてきモデル　反応工学的——chemical reaction engineering model**

反応器内の化学的物理的現象を解析，予測し，反応器設計や数値シミュレーションを行うために用いられる反応機構のモデルをいう．材料合成プロセスでは，装置内の濃度，温度の分布が製品品質の分布に直結するため，設計には反応器内の反応と移動現象の計算が不可欠である．中間種を含めた多数の化学種が存在し，膨大な数の素反応が関与するが，成膜速度*と製品品質を決定するのは成膜種*の分布である．反応工学的モデルは，成膜機構決定の実験的手法*や気相反応の理論的解析法*によって，反応機構の本質を抽出したものであり，成膜種の反応速度を総括反応速度式*で表したモデル式を与える．

[河瀬 元明]

**はんのうじすう　反応次数　reaction order**

反応速度が反応物あるいは生成物の濃度の関数として表現され，成分$j$の濃度の$n_j$乗に比例するとき，$n_j$を成分$j$の反応次数(あるいは単に次数)といい，この反応は成分$j$について$n_j$次反応という．また，各成分についての次数の代数和$n$を反応の反応次数といい，この反応は$n$次反応という．反応次数は整数以外に分数や小数をとることもあり，ゼロあるいは負の値となることもありうる．

一般に反応次数は実験的な値であって，成分$j$の反応次数$n_j$は相当する化学量論式*中の成分の量論係数*$a_j$の絶対値と一致するとは限らない．また一般に，$n_j$は絶対値2より大きくなることはまれである．

たとえば酢酸エチルの加水分解反応

$CH_3COOC_2H_5 + H_2O \longrightarrow$
$\qquad\qquad\qquad CH_3COOH + C_2H_5OH$

の反応速度は次式で表わされる．
$$r = k[CH_3COOC_2H_5][H_2O]$$
この反応は酢酸エチル，水それぞれについての一次，全体として二次反応である．この反応で水が大過剰に存在すると，反応によって消費される水分子は全体に比べてごくわずかであり，反応中の水分子の濃度は一定とみなすことができる．このときの反応速度は，
$$r = k'[CH_3COOC_2H_5] \quad (k' = k[H_2O])$$
である．これを擬一次反応*といい，その速度定数 $k'$ には過剰反応物質*である水の濃度が含まれている．一般に，過剰反応物質の濃度が反応中一定であるとみなすことができ，反応速度が限定反応物質*について見掛け上 $m$ 次の次数をもつ場合を擬 $m$ 次反応という．

また，
$$r = k\frac{[A][B]}{1 + K[A]}$$
のように反応速度が濃度の簡単なべき関数の積に比例せず，反応次数を直ちに論じえない場合も少なくない．このように一定の次数をもたない反応は，不均一系反応*や酵素*反応などにおいてよくみられる． ［大島 義人］

**はんのうしゃしゅつせいけい　反応射出成形　reaction injection molding**

RIM．2種類以上の反応性の高い低粘度樹脂や低分子量の低粘度液状モノマー*を，計量・混合したあと密閉した金型内に射出し，型内で反応させた後，硬化させて成形品を得る成形法．もともと，ポリウレタンの成形法として開発されたが，現在では，ナイロン6，エポキシ樹脂などにも適用されている．製品の強度や剛性を高めるために，強化剤や充塡剤を添加したり，マットや織物などを予備成形して金型に挿入したりしてから反応射出成形をすることもある． ［田上 秀一］

**はんのうしょうせき　反応晶析　reactive crystallization, reactive precipitation**

化学反応によって過飽和を生成させる晶析*．過飽和生成法が化学反応によるだけであって，基本的には通常の晶析と異なるわけではない．つまり，過飽和の生成に続いて，核発生，結晶成長が起こる．しかし，いくつかの特徴がある．難溶性物質の場合，初期無次限過飽和度*が著しく高いため，核発生速度が非常に高く生成結晶は非常に細かい（0.1～10 μm）．難溶性物質の場合，反応晶析は大きな結晶をつくるのには適さない．また，溶液濃度そのものは比較的低くしかも粒子径が小さいため，結晶成長は拡散律速で進行する．さらに，核発生はすべて一次核発生機構で起こると考えられている．反応晶析は工業的に広く行われている．たとえば，写真感光剤，医薬品，顔料などが反応晶析法によってつくられている．反応ガスの吹込み速度，撹拌速度あるいは反応液の混合法などを工夫して，結晶形状あるいは粒径制御が行われている．写真感光剤の製造においてはダブルジェット法が用いられ，結晶粒径の制御が厳密に行われている． ［久保田 徳昭］

**はんのうじょうりゅう　反応蒸留　reactive distillation**

触媒蒸留．蒸留塔内で反応を行い，得られた生成物質を蒸留操作で濃縮して系外に製品として抜き出す操作．反応蒸留を行うことで，反応転化率を上げることができる．反応系は液相平衡反応で，生成物質と反応物質の揮発度が異なっていることが必要である．エステル反応あるいはエーテル反応，エステル交換反応などが工業化されている．用いられる触媒には液体と固体があるが，前者の場合不揮発性触媒が選ばれることが多く，後者の場合充塡物としての役割も果たしている．なお，固体触媒の場合は触媒蒸留*とよばれることがある． ［小菅 人慈］

**はんのうしんこうど　反応進行度　extent of reaction, degree of advancement of reaction**

反応の量論的関係に基づいて反応の進行の程度を表す量．回分操作の場合，化学量論式*中の任意の成分 $A_i$ の反応前後の物質量をそれぞれ $n_{i0}$，$n_i$ とし，$A_i$ の量論係数を $a_i$ とすると，反応進行度は $(n_i - n_{i0})/a_i$ と定義される．連続操作の場合は，物質量ではなく物質量流量で定義される． ［大島 義人］

**はんのうせいスパッタリング　反応性──　reactive sputtering**

スパッタリング法による薄膜堆積方法の一つ．通常のスパッタリング装置にArガスに加えて反応性ガスを導入し，ターゲット（陰極物質）材料と反応性ガス元素からなる化合物薄膜を堆積させる．良質な膜を得るために，反応性ガスの分圧，スパッタ時の基板温度や圧力などが制御される．反応性ガスとしては窒素や酸素が用いられ，窒化チタンや酸化鉄などの堆積が行われている． ［大下 祥雄］

**はんのうせいひ　反応性比　reactivity ratio**

⇒モノマー反応性比

**はんのうそうさ　反応操作　unit process**

化学プロセスで利用される化学的操作．従来，単位反応*と意訳されていたが，最近では単位操作*に

対応して，反応操作とよぶことが多い．

[大島 義人]

**はんのうそくどしき　反応速度式　rate equation of chemical reaction**

反応速度を温度や化学成分の濃度の関数として表す式．均一系反応における化学種成分 $j$ に対する反応速度 $r_j$ は，

$$r_j = \frac{1}{V}\frac{dN_j}{dt}$$

と表現される．ここに $V$ は反応容積であり，$N_j$ は反応によって変化する $j$ 成分の量，$t$ が反応時間である．反応を化学量論式* で表現した場合には，$r_j$ を量論係数 $\nu_j$ で割った値は，その化学量論式のどの成分で表現しても同じ値となり，その化学量論式に対応する反応速度 $r$ とよばれる．また，反応中 $V$ が変化しなければ，

$$r_j = \frac{d(N_j/V)}{dt} = \frac{d[J]}{dt}$$

の関係が得られる．ただし，[J]は成分 $j$ の濃度である．

反応速度が成分濃度[M]などを用いて，$r_j = k[M][N]$ のように表現できる場合，それぞれの化学種成分の何次の反応であるという．$k$ は速度定数である．この場合，濃度の時間変化に関して

$$\frac{d[J]}{dt} = k[M][N]$$

のような式が得られるが，通常これを反応速度式とよぶ．適当な初期条件で積分することによって，それぞれの化学種成分の濃度の値を時間の関数として知ることができる．濃度の時間依存性の表現を積分型の反応速度式ということもある．

不均一反応では，反応に物質移動などの移動現象* が関係し，反応速度にも移動現象の影響などを組み込んだ式の表現が必要となる．このような場合を総括反応速度式という．　　　　　[幸田 清一郎]

**はんのうそくどせんず　反応速度線図　reaction rate diagram**

反応速度を反応の操作条件の関数として表した線図．たとえば，反応速度を温度や転化率の関数として表す線図などがある．線図は，反応速度式に基づいた計算結果をプロットしたり実験結果のプロットとして得られ，操作条件が反応速度に及ぼす影響を一目で判断できる利点がある．　　　　[幸田 清一郎]

**はんのうそくどていすう　反応速度定数　rate constant of reaction, reaction rate constant**

反応速度を成分濃度の関数 $r = kf(c_j)$ として表現できるときの比例定数 $k$．簡略に速度定数ともいう．また，成分濃度に単位濃度を用いた場合は反応速度定数は速度自体を与えることから，比反応速度* ということもある．濃度の関数が

$$f(c_j) = [A]^m[B]^n\cdots$$

のようなべき乗で表せる場合には，速度もそれぞれの濃度に対する次数をもって，その化学種濃度の何次反応として表現することができる．濃度に対するべき数の和が $p$ の場合，その反応の反応次数* は $p$ であるといい，反応を $p$ 次反応とよぶ．この場合，速度定数は(濃度)$^{1-p}$(時間)$^{-1}$ の次元をもつ．反応速度定数の温度依存性はアレニウスの式* で表現できる場合が多い．

素反応はべき乗の速度式で表現できる場合が多いが，一般の複合反応においてはべき乗の関係がなりたつとは限らない．たとえば，$H_2 + Br_2 \rightarrow 2HBr$ の反応の速度式は

$$r = \frac{k[H_2][Br_2]^{1/2}}{1 + k'[HBr][Br_2]^{-1}}$$

となり，上述の定義に従う速度定数を用いた表現はなりたたない．ただし，この式のなかの定数 $k$ や $k'$ はこの複合反応を形成する素反応* の速度定数の積や商からなっている定数である．

不均一系の反応では速度定数の定義はより複雑になる．簡単な例として，一次の移動現象* と一次の反応が直列に組み合わさっているような場合には，総括の反応は，総括速度定数 $k_0$ をもつ速度式で表現できる．ただし，

$$\frac{1}{k_0} = \frac{1}{k_g} + \frac{1}{k}$$

であり，$k_g$ は物質移動係数* である．

[幸田 清一郎]

**はんのうそくどのひょうげんほうほう　反応速度の表現方法　representation of reaction rate**

反応時間 $t$ における A 成分の反応速度 $r_A (= -d[A]/dt)$ は，反応過程を簡易的に表す指数関数型と律速段階を考慮した素反応の組合せ型の 2 通りの方法で表現される．たとえば $aA + bB \rightarrow$ 生成物の不可逆反応では，指数関数型反応速度は，$r_A = k[A]^\alpha[B]^\beta$ ($k$ は反応速度定数)で表される．反応次数 $\alpha$, $\beta$ は実験で求まる値であり，量論係数 $a$, $b$ と一致するとは限らない．また，反応全体としては $n$ 次反応式($n = \alpha + \beta$)として扱う．

一方，上述の反応が複数の素過程からなり，律速段階に関する情報を反応速度式で明示したい場合は，素反応の組合せ型の表現方法が用いられる．吸

着，表面反応，脱離などの物質移動・反応過程が逐次的に進行する固体触媒反応では，素反応の組合せ型としてラングミュア-ヒンシェルウッド式*が広く用いられている．（⇒ラングミュア-ヒンシェルウッド式）　　　　　　　　　　　　　　　　[尾上　薫]

**はんのうそくどろん　反応速度論　chemical kinetics**

化学反応の速度に関係する諸課題を扱う物理化学の一分野．古くは化学動力学*とよばれたこともある．主要な研究や応用の課題として以下のようなものが含まれる．

第一は反応速度式*を定め，反応速度定数*を測定から求める．複合反応*が素反応*からどのようになりたっているかの機構を定める．また，反応速度に対する温度，圧力，溶媒などの影響を明らかにする，などの分野である．第二は，多相系で起こる反応を純粋に化学反応だけではなく，物理的な移動現象*，たとえば物質の輸送，界面への吸着などとの関係を含めて解明し，解析する分野．これは反応工学*の基礎をなしており，応用反応速度論あるいは工業反応速度論とよばれることもある．これらの結果を装置設計などへ展開していく分野は反応工学の主要な部分となる．第三に，反応のなりたちを分子科学の立場から基礎的に明らかにしようとする課題がある．すなわち素反応のように理論的に明確に定義できる反応を対象として，その反応速度の理論的な取扱いや速度の定量的な算出を，量子化学，統計力学，分子動力学法*（molecular dynamics）などの手法で展開していく分野である．衝突論*や遷移状態理論*，量子力学の散乱理論などが理論的な枠組みとして用いられ，またそれらの理論自身が研究対象ともなる．理論的な取扱いに並行して，実験的には分子線技術やレーザー分光技術のような，分子，原子などをその自由度を極力選択して検出，あるいは制御できる手法を用いた詳細な研究が行われており，反応の本質的な理解が進展しつつある．　　　[幸田 清一郎]

**はんのうたんいすう　反応単位数　number of reaction unit**

物質移動*過程と一次反応過程との相似性に着目して，反応装置を物質移動装置と同様に扱おうとして導入した概念．移動単位数*（NTU*）に準じて，反応単位数を NRU または略して $N_R$ と書けば，$N_R$ は反応率* $x$ を用いて次のように定義される．

$$N_R = \int_{x_1}^{x_2} \frac{dx}{1-x} = \ln\frac{1-x_1}{1-x_2} = k\theta$$

ここで，$k$ は一次反応の反応速度定数*，$\theta$ は反応時間であって，$N_R$ は反応の推進力の逆数を装置入口から出口まで積分した値である．1反応単位あたりの反応装置高さを反応単位相当高さといい，HRU で表し，所要の反応装置高さ $z$ は次式で表される．

$$z = (HRU) \times (NRU)$$

なおこの概念は $n$ 次反応にも拡張できるが，式が複雑化して，その特徴が失われる．また，これまでのところ HRU についての実験的相関は進んでいないこともあり，この概念はたんにアナロジーのためにのみ興味があるといえる．　　　　　　[大島 義人]

**はんのうねつ　反応熱　heat of reaction**

化学反応に伴って吸収あるいは発生する熱．熱力学的には，反応生成物の総エンタルピーから反応出発物の総エンタルピーを差し引いたものの符号を変えたものが反応熱である．すなわち，発熱反応*ではエンタルピー*は減少し，反応熱は正，吸熱反応*ではエンタルピーは増加して，反応熱は負の値をとる．反応出発物，生成物ともに標準状態*にあるときを標準反応熱*という．

ヘスの法則*によって，ある反応がそのほかのいくつかの反応を組み合わせて表現できるとき，標準反応熱に関しても対応する代数計算で値を算出することができる．すなわち，標準反応熱は反応物質と生成物のそれぞれの標準生成熱（標準生成エンタルピー*の符号を変えたもの）から算出することができる．たとえば，ベンゼン（液体）の燃焼反応における標準反応熱 $Q$ は，標準状態にあるそれぞれの物質が以下の式

$$C_6H_6(液体) + (15/2)O_2(気体) \longrightarrow 6CO_2(気体) + 3H_2O(液体)$$

に従って反応するときの熱量の変化に対応するが，$C_6H_6$（液体），$O_2$（気体）の標準生成熱 $Q_{C_6H_6}$，$Q_{O_2}$ と，$CO_2$（気体），$H_2O$（液体）の標準生成熱 $Q_{CO_2}$，$Q_{H_2O}$ を用いて，

$$Q = 6Q_{CO_2} + 3Q_{H_2O} - \{Q_{C_6H_6} + (15/2)Q_{O_2}\}$$

として計算することができる．　　[幸田 清一郎]

**はんのうプロセスごうせい　反応——合成　synthesis of reaction process**

反応経路が決まり，各反応の条件，① 量論関係（副原料や副反応を含めて），② 反応が起こりうる温度や圧力の範囲，③ 反応速度や平衡条件，④ 触媒性状（触媒劣化時間や再生方法，触媒被毒条件），などが与えられると，各ブロックの入出力関係がある程度（入出力の範囲として）決まることになる．このほかに，供給されるユーティリティーの種類や量なども別途おおまかに与えられ，環境の制約条件も与え

られる．この条件下でいくつかの適当なユニットを選び結合して，基本フローシートを決定することが反応プロセス合成である．このようにプロセス合成の段階では，とくに物理化学的な変化の特徴をうまく把握しながら合理的な構築を進めることが肝要である．したがって，対象のプロセスシステム全体の流れ，そこに含まれる機能ブロックの構成やユニットの構成を考えるとき，現象に対する定性的あるいは定量的な理解（モデリング）がきわめて重要になる． ［仲 勇治］

**はんのうぶんしすう　反応分子数　molecularity**
素反応*において，反応に直接関与している分子の数．$n$個の分子が関与していればそれを$n$分子反応という．$n$分子反応の反応次数は$n$次になることが多いが，例外も多い．たとえば，単分子反応では，反応の前段階として分子間の衝突による活性化が必要なために，圧力の範囲によって反応次数が二次から一次へと変化する． ［幸田 清一郎］

**はんのうりつ　反応率　conversion**
転化率．任意の反応物質について，それが生成物に変化したために減少した割合．反応率は，限定反応成分*について反応の進行に伴って0から最大1の値をとる． ［幸田 清一郎］

**はんのうりっそく　反応律速　reaction controlled rate**
異相系の反応ではさまざまな速度過程が全体の反応速度に関与するが，そのなかで化学反応過程が全体の反応速度を支配する場合をいう．これに対し，拡散過程が支配的な場合を拡散律速*とよぶ．
［田川 智彦］

**はんぱつけいすう　反発係数　reflection coefficient**
⇒反射係数

**バンバリーミキサー　Banbury mixer**
インターナルミキサー*の一種で，とくにプラスティック，ゴムなどの混練に用いられるバッチ式密閉型空間移動混練機．図のように2本のローター羽根が，ある距離を隔てて異方向異速度回転をすることで，混練作用の重点をローターのかみ合いでなく，ローター羽根先端とケーシング内壁間においている．ミキサー内の混合物は，ローター羽根形状が回転軸方向にねじれており，羽根先端とケーシング内壁によるせん断作用を受けてすりつぶされ，回転の異なるローター羽根の位置関係の変化に伴って，その相対位置の変化で練り作用や折返し作用を受けることで混練される．最近は左右のローターを同速度回転にし，両ローターの位相角を最適に変えることで，混合物の余分な発熱が少なく，チャンバー内温度が均一になる改良型もある． ［塩原 克己］

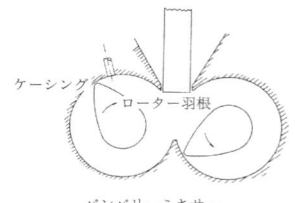

バンバリーミキサー

# ひ

**ピー・アイせいぎょ　PI 制御　PI control**

PID 制御*のうち比例動作*（P 動作）と積分動作*（I 動作）を使用する制御方式である．プロセス制御*では流量制御，圧力制御，濃度制御などがもっとも広く使われている．積分動作（I 動作）はオフセットを取り去り，制御量*を設定値*に一致させるために必要である．　　　　　　　　　　　[山本　重彦]

**ピー・アイ・ディーせいぎょ　PID 制御　PID control**

フィードバック制御*に用いられる典型的なコントローラーの型式で，偏差（設定値*と制御量*との差）に比例した値，偏差の積分に比例した値および偏差の微分に比例した値を組み合わせてコントローラー出力とする方式．プロセス制御*においてもっとも広く使われている．

偏差を $e(t)$，コントローラの出力を $u(t)$ とすると，次式となる．

$$u(t) = K_C \left\{ e(t) + \frac{1}{T_I} \int e(t) \mathrm{d}t + T_D \frac{\mathrm{d}e(t)}{\mathrm{d}t} \right\}$$

｛　｝内の 3 項はそれぞれ，比例動作*，積分動作*，微分動作* を表している．PID 制御を伝達関数 $G_C(s)$ で表すと，次式となる．

$$G_C(s) = K_C \left( 1 + \frac{1}{T_I s} + T_D s \right)$$

ただし，$K_P$ は比例ゲイン*，$T_I$ は積分時間*，$T_D$ は微分時間* とよばれる定数である．$K_C$ は比例帯*$PB$ [%] を使って $100/PB$ のように表されることも多い．また，つねにこの 3 動作が使用されるとは限らない．比例動作のみの制御（P 制御），比例動作＋積分動作（PI 制御*）の制御もある．通常はこれらの場合も含めて PID 制御というが，P 制御，PI 制御のように区別していう場合もある．三つのパラメーター $K_C$，$T_I$，$T_D$ の値は制御対象に応じて調整して使用する．この調整法の代表的なものに Ziegler-Nichols 法* や CHR 法* などがある．

PID 制御は上記の基本式のほかにさまざまな変形がある．その一つに，設定値変更に対し比例動作や微分動作がはたらかない I-PD 制御がある．また，外乱と設定値変更に対し別々に制御性を設定できる 2 自由度 PID 制御などがある．　　　[山本　重彦]

**ひあっしゅくせいりゅうたい　非圧縮性流体　incomressible fluid**

一種の理想流体*で，密度（体積）が圧力によって変化しない流体．実在の圧縮性流体も圧力による変化を無視しうる場合には，非圧縮性流体として扱える．したがって，空気のような流体でも，その中を物体が遅い速さで運動するときは周囲の流体は非圧縮性と考えてよいが，物体の運動が速いと圧縮性を考慮しなければならない．非圧縮性とするか，圧縮性とするかは流体の種類によらず，その置かれた環境に依存する．　　　　　　　　　　[小川　浩平]

**ピー・アール・ティー・アール　PRTR　Pollutant Release and Transfer Register**

環境汚染物質排出移動登録制度であり，有害化学物質が，どのような発生源から，どれくらい環境中に排出されたか，あるいは廃棄物に含まれて事業所外に移動したかという情報を把握・集計・公表する仕組み．対象となる 354 種の化学物質について，それらの製造・使用を行っている事業者などは，環境中に排出した量と，廃棄物や下水として事業所の外へ移動させた量をみずから把握し，年に 1 回，国に届け出ることが求められている．国はそのデータを整理し集計するとともに，家庭や農地，自動車など非点源からの対象化学物質排出量を推計し，併せてデータを公表する．日本では 1999 年，"特定化学物質の環境への排出量の把握等及び管理の改善の促進に関する法律"（化管法）により制度化された．

PRTR 制度による化学物質の排出・移動量のデータが充実すれば，事業者みずからの排出量の適正な管理に加えて，化学物質による環境リスクの評価や総合的リスク削減対策などに活用できる．
　　　　　　　　　　　　　　　　　　[藤江　幸一]

**ピー・アンド・アイ・ディー　P&ID　piping and instrument diagram**

詳細設計により作成されるプロセス設計の最終図面のこと．ここには，① すべての塔槽類やポンプなどの機器，② 材質，口径が記述された配管，③ 種類などを区別したバルブ，④ すべての計装関係，などが識別できるようにナンバーを付けて記されている．最終のプロセス安全を評価するときにも，この

図をもとに評価を行い得る図面である．また，この図と完全に整合性をとりながら配管の三次元配管図が作成される．プラントを利用して生産にあたるとき，保全などに活用されるもっとも重要な図面となる． 　　　　　　　　　　　　　　　　　[仲　勇治]

**ひいちじげんろか　非一次元沪過　non-uni-dimensional filtration**

円筒沪材や側壁のない小型の円形沪を用いた場合の沪過*では，生成されるケーク*は非一次元的であり，このような沪過を非一次元沪過という．平板状沪材を用い，ケーク表面が沪材*面に平行に成長する一次元沪過の対比語．非一次元沪過では，沪過の進行に伴い沪過ケークの表面積が変化するので，ルースの定圧沪過式*はそのままでは適用できず，この影響を考慮する必要がある． 　　　　[入谷 英司]

**ビー・エス　BS　British Standards**

BSI 規格（BSI British Standards）．英国規格．英国規格協会（British Standards Institution, BSI）の規格． 　　　　　　　　　　　　　　　　[曽根 邦彦]

**ビー・エス・イー　PSE　process system enginnering**

⇒プロセスシステム工学

**ビー・エス・エイ　PSA　pressure swing adsorption**

圧力スイング吸着．吸着分離操作は非定常操作であって，吸着平衡*に達した吸着剤は使い捨てにするのでないのであれば，一般には吸着している吸着質を除去（脱着）して再び吸着操作に使える状態に戻す，いわゆる再生を行う必要がある．固定層による気相吸着において吸着した吸着質を脱着させる方法は，吸着行程における平衡吸着量よりも少ない平衡吸着量となる状況に操作条件を振る（スイングさせる）ことが有効で，圧力を低圧側にスイングさせることと温度を高温側にスイングさせる方法とがあり，前者は圧力スイング吸着（PSA）とよばれ，後者は温度スイング吸着（TSA*）とよばれる．

PSA は TSA に比べると歴史は浅く，1960年代の初めに実用化された heatless air drier とよばれた空気の除湿装置が第一歩といえる．このときの PSA 装置は二塔式で，その操作サイクルは昇圧→吸着→減圧→パージの4ステップからなり，片方の塔が昇圧→吸着の行程にあるとき，もう一方の塔は減圧→パージ行程にあり，吸着質の脱着が行われる．ここでパージとは，脱着を減圧だけで期待するのではなく，吸着行程で取り出した製品ガスの一部を逆流させて吸着質を追い出そうとする行程で，この行程を組み込むことによって製品ガスの純度は高くなるが回収率は低くなるという特徴を有している．この基本的な操作サイクルの PSA は，比較的吸着熱の小さいガスの分離や，空気分離に代表されるバルク分離へと応用が広がった．

その後，塔数や操作サイクルに関してさまざまな改良や工夫がなされて，応用分野はいっそう広まりつつある．たとえば，パージ行程で製品ガスの一部を使うことにより，回収率が低くなるという問題点を解決する方法の一つとして，パージは行わずに真空吸引によって脱着を行う方法が開発され，とくに真空 PSA（VSA*）とよばれる．また，有機溶剤など比較的吸着熱の大きい物質の分離にも展開されているが，この場合には PSA と TSA の両者を複合した操作法で圧力と温度の両方をスイングさせる PTSA* や VTSA* とよばれる方法が効果的な場合も多い．

一方，吸着行程におけるガス分離の原理に注目すると，平衡吸着量の差を利用する平衡分離型と吸着速度の差を利用する速度分離型に大別される．たとえば，同じ空気分離でもゼオライトを用いた平衡分離型の PSA では，窒素がより多く吸着されることから酸素リッチなガスが，また分子ふるいカーボン*を用いた速度分離型の PSA では，酸素がより速く吸着されることから窒素リッチなガスが，それぞれ製品ガスとして塔頂から取り出される．

[迫田 章義]

**ビー・エフ・アール　PFR　plug flow reactor**

⇒押出し流れ反応器

**ビー・エフ・ビー・シー　PFBC　pressurized fluidized bed combustion combined cycle**

加圧流動層複合発電システムの略称．1 MPa 前後の圧力の流動層で石炭を燃焼し，蒸気を発生して蒸気タービン発電を行い，高温高圧の排ガスでガスタービンも駆動し，発電を行う高効率石炭発電システム． 　　　　　　　　　　　　　　　　　　[小俣 幸司]

**ビー・エム　PM　① production maintenance, ② preventive maintenance, ③ project management, ④ project manager**

① 設備の生産性を高めるもっとも経済的な保全（生産保全）．② 生産保全のための一つの手段で，設備が故障する前に保全（予防保全）する考え方．劣化を防ぐための日常保全，劣化を測定するための設備診断，劣化を復元するための補修・整備などを行う．予防保全には，定期保全（時間基準保全*）と予知保全（状態基準保全*）の二つの方式がある．③ プロジェ

クトマネジメント*．④ プロジェクト遂行のために選任された統括管理責任者(プロジェクトマネジャー)．
[堀中 新一]

**ビー・エム・シー　BMC** bulk molding compound
　強化材，充填剤，離型材などを混練して塊状にしたあと，マトリックス材料に混入または含浸させ，さらにこれをゲル化させた成形材料のこと．
[田上 秀一]

**ピー・エル・シー　PLC** programmable logic controller
　シーケンサー．入力機器の指令信号(on/off)などに応じて，出力機器を操作(on/off)することにより，シーケンス制御を実現する専用コントローラー．最近では機能拡張され，DCS*と同じように使用される場合がある．
[小西 信彰]

**ビオすう　ビオ数** Biot number
　固体に接触する流体への固体からの伝熱に関する無次元数で，固体内の熱伝導と流体内の熱移動との比を表す．固体内の熱伝導度を $k$，代表長さを $l$，流体側の境膜熱伝達係数を $h$ とするとき，$Bi=hl/k$ で表される．流体温度に対する固体内部の温度変化の追従性の評価に用いられる．一方，物質移動に適用される場合には，流体内の物質移動係数を $k$，固体内の有効拡散係数を $D_e$ とし，物質移動に関するビオ数 $Bi=kl/D_e$ を与える．
[寺坂 宏一]

**ビー・オー・ディー　BOD** biochemical oxygen demand
　生物化学的酸素要求量．水中の有機汚濁物質が，好気性微生物によって分解および増殖に利用されるときに酸素が消費される．このとき消費される酸素量が BOD で，有機汚濁指標の一つとして利用される．通常，20℃，5日間における酸素消費量で表示される．
[木曽 祥秋]

**ひかくしつど　比較湿度** percentage humidity
　湿りガス*の質量基準の湿度 $H$[kg kg$^{-1}$-dry gas]またはモル基準の湿度 $H'$[kmol-vapor kmol$^{-1}$-dry gas]の，同温度における飽和湿度* $H_S$ または飽和モル湿度 $H_S'$ に対する百分率．比較湿度 $\Psi$ は次式で与えられる．$\Psi=100(H/H_S)=100(H'/H_S')$．飽和度*ともいう．(⇒湿度)
[西村 伸也]

**ひかりえいどう　光泳動** photophoresis
　気体中に浮遊する微粒子が光の照射によって力を受けて移動する現象．光を照射された粒子*は，普通，内部に温度分布を生じ，粒子表面近傍の気体の温度が不均一になるので熱泳動*と同様，高温側の気体分子から受ける運動量が大きくなり，高温側から低温側へと移動する．一般に光吸収性の強い粒子は光の当たっている部分での熱の発生が大きいので，光の進行方向に力を受ける．逆に，吸収性の弱い(透明な)粒子は光の当たっている部分とは反対側の部分が熱せられて，光源の方向に戻る運動をする．粒子表面の温度分布は粒子による光の吸収分布と熱の拡散によって決まるので，粒子の大きさ，形状，(複素)屈折率，照射光の波長と強度などに依存し，粒子の動きはきわめて複雑で，回転を伴う場合もある．なお，高出力のレーザー光を照射された場合は，光子の散乱・吸収による放射圧(光圧力)の影響が大きくなる．
[増田 弘昭]

**ひかりかいせつ・さんらんほう　光回折・散乱法(粒子径測定の)** light diffraction and scattering method for particle size measurement
　レーザー回折・散乱法．(前方)小角散乱法．浮遊した多数個の粒子からの散乱光を散乱角度ごとに受光し，粒子の散乱光パターンの特徴を利用して粒子径分布を求める方法である．入射光にレーザーを用い，パーソナルコンピュータで作動するソフトウェアと適切に設計された受光素子を開発したことで，簡便で測定範囲が広い測定法として急速に普及した．
　粒子径 $d_p$ と入射光の波長 $\lambda$ の比として表現される粒子径パラメーター $\alpha(=\pi d_p/\lambda)$ が 30 以上では，散乱光パターンはフラウンホーファー回折理論で計算でき，粒子の密度や屈折率が不明でも，数 μm～数 mm 程度までの粒子径分布を一度の測定で求めることができる．しかし，$\alpha<30$ となると粒子の散乱光パターンは粒子や分散媒の屈折率に依存し，Mie の光散乱理論*による解析が必要となる．今日ではこの理論と側方あるいは後方散乱光の測定や偏光測定を合わせることで，0.1 μm 前後まで測定できるとされている．なお，求まる粒子径は散乱光パターンの等しい球粒子相当径であり，粒子形状が球形でない場合は，ほかの測定法から得られる粒子径分布との比較は難しい．
[森 康維]

**ひかりさんらん　光散乱** light scattering
　光の波長よりもはるかに小さく($<\lambda/20$)，かつ吸収をもたない粒子(分子)に光が入射すると振動双極子が誘起され，二次光源として光を放射する．これをレイリー散乱とよび，その強度は入射光の振動数の4乗と分子分極率の2乗に比例する．まったく均一な集合系では各分子による散乱光は相互干渉により打ち消され，系は散乱光を発しないが，密度と組成の局所的な不均一(ゆらぎ)が存在すると散乱光が

観測されることになる．詳細にみると散乱光は入射光と同じ振動数の中心ピークの両側に小さな広がりをもつ．これは熱運動によるドップラー効果に起因するもので，液相のような非局在系では構成分子(散乱体)のブラウン運動を反映している．これに着目した場合には動的光散乱(準弾性光散乱)とよび，振動数の広がりを無視して散乱光の積分強度のみに着目した場合には静的光散乱(弾性光散乱)とよぶ．光散乱の測定は，高分子の分子量の測定(静的光散乱法)や溶液中での拡散定数の測定(動的光散乱法)に使用されるほか，さまざまな凝縮系内部の静的および動的な構造の研究に利用される．　　　[松尾 斗伍郎]

## ひかりさんらんほう　光散乱法(粒子径測定の) light scattering method for particle size measurement

微粒子からの光の散乱現象を利用して粒子径あるいは粒子径分布を求める方法である．個々の粒子からの散乱光を光電子倍増管などで検出し，電流や電圧のパルス幅やパルス高さから粒子径を求める方法と，粒子群全体からの散乱光強度の角度分布から粒子径分布を求める方法がある．前者には光散乱光カウンター*，遮光法*，タイム・オブ・フライト法，レーザドップラー法が，後者には光回折・散乱法*がある．散乱光を用いる光透過法*，動的光散乱法*(光子相関法*)は通常この方法に分類しない．
[森　康維]

## ひかりさんらんりゅうしカウンター　光散乱粒子── light scattering particle counter

1個の粒子からの散乱光を，適当な散乱光角度に設置した光電子倍増管やフォトダイオードで受光し，パルス電圧を得る．あらかじめ粒子径既知の標準粒子(ポリスチレンラテックス粒子など)で，パルス電圧と粒子径の関係を求めておけば粒子径が算出できる．検出部に2個以上の粒子が入らないようにしなければならないため，低濃度の粒子径測定に適している．散乱光強度はMieの光散乱理論*に従うので，検定粒子と異なる屈折率をもつ粒子を測定すると，大きな誤差を生むことがある．[森　康維]

## ひかりシー・ブイ・ディー　光CVD　photo CVD

光励起CVD．原料気体に特定の波長の励起光を照射することにより化学反応を起こし，生成種(通常はラジカル)を基板または基体上に堆積する方法．用いられる光源は短波長のレーザーや紫外光が多い．反応性の高い生成種を用いるため基板を加熱しなくても成膜できる．励起光の強度にもよるが，原料気体の分解率が低いので成膜速度は小さい．基板面に垂直に励起光を照射することで基板上の特定領域での成膜が行える．　　　[松井　功]

## ひかりとうかほう　光透過法(粒子径測定の) photo extinction method for particle size measurement

濁度法，沈降法*に分類される粒子径分布測定法で，粒子懸濁液の濁りの時間的変化から沈降速度*を求め，粒子径を算出する．懸濁液の粒子濃度が薄く，ベールの法則*に従う場合，透過光の減衰量の対数値が粒子の全投影面積(個々の粒子の投影面積×粒子個数)と吸光係数*の積に比例する．粒子径が大きく不透明であれば吸光係数は1としてよいが，数μm以下の粒子を測定する場合はあらかじめ吸光係数を知る必要がある．この欠点を避けるために，光の代わりにX線を利用する方法もある．この場合，吸光係数は1となるが，減衰量の対数値は粒子の全体積に比例する．　　　[森　康維]

## ひかりはんのうき　光反応器　photo-reactor

光化学反応を工業的に実施することを目的として，光エネルギーを有効に利用する工夫がなされている反応器．一般に光源浸漬型(内部照射型)が多く利用される．光源面の汚れが懸念される場合には光源を直接反応物と接触させない外部照射型も採用されるが，その場合は反射板を設置することが必要である．光反応器は的確な光源モデル*と光反応速度*，反応器内照度分布，反応流体の混合特性などを考慮して設計される．　　　[菅原　勝康]

## ひかりはんのうそくど　光反応速度　photo-reaction rate

光反応は物質が光を吸収することによって引き起こされる化学反応である．光反応器設計の観点から，その速度は経験的な反応次数論に基づいて表示されることが多い．この場合，光反応速度は一般に，(光反応速度)＝(反応速度定数)×(吸光項)×(濃度項)で表現される．式中の各項はそれぞれ吸光量，反応物濃度に関して指数表示される．なお，熱反応に比して反応速度定数の温度依存性は小さいことが多い．　　　[菅原　勝康]

## ひかりれいきシー・ブイ・ディーほう　光励起CVD法　photo CVD

⇒光CVD

## ひきあい　引合い　inquiry

顧客が業者に対し価格，納期，取引条件*などの提示を求めること．　　　[小谷　卓也]

## ひきっこうそがい　非拮抗阻害　noncompetitive inhibition

拮抗阻害*, 不拮抗阻害と同様, 阻害剤による酵素の触媒活性の可逆的な阻害形式の一つ. 阻害剤 I が遊離酵素 E あるいは酵素-基質複合体 ES 上の基質結合部位とは異なった場所に, それぞれ等しい親和力で結合することが原因で生じる阻害. I が ES に結合した ESI 三重複合体では触媒活性が完全に阻害される.　　　　　　　　　　　　　　　　　[新海 政重]

## ひきはつど　比揮発度　relative volatility

相対揮発度*. 気液平衡にある気液両相の組成（モル分率）を用いて以下の式によって表す.

$$\alpha_{ij} = \frac{(y_i/x_i)}{(y_j/x_j)}$$

ここで, $\alpha_{ij}$ は成分 $j$ に対する成分 $i$ の比揮発度であり, $y$ は気相のモル分率, $x$ は液相のモル分率である. $\alpha_{ij}$ は蒸留のしやすさを表し, もちろん正の値である. その値が 1 から離れるほど蒸留分離がたやすく, 1 のときは共沸点* であり蒸留ができない. なお, 比揮発度は蒸留における分離係数* ともよばれることがある.　　　　　　　　　　　　　　　　　[長浜 邦雄]

## ひきゅうしゅうせいばいしつ　非吸収性媒質（ふく射の）　non-absorbing medium of radiation

ふく射をほとんど吸収しない透明の非吸収性媒質がある. ガラスは可視ふく射を透過し, 赤外計測に用いられるアルカリハライド結晶は波長 10 μm 程度までの赤外ふく射を透過する. $N_2$, $O_2$ などの気体（赤外不活性気体）は可視〜赤外域のふく射を透過する. ただし, ある波長域ではふく射の非吸収性媒質であるものがほかの波長域では強吸収性の媒質* であることも多い. 典型的に, 室温付近の温度にある Si, Ge などの真性半導体は可視〜近赤外域では強吸収性の媒質であるが, 波長 2 μm 以上の程度の赤外ふく射をよく透過する.　　　　　　　[牧野 俊郎]

## ひきゅうちゃくど　比吸着度　relative sorbability, relative absorbability

気相または液相中の成分 1, 2 のモル分率を $x_1$, $x_2$ とし, これが吸着剤* に吸着* されたときの吸着相における平衡モル分率を $y_1$, $y_2$ とするとき, $y_1/x_1$, $y_2/x_2$ は各成分の吸着されやすさの度合いを表し吸着度とよばれ, その比

$$\alpha_{12} = \frac{y_1/x_1}{y_2/x_2}$$

を成分 1 の成分 2 に対する比吸着度あるいは比吸着能という. 一般に成分 1 が吸着されやすい成分を表す. 蒸留, 吸着, 抽出などの異相間の物質移動を利用して物質の分離を行う場合, 同じ定義式で呼び名が異なっていたが, 最近では統一した呼び名として, 吸着度を分配係数*, 比吸着度を分離係数* とよぶ場合が多い.　　　　　　　　　　　　　　　　　[吉田 弘之]

## ひぎょうしゅくせいガス　非凝縮性ガス　non-condensable gas

臨界温度* を超え, 加圧によって凝縮することのない気体. 超臨界流体* も非凝縮性ガスである. 加圧下の非凝縮性ガスが液体と共存すると, 気相中の液体成分の分圧は, 一般に飽和蒸気圧より大きくなる. このことは Poynting 効果または異常蒸気圧* ともよばれている. （⇒ Poynting 項）　　[荒井 康彦]

## ひきわたしじょうけん　引渡条件　turnover conditions, takeover conditions, delivery conditions

契約に定められた業者の義務の完了を業者と顧客の双方が確認し, プラントや構成要素などの管理責任を顧客に移転する時期, 場所, 方法などを規定したもの. プラントの場合は, 通常機械的完成（mechanical completion, メカコン）から試運転（commissioning）の間に行われ, 引渡す側ではターンオーバー（turnover）, 受取る側ではテイクオーバー（takeover）とよぶ. 単体機器, 計器, 電気機器, 部品など単品の配達引渡しには納入（delivery）という言葉が使われ, インコタームズ* などの引渡条件がしばしば適用される. 性能試験完了時に引渡しをするターンキープロジェクトの場合は, 引渡しと検収* は同時に終了するが, それ以外のときは引渡しが先, 検収が後になることが多い.

　　　　　　　　　　　　　　　　　[小谷 卓也]

## ひごうしねんしょうりつ　火格子燃焼率　calorific capacity of combustion chamber

燃焼室の定められた火格子面積あたり, 1 日の焼却炉稼働時間あたりで, 所定の熱灼減量以下に焼却できる 1 日あたりのごみ焼却量をさし, 次式で定義される. 火格子燃焼率を $G$ とすると,

$$G = \frac{W}{\theta A} \quad [\text{kg m}^{-2}\,\text{h}^{-1}]$$

式中, $W$ は所定の熱灼減量以下に焼却できる 1 日あたりのごみ焼却量 [kg d$^{-1}$], $\theta$ は 1 日の焼却炉稼働時間 [h d$^{-1}$] および $A$ は火格子面積 [m$^2$] である.

　　　　　　　　　　　　　　　　　[成瀬 一郎]

## ひさいしょういそうけい　非最小位相系　non-minimum phase system

伝達関数* が複素平面の右半面にゼロ点をもつ系をいう. ステップ応答は逆応答を示すので, このような制御対象の制御には注意を必要とする. 逆応答を示すプロセスの例としてボイラーの液面制御などがよく知られている.　　　　　　　　　[山本 重彦]

**ピー・シー・アール　PCR**　polymerase chain reaction

温度の上下を繰り返すだけで，特定のDNA*領域を試験管内で短時間に数十万倍に増幅することができる技術で，ポリメラーゼ連鎖反応（PCR）とよばれる．二本鎖DNAの熱変性（94℃），DNA鎖とこれに相補的なプライマー（目的DNA領域の両末端の20塩基程度部分と相補的な塩基配列をもつ一本鎖DNAの1組）とのアニーリング（45〜60℃），好熱菌*由来の耐熱性DNAポリメラーゼによる相補鎖合成（72℃）のサイクルを繰り返すことでDNA合成の連鎖反応が起こり，プライマーによって挟まれた領域のDNAが増幅される．　　　　　［長棟　輝行］

**ビー・シー・エフりろん　BCF理論**　BCF theory, Burton-Cabrera-Frank theory

結晶の欠陥の一つであるらせん転位を結晶内部にもつ結晶粒子の表面には，その転位軸を中心とする渦巻き状のステップ群が形成される．BCF理論はこの渦巻き状のステップを維持するように定常状態で進行すると考える結晶成長機構で，F. C. Frankを中心にW. K. Burton, N. Cabreraが1951年に発表した結晶成長理論で，3名の頭文字をとってこのようによばれる．この理論では，気相からテラスとよばれる平坦な結晶表面に到達した結晶化成分の分子が二次元の拡散によってステップまで移動し，ここで結晶格子に組み込まれると考え，この拡散場と拡散速度を定義してその面の成長速度を表面における過飽和度の関数として導いた．また，Bennemaはその式が溶液系にも適用できることを示した．

得られた式は低過飽和度では過飽和度の2乗に比例し，高過飽和度では過飽和度に比例する関係を示し，それまでに報告されていた多くの次のような実験結果を説明することができた．すなわち，結晶の表面には渦巻き状（結晶構造を反映して，ひし形や六角形状をとるものが多い）のステップ*群がしばしば観察されること，低過飽和度域でも結晶は成長すること（二次元核化による完全結晶の成長を扱ったそれまでの理論では低過飽和度では実際上成長はみられない），多くの実験結果は成長速度は過飽和度について1〜2乗の間の依存性を示すこと，である．

BCF理論では，結晶表面に現れる渦巻き状のステップ群をアルキメデスの渦で表現する．この渦は，中心付近を除いて一定の間隔で，渦の中心では曲率が二次元核の臨界半径に等しい．さらにステップの高さは分子の大きさ程度であって，その間隔はステップの高さに比べて十分に広く，その幅は過飽和度

が高いほど狭いとして定常状態の拡散方程式を解いた．得られた成長速度式は$R = A\sigma^2 \tan h(B/\sigma)$と略記できる．ここで，$A$と$B$は系（結晶）に固有な定数であって，$\sigma$は結晶表面での相対過飽和比[（表面での濃度－飽和濃度）/飽和濃度]を表している．前述のように，この式は低過飽和度（$\sigma < B$）では$R \propto \sigma^2$，高過飽和度（$\sigma > B$）では$R \propto \sigma$と近似できる．

［松岡　正邦］

**ピー・シー・ディー・ディー　PCDD**　polychlorinated dibenzo-*p*-dioxin
⇒ダイオキシン

**ひしんすいせいざいりょう　非親水性材料**　non-hygroscopic material

親水性内壁の比較的大きな細孔を有する不均質系多孔質固体*の総称．細孔壁の吸着水*の総量が細孔内に存在可能な水の総量に比べて無視できる．粒子充填層*などのように，水蒸気に対する比表面積*が数 m$^2$ g$^{-1}$ 程度以下ならばこの材料に分類できる．
（⇒親水性材料，不均質材料，均質材料）

［今駒　博信］

**ヒステリシス（吸着における）**　hysteresis

履歴現象．固体吸着剤*において，低い圧力（濃度）から圧力（濃度）を上げていくと吸着量が増加し，吸着等温線を測定できる．次に高い圧力（濃度）から圧力（濃度）を下げていくと脱着等温線を測定できる．測定した吸着等温線と脱着等温線が異なり，脱着等温線における吸着量が吸着等温線における吸着量よりも大きくなることがある．この現象はヒステリシスとよばれている．物理吸着の場合のヒステリシスは，吸着剤のメソ孔*における吸着気体の毛管凝縮*に基づくもので，ミクロポーラス材料では通常ヒステリシスは生じない．一方，物理吸着*と化学吸着*が同時に生じる場合には，細孔構造によらずにヒステリシスが発現する．

［田門　肇］

**ひずみこうか　ひずみ硬化**　strain hardening

加工硬化*ともいう．材料を塑性変形させると，格子欠陥が生じたり，転位密度が上昇し，変形の抵抗が大きくなる．これにより，材料の強度は大きくなり硬くなる．ひずみ硬化により材料の強度が大きくなりすぎると，破壊しやすくなるので残留応力の除去をする必要がある．　　　　　　　［礒本　良則］

**ひずみそくどテンソル　ひずみ速度──**　strain rate tensor

物体が変形される度合いを定量的に表すためにひずみ量が定義される．ひずみは物体内の着目点が初期値に対して相対的に変位した量で表すが，変形時

に発生する応力との関係を記述するためにはひずみ量そのものよりも,単位時間あたりどれだけのひずみが生じたかを表すひずみ速度を用いるほうが便利である.ひずみ速度はせん断流れにおいてはずり速度で表され,速度勾配に等しい.三次元の複雑な流れを取り扱う場合は,ずり速度の三次元での表現(テンソル表記)が必要であり,三次元で表したずり(ひずみ)速度をひずみ速度テンソルという.

[薄井 洋基]

**ひせいさんそくど 比生産速度 specific production rate**

生産物の生成速度は細胞濃度に比例するという考え方で,$dP/dt = \pi X$ で表されるときの比例定数 $\pi$ を比生産速度とよぶ.ただし,$P$ は生産物濃度,$X$ は細胞濃度を表す.

[新海 政重]

**びせいぶつ 微生物 microbe, microorganism**

微生物とは顕微鏡でなければ観察できない微小生物の総称であり,一般には細菌,放線菌,菌類[(真菌類),酵母,糸状菌(カビ),担子菌(キノコの類)],藻類,原生動物も含む.ウイルスは生物ではないが,同様に含める場合がある.微生物の特徴として,多くが単細胞であるか,多細胞でも機能的に分化した組織や器官がみられないことなどきわめて単純な形態である.また,代謝活性が高いことや分裂速度が速いものが多いことがあげられる.微生物の細胞構造には,遺伝子が核膜で仕切られている真核微生物(高等微生物)と仕切られていない原核微生物(下等微生物)に大別される.下等微生物にはラン藻と細菌が含まれる.細菌は表面構造からグラム陰性細菌,グラム陽性細菌,古細菌,マイコプラズマに分類される.これらはさらに性質によって分類され,大腸菌であればべん毛性運動細菌のうちのかん菌,黄色ブドウ球菌はグラム陽性細菌のうちの球菌に分類される.

[新海 政重]

**びせいぶつかいぶんはんのうプロセス 微生物回分反応—— batch process of microorganisms**

微生物の液体培養において,培養途中で何も添加しない培養プロセスのこと.回分培養* では細胞が増殖する誘導期,対数増殖期のあと,栄養源の枯渇や代謝物の蓄積により細胞液が低下する減速期,停止期,死滅期と細胞の状態が変化する.

[新海 政重]

**びせいぶつぞうしょくのりょうろん 微生物増殖の量論 stoichiometry of growth of microorganisms**

微生物増殖はきわめて複雑であり,一般の化学反応のように,モル基準で量論を展開することはできない.基質が十分存在し,炭素源と窒素源の2種類の主要基質が増殖反応を律速するものとし,二酸化炭素以外に1種類の生産物のみを生成するとみなされる場合,見掛け上の量論式として次式が成立するとされている.

$$CH_lO_m + aNH_3 + bO_2 \longrightarrow$$
$$Y_c CH_xO_yN_z + Y_{cp}CH_uO_vN_w$$
$$+ (1 - Y_c/Y_{cp})CO_2 + cH_2O$$

ここで,$CH_lO_m$,$CH_xO_yN_z$,$CH_uO_vN_w$ はそれぞれ炭素源,乾燥菌体(細胞),生産物の元素組成である.$Y_c$ と $Y_{cp}$ は基質中の炭素1原子が細胞および生産物の炭素への変換される分率[-]である.微生物プロセスでは,用いる原料に対してどれほどの菌体が得られるかが重要であるので,消費基質あたりの菌体量,菌体収率*が重要なパラメーターとなる.菌体収率は微生物や用いる基質によって異なる.

[新海 政重]

**びせいぶつぞうしょくモデル 微生物増殖—— growth model of microorganisms**

微生物集団は厳密には不均一な集団であるため,増殖速度は確率論的に取り扱うほうが正確である.しかし,現象を理解するうえでは平均的な均一集団として決定論的な取扱いで十分である.決定論的モデルには,細胞内小器官を含む細胞成分の変化に着目した構造モデルと,これを取り扱わない非構造モデルに分けられる.工業的に利用される一般の微生物の増殖には非構造モデルで十分説明できる.非構造モデルはさまざま提案されているが,J. Monod が提案したモノーの式* が汎用されている.

[新海 政重]

**びせいぶつのしゅるい 微生物の種類 kind of microorganisms**

工業用微生物として頻繁に利用されているものは真菌類と細菌類に分類される.便宜的にはカビ,酵母,細菌,放線菌の4群に大別される.工業上有用な細菌としては大腸菌,枯草菌,酢酸菌,コリネ菌などがある.放線菌,糸状菌には抗生物質などの生理活性物質を生産するものがあり,重要である.酵母は分類学上の用語ではなく,通常単細胞として生育し,出芽または分裂により生育する菌類の総称である.アルコール発酵を行うビール酵母が有名である.

[新海 政重]

**びせいぶつのせいしつ 微生物の性質 property of microorganisms**

工業用によく使われる微生物の性質として,以下

の①から⑥までの特徴があげられる．①　きわめて速い増殖性：微生物は30分か数時間で分裂を繰り返すことができるなど，きわめて速い増殖性を有する．②　広範な物質の資化性：エネルギー源として炭化水素や脂肪を利用するものがあれば，光エネルギーを利用するものがあるなど原料の選択の範囲が広い．③　多種多用な化学活性と反応の特異性：微生物は多種多様な化学的活性を有し，複雑な化合物の合成に役立てることができる．これらの反応は非常に特異的である．④　人工変異の容易性：微生物は人工的に容易に変異株をつくることができるため，工業的に有用な微生物を育種しやすい．⑤　高い均一性：微生物は高等動植物に比べて形状やライフサイクルが簡単で均一性に富む．このため比較的簡単な装置で再現性の高い制御が可能である．⑥　高温・高圧を必要としない：多くの微生物は常温常圧下で成育し，必要な反応を行うため，これらを使ったプロセスはエネルギーコストや安全性において有利である．　　　　　　　　　　　　　　　　［新海　政重］

**びせいぶつのねつしめつとくせい　微生物の熱死減特性　thermal death characteristics**

微生物は通常，高温にさらすことによって死減する．これは細胞を構成するタンパク質や核酸が熱変性するためと考えられている．ある数の微生物を熱にさらした後の生存率(残存率)の対数と熱処理時間とは比例関係にあり，微生物の死減速度は残存細胞濃度の一次式として表現でき，次式で表される．

$$\frac{dN}{dt} = -k_d N$$

または

$$N = N_0 \exp(-kdt)$$

ここで，$k_d$ は熱死減速度定数，$N$ は残存細胞濃度，$N_0$ は初期細胞濃度である．熱死減速度定数 $k_d$ は処理温度に依存し，アレニウス式 $k_d = A\exp(-E/RT)$ で表される．　　　　　　　　　　　［新海　政重］

**びせいぶつのばいよう　微生物の培養　culture of microorganisms**

微生物の培養は，固体表面で培養する固体培養と，液体中で培養する液体培養の2種類に大別される．さらに，微生物の酸素要求性に応じて好気培養と嫌気培養がある．好気的液体培養では，通気撹拌型培養槽と気泡塔型培養槽が汎用される．通気撹拌型培養槽は，底部にスパージャーと撹拌翼を備え，内側面に邪魔板が設置されている．雑菌汚染防止のために撹拌軸の軸受部のシールを完全にするとともに，内圧を0.5〜1気圧高い状態に制御する．また，遺伝子組換え菌の培養では排ガスも除菌できるよう配慮されている．気泡塔型培養槽はドラフトチューブが槽内に付設されていることが多い．また，外部循環部を備えたループ式培養槽も使用されている．殺菌，消泡などの機能は通気撹拌型培養槽と同様に備えている必要があるが，構造が単純で大型化しやすく，撹拌軸がないので雑菌汚染防止が容易になるが，高粘性となる培養には不向きである．微生物の培養操作としては，①　回分操作，②　半回分操作，③　連続操作，④　反復操作，⑤　非反復操作，⑥　流加操作，⑦　分離操作，⑧　菌体再利用操作，⑨　菌体非再利用操作が考えられ，この組合せが一つの培養形態となる．　　　　　　　　　　　　　　　　　［新海　政重］

**びせいぶつふしょく　微生物腐食　microbiologically influenced corrosion**

MIC．微生物が直接的，または代謝として間接的に関与して腐食を促進する現象．河川・海水あるいは土壌中といった自然環境や生活排水など有機物を含む水溶液などで発生し，とくに室温付近の富栄養化した環境で発生しやすい．硫酸還元バクテリアや鉄酸化バクテリアなどの微生物がコロニーを形成し，これが成長するとそのもとで溶存酸素やpHなど腐食環境因子が不均一になり，局部腐食*を誘起するとともに，代謝される硫酸などによって孔食*が引き起こされる．　　　　　　　［久保内　昌敏］

**ひせんけいせいぎょ　非線形制御　nonlinear control**

入出力間の動的挙動の関係が線形微分方程式で表せない場合を非線形であるという．制御系のなかにはさまざまな非線形性が存在する．制御対象が非線形である場合と，制御系が故意に非線形性を利用している場合がある．制御対象がもつ非線形性の代表的なものに，ヒステリシス，バックラッシュ，飽和などがある．非線形性をもつ制御方式のもっとも簡単なものはオン・オフ制御である．スライディングモード制御も非線形性を積極的に利用している．可変構造制御，ゲインスケジューリング制御，ファジィ一制御，適応制御*なども非線形な制御系といえる．非線形制御系の解析には記述関数法や位相面解析などが使われる．　　　　　　　　［山本　重彦］

**ひせんはんけい　比栓半径　relative plug radius**

塑性流体*が管路内などを層流*で流れるときの，せん断応力*値が降伏応力*値に等しくなる半径の管半径に対する割合．この半径より内側の流体は，あたかも一つの固体のように一体となって運動する栓部を形成する．　　　　　　　　　　　［小川　浩平］

**ひぞうしょくそくど　比増殖速度**　specific growth rate

ある時刻 $t$ での細胞数を $N$ とすれば, 増殖速度は $dN/dt$ で表されるが, この値は細胞数によって変化する. その細胞に特有の速度を表すために細胞数で増殖速度を除した値 $[=dN/(N \cdot dt)]$.
　　　　　　　　　　　　　　　　　　　　　[新海 政重]

**ひたいしょうきじゅんけい　非対称基準系**　asymmetric convention

無限希釈基準系. 活量係数を用いるさい, 着目成分の基準状態が必要となる. 対象としている系と同温・同圧における無限希釈状態*を基準にとる基準系のこと. 系の温度における着目成分の純物質の状態が固体または気体となり, 対称基準系*を用いることができない場合に使われることが多い. 着目成分が無限希釈状態*で活量係数*は1となり, フガシティー*はヘンリー定数*となる. 　[岩井 芳夫]

**ひたいしょうまく　非対称膜**　asymmetric membrane

非常に薄い分離層が, 同じ材質の多孔性の支持層*によって補強された膜. 分離層側で孔径が小さく, 支持層側で孔径が大きい構造を有する. おもに相転換法*によって作製される. 分離層が別の材質からなる多孔性の支持層*で支えられた複合膜*も非対称膜の範ちゅうに含める場合がある. 　[松山 秀人]

**ひたいせき　比体積**　specific volume

比容積. 単位質量あたりの物質の体積 (単位は $cm^3\ g^{-1}$, $m^3\ kg^{-1}$, $ft^3\ lb^{-1}$ など). すなわち密度の逆数. なお単位モル量 (1 g mol, 1 kg mol, 1 lb mol など) の物質の体積は, 分子容またはモル体積といわれる.
　　　　　　　　　　　　　　　　　　　　　[松本 光昭]

**ひたこうしつまく　非多孔質膜**　nonporous membrane

分子サイズ以上の孔を有しない膜. この場合の分離は膜への溶解性の違いや, 膜中の拡散性の違いにより達成される. ガス分離膜, パーベーパレーション*膜がこれに相当する. 　　　　[松山 秀人]

**ビー・ダブリュー・アールがたじょうたいほうていしき　BWR型状態方程式**　BWR (Benedict-Webb-Rubin) type equation of state

BWR式の改良式の総称. 基本的にはBWR式と同様に密度 $(1/v)$ に関するビリアル展開式である. $p$-$V$-$T$ 関係の精度向上のために密度高次項の係数, すなわち高次ビリアル係数の各項にパラメーターを増加させている. 現在は, 特定物質に関する標準データを再現する高精度状態方程式として, 50~60 定数の BWR 型状態方程式が提案されている. 　　　　　　　　　　　　　[猪股 宏]

**ビー・ダブリュー・アールしき　BWR式**　BWR (Benedict-Webb-Rubin) equation

以下に示す Benedict-Webb-Rubin 式の略称. 高密度な液体領域まで含めて物質の $p$-$V$-$T$ 関係を満足に表す状態方程式で, M. Benedict らによって 1940年に発表された.

$$p = \frac{RT}{v} + \left(B_0 RT - A_0 - \frac{C_0}{T^2}\right)\frac{1}{v^2}$$
$$+ (bRT - a)\frac{1}{v^3} + a\alpha\frac{1}{v^6} + \frac{c}{T^2 v^3}\left(1 + \frac{r}{v^3}\right)e^{-r/v^2}$$

ここでは $v$ はモル体積であり, $B_0$, $A_0$, $C_0$, $a$, $c$, $\alpha$, $\gamma$ は物質特有の定数で, $R$ は気体定数である. 8定数式であり複雑であるが, しばしば利用される重要な約50の物質に対し定数が決定されている.
　　　　　　　　　　　　　　　　　　　　　[猪股 宏]

**ビー・ダブリュー・エフ　PWF**　pure water flux
⇒純水透過流束

**Pitzer-Curl のそうかんしき　——の相関式**　Pitzer-Curl correlation

対応状態原理*に基づく状態量の相関式の一つ. 臨界温度 $T_c$, 臨界圧力 $P_c$ に加え, K. Pitzer と R. Curl は第3パラメーターとして偏心因子*$\omega$ を用いて, 次の圧縮因子*$Z$ の相関式を提案した.

$$Z = Z^{(0)}\left(\frac{T}{T_c}, \frac{P}{P_c}\right) + \omega Z^{(1)}\left(\frac{T}{T_c}, \frac{P}{P_c}\right)$$

ここで, $Z^{(0)}$ は単原子分子 ($\omega=0$) の圧縮因子, $Z^{(1)}$ は $\omega=1$ に相当する仮想的な物質の圧縮因子を表す. $\omega$ は分子形状の球形からのずれを表す尺度であるため, 上式は非球形分子の圧縮因子に対して良好な相関を与える. また, この関係はほかの偏倚関数 (エンタルピー*, エントロピー*, フガシティー*などの理想気体状態からの差) に対しても適用できる. 上式は Lee-Kesler 式*の基礎となっている.
　　　　　　　　　　　　　　　　　　　　　[滝嶌 繁樹]

**Pitzer-Debye-Hückel しき　——式**　Pitzer-Debye-Hückel equation

イオン相互作用式. 電解質溶液*の性質をイオン間のクーロン相互作用*で説明する Debye-Hückel 式*を高濃度領域まで適用できるように, イオン間の相互作用を3次の項まで取り入れた半経験式 (K. S. Pitzer, 1973) である. 　　　　[新田 友茂]

**ひねつ　比熱**　specific heat capacity
⇒比熱容量

**ひっぱりきょうど　引張強度 (粉体層の)**　tensile

strength of powder bed

　粉体層を引張破断するのに必要な応力で，粉体層引張破断試験装置を用いて測定される．この引張強度により粉体層の付着・凝集性の定量的評価ができ，また Rumpf 式* を利用すると粒子間付着力を求めることができる．粉体層の引張強度は粉体層の空隙率や測定環境により変化する．　　　　[日高　重助]

**ひっぱりつよさ　引張強さ　tensile strength**

　抗張力．引張試験において，試験片の示す最大荷重を試験片のもとの断面積で除した値，すなわち最大公称応力のこと．材料の機械的性質を代表的な値であり，材料を評価する場合に基準強さとして用いられることが多い．　　　　　　　　[矢ケ﨑　隆義]

**ピー・ティー・エス・エイ　PTSA　pressure and thermal swing adsorption, pressure and temperature swing adsorption**

　⇒ PSA

**ピー・ディー・シー・エイ　PDCA　plan, do, check, action**

　品質目標を達成するには，改善計画を立て(plan)，それに沿って実施し(do)，計画との差異をチェックし(check)，その結果に基づいて軌道修正する(action)というプロセスを繰り返して，レベルアップしていくことが重要である．このようなサイクルを PDCA という．　　　　　　　　[松本　光昭]

**ひていじょううんてんしえん　非定常運転支援　operation support for unsteady-state**

　連続プロセスにおいては，スタートアップ/シャットダウン，異常対応時など，頻度の低い非定常運転はオペレーターによる手動運転を前提とした設計になっていることが多く，これを支援する機能が重要となる．とくにオペレーターの違いによる運転操作のばらつきを少なくすること，熟練オペレーターの非定常運転操作を継承することなどの目的で，運転支援システムが導入されている例が多い．
　　　　　　　　　　　　　　　　　　　　[小西　信彰]

**Beattie-Bridgeman のしき　──の式　Beattie-Bridgeman's equation**

　次に示す実在気体についての状態方程式であり，J. Beattie と O. Bridgeman が 1927 年に提案した．

$$p = \frac{RT(1-\varepsilon)}{v^2}(v+B) - \frac{A}{v^2}$$

ただし，
$A = A_0(1-a/v)$,　　$B = B_0(1-b/v)$,　　$\varepsilon = c/vT^3$
ここで，$A_0$, $B_0$, $a$, $b$, $c$ は物質定数であり，$p$-$V$-$T$ 関係の実測値を用いて決定する．この式は，第 4 項までのビリアル展開式とみなすことができる．また，BWR 式* の基礎となっている．　　[猪股　宏]

**ビードゥ　bead**

　ビーズ．断面が円弧の液体架橋をいう．塗布工程では固体壁とメニスカスとに囲まれた細長い通路に形成されるビードゥを通して，高速で走る乾いた固体面に液を供給し，濡らして均一な所定厚みの液膜を固体面上につくる．固体間のビードゥは，被塗布面の振れや走行速度の変動，供給液量や外圧変動などの外乱に対して弱く，塗布量を変動させる．
　　　　　　　　　　　　　　　　　　　　[柘植　秀樹]

**ひとうあつかくさん　非等圧拡散　nonisobaric diffusion, diffusion at nonuniform pressures**

　気体の拡散* について，クヌーセン数*$Kn$ が 0.01 以上の流域では，分子壁面衝突による運動量交換がきくようになり圧力勾配が発現する．このような拡散を非等圧拡散という．たとえば，半径 $a$ の円管内における A，B 二成分系気体のクヌーセン拡散* では，物質移動流束* を $N_i$，分子量を $M_i$，圧力を $p$ とすると，拡散流束* の間に次式が成立する．

$$\sqrt{M_A}N_A + \sqrt{M_B}N_B = -\frac{4a^3}{3}\sqrt{\frac{2\pi}{RT}}\frac{dp}{dz}$$

すなわち，$N_A/N_B = -\sqrt{M_B/M_A}$ なる Graham の関係が成立しない限り，拡散* は非等圧下で起こる．非等圧拡散は，粒子層や多孔質物質の細孔内を気体が拡散するような場合に起こり，自由分子流域に限らず遷移流域を含む広流域で起こることが知られている．(⇒減圧下の移動現象，等圧拡散)　[神吉　達夫]

**ひとうかながれ　非透過流れ　non-permeable flow**

　濃縮流れ．膜に液またはガス，蒸気を供給すると，膜を透過した成分・流れと，膜を透過せずに膜セル，膜モジュールから排出される成分・流れとに分けられる．非透過流れは，膜を透過せずにセルから排出された成分・流れをさす．(⇒透過流れ)
　　　　　　　　　　　　　　　　　　　　[山口　猛央]

**ひとうそくきゅういんごさ　非等速吸引誤差　unisokinetic sampling error**

　⇒等速吸引

**ピトーかん　──管　Pitot tube**

　流体の総圧* と静圧* の差により流速を測定する計器．図に示したように，一様流速 $u$[m s$^{-1}$] の流体中に設置された二重管の先端と側面における圧力を測定する．先端はよどみ点で流速がなく，動圧* に相当するエネルギーがすべて圧力に変換されるため，測定される圧力は総圧 $p_t$[Pa] となる．それに対し，

側面の孔では流速が $u$ となるため静圧 $p_s$[Pa]が測定される．総圧と静圧の差が動圧 $p_d=\rho u^2/2$[Pa]であるから，以下の式により流速を求めることができる．

$$u=C_P\sqrt{\frac{2(p_t-p_s)}{\rho}}$$

ここで，$C_P$ はエネルギー損失を補正するための係数である．図に示したピトー管は総圧を測定する管と，静圧を測定する管を組み合わせたピトー静圧管であるが，通常はこの型式のものをピトー管とよぶ．

[吉川 史郎]

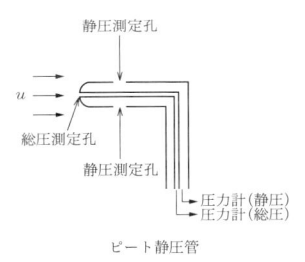

ピトー静圧管

### ひどく　被毒　poisoning

触媒*反応において微量の異物質がその触媒作用を著しく減少させるか，まったく失わせる作用のこと．被毒の原因となる物質を触媒毒という．この現象はおもに不均一系触媒でみられ，触媒毒を除去することによって比較的容易に触媒能が回復する場合を一時被毒，一度被毒したら特別の操作を施さないかぎり回復しない場合を永久被毒という．

[大島 義人]

### ヒートパイプ　heat pipe

毛細管構造をもったウィックを内部にもつ管状の本体に少量の作動液体を封入し，一方の端から他方の端へ熱を輸送するパイプ状の装置．作動液には純水や代替フロンなどが用いられる．一方の端を加熱すると，そこで作動液が蒸発し，もう一方の端で放熱が行われれば，発生した蒸気は放熱端へ移動して，そこで凝縮する．凝縮した液はウィックの毛管現象あるいは重力により加熱端に戻り，作動液の循環経路がパイプ内に形成されて，連続的に熱が加熱端から放熱端へと輸送される．内部の圧力は低いので，蒸気の移動速度は速く，熱の輸送距離が長くなっても熱輸送量の減少は少ない．条件によっては，金属に比べてオーダーの異なる高い熱伝導性をもたせることが可能である．ウィックとしては，金網などの網目状材料，焼結金属，管内壁に彫った多数の溝などが用いられる．

[平田 雄志]

### ヒートポンプ　heat pump

熱を低温から高温に輸送する逆カルノーサイクル．気化した冷媒は圧縮器で圧縮されて昇温され，凝縮器で高温物体に熱を与えながら液化する．膨張弁を通過することにより冷媒は温度が低下し，蒸発器で外部の低温物体から熱を受け取り，再び蒸発し圧縮器に戻って循環する．このサイクルで凝縮器で得られる熱を利用するときをヒートポンプ，蒸発器で得られる冷熱を利用するときを冷凍という．冷媒としては，フロン，アンモニア，二酸化炭素，空気などが用いられる．エアコンディショニングのほかに太陽エネルギー援用システムへの応用が考えられる．また，熱移動の駆動源に脱水反応や加水分解反応などの化学反応を用いる場合をケミカルヒートポンプとよぶ．

[船造 俊孝]

### ヒートポンプしきじょうりゅうとう　——式蒸留塔　heat pump assisted distillation column

圧縮式や吸収式ヒートポンプ*の原理を用いて塔頂蒸気を直接，または間接的に昇温させ，塔底リボイラー*の加熱源として利用するシステム．一般に塔頂・塔底間の温度差が小さく，還流比*が大で，コンデンサーとリボイラーの熱負荷の差が小さい系で省エネルギー効果が期待できる．

[中岩 勝]

### ひながれけい　非流れ系　nonflow system

対象とする系への物質の出入りのない系．熱力学では閉鎖系*という．

[滝嶌 繁樹]

### ヒニュートンりゅうたい　非——流体　non-Newtonian fluid

粘性流体*のうち，せん断応力*とせん断速度*の関係を示す流動曲線*が原点を通るが，直線とならない流体．なお，ビンガム流体*や非ビンガム流体*などの塑性流体*を含めて，流動曲線が原点を通る直線となるニュートン流体*以外の流体を総称して，非ニュートン流体ということもある．

[小川 浩平]

### ヒニュートンりゅうたいのかくはん　非——流体の撹拌　mixing of non-Newtonian fluid

非ニュートン流体を対象とした撹拌操作．流動状態やせん断作用が翼まわりに局所化されたり，時間依存的に流体粘度が増減したりするなどニュートン流体にはみられない困難を伴うことが少なくない．
(⇒ビンガム流体の撹拌，粘弾性流体の撹拌)

[上ノ山 周]

### ひねつようりょう　比熱容量　specific heat capa-

city

比熱*．単位質量あたりの熱容量．比熱容量を $c$，質量 $m$ の物質の熱容量を $C$ とすると $c=C/m$ の関係がある．物質の量が 1 mol のときにはモル熱容量という． [横山 千昭]

**ひねんど　比粘度　specific viscosity**

相対粘度*．溶質を含む溶液の粘性係数* を $\eta$，溶媒（純物質）の粘性係数を $\eta_0$ とするとき，両者の比 $\eta/\eta_0$ をその溶液の比粘度という． [横山 千昭]

**ひばい　飛灰　fly ash**

⇒フライアッシュ

**ひはんのうそくど　比反応速度　specific reaction rate**

反応速度定数* の別称．反応速度が関係する反応物質の濃度のべき乗の積で表現できる場合，単位濃度のもとでは反応速度定数は反応速度に等しくなる．このため反応速度定数を比反応速度ということができる． [幸田 清一郎]

**ピー・ピー・アール　BPR　boillng point raising (rise)**

揮発性液体中に不揮発性溶質を溶かすと，もとの液体よりも沸点が上昇する現象．沸点上昇，BPE* ともいう． [平田 雄志]

**ピー・ピー・イー　BPE　boiling point elevation**

沸点上昇のこと． [平田 雄志]

**ピー・ピー・シー・ピーほう　PPCP 法（大気汚染物質排出抑制技術）　pulse corona induced plasma chemical process**

排煙脱硫法*（乾式脱硫法*）の一つ．$SO_2$ 除去と同時に窒素酸化物除去にも効果がある．90℃ 程度の排煙に $NH_3$ を吹き込み，50 kV 以上の高電圧パルスをかけて放電し，NO，$SO_2$ を酸化して $NH_3$ と反応させてそれぞれ固体の硝酸アンモニウム，硫酸アンモニウムとして回収する方法． [清水 忠明]

**ひひょうめんせき　比表面積　specific surface area**

粉体層単位量あたりの粒子の表面積をいう．粉体層単位質量あたりの表面積である質量基準の比表面積 $S_w[m^2\ kg^{-1}]$，粉体単位体積あたりの表面積である体積基準の比表面積 $S_v[m^2\ kg^{-1}]$ がある．
 [日高 重助]

**ひひょうめんせきけい　比表面積径　specific surface diameter**

比表面積球相当径．比表面積に等しい表面積を有する球の直径で表した粒子径． [日高 重助]

**ひひょうめんせきそくていほう　比表面積測定法　measurement of specific surface area**

比表面積測定法には三つの方法がある．① 吸着法：粒子表面に大きさが既知の分子（たとえば窒素ガス分子）を吸着させ，その吸着量から表面積を測定する方法（BET 法）．② 浸漬熱法：粒子が液体と接触したときに発生する熱量から表面積を測定する方法．③ 透過法：粉体層を透過する流体の圧力降下と流量からコゼニーーカーマンの式* を利用して測定される． [日高 重助]

**ひビンガムりゅうたい　非——流体　non-Bingham fluid**

塑性流体* のうち流動曲線* が直線とならない流体．(⇒塑性流体) [小川 浩平]

**ピー・ブイ・ディー　PVD　physical vapor deposition**

物理的気相析出法．真空蒸着* 法，スパッタリング* 法などの薄膜形成手法の総称．原料が蒸発，輸送され，再度凝縮することによって薄膜が形成され，化学反応が関与せず，物理的過程によってのみ形成されるため，この名称となっている．薄膜形成種は原子あるいはイオンであり，その表面での付着確率* は 1.0 に近く，したがってステップカバレッジ* は悪い．一般に，高純度の薄膜を得ることが容易であり，組成の制御性もよいことから，ステップカバレッジを要求されない分野では多用される．
 [霜垣 幸浩]

**びぶんじかん　微分時間　derivative time**

⇒ PID 制御

**びぶんじょうりゅう　微分蒸留　differential distillation**

⇒単蒸留

**びぶんせっしょく　微分接触　differential contact**

物質や熱移動を行うために 2 相を接触させる装置において，装置内の 1 相または両相の濃度や温度が連続的に変化する接触方式．微分接触は，濃度や温度が不連続的に変化する階段接触* と対比される．充填塔や管型熱交換器などは微分接触の例である．微分接触装置の大きさ（高さ）は，装置内の微小高さ部分における物質収支や熱収支と，移動速度を組み合わせて導かれる微分方程式を装置全体にわたって積分することにより計算できる．微分接触の効率を表す尺度として，HTU*，HETP* などがある．
 [寺本 正明]

**びぶんせっしょくがたそうち　微分接触型装置　differential contactor**

微分接触* を行う装置．(⇒微分接触)

[寺本 正明]
### びふんたんねんしょうそうち 微粉炭燃焼装置 pulverized coal combustor
⇒石炭燃焼装置

### びふんたんボイラー 微粉炭—— pulverized coal fired boiler
石炭を微粉砕して燃焼し，その熱を高温高圧の水蒸気として回収する装置．回収した水蒸気はそのまま熱源として利用するか，あるいは水蒸気タービンを用いて発電に利用する．発電用では水蒸気条件の高度化がはかられ，超臨界圧力*条件のボイラーが実用化されている．微粉炭ボイラーでは低$NO_x$*対策，さらに火炉熱負荷を低減して石炭特有の問題であるスラッギング*やファウリング*トラブル対策が施されている．このため，ボイラー火炉容積はガスだきボイラーの2.5〜3倍，重油だきボイラーの1.5〜2倍になっている．　　　　　[二宮 善彦]

### びぶんどうさ 微分動作 derivative action
D動作．PID制御*動作の一つであり，偏差の微分に比例したコントローラー出力を出す．通常，比例動作*や積分動作*と組み合わされて使用される．微分動作は位相を進めるはたらきをするので，系の位相遅れを防ぎ，応答特性を改善するために使用される．温度制御など応答の遅いプロセスの制御に有効である．反面，微分動作はノイズの影響を受けやすいので，流量制御などには使用されない．
[山本 重彦]

### びぶんはんのうき 微分反応器 differential reactor
反応解析を目的として，低い反応率*領域の速度データを収集するために用いられる反応器．微分反応器中では，反応率が低く反応にかかわる物質の変化量がわずかなため，反応速度は反応器内の各点で同一であると近似することができ，各条件の反応速度を直接得ることができる．さらに供給原料の組成を広範囲に変え，得られた反応速度を反応器中の濃度と相関させることによって，反応速度式*が決定される．　　　　　　　　　　　　[大島 義人]

### びぶんぶんしゅく 微分分縮 differential partial condensation
混合蒸気を分縮*させ，生じた凝縮液を蒸気と接触させないようすぐに系外に取り出す操作．微分蒸留*(単蒸留*)と反対の操作を表す．　[小菅 人慈]

### びふんりゅうどうそう 微粉流動層 fluid bed
⇒フルイドベッド

### ひへいこうねつりきがくモデル 非平衡熱力学——nonequilibrium thermodynamics model
O. Kedem と A. Katchalsky は，非平衡熱力学に基づいて膜内部での輸送現象を表現したケデム-カチャルスキーモデル*を提案した．ケデム-カチャルスキーモデルの第2式($J_s$に関する式)における膜両側の平均濃度$C_s$は，逆浸透*膜のように両側の濃度差が非常に大きい場合には実質的な意味をもたない．そこで，K.S. Spieglar と O. Kedem はこの式を膜厚について積分した次式を提案した．

$$R = \frac{\sigma(1-F)}{1-\sigma F}$$

ただし，

$$F = \exp\left\{\frac{-(1-\sigma)J_v}{P}\right\}$$

ここで，$R$は真の阻止率*である．現在は，膜の輸送係数の評価には，この式のほうが広く用いられる．
[鍋谷 浩志]

### ひへいこうプラズマ 非平衡—— non-equilibrium plasma
⇒放電プラズマ

### ひまつほしゅうき 飛沫捕集器 mist catcher
気液分離器，エリミネーター，デミスター，ミストセパレーター，セイブオール，セイボール，蒸気またはガスに同伴される液滴を蒸気またはガスから分離除去する装置の総称．図のように折板，ルーバーなどの衝突型や，サイクロン*型，邪魔板型，泡鐘塔*，充填塔*，ワイヤメッシュデミスターなどが使

(a) 邪魔抜型　　(b) ルーパー型

(c) サイクロン型　(d) ワイヤーメッシュ型

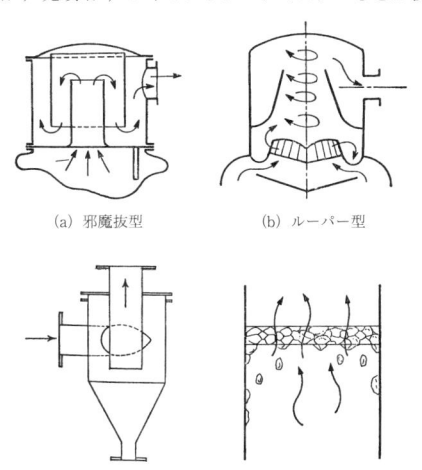

飛沫捕集器[福田恂三，守田　稔，"新化学工学講座8 蒸発"，日刊工業新聞社 (1960)，図6-9]

用されているが，原子炉廃棄物処理などの過酷な条件に対してはファイバー類を用いた補集効率の高いものが要求され，海水の淡水化* などの場合には，圧力損失* および建設費の小さいものが望まれる．ワイヤーメッシュデミスターは通常，細い線材を特殊な形状に編んで製作した金網を何層にも重ねて1個の飛沫捕集器としたもので，微細な液滴の捕集効率が高い特徴がある．　　　　　　　　［川田　章廣］

### ヒヤリ・ハットかつどう ──活動
運転員に日常の作業の中でヒヤリとしたり，ハットした経験を報告してもらい，潜在的な危険性を洗い出すとともに，事故や災害を未然に防ぐための対策の立案に活用する活動であり，危険予知活動* などの小集団活動の一環である．　　［柘植　義文］

### ひゆうでんりつ　比誘電率　relative permittivity
物質の誘電率 $\varepsilon$ と真空の誘電率 $\varepsilon_0$ の比 $\varepsilon_r=\varepsilon/\varepsilon_0$ を比誘電率という．代表的な $\varepsilon_r$ の値としては，空気 1.00，ガラス 5〜8，油 2〜4，ポリマー 2〜8 などがあげられる．また，水の値は大きく 81 である．一般に比誘電率は密度に比例して大きくなる．混合物の場合には，構成成分の比誘電率を体積分率平均すると比較的よい近似となる．　　　　［猪股　宏］

### ヒューズプレス　Hughes press
凍結した細胞に圧力をかけ，バルブから射出するさいに発生する固体せん断応力を利用した細胞破砕法の一種．とくに熱に不安定な成分を回収する場合に有効である．　　　　　　　　［新海　政重］

### ヒューマン・マシンインタフェース　human-machine interface
プロセスを制御する DCS* などのシステムが，運転操作を行っているオペレーターにプラント状態などの情報を提供する機能．人間の五感のうち，視覚と聴覚を利用する．情報をより多く1箇所に集中させ判断を助けるため CRT（ディスプレー装置）が利用されることが多い．　　　　　［小西　信彰］

### ひょうかかんすう　評価関数（最適化における）performance index
システムの設計・操作・運転において，そのシステムのよしあしを定量的に評価するために設けられた関数．システムの最適化は，設定された評価関数を最大あるいは最小にするように，設計変数や操作変数などの決定変数を制約条件のもとに決めることによって行われる．　　　　　　　［堤　敦司］

### ひょうじゅんか　標準化　standardization
標準化の一般的な目的とは，人，材料，設備・機器材などの資源に対し共通した基準を設け，効率的に活用することであるが，近年各国の企業が世界市場で協業をはかっていくために個々に守るべき事項を標準化している．この代表的な例として ISO 9000 シリーズ*，14000（環境監査），10303（standard for exchange of product model data, STEP）などがあり，プラント運転操作に関する標準化として ISA-S 88* や S 95（enterprise-control system integration）がある．　［川村継夫・船越良幸］

### ひょうじゅんげんか　標準原価　standard cost
科学的・統計的調査に基づいて算出した原材料や労賃などの標準価格と，それらが消費される標準数量とを乗じて計算した原価で，生産能率の尺度となるように予定した達成可能な原価．（⇒原価, 実際原価）　　　　　　　　　　　　　［弓削　耕］

### ひょうじゅんさぎょうてじゅんしょ　標準作業手順書　standard operating procedures
スタートアップ/シャットダウン操作，銘柄変更操作，通常時操作，異常時操作などプラント運転にかかわるオペレーターの操作手順が記述されたマニュアル．運転の実際に則して逐次改訂する必要がある．　　　　　　　　　　　　　［小西　信彰］

### ひょうじゅんじょうたい　標準状態　standard condition, normal state
物質の熱力学特性値* を求めるためには，温度や圧力を規定する必要がある．標準状態として，圧力には 1 atm（101.325 kPa）あるいは 1 bar（$10^5$ Pa）が選ばれている．また，温度としては 25℃（298.15 K）が選ばれることが多い．ただし，温度については規定せず，とくに 25℃ での値である場合には，下添え字 298（298.15 K のこと）を付して明記することがある．なお，以前は標準状態として，0℃，1 atm が選ばれていたこともある．熱力学特性値の使用にあたっては，標準状態が必ずしも統一されていないため，選ばれている圧力および温度に留意する必要がある．　　　　　　　　　　　　　　［岩井　芳夫］

### ひょうじゅんせいせいエンタルピー　標準生成──standard enthalpy of formation
標準生成熱．標準状態* にある元素から，等温的に標準状態の物質 1 mol を生成する反応のエンタルピー* 変化のこと．通常 $\Delta H_f^\circ$ で表される．標準状態にある元素の標準生成エンタルピーはゼロに選ばれている．また，標準生成エンタルピーは反応経路によらず，それらの値は便覧などに表として与えられている．　　　　　　　　　　　　　［岩井　芳夫］

### ひょうじゅんせいせいエントロピー　標準生成──standard entropy of formation

標準状態*にある元素から,等温的に標準状態の物質 1 mol を生成する反応に伴う物質系のエントロピー*変化のこと.通常 $\Delta S_f^\circ$ で表される.エントロピーは熱力学第三法則*に基づいて絶対値を与えることができるので,便覧などには元素を含めて各物質の標準モルエントロピー $S^\circ$ が記載されている.標準生成エントロピーは,生成反応に関与する化学種の標準エントロピーから,反応式に基づいて求めることができる. [岩井 芳夫]

**ひょうじゅんせいせいじゆうエネルギー 標準生成自由—— standard free energy of formation**

標準生成ギブズエネルギー.標準状態*にある元素から,等温的に標準状態の物質 1 mol を生成する反応のギブズエネルギー変化のこと.通常 $\Delta G_f^\circ$ で表され,標準生成エンタルピー*$\Delta H_f^\circ$ と標準生成エントロピー*$\Delta S_f^\circ$ から次式で算出する.

$$\Delta G_f^\circ = \Delta H_f^\circ - T\Delta S_f^\circ$$

各物質の標準生成自由エネルギーは便覧などに表として与えられている. [岩井 芳夫]

**ひょうじゅんねんしょうねつ 標準燃焼熱 standard heat of combustion**

標準状態で求めた燃焼熱.(⇒燃焼熱)
[荒井 康彦]

**ひょうじゅんはんのうギブスじゆうエネルギー 標準反応——自由—— standard reaction Gibbs free energy**

標準状態*の反応において,化学量論式*に従い生成系の標準生成自由エネルギー*から反応原系の標準生成自由エネルギーを引いたもの.通常 $\Delta G_r^\circ$ で表され,次式で計算される.

$$\Delta G_r^\circ = \sum_{生成系}\nu\Delta G_f^\circ - \sum_{反応原系}\nu\Delta G_f^\circ$$

ここで,$\nu$ は化学量論係数*,$\Delta G_f^\circ$ は標準生成自由エネルギーである.生成系が単一の物質で,反応原系が元素の場合の標準反応ギブズ自由エネルギーを標準生成自由エネルギー*とよぶ. [岩井 芳夫]

**ひょうじゅんはんのうねつ 標準反応熱 standard heat of reaction**

標準状態で求めた反応熱.酸化反応の場合は標準燃焼熱*という.(⇒反応熱) [荒井 康彦]

**ひょうじゅんふってん 標準沸点 standard boiling point**

標準圧力における沸点*.標準状態*の定義はさまざまであるが,圧力 1 atm の場合を標準沸点あるいは通常沸点(normal boiling point)ということが多い.ただし,圧力 101.325 kPa(1 bar)の場合を標準沸点とよぶこともある. [滝嶌 繁樹]

**ひょうじゅんふんたい 標準粉体 standard powder**

粉体粒子の大きさなどの諸物性値を知るうえで,その標準として用いる粉体をいう.標準粉体は試験用粉体と検定用粉体に大別される.代表的な試験用粉体として,自動車エアクリーナーの性能試験用として ISO 5011 と,SAE J 726 で決められた AC. Coarse と AC. Fine がある.国内では JIS Z 8901 で規定された標準ダストが標準粉体としても利用されている.電子顕微鏡写真のスケールとして用いるラテックス粒子も標準粉体である.また,粒度測定器の校正用として,粒子径が $1\sim10\,\mu m$ および $10\sim100\,\mu m$ の範囲に存在する 2 種類の検定用粉体が日本粉体工業技術協会より市販されている.
[吉田 英人]

**ひょうじゅんへいそくほうそく 標準閉塞法則 standard blocking law**

閉塞濾過*の法則の一つ.濾材*細孔径が粒子径より大きく,濾過*の進行に伴い毛管内壁に懸濁粒子が一様に付着して捕捉され,毛管径がしだいに減少する場合が標準閉塞である.標準閉塞に従う定圧濾過*では,濾過速度の平方根を濾液量*に対してプロットすると,直線関係を示す. [入谷 英司]

**ひょうそうかいしつ 表層改質 surface treatment**

イオンまたは電子を基体に衝突させると表面の原子の再配列,結合力の弱い原子の脱離が起きる.これを利用して固体の表面処理を行うこと.たとえば,ポリオレフィン系樹脂(ポリエチレンやポリプロピレンなど)やポリアセタール樹脂,フッ素系樹脂の表面に,コロナ放電により発生する電子を衝突させて活性基を生成させるなど,印刷や塗装の分野で前処理として用いられている. [松井 功]

**ひょうてんこうか 氷点降下 freezing point depression**

凝固点降下.純粋な液体溶媒に不揮発性の物質を溶解させた溶液の凝固点(氷点)は,純溶媒の凝固点に比べてつねに低下する現象のこと.純溶媒の凝固点を $T_0$,溶液の凝固点を $T$ とすると,凝固点の降下度 $(T_0-T)$ は希薄溶液とみなしうる場合には,溶質のモラリティー*$m$ に比例し,次式で表される.

$$T_0-T=K_f m$$

$K_f$ は比例定数で溶媒特有の値であり,$K_f = RT_0^2/\Delta H_1$ ($R$ は気体定数*[J mol$^{-1}$ K$^{-1}$],$\Delta H_1$ は溶媒の融解潜熱*[J kg$^{-1}$])で与えられる.$K_f$ は $m=1$ のとき

の凝固点降下度に相当するので，モル氷点降下または モル凝固点降下といわれる．溶媒1kgに分子量 $M$ の溶質 $w[g]$ を溶解させたときの凝固点降下度を $\Delta T$ とすると，$M=wK_f/\Delta T$ であるから，$K_f$ が既知の溶媒を用いて未知の溶質の分子量 $M$ を求めることができる．　　　　　　　　　　　[滝嶌　繁樹]

**ひょうめんあつ　表面圧　spreading pressure, surface pressure**

固体の表面に吸着した気体分子は二次元的な運動をしており，通常の気体と同様に圧力を呈する．この圧力は，吸着層を維持するために作用する単位幅あたりの力で表面圧という．吸着ポテンシャルが井戸型で厚み $\delta$ の吸着層内で平衡圧 $p_s$ が均一な場合，表面圧 $\Pi[\mathrm{N\,m^{-1}}]$ は $\Pi=p_s\delta$ と書ける．また，単位モルの分子が表面積 $A$ を占めるとき，吸着分子数密度が低い場合には $\Pi A=RT$，分子数密度が高い場合にはファンデルワールス型の状態方程式* が成立する．この表面圧の差が表面拡散* の推進力であるとする説がある．なお，水の表面で界面活性種が吸着層を形成したときの表面張力* を $\gamma$，純粋な水の表面張力を $\gamma_0$ とするとき，この差 $\Pi(=\gamma_0-\gamma)$ も表面圧とよばれる．　　　　　　　[神吉　達夫]

**ひょうめんエネルギー　表面——　suface energy**

液体あるいは固体の表面原子は，内部と比べてエネルギー的に不安定な状態にある．これに起因して物質表面で生ずる過剰エネルギーのこと．なお，表面張力* は単位表面積あたりの表面自由エネルギーである．　　　　　　　　　　　　　　[新田　友茂]

**ひょうめんかいこうりつ　表面開孔率　surface porosity**

多孔質膜* において，全膜表面積に対する膜表面の孔断面積総和の割合．非対称膜* では，分離層側表面の表面開孔率は，膜空隙率* よりも小さくなる場合がほとんどである．高い膜透過速度を得るためには高い表面開孔率が必要となる．　　　[松山　秀人]

**ひょうめんかいしつ　表面改質　surface modification**

表面修飾，表面処理．種々の物理的，化学的方法で固体表面を処理し特定の目的に適するように，表面の性質や構造を変化させる方法．狭義の表面改質の意味は，表面そのものに直接特定物質を作用させて，素材表面の性質や構造とは異なる特性をもつ表面層を形成させる方法である．たとえば化学的方法としては，シランカップリング剤とシリカ表面の水酸基との直接反応を用いた疎水化がある．物理的な方法としては，イオン注入による鉄鋼材料表面の耐摩耗性改善などがこれにあたる．その他，表面研磨法（機械研磨，化学研磨，電気化学研磨など），金属の陽極酸化，化成処理，各種表面熱処理（表面焼入れ，窒化，浸炭*，ホウ化など），半導体表面の酸化，窒化，エッチング*，プラスチックス，ガラス，セラミックスの表面改質などがこの方法に属する．また，化学的表面改質は表面修飾とよばれることもある．広義では表面処理とほぼ同義語として使用されることが多い．この場合は，上記の狭義で示した概念以外に，新たに外部から物質を表面に移送して膜状の物質を物理的に，あるいは化学的に形成させる表面被覆処理も含める．たとえば，めっき* 法（電気めっき，無電解めっき*，融解めっき，金属溶射法，CVD* や PVD* や各種真空蒸着* など），高分子コーティング処理，ほうろう処理，メカノケミカル処理による粒子コーティングさらには塗装などがこれにあたる．　　　　　　　　　　　　　　　[藤　正督]

**ひょうめんかくさん　表面拡散　surface diffusion**

固体表面に吸着された分子が，吸着相にとどまったまま一つの吸着点から隣の吸着点へと，その間のポテンシャル壁を乗り越えて移動することによって生じる拡散．したがって，この拡散の活性化エネルギーは吸着熱よりも小さく，比例関係にあると考えられる．　　　　　　　　　　　　　　　[迫田　章義]

**ひょうめんかくさんながれ　表面拡散流れ　surface diffusion flow**

微細な貫通孔をもつ多孔質膜での気体透過において，細孔壁表面に吸着した気体分子がその濃度差を推進力として表面を拡散し，移動する流れが支配的な膜透過機構を表面拡散流れという．[原谷　賢治]

**ひょうめんかくはん　表面撹拌　liquid surface mixing**

ばっ気を目的として，おもに液体表面を撹拌する方式．液体表面からの気体の高い吸収または放散速度が期待される．一方で，縦長撹拌槽の槽底に放射状にバッフル* を設置することにより，固体粒子の浮遊を促進するさいにも用いられる．（⇒気液撹拌）
　　　　　　　　　　　　　　　　　[加藤　禎人]

**ひょうめんぎょうしゅくき　表面凝縮器　surface condenser**

固体壁（主として金属管）を通して間接冷却により凝縮性蒸気を冷却し，凝縮液化して除去あるいは回収する装置であり，混合凝縮器* に比べて排出すべき液およびガス量が少なくてすむ．構造は一般の熱交換器* と同じである．普通，胴側に被凝縮蒸気を，管側に冷却水などの冷媒* を通すので，胴側に邪魔

板*を付ける必要がない．真空度が高い場合，あるいは凝縮液を修復する必要がある場合などに用いられる． [平田 雄志]

## ひょうめんこうしんせつ　表面更新説　surface renewal theory

P. V. Danckwerts が 1951 年に提唱した乱流*液体へのガス吸収*理論．ガスと接触している乱流液体の表面は多数の液体要素から構成されており，これらの液表面要素が液本体中の新しい液体要素によって絶えず更新されている，という仮定のもとに展開された理論である．このモデルに基づけば，液表面要素の年齢は同一でなく，液体要素が液表面に現れてからの経過時間（年齢）$\theta$ は $0 \sim \infty$ の範囲で分布している．

液表面要素の単位時間あたりの更新率，すなわち液表面の更新速度を $s\,[\mathrm{s}^{-1}]$ とすると，液表面年齢分布関数 $\Phi(\theta)$ は次式で表される．

$$\Phi(\theta) = s\exp(-s\theta)$$

ここで，$\Phi(\theta)\mathrm{d}\theta$ は $\theta$ と $\theta+\mathrm{d}\theta$ の間の年齢をもつ表面積の全表面積に対する分率である．各要素へのガス吸収速度が浸透説に従うとすると，平均物質移動速度 $N_\mathrm{A}\,[\mathrm{mol\,s^{-1}\,m^{-2}}]$ は次式となる．

$$N_\mathrm{A} = \sqrt{D_\mathrm{LS}}(C_\mathrm{Ai} - C_\mathrm{AL}) = k_\mathrm{L}(C_\mathrm{Ai} - C_\mathrm{AL})$$

ただし，$C_\mathrm{A}$ は流体の成分 A の濃度 $[\mathrm{mol\,m^{-3}}]$ で，添字 i, L は接触面，液本体中での値を示す．表面更新説に基づく場合の物質移動係数* $k_\mathrm{L}\,[\mathrm{m\,s^{-1}}]$，は分子拡散係数* $D_\mathrm{L}\,[\mathrm{m^2\,s^{-1}}]$ の 0.5 乗に比例する．なお，更新速度 $s$ は液の流動状態に依存するので，実験で求めなくてはならない． [後藤 繁雄]

## ひょうめんしゅうせきかてい　表面集積過程　surface integration process

結晶成長の速度過程のうち，結晶表面に到達した成長単位（分子やイオンなど）が表面のステップ端に移動して結晶格子に組み込まれる過程．以前は表面反応（surface reaction）とよばれていた． [松岡 正邦]

## ひょうめんじょうはつ　表面蒸発　surface evaporating

連続式熱風乾燥*器のように非定常乾燥条件下で湿り材料が乾燥される場合，限界含水率*以上での乾燥のこと．水分移動の機構は定率乾燥*のそれと同じである．（⇒乾燥特性） [今駒 博信]

## ひょうめんそくていしゅほう　表面測定手法　surface measurement technique

表面分析（手法），表面構造解析（手法）．固体表面ごく近傍の組成や原子配列構造などを分析するための実験法の総称．固体表面の測定手法は大別して，表面物理的手法と表面化学的手法がる．表面物理的手法の多くは，高真空から超高真空中で行われる．プローブとして固体表面に入射させるエネルギー（粒子）の種類と，その応答として用いられるエネルギー（粒子）の種類の組合せにより多くの方法がある．たとえば光，電子，中性化学種（原子，分子など），イオン，熱などをプローブとして表面に入射したり，あるいは表面を加熱したり，電場，磁場，表面音響波をかけたりしたときに放出される粒子や光のエネルギー，強度，角度分布などを解析することにより，表面組成や表面構造の情報を得る．放出電子による組成分析法には，オージェ電子分光法（AES）や X 線光電子分光法（XPS）などがある．放出イオンを用いる組成分析法には二次イオン質量分析（SIMS）などがある．

表面化学的手法としては，種々の原理および化学反応を用い，表面官能基，表面酸塩基性，表面幾何学的構造，表面自由エネルギーなどを測定する方法が多数ある．表面水酸基の定量法としては，加熱減量法，Grignard 試薬，アルキルシランなどを用いる化学反応法，重水置換法などがある．表面酸塩基性については Hammett 指示薬などを用いた比色法や各種吸着実験，表面幾何学的構造はガス吸着およびガス透過法実験，濡れ性や表面自由エネルギーは接触角*測定，浸漬熱測定あるいは吸着熱*などの吸着実験などからそれぞれ測定できる．また，直接表面電位を測定できないが，ゼータ電位*測定もこの類とすることがある．

その他，走査型トンネル電子顕微鏡（STM），原子間力顕微鏡（AFM）に端を発した走査型プローブ顕微鏡（SPM）と総称される顕微鏡群も種々工夫され，原子レベルの表面構造，表面組成，その他の表面特性を評価する強力な表面分析手段となっている． [藤 正督]

## ひょうめんちょうりょく　表面張力　surface tension

液体表面を収縮させようとする張力．液面上の任意の線に対して垂直方向にはたらく単位長さあたりの引力 $[\mathrm{N\,m^{-1}}]$，あるいは液体表面を単位面積だけ広げるのに必要な等温可逆仕事 $[\mathrm{J\,m^{-2}}]$ として定義される． [新田 友茂]

## ひょうめんでんい　表面電位　surface potential

表面ポテンシャル．界面電位．表面電気二重層に起因する電位をいう．次の二つの定義がある．① 表

面から真空側に鏡像ポテンシャルが無視できる約 $10^{-6}$ m 以上離れた点から, 物体の内部で表面の効果が無視できる点まで, 単位電荷を表面電気二重層による電場の中で無限にゆっくり移動させるのに必要な仕事とする定義. 吸着層があれば吸着層まで含めて表面とみなす. しかしながら, 実測困難なので, 液体または固体の純相と空気との間の電位差を $V_0$, 表面に吸着層が存在するとき, この層と空気との間の電位差を $V$ として, $V-V_0$ を吸着層に基づく表面電位と定義することが多い. これは吸着層による仕事関数の変化分に等しい. ② 半導体ではしゃへい距離が長く $10^{-7}$ m にも及ぶため, 表面近くでのエネルギーバンドの湾曲という概念が導入される. この半導体表面でのエネルギー帯のゆがみの程度を表す量として定義される. 伝導帯, 価電子帯の曲線に似た形をもち, 十分内部では禁止帯のほぼ真中を走る真性フェルミ準位に一致する曲線を考え, その表面での値とフェルミ準位との差を表面電位と定義する. 〔藤 正督〕

**ひょうめんでんか　表面電荷　surface charge**

導体や誘電体を電場内に置くと表面付近に電荷が現れる. この電荷分布の厚みが広がりに対して無視しうる大きさの場合, これを表面電荷とよぶ. また, 単位面積あたりの電荷を表面電荷密度という. 導体表面にある表面電荷密度があるとき, 導体の外面の電束密度は, 面に垂直で大きさはその表面電荷密度に等しい. 〔藤 正督〕

**ひょうめんとくせい　表面特性　surface property**

気固および気液の界面をそれぞれ固体表面, 液体表面とよぶ. これらはいずれも連続相の端面であるため, 特徴的な構造および性質を示す. これらを総称し表面特性とよび, 固体, 液体のバルク的な性質と区別する.

固体表面の特異性としては, 結合が不飽和であり過剰エネルギーを有することがあげられる. また, 固体表面を構成している原子, イオン, 分子のポテンシャルエネルギーが隣接どうしの間で違っていても, 表面拡散*の活性化エネルギーが一般に高いので拡散できず, 液体表面のように表面の均一化がはかられない点も大きな特徴である. また, 固体表面ではこれらのエネルギー状態を物理的および化学的に緩和するように種々の現象が起きている.

また, 加工のさいに加えられた力, 発生する熱, 加工時に起こる化学反応などで, 表面には内部と異なった層, すなわち加工変質層が形成されたり, 欠陥や転位が発生することがある. 一方, 過冷却液体が結晶化することなしに凍結固化した固体表面は結晶におけるような原子, イオン, 分子の規則的配列はない. しかしながら, 溶融状態では物質の移動性は大きいので, 表面エネルギー* を低下させるような成分は表面に濃縮される. たとえばガラスの場合, アルカリ成分は表面に集まりやすい. また, 溶融時には高温となっているので, 揮発しやすい成分の揮散, 雰囲気中の反応性ガスとの反応による成分の変質や消失が表面で起こっていると考えられる.

〔藤 正督〕

**ひょうめんはんのう　表面反応　surface reaction**

固体表面に吸着した分子が, 表面の分子どうし, または表面近傍の気相・液相にある分子との間で起こす化学反応. 吸着, 反応, 脱離の過程からなる. 触媒* 反応, CVD* における薄膜形成の反応などがある. 〔羽深 等〕

**ひょうめんはんのうそくどていすう　表面反応速度定数　surface reaction rate constant**

表面反応* を記述するために用いられる反応速度定数*. 反応している表面と周囲の流れ, 熱と化学種の輸送現象* と化学反応を合わせて解析することによって, 表面における反応化学種の濃度が正確に求められ, それを用いて表面反応速度定数が決定される. 表面反応は, 一般に吸着, 反応, 脱離からなる複数の素過程から構成されるので, 総括反応の速度定数は複数の素過程の速度定数と表面に存在する中間体の濃度を用いて記述される. 〔羽深 等〕

**ひょうめんふっとう　表面沸騰　surface boiling**

飽和温度以下の液体と接した伝熱面上で核沸騰* が起こるとき, 伝熱面上で成長・離脱した気泡は, 低温の液体中で凝縮によって消滅し, 伝熱面付近だけしか気泡は存在しない. このような沸騰状態を表面沸騰という. 飽和温度以下の液をサブクールされた液とよぶので, サブクール沸騰ともいう.

〔深井 潤〕

**ひょうめんポテンシャル　表面―― surface potential**

⇒表面電位

**ひょうめんろかまく　表面沪過膜　surface filtration membrane**

懸濁物の沪過において沪過膜の表面で懸濁物を補足する膜のこと. 補足された懸濁物が膜面上に堆積してケーク層* を形成し, 沪過抵抗となるため, 膜透過流束は経時的に著しく減少する. 〔中尾 真一〕

**ひらいたけい　開いた系　open system**

⇒開放系

**ひらまく　平膜　flat membrane**
シート状の膜．（⇒膜モジュール）　　[中尾　真一]

**ビリアルけいすう　——係数　virial coefficient**
ビリアル状態方程式* 中の係数 $B, C, \cdots$（Leiden 型）または $B', C', \cdots$（Berlin 型）のこと．これらの係数 $B, C, \cdots$ または $B', C', \cdots$ を順に第 2，第 3，$\cdots$，第 $n$ ビリアル係数とよび，いずれも純物質では温度，混合物では温度と組成の関数である．実在気体* において理想気体からの偏倚を補正するさいに用いられ，第 2 または第 3 項までの係数が用いられることが多い．$B, C$ と $B', C'$ には次式の関係がある．
$$B' = B/(RT)$$
$$C' = (C - B^2)/(RT)^2$$
[岩井　芳夫]

**ビリアルじょうたいほうていしき　——状態方程式　virial equation of state**
実在気体* の状態方程式* の一つで，圧縮因子* $Z = pV_m/(RT)$ を次式で示すようにモル体積 $V_m$ または圧力 $p$ で展開した状態方程式のこと．
$$Z = pV_m/(RT) = 1 + B/V_m + C/V_m^2 + \cdots \quad (1)$$
$$Z = pV_m/(RT) = 1 + B'p + C'p^2 + \cdots \quad (2)$$
式 (1) は Leiden 型，式 (2) は Berlin 型とよばれる．係数 $B, C, \cdots$ または $B', C', \cdots$ を順に第 2，第 3，$\cdots$，第 $n$ ビリアル係数* とよぶ．　　[岩井　芳夫]

**ビリアルてんかいがたのじょうたいほうていしき　——展開型の状態方程式　virial type equation of state**
BWR 型の状態方程式*．液体のような高密度領域までビリアル状態方程式* を適用するため，経験的に高次項や指数項を加えた状態方程式のこと．Benedict-Webb-Rubin（BWR）状態方程式が有名．液相を含め高密度領域での精度が高い．
[岩井　芳夫]

**ひりそうけいこんごうぶつ　非理想系混合物　non-ideal mixture**
系を構成する分子の大きさが異なるか，各分子間の分子間ポテンシャルの大きさが異なる混合物．混合に伴う体積変化があり，また混合により発熱や吸熱を伴う．　　[岩井　芳夫]

**ひりそうながれ　非理想流れ　non-ideal flow**
⇒不完全混合流れ

**びりゅうか　微粒化　splay**
液体を微細な粒子に分散，粒化すること．微粒化のうち，その直径が 1 000 μm 以下 10 μm 以上に微細化することを霧化（atomization）という．液体の微粒化は，まず液体が液柱か液膜の形態を介して，これになんらかの外部エネルギーを加えて不安定変形させる．この外部エネルギーの加え方によりさまざまな微粒化法がある．圧力微粒化は高圧の液体をノズルより高速で噴射し，周囲気流との間に生ずるせん断力によって，液柱または液膜にエネルギーを付与して微粒化する．2 流体微粒化では，液体または液膜が乱れを伴う高速気流と接触するさいに，液体表面近傍に生じる強いせん断力によって微粒化される．遠心力微粒化では液体を高速回転させ，その遠心力で液柱を長く伸ばしたり，液膜を薄く引き延ばして微粒化する．振動微粒化ではノズルなどからの液柱または液膜に振動を与え，それにより液体表面に波を発生させ，それが不安定になって微粒化する．電気式微粒化では，ノズルに高電圧を印加して帯電させた液体を噴射させ，静電場の中で分裂，微粒化する．熱エネルギーによる微粒化では，加圧され大気圧で沸点以上に加熱された液体をノズルより噴射するか，蒸気圧の低い物質を混入して噴射し，噴射直後に急激に沸騰し，蒸気泡の急速成長によって微粒化される．　　[伝田　六郎]

**びりゅうしごうせい　微粒子合成（化合物生成による）　fine particle synthesis via complex formation**
原料から化合物の微粒子を合成し，その化合物を熱分解して金属あるいは金属酸化物の微粒子を得る方法．この方法では，金属あるいは金属酸化物微粒子の大きさが中間体である化合物微粒子よりも小さくなることが多い．熱分解過程で有機物が消失することに加えて，一つの化合物微粒子のなかで複数の金属（酸化物）核が発生することもあるためである．
[岸田　昌浩]

**びりゅうしせいせい　微粒子生成（液相からの）　fine particle formation in liquid phase**
液相中で微粒子が生成する場合，原料分子からモノマー* が生成し（原料析出の場合には原料分子・イオンがモノマー），モノマーが過飽和状態になったときに，それが集まってクラスター* を形成する．このクラスターは不安定であるが，臨界核以上の大きさのクラスターが生成した場合には安定な核となり，過飽和を推進力とする粒子成長によって微粒子が生成する．均一核生成を起こし，粒子どうしの凝集および二次核生成（核がすでに存在する状態での核生成）を防ぐことによって単分散な微粒子が得られる．また，二次核生成が防げない場合にも，成長速度を緩める効果のある安定化剤の添加によっても単分散

性が向上する．また，異物の上に微粒子を生成させる場合（不均一核生成）には，過飽和度が小さくてすむために均一核生成の場合よりも粒子径が小さくなりやすい．
[岸田　昌浩]

## びりゅうしのせいぞう　微粒子の製造　fine particle production

微粒子の合成法には粒子構成成分に応じて多種多様な方法があるが，工業生産量では金属酸化物微粒子がもっとも多く，その製造法には熱分解法とゾル-ゲル法＊がよく用いられる．高純度が求められる場合には金属アルコキシド原料からのゾル-ゲル法が用いられ，そうでない場合には製造コストの低い熱分解法（原料は金属塩化物）が用いられる．これらの方法では，金属微粒子や金属化合物微粒子を製造することは困難であり，工業的にはあまり製造されていない．しかし，写真現像に使われるハロゲン化銀微粒子は古くからコロイド法で製造されており，また最近需要が高まってきた各種金属微粒子もコロイド法で製造されている．
[岸田　昌浩]

## びりょうきんぞく　微量金属　trace element

トレースエレメント．工場排水からの土壌・地下水への重金属汚染，石炭などの化石燃料の燃焼や，廃棄物焼却に伴い大気環境へ放出される重金属類による土壌や水域の汚染，さらには日々の生活で使用する日用品からの汚染や，それらを廃棄することによって生ずる汚染など，生態系や人の健康に有害な影響を及ぼす微量金属の放出が問題になっている．環境の汚染に関係する微量金属として As, B, Cd, Cr, Cu, F, Hg, Ni, Pb, Sb, Se, Sn, Zn などがある．
[二宮　善彦]

## ヒルデブラントちゅうしゅつき　──抽出機　Hildebrandt extractor

ドイツの K. Hildebrandt 考案による向流＊連続式固体抽出＊装置．図のように，固体原料は回転数の異なるスクリューコンベヤー＊によって管路内を抽剤＊と向流＊かつ連続的に輸送され，とくに水平部分で固体原料は圧縮を受ける．コンベヤーの羽根には孔があいていて抽剤が通過できるようになっている．植物種子からの浸漬抽出に用いられる代表的な装置である．
[清水　豊満]

## ヒルデブランドのきそく　──の規則　Hildebrand's rules

液体のモル蒸発エントロピーすなわちモル蒸発潜熱と熱力学温度＊との比の値は，蒸気のモル体積が等しい温度において，液体の種類によらずほぼ一定であるという経験則．J.H. Hildebrand がトルートンの規則＊を改良したもので，無極性の炭化水素などについてなりたつが，極性の強い水やエタノールでは偏倚する．この経験則はクラウジウス-クラペーロンの式から，その温度での飽和蒸気圧曲線の勾配が物質の種類によらないことを意味している．
[荒井　康彦]

## ビルドアッププロセス　build up process

原子もしくは分子から核生成と成長により，微粒子を製造するプロセスの総称．気相中から微粒子を製造する方法として，高温蒸気の物理的冷却法（PVD法）と，ガスの化学反応法（CVD法）とに分類される．また，液相中から微粒子を製造する方法として，溶液中での化合物の加水分解・重合によって溶液を金属化合物または水酸化物の微粒子が溶解したゾルとし，さらに反応を進ませてゲル化するゾル-ゲル法や，ある溶液に熱と圧力を加えたときに起こる化学反応を利用して，目的の結晶を生成する水熱合成法，そして金属塩溶液などを高温炉内に噴霧し，瞬時に熱分解，反応，合成を行わせて，金属酸化物の粉末を得る噴霧熱分解法などがある．粒径，粒度分布，組成などが制御された微粒子あるいは超微粒子が，電子材料セラミックス，構造材料用セラミックス成形体の焼結用原料として重要となっている．
[奥山　喜久夫]

## ビルドアップほう　──法　building-up

微粒子はさまざまな過程によって生成される．ガス中の分子状物質が衝突・合体し集合体となる過程は，ガス分子の凝縮による粒子化現象からなり，この過程をいう．ビルドアップ法による微粒子の生成には均一核生成と不均一核生成に大別され，さらに前者は高温蒸気の物理的冷却とガスの化学反応に分類される．後者は蒸気の異物質微粒子表面での凝縮，ガスの微粒子表面での化学反応などがあげられる．

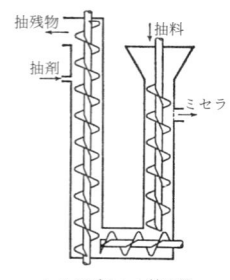

ヒルデブラント抽出機
[R. N. Rickles, *Chem. Eng.*, **1965**, 163]

溶液中での粒子化現象も同様に生じる．
[奥山 喜久夫]

**ひれいゲイン　比例――　proportional gain**
⇒ PID 制御，比例帯

**ひれいたい　比例帯　proportional band**
PID 制御* において，比例動作* の強さを表すものであり，比例動作による出力が 100% 変化するために必要な入力の大きさを % で表したものである．したがって，比例帯が小さいほど比例ゲイン* は大きい．比例帯を $PB$ で表し，比例ゲインを $K_C$ で表すと $K_C=100/PB$ なる関係がある．
[山本 重彦]

**ひれいどうさ　比例動作　proportional action**
P 動作．PID 制御* の動作の一つである．偏差に比例したコントローラー出力を出す．PID 制御において基本となる部分である．ただし，比例動作だけでは，設定値* 変更やステップ状外乱* に対してオフセット* が残るので，積分動作* と組み合わせて使用することが多い．
[山本 重彦]

**ひろうきょうど　疲労強度　fatigue strength**
疲れ強さ．疲労強さ．材料に繰返し荷重を与えたときに材料の構造や性質が変化することを疲労という．繰返し数 $N$ の増加によって，繰返し応力 $S$ が材料の強度以下であっても破壊に至る場合があり，この破壊現象を疲労破壊という．このときの繰返し応力 $S$ を疲労強度，$N$ を疲労寿命という．疲労強度を求める試験では，$S$ と $N$ をプロットして応力-繰返し数曲線(S-N 曲線*)を作成する．多くの材料で，対数プロットした S-N 曲線はある範囲内では直線近似でき，寿命予測に応用することができる．また，ある限界値以下の繰返し応力では疲労破壊は起こらなくなり，S-N 曲線は $N$ 軸と平行な直線になる．このときの繰返し応力の限界値を疲れ限度，疲労限度あるいは疲労限などという．疲れ限度は繰返し数 $N$ に依存しない値であり，疲労に対する材料の耐久性を表す値として便利であるため，これを疲労強度ということも多い．
[仙北谷 英貴]

**ビンガムすう　――数　Bingham number**
塑性流動を示す流体の代表的なものとしてビンガム流体があり，この流体は降伏応力 $\tau_Y$ をもつことが特徴である．降伏応力を次式により無次元化したものをビンガム数 $Bm$ とよぶ．

$$Bm = \frac{\mu_B L}{\tau_Y U}$$

ここで，$\mu_B$, $L$, $U$ はそれぞれビンガム塑性粘度，代表長，代表速度である．
[薄井 洋基]

**ビンガムりゅうたい　――流体　Bingham fluid**
塑性流体* のうち，流動特性* が原点を通らない直線となる，Bingham モデルを適用できる流体．直線の切片が降伏応力* となる．また，直線の傾きを塑性粘度という．
[吉川 史郎]

**ビンガムりゅうたいのかくはん　――流体の撹拌　mixing of Bingham fluid**
ビンガム流体は，降伏応力を超えた力がかかるときはじめてずり流動を起こす流体であり，微少固体粒子が懸濁するスラリー系に多くみられる．一度，流動が起こるとニュートン的な流動特性を示し，土石流や土壌の液状化現象も本特性で説明される．このような流体を小型の，たとえば垂直パドル翼で撹拌すると翼近傍のみで流動が生起し，その外側は静止するという特異な現象がみられる．この流動部は，洞穴状に形成されることからキャバン* とよばれる．傾斜パドル翼を用いる場合にもこのキャバンは形成されるが，翼の上下で非対称な形状となり，回転方向を逆にすると，上下方向の張出しの大きさも逆転する現象がみられる．このような槽内における流動の不均一性を避けるためには，槽内のせん断作用を比較的一様にすることのできる大型撹拌翼* の適用が望まれる．
[上ノ山 周]

**ひんしつかんり　品質管理　quality management, quality control**
QC．組織の継続的な発展と品質保証* を目的として，顧客の要求に合う品質の製品やサービスを経済的につくり出すための手段および活動．品質管理には統計的手法が利用されるため，統計的品質管理* あるいは統計的プロセス管理* ともよばれる．品質管理を効果的に実施するためには，生産部門だけでなく，市場調査，研究開発，製品の企画と設計，販売やアフターサービスなどの部門も含めた全社的な取組みが必要である．このような品質管理を全社的品質管理(company-wide quality control)あるいは総合的品質管理(total quality control)という．計画(plan)，実施(do)，確認(check)，処置(action)からなる管理のサイクルを回すことによって品質管理は行われる．このさい，管理図を含む QC 七つ道具などが適宜利用される．
[加納 学]

**ひんしつほしょう　品質保証　quality assurance**
消費者の要求する品質が十分に満たされていることを保証するとともに，品質が要求を満たすことについての十分な信頼感を与えるために，生産者が行う体系的な活動．その方法は品質検査から新製品の開発・設計へと変化している．
[加納 学]

**ピンチポイント　pinch point**

以下の二つがある.① ピンチテクノロジーで用いられる熱複合線図(コンポジットカーブ*)で,与熱複合線と受熱複合線の温度差がもっとも小さくなる点.この温度差を設定することにより外部流体による加熱量,冷却量を評価することができる.② 蒸留塔の操作で還流比を下げていったときに,原料供給段の近傍で組成が変化しなくなった状態.このとき理論段数は無限大になり,その還流比を最小還流比という.操作線と平衡線が接することにより,平衡線の変曲点などに現れる場合もある. [中岩 勝]

**ひんどいんし 頻度因子** frequency factor

前指数因子(pre-exponential factor). $A$因子($A$ factor). 反応速度定数* $k$ の温度依存性を表すアレニウスの式* $k=A\exp(-E/RT)$ において,指数項の前にある因子 $A$ のこと.ここに $E$ は活性化エネルギー*,$R$ は気体定数*,$T$ は絶対温度である.反応速度の衝突論* による扱いにおいて,分子間の衝突の頻度を表す項とみなすことができる.

[幸田 清一郎]

**ひんどぶんぷ 頻度(粒径)分布** frequency (particle size) distribution

粒径分布* の表示方法の一つで,ふるい下積算分布を粒径で微分したもの.$q_r(x)$ ($r=0$:個数基準,$r=3$:質量基準)で表す.実測値を整理する場合には,適当な粒子径間隔ごとの個数あるいは質量割合で表し,ヒストグラムで表示する場合,横軸の単位は長さ(mm, μm, nm など),縦軸の単位は粒径を μm で表す場合,% μm$^{-1}$ または μm$^{-1}$ で標記する.

[横山 豊和]

**ひんようばいしょうせき 貧溶媒晶析** anti-solvent crystallization, poor solvent crystallization, drowing-out crystallization

結晶析出のための過飽和をつくりだす手段として,結晶化させたい溶質に対する溶解能が小さい溶媒(貧溶媒)を,溶解能が大きな溶媒(良溶媒)で調製した溶液に添加あるいは貧溶媒に溶液を添加して行う晶析.そのさい,溶液の均一性を保つために十分な撹拌が必要である.また,良溶媒と貧溶媒は互いに溶解する必要がある.医薬品化合物など,有機化合物の晶析に多用される. [大嶋 寛]

# ふ

**ファイナンス** finance

　財源，融資の意味で大きなプロジェクトを動かすために必要となる準備資金のこと．　　［松本 英之］

**ファイバーフィルムはんのうき** ── 反応器
fiber-film reactor

　二つの流体の表面張力\*の差を利用して，小径のファイバーの束の中で並流\*で接触させる装置．図のようなパイプライン反応器\*の一種．米国のMerichem社により開発された．ファイバーの材質は量が少ないほうの液に濡れやすいものが用いられ，これによって二つの流体はエマルション\*を生成することなく，ファイバーの表面でフィルム状に接触する．接触面積を大きくでき，相分離が容易，装置が比較的小さくてすむなどの利点がある．

［清水 豊満］

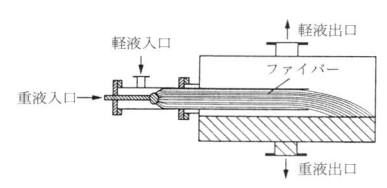

ファイバーフィルム反応器
[L. K. Doraiswamy, M. M. Sharma, "Heterogeneous Reactions", vol. 2, John Wiley (1984), p. 343]

**ファイントラップ** fine trap

　晶析\*装置に取り付けられた微結晶溶解除去装置．懸濁液をポンプで外部循環回路に取り出し加熱溶解，あるいは液体サイクロンを用いて微結晶を除く．連続晶析，回分晶析のいずれにも用いられる．この除去操作により製品結晶の粒径は増加する．

［久保田 徳昭］

**ファウドラーがたかくはんき** ── 型撹拌機
pfaudler type impeller

パドル撹拌機\*の一種で，一般には吐出性能を向上させた改良型3枚後退翼をいう（図参照）．翼を槽底付近に設置して，下方向への流れを強制的に半径方向へ吐出させる強い上昇流を得て，槽内上下循環流を生成するのが特徴である．平板翼\*に比べて層流・乱流を問わず，羽根を後退化させることによって，羽根前面の流体を滑らかに効率よく半径方向へ吐出させる平タイプの翼と，ガラスライニングを考慮して全体的に丸みをもたせたオーバルタイプ翼がある．オーバルタイプ翼の吐出流量\*は，先端をとくに丸く滑らかにしているために，平タイプの翼のそれと比較して約1/2に減少する．この翼は槽下部から壁部を強力に上昇する循環流やガラスライニングの特徴を生かし，特殊なフィンガーバッフルなどと組み合わせて，懸濁重合および乳化重合などに多く使用されている．　　［塩原 克己］

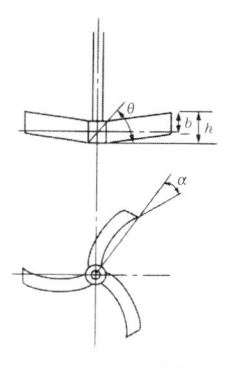

ファウドラー型撹拌機

**ファウリング** fouling

　懸濁物質や溶質によって膜が汚染されその性能が低下する現象．おもな要因は膜表面におけるケーク層\*の形成や，膜内部に入り込んだ物質による細孔の目詰りであり，膜自体の構造が変化する劣化とは区別される．原液の種類によって膜の汚染状態が変化するため一般的な解決策はなく，原液に応じた膜の選定や前処理が有効な対策とされている．また，膜の性能を回復させるため，逆洗\*などによる膜洗浄が行われる．　　［市村 重俊］

**ファウリングインデックス** fouling index

　FI値．ファウリングに関する指標で，水中に含まれる懸濁物質による公称孔径0.45μmのメンブレンフィルターの1分間あたりの目詰り度をいい，次

式で表される．

$$FI = \left(\frac{1-t_0}{t_{15}}\right) \times \frac{100}{15}$$

ここで，$t_0$ は 0.45 μm のメンブレンフィルター（標準的には Millipore 社製の HAWP 047 0 FI）を用いて，試料水を 206 kPa の加圧下で沪過したときに，はじめに 500 mL を沪過するのに要した時間[s]，$t_{15}$ は $t_0$ のあと，同じ状態で続けて 15 分間沪過した後に，試料水を再び 500 mL 沪過するのに要した時間[s]である．

逆浸透法の前処理水の水質評価に広く用いられる．一般に逆浸透膜への供給水の FI 値は，スパイラル型モジュールの場合には，4～5 以下，中空糸型モジュールの場合には，3～4 以下とされている．

[鍋谷 浩志]

**ファクターテン ——10 Factor 10**

持続可能な発展のためには，投入エネルギー・資源に対する財・サービス生産性を 10 倍にすべきだとする概念．1994 年に F. Schidt-Bleek 博士が提唱した．生産性をはかる指標として MIPS (material input per unit service) および COPS (cost per unit service) がある． [後藤 尚弘]

**ファジィーすいろん ——推論 fuzzy inference**

ファジィー推論は，命題論理の演算にあいまいさ（ファジィーネス）を用いることにより拡張を行った推論法のこと．ザデー（L.A. Zadeh）のファジィー集合に基づいている．ファジィー理論では，エキスパートシステムなどで用いられるプロダクションルールやファジィー関係を用いて，ファジィーモデルを作成して結論を導き出す．決定論的数学モデルでは，モデル化が困難な培養プロセスに対して有効である．ファジィー推論は培養プロセスのシミュレーション，最適化，制御などに応用される．ファジィー推論では，if then 型のプロダクションルール if (前件部) then (後件部) において，前件部および後件部にファジィー宣言文を用いる．定量的情報も含め，変数はある集合に属する可能性の度合い（適応度）に変換して推論に用いられる．この変換を行うのがメンバーシップ関数であり，変数の集合をファジィー集合とよぶ．前件部は複数の項目にすることができ，演算は状態変数間の関係と操作変数との関係を設定して行われる．出力値は出力のためのメンバーシップ関数によりデファジィー化され，定量的情報に変換される． [新海 政重]

**ファセット facet**

切子面のこと．結晶体の平面，宝石の切断あるいはほかの破断面．結晶成長のさい，結晶とその融液との界面がフラットであれば，facet とよび，荒れた界面であれば，non-facet とよぶ．

[松方正彦・髙田光子]

**Fanning のしき ——の式 Fanning's equation**

円管内流れの圧力損失* $\Delta p$ [Pa] と管摩擦係数* $f$ の関係を表す次式のこと．

$$\Delta p = 4f\left(\frac{L}{D}\right)\left(\frac{1}{2}\rho u_a^2\right)$$

ここで，$L$[m]，$D$[m] は円管の長さおよび内径，$\rho$ [kg m$^{-3}$] は流体の密度，$u_a$ は管断面平均流速である．この式は，管摩擦係数* $f$ が円管壁面のせん断応力* $\tau_w$[Pa] と，流体の単位体積あたりの運動エネルギー $\rho u_a^2/2$ の比であることと，長さ $L$ の円管内の流体にかかる力のつり合いを表す次式により導かれる．

$$\frac{\pi D^2}{4}\Delta p = \pi D L \tau_w$$

層流*の場合は圧力損失がハーゲン-ポアズイユ式*により表されるため $f = 16/Re$ となる．乱流*ではレイノルズ数*と相対粗度*の関数となる．

断面が円形以外の管の圧力損失の計算には，動水半径*の 4 倍である相当直径*を代表長さとした同形の式が用いられる．固定層についても同様に相当直径を代表長さとして，Fanning の式に代入することにより圧力損失を与える Kozeny-Carman 式*を導くこともできる． [吉川 史郎]

**ファラデーのほうそく ——の法則 Faraday's law**

電解*を行うとき流れる電気量と，反応する物質の量との間に成立する法則．M. Faraday によって 1833 年に発見された．この法則は次の二つからなりたっている．① 電解質中を通過した電気量と電気化学変化の総量は比例する．② 一定の電気量によって反応する物質の量はその物質の化学当量に比例する．

この法則に基づいて，電解において 1 mol の元素または原子団を析出するに要する電気量を，ファラデー定数* という． [長本 英俊]

**ふあんていりょういき 不安定領域 unstable region**

ある状態がゆらぎ（摂動）を受けて新しい安定・平衡状態へ向かうとき，もとの状態を不安定，不安定状態の集合を不安定領域とよぶ．相の安定性*の理論によると，混合系では機械的不安定領域よりも拡散に関する不安定領域が広いので，後者が相の安定

性を決める. 　　　　　　　　　　　[新田 友茂]

**ファンデルワールスがたじょうたいほうていしき ──型状態方程式** van der Waals' type equation of state

　ファンデルワールス式の改良式の総称. ファンデルワールス式の引力項と斥力項のいずれか, あるいは両者を修正した式が該当する. 代表的な式として, Soave-Redlich-Kwong（SRK*）式や Peng-Robinson（PR*）式がある. 　　　　　　　[猪股 宏]

**ファンデルワールスきゅうちゃく ──吸着** van der Waals' adsorption

　物理吸着*. ファンデルワールス力*によって固体や液体の表面に分子や原子が吸着することをいう. 吸着剤表面の構成原子または吸着質分子中の電子の原子核に対する相対的な運動により, 瞬間的な電気分極が生じる. 吸着質が固体表面に接近した場合, あるいは吸着質分子どうしが接近した場合, 電気分極によってほかの分子に電気分極を誘起し（誘起双極子とよばれる）, 静電的な相互作用が生ずる. この誘起双極子間の相互作用を, 分散力または発見者の名前を冠して London 分散力ともいう. 分散力に基づく相互作用エネルギーは相互作用距離の 6 乗に反比例する. 吸着剤表面または吸着質分子が永久双極子モーメントをもつ（極性分子ともよばれる）場合, 電荷の偏りが生じており, 静電的な相互作用がはたらく. この双極子間の相互作用を配向力とよぶ. 吸着剤, 吸着質のいずれかが双極子モーメントをもてば, 双極子モーメントをもたないほかの物質にも電気分極を誘起し, 誘起力（双極子-誘起双極子間の相互作用）も生ずる. 分散力, 配向力, 誘起力はファンデルワールス力と総称される. その他の吸着相互作用として, 水素結合と電荷移動型相互作用がある. 吸着剤の表面に存在する官能基（水酸基：$-OH$, チオール基：$-SH$, カルボキシル基：$-COOH$, スルホン基：$-SO_3H$, ホスファノール基：$-POH$, アミノ基：$-NH_2$, イミノ基：$-NH$）の水素は吸着質に含まれる電気陰性度の大きい酸素, 硫黄, 窒素, フッ素, 塩素などの原子の非結合電子対（ローンペア電子）と相互作用し, 水素結合を生ずる. 吸着剤表面に電子供与性あるいは電子受容性を示す場所があれば, 吸着質との間に電荷移動型錯体を形成する. これを電荷移動型相互作用とよぶ. また, 吸着剤の表面に遷移金属が存在すれば, 配位結合によって錯体を形成することも知られている.

　吸着においてとくに分散力が重要であり, イオン化ポテンシャルや分極率が大きい吸着質と固体表面の間では大きな分散力がはたらき, 吸着相互作用も大きくなる. 　　　　　　　　　　　[田門 肇]

**ファンデルワールスしき ──式** van der Waals' equation

　気体分子運動論に基づいて実在気体の状態を記述するために 1877 年 J.D. van der Waals が導いた状態方程式である. 次式のように二つの定数 $a, b$ が含まれるが, それらの物理的意味は理解しやすい.

$$p = \frac{RT}{v-b} - \frac{a}{v^2}$$

ここで, $p$ は圧力, $v$ はモル体積, $R$ は気体定数, $T$ は絶対温度, $a$ および $b$ は物質固有の定数であって, ファンデルワールス定数といわれる.

　実在気体では理想気体と違って, 分子が大きさをもっているため, 動きうる空間の占める空間より小さいと考えられる. その補正を施したのが右辺の第 1 項の分母である. また, 分子間には引力がはたらくが, 相互作用はそれぞれの分子の数密度に比例し, その分だけ分子運動による圧力が低下すると考えられる. 右辺第 2 項の $a/v^2$ は引力に基づき内側へ向く圧力を意味し, これを内部圧または凝集圧という. 上式は $v$ についての 3 次式であり, $T$ 一定のときの $p$-$V$ 関係は, $p$ のある値に対し $v$ が 3 実根の場合, 1 実根と 2 虚根の場合, および 3 重根の場合とがある. それぞれ液体と蒸気との共存状態, 気体のみの状態, および臨界状態に対応している. このように, ファンデルワールス式はきわめて簡単な考察に立脚しているにもかかわらず, 気体から液体への連続性を論ずることを可能にした. 　　　　　[猪股 宏]

**ファンデルワールスたいせき ──体積** van der Waals' volume

　分子中の原子あるいは原子団を球に置き換えて求めた体積. その集合体（合計）として分子の体積を求めることができるため物性値や微視的構造などを推算あるいは考察するさいに有用である. この体積を一般にファンデルワールス体積とよんでいる.

　　　　　　　　　　　　　　　　　[猪股 宏]

**ファンデルワールスひょうめんせき ──表面積** van der Waals' surface area

　ファンデルワールス体積より算出される表面積. 分子の表面積の寄与が重要となる吸着現象などの考察に有用となる. 　　　　　　　　　　　[猪股 宏]

**ファンデルワールスポテンシャル** van der Waals potential

　原子や分子間にはたらく相互作用ポテンシャルのうち, 誘起, 配向および分散ポテンシャルは距離の

6乗に反比例するポテンシャルである．これらのポテンシャルを合わせてファンデルワールスポテンシャルと称する．分散ポテンシャルは，電子の運動による瞬間的な双極子モーメントのゆらぎに起因しており，無極性分子にもはたらき，3種類のポテンシャルのなかでもっとも寄与が大きい．ファンデルワールスポテンシャルは，原子や分子が集合した物体間にもはたらき，吸着\*やコロイド粒子間の相互作用力の一つとして重要である．コロイド粒子\*を構成する分子や原子間のポテンシャルの総和として求まる物体間のファンデルワールスポテンシャルは，物体表面間距離の1～2乗に逆比例し，原子や分子とは異なり遠距離到達ポテンシャルとなる．また，ポテンシャルは物体固有の物性に比例し，その係数をハマカー定数\*とよぶ．

物体表面間距離が5nmを超えると，電磁波の到達時間が増加することで，分散ポテンシャルの大きさが減少し，その結果ファンデルワールスポテンシャルも減少する．これを遅延効果とよび，その効果を考慮したポテンシャルが提出されている．また，微小な表面粗さを有する場合や，表面に吸着層がある場合についてのファンデルワールスポテンシャルを求める近似式も提案されている． [森 康維]

**ファンデルワールスりょく ——力 van der Waals' force**

実在気体に用いられるファンデルワールス状態方程式に表れる分子間の引力項$(a/v^2)$にちなんで名づけられた．中性の安定な分子間にもはたらく遠距離にわたる弱い引力．この力は気体分子間に限られるわけではなく，気体分子と固体表面との間などにもはたらき，また分子性の結晶や分子性液体の凝集エネルギーの大部分もこの力によるものである．この力の発生は量子力学において二次の摂動理論などから導かれ，古典力学との対応は困難である．分子間距離を$r$として$1/r$に展開する多極子展開理論においては双極子・双極子相互作用の項から出てくるものがおもな寄与をしており，この場合，力は遠方で$r^{-7}$の依存性を示す． [幸田 清一郎]

**ファントホットのしき ——の式 van't Hoff's equation**

化学反応の平衡定数\*の温度による変化を表す式．平衡定数を$K_p$とすれば，その絶対温度$T$による変化は次式で表され，これをファントホッフの式という．

$$\frac{d\ln K_p}{dT} = \frac{\Delta H_r}{RT^2} \quad \text{あるいは} \quad \frac{d\ln K_p}{d(1/T)} = -\frac{\Delta H_r}{R}$$

ここで，$\Delta H_r$は定圧反応熱，$R$は気体定数である．この式によると，$\Delta H_r$が一定と考えられる温度範囲では$\ln K_p$と$1/T$の間に直線関係がなりたち，その勾配から$\Delta H_r$を求めることができる． [滝嶌 繁樹]

**ファンネルフロー funnel flow**

サイロなどの直立型貯槽から粉粒体を排出するときに貯槽内に形成される粉粒体の流動パターンの一つ．貯槽の設計時に流動パターンによって排出時の動的圧力係数値を決定する方法に用いられる．ISO 11697では図に示すように定義し，ファネルフローは流路が排出口上部の限定された領域に形成され，排出口近くのサイロ壁に接した粉粒体は流動しない．流路は垂直壁面に交差するかもしくは自由表面上部にまで伸びる． [杉田 稔]

**van Laarしき ——式 van Laar's equation**

1910年J.J.van Laarがファンデルワールスの状態方程式を用いて導出した活量係数式である．

$$\log \gamma_1 = \frac{A}{(1 + Ax_1/Bx_2)^2}$$

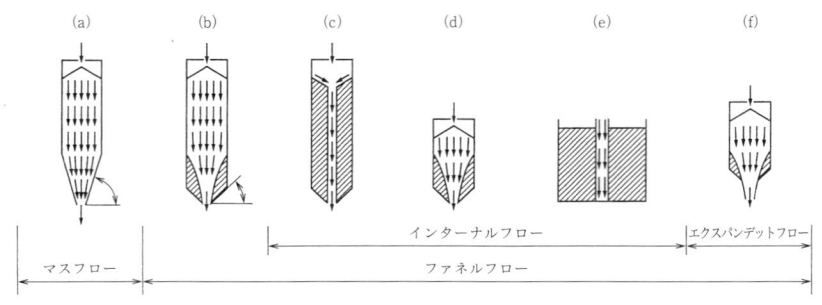

ファネルフローのフローパターン[粉体工学会編，"粉体工学用語辞典 第2版"，日刊工業新聞社(2000), p.286]

$$\log \gamma_2 = \frac{B}{(1+Bx_2/Ax_1)^2}$$

二成分系定数 $A$, $B$ は気液平衡データを用いて決定できる．三成分系以上の多成分系への拡張には多成分系定数が必要であることから，最近では局所組成に基づく Wilson 式*，NRTL 式* などの活量係数式が用いられることが多い．（⇒活量係数）

[栃木 勝己]

**ブイ・エス・エイ　VSA**　vacuum swing adsorption
⇒ PSA

**ブイ・オー・シー　VOC**　volatile organic compounds
揮発性有機化合物．汚染物質のなかで揮発性の高い有機化合物で，大気汚染物質としては，ベンゼンやホルムアルデヒドなど沸点が 50〜260℃（WHO 基準）の物質の総称．水質に関しては，低沸点ベンゼン誘導体や，主として $C_3$ 以下のハロゲン化炭化水素を含む．（⇒揮発性有機化合物）　　[木曽 祥秋]

**ブイがたこんごうき　V 型混合機**　V-mixer
容器回転型混合機．2本の円筒を V 型に結合し，その側面に水平に設置された横軸を回転軸として回転し，粉粒体の混合を進める混合機．構造，取扱いが簡単であるにもかかわらず，流動性に富む粉体に対しては混合速度が大きく，小型から大型まで広く用いられる．ただし，最大容積は 50 m³ 程度であり，通常，容積の半分までを粉粒体が占めるような状態で操作される．また，通常の回転速度は混合機の臨界速度のおよそ半分である．ここで臨界速度とは，粒子に作用する遠心力と重力とがつり合う速度を意味する．さらにこれを連結し，ときには連続式に用いることもある．　　　　　　　　　　[高橋 幸司]

**フィジビリティー・スタディー**　feasibility study
FS．実行可能性調査，採算性調査，企業化可否調査などをいう．事業や，プラント，設備建設，商品化などの計画段階で，その計画を進める価値があるかどうかを判断するために行う調査またはその報告．　　　　　　　　　　　　　　　　　[中島 幹]

**フィーダー**　feeder
⇒粉体供給機

**フィックのほうそく　――の法則**　Fick's law
フィックの第一法則．濃度が一様でない混合物質において，各成分の拡散* はその濃度の減少する方向に起こり，拡散流束* は濃度勾配に比例すること．A, B 二成分系について，各成分の拡散流束は，質量流束 $J_i$ [kg m$^{-2}$ s$^{-1}$] およびモル流束 $J_i^*$ [mol m$^{-2}$ s$^{-1}$] で表すとそれぞれ次式で与えられる．

$$J_A = -J_B = -\rho D_{AB} \frac{d\omega_A}{dz}$$

$$J_A^* = -J_B^* = -cD_{AB} \frac{dx_A}{dz}$$

ここで，$\rho$ は密度，$c$ は全濃度，$\omega_i$ は成分 $i$ の質量分率，$x_i$ はモル分率である．$D_{AB}$ [m$^{-2}$ s$^{-1}$] は拡散係数* で成分濃度および位置座標に依存しない定数である．　　　　　　　　　　　　　　　　[神吉 達夫]

**フィッシャー-トロプシュごうせい　――合成**　Fischer-Tropsch synthesis
FT 合成．CO および $H_2$ を原料とする直鎖状炭化水素の合成．触媒には Fe, Co, Ru などが用いられる．炭化水素はパラフィンと $\alpha$-オレフィンであり，炭素鎖長分布は触媒表面の吸着種が吸着 $CH_2$ 種と結合する連鎖反応の生長確率によって決まる．
[林 潤一郎]

**ブイ・ティー・エス・エイ　VTSA**　vacuum and thermal swing adsorption, vaccum and temperature swing adsorption
⇒ PSA

**フィードバックせいぎょ　――制御**　feedback control
制御対象の制御したい量すなわち制御量* を測定し，その目標値（設定値* という）と比較して，制御量の目標値との偏差をもとに制御対象への適切な操作量* を決め，制御量を目標値に一致させようとする制御の仕組み．制御量をフィードバックして操作量を決定するので，フィードバック制御とよぶ．制御量が測定できない場合には，測定量を用いて推定した制御量をもとに操作量を決めるインファレンシャル制御* が用いられる．フィードバックの仕組みには，目標値と制御量の偏差を減殺するように制御量をフィードバックするネガティブ・フィードバックと，逆に偏差を増長するように制御量をフィードバックするポジティブ・フィードバックがある．プロセス制御* では，制御量を目標値に一致させることが重要であるので，ネガティブ・フィードバックを用いる．フィードバック制御の基本的な構造は図に示すように，コントローラーのほかに操作部，検出部などから構成され，これらの特性も制御系の特性を決定する重要な要素である．フィードバック制御では，外乱* や制御対象の変化の影響を受けた制御量を測定して操作量を修正するので，測定していない外乱や事前に知ることのできない外乱および制御対象の変化にも対応できるが，操作量の修正が後手

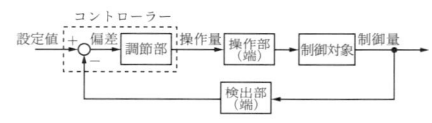

フィードバック制御ブロック線図

にまわるので安定性に問題を生ずることもある．
[伊藤 利昭]

## フィードバックそがい ──阻害 feedback inhibition

最終生産物阻害のこと．代謝経路の最初の反応を触媒する酵素の活性が，その経路の最終産物により特異的に阻害を受ける現象．最終生産物はアロステリック効果，すなわち酵素の基質結合部位と異なる部位に結合することにより阻害することが多い．
[新海 政重]

## フィードフォワードせいぎょ ──制御 feed forward control

設定値*，外乱*などの情報に基づいて，操作量*を決定する制御．フィードフォワード制御では，フィードバック制御*のように制御量*に設定値*との偏差が発生してから操作量を変更するのではなく，偏差が発生する前に，制御量を設定値に一致させるようにあらかじめ操作量を生成する．図に示すように，設定値変化に対応するためには設定値補償要素を，外乱に対応するためには外乱検出部と外乱補償要素を用いる．

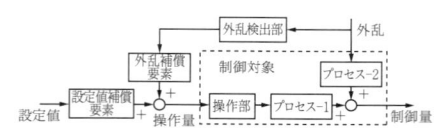

フィードフォワード制御ブロック線図

設定値変化あるいは外乱の変化に対応して操作量を正確に計算するためには，制御対象における操作量と制御量間の動的関係（図中のプロセス-1と操作部）および外乱と制御量間の動的関係（図中のプロセス-2）を正確に把握しておく必要がある．しかし，これらの関係を正確に把握することは困難であるので，フィードフォワード制御のみで制御量を設定値に一致させることを期待できず，フィードバック制御と併用されることが多い．　　　　　　　［伊藤 利昭］

## ブイ・ブイ・エム VVM volume of gas per volume of liquid per minute

撹拌槽内または気泡塔内の液量に対する1分間あたりの通気量．
[加藤 禎人]

## フィラー filler

充填材．補強や増量などの目的で，樹脂やゴムなどに添加して使われる副資材のこと．フィラーには，有機物または無機物でできた粉末状，繊維状，布状の固体が多い．長繊維や大きな布は通常，補強材とよばれている．
[田上 秀一]

## フィルターしゅうじん ──集じん dust filtration

⇒エアフィルター

## フィールドバス fieldbus

プラント内での計測・制御用機器間の通信に用いるディジタルネットワーク．IEC 61158では10種類のフィールドバスが規定されている．狭義には4〜20 mAアナログ統一信号に変わるデジタルI/Oネットワークをさすことが多い．
[小西 信彰]

## フィンかん ──(付き)管 finned tube

図に示すように，多数の薄い板あるいは棒を取り付けた伝熱管．フィン管として用いられる材質は，銅，アルミニウムが多く，管軸に平行なフィンの場合は，炭素鋼，ステンレス鋼も使用される．伝熱管内を流れる液体と管外を流れる気体を熱交換する場合など，一般に気体側の熱伝達係数*が小さいので，総括伝熱係数*は気体壁側の伝熱抵抗に支配される．そこで，気体側壁面にフィンを付け，伝熱面積の拡大によってその伝熱抵抗を減少させる．フィンの伝熱性能はフィン効率*によって評価される．また，フィンには流体の流れを乱し，壁面に沿った温度境界層*の厚みを一部減少させ，局所的な熱伝達係数*を増加させる効果もある．
[深井 潤]

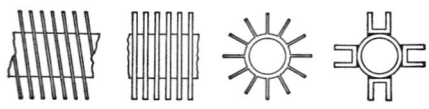

(a) 管軸に直角なフィン　　(b) 管軸に平行なフィン
数種のフィン[便覧，改三，図3・26]

## フィンこうりつ ──効率 fin efficiency

伝熱面にフィンを付けて表面積を増加させても，フィン温度は根本から先端にいくにつれて外部流体の温度に近づくので，表面積の増加分が100％有効にはたらかない．そこで，次式で定義されるフィン効率 $\Omega$ を導入する．

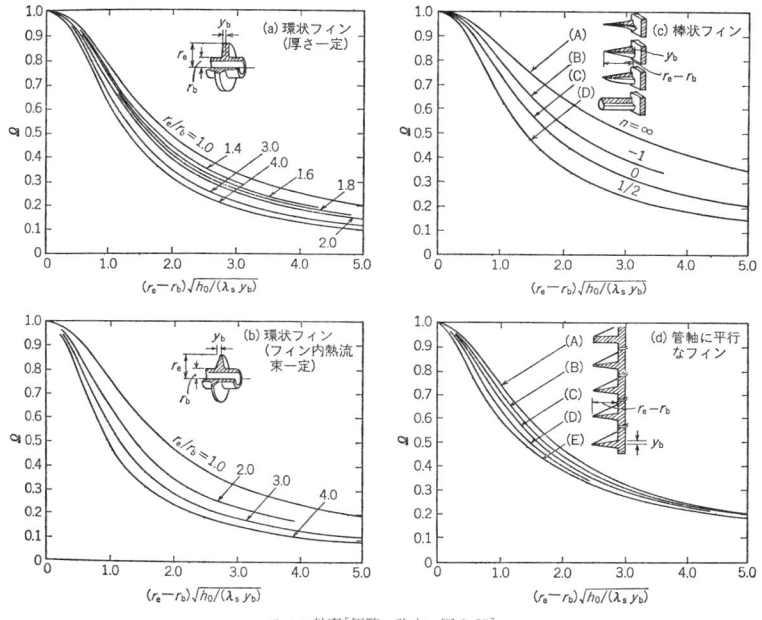

フィン効率[便覧, 改六, 図6·25]

$$\Omega = \frac{(フィン部より伝わる実際の熱量)}{(フィンの温度はすべてフィン根本温度に等しいとしたときにフィン部より伝わる熱量)}$$

フィン効率 $\Omega$ を用いると有効外表面積 $A_0$ は次式で表される.

$$A_0 = A_f \Omega + A_b$$

ここで, $A_f$ はフィン部表面積, $A_b$ はフィンのない部分の管外表面積である. フィン効率 $\Omega$ の値は図より求めることができる. 図中 $h_0$ はフィン表面の熱伝達係数*, $k_s$ はフィン金属の熱伝導度* である.

[深井 潤]

### ふうか 風化 efflorescence

結晶性*塩類の結晶水が常温において失われる現象. 結晶性塩類の示す水蒸気圧* が, 大気中の水蒸気圧よりも大きい場合に生じる. これ以外に, 岩石類が地表で自然崩壊していく過程をいうこともある.
(⇒潮解) [今駒 博信]

### ふうにゅうたい 封入体 inclusion body
⇒インクルージョンボディー

### ふえいようか 富栄養化 eutrophication

窒素やリンが湖沼, 貯水池, 内湾のような閉鎖性水域に流入し, 植物プランクトンが増殖することにより, 生態系の物質循環を通して水域内に窒素やリンが蓄積する現象. 結果として, 水域のCOD*の増加, 低層水の貧酸素化, 赤潮などを引き起こす.

[木曽 祥秋]

### フェイル・セーフせっけい ——設計 fail-safe design

計測・制御機器などが故障しても, システムが安全な状態を維持できるような設計のこと. たとえば, 計装用空気が喪失しても, システムの状態が安全側に移行するように, 制御弁は開作動, 閉作動あるいは開度保持するように設計される. [柘植 義文]

### フェライトめっき ——めっき ferrite plating

フェライトめっきは無電解めっきの一種. 金属イオンの吸着点となる OH 基を表面にもつ基板を2価の金属イオンを含む溶液, たとえば $FeCl_2$ 溶液などに浸し, その2価のイオンが基板上で酸化することにより, 基板上に酸化膜(フェライト)を形成する手法である. [山口 由岐夫]

### Feret ケイ ——径 Feret diameter

粒子投影像に接し, これを挟む一定方向の2本の

平行線の間隔で定義される粒子*の代表径の一つ．代表的径のなかでも測定が容易なためにしばしば利用されている． [横山 豊和]

**フェンスキのしき ──の式 Fenske's equation**
全還流*での蒸留に必要な理論段*数，すなわち最小理論段数を計算する式で，相対揮発度*が組成や温度で変わらないときに用いられる．1932年にペンシルバニア大学のM.R. Fenskeにより提案されてから広く用いられており，蒸留計算の歴史でもっとも重要なものの一つである．(⇒最小理論段数) [大江 修造]

**フォークトモデル Voigt model**
ケルビンモデル．変形速度(ひずみ速度)に比例した抵抗力を示すダッシュポットと，変形量(ひずみ量)に比例した抵抗力を示すばねとを並列結合させた力学モデル．高分子の粘弾性挙動や，固液混合物の二次圧密挙動を表現するために用いられる． [岩田 政司]

**ふかかち 付加価値 added value**
事業活動によって新たに付け加えられた正味の価値．生産活動においては生産総額から原材料費，用役費，外注加工費などの費用を差し引いた残額である．国民経済全体について合計したものは生産国民所得に等しい．物の付加価値のみならず，サービスなど知的な付加価値の重要性が高まっている． [松本 光昭]

**ふかぎゃくかていねつりきがくモデル 不可逆過程熱力学── irreversible thermodynamics model**
⇒非平衡熱力学モデル

**ふかぎゃくきゅうちゃく 不可逆吸着 irreversible adsorption**
化学吸着*．圧力や濃度を減少させても吸着量が減少しない場合をいう．不可逆吸着では吸着等温線が直角平衡*となり，細孔をもたない固体においても吸着平衡*に到達するのに非常に時間がかかることがある．活性炭における水溶液からの電子供与性の置換基をもつ芳香族化合物の吸着は，不可逆性が現れるとの報告もある．不可逆吸着が生じる場合に吸着剤*を再生*するには，吸着質を分解する必要がある． [田門 肇]

**ふかぎゃくはんのう 不可逆反応 irreversible reaction**
逆反応が無視できる反応．反応とは本来，正反応と逆反応が同時に存在する可逆反応*である．しかし，反応(原)系と生成系の平衡が生成側に圧倒的に偏っている場合，実際上，逆反応の進行が無視でき反応は不可逆反応となる．また，たとえば液相で進行している反応において，反応生成物が気体や沈殿となって反応系から除かれてしまう場合なども，逆反応が起こらず不可逆反応となる． [幸田 清一郎]

**ふかぎゃくへんか 不可逆変化 irreversible change**
可逆変化*以外の変化．着目する系をある状態Aからほかの状態Bに変化させ，再びもとの状態Aに戻したとき，系以外の外界(周囲)ももとの状態に戻れば可逆変化であるが，現実の状態変化では推進力が有限の値であり摩擦などの抵抗を受けるため，周囲の状態がもとには戻らない．このため，実際の状態変化は一般に不可逆変化である．系と外界を含めた孤立系*で考えると，不可逆変化では全エントロピーがつねに増加する．(⇒可逆変化) [滝寓 繁樹]

**ふかくていがいらん 不確定外乱 unmeasured disturbance**
⇒プロセス変数

**フガシティー fugacity**
実効圧力．逃散能．熱力学温度$T$における実在気体のギブス自由エネルギー変化と関係づけられる状態量で，圧力の単位を有する．
$$dG = RT d\ln f \quad (理想気体：dG = RT d\ln p)$$
実在気体も低圧下($p \to 0$)では理想気体に近づくので，フガシティー$f$は圧力$p$に近くなる．混合物中の成分$i$のフガシティー$f_i$も同様に取り扱われ，低圧下では成分$i$の分圧に近くなる．なお，相平衡状態では各相のフガシティーが等しくなる． [栃木 勝己]

**フガシティーけいすう ──係数 fugacity coefficient**
純物質のフガシティー係数$\varphi$はフガシティー*$f$と圧力$p$の比で定義され，$p$-$V$-$T$関係を用いると次式で表される．
$$\ln \varphi = \ln \frac{f}{p} = \frac{1}{RT}\int_0^P \left(V - \frac{RT}{p}\right)dp$$
一方，混合物中の成分$i$のフガシティー係数$\varphi_i$はフガシティー$f_i$と分圧$py_i$の比で定義され，$p$-$V$-$T$関係を用いると次式で算出できる．
$$\ln \varphi_i = \ln \frac{f_i}{py_i} = \frac{1}{RT}\int_0^P \left(\bar{V}_i - \frac{RT}{p}\right)dp$$
ここで，$\bar{V}_i$は部分モル体積である．フガシティー係数$\varphi$および$\varphi_i$は，いずれも適切な状態方程式*と混合則*を用いることで求められる． [栃木 勝己]

**ふかじゅうごう 付加重合 addition polymeriza-**

tion

ビニル化合物が開始剤の作用により二重結合を開いて次々と結合していく連鎖重合*.ビニル化合物のラジカル重合*やイオン重合*が含まれる.異種の官能基間の付加反応の繰返しにより起こる重合(重付加*)ではない.　　　　　　　　　　　[橋本　保]

**ふかしゅくごう　付加縮合　addition condensation**

付加反応と縮合反応を繰り返し起こしポリマー*を生成する重合.フェノールとホルムアルデヒドをモノマー*とするフェノール樹脂の生成が例である.架橋した三次元の構造を有する不溶,不融のポリマーが生じる場合が多い.（⇒熱硬化性樹脂）
　　　　　　　　　　　　　　　　　　[橋本　保]

**ふかつ　賦活　activation**

吸着剤*の吸着能力を増大させる操作をいう.活性炭の賦活には700～1000℃で水蒸気などの酸化性ガスが使用され,これは水蒸気賦活とよばれている.なお,原材料を塩化亜鉛,リン酸,硝酸などの溶液に浸漬した後,600～700℃で乾留して活性炭をつくる薬品賦活法もある.　　　　　　[田門　肇]

**ふかっせいガス　不活性ガス　inert gas**

He, Arなどの希ガス類元素の気体.工業的化学反応操作においては反応条件を緩和することを目的に随伴させる,反応に直接関与しない気体,あるいは燃焼用空気中の窒素のように,不純物として反応系に存在するが反応には直接関与しない化学的には不活性な気体をいう.　　　　　　　　　[菅原 拓男]

**ふかんぜんこんごうながれ　不完全混合流れ　imperfect mixing flow**

非理想的流れ.流系操作における理想的流れ*の対語として用いられるもので,理想的流れ(すなわち,押出し流れ*と完全混合流れ*)を除くすべての流れに対する総称.理想的流れは厳密には実現しないものであるから,実装置内の流れはすべて不完全混合流れである.不完全混合流れの理想的流れからの偏倚の程度は,滞留時間分布関数*によって表すことができる.不完全混合流れの成因には,速度分布,流速揺動,分子拡散*あるいは乱流拡散*などの避けえない原因のほか,おもに装置構造,流出入口取付け位置などの欠陥によって起こる偏流*,短路,スタグナントゾーン*,死空間*などの異常流動のある場合がある.これらの異常流動は一般に装置の効果的機能を減ずる.不完全混合流れの成因,その機構を追求して,それが速度過程の進行に及ぼす影響を保存則に基づく設計方程式の導出過程で考慮していくことは,非常に困難である.このような場合の取扱い法は滞留時間分布関数を用いる方法と混合モデル*を採用する方法の二つに大別される.不完全混合流れでは,系からの流出流体は種々の滞留時間*をもつものの集団であるから,滞留時間分布関数を $E(t)$,系内で $t$ 時間の速度過程を経過した素子の組成を $C(t)$ で表すと,流出平均組成 $C_f$ は次式で与えられる.

$$C_f = \int_0^\infty C(t)\,E(t)\,dt$$

ただし,上式は速度過程が非線形の場合にはその適用に制限がある.そこで,それぞれの流れの示す特徴を近似的に表現しうる状況を重点的に選び出して,それを数式的に取扱いの容易な形で代表させ,不完全混合流れに速度過程が重畳した場合の装置特性を考える方法が混合モデルによる扱いである.
　　　　　　　　　　　　　　　　　　[霜垣 幸浩]

**ふきそくじゅうてんぶつ　不規則充填物　dumped packing, random packing**

ラシヒリング*やポールリング*などに代表されるように,特徴ある形状および材質でつくられた充填物.現在では,約50種類,種々のサイズの不規則充填物が使われている.これらの充填物は,塔に入れるとその形状などから充填物の方向を規則正しくすることは不可能で,不規則にならざるを得ない.これが名称の由来であり,つくられた個々の充填物が不規則であるということでは決してない.なお,最近はラシリングなどに代わり,高性能不規則充填物*が開発されている.　　　　　　　　[長浜 邦雄]

**ふきゅうちゃく　負吸着　negative adsorption**

気相-液相,液相-固相,気相-固相界面での物質の濃度がバルク相濃度より減少する現象をさす.溶液から固体表面への吸着では溶質も溶媒も吸着され,液相-固相界面における両者の比が溶液中の両者の比よりも小さいときは,負吸着を示すことになる.
　　　　　　　　　　　　　　　　　　[田門　肇]

**ふきんいつかくはっせい　不均一核発生　heterogeneous nucleation**

第三物質の表面を介して起こる核発生.第三物質の表面を利用することによって,核発生のエネルギー障壁が小さくなるため,均一核発生に比べて容易に起る.容器の内壁面や溶液内の異物表面で偶然起こる場合もあるが,これを積極的に利用して,溶質分子に対して親和性が高い面,あるいはある結晶面の分子配列に近い位置関係に溶質の吸着サイトがある面など(テンプレート,鋳型)を人工的に設計する

ことにより，目的の構造をもつ結晶を優先的に析出させることができる．(⇒均一核発生) [大嶋 寛]

**ふきんいつきょうふつこんごうぶつ　不均一共沸混合物** heterogeneous azeotrope, heteroazeotrope
異相共沸混合物．気相と共存する液相が2相以上の場合の共沸混合物*．現在までのところ最低共沸混合物のみが見出されている．なお2液相系でも，共沸組成が1液相内にあるときは，均一共沸混合物である． [栃木 勝己]

**ふきんいつけいじょうりゅう　不均一系蒸留** heterogeneous distillation
三相蒸留*．塔内で2液相が生じる蒸留操作．液相が1相の通常の蒸留(これを均一系蒸留という)と区別するために用いる． [小菅 人慈]

**ふきんいつけいはんのう　不均一系反応** heterogeneous reaction
不均一反応．反応物質が二つ以上の異なった相にある場合の反応．気相-液相，液相-液相，気相-固相，液相-固相，固相-固相，気相-液相-固相などに分類される．反応は両相の界面で起こる場合と，それぞれの均相内で起こる場合とがあり，反応速度は界面の大きさや物質移動速度に影響される．固体触媒による気相あるいは液相物質の反応は典型的な不均一系反応であり，この場合には触媒表面上の吸着*過程が重要な役割を果たす． [大島 義人]

**ふきんいつふゆうりゅう　不均一浮遊流** inhomogeneous floating flow
固体を含む混相流において，流体の速度があまり速くないときに，固体が管内を不均一に分散されて輸送される状態をいう．(⇒固液二相流) [梶内 俊夫]

**ふきんいつりゅうどうかじょうたい　不均一流動化状態** heterogeneous fluidization
気泡流動層．気泡流動化開始速度* $u_{mb}$ より高いガス空塔速度で流動化したときにみられる状態．おもに粒子相(エマルション相)と気泡相から構成される．ガス速度の増加とともに気泡頻度*も増加して，粒子の移動も激しくなる．A粒子においては粒子相の空隙率は $u_{mb}$ のときの値よりも小さくなる．気泡は分裂・合体を繰り返し成長しながら層内を上昇していく．塔径が小さい場合には気泡が大きくなるとスラッギング状態*となる． [甲斐 敬美]

**ふきんしつざいりょう　不均質材料** heterogeneous material
材料内部に固液，固気，液液，気液などの界面が存在する材料．多孔質固体*，粘土やスラリー*などが例であり，多孔質固体は親水性材料*と非親水性材料*に分類できる．また，粘土やスラリーは乾燥の進行ととも多孔体化する．(⇒均質材料) [今駒 博信]

**ふくイオン　副——** co-ion
浸透イオン．荷電膜*やコロイドでは固定電荷による静電排除のため，対イオン*ではない同符号イオンは内部に浸透しずらいが，ある程度の同符号イオンは内部に浸透し副イオンとよばれる． [正司 信義]

**ふくきょくまく　複極膜** bipolar membrane
⇒バイポーラー膜

**ふくくっせつ　複屈折** birefringence
異方性の媒体中に光を入射するとき，光が互いに直交する二つの平面偏光に分かれ，それぞれの偏光が異なった速度で伝搬する現象のこと．それぞれの平面偏光に対応する屈折率の差も複屈折とよぶことが多い． [梶原 稔尚]

**ふくごうごくぼせんい　複合極細繊維** complex nanofiber
太さが1デニール(繊維径約10 μm)以下の繊維を極細繊維と称する．1デニール以下の繊維で，複数の成分がそれぞれ長さ方向に連続した構造をとり，単繊維内で相互接着したものをいう． [浅野 健治]

**ふくごうざいりょう　複合材料** composite materials, composites
2種類以上の素材を組み合わせて，単独では得られない特性を付与した材料．一般に複合材料の構成は，固体のマトリックス(matrix)と粉粒体，繊維などの分散材(dispersion)からなり，後者は強化材，補強材(reinforcement)として使われる場合がある．コンクリートは粒子充填系，繊維強化プラスチック*(FRP)では繊維強化系の代表的複合材料である．このほか，ライニング*材料のような平面の組合せや，ポリマーアロイ*のように同種の素材の組合せの例もある．このように，複合することで各素材の長所を生かし，さらに相乗効果として新しい機能が得られる場合もあるが，構成要素間に明瞭な界面が存在することを考慮した取扱いが必要となる．組合せの前後で素材の形態，性質あるいは分率(容積%)がほとんど変化しない場合には，複合材料の特性と各素材の特性の間には混合則*または複合則(rule of mixture)が成立することが多い． [久保内 昌敏]

**ふくごうさんかぶつびりゅうし　複合酸化物微粒子** fine particle of mixed metal oxide
複合酸化物からなる微粒子のことであるが，複合

酸化物という語自体が新しいものである．概念的には，金属イオンを含有する混合酸化物(mixed oxide)，あるいはオキソ酸イオン含有の酸化物も含めた複酸化物(double oxide)となる．　[岸田　昌浩]

**ふくごうじょうりゅうとう　複合蒸留塔　complex distillation tower**

設備費の低減や省エネルギーなどを目的として，2塔以上の蒸留塔を結合し，単一の蒸留塔にしたもの．複合蒸留塔の例として，単一の蒸留塔の中間部分に，垂直に隔壁を設置して蒸留塔を結合し，コンデンサー，リボイラーの熱源を減少させるペトリューク式蒸留塔*，空気分離蒸留プロセス*にみられるように2塔の蒸留塔を上下に結合し，下部塔のコンデンサーと上部塔のリボイラーを熱交換させた蒸留塔もある．また，内部熱交換型蒸留塔といわれる蒸留塔の高圧濃縮部と低圧回収部を一体化し，濃縮部の凝縮熱と回収部の蒸発熱を連続的に熱交換する蒸留塔も開発されている．　[八木　宏]

**ふくごうでんねつけいすう　複合伝熱係数　combined heat transfer coefficient**

⇒複合熱伝達係数

**ふくごうねつでんたつけいすう　複合熱伝達係数　combined heat transfer coefficient**

固体面と気体間の熱伝達が同時に対流熱伝達*と放射(ふく射)熱伝達*によって起こる場合，これらの伝熱過程を総合して一つの熱伝達係数*で表したものを複合熱伝達係数という(ニュートンの冷却の法則)．

いま，固体壁の表面温度および気体温度をそれぞれ $T_1$ および $T_2$ とすると，気体の強制対流*あるいは自然対流*による熱流束 $q_c$ は熱伝達係数* $h_c$ を用いて次式で表される．

$$q_c = h_c(T_1 - T_2)$$

一方，熱放射(熱ふく射)*に基づく熱流束 $q_r$ は，放射(ふく射)熱伝達係数 $h_r$ を用いて次式で表される．

$$q_r = h_r(T_1 - T_2)$$

ここで，$h_r$ は $(T_1^2 + T_2^2)(T_1 + T_2)$ に比例する量である．

一般に，固体壁・気体間の伝熱は対流および熱放射の伝熱過程が同時に並列に起こっている．したがって，全熱流束 $q_t$ は次式となる．

$$q_t = q_c + q_r = (h_c + h_r)(T_1 - T_2)$$

上式の $h_c + h_r$ を複合伝熱係数といい，伝熱面上を流れる高温の燃焼ガスなどの伝熱速度の計算に用いられる．　[荻野　文丸]

**ふくごうはつでん　複合発電　combined cycle power generation**

発電効率の向上を目的として，ガスタービン*および蒸気タービンを組み合わせて用いる発電方式．これは，水蒸気を用いることによる温度の制約に起因した熱効率の限界があるボイラーや，蒸気タービン発電とタービン翼の強度的制約があるガスタービン発電のそれぞれの条件を緩和して，プロセス全体として発電効率の向上をはかる方式．　[亀山　秀雄]

**ふくごうはつでんシステム　複合発電──　combined cycle power generation system**

複合発電*を用いた発電システム．　[亀山　秀雄]

**ふくごうはんのう　複合反応　complex reaction**

反応に関係する全成分の量論関係を完全に記述するためには複数個の化学量論式*が必要となる反応．一つの化学量論式で記述できる場合を単一反応*という．複合反応の形式はさまざまで変化に富むが，多くは並発反応*と逐次反応*の主要形式の組合せとみなすことができる．複合反応の場合，工学的には目的生成物の選択性向上や副反応の抑制が検討課題となることが多く，反応率*に加えて選択率*や収率*が重要な評価指標となる．　[大島　義人]

**ふくごうフェライト　複合──　complex ferrite, hybrid ferrite**

フェリ磁性を示す $M^{2+}O \cdot Fe_2O_3$ 型(スピネル型)の鉄族遷移金属塩を一般にフェライトというが，この M の部分に2種類以上の金属が含まれるフェライトをとくに複合フェライトとよぶことがあり，Cu-Zn系，Mn-Zn系，Ni-Zn系，Mg-Mn系などが代表的である．しかし，単にフェライトと称する場合も多い．複合フェライトは2種類の単元フェライトの固溶体であるが，MOの部分の電気的中性が保たれる1価と3価の金属が複合したものも存在する．また，$M^{2+}O \cdot 6Fe_2O_3$ で表されるマグネトプランバイト型，および $M_3Fe_5O_{12}$ で表されるガーネット型のフェライトでも，同様の概念で複合フェライトが合成できる．　[岸田　昌浩]

**ふくごうまく　複合膜　composite membrane**

分離層が別の材質からなる多孔性の支持層*で支えられた膜．支持層の上に，界面重合，プラズマ重合，グラフト重合などにより分離層を形成させる．複合膜では，選択性，透過速度と膜安定性に関して最適な膜性能が得られるように，分離層と支持層を独立に最適化できる．複合膜も非対称の構造を有するが，同一の材料からなる非対称膜*(ローブスリラーラン膜*)とは区別されることが多い．

[松山　秀人]

## ふくしゃ ふく射 radiation

ふく射は古典論的にいうと，ガンマ波からラジオ波に至るさまざまの波長の電磁波の総称であり，広義の光である．量子論的にいうと光子にあたる．ふく射伝熱*では，ふく射のうち，おもに，熱ふく射*とよばれる赤外の波長域のふく射に注目する．

[牧野 俊郎]

## ふくしゃエネルギーこうかん ふく射——交換 radiation energy exchange

ふく射伝熱の系は多くの場合，ふく射を放射し反射しあるいは吸収する複数の不透明の表面から構成されるとみなすことができる．その閉空間が実質的に真空空間とみなせる場合，そこでのふく射伝熱の問題は複数の表面間のふく射エネルギー交換(やりとり，exchange)の問題になる．この問題は，ふく射の拡散性の仮定*[表面に入射し(表面を照射し)あるいは表面が放射・反射するふく射の等方性の仮定]をもとにすれば，形態係数*を用いる方法によって比較的簡単に取り扱える．物質のふく射性質について灰色の仮定*を設けて全ふく射*の方法をとれば，問題はさらに簡単になる．その場合の計算に必要な表面のふく射性質の値は，系を構成する各表面の全半球放射率だけになる．

[牧野 俊郎]

## ふくしゃエネルギーみつど ふく射——密度 radiation energy density

量子論の先駆となった黒体*ふく射の理論において扱われたのは，黒体空洞内のふく射エネルギー密度であった．真空中での波長が$(\lambda \sim \lambda+\mathrm{d}\lambda)$の領域にある黒体ふく射のエネルギー密度$u_\mathrm{B}[\mathrm{J\,m^{-3}\,m^{-1}}]$と黒体のふく射強度*$I_\mathrm{B}[\mathrm{W\,m^{-2}\,m^{-1}}]$との間には，$c$を真空中でのふく射の速さとして，次の関係がある．

$$u_\mathrm{B}(\lambda) = \left(\frac{4\pi}{c}\right) I_\mathrm{B}$$

[牧野 俊郎]

## ふくしゃおんどそくてい ふく射温度測定 radiation thermometry

物質から放射される熱ふく射を測定してその物質の温度を推定する方法がある．この方法では，測定器が検知する波長域におけるその物質の放射率*が既知であることが前提となり，また背景放射が無視できることが前提となるので，この方法は精密(precise)であるが正確(accurate)ではないことがある．これらの点に留意すれば，この方法は非接触的あるいは遠隔的に温度を測定するよい方法でありうる．

[牧野 俊郎]

## ふくしゃきょうど ふく射強度 intensity of radiation

ふく射強度は指向ふく射に注目する量であり，ふく射エネルギー輸送を記述するときにもっとも基本的な量となるものである．分光ふく射*の方法によると，単位時間に実在のあるいは仮想の面積$\mathrm{d}A$の微小面を通って，その面の法線方向から天頂角$\theta$の方向の立体角$\mathrm{d}\Omega$に向かうふく射のうち，真空中における波長が$(\lambda \sim \lambda+\mathrm{d}\lambda)$の領域にあるふく射のエネルギー$\mathrm{d}Q[\mathrm{W\,m^{-1}}]$は，そのふく射の強度$I[\mathrm{W\,m^{-2}\,sr^{-1}\,m^{-1}}]$に比例し，次の式で表される(図参照)．

$$\mathrm{d}Q = I\,\mathrm{d}A\cos\theta\,\mathrm{d}\Omega\,\mathrm{d}\lambda$$

全ふく射*の方法では単位時間に面積$\mathrm{d}A$を通って，その面の法線方向から天頂角$\theta$の方向の立体角$\mathrm{d}\Omega$に向かう全ふく射のエネルギー$\mathrm{d}Q^\mathrm{total}[\mathrm{W}]$は，その全ふく射の強度$I^\mathrm{total}[\mathrm{W\,m^{-2}\,sr^{-1}}]$に比例し，次の式で表される．

$$\mathrm{d}Q^\mathrm{total} = I^\mathrm{total}\,\mathrm{d}A\cos\theta\,\mathrm{d}\Omega$$

ふく射強度や全ふく射強度はふく射の方向に依存する．これらの強度は日常語にいう光の強さの場合とは違って，ふく射源からの距離には依存しない．

[牧野 俊郎]

ふく射強度

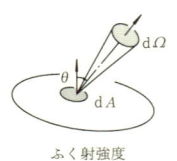

## ふくしゃでんねつ ふく射伝熱 radiative heat transfer

高温の物質は多くの場合，その物質がもつ熱エネルギーをふく射のエネルギーに変換してふく射を放射する．放射されたふく射は空間を伝搬し，ふく射吸収性の物質に入ると，そのふく射のエネルギーはその物質の熱エネルギーに変換される．このように，熱→ふく射→熱の2度のエネルギー変換の過程を経て，熱のエネルギーが空間を輸送される．このふく射を媒体とする間接的な熱輸送をふく射伝熱という．ふく射伝熱は高温の物質を含む工学系において，また真空，低温，宇宙，太陽エネルギー，生活，医療，計測などの局面においても重要である．

[牧野 俊郎]

## ふくしゃでんねつ ふく射伝熱(地球環境における) radiation transfer in global environment

地球の大気層は赤外活性気体*である$H_2O$や$CO_2$

を含み，$H_2O$ 液体粒子の層である雲を含むふく射の半透過散乱吸収性媒質* である．その層は地球表面に接し宇宙空間に面している．大気層は，太陽から地球に向かうふく射のエネルギーの大部分を透過し，あるいは(散乱)反射して宇宙空間に戻す．太陽から地球表面に到達するふく射エネルギーの多くは地球表面で吸収されて熱エネルギーになる．大気層は地球表面から放射されたふく射の一部を反射・吸収・透過するとともに，地球表面と宇宙空間にふく射を放射する．このように地球の熱環境を特徴づけるふく射伝熱は，地球表面と大気層・太陽・宇宙空間の間で起こる． [牧野 俊郎]

## ふくしゃねつでんたつりつ　ふく射熱伝達率 radiative heat transfer coefficient

温度が $T_W$ の表面が，温度が $T_a$ の媒質からなる空間に面するとき，表面から空間に流れる全ふく射エネルギー流束 $dq_{rad}[\text{W m}^{-2}]$ は，次の式で表されることがある．

$$dq_{rad} = h_{rad}(T_W - T_a)$$

この式の比例係数 $h_{rad}[\text{W m}^{-2}\text{K}^{-1}]$ をふく射熱伝達率とよぶ．伝熱が対流伝熱とふく射伝熱からなるとき，その三つのモードによる伝熱は，総括熱伝達率

$$h = h_{conv} + h_{rad}$$

によって代表されることがある．ここで，$h_{conv}$ は対流熱伝達率である．その表面の全半球放射率が $\varepsilon_H^{total}$ であり，表面が面する空間が温度 $T_a (\ll T_W)$ の無限に広い黒体* であるとみなされる場合，ふく射熱伝達率 $h_{rad}$ は $h_{rad} = \varepsilon_H^{total} \sigma_{SB} T_W^3$ と表される．$\sigma_{SB}$ はステファン-ボルツマン定数である． [牧野 俊郎]

## ふくしゃほうしゃ　ふく射放射(気体の)　gas emission of radiation

ふく射の半透過吸収性媒質* である気体の塊は外来のふく射を吸収し，またみずから放射する．気体塊中の位置 $(s \sim s+ds)$ におけるふく射強度*$I$ の変化 $dI$ は，気体の吸収係数* を $K$，放射係数* を $J$ として，次の式で表される．$I_B$ は黒体のふく射強度である．

$$dI = -KI ds + J ds = -K(I - I_B)ds$$

気体の濃度や温度が気体塊中で一様であるとき，位置 $s=0$ で気体塊に入射するふく射の強度を $I_0$ として，ふく射が気体塊を出る位置 $s=L$ での強度 $I$ は，次の式で表される．

$$I = I_0 \exp(-KL) + I_B\{1 - \exp(-KL)\}$$

上式の右辺第 1 項は気体塊で減衰したふく射の強度を表す．強度 $I_0$ との差が気体塊の吸収分であり，この値を $I_0$ で規格化した値は(指向)吸収率 $A$ であ

る．第 2 項は気体塊が位置 $L$ において放射するふく射の強度 $I$ への寄与分を表す．この寄与分の黒体のふく射強度 $I_B$ に対する比を，気体塊の(指向)放射率 $\varepsilon$ とよぶ．

$$\varepsilon = 1 - \exp(-KL)$$

(指向)放射率 $\varepsilon$ は(指向)吸収率 $A$ に等しい．気体のふく射現象はふく射の波長に強く依存するので，多くの場合そのとり扱いは分光ふく射* の方法による． [牧野 俊郎]

## ふくしゃゆそうほうていしき　ふく射輸送方程式 radiative transfer equation

ふく射の半透過散乱吸収性媒質* は，ふく射をエネルギーの流れとみる取り扱いにおいてはもっとも一般的なものであるが，そのような媒質におけるふく射輸送を，ふく射の放射をも考慮してもっとも厳密に扱う微積分方程式がふく射輸送方程式である．さまざまの境界条件のもとでこの方程式を解くために，種々の数値解析法が提案されている． [牧野 俊郎]

## ふくしゃりゅうそく　ふく射流束　radiation flux

単位時間に単位面積を通って有限の立体角の方向に進むふく射エネルギーをいう．その単位は，分光ふく射* については $\text{W m}^{-2}\text{m}^{-1}$，全ふく射* については $\text{W m}^{-2}$ である． [牧野 俊郎]

## ふくすいき　復水器　steam condenser

蒸気タービンプラントで，タービン出口の水蒸気(タービン排気という)を凝縮する凝縮器．冷却を冷却水で行う場合，蒸気圧力は冷却水出口温度の飽和圧力近く(大気圧以下)まで低下する．安価に冷却水が得られない場合，空気で冷却する場合もある． [川田 章廣]

## ふくすいタービン　復水——　condensing turbine

タービン排気を復水器* で凝縮させて高真空を得，蒸気をタービン内で十分膨張させる方式の蒸気タービン．大きな動力が得られ，プラントの熱効率も高くできるため，事業用タービンに多く使用される． [川田 章廣]

## ふくせい　複製　replication

細胞周期の S 期において DNA は半保存的に合成される．これを DNA の複製という．DNA 複製は多くのタンパク質や酵素が関与する複雑な機構で，DNA 鎖を延長させるのは DNA ポリメラーゼという酵素である． [新海 政重]

## ふじゅんぶつこうか　不純物効果(晶析における)　impurity effect

結晶成長あるいは結晶核発生に影響を与える不純

物の効果．結晶成長は数 ppm レベルの不純物の存在で著しく抑制されることがある．結晶表面に吸着された不純物がステップの前進を押さえ，そのため結晶成長が抑制される（あるいは停止する）と考えられている．このピン止め機構は N. Cabrera と D.A. Vermilyea (1958) によって提唱された．不純物効果には結晶面特異性があるから，不純物を結晶形状制御に積極的に利用することができる．その場合はとくに媒晶剤とよぶことがある．核発生にも不純物効果があることが知られているが，この場合の作用機構はよく理解されてはいない．すなわち発生した結晶核の成長が抑制されることにより見掛け上核発生が影響を受けているのか，あるいは核発生プロセスそのものが影響を受けているのか，必ずしも明らかではない．不純物存在下の結晶成長に非定常性がみられることが報告されているが，これは不純物の結晶表面への吸着がゆっくり進行するためと考えられている．　　　　　　　　　　　　　　　　［久保田 徳昭］

**ふじょうせいりゅうし　浮上性粒子　floatable particle**
フロットサム (flotsam)．多成分粒子からなる粉粒体分散系とくに流動層*において，ほかの成分と比較して相対的に浮上性を有する粒子をいう．おもに密度や粒径の小さな成分が該当する．
　　　　　　　　　　　　　　　　［押谷　潤］

**ふじょうぶんり　浮上分離　flotation**
流体中に懸濁している固体粒子およびエマルション中の分散粒子を浮上させて分離する操作．浮上分離の形式は，密度差を利用した自然浮上法と，液中で発生させた微細気泡の表面に懸濁質を接触付着させる気泡浮上法の二つに分けられる．気泡の発生法としては，加圧析出法や電解法，多孔質板を用いた気体吹込み法などがある．浮上分離操作においては，一般に凝集剤や起泡剤，界面活性剤などが使用されるが，懸濁質の凝集性や疎水性，表面電位の相違によって分離効率が大きく影響されるため，それらの選択が分離プロセス向上の重要な鍵となる．
　　　　　　　　　　　　　　　　［中倉 英雄］

**ふしょくしろ　腐食しろ　corrosion allowance**
⇒腐れしろ

**ふしょくそくど　腐食速度　corrosion rate**
腐食率．金属および合金の全面でほぼ均等に進行する腐食の程度を表す尺度．単位面積，単位時間あたりの腐食量のこと．一般に用いられている表示単位としては重量 [g m$^{-2}$ d$^{-1}$] であることが多く，これを侵食深さに換算したもの [mm y$^{-1}$] なども使われる．通常，局部腐食の速度を表すときには用いない．
　　　　　　　　　　　　　　　　［矢ヶ﨑 隆義］

**ふしょくばい　負触媒　negative catalyst**
抑制剤*．阻害剤．触媒*の作用を低下させたり連鎖反応*を妨害するなど，その物質が反応系内に存在することによって反応速度を低下させる物質．
　　　　　　　　　　　　　　　　［大島 義人］

**ふしょくひろう　腐食疲労　corrosion fatigue**
材料が腐食環境下で繰返し荷重を受けること．このような場合には，腐食による劣化と疲労による劣化の相乗効果により，急速に劣化する場合がある．
　　　　　　　　　　　　　　　　［仙北谷 英貴］

**ふしょくふ　不織布　non-woven filter cloth**
繊維そのままをランダムに絡み合わせて結合接着させ，シート状，板状などの形にした布で，沪材*，複合材料の基材，衣用の芯地などに用いられる．織布*の対比語．沪材としては各種化学工業，とくにビスコース，冷却油，植物油，飲料用などに広く用いられている．　　　　　　　　　　　　　　［入谷 英司］

**ふしょくよくせいざい　腐食抑制剤　corrosion inhibitor**
インヒビター*．ボイラー用水，循環冷却水，非水環境など広範囲の腐食性環境中に少量を添加することによって，金属の腐食を低減させる物質をいう．腐食抑制剤には有機物から無機物に至るまで非常に多くのものがあり，対象となる金属や水環境によって使い分けられる．カソード反応抑制型，アノード反応抑制型およびカソード・アノード両反応抑制型に大別される．また，作用機構によって吸着皮膜型，酸化物（不動態皮膜）型，および抑制剤-金属間の難溶性皮膜型に分類されることもある．　　［礒本 良則］

**ふちゃくかくりつ　付着確率　sticking probability**
CVD*法，PVD*法などにより薄膜を作製するさいに，表面に入射する薄膜形成分子種の付着する確率のこと．付着確率を $\eta$ とすれば，表面一次反応速度定数との間には次の関係が成立する．

$$k_s = \frac{1}{4}\bar{v}\eta$$

ここで，$\bar{v}$ は分子種の熱並進速度であり，

$$\bar{v} = \sqrt{\frac{8RT}{\pi M}}$$

として与えられる．付着確率はステップカバレッジ*を決定する重要な因子となっている．［霜垣 幸浩］

**ふちゃくすい　付着水　surface water**
湿り固体の外表面に物理的に付着した状態にある

水，自由水*の一種である． [今駒 博信]

**ふちゃくりょく　付着力(粒子の)　adhesive force of particle**

平板・粒子間あるいは粒子間など互いに接触している物体を引き離すのに必要な力をいう．この力の起源は，ファンデルワールスポテンシャル*による力，液架橋力*，静電気力などによるとされている．気体中での2粒子間の付着力への寄与は，液架橋力がもっとも大きく，次いで静電気力，ファンデルワールス力である．これに対して液体中の付着力では，ファンデルワールス力が重要となる．現実の系における付着力の評価では，物体の自重を考慮する必要がある．付着力と粒子の自重との比を見掛けの付着力として，粉体現象との関係を検討することが多い．付着力はおおむね粒子径とともに増大するが，自重は粒子径の3乗に比例するので，粒子径が小さいほど見掛けの付着力は大きくなる．このため一般には粒子径が小さいほど付着・凝集が強くなると考えられているが，1接触点あたりの付着力は小さい．

付着力の測定では1個粒子の付着力を測定する方法と，粉体層の引張り破断実験からRumpfの式*などを用いて1接触点あたりの付着力を推定する方法がある．前者の方法は数百 μm 径の粒子で実験していたが，近年では原子間力顕微鏡を用いることで数 μm 径の粒子の付着力を直接測定できるようになった． [森　康維]

**ぶっかしすう　物価指数　price index**

ある基準年の物価を100とし，これに対比する比較年次の物価を指数化したもの．平成12年を基準年次とする596品目の商品について総務省統計局から発表される消費者物価指数(CPI)と，平成7年基準の1604品目について日本銀行が出す卸売物価指数が代表的である． [岩村 孝雄]

**フックのほうそく　――の法則　Hooke's law**

フック則．材料に加えられる荷重と変形量を関係を表す法則．英国の物理学者 R. Hooke は，多くの材料について変形挙動を観察し，負荷される荷重と変形が線形関係にあり，荷重を取り除くともとの寸法に戻ることを発見した．これをフックの法則という．材料力学では，応力 σ とひずみ ε を用いて $\sigma = E\varepsilon$ で表される．この比例定数 $E$ が弾性係数である．応力-ひずみ関係において，フックの法則が成立する領域を弾性域とよび，この範囲の応力の最大値を降伏応力*あるいは降伏強さという． [仙北谷 英貴]

**ぶっしついどう　物質移動　mass transfer**

気液系，液液系など不均一系の界面を通して物質が移動する現象を一般にいう．ガス吸収*や純液体の蒸発*では，着目成分のみが一方拡散*により気液両相の境膜*内を移動する．このとき，たとえばA, B二成分系の成分 A が液相側境膜*を移動するとき，境膜説*によると，物質移動流束* $N_A$ [mol m$^{-2}$ s$^{-1}$] は次式で近似できる．

$$N_A = \frac{CD_{ABL}}{(1-x_A)_{\text{ln}}} \frac{x_{Ai}-x_A}{\delta_L} = k_L(C_{Ai}-C_A)$$

ここで，$C$ は全濃度，$x_A$ は成分 A のモル分率，$C_{Ai}$ は界面濃度，$C_A$ は液相本体の濃度，$D_{ABL}$ は拡散係数*，$\delta_L$ は液側境膜*の厚みである．$k_L$ [m s$^{-1}$] は液相物質移動係数*で，$k_L = D_{ABL}/\{\delta_L(1-x_A)\}$ で表される．また，混合溶液の蒸留*で，とくに蒸発潜熱*が等しい成分 A, B が界面で分縮するような場合には物質移動は等モル相互拡散*となる．このとき，物質移動係数は $k_L = D_{ABL}/\delta_L$ で表される．

このように，(物質移動流束) = (物質移動係数) × (濃度推進力*)という関係がなりたつ．この濃度推進力については，取扱う系に準じて，モル分率差，質量分率差，分圧差，絶対湿度差などが用いられる．たとえば，気相側での物質移動流束は，分圧差を推進力にとり，気相物質移動係数を $k_G$ とすると，次式で表される．

$$N_A = k_G(p_A - p_{Ai})$$

ここで，$k_G$ は，一方拡散では $k_G = D_{ABG}/\{RT\delta_G(1-y_A)_{\text{ln}}\}$，等モル相互拡散では $k_G = D_{ABG}/RT\delta_G$ で表される．

ところで界面濃度の測定は困難である．そこで，通常，物質移動流束は気液両相本体の濃度を用い，液相側，気相側に対しそれぞれ次式で表されている．

$$N_A = K_L(C_A^* - C_A) = K_L\{(p_A/H) - C_A\}$$
$$N_A = K_G(p_A - p_A^*) = K_G(p_A - HC_A)$$

ここで，$C_A^*$, $p_A^*$ はそれぞれ平衡濃度および平衡圧，$H$ はヘンリー定数*である．$K_L$ は気相基準総括物質移動係数，$K_G$ は液相基準総括物質移動係数でそれぞれ次の関係がなりたつ．

$$1/K_L = 1/(Hk_G) + 1/k_L$$
$$1/K_G = 1/k_G + H/k_L$$

物質移動係数 $k_L$, $k_G$ の実測値は，シャーウッド数* $Sh$，シュミット数* $Sc$，レイノルズ数* $Re$ の無次元式 $Sh = f(Sc, Re)$ で相関されている．気相物質移動係数は Gilliland らの式など，液相物質移動係数は浸透説*などにより推算できる． [神吉 達夫]

**ぶっしついどう　物質移動(気泡-エマルション間の)　mass transfer between bubble and emulsion phases**

濃厚領域*を有する気固系流動層では，気泡*が生成し，気泡相濃厚相(とエマルション相)間に物質移動抵抗*が生じ，両相の間に濃度差が発生する．気泡相およびエマルション相での濃度を $C_b, C_e$ [mol m$^{-3}$]，流動層単位体積あたりの気泡界面積 $a_b$ [m$^{-1}$]，物質移動係数* $k_{ob}$ [ms$^{-1}$] とすると，流動層単位体積あたりの気泡-エマルション間の物質移動速度 $N$ [mol m$^{-3}$ s$^{-1}$] は $N=k_{ob}a_b(C_b-C_e)$ で表される．物質移動係数 $k_{ob}$ は一般に浸透説*に基づいて解析されている．(⇒ガス交換係数) 　　　　　[筒井 俊雄]

**ぶっしついどう(高粘度液と気相間の)** mass transfer between gas and high viscous liquid

高粘度液と気相間の物質移動*は，気相に比して液側の物質移動が支配的になるため，両相間での物質移動操作は液側物質移動係数と単位体積あたりの界面積を増大させる操作が必要となる．ただし，高粘度液中に微細な気泡を分散させた場合は，その後の脱気泡操作が困難となるので注意が必要である．
(⇒気液界面物質移動容量係数) 　　　[平岡 節郎]

**ぶっしついどうけいすう　物質移動係数** coefficient of mass transfer, mass transfer coefficient

物質移動速度(単位時間の物質移動量)が移動の起こる有効接触面積*および推進力*に正比例する，と仮定したときの比例係数．異相間，たとえば気液間，液液間などの物質移動では，界面に接して存在する境膜*内の推進力(流体本体濃度と界面濃度との差)に比例すると考え，これを境膜物質移動係数*という．境膜が気体か液体かによって，気相物質移動係数*(またはガス境膜物質移動係数*，ガス側物質移動係数)，液相物質移動係数*(または液境膜物質移動係数*，液側物質移動係数)とよぶ．さらに，液液抽出*では連続相*物質移動係数，分散相*物質移動係数とよぶこともある．

境膜物質移動係数を実験によって求めるため，あるいは境膜物質移動係数を設計に用いるためには，相界面の濃度を知る必要があるので，実用上，各相の本体濃度のみで測定できる総括推進力*を用いることがある．このときの値を総括物質移動係数*とよぶ． 　　　　　　　　　　　　　　[後藤 繁雄]

**ぶっしついどうけいすう　物質移動係数(液液界面の)** liquid-liquid mass transfer coefficient

2液相間の物質移動係数* $k_L$ は，実験的には物質移動容量係数* $k_La$ を2液間の単位体積あたりの界面積 $a$ で割ることによって求められる．この界面積 $a$ は，通常平均滴径(体面積平均径*) $d_{32}$ と分散相の体積分率 $\phi$ を用いて $a=6\phi/d_{32}$ から求められる．また，固液物質移動係数*と同様，シャーウッド数*を，乱流理論に基づき，液単位体積あたりの所要動力*をパラメーターにした代表速度と，平均滴径を用いた粒子レイノルズ数*およびシュミット数*で相関することができる． 　　　　　[加藤 禎人]

**ぶっしついどうけいすう　物質移動係数(粒子-流体間の)** mass transfer coefficient between particle and fluid

流体中に置かれた単一粒子まわりのシャーウッド数* $Sh$ は，Ranzにより $Sh=2+0.6Re_p^{1/2}Sc^{1/3}$ で与えられている($Re_p$ は粒子レイノルズ数，$Sc$ はシュミット数)．充填層における $Sh$ は同様に $Sh=2+1.8Re_p^{1/2}Sc^{1/3}$ で与えられる．気泡流動層内粒子の $Sh$ は，$Re_p$ が100以上では，単一粒子の場合と充填層の場合の間にほぼ入るが，$Re_p$ が100以下での $Sh$ は単一粒子の場合よりはるかに小さくなることが知られている． 　　　　　　　　　　[清水 忠明]

**ぶっしついどうそうかんしき　物質移動相関式** correlation of mass transfer

物質移動係数*を見積もるための相関式．気液系では，おもに液単位体積あたりの撹拌所要動力*およびガス空塔速度*をパラメーターにして有次元相関されることが多い．固液系ではシャーウッド数*，粒子レイノルズ数*，シュミット数*で相関されることが多い． 　　　　　　　　　　[加藤 禎人]

**ぶっしついどうていこう　物質移動抵抗** mass transfer resistance

⇒物質移動速度

**ぶっしついどうようりょうけいすう　物質移動容量係数** volumetric coefficient of mass transfer

物質移動係数*と比表面積*(装置の単位体積あたりの有効接触面積)との積のことであり，装置の単位体積あたりの物質移動係数ともいえる．とくに境膜あるいは気液界面での物質移動容量係数のことを境膜容量係数*，気液界面物質移動容量係数*とよぶ．さらに境膜容量係数はガス境膜容量係数，液境膜容量係数に分けられる．これらはそれぞれガス境膜物質移動係数*，液境膜物質移動係数*と比表面積との積である．

物質移動係数および比表面積の個々の値が正確に求められないときでも，物質移動容量係数は，装置単位体積あたりの物質移動速度の測定値を，推進力*の測定値で割ることにより得ることができ設計に使用される．また，多くの相関式が存在するので，個々の装置や操作条件にもっとも適した式を使用すべき

である． ［後藤 繁雄］

## ぶっしついどうりゅうそく　物質移動流束　mass transfer flux

物質移動流束は，混合物質の成分が固定座標からみて，単位面積，単位時間あたりに移動する質量数あるいはモル数で定義される．今，成分 $i$ の密度を $\rho_i$，濃度を $c_i$，移動速度を $v_i$ とすると，質量基準の物質移動流束* $n_i$ [kg m$^{-2}$ s$^{-1}$] および，モル規準の物質移動流束 $N_i$ [mol m$^{-2}$ s$^{-1}$] はそれぞれ次式で表される．

$$n_i = \rho_i v_i = \rho_i(v_i - \bar{v}) + \rho_i \bar{v} = J_i + \omega_i \sum_j n_j$$
$$N_i = c_i v_i = c_i(v_i - v^*) + c_i v^* = J_i^* + x_i \sum_j N_i$$

ここで，$\bar{v}$ は質量平均速度，$v^*$ はモル平均速度，$J_i$，$J_i^*$ はそれぞれ質量流束およびモル流束基準の拡散流束* である．(⇒物質移動，拡散，フィックの法則)
［神吉 達夫］

## ぶっしつしゅうし　物質収支　material balance, mass balance

質量収支．質量保存の法則を任意の囲まれた系(装置あるいはプロセスの一部分または全体など)に適用した物質の収支関係．熱収支* とともに諸計算の基礎となる重要な関係である．化学反応の有無にかかわらず，一般に次式となる．

$$\begin{pmatrix}系内に蓄積\\される質量\end{pmatrix} = \begin{pmatrix}系に入\\る質量\end{pmatrix} - \begin{pmatrix}系から出\\る質量\end{pmatrix} + \begin{pmatrix}系内で生成\\される質量\end{pmatrix}$$

系内で物質の生成や消費がないときには
$$(蓄積量) = (入量) - (出量)$$
となり，さらに定常状態のときには
$$(入量) = (出量)$$
で表される． ［後藤 繁雄］

## ぶっしつじゅんかんプロセス　物質循環——material recycle process

物質は保存されるから焼却によって最終処分量は減少するものの，減少分に見合う二酸化炭素が排出されるように，真の排出ゼロはありえない．持続可能な社会を実現するには，資源・エネルギーの有効活用と環境負荷低減を併せて実現できる生産プロセスや社会ステム，ライフスタイルを構築する必要がある．物質循環プロセスの導入による循環型社会の実現は，持続可能な未来社会形成のための手段であり，物質循環プロセスの導入自体が目的ではない．

循環型社会構築のための方策と手順を図に示す．まず，資源・エネルギー消費と排出削減の発生源対策(⇒発生源対策)を行い，それでも削減されずに発生する未利用物質・廃棄物については，他産業の原料への転換やサーマルリサイクル* によるエネルギー回収などを検討する．事業所内でのリサイクルが困難な場合には，近隣の事業所とのネットワーク化を検討する．未利用物質・廃棄物に関する性状，組成，排出量，地理的な位置，忌避物質の含有などに関する情報に基づいて再利用の用途や再利用先を検索する．これらの情報や結果に基づいてゼロエミッションのための産業間物質循環プロセスが形成される．産業系に加えて民生系の未利用物質・廃棄物に対しても，地域でこのような対策を行うことで循環型社会を形成する．
［藤江 幸一］

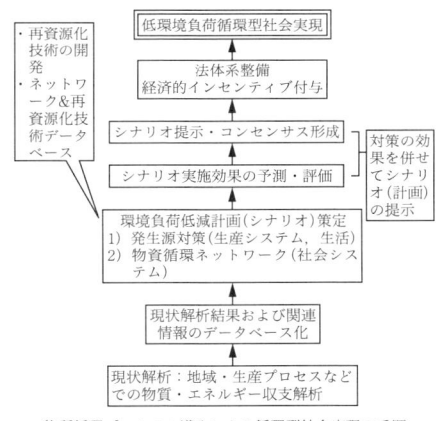

物質循環プロセスの導入による循環型社会実現の手順

## ぶっしつのきゃっかんせいげんり　物質の客観性原理　material objectivity law

一般に物質の構成方程式* においては，応力がひずみ速度テンソルの関数として記述される．ひずみ速度テンソルは定義された座標系に従って表現式が変化し，異なる座標間では座標変換の関係式がなりたつ．一方，構成方程式* 中に表れる粘度その他の物質定数は，観測する座標系にかかわらず一定の値をとるべきである．このような観測座標系に無関係に物質の特性値が一定であることを，物質の客観性原理という．具体的にはひずみ速度テンソルの座標変換にさいして普遍である量に，粘度* などのレオロジー* 定数が依存するとして，物質の構成方程式* が組み立てられる．
［薄井 洋基］

## ぶっしつりゅうそく　物質流束　mass flux

単位時間・単位面積あたりの物質の移動量．流体A成分の流速を $u_A$，の濃度を $C_A$，密度を $\rho_A$ とすると，A成分のモル基準の物質流束 $N_A$ は $N_A = C_A u_A$，密度基準の物質流束は $n_A$ は $n_A = \rho_A u_A$ となる．二成分系のモル基準の平均速度 $u^*$ は $u^* = (N_A + N_B)/(C_A + C_B) = x_A u_A + x_B u_B$，また質量基準の平均速度 $u$ は $u = (n_A + n_B)/(\rho_A + \rho_B) = w_A u_A + w_B u_B$ で与えられる．ここで，$x_A$, $x_B$ は A, B 成分のモル分率，$w_A$, $w_B$ は質量分率である．これらの関係を用いて，二成分系のモル基準の拡散流束 $J_A$ は $J_A = C_A(u_A - u^*) = N_A - x_A(N_A + N_B)$，質量基準の拡散流束 $j_A$ は $j_A = \rho_A(u_A - u) = n_A - w_A(n_A + n_B)$ で表される．フィックの拡散の式は，拡散流束に対して定義される．モル基準では $J_A = -CD_{AB}\nabla x_A$，質量基準では $j_A = -\rho D_{AB}\nabla w_A$ である． [平田 雄志]

**ぶっしつりょう　物質量**　amount of substance

物質の量を表す単位．単位記号は mol であり，0.012 kg の炭素12の中に存在する原子の数(アボガドロ数*)に等しい数の要素粒子(原子，分子，イオンなど)を含む対象物が 1 mol である．
[荒井 康彦]

**ふってん　沸点**　boiling point

液体の蒸気圧が外圧と等しくなる温度．とくに外圧が 1 atm (101.325 kPa) の場合は標準沸点という．(⇒標準状態) [荒井 康彦]

**ふってんけいさん　沸点計算**　bubble point calculation

圧力一定の定圧気液平衡において，液組成を与えて平衡な気相組成と温度(沸点温度)を求める計算．なお，定温気液平衡でも，液組成を与えて平衡な気相組成と圧力(沸点圧力)を求める計算も沸点計算の一つである． [長浜 邦雄]

**ふってんじょうしょう　沸点上昇**　boiling point raising

揮発性液体に不揮発性の溶質が溶解している場合，その溶液の沸点がもとの純粋液体の沸点よりも上昇する現象．略して，BPR*, BPE* ともいう．蒸発装置，とくに多重効用缶においては，沸点上昇のために総括温度差* が小さくなるので伝熱面積を増す必要が生じる．また，蒸発装置では溶質の存在による沸点上昇のほかに液深すなわち静圧によっても沸点上昇が起る． [平田 雄志]

**ふってんぶんしよう　沸点分子容**　liquid molar volume at the normal boiling point

各種液体についての標準沸点におけるモル体積．Le Bas や E. Schroeder のグループ寄与法により推算できる．溶質や溶媒の物性を代表する物性値として Wilke-Chang 式などの拡散係数推算式に用いられる． [船造 俊孝]

**ふってん・ろてんきょくせん　沸点・露点曲線**　bubble point and dew point curve

二成分系の気液平衡* において，定圧では液組成-温度あるいは定温では液組成-圧力の関係を沸点曲線という．また，定圧では蒸気組成-温度，定温では蒸気組成-圧力の関係を露点曲線という．そして，両方を併せて沸点・露点曲線と称する． [長浜 邦雄]

**ふっとうきょくせん　沸騰曲線**　boiling curve

⇒沸騰熱伝達

**ふっとうでんねつ　沸騰伝熱**　boiling heat transfer

⇒沸騰熱伝達

**ふっとうねつでんたつ　沸騰熱伝達**　boiling heat transfer

沸騰伝熱．飽和温度の液中に浸した伝熱面の温度 $T_w$ を液体の飽和温度* $T_{sat}$ 以上に上げていき，伝熱面の過熱度* $\Delta T_{sat} (= T_{sat} - T_w)$ に対して，伝熱面の熱流束* $q$ をプロットすると，図に実線で示したような沸騰曲線を得る．また，熱伝達係数 $h (= q/\Delta T_{sat})$ は点線のようになる．

AB 域は沸騰を伴わない自然対流熱伝達* の領域である．伝熱面温度を上げると，B 点で伝熱面のピットなどに残存する気泡を核として，気泡が発生し始める．このように気泡が現れると，熱伝達は著しく良好になり，その結果 $\Delta T_{sat}$ のわずかな増加により $q$ は急激に増大する．伝熱面温度がさらに上昇すると，熱流束は B → C のように急上昇を続ける．しかし，D 点付近で多量の蒸気が発生すると，伝熱面に触れる液体量が少なくなって乾いた部分が増加する結果，$\Delta T_{sat}$ の増加とともに熱流束が減少する不安定な DF 域が現れる．さらに過熱度が増加すると，伝熱面に液体は接しなくなり，蒸気膜が伝熱面を覆ったままとなる FG 域となる．BD 域を核沸騰*，DF 域を遷移沸騰*，FG 域を膜沸騰* とよぶ．また，D 点を極大熱流束点，F 点を極小熱流束点とよぶ．さらに，CD の間にあって熱伝達係数 $h$ の最大値を示す点を抜山点* とよぶ．

核沸騰域は，わずかな伝熱面過熱度で対流伝熱域に比べると非常に大きな伝熱量が得られるので，実用上の価値は高い．しかし，極大熱流束以上の熱流束を得ようとすると，対応する膜沸騰域の条件に移行して，伝熱面温度が非常に高くなって溶融焼損する場合がある．そこで，D 点をバーンアウト点* とよ

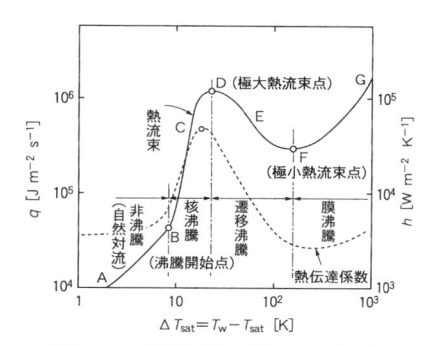

飽和水プール沸騰(大気圧)[便覧，改六，図6・29]

ぶこともあり，工業上重要視している．
[深井　潤]

**ぶつりかがくてききゅうしゅうほう　物理化学的吸収法　physicochemical gas absorption**

物理吸収*でのガスの溶解度は，分圧にほぼ比例し，低温ほど大きいので，比較的高圧，低温下でのガス吸収に適している．他方，反応吸収*では，ガスは液中の反応物質と反応して吸収されるので，分圧が低い範囲でもガス吸収量は非常に大きく，高い除去率が得られ，また物理吸収と比較して選択性が高い．

物理化学的吸収法は，物理吸収剤と化学吸収剤の混合溶液を用いることにより両者の特徴を効果的に利用するガス吸収法であり，スルフィノール法*はこの一例である．所定の圧力，温度におけるガスの溶解度は，着目成分の物理的溶解度，化学平衡などによって決まり，溶解度の圧力依存性は物理吸収より小さい．
[寺本　正明]

**ぶつりかがくてきはいすいしょりぎじゅつ　物理化学的排水処理技術　physicochemical wastewater treatment technology**

物理化学的作用に基づく処理技術で，蒸気圧，溶解度，親・疎水性，イオンの荷電や移動度，分子量などの物理化学的性質が処理原理および処理機能を支配する．

排水処理では，揮散(エアストリッピングなど)，吸着(活性炭吸着*など)，凝集，晶析(リン除去など)，イオン交換*，膜沪過*，電気透析などがあげられる．また，砂沪過において沪材による懸濁粒子の捕捉にも，界面での物理化学的作用も影響していることが指摘されている．
[木曽　祥秋]

**ぶつりきゅうしゅう　物理吸収　physical absorption**

気体が液体中に反応を伴わないで単に溶解，吸収される場合であり，反応を伴う反応吸収*(あるいは化学吸収*)とは異なる．$H_2$，$O_2$，$N_2$などの水中への吸収は，代表的な物理吸収の例である．なお，$SO_2$，$Cl_2$，$NH_3$などのように水の中に溶解してイオンに解離する場合も物理吸収とよぶ．(⇒ガス吸収)
[後藤　繁雄]

**ぶつりきゅうちゃく　物理吸着　physical adsorption, physisorption**

化学吸着*に対比される用語で，固体表面への吸着が，ファンデルワールス力*と総称されるLondon分散力，双極子相互作用，電気四重極相互作用のような比較的緩い結合で起こっているもの．物理吸着は可逆的で，吸着量は吸着質の濃度とともに増加し，温度とともに減少する．吸着熱*は凝縮熱の1～2倍程度で，吸着速度は一般に速い．(⇒化学吸着)
[広瀬　勉]

**ぶつりてききそうせきしゅつほう　物理的気相析出法　physical vapor deposition**

⇒PVD

**ぶつりモデル　物理——　first principle model**

現象論モデル．物理化学モデル．システムの入出力間の因果関係を表現するモデルの一つ．対象とするシステムのなかで起きている現象を，物理・化学・熱力学で求められている支配方程式と構成方程式で表すためのモデルである．化学プロセス系の物理モデルは，質量・エネルギー・運動量に関する保存則や，流れや反応や気液平衡などに関する構成方程式で構成される．現象論モデルとよばれることもある．
[大嶋　正裕]

**ふどうたい　不動態　passivity**

金属が低い溶解電流状態にあること．一般に金属が水環境で活性態にあるとき，金属の溶解速度あるいは溶解電流はその電位とともに上昇する．これは金属のアノード溶解における電位-電流曲線を得ることで確かめられる．ところがある限界の電位を超えると，溶解速度が急激に減少し，電位が上昇してもしばらくは低い溶解電流を保つことがある．この電位の領域を不動態域という．この領域で金属は不動態化しており，金属表面に保護性の皮膜を形成している．(⇒保護皮膜)
[磯本　良則]

**ふどまり　歩留り　yield**

収率．物の製造において実際に製造された量を，その原材料から理論上製造できる最大の量で割った

値のこと．材料的にみた製造操作の効率とも考えられる． ［松本　光昭］

**ぶぶんあんていジルコニア　部分安定—— partially stabilized zirconia**
純 $ZrO_2$ は融点からの冷却過程において，立方晶系から正方晶系，さらに単斜晶系へと変化する．十分な安定化剤を添加して得られる立方晶のみの $ZrO_2$ は安定化ジルコニアとよばれ，安定化剤量が少なく立方晶，正方晶，単斜晶からなる $ZrO_2$ は部分安定ジルコニアとよばれる． ［松方正彦・高田光子］

**ぶぶんかんりゅう　部分還流　partial reflux**
蒸留塔の塔頂に設置した凝縮器から流出する液の一部を塔内に戻す還流操作．凝縮液をすべて塔内に戻す全還流*と区別するときに用いることが多い．通常の還流操作は部分還流である． ［小菅　人慈］

**ぶぶんこんごうけい　部分混合系　partial mixing**
多成分粒子からなる粉体群において，その一部が部分的に混合した状態をいう．粒径や密度の違いにより流動層*や振動層内で偏析*を生じる多成分粒子においても，混合を推進する外力が局所的に作用する場合には，部分的な混合が生じる．
［押谷　潤］

**ぶぶんねんしょう　部分燃焼　partial combustion**
部分酸化．部分燃焼とは不完全燃焼のことで，空気比が1より小さい燃焼をいう．ガス化とよばれることもある．部分燃焼は，$H_2$, CO などの還元性ガス（合成ガス）を生成する．合成ガスは化学原料やガスタービン用燃料などに利用される．部分燃焼に用いられる原料は重質油や石炭で，燃焼装置は高温・高圧下で操作される． ［西村　龍夫］

**ぶぶんほしゅうこうりつ　部分捕集効率　fractional collection efficiency**
集じん装置の粒径ごとの捕集効率．部分捕集効率を知ることにより，さまざまな粒度分布をもつ粉じんの総合捕集効率* $E_t$ を次式により予測することができる．
$$E_t = \int_0^\infty f(D_p)\, \eta(D_p)\, dD_p$$
ここで，$f(D_p)$ は集じん機入口における粉じんの粒度分布関数，$\eta(D_p)$ は部分捕集効率である．部分捕集効率を粒径に対してプロットしたものは，部分捕集効率曲線とよばれ，集じん装置あるいは分級装置の捕集性能，分級性能を表すものとして用いられる．分級装置の場合，この部分捕集効率曲線が狭い粒径範囲に入っているほどシャープな分級が可能になり，性能のよい分級機といえる． ［大谷　吉生］

**ぶぶんモルりょう　部分モル量　partial molar quantity**
分子配量．偏分子量．成分 $1, 2, 3, \cdots, i-1, i, i+1, \cdots$ の，$n_1, n_2, n_3, \cdots, n_{i-1}, n_i, n_{i-1}, \cdots$ モルからなる均一混合物の温度 $T$，圧力 $p$ における示量的性質*（体積 $V$，ギブスのエネルギー* $G$，エンタルピー* $H$，エントロピー* $S$ など）を一般に $M$ とするとき，次式

$$\bar{M}_i = \left(\frac{\partial M}{\partial n_i}\right)_{p,T,n_1,n_2,n_3,\cdots,n_{i-1},n_{i+1},\cdots}$$

で定義される $\bar{M}_i$ を成分 $i$ の部分モル量という．部分モル量は状態量であり，示強的性質である．$M$ が $V$ の場合には $\bar{V}_i$ を成分 $i$ の部分モル体積とよぶ．
部分モル量は混合物の $p$，$T$ および成分 $i$ 以外のすべての成分の物質量を一定に保って，成分 $i$ を微少量加えた（または減じた）ときの示量的性質の変化割合を表し，成分 $i$ の 1 mol が混合物中で実際に寄与している度合いを意味している．部分モル量を用いると，各成分についての加算
$n_1\bar{M}_1 + n_2\bar{M}_2 + n_3\bar{M}_3 + \cdots$
$\qquad + n_{i-1}\bar{M}_{i-1} + n_i\bar{M}_i + n_{i+1}\bar{M}_{i+1} + \cdots$
$\qquad = M$
により，混合物全体の示量的性質 $M$ が得られる．
［滝嶌　繁樹］

**ふゆうりゅうしじょうぶっしつ　浮遊粒子状物質　suspended particulate matter**
粉じん．大気中を沈降せず浮遊している液滴あるいは固体状の微粒物質のこと．長距離拡散しやすいので，光化学反応などにより変質する場合がある．また，降雨に吸着，吸収され，地上へ沈着する場合もある． ［成瀬　一郎］

**フューエルエヌ・オーとたいさく　——NO と対策　fuel NO formation and reduction**
燃料中窒素を起源として生成する NO をフューエル NO という．燃料中窒素が揮発して生成する $NH_3$ や HCN から NO が生成される経路（ボラタイル NO）と，燃料中に残存した窒素から NO が生成される経路（チャー NO）がある．フューエル NO の低減には，低 $NO_x$ バーナー*，二段燃焼*，濃淡燃焼*が有効である． ［神原　信志］

**フューエルノックス　——$NO_x$　fuel $NO_x$**
⇒炉内脱硝法

**フライアッシュ　fly ash**
石炭*をボイラー*で燃焼したときに副産物として発生する無機物質のなかで，集じん装置*で集められた石炭灰をフライアッシュ，ボイラー底部で回

収される溶結状の灰をクリンカーアッシュとよぶ．フライアッシュは数十μm以下の微細な球形粒子であり，フライアッシュの化学組成は，$SiO_2=44.6〜74.0\%$，$Al_2O_3=16.4〜38.3\%$，$Fe_2O_3=0.6〜22.7\%$，$MgO=0.2〜2.8\%$，$CaO=0.1〜14.3\%$である．フライアッシュは，セメント原料やコンクリート混和材をはじめ，建材，地盤改良材など多くの分野で再生資源として使用されている．

[二宮 善彦]

## フライトコンベヤー　flight conveyor

スクレーパーコンベヤー(scraper conveyor)ともよばれる機械的な輸送装置の一つ．進行方向に等間隔にフライトをチェーンに取り付け，粉粒体をこのフライトの間に満たしながら輸送する．粉粒体はしゅう動するので摩擦が大きく，所用動力も大きい．他方，設備費が安く，またトラフの任意の位置に粉粒体排出口を設けることができるなどの利点も有する．傾斜角は通常30°程度までである．

[辻　裕]

## ブライン　brine

本来の意味は塩化物溶液の総称であり，以下の二つの分野でおもに使われる．

① 冷凍機においては蒸発器で冷却され，被冷却物に冷熱を輸送する二次的な冷媒*をいう．塩化カルシウム水溶液などの無機系ブライン，エチレングリコールなどのアルコール系ブライン，フロン系，有機溶剤系がある．エチレングリコールブラインなどアルコール系や有機系は，金属に対する腐食性が少ないため冷凍用ブラインとしてもっとも一般的である．食品工業では毒性のないプロピレングリコールが使用される例が多いが，最近では粘性が低く，COD(化学的酸素要求量)やBOD(生物化学的酸素要求量)が低いなど環境保全に有利なエタノールブラインも使用されている．

② 海水淡水化装置においては，水分蒸発後の濃縮液および逆浸透膜/電気透析膜などで脱塩処理したあとの濃縮液も，ブラインとよぶ．

[川田 章廣]

## ブラウンかくさん　——拡散　Brownian diffusion

液体あるいは気体中に浮遊する微小粒子は，まわりの熱運動をする流体分子の衝突により運動量を受け取り，不規則な運動を起こす．これが，ブラウン運動で，ブラウン運動によって気体分子と同様に粒子が拡散する現象をブラウン拡散という．粒子のブラウン拡散は粒径約1μmになると顕著になり，1μm以下の微粒子の重要な捕集機構である．粒子のブラウン拡散係数$D$は，液体中，気中と問わず，次のストークス-アインシュタインの式で求めることができる．

$$D=\frac{C_c kT}{3\pi\mu D_p}$$

ここで，$C_c$はカニンガムの補正係数(液体中の粒子では1)，$k$はボルツマン定数，$T$は温度，$\mu$は流体の粘度，$D_p$は粒径である．

[大谷 吉生]

## ブラウンかくさんけいすう　——拡散係数　Brownian diffusion coefficient

気相中あるいは液相中に浮遊する微粒子は周囲の媒体分子との衝突により常時ランダムなブラウン運動を行っており，分子拡散と同様，フィックの法則*が成立する．拡散係数をブラウン拡散係数といい，次のストークス-アインシュタインの式で与えられる．

$$D_{BM}=\frac{kTC_c}{3\pi\mu D_p}$$

ここで，$D_{BM}$はブラウン拡散係数，$D_p$は粒子径，$k$はボルツマン定数，$T$は系の温度，$C_c$はカニンガムのスリップ補正係数*，$\mu$は流体の粘度である．

[増田 弘昭]

## ブラウンぎょうしゅう　——凝集　Brownian coagulation

気相中あるいは液相中に浮遊する微粒子のブラウン運動*による凝集*．微粒子は周囲の媒体分子との衝突により常時ランダムな運動を行っているが，この運動(ブラウン運動)により粒子どうしが接触・衝突し，凝集する現象．単分散粒子では，系に存在する粒子数はその時刻での粒子数の2乗に正比例して減少する．比例定数を2倍したものは粒子間の衝突頻度を表し，ブラウン凝集定数あるいはブラウン凝集速度関数という．ブラウン凝集定数は媒体の温度に正比例し(分子運動が激しくなるため)，粘度に反比例するが(粒子に作用する流体抵抗が大きくなるため)，媒体が希薄になるか，対象とする粒子が小さくなると，流体抵抗に対するカニンガムのスリップ補正が必要となり，さらに一般的には，ブラウン拡散に分子運動を組み込んで解析されたフックスの式で求められる．普通，常温・常圧の気相中におけるブラウン凝集速度は粒子径0.01〜0.1μmの範囲で最大となる．なお，ブラウン運動している粒子間に静電気力やファンデルワールス力*などが作用するときは補正が必要である．粒子径に分布のある多分散粒子系の場合，ブラウン凝集による粒子径分布の変化は凝集速度関数を用いたポピュレーションバラ

ンス法*によって計算される． 　　［増田　弘昭］

**フラクソータンク**　Fluxo tank

　高圧タンク内で粉体を流動化し，加圧することによって排出・圧送する高濃度空気輸送装置の一種．一般にはブロータンクという．固気混合比は輸送中変化するが，数気圧という比較的高い圧力でも用いられ，高濃度・長距離輸送ができる．普通は回分式であるが，タンクを2基並列に用いれば，連続的な輸送も可能である． 　　［増田　弘昭］

**プラグゆそう　──輸送**　plug conveying

　粉粒体の管内空気輸送において粒子濃度が高くなると，粒子群が管断面全体をプラグ(栓)状にふさぐ状態になる．このような状態を保って粉粒体を輸送する方法をプラグ輸送とよぶ．プラグ輸送ではほとんどの粒子は管と衝突することがないので，管の摩耗や粒子の破砕は大幅に改善される．プラグ輸送は所用動力の点でも有利であり，低濃度高速輸送の欠点をカバーする方法である．適当な長さのプラグが適当な間隔をもって次々に移動するのがプラグ輸送にとって理想的な流動状態である．自然にプラグが形成される場合もあるが，一般にはそのような状態が安定して維持されることは期待できない．したがって，空気の流れを制御したり，二次的な空気を導入するなどの補助的手段がとられる． 　　［辻　　裕］

**プラグりゅう　──流**　plug flow

　プラグは栓を意味する．水平円管内を気液二相流*が流れるときに液体のプラグと気体のプラグが交互に流れる状態をよぶ．スラグ流と併せて間欠流という．なお，塑性流体*の栓流*にもこの語が用いられることがある．(⇒気液二相流) 　　［柘植　秀樹］

**Blasius のしき　──の式**　Blasius equation

　乱流*における平滑管*の管摩擦係数*を表す，以下に示す実験式．

$$f = 0.0791 Re^{-1/4}$$

適用範囲が $3\times10^3 < Re < 10^5$ と，板谷の式*と比較して狭いが式が簡単な形をしているのが利点である． 　　［吉川　史郎］

**Blasius のていこうそく　──の抵抗則**　Blasius' law of drag

　H. Blasius は円管内乱流の速度分布が1/7乗則*に従うとして，乱流速度分布を積分して平均流速を求め，摩擦係数*との関係を求めた．この得られた結果をいう． 　　［薄井　洋基］

**プラスチックライニング**　plastic lining

　樹脂ライニング．耐食(場合によっては非粘着)を目的とした樹脂材料による被覆．フッ素樹脂，ポリエチレン，ポリプロピレン，塩化ビニル樹脂などの熱可塑性樹脂およびエポキシ樹脂，ポリエステル，ビニルエステル樹脂，フェノール樹脂，フラン樹脂などの熱硬化性樹脂が用いられる． 　　［久保内　昌敏］

**プラスチックリサイクル**　plastic recycle

　廃棄されたプラスチックを再資源化，再商品化することであり，次の3種類がある．① マテリアルリサイクル：廃プラスチックをプラスチックのまま原料にしてリサイクルする．コンテナ，土木建築資材など．② ケミカルリサイクル：プラスチックを化学原料に戻してからリサイクルする．あるいはそのまま化学原料としてリサイクルする．モノマー化，高炉還元，コークス炉化学原料化など．③ サーマルリサイクル：焼却によって熱を回収する．セメントキルン，ごみ発電，RDF(ごみ固形燃料)． 　　［後藤　尚弘］

**プラズマかねつほう　──加熱法**　plasma heating method

　プラズマ蒸発法．熱プラズマ*によるナノ粒子*製造方法の一つ．プラズマ蒸発法，反応性プラズマ蒸発法，活性プラズマ-溶融金属反応法がある．プラズマ蒸発法は熱プラズマにより金属を加熱蒸発させ，その蒸気を気相中で冷却凝縮する方法．反応性プラズマ蒸発法は，熱プラズマで得られる高温蒸気の冷却過程において化学反応を起こさせる方法．活性プラズマ-溶融金属反応法は，アークプラズマ*中で原子状に解離した活性化学種により溶融金属からナノ粒子*を合成する方法．プラズマ加熱法によるナノ粒子の合成では，粒径が小さいこと以外に準安定相や非平衡組成の粒子，あるいは組成の制御された合金や化合物の粒子を合成できるという特徴がある． 　　［渡辺　隆行］

**プラズマシー・ブイ・ディー　──CVD**　plasma CVD

　P-CVD．PECVD (plasma-enhanced CVD)．CVD 反応器内で放電プラズマ*を発生させ，プラズマを励起源として原料分子を分解し，成膜を行う方法．単にプラズマ CVD という場合，通常はグロー放電*を利用するものをさす．グロー放電中では電子温度が高く，イオンや分子の温度は低い状態にあるが，高速電子の衝突により原料分子を分解する．この分解によって生じたラジカルが主たる成膜種となる．数万 K という高温電子による反応を行えるため，高温熱 CVD*に相当する膜質を得ることができる．電子のみが高温になりガス温度は低いため，基板を低温に保つことができ，LSI プロセスでは，すで

に作製された積層構造を損なわない低温の成膜プロセスとして, プラズマ CVD が用いられる. プラズマ源には RF 放電*, MW 放電* が用いられ, 操作圧力は 0.1～100 Pa 程度である. 任意の基板温度で成膜可能であるが, 必要な膜質を得るために基板を数百 K 程度に加熱する. ［河瀬 元明］

**プラズマシー・ブイ・ディーそうち ――CVD 装置 plasma CVD apparatus**

プラズマ CVD* には, 平行平板内部電極をもつ容量結合型装置が一般的に用いられる. 接地極に基板を設置し, 対向電極に高周波を印加する. 基板の加熱ヒーターは電極に埋設される. ガス供給は対向電極をシャワーヘッドとして行うなどいくつかの方法がある. 直列に並べた複数のプラズマ CVD 反応器を用いて, 縦置き電極間に垂直に挿入した基板を搬送することにより大面積基板への多層成膜を行う装置も開発されている. プラズマ密度を向上させるために, 誘導結合型プラズマ* CVD 装置や ECR プラズマ* CVD 装置も研究されている. ［河瀬 元明］

**プラズマみつど ――密度 plasma density**

プラズマ中に存在するイオンと電子は, 励起, 電離, 再結合を繰り返し, イオン数密度と電子数密度*はそれぞれ平衡状態になっている. 系の代表長さがデバイしゃへいよりも非常に大きい場合には, プラズマは電気的に準中性となる. このときに電子数密度とイオン数密度は等しくなり, これをプラズマ密度という. プラズマ密度の低いものを弱電離プラズマ, 高いものを完全電離プラズマという.

［渡辺 隆行］

**プラズマようしゃほう ――溶射法 plasma spraying**

熱プラズマ* を溶射の熱源として, 粉末などの各種材料を溶融しながら加速して基板上に堆積させて被膜を作製する方法. 一般にはアルゴンを作動ガスとして, ノズル状の銅製陽極とタングステン製陰極を用いて, ノズルから噴出した大気圧あるいは減圧状態のプラズマジェットを利用する. プラズマ溶射は経済的に優れた高速堆積プロセスである. 溶射材料としては, セラミックス, 金属, 合金, プラスチックなどの広範囲に及ぶ材料が用いられる. 直流プラズマジェットが広く用いられていたが, 誘導結合型プラズマ* やハイブリッドプラズマの利用が可能となり, 膜質を大きく向上できるようになった. プラズマ中で粉体を溶融させるだけではなく, 溶射粒子とプラズマガスとを反応させて被膜を作製する反応性溶射も行われている. ［渡辺 隆行］

**プラスミド plasmid**

プラスミドベクター. 染色体とは別に独立して存在する DNA 分子のこと. 薬剤耐性を与える遺伝子をコードしたものや, 大腸菌では F 因子とよばれる接合を行うためのものが知られている. 遺伝子組換えに広く用いられる. ［新海 政重］

**フラックス flux**

膜を透過する物質の流束. 膜沪過においてはとくに膜沪過流束* とよぶ. ［中尾 真一］

**ブラックボックスモデル black box model**

制御対象の内部で起こっている現象や機構を, 物理化学的な原理・法則に基づいて解析しモデル化して得られる物理モデル* に対して, 制御対象の入出力間の動的な因果関係を入出力データのみを用いて解析モデル化して得られるモデルをいう. ブラックボックスモデルは, 定常ゲインや時定数, むだ時間などのパラメーターを含む伝達関数* で記述したり, AR（自己回帰モデル), ARX（自己回帰移動平均モデル), ARMAX（外生入力を受ける自己回帰移動平均モデル）などの時系列モデル* で記述したりする. 入出力データを得る方法として, ステップ応答法*, パルス応答法*, 擬似2値乱数信号法* などがある. ［伊藤 利昭］

**フラッシュじょうはつ ――蒸発 flash evaporation**

瞬間的な蒸発* という意味である. 多重効用缶* の順流給液* では, 温度, 圧力の高い液が次の缶に送られると, その飽和温度まで液温が下がり, 瞬間的な蒸発が起ると考えられる. これをフラッシュ蒸留あるいは自己蒸発という. 高温に予熱した原液を順次フラッシュ蒸発させながら低圧室に流し, それとは向流に原液を低圧室から順次高温室へ向かって流して発生した蒸気の凝縮潜熱を利用して原液の予熱を行い, 蒸発に必要な熱量を節約する方式を多段フラッシュ蒸発法*, または略して MSF 蒸発法* という. ［平田 雄志］

**フラッシュじょうはつそうち ――蒸発装置 flash evaporator**

高温高圧の過熱液が低圧の蒸気室に放出されたさい, その圧力における飽和温度まで液温が下がり瞬間的に蒸発することを, フラッシュ蒸発または自己蒸発といい, これを利用した蒸発装置をいう. ［⇒蒸発装置の(s)] ［川田 章廣］

**フラッシュじょうりゅう ――蒸留 flash vaporization**

平衡フラッシュ蒸留. 混合液の一部を蒸発させ,

蒸気と液とを十分に接触させて両相の組成が平衡に達したときに気液を分離する方法．正しくは平衡フラッシュ蒸発というべきであるが，わが国では慣習によりフラッシュ蒸留といっている．　　［大江　修造］

**フラッシュタンク　flash tank**

高温，高圧の飽和水を大気に逃がすさい，フラッシュ蒸発\*させて低温低圧の蒸気と液に変えたあとに放出するための容器．内部で蒸気を旋回させたり，反転させたりして，蒸気と液を分離してから放出できるように飛沫捕集器\*の機能をもたせている．

［川田　章廣］

**フラッシング　flushing**

逆洗法．フラッシングは一般には水による洗浄法として使用される．膜沪過法の場合には，膜の汚れや，膜上の堆積物を除くために，沪過中に，定期的に透過液を透過側から逆に供給側に流すように圧力勾配を逆転させ，膜面上の堆積物を除く逆洗法をさす．　　［山口　猛央］

**フラッディング　——（充填塔の）　flooding of packed column**

⇒溢おう

**フラッディング　——（撹拌の）　flooding on agitation**

通気撹拌槽\*における現象で，撹拌翼\*のガス捕捉能力の限界を超えるほど，通気流量が増大すると，キャビティー\*（ラージキャビティー）の合体が起こり，翼によるガス相の細分化ができなくなり，ガスが翼を吹き抜ける．この状態のこと．

フラッディングは通気撹拌の運転として好ましくない状態であるため，フラッディングが起きる撹拌速度と通気流量との関係がさまざまな形式の翼に対し報告されている．通気撹拌においてよく用いられるディスクタービン翼\*では，低粘度液に対して，次の無次元相関式が実測データと比較的よくあう．液粘度が上昇すると定数30は半分程度に減ずる．

$$\frac{Q_g}{(nd^3)} = 30\left(\frac{n^2 d}{g}\right)\left(\frac{D}{d}\right)^{-3.5}$$

ここで，$Q_g$ は通気流量[m³ s⁻¹]，$n$ は撹拌速度[s⁻¹]，$d$ は翼径[m]，$D$ は槽径[m]，$g$ は重力加速度[m s⁻²]である．上式の右辺第1項の撹拌フルード数\*は，気泡の浮力と液の慣性力（気泡の抗力）とのバランス，あるいは通気流量と翼のガス捕捉容量とのバランスを表し，このバランスが崩れるとフラッディングが起きる．

フラッディングの判定は，翼からの気泡が吐出されているか，気泡が翼下方まで循環しているかなどの気泡の挙動による判定が一般的であるが，物質移動と操作条件との関係から判定することもある．

［望月　雅文］

**フラッディングそくど　——速度　flooding velocity**

⇒溢おう速度

**プランクていすう　——定数　Planck's constant**

プランクが黒体\*からの放射の強度分布を説明するために導いた量子仮説（プランクの放射法則）に導入された定数．通常 $h$ で表す．約 $6.626 \times 10^{-34}$ J s の値をもつ．プランク定数は量子力学のいたるところで表れる普遍定数である．たとえば，振動数 $\nu$ の光子のエネルギーは $h\nu$ であり，運動量 $p$ の粒子の物質波の波長は $h/p$ である．$h \to 0$ の極限で量子力学は古典力学に移行する．　　［幸田　清一郎］

**プランクのしき　——の式　Planck's equation**

黒体\*面はさまざまの波長のふく射を半球方向に放射するが，温度が $T$ の黒体面が単位面積・単位時間あたりに真空の半球空間に放射するふく射のうち，その波長が $(\lambda \sim \lambda + d\lambda)$ の領域にあるふく射のエネルギー $E_B d\lambda$ は，次のプランクの式で表される．

$$E_B d\lambda = \frac{2\pi hc}{\lambda^5} \frac{d\lambda}{\exp\left(\frac{hc/k}{\lambda T}\right) - 1}$$

ここで，$h$ はプランク定数，$k$ はボルツマン定数，$c$ は真空中での光の速さである．上式は，図に表されるプランク分布を与える．$E_B$ は黒体の真空空間への（分光）放射能\*であり，その単位は W m⁻² m⁻¹ である．

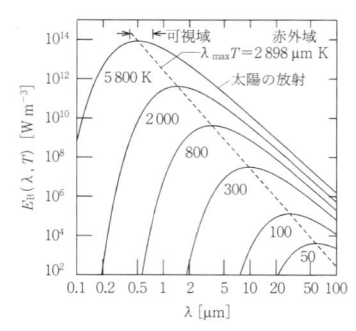

［牧野　俊郎］

黒体の放射能の波長分布（プランク分布）

**プランジャーポンプ　plunger pump**

シリンダー内をプランジャー（ピストン）が往復運動することにより流体を送り出すポンプ．一般に流

体の送出量にむらがでるため，使用するシリンダーの数を増やしたり，その組合せのしかたを変えたり，シリンダーからの流体の排出口に特殊な弁板を利用したりしたさまざまな型式がある． ［伝田 六郎］

**プラントルすう ──数 Prandtl number**

伝熱現象に用いられる無次元数*の一つで，$Pr$ または $N_{Pr}$ と記し，流体の運動粘度*$\nu$ と温度伝導度*$\alpha$ の比，すなわち，$\nu/\alpha=C_p\mu/\lambda$ のことである．ここで，$C_p, \mu, \lambda$ はそれぞれ流体の定圧比熱*，粘度*，熱伝導度*である．この比 $\nu/\alpha$ を，代表長さ $L$，流体の代表速度 $U$，代表温度 $T$ を用いて次のように変形すると，

$$Pr = \frac{\nu}{\alpha} = \frac{\mu(U/L)/\rho U^2}{\lambda(T/L)/\rho C_p T}$$

分子は流体の対流運動によって輸送される運動量流束に対する分子運動によって輸送される運動量流束（粘性応力）の割合を表し，分母は対流運動によって輸送される熱流束に対する分子運動によって輸送される伝導熱流束の割合を表す．すなわち，プラントル数は，対流輸送に対する分子運動による運動量の移動のしやすさと熱の移動のしやすさの比を表す．したがって，プラントル数は非等温系の流れの場における伝熱速度，熱伝達係数*ときわめて密接な関係をもち，熱伝達係数に対しては，通常 $Nu=f(Re, Gr, Pr)$ の関係がなりたつ．ここで，$Nu, Re, Gr$ はそれぞれヌッセルト数*，レイノルズ数*，グラスホフ数*である．気体のプラントル数は理論的にも実験的にも臨界点付近を除いては，温度および圧力にほとんど無関係であり，気体運動論より低圧比熱*$C_p$ と定容比熱*$C_v$ を用いて $Pr=4/\{9-5(C_v/C_p)\}$ と表される．一方，液体のプラントル数は温度により著しく変化する．なお，シュミット数*のことを物質移動に関するプラントル数ということもある． ［平田 雄志］

**プラントルのアナロジー Prandtl's analogy**

熱・物質の輸送と運動量輸送のアナロジーを L. Prandtl は以下のように考えた．層流底層では乱流*の寄与はなく，層流底層以外の領域では乱流輸送の寄与が層流*の寄与よりも卓越している．この仮定に基づいて得られた下記の関係式を，Prandtl のアナロジーという．

$$St = \frac{f/2}{1+5\sqrt{f/2}(Pr-1)}$$

ここで，$St, f, Pr$ はそれぞれスタントン数*，摩擦係数*，プラントル数*である． ［薄井 洋基］

**プラントワイドせいぎょ ──制御 plant-wide control**

プラント全体の挙動を考慮して，制御系を設計・調整すること．すべての制御ループの干渉*を考慮して，制御量*と操作量*の組合せを検討し，重要度に応じて一部の制御ループの調整を緩やかにすることにより，変動がプラント内を伝搬しにくくしたりする． ［橋本 芳宏］

**フーリエすう ──数 Fourier number**

フーリエ数 $Fo$ は，非定常熱伝導において，定常状態に近づくまでの温度分布の変化の程度を表す無次元数で，$Fo=\alpha t/L^2$ で定義される．$\alpha$ は熱拡散率*（温度伝導度），$t$ は時間，$L$ は代表長さである．幾何学的に相似で境界条件の等価な二つの系の熱伝導方程式の解（温度分布）は，$Fo$ と無次元距離 $x/L$ の同一の関数形で表される．フーリエ数は，熱伝導*と拡散*のアナロジー*（相似則）から，拡散においても用いられることがあり，$D$ を拡散係数*とすると $Fo=Dt/L^2$ で定義されている． ［神吉 達夫］

**フーリエのほうそく ──の法則（熱伝導） Fourier's law (heat conduction)**

固体または静止した流体内に $y$ 方向に温度分布があり，$y$ の増大とともに温度 $T$ が高くなるとする．ある $y$ で $y$ 軸に垂直な単位面積の面を考えるとき，この面を通して温度の高い側より低い側へ熱が移動し，その熱流束 $q_y$ は $y$ 方向の温度勾配 $dT/dy$ に比例することが経験上知られている．すなわち

$$q_y = -k\left(\frac{dT}{dy}\right)$$

これを熱伝導に関するフーリエの法則という．上式の負号は熱の移動方向を考慮したものであり，この場合 $dT/dy$ は正であるから $q_y$ は負となり，熱は $y$ の負の方向に移動することを示す．比例定数 $k$ は熱伝導率である．フーリエの法則を一般的に書けば次式となる．

$$\boldsymbol{q} = -k\nabla T$$

ここで，$\boldsymbol{q}$ は熱流束*，$\nabla T$ は温度勾配で，いずれもベクトル量である． ［荻野 文丸］

**ブリケッティング briquetting**

ロール表面に母型であるポケットが刻まれている2個のロール間に粉体原料を供給し，ロールの回転に伴う圧縮によって粉体成形物（ブリケット）をつくる操作方式をいう．ロール間の上部ににおける粉体供給方式には，ホッパー内の粉体の自重による低圧ブリケッティング，あるいはホッパー内の軸方向にスクリューを取り付けて粉体を供給する高圧ブリケッティングがある．なお，ブリケットの形状や大き

**プリコートろか ──ろ過** precoat filtration

あらかじめろ過助剤*を懸濁させたスラリーをろ過*して,ろ材*表面に厚さが1～2 mm程度のろ過助剤のケーク*を形成させ,これをろ材として原液のスラリーをろ過する方法.ろ過助剤の使用法には,ほかにボディフィードろ過*がある. ［入谷 英司］

**プリーツがたモジュール ──型── pleat type module**

カートリッジフィルター.精密ろ過*膜モジュール*の一種.平膜を細かいプリーツ状に折ってケーシングに収めたモジュール. ［中尾 真一］

**ブリッジ bridge**

粉粒体貯槽内に発生するアーチ.(⇒アーチ)
［杉田 稔］

**フリーボードぶ ──部 freeboard**

⇒流動層

**ブリンクマンすう ──数 Brinkman number**

伝熱に用いられる無次元数*の一つで,$Br$ または $N_{Br}$ と記し,$\mu v^2/\lambda \Delta T$ で表わされる.$v$ は代表速度(たとえば平均速度),$\Delta T$ は代表温度差(たとえば主流と固体壁の温度差),$\mu$,$\lambda$ はそれぞれ流体の粘度*,熱伝導度*である.この数は,流体摩擦による発熱量と伝導による伝熱量の比を表す.
［平田 雄志］

**ふるいうえぶんぷ ふるい上分布 oversize distribution**

粒子径分布の表現法の一つ.ある粒子径より大きな粒子群の積算分率(ふるい上積算分率)を粒子径に対して示したもの.粒子径0のときの100%から粒子径とともに減少する.(⇒ふるい下分布)
［横山 豊和］

**ふるいこうか ふるい効果 sieving effect**

粒子が物理的な大きさをもつため,流体が多孔板などの孔を通過するさい,粒子が孔を通過できずに捕集される効果をいう. ［大谷 吉生］

**ふるいしたぶんぷ ふるい下分布 undersize distribution**

粒子径分布の表現法の一つ.ある粒子径より小さな粒子群の積算分率(ふるい下積算分率)を粒子径に対して示したもの.粒子径0のときの0%から粒子径とともに増大する.(⇒ふるい上分布)
［横山 豊和］

**フルイドベッド fluid bed**

平均粒子径が40～100 μm程度,粒子密度が500～2 000 kg m$^{-3}$ 程度の微粒子(Geldartの分類によるA粒子.⇒粒子の分類図)を用いる流動層*.流動化時の粒子エマルション相は静止充塡時に比べ膨張し(粒子密度が低下し),乱流的な流動状態を示す.気泡*は合体・分裂を繰り返し,気泡の成長はほとんどみられないか,少ない.流動状態は穏やかで,粒子や内挿管などの摩耗*が少ない.高速流動化時の気固接触性が高く,触媒反応装置に用いられることが多い. ［筒井 俊雄］

**ふるいわけほう ふるい分け法 sieve analysis, sieving method**

ふるい分け.ふるい分けを利用する粒子径分布測定法で,JISに測定法が規定されている.目開きが異なる数個の試験用ふるいを目開きの大きいふるいが上になるように積み重ね,粉体試料を最上部のふるいに入れてふるい分ける.一定時間ふるい分けた後,それぞれのふるい上に残った粉体質量の比を求めて粒子径分布を測定する.ふるい目開きの選択,ふるい分け試料量など測定精度に関係する操作因子についてJIS Z 8815に詳しく記載されている.
［日高 重助］

**Burgers うず ──渦 Burgers vortex**

旋回流*における周方向流速の半径方向分布形を,乱流*のNavier-Stokes式*(レイノルズ方程式)の一つの解として導いたもの.乱流応力*に比較して慣性力*の効果が増大すると,分布形は漸次自由渦*の分布曲線に近づく. ［黒田 千秋］

**フルードすう ──数 Froude number**

Navier-Stokes式*を速度,長さ,圧力などの代表量を用いて無次元化したときに,重力項に関連して現れる無次元数*.代表速度を $u$,代表長さを $L$,重力加速度を $g$ とすると $Fr = u^2/gL$ と定義される.流体の運動エネルギーに基づく慣性力と重力の比として理解される.高低差を生じる自由界面をもつ流体の運動における重力の影響を表す.たとえば邪魔板*のない撹拌槽で固体的回転が生じ,槽中心付近の液面がくぼみ,重力の影響が無視できない場合の撹拌所要動力*を算出するさいに用いられる.
［吉川 史郎］

**ブルドンかんあつりょくけい ──管圧力計 Bourdon tube pressure gauge**

一端を封じた中空の円弧状の管に内圧がはたらくと,管の内外壁の変形により管端に変位を生ずる.この流体の圧力をブルドン管に導き,その変位を利用して圧力を測定する圧力計をいう.小型で耐久性があり取扱いが容易なため,工業用に広く用いられ

ている． ［黒田 千秋］

**プールふっとう ──沸騰 pool boiling**
⇒自然対流沸騰

**フール・プルーフせっけい ──設計 fool-proof design**
運転員が操作手順を間違ったり，誤操作しても，危険状態を引き起こさないで安全を保持するような設計のこと．代表的な例に，起動用やガード用のインターロックシステム\*がある． ［柘植 義文］

**プルベーず ──図 Pourbaix diagram**
平衡状態における金属の電位(平衡電位)を水環境のpHに対して描いた状態図．電位-pH図\*，あるいは創始者の名にちなんでプルベイ図またはプルベー図とよばれる．金属が水環境にさらされるときに電気化学反応を生じ，熱力学的に平衡状態になると考えられる．ネルンストの式と物質の標準生成ギブスエネルギーなどの熱力学データを用いれば，任意の環境における金属のプルベー図を描くことができる．ネルンストの式は電極電位に対する標準酸化還元電位とイオンの活量で表される． ［礒本 良則］

**ブルマジンがたかくはんき ──型撹拌機 Brumargin impeller**
一般には，3枚の後退長方形羽根板を支持腕により撹拌軸に固定した撹拌機．翼外周の流体との相対速度が速く，混合作用の顕著な部分の羽根板幅を大きくして活用している．図のように後退した羽根は，半径方向への吐出性能\*に優れ，これが重要視される伝熱促進や乳化重合反応機などに多段化して使用される．しかし，この翼の動力数\*，吐出流量数\*などの特性はきわめて不安定であり，羽根板の大きさや取付け後退角度のわずかな違いで大きく変化する

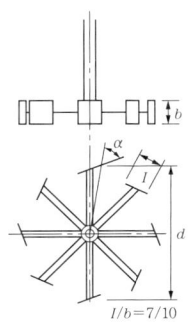

ブルマジン型撹拌機

る．一般的な用途はあまり多くない． ［塩原 克己］

**プレイトポイント plait point**
一定の温度，圧力のもとで2液相を形成する混合物に，いずれの相にも比較的よく溶ける第三の液体を加えると，2液相を示す組成の範囲がだんだん狭くなる．つまり，2液相の相互溶解度が上昇し，2相の平衡組成を結ぶタイラインの長さはしだいに短くなり，ついに1点に収束する．この点をプレイトポイントという．プレイトポイントにおいては，2相の密度や組成もまったく同一になる．プレイトポイントは，温度と圧力を一定にした場合の液液系の臨界点に相当する組成ともいうことができる．なお，温度や圧力あるいは混合物によって，プレイトポイントが存在しなかったり，複数ある場合もある．
［宝沢 光紀］

**ブレイトンサイクル Brayton cycle**
定圧燃焼を行うガスタービンの理論サイクル．空気圧縮機，燃焼器，タービンから構成され，米国人のG. Braytonによって発表された．断熱圧縮，定圧加熱，断熱膨張，定圧冷却の四つの行程からサイクルが形成される．ブレイトンサイクルの熱効率\*は，作動流体を理想気体と考えれば，定圧加熱時と定圧冷却時の圧力比および比熱比のみによって決めることができ，それらの値が増大すると増加する．
［桜井 誠］

**プレートアンドフレームがたモジュール ──型 ── plate and frame type module**
⇒膜モジュール

**フレキシトレー Flexi-Tray**
蒸留塔内に設置されるバルブトレー\*の一種．丸い孔を円形の平らなキャップで覆い，4本の脚をスライドして開口比を調節するバルブトレー．フレキシトレーは商標名である．(⇒棚段式蒸留塔)
［八木 宏］

**ブレークダウンほう ──法 breaking-down**
微粒子はさまざまな過程によって生成される．固体の塊が砕かれたり，液体が噴霧されたりする過程は，粉砕・破砕もしくは噴霧現象からなり，この過程をいう．ブレークダウン法による微粒子の生成は，加圧噴霧法，超音波噴霧法などの液体の噴霧や，ボールミル，振動ミルなどによる粗大粒子の粉砕，流動層，エジェクターなどが分類される凝集体(粉体)の分散の三つに大別される． ［奥山 喜久夫］

**フレークライニング flake lining**
⇒ライニング

**プレートがたじょうはつそうち ──型蒸発装置**

plate-type evaporator

平板型蒸発装置．図に示すように，多数の薄い平板を重ね合わせ，その平板の周囲に細いガスケット*を挟むか，あるいはろう付けによって薄い板状の空隙室を形成し，この空隙室の一つおきに2種の液体を同時に流し，薄板を通して熱交換を行わせる蒸発装置．平板熱交換器の一種．伝熱板には一般にステンレス，チタンなどの耐食性材料の薄い板が使用され，平板は波形にしたりいぼを付けて材料強度を上げるとともに伝熱性能を向上している．多管式熱交換器*などと異なり，管内，管外の区別がなく近似的な方形断面の連続であるから，熱交換する両流体ともに境膜伝熱係数*を高くできるとともに，容積あたり伝熱面積を大きくできるためコンパクトである．使用圧力はガスケット式のもので最高 2.0 MPa 程度，ろう付け式のもので最高 3.0 MPa 程度である．ガスケット式のものは伝熱板を容易に分解できるため，清掃および点検がしやすい．以前は主として液液熱交換器に用いられてきたが，最近では食品やパルプ廃液の濃縮に，またろう付け式のものが圧縮式冷凍機*の冷媒の蒸発や凝縮にも使用されている． ［川田 章廣］

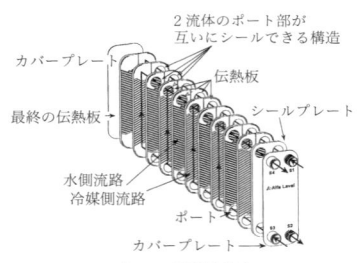

プレート型蒸発装置
［冷凍，vol.75，No.874(2000)，p.33］

プレートとう ——塔 plate column

段塔*．棚段塔*．塔内を必要数の水平なトレー*で区切り，気液の良好な接触を行わせる装置． ［大江 修造］

プレフィルター prefilter

一般に空気浄化システムの最上流側に設置するフィルターで，比較的大きな粒子を捕集する粗じん用フィルターを用いる．後段の高性能フィルター*の負荷を軽減し，寿命を延ばすことを目的に用いることが多い． ［横地 明］

ブレンステッドそく ——則 Brønsted law

ブレンステッドの触媒法則（Brønsted catalysis law）．ブレンステッドの関係．ブレンステッドの相関．均一系酸・塩基触媒反応において，その触媒反応速度定数 $k_c$ と，酸や塩基の解離平衡定数 $K$ の間になりたつ

$$k_c \propto K^a$$

の比例関係．ここに $a$ は定数であり，通常 0 と 1 の間の値をとる．直線自由エネルギー関係*の一例である． ［幸田 清一郎］

ふれんぞくてんえんそしょりほう 不連続点塩素処理法 break-point chlorination

排水あるいは水道用水中のアンモニアによる塩素要求を把握し，アンモニアを酸化・分解するための塩素量を適正に注入する方法．アンモニアや有機性窒素化合物を含む水中に塩素を注入すると，残留塩素濃度の曲線は図のように変化する．図の a 点までの塩素注入量が塩素消費量，b 点までの塩素注入量が塩素要求量となる．この b 点を不連続点とよび，遊離残留塩素が検出されるように，この点まで塩素要求量に対して過不足なく塩素を注入する方法を不連続点塩素処理法という． ［藤江 幸一］

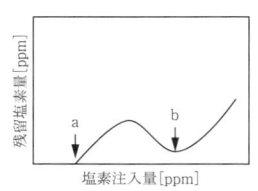

不連続点塩素処理法における残留塩素濃度の変化

フレンチプレス French press

試料をシリンダーとピストンからなる金属製セル内に入れ，高圧をかけた状態でセル下方より取り出すことで，急激な圧力変化を起こして細胞を破壊する装置． ［新海 政重］

フロイントリッヒのしき ——の式 Freundlich adsorption isotherm

温度一定のもとでの平衡吸着量 $q$ と，吸着質の濃度（または分圧）$C$ との関係を $q = kC^{1/n}$ で表した経験式のこと．吸着指数 $1/n$ は通常 1 より小さい． ［広瀬 勉］

プログラムせいぎょ ——制御 program control

あらかじめ決められたプログラムに従って，設定値*が変化する制御をいう．たとえば，加熱昇温，反応温度維持，冷却のような一連のバッチ操作を温度-

時間プロファイルとしてプログラム化し，温度調節計に設定値として与える． ［伊藤 利昭］

**プロジェクトマネジメント** project management
PM．プロジェクトとは，特定テーマについて，時間と環境の制約下で要求された経済的・技術的目標を達成するための活動で，非定型で反復性のない，1回限りであるのが特徴である．プロジェクトマネジメントは，その目標達成のために，一時的に組織されたチームにより，計画立案，実施，調整，統制などの業務が合理的に遂行できるよう，最適な知識，技術，ツールそして技法を適用する管理活動である．
［堀中 新一］

**フローシート** flow sheet
プラントにおける物質，エネルギー，情報などの流れ，および温度，圧力などの操業条件を系統的に示したものでフローダイヤグラムともよばれる．プラントを構成する各種の機器，配管，計器などの標準的な記号を使用して，原料から製品に至る一連の製造工程を図に表したもの．用途により各ブロック間の関連を表すブロックフローシート*，主として物質収支，操業条件を明示したプロセスフローシート*，配置，配管設計に使用するため，配管サイズ，材質，バルブ，計装などを明示したＰ＆Ｉダイヤグラム*，プロセスユニットのユーティリティーの流れを示すユーティリティーフローダイヤグラム*などがある． ［信江 道生］

**フローシートシミュレーション** flowsheet simulation
⇒プロセスシミュレーション

**フローショップもんだい** ──問題 flow-shop scheduling problem
ジョブを処理するための機械の利用順序（技術的順序）が，すべてのジョブで同一である生産形態をもつ設備に対するスケジューリング問題*．ジョブショップ問題*の特殊なケースである． ［長谷部 伸治］

**フロスクーラー** froth cooler
泡沫接触式冷却器．被冷却流体（プロセス流体）を管内に流し，管外には水を満たし，底部より多孔板を通して空気を吹き込むことにより，空気と接触した水の蒸発により水が冷却され，間接的にプロセス流体を冷却する構造の熱交換器．蒸発分に相当する少量の冷却水を補給するのみでよいため，冷却用水の不足対策として使用されることがある．
［川田 章廣］

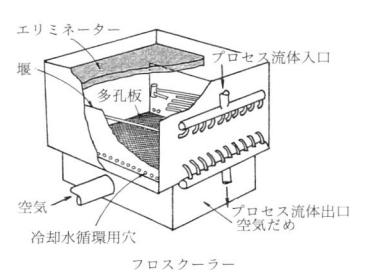

フロスクーラー
［尾花英朗，"熱交換器設計ハンドブック 増訂版"，工学図書(2000)，p.751］

**ブローせいけい** ──成形 blow molding
吹込成形．中空成形．パリソン*とよばれるチューブ状の成形体を金型で挟み，内部に空気を吹き込んでボトルなどの中空品を成形する方法．押出機からパリソン*を押し出し，それを直ちに金型で挟み，内部に空気を吹き込んで成形する押出ブロー成形，パリソン*を射出成形*でつくり，それが冷えないうちに内部へ空気を吹き込んで成形する射出ブロー成形，パリソン*を縦横両方向に引き延ばして薄く強い瓶をつくる延伸ブロー成形が，工業的によく使われている． ［田上 秀一］

**プロセスかんし** ──監視 process monitoring
プロセスモニタリング．状態監視．プロセスのセンサー情報や操作情報などに基づいて行う運転状態の監視であり，プラントを安全かつ効率的，高品質に運転するために不可欠な業務である．観測値や推定値などの変量の値や統計的性質，因果関係などに基づいてプロセスが正常状態にあるかどうかをオンラインで判定する．モデルベース状態監視*とデータのみを用いるデータベース状態監視とがあり，後者には，統計的プロセス管理*とプロセストレンドの監視などが含まれる． ［山下 善之］

**プロセスきほんけいかく** ──基本計画 basic planning
プロセス計画．基本計画．プロセス設計は設計基準に従いながらしだいに詳細に設計が進むが，プロセス設計が実現すべき基本的な条件を規定する段階が基本計画である．基本計画を概念設計の一部としてとらえる場合もあることから注意を要する．基本計画で決められる条件として，①建設時期，②原料の種類と調達の場所，③製品と品質に関する特性，生産量など，④販売ルートや市場状況の季節などの変動や将来予測，⑤プラントを計画している立

地条件，たとえば，原料，工業水，エネルギー源などの調達環境や製品出荷にかかわる道路，港湾，鉄道などの環境など，⑥ 工場立地や環境・安全にかかわる法律関係や環境・技術アセスメントユーティリティーシステムの規模，などである．　［仲　勇治］

**プロセスごうせい ── 合成　process synthesis**

原料から目的製品を製造する骨格部分となる化学反応を実現するための基本プロセスフローシートをつくる工程をいう．化学反応には，主反応，温度や圧力条件，触媒とその使用条件，溶媒などはもちろんのこと，副反応や温度やある環境条件によっては起こりうる異常反応や分解反応なども含まれる．

合成手順の概略は，上記条件を満たすようにブロックフローシートを作成することから始まる．ブロックフローシートとは原料 → 主反応 → 目的製品とそれに直接かかわる使用条件(拘束条件)を考慮しながら，プロセスを構成する最小限の機能ブロックを構成する．各ブロックに投入すべき原料・副原料や溶媒・触媒などを仮定［化学種分配(species allocation)，とくに注意すべきことは，副原料の投入方法によりフローシートが大きく変化することがある］し，各ブロックのよりきめの細かい機能ブロックを構成する．また，このときオフサイトとの取合いの関係を明らかにしておくことが必要である．次に，ヒートインテグレーションの枠組みを決める．このようにして各ブロックに課せられた機能と化学種分配の条件から，適切なユニットオペレーションを選択する．このとき，コストや環境・安全性(本質安全)を評価しながら実施する．このような過程を経てプロセスフローシートが決まることになる．

一般にプロセス合成は要求仕様を決めて，それを実現するように機能設計を行うことであるが，機能設計の実現は複数の可能性がある，つまり実現可能なユニットオペレーションの候補が複数個あることから，適切な選択が必要になる．ユニットオペレーションがあとに続く基本設計や詳細設計の原点になる．これらの一連のエンジニアリングは，選択範囲の定義 → 実現可能な候補 → 選択 → 選択による新しい選択範囲の追加 → 実現可能な候補 → 選択 → …の繰返しとなっている．重要なことは，選択という詳細化の手続きを実行する範囲は，選択範囲(拘束条件)がつねに継続していることに注意すべきである．　［仲　勇治］

**プロセスシステムこうがく ── 工学　process systems engineering**

PSE．プロセスシステム工学は，プロセスのフローシート合成やユニットの最適化を含むプロセス設計やプロセス制御にかかわる方法論を開発し，問題解決をはかる学問として 1960 年ごろから始まった．伝統的で論理的なプロセス設計法は，ユニットオペレーション(単位操作)というモジュールの考えになりたっている．このモジュールの考え方により，プロセス設計がシステム化できる．プロセス設計*は概念設計によりプロセスフローシートを決めて，基本設計により運転操作条件を考慮しながら構成機器の仕様やプロセス制御系を決める．さらに，詳細設計で配管系の仕様を詳細に決める．一連のプロセス設計の工程には，安全性評価，制御性，省エネルギー化，スタートアップやシャットダウンなどの非定常操作，異常時操作のための安全防御システムの設計，保全のための設計などが含まれている．

プロセスシステム工学はコンピュータと情報技術の発達と関係が深い．とくに，1990 年に入ってネットワーク技術が発達したことにより，エンジニアリング環境が大きく変わった．たとえば，一連のプロセス設計と実際の運転や保全の作業を実現するためには，それぞれのエンジニアリング作業が個別に取り扱われたが，最近ではより論理的に，コストを低くするように一貫して実現化する方法論として，プラントライフサイクルエンジニアリングが重要になっている．ここには，プラント変更を行うときにもっとも重要な変更部分と，残っている部分との整合性がとれるような変更管理を支援する方法論も含まれる．

このような概念設計，基本設計，詳細設計を論理的に展開できる方法論，さらに，要求仕様，設計値，実行値をつねに意識しながら論理的に構築していく方法論は，さまざまな問題に展開できる可能性をもっている．たとえば，バッチプロセス設計，流通システム設計，循環システム設計，持続型発展を支援するライフサイクルアセスメントなどである．

　［仲　勇治］

**プロセスシミュレーション　process simulation**

現象論に基づいた物理モデルを使って，コンピュータ上にプロセスのモデルを作成し，おもにプロセスの設計，解析，運転検討などの目的で計算を行うことをいう．物理モデルは，装置(ユニット)ごとに物質収支，エネルギー収支による収支式，反応速度式，物質・熱移動速度式などの速度式を組み合わせて数式モデルとして表現される．これに物性データベースをもとにした物性値と，相平衡に代表される物性推算式を組み合わせてシミュレーションが行わ

れる．プロセスシミュレーションを行うパッケージソフトはプロセスシミュレーターとよばれ，パソコンベースのものなどではグラフィカルユーザーインターフェースを備えて，画面上でプロセスフロー図を描くことができる．

プロセスシミュレーションの計算方法には求める変数によって，設計計算(あるいは設計型計算)，運転状態計算(あるいは操作型計算)，そして解析計算がある．プロセス検討やプラント建設時の概念設計と詳細設計では設計計算が行われる．ユニット入口と出口の運転条件と性能パラメーター(伝熱係数など)を決めて装置諸元を決定する．運転状態計算ではユニットの入口条件と操作条件，性能パラメーターを与えて出口状態を計算する．そして解析計算は，実際に運転されているプラントの運転条件と装置諸元を使って，測定できない量である性能パラメーターを推定するのに使われる．

プロセスシミュレーションには，プラントの定常状態を扱うステディーステートシミュレーション(あるいはスタティックシミュレーション，静的シミュレーション)と，時間変化を考慮したダイナミクスを扱うダイナミックシミュレーション(あるいは動的シミュレーション)がある．前者はプロセスの状態が定常状態であると仮定して，物質収支やエネルギー収支を求め，プロセス解析や設計を行うことが中心となる．後者はプロセス動特性を考慮して，制御系の設計や非定常運転時の操作性や安全性の検討に使われ，リアルタイムで実行して運転訓練にも使用される．バッチプロセスやセミバッチプロセスでは基本的に非定常運転であるから，ダイナミックシミュレーションを用いて設計，解析が行われる．

モデルの構造によって，集中定数系モデルと分布定数系モデルに大別できる．前者は一つのユニット内の状態は均一であるとしてモデル化される．ユニット内に分布があって均一とみなせない場合には，均一と扱えるまでいくつかのセクションに分割される．一方，後者はユニット内を空間的な位置や時間の関数としてモデル化する．通常は偏微分方程式で表現され，その解法はより困難になり，あるいは解法できたとしても多くの時間を要するようになる．したがって，シミュレーターの使用目的に応じて，適切なモデルを選択する必要がある．　［横山　克己］

**プロセスシミュレーターのこうせいほう　——の構成法　structural method of process simulator**

プロセスシミュレーターをどのように構成するかのアプローチの方法で，モジュラー法，イクエーション法，複合モジュラー法がある．モジュラー法(シーケンシャル・モジュール・アプローチともよばれる)は，入口条件，操作条件，性能パラメーターを与えて出口状態を計算する操作型計算を行うように装置(ユニット)をモデル化し，上流側から順次計算する方法をいう．各ユニットに独自の計算法が使え，プロセスとしての合成が容易であるが，ユニット間の整合性をとるために複雑になる．イクエーション法はユニットのモデルをすべて方程式で記述し，一度に全体を計算するアプローチである．柔軟性や整合性が高いが計算負荷が高く，プロセスの不連続性を取り扱えない．複合モジュラー法はモジュラー法のアプローチをとりながら，一部にイクエーション法の柔軟性を取り入れた構成法である．最近は複合モジュラー法かイクエーション法が採用されている．(⇨プロセスシミュレーション)　［横山　克己］

**プロセスシミュレーター　process simulator**
⇨プロセスシミュレーション

**プロセスじゆうど　——自由度　degree of freedom of a process**
⇨プロセス方程式

**プロセスせいぎょ　——制御　process control**

プロセスの操業状態に影響する諸変量を，所定の目標に合致するように意図的に行う操作．化学プロセスは，原料となる物質から製品となる物質を生産するために，反応器，熱交換器，蒸留塔など，種々の機能をもった装置が組み合わされたシステムである．このようなシステムを安全にかつ経済的に運転するために，温度，圧力，流量，液面，組成などの計測可能な変数の監視と制御，反応器，熱交換器，蒸留塔などのユニット性能の監視と制御，反応器，熱交換器，蒸留塔などから構成されるプラント全体の効率の監視と制御などを行うことがプロセス制御の主たる使命である．上記のような定常運転＊だけではなく，銘柄変更・状態移行運転，緊急非常事態回避運転＊などもプロセス制御の重要な対象である．さらに，ユーティリティー供給プラント，原料供給プラント，製品化プラントなど関連する複数プラントの連携，原料の調達や顧客への製品納入などのサプライチェーンとの連携もプロセス制御の重要な課題となりつつある．　［伊藤　利昭］

**プロセスせっけい　——設計　process design**

簡単な物質収支をとりながらプロセスフローシートを作成し，それをもとにユニットの選択，構成数，結合順序を，プロセスシミュレーションなどを用いて決めて，さらにプロセス制御を設計するプロセス

設計法が主流となっている．一連のプロセス設計の工程には，安全性評価，制御性，省エネルギー化，スタートアップやシャットダウンなどの非定常操作，異常時操作のための安全防御システムの設計，保全のための設計などが含まれている．プロセス設計法は，物性や反応機構などの物理化学にかかわるデータベース，爆発や異常反応に関するデータベース，装置材料データベースにも影響を与えている．プラント設計はプロセス設計から決められた機能要求仕様をもとに，装置を具体的に設計する工程をいう． [仲 勇治]

**プロセスフローシート** process flowsheet
プロセスフロー図（ダイヤグラム）．PFD．プラントに使用される主要な機器を網羅して線で結び，プロセス計算に基づく機器，ストリームにかかわる諸条件，成分別流量などの物質収支，エネルギー収支，主要なプロセス制御ループなどが記入される．さらに詳細なエンジニアリングへ進む基礎となるものである． [信江 道生]

**プロセスフローず** ——図 process flow diagram
⇒プロセスフローシート

**プロセスへんすう** ——変数 process variable
プロセス変数とは，温度，圧力，流量，液面高さ，組成などプロセスの状態を記述するのに必要な変数で，図のように分類される．

対象プロセスの内部状態を表す変数を状態変数*といい，これに影響を及ぼす変数を入力変数*，対象の内部状態を表す情報として出力される変数を出力変数* という．入力変数のうち，人為的に操作可能な変数を操作量* といい，人為的操作が不可能な変数を外乱* という．さらに外乱は，その変化を測定できるもの（確定外乱*）と測定できないもの（不確定外乱*）とに分類される．また，出力変数のうち制御の対象とする変数を制御量* といい，制御の対象にはしないで変化にまかせる変数を放置変数* という．これらのプロセス変数は，プロセス方程式* により関係づけられる．

制御量の選定にあたっては，プロセスの運転状態を適切に表す変数で，信頼性が高く要求にかなう精度と応答特性をもつ計測値が得られる変数を選ばねばならない．また，操作量の選定にあたっては，目的とする制御量に対する感度が高くてほかの変数との干渉* が少なく操作の容易な信頼性の高い変数を選ばねばならない． [伊藤 利昭]

プロセス変数の分類

**プロセスほうていしき** ——方程式 mathematical equations for describing process characteristics
プロセス変数* 間の関係式をいう．これらの方程式は，物質収支，熱収支（あるいはエネルギー収支），運動量収支，速度式，物質の状態則などから導かれる．プロセス方程式は，着目する時間領域により静的あるいは動的な関係式として記述される．また，着目する空間領域により集中定数系* あるいは分布定数系* として記述される．

|  | 集中定数系 | 分布定数系 |
|---|---|---|
| 静的関係式 | 代数方程式 | 常微分方程式 |
| 動的関係式 | 常微分方程式 | 偏微分方程式 |

プロセス変数のうち入力変数はプロセス方程式の独立変数，出力変数はプロセス方程式の従属変数に相当する．このとき，プロセス自由度と制御自由度は下式で定義される．

プロセス自由度 $f=$ プロセス変数の数 $N$
$\quad -$ プロセス方程式の数 $M$

制御自由度 $k=$ プロセス自由度 $f-$ 外乱の数 $D$

すなわち，プロセス自由度とは，プロセス変数のうちプロセス方程式の制約下で自由に変化させうる変数の数であり，制御自由度とは，自由に変化させうる変数のうち外部条件により決まる変数（対象プロセスにとっては外乱）を除いた変数の数，すなわち制御量として制御できる変数の数である． [伊藤 利昭]

**ブローダウン** blow-down
サイクロン集じん装置において，捕集効率を向上させるために，サイクロン下部の集じん室より入口流量に対して，10〜20% の流体を抜き出すこと．このブローダウンによってサイクロン内部の旋回気流の乱れを低減できる．また，ブローダウンを行うと円すい壁近くを下降する流体速度が速くなるので，分離粒子が中心軸近くの上昇気流で吹き上げられて出口管から排出する割合を低減することができる．液体サイクロンは一般にアンダーフローが利用されている．（⇒サイクロン） [吉田 英人]

**プロダクトライアビリティー** product liability

PL，製造物責任．（⇒製造物責任法）［堀中 新一］

**ブロータンク** blow tank

空気輸送*において長距離輸送を実現するためには，高圧の状態で粉粒体を管内へ供給することが必要となる．その方法として，粉粒体を密閉した圧力容器に蓄え，その容器に導かれる高圧の気流で粉粒体を管路輸送する方法が用いられる．この圧力容器がブロータンクとよばれる． ［辻 裕］

**フローチャート** flow chart

流れ図．フローシート*と同じ意味で使われることもある．作業の手順や情報の伝達，処理の工程をわかりやすくブロックと線図で表したもの．コンピュータなどの制御関係では，プログラム内での処理や制御の流れを表すのに使用される．［信江 道生］

**ブロックきょうじゅうごうたい ――共重合体**
**block copolymer**

2種以上の高分子鎖を末端結合により直鎖状に配列した共重合体．異なった化学組成の配列どうしは不相溶性となることが多く，相分離構造を形成する傾向があり，両親媒性やミクロドメイン形成を示すことが多い． ［飛田 英孝］

**ブロックせんず ――線図 block diagram**

システム（またはその一部）の基本的な機能をブロック群で表し，機能ブロック間の信号の流れの方向を示す線で接続表示している図．制御系のブロック線図では，ブロックで伝達関数*のような入力信号を出力信号に変換する機能を表現し，矢印を伴った線で入力信号と出力信号を表現する．制御系は多くの入出力と入出力変換機能で構成されるので，ブロック線図を用いることにより，制御系に含まれる機能や信号の流れを視覚的に把握することができる．また，ブロック線図の結合や等価変換により，制御系全体の特性を比較的容易に把握することができる．伝達関数を用いた場合の制御系のブロック線図の基本要素とおもな結合・等価変換則は，図1，図2のとおりである． ［伊藤 利昭］

**ブロックフローシート** block flow sheet

プロセスを構成する装置，工程をブロックで表し，プロセスストリームで結んだもの．プロセスの基本概念の説明や，プロセスシミュレーションの入力データ作成に使用される． ［信江 道生］

**プロテオーム** proteome

proteomeは，protein（プロテイン）とome（ラテン語で集合体の意）の合成語で，遺伝子におけるゲノム（genome）に対応する言葉として，細胞や組織で発現しているタンパク質*全体を示す用語として用いられる．特定の細胞が特定の条件下におかれたときにゲノム情報に基づいて酵素や受容体，遺伝子のはたらきを調節する因子などさまざまなタンパク質がつくられ，細胞の生命活動に必要な機能が発揮できるようになる．このように，細胞の活動に必要な全タンパク質を一まとめにしてとらえた概念がプロテオームである． ［長棟 輝行］

**フロートバルブトレー** float valve tray

L型キャップを長方形の開口部にのせ，蒸気速度に応じてキャップの軽いほうを持ち上げて開口するバルブトレー*． ［大江 修造］

**フローファクター** flow factor

A.W. Jenikeらによって提案された粉粒体の流動性評価方法の一つ．$\sigma$-$\tau$ 平面において，原点を通って破壊崩落線に接するモール円を描き，その最大主応力を $f_c$ とし，破壊崩落線の終点における限界応力状態を示すモールの応力円の最大主応力を $\sigma_1$ としたとき，$\sigma_1/f_c$ をもってフローファクターとした．この値が小さいほど粉体層の強度は大きく，この値が大きいほど流動性がよい． ［杉田 稔］

**プロペラよく ――翼 propeller impeller**

もっとも一般的な撹拌翼*で，3〜4枚の羽根をもった船舶用推進機と同様の翼形状であるため，マリ

図1 制御系ブロック線図の基本要素

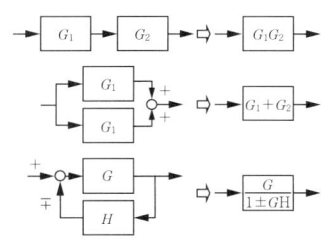

図2 制御系ブロック線図の等価変換則

ンプロペラともいう．この翼の特徴は，高吐出，低せん断を示す翼形状で，旋回成分を含んだ軸流が同伴流を起こして槽内に大きな循環流をつくることである．羽根背面などに発生するはく離渦による動力消費を減して，流体吐出効率を向上させるために，多くは鋳造などによるエアロフォイール型翼断面形状としている．しかし，鋳型による翼径寸法などの応用性に欠けることや，撹拌効果上であまり差異がないことなどから，平板を傾斜させて外郭形状のみ類似させたものや，翼先端ほど迎え角を小さくねじってはく離渦を防いでいるものなどがある．翼形状の種類は多く，ピッチや羽根枚数の統一もなくさまざまになっている．

一般には図のように3枚翼がほとんどであり，翼径 $d$ と槽径 $D$ の比 $d/D$ を小さくして高速回転させて乱流状態で操作するのに適してることから，小型ポータブル撹拌機としての使用が多い．下部への吐出流は大きいが，上部からの吸込みが弱いことやせん断特性に欠けることから，強い分散を必要とする撹拌には不向きである．通常は $d/D = 0.25 \sim 0.3$，槽底から $1.0d$ 前後で4枚の邪魔板*を併用する．邪魔板が使用できない場合や上部からの吸込みが必要な撹拌操作には，槽に対して翼を $0.2 \sim 0.25D$ 偏心すすると．可溶性の液液撹拌*操作や溶けやすい固体粒子の固液撹拌*操作に使用される．伝熱撹拌操作にはドラフトチューブ*を併用すると効果的である．　　　　　　　　　　　　　　　　　　　　　　　　　　　　　　　　　　　　　　　　　［塩原　克己］

プロペラ翼

## フローミキサー　flow mixer

2種以上の流体を連続的に，あるいは循環させながら混合する装置．ジェット*，オリフィス，ノズル

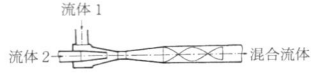

フローミキサー代表例
[S. M. Walas, "Chemical Process Equipment", Butterworth-Heinemann(1990), p.302, 一部修正]

あるいはポンプを利用したものがある．互いに溶解する流体の混合，溶解しない流体の分散，気液あるいは液液の混合など，それぞれに応じて適当なものを用いる(図参照)．　　　　　　　　　　　　　　　　　　　　　　　　　　　　　　　　　　　　　　　　　［清水　豊満］

## Flory - Huggins しき ── 式 Flory - Huggins equation

P.J. Flory と M.L. Huggins は，それぞれ独立に格子模型を用いて高分子溶液の混合エントロピー ($\Delta S_{mix}$) を計算し(1942)，溶媒(1)と高分子(2)からなる2成分系溶液に対して次式を得た．

$$\Delta S_{mix} = -R(n_1 \ln \phi_1 + n_2 \ln \phi_2)$$

ここで，$n$ は物質量，$\phi$ は体積分率，$R$ は気体定数である．上式の $\Delta S_{mix}$ は，分子体積比 $r(= V_2/V_1)$ が大きくなるほど理想混合エントロピーより大きな値を与える．高分子が溶媒と同じ大きさのセグメント $P$ 個からなるとすると，$r = P$ である．上式に混合エンタルピー項 ($\chi \phi_1 \phi_2$) を加えると，溶媒の活量が次式で与えられる．

$$\ln a_1 = \ln \phi_1 + \phi_2 \left(1 - \frac{1}{r}\right) + \chi \phi_2^2$$

ここで $\chi$ は Flory あるいは $\chi$ パラメーターとよばれ，その値が正であれば貧溶媒，負であれば良溶媒であることを示す．上式を一般に Flory-Huggins 式とよぶ．　　　　　　　　　　　　　　　　　　　　　　　　　　　　　　　　　　　　　　　　　［新田　友茂］

## フローワビリティー　flowability

粉粒体の流動性を表し，粉粒体の流れやすさを示す指標．流動の形態には貯槽などから流出する重力流動，振動を与えて流動する振動流動，空気など流体とともに流動化させる流動化流動などがある．それぞれの粉粒体の取り扱われる条件に応じた流動性の評価が必要であるが，重力流動の流動性の指標として Carr の流動性指数があり，安息角，粒子径分布および見掛け密度などを測定し，これらを総合して評点をつけるものであり，その指数を求めるための測定器がある．　　　　　　　　　　　　　　　　　　　　　　　　　　　　　　　　　　　　　　　　　［杉田　稔］

## プロンプトエヌ・オー ── NO prompt NO

燃焼初期の火炎面において燃料中の炭化水素から生じる CH や $C_2$ ラジカルと空気中の $N_2$ が次の反応で中間体 HCN, CN, N を生成し，それらが酸化されることによって NO を生成する機構．$CH + N_2 = HCN + N$, $C_2 + N_2 = 2CN$．　　　　　　　　　　　　　　　　　　　　　　　　　　　　　　　　　　　　　　　　　［神原　信志］

## プロンプトノックス ── $NO_x$ prompt $No_x$

⇒炉内脱硝法

## ぶんあつ　分圧　partial pressure

混合気体中のある成分が，ほかの成分を除いて，その成分だけが全体積中に存在すると仮定したとき

に呈する圧力．1, 2, 3, …なる成分ガスのそれぞれ $n_1, n_2, n_3, \cdots$ モルを含む混合ガスが絶対温度* $T$, 全体積 $V$ のときに呈する全圧を $\pi$ とするとき，成分1が単純に混合ガスと同じ温度，体積を与えられたときに呈する圧力，すなわち分圧は

$$p_1 = \frac{n_1 z RT}{V} \quad (1)$$

で与えられる（$R$ は気体定数*）．
理想気体*では圧縮因子* $Z$ は1であるから

$$\pi = p_1 + p_2 + p_3 + \cdots \quad (2)$$

あるいは

$$p_1 = y_1 \pi, \quad p_2 = y_2 \pi, \quad p_3 = y_3 \pi, \cdots \quad (3)$$

となり，これをドルトンの法則*という．ただし，$y$ はモル分率である．工学的には単に式(3)を分圧と定義する場合も多い． 　　　　　　　[滝嶌 繁樹]

**ぶんかくぶんしりょう　分画分子量　molecular weight cut-off**

限外沪過膜の性能を表す指標．分画分子量は分子量の異なる数種の溶質分子を用いて，それが膜で阻止される割合，すなわち阻止率*を分子量に対してプロットし，分画分子量曲線を描き，阻止率が90%になる分子量をもって分画分子量としている場合が多い．しかし，分画分子量曲線は，一般に用いる溶質分子によって変化すると考えられるので，大体の目安を表す数値と考えたほうがよい．溶質分子としては，ポリエチレングリコールやデキストランなどが用いられる． 　　　　　　　[鍋谷 浩志]

**ぶんかくぶんしりょうきょくせん　分画分子量曲線　molecular weight cut-off curve**

⇒分画分子量

**ぶんきポリマー　分岐──　branched polymer**

長鎖分岐を有した枝分かれ高分子．通常，分岐鎖が炭素数にして10程度以下の短鎖分岐のみを有したポリマー*は含まない．低い頻度で架橋*された高分子も分岐ポリマーとよばれることも多いが，厳密には一次分子の片末端のみが結合された形の分岐を有した高分子をさす．分岐ポリマーは星形，くし形，ランダム分岐ポリマーに分類される．高分子全体の広がりが分岐の度合いが高くなるにつれて直鎖高分子に比べ小さくなることから，長鎖分岐は流動域の粘弾性*に大きな影響を与える． 　　　　　　　[飛田 英孝]

**ぶんきゅう　分級　classification**

分級とは粉体粒子を化学成分，粒子径，色，密度および磁性などによって分割することをいう．一般には粒子径によって粗粉と微粉に分割する操作を粒度分級または分級という場合が多い．粒度分級用の装置は流体力を利用するものとふるいによるものに大別される．流体分級はその方法，すなわち使用する流体によって乾式分級と湿式分級に大別できる．前者は気体，主として空気を用いるので風力分級，後者は液体，主として水を用いるので水力分級ともいう．流体分級は流体中に分散した粒子に方向の異なる力を作用させ，粒子と流体の慣性力の差を利用して粗粉と微粉に分ける操作をいう．

一般に流体分級での分離径は $1 \sim 50 \mu m$ の範囲にあり，ふるいは $50 \mu m$ 以上の分級に利用される．
　　　　　　　[吉田 英人]

**ぶんきゅうこうりつ　分級効率　classification efficiency**

粒子径についての分級*では，各粒子径ごとの分離効率を部分分離効率とよび，分級操作では一般に分級効率とよぶ．原料と粗粉および微粉の粉体流量を $m_0, m_1, m_2 [\mathrm{kg\,s^{-1}}]$, 粒子径分布を $f_0, f_1, f_2$ とすると，粒子径 $D_p \sim D_p + \Delta D_p$ の範囲に存在する粒子の粗粉側への捕集効率は次式となる．

$$\Delta \eta = \frac{m_1 f_1 \Delta D_p}{m_1 f_1 \Delta D_p + m_2 f_2 \Delta D_p}$$

理想分級では $\Delta \eta$ は分離径においてステップ状の関数となる． 　　　　　　　[吉田 英人]

**ぶんきゅうそうがたしょうせきそうち　分級層型晶析装置　classifying crystallizer**

分級流動層型晶析装置．図のような晶析装置の一つで，過飽和母液を乱れないように上昇させ，上昇速度に応じて高さ方向に粒径分布を生じさせて所望の大きさの粒子を製品として得る．装置本体は逆円すい型をしていることが多い．大粒径でかつ分布幅

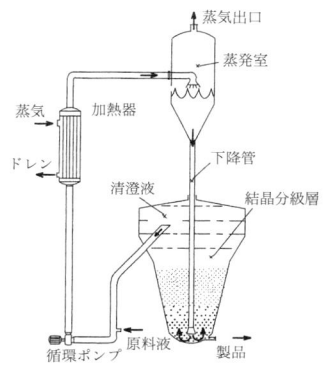

分級層型晶析装置
[便覧, 改六, 図9.17]

の狭い粒子群の製造に用いられる. ［松岡 正邦］

**ぶんきゅうりゅうどうそうがたしょうせきそうち
分級流動層型晶析装置** classified fluidized bed crystallizer

⇒分級層型晶析装置

**ぶんきょく　分極** polarization

分極曲線. 腐食電位, 自然(電極)電位*, 平衡電位*にある試料電極の電位を外部電源により電圧を加え, その電位をアノードあるいはカソード方向に変位させること. 分極の程度を過電圧とよぶ.

［酒井 潤一］

**ぶんきょくきょくせん　分極曲線** polarization curve

分極. 外部電源を用いて, ある腐食環境中にある試料電極を自然(電極)電位*, 腐食電位, 平衡電位*から変位させたときの電位-電流曲線(外部分極曲線)をいう. 目的により電位制御型(ポテンシオスタット)と電流制御型(ガルバノスタット)とがある. 一般には電位(または電流)を連続的に変化(走査)させ, 対応した電流(電位)を求める. 腐食関与因子を分離して測定した分極曲線の形状から, 腐食機構の推定が可能となる. ［酒井 潤一］

**ぶんこうふくしゃ　分光ふく射** spectral radiation

伝熱の系を構成する物質には温度分布があり, 放射率*・吸収率*などの物質のふく射性質はふく射の波長に依存する. したがって, ふく射伝熱の評価はふく射の波長領域ごとになされるのが望ましい. このようにふく射の波長分布を考慮して, 物質のふく射性質やふく射伝熱を扱う方法を分光ふく射の方法とよぶ. ［牧野 俊郎］

**ふんさい　粉砕** grinding, comminution, pulverizing, crushing, size reduction

破砕. 物質を砕いて粉にする操作. 粉砕する原料を砕料, 製品を砕成物という. 粉砕で取り扱う砕料, 砕成物の大きさは数十cmから数〜数十nm程度であり, 砕成物の大きさが数cm以上は粗砕, 数mm程度は中砕, 数十μmは微砕, それ以下を超微粉砕とよぶ. 粉砕の目的はいろいろであるが, 主として① 比表面積の増大, ② 単体分離性の向上, ③ 多成分固体の均一混合, ④ メカノケミカル効果の発現, などである. ［齋藤 文良］

**ふんさいき　粉砕機** mill, crusher, grinder, pulverizer

粉砕*に用いる装置(粉砕機). 機械的エネルギーを砕料に直接ないしは粉砕媒体(ボールやペブルなど)に与えて固体を粉砕する装置. 粉砕は広範囲な物質を対象とし, さまざまな機能・機構を含むので, 多くの種類の粉砕機がある. まず, 砕料の粒子径範囲に応じて粗砕機, 中砕機, 微粉砕機, 超微粉砕機に分類され, それぞれ機構, 構造が異なる. 機構は, 圧縮, せん断, 切断, 衝撃, 摩擦などがある. 粉砕機は, 容器自体の往復運動を利用するもの, 容器全体の回転ないしは振動運動により粉砕媒体に運動を与え, 砕料を細かくするもの, 流体力を利用して砕料を砕くものなどさまざまである. ［齋藤 文良］

**ふんさいじょざい　粉砕助剤** grinding aid

微粉砕領域になると粉砕速度や粉砕効率が低下するが, このとき微量の特定物質を加えて粉砕*すると粉砕が効果的に進行することがある. このとき添加した物質を粉砕助剤といい, 砕料が微粉化したとき, その表面エネルギーを低下させ, 再凝集を防止する役割を演じる. たとえば, セメント原料に対してアリルアルキルスルホン酸, セメントクリンカーに対してトリエタノールアミンとリグニンスルホン酸のカルシウム塩の混合物, ステアリン酸塩, カーボンブラックなどが知られている. 作用機構については定説はないが, 助剤分子の固体への吸着による亀裂の進展を促進するため, あるいは微粉末の付着を防止し, 分散をよくするためなどが考えられる. 添加量を誤ると逆効果になることがある. 気体, 液体, 固体助剤があるが, 液体, 固体助剤でも粉砕過程で気体として作用する場合もある. ［齋藤 文良］

**ぶんさん　分散** dispersion

粉体粒子をできるだけ一次粒子として気体や液体に分布させる操作. ほかの粉体中や粒子表面に混合・付着させ, 分布させることも分散とよばれている. 粉体・微粉子は何個かの一次粒子が集合して凝集粒子をつくっているのが普通であり, 粉体を気相や液相に分散させるには粒子間の付着力を超える力を作用させる必要がある. このため, 媒体の加速, せん断流れ, 障害物への衝突, 超音波, 分散剤の利用, 粒子表面の改質や荷電など, 多くの技術があり, 種々の装置が開発されている. 微粒子本来の特性を発現させるための重要な操作である. ［増田 弘昭］

**ぶんさんがたせいぎょシステム　分散型制御——distributed control system**

DCS. 分散制御装置. プロセスのフィードバック演算制御機能, シーケンス制御機能, 警報監視機能, 運転操作機能, データ処理機能などを備えたデジタルコントロールシステムのこと. 1970年代までの計装システムはアナログ式と管理用計算機が主体であ

ったが，1970年代前半にマイクロプロセッサーが開発されると，マイクロプロセッサーを組み込んだ計装制御システムが1975年に発売された．従来の集中型の計算機システムに対して複数のステーションに機能を分散し，故障の分散と高速化を実現できるため，分散型制御システム（DCS）と称された．DCSは，制御演算を行う複数の制御ステーションと，オペレーターおよびエンジニア用インターフェースとしてのヒューマンインターフェースステーションを専用の制御バス回線で接続して構成されている．制御ステーションは，コストパフォーマンスの観点から当初ステーションあたり20～40ループであったが，その後，16ループ，8ループ，1ループタイプのものから，逆に，数百ループをサポートする大規模なシステムまで多様なシステムが出現した．制御ステーションの信頼性を高めるために当初はバックアップ計器が用意されたが，その後二重化システムが主流となっている．制御ロジックはソフトウェアで実現できるため，配線コストの削減や高度の演算機能の実現が容易となった．従来のアナログ計器に対応してソフトウェアによりPID制御*やシーケンスロジックを構成できる．ソフトウェアの特性を生かして，制御機能構成を自由に変更できることも大きなメリットである．ヒューマンインターフェースステーションは，従来の計装パネルに代わりCRT（ブラウン管）とキーボードがオペレーションに主体となった．当初，導入に抵抗があったもののオペレーターの世代交代や，機能の長足の進歩に伴い，二段積みシステム，液晶ボードシステムなど広く普及した．当初，専用のハードウェアとソフトウェアから構成されていたが，IC（集積回路）技術とソフトウェア技術の進歩により，ハードウェアは専用機→ワークステーション→パソコンへ，ソフトウェアは専用オペレーティングシステム→UNIX→Windowsへ，制御バスは専用バス→汎用LANへと，汎用化，オープン化，統合化へと発展し現在に至っている．

[高津 春雄]

**ぶんさんげんかいかくはんそくど 分散限界撹拌速度 critical impeller speed for dispersion of multi-phase systems**

撹拌槽における分散操作としては，液中へのガス・相互不溶の液・固体粒子の分散およびそれらの組み合わさった3相系あるいは4相系があり，それぞれの系で操作目的に対応した分散限界撹拌速度があるが，一般には相互不溶性の液を対象とした場合をいう．これについては相分散限界撹拌速度ともい

う．ガスについても完全ガス分散限界翼速度が提唱されているが，必ずしも一般的ではない．むしろ，フラッディング*条件のほうが装置設計上重要である．固体粒子については，粒子浮遊化限界撹拌速度*が標記の語に対応する． [望月 雅文]

**ぶんさんそう 分散相 dispersed phase**

ある物質がほかの物質中に分散散在している相．気液，液液などの異相接触装置では，2相の接触をよくするために一方の相を気泡または液滴としてほかの相に分散させる場合が多い．このとき粒状に分散している相を分散相，連続している相を連続相*という．スラリーやミストなどでは固体粒子が分散相となる． [宝沢 光紀]

**ぶんさんばん 分散板 distributor**

⇒ガス分散器

**ぶんさんりゅう 分散流 dispersed flow**

水平円管中の気液二相流*で液中に小気泡が分散，あるいは液中に小液滴が分散した噴霧流をいう．また，垂直円管内を気液2相が上昇流で流れるときは，管壁周辺の環状液流がなくなり，液相が噴霧された噴霧流をいう．（⇒気液二相流）

[柘植 秀樹]

**ぶんしうんどうそくど 分子運動速度 speed of molecular motion**

分子の根平均2乗速さは，$(3kT/m)^{1/2}$，速さに関するマックスウェル分布の極大に相当する速さ（最確の速さ）は，$(2kT/m)^{1/2}$，マックスウェル分布から求められる平均の速さは$(8kT/m)^{1/2}$と表される．（$k$：ボルツマン定数，$T$：温度，$m$：質量）

[松方正彦・高田光子]

**ぶんしかくさん 分子拡散 molecular diffusion**

濃度が均一でない混合物質の各成分は，濃度の高い側から低い側に拡散*により移動する．この現象は，基本的には分子の熱運動に起因する自発的な混合過程で，着目成分の分子は異なる成分の分子との衝突により運動量を交換しながら移動する．このため拡散速度は分子の熱運動速度に比して桁違いに小さい値をとる．この現象は，フィックの法則を含め気体分子運動論によって説明することができる．このことから，この現象を分子拡散という．単に拡散とよばれることが多いが，推進力が異なる圧力拡散*，外力拡散*，熱拡散*など，また，壁面や界面との相互作用を受けるクヌーセン拡散*や，表面拡散*などと区別されている． [神吉 達夫]

**ぶんしくっせつ 分子屈折 molecular refraction**

分子屈折とは，各種液体について下記の式で定義

される．温度に無関係な物質定数であり，その物質の構成原子および構造に関する加算性を有する．

$$[R_\lambda] = \frac{M}{\rho} \frac{n_\lambda^2 - 1}{n_\lambda^2 + 2}$$

ここで，$[R_\lambda]$ は波長 $\lambda$ の光波に対する分子屈折，$M$ は分子量，$\rho$ は液体密度，$n_\lambda$ は波長 $\lambda$ の光波による屈折率である． [船造 俊孝]

**ぶんしけつごういんし 分子結合因子 molecular connectivity**

M. Randić(1975)によって提案されたアルカンおよびアルキルベンゼン類の骨格構造の違いを表す下記の式で表される指標．

$$\chi = \sum_{i=1}^{n} (\delta_i \delta_j)_l^{-\frac{1}{2}}$$

ここで，$\chi$ は分子結合因子で，結合している原子 $i$ と $j$ について，$\delta_i$ は結合の数から水素原子との結合の数を引いた値，$n$ は骨格原子数を表す．標準沸点，蒸気圧，自由エネルギー，密度，モル体積，屈折率，クロマトグラフィーの保持時間などとの相関に用いられている． [船造 俊孝]

**ぶんしげんていほう 分枝限定法 branch and bound method**

組合せ最適化問題*の厳密解を求める手法．実行可能領域の分割による子問題の生成(分枝操作)，より解きやすい問題(緩和問題)の求解，それまでに得られた最良の解(暫定解)よりもよい解を与えない子問題の削除(限定操作)を行うことにより，組合せ的爆発を回避しつつ，すべての解を陰的に探索する．巡回セールスマン問題など多くの組合せ最適化問題に対し，実用性の高い厳密解法として広く用いられている． [長谷部 伸治]

**ぶんしじょうりゅう 分子蒸留 molecular distillation**

揮発性の非常に低い液体を高真空下において加熱すると，液面から蒸発した分子どうしが衝突することなしに，直接凝縮(冷却)面に到達する確率が多くなる．そこで，圧力を十分低く保ち，液面と凝縮面との距離が分子の平均自由工程*より短くなるようにして，上記の操作を行うことを分子蒸留という．

常圧付近の蒸留と異なり，分子蒸留では気相の組成が各成分の蒸気圧*だけでなく，各成分の蒸発速度の比によって決まる．つまり，クヌーセン*拡散の関係から，分子蒸発速度 $W$ は表面積 $A$，蒸気圧 $p$，分子量 $M$，温度 $T$ によって

$$W = KAp\sqrt{\frac{M}{T}}$$

のように表される($K$ は定数)．つまり，2成分の蒸発速度の比，すなわち常圧における相対揮発度*(モル比)にあたる値は上式より

$$\frac{W_1}{W_2} = \frac{P_1}{P_2}\sqrt{\frac{M_1}{M_2}}$$

となる．

分子蒸留は，加熱すると分解や重合などを起こしやすい熱的に不安定な物質，天然ビタミン，油脂成分の分離に使われる．また，水銀，ウランのような物質の同位元素の蒸気圧は非常に接近しているため常圧蒸留では分離できない．しかし，分子蒸留では分子量の差によって分離できるので，この方面でも利用されている．なお，通常の蒸留は気液両相の組成差を利用する平衡分離であるが，分子蒸留は成分間の蒸発速度の差を利用する速度差分離である． [長浜 邦雄]

**ぶんしじょうりゅうそうち 分子蒸留装置 equipment for molecular distillation**

分子蒸留*を行うための装置．ポットスチル型は，単に缶(ポット)に原料を仕込み，真空下で加熱蒸発させてコンデンサーで凝縮させるもので，回分式で

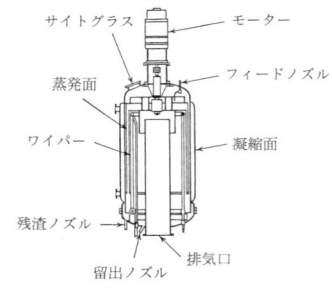

(a) 流下膜型

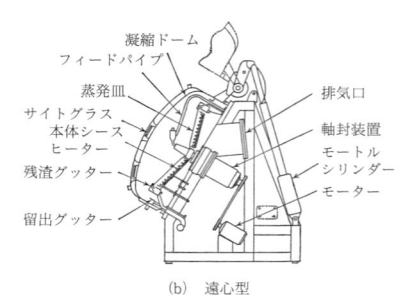

(b) 遠心型

分子蒸留装置[便覧，改三，図 9·35，図 9·36]

ある．Torbid 現象*が起こりやすく，かつ長時間の加熱が必要であるため，熱分解しやすい物質には使えない．図に示すように流下膜型(a)は，重力によって円筒型蒸発面上に流下液膜を形成させ，それを真空下で加熱蒸発させ，対向している凝縮面で凝縮させる．連続大量処理に向いているため工業的に広く用いられている．遠心型(b)は，遠心力により回転面上に液薄膜をつくり，真空下で加熱蒸発させ，対向している面上に凝縮させる．きわめて薄い膜が形成され，しかも瞬時に加熱蒸発ができ，連続操作ができる，などの利点をもつ． [長浜 邦雄]

**ぶんしどうりきがくほう 分子動力学法** molecular dynamics method

液体や界面などを分子レベルで取り扱う，モンテカルロ法*と並ぶ分子シミュレーション法の一つ．モデルあるいは量子化学計算*から求めた分子間ポテンシャルのなかで相互作用している，多数の分子の座標や運動状態の変化を，ニュートン運動方程式を解くことによって追跡する．このようにして得られた統計力学的アンサンブルから系の分子レベルでの情報のほかに，平均的な構造，熱力学的諸量，拡散係数などを求めることができる．実在規模の多数の分子を扱う困難を避けるために，周期境界条件のもとで数百～数千個程度の分子の運動を扱うことが多い．しかし計算機の進歩により，より多数の分子を扱うことや，量子化学計算との組合せの面での進歩が著しい． [幸田 清一郎]

**ぶんしふるいこうか 分子ふるい効果** molecular sieving effect

吸着質分子と同程度の大きさの細孔を有する多孔質吸着剤において，その細孔より大きな分子は細孔の中に入れないので吸着されずに，逆に細孔より小さい分子だけが細孔に入れて選択的に吸着されること．モレキュラーシーブ*とよばれるゼオライトや分子ふるいカーボン(molecular sieving carbon, MSC)とよばれる活性炭などが，この効果をうまく利用した吸着剤として広く使われている．

[迫田 章義]

**ぶんしふるいながれ 分子ふるい流れ** molecular sieving flow

サブナノオーダーの貫通孔をもつ多孔質膜での気体透過において，気体分子のサイズによるふるい効果*がみられる透過機構のこと．膜の細孔に分布があるのが一般的であるため，ふるいサイズが必ずしも明確でないが，気体分子のサイズが大きくなるに従い透過係数*が著しく減少し，透過係数は高温ほど大きい透過現象を分子ふるい流れという．

[原谷 賢治]

**ぶんしゅく 分縮** partial condensation

混合蒸気の一部を凝縮させること．分縮によって残りの蒸気は凝縮液よりも低沸成分に富むようになるので，蒸留塔を去る蒸気は分縮器内でも濃縮されることになる．分縮の方法には2通りある．一つは平衡分縮で凝縮液と残存蒸気とを十分接触させ，全体として平衡にあるようにする．これはフラッシュ蒸留の逆の操作と考えることができ，通常連続的に操作する．ほかの一つは微分分縮で，混合蒸気を凝縮してから得られる凝縮液は直ちに微少量ずつ系外に取り出す．そのため，凝縮液を集めたものの組成は残りの蒸気の組成とは平衡関係にはない．微分分縮は微分蒸留の逆の操作で，理論的には考えられるが実際に行われることはほとんどない．実際の分縮器内では両者の中間と考えられる． [大江 修造]

**ぶんしゅくき 分縮器** partial condenser

蒸留塔の塔頂からの蒸気の一部を凝縮させて還流*として塔に返す凝縮器をいう． [荻野 文丸]

**ふんしゅつりゅうかんそうき 噴出流乾燥器** nozzle jet dryer

ノズルジェットドライヤー．連続したシート状材料またはその表面の塗布*膜の乾燥を目的として，材料面と直角にノズルから熱風を吹き付ける方式の乾燥器．熱風を3～5 mm幅で長さが材料幅に等しいノズルから20～50 m s$^{-1}$で噴出させ，4～10 cm下の材料に吹き付ける． [脇屋 和紀]

**ぶんしりゅう 分子流** molecular flow

高真空下で気体の平均自由行程*が長くなり，クヌーセン数*$Kn$ が0.3を超える場合の気体の流れの状態．クヌーセン流れ*ともいう．通常の流れとはまったく異なり分子相互間の衝突による通常の粘性は意味がなくなり，分子と器壁との衝突が支配的となる(⇒コンダクタンス，クヌーセン拡散)．

[霜垣 幸浩]

**ぶんしりょうぶんぷ 分子量分布** molecular weight distribution, molar mass distribution

一般に高分子化合物は，異なる分子量を有した高分子の混合物であり，その分子量の分布をいう．分子量の代わりに重合度*で表した分布を重合度分布とよぶ．高分子科学では一般に分子量分布は確率密度関数の形で与えられ，区間内の面積が存在割合を表す．高分子の存在割合としてよく用いられる基準としては，数基準と重量基準があり，基準の取り方により同一の高分子系であってもその分子量分布形

状は大きく異なるので注意を要する．また，分子量分布を記述するさい，確率変数を分子量の対数とする場合も多く，このような変数変換によっても見掛けの形は異なる．各ユニット間の結合確率が一定とみなせる反応系の場合には，分子量分布は最確分布(most probable distribution)に従い，重量平均分子量と数平均分子量の比は2となる．また，理想的なリビング重合系はポアソン分布*に従う．

現在では分子量分布は，ゲル沪過クロマトグラフィー(GPC)により測定されることが多いが，この方法では流体力学的体積により高分子が分別されるため，共重合体や非線状高分子では真の分子量分布を決定することは難しい．

[飛田 英孝]

### ふんじん 粉じん dust

浮遊粒子状物質*．作業環境場において発生する微粒子あるいは大気中に浮遊している微粒子のこと．

[成瀬 一郎]

### ふんじんばくはつ 粉じん爆発 dust explosion

空気中に浮遊する可燃性の粉体*が，放電火花，摩擦熱，裸火などによって着火して起きる爆発．ガス爆発の最小着火エネルギー($0.01\sim0.3$ mJ)と比べて粉じんのそれは十分に大きいが(普通10 mJ程度以上)，微粒子ではより小さなエネルギーで着火する可能性も指摘されており，ハンドリングには注意が必要である．また，周囲の可燃性ガスの着火が爆発の引き金になることもある．爆発の条件は，粉体の種類，粒子径，粒子径分布，分散性，環境条件などに複雑に依存するので，粉じん爆発試験装置を用いて実験を行うのが普通である．JIS Z 8817(可燃性粉じんの爆発圧力及び圧力上昇速度測定方法)およびJIS Z 8818(可燃性粉じんの爆発下限濃度測定方法)がある．

[増田 弘昭]

### ブンゼンきゅうしゅうけいすう ——吸収係数 Bunsen absorption coefficient

気体の溶解度*を表示する方法の一つ．ある成分の気体の分圧が1気圧(101.3 kPa)のとき，温度 $t$ [℃]の溶媒1 cm³に溶解する体積[cm³]を0℃，1気圧(101.3 kPa)に換算した値のことである．

[後藤 繁雄]

### ふんたい 粉体 powder

粉(こな)．粉末，小麦粉，粉砂糖，粉薬，顔料，砂などを抽象化して固体粒子の集合体とみなしたもの．普通は比較的微粒子の集まりをさす．物質の形態の一つとして気体，液体，固体の呼称に倣ったもので，大きな粒子が含まれている場合は粉粒体ともいう．微粒子の集合体であっても，個々の粒子の性質を重視する場合は粉体粒子と表記されることが多い．粉体が気体や液体に分散されているときは，粒子分散系という．重力場に静置された粉体は安息角を形成して安定しており，固体的である．しかし，外力が加わると，それに応じて流動するという流体的な性質がある．物質の混合，成形，複合化，成分分離などに適した形態であり，さらに，固体を微細な粒子からなる粉体に変えて処理することにより固体では得られない有用な特性を示す種々の材料が得られることもある．粉体技術は，化学工業をはじめ，医薬，セラミックス，電子部品，機械部品，化粧品，食品，廃棄物処理など，多くの産業分野で利用されている．粉体工学というときは，固体粒子に限らず，液滴や気泡も粒子として扱い，それらが気体や液体に分散した粒子分散系や粒子1個の性質・挙動・創製までを含めた広い意味に用いられている．

[増田 弘昭]

### ふんたいあつ 粉体圧 powder pressure

粉体応力．貯槽内の粉粒体のように，堆積した粉粒体の自重によって生ずる圧力や，外力によって粉体層および粉体層に接する固体壁面に発生する応力を一般に粉体圧と称し，単位面積あたりの力で表し

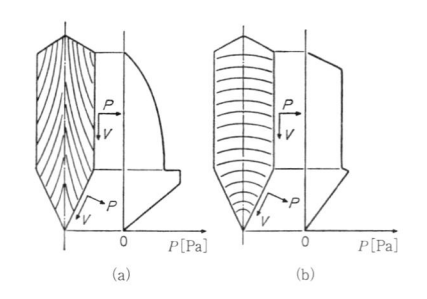

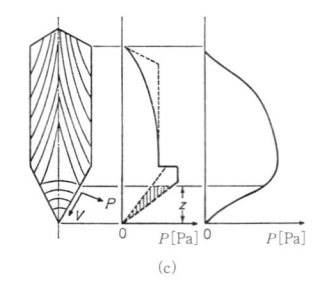

粉体圧(Jenikeらの荷重状態)[便覧，改五，図19・8]

ている．A.W. Jenike らは，貯槽内の粉体圧について，次の三つの荷重状態に分けて示している．(a) initial loading：粉粒体を静かに投入し，静置した状態．(b) flow loading：排出時の流動パターンが形成された状態．(c) switch loading：initial から flow へと転換するときの状態．

図の(a)では，粉粒体が貯槽に投入され，堆積した粉粒体が水平方向に変位せずに，粉粒体重量によって鉛直方向に圧縮される．したがって，最大主応力線は鉛直方向に閉じた主動圧力状態となる．そのときの貯槽壁への粉体圧の分布状態は右図のようになる．鉛直壁面の粉体圧の分布はヤンセンの式で算定される静置時圧力になる．図の(b)では，排出が開始され完全に流動パターンが形成された状態を示しており，粉粒体層内では受動圧力状態となり，最大主応力線はアーチ状となる．図の(c)では，排出開始から完全な流動パターンが形成されるまで，受動圧力状態へと変換する部分で大きな集中過圧力が発生する．　　　　　　　　　　　　　　　　　　　　　　[杉田　稔]

**ふんたいきょうきゅうき　粉体供給機　feeder**

フィーダー．粉粒体を貯槽などから排出，供給する装置の総称．流体系のバルブに相当するが，粒子系では粉粒体の性質および供給操作の目的によって種々の供給機を使い分ける必要がある．大別すると，主として重力によるもの（ロータリーフィーダー，テーブルフィーダー，カットゲートなど），機械的に粉体層を移動させるもの（ベルトフィーダー，スクリューフィーダーなど），往復動または振動によるもの（振動フィーダー，レシプロケーティングフィーダーなど），流体圧または流動化によるもの（エジェクター，エアスライド，ブロータンクなど）がある．

粉体供給機は貯槽下部に設置して使われるが，付属のフィードホッパーを有しており，ホッパー*から供給機への粉体*の流れが円滑に行われねばならない．したがって，ホッパーにおけるブリッジング（粉体架橋，アーチ形成，粉体層の応力関係によって上部の粉体が支えられ閉塞する現象）やフラッシング（粉体が気体を同伴して液体のように流れ出す現象）に対する対策が重要である．粉体供給機に要求される性能としては，再現性のある供給特性（静特性）をもつこと，動的応答性が速いこと，操作が容易であることなどがあげられる．粉体供給機は一般に定容積式であるから，供給粉体量をかさ密度と粉体層容積の積として考えねばならない．切り出される容積は制御されているので，偶然誤差のみであるが，かさ密度は偶然誤差以外に経時変化を伴うことがあ

り，供給粉体流量にドリフトを生じる原因になる．定質量流量供給にはロードセルなどを組み込んだ型式（ベルトスケール，ロス・イン・ウエイト方式など）や，粉体流動計によるフィードバック制御*方式が用いられる．　　　　　　　　　　　　　　　[増田　弘昭]

**ぶんぱいかんすう　分配関数　partition funcion**

状態和．分子のとりうるエネルギー準位と熱力学量を結び付ける重要な関数．普通は系のカノニカル集団（温度 $T$, 体積 $V$, 分子数 $N$ が同じ集団）に対する分配関数をさす．系のとりうるエネルギーを $E_i$ とすれば，カノニカル分配関数は $Q=\sum \exp(-E_i/kT)$ で表され，系が $E_i$ のエネルギー状態にある確率は $P_i=\exp(-E_i/kT)/Q$ となる．ただし $k$ はボルツマン定数である．このため，エネルギーの低い状態ほど出現確率が高く，また，エネルギーが同じでも見分けのつく状態の数（縮重の数）が多いほど出現確率が高い．さらに，$Q$ はヘルムホルツの自由エネルギー* $A(N,T,V)$ と $A=-kT\ln Q$ で結び付けられるので，$Q$ の微分・積分によって圧力，内部エネルギー，エントロピー，熱容量などの熱力学関数を求めることができる．　　　　　　　　[新田　友茂]

**ぶんぱいきょくせん　分配曲線　distribution curve**

分配平衡曲線．液液系における2相の分配平衡組成を示す曲線．抽出液相の抽質分率を縦軸に抽残液相の抽質分率を横軸にプロットしたときの関係をさす．蒸留の $x$-$y$ 曲線に対応し，タイラインの補間や抽出計算に用いられる．（⇒液液平衡）[宝沢　光紀]

**ぶんぱいけいすう　分配係数　distribution coefficient, partition coefficient**

分配比．2液相を形成するような2液に，双方に可溶の第三物質を加えると，その物質は一定の比率で両相に分配される．平衡におけるその物質の両相濃度の比をいう．液液抽出*において，その物質の抽残液*相における質量分率を $X$，抽出液*相のそれを $Y$ とするとき，普通 $Y/X$ を分配係数というが，濃度の単位や比のとり方が違う場合もあるから注意を要する．分配係数が一定のとき分配律*がなりたつというが，一般には濃度とともに変化し，プレイトポイントでは1となる．両相の濃度を両軸にとって平衡関係をプロットした平衡線を分配曲線*という．分配係数や分配曲線は，気液系におけるヘンリー定数* や $x$-$y$ 曲線* に相当する．　[宝沢　光紀]

**ぶんぱいひ　分配比　distribution ratio**

⇒分配係数

**ぶんぷしすう　分布指数　dispersion constant**

⇒均等数

**ぶんぷていすうけい　分布定数系　distributed parameter system**

システムの特性を表現している状態変数\*が，システムのなかに連続的に分布している系をいう．これに対し状態変数がシステムの有限個の箇所に集中している系を，集中定数系という．分布定数系の動特性表現する式は偏微分方程式，積分方程式あるいは積分-微分方程式になる．たとえば，工業炉の温度特性を考えるとき温度は炉全体に分布しているので，分布定数系となる．しかし，そのままでは扱いが困難なので，二次の集中定数系に近似して解析を進めるということがしばしば行われる．分布定数系は集中定数系の次元を無限大にしたものと考えることもできる．　　　　　　　　　　　　［山本　重彦］

**ぶんべつきゅうちゃく　分別吸着　fractional adsorption**

気体または液体の混合物を吸着剤で処理して，ある特定の成分のみを選択的に分離すること．
[広瀬　勉]

**ぶんべつちゅうしゅつ　分別抽出　fractional extraction**

二溶剤抽出．液液抽出操作において2成分混合物を，互いに溶け合わない2種類の溶剤に分配させて分離する抽出法．代表的な操作方法としては，原料である液体混合物を抽出塔あるいは多段抽出装置の中央付近に入れ，両端から軽油と重油を送り込み，それぞれの出口においてどちらかの成分に富む製品を得る．抽出計算においては，最小所要段数とそのときの二つの溶剤の体積比および原料供給段の位置を決定する必要がある．応用例としては，沸点が類似し蒸留などが困難なオルト，メタ，パラ異性体混合物の分離やアルキル鎖長が異なる弱酸あるいは弱塩基混合物の分離などがあげられる．　［後藤　雅宏］

**ふんむかんそうき　噴霧乾燥器　spray dryer**

スプレードライヤー．液状材料を熱風中に噴霧して短時間で乾燥製品を得る乾燥法．20～500 μmの球状粒子が得られる．多くの型式があるが，円筒の頂部からノズル噴霧し熱風と並流\*で乾燥する方式がもっとも多く，ノズルには加圧ノズル，ディスクアトマイザーおよび高粘性流体に用いられる二流体ノズルがある．熱風と液の接触がよく，乾燥時間が5～30 sと短いことから熱変性を受けにくいが，伝熱容量係数\*が小さく，液滴飛しょう距離も大きいので装置が大きくなる．　　　　　　　　　［脇屋　和紀］

**ふんむとう　噴霧塔　spray tower, spray column**

⇒スプレー塔

**ふんむねつぶんかい　噴霧熱分解　spray pyrolysis**

金属イオンを含む水溶液やアルコール溶液を二重管ノズルや超音波噴霧器でミスト（液滴）にして，高温の炉内を通過させると，液滴中の溶媒が蒸発し，溶質が球状粒子に析出する．さらに高温場での熱分解反応により酸化物，金属などの粒子にする．
[奥山　喜久夫]

**ふんむねんしょう　噴霧燃焼　atomized combustion**

液体燃料を霧状に微粒化して燃焼させる方式であり，工業用の燃焼装置に広く利用されている．噴霧燃焼を行うには微粒化装置が必要で，圧力噴射方式，気流微粒化方式，回転円板微粒化方式などがある．
[西村　龍夫]

**ふんむほう　噴霧法　spray method**

アトマイズ法．この方法は，原料が含まれている溶液を加圧空気や超音波，振動，回転円板などにより液滴化し，その液滴の溶媒を高温場で蒸発させることによって粒子を得る液滴-粒子転換プロセス．代表的なものには噴霧熱分解法，噴霧燃焼法，溶射噴霧法などがある．　　　　　　　　　　［奥山　喜久夫］

**ぶんりエネルギー　分離――　separation energy**

膜分離に必要なエネルギーで，膜ろ過や膜によるガス分離など分離の駆動力が圧力差の場合には操作圧力\*から求められる．　　　　　　　　［中尾　真一］

**ぶんりけいすう　分離係数　separation factor**

蒸留における比揮発度\*，液液抽出における選択度\*などに相当する．最近は，これらの異相間の平衡を利用する分離以外に，膜分離のような物質移動速度差による分離を含め，分離の容易さを表す値として分離係数という用語が使われる．ここで，A, B二成分系を考え，原料が製品1と製品2に分離される場合を考える．そのときの分離係数は，$\alpha_{AB} = (y_A/y_B)/(x_A/x_B)$で表される．ここで，$y$は蒸留では気相，抽出では抽剤相の成分の組成を，$x$は蒸留では液相，抽出では原溶媒の成分の組成である．膜分離では，$y$は透過側，$x$は原料側の成分の組成である．組成はモル分率がおもに使われるが，抽出では質量分率が用いられる．この値が1より離れるほど分離は容易であり，1.0の場合は分離不可能である．なお，3成分以上の多成分系でも二成分系と同様に分離係数を定義することができるが，あくまでも注目する特定の2成分に対する分離の難易を示す．　［長浜　邦雄］

**ぶんりげんかいりゅうしけい　分離限界粒子径**

## dust collection

集じんあるいは分級において，ある特定の操作条件における分離の限界となる粒子径．一般には部分分離効率が50％となる粒子径を用いるか，あるいは集じん機入口部の粉じんのふるい上質量分率と集じん率が等しくなる平衡粒子径が用いられる．
[大谷 吉生]

## ぶんりせいせいこうてい　分離精製工程（タンパク質の）　separation and purification

分離精製工程は生産物が細胞外に分泌されるか否かで異なるが，まず細胞の分離から始められる．細胞の分離には遠心分離や沪過が用いられる．生産物が細胞内にある場合はホモジナイザー，ボールミル，超音波破砕，フレンチプレス*，アルカリ溶液などで細胞破砕または溶菌操作*を行う．細胞の破砕液あるいは培養上澄みは沈殿分画，溶媒抽出により粗精製される．次いで，クロマトグラフィー，膜分離，電気泳動，再結晶などの精密分離が行われる．
[新海 政重]

## ぶんりど　分離度　resolution

クロマトグラフィーにおいて成分間の分離の程度を定量的に評価するための尺度．分離度 $R_s$ は次式で表される．

$$R_s = \frac{t_1 - t_2}{(W_1 + W_2)/2}$$

ここで，$t$ は平均滞留時間，$W$ はピーク幅，添字1，2は成分を表す．
[新海 政重]

## ぶんりばんがたえんしんちんこうき　分離板型遠心沈降機　disc centrifuge

垂直軸型の回転円筒の内部に，多数の円すい台形の分離板を数mm間隔で積み重ねて遠心沈降面積*の増大をねらったもので，ドラバル型ともよばれる．固体あるいは重液は分離板の上側壁に沿って上方に移動して後，円周方向に沈降する．一方，軽液はその間隙を軸中心方向へ流れ溢流する．濃厚沈殿物を連続的に排出する方式として，バルブ式とノズル式の2種類がある．
[中倉 英雄]

## ふんりゅう　噴流　jet

ジェット流．流体が開口やノズルから周囲流体中へ噴出する流れ．流出直後の噴流の中心部には，流れが一様なポテンシャルコア*が存在し，そのまわりには速度勾配をもつ層流拡散層が形成され，それはしだいに不安定になり遷移域を経て乱流*へと移行する．発達した乱流領域では流速や乱れの構造に相似性があり，平均流速分布がガウス分布曲線で近似できる．乱流領域と周囲流体との境界近傍では，層流と乱流が交互に発生する間欠的乱流構造*を形成する．
[黒田 千秋]

## ふんりゅうたいかんそうき　粉粒体乾燥器　dryer for particulate materials

乾燥後に粉粒状となる材料を乾燥する乾燥器の総称．気流乾燥器*，回転乾燥器*，流動層*乾燥器，噴霧乾燥器*など対流乾燥*方式が熱風との接触がよいため多く使用されており，材料の性状，粒子径，粒度分布*により使い分ける．
[脇屋 和紀]

## ふんりゅうそう　噴流層　spouted bed

⇒スパウテッドベッド

## ふんりゅうそうはんのうそうち　噴流層反応装置　spouted bed reactor

噴流層*を利用した気体と固体が関与する反応のための装置の一形式．中央の気流層部分はライザー反応器の特性を，まわりの環状部は下降移動層反応器の特性をもつ．装置全体としては，気体の滞留時間が短いことと固体が循環するという特徴をもつ．この特徴から，気体が反応物質である場合は短時間で終了するクラッキングが，固体が反応物質である場合は反応時間が長いセメントクリンカー製造や鉄鉱石還元が適切な応用としてあげられる．前者の気体が反応物質である場合において，固体は触媒もしくは熱媒体としてはたらく．
[上村 芳三]

## ふんりゅうたいこんごう　粉粒体混合　powder mixing

固体混合．気相，液相，固相中を問わず，粒子状固体が比較的高濃度で分散している系で，粒子物性の異なる2成分以上の粒子が存在するなかでの着目成分の均一化を目的とする一種の流動操作である．着目成分割合が低い場合は分散*，流体との圧縮せん断による粒子群の解砕・分散を主とするものに混練*がある．混合のさい，系内での特定方向位置での着目成分割合の変化でなく，対象領域の大きさによる系全体での着目成分割合の変動が重要になる．粉粒体混合に直接関与する粒子物性としては，粒子径，粒子形状，粒子密度，固体としての摩擦係数や弾性係数，粒子間凝集力などがあるが，粒子集合体としての充填率や内部摩擦係数*，引張強度*などは，混合の場の条件により変化する粉粒体特性によって，総括的に混合の操作と結果を左右する．そのため，混合は，その機構，過程，機械・操作，評価により記述，把握される．

混合機構には，一般に粒子が位置を交換する素過程としてせん断混合*，対流混合*，拡散混合*が考えられるが，これらは同時に起きており，全体の均一

化の度合いを表現するための混合特性曲線*に特徴が現れる.粉粒体の巨視的な混合過程は,流体の混合モデルである完全混合流れ*,押出し流れ*,拡散混合によって記述することもできる.実際,混合機*での混合が進行する過程は,混合特性曲線の勾配から混合速度*の経時変化として一次速度式(混合度に比例する)で表現される.その比例定数である混合速度係数は,混合機の性能の一つである.そのさい,偏析による動的平衡状態も考慮しなければならない.

さらに,最近は微粒化に伴い混合度*が材料や接触操作の優劣を決めるため,混合度をどこまで高められるかが,重要な混合の評価基準になっている.以前から混合物からの無作為採取サンプルによる着目成分割合の不偏分散や標準偏差による各種の混合度の定義があるが,着目成分の仕込み濃度やサンプル数,なによりもサンプルサイズに直接左右されるため,目的に応じて使い分けられている.従来からの撹拌,流動型の混合機では,混合できる粒子集合体の最小サイズに限界があるため,核粒子の子粒子による被覆で単一核粒子サイズでの子粒子の混合割合が決められ固定できる乾式表面改質*装置が,広義のミクロ混合機として用いられるようになってきている. [篠原 邦夫]

**ふんりゅうどうはん 噴流同伴 jet entrainment**

噴流*の乱流領域の外層において,周囲の流体が噴流中に引き込まれ,噴流の流量が下流方向へ増加していく現象. [黒田 千秋]

**ふんりゅうりゅうどうそう 粉粒流動層 powder-particle fluidized bed**

粒子径数十μm以下の付着・凝集性の強い微粉体を,気流中に容易に飛び去られることなくかつ凝集体の形成を抑えながら流動化する流動層*.流動化の容易な粗い粒子が媒体となり表面に微粉体を保持しながら流動化する. [中里 勉]

**ぶんりりゅう 分離流 separated flow**

水平管内の気液二相流*で,気相と液相が分離して流れる成層流*と波状流*を併せて分離流とよぶ.水平管や緩やかな傾斜管での分離流と間欠流の遷移条件は次式で与えられる.

$$\frac{\bar{u}_G}{(gd)^{0.5}} = 0.25\left(\frac{\bar{u}_G}{\bar{u}_L}\right)^{1.1}$$

ここで,$\bar{u}_G$はガス空塔速度,$\bar{u}_L$は液空塔速度,$d$は管内径,$g$は重力加速度である.(⇒空塔速度) [柘植 秀樹]

**ぶんりりゅうモデル 分離流── separated flow model**

水平管内を流れる気液二相流*が完全に気相と液相に層状分離するとしたモデル.本モデルに基づいて,気液二相流の摩擦損失を液相あるいは気相が単相流として流れるときの圧力損失*の比の関数として表す.気液固三相流*にも本モデルが応用されている. [柘植 秀樹]

## へ

**へいかつかん　平滑管　smooth wall pipe**

乱流*における管摩擦係数*がレイノルズ数*のみの関数となり，粗面管*のように相対粗度*の影響を考慮する必要のない管．壁面の凹凸の高さが粘性底層*の厚さより低い場合は，平滑管として扱うことができる．　　　　　　　　　　　　　[吉川　史郎]

**へいきんあつみつひ　平均圧密比　average consolidation ratio**

圧密*の進行度を表す無次元量であり，任意の時刻までの脱液量と最終脱液量の比．固液混合物の圧密開始時の厚さ $L_1$，最終厚さ $L_\infty$，任意の時間における厚さ $L$ を用いると，平均圧密比 $U_c$ は，次式で与えられる．

$$U_c = \frac{L_1 - L}{L_1 - L_\infty}$$

圧密開始時に $U_c = 0$，圧密終了時に $U_c = 1$ である．
　　　　　　　　　　　　　　　　　　[岩田　政司]

**へいきんかつりょう　平均活量　mean activity**
　⇒イオンの活量

**へいきんかつりょうけいすう　平均活量係数　mean activity coefficient**
　⇒イオンの活量

**へいきんきほうけい　平均気泡径　mean bubble diameter**

気液撹拌槽*や気泡塔*のような気液接触装置内における気泡径の空間的平均値．装置内のせん断力は場所により異なるため，定常運転されている場合でも気泡径は空間的な分布をもつ．さまざまな平均径が考案されているが，一般には，物質移動速度の算定に不可欠な気液界面積*(比表面積* $a$) を $a = 6\phi/d_{32}$ ($\phi$：ガスホールドアップ*)により概算できることから，体面積気泡径 $d_{32}$(Sauter径*) が用いられる．この平均気泡径は装置形状，操作条件，液物性などにより変化する．

気液撹拌槽では，槽内に供給されたガスはスパージャー*や撹拌翼*により気泡として液中に分散され，槽内を循環あるいは翼に戻って再循環する間に，気泡どうしの合一や気泡の再分裂を繰り返しながら，液自由表面から流出する．気泡径には合一過程が支配的であるため，ガスホールドアップの増加に伴い平均気泡径は大きくなり，液粘度の増加に伴い水中(1mPa s程度)で数mm程度の気泡径が数百 μm に減ずる．表面張力の増加は気泡径の増大につながるが，電解質や界面吸着物質が存在する場合には表面張力による相関には注意を払うべきである．
　　　　　　　　　　　　　　　　　　[望月　雅文]

**へいきんじゆうこうてい　平均自由行程　mean free path**

気体分子や金属中の自由電子などのように，ほかの分子や原子などと衝突しあいながら進む粒子の運動に対し，衝突間に進む距離を自由行程という．粒子の運動はそのエネルギー分布によって支配され，確率的な平均値をもって表すことができる．自由行程の確率平均を平均自由行程という．したがって，平均速度を衝突回数で除して求められる．たとえば直径 $d$ の剛体球については，気体分子運動論より平均自由行程 $L$ は次式のようになる．

$$L = \frac{1}{\sqrt{2}\,\pi \rho d^2}$$

ここで，$\rho$ は数密度(分子数/体積)である．
　　　　　　　　　　　　　　　　　　[横山　千昭]

**へいきんじゅうごうど　平均重合度　average degree of polymerization**
　⇒平均分子量

**へいきんせんだんそくど　平均せん断速度　average shear stress**

撹拌槽内のせん断速度は場所により異なる．撹拌翼*近傍の局所的なせん断速度*ではなく，槽全体を代表する平均的なせん断速度．層流状態では $(P_v/\mu)^{1/2}$ で見積もることができ，非ニュートン流体の見掛け粘度*の推算に用いられる．　　　[加藤　禎人]

**へいきんねつでんたつけいすう　平均熱伝達係数　average heat transfer coefficient**

熱伝達係数*を固体壁面上の位置で積分平均したもの．　　　　　　　　　　　　　　　　[荻野　文丸]

**へいきんぶんしりょう　平均分子量　average molecular weight, mean molecular weight**

混合物の分子量の平均値．混合物の $i$ 成分の分子量を $M_i$，その存在割合を $f(M_i)$ とすれば，平均分子量は，次式により与えられる．

へいきんりゅう

$$\bar{M} = \sum M_i f(M_i)$$

このとき，存在割合が数割合である場合を数平均分子量，重量割合である場合を重量平均分子量という．高分子化合物は一般に分子量分布*を有し，平均分子量は高分子系の種々の物性と相関関係を有した重要な特性値である．分子量分布の広さを表す尺度として，よく重量平均分子量を数平均分子量で割った値が用いられ，単分散の場合に1となり，この値が大きいほど分布の幅が広い． [飛田 英孝]

**へいきんりゅうけい　平均粒径** mean particle diameter

⇒平均粒子径

**へいきんりゅうしけい　平均粒子径** mean particle diameter

平均粒径．粒子径分布をもつ粉体の物理的性質や現象を，ある粒子径の単分散粒子*群に置換えて表現するときの粒子径．すなわち，比表面積などの物理量を $y$ とするとき，$y$ は粒子径の関数であり $y(D_p)$ と表せる．この物理量の粒子全体での平均値を $\bar{y}$ とすると，平均粒子径 $\bar{D}_p$ は次式を満たすように決められる．

$$y(\bar{D}_p) = \bar{y}$$

たとえば，球形粒子の比表面積は粒子径に反比例するので，$k$ を比例定数として $y(\bar{D}_p) = k\bar{D}_p^{-1}$．一方，比表面積の粒子全体での平均値 $\bar{y}$ は，これに粒子径頻度分布 $f(D_p)$ を掛けて積分すれば得られる．したがって，平均粒子径の定義式より，

$$k\bar{D}_p^{-1} = \int_0^\infty kf(D_p) D_p^{-1} dD_p$$

すなわち，この場合の平均粒子径 $\bar{D}_p$ は次のようになる．

$$\bar{D}_p = \left\{\int_0^\infty f(D_p) D_p^{-1} dD_p\right\}^{-1}$$

このようにして，種々の平均粒子径が求められるが，粒子径分布*が広い粉体の場合は，平均粒子径の種類によって10倍以上も値が異なることもある．

粒子径分布と同様に平均粒子径にも個数基準，質量基準などがある．中位径*も平均粒子径の一つであり，個数中位径*および質量中位径*がよく用いられる．粉体の場合，単に平均粒子径としたのでは，どの種の平均粒子径か特定できないので，算術平均粒子径，個数平均粒子径，体積平均粒子径など，より詳しく記述することが必要である． [増田 弘昭]

**へいこうがんすいりつ　平衡含水率** equilibrium moisture content

多くの物質は一定の温度と湿度*の空気中において，一定の水分を含んで平衡に達する性質があり，このときの含水率*のこと．この値は物質固有のものであり，空気の温湿度の関数となるが関係湿度*のみの関数と近似できることが多い．しかし，温度が大きく変わる場合には，その影響が現れる．また，増湿時と減湿時では異なる値となることも多い．(⇒乾燥特性) [今駒 博信]

**へいこうきゅうちゃく　平衡吸着** equilibrium adsorption

吸着剤を詰めた固定層に吸着質を含む流体を流すとき，吸着質は吸着剤側へ移動していくが，物質移動係数*が非常に大きくて流体-吸着剤間につねに吸着平衡を保ったまま吸着が進行する場合，これを平衡吸着という．また，同じ過程で脱着が進行するときは平衡脱着という．この過程は一種の極限状態であるが，吸着剤の粒子径が小さい場合や流体の流速が遅い場合などには近似的に成立する．通常の固定層吸着操作のほか，PSA*，サーマルスイングサイクル*，疑似移動層*などの周期操作の近似的な設計性能計算に利用される． [広瀬 勉]

**へいこうじょうりゅうき　平衡蒸留器** equilibrium still

定圧気液平衡をおもに測定するためにつくられた装置．オスマー型平衡蒸留器やコルバーン型平衡蒸留器などがある．実用上よく用いられるが，気相の分縮や液温の過熱などの問題がある． [長浜 邦雄]

**へいこうたいでんりょう　平衡帯電量** equilibrium charge

帯電量が増加すると帯電の駆動力は弱められ，やがて帯電は進まなくなる．また，電荷を過剰に与えたときには電荷を放出する．電荷の移動が生じないときの帯電量を平衡帯電量という．接触帯電では平衡帯電量は接触電位差に依存する．ただし，気中放電が生じる場合には，放電によって最大帯電量が決まる． [松坂 修二]

**へいこうだんモデル　平衡段——** equilibrium stage model

蒸留塔モデル*の一つ．上下の段から流入する気液が段上で平衡状態に達してそれぞれ次の段へ流出する理想段*の仮定をおき，MESH式*を基礎式とするモデル．マトリックス法*，インサイド・アウト法*などの蒸留計算法*の基礎となる．平衡段モデルを実際の蒸留塔の解析へ適用するためには，段効率*の導入が必要である．(⇒速度論モデル)

[森 秀樹]

**へいこうていすう　平衡定数** equilibrium constant

化学平衡定数*を単に平衡定数ともいう。また，相平衡における平衡係数*を平衡定数とよぶこともある。　　　　　　　　　　　　　　　［滝嶌　繁樹］

**へいこうでんい　平衡電位** equilibrium electrode potentia

平衡電極電位。自然（電極）電位*，腐食電位，試料電極を水溶液環境中に浸漬すると，固液両相における電子レベルは平衡状態になる。このとき，両相の界面における電流値はゼロになる。平衡状態にある電極電位をさし，ネルンストの式で与えられる。
　　　　　　　　　　　　　　　［酒井　潤一］

**へいこうひ　平衡比** equilibrium ratio

平衡係数。気液平衡比。気相と液相が平衡状態にあるとき，気相中の成分$i$の組成$y_i$と液相中の成分$i$の組成$x_i$の比$K_i = y_i/x_i$で定義される。圧力が十分低く気相が理想気体とみなせる場合（$py_i = \gamma_i x_i p_i^{\text{sat}}$）は，次式となる．

$$K_i = \frac{y_i}{x_i} = \gamma_i \frac{p_i^{\text{sat}}}{p}$$

したがって，理想溶液に近い系では$K_i$は温度だけの関数で表されるが，非理想溶液の場合には活量係数*$\gamma_i$が必要になる。　　　　　　［栃木　勝己］

**へいこうプラズマ　平衡——** equilibrium plasma

高密度のプラズマでは，電子とほかの重い粒子との間で十分に運動エネルギーの交換が行われるので，完全熱平衡プラズマ状態になる。このときは電子とイオンの密度は等しくなり，電子温度*，気体温度，イオン温度がほぼ等しくなる。完全熱平衡プラズマよりも密度が小さくなると，プラズマは部分熱平衡になる。この場合には電子温度とイオン温度は異なるが，電子とイオンのそれぞれの速度分布はマックスウェル分布で表される熱平衡状態となる。さらに低圧になると電子とほかの重い粒子との衝突回数が少なくなるので，電子の平均運動エネルギーのみが高い状態となる。このときは電子，イオン，気体分子との間に熱平衡が成立しない非平衡プラズマ*となる。電界$E$と圧力$p$の比$E/p$が大きいときに非平衡プラズマになる。　　　［渡辺　隆行］

**へいこうフラッシュじょうりゅう　平衡——蒸留** equilibrium flash vaporization

フラッシュ蒸発。EFV*。EFV蒸留。混合液の一部を蒸発させ，蒸気と液とを十分に接触させて両相の組成が平衡に達したときに気液を分離する方法で，元来は石油工業で原油の粗い分離に使われた方法である。すなわち，原油をパイプスチルで加熱し，管内を通る間蒸気と液とを加圧状態のまま十分接触させた後，減圧弁から低圧室（気液の分離室）に噴出させる。この操作をフラッシュといい，低圧室をフラッシュ室（flash chamber）というが，ここで蒸気と液が分離され，それぞれ連続的に抜き出される。フラッシュ室の温度と蒸発率との関係を示す曲線をフラッシュ蒸留曲線*またはフラッシュ曲線*といい，真沸点曲線*やASTM曲線*などとともに石油の性質を表す曲線である。原液，蒸気，液のモル流量およびそれらのなかの着目成分のモル分率をそれぞれ，$F$, $V$, $L$および$z_i$, $y_i$, $x_i$とし，平衡係数*を$K$とすれば，物質収支から次の関係が得られる。

$$\frac{V}{F} = \frac{z_i - x_i}{y_i - x_i}$$

$$Vy_i = \frac{Fx_i}{1 + (L/KV)}$$

$$Lx_i = \frac{Fz_i}{1 + (KV/L)}$$

ここで，$V/F$は蒸発率，$Fz_i$, $Vy_i$, $Lx_i$はそれぞれ原液，蒸気および液中の着目成分のモル流量である。　　　　　　　　　　　　　　　［大江　修造］

**へいこうぶんしゅく　平衡分縮** equilibrium partial condensation

混合蒸気の一部を凝縮させ，その凝縮液と残りの蒸気が互いに平衡になるよう十分接触させながら，それらを連続的に取り出す分縮操作。フラッシュ蒸留*の逆の操作と考えることができる。
　　　　　　　　　　　　　　　［小菅　人慈］

**へいこうろんによるびりゅうしせいせい　平衡論による微粒子生成** particle formation at equilibrium

気相法による微粒子生成過程において，粒子の生成を伴う化学反応が進行するかどうかについては熱力学平衡論によって検討する必要がある。気相反応により粒子が生成するためには，平衡定数の大きな反応系が必要となる。　　［松方正彦・高田光子］

**へいさけい　閉鎖系** closed system

閉じた系。外界（周囲）との間でエネルギー（熱量，仕事など）は交換するが，物質の出入りのない系。（⇒開放系，孤立系）　　　　　　　［滝嶌　繁樹］

**へいさせいすいいき　閉鎖性水域** closed water bodies

水質汚濁防止法*に定める次式により得られた数字が1を超える水域（海域）を，閉鎖性水域とよぶ。

$$閉鎖度指標 = \frac{\sqrt{S}D_1}{WD_2}$$

ここで，$S$ は当該海域の内部の面積，$D_1$ は当該海域の最深部の水深，$W$ は当該海域の入口の幅，$D_2$ は当該海域の入口の最深部の水深である．

閉鎖的な地形の水域においては，外洋などとの水の交換が抑制されるために，栄養塩である窒素およびリン濃度の増加に伴い，植物プランクトンが増殖し，水質が悪化する富栄養化が進行しやすい．

[藤江 幸一]

## へいしんうんどうエネルギー 並進運動── translational energy

分子の重心の運動エネルギー．一般に気体分子の運動エネルギーは並進，回転，振動エネルギーからなるが，そのうち理想気体分子の平均の並進運動エネルギーは $(3/2)RT$ で表される．ここで，$R$ は気体定数である．

[船造 俊孝]

## へいそくろか 閉塞濾過 blocking filtration

比較的薄い濾材*を用いた希薄スラリーの濾過*では，濾材の表面，または内部で捕捉粒子による細孔の閉塞が生じる．この種の濾過を閉塞濾過といい，清澄濾過*の一種である．細孔閉塞の挙動により，完全閉塞法則*，中間閉塞法則*，標準閉塞法則*の三つに大別される．

[入谷 英司]

## へいはつはんのう 併発反応 simultaneous reaction, parallel reaction

同一の出発物質から，一つ以上の反応が同時に起こる反応．一般に以下のように表せる．

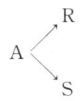

$$A \begin{matrix} \nearrow R \\ \searrow S \end{matrix}$$

逐次反応*と並ぶ，複合反応*の代表的な一つの形式である．ほとんどの複合反応は逐次反応と併発反応の組合せで成立しているとみなすことが可能である．

反応工学*では，温度や圧力そのほかの反応条件を選んで，いずれかの反応の選択率を大きくすることが重要な場合が多い．いずれの反応も同じ反応次数である場合には，反応速度の比は反応速度定数*の比に等しく，生成物の比は反応装置の型式によらずに反応速度定数の比で決まる．

[幸田 清一郎]

## へいばんねつこうかんき 平板熱交換器 plate-type heat exchanger

プレート熱交換器．多数の薄い平板を重ね合わせ，その平板の周囲にガスケットやろう付けによって，薄い板状の空隙室を形成し，この空隙室の一つおきに2種の液体を同時に流し，薄板を通して熱交換を行わせる熱交換器．液どうしの熱交換以外に蒸発器や凝縮器として使用される．（⇒プレート型蒸発装置）

[川田 章廣]

## へいばんよく 平板翼 plate-type impeller

平板を組み合わせたあるいは平板を打ち抜くことにより作製された翼．典型的なものとして垂直パドル翼，傾斜パドル翼，ディスクタービン翼*，アンカー翼*，マックスブレンド翼ならびにフルゾーン翼などがある．（⇒撹拌翼）

[上ノ山 周]

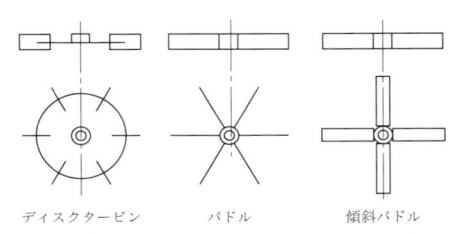

平板翼 [S. Nagata, "Mixing Principles and applications", Kodansha (2000), p. 86]

## へいりゅう 並流 parallel flow

二つの流体間で，固体壁を通して，あるいは直接接触して互いに熱交換あるいは物質移動を行わせる場合，両流体を同じ方向に流す場合を並流という．向流*に対する用語である．

[荻野 文丸]

## へいりゅうきゅうえき 並流給液 parallel flow feed

多重効用缶*の給液方式（缶配列法*）の一種．蒸気をⅠ→Ⅱ→Ⅲの順に流し，原料液をそれぞれの缶に供給する方式．各缶のいずれかの操業を停止しても，残りの効用缶を用いて蒸発操作が行われる．

[平田 雄志]

## へいりゅうじゅうてんそう 並流充塡層 concurrent packed bed

気液下向並流または気液上向並流で操作される並流充塡層．気液を下向きで並流に流す場合を気液下向並流充塡層*，上向きで並流に流す場合を気液上向並流充塡層*という．両操作とも，向流操作におけるフラッディング*による操作制限が生じない．（⇒トリクルベッド反応器）

[室山 勝彦]

## へいループせいぎょ 閉──制御 closed loop control

⇒フィードバック制御

## へいれつかくさん　並列拡散　parallel diffusion

実際の吸着過程では，細孔内拡散と表面拡散が並列的に進行する．この場合の粒子内の物質収支式は，次式で表される．

$$\varepsilon_P \frac{\partial C}{\partial t} + \frac{\partial q}{\partial t} = \frac{D_P \varepsilon_P}{r^2}\frac{\partial}{\partial r}\left(r^2 \frac{\partial C}{\partial r}\right) + \frac{D_S}{r^2}\frac{\partial}{\partial r}\left(r^2 \frac{\partial q}{\partial r}\right)$$

ここで，$C$ は流体相濃度[mol m$^{-3}$]，$q$ は固相濃度[mol m$^{-3}$]，$D_P$ はポア―拡散係数[m$^2$ s$^{-1}$]，$D_S$ は表面拡散係数[m$^2$ s$^{-1}$]，$\varepsilon_P$ は粒子内空隙率である．右辺第1項はポア―拡散の寄与を，第2項は表面拡散の寄与を与える．$q$ と $C$ の間に局所平衡が成立するとし，平衡関係式を用いると，数値計算により任意の初期および境界条件下での解を求めることができる．上式を無次元化すると次式になる．

$$\frac{\partial X}{\partial \tau_P} + \alpha \frac{\partial Y}{\partial \tau_P} = \frac{1}{\rho^2}\left(\rho^2 \frac{\partial X}{\partial \rho}\right) + \frac{\beta}{\rho^2}\left(\rho^2 \frac{\partial Y}{\partial \rho}\right)$$

ここで，$X=C/C_0$，$Y=q/q_0$，$\rho=r/R_P$，$\tau_P=D_P t/R_P^2$，$\alpha=q_0/\varepsilon_P C_0$，$\beta=\alpha D_S/D_P$，$q_0$[mol m$^{-3}$]は流体相濃度 $C_0$[mol m$^{-3}$]に平衡な固相濃度である．$\alpha$ と $\beta$ は並列拡散モデルで重要なパラメーターで，$\alpha$ は定義より分配係数を意味する．また，$\beta$ を次式のように変形すると，$\beta$ が表面拡散速度とポア―拡散速度の比ということがわかる．

$$\beta = \alpha \frac{D_S}{D_P} = \left(q_0 \frac{15 D_S}{R_P^2}\right) \Big/ \left(\varepsilon_P C_0 \frac{15 D_P}{R_P^2}\right) = \frac{k_S q_0}{k_P \varepsilon_P C_0}$$

ここで，$k_S(=15D_S/R_P^2)$ および $k_P(=15D_P/R_P^2)$ は，それぞれ表面およびポア―拡散に基づく物質移動係数である．並列拡散においては，速いほうの拡散によって全体の拡散速度が決まる．すなわち速いほうの拡散が律速段階となり，$\beta=\infty$ で表面拡散律速，$\beta=0$ でポア―拡散律速となる．実際には，以下の関係式から律速段階を大略判定できる．

$\beta = \dfrac{q_0}{\varepsilon_P C_0}\dfrac{D_S}{D_P} > 10$　　表面拡散律速
$10 > \beta > 0.3$　　並列拡散
$0.3 > \beta$　　ポア―拡散律速

［吉田　弘之］

## ベクター　vector

遺伝子組換えにおいて，宿主に目的遺伝子を入れるための"運び屋"．大腸菌の遺伝子組換えでは，大腸菌に感染する λ ファージを利用したファージベクターやプラスミドベクターが用いられている．これらには，目的遺伝子を増幅するためのクローニングベクターやタンパク質の生産を行うための発現ベクターがある．また，遺伝子治療には病原性をなくしたウイルスベクターなどが用いられている．

［新海　政重］

## ペクレすう　――数　Pe'cklet number

ペクレ数 $Pe$ は伝熱および物質移動*に用いられる無次元数で，伝熱では（対流による伝熱速度）/（伝導による伝熱速度），物質移動では（対流による物質移動速度）/（拡散*による物質速度）の意味をもち，それぞれ $Pe=dv/\alpha(=dvC_P\rho/k)$，$Pe=dv/D$ と定義される．$d$ は代表長さ，$v$ は主流平均速度，$\alpha$ は熱拡散率*，$C_P$ は流体の比熱，$\rho$ は密度，$\lambda$ は熱伝導率*，$D$ は拡散係数* である．また，伝熱では $Pe=RePr$，物質移動では $Pe=ReSc$ と関係づけられる．$Re$ はレイノルズ数*，$Pr$ はプラントル数*，$Sc$ はシュミット数である．$Pe$ は，とくに充塡層内での移動現象や流通反応装置*内での混合特性を相関する場合に用いられる．とくに $Pr<1$ の液体金属で壁熱流束一定あるいは壁温度一定の条件下では，ヌッセルト数* $Nu$ は $Pe$ のみで相関される．　［神吉　達夫］

## ベシクル　vesicle

天然または合成両親媒性物質が水中でつくる球状の二分子膜．二分子膜は2枚の単分子膜が親水基を水側に向けて重なった状態をいう．　［橋本　保］

## ヘスのほうそく　ヘスの法則　Hess's law

反応熱はその反応のはじめの状態と終わりの状態だけで定まり，途中の経路には依存しないという法則．G.H. Hess が 1840 年に実験的に見出した．その後，この法則はエネルギー保存の法則の当然の結果であることが明らかになり，総熱量保存の法則ともいわれている．この法則によると，熱化学方程式をあたかも代数方程式のように扱って，未知の反応熱を関係合成分の生成熱*または燃焼熱*などから容易に求めることができる．　［滝嶌　繁樹］

## ヘッド　head

頭．水頭．流体単位重量あたりのエネルギーのこと．単位質量あたりのエネルギーを重力加速度で除したもので，長さの次元を有する．運動エネルギー，位置エネルギー，圧力エネルギーを長さの次元に変換した $u^2/2g$，$z$，$p/\rho g$ をそれぞれ速度ヘッド，位置ヘッド，圧力ヘッド，さらにこれら三つの和を全ヘッドという．また，機械的エネルギー収支*式における摩擦損失に対応するヘッドを，摩擦損失ヘッドという．化学工学分野では単位質量あたりのエネルギーをヘッドという．　［吉川　史郎］

## ベットしき　BET 式　BET equation

固体表面上への物理吸着において，気相の相対圧 $P/P_s$ が高くなると第一層の吸着分子層の上に第二層，さらに第三層と多分子層吸着が起こるとの仮定

に基づき，Brunauer, Emmett, Teller によって 1938 年に提唱された次の吸着式．

$$q = \frac{q_m CP}{(P_s-P)\{1+(C-1)(P/P_s)\}}$$

ここで，$C$ は定数で $q_m$ は単分子層飽和吸着量である．この式は次のように線形化されて，左辺を相対圧 $P/P_s$ に対してプロットして実測データとの比較に用いられることが多い．

$$\frac{P}{q(P_s-P)} = \frac{1}{q_m C} + \frac{C-1}{q_m C}\left(\frac{P}{P_s}\right)$$

[迫田 章義]

### ベットほう **BET 法** BET method

液体窒素温度における窒素の吸着平衡関係がもっとも一般的に用いられるが，ある吸着平衡関係に BET 式を適用して得られる単分子層飽和吸着量 $q_m$ と，完全な単分子吸着層における吸着質分子の占有面積から比表面積* を算出する方法．液体窒素温度における窒素の吸着においては線形化された B.E.T 式は下記のように近似的に書ける．

$$\frac{P}{q(P_s-P)} = \frac{1}{q_m}\left(\frac{P}{P_s}\right)$$

この方法で求められる比表面積はもっとも一般的に用いられており，単に表面積とか内部表面積とよばれている場合も多く，逆により正確な表現として BET 表面積といわれることもある． [迫田 章義]

### ペトリネット Petri net

並列かつ非同期的なふるまいをするシステムをモデル化するのに有効なグラフィックモデル．プレース，トランジション，アークがシステムの構造を表現し，トークンが状態を表現する． [小西 信彰]

### ペトリュークしきじょうりゅうとう ——式蒸留塔 Petlyuk-type distillation column

凝縮器*, 再沸器* をそれぞれ 1 基ずつ備え，製品を留出液* と缶出液* として得る通常の蒸留塔* では，三成分系の場合，一つの純粋成分と一つの混合液に分けられるにすぎないし，中間抜出しをしても理論的には二つの純粋成分と一つの混合液しか得られない．しかし，本方式の塔では理論的には三成分系を三つの純粋成分に分離できる．供給液を注入する塔中段では塔は 2 本に分かれ，それぞれを上昇蒸気，下降液がともに流れる．このうちの一方に供給液を，ほかの塔からは中間抜出しで製品を得る．塔上部と下部は再び 1 本の塔にまとめられ，凝縮器*，再沸器* はそれぞれ 1 基ずつである．中間部 2 塔では，液および蒸気の分配が必要であり，とくに後者についての工夫が不可欠である．それによって実際

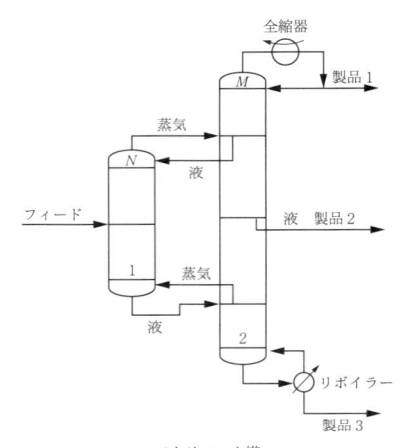

ペトリューク塔
[Perry's Chemichal Engineers' Hand Book, 7ed.(1997)]

にも垂直分割型蒸留塔* がすでに実用化されている． [宮原 昱中]

### ベナールたいりゅう ——対流 Benard convection

重力場において密度差によって引き起こされるセル状の不安定な流動状態のこと．静止した薄い流体層の上面が冷却され下面が加熱され，温度差が臨界値を超えると発生し，レイリー数* によって発生条件が示される． [黒田 千秋]

### ヘパフィルター **HEPA**—— high efficiency particulate air filter

高性能エアフィルター* のこと．1 μm 以下の微粒子の捕集を目的とし，クリーンルーム* をはじめ，各種空気清浄化装置の最終段フィルターとして使用される． [横地 明]

### ヘリカルスクリューかくはんき ——撹拌機 helical screw impeller

図のように回転軸にらせん面をなした羽根を有し，その回転によって粉体または流体を軸方向に移動させながら混合を促進させる撹拌機をいう．一般には高粘度流体の撹拌混合に使用されることが多く，単独の使用では撹拌の行き届かない混合不良部が発生してしまうので，スクリュー羽根を容器壁に接近させた偏心取付けにすることもあるが，なお不十分である．通常はらせん羽根径 $d$ よりわずかに大きい内径のドラフトチューブなどと併用して，容器中の流体をよどみなく循環させて，混合効率を向上

させる工夫がされている．らせん羽根のピッチ $S$ は羽根径とほぼ同等とし，ドラフトチューブ内径 $D'$ は容器径 $D$ の 70% ほどがよい．循環流量* を多くするために二重らせん羽根にすることもある．

[塩原　克己]

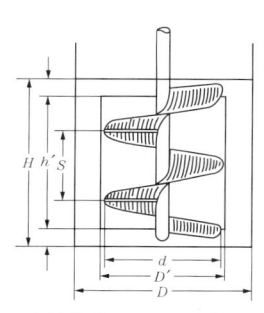

$D=0.1$, $s/D=0.95\sim1.0$ が多用されている．きわめて高粘度の流体では，ドラフトチューブ* を併用して強制的に槽内循環流を生成する方法も，操作目的によっては有効である．

[塩原　克己]

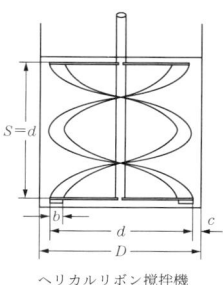

案内円筒付きスクリュー撹拌機

ヘリカルリボン撹拌機

## ヘリカルリボンかくはんき ——撹拌機　helical ribbon impeller

　らせん帯撹拌機．図のように回転軸にらせん状リボンを円筒槽の壁に沿わせて，回転するように取り付けた撹拌機．混合性能向上効果などの理由から，らせん状リボンの中心部から回転軸を除いたものもある．一般には，槽壁と翼との間隙における高せん断，引伸しあるいは分割によって流体塊を小さくし，拡散距離を小さくすることで混合を促進させる作用を利用して，高粘度流体の撹拌に適用される．また，槽壁近辺の流体のかき取り効果があるので伝熱撹拌や槽壁に付く結晶，局所的過熱により生成するケーク* のかき取り撹拌にも有効である．この撹拌機の一次循環流は軸を巻きながら下降していき，槽底に沿って壁面に押し出され，翼とともに旋回しながら上昇する槽内三次元的フローパターンを呈する．しかし，遷移撹拌レイノルズ数域の操作においては，槽内一部に定常的渦流による停滞部が発生し，混合不良部分を生じる傾向がある．
　この部分の解消や撹拌効率向上に寄与する二次流の強化策として，2枚のリボン翼にしたダブルヘリカルリボン撹拌機は効果的である．また，翼と槽とのクリアランス $c$ をはじめ，翼幅 $b$，翼ピッチ $s$ の工夫やらせんのスクリュー翼などの補助翼の付設も有効である．槽径 $D$ に対する翼形状比, $c/D$, $b/D$, $s/D$ は流体の流動特性に関連し，推奨される文献値も多数あるが，通常ではおおよそ $c/D=0.05$, $b/$

## ベルトコンベヤー　belt conveyor

　ベルト上に被輸送物をのせて輸送する機械．ベルトコンベヤーは基本的には，① ベルト，② アイドラー（ベルトの支え），③ プーリー（ベルトの運動，張力の調整），④ ドライブ（プーリー）への動力伝達，⑤ 架台，の五つの要素からなる．上部のアイドラー（キャリングアイドラー）は複数のローラー（通常3個）からなり，その上のベルトは浅い樋状の断面を形成する．下部のアイドラー（リターンアイドラー）は平面状である．ベルトコンベヤーは水平だけでなく上向きまたは下向きの傾斜においても使用される．許される傾斜角は粉粒体の安息角* によって異なる．

[辻　　裕]

## ベルトプレス　belt press

　上下2枚のエンドレスベルトを何本かのロールに巻きつけて張力を与えつつ低速で移動させ，ベルト間にスラッジ* を供給し挟み込んで圧搾* 脱水する装置．汚泥の脱水に用いられる．ロール上での圧搾圧力は（ベルトの張力）/（ロール半径）で与えられるため，一般に装置後方ほどロール径は小さくなっている．圧搾圧力は最大 120 kPa 程度である．圧搾圧力を上げるために装置後方に加圧ベルトや加圧ローラーを設置した形式も用いられる．これらの形式での圧搾圧力は 300～500 kPa である．

[岩田　政司]

## ベルヌーイのていり ——の定理　Bernoulli's theorem

　非圧縮性の理想流体* のエネルギー収支に関する定理．次式により表される．

$$\frac{1}{2}u^2+gz+\frac{p}{\rho}=定数$$

ここで，$u$ は流速[m s$^{-1}$]，$z$ は基準面からの高さ[m]，$p$ は圧力[Pa]，$\rho$ は流体の密度[kg m$^{-3}$]である．この関係は同一の流線*上の流体についてなりたつ．上式は理想流体の運動方程式*であるオイラーの方程式*を流線に沿って積分することにより導くことができる．各項はヘッド*(頭)といわれ，単位質量あたりのエネルギーの次元をもつ．左から速度ヘッド(速度頭)，ポテンシャルヘッド(位置頭)，圧力ヘッド(圧力頭)とよばれる．各項に密度を掛けると圧力の次元となる．その式中の $\rho u^2/2$ を動圧*，$p$ を静圧*，動圧と静圧の和を総圧*という．

この定理は，粘性による摩擦損失を伴う実在流体の流れには厳密には適用できないものの，流体の運動にかかわる現象の理解に広く役だつ．また，機械による仕事と摩擦損失の項を加えることにより，機械的エネルギー収支*の式に拡張することができる．　　　　　　　　　　　　　　　[吉川 史郎]

**ヘルムホルツのじゆうエネルギー ——の自由—— Helmholtz's free energy**

熱力学的状態量(⇨状態量)の一種．内部エネルギー* $U$，エントロピー* $S$，絶対温度* $T$ によって次のように定義される．

$$A=U-TS$$

ヘルムホルツの自由エネルギー $A$ は仕事関数*，定容自由エネルギーともよばれる．$A$ は定容，定温下における平衡の条件と，平衡に至るまでの変化の方向性を支配する量として重要である．一般に定容・定温系の状態変化は $A$ が減少する方向にのみ進行し，$A$ が極小の状態で平衡状態となる．また，定温過程では状態変化に伴う $A$ の変化は系のなす仕事 $W$ に等しい．なお，定圧下で有用な関数としてギブスの自由エネルギー* $G$ がある．　　[滝嶌 繁樹]

**ベルサドル Berl saddle**

充填塔の充填物*として E. Berl が考案した(1928年ドイツ特許，1931年米国特許)．図に示すようにくらに似た形状であるので，くら型充填物ともよばれている．ラシヒリングと比較して圧力損失*，単位容積あたりの表面積が大きい．磁製のものがおもであるが金属網でつくられた同じ形のものがマクマホン充填物*である．　　　　　　　　　　　[寺本 正明]

**べん 弁 valve**

流路の開閉および流路を流れる流量の制御のために用いられるもの．ケーシングと弁体より構成される．① 流量の制御に適する玉形弁：ケーシング内部に水平方向に孔を有し，孔の面に垂直に弁体が動く．② 流路の開閉に適する仕切弁*：ケーシングは流路と同軸の孔を有し，弁体は孔に並行に動く．③ 簡便で流量制御に適するバタフライ弁：弁体は平板で，流路の直径を軸として回転する．④ 開閉と流量制御の両方に適し，大口径パイプラインに多用されるボール弁：弁体はボールで，流路方向に流路と同軸の孔を有し，ボールが回転して開閉する．それぞれの使用目的，使用条件を十分に吟味してその型式，材質を選択する必要がある．　　　　[伝田 六郎]

**Peng-Robinson しき ——式 Peng-Robinson's equation**

D. Peng と D. Robinson によって 1976 年に提案されたファンデルワールス型状態方程式．引力項の改良式で，SRK 式とともに広く用いられている．広範囲の炭化水素化合物の蒸気圧，密度の推算精度を向上させるために，引力項の定数に温度依存性と偏心因子が考慮され，かつモル体積依存性にも修正が施されている．

$$p=\frac{RT}{v(v-b)}-\frac{a(T_r,\omega)}{v(v+b)+b(v-b)}$$

[猪股 宏]

**へんけいエンタルピー 変形—— modified enthalpy**

ルイスの関係*の成立しない蒸気-ガス系混合気体において，次式で定義される $i'$ を変形エンタルピーという．

$$i'=a C_H T+\lambda_0 H$$

ここで，$C_H$ は湿り比熱容量*，$\lambda_0$ は蒸気の蒸発潜熱*，$H$ は混合気体の湿度*である．$T$ は温度[℃]である．$a$ は次式で与えられる．

$$a=\left(\frac{Sc}{Pr}\right)^{1/2}$$

ここで，$Sc$，$Pr$ はそれぞれシュミット数*およびプラントル数*である．変形エンタルピーはルイスの関係が成立しない，蒸気-ガス系混合気体の冷却凝縮器の計算に用いられる．なお，水蒸気-空気混合気体でも水蒸気濃度がきわめて大きな場合にはルイスの関係は成立しない．　　　　　　　[荻野 文丸]

**へんけいきほうとう 変形気泡塔 modified bubble column**

気泡塔*のなかで，垂直に据え付けられた円筒状の装置形式で，図(a)に示すように単孔のノズルをガス分散器とした型式を標準気泡塔とよぶが，内挿物の設置によって内部構造を変化させたものや，装置の外見的な構造を変化させたもの，ガス分散器を工夫したものなどが変形気泡塔で，(b)～(f)にそれらのおもなものを示す．図(b)は，装置内軸方向に等間隔に多孔板の仕切板を設けた多段気泡塔であり，軸方向の液混合が抑制され押出し流れに近づく．図(c)は，外ループエアリフト式(または外部循環式)，(d)，(e)は内ループエアリフト式(または内部循環式)，(f)は，深い液深のディープシャフト式(またはスプリットシリンダー式)とよばれる内ループ式の変形気泡塔である．外ループ式，内ループ式の変形気泡塔では，ガスの吹込みによって装置全体に規則的な液循環流が形成される特徴がある．

［室山 勝彦］

**へんけいそくど　変形速度　rate of strain, strain rate**

ひずみ速度．物体に外力が作用して，形や体積が変化するときの単位時間あたりの変化の大きさを表現する量．流体では外力の加わっている間は変形し続けるので，微小時間あたりの変形，すなわちひずみの時間微分をもって表現する．変形速度の成分は九つあり $e_{ij}$ で表され，$i=j$ の場合を伸び速度といい，$i \neq j$ の場合をせん断速度*またはずり速度*という．流体の流動による変形の速度は上記の伸び速度とせん断速度の純粋な変形だけでなく，さらに単なる回転が加わる．

［小川 浩平］

**へんしんいんし　偏心因子　acentric factor**

対応状態原理からの偏倚を補正するために用いられる第三パラメーターの一種．1955年 K.S. Pitzer により提唱され，記号に $\omega$ が用いられているので，オメガパラメーターともいわれる．

$$\omega = -\log p_{vr}(\text{at } T_r = 0.7) - 1.000$$

ここで $p_{vr}$ は対臨界蒸気圧である．$\omega$ の計算には対臨界温度 $T_r$ が 0.7 での蒸気圧の値が必要である．典型的な無極性球形分子，たとえば Ne では $\omega$ の値がゼロになる．大多数の有機化合物の $\omega$ は 0.2 と 0.4 の間にあり，極性の強いエタノールでは 0.635 である．このように分子の球形からの偏心の程度を表すものとしてこの名がある．(⇒対応状態原理)

［猪股 宏］

**へんしんかくはん　偏心撹拌　agitation by accentrically located impeller**

撹拌槽内に邪魔板を取り付けることを避けたい場合，撹拌翼*を撹拌槽の中心に設置すると流れの中心部で混合が不良になり，極端な場合には翼の上下の位置に1対のドーナッツ状の未混合領域が形成されることもある．そのような場合，撹拌翼の取付け位置を槽の中心から半径方向にずらすことによって良好な撹拌状態を得ることができる．この理由は，撹拌軸を槽中心からずらすことにより，撹拌槽内に非定常な液体の引伸しと折畳みが生じ，きわめて速やかにこの未混合領域とほかの領域との液体交換を促すためである．

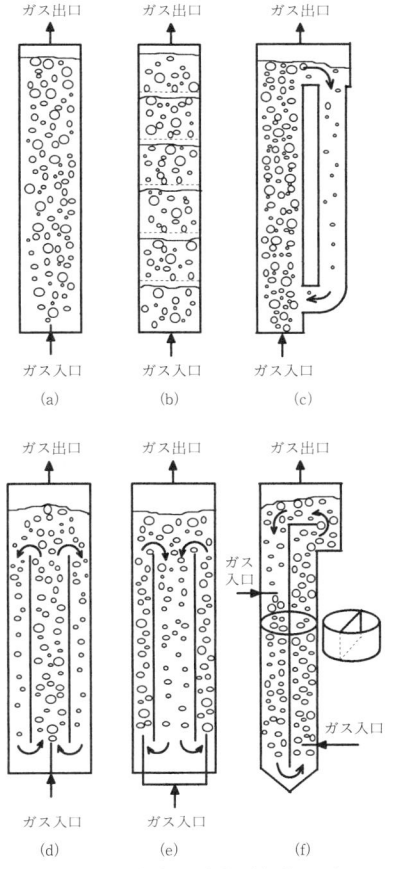

(a) 標準型気泡塔　(b) 多段気泡塔　(c) 外ループエアリフト式気泡塔　(d), (e) 内ループエアリフト式気泡塔　(f) ディープシャフト式気泡塔
標準型および変形気泡塔［便覧，改六，図11・19，一部加筆］

低粘度液が対象となるとき，槽中心からの偏心長さ $\lambda$ は撹拌翼と撹拌槽の直径の比 $d/D$ に応じて次のような値が推奨されている．

$d/D \leq 0.35$ のとき $\lambda = D/4$
$d/D > 0.35$ のとき $\lambda = d/2$

ただし，槽壁と撹拌翼との間隙は，撹拌翼が槽壁とぶつからないように 100 mm 以上にするか，または計算上の軸のたわみ量を 2 倍以上に保つ必要がある．また，このような配置においては構造的に弱くなることに注意が必要である． [髙橋 幸司]

## へんせいけんきせいきん 偏性嫌気性菌 obligate anaerobe

酸素存在下で死滅するか，増殖できない微生物．クロストリジウム属に属するボツリヌス菌，破傷風，酪酸菌などがある． [新海 政重]

## へんせき 偏析(流動層内における粒子の) segregation

流動層*を構成する粒子の粒子径や密度に大きな差がある場合，これらの粒子が均一に流動化せず，上下に分離して層内に濃度分布を生じる．この現象が偏析である．偏析は流動層を構成する粒子の密度比，粒径比のほか，構成粒子の容積比，流動層内のガス流速，分散板*などのガス供給装置の構造によっても，複雑に影響を受ける．偏析において底部に沈む傾向にある粒子を沈降性粒子*．逆に層表面に集まる粒子を浮上性粒子*とよぶ． [鹿毛 浩之]

## ベンゾ[a]ピレン benzo[a]pyrene

BaP．1,2-ベンゾピレン．分子式 $C_{20}H_{12}$，分子量 252.3，融点 179℃，沸点 495℃，淡黄色固体で，発がん性の疑いのある多環芳香族炭化水素である．コールタール中に存在するほか，燃料などの燃焼に伴って非意図的に生成され，自動車排ガスや廃棄物焼却施設などから排出されている． [加藤 みか]

## へんたい 変態(鋼) transformation

ある温度で一つの物質の結晶構造が変化すること．変態の起きる温度を変態点といい，変態により物質の性質は変化する．とくに炭素鋼で問題となる．図に炭素鋼(鉄-炭素)の状態図と金属組織を示す．

純鉄には 912℃(G 点)と 1394℃ で結晶構造が変化する変態点がある．912℃ 以下の体心立方格子の結晶は $\alpha$ 鉄，912〜1394℃ までの面心立方格子の結晶を $\gamma$ 鉄という．$\alpha$ 鉄および $\gamma$ 鉄に炭素が固溶した固溶体* を $\alpha$ 固溶体(フェライト)および $\gamma$ 固溶体(オーステナイト)ともいう．フェライトは固溶した炭素量が 0.02%(P 点)以下で軟らかく延性に富む．オーステナイトは炭素量が 0.02〜2.14% で軟らかく，靱性に優れている．2.14% 以上の炭素を加えて，固溶できない炭素と鉄の化合物をセメンタイト($Fe_3C$)といい，硬くてもろい．線 GS はオーステナイトからフェライトへの変態($A_3$ 変態)，線 SE はオーステナイトからセメンタイトが析出する変態($A_{cm}$ 変態)，線 PS(727℃)で生じる変態を $A_1$ 変態という．オーステナイトが $A_1$ 線以下に下がるとフェライトとセメンタイトの共析が生じ，この変態によって生じた組織をパーライトという．パーライトはフェライトとセメンタイトの層状組織となり，粘り強い組織となる．常温において，炭素量が 0.77% ではパーライトだけの組織になり，炭素量が 0.77% 以下ではフェライトとパーライトの組織，また 0.77% 以上ではパーライトとセメンタイトの組織となる． [新井 和吉]

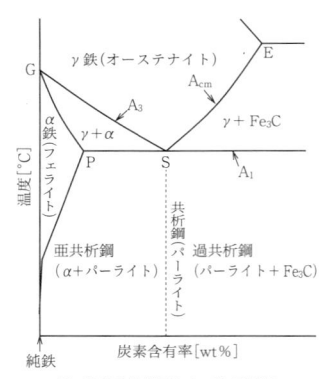

鉄-炭素系状態図および金属組織

## ベンチマーキング benchmarking

品質，コスト，サービスを中心に業務プロセスに着眼して，もっとも優れた実践方法と自社のやり方とのギャップを分析して，プロセス変革を進め業績向上をはかる経営管理手法． [曽根 邦彦]

## ベンチャーきぎょう ──企業 venture company

高度の専門知識を有し，新技術・新事業の研究開発から始まり，それを事業化させた収益性の高い革新的中堅企業のこと．1960 年代後半からエレクトロニクスやメカトロニクスに関するベンチャー企業が米国カルフォルニア州パルアルト周辺に集積し，シリコンバレー(Silicon Valley)とよばれるようになったころから注目されるようになった．

[松本 英之]

## ベンチュリースクラバー　Venturi scrubber

洗浄集じん装置の一種で，ベンチュリー管ののど部に生じた負圧を利用して洗浄液を吸引，噴霧して液滴を生成し，液滴に粉じんを捕集する装置．

[大谷　吉生]

## ベンチュリーりゅうりょうけい　──流量計
Venturi flow meter

管径を徐々に絞った後，緩やかにもとの径にまで拡大させたベンチュリー管を用いて，縮小部直前とスロート（最小管径の部分）との差圧から流量を求める流量計．管路の途中に挿入して用いるが，流れは管壁からはく離せず圧力損失がきわめて小さく，圧力はほとんど元どおりに回復する．圧力差をもとに流量係数*を乗じて流量が求められるが，流量係数は0.96～0.98で1に近い値となる．圧縮性の流体の場合には，さらに圧縮補正を行う必要がある．

[黒田　千秋]

## ベント　vent

蒸発装置*の加熱室や凝縮器*，復水器*から，水蒸気側の境膜伝熱係数の低下を防止するために，不凝縮ガスを排出することおよびその配管をいう．

[川田　章廣]

## へんどうひ　変動費　variable cost

比例費．生産量，販売量，操業度などの原価要因の変動に応じて増減する原価で，固定費に相対する概念．直接材料費，出来高払い賃金，用役費などがおもなものである．しかし，製品単位量あたりの原価としては生産量に無関係な原価である．原価費用は固定費と変動費に分かれる．（⇒固定費）

[弓削　耕]

## ベーンドディスクかくはんき　──撹拌機　vend disk impeller

ディスクタービン翼*の一種で，槽径のおおよそ1/4～1/2の円板に，垂直羽根を下方に付けた片羽根タービンともよばれる翼．小中型の高速度翼であり，せん断作用が大きいことやディスクを有していることから，下方からの過剰ガス供給時でもフラッディング状態になり難いことなどの特徴が生かされ，ガス分散操作に多く用いられる．

[塩原　克己]

ベーンドディスク撹拌機

## ベンフィールドほう　──法　Benfield process

アルカリ塩系の化学吸収プロセスの一つで建設実績は数多い．$H_2S/CO_2$の吸収選択比は高くないので，$CO_2$の除去に適している．吸収剤には炭酸カリウム（$K_2CO_3$）とDEA（ジエタノールアミン）の混合物を用いる．$K_2CO_3$とDEAの濃度は，それぞれ28～30 wt％および1～6 wt％であり，吸収塔と再生塔の操作温度はそれぞれ70～110℃および100～110℃である．ベンフィールド法はUnion Carbide社のライセンスプロセスである．

[渋谷　博光]

## ヘンリーていすう　──定数　Henry' constant
⇒ヘンリーの法則

## ヘンリーのほうそく　──の法則　Henry's law

気体の液体に対する溶解度*$c$が気体の分圧*$p$に正比例するという法則（$c=kp$）．1803年にW. Henryによって実験的に見出されたもので，比例係数$k$をヘンリー定数とよぶ．気体の溶解度は一般に温度が低いほど，気体の分圧が高いほど大きくなる．溶解度$c$，分圧$p$の代わりに液体および気体のモル分率$x, y$を用い，$p=Hx$あるいは$y=Kx$で表すこともある．

易溶性の気体のときには，気体の分圧が高くなると溶解度が正比例しなくなり，この法則は適用できない．

[後藤　繁雄]

# ほ

**ポアソンのしき ――の式** Poisson's equation

スカラー関数 $\phi$ の2階偏微分方程式

$$\nabla^2\phi = -4\pi\rho$$

をいう．$\rho$ は座標の関数でわき出しの強さを表す．重力ポテンシャルと質点，電位と電荷などの関係を表すことに適用される．質点間の重力，点電荷間のクーロン力など，2体間にはたらく力の関係から導かれる．とくに空間内の電位と荷電粒子の密度を関係づける式として，プラズマ放電内の電子，イオンの空間分布の記述する基礎式として用いられる．わき出しのない空間，すなわち $\rho=0$ の場合にはラプラス方程式となり，静電場解析，熱伝導解析の基本式となる． [松井 功]

**ポアソンひ ――比** Poisson's ratio

横ひずみと縦ひずみとの比．断面積が一様な物質の長さ方向に対して荷重を加えると，その負荷方向に縦ひずみ $\varepsilon$ を生じると同時に，荷重の方向と直角方向にも横ひずみ $\varepsilon'$ を生ずる．$\varepsilon'/\varepsilon$ をポアソン比といい，応力が弾性限度以下であるならば一定である． [矢ケ﨑 隆義]

**ポアソンぶんぷ ――分布** Poisson distribution

離散的確率分布の一種．確率変数が整数値 $X(\geqq 0)$ をとる確率が次式で表現される分布をいう．

$$P_X = e^{-\lambda}\frac{\lambda^X}{X!}$$

ポアソン分布は，ただ一つのパラメーター $\lambda$ のみにより表現される確率分布であり，平均と分散はともに $\lambda$ に等しい．放射性原子の核崩壊のように，時間的にランダムに生ずる現象は時間間隔については指数分布に従うが，生じた回数でみればポアソン分布となる．理想的なリビング重合*により生成される高分子の数基準重合度分布も，ポアソン分布に従う． [飛田 英孝]

**ほあつ 保圧** dwelling

ドゥエリング．射出成形*において，金型のキャビティーに成形材料を充填した後，そのまましばらく射出圧力を保持すること．この操作は，金型内にある成形材料の逆流防止，収縮により不足した成形材料の補填などの役割がある． [田上 秀一]

**ほあんしほう 保安四法**

人命と財産の保護および公共の安全確保を目的とした安全法規のうち，化学プラントなどの事業者が遵守すべき"労働安全衛生法""高圧ガス保安法""消防法""石油コンビナート等災害防止法"の4法を保安四法とよぶ． [柘植 義文]

**ボイドりつ ――率** void fraction

ガスホールドアップ*．管内を流れる気液系，気液固系の気体体積分率 $\phi_G$ で，圧力損失*や管型反応器内の気液界面積と関係する．気液系の場合，気相，液相の平均流速を $u_G$, $u_L$, 空塔速度を $\bar{u}_G$, $\bar{u}_L$ とすると次式が成立する．

$$u_G = \frac{\bar{u}_G}{\phi_G}, \quad u_L = \frac{\bar{u}_L}{1-\phi_G}$$

Lockhart-Martinelli は，圧力損失で用いたパラメーター $X$ を用いて，広範囲の流動様式をカバーするボイド率を線図で表している．しかし，精度よくボイド率を求めるために各流動様式に対応した方法が提案されている． [柘植 秀樹]

**ボイルおんど ――温度** Boyle temperature

気体の圧縮因子*$Z$ は低温では1以下，高温では1以上となる．$Z$ がちょうど1となる温度のこと．この温度ではボイルの法則*が高圧までなりたつ． [岩井 芳夫]

**ボイルのほうそく ――の法則** Boyle's law

ボイル-マリオットの法則．等温下では一定量の気体の体積は圧力に反比例するという法則．厳密には理想気体*のみでなりたつが，ボイル温度*では実在気体*でも近似的に高圧までこの法則がなりたつ． [岩井 芳夫]

**Poynting こう ――項** Poynting term

液体成分(1)が高圧ガスと共存すると(全圧 $p$)，気相中の液体成分の分圧 $y_1 p$ は飽和蒸気圧 $p_1^{sat}$ より大きくなる．この現象を Poynting 効果あるいは異常蒸気圧*とよんでおり，両者の関係は次式で与えられる

$$\frac{y_1 p}{p_1^{sat}} = \exp\left\{\frac{V_{m,1}^{l*}(p-p_1^{sat})}{RT}\right\}$$

ここで，$V_{m,1}^{l*}$ は純液体(成分1)のモル体積である．この指数項が Poynting 項であるが，厳密には分子間相互作用項も加える必要がある． [荒井 康彦]

**ほうかつほう　包括法　entrapment method**
　酵素*あるいは微生物*の固定化法の一種．高分子ゲルマトリクスに包み込むか半透膜性のポリマー皮膜内に封入する方法で，架橋法に比べ穏和な条件で固定化できる．　　　　　　　　　　　　［新海 政重］

**ほうさん　放散　stripping**
　ストリッピング*．液体中に溶解している気体または揮発性成分を気相中に放出する操作．(⇒ストリッピング)　　　　　　　　　　　　　　　　［寺本 正明］

**ほうさんいんし　放散因子　stripping factor**
　放散塔*での平衡線の勾配を $m$，液ガス比*を $L_M'/G_M'$ とするとき，放散因子は $mG_M'/L_M'$ で定義され，吸収因子*の逆数である．(⇒吸収因子)
　　　　　　　　　　　　　　　　　　　［寺本 正明］

**ほうさんこうりつ　放散効率　stripping efficiency, desorption efficiency**
　放散塔の液入口，出口における液体中の溶質ガスの濃度を $X_2$，$X_1$ とし，液出口の気相濃度と平衡にある液の濃度を $X_1^*$ とするとき，$(X_2-X_1)/(X_2-X_1^*)$ を放散効率という．ただし，濃度はすべて溶質と溶媒のモル比である．(⇒吸収因子)［寺本 正明］

**ほうさんとう　放散塔　stripping column**
　ストリッパー．放散操作を行う塔．(⇒ストリッピング)　　　　　　　　　　　　　　　　　［寺本 正明］

**ほうし　胞子　spore**
　芽胞．菌類や植物が無性生殖の手段として形成する生殖細胞．また，枯草菌，放線菌，酵母*などの微生物も，栄養欠乏，高温・低温，乾燥など生育環境条件が悪化すると増殖を停止し耐久型細胞としての胞子を形成し，環境条件がよくなると発芽し生育を開始する．　　　　　　　　　　［長棟 輝行］

**ほうしゃ　放射（ふく射の）　emission of radiation**
　物質がふく射を発することを，物質がふく射*(radiation)を放射(emission)するという．これは物質がその熱エネルギーをふく射エネルギーの形に変換して，物質の(その部分の)外部に放出する現象を述べるものである．伝熱学の分野では，ふく射の放射を省略形で放射ということがある．ふく射を"放射"とよび，ふく射の放射を"射出"とよび，あるいはふく射と放射を混同していた時期があった．
　　　　　　　　　　　　　　　　　　　［牧野 俊郎］

**ほうしゃかんそう　放射乾燥　radiation drying, radiative drying**
　赤外線，高周波，マイクロ波などの電磁波によるエネルギー照射により乾燥を行う方法．赤外線は波長が 0.76～1 000 μm，高周波は 1～100 m，マイクロ波は 1～1 000 mm であるが，高周波・マイクロ波の場合は周波数で表現するのが普通であり，それぞれ 3～300 MHz, 300 M～300 GHz の範囲となる．赤外線による放射乾燥は一般に薄層材料の乾燥に用いられることが多く，布，紙，セロファン，アルミニウムはく，塗布液の乾燥などが例である．また，塗装の乾燥，焼付けにも多く用いられている．赤外線源として，電気加熱遠赤外線放射体，赤外線電球，ガス加熱赤外線放射体などがあるが，近年有機物への吸収能の高い波長域(遠赤外線 4 μm 以上)を集中的に出すセラミックス製加熱板が開発され，食品の乾燥にも用いられるようになっている．
　高周波・マイクロ波乾燥では，誘電体に電磁波が当たるとそのエネルギーが誘電体内部で熱に変るという誘電加熱の原理を利用して，材料自体を内部発熱させて乾燥する．マイクロ波乾燥に用いる周波数として日本では 2 450 MHz が割り当てられている．
　　　　　　　　　　　　　　　　　　　［脇屋 和紀］

**ほうしゃけいすう　放射係数　emission coefficient**
　ふく射の半透過吸収性媒質*や半透過散乱吸収性媒質*の項にあげた媒質は，ふく射吸収性があるので，その温度が高いときにはふく射を強く放射する．オレンジ色に輝く炎(輝炎)の放射はその典型的なものである．そのような媒質の体積 $dV$ が単位時間・単位立体角あたりに放射する $(\lambda \sim \lambda + d\lambda)$ の波長域のふく射エネルギー[W]は，次の式で表される．

$$J\,dV\,d\lambda$$

この式における $J$ を放射係数とよぶ．その単位は，吸収係数*や散乱係数*のそれとは異なり，分光ふく射*の方法では $W\,m^{-3}\,sr^{-1}\,m^{-1}$，全ふく射*の方法では $W\,m^{-3}\,sr^{-1}$ である．放射係数 $J$ と吸収係数 $K$ は，次の式で関係づけられる．$I_B$ は黒体のふく射強度である．

$$J = K\,I_B$$

　　　　　　　　　　　　　　　　　　　［牧野 俊郎］

**ほうしゃのう　放射能　emissive power**
　表面で放射され半球状の方向に向かうふく射流束*をいう．(分光)放射能の単位は $W\,m^{-2}\,m^{-1}$，全放射能 $E^{\mathrm{total}}$ の単位は $W\,m^{-2}$ である．放射されるふく射の強度が方向に依存しないとき(拡散性の仮定*に基づけば)，放射能とふく射強度*$I$, $I^{\mathrm{total}}$ の間には次の関係がある．

$$E = \pi I$$
$$E^{\mathrm{total}} = \pi I^{\mathrm{total}}$$

　　　　　　　　　　　　　　　　　　　［牧野 俊郎］

**ほうしゃりつ　放射率　emittance**

特定の温度 $T$ と波長 $\lambda$ に注目すると，実在の物質がその内部からあるいは表面から放射するふく射のエネルギーは，いずれの方向についても黒体の場合(添字 B)より小さい．実在の物質のふく射強度*$I$ とふく射流束*(放射能*)$E$ は，それぞれ次のように表される．

$$I = \varepsilon I_B$$
$$E = \varepsilon_H E_B$$

ここで，$\varepsilon$ を(指向)放射率，$\varepsilon_H$ を半球放射率とよぶ．全ふく射の方法*をとる場合(添字 total)には，

$$I^{total} = \varepsilon^{total} I_B^{total}$$
$$E^{total} = \varepsilon_H^{total} E_B^{total}$$

と表される．ここで，黒体の全放射能 $E_B^{total}$ は，ステファン-ボルツマン定数を $\sigma_{SB}$ として，$E_B^{total} = \sigma_{SB} T^4$ で表される．放射率 $\varepsilon$, $\varepsilon^{total}$, $\varepsilon_H^{total}$ は，ふく射の方向，物質の温度・ミクロ構造に依存し，$\varepsilon$, $\varepsilon_H$ はさらにふく射の波長に依存する．

[牧野　俊郎]

**ほうしゃりつ　放射率(気体の)　emittance of gas**
⇒赤外活性気体，ふく射放射(気体の)，有効厚さ

**ぼうじゅんあつ　膨潤圧　swelling pressure**

イオン交換樹脂(⇒イオン交換剤)の対立イオン(対イオン)は高濃度であるが交換基と電気的中性を保つために外部に出ることができない．樹脂が溶液中に存在し，樹脂中の対立イオン濃度が溶液中のイオン濃度より高いとき，樹脂相のイオン濃度を薄めようとする力がはたらき，溶媒が樹脂内に浸透し樹脂は膨潤する．これに伴い，樹脂基質の立体の網目構造(樹脂マトリックス)が膨張をひき止め平衡に達するが，樹脂相に存在する溶媒は樹脂マトリックスによって強く圧縮されているので，その圧力は樹脂層外の溶液の圧力よりも高い．この圧力差を膨潤圧という．

[吉田　弘之]

**ほうしょうだん　泡鐘段　bubble cap tray**

蒸留用の棚段*の一種．蒸気はライザーとよばれる管を上昇し，ライザーの上にかぶせた(ライザーより径の大きい釣り鐘状の)バブルキャップ*に突き当たり反転し，バブルキャップの下部に多数切ってあるスロットの間から外側に出ながら気泡となって液と接触する．昔は棚段の大部分が泡鐘段であったが圧力損失が大きく加工も複雑であり，ほかの簡単なトレー(シーブトレー*など)に取り替えられていった．しかし，液下降管*の手前に堰を設けてあり，蒸気量が小さくても操作できるなど利点もある(運休時液が流下するようウィーブホールという小さな孔が設けてある)．

[宮原　昆中]

**ぼうしょくでんりゅう　防食電流　protection current**

電気防食法*において，被防食金属体の表面電位を防食電位(完全に防食するために必要な電位)に維持するのに必要な電流．通常は被防食構造物の単位面積あたりの電流，すなわち電流密度で表される．その値は，金属の種類，表面状態，環境の腐食性，温度，流速などに影響される．

[津田　健]

**ほうせんおうりょく　法線応力　normal stress**

物質内の仮想面に垂直な方向に作用する応力．流体中に高分子などの弾性物質が混合されているとき，その流体が変形を受けたとする．流体の変形に伴い内蔵された粘弾性物質も変形され，中立状態と比べると弾性エネルギーを蓄えることとなる．この弾性エネルギーを放出するために物体内に応力が発生するが，一般にこの応力はせん断面に垂直な方向に現れることが多い．そのためこの応力を法線応力とよぶ．

[薄井　洋基]

**ほうせんおうりょくさ　法線応力差　normal stress difference**

粘弾性流体が変形を受けたときには法線応力*が発生する．法線応力*の絶対値を計測することは困難な場合が多く，一般には単純せん断流れ場のせん断面と，それに垂直な面の法線応力*の差が計測される．このような場合に得られる2方向の法線応力*の差を法線応力差という．

[薄井　洋基]

**ほうちへんすう　放置変数　uncontrolled variables**
⇒プロセス変数

**ほうでんプラズマ　放電——　discharge plasma**

陽イオン密度と電子密度がほぼ等しく，巨視的に電気的中性状態にある電離気体をプラズマといい，放電を利用して発生させたプラズマのこと．グロー放電*，アーク放電，コロナ放電*がある．材料合成にはグロー放電とアーク放電が利用される．グロー放電では，軽い電子は加速され数万Kの温度となるが，重い分子やイオンの温度は数百Kにとどまり，非平衡プラズマ(低温プラズマ)状態にある．アーク放電では5000～6000Kの平衡プラズマ*(高温プラズマ)となる．電源の周波数により，直流放電，RF放電*，MW放電*などに分類される．

[河瀬　元明]

**ほうれいじゅんしゅ　法令遵守　compliance**
⇒コンプライアンス

**ほうわおんど　飽和温度　saturation temperature**

ある圧力において，平らな気液界面を介して液相

と蒸気相とが平衡にあるときの温度. [深井 潤]

**ほうわしつど 飽和湿度 saturated humidity**
湿りガス*が，その含む蒸気で飽和したときの湿度をいう．

$$H_s = \frac{M_V}{M_G}\left(\frac{p_s}{P-p_s}\right)$$

ただし，$H_s$ は飽和湿度[kg-vapor kg$^{-1}$-dry gas]，$M_G$ はガスの分子量，$M_V$ は蒸気の分子量，$P$ は全圧[Pa]，$p_s$ は飽和蒸気圧[Pa]．(⇒湿度，絶対湿度)
[西村 伸也]

**ほうわじょうきあつ 飽和蒸気圧 saturated vapor pressure**
一般に純物質の三重点から臨界点までの気体と液体が平衡状態にあるときの圧力をいう．飽和蒸気圧は温度のみの関数であり，両者の関係を表す式として，Antoine の式*，ワグナーの式*が広く使われている．
[栃木 勝己]

**ほうわじょうはつそくど 飽和蒸発速度 saturated evaporation rate**
ある温度における表面からの蒸発速度で，蒸発・蒸着現象の評価に用いられる．平衡状態での温度が $T[K]$，その温度における物質の蒸気圧が $P[Pa]$ のときの飽和蒸発速度 $W[\text{kg m}^{-2}\text{s}^{-1}]$ は，ラングミュアによって以下のように与えられる．

$$W = 4.375 \times 10^{-3} \alpha P \sqrt{\frac{T}{M}}$$

ここで，$\alpha (\leq 1)$ は表面状態に依存する蒸発係数，$M$ は分子量である．
[島田 学]

**ほうわていすう 飽和定数 saturation constant**
Monod の式* $\mu = \mu_{max}S/(K_s+S)$ の定数 $K_s$ を飽和定数とよぶ．栄養源濃度がこの値に等しいとき，比増殖速度 $\mu$ は $\mu_{max}$ の半分値となる．モノーの式は Michaelis-Menten の式*のアナロジーであり，飽和定数は Michaelis 定数にあたる．[新海 政重]

**ほうわふっとう 飽和沸騰 saturate boiling**
液体が飽和温度にある場合の沸騰．通常のボイラーや日常生活の煮たきなどは飽和沸騰に属する．
[深井 潤]

**ほうわゆそうのうりょく 飽和輸送能力 saturation carrying capacity**
循環流動層*ライザー*において，ガス流速を固定して粒子循環流束 $G_s$ を増加すると，ある $G_s$ において希薄輸送から濃厚輸送へ遷移し，ライザー内粒子濃度が急激に増加する．この $G_s$ の値を飽和輸送能力(SCC)とよぶ．[倉本 浩司]

**ぼえき 母液 mother liquor**
晶析*進行中あるいは終了後に，結晶と接触している溶液あるいは融液のこと．通常，母液は過飽和状態にある．[久保田 徳昭]

**ほおんざい 保温材 thermal insulating material, thermal insulator, lagging material**
断熱材．熱伝導率*の低い空気，フロンなどのガス体を繊維などの固体で閉じ込めるか，固体中のすき間を真空に保つことによって断熱性を高めた材料．使用温度で分類すると一般用保温材，高温用保温材，保冷材，極低温用保冷材となる．図に各種保温材の使用温度範囲を示す．形態で分類すると，繊維質，粉末質，発泡質，空気層になる．以下に各保温材を概説する．

① 繊維質保温材：ロックウール，グラスウール，耐熱性無機繊維保温材(セラミックファイバー，アルミナファイバー)がある．グラスウールについては耐熱性は低いが成形性がよく，冷暖房配管などに多用されている．耐熱性無機繊維保温材は多くのブレンド材が商品になっており，耐火れんがに代わって工業用加熱炉の炉壁に使用されている．

② 粉末質保温材：ケイ酸カルシウム，はっ水性パーライトがある．後者は応力腐食割れ抑制効果があるためステンレス製容器に使用される．

③ 発泡質保温材：ポリスチレンフォーム，硬質ウレタンフォーム，多泡ガラスがある．硬質ウレタンフォームは独立気泡の集合体で，断熱性能が高く成形性もよいため住宅用断熱材のほか，吸水性が小さいので低温配管の保冷材として使用される．

④ 空気層保温材：金属はく保温材，ペーパーハニカムがある．とくに放射率の小さいアルミはくと薄いフェルト紙を交互に重ね合わせたり，アルミニウ

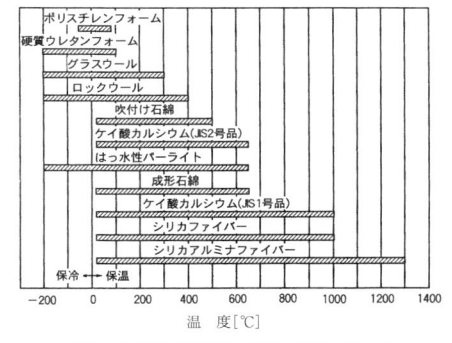

各種保温材の使用温度範囲[便覧，改六，図 6·4]

ムを蒸着したポリエステルフィルムを多数積層し，すき間を真空に保ったものを超保温材とよび，極低温液化ガス容器に使用される． [川田 章廣]

**ほこうそ　補酵素　coenzyme**

複合タンパク質型酵素の非タンパク質部分を補酵素(conenzymes)という．補酵素を必要とする酵素において，補酵素は触媒する反応の重要な部分を担う．補酵素の多くはビタミンからつくられる．NAD(ニコチンアミドアデニンジヌクレオチド)，NADP(ニコチンアミドアデニンジヌクレオチドリン酸)，FAD(フラビンアデニンジヌクレオチド)，補酵素Aなど． [新海 政重]

**ほごひまく　保護皮膜　protective film**

金属が水環境で不動態*化するときに形成される皮膜．厚さは数〜数十Åと薄い．また，大気または高温の環境で形成されるミクロンオーダーの皮膜も保護性を有する場合が多い．これらの皮膜の多くは金属の酸化物または水酸化物である． [礒本 良則]

**ポジティブ・フィードバック　positive feedback**

⇒フィードバック制御

**ほしゅうこうりつ　捕集効率　collection efficiency**

集じん装置のもっとも重要な性能指標の一つであり，集じん装置入口の粉じん量に対する捕集された粉じん量の比で定義される．粉じん量を質量で表す場合には質量基準の捕集効率，また個数で表す場合には個数基準の捕集効率として区別される．集じん装置の入口と出口で流量が一定の場合には，1から粒子透過率(入口濃度に対する出口濃度の比)を差引いた値に等しい．捕集効率が100％に近い場合には，捕集されずに装置から出てくる粉じんに着目したほうが装置の性能が的確に表現できるので，高性能フィルターでは捕集効率よりも透過率が一般に用いられる． [大谷 吉生]

**ほしょう　保証　guarantee, guaranty, warranty**

プラント(機器)の設計，建設，運転，性能などに関連して使われる保証に対応する英語には，warrantyとguarantee(またはguaranty)がある．これらの三つの用語の違いはいろいろ説明されているが，現実には英語圏でも混用され明確な区別はできない．したがって，技術者は一般論として，"warrantyは売買契約に基づく納入部品や機器装置に関する権利，品質，数量，瑕疵などの保証に使われ，他人の債務履行保証には使われない" "guarantee(またはguaranty)は，債務者の約束の履行や結果に関する保証(例，納期保証，性能保証)と，債務者

の不履行を保証人が履行する保証(例，履行保証，前受金返還保証，入札保証)の両方に使われることがある"と解しておき，疑念あるときは法務の専門家に質すのが無難． [小谷 卓也]

**ポストドライアウトいき　──域　post dry-out region**

⇒強制対流沸騰

**ほぜんけいかく　保全計画　maintenance plan**

対象設備に関する法規，保全費の予算などの制約のもとで，安全性，生産性，製品の品質の目標値を達成するために，設備の機能を支える部位・部品の劣化の検査・復元を行う時期および方法を決定すること． [松山 久義]

**ほぜんせいせっけい　保全性設計　maintenability design**

設備の機能が低下・喪失したとき，その機能を支える部位・部品のなかのどれが劣化したかを容易に見つけることができ，かつ，劣化した部位・部品を容易に修理・交換できるように設計すること．
 [松山 久義]

**ほぜんよぼうせっけい　保全予防設計　maintenance prevention design**

MP設計．アイテム(部品，機器，システムなど)の設計段階において，類似のアイテムの保全情報，運転情報，事故例および新しい技術情報を取り入れ，高い安全性，信頼性，保全性，操作性，経済性を実現すること． [松山 久義]

**ホットウォールがたシー・ブイ・ディーそうち　──型CVD装置　hot wall CVD reactor**

反応室の壁が基板の温度にほぼ等しい，または基板より高温となる加熱環境を用いているCVD*装置．CVD膜*成長に気相反応を利用する場合などに用いられる．抵抗加熱炉などを用いて反応室の外側から加熱していることが多い． [羽深 等]

**ホットスポット　hot spot**

固定層触媒反応装置において，温度が反応器全体より局所的に高い点または領域のこと．通常，反応面で発生し，反応触媒の損傷や副反応の発生の原因となるので注意が必要である． [堤 敦司]

**ホットソープほう　──法　hot soap method**

ナノ粒子*の製造方法．加熱融解した両親媒性の有機化合物(界面活性剤)にナノ粒子の原料(前駆体)を急速注入することにより過飽和度がきわめて高い状態で核発生を起こさせ，しかも両親媒性分子によるナノ粒子表面の安定化により，核成長速度および凝集を抑制する．粒径が小さく，分布もきわめて狭

いナノ粒子を製造できる利点を有する．

[山口 由岐夫]

## ホッパー　hopper

ロート状や逆ピラミッド形（逆多角すい形）の傾斜面をもつ粉粒体貯槽のことで，容器下端部に排出口をもつ貯槽．貯槽形状には図に示すように，円形または長方形の平面形状のものが多く，排出口が中心部に位置するものと偏芯しているものとがある．単独で貯槽として用いられるものもあるが，多くは供給機器と結合して使用される．また，サイロやバンカーなどの直立型貯槽の下部の傾斜壁部をホッパーとよぶ場合がある．（⇒貯槽，サイロ，バンカー）

[杉田 稔]

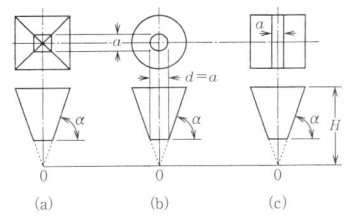

ホッパー部の形状図［粉体工学会編，"粉体工学用語辞典第2版"，日刊工業新聞社(1998)，p.334］

## ポップス　POPs　persistent organic pollutants
⇒残留性有機汚染物質

## ボディーフィードろか　——沪過　body feed filtration

スラリー原液に適量の沪過助剤*を直接混入して沪過*する方法．沪過助剤の存在により，ケーク*内でスラリー中の微粒子が互いにくっつき合うのを防ぎ，粒子間のすき間に入って支持体となり，そこに液が通過できるような空隙を確保する．その結果，ケークの比抵抗を減少させ，沪過速度を向上させる効果がある．沪過助剤の使用法には，ほかにプリコート沪過*がある．

[入谷 英司]

## ポテンシャルコア　potential core

噴流*の流出直後の流れの中には，流出前の流動状態を保ちつつ，しだいにその領域を狭めていく部分があり，この流れの核となる部分のこと．軸対称自由噴流を例にとると，ポテンシャルコアは流速分布の一様な円すい形領域となり，同領域の長さは，ノズル内径のおよそ6～8倍程度である．そのまわりには大きな速度勾配をもつ層流拡散層が形成され，運動量が拡散しながらしだいに不安定になり，乱流状態に変化していく．

[黒田 千秋]

## ポテンシャルながれ　——流れ　potential flow

渦なし流れ．渦度*がなく，速度ポテンシャル*を定義できる流れのこと．固体壁面と接触する流れでは理想流体*でないかぎり，粘性により壁面近傍で特定の方向に速度勾配が生じるため渦度はゼロとはならず，ポテンシャル流れとはならない．しかし，一様流中に置かれた物体まわりの流れのように，粘性の影響を強く受ける壁面近傍の領域，すなわち境界層*が流れ場全体からみて小さい場合は，その外側の流れをポテンシャル流れとして扱うことができる．

[吉川 史郎]

## ボードオペレーション　board operation

計器盤に配置された一つ一つの計器からプラント操作を行うプラントオペレーション方式の一つ．現在ではCRTオペレーション*が一般化したが，アナログあるいは小規模システムで用いられている．

[小西 信彰]

## ボードせんず　——線図　Bode diagram

周波数応答*の周波数とゲインの関係，周波数と位相の関係を表現する二つの線図（ゲイン線図と位相線図）の組をボード線図とよぶ．周波数軸を共通の横軸にもち，通常，周波数とゲインには対数目盛が用いられる．周波数特性の表示に広く用いられる．

[橋本 芳宏]

## ポドビルニアクじょうりゅうそうち　——蒸留装置　Podbielniak distillation apparatus

石油製品の分留試験法のなかで，TBP曲線*を求める代表的な方法．TBP曲線は文字どおり真沸点を表すもので，一番正確なものであるが測定は難しい．成分の少ないときには階段状の曲線になるが，石油では成分が多いのでなだらかな1本の曲線になる．

[鈴木 功]

## ポドビルニアクちゅうしゅつき　——抽出機　Podbielniak (centrifugal) extractor

遠心力を利用した液液抽出*装置．図に示すように，ベース上に支えられた1本の水平軸があり，ローターが回転するようになっている．回転シャフト

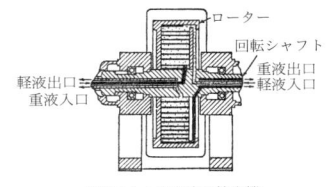

ポドビルニアク遠心抽出機

は中空二重管になっていて,内管の左側は重液入口,右側は軽液入口になっており,外管の左側は軽液出口,右側は重液出口となっている.ローター内部の水平軸のまわりに同心円上に数多くの多孔円筒が備え付けられ,この間で重液と軽液が遠心力により向流*接触する.抽出効率*がきわめてよいのが特徴である.ただし構造が複雑で高価なため,ペニシリンの抽出などのような高価な物質や安定性のよくない物質などを迅速に取り扱う場合に使用される.その他,高純度ポリマーよりモノマーの分離,原子力プロセスなど現在いろいろな分野で使用されている.

[平田 彰]

**ボトム** bottoms, bottom product

缶出液*.連続蒸留塔の底部またはリボイラーから取り出される高沸成分に富んだ液のこと.

[大江 修造]

**ボノトーちゅうしゅつき** ──抽出機 Bonotto extractor

米国の B. Bonotto 考案による固体分散型の垂直型連続式固液抽出*装置.図のように,スロットのある仕切板が軸方向に多数取り付けられ,中心攪拌軸に取り付けられた回転翼(レイク)が各仕切板の上で低速回転する.逆に仕切板が回転しレイクが固定されている型式もある.固体原料は塔頂部より連続的に供給され,レイクによりスロットを通じて下段に送られる.各仕切板のスロットは固体原料がらせん状の経路をたどるようにあけられている.抽残物*は塔下部に設けられたスクリューコンベヤー*で抜き出される.抽剤*は塔下部より連続的に供給され,固体原料と向流*接触した後,塔頂部より抜き出さ

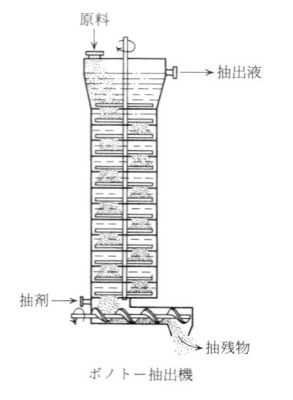

ボノトー抽出機

れる.フレーク化しにくい固体原料などの処理に適している.

[清水 豊満]

**ポピュレーションバランスほう** ──法 population balance method

粒子群を扱うさいに,粒子群の特性として個々の粒子の大きさを変数として個数収支をとる方法.晶析操作では,粒子群の粒径分布を解析する手法として用いられる.この場合の具体的な考え方は以下のとおりである.

粒径 $L$ が $0 \sim \infty$ まで分布している粒子群の懸濁液を考える.単位体積あたりの全粒子数を $N_\mathrm{T}$ とし,粒径が $0 \sim L$ までの粒子数(累積粒子数)を $N$ [または $N(L)$ ]とする.こうすると,粒径が $L$ 付近の粒子の数 $\Delta N$ は $\Delta L$ を微小な粒径変化量とすると,$\Delta N = N(L+\Delta L) - N(L)$ と表すことができる.そこで,これを $\Delta L$ で割ってその極限($\Delta L \to 0$)をとった量をポピュレーション密度 $n(L)$ と定義する.$n(L)$ は $N(L)$ の微係数である.

$$\lim_{\Delta L \to 0} \frac{\Delta N}{\Delta L} = \lim_{\Delta L \to 0} \frac{N(L+\Delta L) - N(L)}{\Delta L} = \frac{\mathrm{d}N}{\mathrm{d}L} \equiv n(L)$$

したがって,$N(L)$ は $n(L)$ を $0 \sim L$ 間で積分したものに等しく,微小粒径区間 $\mathrm{d}L$ 内の粒子数は $n(L)\mathrm{d}L$ と表すことができる.

$n(L)$ を用いて晶析装置内で粒径幅 $N(L_1) \sim N(L_2)$ にある粒子数の収支を考える.ただし,$L_2 = L_1 + \Delta L$ とする.この粒径範囲に入ってくる粒子は,装置外部から供給液にのってくるもの,装置内で成長によって大きくなることによるもの,凝集や摩耗によって粒径が変化することによるもの,の三つが考えられる.反対にこの粒径範囲から出ていく粒子数は,製品流れにのって装置外へ取り出されるもの,成長によってこの範囲から出ていくもの,凝集または摩耗などによってこの範囲から出ていくもの,の三つである.これらの数の間に違いがあれば,この粒径範囲にある粒子数に変化がみられる.以上の関係は次のように収支式として表される.

粒子数変化速度=(供給液+成長+凝集・摩耗)
　　　　　　　　による粒子数の増加速度
　　　　　　　−(製品流れ+成長+凝集・摩耗)
　　　　　　　　による粒子数の減少速度

ここで,供給液の速度を $Q_\mathrm{i}[\mathrm{m}^3\,\mathrm{s}^{-1}]$,結晶粒子の成長速度を $G[\mathrm{m}\,\mathrm{s}^{-1}]$,凝集・摩耗による粒子数の増加速度を $B[\mathrm{m}^{-4}\,\mathrm{s}^{-1}]$,製品流量を $Q_\mathrm{o}[\mathrm{m}^3\,\mathrm{s}^{-1}]$,凝集・摩耗による粒子数の減少速度を $D[\mathrm{m}^{-4}\,\mathrm{s}^{-1}]$ として書き直すと,最終的に次式が得られる.

$$\frac{\partial n(L)}{\partial t} + \frac{\partial \{Gn(L)\}}{\partial L} = \frac{Q_{\mathrm{I}} n(L)}{V} - \frac{Q_{\mathrm{O}} n(L)}{V} + B - D$$

この一般的なポピュレーションバランス式を直接解くことは難しく,多くの仮定をおいて解が得られている.そのなかで,供給液中に結晶を含まない連続式完全混合(CMSMPR)型晶析装置の解析例を示す.結晶化による溶液全体の密度変化は無視できるとして,体積流量は一定であると考えると $Q_{\mathrm{I}} = Q_{\mathrm{O}} = Q$ とおくことができ,さらに凝集・摩耗は起こらないと仮定すると,上式は次のように簡略化できる.

$$\frac{\mathrm{d}\{Gn(L)\}}{\mathrm{d}L} + \frac{Qn(L)}{V} = 0$$

さらに,成長速度は粒径によらず一定であるとし,平均滞留時間を $\tau = V/Q$ と定義して,$L=0$ での粒径分布密度関数を $n(0)$ とおくと,上式の解として $n(L) = n(0)\exp(-L/G\tau)$ が得られる.ここで,$n(0)$ は核化速度 $B[\mathrm{m}^{-3}\,\mathrm{s}^{-1}]$ と成長速度の比に等しい $\{n(0) = B/G\}$ ので粒径分布は,装置内の成長速度 $G$,核化速度 $B$,および平均滞留時間 $\tau$ の三つの変数によって決定されることになる.この粒径分布から,個数基準の平均粒径 $\bar{L}_{\mathrm{N}} = G\tau$(成長速度×平均滞留時間),質量基準の平均粒径 $\bar{L}_{\mathrm{M}} = 3.67G\tau$,全結晶粒子数 $N_{\mathrm{T}} = B\tau [= n(0)\,G\tau]$(核化速度×平均滞留時間),単位体積あたりの結晶質量すなわち懸濁密度 $M_{\mathrm{T}} = 6\phi_{\mathrm{V}}\rho_{\mathrm{S}} n(0)(G\tau)^{4}[\mathrm{kg\,m^{-3}}]$,などの関係式を導くことができる.ただし,$\phi_{\mathrm{V}}$ は結晶粒子の体積形状係数で粒径によらず一定であるとし,$\rho_{\mathrm{S}}$ は結晶粒子の密度を表している.この懸濁密度は物質収支式から求められるものと一致しなければならない.

実験的に得られた粒径分布を密度関数で表すには,$n(L)$ を $\Delta N/\Delta L$ で近似すればよく,ふるい分けを用いるときには $\Delta L$ は隣り合ったふるいの目開きの差とする.これを粒径に対して片対数プロットすることによって,その傾きから成長速度が,$L=0$ での切片から核化速度を算出することができる.

ポピュレーションバランス法は,装置内で分級作用がある場合の解析および粒子間の凝集現象の解析にも用いられている.前者では,分級により粒子区間で滞留時間が異なることを考え,後者の場合は,異なる粒径間の凝集速度は各粒径における粒径分布密度関数の積に比例するとして,凝集速度係数(カーネル)を導入して解析する手法がとられる.ただし,凝集にさいしては,粒径は保存されないことに注意を要する[つまり,粒径が $L_1$ と $L_2$ の粒子が凝集して得られる粒子の粒径は $L_1 + L_2$ に等しくはないが,体積(質量)は保存される].

ポピュレーションバランス法は,粒径分布だけでなく,たとえば,触媒の活性度,菌類の年齢分布の解析などに適用することができる.　　[松岡 正邦]

**ポピュレーションみつど** ――**密度** population density

粒子群が懸濁している母液の単位体積,単位粒径幅あたりの粒子の個数でSI単位系では $\mathrm{m}^{-4}$ で定義される.具体的には単位体積のスラリー中にある粒径範囲が $L \sim L+\Delta L$ の間の粒子数を $\Delta N$ とするとき,$\Delta N/\Delta L$ の比の極限をとった微係数 $n(L) = \mathrm{d}N/\mathrm{d}L$ として定義される.　　[松岡 正邦]

**ホモトピー・コンティニュエーションほう** ――**法** homotopy-continuation method

操作型問題* に対する蒸留計算法* の一つ.求解が難しい関数 $f(x)=0$ に対して求解が容易な関数 $g(x)=0$ とホモトピー因子 $t$ を導入して,$t=0$ のときに $g(x)=0$,$t=1$ のときに $f(x)=0$ となるホモトピー関数 $H(x, t)=0$ をつくり,これを $t$ について微分して得られた微分方程式から $\mathrm{d}x/\mathrm{d}t$ が計算できる.各ステップで $\mathrm{d}x/\mathrm{d}t$ を求めながら $x=x(0)$ の初期条件で $t=0$ から $t=1$ まで数値積分することにより目的の $f(x)=0$ の解を求める方法.

[森 秀樹]

**Polanyi そく** ――**則** rule of Polanyi

同質とみなされる一連の反応において,反応の活性化エネルギー* $E$ は反応熱* $q$ と

$$E = E_0 - \alpha q$$

の直線関係にあるという法則.反応熱から活性化エネルギーを推定するのに用いることができる.分子とラジカルの間の反応に対して比較的よくなりたち,$E_0 = 11.5\,\mathrm{kcal\,mol^{-1}}$,$\alpha = 0.25$ が提案されている.ポラニー-エヴァンス規則(rule of Evans and Polanyi)とよばれることもある.　　[幸田 清一郎]

**ポリアミドまく** ――**膜** polyamide membrane

有機膜* の一種.現在実用化されている逆浸透* 膜およびナノ沪過* 膜の多くはポリアミド系の膜である.　　[鍋谷 浩志]

**ポリスルホンまく** ――**膜** polysulfone membrane

有機膜の一種.現在実用化されている限外沪過* 膜の多くはポリスルホン系の膜である.

[鍋谷 浩志]

**ポリッシャー(イオン交換)** polisher

普通の純水製造用の二床式あるいは三床式のイオン交換装置* で得られた純水にはまだケイ酸や塩類が残留しているので,これらの除去をさらに行って

その量を最小限にし，高純度な超純水を製造するさいに用いるイオン交換装置をいう．ポリッシャーにかける原水の純度はすでにかなり高いので，最高の精製能力をもつミックスドベッド*が用いられる場合が多い．なお，ポリッシャーでは塔に充填する必要樹脂量が少量ですみ，また空塔速度*および空間速度*を大きくとって操作するのがポリッシャーの特徴である．このため塔式ポリッシャーでは圧力損失*の少ない樹脂が望ましく50メッシュ*以下のものを含まないものが使われる．1サイクルの時間も通常のイオン交換装置に比べてはるかに長く．樹脂の再生*塔を通水塔と別にする方式もある．

[吉田 弘之]

**ポリトロープしすう ——指数 polytropic index**

気体の状態変化がポリトロープ変化*に従うとき，圧力$p$，容積$V$としたときに$pV^n=$一定なる関係の$n$をポリトロープ指数とよび，実験的に決定される．$n=\gamma$(比熱比)のときが断熱変化，$n=1$のときが等温変化に対応している．状態1から2へポリトロープ変化するときのポリトロープ指数は，次式で与えられる．

$$n=\frac{\ln(p_1/p_2)}{\ln(V_2/V_1)}$$

[柘植 秀樹]

**ポリトロープへんか ——変化 polytropic change**

気体の圧縮過程の状態変化は断熱変化と等温変化の間で変動する．実際には周囲との間にはある程度の熱の出入りがあり，圧力$p$，容積$V$としたときに$pV^n=$一定の実験的関係を満足するように起こる場合が多く，この状態変化をポリトロープ変化とよぶ．$n$はポリトロープ指数*で，理想気体* 1 molを状態1から2へポリトロープ圧縮させるのに必要な仕事量$W$は，系の圧が周囲の圧に等しい場合には次式で表せる．

$$W=\int_1^2 pdV=\frac{p_1V_1-p_2V_2}{n-1}$$

[柘植 秀樹]

**ポリマー polymer**

高分子．重合体．低分子物質が反応により数多く繰り返し結合して生じる分子量の大きな分子．通常，分子量が1万程度以上の分子を高分子またはポリマーとよぶ．(⇒オリゴマー)．ポリマーを合成するための原料になった低分子物質をモノマー*といい，モノマーからポリマーが生成する反応を重合とい

う．合成ポリマーには必ず分子量分布*があり，分布の程度は重合形式*による．ポリマーの構造は原則的には用いたモノマーの種類によって決まり，その構造に依存してさまざまな特性を示し，繊維，ゴム，プラスチックなどの材料として広く利用されている．

[橋本 保]

**ポリマーアロイ polymer alloy**

高分子合金．高分子多成分系．ブロック共重合体*やポリマーブレンド*で代表されるような，2種類以上の高分子種からなる高分子多成分系．交互共重合体やランダム共重合体は分子レベルで混ざっているため，ポリマーアロイから除かれるのが普通である．工業的には高性能化されたエンジニアリングプラスチック*や各種の高分子複合体*の総称として用いられる場合が多く，実用的にはポリマーブレンド*が大部分を占めている．

[瀬 和則]

**ポリマーブレンド polymer blend**

相補的な物性をもつ2種以上の高分子を混合したもの．固体状態，融解状態，溶液状態での混合方法があるが，混合状態は各高分子の溶解度パラメーターに依存する．一般に各成分はミクロ相分離構造を呈する．一方，ポリマーブレンドの特殊な場合として，混合時に相溶化剤(ブロック共重合体やグラフト共重合体など)を添加すると各成分界面に相溶化剤が分布し，その結果，全体として分子レベルで均一に混合した微細な分散状態(サブミクロン)を呈する．この高分子多成分系をポリマーアロイ*という．

[桜井 謙資]

**ボリュートポンプ volute pump**

インペラー(回転羽根車)の回転により流体を昇圧する渦巻ポンプの一種．インペラーによって流体に与えられた運動エネルギーが，胴体であるケーシング内で減速加圧されて昇圧するポンプ．構造が簡単なので，タービン型に比較し比較的小型にできる．

[伝田 六郎]

**ボルツマンほうていしき ——方程式 Boltzmann's equation**

気体中の各場所における気体分子の運動状態の分布を表す速度分布関数*が，分子間衝突によって時間的にどのように変化していくかを記述する方程式で，気体分子運動論*において重要な基礎方程式である．気体中に直角座標$(x,y,z)$をとり，分子の速度を$v=(v_x,v_y,v_z)$，分子にはたらく外力を$F=(F_x,F_y,F_z)$と表すとき，分子の速度分布関数$f$の分子間衝突による変化は次式で決定される．

$$\frac{\partial f}{\partial t} + v_x\frac{\partial f}{\partial x} + v_y\frac{\partial f}{\partial y} + v_z\frac{\partial f}{\partial z} + F_x\frac{\partial f}{\partial v_x} + F_y\frac{\partial f}{\partial v_y} + F_z\frac{\partial f}{\partial v_z} = \left(\frac{\partial f}{\partial t}\right)_{\text{coll}}$$

上式の左辺第1項は蓄積項,第2~4項は対流項,第5~7項は外力による変化を表す外力項,右辺は分子間衝突に基づく変化を表す項で通常,衝突項とよばれる.上式をボルツマン方程式またはマックスウェル-ボルツマン方程式*とよぶ.なお,衝突項は2分子間衝突のみを考えるときには,

$$\left(\frac{\partial f}{\partial t}\right)_{\text{coll}} = \int_{-\infty}^{\infty}\int_0^{\infty}\int_0^{2\pi}(f'f_1' - ff_1)\,gb\,db\,d\varepsilon\,dv_1$$

となる.ただし,$f, f_1$ は互いに衝突する2個の分子のそれぞれの速度分布関数で,$f', f_1'$ は衝突後のそれらを示す.また,$g, b, \varepsilon$ は衝突の際の力学的および幾何的なパラメーターであり,$v_1$ についての上の積分は,三つの速度成分 $v_{x1}, v_{y1}, v_{z1}$ のおのおのについて $-\infty \sim \infty$ まで積分するものである.この方程式を熱平衡状態に適用することによってマックスウェル-ボルツマンの平衡(速度)分布関数*が得られる.また,気相中における輸送現象*はいずれもこの方程式によって理論的解析が可能である.しかし,非線形微積分方程式であるためその解は容易に得られず,具体的な問題を解く場合には近似的手法がとられる. [霜垣 幸浩]

### ホールドアップ holdup

気泡塔*,充填塔*,流動層*など複数の相が混在して操作される場合についての各相の量,滞留量*を意味し,とくに分散相*の全体に対する体積比率で表すことが多い.たとえば気泡塔の操作では,分散相をなすガス相に対してガスホールドアップ,連続相をなす液相に液ホールドアップが定義され,両ホールドアップの和は1である.連続的に供給される相に関しては,その相のホールドアップよりその相の装置内部の見掛けの平均滞留時間*が推定できるので,反応操作ではとくに重要である.また,分散相のホールドアップは,異相間の接触面積に比例するので,異相間の物質移動や熱移動を伴う操作で重要であり,装置ごとに異なる特性を示す.気液接触充填塔では液ホールドアップ,スプレー塔では液ホールドアップ,気泡塔および通気撹拌槽*ではガスホールドアップ,三相流動層*ではガスホールドアップ,粒子ホールドアップが重要な因子である.
 [室山 勝彦]

### ボールマンちゅうしゅつき ──抽出機 Ballman extractor

ドイツの H. Ballmann 考案による浸透貫流型の垂直型バスケット式連続固液抽出*装置.図のように,底が多孔板あるいは金網からなるバスケットが装置内に多数あり,その中に固体原料を入れ,抽剤*を上から貫流させる.バスケットが上昇するときに抽剤は固体原料と向流*に流下して,希薄な抽出液*(半ミセラ)が得られる.この希薄抽出液は,新原料の入ったバスケットが下降するときに固体原料と並流に流下し,最終濃厚液(ミセラ*)となる.処理能力が大きく,また細かい粒子を含む固体原料に対しても清澄な抽出液が得られる特徴がある.ただし,向流接触側で偏流を起こす欠点もある. [清水 豊満]

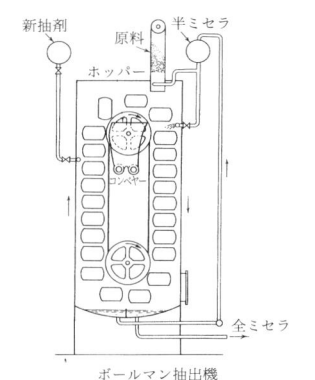

ボールマン抽出機
[R. E. Treybal, "Mass Transfer Operation", 3ed., McGraw-Hill (1980), p.742]

### ボールミル ball mill

媒体粉砕機.粉砕媒体として球(ボール)を使用する回転ミル.ボールとしては直径 20~100 mm の鍛造鋼,鋳造鋼あるいはセラミックスなどがもっとも一般的である.鉱石,石炭,セメント原料,セメントクリンカー,窯業原料,その他種々の化学原料の粉砕*や均一混合などに広く使用されている.粉砕原料の粒度は 10 mm 以下,砕成物粒度は 100 μm 以下が一般的である.ボールなど粉砕媒体とする回転ミル全体をさすこともある.(⇒回転ミル,チューブミル) [齋藤 文良]

### ボールリング pall ring

充填塔用充填物*の一種で,ラシヒリング*の側面に長方形の穴を複数個あけると同時に,リングの中心部分に突起物を設けて表面積を増加させることにより気液の接触を改良したもの.磁製や金属製があるが,後者では長方形の穴の加工時に生じた金属の部分をそのまま内部の突起物として利用している.

[宮原 昆中]

**ポンション-サバリほう ——法 Ponchon-Savarit method**

二成分系連続蒸留塔の理論段数*をエンタルピー組成線図を用いて求める図解法の一つ. M. Ponchon(1921)とR. Savarit(1922)によって独立に提案された. 液のエンタルピーと各成分の蒸発熱はそれぞれ成分によらず一定というマッケーブ-シールの仮定をおかずに求める方法で, $V/L$ 一定を仮定する必要がない. この方法は液液抽出塔の解析にも適用できる.

[小菅 人慈]

**ボンド bond**

① 課税対象物に対し一定期間課税を留保(保税)すること. 実質的には外国貨物が輸入許可未済の状態におかれていることをさす. ② 債務者が契約不履行の場合, 保証*人が履行することを約束した保証状のこと. この種の契約の保証人には銀行, 保険会社, 保証会社などがなることが多い. ③ 化学結合, 接着剤, 結合剤, コンクリートやれんがの組積構造および目地, 原子炉燃料と被覆の機械的または冶金的接触, 等電位に保つために使われる良導体などをさす.

[小谷 卓也]

**ボンドのほうそく ——の法則 Bond's law**

Bondが提案した粉砕仕事法則. ボンドはすべての粉砕*は無限大の大きさの固体を粒子径がゼロの無限個数に粉砕する途中過程と定義し, 粉砕仕事量 $W[\text{kWh t}^{-1}]$ を求める次式を提案した.

$$W = W_\text{i}\left(\frac{10}{P^{0.5}} - \frac{10}{F^{0.5}}\right)$$

ここで, $F$, $P$ は粉砕前後の80%通過粒子径, $W_\text{i}$ [kWh t$^{-1}$] はボンドの仕事指数*である. 実操業においてこの法則が受け入れられているのは, 仕事指数 $W_\text{i}$ を提案し, 実際の粉砕機設計に適用できるように整備し, かつ, 膨大な実験データから多くの物質について具体的に仕事指数を示したことによる.

[齋藤 文良]

**ボーンはんぱつポテンシャル ——反発—— Born repulsion potential**

原子や分子が接するまで近づくと, 電子雲の重なりによる強い斥力が現れ, これによってどこまで原子や分子が接近するか決まる. この斥力をボーン斥力あるいは交換斥力とよび, そのポテンシャルをボーン反発ポテンシャルという. ポテンシャル関数は指数型やべき乗型で近似される. ファンデルワールスポテンシャル*および静電反発ポテンシャル*を併せることにより, 物体が接近したときのポテンシャルを表現でき, 物体が凝集したときの表面間距離である第一極小値が計算される.

[森 康維]

# ま

**マイクロエマルションじゅうごう** ――重合 microemulsion polymerization

たとえば，イオン性界面活性剤，炭素数4～10の中級アルコール（コサーファクタント），モノマー*のおのおの適量を水に加えて撹拌すると，直径が数～数十nmのモノマー油滴（多量のモノマーを可溶化*して膨潤したミセル）の分散液（マイクロエマルション）が生成する．これに水溶性の過硫酸カリウムや，油溶性の過酸化ベンゾイルなどの重合開始剤を添加して行うラジカル重合法で，直径が数十nmのポリマー*粒子の乳濁液が得られる． 〔埜村　守〕

**マイクロカプセル** microcapsule

被覆粒子．中空容器．微小容器の総称として，ミクロンオーダーの固体や液体を各種の膜物質で包み込んだものであり，ナノオーダーやミリオーダーのカプセルも含まれる．通常，油中や水中で滴型のエマルション*を生成し界面の重合*や反応，相分離などにより膜を生成し核物質を覆う．機械的に乾式で固体粒子を被覆できる．マイクロカプセルの内部に閉じ込めた化学物質や生体触媒*などを外部環境から隔離，保護し，また閉じ込めた低分子を外部へ除放するという特徴をもつため，写真材料，感圧複写紙，医薬品など幅広い領域に応用されている．
〔篠原邦夫・長棟輝行〕

**マイクロシーブ** Microsieves

電成ふるい．日本粉体工業技術協会が販売していた電成ふるいの商品名．外国ではmicromesh sieve, precision sieve, micor plateなどともよばれている．このふるい網に関するISO規格の名称はelectroformed sheetであり，現在ではelectroformed sievesが一般的な名称になっている．
〔日高　重助〕

**マイクロはかんそう** ――波乾燥 microwave drying

⇒放射乾燥

**マイクロはプラズマ** ――波―― micro wave plasma

マイクロ波放電．一般に2.45 GHzのマイクロ波を励起源とした放電プラズマ．プラズマを発生する周波数がGHzのオーダーになると，電子のトラッピング効果が強くなり，誘導結合型プラズマ*よりも小さいプラズマ空間でも無電極の放電が可能となる．プラズマの発生方法は，マイクロ波導波管や共振器内のマイクロ波電界強度が高い領域に放電管を挿入する方法と，直流磁界を印加した容器に石英板などの誘電体窓を通してマイクロ波を導入する方法がある． 〔渡辺 隆行〕

**マイヤーズのがいねん** ――の概念 Miers' concept

準安定域．過溶解度．この概念はV.W. Ostwald (1987)が最初に提唱したが，後にH. A. Miersが実験的に検討したため，このようによばれている．
〔久保田 徳昭〕

**まいようしき　枚葉式** single wafer type

基板を1枚ずつ処理する方式．その方式の装置を枚葉式装置とよぶ．直径の大きな半導体基板を処理する半導体製造装置（CVD*装置，ドライエッチング装置，洗浄装置など）においておもに用いられている． 〔羽深　等〕

**まえしょりこうてい　前処理工程（生物分離の）** pretreatment process for bioseparation

微生物や動物・植物細胞が生産する生産物は，クロマトグラフ*，晶析や電気泳動*などを通して精製されるが，精製工程に至るまでの主として細胞破砕と粗精製工程を含む処理工程．細胞外に分泌させる生産物の場合，細胞そのものも含めた培養液中の不溶物を遠心分離，沪過などで除き，上澄みを後段の精製工程にまわす．細胞内生産物を回収する場合，同様に培養液と細胞とを分離し，ビーズミルなどの磨砕法，ホモジナイザーやフレンチプレスなどの加圧せん断法，超音波破砕法などの機械的破砕法を用いて固液分離された細胞を破砕する．生産物が低分子であったり耐熱性，耐溶媒性を示す場合は，細胞内成分として混入する核酸，タンパク質などの高分子物質を除くため熱処理，溶媒添加による凝集分離を組み合わせて粗精製を行う． 〔本多 裕之〕

**Margulesしき** ――式 Margules' equation

19世紀の終わりにM. Margulesが提案した液相活量係数式．

$$\ln \gamma_1 = x_2^2 [A + 2(B-A) x_1]$$

$$\ln \gamma_2 = x_1^2[B+2(A-B)x_2]$$

ここで，$x_i$ は各成分のモル分率であり，二成分系定数 $A$，$B$ は気液平衡データを用いて決定できる．無極性物質からなる系の計算精度はよいが，複雑な系の表現には 2 定数以上が必要になる． [栃木 勝己]

**まくエレメント　膜──** membrane element

膜を実際に用いる場合には，単位体積あたりの膜面積が大きく，かつ供給液の流れによる濃度分極を抑え，高い膜性能が得られるように設計される．膜エレメントとは，各膜モジュールにセットされる大型に形状設計された膜全体をさす．古くはプレートアンドフレーム型といわれる平膜を積層する単純なタイプのモジュールも使われ，現在でも透過側を減圧する浸透気化\*法ではシールが複雑となるため用いられることがある．しかしながら，通常はキャピラリー型またはスパイラル型のエレメントに大別される．

キャピラリー型は，キャピラリー膜\*で説明したストロー状の膜を数多く束ね，両端を接着剤でシールした形状をもつエレメントである．スパイラル型エレメントは，2枚の膜を重ねてその端をシール材で固定し，封筒状にする．さらに，封筒の入口に集水管を接続し，くるくると円筒状に巻き付ける．使用時は，2枚の膜を貼り合わせた封筒の外側に供給流体を流し，膜を透過した流体は封筒の中を流れ集水管に集められる．これにより，単位体積あたりの膜面積を増やすことに成功している． [山口 猛央]

**まくがたバイオリアクター　膜型──** membrane bioreactor

膜型反応器\*のうち，反応が生化学反応であるものをとくに膜型バイオリアクターとよぶ．膜型バイオリアクターは膜の形状により，膜拡散型，膜・ホローファイバー型，多孔室管型などに分類される．膜拡散型はリアクター内部を高分子膜やセラミックス膜で仕切ることで，培養中に生産物を培養液から回収する分離型バイオリアクターである．膜・ホローファイバー型は，従来の撹拌型反応槽の外部に生産物を分離する濾過モジュールを備えたもの，多孔質管型は，これらを一体化して撹拌槽型の問題点を解消したものである．酵素反応と組み合わせたもの，発酵などの微生物と組み合わせたものなどがある．

活性汚泥槽と組み合わせたものも膜型バイオリアクターであるが，排水処理分野ではこれをとくに膜型活性汚泥法とよぶ． [新海政重・中尾真一]

**まくがたはんのうき　膜型反応器** membrane reactor

膜分離と化学反応を一つの装置に組み合わせたものであり，プロセスの簡略化や平衡反応のシフトによる反応速度や反応選択率の向上などの特徴を有する．分離膜自体が触媒活性を有する触媒膜型反応器，および分離膜とは別に触媒を充塡層として有する充塡層型膜型反応器に大別される．膜型反応器は機能から，① 引抜き：選択的な膜透過・引抜きにより平衡反応をシフトさせ反応率を向上させる，② 分配：膜を介して原料を少しずつ供給し，酸化反応などの逐次反応などで急激な酸化反応を避けることができ，中間生成物を選択的に得ることが可能となる，③ 接触反応器：触媒活性を有する細孔内を強制透過させることで反応生成物を得る形式であり，触媒層での滞留時間の制御による選択性の向上や触媒有効係数の増大，に分類される． [都留 稔了]

**まくかんさあつ　膜間差圧** trans membrane pressure

操作圧力．膜の供給側と透過側の圧力差のことであり，逆浸透法，膜濾過法では，この膜間差圧を駆動力として，膜透過流束を得る． [山口 猛央]

**まくきのうれっか　膜機能劣化** decline of membrane performance

物理的要因や化学的要因，生物的要因により膜の構造や膜素材が変化し，膜の機能が低下すること．物理的要因には膜の乾燥，圧密化などがあり，化学的要因には膜素材の酸化，加水分解などがある．生物的要因の代表には微生物による資化があげられる．ファウリング\*による性能変化と異なり，劣化では膜機能の回復は通常困難である． [中尾 真一]

**まくきょくろりつ　膜曲路率** membrane tortuosity

膜内で溶質の通路がどの程度曲がっているかの尺度．膜曲路率は細孔の長さと膜厚の比（細孔長さ/膜厚）で定義される．膜内の細孔構造が複雑な場合には曲路率は大きくなる． [松山 秀人]

**まくくうげきりつ　膜空隙率** membrane porosity

膜中の細孔存在量の尺度．細孔体積と膜全体積の比（細孔体積/膜全体積）で定義される．水銀圧入法による測定や，膜の見掛け体積，膜重量および膜素材の密度を用いた計算より求めることができる．

[松山 秀人]

**まくこうぞう　膜構造** membrane structure

分離膜は膜透過方向に均質である対称膜\*および均質でない非対称膜\*に分類される．細孔径の比較的大きな精密濾過膜では対称膜が実用化されてい

る．しかしながら，細孔径が小さくなるにつれて透過抵抗*が大きくなるため，機械的強度を有する多孔質支持層の上に分離機能を有する緻密な層を形成した非対称膜が作製されている．相転換膜では，酢酸セルロースやポリスルホンなどの高分子を溶媒に溶かし，キャスト，溶媒蒸発，非溶媒への浸漬により高分子相と溶媒相で相分離を起こし，表面緻密層を支える多孔層(スポンジ層*)を形成させる．表面の緻密な高分子層が分離機能を有する層であり，活性層ともよばれる．活性層とスポンジ層を異なる素材を用いて製膜した場合は複合膜*とよばれ，限外沪過膜程度の多孔材料を支持層(中間層*)とし，その上に厚さ0.01～1μm程度の分離層を界面重合法やコーティング法などで作製する．現在市販されている逆浸透*およびナノ沪過膜*のほとんどは複合膜*であり，支持層となる限外沪過膜*にはポリスルホンが多用される．　　　　　　　　　　[都留　稔了]

**まくさいこうけい　膜細孔径　membrane pore diameter**

多孔質膜に開いている細孔の径．通常，直径で表す．　　　　　　　　　　　　　　　　[中尾　真一]

**まくじゅうてんみつど　膜充填密度　membrane area density**

膜モジュール*単位体積あたりの膜面積のこと．
　　　　　　　　　　　　　　　　　　　[中尾　真一]

**まくじょうぎょうしゅく　膜状凝縮　film wise condensation**

凝縮熱伝達*において，凝縮液膜が薄膜状をなして冷却面全体を覆って流下する場合をいい，凝縮により放出された潜熱*はこの液膜を通して冷却面に伝えられる．一般に有機溶剤の蒸気は膜状凝縮となりやすい．膜状凝縮時の熱伝達係数*についてはNusselt理論*があり，常圧下の水蒸気では数万 W m$^{-2}$ K$^{-1}$程度である．(⇒滴状凝縮)　　[深井　潤]

**まくじょうりゅう　膜蒸留　membrane distillation**

通常の蒸留と異なり，気液界面に膜を配置する蒸留法である．多くは，膜として液が膜を透過しないように疎水性の多孔膜が用いられ，膜細孔を蒸気が透過し，透過蒸気を凝縮することにより透過液を得る．細孔内での蒸気どうしの拡散性に違いがある場合は拡散選択性が得られ，細孔が小さいときには細孔の表面拡散を利用し，通常の蒸留曲線よりも高い選択性を得ることが可能な場合がある．また，気液界面を安定につくることが可能であり，宇宙ステーションでの利用なども考えられている．
　　　　　　　　　　　　　　　　　　　[山口　猛央]

**まくせんじょう　膜洗浄　membrane cleaning**

ファウリング*により低下した膜性能を回復させる目的で行う膜の洗浄．膜分離，とくに多孔膜による沪過を行うと，膜の透過流束*が経時的に減少する．これは，膜の汚れや細孔詰り，膜上の堆積物が原因となることが多い．膜を洗浄することにより，膜透過流束を回復することが可能．逆洗*やフラッシング*に代表される物理洗浄法と，塩素やオゾンなどの酸化剤や酸，アルカリなどの化学薬品，酵素などを用いる化学洗浄法(薬品洗浄*)とがある．洗浄によるフラックス*の回復の程度は洗浄回復率*で評価される．　　　　　　　　[中尾真一・山口猛央]

**まくていこう　膜抵抗　membrane resistance**

膜透過における流体抵抗を意味し，膜抵抗$R$は体積透過流束$J$と圧力差$\Delta P$を用いて，$R=\Delta P/J$と表される．イオン交換膜などの荷電膜の場合は，電流密度$i$と電位差$\Delta V$を用いて電気抵抗$R=\Delta V/i$と定義される．いずれの場合も単位膜面積あたり，単位膜厚あたりの抵抗をさす場合もあるので，単位に注意を払う必要がある．　　　　　　　[都留　稔了]

**まくでんい　膜電位　membrane potential**

膜の両側の流体に化学ポテンシャル差を与えた場合に，膜を介して発生する電位差のこと．電気化学ポテンシャルは濃度，電位などにより与えられるが，とくに濃度差を与えることで発生する膜電位(濃淡電池に相当)は，イオン交換膜など荷電膜の選択性の指標となる輸率*の測定に用いられる．
　　　　　　　　　　　　　　　　　　　[都留　稔了]

**まくながれ　膜流れ　film flow**

飽和湿潤粒子あるいは沪過ケーク層から脱液操作を開始するとき，層上部に現れる不飽和域には，飽和液面の降下速度に追随できずに液面の後から粒子表面を膜状で流下する流れが存在する．この流れのことをいう．　　　　　　　　　　　　[中倉　英雄]

**まくにゅうかほう　膜乳化法　membrane emulsification**

膜の片面に油を，反対側に界面活性剤を含む水を配置し，圧力により膜細孔に油を透過させ，細孔を通った油が水相中でエマルションを形成する手法である．逆に，油相に水を透過させ，エマルションを作製することも可能である．膜の細孔径分布が均一であると，粒度分布の均一な単分散エマルションが得られる．また，膜細孔径に応じてエマルションのサイズを制御できる．膜としては，細孔径が均一なガラス膜などが用いられる．　　　　[山口　猛央]

**まくふっとう　膜沸騰　film boiling**
　沸騰熱伝達*において，伝熱面表面が高い場合に，液体と伝熱面が蒸気膜によって隔離される状態をいう．伝熱面が融点の低い金属でできている場合は，核沸騰*から膜沸騰へ移行するさい溶融損傷が生じる．膜沸騰域では，熱伝導度*の低い蒸気膜を通して熱移動が起こるため，熱伝達係数*は核沸騰よりも低い．この範囲では伝熱面温度が高くなるほど，放射伝熱*による熱移動の影響が大となる．(⇨沸騰熱伝達)　　　　　　　　　　　　　　[深井　潤]

**まくぶんり　膜分離　membrane separation**
　膜を介して供給側と透過側をつくり，供給側に混合流体または溶液を供給し，圧力や濃度差を駆動力として膜内を透過させ，透過側に選択的に物質を分離する手法である．圧力差を駆動力とする場合，分離対象の分子サイズにより膜分離法の名前が分類される．分離の機構は，分子サイズと細孔径との違いによるふるい効果*および静電気的効果である．
　海水など，溶液やイオンの分離を行う場合は，浸透圧と逆向きに圧力を浸透圧以上にかけ，純粋な溶媒を得るため逆浸透*法とよばれる．ナノサイズの分子の分離は，ナノサイズの細孔を有するナノ沪過*法が用いられる．タンパク質など数十 nm サイズの分子の分離には，限外沪過*法とよばれる沪過法が用いられ，分画分子量とよばれる細孔径により大きさとして阻止できる分子量で，細孔径を表示する．さらに大きなサブミクロン以上の細孔を有する膜を精密沪過*法とよび，粒子などの沪過に用いられる．
　ガスを分離する膜はガス分離膜，蒸気を分離する膜は蒸気透過膜，供給側を液体，透過側を気体として相変化を伴いながら分離する膜を浸透気化膜とよぶ．これらの膜の場合には，細孔があるとは考えず，膜高分子に溶媒またはガスが溶解し，そのあと膜中を拡散することにより透過分離する．さらに，無機膜の場合には，ガスなどと同じ程度のオングストロームオーダーの細孔を有する膜がつくられるため，ガスの分子サイズによる分離が可能となる．これを分子ふるい膜とよぶ．しかし，多くの場合は分子ふるい効果*と吸着効果の両方により高い選択性が得られる．
　このほかに，血液中のヘモグロビンのように，可逆反応を利用したキャリヤー輸送膜がある．膜中をキャリヤーが移動し，反応しながらきわめて高い選択性を発現するが，安定性に難がある．
　　　　　　　　　　　　　　[山口　猛央]

**マクマホンじゅうてんぶつ　——充塡物　McMahon packing**
　充塡塔用充塡物*の一種で，ベルルサドル*と同じ型の金網の充塡物．ベンチスケールないしそれより小規模の装置用の充塡物としても用いられる．
　　　　　　　　　　　　　　[宮原　昰中]

**まくモジュール　膜——　membrane module**
　供給・透過・非透過流れの流路を確保した耐圧容器に分離膜エレメントを組み込んだもの．実用化されているおもな膜モジュールには，平膜の場合は耐圧板の上に重ね上げた平面膜型，のり巻き状に巻いて膜充塡密度を上げたスパイラル型モジュールがある．さらに，管状の膜を用いる管状型モジュール（内径 1 cm 以上），中空糸膜（おおむね外径 0.5 mm 以下）を用いる中空糸型，および中間サイズのキャピラリー型モジュールがある．いずれのモジュールも，供給流れの混合を促進し，濃度分極現象を小さくする工夫がなされている．モジュール体積あたりの膜面積は，中空糸（16 000〜30 000 $m^2\,m^{-3}$）＞キャピラリー膜（6 000〜1 200 $m^2\,m^{-3}$），スパイラル（300〜1 000 $m^2\,m^{-3}$）＞平面膜（100〜400 $m^2\,m^{-3}$）＞管状膜（300 $m^2\,m^{-3}$ 以下）の順番に大きいが，一方，耐汚染性や洗浄性はこの順番に劣る．
　① 平面（膜）（型）モジュール：平膜型モジュールの構造は，フィルタープレス型沪過器やプレート型熱交換器に似ている．円盤状あるいは直方形板状のプレートとフレーム（板）の間に，円形の膜が挟まれたものが多層に重ねられており，プレート＆フレーム型ともよばれる．
　② スパイラル（膜）（型）モジュール：分離性能を有する活性層を外側にして 2 枚の平膜を封筒状に接着し，開放された一端を集水管に接続する．供給流体の流路となるスペーサーとともに，集水管にのり巻き状に巻き込んでスパイラル型の膜エレメントとし，耐圧容器の中に設置される．逆浸透，ナノ沪過のほとんどはこのモジュール型式を採用している．
　③ 管状（膜）（型）モジュール：複数本の管状膜（内径 10〜20 mm）をヘッダーで接続したものをモジュールとする．膜のスポンジ洗浄が可能なこと，濁質による流路閉塞が起こりにくいことから濁質供給水の処理に適する．
　④ 中空糸（膜）（型）モジュール：外径 40〜200 μm，肉厚 10〜50 μm の中空糸を数十万本束ねて圧力容器に収めたものである．中空糸モジュールは膜自体の耐圧性があるため支持体が不要であり，中空糸の径を小さくすることによって膜充塡密度を大きくできるためきわめてコンパクトなモジュールとな

る. 膜充填密度が高いが汚れやすさと洗浄性に問題があるため, 前処理を十分施した海水淡水化プロセス, 気体分離, 血液透析などに用いられるケースが多い.

⑤ キャピラリー(膜)(型)モジュール：外径 0.5～5 mm 程度のチューブ状の膜をキャピラリー膜とよび, モジュール化したものがキャピラリーモジュールである. 多管式熱交換器のような形状をしており, 限外沪過で多用される.

⑥ その他のモジュール：モノリス(型)モジュール*, 浸漬型膜モジュール*, 回転円盤型モジュール* などさまざまなモジュールが開発されている.

[都留 稔了]

## まくろか　膜沪過　membrane filtration

精密沪過(MF)膜, 限外沪過(UF)膜, ナノ沪過(NF)膜, 逆浸透(RO)膜のような半透膜を介して, 圧力差によって水を透過させて清浄の処理水を得るとともに, 溶質を分離・濃縮する方法. 圧力を駆動力とする分離プロセスである点で沪過と称されるが, 膜沪過は通常クロスフローで操作される点が特徴である. 供給液は膜透過液と膜濃縮液に分離され, 沪過過程で相変化を伴わない. 分離対象物質によって適切な膜が選択される.

[木曽 祥秋]

## まくろかりゅうそく　膜沪過流束　membrane filtration flux

膜沪過時の, 膜を透過する流束(フラックス).

[山口 猛央]

## マクロこう　――孔　macro pore

多孔性固体の中に大小 2 種以上の細孔があるとき, 比較的大きい細孔(たとえば >50 nm)をミクロ孔* やメソ孔* に対してマクロ孔という.

[広瀬 勉]

## マクロこんごう　――混合　macromixing

混合過程をマクロ混合とミクロ混合* の二つに分類すると, マクロ混合過程では成分の異なる流体(粉粒体)塊が変形や細分化されながら, 系内に互いに均一に分散する過程であり, ミクロ混合過程はこのようにして変形・細分化された流体(粉粒体)塊の内部で, 構成分子や粒子の微小スケールにまで分散や均一化が進行する過程である. 実際の混合操作では, これら二つの混合過程が同時に進行するが, 混合への寄与の相対的な度合いは, 混合初期にはマクロ混合が, そして混合終期にはミクロ混合が支配的となる. マクロ混合過程では, 流体(粉粒体)塊は流れにのって連続的に移動し, 局所的には回転やせん断, 圧縮・伸張変形を受ける. この過程を一定時間間隔でとらえると, 細分化と再配置の組合せとみなすことができる. マクロ混合では, 分割された流体(粉粒体)塊内部での濃度変化はないとするので, マクロ混合の性能は細分化の速度と混合としての位置交換の有効性によって決まる.

[井上 義朗]

## マクロさいこう　――細孔　macro pore

⇒細孔構造

## マクロセル　macro galvanic cell

電気化学的に進行する腐食反応において, アノードとカソードが巨視的に分離, 固定されている腐食電池. それが固定されないミクロセル* 腐食と対比される. 土壌埋設鋼管の局部腐食* に代表されるが, 通気差腐食, 異種金属接触腐食* なども含む.

[酒井 潤一]

## マクロねんど　――粘度　macro viscosity

高分子溶液の巨視的な粘性係数* をいう. ポリマーと溶媒を混合した高分子溶液においては, 溶液内を溶媒が拡散移動する抵抗はポリマーの溶存状態に強く依存する. そのため分子拡散の抵抗は巨視的な粘性係数では決まらず, ミクロ粘度* に依存するとされる. マクロ粘度はこのミクロ粘度と区別するときに用いられる.

[横山 千昭]

## マクロマー　macromer

⇒マクロモノマー

## マクロ-ミクロこうかくさんりろん　――孔拡散理論　macro-micro pore diffusion model

吸着剤* がミクロ孔* をもつ微粒子(ミクロ粒子)を少量のバインダーで固めたもの(マクロ粒子)であるとき, 吸着剤はミクロ孔とマクロ孔* の二元細孔構造をもつ. 吸着は主としてミクロ孔で生じる. 二元細孔構造をもつ例としてはゼオライトや活性炭があげられる. なお, ゼオライトのミクロ粒子は数 μm である. この場合の吸着の速度過程は, マクロ孔での分子拡散とクヌッセン拡散, ならびにミクロ孔での表面拡散* あるいは活性化拡散* と考えられる. ゼオライト 4 A への $CO_2$ の拡散は, 明らかに両者の抵抗が直列(和)となっている. なお, 細孔径と吸着質分子径の大小によりミクロ孔での抵抗は変わり, マクロ孔-ミクロ孔並列拡散となる場合もある.

[田門 肇]

## マクロモノマー　macromonomer

マクロマー. 一般には片方の末端にビニル基などの重合性官能基を有するオリゴマー* やポリマー* をいう. 通常のモノマー* よりは分子量が大きいのでこのような名でよばれる. マクロモノマーを通常の低分子量モノマーと共重合* するとグラフト共重

合体*が合成できる.　　　　　　［橋本　保］

**マクロりゅうたい ──流体 macro fluid**
　流体は，たとえばその粘度が高いときには流体間の混合が生じにくく，マクロ的には均一な濃度になったようにみえても，ミクロ的には不均一な場合がある．このように，流体の間では物質の交換が生じず，流体の各構成要素が隔離（セグリゲート）した状態の流体をマクロ流体という．流体間に物質移動が生じなければ，反応速度にその影響が現れる．（⇒ミクロ流体）　　　　　　　　　　　［今野 幹男］

**マーケティング marketing**
　商品・サービスを生産者から消費者に合理的・能率的に転移するためのビジネス活動．消費者ニーズと供給者の希望との適切な組合せを求めて市場調査，製品計画，流通経路，物的流通，広告宣伝，販売などの取組みを行う．　　　　　　　　　［松本 光昭］

**まさつかく 摩擦角 angle of friction**
　二つの固体が接触して，接触面に相対運動（滑り）が生ずるとき，その面にはたらいているせん断応力と垂直応力との比を摩擦係数といい，その逆正接（$\tan^{-1}$）を摩擦角という．この現象が粉体層間の任意の滑りが発生した場合にも同様の表現をし，粉粒体の内部摩擦角という．（⇒内部摩擦角）［杉田　稔］

**まさつけいすう 摩擦係数 friction factor**
　流体が固体壁面と接触する場合に生じる摩擦力を，単位体積あたりの運動エネルギーの代表値と流れ場の代表面積で除したもの．円管内流れの場合，管摩擦係数* $f[-]$ は単位面積あたりの摩擦力である壁面せん断応力 $\tau_w[Pa]$ と，管断面平均流速 $u_a[m\ s^{-1}]$ に基づく運動エネルギーの代表値 $\rho u_a^2/2$ を用いて $f=\tau_w/(\rho u_a^2/2)$ と定義される．物体周囲の流れの抵抗力に関する抵抗係数は同様の定義であるが，摩擦力だけでなく，物体表面の垂直応力に基づく形状抵抗の影響を含む点で異なる．摩擦係数は，流れ場の形状が相似であればレイノルズ数*のみの関数となる．　　　　　　　　　　　　　［吉川 史郎］

**まさつそくど 摩擦速度 friction velocity**
　固体に接する乱流*において，壁面のせん断応力*を $\tau_w$，流体密度を $\rho$ とするとき $\sqrt{\tau_w/\rho}$ を摩擦速度といい速度の次元をもつ．粘性底層*内の速度分布は直線と考えられるので，層内のせん断応力は壁面のせん断応力で代表でき，摩擦速度は粘性底層の代表的速度と考えることができる．1932年 L. Prandtl は円管内の乱流の速度分布を，摩擦速度 $u^*$ と壁からの距離 $y$，粘度 $\mu$ などを用いた無次元数 $y^+=\rho u^* y/\mu$ と無次元速度 $u^+=u/u^*$ の関係を次式に

よって表す対数法則*を導いた.
$$u^+ = A + B\ln y^+$$
ここで，$A, B$ は定数である．　　　　［小川 浩平］

**まさつていこう 摩擦抵抗 friction drag, skin drag**
　流体中の物体が受ける抵抗のうち，表面におけるせん断応力*を全表面にわたって積分した値の，流体と物体の相対速度方向の成分のこと．物体が受ける抵抗力は，摩擦抵抗と垂直応力の積分である形状抵抗*との和で表される．　　　　　［吉川 史郎］

**まさつモデル 摩擦── friction model**
　逆浸透*における膜輸送を広義の摩擦の問題と考え，定常状態において溶質にはたらく力は，溶質と水との移動の相対速度に比例するものと，溶質と膜との相対速度に比例するものとの和であるとして導出されたモデル．このモデルに基づきK.S. Speigler と O. Kedem は，膜，水および溶質の相互の間にはたらく摩擦係数と非平衡熱力学モデル*の三つの膜透過係数（反射係数*，純水透過係数*および溶質透過係数*）との関係を導いている．このモデルは，非平衡熱力学モデルの延長として，その透過係数の物理的意味の解釈を与える．　　　　　［鍋谷 浩志］

**マスフロー mass flow**
　サイロなど直立型の貯槽から，貯蔵されている粉粒体を排出するときに貯槽内に形成される粉粒体の流動パターンの一つ．排出時に貯槽内のすべての粉粒体が動いている流動形をいう．貯槽の構造設計をするうえで動的な圧力上昇の発生がみられるフローパターンで，とくに注意を要する．ISO 11697に示されている粉体荷重測定基準では，ホッパー壁の傾斜角と貯蔵粉粒体との壁面摩擦角からフローパターンを判定するグラフを示している．（⇒ファンネルフロー）　　　　　　　　　　　　　　［杉田　稔］

**マスフローコントローラー mass flow controller**
　インラインで使用される流体の質量流量の制御器．質量流量を検出し電気信号に変換するセンサーと信号と設定流量に応じて開度が調整されるバルブで構成される．センサーでは，流れによって発熱体から奪われる熱量が流量に対応づけられる．
　　　　　　　　　　　　　　　　　［島田　学］

**まちじかん 待ち時間 waiting time**
　過飽和状態になってから結晶が析出し始めるまでの時間．その間，溶液濃度は変化しない．待ち時間は，数十時間に及ぶ場合もあるが，種晶を用いることで短くなる場合が多い．待ち時間は，過飽和溶液の構造ゆらぎによって，固体として安定に存在でき

る大きさの会合体(結晶核)が形成されるまでに必要な時間と,それが成長して検出されるまでに必要な時間の和であるとされている.しかし,最近これとは異なる理解もされている.すなわち,溶質の会合は未飽和および過飽和いずれの溶液中でも進行するが,そこで形成される会合体の構造は不規則で結晶構造とは異なるものであり,待ち時間は,不規則な構造の会合体が結晶構造へと構造転移し始めるまでに必要な時間であるとされる.誘導期間(induction period)とよばれることがある. [大嶋 寛]

**Martin けい ──径 Martin diameter**
⇒定方向面積等分径

**マックスウェルのかんけいしき ──の関係式 Maxwell's relation**

ドイツの物理学者 J. C. Maxwell によって導出された熱力学関係式.4種の状態量,すなわち温度 $T$,体積 $V$,圧力 $p$,エントロピー $S$ に関する以下の四つの関係式であり,均一相にある純物質あるいは組成が一定の混合物に成立する.

$$\left(\frac{\partial T}{\partial V}\right)_S = -\left(\frac{\partial p}{\partial S}\right)_V$$
$$\left(\frac{\partial p}{\partial T}\right)_V = \left(\frac{\partial S}{\partial V}\right)_T$$
$$\left(\frac{\partial S}{\partial p}\right)_T = -\left(\frac{\partial V}{\partial T}\right)_P$$
$$\left(\frac{\partial V}{\partial S}\right)_P = \left(\frac{\partial T}{\partial p}\right)_S$$

マックスウェルの関係式はエンタルピー,エントロピーなどの状態量を,正確に実測できる最少限の量から求めるさいに活用される. [横山 千昭]

**マックスウェル-ボルツマンのぶんぷそく ──の分布則 Maxwell-Boltzmann's law of distribution**

J.C. Maxwell が気体分子運動論*的に導き,後に L.E. Boltzmann が一般化した,熱平衡状態にある気体系の分子がもつ速度分布則.この法則によると,ある分子の速度成分が $v_x$ から $v_x+dv_x$,$v_y$ から $v_y+dv_y$,$v_z$ から $v_z+dv_z$,までの範囲にある確率は
$$f(v_x, v_y, v_z)dv_x dv_y dv_z$$
$$= \left(\frac{m}{2\pi kT}\right)^{3/2} \exp\left(\frac{-mv^2}{2kT}\right)dv_x dv_y dv_z$$
である.ただし,$m$ は分子の質量,$T$ は絶対温度,$k$ はボルツマン定数である. [幸田 清一郎]

**マックほう MAC法 marker and cell method**

流れの数値解析を圧力の Poisson 方程式を求解して行うさい,分割された各セルにおいて質量をもたない仮想粒子を追跡する手法.これにより自由表面の形状や移動経路を経時的に計算することができる(全陽的解法). [上ノ山 周]

**マッケープ-シールほう ──法 McCabe-Thiele method**

1925 年,W.L. McCabe と E.W. Thiele が発表した二成分混合液の連続蒸留塔に必要な理論段数*を求める階段作図法*,濃縮部*および回収部*の操作線が直線で表されるような仮定を行った点が特徴で,このため $x$-$y$ 曲線*と 2 本の操作線*との間で階段作図を行えば,容易に理論段*のステップ数*が求められる.原料,留出液,缶出液*中の低沸成分のモル分率をそれぞれ,$z_F$,$x_D$,$x_B$,還流比*を $R$,再沸比*を $R'$,とすると 2 本の操作線は次式で与えられる.

濃縮部 $\qquad y = \dfrac{R}{R+1}x + \dfrac{x_D}{R+1}$ (1)

回収部 $\qquad y = \dfrac{R'}{R'+1}x - \dfrac{x_B}{R'}$ (2)

また,原料 1 mol のうち $q$ mol が沸点(飽和)の液,$(1-q)$ モルが飽和蒸気とすれば,式(1),(2)の交点の軌跡すなわち $q$ 線は次式で表される.

$$y = -\frac{q}{1-q}x + \frac{z_F}{1-q} \qquad (3)$$

式(1)と $x$-$y$ 座標上の対角線($x=y$)との交点 d の横座標は $x=x_D$,式(2)と対角線との交点 B は $x=x_B$ となる.また,操作線を ad と bB との交点 c と図中の f 点(対角線と $x=z_F$ との交点)とを結ぶ cf が $q$ 線である.階段作図は d 点または B 点から始めるが,図は d 点を起点とした例を示す.d 点から図のように,順次作図を進めて c 点を越えた後,操作線を ad から bB に変えて作図を続け,B 点を越えたところでやめる.ここで得られた階段の数がステップ数*

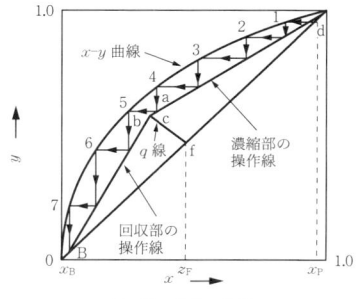

マッケープ-シール法
[大江修造,"蒸留工学",講談社(1990), p.31]

の近似値を与える.作図にあたり再沸比を$R'$を求める必要はない.回収部の操作線は$q$線上のc点とw点を結ぶことにより得られる.本法はポンション-サバリ法*に比べれば仮定が多いが,作図ははるかに簡単である.この方法は回分蒸留にも応用できる.
[大江 修造]

**マッハすう ——数 Mach number**
高速な流れにおける圧縮性の影響を表す無次元数*で,流速の音速に対する比として定義される.マッハ数が0.5以上になると圧縮性の影響を考慮する必要がある.さらに流速が増加し,超音速となると衝撃波が発生する.
[吉川 史郎]

**マテリアルリサイクル material recycle**
廃棄物を再資源化・再生利用すること.広義ではケミカルリサイクル*も含む.廃棄物をもとの製品にリサイクルすることをクローズドリサイクル,違う製品にリサイクルすることをカスケードリサイクルという.PET(ポリエチレンテレフタレート樹脂)ボトルをPETボトルにリサイクルすることはクローズドリサイクル,繊維製品にリサイクルすることはカスケードリサイクルとなる.日本ではこれまで,瓶,缶(スチール,アルミニウム),古紙のリサイクル率が高いが,関連法によって容器包装材や生ごみのリサイクルが今後は進むであろう.
[後藤 尚弘]

**マトリックスほう ——法 matrix method**
蒸留計算法*の一つ.成分物質収支式を成分ごとに分けて段番号の順に並べ,気液平衡関係式を適用して蒸気組成を消去し,これを液組成に関する線形連立方程式とみなすことにより,行列計算を用いて解を求めるため,擬線形化法ともよばれる.理想系の計算に有効である.
[森 秀樹]

**マーフリーだんこうりつ ——段効率 Murphree plate efficiency**
段効率*の定義の一つ.任意の成分について気相基準マーフリー段効率$E_{MV}$は,第$n$段を去る蒸気の平均組成$(y_n)_{av}$,その段を去る液組成$x_n$に平衡な仮想的な蒸気組成$y_n^*$,その段の下の第$n+1$段から入ってくる蒸気の平均組成$(y_{n+1})_{av}$を用いて次式で定義される.

$$E_{MV} = \frac{(y_n)_{av} - (y_{n+1})_{av}}{y_n^* - (y_{n+1})_{av}}$$

多成分系の場合,各成分のマーフリー段効率は必ずしも等しい値をとらない.
[森 秀樹]

**まもう 摩耗 abrasion, erosion**
粉体が構造物表面で衝突,こすれ,ひっかきを起こすことで摩耗が生じる.摩耗の程度は,粉体の形状,硬さ,粒径,衝突角度に影響されるが,構造物への衝突速度に大きく影響され,摩耗量は速度の約3乗に比例する.構造側の耐摩耗対策として,硬い材料の採用,あるいは表面を覆おうプロテクターの設置などがあり,衝突流速を下げるため,構造物表面にフィンといった抵抗物を設置する対策も採用されている.
[小俣 幸司]

**マランゴニこうか ——効果 Marangoni effect**
異相流体間の界面を通して熱または物質移動が起こるとき,これらの移動に伴って局所的に界面に界面張力勾配を生じ,この界面張力勾配によって界面に沿って流れが発生する現象.場合によっては流れを抑制することもある.その結果として熱や物質の移動が促進または抑制される現象も含めてマランゴニ効果とよんでいる.界面攪乱*もマランゴニ効果の一つである.
[宝沢 光紀]

**マランゴニすう ——数 Marangoni number**
2流体界面の界面張力*の不均一により生じるマランゴニ効果*を支配する無次元数.温度差による界面張力勾配$(\partial\sigma/\partial T)$について用いられる場合には,$Ma=(\partial\sigma/\partial T)\Delta T\delta/\mu a$で表される.ここで,$\Delta T$は温度差,$\delta$は液相厚さ,$a$は熱拡散率*である.濃度差による界面張力勾配$(\partial\sigma/\partial c)$の場合には,$Ma=(\partial\sigma/\partial c)\Delta c\delta/\mu\nu$で示される.ここで,$\Delta c$は濃度差,$\mu$は液粘度,$\nu$は動粘度となる.
[寺坂 宏一]

**マルチクロン multi-cyclone**
マルチサイクロン.単一小型サイクロンの性能を維持し,処理ガス流量に見合った数のサイクロンを多数個並列に設置した装置をマルチクロンという.マルチクロンとして用いる各サイクロンの型式は接線型,軸流型の反転などが用いられる.ただし,マルチクロンにすると,単一サイクロン本来の集じん性能を発揮できない場合があるため,各サイクロンへの気流の均等分配や各サイクロン集じん室の独立設置などが望ましい.
[吉田 英人]

**マルチフィード multi-feed distillation tower**
抽出蒸留塔,共沸蒸留塔あるいは省エネルギーを目的とした蒸留塔などのように二つ以上の供給段をもつ蒸留塔.また,エチレンプロセス,LNGプロセスなどの冷凍エネルギーを利用する脱メタン塔では,省エネルギーの目的で供給ラインでの冷却過程で凝縮分離した液や,予備蒸留塔で分離したストリームを脱メタン塔に多段で供給することも行われている.そのほかにも,蒸留塔への原料組成が変動する場合はあらかじめ供給段を数段設け,運転に融通

性をもたせたものもある. ［八木　宏］

**マルチルーメンまく**　──膜　malti-rumen type membrane

モノリスモジュール*に用いるレンコン状の膜.（⇒モノリスモジュール） ［中尾　真一］

# み

**ミアグちゅうしゅつき ──抽出機** Miag extractor

ドイツの Muhlenbau Industrie A.G. 製のバスケット型の貫流・浸漬併用型連続固液抽出*装置．図のように，外壁に接した垂直な円筒内に多孔仕切板によりバスケットが形成されており，円筒内の一方から連続的に供給される固体原料は，円筒が回転することにより，他方から連続的に供給される抽剤*と向流*接触することで抽出される． [清水 豊満]

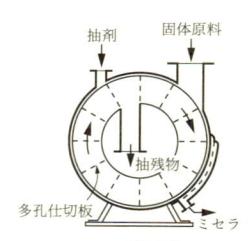

ミアグ抽出機
[R. E. Treybal, "Mass-Transfer Operations", McGraw-Hill (1955), p.607, 一部修正]

**Michaelis-Menten のしき ──の式** Michaelis-Menten equation

酵素反応の速さは酵素濃度や基質濃度に依存する．Michaelis と Menten は基質 S が酵素 E と結合し，不安定な酵素・基質複合体 ES を生成し，この複合体が不可逆的に分解して生成物 P ができるという機構を提案した．この反応機構は次の式で表される．

$$E+S \underset{k_{-1}}{\overset{k_{+1}}{\rightleftarrows}} ES \overset{k_{+2}}{\longrightarrow} E+P$$

ただし，$k_{+1}$, $k_{-1}$, $k_{+2}$ は反応速度定数．通常の酵素反応では酵素濃度 E は基質濃度 S と比べて非常に低く，複合体 ES の濃度は変化しないと考えてよい．この定常状態近似により，

$$\frac{d[ES]}{dt}=0$$

すなわち

$$k_{+1}[E][S]=(k_{-1}+k_{+2})[ES]$$

全酵素濃度 $E_0=[ES]+[E]$ とすると，反応速度（生成物の生成速度）$v$ は最大反応速度 $V_{max}(=k_{+2}E_0)$ を使って次式となる．

$$v=k_{+2}[ES]=\frac{V_{max}S}{K_m+S}$$

ここで，$K_m$ はミカエリス定数とよばれ，次式で定義される．

$$K_m=\frac{k_{-1}+k_{+2}}{k_{+1}}$$

[新海 政重]

**みかけせんそくど 見掛け線速度** apparent linear velocity

空塔速度*と同じ意味で使用される．一方，真の線速度は空塔速度をその相のホールドアップ*で割った値として定義される． [室山 勝彦]

**みかけねんど 見掛け粘度** apparent viscosity

ニュートン流体は，横軸にせん断速度をとり，縦軸にせん断応力をとって流体特性を描くとき原点を通る直線となる．この直線の勾配が粘度の値を与える．非ニュートン流体に対して同じことを行うと，同特性は曲線形状となったり，直線形状であっても原点を通らなかったりする．このとき，原点から同曲線の着目点にまで引いた直線の傾きをもって非ニュートン流体の粘度とし，これを見掛け粘度とよぶ．せん断速度の増大に伴い，見掛け粘度は擬塑性流体の場合は減少し，ダイラタント流体の場合には逆に増大する．またビンガム流体の場合には，せん断速度がゼロ近傍では見掛け粘度は無限大となるが，せん断速度の増大に伴い一定値に漸近する．

[上ノ山 周]

**みかけのかっせいかエネルギー 見掛けの活性化── ** apparent activation energy

見掛けの反応速度式*から見掛けの反応速度定数を求め，アレニウス式*に適用して得られた活性化エネルギー*を見掛けの活性化エネルギーとよび，律速となる素反応の真の活性化エネルギーと区別する． [田川 智彦]

**みかけのそしりつ 見掛けの阻止率** observed rejection

分離膜の特性は，一般に透過流束*（単位時間，単

位膜面積あたりの溶液の膜透過量)と溶質の阻止率*によって表される．測定可能な溶液濃度が供給液および透過液の濃度であることから，膜透過流束は容易に測定することができるが，阻止率のほうは，通常，次式で定義される見掛けの阻止率で表される．

$$R_{\mathrm{obs}} = 1 - \frac{C_{\mathrm{p}}}{C_{\mathrm{b}}}$$

ここで，$C_{\mathrm{p}}$ および $C_{\mathrm{b}}$ は，それぞれ透過液および供給液の濃度である．　　　　　　　　　［鍋谷 浩志］

## みかけのはんのうじすう　見掛けの反応次数　apparent reaction order

見掛けの反応速度式*をべき数表示にした場合のべき数を見掛けの反応次数とよび，"真の"反応次数*と区別する．複合反応*の場合だけでなく，拡散律速*の場合も見掛けの反応次数は真の値と異なることがある．　　　　　　　　　　　　　［田川 智彦］

## みかけのはんのうそくどしき　見掛けの反応速度式　apparent rate equation of chemical reaction

化学反応は，通常さまざまな素反応や拡散過程からなりたっている．しかし，実際に反応速度を測定して解析する場合は，一つの反応速度式にまとめることが多い．これを見掛けの反応速度式という．この式で，濃度項をべき数表示にした場合のべき数を見掛けの反応次数*とよび，濃度項以外の定数を見掛けの反応速度定数という．これから求められる活性化エネルギー*は反応全体の活性化エネルギーを表し，見掛けの活性化エネルギー*という．これは，律速段階の真の活性化エネルギーと，その前段階にある予備平衡の反応熱の代数和で与えられる．したがって，前段階が発熱的であれば，見掛けの活性化エネルギーは律速段階のそれより小さな値となる．また，境膜拡散律速の場合は見掛けの反応次数は一次，見掛けの活性化エネルギーはほぼゼロとなる．細孔内拡散律速の場合，見掛けの反応次数は真の反応次数 $n$ に対して，$(n+1)/2$ 次となり，見掛けの活性化エネルギーは真の値に比べ，約半分の値となる．
　　　　　　　　　　　　　　　　　　［田川 智彦］

## みかけみつど　見掛け密度　apparent density

粒子の見掛けの密度(単に粒子密度ともいう)をさす．粒子には内部に空洞や細孔などを含むものや，多成分からなる複合粒子などもあり，見掛け密度は粒子の質量を空洞や細孔などを含む粒子体積で割って求めた粒子密度．粉体のかさ密度*(bulk density)と同じ意味で用いられることもある．［増田 弘昭］

## ミキサーセトラー　mixer-settler

多段槽型のもっとも古い代表的な液液抽出*装置．ミキサー(撹拌槽)の混合部とセトラー部(分離槽)とを一組とした槽型の装置を多数連結したもので，一般には向流*接触を行っている．初期の装置では各槽ごとにモーター，ポンプなどを必要とし，床面積を広くとらなければならないので，数段以上必要とする場合にはコスト高になる．しかし，適切な接触時間で機械的な撹拌を十分に行えば抽出効率*はほとんど100％近くなり，断続運転にも適しており，また装置も簡単で故障も比較的少なく，操作も容易で柔軟性があり，流量や相比が多少変化しても安定しているので，古くから大規模工業に広く使用されている．

初期の装置ではミキサー部とセトラー部が分離しており，かつ1相(主として軽液相)を重力(浮力)を利用して流し，多相をポンプで次段に送る方式をとっていた．しかし，混合相の密度が軽液相の密度より大きいことを利用し，次段のミキサー部の表面のレベルを前段のセトラー部のレベルより低くし，両相の混合と送入を同時に行う箱型の Pump-mix 型が考案され，以後この様式を採用する装置が主流となっている．

液の揮発性が小さい場合には機械的な撹拌の代わりに通気撹拌を行う場合もある．また，液体の粘度が低く，界面張力が小さくて分散*が困難な場合には，液の流れによる分散，混合を利用したフローミキサー*を用いる場合もある．セトラーとしてはサイクロン*，遠心力を利用したものなどがあるが，重力を利用して分離させるのが一般的である．一方，ミキサー部とセトラー部を縦型に多段化し，所要床面積を減少させたのが撹拌機付きの抽出塔で，シャイベル塔*，回転円板抽出塔*，ミクスコ塔*(オルドシュー-ラシュトン塔*)，ルーワ抽出機*，クーニ塔*などの各種装置が提出され，大規模装置に適用されている．　　　　　　　　　　　　　　　［平田 彰］

## ミクスコとう　——塔　Mixco column

オルドシュー-ラシュトン塔．撹拌器の付いた液液抽出*装置の一種．図に示すように，抽出塔内の中心軸上に，回転円板抽出塔*の円板の代わりにタービン型撹拌翼を多段に設置して，液滴の分散*をよくして抽出効率*を増加させようとする装置である．分散相*の微粒化を促進する目的で，塔内壁には4枚の邪魔板*を垂直に取付けるのが普通である．1区隔の長さが，回転円板抽出塔*やシャイベル塔*より長く(塔径の1～2倍くらい)，また塔内壁に固定されたリング状の邪魔板の開孔径も比較的小さいため，逆混合が抑えられる．J. Oldshue と J. Rushton によ

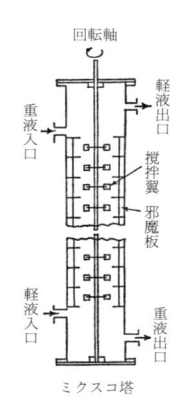

（図中ラベル：回転軸、軽液出口、重液入口、撹拌翼、邪魔板、軽液入口、重液出口、ミクスコ塔）

って考案された． ［平田　彰］

**ミクロキャビティーほう ──法** micro cavity method

トレンチ，ホールなどのステップカバレッジ*を解析し，CVD*プロセスなどの薄膜形成における表面付着確率を評価する方法． ［霜垣　幸浩］

**ミクロこう ──孔** micropore

IUPAC（国際純正および応用化学連合）は，多孔性材料の細孔のなかで直径0.5～2 nmの範囲の細孔をミクロ孔と定義している．また，直径0.5 nm以下の細孔は超ミクロ孔*とよばれる．細孔としておもにミクロ孔や超ミクロ孔をもつ材料として，活性炭，ゼオライト，分子ふるい炭素が使用されている．
［田門　肇］

**ミクロこんごう ──混合** micromixing

マクロ混合過程で細分化された，異なる流体（粉粒体）塊の間で，構成成分である分子や粒子の局所的な交換が起こり，塊の内部においても分散や拡散による均一化が起こる過程をミクロ混合という．通常の撹拌操作では，ミクロ混合とマクロ混合*は同時に進行するが，ミクロ混合過程の時間スケールを，流体（粉粒体）塊の代表長さ$L$と拡散係数$D$を用いて表現すると$L^2/D$のオーダーとなり，一般にマクロ混合の速度に比べて遅い．そのため，マクロ混合過程がほぼ完了した撹拌末期からミクロ混合効果が顕著となり，最終的にはマクロ混合作用よりも均一度の高い混合状態をつくりだす． ［井上　義朗］

**ミクロさいこう ──細孔** micro pore
⇨細孔構造

**ミクロセル** micro galvanic cell

電気化学的に進行する腐食反応において，アノードとカソードが巨視的に分離し，固定されていない腐食電池．両反応が起こる場所は時間的に変動するので，均一腐食*の形態をとる．それが固定されるとマクロセル*腐食となる． ［酒井　潤一］

**ミクロそうぶんり ──相分離** microphase separation

非相溶な高分子鎖からなるブロック共重合体*は両ブロック鎖が共有結合で結ばれているために，巨視的に相分離*できずに自己組織的にミクロに相分離する．この構造をミクロ相分離構造とよぶが，両ブロック鎖の組成比により，球状構造⇄シリンダー構造⇄ラメラ構造のサイコロ状の高次構造*を形成する．このようなMolauのモデルは近年さらに精密化されて，OBDD（ordered bicontinuous double diamond）構造なども報告されている．［瀬　和則］

**ミクロねんど ──粘度** micro viscosity

高分子溶液中の溶媒の分子拡散の抵抗となる粘性係数*であって，溶液全体の巨視的な粘性係数であるマクロ粘度*と区別して用いられる．
［横山　千昭］

**ミクロりゅうたい ──流体** micro fluid

微視的な立場から流体の混合を考えた場合，二つの極限の状態が存在する．一つは流体要素間の物質移動が生じないマクロ流体*であり，もう一つは物質移動の速やかなミクロ流体である．ミクロ流体ではセグリゲーション*がなく，流体要素は分子オーダーでの濃度の均一性が達成される．液体の粘度が低く，十分に撹拌されているとき，ミクロ流体として取り扱うことができる． ［今野　幹男］

**ミス MIS** management information system

経営情報システムのこと．必要な情報を企業内各部門や企業外から収集し，データベースに蓄積しておき，必要に応じて検索すれば目的に合わせて加工した情報を提供する．1960年代後半から導入されたが当時のコンピュータ技術が未熟だったため満足な性能を達成できず，意思決定支援システム*（DSS）や戦略情報システム（SIS），さらには統合基幹業務システム*（ERP）へと変遷した．
［川村　継夫・船越　良幸］

**みずせんたくとうかまく　水選択透過膜** water selective membrane

水と水溶性の有機溶媒の混合液から水を選択的に透過させる膜．親水性の高分子からなる膜や，膜表面を親水化処理した膜であり，おもにパーベーパレーション*法で用いられる． ［松山　秀人］

**ミスト mist**

気体中に分散され，浮遊している液体粒子．硫酸や硝酸ミスト，オイルミスト，塗料ミスト，水滴，海塩滴などがある．ミストを分離する装置はミストセパレーター（あるいはミストエリミネーターとよばれる）が用いられる．微細なミストの捕集には繊維充填層フィルターや洗浄集じん機が用いられ，大きなミストに対してはワイヤーメッシュ，慣性集じん機*，サイクロン*，重力沈降室*などが用いられる．
[大谷 吉生]

**ミストエリミネーター** mist eliminator

ミストセパレーター．ガスや蒸気に同伴されている液滴を気流中から分離捕集する装置．微細な5μm以上の液滴の捕集には，繊維充填層フィルター，ベンチュリースクラバー*，湿式電気集じん装置がある．また，粗大な15μm以上のミストの分離にはワイヤメッシュ，サイクロン*，慣性式のジグザグ型式などがある．サイクロンを利用した場合のミスト除去装置を図に示す．サイクロンの出口管部に排水管部を設けることで，出口壁を水膜となって移動する水を除去することが可能である．また，サイクロンスクラバー*などで捕集したミストを循環使用する場合，循環液のスラリー濃度が高くなるため定期的な液の交換が必要である．
[吉田 英人]

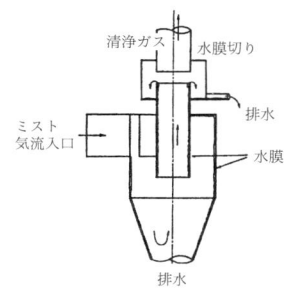

ミスト除去装置付きのミストサイクロン

**ミストぶんりき** ──**分離器** mist separator
⇒飛沫捕集器

**みずばりき** **水馬力** water horse power

ポンプによって対象とする揚液に与えられた実質エネルギー（有効仕事）で，そのエネルギーの単位に馬力を使って水馬力とよぶ．すなわち水馬力（馬力）＝（ポンプ吐出量[m³ s⁻¹]×揚程[m]×揚液の密度[kg m⁻³]/75で表される．水馬力を軸馬力で割ったものが，そのポンプの効率である．
[伝田 六郎]

**みずふんしゃ** **水噴射** water injection

火炎中に水あるいは水蒸気を噴射し，水の蒸発潜熱により火炎温度を低下させることでサーマルNO*の生成を抑制する方法．
[神原 信志]

**みずれいきゃく** **水冷却** air water system

空気を熱交換器*を介して冷却する操作において，冷却媒体*として水を使用する方式．冷凍装置で二次媒体としての水を冷却し，ファンコイル*ユニットなどの水-空気熱交換器を介して空気を冷却し，空調*空気として室内に供給する．これに対して，二次冷媒としてブライン*を使用する場合を冷媒方式という．寒冷地においては冬期の凍結防止のために冷媒方式が用いられる．このほか，冷凍機の蒸発器で潜熱*交換する直接膨張式冷却法もある．
[三浦 邦夫]

**ミセラ** miscella

固体抽出*において，抽質*と抽剤*の混合溶液をいう．固体原料の一部を含む場合がある．
[清水 豊満]

**ミセル** micelle

分子内に親水基と疎水基をもつ，たとえば界面活性剤を水に分散させると，低濃度では分子状に溶解するが，ある濃度（臨界ミセル濃度*）以上では，それらの分子の疎水性部分が自発的に集合して水から分離する．この集合体がミセルであり，疎水基を内側に，親水基を外側に向けて並んだ構造をとる．界面活性剤濃度の増加とともにその形状は小球状から円板層状，棒状へと変化する．ミセルは可溶化*により水難溶性物質の溶解度を増加させる．
[埜村 守]

**みぞがたでんどうでんねつかんそうき** **溝型伝導伝熱乾燥器** trough type conduction dryer, trough type conductive dryer

溝型本体の中に軸方向に回転撹拌翼*を設け，上部に空間を残して充填した材料を撹拌しながら乾燥を行う乾燥器．撹拌翼内に熱媒*を通して翼面を加熱面とする方式，本体部ジャケットによって壁面を加熱面とする方式，および両者を併用する方式がある．蒸発*した蒸気を取り去るための空気を流すが所要風量が少ないことから，材料の飛散が少なく排ガス処理装置などの付帯設備が小さくてすみ，熱効率が高い．
[脇屋 和紀]

**みぞじょうふしょく** **溝状腐食** grooving corrosion

溶接抵抗法で製造される電縫鋼管を給水管などに用いたときに，溶接部が溝状に優先的に腐食する現象．溶接時の熱履歴によりFeSが形成され，優先溶解部となる．母材部も腐食する点でほかの局部腐食*

とは異なる． ［酒井 潤一］

**みだれ　乱れ(撹拌槽内の大規模な)**　turbulence in a mixing vessel

乱流状態においては撹拌槽内の流れは不規則であり，羽根の背面で局所的に強い渦が発生している．とくに羽根の上下両端付近に発生している強い回転成分を有する渦巻状の流れは，非常に複雑な動きをする．この流れは，気泡や液滴の分裂現象と密接な関係をもつことが知られている．平羽根タービン翼では軸方向の流れがディスクにより阻害されないため，フローパターンが不安定になり，ある瞬間では半径方向の吐出流および渦巻状の流れも完全に消滅し，軸方向の流れが主流となる大規模な流れの変動が生じることが知られている．したがって，流れは全体に大規模に揺らいでおり，平均的にはある方向にある速度で流れていても，瞬間的には複雑に乱れている．このような流れを理解するために，LDV(レーザードップラー流速計)による速度計測，あるいは動力などの特性値を周波数解析する試みが盛んに行われている． ［高橋 幸司］

**ミックストベッド**　mixed bed

モノベッド*．混床式．イオン交換装置の一つ．陽イオン交換樹脂と陰イオン交換樹脂とを一つの塔に混合充塡して全イオンを除去できるようにした方式．最高の精製能力をもっており，電気伝導率 $1\,\mu S\,cm^{-1}$ 以下の純水を製造できる．通常ポリッシャーとして用いられる．（⇒イオン交換装置） ［吉田 弘之］

**みつもり　見積り**　estimate

積算．顧客の要求する仕様に合致する物品やサービスを提供するための費用，価格，支払条件，納期，引渡条件，有効期限などを示す書類(プロポーザルあるいは見積書)を作成提出する一連の作業をさす．
［小谷 卓也］

**ミニエマルションじゅうごう　──重合**　mini-emulsion polymerization

微小液滴が，これと混じり合わないほかの液体中に分散・浮遊している液体混合物をエマルションといい，その滴径が数十〜数百 nm である場合をとくにミニエマルションとよぶ．このような系に水溶性または油溶性の開始剤を添加して行う重合法で，水に不溶で乳化重合*が事実上不可能なモノマー*のポリマー粒子乳濁液(高分子ラテックス)を得る場合に用いられる．滴径が数百 nm の場合，重合は用いた開始剤の種類によらず懸濁重合の機構に従う．

［埜村　守］

**Mieのひかりさんらんりろん　──の光散乱理論**　Mie theory of light scattering

1908年 Mie は球形粒子による光散乱現象について，マックスウェルの電磁波方程式から厳密解を求めた．これを Mie の光散乱理論という．媒体の屈折率，粒子の複素屈折率，粒子の大きさ，および入射光の波長をパラメーターとし，粒子周囲の散乱光強度を水平と垂直偏光成分別に求めることができる．解はベッセル関数を含むが，最近の計算機能力の進歩で，通常の条件であれば数値計算で解を求めることができる．

粒子径が光の波長より十分小さいときは，レイリー散乱とよばれ，入射光となす角度が $0°$ の前方と $180°$ の後方に散乱の強い繭型の比較的単純な散乱光強度分布となる．このレイリー散乱領域の散乱光強度も Mie の光散乱理論で計算できる．全方向の散乱光強度の和は粒子径の6乗に比例する．

これに対して粒子径が光の波長と同程度になると前方に強い散乱を示し，かつ角度に対して散乱光強度の強い変動が現れる．このような散乱光特性が現れる領域を Mie 散乱領域といい，全散乱光強度は粒子径の2〜4乗に比例するようになる．

さらに粒子径が光の波長より十分に大きくなると，散乱光強度の角度依存性は滑らかになり，前方の散乱光強度が著しく強く，粒子径に対して特徴的な散乱光強度分布を示す．この領域の散乱光強度分布はフラウンホーファーの回折理論で近似できる．
［森　康維］

**みはんのうかくモデル　未反応核── unreacted-core model**

⇒気固反応モデル

**みゃくどうちゅうしゅつとう　脈動抽出塔**　pulsed extraction column

パルスカラム．液液向流抽出塔の連続相*側流体に脈動を与え相分散を行う型式の抽出塔と，円板や多孔板などに上下振動を与えて相分散を行う振動板塔(カール塔*)の2種類がある．充塡抽出塔*，多孔板抽出塔* あるいはスプレー抽出塔* などに適用することができる．この場合それぞれを脈動充塡抽出塔，脈動多孔板抽出塔，脈動スプレー抽出塔とよんでいる．このうち主として多孔板抽出塔が多く用いられている．脈動を与えるにはピストンやプランジャーの変位を用いる方法が多く用いられるが，ベローズを用いたり，腐食性液に対してはガスを介して脈動を与えたりする場合もある．

脈動多孔板抽出塔では，連続相*(重液)の流路となる下降管* が不要である．脈動の不足と脈動の過剰

による2種類の溢汪*現象がみられ,その中間の脈動条件で操作される.

抽出塔に脈動を与えると,エマルション*化の傾向が大きくなる欠点もあるが,一般には分散*がよくなるため,塔の性能が著しく向上する利点がある.操作条件も広範囲に変化でき,また塔の制御も容易である.ウラン燃料の再処理に関連して,原子炉のプロセスに適用されてから著しく発達し,現在ではこのほかビタミンの抽出,$p$-キシレンの分離など,高抽出率が要求される多くのプロセスに使用されている. [平田 彰]

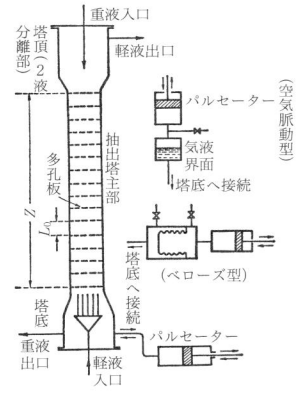

脈動多孔板抽出塔とパルセーター
[便覧,改三,図11·48]

**みゃくどうりゅう 脈動流 pulsation flow**

周期的な流量変動がある流れで,単一の往復動ポンプで発生する流れや身近では血管の動脈流がこれの相当する.層流*の場合は,圧力勾配および速度を時間平均項と時間変動項の和としてフーリエ級数の形で与えて解析されている.脈動変動が大きいと平均流の構造に大きな影響を与えて層流化が進み,層流から乱流への移行の臨界レイノルズ数*が大きくなる. [梶内 俊夫]

**ミラーしすう ──指数 Miller indices**

結晶はそれぞれ固有の面に囲まれており,その面を結晶構造と関連づけて表す方法.結晶構造は通常3本の軸で表される座標軸を用いて,繰返し構造を表す.この繰返しの最小単位を単位格子あるいは単位胞とよび,各軸$(x, y, z)$の交わる角度$(\alpha, \beta, \gamma)$と,各軸の長さ$(a, b, c)$で表される.たとえば,食塩の場合,$\alpha=\beta=\gamma=90°$で,$a=b=c$であって単位胞は立方体の形をしている.立方体の六つの面はそれぞれ,$xy, yz, zx$面に平行である.実際の食塩も立方体の形状をしていて,それぞれの面は単位胞を構成している面に平行である.結晶格子の単位胞を基準として,任意の結晶面が各軸を切る位置(座標)は$a/h'$, $b/k'$, $c/l'$と表すことができ,$h'$, $k'$, $l'$はゼロを含む有理数であることが示される.$h'$, $k'$, $l'$に定数を掛けて互いに素な整数$h, k, l$としたとき$(hkl)$をその結晶面のミラー指数という.したがって,(110)面と(111)面はそれぞれ$(a, b, \infty)$と$(a, b, c)$で各軸と交わる面を表している.

なお,(100)(110)などの面を低指数面とよぶのに対して,(321)などは高指数面とよばれる.多くの結晶は低指数面で囲まれている. [松岡 正邦]

**みりょうエネルギー 未利用── unutilzed energy**

廃棄物の有するエネルギー(都市ごみ,産業廃棄物,汚泥,農業生産廃棄物など),排熱(工場,空調設備,変電所,地下鉄,地下街,計算機室などからの熱),排冷熱(LNG基地,冷蔵倉庫など),その他自然環境中の熱(空気,河川湖沼水,地下水,海水,処理水など)を総称したもの.これらをエネルギー資源として有効に活用する技術が開発されている. [亀山 秀雄]

**ミル mill**

⇒粉砕機

**みんじさいせいほう 民事再生法 civil rehabilitation law**

経済的に窮境にある法人,個人の早期復活を目的として,従来の和議法に代わる再建型の倒産処理手続きの基本法として制定された.破産状態に至る前に申立てができること,経営者が引き続き再建にあたることも認められている. [溝口 忠一]

# む

**むきまく　無機膜　inorganic membrane**

　無機材料を用いて作製された膜のことであり，アルミナ，チタニアなどのセラミック膜\*，ガラス膜\*，ゼオライト膜\*，カーボン膜，ステンレス膜などが実用化されている．高分子膜と比べて耐熱性，耐薬品性に一般に優れており，高温での分離や膜型反応器への応用などが期待されている．　　　［都留　稔了］

**むげんきしゃくかつりょうけいすう　無限希釈活量係数　infinite dilution activity coefficient**

　無限希釈状態\*における溶質の活量係数\*のことで，溶質-溶媒間相互作用を反映する．二成分系では有限濃度で求めた活量係数を $x_1 \to 0$ または $x_2 \to 0$ に外挿することにより求めることができる．また，種々の活量係数相関式中の二成分系パラメーターを決定するさいに，無限希釈活量係数を用いることがある．　　　　　　　　　　　　　［岩井　芳夫］

**むげんきしゃくじょうたい　無限希釈状態　infinite dilution state**

　溶液中の溶質を無限に希釈した状態のこと．溶質分子どうしは無限の距離離れており，溶質分子のまわりには溶媒分子しか存在せず，溶質は溶媒分子とのみ相互作用する状態となる．　　　［岩井　芳夫］

**むじげんかほうわど　無次元過飽和度　dimensionless supersaturation**

　⇒過飽和度

**むじげんこう　無次元項　dimensionless group**

　⇒無次元数

**むじげんすう　無次元数　dimensionless number**

　次元を有する物理量を組み合わせてつくられた無次元の物理量．次元解析による複雑な現象の解析では，物理量のもつ次元から，ほかの物理量の次元との関係や未知の物理量の次元を解析および予測する．物理量は本来すべて次元をもつものであるが，次元解析によって，物理現象に関係している物理量を組み合わせたいくつかの無次元数を得ることができる．無次元数には単位はなく，それぞれの物理量をある一つの単位系で統一して表せば，どの単位系を選んでもつねに同じ値になる．

　たとえば，気体または液体の管内における流動現象では，管の内径 $D$，流体の密度 $\rho$，粘性係数\* $\mu$，および平均流速 $u$ を組み合わせた $\rho Du/\mu$ という無次元数が現れる．この無次元数はレイノルズ数\*とよばれるものであり，その数値は管内の流動状態を表している．管径の大小，流体の種類や状態などの流動条件の異なる組み合わせにおいて，それぞれの物理量の数値が違っても，$\rho Du/\mu$ という無次元数の値が同じならば，流動状態が同じであることを示す．また，無次元数のもつ物理的意味は，二つの類似物理量の比を表している．たとえば，レイノルズ数\*は慣性力 $\rho u^2$ と摩擦力 $\mu u/D$ との比である．

　物理現象はいくつかの無次元数を変数とした関係式で表される．ある現象に対する無次元数間の関係式が，必要な変数の範囲における実験によって得られたならば，その式は実験以外の条件のほかの組合せに対しても有効である．よって無次元数を用いた関係式によって物理量を表すことは工学上きわめて有用である．単位操作においてよく用いられる無次元数は本文中に解説されている．その大部分はそれを初めて用いた人の名がつけられており，その略記号として名称の初じめの2～3字，または無次元数を意味する $N$ にその2字を添記する方法（たとえば $N_\mathrm{Re}$）も用いられている．　　　［渡辺　隆行］

**むしょくばいだっしょうほう　無触媒脱硝法　non selective catalytic reduction**

　NSCR．触媒を用いず，アンモニアを燃焼炉内に吹き込み，$4\mathrm{NH}_3 + 4\mathrm{NO} + \mathrm{O}_2 = 4\mathrm{N}_2 + 6\mathrm{H}_2\mathrm{O}$ なる反応で脱硝を行う方法．温度 900～1000 ℃ のとき，もっとも脱硝効率が高くなる．しかし，実際の燃焼炉の規模では NO と $\mathrm{NH}_3$ の混合が十分でなく，脱硝効率は 40% 程度である．　　　　　　　［神原　信志］

**むだじかん　むだ時間　dead time**

　入力が変化し始めてから，出力に変化が現れ始めるまでにかかる時間．操作量\*をいかに大きく変化させても制御量\*が変化しない期間で，むだ時間遅れは制御性能\*に大きく影響する．　　　［橋本　芳宏］

**むでんかいめっき　無電解めっき　electroless plating**

　電流を流さずめっき\*を行う方法をいう．たとえば，還元剤として次亜リン酸ナトリウムもしくはホウ素化ナトリウムを含み，ニッケル，コバルト，

銅のイオンを含む水溶液に加え,90～100℃に加熱することにより,金属が液中の基板にめっきされる.リンまたはホウ素が析出層中に相当量含まれる.貴金属もこの方法によりめっきできる場合もある.電気めっきより析出速度が遅いが,きわめて均一性が高い.ガラス,ほうろう,ポリプロピレンなどには析出しないので,これらを容器や配管材料に使用する. ［松方正彦・高田光子］

**むねつようえき　無熱溶液　athermal solution**
　混合熱(過剰エンタルピー)がゼロの溶液.理想混合エントロピーをもつ無熱溶液は理想溶液である.なお,高分子溶液は混合エントロピーが理想溶液より大きくなるので,混合熱がゼロでも大きな非理想性を示す. ［新田　友茂］

# め

**めいがらへんこう・じょうたいいこううんてん　銘柄変更・状態移行運転** grade change-over operation

連続生産プラントで多くの製品銘柄を生産する場合，製品銘柄を変更するために操作条件を変更して新しい状態に移行する運転をいう．銘柄変更・状態移行運転では，最短時間で移行しかつ移行期間中に生産される規格外製品の量をできるだけ少なくすることが好ましい．　　　　　　　　［伊藤 利昭］

**めいそうでんりゅうふしょく　迷走電流腐食** stray current corrosion

電気鉄道の直流が大地に漏れると，抵抗の小さい地中の配管を経由した回路が形成される．そのとき配管からの電流の出口がアノードとなって起る急激な腐食．変電所へ排流することにより防止できる．電食は誤った表現である．　　　　　［酒井 潤一］

**メカノケミカルこうか　――効果** mechano-chemical effect

力学的エネルギーに基づいて生じる化学現象の総称．粉砕操作などにみられるように固体に力学的エネルギーが加えられると，化学的活性が増大して周囲の物質と化学反応を生じる．この効果は固体の活性化，表面改質や複合化に利用される．［日高 重助］

**メソこう　メソ孔** mesopore

多孔性材料の細孔のなかで直径2～50 nmの範囲の細孔をいう．メソ孔では物質移動が速く，分子量の大きい物質の吸着に適する．細孔としておもにメソ孔をもつ多孔性材料をメソポーラス材料という．MCM, FSMとよばれるメソポーラスシリカやゾルゲル法で作製されるメソポーラスカーボンがよく知られている．(⇒細孔構造, ミクロ孔)　［田門 肇］

**メソさいこう　――細孔** meso pore
⇒メソ孔

**メソポーラスたこうたい　――多孔体** mesoporous materials

細孔直径が1～5 nmの均一なメソ細孔をもつ多孔質物質．壁構造に結晶の規則性がないのがゼオライト*との大きな違いである．Mobil社の開発したMCM-41はシリカ組成の代表的メソ多孔体で，界面活性剤を鋳型分子として合成される．［丹羽 幹］

**メタコール** coal-methanol mixture
⇒石炭スラリー

**メタノールじどうしゃ　――自動車** methanol vehicle

メタノール(メチルアルコール)を燃料にして走る自動車で，従来のディーゼル車と比べると窒素酸化物，粒子状物質などの排出が少ない．ガソリンエンジン，ディーゼルエンジンいずれにも使用できる．
　　　　　　　　　　　　　　　　　［亀山 秀雄］

**メタロセンしょくばい　――触媒** metallocene catalyst

カミンスキー触媒．二つのシクロペンタジエン環とサンドイッチ状に結合した遷移金属触媒．単独で用いても重合に対する活性は低いが，アルキルアルミニウムと水との反応により生成するアルキルアルミノキサンを共触媒として用いると活性の高い配位重合*触媒になる．とくに，メチルアルミノキサンを用いるともっとも触媒活性が大きくなる．メタロセン触媒による重合には従来の配位重合に比べて，重合の活性点が1種類(シングルサイト触媒)のため分子量分布*の狭いポリマーを生成すること，新しい種類の立体規則性*ポリマーが合成できることなどの特徴がある．メタロセンとアルキルアルミノキサンを組み合わせた触媒系は，W. Kaminskyにより発見されたのでこの名をとってよばれることもある．　　　　　　　　　　　　　　　　　［橋本 保］

**メタンはっこうほう　――発酵法** methane fermentation process

嫌気性消化．水中に溶存酸素や硝酸，硫酸などの最終電子受容体が存在しない完全嫌気性の環境下において，生育するメタン発酵細菌の機能を活用し，下水排水中に含まれる有機物を最終的にメタンと二酸化炭素まで分解する生物学的な水処理方法．下水処理場で発生する余剰汚泥の消化処理や高濃度食品排水などへの応用例が多い．活性汚泥法に欠かせないばっ気のための動力コストを必要とせず，メタンガスを燃料として回収できる．処理水質は活性汚泥法*に比べて不十分であり，後処理を必要とする．(⇒嫌気性消化)　　　　　　　　　　　　　　　　　［亀屋 隆志］

**めっき** galvanizing, galvanization, metal plating, plating

　金属，プラスチックなどの表面にほかの金属または合金，化合物などを被覆することをいう．めっきによりさまざまな工業的機能，耐摩耗性，高硬度，潤滑性，肉盛性，型離れ性，低摩耗係数，磁性，高周波特性，低接触抵抗，ヒューズ特性，電磁波しゃへい特性，反射防止性，光選択吸収性，光反射性，耐候性，耐熱性，熱吸収性，熱伝導性，熱反射性，はんだ付性，ボンディング性，多孔性，非粘着性，塗装密着性，耐薬品性，汚染防止，殺菌性，耐刷り性などが得られる．方法としては電気めっき，無電解めっき*，溶融めっき，衝撃めっき，真空めっき，化学蒸着があげられる．　　　　　　　［松方正彦・高田光子］

## めっきん　滅菌　sterilization

　滅菌対象物に存在しているすべての生物を死滅させるか除去すること．すなわち，生物が存在しない状態にする操作をさす．オートクレーブによる湿熱滅菌(蒸気滅菌)，乾熱滅菌，火炎滅菌などの加熱滅菌，沪過滅菌，放射線照射滅菌，エチレンオキサイドガス(EOG)などの化学物質を用いた滅菌などの方法がある．滅菌対象物の耐熱性，残存する化学物質の影響などを考慮して滅菌方法を選択する必要がある．　　　　　　　　　　　　　　　　［高梨 啓和］

## メッシュしき　MESH式　MESH equations

　多段蒸留塔内のプロセス変数(組成，温度，流量，圧力)間の関係を与える式の総称．平衡段モデルに基づく蒸留計算法*の基礎式となる．Mは物質収支式(material balances)，Eは気液平衡関係(equilibria)，Sは組成の総和式(summations)，Hは熱収支式(heat balances)を意味する．原料の成分数 $c$ の場合，1平衡段について，M式が $c$，E式が $c$，S式が2，H式が1，の総数は $2c+3$ となる．
　　　　　　　　　　　　　　　　　　　［森　秀樹］

## メッセンジャーアール・エヌ・エイ　——RNA　messenger RNA (ribonucleic acid), mRNA

　タンパク質の生合成においてアミノ酸配列を直接的にコードするRNA*．DNA*からRNAポリメラーゼによって転写され生産される．真核細菌では，DNAにアミノ酸配列をコードしていないイントロンを含んでおり，DNAから転写された後，スプライシングとよばれる過程を経て，メッセンジャーRNAが生産される．　　　　　　　　　［新海 政重］

## Metzner-Otto ていすう　——定数　Metzner-Otto constant

　撹拌槽の動力線図を描くさい，横軸として撹拌レイノルズ数*を規定する必要があるが，非ニュートン流体とくに擬塑性流体を対象とする場合，レイノルズ数の構成因子である粘度を，槽内を代表させてどのようにとるかが問題となる．ニュートン流体との動力相関から，ある撹拌条件において対応するレイノルズ数を算定し，これより相当する代表粘度を決めることができる．さらに擬塑性を表現する粘度構成方程式(通常二定数べき指数法則モデル)を用いて代表せん断速度が決まる．Metznerは，この代表せん断速度は，翼回転数に比例しており，その比例定数は流体の粘度特性や装置のスケールによらず，装置形状が決まれば，一義的に決定されるとした．この定数をMetzner-Otto定数とよぶ．
　　　　　　　　　　　　　　　　　　［上ノ山 周］

## メディアンけい　——径　median diameter
　⇒中位径

## メラパック　Mellapak

　スルザーパッキング*と同様な構造をもつ薄板製の規則充填物．メラパックは当初液混合用に研究が進められたが，スルザーパッキングの適用が広がるにつれ，金網に代わりよりコストの低いかつ汎用性の高い規則充填物を目的に，Sulzer社(スイス)が開発した(図参照)．薄板の表面は細かな溝つけと小さな孔を設け，濡れ性や液体の広がり性の向上をはかっている．薄板を使うため材質は炭素鋼，ステンレス鋼，特殊金属，ポリプロピレンなど種々の材料の適用が可能である．メラパックの比表面積は $250 \, m^2 \, m^{-3}$，空隙率は $0.99$ である．理論段相当高さはスルザーパッキングよりは大きいが，その値は $0.3 \, m$ 程度である．すでに数多くの常圧，減圧蒸留塔に採用され，塔径が $10 \, m$ を超えるものも実用化されている．　　　　　　　　　　　　　　　　［長浜 邦雄］

メラパッキング

## メルトしょうせき　——晶析　melt crystallization
　⇒融液晶析

**Melle-Boinot ほう ——法** Melle-Boinot method
　発酵後の菌体を遠心分離や沈殿により回収し,リサイクルして用いる半回分培養法*.ブラジルでは,サトウキビ搾り汁や糖蜜を原料としたエタノール発酵プロセスに用いられている.発酵終了した発酵液は,デカンターおよびドラバル型遠心分離器により上澄液と酵母液に分離される.酵母液は酸処理槽に移し,pH 2.5～3.2,3～6時間処理され乳酸菌を主とした雑菌を除き,発酵槽に再び仕込まれる.
〔新海　政重〕

**メンブレンコンタクター**　membrane contactor
　膜接触装置.膜モジュールの一方の流路Ⅰに流体Ⅰを,他方の流路Ⅱに流体Ⅱを流し,膜を介して物質移動を行う装置.流体Ⅰ,Ⅱがガス,液でありガスが吸収される場合は膜吸収,流体Ⅰが水相,Ⅱが油相で両相間で抽出が起こる場合は膜抽出という.放散*にも逆抽出*にも用いることができる.2流体が他方の流路に漏れることなく,かつ物質移動抵抗が小さい膜が用いられる.中空糸膜モジュールのように膜比表面積が大きいモジュールを用いることにより大きな物質移動容量係数が得られ,また2流体が直接接触する装置にみられるローディング*やフラッディング*が起こらないので,2流体の流量を独立に広い範囲で設定できる.
〔寺本　正明〕

**メンブレンバイオリアクター**　membrane bioreactor
　⇒膜型バイオリアクター

**メンブレンリアクター**　membrane reactor
　⇒膜型反応器

**めんほうい　面方位**　orientation
　結晶の表面あるいは結晶の中において面がもつ方位.結晶構造の規則性に基づいて定められる結晶面の面指数(ミラー指数*)が $h, k, l$ であるとき,$(hkl)$ 面と表し,それに等価な面をまとめて $\{hkl\}$ と表す.
〔羽深　等〕

# も

**もうかんきゅういんりょく　毛管吸引力　capillary suction pressure**

毛管力．鉛直な毛細管(半径 $r$)の下端を水面に浸すとき，水の表面張力*で管内に水が吸引される．このときの吸引力のこと．$P_c = \rho g H = 2\sigma\cos\theta/r$ で表され，毛細管径に反比例する．ここで $P_c$ は毛管吸引力，$H$ は毛細管内の水面上昇高さ，$\rho$ は水の密度，$\sigma$ は表面張力，$g$ は重力加速度，$\theta$ は水と管内壁との接触角である．清浄な面では $\theta=0$ である．非親水性*の粒子充填層*や比較的大きい細孔(細孔径 10 nm 以上)を有する多孔質固体*の中の空隙は，種々の形と大きさをもった毛管群と考えられるが，そこでは水は毛管吸引力で保持されている．空隙のほとんどすべてが水で満たされている状態にあるとき，その水を毛管水*という．毛管の脱水は太いものより順次起き，太い毛管はからでも細い毛管が満水状態にあるときの毛管水を索状水*という．さらに脱水が進行して満水の毛管が消滅したのちに残る，粒子接点付近の水と付着水*を合わせて懸垂水*とよぶ．なお，これらの現象は水以外の液体でもみられる．（⇒オスモティクサクション力）　　[今駒　博信]

**もうかんぎょうしゅく　毛管凝縮　capillary condensation**

毛細管内で蒸気がその飽和蒸気圧よりも小さい圧力で凝縮する現象．多孔質の吸着剤(たとえば活性炭)において，吸着質の相対圧が高い領域で吸着量が急激に増加する説明に使われ，1911 年に A. Z. Zsigmondy らによって提言された．毛管凝縮を表すケルビンの式*は，$RT \ln(p/p_s) = -2\sigma M/(\rho r)$ となる．$p$ は曲率半径 $r$ の凹面の液の蒸気圧，$p_s$ は同一温度におけるその液の水平面上の蒸気圧，$\sigma$ は液の表面張力，$M$ は液の分子量，$R$ は気体定数，$T$ は絶対温度，$\rho$ は液体の密度である．ケルビンの式は吸着法による細孔分布の評価に使用される．　　[田門　肇]

**もうかんぎょうしゅくそう　毛管凝縮相　capillary condensation phase**

多孔質の細孔内で蒸気が凝縮して液体となった相のこと．Thomson の法則によると，半径 $r$ の毛管内における蒸気圧* $p$ は，水平面での蒸気圧を $p_s$，界面張力* を $\sigma$，分子量を $M$，密度を $\rho$ とすると $RT \ln(p/p_s) = -2\sigma M/\rho r$ で表され，$p \leq p_s$ となる．凝縮相は，毛管内の凹面でこの Thomson 効果による蒸気圧*の降下により発現する．　　[神吉　達夫]

**もうかんぎょうしゅくながれ　毛管凝縮流れ　capillary condensation flow**

微細な貫通孔をもつ多孔質膜での気体透過において，凝縮性気体や蒸気などが微細孔内に凝縮し液体となって孔を満たし，その液体が圧力差によって移動する透過現象をいう．凝縮性気体と非凝縮性気体の混合系では，孔内に凝縮した液体が栓のはたらきをして非凝縮性気体成分の透過を妨げる結果，凝縮成分が高選択的に透過する．　　[原谷　賢治]

**もうかんすい　毛管水　capillary water**

粒子充填層*や比較的大きい細孔(細孔径 10 nm 以上)を有する多孔質固体*において，空隙のほとんどすべてが水で満たされている状態にあるとき，毛管吸引力*によって内部空隙内に保持される水のこと．　　[今駒　博信]

**もうかんながれ　毛管流れ　capillary flow**

重力場あるいは遠心力場で飽和湿潤粒子層や沪過ケーク層を脱水する場合，粒子層内の間隙に存在する液体が毛管作用を受けながら流出する液流れのこと．通常，脱水の初期には毛管流れが，後期には膜流れ*が支配的となる．　　[中倉　英雄]

**モザイクまく　──膜　mosaic membrane**

陽イオン交換基と陰イオン交換基の両方を有するイオン交換膜．膜を通して陽イオンと陰イオンの同時透過を達成することができる．圧力を駆動力として塩を膜透過させる圧透析に用いられる．
　　[松山　秀人]

**モジュールテスト　module test**

大型装置設計のための工学的データを採取する目的で，対象実装置規模の仮設備(部分)を設けて行う試験．流体分散，伝熱検討などに汎用されたが，シミュレーション技術の発達で最近は重要度が低下している．（⇒テストモジュール）　　[日置　敬]

**モーションレスミキサー　motionless mixer**

⇒スタティックミキサー

**モデルベースじょうたいかんし　──状態監視　model-based process monitoring**

正常時のプロセスあるいは異常時のプロセスのモデルに基づくプロセスの状態監視．プロセスモデルから観測変数の標準値を求め，観測値との差から正常/異常を判定する方法や，推定したモデルパラメーターの値からプロセスの状態を判別する方法が代表的である．プロセスのモデル化が可能であれば，ほかの状態監視手法では管理できない場合でも適用できる場合があり有用であるが，実際には適切なモデルがない場合も多い． 〔山下 善之〕

**モデルよそくせいぎょ** ──**予測制御** model predictive control

MPC．予測制御．1980年代初期にプロセス制御*の分野で提案された制御手法で，1990年代にもっとも産業界で普及したデジタル制御手法である．モデル予測制御は，その名が示すように，制御対象の入出力間の動的な因果関係を表現しうるモデルを直接使い，現時刻より将来の制御量の動きを予測し，その予測される動きができるだけ設計者の希望とする動き(参照軌道という)になるように操作量を決める手法である．オープンループの最適化計算を時々刻々解き直す，準最適化手法の制御アルゴリズムともいわれている．現時刻 $t$ からある回数($M$ 回，これを入力ホライズンという)入力を変化させうるとしたとき，現時刻から将来先にわたる区間(たとえば$[t, t+P]$，予測ホライズンという)で，制御変数がどのような挙動をとるのかを，プロセスの入出力間のモデル(たとえばステップ応答モデル*や時系列モデル*)で予測する．その予測値が目標とする値にできるかぎり近づくように(最適な性能を予測値が示すように)，入力の変化量を最適計算により決める．決めた複数回数の変化量のうち，現時刻にもっとも近い入力の変化量だけをプロセスに加え，制御対象の様子をみる．次の観測時刻で制御量の値を観測し，その値を新たな初期値として予測区間をずらし，改めて最適な入力の値を決める．制御量のサンプル時刻ごとに，制御量の挙動を予測する時間区間をずらして，最適化計算を繰り返していく手法である．これは moving horizon 法あるいは receding horizon 法ともよばれる． 〔大嶋 正裕〕

**モネルメタル** monel metal

モネル合金．Niを67〜70%含有するCuとの固溶体合金の名称．機械的性質と耐食性とに優れることから，タービンブレード，ポンプ，化学プラント，化学工業用容器，機械部品などの幅広い分野で用いられている．(⇒ニッケル基合金) 〔矢ケ﨑 隆義〕

**モノクローナルこうたい** ──**抗体** monoclonal antibody

ただ一つだけの抗原決定基だけに対する抗体．抗原を動物体に免疫感作すると，抗原の各部分に対応したさまざまな抗体の集合体(ポリクローナル抗体)がつくられる．モノクローナル抗体は抗体産生細胞と骨髄腫細胞を細胞融合した細胞群のなかから，抗体を産生しつつ増殖できる細胞(ハイブリドーマ)をクローン化した細胞からつくられる．この抗体は免疫学上の研究だけでなく微量物質の検出，同定，精製，病気の診断，毒素の中和などに用いられる． 〔新海 政重〕

**Monodのしき** ──**の式** Monod equation

J.L. Monod によって提案された比増殖速度 $\mu$ を表す実験式．

$$\mu = \frac{\mu_{max}[S]}{K_s + [S]}$$

ただし，$\mu_{max}$ は比増殖速度の最大値，$K_s$ は飽和定数*，[S]は制限基質濃度である．酵素反応速度を表す Michaelis-Menten の式*と関数形は同じであるが，Monod の式は単なる実験式であって，実験データと合致しない場合も多く報告され，ほかの実験式も種々提案されているが，もっとも簡単な関数形であるのでよく用いられる． 〔新海 政重〕

**モノベッド** monobed

イオン交換装置の一つで混床式またはミックスドベッド*ともいう．陽イオン交換樹脂と陰イオン交換樹脂とを混合充塡して，一つの塔で全イオンを除去できるようにしたもので，水の脱塩でとくに純度のよい水をうることができ，超純水の製造プロセスの最終段階のポリッシャーとして用いられる場合が多い．再生*は逆流*で両樹脂を密度の差を利用して上下相に分離してからおのおの別に再生し，水洗後混合して再び使用に供する．(⇒イオン交換装置) 〔吉田 弘之〕

**モノマー** monomer

単量体．重合によりポリマー*になる低分子物質．ビニル化合物，環式化合物，ジカルボン酸やジアミンのような二官能化合物が代表的な例であり，それぞれに適した重合形式*がある． 〔橋本 保〕

**モノマーはんのうせいひ** ──**反応性比** monomer reactivity ratio

共重合*において，特定の活性種へのモノマー*の成長反応速度定数の比．ターミナルモデル*に従う2成分共重合反応では $r_1 = k_{11}/k_{12}$，$r_2 = k_{22}/k_{21}$ と定義される．ここで，成長反応速度定数 $k$ の添字は最初の添字は活性末端位置にあるモノマー種を，後の添

字は反応するモノマー種を表す．モノマー反応性比は，共重合体組成の平均値・分布などを規定する重要なパラメーターである． [飛田 英孝]

**モノリスがたしょくばい ――型触媒 monolithic catalyst**
多数の微細孔が貫通したセラミックス，あるいは金属製の一体成形構造基材を用いた触媒．大流量のガスにも圧力損失が小さく，耐熱性，機械的強度に優れ，自動車排ガス処理，発電所の排煙脱硝など環境保全用に広く利用されている． [新庄 博文]

**モノリスモジュール monolithic module**
セラミック膜*に特有の膜モジュール*であり，レンコン状に成形された多孔質セラミック成形体．レンコンの中空部分が原料供給のための流路となり，透過流は多孔質セラミック成形体の細孔中を透過し，外周より排出される． [都留 稔了]

**モビリティー mobility**
粘性係数の逆数．流体の流れやすさを表す．SIでは $m\,s\,kg^{-1}$，CGS単位系では $poise^{-1}$ あるいは rhe（レー）で表す．流動度ともいう． [船造 俊孝]

**モビリティーアナライザー mobility analyzer**
電気移動度*の違いを利用して分級する装置．単分散粒子を得るために開発されたが，サブミクロンの多分散エアロゾルの粒度分布を測定するときにも使われる．モビリティーアナライザーは，イオンによる粒子の荷電部，電界中を移動させる分級部，検出部の三つから構成される． [松坂 修二]

**モービルベッド mobile bed**
流動層式吸収器*．流動層式ガス吸収塔*，TTCA（turbulent contact absorber）ともよばれる．（⇒流動層式ガス吸収器） [室山 勝彦]

**モラルハザード moral hazard**
企業の経営倫理が欠如していること．元来は保険用語の道徳的危険（保険をかけることによって被保険者の行動の誘因が変化するリスク）である． [中島 幹]

**モリエせんず ――線図 Mollier diagram**
熱力学線図*の一種．エンタルピーを縦軸に，エントロピーを横軸にとった直角座標に，純物質の蒸気と液体の圧力 $p$，温度 $T$，比体積 $V$ などの値を図示したもので，考案者 R. Mollier にちなんでモリエ線図という．冷凍機のサイクル計算に使用される，実用性のきわめて高い線図である． [横山 千昭]

**モルトンすう ――数 Morton number**
2 相界面をもつ分散相の物性のみからなる無次元数で，$M$ または $Mo$ と記し，$M = g\mu_C^4 \Delta\rho / \rho_C^2 \sigma^3$ で表される．ここで，$\Delta\rho$ は連続相と分散相との密度差 $|\rho_C - \rho_D|$，$\rho_C$ および $\mu_C$ は連続相の密度と粘度，$\sigma$ は界面張力*，$g$ は重力加速度である． [寺坂 宏一]

**モルフォロジー morphology**
⇒結晶形状

**モレキュラーシーブ molecular sieve**
元来は Linde 社の商品名であるが，広く合成ゼオライトの別名として使われ，1価および2価の陽イオンのアルミノケイ酸塩結晶である．結晶の大きさは 1〜4 μm 程度で，ペレットや球形に成形したものおよび粉末が工業的に用いられる．基本骨格，金属の種類と量，シリカ対アルミナ比，などによって 3A, 4A, 5A, 13X, Y 型あるいは高シリカゼオライトなど多くの種類がある．これらは結晶内に均一な多数の空洞を有し，それぞれの空洞は分子の大きさ程度の細い通路でつながっており，その通路を通り抜ける分子のみが空洞に吸着され分子ふるい*作用を示す．たとえば，NaA 型ゼオライトの細孔径は約 4 Å で 4A 型とよばれ，4 Å より小さい分子（$H_2$: 3.04 Å，$O_2$: 3.54 Å，$N_2$: 3.64 Å など）は空洞中に吸着されるが，大きい分子（$H_2H_6$: 4.4 Å，$C_3H_8$: 5.14 Å など）は吸着されない．また，ゼオライトは酸性度の高い酸点をもち，水のように極性物質をとくに選択的に吸着するので，気体の脱湿，液体の脱水などに用いられる． [広瀬 勉]

**モンテカルロほう ――法 Monte Carlo method**
統計に従う多数の粒子が関与する物理現象のシミュレーションや，偏微分方程式の境界値問題などの本来決定論的な数学的問題の処理を，乱数を用いた確率論的手法により行う方法．現在では，理論式がわからない，あるいはわかっていても計算が困難である現象に対する計算機シミュレーションをさすことが多い．個々の粒子に対して乱数を用いて確率的に実際の物理現象を模擬することにより，多数個の粒子からなる系の分布関数や平均物理量などを求めることができる．乱数に伴う統計誤差を無視できるようにするには多大の計算時間を要するが，シミュレーションにおける微視的な物理モデル*を明確にできる長所がある．種々の散乱機構を考慮したボルツマン輸送方程式を解き，半導体素子の動作特性を求めるデバイスシミュレーションなどの実用的な分野や，気相－液相－固相の転移など複雑な現象を理解するための基礎的な分野に加え，金融リスク管理のような経済分野などにも広く応用されている．
[大下 祥雄]

## や

**やきいれ　焼入れ　quenching**

　高温から急冷する熱処理操作*の総称．鋼の焼入れの場合は，鋼材の硬度*や強度を増加することを目的とし，オーステナイト領域*からマルテンサイトとよばれる組織を生じさせる．急冷するのはフェライト，パーライト変態を抑制するためである．焼入れによる硬化の度合いは，合金元素，冷却速度さらには部材の寸法などの影響を受ける．高周波，バーナーなどにより表面のみを高温にして焼入れることにより，表面のみを硬化させるとともに表面部に残留圧縮応力を生じさせ，耐摩耗性や疲れ強さ*の向上を目的とする特殊な焼入れもある．[⇒変態(鋼)]　　　　　　　　　　　　　　　[津田　健]

**やきなまし　焼なまし　annealing**

　適当な温度に加熱し，その温度を保持した後，炉中あるいは灰中などで徐冷する熱処理操作*．金属材料の軟化，被切削性，塑性加工性，内部応力の除去などを主たる目的としたものである．焼きなまし温度が比較的低い場合は，格子欠陥の移動・消滅を生じる回復現象が顕著となり，一方，高温の場合には，ひずみのない新しい結晶粒の集合体を生じる再結晶現象が顕著となる．残留応力除去のための焼なましを，とくにひずみとり焼鈍あるいは応力除去焼なましなどとよんでいる．　　　　　　　　[津田　健]

**やきならし　焼ならし　normalizing**

　鋼における熱処理*の一つで，高温で安定な面心立方構造の固溶体であるオーステナイト組織*となる温度まで加熱した後，空気中で放冷する操作．鋳造品や鍛造品において，高温で粗大化した組織と結晶粒の微細化，均質化をはかり，加工性の改善，被切削性の向上などを目ざしたものである．焼なまし*との違いは，焼ならしのほうが加熱温度が高いこと，冷却速度が若干速いことである．かつて，空気中で放冷された鋼材の組織が現場における標準となったことから，この名称"焼準(なら)し"が残った．
[津田　健]

**やきもどし　焼戻し　tempering**

　鋼における熱処理*の一つで，焼入れた鋼を700℃以下の温度に再加熱する操作．焼入れ*により得られたマルテンサイト組織は硬いがもろく，また炭素などを過飽和に固溶しているため不安定である．そこで再加熱することにより，マルテンサイトから炭化物などを析出させて安定な組織に近づけ，強さと靱性とのバランスをはかったり，残留応力を減少させることを目的としている．200℃付近で行う低温焼戻しと，600〜700℃で行う高温焼戻しがある．これらの中間の特定温度域で焼戻すと，衝撃強さ*が著しく減少する（焼戻し脆性という）ので注意が必要である．ほかの金属材料では時効処理*とよんでいる．　　　　　　　　　　　　　　　　　[津田　健]

**やくひんせんじょう　薬品洗浄　chemical cleaning**

⇒膜洗浄

**ヤングりつ　──率　Young's modulus**

　縦弾性係数．引張または圧縮応力（垂直応力）と引張または圧縮ひずみ（縦ひずみ）の比．（⇒弾性係数）
[新井　和吉]

**ヤンセンのしき　──の式　Janssen's equation**

　H.A. Janssenが1895年に提唱した貯槽内粉体圧の式で，静置時における貯槽内粉粒体の力のつり合い関係式から誘導された静置粉体圧を算定する理論式の一つ．先進各国の粉体貯槽設計基準に多く採用されている著名な式である．図に示すように，貯槽断面積$A$，貯槽内壁面周長$L$，の貯槽にかさ比重$\gamma$

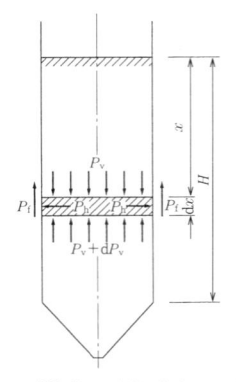

ヤンセンの式[粉体工学会編，"粉体工学用語辞典 第2版"，日刊工業新聞社(2000)，p.355]

の粉粒体を均一に充填した場合を考える．均一にされた自由表面から任意の深さ $x$ で，微小粉体層 $\mathrm{d}x$ の厚さの力の平衡を考えつり合い式をつくり，これに境界条件を入れて微分方程式を解くとヤンセン式とよばれる貯槽内粉体の鉛直圧を示す次式が得られる．

$$P_\mathrm{v} = \frac{\gamma R}{\mu K}\left\{1-\exp\left(-\frac{\mu K}{r}x\right)\right\}$$

また，水平圧の式は次式で示される．

$$P_\mathrm{h} = \frac{\gamma R}{\mu}\left\{1-\exp\left(-\frac{\mu K}{R}x\right)\right\}$$

〔杉田　稔〕

# ゆ

**ゆうえき　融液　melt**
　物質が融点以上の加熱で溶けたもの．制御された冷却固化を行うことによって，バルク体(金属単結晶など)の製造に用いられる．また，薄いすき間への注入や基板への吹付けでは，薄膜が得られる．
　　　　　　　　　　　　　　　　　　　[島田　学]

**ゆうえきアトマイズほう　融液——法　melt-liquid atomaizu method**
　化学組成が調整された化合物や金属などを融解させたあと，噴霧して冷却・固化させると，球状で緻密な粒子が得られる．HIP (hot isostatic pressing)用の金属粉やアルミナ粒子はこの方法で合成されている．
　　　　　　　　　　　　　　　　　[奥山　喜久夫]

**ゆうえきこか　融液固化　melt solidification**
　⇒原料融液固化法

**ゆうえきしょうせき　融液晶析　melt crystallization**
　多くの晶析操作が溶液中に溶けている成分を結晶として析出させるのに対して，有機物系などでは結晶化成分の濃度が高いため，装置形状や操作法が異なることがあり，このような高濃度液(融液)からの晶析を溶液晶析と区別するために用いられる名称．結晶化現象としても伝熱過程が重要であり，また製品の粒径よりも純度が問題となることが多い．
　　　　　　　　　　　　　　　　　　[松岡　正邦]

**ゆうかいせんねつ　融解潜熱　latent heat of fusion**
　単一物質が定温，定圧下で固体から液体に相転移するときに吸収する熱量*．(⇒潜熱) [横山　千昭]

**ゆうかいねつ　融解熱　heat of fusion**
　⇒融解潜熱

**ゆうきイー・エル　有機EL　organic EL (electroluminescence)**
　有機化合物を発光素子とする電界発光．液晶のようにバックライトが不要であるので，薄膜状の素子から薄く軽いディスプレーをつくることができる．発光効率も高く消費電力が小さい．　[松本　光昭]

**ゆうきまく　有機膜　organic membrane**
　有機物質からなる膜の総称．大きく単分子膜と高分子膜に分類できるが，工業的な分離操作ではおもに高分子膜が用いられる．分離機能からは，気体分離膜，有機液体分離膜(パーベーパレーション*膜)，溶質分離膜，イオン交換膜に分類できる．孔の有無により多孔質膜*と非多孔質膜*に，また膜形態から対称膜と非対称膜*に分類できる．さらに，孔径の大きいものから小さいものの順に，精密沪過*膜，限外沪過*膜，ナノ沪過*膜，逆浸透*膜，気体分離膜という分類も可能である．代表的な高分子材料としては，精密沪過膜や限外沪過膜ではポリスルホン，ポリエチレンやポリフッ化ビニリデンが，逆浸透膜ではポリアミドや酢酸セルロースが，気体分離膜ではポリイミドやポリジメチルシロキサンが用いられる．
　　　　　　　　　　　　　　　　　　[松山　秀人]

**ゆうげんさぶんほう　有限差分法　finite difference method**
　偏微分方程式の数値解を得ようとするさいに，離散化方程式に変換する手法の一つ．定差 $\Delta x$ をもつ離散的な変数 $x(=\cdots, i-1, i, i+1, i+2, \cdots)$ に対する関数 $f(x)$ の偏微分 $\partial f/\partial x$ をテイラー展開すると，

$$f_{i+1}=f_i+\left(\frac{\partial f}{\partial x}\right)_i \Delta x+\frac{1}{2}\left(\frac{\partial^2 f}{\partial x^2}\right)_i \Delta x^2+\cdots$$

となり，前進差分は

$$\frac{f_{i+1}-f_i}{\Delta x}=\left(\frac{\partial f}{\partial x}\right)_i+\frac{1}{2}\left(\frac{\partial^2 f}{\partial x^2}\right)_i \Delta x+\cdots$$

となる．このように偏微分方程式の時間微分，空間微分を各偏微分の階数に応じて差分化し，離散変数に対する差分方程式を得る．得られた差分方程式を各格子点に適用すると，適当な境界条件を与えれば解こうとしている空間の格子点の数だけ，差分方程式と独立変数の関係式が得られるので，これを高速のコンピュータによって解くと数値解が得られる．このような偏微分方程式の数値解法*を有限差分法という．
　　　　　　　　　　　　　　　　　　[薄井　洋基]

**ゆうげんたいせきほう　有限体積法　finite volume method**
　FVM．コントロール・ボリューム法．基礎方程式の離散化手法の一つ．解析対象を分割した格子のまわりに基礎方程式を積分した形で離散化する．
　　　　　　　　　　　　　　　　　　[上ノ山　周]

ゆうげんようそほう　有限要素法　finite element method

FEM．基礎方程式の離散化手法*の一つ．解析対象を分割した要素の内部の変数値は，要素の形状によって決まる補間関数により表現される．要素は必ずしも直交格子に刻む必要がないため，物体の境界形状をかなり自由に取り扱うことができる．数学的には，重みつき残差法のなかでのガラーキン法による定式化と解釈することができる．　　［上ノ山　周］

ゆうこうあつさ　有効厚さ（ふく射の）　effective thickness of radiation

半径 $L$ の半球状の気体塊の底面中央部から底面側に半球的に放射されるふく射についての半球放射率 $\varepsilon_H$ は，ふく射放射（気体の）*の項の式で表される放射率 $\varepsilon$ に一致する．実際の気体塊の形状はさまざまであるので，その半球放射率が半球状気体塊の場合と同様に，

$$\varepsilon_H = 1 - \exp(-KL_{eff})$$

の形で表されるようにする工夫がなされた．この式に用いられる気体塊の有効厚さ $L_{eff}$ を気体塊の形状に応じて計算する式が整理されている．
　　　　　　　　　　　　　　　　　　［牧野　俊郎］

ゆうこうエネルギー　有効——　available energy
⇒エクセルギー

ゆうこうかく　有効核　effective nucleus

MSMPR（mixed suspension mixed product removal）晶析装置*で得られる結晶*の粒度分布解析を進める過程で出された概念．たとえば，製品結晶を通常のふるいで粒度解析した場合，ナノサイズレベルの粒子は当然測定にかからない．そのような場合，測定にかからない粒径範囲の実際の結晶粒子とは無関係に，測定可能な製品結晶粒子に見合う仮想の結晶核の数を考えることができる．この仮想の結晶核が有効核である．通常，結晶のポピュレーション密度 $n(L)$ の対数 $\ln n$ 対粒径 $L$ のプロットは，大粒径側では直線となるが，小粒径側では下に凸の曲線となることが多い．有効核のポピュレーション密度 $n(0)$ および有効核発生速度は，大粒径側の直線部分を $L=0$ まで外挿して求めることができる．
　　　　　　　　　　　　　　　　　　［久保田　徳昭］

ゆうこうかくさんけいすう　有効拡散係数　effective diffusion coefficient, effective diffusivity

多孔質固体*の細孔内の拡散*は，空隙率*，孔径，屈曲係数*などに依存するため，通常の気相や液相における拡散係数*をそのまま用いることはできない．これらの細孔構造*を考慮した見掛けの拡散係数を有効拡散係数という．とくにマクロ孔をもつ多孔質固体*では，有効拡散係数 $D_e$ は次式で与えられる．

$$D_e = \frac{\varepsilon}{\mu_d} D = \frac{\varepsilon}{k^2} D$$

ここで，$\varepsilon$ は空隙率*，$\mu_d$ は屈曲係数，$k$ は屈曲度，$D$ は均一系での拡散係数である．なお，気体の拡散で，多孔質固体がメソ孔を有する場合や二元細孔構造を示す場合には，有効拡散係数の定式化には気体の希薄化（不連続性）の効果を考慮する必要がある．
［⇒拡散形態（多孔質固体内の）］　　　［神吉　達夫］

ゆうこうきえきせっしょくめんせき　有効気液接触面積（充塡物）　effective interfacial area

不規則充塡物*を使用するときの物質移動係数を算出するにあたり，気液接触面積として従来恩田の相関を用いていたが，観測値との一致が十分とはいえなかった．そこでBravoらは，よりよい一致を与える新たな相関式（経験式）を提案し，これによる接触面積を有効気液接触面積とよぶことにした．
　　　　　　　　　　　　　　　　　　［宮原　昱中］

ゆうこうきゅうちゃくりつ　有効吸着率　effective adsorption capacity

吸着操作において，吸着質の分離のための吸着と吸着剤の再生のための脱着が繰り返される．サイクルごとに単位質量の吸着剤によって吸着される吸着質の量そのもの，あるいは平衡吸着量との比を有効吸着率という．運転経費の最適化にとって重要な因子である．PSA*やサーマルスイングサイクル*のように，短周期の周期操作ではとくにこの値は小さくなる．
　　　　　　　　　　　　　　　　　　［広瀬　勉］

ゆうこうけい　有効径　effective particle diameter

一般の粒子*は不規則な形状をしているために，さまざまな定義に基づく代表径*によって個々の粒子の大きさを決めることになるが，これらはその関連現象や用途に応じて決定する必要がある．そこで，特定の粒子形状（たとえば球とか立方体）と物理的条件を仮定し，実際の測定量に対して物理学的公式を適用して求めた粒子径を有効径とよび，それぞれの目的に応じて使用される．

その代表的なものは沈降速度球相当径（ストークス径*）である．これは流体中を粒子と同じ速度で沈降する，粒子と同じ密度をもった球形粒子の直径として定義される．沈降法の粒度測定原理から得られる粒子径はこれにあたる．また，レーザー回折・散乱法によって得られる粒径も，粒子と同じ光学的特

性を示す球形粒子の粒子径で,有効径の一種である.
[横山 豊和]

**ゆうこうしごと　有効仕事　available work**
有効エネルギー.カルノーサイクルあるいはランキンサイクルにおいて,温度 $T$ の高熱源から熱量 $Q$ を受けたうち,仕事に変えられる量のこと.温度 $T_0$ の低熱源に捨てなければならない仕事を無効仕事(アネルギー)という.有効仕事は $Q(1-T/T_0)$,無効仕事は $QT_0/T$ で表される.　[船造 俊孝]

**ゆうこうねつでんどうりつ　有効熱伝導率　effective thermal conductivity**
多孔質固体*内の熱伝導*は,固相と空隙の相構造の影響を強く受ける.これらの相構造を考慮した見掛けの熱伝導度*を有効熱伝導率という.固相と空隙相がセルを形成する,とした直列・並列セルモデルに基づく有効熱伝導率が実用上有効である.なお,多孔質固体の細孔内を物質が移動する場合には対流伝熱*が,高温の場合には放射伝熱*が支配的となる.　[神吉 達夫]

**ゆうこうろかめんせき　有効沪過面積　effective filtration area**
非一次元沪過*では,沪過*面となるケーク*表面の面積が沪過の進行とともに変化する.このケーク表面積を有効沪過面積といい,たとえば,円筒沪材の外側から内側へ沪過する外面沪過では,有効沪過面積はしだいに増加し,一次元沪過に比べて沪過速度の減少が抑制できる.　[入谷 英司]

**ゆうせんしょうせき　優先晶析　preferential crystallization**
溶解度差が小さい,あるいはない複数の化合物の混合溶液から目的の化合物を優先的に結晶化させて回収すること.目的化合物の種晶を添加することによって達成できる.そのさい,その他の化合物が析出する前に結晶を回収し,残液についてその他の化合物の過飽和を除去した後,再度目的物質の晶析を行うという操作を繰り返す.ラセミ体の光学分割は典型的な例である.　[大嶋 寛]

**ゆうてん　融点　melting point**
融解温度.固体に熱を加えると,ある温度で融解し始め温度上昇が止まる.固体と液体の2相は平衡にあり,このときの温度を融点という.圧力に依存する.　[栃木 勝己]

**ゆうでんフィルター　誘電——　dust collection**
静電フィルター*の一種で,沪材に外部から電界を印加し,沪材を分極帯電させて粒子を捕集するフィルター.　[大谷 吉生]

**ゆうでんりつ　誘電率　dielectric constant**
媒質の電気的特性の一つで,電気をためておく度合いあるいは電場に置かれた誘電体の分極のしやすさを表す物理量.媒質中で二つの電荷 $q_1$, $q_2$ が互いに $r$ の距離だけ離れているとき,相互に作用する力 $F$ はクーロンの法則から次式で示される.

$$F = \frac{1}{\varepsilon} \times \frac{q_1 q_2}{r^2}$$

この $\varepsilon$ が誘電率である.　[猪股 宏]

**ゆうどうかんばん　遊動管板　floating tube sheet**
⇒多管式熱交換器

**ゆうどうけつごうがたプラズマ　誘導結合型——　inductively coupled plasma**
高周波プラズマ.高周波放電プラズマ.ICP.RFプラズマ.トーチ外に設置された誘導コイルに,数MHzの高周波電流を流すことによって生じる磁場により,誘導的にトーチ内に発生したプラズマ.交流電圧を電極間に印加すると電子やイオンは電極間を単振動するが,周波数が高くなると電子もイオンもプラズマ中にトラップされ電極面に到達できなくなるので $\gamma$ 作用が減少し,電子の生成は $\alpha$ 作用のみとなる.$\gamma$ 作用とはイオンによって二次電子を放出する機構のことであり,$\alpha$ 作用とは衝突電離作用による電子生成機構のことである.このときは放電管内に電極が存在する必要がなくなる.誘導結合型プラズマの電場はプラズマの周囲において強くなる.これは導体に対して振動する外部磁界が作用すると,導体表面には外部磁界をしゃ断する誘導電流が流れ,導体内部に向かって電磁場は指数関数的に減衰するという表皮効果によって説明できる.熱プラズマ*は4 MHz,低圧プラズマでは13.56 MHzの周波数が用いられる場合が多い.　[渡辺 隆行]

**ゆうどうとう　遊動頭　floating head**
⇒多管式熱交換器

**ゆうどげんかいレイノルズすう　裕度限界——数　allowable limit of Reynolds number**
オリフィス流量計*のように,流路を絞ったときの圧力損失*に基づいた流量計のエネルギー損失を補正する流量係数*は,比較的高いレイノルズ数*の範囲では開口比のみに依存する.その範囲の下限が裕度限界レイノルズ数で,開口比によって決定される.　[吉川 史郎]

**ユー・エイチ・ティーほう　UHT法　UHT (sterilization) method**
ultra high temperature(殺菌)法の略.主として液状食品を対象に,熱に不安定なビタミン類の破

壊・変性をできるだけ少なくするため,超高温(120℃以上),超短時間(数秒以下)で行う連続式熱殺菌法.牛乳ではたとえば120〜150℃,0.5〜4秒程度の条件で実施されている.
　　　　　　　　　　　　　　　　[新海 政重]

## ユー・エフまく　UF膜　UF membrane

限外沪過*(ultrafiltration)に用いられる膜.UFはultrafiltrationの略.(⇒限外沪過)　[鍋谷 浩実]

## ユー・シー・エス・ティー　UCST　upper critical solution temperature

上部臨界溶解温度.一般に温度上昇に伴い溶解性が増加し,高温で相溶性*を示す液体混合系では温度の下降とともに液-液相分離*が起こり,相分離温度-濃度曲線が上に凸となる.その曲線の上限の温度のこと.UCSTを示す溶液の混合エントロピー*は正の効果が支配的であり,温度上昇とともに混合ギブス自由エネルギー*が減少し相溶性を示す.一般に高分子溶液では,UCSTとLCST*が対で見出される.
　　　　　　　　　　　　　　　　[佐伯 進]

## ユーじかんあつりょくけい　U字管圧力計　U-tube manometer

流体の圧力差を測定する計測器.測定対象の流体より密度の大きい液を封じたU字形の管内に,両端から流体を導き,封液の高さの差から圧力差を求める.高さの差が$h$[m]のときの差圧$\Delta p$[Pa]は対象流体,封液の密度をそれぞれ$\rho$,$\rho'$[kg m$^{-3}$],重力加速度を$g$[m s$^{-2}$]とすると$\Delta p=(\rho'-\rho)gh$となる.
　　　　　　　　　　　　　　　　[吉川 史郎]

## ゆすいぶんりぎじゅつ　油水分離技術　oil separation technology

油は水より比重が小さいため,浮上分離*によって除去および回収が行える.沈殿分離*と逆の関係であるが,分離の基本形式は沈殿分離による固液分離法に類似している.代表的な油水分離装置は,API(American Petroleum Institute)式,PPI(parallel plate interceptor),CPI(coagulated plate interceptor)式オイルセパレーターである.API式は長方形の水槽の上部に油のかき寄せ機を付け,下部の水を排出できる構造としている.PPI式は,槽内に傾斜板(45°)を多数配置(100 mm間隔)して有効分離面積を大きくしており,傾斜板内で分離された油は傾斜板の裏面を上昇し,捕集フードに集められる.CPI式はPPI式と同じく傾斜板式であるが,波板状の傾斜板を狭い間隔(20〜40 mm間隔)で配置しており,容積あたりの分離面積が大きく効率が高い.PPI式およびCPI式では,通常60 μm以上の油滴が分離できる.
　　　　　　　　　　　　　　　　[木曽 祥秋]

## ゆそうげんしょう　輸送現象　transport phenomena

物質系の状態が場所によって異なるときにこれを平均化しようとして運動量,熱,分子,電荷などが移動する不可逆現象.移動と原因となる状態量の勾配があまり大きくないときは移動の速さはその勾配に比例して,その比例係数を輸送定数という.輸送定数*は運動量輸送の場合は粘度*,熱の移動の場合は熱伝導率*,分子の移動の場合は拡散係数*であり,それぞれの物質に固有のものである.輸送現象を支配する法則は,運動量輸送の場合はニュートンの粘性法則*であり,熱輸送の場合はフーリエの熱伝導の法則*であり,分子の輸送の場合はフィックの拡散法則*である.現実の系では非ニュートン流体*の輸送,乱流*輸送,対流伝熱*など上記の単純な法則に従わない場合も多いが,基本原理は上記の三つの法則に基づいている.移動速度は流動状態や界面状態などに依存するので,移動係数は物性ではない.
　　　　　　　　　　　　　　　　[薄井 洋基]

## ゆそうつうかりつ　輸送通過率　transport passage coefficient

スパッタリング*による薄膜合成において,ガス分子との衝突などで変化する,生成したスパッター粒子の基板への輸送割合を表す値.元素種,圧力,ターゲットと基板間の距離に依存する.
　　　　　　　　　　　　　　　　[島田 学]

## ゆそうていすう　輸送定数　transport constant

輸送現象における輸送の容易さを表す係数.(⇒移動現象)
　　　　　　　　　　　　　　　　[薄井 洋基]

## ゆそうでぐちたかさ　輸送出口高さ　transport disengagement height

TDH.気泡の破裂などによりフリーボード部へ飛び出した粒子の大半は落下して層内に戻るが,終末速度*が空塔速度*以下の小径粒子あるいは小粒子群は気流により搬送され,塔頂より排出される.このように流動化ガスの上向き流れに搬送されるような粒子の輸送形態を飛出し(elutriation)とよぶ.フリーボード部の粒子の上向き質量流量はフリーボードの高さに伴って減少し,一定値に収れんする.このときの粒子の上向きの流量が一定となるフリーボード高さのこと.
　　　　　　　　　　　　　　　　[倉本 浩司]

## ゆそうぶっせい　輸送物性　transport property

粘性係数(粘度),熱伝導率,分子拡散係数のことをいう.運動量移動,熱移動,物質移動における移動量について,なりたつニュートンの式(法則),フーリエの式(法則),フィックの式(法則)のそれぞれ

の比例定数として表される．(⇒移動現象)

[船造 俊孝]

**ユーティリティーげんたんい　——原単位　unit of utilities**

用役原単位．単位量の製品を生産するのに必要なユーティリティーズ*の量．(⇒原単位)

[弓削　耕]

**ユーティリティーズ　utilities**

用役．生産工場でプロセス・プラントに供給される用水，電力，蒸気，燃料，空気，窒素などの補助材料の総称．用役を発生し供給する設備を用役設備*という．

[弓削　耕]

**ユーティリティーズフローダイヤグラム　utilities flow diagram**

UFD．各機器あるいは装置に使用される蒸気，冷却水，純水，空気などユーティリティーと称されるものの流量や温度，圧力条件，相互の関連を図に表したもの．プロセスフローシートとともに詳細設計に進むにあたって基礎的な役割を果たす資料である．(⇒フローシート)

[信江 道生]

**ユニクアックしき　UNIQUAC 式　UNIQUAC (universal quasi-chemical) equation**

1974年 D. S. Abram と J. M. Prausnitz が提案した液相活量係数式．

$$\ln \gamma_i = \ln \gamma_i^C + \ln \gamma_i^R$$

$$\ln \gamma_i^C = \ln \frac{\varphi_i}{x_i} + \frac{Z}{2} q_i \ln \frac{\theta_i}{\varphi_i} + l_i - \frac{\varphi_i}{x_i} \sum_{j=1}^{N} x_j l_j$$

$$\ln \gamma_i^R = q_i \left[ 1 - \ln \left( \sum_{j=1}^{N} \theta_j \tau_{ij} \right) - \sum_{j=1}^{N} \frac{\theta_j \tau_{ij}}{\sum_{k=1}^{N} \theta_k \tau_{kj}} \right]$$

ここで，

$$\varphi_i = \frac{r_i x_i}{\sum_{j=1}^{N} r_j x_j}, \quad \theta_i = \frac{q_i x_i}{\sum_{j=1}^{N} q_j x_j},$$

$$l_i = \frac{Z}{2}(r_i - q_i) - (r_i - 1), \quad Z = 10$$

純成分 $i$ の体積パラメーター $r_i$ と表面積パラメーター $q_i$ は分子構造によるパラメーターであり，ファンデルワールス体積*とファンデルワールス表面積*により計算できる．多成分系の成分 $i$ の活量係数 $\gamma_i$ は構成二成分系定数 $\tau_{ij}, \tau_{ji}$ から推算でき，2液相系にも適用できる特徴をもっている．気液平衡データを用いて，数多くの二成分系定数が決められている．

[栃木 勝己]

**ユニファックしき　UNIFAC 式　UNIFAC (universal functional group activity coefficient) equation**

グループ寄与法による活量係数の推算式の一つ．1979年 Aa. Fredenslund と J. M. Prausnitz が提案した．活量係数の対数値に及ぼすコンビナトリアル項 $\ln \gamma_i^C$ は UNIQUAC 式*と同様に与え(ただし，$\gamma_i$ と $q_i$ はグループ寄与法で求める)，残余項を次式で求める．

$$\ln \gamma_i^R = \sum_k \nu_k^{(i)} (\ln \Gamma_k - \ln \Gamma_k^{(i)})$$

$$\ln \Gamma_k = Q_k \left[ 1 - \ln \left( \sum_m \theta_m \Psi_{mk} \right) - \sum_m \frac{\theta_m \Psi_{km}}{\sum_n \theta_n \Psi_{nm}} \right]$$

ここで，$Q_k$ はグループ $k$ の表面積，$\theta_m$ はグループ $m$ の表面積分率であり，ファンデルワールス表面積*より求められる．したがって，グループ間相互作用パラメーター $\Psi_{mn}$ が既知であれば，活量係数を推算することができる．現在80種以上のグループについてのグループ対パラメーターが決定されており，気液平衡，液液平衡，固液平衡，混合熱などの推算にも用いられている．また，Soave-Redlich-Kwong 式*と組み合わせた PSRK(predictive soave-redlich-kwong)は高圧相平衡推算に広く使われている．コンビナトリアル項とグループ間相互作用パラメーターの温度依存性を修正した修正 UNIFAC も提案されており，気液平衡だけでなく，無限希釈活量係数，混合熱も良好な精度で推算できる式として知られている．

[栃木 勝己]

**ゆりつ　輸率　transport number, transference number**

溶液あるいはイオン交換膜*において，あるイオン種によって運ばれる電荷の割合のこと．溶液では各イオンの相対的な動きやすさを表し，イオン交換膜ではイオンの選択透過性の尺度となる．

[正司 信義]

# よ

**ようイオンこうかんまく　陽——交換膜** cation exchange membrane

　CEM．スルホン酸基やカルボン酸基などの負の官能基を固定電荷として有するイオン交換膜*．負の固定電荷との静電反発により陰イオンを排除し，陽イオンを選択透過する．スチレン-ジビニルベンゼン共重合体やアクリルを用いた炭化水素系と，耐薬品性に優れたフッ素系のイオン交換膜がある．電気透析*や電解*の隔膜として利用される．　　[正司 信義]

**ようえきじゅうごう　溶液重合** solution polymerization

　モノマー*およびポリマー*を溶解する溶媒を加えて，反応系の粘度上昇を緩和した重合法．塊状重合*に比べ，混合，除熱が容易である．反応機構および速度論的取扱いは，溶媒への連鎖移動を考慮すべきことを除いては塊状重合と同じである．塊状重合に比べ反応器効率が低い，溶媒の分離が必要である，といった欠点がある．塊状重合法の技術向上に伴い，製品形態が溶液である場合を除いては，溶液重合を採用している工業プロセスは減りつつある．
　　　　　　　　　　　　　　　　　　　[飛田 英孝]

**ようえきせつび　用役設備** utilities facilities

　生産工場でプロセス・プラントに供給される用水，電力，蒸気，燃料，空気，窒素などの，用役（ユーティリティーズ*）を製造し発生させる設備．
　　　　　　　　　　　　　　　　　　　[弓削　耕]

**ようえきねんしょうほう　溶液燃焼法** solution combustion method

　可燃性溶媒に溶解した金属塩溶液をミストにして高温で燃焼，酸化物や炭化物，金属の粒子を合成する方法．一部蒸発して気化・凝縮により粒子生成も生じる．　　　　　　　　　　　　　　　　[奥山 喜久夫]

**ようかい-かくさんモデル　溶解-拡散——** solution-diffusion model

　膜内の輸送現象に関して，溶質，水とも非多孔質層に溶解し，化学ポテンシャルの差を推進力としてそれぞれが独立して膜中を拡散，移動していくと考えるモデル．したがって，溶解度（分配係数），膜中拡散係数の値が重要な要素となり，その基礎式は以下のように表される．

$$J_v \fallingdotseq J_w = A(\Delta P - \Delta \pi)$$
$$J_s = \frac{D_{AM} K \Delta C}{\delta} = B \Delta C$$

ここで，$\Delta P$，$\Delta \pi$ および $\Delta C$ はそれぞれ膜の両側での機械的圧力差，浸透圧差，濃度差，$J_v$，$J_w$ および $J_s$ はそれぞれ溶液，水，溶質の透過流束を表す．また，$D_{AM}$，$K$ および $\delta$ は，それぞれ溶質の膜内拡散係数，溶質の膜中への分配係数，膜厚を表し，輸送現象を表す係数としては，純水透過係数 $A$ と溶質透過係数 $B$ の二つが用いられる．このモデルにより，各種の塩類の逆浸透データを良好に説明することができた．

　その後，より一般的な膜現象を表現するモデルとして非平衡熱力学モデル*が提案された．非平衡熱力学モデルにおける真の阻止率*$R$ に関する式を $\sigma \fallingdotseq 1$ として展開すると次式になる．

$$R \fallingdotseq \frac{J_v}{(J_v + P/\sigma)}$$

一方，溶解-拡散モデルでは次式となり，

$$R = \frac{J_v}{(J_v + B)}$$

$\sigma \fallingdotseq 1$ の場合は $P$ の値が $B$ の値にほぼ等しくなる．したがって，逆浸透法で高い阻止率を示す無機塩類などのデータ整理に，溶解-拡散モデルを用いることは事実上問題ない．　　　　　　　　　[鍋谷 浩志]

**ようかいそくど　溶解速度（結晶の）** dissolution rate of crystal

　結晶が溶解する速度．結晶が温度と撹拌速度一定条件下で溶解する速度は，溶解度と溶液濃度の差および結晶の全表面積に比例する．また，撹拌速度が小さい場合には，結晶表面近傍の液相における物質移動抵抗*を無視できないため，溶解速度は小さくなる．また，結晶の溶解速度は結晶の構造（結晶多形*）と形状（晶癖*）に依存しており，溶媒と接している結晶の面によっても異なる．　　　　　　　[大嶋　寛]

**ようかいど　溶解度** solubility

　溶質が流体相（液相または気相）に飽和溶解して平衡状態にあるとき，その相中の溶質の濃度を溶解度という．液相に対する気体，液体および固体溶質の溶解のさいに使うことが多いが，高圧気体に対する

溶質の溶解のさいにも使われる．　　　［岩井　芳夫］

**ようかいどきょくせん　溶解度曲線　solubility curve**
　広義には着目物質の溶解度の温度による変化を示す関係曲線をさす．液液系では，完全に溶け合わない三成分系の混合液体が2液相を形成する組成範囲と完全に溶解する組成範囲との境界曲線をいう．これは物質の種類と温度によって変化する．この場合の溶解度曲線は，普通三角線図*上に描かれる．（⇒液液平衡）　　　　　　　　　　　　　［宝沢　光紀］

**ようかいどけいすう　溶解度係数　solubility coefficient**
　吸収係数*．気体の液体に対する溶解度を表す値．　　　　　　　　　　　　　　　　　　　［後藤　繁雄］

**ようかいどパラメーター　溶解度──　solubility parameter**
　分子間相互作用に基づく液体1 molの内部エネルギーを液体のモル体積で割ったものの平方根のこと．J.H. Hildebrandが正則溶液論*ではじめて用いた．一般に$\delta$で表され，次式で計算される．
$$\delta = \left\{\frac{\Delta H_{v,m} - RT}{V_m}\right\}^{0.5}$$
ここで，$\Delta H_{v,m}$は1 molあたりの蒸発熱，$R$は気体定数，$T$は絶対温度，$V_m$は液体のモル体積である．溶解度パラメーターは気液平衡*の推算によく用いられ，溶解度の目安や分子間相互作用の尺度を与えるものとしても重要である．　　　［岩井　芳夫］

**ようかいねつ　溶解熱　heat of solution**
　溶解エンタルピー．温度と圧力一定下で溶質が溶媒中に溶解する過程において発生または吸収される熱量．狭義の意味では固体溶質が液体溶媒に溶解するさいに使われる．通常，発熱の場合は負，吸熱の場合は正で表す．　　　　　　　　［岩井　芳夫］

**ようきかいてんがたこんごうき　容器回転型混合機　rotary vessel**
　容器を回転させることにより内容物を混合する装置．水平円筒型，傾斜円筒型，V型，ダブルコーン型，立方体型，S字型などの多くの種類がある．水平円筒型を除くと，ほとんどが回分式で用いられ，おもに粉体混合に用いられる．対象とされる粉体の大きさは0.1 mm以上であり，粒子密度差が小さい場合に乾式で操作される．構造が簡単であるが，混合性能は粉体物性の影響を受けやすく，操作条件に自由度が少ない．（⇒V型混合機）　　　［高橋　幸司］

**ようきほうそうリサイクルほう　容器包装──法　Law for Promotion of Selective Collection and Recycling of Containers and Packaging**
　正式名称は，"容器包装に係る分別収集及び再商品化の促進等に関する法律"．一般廃棄物として排出される容器包装材のリサイクルシステムを確立するため，1995年6月に制定された法律．家庭は分別排出，市町村は分別収集，事業者はリサイクルという各主体の役割を規定した．ガラス容器，紙製容器，プラスチック容器，PET（ポリエチレンテレフタレート樹脂）ボトルが対象である．　　　［後藤　尚弘］

**ようきょくぼうしょく　陽極防食　anodic protection**
　⇒アノード防食

**ようきんそうさ　溶菌操作　bacteriolysis operation**
　化学的溶菌．細胞を溶解させる操作．分離精製工程*において，細胞の破砕*と並び用いられる細胞内から目的物質を得るための手段．化学薬剤（界面活性剤，アルカリ，有機溶媒），酵素（リゾチーム，ペクチナーゼ，チモリアーゼなど），浸透圧，自己消化に大別される．　　　　　　　　　　　［新海　政重］

**ようしつとうかけいすう　溶質透過係数　solute permeability**
　溶解-拡散モデル*あるいは非平衡熱力学モデル*において膜性能を表す輸送係数の一つ．溶解-拡散モデルにおいては，輸送現象を表す係数として純水透過係数*と溶質透過係数とが用いられる．一方，非平衡熱力学モデルにおいては，純水透過係数，反射係数*および溶質透過係数の三つの係数により輸送現象が表現される．ただし，溶解-拡散モデルと非平衡熱力学モデルとでは，溶質透過係数が意味するものが異なるので注意を要する．　　　［鍋谷　浩志］

**ようしゃほう　溶射法　spraying**
　コーティング材料を加熱により溶融もしくは軟化させ，微粒子状にして加速し，被覆対象物表面に衝突させて，扁平につぶされた粒子を凝固・堆積させることにより被膜を形成するコーティング技術の一種．燃焼ガスを用いるフレーム溶射，高速フレーム溶射，爆発溶射，熱プラズマ*を用いるアーク溶射，プラズマ溶射*などがある．また，溶射材料の形態によって，溶線式，溶棒式，粉末式などに分けられる．　　　　　　　　　　　　　　　　　［渡辺　隆行］

**ようせきげんしょうりつ　容積減少率　volume reduction factor**
　膜分離処理における供給液の初期の容積を処理後の保持液の容積で割った値．濃縮倍率と同意であるが，透過液に注目する場合はこの語を用いることが

好ましい． ［鍋谷 浩志］

**ようせきこうりつ　容積効率　volume efficiency**

同一の生産速度をもつ流通反応装置の容積 $V$ に対する押出し流れ反応器*の容積 $V_P$ の比．流通反応装置の容積は容積流量*と空間時間*との積で与えられるから，容積効率は同一生産速度を与える両装置の空間時間の比 $\tau_P/\tau$ としても表される．ここで，$\tau$ は考えている流通反応装置の，$\tau_P$ は押出し流れ反応器の空間時間である．このように定義された容積効率は100％を超えることもある．　［長本 英俊］

**ようせきはんのうモデル　容積反応——　volume reaction model**

⇒気固反応のモデル

**ようせつつぎてこうりつ　溶接継手効率　weld-joint efficiency**

溶接部の強度と非溶接部の許容応力* $\sigma_a$ との比．溶接継手部分あるいはその近傍では，金属組織の不連続性あるいは残留応力により，周囲の材料に比べて強度が低下しているのが普通である．そこで，圧力容器の設計などでは，$\sigma_a$ と溶接継手効率 $\eta$ の積を溶接部を含む部材の許容応力と定め，その肉厚を決めるよう規定されている．JISによると，溶接継手効率は継手の形式および継手部分に対する放射線透過試験の有無などによって，0.45～1.00 までの値が定められている．　［津田 健］

**ようてい　揚程　head**

液体がポンプから受けるエネルギーをヘッド*の形で表したもの．液体輸送のさい消費される全エネルギーを全揚程といい，全ヘッド差と摩擦損失ヘッドの和で表される．また，液面の高低差すなわち位置ヘッド差のみを実揚程という．ポンプは所定の流量における揚程が，少なくとも輸送に要する全揚程以上であるものを選ばなければならない．ポンプの揚程，全揚程はいずれも流量により変化するが，両者が等しくなる流量において安定に運転される．
［吉川 史郎］

**ようどうかくはん　揺動撹拌　shake mixing**

撹拌翼*を用いず，振とう台を使用して槽内の液を撹拌する方式．揺動方式には円運動，往復運動，8の字運動などがあるが，欧米では円運動が主流である．多くの場合，いくつもの三角フラスコを振とう台に設置し，微生物のスクリーニングや培養に用いられている．　［加藤 禎人］

**ようばいこうか　溶媒効果　solvent effect**

化学平衡，化学反応の機構や速度，スペクトルの位置や強度などに溶媒が及ぼす効果．溶液中で溶媒効果があることが，気相に比較して平衡や反応機構・速度などの状況を複雑にし，溶液相の定量的な取扱いを困難にさせている．媒体が化学種の活量*を変化させることで化学平衡の位置が移動したり，また遷移状態にも同じ作用が及ぶことから化学反応の速度に溶媒の効果が現れる．紫外・可視や赤外の吸収スペクトルに対しても光の吸収前後の分子種の状態に対して溶媒による安定化の効果が異なるため，シフトあるいは強度の変化などが現れる．

溶媒の性質には誘電率*のようなマクロに測定できる量がその尺度とされることもあるが，よりミクロに溶質，溶媒分子の間の相互作用を考察することも行われている．平衡や反応速度への溶媒効果の尺度としては，特定の化学種の吸収スペクトルの波長変化などの分光学的尺度が用いられたりする．たとえば溶媒の電子供与性を示す尺度として，ピリジニウム塩の遷移エネルギーを利用した $E_T$ 値などが知られている．

化学反応においては，溶媒は分子種の拡散の速さを変えて反応の律速過程を変化させることもある．また，分子がラジカルに解裂するとき，溶媒には，そのラジカルが相互に拡散して離れていくことを防ぐかご効果とよばれる溶媒効果も存在する．さらに，遷移状態近傍での分子内エネルギー緩和などに溶媒との相互作用が現れることもあり，これはクラマーの反転(Kramer's turn-over)という概念のなかで取り扱われている．　［幸田 清一郎］

**ようばいじょうはつほう　溶媒蒸発法　solvent evaporation method**

溶液を加熱することで溶媒を蒸発させて成膜する方法．加熱により，脱溶媒のほかに，膜の結晶化，基板との界面形成と密着性の向上などの現象が同時に起こる．また，基板も加熱されてしまうために，基板と膜間の化学反応による化合物の生成，内部ひずみの発生などが付随して起こる．　［奥山 喜久夫］

**ようばいちゅうしゅつ　溶媒抽出　solvent extraction**

抽出*．溶媒への溶解度の差を利用した物質分離法．　［宝沢 光紀］

**ようばいばいかいてんい　溶媒媒介転移　solvent-mediated transformation**

一つの溶液から複数の結晶多形が析出するとき，先に析出した準安定あるいは不安定結晶*がほかのより安定な結晶多形の析出に伴って溶解し，ついにはすべての結晶が後で析出した結晶多形に置き換わる現象．たとえば，2種の多形結晶，α形とβ形が析

出し，前者が溶解度の大きい準安定結晶で後者が溶解度の小さい安定結晶であるとする．まず析出するのは，溶解度が大きい α 形結晶であることが多い．α 形結晶の析出によって溶液濃度が α 形結晶の溶解度にまで減少すれば，α 形結晶の析出は止まる．しかし，溶解度が小さい β 形結晶にとっては依然として過飽和状態にあるため，α 形結晶と β 形結晶の溶解度差を推進力にして β 形の結晶核が発生する．β 形結晶の析出とともに溶液濃度が減少し始めると，α 形結晶にとっては未飽和状態となるため α 形結晶の溶解が始まる．頻繁に観測されるように β 形結晶の成長速度が α 形結晶の溶解速度よりも小さいと，溶液濃度は α 形結晶の溶解度に保たれる．さらに β 形結晶の析出は続き，溶解する α 形結晶がなくなると溶液濃度は下がり，β 形結晶の溶解度に落ち着く．α 形の析出が止まるまでに β 形の結晶核が発生する場合もある．このようにして，最初に析出した α 形結晶すべてが β 形結晶に変わる（転移する）．溶媒媒介転移は 3 種類以上の多形間でも進行する．また，準安定結晶（上の例では α 形結晶）を取得したい場合は，転移を抑制するために溶媒媒介転移の制御が必要である．　　　　　　　　　　　　［大嶋　寛］

**ようゆうえんふしょく　溶融塩腐食　molten salt hot corrosion**

溶融塩によって生じる腐食．高温環境で使われている材料は，安定な酸化皮膜が保護皮膜としてはたらき，耐高温酸化性を示す．一般にはこれらの酸化皮膜は 1 000℃ 以上の融点をもっているが，$V_2O_5$，$MoO_3$，PbO などの低融点酸化物が共存すると材料表面で Na 塩や金属酸化物と共晶塩をつくり，場合によっては 500℃ 以下の融点をもつ低融点化合物が生成し，材料表面で激しい腐食が起こる．（⇒バナジウムアタック）　　　　　　　　　　　　［山本 勝美］

**ようゆうスラグ　溶融——　molten slag**

固体燃料の燃焼過程から排出される主灰あるいは飛灰を高温処理して溶融させ冷却した物質のこと．この溶融スラグの一部は，路盤材，建設資材などに利用されている．　　　　　　　　　　　　［成瀬 一郎］

**ようゆうそんしょう　溶融焼損　burn-out**

⇒膜沸騰

**ようゆうたんさんえんがたねんりょうでんち　溶融炭酸塩形燃料電池　molten carbonate fuel cell**

MCFC．870 K 程度で溶融するリチウム，ナトリウムなどの炭酸塩を電解質とする高温型の燃料電池*．システム構造上，大規模発電に向く．高温排熱の利用による外部・内部改質が可能となること，燃料として一酸化炭素をも利用できることを特徴とする．　　　　　　　　　　　　［中川 紳好］

**ようりょうけいすう　容量係数　volumetric coefficient, capacity coefficient**

装置の単位体積あたり，単位推進力* あたり，単位時間あたりの移動量を容量係数と総称する．物質移動のときを物質移動容量係数* とよび，熱移動のときを伝熱容量係数あるいは熱移動容量係数とよぶ．　　　　　　　　　　　　［後藤 繁雄］

**ようりょうけつごうがたプラズマ　容量結合型——　capacitively coupled plasma**

RF 放電* プラズマの一種．典型的には気体中に設置した 1 組の平行平板電極に高周波を印加することにより発生させる．大面積化が容易なことから工業的プラズマ CVD* に多用されている．真空槽外部に電極を設けた外部電極式の容量結合型プラズマもある．コンデンサー構造であることから容量結合型とよばれ，コイルを用いる誘導結合型プラズマ* と区別されるが，誘導結合型の装置でも外部電極とプラズマの間は本質的には容量結合である．　　　　　　　　　　　　［河瀬 元明］

**ようりょうこうか　容量効果　capacitance effect**

流動層反応装置において，粒子細孔内への液の吸蔵またはペーパーの吸着* により生じる効果．重質油の流動層熱分解プロセスにおいて，多孔質粒子を用いることで，液状の原料油を毛管力によって粒子内に保持することができ，流動化状態の維持と液相分解反応の両立が可能となった．また，2〜50 nm 程度の細孔（メソポア）が示す毛管凝縮* により保持液相の反応を制御することができる．容量効果はタール分や揮発成分のトラップ効果も示す．　　　　　　　　　　　　［筒井 俊雄］

**よくせいざい　抑制剤　inhibitor**

反応系への添加によって反応速度を低下させる物質．負触媒，阻害剤ともいう．塩素と水素の反応に対して少量の酸素や臭素は抑制剤として作用する．鉄触媒アンモニア分解反応における水素の作用は強い吸着* に基づく触媒の活性* 低下によって説明される．　　　　　　　　　　　　［大島 義人］

**よこがたこんれんしきかくはんき　横型混練式攪拌機　horizontal type kneader**

高粘性液用攪拌機の一種であり，一軸攪拌式，二軸攪拌式，二軸混練式の順に対象とする粘度領域は高くなる．二軸混練式では 10 000 Pa s の粘度までがその対象範囲となる．図に装置の外形を示す．高粘性液を対象とするため，翼相互の動きによるせん断

効果，押出し流れ性，容器内壁への液付着をなくすセルフクリーニング効果などが考慮される．

[上ノ山 周]

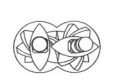

(a) KRC ニーダー（栗本鉄工）
(b) N・SCR（三菱重工）
(c) 高滞留高せん断型重合機（日立製作）

横型混練式撹拌機[便覧，改六，図7・35]

**よこだんせいけいすう　横弾性係数　modulus of transverse elasticity**

せん断弾性係数*．剛性率*．せん断応力* とせん断ひずみの比．(⇒弾性係数)　　　　[新井 和吉]

**よこんごうねんしょう　予混合燃焼　premixed burning**

⇒燃焼反応

**よじょうおでいしょりぎじゅつ　余剰汚泥処理技術　technology of excess sludge treatment**

生物学的排水処理において生成が不可避な余剰汚泥を処理する技術．これによって排水処理が完結する．余剰汚泥処理では，メタン発酵による減量化を行うこともあるが，まず中間処理として濃縮および脱水によって減容化する．濃縮には重力濃縮が広く用いられ，脱水の多くは機械式(フィルタープレス，ベルトプレス，多重円盤脱水機，遠心脱水機など)で行われる．中間処理された汚泥は，直接埋立て処分や農地利用，また焼却処理してから埋立て処分される．　　　　[木曽 祥秋]

**よしんかんり　与信管理　credit control**

企業がその取引先に代金の支払い猶予(手形支払に代表される延払いなど)を認めることを与信という．一般に与信管理とは，取引先ごとに金額の限度を設けてその範囲内で受取債権の確実な回収をはかる業務．　　　　[中島 幹]

**よそくホライズン　予測―― prediction horizon**

⇒モデル予測制御，ダイナミックマトリックスコントロール

**よねつせん　与熱線　heat supply line**

加熱線．熱交換状態を $T$-$Q$ 線図* に表したとき，与熱流体(加熱流体)の温度変化を表す線を与熱線という．このとき入口温度は高い温度側に，出口温度は低い温度側に位置する．比熱が温度変化にかかわらず一定とみなせるときは直線になる．多成分系で相変化が起こる場合は曲線になる．　[仲 勇治]

**よねつりゅうたい　与熱流体　heat supply fluid**

加熱流体．熱交換器における高温側の流体をいう．
　　　　[仲 勇治]

**よんシーしょうせきそうち　4C晶析装置　4C crystallizer**

continuous-counter-current-column 晶析装置の略称．連続式向流(接触)塔型晶析装置で，いくつかの撹拌槽と一つの塔で構成されていて，それぞれの間は液体サイクロンで結ばれており，結晶粒子は最端の槽から塔へ向かって運ばれ，逆に液は塔から槽に向かって移動する．原料は槽の一つに供給され，結晶粒子群は塔に近いほうの槽へ運ばれ，母液は逆の方向の槽へ移動する．全体として固液間で向流接触となっている．塔の部分では高い充填密度の結晶粒子群が，おもに発汗と洗浄作用によって精製され，製品は液体として取り出される．　[松岡 正邦]

**よんじゅうてん　四重点　quadruple point**

4種類の相が平衡状態で共存する温度と圧力の点．2成分以上の混合物で現れる．(⇒三重点)．
　　　　[滝嶌 繁樹]

# ら

**ライザー** riser
⇒循環流動層

**ライスターらのほうほう ——らの方法** Lyster's method
蒸留塔*の段数を与えて塔内組成分布を計算する方法．本法は，シール-ゲデス法*において逐次段計算*に必要な留出液*組成と缶出液*組成の仮定値の修正を $\theta$ 法*を用いて収束性を高めている．(⇒蒸留計算法) ［森 秀樹］

**ライデンフロストげんしょう ——現象** Leidenfrost phenomenon
赤熱した鉄板上に少量の水を落とすと，水はばらばらになり，水滴となって鉄板上をころがり鉄板面を濡らさない現象が起こる．これをライデンフロスト現象といい，J.G. Leidenfrost (1756) により報告された．この現象は水滴が膜沸騰*を起こしている状態である．時間がたち水滴によって鉄板温度が下がると，水滴は鉄板面を濡らし，水滴内に気泡が成長して核沸騰となる．水滴が表面を濡らし始める限界温度をライデンフロスト点とよぶ． ［深井 潤］

**ライニング** lining
コーティング*．金属やコンクリートなどの構造材の防食などのために，ほかの材料で被覆すること．ライニングとコーティングとは明確な定義はなく，一般に被覆の厚さが 0.5 mm 以上のものをライニング，以下をコーティングと称しているが，フレークライニング*のようにしゃ断効果が高い，あるいは耐食性の高い材料の場合には，より薄い場合にもライニングという場合がある．被覆に使用される材料には金属材料，有機材料［プラスチックライニング*，FRP（繊維強化プラスチック）ライニング，ゴムライニング*など］，無機材料（グラスライニングなど）など種々の材料が用いられる． ［久保内 昌敏］

**ライフサイエンス** life science
⇒生命科学

**ラインウェーバー-バークプロット** Lineweaver-Burk plot
Michaelis-Menten の式*は次式のように変形される．

$$\frac{1}{v_0} = \frac{K_m}{V_{max}[S]} + \frac{1}{V_{max}}$$

式から $1/v_0$ を $1/[S]$ に対してプロットすると Michaelis-Menten 型の反応は直線を与え，直線の $1/[S]$ 軸の切片から $1/K_m$，$1/v_0$ 軸の切片から $1/V_{max}$ を容易に得ることができる．このような $1/v_0$ 対 $1/[S]$ のプロットをラインウェーバー-バークプロットまたは二重逆数プロットといい，酵素反応の反応機構を検討するうえに有効である． ［新海 政重］

**ラインミキサー** in-line mixer
管路撹拌に使用する撹拌機．スタティックミキサー*とダイナミックミキサーに分類される．スタティックミキサーにおいては静止ユニットが管内に挿入され混合液体はポンプにより注入される．高粘度液の混合においては流体塊を切って折り畳む機構で混合が達成されるため，混合エレメントの増加に伴い混合度がどの程度増加するのかを容易に知ることができる．近似的には混合は流速や流体特性には依存しない．気液や液液（不均一）分散の場合には通常乱流域で操作され，上記の機構は保たれず，気泡や液滴の分裂はせん断により行われる．微細な固体粒子の分散物，エマルション，安定な泡などの連続的な製造のためにはダイナミックミキサーが用いられる．これは小容量のシェルとよばれる容器の中に高速で回転する回転子が設置されており，原料はポンプにより連続的に注入される．液体はシェルの中に短時間滞留する間に高回転で高せん断力の撹拌を受ける．(⇒スタティックミキサー，パイプラインミキサー，管路撹拌機) ［高橋 幸司］

**ラウールのほうそく ——の法則** Raoult's law
理想溶液では，気相中の成分 $i$ の分圧 $p_i$ は，同一温度での純成分 $i$ の飽和蒸気圧 $p_i^{sat}$ と液相組成 $x_i$ との積に等しい．

$$py_i = p_i^{sat} x_i$$

これをラウールの法則といい，純成分の飽和蒸気圧データより気液平衡を推算できる．この関係より相対揮発度 $\alpha = p_1^{sat}/p_2^{sat}$ を用いて整理した次式は，蒸留計算で使われている．

$$y_1 = \frac{\alpha x_1}{1+(\alpha-1)x_1}$$

［栃木 勝己］

## ラグランジアンがたモデル ──型── (流動層シミュレーション) Lagrangian model

離散粒子モデル．個々の粒子運動を追跡する数値解析モデル．ラグランジアン型モデルは粒子間相互作用により，さらに柔軟粒子モデル(soft particle model)と剛体粒子モデル(hard particle model)に分類される．柔軟粒子モデルを用いる計算法の代表例は離散要素法*であり，非流動化状態を含む濃厚層内の粒子運動を表現することができる．粒子濃度の比較的小さな衝突支配流動では，剛体粒子モデルを用いることができる． [田中 敏嗣]

## ラグーンほう ──法 lagoon system

酸化池法．素掘りのため池において，自然発生する細菌や藻類などによって排水を浄化する方法で，ラグーンは酸化池または安定化池ともいわれる．ラグーンは好気性と嫌気性に大別されるが，とくに好気性のラグーンを酸化池ということもある．酸化池では水深を浅くし，BOD*容積負荷を低くする(長い水理学的滞留時間)必要があるため，広い面積を要するが，施設が安価であり，省エネルギー的かつ維持管理が容易なことが特徴である． [木曽 祥秋]

## ラジカルじゅうごう ──重合 radical polymerization

連鎖重合*の一つであり，成長しているポリマー*鎖の末端(成長末端)がラジカル種である重合．おもにビニル化合物について起こる．通常，熱や光によってラジカルを発生する物質が重合の開始剤に用いられる．イオン重合*と異なり重合の溶媒に水が使用できるので，乳化重合*や懸濁重合*が可能である．近年，成長末端ラジカルどうしで起こる停止反応を抑制することにより，リビング重合*に似た挙動を示す制御されたラジカル重合も可能になった． [橋本 保]

## ラジカルはんのう ──反応 radical reaction

ラジカルの関与する反応．不対電子をもつ化学種をラジカル，遊離基あるいはフリーラジカル(free radical)とよび，これの関与する反応を一般にラジカル反応という．イオンの関与するイオン反応*と対比される反応形式である．不対電子と同時に正や負の電荷をもつラジカルイオン類もラジカルの一種ではあるが，通常，ラジカル反応とは中性のラジカルの関与する反応をさす．

分子は熱や光などの作用で解裂するとき，不対電子をもつラジカルどうしに解裂する場合と，正負のイオンに解裂する場合がある．極性の強い溶媒中ではイオン的に解裂するのに対して，気相や非極性溶媒中ではラジカルに解裂してラジカル反応を引き起こすことが多い．ラジカルどうしの再結合や不均化反応，ラジカルによるほかの化学種からの水素原子引抜反応などが，典型的なラジカルの関係する素反応*の例である．ラジカル反応はイオン反応に比べて溶媒効果*が相対的に小さいという特徴もある．また，ラジカル再結合反応はほとんど活性化エネルギー*を必要としない場合が多い． [幸田 清一郎]

## ラシヒリング Raschig ring

充填塔用充填物*の一種，F. Raschigの特許(1914年ドイツおよび英国)による直径と高さが等しい中空用筒状の充填物であり，気液間や液液間の物質移動や熱移動を行わせる装置内の接触面積を増加させるために用いる．磁製が主として用いられるが，金属，カーボン，プラスチックなど，大きさは25 mm，50 mm，75 mmがよく用いられる．大きなものは積み上げられる(規則充填)こともあるが，ほとんどの場合，水など液を張った塔内に落下させる不規則充填*である．形状が簡単なため安価であるが，充填高さあたりの効率は低い(HETP*が大きい)．しかし，簡単に取り出して洗浄できるなど，付着物のある液に対して用いることができる特徴がある． [寺本正明・宮原昷中]

ラシヒリング[便覧，改三，図7·15]

## Rushton よく ──翼 Rushton impeller

円板の周囲に6枚の長方形の羽根板を垂直に取り付けた平羽根ディスクタービン翼*の形状をもつ撹拌翼であり，図のように，とくに翼径$d$に対して羽根長さ$L$を$L=d/4$，羽根幅$b$を$b=d/5$とした翼をRushton翼という．ボス部に直接多数の長方形羽根板を取り付けたパドル系タービン翼とほぼ同様の効果をもち，平羽根ディスクタービン翼とほぼ同等の性能を示す．とくにこれらの寸法比は，円板により流体の上下軸方向からの吸込み割合と，半径方向への吐出性能*およびせん断性能のバランスをよく発揮して，ほかの翼と比べてきわめて均一な放射状流れのフローパターンを生成する．一般には槽径$D$に対して翼径$d$は$0.3~0.5D$としたものを，槽底から$0.5~1.5d$の高さに設置し，中速回転から高速回転で邪魔板*を併用して使用することが多い．

低粘度から中粘度にかけての比較的せん断作用を必要とする撹拌操作において，小型サイズで高効率が得られることから幅広く使用されるとともに，とくに相対的に動力の変動が少ないことや，ディスクのはたらきによる気体などの十分な保持性能，羽根背面に生じたキャビティー*を効果的に破壊分裂させる分散性能に優れることから，気液系分散における気体の微細化や，液液撹拌*における液滴の微細化に多く使用される． 　　　　　　　　　　[塩原 克己]

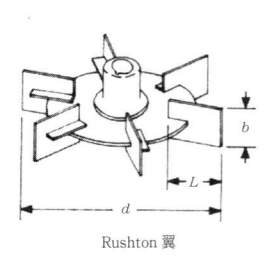

Rushton 翼

**らせんせいちょう ——成長 spiral growth**
⇒ BCF 理論

**らっきゅうねんどけい 落球粘度計 falling-ball viscometer**
流体中を落下する固体球の終末速度*に基づいて粘度を測定する計測器．レイノルズ数*が 0.4 以下となる条件で，球を落下させたときの終末速度 $u_t$ [m s$^{-1}$]と粘度* $\mu$[Pa s]の関係はストークス則により次式で表される．

$$\mu = \frac{gD_p^2(\rho_p - \rho)}{18u_t}$$

ここで，$D_p$[m]，$\rho$，$\rho_p$[kg m$^{-3}$]，$g$[m s$^{-2}$]はそれぞれ球の直径，流体，球の密度，重力加速度である．
　　　　　　　　　　[吉川 史郎]

**ラフィネート raffinate**
原料から抽質*を抽出*した後の残渣．液液抽出*の場合は抽残液*と訳し，固体抽出の場合は抽残物*といっている．　　　　　　　　　　[宝沢 光紀]

**ラプラスへんかん ——変換 Laplace transformation**
$t>0$ で定義される関数 $f(t)$ に対して，複素数 $s$ を用いて次式で定義される積分が存在するとき，

$$F(s) \equiv \int_0^\infty f(t)e^{-st}dt$$

関数 $F(s)$ を $f(t)$ のラプラス変換といい，$L\{f(t)\}$ などと表す．ラプラス変換の性質のなかでもっとも有用なものは，次に示す微分のラプラス変換である．

$$L\left\{\frac{df}{dt}\right\} = sF(s) - f(0)$$

これにより，常微分方程式が $s$ の代数方程式に変換されるため，システムの動的挙動の解析に有用であり，伝達関数*の導出にも用いられている．
　　　　　　　　　　[橋本 芳宏]

**ランキンサイクル Rankine cycle**
蒸気原動機の標準サイクルとなるもので，最大効率を与えるカルノーサイクル*に近づけるために W. J. M. Rankine により考案された．二つの断熱過程と二つの定圧過程によりなり，温度-エントロピー線図で示すと図のようになる．まず，飽和水はポンプにより断熱圧縮され，圧力 $p_2$ より $p_1$ になる（$a \to b$）．次に圧力 $p_1$ の水はボイラーで加熱され，圧力 $p_1$ 一定のまま飽和状態を経て過熱水蒸気となる（$b \to c \to d \to e$）．水蒸気はタービン中で断熱膨張して湿り蒸気となる（$e \to f$）と同時に仕事をなす．最後に湿り蒸気は復水器で冷却され，サイクルが完結する（$f \to a$）．ポンプによる圧縮仕事を無視すると，ランキンサイクルの効率 $\eta$ は次式で近似される．

$$\eta = 1 - \frac{H_f - H_b}{H_e - H_b}$$

ここで，$H_f$ などは図中各点におけるエンタルピーである．効率はタービンに入る蒸気と復水器内の状態により左右される．一般に $p_2$ を低くし，$T_e$ を高くすることによって効率を向上させることができる．効率向上のためには再熱，再生サイクルがある．
　　　　　　　　　　[荒井康彦・桜井誠]

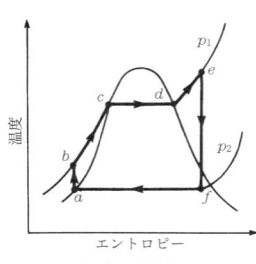

ランキンサイクル

**ランキンていすう ——定数 Rankine coefficient**
粉体圧係数．ランキンの土圧理論における垂直圧力と水平圧力の比を表す係数．無限に広がった水平な地表面下の深さ $z$ における垂直土圧 $p$ は土のか

さ密度を $\gamma$ とすると, $p=\gamma z$ で表される. 塑性平衡状態にあるこの点に作用する水平土圧 $q$ は, 主動状態, 受動状態に対してそれぞれ $q=K_a\gamma z$, $q=K_p\gamma z$ で与えられる. ここで, $\phi_1$ を土の内部摩擦角とすると, $K_a$ と $K_p$ は, それぞれ次式で与えられ, ランキン係数とよばれる.

$$K_a=\frac{1-\sin\phi_1}{1+\sin\phi_1}$$

$$K_p=\frac{1}{K_a}$$

この係数は粉体圧の予測に用いられることがある.
[日高 重助]

**ランキンのくみあわせうず ──の組合せ渦**
Rankine's combined vortex

旋回流* などの回転流における周方向流速の分布形を表すために用いられるもっとも代表的な渦のモデルである. 中心軸近傍の強制渦と, その外側を取り巻いて回転する自由渦* とを組み合わせた渦の基本的な流動状態を表している.
[黒田 千秋]

**ラングミュアきゅうちゃくしき ──吸着式**
Langmuir adsorptio isotherm

温度一定のもとでの平衡吸着量 $q$ と吸着質の平衡濃度(または分圧)$C$ との関係を

$$q=\frac{abC}{(1+bC)}$$

で表した式のこと. 空の活性点への単分子層吸着速度と被吸着分子の脱離速度の動的平衡により導かれた. $a$ は飽和吸着量, $b$ はラングミュア平衡定数とよばれ, 吸着剤と吸着質の組合せで決まる.
[広瀬 勉]

**ラングミュア-ヒンシェルウッドきこう ──機構**
Langmuir-Hinshelwood mechanism

固体触媒の表面反応を説明する反応機構の一つ. 気相や液相の分子が触媒表面へいったん吸着* し, 吸着分子間で反応が進行するとする機構. C.N. Hinshelwood が反応種の表面濃度にラングミュア吸着式* を適用することによって多くの固体触媒反応を説明したので, ラングミュア-ヒンシェルウッド機構(L-H 機構)とよばれる. 反応速度式* の誘導が簡単であり, 多くの実験事実を説明することができるため, 固体触媒反応の速度論的扱いに広く採用されている. 律速段階が吸着, 表面反応, 脱離* のいずれの過程にあるかに依存して速度式の取扱いが分けて論じられるが, いずれの場合も律速段階以外の過程には平衡を仮定することで反応速度式が誘導される. このうち表面反応が律速段階になっている場合は, 速度式中に表れる吸着と脱離の各速度定数の比を吸着平衡定数として表現することが多い. 最近では, 以上の三つの過程が同程度の寄与をするとして速度式が導かれているが, 式が複雑化する欠点がある.
[大島 義人]

**ラングミュア-ヒンシェルウッドしき ──式**
Langmuir-Hinshelwood's equation
⇒ラングミュア-シェルウッド機構

**ラングミュア-ブロジェットほう ──法** Langmuir-Blodgett technique

親水基, 疎水基を併せもつ分子の多層膜(LB 膜という)を作製する方法. 揮発性溶媒に溶かした目的分子を水面に展開し, 水面で単分子膜を自己形成させたあと, 基板上に付着させる. たとえば, 親水性基板の場合, 基板を事前に水中に浸し, 単分子膜を水面に形成させたあと, 基板を水面に対して垂直に引き上げ, 基板上に成膜分子の親水基が付着した単分子膜が形成される. この操作を繰り返すことで多層の分子膜(累積膜)が形成される.
[山口 由岐夫]

**ランダムじゅうてん ──充填** random packing

粉体充填層内のどの部分においても同じ粒子構造がみられず, 充填状態をユニットセルの集合状態と考えることができない充填状態をいう. 大きな球形粒子の充填を除いて, 一般の粉体の充填はランダム充填である.
[日高 重助]

**Ranz-Marshall しき ──式** Ranz-Marshall's equation

流体の定常流れ中に置かれた単一球形粒子からの熱移動に関する実験相関式. 粒子レイノルズ数* $Re_p$ が $17<Re_p<70\,000$ の場合に適用でき, 次式で表される.

$$Nu_p=2+0.6Pr^{1/3}Re_p^{1/2}$$

ここで, $Nu_p$ はヌッセルト数*, $Pr$ はプラントル数* である. アナロジーにより物質物質移動についても, $0.6<Pr<400$ の適用範囲において, 次式が導かれた.

$$Sh_p=2+0.6Sc^{1/3}Re_p^{1/2}Nu_p$$

ここで, $Sh_p$ はシャーウッド数*, $Sc$ はシュミット数* である.
[寺坂 宏一]

**らんりゅう 乱流** turbulent flow

速度, 圧力などの物理量が, 時間的, 空間的に, ある平均値のまわりにランダムな変動をする流れ. 流体の各部が, 流動方向の左右上下だけでなく, 流動方向の前後でも入りまじるために生じる. 流体の流れには層流* と, ここにいう乱流の二つの際立って異なる流動状態があり, 同一の境界面を有する流

れでもレイノルズ数\*がある限界値を超えると，流体の一部または大部分は層流から乱流に移行する．これを乱流遷移といい，このときのレイノルズ数を臨界レイノルズ数\*ということもある．

　乱流は，乱れの発生に基づいて，流れの中に固体壁が存在することによって発生あるいは影響される壁乱流と，固体壁に影響されない自由乱流の二つに分類される．また，そのランダム性に基づいて，時間的あるいは空間的に明確な一定の周期のもとに規則的に変動する擬乱流(カルマンの渦列\*を生じている物体の後流など)と，時間的，空間的にまったく不規則に変動する一般的な乱流の二つに分類される．さらに，乱流の研究を推進させるために考えられた理想的な乱流として，種々の乱流統計量が空間位置が異なっても変化しない(すなわち座標軸を平行移動しても変化しない)一様性乱流と，種々の統計量が座標軸を回転しても反転しても変化しない等方性乱流と，種々の統計量が座標軸を平行移動しても回転しても反転しても変化しない一様等方性乱流が考えられている．

　乱流のランダムな運動による拡散現象は，同じく不規則変動である分子運動による拡散現象よりその規模がはるかに大きい．乱れによる運動量の拡散により，流体層間には粘性による応力より大きなレイノルズ応力\*とよばれる応力が現れる．これは速度の時間的平均値に対する変動分を $u_i'$ または $u_j'$ ($i, j = 1, 2, 3$) とすれば，変動速度の積の時間的平均値と流体の密度 $\rho$ との積 $-\rho \overline{u_i' u_j'}$ で表される．

　一般に乱流はさまざまな大きさの渦から構成され，各渦の乱流エネルギーに寄与する割合を表すエネルギースペクトル分布\*により乱流場の構造が理解される． 　　　　　　　　　　　　　　　[小川　浩平]

**らんりゅうおうりょく　乱流応力　turbulent shear stress**

　レイノルズ応力\*．乱流\*になったことにより新たに現れる粘性応力より大きな応力．乱れによる運動量の拡散によって生じ，速度の時間的平均値に対する変動分を $u_i'$ または $u_j'$ ($i, j = 1, 2, 3$) とすれば，変動速度の積の時間的平均値と流体の密度 $\rho$ との積 $-\rho \overline{u_i' u_j'}$ で表される． 　　　　　　[小川　浩平]

**らんりゅうかくさん　乱流拡散　turbulent diffusion**

　乱流\*中には種々の波数および波長にわたる渦運動が重畳されているが，これらの不規則運動によって熱・物質・運動量などが流体中に速やかに拡散\*していく現象を乱流拡散という．乱流拡散量は流体粒子のもつ平均値からのずれ(変動速度 $u'$，変動温度 $T'$，変動濃度 $c_A'$ など)と流体粒子の変位との積によって表される．変位は変動速度に比例するので，乱流拡散量は流束の形として，運動量輸送の場合 $-\rho \overline{u' v'}$ などで，熱・物質輸送の場合は $-\rho c_P \overline{T' v'}$，$-\overline{c_A v'}$ などで表現される．ここで，$\rho$，$c_P$ はそれぞれ密度と比熱である．一般に乱流中においては乱流拡散量が分子拡散量よりも大きく，乱流拡散量の見積りが乱流輸送量の算出の精度を左右するので重要である． 　　　　　　　　　　　　　　　[薄井　洋基]

**らんりゅうかくさんけいすう　乱流拡散係数(熱および物質移動の)　turbulent diffusion coefficient**

　渦拡散係数．乱流\*の運動量，熱および物質輸送量は変動流速と変動輸送量(変動速度，変動温度，変動濃度)の積を平均化して得られる．この乱流輸送量が層流\*の場合と同じく平均の速度勾配，温度勾配，濃度勾配に比例すると仮定してその比例定数を乱流拡散係数と定義する．(⇒乱流拡散，渦動粘性率) 　　　　　　　　　　　　　　　[薄井　洋基]

**らんりゅうきょうかいそう　乱流境界層　turbulent boundary layer**

　乱流\*となっている境界層\*であり，その底部(壁面に接する部分)には境膜\*(粘性底層)が存在する．一様な流れの中に置かれた平板上では，その上流には層流境界層が形成され，下流にいくに従って発達し，境界層厚さの増加とともに乱れが発生し，乱流境界層に変化する． 　　　　　[黒田　千秋]

**らんりゅうぎょうしゅう　乱流凝集　turbulent coagulation**

　乱流中の浮遊粒子が，粒子間の相対速度により衝突・接触して起こる凝集．乱流凝集には，乱流中の空間的に不均一な速度分布によって生じる局所的速度勾配で粒子間に相対速度の分布ができ，これが原因となった凝集，さらに乱流速度の時間的変動に対する粒子の追従性がそれぞれの粒子の慣性力によって異なるために粒子間に相対速度の分布ができ，これが原因となった凝集の二つの機構がある．それぞれの機構に対して凝集速度関数が得られている．(⇒凝集速度関数) 　　　　　　　　　　[増田　弘昭]

**らんりゅうきょうど　乱流強度　turbulent intensity**

　時間的，空間的にある平均値のまわりにランダムな変動をする，乱流場の速度や圧力などの物理量を平均分と変動分に分けたときの，変動分の2乗平均平方根を平均分で除した値．たとえば速度の時間的平均値 $\bar{u}$ に対する変動分を $u'$ とすれば，$\sqrt{\overline{u'^2}}/\bar{u}$

で表される. ［小川 浩平］

**らんりゅうさんいつ　乱流散逸　turbulent dissipation**

　乱流中には種々のスケールの渦運動が重畳されているが，外部より加えられたエネルギーはおもに大きいスケールの乱流渦の生成に使われ，その後乱流エネルギーは小さいスケールの渦に伝搬されていく．小さいスケールの渦は高い波数の運動を行っており，熱への散逸が大きくなる．それぞれの乱流場に固有の微小スケール渦が存在し，そのスケールの渦でおもに乱流エネルギーの熱への散逸が生じる現象を乱流散逸という． ［薄井 洋基］

**らんりゅうシュミットすう　乱流——数　turbulent Schmidt number**

　物質移動における乱流拡散係数*とその流れ場における運動量輸送の乱流拡散係数*の比．乱流プラントル数も同様にその流れ場における熱の乱流拡散係数と運動量輸送の乱流拡散係数の比として定義される．乱流拡散係数は乱流場の関数となるので，乱流プラントル数は層流伝熱に関するプラントル数のような物性定数ではない． ［薄井 洋基］

**らんりゅうそくどぶんぷ　乱流速度分布　turbulent velocity distribution**

　円管内の乱流速度分布は，層流の放物状速度分布に比べて，壁のごく近くでは急激に変化するが，管中心部での変化はゆるやかである．L. Prandtl は，平滑管*の管摩擦係数*に関する実験式と粘性底層の仮定から，次の1/7乗則速度分布式を提案している．

$$\frac{u}{u_{\max}} = \left(\frac{y}{R}\right)^{1/7} \quad (y = R - r)$$

ここで，$u_{\max}$ は管中心の速度，$R$ は管半径，$r$ は半径位置である．また，L. Prandtl は，混合距離*が壁からの距離に比例することを仮定して，次の対数速度分布式を提案している．

$$u = u_{\max} + 2.5 u^* \ln\left(\frac{y}{R}\right) \quad (y = R - r)$$

ここで，$u^*$ は摩擦速度*である．この結果は，T. von Karman が混合による変動が力学的相似条件に従うとして導いた式と同じになる．

　1932年 L. Prandtl は無次元数 $y^+ = \rho u^* y / \mu$ と，無次元速度 $u^+ = u/u^*$ の関係によって表す対数法則*を導いた．実験結果と対照して比例定数を定めると以下の速度分布式が得られる．

$$u^+ = y^+ \quad y^+ < 5\,(粘性底層*)$$
$$u^+ = -3.05 + 5.0 \ln y^+ \quad 5 < y^+ < 30$$
$$u^+ = 5.5 + 2.5 \ln y^+ \quad y^+ > 30$$

［小川 浩平］

**らんりゅうどうねんど　乱流動粘度　turbulent viscosity, eddy viscosity**

　乱れによる運動量の拡散によって生じる乱流応力（レイノルズ応力ともいう）と平均せん断速度を結び付ける係数で動粘度の次元をもつ．J. Boussinesq は速度の時間的平均値 $\bar{u}_i$ または $\bar{u}_j (j = 1, 2, 3)$ に対する変動分を $u_i'$ または $u_j' (i, j = 1, 2, 3)$ とすれば，レイノルズ応力は変動速度の積の時間的平均値と密度の積 $-\rho \overline{u_i' u_j'}$ で，平均せん断速度は $(\partial \bar{u}_i / \partial x_j + \partial \bar{u}_j / \partial x_i)$ で表されることから，乱流動粘度 $\varepsilon_{ij}$ を

$$-\rho \overline{u_i u_j} = \rho \varepsilon_{ij} \left(\frac{\bar{u}_i}{x_j} + \frac{\bar{u}_j}{x_i}\right)$$

と定義した．この場合には，$\rho \varepsilon_{ij}$ が乱流粘度となる．
［小川 浩平］

**らんりゅうねんしょう　乱流燃焼　turbulent combustion**

　燃焼現象の大部分は気相中で生じるが，反応帯を通過する流れの状態によって燃焼特性は大きく異なる．流れが乱流の場合の燃焼は乱流燃焼とよばれる．乱流燃焼場の熱や化学種などの移動現象は分子運動による輸送過程に加え，乱れの速度変動による流体の渦運動によっても行われ，それらの輸送速度は著しく増大する．形成される火炎はしわ状となる．

［西村 龍夫］

**らんりゅうねんど　乱流粘度　turbulent viscosity**
⇒乱流動粘度

**らんりゅうのすうちシミュレーション　乱流の数値——　numerical simulation of turbulent flow**

　乱流場の流動を数値解析する手法には，乱流モデル*を使用しないものと，するものとに大別される．乱流モデルを使用しないものは，直接シミュレーション*(DNS)とよばれる．DNS では，時間変動項も加えた Navier-Stokes 方程式(N-S 方程式)を何の仮定も設けずに離散化して数値的に解く．しかし，原理的には分割格子の大きさをコルモゴロフの渦スケール程度に刻む必要があり，計算負荷はきわめて重くなる．一方，乱流モデルには，N-S 方程式*を空間的に平均する格子平均モデル*(LES)と時間的に平均するものとに大別される．時間平均モデルには，応力方程式モデル*，代数方程式モデル*，2値方程式モデル($k$-$\varepsilon$ モデル*)などがあり，この順に取扱いは簡便なものとなる．すべて N-S 方程式を時間平均した式に現れるレイノルズ応力*をいかに計算するかが最大の問題となる．$k$-$\varepsilon$ モデルは，等方性乱流

場に現象を簡易化したモデルであり，使用実績はもっとも高い． [上ノ山 周]

**らんりゅうモデル　乱流── turbulent flow model**

⇒乱流の数値シミュレーション

**らんりゅうりゅうそく　乱流流束 turbulent flux**

層流*の場合，運動量流束はニュートンの粘性法則*で記述されるが，乱流の場合は変動流速によって乱流拡散*の項で説明されたように運動量が輸送される．乱流拡散*によって単位時間・単位面積あたりに輸送される量を，乱流流束と定義する．
[薄井 洋基]

**らんりゅうりゅうどうかじょうたい　乱流流動化状態　turbulent fluidization**

気泡流動層*の状態からガス流速を増加させると，層内の圧力変動が大きくなってくる．圧力変動が最大になるガス流速を乱流遷移開始速度 $u_c$，変動が減少して一定値になった点を乱流遷移完了速度 $u_k$ と表す．乱流流動化状態になると気泡*の合体と分裂が激しく生じるようになる．先行する気泡に次々と後続する気泡が合体すると考えられるため，平均的には細長い空隙として認識できる．気泡内には多数の粒子が存在し，時間的にも気泡界面が激しく変化するため，明確な気泡として認識することは難しい．空隙は多量の粒子を含み粒子相との粒子濃度差が小さくなる．ガスの移動もより激しくなり，気体と固体の接触は良好である． [幡野 博之]

# り

**リアクティブプロセッシング** reactive processing

　成形加工用の押出機のなかで重合反応,改質反応,ポリマーアロイ*化を混合と同時に行うこと.その特色は,① 小型連続プロセスである,② 設備費が比較的少ない,③ 基本的に溶媒を使用しない低公害・省エネルギープロセスである,④ 各種原料・製品に対応できるプロセスである,⑤ 造粒・成形加工などのプロセスが不要である.二軸スクリュー押出機*を最初に連続重合反応装置として使用したのは,ポリウレタンの付加重合*である.その後,さらにポリエーテルイミドやポリエステルの縮合重合*に使用されるようになった.設計上留意しなければならないのは,触媒や薬剤なの微量精密添加,反応温度制御,未反応モノマー回収,押出機で危険物を取り扱う安全仕様,工程サンプリングなどである.
[浅野 健治]

**リアーゼ** lyase

　脱離酵素.基質からある基を取り去り二重結合を残す反応と,逆に二重結合にある基を付加する反応とを触媒する酵素の総称.脱炭酸酵素(decarboxylase),アルデヒドリアーゼ(aldehyde-lyase),オキソ酸リアーゼ(oxo-acid-lyase),ヒドロリアーゼ(hydro-lyase),糖リアーゼ(polysaccharide-lyase)などがある.トリプトファナーゼ,アスパラギン酸デカルボキシラーゼ,チロシンフェノールリアーゼ,アスパラギンアンモニアリアーゼ(アスパルターゼ)などはアミノ酸製造に用いられる.
[新海 政重]

**リアルタイムさいてきか** ──最適化── real time optimization

　RTO.対象とする系全体の情報および系全体のモデルを用いて最適な目標状態をオンラインで計算し,系がその最適状態に遷移するようリアルタイムで制御する手法.化学プラント全体の最適運転などに導入されている.一般に,系からのデータの収集,定常状態の確認,データの妥当性検証,データの整合化,厳密モデルによる最適運転条件導出,制御系への設定値伝達と制御,という手順を一定時間ごとに繰り返し行うことにより実現される.
[長谷部 伸治]

**リアルタイムデータしゅうしゅう・しょりシステム** ──収集・処理── real time data acquisition system

　プロセス監視・制御に必要な流量,圧力,レベル,温度などのセンサー情報をリアルタイムに取り込むためのシステム.代表的なものとして,古くは制御盤に組み込まれたアナログもしくはディジタルの指示計/調節計がある.昨今は,DCS*の制御用コントローラーの一つの機能として組み込まれている.アナログ入力/出力,ディジタル入力/出力などの種類ごとにカードとして実装され,サンプル周期,フィルタリング処理などの変換機能は,ソフトウェアによってカードに組み込まれている.
[福田 祐介]

**りえきりつ　利益率** rate of return

　投下した資本金に対する年間利益額の割合.利益率の大小は投下資本の効率の大小を示し,またこれから投下しようとする資本に対する推定利益率の大小は,資本投下の可否の大小を示す.過去の成績を示す利益率には,

$$資本金利益率 = \left(\frac{純利益}{資本金}\right) \times 100 \quad [\%]$$

$$使用総資本利益率 = \left(\frac{純利益}{使用総資本}\right) \times 100 \quad [\%]$$

$$売上高利益率 = \left(\frac{純利益}{売上高}\right) \times 100 \quad [\%]$$

などがある.
[松本 英之]

**リガーゼ** ligase

　合成酵素.異なる分子どうしを結合させて新しい分子をつくったり,結合している分子を切り離すはたらきをもつ酵素の総称.C−C,C−O,C−N結合などを生成する.反応のさいに,ATP*またはそのほかのヌクレオチド三リン酸のピロリン酸結合を加水分解する反応を共役してはたらく.DNAリガーゼ,アミノアシルtRNA合成酵素,アシルCoAシンテターゼ,カルボキシラーゼ群などがある.
[新海 政重]

**りきがくてきせいしつ　力学的性質(粒子の)** mechanical characteristics of particle

　粒子*の力学的性質は,粒子集合体である粉体の

力学特性に大きな影響を与える．粒子の力学的性質としては，粒子自身の力学的強度と粒子特性により決まる相互作用力とがある．単一粒子の力学的強度は，粉砕に関連して強度とその評価法，破壊エネルギーが調べられている．粒子間相互作用力としてはファンデルワールス力*，液架橋付着力や静電気力が重要で，粒子の形態的特性と表面特性に依存する．

[日高 重助]

**りきがくてきそうじ　力学的相似　dynamic similarity**

二つの幾何学的に相似な装置において，相互に対応する局所位置における力学的バランスが同一となるとき，二つの装置は力学的相似にあるという．自由表面をもつ撹拌槽では，両槽にはたらく重力は同じであることから，寸法の異なる二つの撹拌槽の間にこの相似性は成立しない．

[平岡 節郎]

**Lee-Kesler しき　――式　Lee-Kesler's equation**

K. Pitzer の偏心因子をパラメーターとした $Z$ 線図を良好に再現するために提出された状態方程式．圧縮因子を用いて，次式のように表される．

$$Z(T_r, v_r, \omega) = Z^{(0)}(T_r, v_r, \omega=0)$$
$$+ \frac{\omega}{\omega^{(r)}}\{Z^{(r)}(T_r, v_r, \omega^{(r)})$$
$$- Z^{(0)}(T_r, v_r, \omega=0)\}$$

ここで，上付き (0) は基準流体で Ar，メタンなど球形分子に相当し，(r) は参照流体で $n$-オクタンが選定され，$\omega^{(r)}$ は 0.3978 である．なお，各項の $Z$ の算出には 12 定数の BWR 型状態方程式がそれぞれ使用されるため，合計で 24 定数の状態方程式となる．ただし，物質の臨界定数と偏心係数だけが必要とされる．

[猪股 宏]

**リサイクル　recycle**

化学プロセスでいえば未反応物質を原料系に戻し反応させる仕組みや，環境循環系でいえば廃棄物から有価物を利用する仕組みなど，未利用な有価物をすでに通ってきた経路の適当な場所に戻すことをリサイクルといい，その構造をリサイクル構造 (recycling structure) という．このとき，リサイクル経路には不純物が蓄積することから，パージラインが組み込まれる．

使用済みプラスチックをリサイクルする方法を分類すると次のとおりである．① 機械的に粉砕しその粉砕物をそのままバージンレジンに混ぜて再利用するマテリアルリサイクル．② ポリスチレンや最近ポリスチレンテレフタレートで実施されているプラスチックを，熱あるいは加水分解によりモノマーまで分解して再度重合に使用するケミカルリサイクル*．最近注目を浴びている製鉄用溶鉱炉の還元剤であるコークス代替として粉砕ペレットが利用されているが，これは還元剤の代替として使用されるためケミカルリサイクルに分類されてる．③ 熱分解により主鎖を切断して短分子量化して燃料油として使用するフューエルリサイクル* に分類される．ケミカルリサイクルとフューエルリサイクルは，原料に戻すという意味でフィードストックリサイクルとよばれることもある．

[浅野健治・仲勇治]

**リサイクルはんのうき　――反応器　recycle reactor**

流通反応装置の一つで，反応器から出る流体の一部を入口に循環して供給反応流体と混合し，反応器に供給する操作ができる反応装置．反応器として管型反応器を用いたものを通常リサイクル反応器とよんでいる．ほかに，反応器出口に分離器を付け，未反応物を分離して循環する型式の反応装置や槽型の微生物反応器などで微生物を分離して循環する型式の反応装置もある．

[長本 英俊]

**リサイクルほう　――法　Law for Promotion of Effective Utilization of Resources**

資源有効利用促進法．1991 年再生資源利用促進法が施行され，リサイクルの法的枠組みが示され，紙，ガラス容器などの分別収集が開始された．2001 年循環型社会形成推進基本法の施行によりリサイクルのほかに，リデュース，リユースを加えて抜本的に改正された資源有効利用促進法が 2001 年に施行された．

[服部 道夫]

**りさんかしゅほう　離散化手法　methods of discretization**

コンピュータを用いて流動や応力など解析を行うには，解析対象を分割し，計算する点を決めることにより，基礎方程式を離散的に取り扱う必要がある．この離散化する手続を離散化手法とよぶ．具体的には，差分法*，有限体積法*，有限要素法* などがある．

[上ノ山 周]

**りさんようそほう　離散要素法　distinct element method**

粒子要素法．個別要素法．粒子集合体からなる物質の挙動を構成粒子個々の運動に基づいてシミュレーションする方法．離散要素法 (粒子法) シミュレーションとしては，分子動力学法あるいは粉体工学で用いられる個別要素法あるいは粒子要素法がよく知られている．離散要素法は，粉体工学で用いられる個別要素法あるいは粒子要素法をさす場合が多く，

固体粒子集合体である粉体の流れのシミュレーションに用いられる．計算機の進歩と並列計算法などアルゴリズムの改良により，シミュレーションの規模が大きくなり，粉体流動の微視的解析に有用である．
[日高 重助]

**リースきき ——機器 lease instrument**
固定資産設備などの使用権を一定期間にわたり利用者に移転された機器．固定資産設備の所有者つまりリース会社をレッサー(lessor)といい，リース料(使用料)を支払って使用する使用者をレッシー(lessee)という．
[松本 英之]

**リスク risk**
特定の危険事象の起きやすさ(機器故障確率)とその過酷度(故障時の影響度)の積として定義された危険性の尺度．これに関連して，安全は，"許容不能なリスクがないこと"と定義される．
[西谷 紘一]

**リスクアセスメント risk assessment**
化学プラントを対象にしたとき，安全性評価*と同義で使用される場合もあるが，一般には化学物質のさまざまな危険性の程度を評価すること．すなわち，毒性など化学物質固有の危険性と取扱い中に摂取する可能性による人への影響，化学プラントなどからの排出物に含まれるときの環境への影響，化学物質の爆発や火災による設備，人あるいは環境への影響などを評価して適切な安全対策を講じる．
[柘植 義文]

**リスクマネジメント risk management**
危機管理．RM．リスクを認識・予防・対処する経営管理手法．災害への対処だけでは不十分であり，自然災害，取引先の倒産，爆発，不祥事などの企業の存続にかかわる重大危機の可能性に対し，経営者の判断・決意のもと第一に発生を予知し阻止する仕組み，第二に発生したときに被害を極小化する仕組みが必要である．
[服部 道夫]

**りそうきたい 理想気体 ideal gas**
完全気体．すべての条件下で，次式で表される状態方程式*を満足する気体のこと．

$$pV_m = RT$$

ここで，$p$ は圧力，$V_m$ はモル体積，$R$ は気体定数，$T$ は絶対温度である．分子に大きさがなく，分子間相互作用がない場合に理想気体となる．実在気体*でも高温，低圧(低密度)では分子間距離が十分長くなるため分子の大きさや相互作用が無視できるようになり，理想気体に近づく．多くの気体は常温・常圧付近では理想気体と近似できる場合が多いが，有機酸は低圧でも二量体をつくりやすいので，常温・常圧でも理想気体から偏倚する．
[岩井 芳夫]

**りそうだん 理想段 ideal stage, ideal plate**
⇒理論段

**りそうてきながれ 理想的流れ ideal flow**
理想的流動状態を示す流系装置内の流れ．押出し流れ*と完全混合流れ*の二つの両極限状態がある．これと対照的な流れが不完全混合流れである．(⇒不完全混合流れ)
[霜垣 幸浩]

**りそうようえき 理想溶液 ideal solution**
溶液を構成する分子の大きさが同じで，各分子間の分子間ポテンシャルの大きさも同じである溶液のこと．対称基準系*の活量係数*はすべての濃度領域で1となり，活量はモル分率で与えられる．また，混合に伴う体積変化はなく，発熱や吸熱もない．また，内部エネルギー変化もない．混合に伴うエントロピー*変化は理想混合のエントロピー変化となる．構造異性体の混合溶液が理想溶液に近い．
[岩井 芳夫]

**りそうようえききゅうちゃくせつ 理想溶液吸着説 ideal solution adsorption theory**
ISA理論*．吸着相を理想溶液とみなして，単一成分に関する吸着等温線から表面圧を求めて吸着相組成を評価する理論．1965年にA.L. MyersとJ.M. Prausnitzが気相吸着に対して提案した．1972年にC.J. RadkeとJ.M. Prausnitzが水溶液から溶質の活性炭への吸着に拡張した．炭化水素混合物の気相吸着や希薄溶液からの吸着に適用性が高く，二成分系あるいは三成分系の吸着平衡*を，単成分吸着等温線から予測する方法を提供する理論として広く用いられている．
[田門 肇]

**りそうりゅうたい 理想流体 ideal fluid**
完全流体．粘性のない流体のこと．粘性に基づく運動量移動を伴わず，オイラーの運動方程式*に従う．
[吉川 史郎]

**リーチング leaching**
⇒浸出

**りっそくだんかい 律速段階 rate determining step, rate limiting step, rate controlling step**
律速過程．連続する過程でなりたっている場合に全体の速度を律する過程．複合反応*，あるいは反応と物質移動*過程が関係するような速度過程においては，全体としての機構は素反応*や素過程が直列的につながっているものとみなせる場合が多い．全体としての速度が実質的にどれか一つの素反応，あるいは素過程によって決定されてしまっているとき，その律速段階は，全体としての速度を決定する

意味で重要である．たとえば，固体触媒表面の反応において，表面までの拡散による物質移動過程と表面反応が直列的につながっていて，いずれか一方が律速段階になっているとき，これを拡散律速，反応律速というように称する．律速段階よりも時間的に先立つ素反応や素過程では，ほぼ平衡がなりたっているとみなすことができる． ［幸田 清一郎］

**りっそくだんかいきんじ　律速段階近似　rate determining step approximation**

複合反応\*，あるいは反応と物質移動過程が関係するような速度過程において，律速段階\*を仮定して全体としての速度を求めるための近似的な取扱い．たとえば，

$$A \rightleftharpoons B \longrightarrow 生成物$$

で表せる複合反応において，B から生成物を生じる素反応\*（速度定数を $k$ とする）が律速段階であると近似できる場合には，A と B の間ではほぼ平衡（平衡定数を $K$ とする）がなりたっていて，全体としての生成物の生成速度定数は $kK$ となる．
［幸田 清一郎］

**りったいきそくせい　立体規則性　stereoregularity, tacticity**

ビニル化合物（CH=CH-R）を付加重合\*すると，生成したポリマー\*の主鎖の基本繰返し単位［-CH$_2$-C\*H(R)-］の中に不斉炭素原子を生じる（\*を付けた炭素）．このようなポリマーではその繰返し単位の並び方によって立体構造が変わる．主鎖中の不斉炭素が同一の立体配置で並んでいる構造をアイソタクチック，不斉炭素の立体配置が交互に配列している構造をシンジオタクチック，ランダムに並んでいる構造をアタクチックとよぶ．アイソタクチックやシンジオタクチック構造のように，立体構造に規則性があるポリマーを立体規則性ポリマーという．　　　　　　　　　　　　　　　［橋本　保］

**りったいしょうがいアミン　立体障害——　sterically hindered amine**

アミノ基が第三級炭素に結合している第一級アミン［例，2-amino-2-methyl-1-propanol, $(CH_3)_2C(NH_2)CH_2OH$］，またはアミノ基が少なくとも1個の第二級または第三級炭素と結合している第二級アミン［例，2-(isopropylamino) ethanol, $(CH_3)_2CHNHC_2H_4OH$］を立体障害アミンとよび，$CO_2$, $H_2S$ の吸収剤として用いられる．アミン 1 mol あたりの $CO_2$ 吸収量が多く，また吸収液の再生エネルギーが低いなどの特徴を有する．　　　［寺本 正明］

**リッティンガーのほうそく　——の法則　Rittinger's law**

リッティンガーの法則は，"粉砕に要する仕事量 $W$ は，新しく生成した表面積に比例する"とした粉砕仕事法則の一つで，次式で表される．
$$W = C(S_p - S_t) = C'(x_p^{-1} - x_f^{-1})$$
ここで，$S$ は比表面積，$x$ は比表面積径で，添え字 f, p はそれぞれ粉砕前後を表す．$C$ は砕料によって決まる係数であり，単位表面積を生成するのに必要なエネルギー，すなわち破砕表面エネルギーとよばれる．この係数の逆数をリッティンガー数と称し，砕料の粉砕性を表す指標の一つである．粉砕前後で変化しているものは，新しい表面が生成したことであり，粉砕プロセスのエネルギー収支を表面積と関連づけるのは有効である．この法則が成立するのは粉砕初期であり，微粉砕領域では成立しなくなる．
［齋藤 文良］

**リップルトレー　ripple tray**

3~9 mm の孔をあけた多孔板を 6~25 mm の波の深さの波板とし，波のピッチ 37~50 mm にプレス成形したトレー．開口比は 15~30%，下降管がないので液は谷部の孔から下に落ち，蒸気は山部の孔から上に抜け気泡を生成する．気液の流れの偏りを防ぐため，トレーは 1 段ごとの波の方向が直角になるようセットされている．　　　　　　　　　　［鈴木　功］

**リディールきこう　——機構　Rideal mechanism**

Rideal-Eley 機構．固体触媒の表面反応を説明する反応機構の一つ．ラングミュア-ヒンシェルウッド機構\*が反応が吸着分子間で起こると考えるのに対し，リディール機構は触媒表面に化学吸着\*している成分と，気相中の成分あるいは物理的に吸着している成分との間で反応が進行するという機構である．E.K. Rideal がタングステン触媒上におけるパラ水素のオルト水素への転化反応を説明するために，反応は化学吸着した水素原子と気相中のパラ水素との反応が律速であるとしたことに基づいている．ただし，一般に熱運動程度のエネルギーだけで反応を起こすことは難しいので，この機構で説明できる反応例は少ないとされている．　　［大島 義人］

**Lydersen のほうほう　——の方法　Lydersen's group contribution method**

対応状態原理やほかの多くの物性推算法を利用する場合，物質の臨界定数 $T_c$, $P_c$, $V_c$ が必要となる．多くの場合には，ハンドブックなどに与えられているが，入手できない場合には推算する必要がある．分子構造から，グループ寄与法（原子団寄与法）により推算する方法がいくつか提案されており，そ

の代表的な方法が Lydersen の方法である. 以下のように, 物性ごとに原子団に対応した加算因子($\Delta_T$, $\Delta_P$, $\Delta_V$) が与えられている.

$$T_c = \frac{T_b}{\left\{0.567 + \sum \Delta_T - \left(\sum \Delta_T\right)^2\right\}}$$

$$p_c = \frac{Mw}{\left\{9.86 \times \left(0.34 + \sum \Delta_P\right)^2\right\}}$$

$$v_c = 40 + \sum \Delta_V$$

[猪股　宏]

**リバーンニング　reburning**
⇒燃料二段吹込み

**リビングじゅうごう　——重合　living polymerization**

連鎖重合*において, 連鎖移動反応と停止反応が存在せず, 開始反応と成長反応のみからなる重合. 1956年に M. Szwarc によって, スチレンのアニオン重合(⇒イオン重合)において初めて発見された. このような重合系では, モノマー*が完全に消費されたあとでも成長ポリマー鎖の末端は活性を維持し続ける. このようなポリマー分子をリビングポリマーという. リビング重合ではポリマー鎖の成長が途中で止まらないため, 生成ポリマーの重合度*はそろっており, 分子量分布*は狭い. また, ブロック共重合*体や末端に官能基をもつポリマーを合成するのに適している. 近年では, アニオン重合だけではなく, カチオン重合(⇒イオン重合), ラジカル重合*, 配位重合*などにおいてもリビング重合やそれに近い挙動を示す制御重合が見出されている.

[橋本　保]

**リフォールディング　refolding**

不活性型の不溶性タンパク質凝集体 (インクルージョンボディー*) を尿素, 塩酸グアニジンなどの変性剤で可溶化後, 大量の再生用緩衝液に希釈することによって再凝集を防ぎつつ変性剤濃度を低下させ, タンパク質*を再び活性をもつ立体構造に自律的に巻き戻すための操作.

[長棟　輝行]

**リボイラー　reboiler**
⇒再沸器

**リポソーム　liposome**

極性脂質からなる連続した脂質に分子層が水相を閉じ込めた構造体. 脂質二分子層が同心円状に多数重なった構造の多重層リポソームや, 1枚膜のリポソームをつくることが可能である. 細胞膜のモデルやドラッグデリバリーの担体として広く用いられている.

[新海　政重]

**りゅうかいふしょく　粒界腐食　intergranular corrosion**

粒間腐食. 結晶粒界に沿って進む腐食. 金属および合金の結晶では粒界部に転位が密集しており, 不純物や合金元素の粒界での偏析, 欠乏帯の形成, 化合物の析出などが多いために, 粒界や粒界近傍において選択溶解による腐食が起こりやすい.

[矢ケ崎　隆義]

**りゅうかばいよう　流加培養　fed-batch culture**

半回分培養法. 微生物や動植物細胞の培養*期間中に, 1成分または2成分以上の栄養物質を培養槽*内に供給する培養法. 流加培養では培養液中の栄養源濃度を制御して, 細胞にとって最高の条件に維持できる. このため, ① 高菌体濃度が達成しやすい, ② 比較的低い濃度でも増殖阻害を起こす栄養物質でも利用できる, ③ 異化代謝産物抑制*を受ける場合や栄養要求性変異株*を用いる場合にも適用しうる, など有利さから工業的にはパン酵母の培養, ペニシリン発酵などに広く用いられている.

[新海　政重]

**りゅうかはんのうとくせい　流加反応特性　fed-batch reaction property**

微生物*や動物細胞, 植物細胞の培養*において, 培養の途中で1成分以上の基質*を培養槽*に供給する流加操作に応答して細胞が示す基質比消費速度, 酸素比消費速度, 比増殖速度*, 代謝産物比生産速度*などの動特性. 高濃度の基質をパルス的に加えて培養液中の基質濃度を急激に変化させたり, 基質を連続的に加えて基質濃度を徐々に変化させたときの細胞の流加反応特性を明らかにすることにより, 流加培養*操作の最適化が可能となる.

[長棟　輝行]

**りゅうかぶつおうりょくわれ　硫化物応力割れ　sulfide stress cracking**

硫化物応力腐食割れ. 湿潤 $H_2S$ 環境で使う鉄鋼材料は, $H_2S$ から解離した H が鋼中に拡散し, 割れや膨れを起こす. 外部付加応力の影響が強い割れ (硫化物応力割れ, SSC; sulfide stress cracking) と板厚に並行するステップ状の割れや膨れ (水素誘起割れ, HIC; hydrogen induced cracking) がある. SSC 感受性は材料の強度レベルや硬さに大きく影響し, HIC は鋼中の化学成分 (劣化因子 S, 改善因子 Cu, Ca など) に依存する. 炭素鋼の SSC 防止対策として, 溶接部を含めた材料の硬さを $HRc \leq 22$ とする基準が広く適用されており, 炭素鋼以外の材料も含めて NACE 規格 (MR-0175-2003) に SSC 防止基準

が詳述されている. [山本 勝美]

**りゅうけいいぞん 粒径依存(結晶成長速度の) size dependent growth rate**

ほかの条件が同じときに結晶粒子の成長速度が粒径によって異なる現象の総称.昔から一般に小粒径粒子ほど成長は遅いことが報告されており,成長速度を粒径の関数として表現する試みがいくつか報告されている.速く成長する粒子ほど大粒径になりやすいため,成長速度の分散現象*とも関連していると考えられている.一方で,大粒径粒子は装置内で摩耗が支配的な場合に成長が著しく制限される(実質的にゼロとなる)結果として,粒径に最大値が存在するという報告もある.物質(系)や装置型式および操作条件に依存する. [松岡 正邦]

**りゅうけいぶんぷ 粒径分布 particle size distribution**

⇒粒子径分布

**りゅうさんミスト 硫酸―― sulfuric acid mist**

硫酸エアロゾル.大気中に放出された$SO_2$などの硫黄化合物が酸化を受けて$SO_3$となり,それが水と反応して硫酸のミスト(微小液滴)になったもの.また,ボイラー排煙中に含まれる$SO_3$が煙道中でミストになることもある.排煙中の硫酸ミストは湿式脱硫法*では捕集しにくい.硫酸が熱交換器などに付着すると金属を腐食させる.硫酸液滴が出現する温度を酸露点とよぶが,$SO_3$濃度が高まるほど酸露点が上昇する. [清水 忠明]

**りゅうさんろてんふしょく 硫酸露点腐食 sulfuric acid dew point corrosion**

ボイラーなどの燃焼排ガスの冷却過程において,ガス中に含まれている$SO_3$, $CO_2$, $HCl$などの酸性ガスがガス中の水分といっしょに凝縮して強酸を生じ,構造物を激しく腐食させる現象を酸露点腐食という.火力発電や各種ボイラーの燃料は石油系が多く,排ガスからの熱回収部系において$SO_3$が硫酸となり,硫酸露点腐食がつねに問題となる.燃焼ガス中の$SO_3$と水分濃度で硫酸露点温度が報告されており,その温度領域を避けた排ガスの熱回収とともに,防食方法が種々提案されている. [山本 勝美]

**りゅうし 粒子 particle**

粒子とは元来計数可能な物体のことであり,大きさの概念は含んでいない.粉体における粒子とは,その粉体の構成単位をなしている固体である.また,粉体における最小固体粒子は,その物質の本質的な構造を破壊せずに分散しうる最小単位である.一般に固体粒子が,その物質の単結晶である場合は少な

く,単結晶である小さな結晶子(crystallite)が集まったものであり,これを一次粒子とよぶことがある.これら一次粒子が強く結合した凝結粒子,水膜付着力や静電気力で結合した凝集粒子,液中で形成される弱い結合粒子であるフロックなどは二次粒子とよばれる. [日高 重助]

**りゅうしかんふちゃくりょく 粒子間付着力 adhesion force between particles**

粒子間にはたらく付着力のこと.おもに電子の運動に起因する分子間力であるファンデルワールス(van der Waals)力(⇒ファンデルワールスポテンシャル*),帯電した粒子間にはたらく静電気力*,粒子間の接触部に液体が凝縮して生じる液架橋付着力*の3種によるが,焼結*した粒子のネック部や,バインダー*によって付着した凝集体などでは固体架橋も粒子間付着力としてはたらく.粒子間付着力は,粒子表面粗さや粒子接触部の弾性変形や塑性流動によっても大きく影響を受ける.粒子間付着力の測定法は,遠心分離法など単体粒子の付着力を直接測定する方法と,引張り試験法など粉体層の破断試験から求める方法に大別される. [鹿毛 浩之]

**りゅうしぐんけっしょうせいちょうそくど 粒子群結晶成長速度 crystal growth rate in suspension system**

粒子群に固有な成長速度.晶析装置内には多数の結晶粒子が懸濁しているために,それらの成長速度は単一粒子の成長挙動とは異なることが報告されている.MSMPR晶析装置*で得られる結晶粒子群の粒径分布から求める成長速度は,全体の平均的な成長速度であって,凝集,摩耗,成長速度の分散,粒径依存の成長速度,微結晶による成長促進などの影響を受けている.このため,単一結晶の成長速度と区別して二次成長速度として扱う提案もなされている. [松岡 正邦]

**りゅうしぐんこうかんモデル 粒子群交換―― packet renewal model, cluster renewal model**

流動層*内部の伝熱面における熱交換モデルの一つ.MickleyとFairbanksによって提唱された.粒子が熱媒体となって,粒子群(パケットあるいはクラスター)が伝熱面に接触しては粒子群と伝熱面が充填層の熱交換と同様の機構で熱交換し,やがて粒子群が伝熱面から離れることを繰り返す機構で伝熱が起こるとしている.したがって粒子群付着直後は伝熱係数が高く,やがて低下し,粒子群が離れて伝熱面がガス(気泡*)で覆われている状態ではきわめて伝熱係数が低くなることの繰返しで伝熱が起こる.

伝熱係数は粒子群の密度，比熱，粒子群の有効熱伝導度と粒子群が伝熱面に付着している時間の長さ，気泡で覆われている時間の長さで与えられる．気泡流動層*では気泡の挙動に伴って粒子群が交換するので，気泡の頻度および気泡割合で粒子群が伝熱面に付着する時間は推定可能である．一方，循環流動層*では，粒子群（クラスター）が壁面に付着している時間の推定がまだ十分にはできていない．

[清水 忠明]

**りゅうしけいじょう　粒子形状　particle shape**

形態的特性（粒子の）*．粒子*の形は粒子径とともに粉体の基礎的特性を決定する重要な粒子特性である．いろいろなプロセスで生成する粒子は，球状，立方体形状，塊状，針状，柱状，薄片状，鱗片状，樹枝状，棒状などと表現されるいろいろな形状をとる．この粒子形状は，物質の結晶学的特性や機械的性質などによって決定されると同時に，プロセス条件にも依存する．また，粒子形状は粉体の化学的特性（溶解性，反応性など）や流動性に大きな影響を与える．したがって，粒子形状と粉体特性の関係を把握することは重要で，そのためには粒子形状の定量的表現が大切である．

[日高 重助]

**りゅうしけいぶんぷ　粒子径分布　particle size distribution**

粒径分布．粉体がどのような大きさの粒子をどのような量的割合で含んでいるかを表すもの．量的割合を粒子個数に基づいて表す個数基準分布と，粒子質量に基づいて表す質量基準分布がよく用いられる．これらの間には，粒子量収支による変換関係があるが，普通は大きく異なった分布となる．分布の表し方には積算分布（cumulative distribution）と頻度分布（frequency distribution，密度分布 density distribution ともいう）があり，ある粒子径より小さい粒子の量の全粒子量に対する割合がふるい下積算分布（undersize distribution），ふるい下積算分布を粒子径で微分して得られる分布が頻度分布である．逆に，頻度分布を粒子径で積分すればふるい下積算分布が得られる．従来，積算分布としては，ふるい上積算分布（oversize distribution）がよく用いられてきたが，現在は，ふるい下分布*で表示することが標準化されている．

分布は数表やグラフとして表示されるのが普通であるが，数式で表現できる場合も多い．実際には，粒子径の対数が正規分布になる対数正規分布*やロジン-ラムラー分布*が実用されており，それぞれ専用のグラフ用紙がある．これらは，いずれも2-パラメーターの分布であり，積算分布のプロットからそれぞれのパラメーターを決定することができる．

[増田 弘昭]

**りゅうしこすうのうどのへんか　粒子個数濃度の変化（凝集による）　evolution of particle number concentration through coagulation**

⇒凝集速度式

**りゅうしこんごうかくさんけいすう　粒子混合拡散係数　diffusion coefficient of particles**

希薄粒子相および濃厚粒子相での粒子混合を拡散モデルで表現するときの輸送定数*[$m^2 s^{-1}$]で粒子混合の容易さを表す．軸方向混合と水平方向では粒子混合機構*が異なるため拡散係数は大きく異なるが，いずれも気泡の運動と関係づけられている．

[押谷 潤]

**りゅうしこんごうきこう　粒子混合機構　particle mixing mechanism**

粒子に外力が作用し，混合が進行するしかた．進行過程には，対流混合*，せん断混合*，拡散混合*の機構がある．混合機内では，これらがつねに同時に起こっているが，混合度や混合時間など粒子全体の均質化の進み具合に依存して混合過程の中間では各機構の特徴が現れる．気泡流動層*では気泡*によるウェーク*の同伴が高さ方向の粒子混合の推進力である．横方向には，スプラッシュゾーン*における気泡の破裂による粒子の射出も重要な役割を果している．

[押谷 潤]

**りゅうしじゅうてんそう　粒子充填層　particle packing layer**

粉体粒子の堆積層を粒子充填層ともよぶ．充填層の特性は粒子の充填構造によって決まり，充填構造の表現には，空隙率*，粒子配位数，動径分布関数などが用いられる．粒子充填層は吸収塔，蒸留塔あるいは集じん機の充填層などで古くから知られる．

[日高 重助]

**りゅうしじゅうてんそうフィルター　粒子充填層── granular bed filter**

砂，ムライト，コーディエライトなど天然あるいは人工の耐熱性粒子の充填層*（グラニュラーベッド）を捕集体とする高温集じん装置*．単位捕集体はだいたい1mm程度と比較的大きいので，単一体捕集効率が低い．フィルターの集じん率*を高くするために，充填厚みを大きくしたり，静電効果などを付加する工夫が考えられている．また，捕集された粒子は充填層内に堆積するので，充填層を移動させて圧損の増加を防ぐ必要がある．（⇒高温集じん装

置) [金岡 千嘉男]

**りゅうしじゅんかんせいぎょ　粒子循環制御**　control of particle circulation

装置内を循環する粒子循環量を制御する方法には，ディスクバルブ，スライドバルブ，コーンバルブ，バタフライバルブのようなメカニカルバルブと，静止した粒子層をエアレーション＊することで所定量の粒子を流すニューマティックバルブに大別される．後者には粒子層を形成する部分の形状を表して，Lバルブ，Jバルブ，Wバルブなどがあり，高温下でも使用できるが，エアレーション用ガス量と粒子循環量との関係が経験に依存し，数箇所のエアレーションが必要な場合もある． [武内 洋]

**りゅうしせいちょう　粒子成長（凝集による）**　particle growth by coagulation

流体中に浮遊する微粒子がブラウン運動や流体の速度勾配などによって凝集し，大きくなっていく現象．凝集を生じても系に存在する粒子の総体積は変わらないが，粒子数が減少し，粒子（凝集粒子）の大きさは増大する．その経時変化は凝集速度関数＊を用いたポピュレーションバランスによって計算される．(⇒凝集速度式) [増田 弘昭]

**りゅうしないゆうこうかくさんけいすう　粒子内有効拡散係数**　intra particle diffusion coefficient
⇒細孔内有効拡散係数

**りゅうしのうどぶんぷ　粒子濃度分布（撹拌槽内）**　solid concentration in a mixing vessel

固液撹拌において撹拌槽内に形成される粒子濃度分布に関する情報は，スラリーの調整や連続操作における固体製品の抜出しの場合にはきわめて重要である．撹拌槽内粒子濃度分布の測定法としては光学的手法，電気伝導度法，圧力プローブ法ならびに直接サンプリング法がある．粒子浮遊限界撹拌速度以上では，一般に撹拌槽の下半分では平均粒子濃度とほぼ等しい値を示すが，槽上部では上方に向かうにつれて極端に濃度は低くなる．それ以上の撹拌速度に上昇させても分布は改善しない．撹拌翼を多段に設置する場合には，濃度分布はいっそう悪化する．

次式で表されるパラメーター $K$ を用いて，粒子濃度分布に及ぼす操作条件の影響が整理できる．

$$K = N_P^{1/2} \frac{nd}{u_t}$$

ここで，$N_P$ は動力数＊，$n$ は撹拌速度，$d$ は翼径で $u_t$ は固体粒子の終末速度である．撹拌翼の分散性能は，次式で定義される標準偏差 $\sigma$ で通常表現する．

$$\sigma = \sqrt{\frac{1}{x} \sum_{i=1}^{x} \left( \frac{C_i}{C_{av}} - 1 \right)^2}$$

ここで，$x$ はサンプル数，$C_i$ 並びに $C_{av}$ は局所ならびに平均粒子濃度である．$\sigma$ を $K/X^{0.13}$ に対してプロットすると，実験条件によらず1本の曲線で表される．ただし，撹拌翼の種類に応じてこの曲線の形は相違する．ここで，$X$ は粒子濃度である．固体粒子が液体よりも軽い場合には，粒子濃度分布は比較的均一である． [高橋 幸司]

**りゅうしのぶんるいず　粒子の分類図**　powder classification diagram

通常，Geldart の提案した分類図＊をさす．図に示すように4グループに分類される．グループAとBは均一流動化状態＊が存在するかどうかで判別され，その境界は，(流動化開始速度＊)＝(気泡流動化開始速度＊)で表される．A粒子には低ガス流速において均一流動化状態＊が存在する．B粒子では気泡＊の合体が分裂よりも優勢である．グループBとDは気泡上昇速度＊とエマルション相内ガス流速の大小関係から区分され，D粒子では後者のほうが大きく，噴流層＊を形成しやすい．C粒子は粒子径の小さな粒子で付着性が大きく，チャネリング＊が起こりやすい．グループAとCの境界は経験によるものであり，明確な定義式はない． [甲斐 敬美]

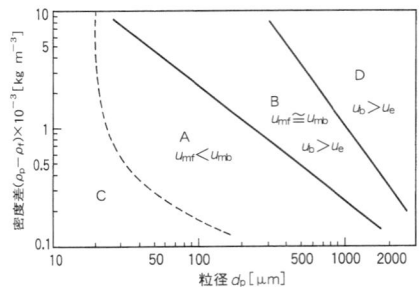

粒子の分類図[便覧，改六，図8・7]

**りゅうしひょうめんのとくせい　粒子表面の特性**　surface characteristic

固体表面をミクロ的に眺めると，結合の連続性が切断され不飽和な結合状態であることに最大の特徴がある．また，固体表面を構成している原子，イオン，分子のポテンシャルエネルギーが隣接どうしの間で違っていても，表面拡散の活性化エネルギーが一般に高いので拡散できず，液体表面のように表面

の均一化がはかれない点にも大きな特徴がある．これらの二つの特徴に固体表面の各種の性質は強く影響されている．とくに微粒子の場合，粒子表面を構成している原子，イオン，分子の割合は粒子内部に比べ多くなる．たとえば6配位の食塩型結晶の粒子が小さくなると，粒子を構成している原子全体に対する表面原子の割合は増大する．立方体粒子径の1辺，たとえば(粒子径)/(原子直径)が約50以下になると表面原子の割合が急増することが知られている．この場合，微粒子特有の多くの性質が現れるようになる．とりわけ粉体のハンドリングに関する特性は，粒子表面の性質に強く依存するようになる．したがって，粒子表面の性質をいかに知りコントロールできるかが，粉体がかかわるすべての分野のキーテクノロジーとなる．また，微粒子化すると単位重量あたりの頂点，稜などの存在量は当然多くなる．これらの結合の不飽和度の大きな活性点は触媒などで利用されている．

粒子表面では，各種の物理的あるいは化学的表面緩和や水蒸気の物理吸着*が起こり，表面の安定化がはかられている．さらに，表面不均質の原因となる頂点，稜，ステップ*，キンク*，欠陥，転位，吸着不純物などが存在しているので，実在粒子表面の状態は複雑である．また，結晶を覆っている各種結晶面や表面上の不均質サイトの存在量は，粉体の合成条件によって異なる． [藤 正督]

**りゅうしふゆうげんかいかくはんそくど 粒子浮遊限界撹拌速度 minimum rotational speed for complete suspension**

沈降する固体粒子を撹拌槽内に浮遊させるのに必要な最小の撹拌速度 $N_{JS}$．通常，"槽底に1,2秒以上静止した粒子が存在しなくなる撹拌速度"というZwieteringの定義に基づくものが用いられる．固液物質移動係数*は，この撹拌速度を境にして撹拌速度に対する依存性が急激に変化するので，固液撹拌*の場合の重要な物理量とされている．  [加藤 禎人]

**りゅうしホールドアップ 粒子—— particle holdup, solid holdup**

流動層*に代表される垂直方向の混相流動*(気-固，液-固あるいは3相流動)の場における粒子すなわち固相の体積分率．層内の圧力損失や層内滞留時間に密接な関係をもつ． [義家 亮]

**りゅうしみつど 粒子密度 particle density**

粒子*の質量を粒子体積で割った値．したがって，粒子内に閉気孔がある場合は，その閉気孔も体積に含まれる．粒子密度は，粒子の基礎的特性の測定や運動の解析に必要な基礎的物性であり，さらには物質の純度などに関する情報も与える．一般に，純物質を取り扱うことはほとんどないので，粒子密度の値は文献などに記載されている化学物質の密度とは異なり，必ず測定しなければならない．(⇒見掛け密度) [日高 重助]

**りゅうしゅつえき 留出液 distillate**

留分．蒸留塔の塔頂*から得られる蒸気を凝縮して得る液．塔頂蒸気は多くの場合，凝縮器*を経て液として取り出されるが，沸点の低い物質の場合には蒸気のまま取り出されることもある．その場合には留出物*という． [大江 修造]

**りゅうしゅつけいすう 流出係数 discharge coefficient**

流量係数*．オリフィス流量計*でエネルギー損失を補正する係数のこと． [吉川 史郎]

**りゅうしレイノルズすう 粒子——数 particle Reynolds number**

固液系の物質移動を論じるさいに用いられるレイノルズ数．粒子径 $d_p$ を代表長さ，乱流エネルギー消散率 $\varepsilon$ に基づくコルモゴロフの乱流速度 $(\varepsilon\nu)^{1/4}$ を代表速度にして $d_p(\varepsilon\nu)^{1/4}/\nu$ のように定義される．撹拌槽では，乱流エネルギー消散率は，液単位体積あたりの撹拌所要動力* $P_V$ との間に $\varepsilon=P_V/\rho$ の関係がある．粒子と液の相対速度 $u$ がわかっている場合は $d_pu/\nu$ のように粒子レイノルズ数を表すこともある．(⇒レイノルズ数) [加藤 禎人]

**りゅうせん 流線 stream line**

接線の方向と流体の速度ベクトルの方向が一致するように描かれる線．その線上では流れ関数*が一定となる． [吉川 史郎]

**りゅうそく 流束 flux**

単位断面積あたりの熱あるいは物質の移動速度．この移動には，物質の流れ，乱流拡散，分子拡散などさまざまな要因が単独または複合して起こるものを含む．単位断面積あたりの物質の移動速度に対しては質量流束 $[\mathrm{kg\,m^{-2}\,s^{-1}}]$，モル流束 $[\mathrm{kmol\,m^{-2}\,s^{-1}}]$，体積流束 $[\mathrm{m\,s^{-1}}]$，および熱の移動速度に対しては熱流速 $[\mathrm{W\,m^{-2}}]$ が定義される． [室山 勝彦]

**りゅうそくへんかほう 流速変化法 velocity variation method**

分離膜の表面近傍の濃度分極*層内における物質移動係数を求める方法の一つ．膜モジュール内の供給液流速を種々に変化させて見掛けの阻止率*を測定することにより，真の阻止率，膜面での溶質濃度さらには物質移動係数*を推定する方法．膜モジュ

ール内流路の形状が複雑なために，物質移動に関する相関式を用いることができない場合に有効な方法である． [鍋谷 浩志]

**りゅうたいインピーダンス　流体── impedance of fluid**

管内脈動流における圧力と流量の周期的変化を，交流における電圧と電流の変化と対応させると，電圧と電流の比として定義されるインピーダンスと同様に，流動に対する抵抗を圧力と流量の比として定義できる．これを流体インピーダンスとよぶ． [吉川 史郎]

**りゅうたいこうりょく　流体抗力　drag force**

流体中を粒径 $d_p$ の球形粒子が運動する場合，粒子に対する流体の相対速度(ベクトル)を $u_r$ とするとき，抵抗力 $F_D$ を受ける．一般に次式で与えられる．

$$F_D = C_D \left( \frac{\pi d_p^2}{4} \right) \frac{\rho_f |u_r|}{2} u_r$$

ここで，$C_D$ は抵抗係数*，$\rho_f$ 流体密度である．球形粒子の抵抗係数については Oseen の次式がある．

$$C_D = \frac{24}{Re} \left[ 1 + \frac{3}{16} Re \right]$$

[倉本 浩司]

**りゅうつうしきミキサー　流通式── flow mixer**

流通式ミキサーとしてはラインミキサー，ホモジナイザー，エクストルーダーなどがあげられる．ラインミキサー* は管路撹拌に使用する撹拌機であり，スタティックミキサー*(モーションレスミキサー)とダイナミックミキサーに分類される．ホモジナイザーの代表例としては，バルブホモジナイザーと超音波ホモジナイザーがある．バルブホモジナイザーは小さなオリフィスを通して流体を分散させる加圧部をもち，高せん断をかけ，連続的に乳化物やコロイド懸濁液を生成する．超音波ホモジナイザーは，超音波により振動している翼まわりの高速度流れによりキャビテーションを発生させ，より高品質な乳化物や分散物を生成するために用いられる．エクストルーダー* は高分子工業で頻繁に用いられ，単軸ならびに2軸がある．安定剤，可塑剤，着色色素などとともに粒状あるいは粉末状の原料高分子が投入され，混合過程で溶かされて混合が進行する．製品は高圧下で一定速度で装置内を運ばれ，装置の先端の口金で成形され押し出される． [高橋 幸司]

**りゅうつうはんのうそうち　流通反応装置　flow reactor**

流通式反応装置．流通(式)反応器．化学反応を連続的に行う反応装置．この装置では原料が反応装置の一端から連続的に送入され，他端から生成物質が連続的に取り出されて，通常は定常状態で操作される．管型反応装置* と槽型反応装置* の二つに大別される．流通反応装置は多量の生産が要求される比較的反応速度の速い反応の処理に適している．回分反応装置* に比べて付帯設備はかさむが，操作条件の制御が容易で，かつ均一な組成の製品が得られやすい． [長本 英俊]

**りゅうどうかかいしそくど　流動化開始速度　incipient fluidization velocity, minimum fluidization velocity**

流動層* において粒子の重量と流体の抗力がつり合った状態を与える流体の空塔速度* の最小値で，流動化状態側から流速を下げることによって決定する．固定層と流動層の境界を与え，流動層設計にかかわる重要なパラメーターである．実験的には固定層で求めた粒子層の圧力損失が十分発達した流動層の圧力損失と一致するときの空塔速度として求める．微粉の場合は気泡流動化開始速度* のほうが大きく，粗粉では両者は一致して気泡* が発生する． [幡野 博之]

**りゅうどうかじょうたい　流動化状態　fluidization**

粒子層にはたらく流体の抗力が粒子の重力とつり合い，層の圧力損失が層内の単位面積あたりの粒子重量に等しくなっている状態．この状態では粒子層内の内部摩擦がゼロに近くなり，液体のように挙動する．気系流動層* の流動化状態はガス流速の増加とともに図のように変化していく．流動化状態は粒子とガス物性，ガス流速や層高，温度，圧力などの操作条件によって影響を受ける．さらにガス分散器の構造，塔の構造と規模の影響も無視できない．ガス流速が流動化開始速度* を超えると，粒子は浮遊して粒子層の膨張が起こり，気泡* が生じる．粒子分類図* の A 粒子の場合には，この間に均一流動化状態* が存在する．流動化した状態ではすべての粒子がガスに支えられるようになる．気泡流動層からさらにガス流速を上げていくと，乱流流動化状態*，高速流動化状態* を経て，希薄輸送層* といった異なる流動化状態が観察される．それぞれの流動化状態の間の遷移速度は，層の圧力損失，圧力変動* および層高の変化から求められる． [甲斐 敬美]

流動化状態[便覧, 改六, 図8・8]

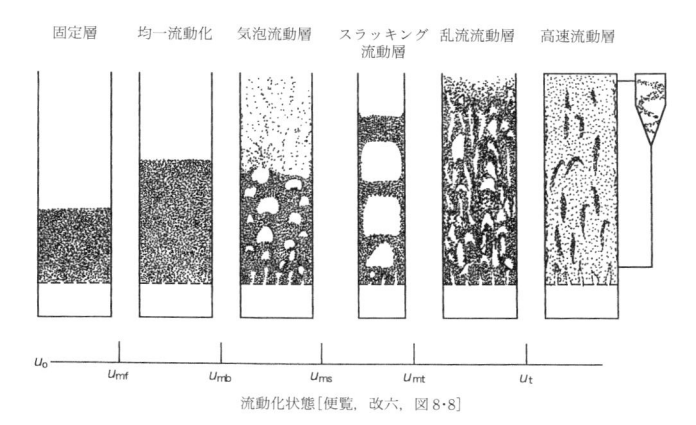

**りゅうどうきょくせん　流動曲線　flow curve**
　流体のずり速度*とせん断応力*の関係を示す曲線. 一般に流体は応力*とひずみ速度の関係, すなわち直応力と伸び速度, せん断応力とずり速度の関係で特徴づけられる. とくに非圧縮性流体*では, せん断応力を $\tau$, ずり速度を $e$ で表すと $\tau = f(e)$ の形をとる. たとえば $\tau$ を縦軸に $e$ を横軸にとって, その関数形の曲線を描けば, 流体の特徴が理解しやすい. 粘度*が一定であるニュートン流体*では, 原点を通る直線となり, それ以外のものを非ニュートン流体*という. 原点を通らない性質を示す流体を塑性流体*とよび, 降伏応力* $\tau_Y$ を有する. $\tau - \tau_Y$ と $e$ の関係が直線で示すことができる流体をビンガム流体*, それ以外を非ビンガム流体*とよぶ.
　管内径 $D$, 管長 $L$ のキャピラリー粘度計*の場合, 平均流速 $u_a$ と圧力損失* $\Delta p$ が測定できる. 一方, $e = -(dr/du) = \phi(\tau)$ として, これより平均流速は $u_a = (D/2\tau_w^3)\int \tau^2 \phi(\tau) d\tau$ と計算できる. ここで, $\tau_w$ は壁面でのずり応力である. 前式を $\tau_w$ で微分して変形すれば, 次式を得る.

$$-\left(\frac{dr}{du}\right)_{r=2/D} = \phi(\tau_w) = \left(\frac{2\tau_w}{D}\right)\left(\frac{du}{d\tau_w}\right) + \left(\frac{6u_a}{D}\right)$$

すでに測定されている $\Delta p$ から, $\tau_w = D\Delta p/4L$ により, $\tau_w$ が計算でき, この $\tau_w$ と $u_a$ の関係を用いて, 前式から $(dr/du)_{r=2/D}$ の値が計算できる. この値を改めて $e$ とし, それに対応する $\tau_w$ を $\tau$ として図示すれば, 流動曲線が描ける.　　　　[梶内 俊夫]

**りゅうどうしょうしきガスかようゆうろ　流動床式ガス化溶融炉**　fluidized bed type incinerator of gasification with ash melting furnace
　ごみを量論以下の低空気比条件で部分燃焼させて, 500〜600℃程度まで加熱しながら同時にガス化反応をさせガス化ガスを得, そのガス化ガスと残渣であるチャーを空気のような酸化剤とともに溶融炉へ供給し, 可燃分を完全燃焼させながら含有している灰分を溶融させるごみ焼却炉. 本方式の特徴は, 残渣中の金属分を酸化させることなく取り出すことが可能であること, ごみのなかの灰分を溶融させるので灰の減容化が可能なことなどである.
　　　　　　　　　　　　　　　　　[成瀬 一郎]

**りゅうどうしょうしきしょうきゃくプロセス　流動床式焼却**——fluidized bed incineration process
　流動層. 多孔板などのような整流板を有する容器中に粒径の細かい粒子を充填し, 下方から空気を流通させて床内の粒子が液体のように流動できる状態 (この層を流動床あるいは流動層とよぶ) のなかでごみを焼却するプロセスをさす. 流動床焼却炉の特徴は, 床内に存在する粒子が熱媒体の役割を果たすので, ストーカー焼却炉と比較して炉内温度を均一化することが可能である. 一方, 供給するごみの粒径を整えるためごみの粉砕が必要となる.
　　　　　　　　　　　　　　　　　[成瀬 一郎]

**りゅうどうせっしょくぶんかい　流動接触分解**
fluid catalytic cracking
　FCC. 減圧軽油や残渣油を Y 型ゼオライト系触媒により分解して, 高オクタン価のガソリン原料および分解軽油を製造する方法. このプロセスでは, 触媒上に蓄積した炭素質を燃焼除去し, 活性を回復させるために反応塔と再生塔の間を粒子径 40〜80 μm の触媒を流動, 循環させて使用する. 分解にはライ

ザー反応器\*が使われ,きわめて短い接触時間で反応は進行する.最近は残油を原料とする残油FCC装置(RFCC)も稼働している. 　　　[甲斐 敬美]

**りゅうどうそう　流動層　fluidized bed, fluid bed**
流動化状態\*にある粉体\*層のこと.用いる流体が気体の場合を固気系あるいは気系流動層,液体の場合を固液系あるいは液系流動層\*,気液固の3相からなる場合には三相流動層\*とよぶ.気系流動層を例にすると,分散板下部からの気体の速度を増していくと気泡\*生成し,層の平均的粒子よりもさらに微細な粒子を含む場合には,それら微粒子の飛出しが始まる.粒子濃度の大きな濃厚輸送層\*の状態を高速流動層\*といい,さらに高い流速では粒子が完全に分散した状態となり,希薄輸送層\*とよぶ.粒子を気流からサイクロン\*などで分離し,流動層を下部へ戻すことにより粒子循環流を形成する流動層を循環流動層\*とよび,気泡流動層内で粒子を強制対流させる内部循環流動層と区別して,外部循環流動層ともよぶ.さらに,密度の大きな高圧ガス条件で運転する流動層を加圧流動層\*とよんでいる.気泡流動層で気泡径が塔直径の1/2以上になると,その上昇速度が遅くなり,スラッギング\*状態になる.

一般に,流動層とよぶのは気泡流動層であり,固定層,移動層と並ぶ固気接触反応装置として,乾燥,造粒,触媒反応,燃焼・ガス化,廃棄物処理の分野で広く利用されている.化学反応装置への応用は1897年のRobinsonの硫化鉱の流動ばい焼炉の特許に始まり,第二次世界大戦前後には粉炭(平均粒径0.4〜0.6 mm)を原料とするWinklerガス発生炉,Standard Oil Development社による灯軽油接触分解への応用を経て,1942年には触媒が反応塔と再生塔を循環する流動接触分解(FCC\*)プロセスが誕生している.その後1973年のオイルショックを契機に,石炭燃焼やガス化,新材料合成や廃棄物処理の分野で流動層の応用が進んだ.いずれも固体プロセスの連続化と迅速な伝熱という流動層の特徴を生かしたものである. 　　　[守富 寛]

**りゅうどうそうがたはんのうき　流動層型反応器　fluidized bed reactor**
流動層を用いた反応器.固体粒子が反応に関与するが,それを頻繁に取り出す必要があるときに用いられる.気固系と液固系のほか気液固3相系がある.気固系流動層反応器は伝熱能力に優れているが,反応収率が低いという欠点をもっている.流動接触分解(FCC),二塩化エチレンやメラミン合成の固体触媒反応に用いられるほか,石炭のガス化や燃焼,固体の熱処理,乾燥などに利用される.液固系流動層はイオン交換樹脂や活性炭を利用する反応や吸着に利用される. 　　　[長本 英俊]

**りゅうどうそうかんそうそうち　流動層乾燥装置　fluidized bed dryer**
⇒循環流動層

**りゅうどうそうコーティングそうち　流動層――装置　fluidized bed coater**
粒子を流動化させ,そこにコーティング剤を噴霧することによって粒子を被覆する装置.気中懸濁被覆法によるコーティング装置の一つで,医薬品工業を中心に広く用いられる.粒子循環を助けるために,内部にドラフトチューブをもつものや,転動効果を与えるために回転円盤を備えたものなど,種々の型式がある. 　　　[鹿毛 浩之]

**りゅうどうそうしきガスきゅうしゅうとう　流動層式ガス吸収塔　turbulent contact absorber**
モービルベッド.CA.図に示すように,中空のプラスチックス球をグリッド板もしくは支持金網上に保持し,これに液を散布し,下方より吹き込むガスが連続相をなして,液で濡らされた粒子を押し上げて流動化させる気液向流接触の三相流動層\*吸収装置.流動化開始速度\*がほぼ向流接触充塡塔のフラッディング\*速度に対応するためガスの大量処理が可能であるが,ガス速度が非常に大きくなると,すべての粒子が上部のグリッド板に押し付けられるようになり,真のフラッディングが起こり操作不能となる.粒子に依存して流動化のための操作ガス速度の範囲が限定される.[室山 勝彦]

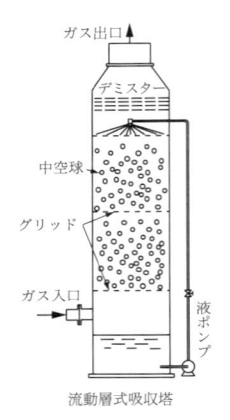

**りゅうどうそうシミュレーション　流動層――**

simulation of fluidized bed

　流動層内の流体と固体粒子の運動に対して，両相の相互作用を考慮して数値シミュレーションを行うことにより，流動化開始，スラッギング*，気泡流動化状態，乱流流動化状態*，高速循環流動層*のライザー*部における粒子クラスター形成など，流動層内でみられる特徴的な流動化挙動の予測が可能となっている．このような流動に関する流動層シミュレーションを基礎として，流動層を用いる各種操作において重要となる粒子，流体各相内および両相間における熱・物質輸送現象に関する数値予測への拡張が行われている．

　流動層シミュレーションで用いられる粒子および流体に対する数値解析モデルには，オイラー型モデル*(連続体モデル)ラグランジアン型モデル*(粒子追跡型モデル)がある．ラグランジアン型モデルはオイラー型モデルに比べて大きな計算負荷を必要とするが，より厳密な結果を与える．　　　［田中　敏嗣］

**りゅうどうそうじゅんかんけい　流動層循環系　fluid particle circulation system**
　⇒循環流動層

**りゅうどうそうしょうきゃくろ　流動層焼却炉　fluidized bed incinerator**
　流動層中に廃棄物を投入して燃焼し減容化する炉．焼却炉はストーカー*，流動層*，ガス化溶融*，ロータリーキルン*(回転炉)のなかの一種．流動層焼却炉では，気泡*運動炉内にある砂などの高温流動媒体を撹拌し，ごみを浮遊燃焼させる．フリーボード*で未燃ガスを二次空気により完全燃焼する．砂は層内下部で不燃物と分離され循環する．低カロリー廃棄物など幅広い廃棄物に適用可能，炉内に可動部がなく起動時間が短い，燃焼効率が高く炉床面積が小さいなどの特徴があるが，プラスチックなど揮発分の高い廃棄物の場合はフリーボード燃焼の比率が高くなるので，層温度をなるべく下げ，廃棄物が熱分解期間中に炉断面内に十分拡散するようにするなど，燃焼制御の工夫が必要である．
　　　　　　　　　　　　　　　　　　［守富　寛］

**りゅうどうそうしょくばいはんのうそうち　流動層触媒反応装置　fluidized catalyst bed reactor**
　固体触媒粒子を流動化して反応を行う装置．反応物が気体である気固系が一般的であるが，固液系や気液固系のものもある．気固系装置としては，濃厚相*(dense bed)型，高速流動層(fast bed)型，ライザー*型およびダウナー*型があり，一般に平均径 $40 \sim 100 \mu m$，密度 $1\,000 \sim 2\,000\,kg\,m^{-3}$ の触媒粒子を用い，それぞれガス空塔速度* $0.2 \sim 1\,m\,s^{-1}$，$2 \sim 3\,m\,s^{-1}$，$3 \sim 20\,m\,s^{-1}$ で操作される．触媒上に固体生成物を成長させる気相重合法では，最終的な粒子径は $500\,\mu m$ 程度となる．　　　［筒井　俊雄］

**りゅうどうそうぞうりゅうき　流動層造粒機　fluidized bed granulator**
　熱風による流動化粒子群にバインダー溶液，微粒子懸濁液などの噴霧液滴を与え，乾燥条件下で凝集または被覆の形態で造粒物(顆粒，複合粒子，コーティング粒子など)を製造する装置．一般に流動化粒子径が大きく，層内粒子群に対する噴霧液供給量(乾燥速度に依存)が少ないほど被覆造粒の機構となりやすく，その逆の操作条件では凝集造粒の機構に移行しやすい．また，噴霧ノズルは通常，流動層自由表面の上部に設置し，下方向へ液体を噴霧する方式が多い．また，飛出し微粒子の捕集には，フリーボード部内にバグフィルターを取り付けるのが一般的である．なお，別方式の転動流動層造粒機では，空気分散器を回転させて流動化粒子群に気流と転動の両作用を与え，凝集顆粒の圧密と球形化を促進させる典型例があげられる．　　　　　　　　［関口　勲］

**りゅうどうそうないでのぶっしついどう　流動層内での物質移動　mass transfer in fluidized beds**
　⇒気泡-エマルション間の物質移動

**りゅうどうそうはんのうそうちのせっけいほう　流動層反応装置の設計法　design of fluidized bed reactor**
　流動層反応器*における反応成績は流動化状態*に強く影響される．流動化状態と装置構造や操作条件との関係は複雑であり，設計は経験による部分が多い．触媒粒子には化学的性質のほかに適正な物理的性質をもたせることが重要である．また，良好な流動化のためには操作条件や装置構造の適正化が必要である．小型の反応装置で得られるデータと反応器モデルを利用することにより，スケールアップは容易になる．また，ガス分散器*，インターナル*，粒子捕集装置などの最適な設計も必要である．
　　　　　　　　　　　　　　　　　　［甲斐　敬美］

**りゅうどうそうボイラー　流動層——　fluidized bed boiler**
　流動層*により石炭などの燃料を燃焼させ，発生した熱を層内および排ガス下流の対流伝熱部の伝熱管群により熱回収し，蒸気を発生させるボイラー*．$800 \sim 900^\circ C$ の低温燃焼のため炉内脱硝*が，また流動媒体*に石灰石などの脱硫剤を用いると炉内脱硫*が可能となる．　　　　　　　　　　　　［守富　寛］

**りゅうどうそうぼうちょうひ　流動層膨張比　expansion ratio of fluidized bed**

流動化時の流動層*の平均高さ $H_f$ を，その流動層の最小流動化*状態での層高 $H_{mf}$ で割った値，$H_f/H_{mf}$. $H_f$ を粒子層が流動化していない静止時の層高 $H$ で割った $H_f/H$ として定義する場合もある．空塔速度 $u_0$ が気泡流動化開始速度* $u_{mb}$ 以下のときは，濃厚領域全体が均一流動化状態*のもとで膨張する．$u_0 > u_{mb}$ では，層膨張*は濃厚相*の膨張の効果と気泡ホールドアップ*の効果による．(⇒気泡ホールドアップ)　　　　　　　　　　　　[鹿毛 浩之]

**りゅうどうど　流動度　flowability**
　⇒モビリティー

**りゅうどうとくせい　流動特性　flow charcteristic**
　⇒流動曲線

**りゅうどとくせいすう　粒度特性数　characteristic number of particle size**
　⇒ロジン-ラムラー分布

**りゅうどへんせき　粒度偏析　size segregation**

粒子径の異なる2成分以上の粒子混合物が比較的濃厚相で運動するとき，各成分が分離して位置的に偏在する現象をいう．これには，重力場や移動層*で混合物が傾斜面を流下するさいの表層偏析と，移動する粒子層内で起きる層内偏析があり，せん断場，遠心場，流動層*，噴流層*などでも同様に各成分の流動性の違いにより分離・混合・充塡現象が起きる．とくに，固定層*の充塡時には，供給点から傾斜面に沿って小粒子が沈積し周辺部ほど少なくなる．この偏析模様は，粒子密度や粒子形状などによる偏析*に比較してより顕著であり，偏析成分の混合割合や供給速度および成分数の増大につれ緩和される．逆円すい型移動層の場合は，充塡時偏析模様に加え層内の流下速度分布にも依存し，頂点からの距離および円周方向で成分濃度が異なり，流出物の混合割合および流量が流出時間で変化する偏析模様になる．
　　　　　　　　　　　　　　　　　[篠原 邦夫]

**りゅうないかくさん　粒内拡散　intraparticle diffusion**

吸着質や反応物質が，吸着剤*，イオン交換剤*，触媒担体などの多孔質固体の粒子内部へ拡散したり，逆に脱着成分や反応生成物が多孔質固体の外表面に向けて拡散したりする現象．このような粒子内部拡散現象を粒子外の境膜*拡散と区別して，粒内拡散とよぶ．吸着質が細孔内の気相または液相中を濃度勾配によって拡散する細孔拡散と，吸着した吸着質が細孔表面を吸着量勾配によって拡散する表面拡散*が並列して起こる．　　　　[広瀬 勉]

**りゅうないかくさんけいすう　粒内拡散係数　intraparticle diffusivity**

触媒担体，吸着剤*，イオン交換剤*などの多孔質固体中の粒内拡散*において，単位面積あたりの拡散速度が当該分子の細孔内濃度または吸着量の勾配に比例するとして，フィックの式*で表したときの比例定数．　　　　　　　　　　　　[広瀬 勉]

**りゅうぶん　留分　distillate**

蒸留塔の塔頂から凝縮器*をへて取り出される液を普通留出液*というが，回分蒸留*やトッピング*などでは留出物*を留分ということがある．なお狭い意味としては，留出液のある沸点範囲の一部分すなわちカット*のことをいう．　　　　[大江 修造]

**りゅうほきん　留保金　retention money**

受注者に契約義務を確実に履行させるために，契約額あるいは対価の一部(通常5～10％)の支払を特定の時期まで留保することがある．この留保される金額のこと．　　　　　　　　　　　　[小谷 卓也]

**りゅうみゃく　流脈　streak line**

流れの中のある1点を通過した流体粒子群の位置を結んだ線のこと．定常な流れにおいては流線*，流跡線と一致する．　　　　　　　　　[吉川 史郎]

**りゅうりょうけいすう　流量係数　discharge coefficient**

流出係数*．オリフィス流量計*でエネルギー損失を補正する係数のこと．オリフィス孔径を $D_0$[m]，圧力差を $\Delta p$[Pa]，流体密度を $\rho$[kg m$^{-3}$] とすると，流量 $Q$[m$^3$ s$^{-1}$] は次式で表される．

$$Q = C \frac{\pi D_0^2}{4} \sqrt{\frac{2\Delta p}{\rho}}$$

上式の係数 $C$[—] が流量係数である．　[吉川 史郎]

**りゅうろへいそく　流路閉塞　channel blockage**

原液中の固形物などにより膜モジュール内の原液流路が閉塞される現象．限外沪過膜や精密沪過膜などの多孔性膜の細孔が懸濁物質によって閉塞され，溶液や物質の透過性が低下することをさす場合もあるが，これは正しくは細孔閉塞とよばれ，区別すべきである．　　　　　　　　　　　　[市村 重俊]

**りょうしかがくけいさん　量子化学計算　quantum chemical calculation**

原子，分子やその集合体の構造，励起状態の電子構造，分子間力，化学反応などの化学的諸課題を量子力学に基づいて取り扱う理論化学の分野，すなわち量子化学の分野で行われる計算．歴史的には，1927

年の W. Heitler と F. London による水素分子の安定性に対する量子力学による定量的な解析に始まる．計算のさいに用いる近似やパラメーターの選び方によって，経験的，半経験的，非経験的方法に分かれる．近年は電子計算機のハード，ソフト面の格段の進歩によって，非経験的な方法においてもかなり大きな分子系(数十，数百の電子を含む)を高い精度で取り扱うことができるようになってきている．標準的な量子化学計算のパッケージも入手が容易になっている． [幸田 清一郎]

**りょうしサイズこうか 量子——効果 quantum size effect**

微粒子の比熱，磁化率などの物性がバルクのそれと異なることをいい，久保効果ともよばれる．久保効果では伝導電子の量子的エネルギーに起因する熱力学的性質の変化をさすが，触媒反応における活性変化など，粒子径が小さくなることに起因する性質変化全般に対して用いられる． [岸田 昌浩]

**りょうししゅうりつ 量子収率 quantum yield**

光化学反応を起こす物質について，その物質が生成あるいは分解する過程で吸収した光量子数を分母として，実際にその物質が生成あるいは分解した分子数を分子とする割合を量子収率という．光反応前後の物質移動過程を含めたり，光反応を含む複合反応全体で量子収率を論ずるときは，総括量子収率ともよぶ． [菅原 拓男]

**りょうろんけいすう 量論係数 stoichiometric coefficient**

化学量論係数．化学量論式* 中の各成分の物質量の関係を示す係数．化学量論式の一般的な表記方法では，生成物質の量論係数を正，反応物質の量論係数を負，反応にあずからない不活性成分についてはゼロとして表現する． [大島 義人]

**リラクゼーションほう ——法 relaxation method**

⇒緩和法

**りょんくうきりょう 理論空気量 theoretical amount of air**

燃料の完全燃焼に必要な最小の空気量をいう．気体燃料の場合の理論空気量 $A_0$ [$m^3_N$-空気 $m^3_N$-燃料] は，次式となる．

$$A_0 = 2.38 h_2 + 2.38 co + \sum 4.76\left(x + \frac{y}{4}\right) c_x h_y - 4.76 o_2$$

ここで，$h_2$, $co$, $c_x h_y$, $o_2$ は水素，CO，炭化水素ガス，酸素の体積分率[$m^3_N$ $m^{-3}_N$-燃料]であり，炭化水素ガスの示性式は $C_x H_y$ である．一方，液体および固体燃料の場合，理論空気量 $A_0$ [$m^3_N$-空気 $kg^{-1}$-燃料] は，次式となる．

$$A_0 = 8.89 c + 26.47\left(h - \frac{o}{7.94}\right) + 3.33 s$$

ここで，$c$, $h$, $o$, $s$ は，液体および固体燃料中の炭素，水素，酸素，硫黄の質量分率[$kg\ kg^{-1}$-燃料]である． [二宮 善彦]

**りょんさんそりょう 理論酸素量 theoretical amount of oxygen**

⇒理論空気量

**りょんだん 理論段 theoretical stage, theoretical plate**

理想段．段塔* を用いて気液あるいは液液接触をさせるとき，段を出る液と蒸気，あるいは段を出る二つの液が互いに平衡になっている仮想的な段．しかし，実際の塔による蒸留では段から発生する蒸気は液と平衡になっていないため，理想段からのずれを段効率* で表す．充塡塔では段構造は存在しないため，段塔* の理論段1段に相当する高さ (HETP*) を1理論段として扱う． [小菅 人慈]

**りょんだんすう 理論段数 number of theoretical stages**

NTS．理論段* を仮定した蒸留塔* において，与えられた分離条件に必要な段数．これを塔効率* で割れば実際の段数が求められる．充塡塔の場合には，理論段数に HETP* をかけることで実際の高さが求められる． [小菅 人慈]

**りょんだんすうのけいさん 理論段数の計算 calculation of number of theoretical stages**

理論段* を仮定した蒸留塔* に関して分離に必要な段数を求めることをいい，設計型問題* の蒸留計算を行う．等モル流れを仮定した場合，二成分系蒸留ではマッケーブ－シール法* を用いて求めることができる．理想系あるいは弱い非理想系の二および多成分系混合物に対してはフェンスキの式*，アンダーウッドの式* とギリランドの相関* を用いて概略計算ができる．厳密解は MESH 式* を用いて逐次段計算法* により求める． [小菅 人慈]

**りょんだんそうとうたかさ 理論段相当高さ height equivalent to a theoretical plate**

HETP*．充塡塔* の分離性能を表す尺度の一つで，充塡高さを理論段数* で割った値．長さの単位をもち，この値が小さいほど性能が高い． [長浜 邦雄]

**りょんねんしょうガスりょう 理論燃焼ガス量**

theoretical amount of combustion gas
⇒理論空気量

**りんかいあっしゅくいんし　臨界圧縮因子　critical compressibility**

臨界点における圧縮因子($Z_c=P_cV_c/RT_c$)のこと．多くの炭化水素化合物について，$Z_c$は0.26～0.28の範囲にあり，60%の炭化水素の$Z_c$が0.27付近に集中している．状態方程式に臨界点条件を適用すると，2定数の状態方程式では$Z_c$が一義的に決定される．ファンデルワールス式では3/8になるが，Soave-Redlich-Kwong式やPeng-Robinson式ではそれぞれ$Z_c(SRK)=0.26$，$Z_c(PR)=0.253$となり，炭化水素化合物の$p$-$V$-$T$挙動の推算精度が向上する．　　　　　　　　　［猪股　宏］

**りんかいあつりょく　臨界圧力　critical pressure**
⇒臨界定数

**りんかいウェーバーすう　臨界——数　critical Weber number**

高速定常流や衝撃波による液滴の微粒化の限界は，液滴が分裂する限界相対速度 $V$，気体密度 $\rho_G$，界面張力 $\sigma$ と臨界液滴径 $d_p$ で得られる臨界ウェーバー数 $We_c=\rho_G V^2 d_p/\sigma$ で決められる．一色(1959)は $We_c$ が5～20の範囲にあることを示している．(⇒ウェーバー数)　　　　　　　　　　［柘植　秀樹］

**りんかいおんど　臨界温度　critical temperature**
⇒臨界定数

**りんかいかくはんけい　臨界核半径　critical radius of nuclei**

結晶と構造が同じで，かつ結晶として安定的に成長しうる最小の会合体を臨界核(critical nucleus)といい，それを球であると仮定したときの半径．臨界核半径は，溶液の飽和度 $S(=C/C_s$，$C$ は溶液濃度，$C_s$ は溶解度)が大きいほど小さい．(⇒ギブス-トムソンの式，一次核発生)　　　　　　　［大嶋　寛］

**りんかいきせき　臨界軌跡　critical locus**

二成分系混合物の臨界点を表した曲線．広義には，混合物の臨界点を連続させてできた曲線あるいは曲面の投影線．たとえば二成分系混合物では，縦軸に圧力，横軸に温度をとると，各組成に対して混合物の臨界状態を表す点が得られ，それらを結んだ曲線が臨界軌跡である．一般に臨界軌跡の両端は，各純成分の臨界点である．　　　　　　　［猪股　宏］

**りんかいぞうかげんしょう　臨界増加現象　critical point anomalous behavior**

純物質の臨界点においては，圧縮率および密度ゆらぎが無限大に発散する．これは臨界点において，分子の運動エネルギーと分子間力がきっ抗しているため，微視的にみると分子間の凝縮により液体のような状態と気体のような状態にある分子が微小時間で共存しているためである．これが，粘度，熱容量，熱伝導率などの輸送物性にも影響を与え，臨界点の近傍においてこれらの物性値が異常に増加する．逆に，拡散係数は臨界点近傍で減少する．これらの現象を臨界増加現象あるいは臨界異常現象という．
　　　　　　　　　　　　　　　　　　　　［猪股　宏］

**りんかいていすう　臨界定数　critical constant**

気体と液体の飽和線が一致する臨界点における状態量．臨界点における圧力を臨界圧力($p_c$)温度を臨界温度($T_c$)，密度を臨界密度($\rho_c$)，モル体積を臨界モル体積($V_c$)という．臨界点は物質固有の定点であるから，これらの臨界定数は任意の状態に対する基準値として利用される．臨界定数を基準にして表した状態量 $p/p_c$，$T/T_c$，$\rho/\rho_c$，$V/V_c$ を対臨界値という．これらは純粋物質についてであるが，混合物についても臨界点は存在する．　　　　［猪股　宏］

**りんかいてんじょうけん　臨界点条件　critical point criteria**

臨界点は液液平衡にも存在するが，一般には気体と液体との臨界点をさす．臨界点は安定・不安定条件の境界であり，純粋物質については機械的安定条件より，次式のように記述される．

$$\left(\frac{\partial p}{\partial v}\right)_{T=T_c}=\left(\frac{\partial^2 p}{\partial v^2}\right)_{T=T_c}=0$$

混合物の場合には，さらに濃度(組成)の自由度が加わるために，拡散の安定条件が臨界点条件となる．二成分系混合物の場合を次式に示す．

$$\left(\frac{\partial \mu_1}{\partial x_1}\right)_{T_c,p_c}=\left(\frac{\partial^2 \mu_1}{\partial x_1^2}\right)_{T=T_c}=0$$

　　　　　　　　　　　　　　　　　　　　［猪股　宏］

**りんかいモルたいせき　臨界モル体積　critical molar volume**
⇒臨界定数

**りんかいようかいおんど　臨界溶解温度　critical solution temperature**

CST．相互溶解度に限度があって2液相を形成している系について，その温度を変えると相互溶解度は変化する．多くの場合，温度を上げると相互溶解度は増加し，図(a)のように両相の温度はしだいに近づき，ついに同一組成の均一相となる．この温度を上部臨界溶解温度*，UCSTという．同じようなことが図(b)のように温度を下げても起こることがある．この温度を下部臨界溶解温度*，LCSTとい

う.これらを総称して臨界溶解温度という.系によっては CST を2点とも有するもの[図(c)],全く有しないもの[図(d)]などがある. [宝沢 光紀]

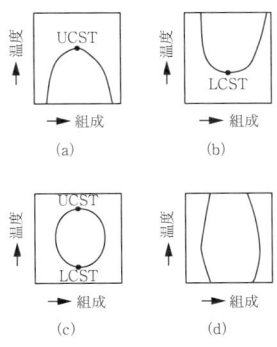

臨界溶解温度

### りんかいレイノルズすう 臨界——数 critical Reynolds number

円管流の摩擦係数*とレイノルズ数*の関係,物体の抗力係数*とレイノルズ数の関係などにおいて,層流から乱流への遷移を示すレイノルズ数や,抗力係数の値が急激に変化する点でのレイノルズ数を臨界レイノルズ数とよぶ.

撹拌操作においては,層流から乱流,固体粒子の浮遊,液滴の分散,気泡の巻込み,気液撹拌でのフラッディングなど,ある撹拌レイノルズ数*を境にしてそれら現象が発生・消滅する限界の操作条件がある.そのような限界条件を表すレイノルズ数をいう.撹拌槽では,基本的には回転数がレイノルズ数に関与することから,臨界回転数として定義されることもある. [平岡 節郎]

### リンじょきょぎじゅつ リン除去技術 phosphorus removal

富栄養化の原因物質の一つである排水中のリンを除去する技術.生物化学的除去方法と物理化学的除去方法に大別される.前者は生物膜法,活性汚泥法*,自己造粒法などがあり,後者は凝集沈殿法,吸着法,電解法,晶析法などがある.生物化学的リン除去方法の詳細な機構は不明であるが,微生物を絶対嫌気状態にして微生物細胞中に含有されているリンをいったん放出させることによって細胞内のリンのバランスを崩すと,その後に好気状態にしたときのリンの取込み量が絶対嫌気状態にしたときの放出量を上回る現象を利用している.物理化学的除去方法としてもっとも普及しているのは凝集沈殿法であるが,余剰汚泥の発生量が多いこと,リンのリサイクルが困難なことなどから,晶析法や吸着法などのほかの物理化学的除去方法が検討されるようになった.吸着法に用いられる吸着剤としては,活性アルミナ系吸着剤,ジルコニウムフェライト系吸着剤などがある. [高梨 啓和]

# る

**るいけいしてい　類型指定**　designation of water body classes

水質環境基準では，"人の健康の保護"および"生活環境の保全"に関してそれぞれに基準が設定されている．前者についてはカドミウム，全シアン，鉛，ヒ素，PCB，トリクロロエチレン，チウラムなどの有害物質について26項目の全国一律基準が設定されている．

これに対して後者については，自然環境保全，水道，農業，工業などの用水，水産などの各公共用水域の利用目的に応じて水素イオン濃度(pH)，生物化学的酸素要求量(BOD*)，浮遊物質量(SS)，溶存酸素量(DO)，大腸菌群数などを指標とした基準値が設定されている．このように利用目的に応じて公共用水域を類型化して水質環境基準が設定される．

騒音，振動，悪臭については都市計画法に基づく用途地域ごとに類型が指定される．　　　［藤江 幸一］

**ルイスのかんけい　――の関係**　Lewis relation

空気と水の接触操作において，空気側の対流伝熱*係数を $h_G$ [W m$^{-2}$ K$^{-1}$]，物質移動係数* を $k_H$ [kg m$^{-2}$ s$^{-1}$]，空気の湿り比熱容量* を $C_H$ [J kg$^{-1}$-dry air K$^{-1}$]とするとき，水-空気系に対してだけ近似的になりたつ $h_G/k_H ≒ C_H$ の関係．この関係は W.K. Lewis によって偶然見出されたものであるが，空気-水系の接触操作の工学的取扱いに関してきわめて貴重な役割を果たすとともに，一般の気液接触操作の工学的取扱いに対しても有益な示唆を与えた．なお，$h_G/(k_H C_H)$ は乾湿比とよばれる無次元数* である．（⇒湿球温度）　　　　　　　　　［西村 伸也］

**ルイス-マセソンほう　――法**　Lewis-Matheson method

逐次段計算*．逐次段計算法を代表する蒸留計算*法．1932年に W.K. Lewis らにより発表された．塔頂から出る $i$ 成分の蒸気組成 $y_{i1}$ は全縮器* を用いる場合には，留出液* 組成 $x_{iD}$ に等しく，ここで塔頂の第1段から流れる液組成 $x_{i1}$ が $y_{i1}$ と平衡にあると仮定して(理論段* の仮定)，$x_{i1}=y_{i1}/K_{i1}$ とおくと，平衡比* $K_{i1}$ がわかれば $x_{i1}$ が求められる．次に，操作線の式から

$$y_{i2}=\frac{L}{V}x_{i1}+\frac{D}{V}x_{iD}$$

であるので(ここで $L$, $V$, $D$ は塔内液量，蒸気量および留出量)，第2段目からの蒸気組成 $y_{i2}$ が求められる．このようにして塔内の組成を一段一段と計算していくのが逐次段計算であって，蒸留計算でもっとも基本的なものである．なお，マッケーブ-シール* 法はとくに二成分系の逐次段計算を簡単化したものと考えることができる．　　　［大江 修造］

**ルウェスタちゅうしゅつき　――抽出機**　Luwesta extractor

Centriwesta 抽出機．遠心式の液液抽出* 装置の一種．ポドビルニアク抽出機* が横型であるのに対して，これは図に示すように垂直型多段式で，縦型の回転シャフトを有している．シャフト中には小さな孔が開いており，重液は下部のシャフト孔から入り，周辺部のセトラー部に集められ，次の段へ移り，やがて塔上部から排出される．一方軽液は上部より入り，下部のシャフト孔より排出されるようになっている．　　　　　　　　　　　　　　　　　　［平田 彰］

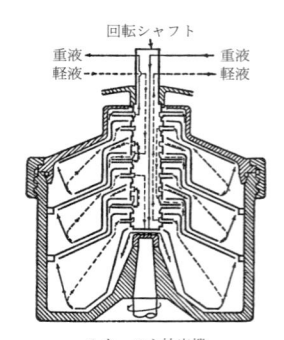

ルウェスタ抽出機
[平田彰，城塚正，"抽出工学"，日刊工業新聞社(1964), p.190]

**ルースのていあつろかけいすう　――の定圧沪過係数**　Ruth's constant pressure filtration coefficient

定圧沪過係数．ルースの定数．圧力が一定の定圧沪過* でなりたつルースの定圧沪過式* のなかの係数．沪過* のしやすさの指標であり，その値が大きい

ほど沪過しやすい． ［入谷 英司］

## ルースのていあつろかしき ——の定圧沪過式 Ruth's filtration rate equation under constant pressure

ルースの沪過速度式．B.F. Ruth によって提案された定圧ケーク沪過における沪過速度を記述する方程式．次の式(1)，式(2)または式(3)で表される．

$$(v+v_m)^2 = K(t+t_m) \quad (1)$$

$$\frac{1}{u_1} = \frac{dt}{dv} = \frac{2}{K}(v+v_m) \quad (2)$$

$$\frac{t}{v} = \frac{1}{K}v + \frac{2}{K}v_m \quad (3)$$

ここで，$v$ は単位沪材面積ごとの沪液量，$v_m$ は沪材抵抗*と等しい抵抗を与える仮想ケークを得るときの $v$ の値，$t$ は沪過時間，$t_m$ は $v_m$ を得るのに要する仮想沪過時間，$u_1$ は沪過速度，$K$ はルースの定圧沪過係数*であり，次式で定義される．

$$K = \frac{2p(1-ms)}{\mu \rho s \alpha_{av}} \quad (4)$$

ここで，$p$ は沪過圧力，$m$ はケーク*の湿乾質量比，$s$ はスラリー中の固体の質量分率，$\mu$ は沪液*粘度，$\rho$ は沪液密度，$\alpha_{av}$ はケークの平均沪過比抵抗である．式(1)と式(3)は定圧沪過*における沪液量 $v$ と沪過時間 $t$ の関係，式(2)は沪過速度 $u_1$ と沪液量 $v$ の関係を表す．したがって，定圧沪過実験データを $dt/dv(=1/u_1)$ 対 $v$，または $t/v$ 対 $v$ としてプロット（ルース・プロット*）すると直線関係が得られるので，式(2)または式(3)の関係を用いると，定圧沪過係数 $K$ が求まる．さらに，得られた $K$ の値を式(4)に用いると，平均沪過比抵抗 $\alpha_{av}$ が求められる．

［入谷 英司］

## ルース・プロット Ruth's plot

定圧沪過*実験データの解析のためのプロット法．沪過速度 $u_1$ の逆数値を単位沪材面積ごとの沪液量 $v$ に対してプロットすると，直線関係が得られる．また，沪過時間 $t$ を沪液量 $v$ で割った値 $t/v$ を沪液量 $v$ に対してプロットしても，直線関係を示す．これらのプロットをルース・プロットとよび，実験データのルース・プロットからルースの定圧沪過係数*や平均沪過比抵抗が容易に求められる（⇒ルースの定圧沪過式）． ［入谷 英司］

## ルーツポンプ roots pump

まゆ形をした2個のローターを互いに逆回転させ，その間にできる空間を利用して気体を吸引，吐出して真空をつくりだすポンプ．2個のローター間にはわずかの間隙をあけて，金属どうしの接触を避けている．（⇒真空ポンプ） ［伝田 六郎］

## ルーバーしゅうじんき ——集じん機 louver type dust collector

図に示すように，羽根列型分級機を集じんの目的で使用したものであるが，微細なダストまで高効率で捕集しにくいので，主集じん装置の前置集じん機として利用されることが多い．圧損はきわめて低くなり，分離径は約20〜100 μm 程度と比較的大きい．

［吉田 英人］

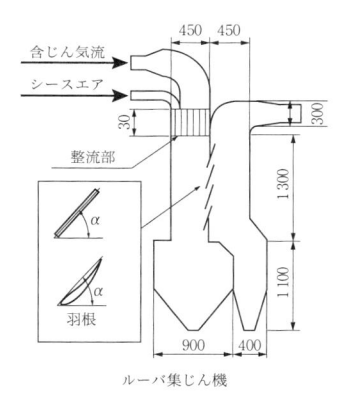

ルーバ集じん機

## ループがたじゅうごうき ——型重合器 loop polymerization reactor

ジャケット付きパイプをループ状にし，単位体積あたりの除熱面積を大きくとった重合器*．内容物を高速で循環させることにより，除熱速度を増大させることができる．さらに除熱が不足する場合には，熱交換器をループに組み込むこともある．

［浅野 健治］

## ルルギちゅうしゅつき ——抽出機 Lurgi extractor

ドイツの Lurgi 社の設計による移動層*型の連続多段式固体抽出*装置．図のように，固体原料がコの字形の仕切りの付いたベルトコンベヤー*で運ばれる間に抽剤*が上から噴霧される．単式と複式があり，複式は上下2段のコンベヤーからなり，上段で抽出を終えた固体原料が下段に落下し，フレイク層を崩してミセラ*の不均一接触を防ぎ，上段とは逆方向に移動しつつさらに抽出が行われる．

［清水 豊満］

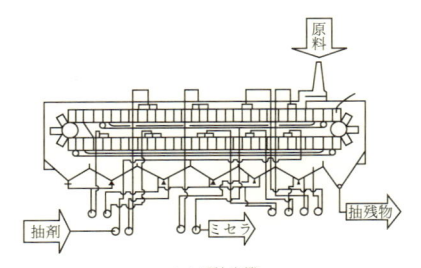

ルルギ抽出機
[USP 4857279, Fig. 5B, 一部修正]

**ルーワがたじょうはつかん** ──型蒸発缶　Luwa evaporator
　⇒蒸発装置の(q)

**ルーワちゅうしゅつき** ──抽出機　Luwa extractor

　スイスの Luwa 社が開発した液液抽出*装置．図に示すように，垂直の塔内に多段のディスク型の混合翼が偏心軸上に取り付けられており，さらにセトラー部は塔の片側に設置され，ミキサー部とは仕切板で分けられている．セトラー部で相分離された軽液は仕切板の上側の混合部へ入り，重液は仕切板の下側の混合部へと交互に向流*で流れる．処理量は回転円板抽出塔*より小さいが，分散/合一が繰り返され，逆混合もかなり小さいため，抽出性能がよく，操作適用範囲が広いことが特徴といわれている．二つの撹拌軸を有する大口径塔も報告されている．

[平田　彰]

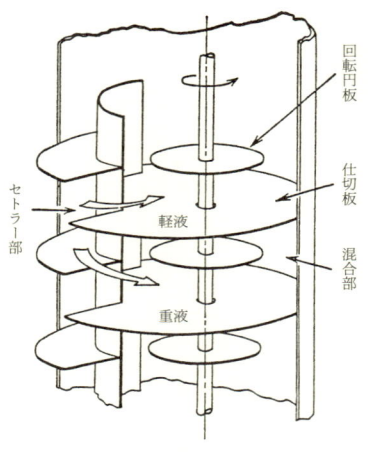

ルーワ抽出機[便覧，改五，図 11・39]

**Rumpf のしき** ──の式　Rumpf's equation

　Rumpf により導かれた粉体層に作用する応力 $\sigma$ と粒子径 $D_p$，粒子間付着力 $H$，粉体層の空隙率*$\varepsilon$，配位数*$k$ の関係表す式で，次式で表わされる．

$$\sigma = \frac{1-\varepsilon}{\pi} k \frac{H}{D_p^2}$$

[日高　重助]

# れ

**れいかんかこう　冷間加工　cold working**
　金属の再結晶温度よりも低い温度で行う塑性加工．一般に融点が高い金属ほど再結晶温度も高い．タングステンでは約 1000 ℃, 鋼では 600 ℃ 以下, スズなどでは常温以下の温度で冷間加工される．再結晶温度以上で行う塑性加工を熱間加工* という．
　　　　　　　　　　　　　　　　　　［礒本 良則］

**れいきほう　励起法　excitation method**
　原子や分子の内部エネルギーを高めて化学反応を起こさせる方法．熱エネルギーを用いる熱励起法，光子エネルギーを用いる光励起法，電子の運動エネルギーを用いる電子衝突励起法などがある．
　　　　　　　　　　　　　　　　　　［島田 学］

**れいきゃくぎょうしゅくき　冷却凝縮器　cooler condenser, inert gas condenser**
　⇒イナートガスコンデンサー

**れいきゃくげんしつ　冷却減湿　dehumidification by cooling**
　湿り空気* をその露点* 以下に冷却すると, 過飽和になった水分が凝縮* して除去される原理に基づいた減湿* 方法．空気調和* 設備においては, 夏期には外気が冷凍機で生成された冷水と熱交換器* を介して冷却減湿され, 室内空気と混合されて所定の温湿度* に調整される．　　　　　　　　　［三浦 邦夫］

**れいきゃくしょうせき　冷却晶析　cooling crystalization**
　冷却によって過飽和状態を生成させて行う晶析．主として回分晶析* に対して用いられる．溶解度の温度係数が大きい系に対してのみ適用可能である．晶析後の母液* に溶質が比較的多量の溶質が残留するという欠点がある．　　　　　　　　　［久保田 徳昭］

**れいきゃくとう　冷却塔　cooling tower**
　冷水塔．冷水装置．直接冷却装置．工業用冷却水を循環使用するために用いられる水の冷却* 装置．温水をその温度よりも低い湿球温度*(厳密には平衡操作温度)をもつ空気と接触させると, 温水は蒸発して潜熱* を失い冷却される．冷却塔はこの原理を利用したもので, 一般には散水装置, ファン, 充填物などで構成される．　　　　　　　　　［三浦 邦夫］

**れいすいそうち　冷水装置　water cooler**
　冷却塔．直接・間接冷却装置．工業用水の節約をはかるため, 温度が高くなった水を冷却* して再使用できるようにするための装置．直接冷却装置* と間接冷却装置* に大別される．前者は温水をその温度より低い平衡操作温度(近似的には湿球温度*)の空気と接触させて, 水を蒸発潜熱* の放出によって冷却する方式で, いわゆる冷却塔* がこれに該当する．後者は伝熱管内に温水を流し, これを管外から冷却する方式であるが, この方式には, 伝熱管外表面にフィンを設けてその表面に外気を強制通風して冷却するエアフィンクーラーと, 伝熱管を強制通風冷却塔の充填物として配置し, 塔内を流下循環する冷却水によって伝熱管内の温水を冷却するエバポラティブクーラーとがある．これらを総称して密閉式冷却塔とよぶこともある．
　直接冷却装置はその形式によって充填塔* 式, 噴霧塔* 式, 泡沫層式に, また通風方式によって強制通風式, 自然通風式, 噴水池および冷水池に大別される．　　　　　　　　　　　　　　　　　［三浦 邦夫］

**れいすいとう　冷水塔　cooling tower**
　⇒冷却塔

**れいてんろくじょうそく　0.6乗則　rule of six-tenthsfactor**
　同種, 同プロセスのプラントコストを推算する場合に使う．プラントの場合コストは容量の 0.6〜0.7 乗に比例することが多い．ただし, 小容量のもの, 温度や圧力などの操業条件が過酷なもの, 機器のスケールアップ* が不可能なものなどは数値が異なってくる．また, 建設工事は現地事情が入るため別途推算が必要なこともある．(⇒ウィリアムスの指数則)　　　　　　　　　　　　　　　［信江 道生］

**レイノルズおうりょく　——応力　Reynolds stress**
　乱流応力*．乱流* になったことにより新たに現れる粘性応力より大きな応力*．乱れによる運動量の拡散によって生じ, 速度の時間的平均値に対する変動分を $u_i'$ または $u_j'(i,j=1,2,3)$ とすれば, 変動速度の積の時間的平均値と密度 $\rho$ の積 $-\rho u_i' u_j'$ で表される．
　Navier-Stokes 式の速度および圧力を, それぞれ

平均分と変動分に分けて $u_i = \bar{u}_i + u_i'$, $p = \bar{p} + p'$ と書いて時間的に平均することによって得られる乱流場の運動方程式*では，層流場の運動方程式で現れる粘性応力以外に新たなレイノルズ応力*が現れることを，1895年 O. Reynolds が導いた．このレイノルズ応力項は非線形であるため，乱流場の運動方程式を解析的に解くことをさらに困難にしたが，このレイノルズ応力と平均せん断速度とを結び付ける現象論により，混合距離*や乱流動粘度*などの概念が生まれ，乱流場の運動方程式の解法に一助を与えた．　　　　　　　　　　　　　　　　　[小川 浩平]

**レイノルズすう　――数　Reynolds number**
流れの状態を表す無次元数*で，流体の密度を $\rho$ [kg m$^{-3}$]，代表速度を $u$ [m s$^{-1}$]，代表長さを $l$ [m]，流体の粘度を $\mu$ [Pa s] とすると $Re = \rho u l / \mu$ と定義され，流体の慣性力の代表量 $\rho u^2 l^2$ と粘性力の代表量 $\mu u l$ の比と理解される．Navier-Stokes 式*を速度，長さ，圧力などの代表量を用いて無次元化すると，粘性項の係数がレイノルズ数の逆数となる．このことより，レイノルズ数により流れに対する粘性の影響が表されることがわかる．フルード数*の影響を考える必要のない場合は，流れの状態はレイノルズ数により代表される．　　　　　　　[吉川 史郎]

**レイノルズすう　――数（粒径基準の） particle Reynolds number**
⇒粒子レイノルズ数

**レイノルズのアナロジー　Reynolds' analogy**
熱輸送と運動量輸送のアナロジーにおいて，プラントル数*および乱流プラントル数*が1であると仮定すると，下記の関係式が得られる（空気が管内を流れる場合に，この条件がなりたつ場合がある）．

$$St = \frac{f}{2}$$

ここで，$St$, $f$ はそれぞれスタントン数*，摩擦係数*である．この関係式をレイノルズのアナロジーという．　　　　　　　　　　　　　　　　[薄井 洋基]

**れいばい　冷媒　refrigerant, coolant**
① 冷凍サイクルの動作流体として熱エネルギーを取り出すために用いられる物質をいう．圧縮冷凍機*の冷媒（refrigerant）としてはフロン［正式にはCFC (chlorofluorocarbon), HCFC (hydrochlorofluorocarbon), HFC (hydrofluorocarbon)］やアンモニアが広く使用されてきたが，オゾン層保護の観点から，塩素を含む R-11 などの CFC は 1995 年に全廃され，同じく塩素を含む R-22, R-123 などの HCFC も 2020 年までに全廃が決まっており，最近の圧縮式冷凍機では塩素を含まない R-134 a, R-407 C などの HFC を使うものが急増している．アンモニア，二酸化炭素，炭化水素などの自然冷媒を使用した圧縮式冷凍機*も，オゾン層保護と温暖化防止の両面にメリットがあるため，徐々に普及しつつある．

② 一般に冷却用の伝熱媒体*として使用されるものを冷媒（coolant）という．普通の冷却水，あるいは冷凍機に用いられるブライン*も単にほかの物質の冷却に用いられる場合には冷媒という．
　　　　　　　　　　　　　　　　　[川田 章廣]

**レイリーこうか　――効果　Rayleigh effect**
浮力効果．異相間の界面を通して熱または物質の移動が生じるとき，これらの移動に伴って局所的に密度差が生じて，流れが誘起される現象．熱および物質の移動に伴う界面撹乱*現象の一つ．加熱面上の流体薄層に Benerd セルとよばれる規則正しい多角形セル状の対流を生じることがあるが，これは熱移動に伴うレイリー効果の例である．[室山 勝彦]

**レイリーすう　――数　Rayleigh number**
自然対流伝熱*におけるグラスホフ数* $Gr$ とプラントル数* $Pr$ の積 $Gr \cdot Pr$ で与えられる無次元数*で，体膨張による自然対流伝熱*と伝導伝熱*の比を表し，$Ra$ または $N_{Ra}$ と記す．ウェーバー数*の平方根（液ジェットの分裂現象）や，直立管の入口から距離 $x$ における自然対流伝熱*と強制対流伝熱*との共存現象に対する $Gr \cdot Pr \cdot Nu / (D/x)$ もレイリー数とよばれている．この名称は，英国の物理学者 L. Rayleigh の名にちなんで名づけられた．
　　　　　　　　　　　　　　　　　[渡辺 隆行]

**レイリーのしき　――の式　Rayleigh's equation**
単蒸留*における留出量とスチル液組成との関係を与える式．1902年に L. Rayleigh によって導かれた．

$$\ln \frac{F_0}{F_0 - D} = \int_x^{x_0} \frac{dx}{y - x}$$

ここで $F_0$ はスチルの仕込み量，$x_0$ は仕込み液組成，$D$ は留出量，$x$ は留出量 $D$ のときのスチル液組成，$y$ は $x$ に平衡な蒸気組成である．留出率を $\beta (= D/F_0)$ とすれば，留出液組成 $x_D$ は次式で与えられる．

$$x_D = \frac{x_0 - (1 - \beta) x}{\beta}$$

　　　　　　　　　　　　　　　　　[小菅 人慈]

**レオペクシーりゅうたい　――流体　rheopectic fluid**
せん断応力*とせん断速度*の関係を示す流動曲

線\*において，せん断応力が一定のときに時間の経過とともに見掛け粘度が増加し，静止してももとの状態に戻らない性質を有する流体．ベントナイトゾルのように異方性粒子の懸濁液に代表される．これと逆の現象を示す流体がチキソトロピー流体\*である． 　　　　　　　　　　　　　　　　［小川 浩平］

## レオロジー　rheology

物質の変形，流動などの種々の力学的挙動を取り扱う学問分野．1929年 E.C. Bingham によって，ギリシャの哲人ヘラクレイトスの言葉 "万物は流転する" にちなんでレオロジーの名が与えられた．物質の変形は，弾性変形，塑性流動および粘性流動の三つが基本となり，それぞれもっとも簡単な場合を表すフックの法則\*，ビンガムの式，ニュートンの法則\*が学術的基礎を与えてきた．実際の物質はこの3基本形に時間の要素が加わった複雑な挙動を示す場合が多く，レオロジーのもとに分子論，結晶構造などの微視的見地および巨視的現象の両面から解明，体系化がはかられているが，まだ両面の結び付きは完全ではない． 　　　　　　　　　　　　　　　［小川 浩平］

## レオロジーこうせいほうていしき　――構成方程式　constitutive equation, rheological equation of state

物質の原始や分子構造には触れないで，物質特有の力学的挙動を表現する連続体視点に立ち，力学の応力テンソルのような力学的変数と，変形速度テンソルのような運動学的変数との関係を記述するモデルを表す方程式．すべての連続体に対して成立するCauchyの運動方程式\*中の応力テンソルを，対応する連続体のレオロジー構成方程式を用いて書き改めれば，変形速度テンソル，すなわち速度勾配などを用いた運動方程式\*に変換できる．ニュートン流体\*に対するレオロジー構成方程式を用いて書き改めれば，Navier-Stokes 式が得られる．　　　［小川 浩平］

## レキュペレーター　recuperater

ボイラーの煙道ガスやパイプの中の蒸気を熱源とし，燃焼用空気の予熱に使用する装置．利用例としては，燃焼用空気の予熱のほかに，悪臭ガスや流動層の流動空気の予熱などがある．　　　　［亀山 秀雄］

## レギュラーレジーム　regular regime

温湿度が一定の熱風を用いた定常乾燥条件下における等材料温度乾燥速度\*が，材料に固有のパラメーターを使用することで，材料厚みと初期含水率\*の相違にもかかわらず，乾燥後半に一致する期間．収縮性均質材料\*，親水性材料\*，非親水性材料\*でみられる．平板のみならず円柱や球でもみられる．

　　　　　　　　　　　　　　　　　［今駒 博信］

## レクチゾールほう　――法　Rectisol process

酸性ガス成分をその分圧に応じて吸収しやすい有機溶媒を用いる物理吸収\*プロセスの一つで，高分圧，低温などの操作条件が適している．メタノールは低温で $H_2S$ および $CO_2$ に対して高い溶解度を示すことを利用した吸収プロセスである．次のような利点がある．① 溶媒が熱的，化学的に安定で劣化がない，② 腐食性が少ない，③ 溶媒が安価である，など．たとえば，$-10℃$ で $H_2S/CO_2$ 溶解度比は約5であり，燃料ガスまたは工業原料ガスの精製に用いられる．次のような操作例がある．圧力約2 MPa，温度200 K の条件で石炭ガスをメタノールと接触させ，ガス中の $H_2S$, $CO_2$, 含硫黄有機化合物，HCN，ベンゼンなどをメタノール中に物理吸収させて除去する．吸収液の再生はフラッシュ放散および蒸留により行われる．　　　　　　　　　　　［渋谷 博光］

## レーザー　laser

light amplification by stimulated emission of radiation (放射の誘導放出による光の増幅) の各単語の頭文字をとって名づけられた，誘導放出を利用して光の増幅や発振を行わせる装置．装置の基本構成は誘導放出に必要な反転分布をつくるための媒体としてのレーザー物質，励起用装置，光共振器である．励起によってレーザー物質中に反転分布状態が生じると，自然放出をきっかけとして位相や方向，偏光成分がそろった光の誘導放出が起こる．これを光共振器の中で繰り返し行わせて利得が損失を上回るようにできると，レーザー発振が可能となる．その結果，単色性，指向性，収束性，干渉性に優れた光を取り出すことができる．

レーザー物質によってレーザーの種類を区別することが多い．気体 (ヘリウムネオンレーザー，エキシマーレーザー，炭素ガスレーザーなど)，液体 (発振波長可変の，色素を溶液とした色素レーザーなど)，固体 ($Nd^{3+}$ イオンを含む YAG レーザー，ルビーレーザーなど)，半導体 (半導体レーザー) など，多数の媒体にわたる．また，波長領域はミリ波から真空紫外領域にまで広がっている．励起には光を用いる光ポンピングが一般的に用いられるが，化学反応により生じる反転分布を利用する化学レーザーも知られている．発振の方法によって一定振幅の光を連続的に出力する連続発振のレーザー，あるいはパルス発振のレーザーがあるが，光パルスの時間幅はフェムト秒領域にまで至っている．

レーザーはいまや基礎科学分野に不可欠の装置で

あるが，計測，加工，情報処理・通信，反応工学*，エネルギーなどの工学諸分野においても幅広く応用されるようになっている． [幸田 清一郎]

**レーザーシー・ブイ・ディー ──CVD** laser CVD

レーザー*光の照射により，原料ガス中の特定の反応活性種を選択的に励起し，これにより生じたイオン，ラジカルなどの化学種を利用して薄膜や微粒子などの固体材料を合成する方法． [島田 学]

**レーザードップラーりゅうそくけい ──流速計** laser Doppler velocimeter

LDV．流体中に存在する光散乱*微粒子にレーザー*光を入射して，ドップラー効果による散乱光の周波数変化を検出し，流速を測定する計測器．非接触測定，応答が速い乱流測定，数〜数十μm程度の局所的な測定などが可能であり，流速測定範囲もきわめて広い．測定方式には，光学的ヘテロダイン方式とフリンジ(干渉じま)方式，また前方散乱型と後方散乱型，といった区別がある．しかし，いずれの場合にも，微粒子の速度(≒流体の速度)は信号周波数に比例し，校正の必要がない．微粒子としてはレーザー光の波長程度($1\mu m$程度)の粒径のもので，形状がそろったものが好ましい． [黒田 千秋]

**レーザーピー・ブイ・ディー ──PVD** laser PVD

製造物と同じ物質のバルク固体に高エネルギーのレーザー*光を照射して蒸発・昇華させ，基板上や空間中での冷却および固相再析出により薄膜や微粒子を製造する方法．一般に，減圧の不活性ガス中で行われる． [島田 学]

**レシオせいぎょ ──制御** ratio control

比率制御．二つの出力変数*の比率を制御量*とする制御であり，燃料流量変化に対して，適切な空燃比を保つように空気流量を操作するなど，混合が伴うプロセスでよく用いられる． [橋本 芳宏]

**レシジュアルきょくせん ──曲線** residual curve

単蒸留*操作において時間とともに変化するスチル内の液組成の軌跡を(三角)図に表したもの．矢印の向きは，温度が高くなる方向または単蒸留操作で時間の進む方向を正にとる．これにより，任意の原料組成に対する濃縮過程を推定することができる．たとえば，二成分系あるいは三成分系共沸点*を有する三成分系混合物の場合，与えられた原料組成に対して塔頂あるいは塔底でどの純物質，あるいは共沸点が得られるかなどを知ることができる．このため，プロセスを設計するさいに広く用いられる． [小菅 人慈]

**レジストポリマー** resist polymer

LSI(大規模集積回路)などの電子部品の高精度微細加工に使用されるポリマー*．半導体のリソグラフィー工程において，基板に塗布された後，マスクパターンを介した露光による光反応と現像処理により，マスクパターンを転写したレジストパターンとなる．次に下地のエッチング，ドープ，めっきなどの加工を行い不要となったレジストパターンは除去される．レジストは光照射部分が不溶化するネガ型と可溶化するポジ型に分類される． [浅野 健治]

**レスポンシブル・ケアかつどう ──活動** responsible care

RC．レスポンシブル・ケアは1985年にカナダで生まれた．1990年に国際化学工業協会協議会が設立され，日本では1995年日本レスポンシブル・ケア協議会が設立された．活動内容は，① 環境保全(リサイクル・産業廃棄物削減，地球温暖化防止，大気水質汚染物質削減，PRTR制度取組みなど)，② 保安防災，③ 労働安全，④ 化学品・製品安全，⑤ 物流安全，であり，活動成果を公表して社会とのコミュニケーションを進めている． [服部 道夫]

**れっか 劣化(触媒の)** fouling

固体触媒の活性*が使用時間の経過とともに低下すること．劣化の原因には，触媒*の物理的破損，触媒物質の化学的変化，結晶の成長による表面積の減少，反応に伴って副生するタール状物質による汚損，あるいは原料中の不純物による被毒*などがある．触媒の活性が実用上不適当な程度に低下するまでの使用時間を触媒の寿命とよび，触媒の実用性などを評価するうえでの一種の指標となる．

なお，プラスチックやゴムなどの特性が，熱，光，酸素，湿気などが原因となって時間とともに損なわれていく現象も劣化(deterioration)という．

[大島 義人]

**レドリッヒ-キスターのしき ──の式** Redlich-Kister's equation

活量係数*式の一つ．O. RedlichとA.T. Kister (1948)は，モル過剰ギブス自由エネルギー$G_m^E$を次式のようにモル分率$x$の展開式で与えた．

$$G_m^E = x_1 x_2 \{A + B(x_1 - x_2) + C(x_1 - x_2)^2 + D(x_1 - x_2)^3 + \cdots\}$$

ここで，$A, B, C, D, \cdots$はパラメーターであり，下の添字1，2は成分1，2を表す．たとえば，第2項までで打ち切って，成分1と2の活量係数*$\gamma$を熱力

学関係式を用いて導出すると次式となる.
$$RT \ln \gamma_1 = (A+3B)x_2^2 - 4Bx_2^3$$
$$RT \ln \gamma_2 = (A-3B)x_1^2 + 4Bx_1^3$$
[岩井 芳夫]

**Redlich-Kwong しき ――式** Redlich-Kwong's equation

O. Redlich と J. Kwong によって 1949 年に提案されたファンデルワールス型状態方程式.
$$p = \frac{RT}{V_m - b} - \frac{a}{T^{0.5}V_m(V_m + b)}$$
ここで, $a$, $b$ は物質定数であり, 臨界圧力 $p_c$, 臨界温度 $T_c$ を用いて次のように表される.
$$a = \frac{0.4278R^2 T_c^{2.5}}{p_c}, \quad b = \frac{0.0867RT_c}{p_c}$$
[猪股 宏]

**レナード-ジョーンズ(12-6)ポテンシャル** Lennard-Jones (12-6) potential

分子の間にはたらく相互作用ポテンシャル $\phi$ を表す代表的関数であり, $\phi(r) = 4\varepsilon\{(\sigma/r)^{12} - (\sigma/r)^6\}$. ここで $\varepsilon$ はポテンシャルの深さ, $\sigma$ は分子径 (衝突直径), $r$ は分子間(分子の中心間)距離である.
[新田 友茂]

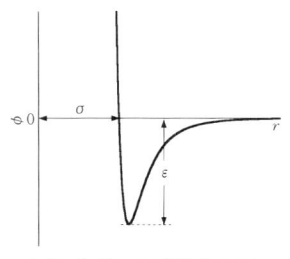

レナード-ジョーンズポテンシャル

**レベックしき ――式** Lévêque's equation

分離膜の表面近傍の濃度分極*層内における物質移動係数を与える相関式. 次式で示され, 膜モジュール内の流れが層流の場合に用いられる.
$$N_{sh} = 1.62\left(\frac{N_{Re}N_{Sc}d_h}{L}\right)^{1/3}$$
ただし,
$$100 < \frac{N_{Re}N_{Sc}d_h}{L} < 5000$$
ここで, $N_{sh}$, $N_{Re}$, $N_{Sc}$, $d_h$ および $L$ は, それぞれ, シャーウッド数, レイノルズ数, シュミット数, 流路の相当直径および流路長さを表す. [鍋谷 浩志]

**れんけつけっさん 連結決算** consolidated settlement of accounts

親会社, 子会社, 関連会社の財務内容を結合した決算. 企業は連結財務諸表の形でその決算内容を公開する方向にある. [中島 幹]

**れんさいどうはんのう 連鎖移動反応** chain transfer reaction

連鎖反応*において連鎖担体*の種類が変化する反応. 水素と塩素から塩化水素が生成する反応では, 連鎖担体が塩素ラジカルから水素ラジカルへ交互に変わる. 連鎖重合では, 一般に開始剤, 溶媒, モノマーなど共存する成分への連鎖移動が生じる.
[今野 幹男]

**れんさじゅうごう 連鎖重合** chain polymerization

連鎖反応*によって進行する重合. 通常, 連鎖担体*が生じる開始反応, 連鎖担体にモノマーが次々と反応してポリマー*鎖を生じる成長反応, 連鎖担体がモノマーや溶媒分子などに移動する連鎖移動反応, 連鎖担体が失活する停止反応の各素反応からなる. 連鎖担体がラジカル種のラジカル重合*とイオン種のイオン重合*に大きく分けられる. 特定の反応条件下では, 連鎖移動反応と停止反応がまったく起こらない連鎖重合が可能であり, リビング重合*とよばれる.
[橋本 保]

**れんさたんたい 連鎖担体** chain carrier

連鎖てい伝体. 連鎖反応*の中間体として連鎖を継続させる役割をもつ反応活性種. 連鎖担体は通常, イオンや遊離基として存在する. 連鎖成長反応でほかの反応種を生成するとともに再生され, 連鎖反応が進行する. [今野 幹男]

**れんさはんのう 連鎖反応** chain reaction

連続した反応より構成される複合反応*の1形式. 初めの反応で生じた不安定な中間体(連鎖担体*)が, ほかの成分との反応によって再生する反応では, 連鎖的に反応が持続するので, これを連鎖反応とよぶ. 爆発反応やビニル化合物のイオンあるいはラジカル重合はその例である. 連鎖反応は, 不安定な中間体(連鎖担体*)が生成する開始反応*, 同じ反応が繰り返される連鎖成長反応*, 連鎖担体が消滅する停止反応*よりなる. 連鎖担体は活性の高い反応中間体であるので, 反応の初期や後期を除いて, 連鎖担体の濃度は低く, 定常状態近似*が成立する. このとき開始反応による連鎖担体の生成速度と停止反応による連鎖担体の消失速度は等しく, 連鎖反応の全反応速度は成長反応速度にほぼ等しくなる. 一般には成長反応は単純ではなく, 連鎖移動反応*を含む場

合があり，また1個の連鎖担体の消滅が2個の連鎖担体を生む場合もあり，これは爆発反応でみられる．

[今野 幹男]

## れんぞくしきしょうせきそうち　連続式晶析装置　continuous crystallizer

粒子群の製造または高度な分離・精製を目的として操作される晶析装置で，連続的に原料が供給され，同時に連続的に製品と残渣が取り出される運転方式をとる装置の総称．一般に，生産量の多い製品の場合に用いられる．定常状態では，装置で生じている諸現象(溶媒の蒸発，核化，成長，凝集，発汗など)が一定の速度を保って進行している．とくに完全混合型を仮定できる装置では，装置内の粒子群の粒径分布と懸濁密度は，溶液の平均滞留時間と核発生速度および成長速度の三つの因子で決定される．

[松岡 正邦]

## れんぞくじょうりゅう　連続蒸留　continuous distillation

段塔*や充塡塔*の中央部に原液を連続的に供給し，蒸留することによって塔頂から低沸点成分*に富む留出液*を，塔底から高沸点成分*に富む缶出液*をそれぞれ製品として連続的に抜き出す操作．

[森 秀樹]

## れんぞくそう　連続相　continuous phase

2相が混在している場合，一つの相はある大きさで個々に独立して分散しているのに対し，ほかの相はそれを囲んで相としては続いている．前者を分散相*というのに対し，後者を連続相という．煙霧体では空気が，また牛乳では水が連続相である．なお，高分子混合物の相分離のさいには2相とも連続相となる共連続な構造をとる場合がある．

[宝沢 光紀]

## れんぞくそうがたはんのうき　連続槽型反応器　continuous stirred tank reactor

CSTR．槽型の流通反応装置の一つで，反応装置の中の成分濃度と温度が均一となる流れ(完全混合流れ*)で表される反応器．反応器の設計方程式は次のようになる．

$$V_T = \frac{F_{A,in}}{(-r_A)} X_A$$

反応器の容積を $V_T$ とし，反応物Aの反応器入口の物質量流量を $F_{A,in}$，出口の物質量流量を $F_{A,out}$，反応器内の単位体積あたりのAの消失速度を $(-r_A)$ とする．定常状態での物質収支は，$F_{A,in} - F_{A,out} + r_A V_T = 0$．Aの反応率は $X_A [= (F_{A,in} - F_{A,out})/F_{A,in}]$．

反応速度が反応物濃度 $C_A$ の低下とともに小さくなる場合，同じ反応率を得るための反応器容積は，押出し流れ反応器と比べて大きくなるが，これは完全混合によって反応器内の反応物濃度が希釈されるためである．

[長本 英俊]

## れんぞくそうさ　連続操作　continuous operation

流通式操作．原料を装置入口より連続的に供給し，出口から製品を連続的に取り出す操作法．これに対して，一定時間ごとに装置内の物質を入れ替える操作を回分操作*という．一般に連続操作では操作条件を一定に抑さえ，時間的に変動のない，いわゆる定常状態で操作が行われる．連続操作は一般に固定費*が高いという欠点をもつものの，大規模なプロセスに適しており，蒸留*やガス吸収*，抽出*，乾燥*，沪過*などの単位操作*に工業的に広く適用されている．

[大島 義人]

## れんぞくのしき　連続の式　equation of continuity

質量保存式．流体の流れに対する質量保存則から導かれた式．流体中の任意の点の座標 $x_i$ を独立変数として微小領域に質量保存則を適用して導いたオイラーの方法による連続の式と，ある領域を占めていた流体が時間の経過に従って，どのように変化していくかというラグランジュの方法による連続の式の二つがある．両者は互いにほかに変換することができる．オイラーの方法による連続の式では，

$$\frac{\partial \rho}{\partial t} + \mathrm{div}(\rho V) = 0$$

となる．ラグランジュの方法による連続の式では，

$$\frac{D\rho}{Dt} + \rho \mathrm{div} V = 0$$

非圧縮性流体では $\rho$ が一定であるから，

$$\mathrm{div} V = 0$$

となる．

[渡辺 隆行]

# ろ

**ロイヤルティー** royalty
　知的財産権の権利者からライセンス(実施許諾,利用許諾,使用許諾)を受けたさいに,ライセンスの対価として支払われる使用料のこと.　　[松本 英之]

**ろうしゅつきょくせん　漏出曲線** breakthrough curve
　⇒破過曲線

**ろうしゅつてん　漏出点** breakthrough point
　⇒破過点

**ろうどうせいさんせい　労働生産性** labor productivity
　生産量を労働投入量で割った比率.労働投入量は労働者数あるいは延べ総労働時間とする.すなわち労働者 1 人あたり,ないしは労働者 1 時間あたりの生産額で示される.生産量を生産物の量で示したものを物的生産性,価格で示したものを価値生産性という.　　[溝口 忠一]

**ろうどうぶんぱいりつ　労働分配率** labor's relative share
　国,産業,企業において所得ないしは付加価値額*に占める労働者の取り分の割合.企業の財務分析では,人件費を付加価値額で割った率で示す.国のようなマクロ経済を対象として分析を行う場合は,雇用者所得を国民所得で割った率で示すことが多い.
　　[溝口 忠一]

**ろえき　沪液** filtrate
　流動性のある固液混合物,すなわちスラリーを種々の多孔質物質の沪材*によって沪過*したとき,沪材を通過して固体物質と分離された清澄液.
　　[入谷 英司]

**ろえきりょう　沪液量** filtrate volume
　沪過*操作において,沪材*を通過して分離される沪液*の積算体積.沪液体積は,同一条件においては沪材面積に比例して増大するので,沪材面積で割っ

た値で議論されることも多い.　　[入谷 英司]

**ろか　沪過** filtration
　スラリー中に懸濁している不溶解物質を沪布*,沪紙,金網,膜,粒子層などの沪材*により捕捉粒子と沪液*とに分離する操作で,古くから工業の広範な分野で用いられている.広義には,気体中の浮遊固体または液体の微粒子を,同様の方法で気体と分離する操作も沪過であるが,この場合には通常,沪過集じん*とよぶ.沪過の対象となるスラリー*の固体濃度は,数 ppm の希薄スラリーから,20 vol% 程度の濃厚スラリーにまで及ぶ.1 vol% 以上の固体を含むスラリーの沪過をケーク沪過*,0.1 vol% 以下の場合を清澄沪過*という.沪過機構からは,沪材またはケーク*表面で機械的に粒子を捕捉する表面沪過と,沪材層内部で物理的または化学的に粒子を捕捉する深層沪過*(内部沪過*)に分類できる.
　沪過操作は,必要な圧力差を操作中一定に保つ定圧沪過*,沪過速度を操作中一定に保つ定速沪過*,および渦巻ポンプを使用した場合のように沪過圧力と沪過速度がともに変化する変速変圧沪過に分類される.定圧ケーク沪過はルースの定圧沪過式*で記述でき,沪過の進行とともに,沪材面上に形成される沪過ケークが成長し,沪過速度はしだいに減少する.　　[入谷 英司]

**ろかあつみつ　沪過圧密** filtration consolidation
　⇒水力学的圧搾

**ろかけいすう　沪過係数** filtration coefficient
　阻止率*.深層沪過*では,沪材*層内部のある位置における粒子の捕捉がその位置での粒子濃度の一次に比例するという速度式がなりたち,その比例定数を沪過係数という.沪過係数は一定ではなく,沪過*の進行とともに沪材*層内に捕捉された懸濁固体量の増加に伴い変化する.　　[入谷 英司]

**ろかじょざい　沪過助剤** filter aid
　スラリー中に懸濁する微粒子やコロイド状物質などを吸着または包合させることによって,沪過*抵抗の低減,沪材*の目詰りの防止,または高清澄度の沪液*を得ることを目的として使用される粒状物質.沪過助剤の使用法には,プリコート沪過*とボディーフィード沪過*とがある.沪過助剤として必要な要件は,かさ密度が小さく,沈降性が低いこと,非圧縮性で透過抵抗が小さいこと,沪液に対して化学的に安定であることなどである.けいそう土沪過助剤*が代表的であり,そのほかパーライト,アスベスト,セルロース,カーボン,酸性白土,ベントナイト,活性炭*なども用いられる.沪過助剤使用の欠

点としては，一般にケーク*の精製が不便になり，また沪液の収率が低下しがちになることである
[入谷 英司]

**ろかていこう　沪過抵抗　filtration resistance**
膜沪過における透過液の流れに対する抵抗．沪過抵抗には，膜そのものが有する抵抗，濃度分極*により形成される境界層の抵抗，膜表面に形成されるゲル層，スケール層，ケーク層などの付着層の抵抗，膜細孔内目詰りによる抵抗がある．
[鍋谷 浩志]

**ろかひていこう　沪過比抵抗　specific filtration resistance**
沪過*抵抗は，沪過圧力を沪過速度と沪液*粘度で割ったものであり，単位沪過面積上に堆積したケーク*の固体単位質量ごとの沪過抵抗*を沪過比抵抗といい，ケークの特性値である．沪過比抵抗には，部分沪過比抵抗と平均沪過比抵抗とがある．
ケーク内の位置 $\omega$（ケーク底面からその位置までに存在する単位面積ごとの固体体積）における固体粒子からみた沪液の見掛けの相対速度 $u$ は，次式で表される．

$$u = \frac{1}{\mu \alpha \rho_s} \frac{\partial p_L}{\partial \omega}$$

ここで，$\alpha$ を部分沪過比抵抗といい，ケーク内の位置 $\omega$ における沪過比抵抗を表す．$\mu$ は沪液粘度，$\rho_s$ は固体粒子の真密度*，$p_L$ は部分液圧である．ケーク抵抗*$R_c$ は，次式のように単位面積ごとのケーク中の固形分質量 $w$ に比例し，その比例定数 $\alpha_{av}$ を平均沪過比抵抗といい，ケーク全体の平均的な沪過比抵抗を表す．

$$R_c = \alpha_{av} w$$

平均沪過比抵抗 $\alpha_{av}$ が大きいほど沪過しにくく，圧力の影響を受ける場合を圧縮性ケーク，圧力によらず一定値を示す場合を非圧縮性ケークという．
[入谷 英司]

**ろかめんせききゅうしゅくしょうがたろかしけんき　沪過面積急縮小型沪過試験器　test filter with sudden reduction in filtration area**
孔あきディスクを挿入して，沪過*の途中で沪過面積が急縮小するように工夫された沪過試験器．ケーク*がディスク下部に達するとケークの表面積が急減し，沪過速度が著しく減少する．このことを利用して，ケークの正確な平均空隙率が求められる．
[入谷 英司]

**ローキャットほう　――法　LO-CAT process**
Gas Technology Products LLC（近年 Merichem Chemicals & Refinery Services LLC が資本参加）がライセンスする $H_2S$ 除去プロセス．鉄キレート触媒を溶解させた水溶液を吸収液として用い，ガス中の $H_2S$ を酸化して単体硫黄にし，その硫黄を回収するプロセスである．本プロセスは酸化・還元を繰り返すいわゆる Redox プロセスの一つで，鉄触媒は再生使用される．酸性ガスの中で $H_2S$ だけが除去される（$CO_2$, COS などは除去できない）．溶解度の制約から高濃度の吸収液を循環使用することができないため，高濃度かつ大量の $H_2S$ 除去にはやや不適で，比較的中小規模の設備に実績が多い．石油精製，ガス精製，バイオ関連ガス精製，地熱発電ガス精製など広範囲な用途がある．
[渋谷 博光]

**ろさい　沪滓　filter cake**
⇒ケーク

**ろざい　沪材　filter medium**
スラリー中に懸濁している固体粒子を捕捉する目的で使用する多孔性物質．沪材として具備すべき要件は，① 沪過*開始後まもなく沪材の細孔上に粒子の架橋現象が起こり，希望する清澄度の沪液*が得られること，② 粒子の目詰りを起こさず，沪材抵抗*が小さいこと，③ 十分な強度があり，化学的，微生物的，熱的に安定で寿命が長く，ケークのはく離性に優れていること，などがあげられる．
沪材には次のようなものが使用されている．① 繊維状物質：各種繊維の織布*，沪紙やフェルトおよび不織布*，高分子膜，スポンジ，紙パルプ，または繊維状物質チップなど．② 粒状物質：炭末，粘土，けいそう土，砂れきなど．③ 多孔性物質：多孔性陶磁器，岩石，孔あき板，焼結金属，セラミック膜，プラスチックなど．繊維状物質のうち各種の合成繊維は天然繊維に比べ一般にやや高価であるが，化学的，物理的，または熱的性質が優れている．また最近では，分離膜が精密沪過*や限外沪過*操作において急速に普及してきた．
[入谷 英司]

**ろざいていこう　沪材抵抗　filter medium resistance**
沪過*において，沪液*の流動に対して沪材*の与える抵抗のこと．ケーク沪過*における沪過速度 $u_1$ は，次式で与えられる．

$$u_1 = \frac{p}{\mu(R_c + R_m)}$$

ここで，$p$ は沪過圧力，$\mu$ は沪液粘度，$R_c$ はケーク抵抗*，$R_m$ は沪材抵抗である．沪材の選択が適切であれば，沪材抵抗はケーク抵抗に比べて無視できるが，沪材を繰り返し使用すると目詰りが進行し，ケーク*と等価な程度の抵抗値をもつ場合もある．

[入谷 英司]

**ろさいろか　沪滓沪過　cake filtration**
⇒ケーク沪過

**ろざいろか　沪材沪過　filter medium filtration**
⇒清澄沪過

**ロジスティックス　logistics**
　企業活動のなかでの物流には，原料の調達物流，原料から製品の出荷までの生産物流，製品の顧客までの販売物流があるが，原料調達から，生産，販売までの物質物流を経営戦略のなかで，最適なトータル活動として管理し，実行する活動をいう．
[溝口 忠一]

**ロジン-ラムラーぶんぷ　——分布　Rosin-Rammler distribution**
　ドイツのRosinとRammlerが1933年，石炭など種々の粉砕物のふるい上積算分布を表すのに提案した，次式で表される粒径分布の一つの表示法．
$$R(x) = \exp(-bx^n)$$
ここで$b$，$n$は定数．$n$は均等数とよばれ，$n$が大きいほど分布が狭い．$b = x_e^{-n}$と置き換えると，次式になる．
$$R(x) = \exp\left\{-\left(\frac{x}{x_e}\right)^n\right\}$$
ここで，$x_e$は粒度特性指数とよばれる一種の代表径*で，ふるい上積算分布が36.8%になる粒度を表す．粉砕などで得られるような分布の幅が比較的広い粉体では，これらの式で近似できる場合が多い．
[横山 豊和]

**ローセレクタースイッチ　low selector switch, LS**
⇒オーバーライド制御

**ロータリーきゅうちゃくユニット　——吸着——　rotary adsorption unit**
　ガラスやアルミナからなる無機繊維紙の表面に粉末を吹き付けたり，繊維紙の空隙に合成固着させたりして作製したシート状の吸着剤を，コルゲート加工して同心円状に巻き上げて無数のハニカム（またはモノリス）構造に成形した吸着剤のこと．この円筒状吸着材を低速で回転させ，シールを介して分割した二つの区間で，低温での吸着分離と高温での脱着*再生を繰り返すサーマルスイングサイクル*に利用される．
[広瀬 勉]

**ロータリーキルンしょうきゃく　——焼却　rotary kiln incineration**
　ロータリーキルンとは水平面に対してわずかな傾斜角を有した長い円筒状の炉のこと．この炉を利用して廃棄物を焼却するプロセスをさす．

[成瀬 一郎]

**ロータリーしきせいけいき　——式成形機　rotary type molding machine**
　回転式成形機．機械や金型が，あるステーションから次のステーションへ順次連続的に移動し，回転軸を1周する間に全成形工程を完了するようにした成形機．
[田上 秀一]

**ロータリーフィーダー　rotary feeder**
　ロータリーバルブ．数枚の羽根を有する回転羽根の間にホッパー*からの粉粒体を受け，半回転後に主として重力により下方へ排出する供給機．回転羽根（ローター）はケースに収められているが，羽根とケースのすき間への粒子のかみ込みに対し，必要に応じて過負荷防止のシャーピンを用いる．構造が比較的簡単であり，小型で取付けが容易，供給量の回転数による変更が容易，圧力差のあるところへの供給が可能，上部ホッパー内粉体レベルの影響が小さいなどの特徴がある．流量と回転数の関係を示す静特性は，回転数の増加とともに正比例からしだいに飽和し，減少する傾向を示す．操作は正比例する線形範囲で行うのが普通である．微粉体では脈動を生じ，流量変動が大きくなるが，回転羽根や粉体流入口の形状を工夫することによってある程度平滑化できる．なお，サイロ*などの貯槽の爆発時の安全弁としての効果もあり，火炎防止に役立つともいわれている．
[増田 弘昭]

**ロータリーフィルタープレス　rotary filter press**
　回転円板型沪過器．フィルターシックナー*の一種で，図のように両面に沪布*を設けた固定円板（沪過板）と回転撹拌円板を交互に配列して沪室が構成され，沪室にスラリーを供給して撹拌しつつ加圧沪過を行うケークレス沪過*器．円板の高速回転によって生じるスラリーの高速流動によってケーク*の成長が阻止され，事実上定圧下で定速沪過*が行われる．また，掃流された濃厚ケークは激しい撹拌作

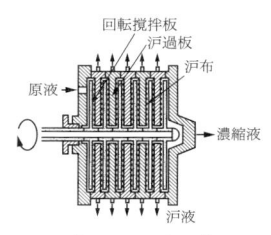

ロータリーフィルタープレス

用によって，チキソトロピックな流動性を与えられるので，弁の開閉で簡単に排出でき，沪過*濃縮が行われる． [入谷 英司]

**ロックハルト-マルチネリのそうかんほう ――の相関法** Lockhart-Martinelli's correlation

気液二相流*の摩擦損失$(\Delta p/\Delta l)_F$を，液相または気相が単層で流れたとしたときの摩擦損失$(\Delta p/\Delta l)_L$または$(\Delta p/\Delta l)_G$の比として次式で表す相関法．

$$\left(\frac{\Delta p}{\Delta l}\right)_F = \Phi_G^2\left(\frac{\Delta p}{\Delta l}\right)_G = \Phi_L^2\left(\frac{\Delta p}{\Delta l}\right)_L$$

ここで，パラメーター$\Phi_G$, $\Phi_L$は変数$X$のみの関数として与えられる．ただし，$X=\{(\Delta p/\Delta l)_L/(\Delta p/\Delta l)_G\}^{1/2}$．(⇒気液二相流) [梶内 俊夫]

**ロックハルト-マルチネリのパラメーター** the Lockhart-Martinelli parameter

垂直長管型蒸発装置*の加熱管内のような気液二相流の伝熱や，圧力損失など種々の性質を表現するのに適したパラメーターで，これを$X$とすれば，$X=\{($二相流のなかの液だけが管内を満たして流れたときの管長方向の圧力降下$)/($同じく蒸気だけが管内を満たして流れたときの管長方向の圧力降下$)\}^{1/2}$で定義される値．たとえば水平管内を流れる二相流の摩擦圧力損失と，液だけまたは蒸気だけの場合のそれとの比(それぞれ$\phi l$, $\phi g$と表し二相流摩擦損失増倍係数という)と$X$との関係は，図のようにおおよそ相関される．図中の$\phi$の添字のうち，$l$, $g$はそれぞれ$\phi l$, $\phi g$であることを示し，また基準になる液だけ，蒸気だけの流れが層流か乱流かによって，$tt$(液，蒸気とも乱流)，$vt$(液は層流，蒸気は乱流)，$tv$(液は乱流，蒸気は層流)，$vv$(液，蒸気とも層流)

の区別を示す．なおこの場合の層流，乱流とはレイノルズ数がそれぞれ1000以下，2000以上であり，レイノルズ数がこの間にある場合は補完することになる．取り扱う気液の密度($\rho l$, $\rho g$)および粘度*($\mu l$, $\mu g$)と二相流中の蒸気の重量分率$y$から$\phi l$や$\phi g$が求められ，液のみまたは蒸気のみの摩擦圧力損失から二相流の摩擦圧力損失が求められる． [川田 章廣]

**ロックホッパー** lock hopper

二重ダンパー．小型のホッパー*を上下2段に重ねた構造で，粉体受入れ口にはそれぞれフラップバルブを備えており，上部ホッパーに粉体を受入れたのち1段目のバルブを閉め2段目のバルブを開けて，気密を保ちながら粉体を下部ホッパーに移して系に供給する装置．貯層下部に設置して用いる．圧力差のある場所に供給できる．フラップバルブの開閉はタイマーあるいはホッパー内に設置したレベル計と連動して自動的に行う．上下のホッパー間で圧力バランスパイプを設けることもある．

[増田 弘昭]

**ローディング** loading

気-液または液-液の向流接触装置，たとえば充填塔*において，塔内の液(分散相*)の流量を一定に保ち他相(気相または連続相*)の流速を増加させていくと，ある流量で液(分散相)のホールドアップ*が増加し始め，圧力損失の増加が著しくなる．このときの状態をローディング点といい，この流速をローディング速度という．ローディング点を越えると圧力損失が急激に増加し，フラッディング*を起こす．通常，ローディング速度よりやや小さい流速で操作される． [寺本 正明]

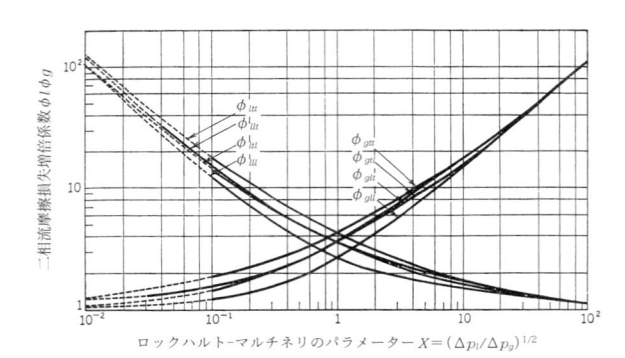

気液二相流の摩擦損失[便覧，改四，図2・54]

## ろてん 露点 dew point

湿りガス*中の蒸気圧が飽和蒸気圧*に相当する温度.湿りガスを冷面と接触させて冷却すると,冷面に接した湿りガスの温度が露点に達すると湿りガス中の蒸気は冷面上で凝縮し露を結ぶ.もし冷却するさいに湿りガス中に露点以下の部分が生じると,蒸気はガス中で凝縮して霧が発生する.

[西村 伸也]

## ろてんけいさん 露点計算 dew point calculation

定圧下で気液両相が平衡にあるとき,圧力と気相組成を与えて平衡温度(露点温度)と液組成を計算すること.また,定温下で気液両相が平衡にあるとき,温度と気相組成を与え,平衡圧力(露点圧力)と液組成の関係を計算すること.

[長浜 邦雄]

## ロトセルちゅうしゅつき ──抽出機 Rotocel extractor

米国のBlaw-Knox社によって開発されたセル式多段連続固体抽出*装置.共通の中心軸をもった上部回転円筒と下部静止円筒とからなり,上部円筒内は多数の扇型の室(セル)に仕切られている.1室に供給された固体原料は,上部円筒が緩やかに回転する間に抽剤*あるいはミセラ*を上から噴霧することで抽出される.その後,ほぼ1回転後にセル底に設置された原料支持網あるいは多孔板が自動的に開いて下部静止円筒に排出され,コンベヤー*で運ばれる.各室内で抽出を終わったミセラは,ポンプにより固体原料の流れとは逆方向に次室に噴霧されることで新しい固体原料に接触する.構造が簡単で,小型で処理能力が大きく,抽出効率もよい.

[清水 豊満]

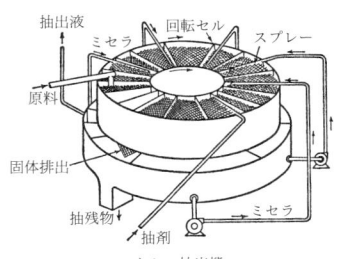

ロトセル抽出機

[R. E. Treybal, "Mass Transfer Operation", 3rd ed., McGraw-Hill (1980), p. 741]

## ロードマップ road map

今後の技術動向や規格.複数の業界がかかわる産業分野において規格を統一して標準化することによ り,関連業界全体のコスト削減・効率化を目ざすために示される.国際半導体技術ロードマップがよく知られている.

[羽深 等]

## ろないだっしょうほう 炉内脱硝法 in-furnace denitrification

燃焼過程で生成するおもな窒素酸化物は,NO,$NO_2$ および $N_2O$ であり,このような窒素酸化物を炉内において $N_2$ まで還元する方法のこと.炉内脱硝法には,① 主としてガス温度を低下させサーマル$NO_x$の発生を抑止する方法,② 炉内へ供給する空気量を調整して炉内で高温の還元領域を形成して生成した $NO_x$ を還元する方法,③ 適切な酸素濃度および温度領域に $NH_3$ あるいは炭化水素燃料を吹き込み無触媒で還元脱硝する方法,などが知られている.

[成瀬 一郎]

## ろないだつりゅうほう 炉内脱硫法 in-situ desulfurization, in-situ sulfur removal (capture), in-furnace sulfur removal (capture)

燃焼炉内において燃料の燃焼で生成する $SO_2$ を無害な固体にする方法.通常はカルシウム系脱硫剤[$CaO$, $CaCO_3$, $Ca(OH)_2$, ドロマイト $CaMg(CO_3)_2$]を用いて,最終的には $CaSO_4$ とする方法が使われる.常圧のFBC*(流動層燃焼),循環流動層燃焼*では石灰石($CaCO_3$)を媒体粒子*に混入して脱硫反応に最適な 850℃ 前後の温度で燃焼させ,$CaCO_3$ が $CaO$ に熱分解してから $SO_2$ と反応する.また,10気圧程度に加圧された加圧流動層燃焼では,$CO_2$ 分圧が高いので直接 $CaCO_3$ が $SO_2$ と反応する.微粉炭燃焼で微粉脱硫剤を吹き込む方法も検討されているが,温度が高く,滞留時間が短いので炉内での脱硫は限定的である.燃料にあらかじめ脱硫剤をイオン交換,物理混合などで担持させてから燃焼させる方式も研究されている.また,火格子燃焼炉(ストーカー炉)用には,燃料と脱硫剤をあらかじめ混合して整形したブリケットを用いる方法がある.流動層ガス化炉において燃料を CO, $H_2$ にガス化するとき,生成ガス中 $H_2S$ を $CaO$ と反応させ $CaS$ として除去する場合もある.

[清水 忠明]

## ロバストせいぎょ ──制御 Robust control

制御系を設計するさいに使用するモデルの不確かさに対して頑健な制御系をいう.制御系を設計するさいには制御対象に関するなんらかのモデルを必要とすることが多い.とくに,現代制御理論では数式モデルを必要とする.しかし,正確な数式モデルを得ることは不可能に近く,制御対象モデルの物理パラメーターが正確に得られなかったり,モデル化で

きないダイナミックスが存在したり，これらのモデルはどうしても不確かな部分を含んでいる．このような不確かさを無視して，単に現代制御理論を制御対象モデルに適用して設計したコントローラーを使用すると，閉ループ系が不安定になることがある．この不確かさを積極的に考慮して，制御対象モデルに上記のような摂動がある場合にも，所望の安定性*（ロバスト安定性）や応答特性（ロバスト制御性能）を満足するように制御系を設計する手法を，ロバスト制御という．ロバスト制御の代表的な設計法としてH∞制御やμシンセシスなどがある． ［山本 重彦］

**ロバーツのじっけんしき ——の実験式 Roberts' equation**

濃厚懸濁液の重力沈降における圧縮脱水過程を表す実験式．E.J. Roberts によって 1949 年に提案されたもので，圧縮脱水開始時（時間 $t_c$），および圧縮平衡時における懸濁液の希釈度をそれぞれ $D_c$, $D_\infty$, 実験定数を $k[\mathrm{s}^{-1}]$ とすれば，沈降時間 $t(t>t_c)$ における希釈度 $D$ は，次式で表される．

$$\frac{D-D_\infty}{D_c-D_\infty} = e^{-k(t-t_c)}$$

［中倉 英雄］

**ろふ 沪布 filter cloth**

繊維からなる沪材*．繊維を紡いで糸にし，それを規則的な組織に織った織布*と繊維そのままをランダムに絡み合わせて結合接着させ，シート状，板状などの形にした不織布*とがある． ［入谷 英司］

**ろふしゅうじん 沪布集じん dust removal by filter**

フィルター集じんともいい，ガス中に浮遊する粉じんを布状の沪材によって，沪過捕集する集じん方法である．（⇒バグフィルター） ［金岡 千嘉男］

**ロープ-スリラーヤンまく ——膜 Loeb-Sourirajan membrane**

⇒相転換法

**ローラーミル roller mill**

径が数十 cm から 1～2 m 程度の複数のローラーないしボールをパン（皿）上で転動させることによって粉砕*を進める粉砕機．粉砕帯はローラーないしボールとパンの接している部分になるが，ここに加えられる力にはスプリングによるものと回転に伴う遠心力によるものの 2 種類があり，後者を遠心（力）ローラーミルといって区別することもある．また，ローラーを転動させるためにローラーを支えるカンチレバーを軸の周辺に回転させる形式のものがある．また，ローラーとしては円筒状の側壁を圧縮面とするものと，円すい体側面を圧縮面とするもの，それにボールを用いるものの三つのタイプの粉砕機が市販されている．このミルは，石炭の微粉砕，セメント原料の粉砕，その他鉱石類の粉砕などに利用される．分級機内蔵の内部循環型システムをもつものが普通である． ［齋藤 文良］

**ローリングスケジュール rolling schedule**

長期の需要変動の反映や仕掛り品の継続した扱いを可能にするために，短い期間（たとえば 1 週間）ごとに，実際に実行する期間以上（たとえば 1 か月）のスケジュールを導出していくスケジューリング手法*． ［長谷部 伸治］

**ロールミル roll mill**

一定の間隔にある 2 本のロールが内側に相互回転し，その上部より固体を供給すると，ロール間にかみ込まれ，固体は破壊する．このような形式のミルをロールミルという．ロール表面の形状やロール間隔を調節することにより，適正な粒子径分布をもつ砕成物を得ることができる． ［齋藤 文良］

**ローン loan**

住宅，教育，生活資金などへの貸付，貸付金など，多くの消費者金融をさす．公的なものと民間で行っているものがある． ［溝口 忠一］

# わ

**ワイセンベルグこうか** ──効果 Weissenberg effect

粘弾性流体*の有する法線応力による効果の一つ．円筒状容器の静止流体中に容器と同軸に差し込んだ円柱を回転させると，通常の粘性流体*の場合とは逆に，流体が円柱に貼り付いて上方へ昇ってくる現象．1948年 K. Weissenberg によって見出された．(⇒法線応力差)　　　　　　　　　[小川 浩平]

**ワイセンベルグすう** ──数 Weissenberg number

粘弾性流体においては加えられた応力が時間経過とともに緩和する．この緩和現象の特性時間を緩和時間と定義し，緩和時間と流れ場の特性時間(たとえば流れの代表速度 $U$ と代表長さ $L$ がわかると代表時間は $L/U$ で定義される)との比．　　　[薄井 洋基]

**ワイブルぶんぷ** ──分布 Weibull distribution
⇒ロジン-ラムラー分布

**ワグナーのしき** ──の式 Wagner's equation

W. Wagner によって1973年に提案された飽和蒸気圧*の相関式．

$$\ln\left(\frac{p^{\text{sat}}}{p_c}\right) = (a\tau + b\tau^{1.5} + c\tau^3 + d\tau^6)\left(\frac{T_c}{T}\right)$$

ここで，$p^{\text{sat}}$ は飽和蒸気圧，$p_c$, $T_c$ は臨界圧力と臨界温度，$T$ は絶対温度，$\tau = 1 - T/T_c$, $a, b, c, d$ は物質に依存する定数である．この式は三重点*から臨界点*までの飽和蒸気圧の相関が可能であり，アントワンの式*よりも適用範囲と精度の点で優れている．その後，関数形の検討が行われ，現在では次式の形で使用されることが多い．

$$\ln\left(\frac{p^{\text{sat}}}{p_c}\right) = (a\tau + b\tau^{1.5} + c\tau^{2.5} + d\tau^5)\left(\frac{T_c}{T}\right)$$

[滝嶌 繁樹]

**Wadell のきゅうけいど** ──の球形度 sphericity of Wadell

(実際の粒子と同じ体積を有する球の表面積)／(実際の粒子の表面積)の比 $\Psi$ を Wadell は真の球形度 (degree of true sphericity) と名づけた．しかし不規則形状粒子の表面積の測定が困難であるので，次の実用的な式も提案している．

$$\Psi_\text{w} = \frac{\text{粒子の投影面積に等しい円の直径}}{\text{粒子の投影像の外接する最小円の直径}}$$

外接最小円は，円孔のふるいを用いて測定することができる．　　　　　　　　　　　　　　　[日高 重助]

**Watson のしき** ──の式 Watson equation

蒸発潜熱* $\Delta H_\text{vap}$ は温度上昇とともに減少し，臨界温度*に近づくにつれて急激に減少し，臨界温度*においてゼロとなる．Watsonの式は蒸発潜熱*の温度依存性を表した式であり，次のように表される．

$$\Delta H_{\text{vap},1} = \Delta H_{\text{vap},2}\left(\frac{1-T_{\text{r},1}}{1-T_{\text{r},2}}\right)^n$$

ここで，下付き添え字1, 2 はそれぞれ温度1, 2を，$r$ は還元温度を表す．$n$ は一般に 0.375 もしくは 0.38 となる．この式より，ある一つの温度(通常は標準沸点)における既知の蒸発潜熱より，ほかの温度での値を予測できる．　　　　　　　　　　[横山 千昭]

**Watson のぼうちょういんし** ──の膨張因子 Watson's expansion factor

液体の $pVT$ 関係が，圧縮因子 $Z$ を用いた気体の状態方程式 ($pV_\text{m} = ZRT$) と同型の式で表されるとすれば，液体の質量密度 $\rho[\text{g m}^{-3}]$ に対して次式が成立する．

$$\rho = \frac{pM}{Z_\text{L}RT} = \left(\frac{p_cM}{T_c}\right)\left(\frac{p_\text{r}}{Z_\text{L}RT_\text{r}}\right) = \left(\frac{p_cM}{T_c}\right)\omega$$

ここで，$M$ はモル質量，$Z_\text{L}$ は液体の圧縮因子*，$R$ は気体定数*である．下付き添え字 c, r は，それぞれ，臨界値，対臨界値を表す．ここで，$\omega = p_\text{r}/Z_\text{L}RT_\text{r}$ であり，これを Watson の膨張因子という．いま，$Z_\text{L}$ が対臨界温度*と対臨界圧力*の関数であるとすれば，

$$\omega = \frac{p_\text{r}}{Z_\text{L}RT_\text{r}} = f(p_\text{r}, T_\text{r})$$

が成立し，膨張因子 $\omega$ は対臨界圧力と対臨界温度を変数とした一般化式で表すことができる．W.M. Chou と J.A. Bright Jr. は，液体の熱容量 $c$ と $\omega$ の関係を調べて次のの実験式を得た．

$$c\omega^{2.8} = b$$

ここで，$c$ は対臨界圧力 $p_\text{r}$，対臨界温度 $T_\text{r}$ における熱容量，$\omega$ は同じ状態 ($p_\text{r}, T_\text{r}$) における膨張因子である．また，$b$ は物質定数である．上式の関係より，同一の物質であれば，任意の基準状態の $c^\circ$ の値が既

知であれば，物質定数を消去することにより，ほかの状態での熱容量が算出できる．すなわち，次式が成立する．

$$c = c° \left(\frac{\omega°}{\omega}\right)$$

ここで，上付き添字°は任意の基準状態を表す．広い温度範囲にわたる液体の熱容量の測定例はそれほど多くないのが現状であるため，上式は工学的に有用な関係式である． 　　　　　　　　　[横山　千昭]

### わんきょくよく　湾曲翼　curved blade impeller

湾曲羽根ファンタービン翼．図のように多数の長方形羽根板よりなるパドル翼系撹拌翼の一種で，羽根の取付け角度が垂直の平板翼\*を回転方向とは逆に後退させた湾曲パドル翼をいう．流体を軸方向から吸引し，翼回転による遠心作用で半径方向に吐出される放射流と，円周方向への旋回流の合成流となる．また，ディスクタービン翼\*などに対してオープン型翼であるので，おのおのの羽根面に圧力差が生じやすく，放射流は上下に変動しながら吐出されがちである．湾曲翼は，プロペラ翼\*などと比較して羽根背面にはく離渦が生成しやすく，せん断作用の比較的大きい翼であるが，とくに羽根を湾曲後退させることで放射流の吐出効率を高めるとともに，せん断作用を減少させるなどの特徴をもっている．

この翼は，槽径 $D$ と翼径 $d$ の比 $d/D$ や，翼の槽底からの位置によってフローパターンが変化し，せん断特性や循環特性なども大きく影響を受ける．一般には $d/D=0.3\sim0.6$，羽根幅 $b=0.1\sim0.2d$，羽根枚数 3～8 で邪魔板\*を併用することが多い．構造や形状が比較的単純であり，応用性や大型化が容易なことから，低粘度から中粘度の幅広い用途の撹拌に多用されている．この種の大型撹拌翼\*は典型的な固体懸濁操作や，速い流速と低せん断率が必要な撹拌操作に多く使用される．これらの翼が低速度で少ない羽根枚数(たとえば2枚)の翼として使用される場合には，通常よく使用している4～6枚羽根翼と比較して機械的に不安定となるので，使用にさいしては留意が必要である． 　　　　　　　　[塩原　克己]

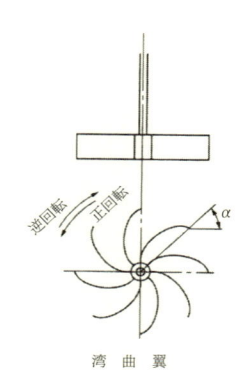

湾曲翼

# 付　　　録

［作成：田村和弘］

# 付録 1

## （a） ギリシャ文字

| | | | | | | | |
|---|---|---|---|---|---|---|---|
| $A$ | $\alpha$ | alpha | アルファ | $N$ | $\nu$ | nu | ニュー（ヌー） |
| $B$ | $\beta$ | beta | ベータ | $\Xi$ | $\xi$ | xi | クサイ（グザイ，クシー） |
| $\Gamma$ | $\gamma$ | gamma | ガンマ | $O$ | $o$ | omicron | オミクロン（オマイクロン） |
| $\Delta$ | $\delta$ | delta | デルタ | $\Pi$ | $\pi$ | pi | パイ |
| $E$ | $\varepsilon$ | epsilon | イプシロン（エプサイロン） | $P$ | $\rho$ | rho | ロー |
| $Z$ | $\zeta$ | zeta | ジータ（ツェータ） | $\Sigma$ | $\sigma$ | sigma | シグマ |
| $H$ | $\eta$ | ita | イータ（エータ） | $T$ | $\tau$ | tau | タウ |
| $\Theta$ | $\theta, \vartheta$ | theta | シータ（テータ） | $\Upsilon$ | $\upsilon$ | upsilon | ウプシロン（イプシロン，ユープサイロン） |
| $I$ | $\iota$ | iota | イオタ（アイオウタ） | $\Phi$ | $\phi, \varphi$ | phi | ファイ（フィー） |
| $K$ | $\varkappa$ | kappa | カッパ | $X$ | $\chi$ | chi | カイ（チャイ，キー） |
| $\Lambda$ | $\lambda$ | lamda | ラムダ | $\Psi$ | $\psi$ | psi | プサイ（プシー，サイ） |
| $M$ | $\mu$ | mu | ミュー（ムー） | $\Omega$ | $\omega$ | omega | オメガ |

## （b） SI単位の構成

### （1） 基本単位

| 量 | 記号 | 名称 | |
|---|---|---|---|
| 長さ | m | metre | メートル |
| 質量 | kg | kilogramme | キログラム |
| 時間 | s | second | 秒 |
| 電流 | A | ampere | アンペア |
| 熱力学的温度 | K | Kelvin | ケルビン |
| 物質量 | mol | mole | モル |
| 光度 | Cd | candela | カンデラ |

### （2） 補助単位

| 量 | 記号 | 名称 | |
|---|---|---|---|
| 平面角 | rad | radian | ラジアン |
| 立体角 | sr | steradian | ステラジアン |

(3) 固有名詞をもつ基本単位

| 量 | 記号 | 名称 | | 単位 |
|---|---|---|---|---|
| 力 | N | newton | ニュートン | kg m s$^{-2}$ |
| 圧力・応力 | Pa | pascal | パスカル | N m$^{-2}$ |
| 熱量・エネルギー | J | joule | ジュール | N m |
| 熱流・仕事 | W | watt | ワット | J s$^{-1}$ |
| 周波数 | Hz | hertz | ヘルツ | s$^{-1}$ |
| 電荷・電気量 | C | coulomb | クーロン | A s |
| 電位・電圧 | V | volt | ボルト | W A$^{-1}$ |
| 静電容量 | F | farad | ファラッド | C V$^{-1}$ |
| 電気抵抗 | Ω | ohm | オーム | V A$^{-1}$ |
| コンダクタンス | S | siemens | ジーメンス | Ω$^{-1}$ |
| 磁束 | Wb | weber | ウェーバ | V s |
| 磁束密度 | T | tesla | テスラ | W m$^{-2}$ |
| インダクタンス | H | henry | ヘンリー | W A$^{-1}$ |
| 光束 | lm | lumen | ルーメン | cd sr |
| 照度 | lx | lux | ルクス | lm m$^{-2}$ |
| 放射能 | Bq | becquerel | ベクレル | s$^{-1}$ |
| 吸収線量 | Gy | grey | グレイ | J kg$^{-1}$ |

(4) 接頭語

| | | | | | | | | |
|---|---|---|---|---|---|---|---|---|
| Y | yotta | ヨタ | $10^{24}$ | d | deci | デシ | $10^{-1}$ |
| Z | zetta | ゼタ | $10^{21}$ | c | centi | センチ | $10^{-2}$ |
| E | exa | エクサ | $10^{18}$ | m | milli | ミリ | $10^{-3}$ |
| P | peta | ペタ | $10^{15}$ | π | micro | マイクロ | $10^{-6}$ |
| T | tera | テラ | $10^{12}$ | n | nano | ナノ | $10^{-9}$ |
| G | giga | ギガ | $10^{9}$ | p | pico | ピコ | $10^{-12}$ |
| M | mega | メガ | $10^{6}$ | f | femto | フェムト | $10^{-15}$ |
| k | kilo | キロ | $10^{3}$ | a | atto | アト(アット) | $10^{-18}$ |
| h | hecto | ヘクト | $10^{2}$ | z | septo | ゼプト | $10^{-21}$ |
| da | deca | デカ | 10 | y | yocto | ヨクト | $10^{-24}$ |

付録 2

# 単 位 換 算 表

各種物理量の左端の単位が SI である．各単位間の値は横方向に等しい．換算には，もとの単位の列の 1 の行を横方向にたどり，必要とする単位の列の値をもとの単位の数値に掛ける．なお，位どりは FORTRAN E-format による（E+2=10²）．

| | | m | cm | in | ft | yd |
|---|---|---|---|---|---|---|
| 長さ [L] | | 1 | 1.000 00 E+2 | 3.937 01 E+1 | 3.280 84 E+0 | 1.093 61 E+0 |
| | | 1.000 00 E−2 | 1 | 3.937 01 E−1 | 3.280 84 E−2 | 1.093 61 E−2 |
| | | 2.540 00 E−2 | 2.540 00 E+0 | 1 | 8.333 33 E−2 | 2.777 78 E−2 |
| | | 3.048 00 E−1 | 3.048 00 E+1 | 1.200 00 E+1 | 1 | 3.333 33 E−1 |
| | | 9.144 00 E−1 | 9.144 00 E+1 | 3.600 00 E+1 | 3.000 00 E+0 | 1 |

| | | kg | g | oz | lb | |
|---|---|---|---|---|---|---|
| 質量 [M] | | 1 | 1.000 00 E+3 | 3.527 40 E+1 | 2.204 62 E+0 | |
| | | 1.000 00 E−3 | 1 | 3.527 40 E−2 | 2.204 62 E−3 | |
| | | 2.834 95 E−2 | 2.834 95 E+1 | 1 | 6.250 00 E−2 | |
| | | 4.535 92 E−1 | 4.535 92 E+2 | 1.600 00 E+1 | 1 | |

| | | m³ kg⁻¹ | cm³ g⁻¹ | L kg⁻¹ | in³ lb⁻¹ | ft³ lb⁻¹ |
|---|---|---|---|---|---|---|
| 比容 [L³M⁻¹] | | 1 | 1.000 00 E+3 | 1.000 00 E+3 | 2.767 99 E+4 | 1.601 85 E+1 |
| | | 1.000 00 E−3 | 1 | 1 | 2.767 99 E+1 | 1.601 85 E−2 |
| | | 3.612 73 E−5 | 3.612 73 E−2 | 3.612 73 E−2 | 1 | 5.787 04 E−4 |
| | | 6.242 80 E−2 | 6.242 80 E+1 | 6.242 80 E+1 | 1.728 00 E+3 | 1 |

| | | kg m⁻³ | g cm⁻³ | kg L⁻¹ | lb in⁻³ | lb ft⁻³ |
|---|---|---|---|---|---|---|
| 密度 [ML⁻³] | | 1 | 1.000 00 E−3 | 1.000 00 E−3 | 3.612 73 E−5 | 6.242 80 E−2 |
| | | 1.000 00 E+3 | 1 | 1 | 3.612 73 E−2 | 6.242 80 E+1 |
| | | 2.767 99 E+4 | 2.767 99 E+1 | 2.767 99 E+1 | 1 | 1.728 00 E+3 |
| | | 1.601 85 E+1 | 1.601 85 E−2 | 1.601 85 E−2 | 5.787 04 E−4 | 1 |

付録 2

| | $N m^{-1} = J m^{-2}$ | $dyn\, cm^{-1} = erg\, cm^{-2}$ | $kgf\, m^{-1}$ | $lbf\, in^{-1}$ | |
|---|---|---|---|---|---|
| 表面張力 [$MT^{-2}$] | 1 | $1.00000 E+3$ | $1.01972 E-1$ | $5.71015 E-3$ | |
| | $1.00000 E-3$ | 1 | $1.01972 E-4$ | $5.71015 E-6$ | |
| | $9.80665 E+0$ | $9.80665 E+3$ | 1 | $5.59974 E-2$ | |
| | $1.75127 E+2$ | $1.75127 E+5$ | $1.78580 E+1$ | 1 | |

| | N | dyn | kgf | poundal | lbf |
|---|---|---|---|---|---|
| 力 [$MLT^{-2}$] | 1 | $1.00000 E+5$ | $1.01972 E-1$ | $7.23301 E+0$ | $2.24809 E-1$ |
| | $9.80665 E+0$ | $9.80665 E+5$ | 1 | $7.09316 E+1$ | $2.20462 E+0$ |
| | $1.38255 E-1$ | $1.38255 E+4$ | $1.40981 E-2$ | 1 | $3.10810 E-2$ |
| | $4.44822 E+0$ | $4.44822 E+5$ | $4.53592 E-1$ | $3.21740 E+1$ | 1 |

| | Pa | bar | atm | $kgf\, cm^{-2}$ | $lbf\, in^{-2}[psi]$ |
|---|---|---|---|---|---|
| | 1 | $1.00000 E-5$ | $9.86923 E-6$ | $1.01972 E-5$ | $1.45038 E-4$ |
| | $1.00000 E+5$ | 1 | $9.86923 E-1$ | $1.01972 E+0$ | $1.45038 E+1$ |
| | $1.01325 E+5$ | $1.01325 E+0$ | 1 | $1.03323 E+0$ | $1.46960 E+1$ |
| | $9.80665 E+4$ | $9.80665 E-1$ | $9.67841 E-1$ | 1 | $1.42234 E+1$ |
| | $6.89476 E+3$ | $6.89476 E-2$ | $6.80460 E-2$ | $7.03069 E-2$ | 1 |

| | Pa | $dyn\, cm^{-2}$ | mmHg[torr] | in Hg | $lbf\, ft^{-2}$ |
|---|---|---|---|---|---|
| 圧力 [$ML^{-1}T^{-2}$] | 1 | 10 | $7.50062 E-3$ | $2.95300 E-4$ | $2.08853 E-2$ |
| | $1.00000 E-1$ | 1 | $7.50062 E-4$ | $2.95300 E-5$ | $2.08853 E-3$ |
| | $1.33322 E+2$ | $1.33322 E+3$ | 1 | $3.93701 E-2$ | $2.78450 E+0$ |
| | $3.38639 E+3$ | $3.38639 E+4$ | $2.54000 E+1$ | 1 | $7.07262 E+1$ |
| | $4.78803 E+1$ | $4.78803 E+2$ | $3.59131 E-1$ | $1.41390 E-2$ | 1 |

| | J | erg | $cal_{th}$ | $Btu_{th}$ | kgf m |
|---|---|---|---|---|---|
| エネルギー (仕事・熱) [$ML^2T^{-2}$] | 1 | $1.00000 E+7$ | $2.39006 E-1$ | $9.48452 E-4$ | $1.01972 E-1$ |
| | $1.00000 E-7$ | 1 | $2.39006 E-8$ | $9.48452 E-11$ | $1.01972 E-8$ |
| | $4.18400 E+0$ | $4.18400 E+7$ | 1 | $3.96832 E-3$ | $4.26649 E-1$ |
| | $1.05435 E+3$ | $1.05435 E+10$ | $2.51996 E+2$ | 1 | $1.07514 E+2$ |
| | $9.80665 E+0$ | $9.80665 E+7$ | $2.34385 E+0$ | $9.30113 E-3$ | 1 |

付録 2

| | | J | $cal_{IT}$ | $Btu_{IT}$ | kWh | HPh |
|---|---|---|---|---|---|---|
| エネルギー（仕事・熱） $[ML^2T^{-2}]$ | | 1 | $2.38846 \text{E}-1$ | $9.47813 \text{E}-4$ | $2.77778 \text{E}-7$ | $3.72506 \text{E}-7$ |
| | | $4.18680 \text{E}+0$ | 1 | $3.96830 \text{E}-3$ | $1.16300 \text{E}-6$ | $1.55961 \text{E}-6$ |
| | | $1.05506 \text{E}+3$ | $2.51997 \text{E}+2$ | 1 | $2.93072 \text{E}-4$ | $3.93016 \text{E}-4$ |
| | | $3.60000 \text{E}+6$ | $8.59845 \text{E}+5$ | $3.41213 \text{E}+3$ | 1 | $1.34102 \text{E}+0$ |
| | | $2.68452 \text{E}+6$ | $6.41187 \text{E}+5$ | $2.54442 \text{E}+3$ | $7.45700 \text{E}-1$ | 1 |
| | | $kJ\ kg^{-1}$ | $cal_{th}\ g^{-1}$ | $cal_{IT}\ g^{-1}$ | $Btu_{th}\ lb^{-1}$ | $Btu_{IT}\ lb^{-1}$ |
| 比エネルギー 比エンタルピー $[L^2T^{-2}]$ | | 1 | $2.39006 \text{E}-1$ | $2.38846 \text{E}-1$ | $4.30210 \text{E}-1$ | $4.29921 \text{E}-1$ |
| | | $4.18400 \text{E}+0$ | 1 | $9.99331 \text{E}-1$ | $1.80000 \text{E}+0$ | $1.79879 \text{E}+0$ |
| | | $4.18680 \text{E}+0$ | $1.00067 \text{E}+0$ | 1 | $1.80120 \text{E}+0$ | $1.80000 \text{E}+0$ |
| | | $2.32444 \text{E}+0$ | $5.55555 \text{E}-1$ | $5.55184 \text{E}-1$ | 1 | $9.99331 \text{E}-1$ |
| | | $2.32601 \text{E}+0$ | $5.55929 \text{E}-1$ | $5.55558 \text{E}-1$ | $1.00067 \text{E}+0$ | 1 |
| | | $kJ\ kg^{-1}\ K^{-1}$ | $cal_{th}\ g^{-1}\ ^\circ C^{-1}$ | $cal_{IT}\ g^{-1}\ ^\circ C^{-1}$ | $cal_{th}\ lb^{-1}\ ^\circ F^{-1}$ | $cal_{IT}\ lb^{-1}\ ^\circ F^{-1}$ |
| 比熱容量 比エントロピー $[L^2T^{-2}\theta^{-1}]$ | | 1 | $2.39006 \text{E}-1$ | $2.38846 \text{E}-1$ | $2.39006 \text{E}-1$ | $2.38846 \text{E}-1$ |
| | | $4.18400 \text{E}+0$ | 1 | $9.99331 \text{E}-1$ | $1.00000 \text{E}+0$ | $9.99331 \text{E}-1$ |
| | | $4.18680 \text{E}+0$ | $1.00067 \text{E}+0$ | 1 | $1.00067 \text{E}+0$ | $1.00000 \text{E}+0$ |
| | | $4.18680 \text{E}+0$ | $1.00000 \text{E}+0$ | $9.99331 \text{E}-1$ | 1 | $9.99331 \text{E}-1$ |
| | | $4.18680 \text{E}+0$ | $1.00067 \text{E}+0$ | $1.00000 \text{E}+0$ | $1.00067 \text{E}+0$ | 1 |
| | | W | $kgf\ m\ s^{-1}$ | $lbf\ ft\ s^{-1}$ | HP | PS |
| 仕事率（動力）$[ML^2T^{-3}]$ | | 1 | $1.01972 \text{E}-1$ | $7.37562 \text{E}-1$ | $1.34102 \text{E}-3$ | $1.35962 \text{E}-3$ |
| | | $9.80665 \text{E}+0$ | 1 | $7.23302 \text{E}+0$ | $1.31509 \text{E}-2$ | $1.33333 \text{E}-2$ |
| | | $1.35582 \text{E}+0$ | $1.38255 \text{E}-1$ | 1 | $1.81818 \text{E}-3$ | $1.84340 \text{E}-3$ |
| | | $7.45700 \text{E}+2$ | $7.60402 \text{E}+1$ | $5.50000 \text{E}+2$ | 1 | $1.01387 \text{E}+0$ |
| | | $7.35499 \text{E}+2$ | $7.50000 \text{E}+1$ | $5.42476 \text{E}+2$ | $9.86320 \text{E}-1$ | 1 |

付 録 2

## 粘度 [$ML^{-1}T^{-1}$]

| Pa s | poise | kgf s m$^{-2}$ | kgf h m$^{-2}$ | lb h$^{-1}$ ft$^{-1}$ |
|---|---|---|---|---|
| 1 | 1.00000 E+1 | 1.01972 E−1 | 2.82855 E−5 | 2.41909 E+3 |
| 1.00000 E−1 | 1 | 1.01972 E−2 | 2.82855 E−6 | 2.41909 E+2 |
| 9.80665 E+0 | 9.80665 E+1 | 1 | 2.77778 E−4 | 2.37232 E+4 |
| 3.53039 E+4 | 3.53039 E+5 | 3.60000 E+3 | 1 | 8.54038 E+7 |
| 4.13379 E−4 | 4.13379 E−3 | 4.21528 E−5 | 1.17091 E−8 | 1 |

| Pa s | lbf s in$^{-2}$ | lbf h ft$^{-2}$ | lbf h in$^{-2}$ | lbf h ft$^{-2}$ |
|---|---|---|---|---|
| 1 | 1.45038 E−4 | 2.08854 E−2 | 4.02883 E−8 | 5.80151 E−6 |
| 6.89476 E+3 | 1 | 1.44000 E+2 | 2.77778 E−4 | 4.00000 E−2 |
| 4.78803 E+1 | 6.94444 E−3 | 1 | 1.92901 E−6 | 2.77778 E−4 |
| 2.48211 E+7 | 3.60000 E+3 | 5.18400 E+5 | 1 | 1.44000 E+2 |
| 1.72369 E+5 | 2.50000 E+1 | 3.60000 E+3 | 6.94444 E−3 | 1 |

## 熱伝導率 [$MLT^{-3}\theta^{-1}$]

| W m$^{-1}$ K$^{-1}$ | cal$_{th}$ s$^{-1}$ cm$^{-1}$ °C$^{-1}$ | Kcal$_{th}$ h$^{-1}$ m$^{-1}$ °C$^{-1}$ | Bt$u_{th}$ h$^{-1}$ ft$^{-1}$ °F$^{-1}$ | Bt$u_{th}$ in$^2$ h$^{-1}$ ft$^{-2}$ °F$^{-1}$ |
|---|---|---|---|---|
| 1 | 2.39006 E−3 | 8.60421 E−1 | 5.71876 E−1 | 6.93811 E+0 |
| 4.18400 E+2 | 1 | 3.60000 E+2 | 2.41909 E+2 | 2.90291 E+3 |
| 1.16222 E+0 | 2.77778 E−3 | 1 | 6.71968 E−1 | 8.06362 E+0 |
| 1.72958 E+0 | 4.13379 E−3 | 1.48817 E+0 | 1 | 1.20000 E+1 |
| 1.44131 E−1 | 3.44482 E−4 | 1.24014 E−1 | 8.33333 E−2 | 1 |

## 拡散係数・動粘度・熱拡散率 [$L^2T^{-1}$]

| m$^2$ s$^{-1}$ | stokes [cm$^2$ s$^{-1}$] | m$^2$ h$^{-1}$ | in s$^{-1}$ | ft$^2$ h$^{-1}$ |
|---|---|---|---|---|
| 1 | 1.00000 E−4 | 3.60000 E+3 | 1.55000 E+3 | 3.87501 E+4 |
| 1.00000 E−4 | 1 | 3.60000 E−1 | 1.55000 E−1 | 3.87501 E+0 |
| 2.77778 E−4 | 2.77778 E+0 | 1 | 4.30556 E−1 | 1.07639 E+1 |
| 6.45160 E−4 | 6.45160 E+0 | 2.32258 E+0 | 1 | 2.50000 E+1 |
| 2.58064 E−5 | 2.58064 E−1 | 9.29031 E−2 | 4.00000 E−2 | 1 |

| | $W\,m^{-2}$ | $cal_{th}\,cm^{-2}\,s^{-1}$ | $kcal_{th}\,m^{-2}\,h^{-1}$ | $Btu_{th}\,ft^{-2}\,h^{-1}$ |
|---|---|---|---|---|
| 熱 流 量<br>(熱流束密度)<br>$[MT^{-3}]$ | 1 | 2.39006 E−5 | 8.60421 E−1 | 3.17211 E−1 |
| | 4.18400 E+4 | 1 | 3.60000 E+4 | 1.32721 E+4 |
| | 1.16222 E+0 | 2.77778 E−5 | 1 | 3.68669 E−1 |
| | 3.15248 E+0 | 7.53461 E−5 | 2.71246 E+0 | 1 |

| | $W\,m^{-2}\,K^{-1}$ | $cal_{th}\,cm^{-2}\,s^{-1}\,°C^{-1}$ | $kcal_{th}\,m^{-2}\,h^{-1}\,°C^{-1}$ | $Btu_{th}\,ft^{-2}\,h^{-1}\,°F^{-1}$ |
|---|---|---|---|---|
| 熱 伝 達 率<br>(伝熱係数)<br>$[MT^{-3}\theta^{-1}]$ | 1 | 2.39006 E−5 | 8.60421 E−1 | 1.76228 E−1 |
| | 4.18400 E+4 | 1 | 3.60000 E+4 | 7.37341 E+3 |
| | 1.16222 E+0 | 2.77778 E−5 | 1 | 2.04817 E−1 |
| | 5.67446 E+0 | 1.35623 E−4 | 4.88241 E+0 | 1 |

[化学工学, 41巻, 12号より転載]

## 付　録　3

### （a）物　理　定　数

| 名　称 | 記号 | SIによる値 |
|---|---|---|
| 真空中の光速度 | $c$ | 299 792 458　m s$^{-1}$ |
| 電子の静止質量 | $m_e$ | 9.109 381 88(72)×10$^{-31}$　kg |
| 電子の電荷 | $e$ | 1.602 176 462(63)×10$^{-19}$　C |
| アボガドロ数 | $N_A$, $L$ | 6.022 141 99(47)×10$^{23}$　mol$^{-1}$ |
| ボルツマン定数 | $k$ | 1.380 650 3(24)×10$^{-23}$ J K$^{-1}$ |
| ファラデー定数 | $F$ | 96 485.341 5　C mol$^{-1}$ |
| プランク定数 | $h$ | 6.626 068 76×10$^{-34}$　J s |
| 気体定数 | $R$ | 8.314 472(15)　J mol$^{-1}$ K$^{-1}$ |
| ステファン-ボルツマン定数 | $\sigma$ | 5.670 400(40)×10$^{-8}$　W m$^{-2}$ K$^{-4}$ |
| 標準大気圧($T=273.15$ K, $P=101.325$ kPa) | $P_0$ | 101 325　Pa |
| 理想気体の標準体積 | $V_m$ | 22.413 996(39)×10$^{-3}$　m$^3$ mol$^{-1}$ |
| 重力加速度 | $g$ | 9.806 65　m s$^{-2}$ |
| 万有引力定数 | $G$ | 6.673(10)×10$^{-11}$　m$^3$ kg$^{-1}$ s$^{-2}$ |

["CRC Handbook of Chemistry and Physics", 83rd Edition (2002-2003)より引用]

### （b）旧式単位　換算表

| SI単位 | 旧単位系 | SI単位 | 旧単位系 |
|---|---|---|---|
| 1 dm$^3$ | 1 L | 0.264 18 gallon(U.S.)米ガロン | 3.785 33 dm$^3$　3.785 33 L | 1 gallon(U.S.)米ガロン |
| 1 dm$^3$ | 1 L | 0.219 98 gallon(Imp.)英ガロン | 4.545 96 dm$^3$　4.545 96 L | 1 gallon(Imp.)英ガロン |
| 1 m$^3$ | 1 kL | 6.289 94 barrel(バレル) | 0.158 984 m$^3$　0.158 984 kL | 1 barrel(バレル) |
| 10$^3$ kg | 1 ton | 1.102 31 short ton(米トン) | 907.185 kg　0.907 185 ton | 1 short ton(米トン) |
| 10$^3$ kg | 1 ton | 0.984 21 long ton(英トン) | 1 016.05 kg　1.016 05 long | 1 long ton(英国トン) |
| 1 km | | 0.621 36 mile | 1.609 35 km | 1 mile |

### （c）旧式単位　比重度と比重 $d$ との関係

| 比重度の呼称 | 記号 | 規定温度 | 軽液用 | 重液用 |
|---|---|---|---|---|
| ボーメ度(日本) | °Bé | 15°C | $d=\dfrac{144.3}{134.3+\text{Bé}}$ | $d=\dfrac{144.3}{144.3-\text{Bé}}$ |
| ボーメ度(米国) | °Bé | 60°F | $d=\dfrac{140}{130+\text{Bé}}$ | $d=\dfrac{145}{145-\text{Bé}}$ |
| エイ・ピー・アイ度 (American Petroleum Institute) | °A.P.I. | 60°F | $d=\dfrac{141.5}{131.5+\text{A.P.I}}$ | — |

# 英 語 索 引

## A

| | |
|---|---|
| Abnormal Situation Management | 36 |
| abnormal vapor pressure | 20 |
| abrasion | 496 |
| absolute exergy method | 270 |
| absolute humidity | 270 |
| absolute temperature | 270 |
| absorbent | 118 |
| absorber | 118 |
| absorptance | 118 |
| absorption coefficient | 117 |
| absorption coefficient of gas | 117 |
| absorption efficiency | 117 |
| absorption factor | 117 |
| absorption of radiation | 117 |
| absorption refrigerating machine | 118 |
| absorption refrigeration | 118 |
| absorption with chemical reaction | 395 |
| acceptance | 156 |
| accommodation coefficient | 330 |
| accumulator | 2 |
| acentric factor | 475 |
| Ackermann effect | 3 |
| Acrivos' method | 2 |
| activated adsorption | 86 |
| activated carbon adsorption process | 87 |
| activated carbon fiber filter | 308 |
| activated complex | 86 |
| activated diffusion | 86 |
| activated sludge process | 85 |
| activation | 2, 431 |
| activation energy | 85 |
| activation enthalpy | 86 |
| activation entropy | 86 |
| active (activated) carbon | 87 |
| active component of catalyst | 231 |
| active state | 218 |
| active stress condition | 217 |
| active transport | 376 |
| activity | 85, 87 |
| activity coefficient | 87 |
| activity of ion | 18 |
| actual cost | 203 |
| adaptive Control | 330 |
| added pressure loss coefficient | 84 |
| added value | 430 |
| addition condensation | 431 |
| addition polymerization | 430 |
| adductive crystallization | 3 |
| adductive extraction | 3 |
| adenosine triphosphate | 36 |
| adhesion force between particles | 536 |
| adhesive force of particle | 437 |
| adiabatic adsorption | 309 |
| adiabatic constant | 309 |
| adiabatic cooling | 310 |
| adiabatic cooling line | 341 |
| adiabatic equilibrium flame temperature | 310 |
| adiabatic reaction process | 309 |
| adiabatic saturation | 310 |
| adiabatic temperature gradient | 309 |
| ADIP process | 2 |
| adsorbent | 119 |
| adsorber | 120 |
| adsorption | 119 |
| adsorption apparatus | 120 |
| adsorption capacity | 122 |
| adsorption coefficient | 119 |
| adsorption equilibrium | 121 |
| adsorption equilibrium constant | 122 |
| adsorption equilibrium equation | 121 |
| adsorption heat pump | 121 |
| adsorption index | 120 |
| adsorption isobar | 120 |
| adsorption isotherm | 120 |
| adsorption model | 122 |
| adsorption potential | 122 |
| adsorption refrigerating machine | 119 |
| adsorption resin | 120 |
| adsorption zone | 119, 120 |
| adsorptive capacity | 122 |
| adsorptive water | 120 |
| advanced treatment | 164 |
| AEM | 36 |
| aerated mixing vessel | 101, 321 |
| aeration | 35, 388 |
| aeration power input | 321 |
| aero foil | 35 |
| aerobic bacteria | 160 |
| aerodynamic diameter | 135 |
| aerofall mill | 50 |
| aerosol | 35 |
| affinity chromatography | 8 |
| affinity membrane | 9 |
| age hardening | 199 |
| agglomerate | 124, 125 |
| agglomeration | 124 |
| agglomerator | 285 |
| aggregate | 124, 125 |
| agitated dryer | 77 |
| agitating mill | 79 |
| agitation by accentrically located impeller | 475 |
| agitation granulator | 79 |
| agreement | 146 |

AIChE (American Indtitute of
  Chemical Engineers)
  correlation for tray
  efficiency 35
air conditioning 134
air cooled heat exchanger 136
air cooler 135
air filter 34
air lift 34
air pollutant 290
air pollution control law 290
air separation distillation
  process 134
air slide 34
air washer 35
air water system 501
air-blow drainage 321
AKUFVE system 2
alcohol permselective
  membrane 10
algebraic stress model 292
Alkacid (Alkazid) process 9
alkanolamine 10
alkoxide method 132
allowable limit of Reynolds
  number 516
allowable stress 130
Amagat's law 9
ambient environmental quality
  standard 93
aMDEA process 36
American National Standards
  Institute 11
American Petroleum Institute 37
American Society for Testing
  and Materials 3
American Society of
  Mechanical Engineers 3
Ames assay 37
amino acid 9
ammonia stripping 13
amorphous alloy 9
amount of substance 440
anaerobic digestion 155
anaerobic-aerobic activated
  sludge process 155
analogy 8
analysis method of pyrolysis
  reaction 369
analysis of CVD using a
  tubular reactor 50
anchor impeller 10

anchorage dependent cell 271
Andersen air sampler 13
Andrade's equation 13
Andreasen pipette method 13
angle of dynamic friction 344
angle of friction 494
angle of internal friction 352
angle of repose 12
Angu mill 62
angular distribution of
  sputtered particles 254
anion exchange membrane 26, 36
anion exchangers 8, 26
anionic surfactants 26
annealing 512
annular flow 95
anodic protection 8, 520
ANSI 11
antibody 164
antigen 160
antiport counter transport 290
anti-solvent crystallization 422
Antoine's equation 13
Antonov's equation 13
API 37
apparent activation energy 498
apparent density 499
apparent linear velocity 498
apparent rate equation of
  chemical reaction 499
apparent reaction order 499
apparent viscosity 498
apron conveyor 47
aqueous two-phase extraction 242
arc plasma 2
arch breaker 3
Archimedes number 10
arithmetic mean 191, 280
arrangement of evaporators 100
Arrhenius equation 10
artificial kidney 236
artificial organ 236
asbestos 3, 20
ASM 36
ASME 3
ASOG (analytical solution of
  groups) equation 3
aspect ratio 3
asset 200
associated solution theory 64

associative gas 64
ASTM (American Society for
  Testing Materials) 3
ASTM distillation 36
asymmetric convention 409
asymmetric membrane 409
asymptotic temperature in the
  falling drying period 273
athermal solution 505
atmospheric corrosion
  resistance 290
atomaized combustion 464
Atomaizu method 8
atomic layer deposition 307
ATP 36
attrition 8
auctioneering control 58
austenite 59
auto catalytic reaction 199
auto motive exhaust gas
  cleaning 206
auto vapor compression 60, 199
autoaccelaration 199
autoacceleration 206
autocatalysis 200
autocatalytic reaction 200
autothermal reactor 199
autotroph 346
auxotroph 37
auxotrophic mutant 37
available energy 515
available work 516
average consolidation ratio 467
average degree of
  polymerization 467
average heat transfer
  coefficient 467
average molecular weight 467
average shear stress 467
Avogadro number 9
Avrami-Erofeev's equation 9
axial dispersion 197
axial flow pattern 198
azeotropic distillation 127
azeotropic mixture, azeotrope 127
azeotropic point 127

# B

| | | | | | | |
|---|---|---|---|---|---|---|
| back low mixing model | 115 | Benard convection | 472 | boiling point elevation | 412 |
| back mixed flow | 114 | benchmarking | 476 | boiling point raising | 440 |
| back propagation method | 388 | Benfield process | 477 | boillng point raising (rise) | 412 |
| back-pressure turbine | 378 | benzo[a]pyrene | 476 | Boltzmann's equation | 486 |
| backward extraction | 114 | Berl saddle | 474 | bond | 488 |
| backward flow feed | 115 | Bernoulli's theorem | 473 | bond energy | 147 |
| backwash | 114 | BET equation | 471 | Bond's law | 488 |
| bacteriolysis operation | 520 | BET method | 472 | Bonotto extractor | 484 |
| baffle column | 389 | biaxially extension | 356 | Born repulsion potential | 488 |
| baffle tower | 389 | bid | 358 | bottom | 94 |
| baffles | 210, 389 | binary distillation | 357 | bottom product | 94, 484 |
| bag filter | 385, 388 | binder | 383 | bottoms | 484 |
| balance sheet | 291 | Bingham fluid | 421 | bound water | 147 |
| ball mill | 487 | Bingham number | 421 | boundary layer | 123 |
| Ballast tray | 392 | biocatalyst | 262 | boundary layer equation | 123 |
| Ballman extractor | 487 | biochemical engineering | 264 | Bourdon tube pressure gauge | 448 |
| Banbury mixer | 400 | biochemical oxygen demand | 264, 403 | Boyle temperature | 478 |
| Bancroft point | 394 | biodegradable plastics | 264 | Boyle's law | 478 |
| band dryer | 395 | biodegradable polymer | 264 | branch and bound method | 460 |
| barometric condenser | 393 | bioengineering | 264 | branched polymer | 457 |
| barometric leg | 290, 393 | bio-foulants | 379 | brass | 55 |
| barometric leg condenser | 290 | biological oxygen demand | 259 | Brayton cycle | 449 |
| Barrer | 391 | biomass | 379 | break point | 384 |
| barrier-metal | 392 | bioprocess system | 264 | break-even point | 288 |
| Barus effect | 392 | bioreactor | 379 | breaking-down | 449 |
| basic design | 113 | bioremediation | 380 | break-point chlorination | 450 |
| basic planning | 451 | bio-rheology | 379 | breakthrough capacity | 384 |
| basket-type evaporator | 387 | bioseparation | 379 | breakthrough curve | 384, 557 |
| batch crystallization | 68, 389 | Biot number | 403 | breakthrough point | 384, 557 |
| batch crystallizer | 68 | bipolar membrane | 383, 432 | breakthrough time | 384 |
| batch culture | 68 | birefringence | 432 | breeding | 19 |
| batch distillation | 68 | black box model | 445 | bridge | 448 |
| batch operation | 68 | blackbody | 169 | bridge formation | 74 |
| batch process of microorganisms | 407 | Blasius equation | 444 | brine | 443 |
| batch reactor | 68 | Blasius' law of drag | 444 | Brinkman number | 448 |
| batch-fed incinerator | 389 | blender | 176 | briquetting | 447 |
| bath-tab curve | 387 | block copolymer | 455 | British Standards | 402 |
| battery extractor | 389 | block diagram | 455 | brittle fracture | 261 |
| battery limit(s) | 389 | block flow sheet | 455 | Brønsted law | 450 |
| BCF theory | 406 | blocking filtration | 470 | Brownian coagulation | 443 |
| bead | 410 | blow molding | 315, 451 | Brownian diffusion | 443 |
| Beattie-Bridgeman's equation | 410 | blow tank | 455 | Brownian diffusion coefficient | 443 |
| bed expansion | 284 | blow-down | 454 | Brumargin impeller | 449 |
| bed material | 381 | blower | 283 | BS | 402 |
| belt conveyor | 473 | BMC | 403 | bubble | 111 |
| belt press | 473 | board operation | 483 | bubble (in fluidized beds) | 391 |
| | | BOD | 403 | bubble cap tray | 480 |
| | | Bode diagram | 483 | bubble column | 112 |
| | | body feed filtration | 483 | bubble flow | 113 |
| | | boiling curve | 440 | bubble formation | 112 |
| | | boiling heat transfer | 440 | | |
| | | boiling point | 440 | | |

| | | |
|---|---|---|
| bubble frequency | 113 | |
| bubble holdup | 113 | |
| bubble point | 391 | |
| bubble point and dew point curve | 440 | |
| bubble point calculation | 440 | |
| bubble rising velocity | 112 | |
| bubble shape | 112 | |
| bubble-cap tray | 391 | |
| bubbling fluidized bed | 113, 390 | |
| bubbly flow | 113 | |
| build up process | 420 | |
| building-up | 420 | |
| bulb tray | 393 | |
| bulk density | 81 | |
| bulk molding compound | 403 | |
| bulk plasma | 392 | |
| bulk polymerization | 65, 392 | |
| bulk temperature | 392 | |
| bulking | 392 | |
| Bunsen absorption coefficient | 462 | |
| Burgers vortex | 448 | |
| burner | 372, 390 | |
| burning reaction | 372 | |
| burn-out | 522 | |
| burn-out point | 393 | |
| Burton-Cabrera-Frank theory | 406 | |
| BWR (Benedict-Webb-Rubin) equation | 409 | |
| BWR (Benedict-Webb-Rubin) type equation of state | 409 | |

## C

| | | |
|---|---|---|
| 4C crystallizer | 523 | |
| CAD | 115 | |
| CAE | 194 | |
| cake compressibility | 146 | |
| cake compressive pressure | 146 | |
| cake filtration | 147, 559 | |
| cake layer | 146 | |
| cake resistance | 146 | |
| cake washing | 146 | |
| cakeless filtration | 147 | |
| calandria | 90 | |
| calculation of number of theoretical stages | 545 | |
| calendering | 91 | |
| callus | 91 | |
| calorific capacity of combustion chamber | 405 | |
| calorific value | 389 | |
| candle filter | 116 | |
| canned motor pump | 116 | |
| capacitance effect | 522 | |
| capacitively coupled plasma | 200, 522 | |
| capacity coefficient | 522 | |
| capacity of discharge flow rate | 346 | |
| capillary condensation | 509 | |
| capillary condensation flow | 509 | |
| capillary condensation phase | 509 | |
| capillary flow | 509 | |
| capillary membrane | 116 | |
| capillary number | 116 | |
| capillary suction pressure | 509 | |
| capillary viscometer | 116 | |
| capillary water | 509 | |
| capital | 207 | |
| capital cost | 208 | |
| capital turnover | 208 | |
| capsule transport | 89 | |
| carbon dioxide | 355 | |
| carbon fiber | 308 | |
| carbon monoxide | 22 | |
| carbon tax | 308 | |
| carbon yield | 308 | |
| carburizing | 237 | |
| carcinogenicity test | 388 | |
| Carnot cycle | 91 | |
| carrier | 308 | |
| carrier binding | 309 | |
| carrier gas | 344 | |
| cascade control | 82 | |
| cascade heat exchanger | 82 | |
| cascade impactor | 82 | |
| cascade process | 82 | |
| cash flow | 115 | |
| casing | 147 | |
| catabolite repression | 19 | |
| catalyst | 231 | |
| catalyst carrier | 232 | |
| catalyst deactivation | 231 | |
| catalyst deactivation rate | 232 | |
| catalyst pore size | 182 | |
| catalytic combustion | 232 | |
| catalytic distillation | 232 | |
| catalytic membrane | 233 | |
| catalytic reactors | 232 | |
| cathodic protection | 26, 84 | |
| cation exchange membrane | 194, 519 | |
| cation exchanger | 85 | |
| Cauchy's equation of motion | 169 | |
| cause of water pollution | 241 | |
| caustic embrittlement | 84 | |
| caustic stress corrosion cracking | 84 | |
| cavern | 115 | |
| cavitation | 116 | |
| cavitation erosion | 116 | |
| cavity | 115 | |
| cavity for bubble nucleation | 113 | |
| CCP | 200 | |
| CD | 205 | |
| CE | 194 | |
| cell | 186 | |
| cell concentration | 133 | |
| cell cycle | 186 | |
| cell disruption | 186 | |
| cell fusion | 186 | |
| cell yield | 132 | |
| cellulose acetate asymmetric membrane | 187 | |
| cellulose acetate membrane | 187 | |
| CEM | 194 | |
| cement kiln | 271 | |
| centrifugal absorber | 51 | |
| centrifugal acceleration | 51 | |
| centrifugal drainage | 51 | |
| centrifugal dust collection | 52 | |
| centrifugal effect | 51 | |
| centrifugal extractor | 51 | |
| centrifugal filter and centrifugal dehydrator | 52 | |
| centrifugal fluidized bed | 52 | |
| centrifugal pump | 52 | |
| centrifugal sedimentation velocity | 51 | |
| centrifugal separation | 52 | |
| centrifugal settling area | 51 | |
| centrifugal settling velocity | 51 | |
| centrifugation | 52 | |
| ceramic filter | 271 | |
| ceramic membrane | 271 | |
| chain carrier | 555 | |
| chain polymerization | 555 | |
| chain reaction | 555 | |
| chain transfer reaction | 555 | |

| | | |
|---|---|---|
| chamber dryer | 386 | |
| change of drop size during stirring time | 330 | |
| channel blockage | 544 | |
| channelling | 314 | |
| chaotic mixing | 70 | |
| characteristic diameter | 294 | |
| characteristic number of particle size | 544 | |
| characteristic velocity | 345 | |
| characteristics of crystal | 150 | |
| characteristics on thermal death | 365 | |
| charged filter | 294 | |
| charged membrane | 88 | |
| charging | 87 | |
| charging of particles in liquid | 293 | |
| chelate extraction | 130 | |
| chemical absorption | 71, 395 | |
| chemical adsorption | 71 | |
| chemical cleaning | 512 | |
| chemical equilibrium | 72 | |
| chemical equilibrium constant | 72 | |
| chemical flame method | 71 | |
| chemical heat pump | 151 | |
| chemical kinetics | 399 | |
| chemical kinetics, chemical dynamics | 71 | |
| chemical mechanical polish | 196 | |
| chemical oxygen demand | 71, 196 | |
| chemical potential | 72 | |
| chemical reaction engineering | 396 | |
| chemical reaction engineering model | 396 | |
| chemical reaction engineering of polymerization | 212 | |
| chemical recycle | 151 | |
| chemical vapor deposition | 71, 206 | |
| chemisorption | 71 | |
| chemometrics | 152 | |
| chemostat | 151 | |
| Chilton-Colburn analogy | 319 | |
| chlorine resistance | 289 | |
| choking | 317 | |
| CHR (Chien-Hrones-Reswick) tuning | 194 | |
| Christmas tree cascade | 140 | |
| chromatograph | 143 | |
| chromosome | 274 | |
| churn flow | 314 | |
| CIM | 208 | |
| CIP | 194 | |
| circularity | 50 | |
| circulating fluidized bed | 219 | |
| circulating fluidized bed combustor | 196, 219 | |
| circulation flow rate | 220 | |
| circulation flow rate number | 220 | |
| citric acid cycle | 136 | |
| civil rehabilitation law | 503 | |
| cladding | 140 | |
| clarifier | 140 | |
| clarifying filtration | 263 | |
| clarifying separation | 262 | |
| clasification of wastes | 381 | |
| classical nucleation theory | 174 | |
| classification | 457 | |
| classification efficiency | 457 | |
| classified fluidized bed crystallizer | 458 | |
| classifying crystallizer | 457 | |
| Clausius-Clapeyron equation | 138 | |
| clean combustion system | 141 | |
| clean energy | 141 | |
| clean room | 141 | |
| cleaner technology | 140 | |
| cleaning in place | 194 | |
| cleaning recovery ratio | 274 | |
| climbing film evaporator | 385 | |
| clone propagation | 143 | |
| closed loop control | 470 | |
| closed system | 469 | |
| closed water bodies | 469 | |
| closest packing | 186 | |
| cloud | 139 | |
| clump | 125 | |
| cluster | 139 | |
| cluster renewal model | 139, 536 | |
| CMP | 196 | |
| coadsorption | 123 | |
| coagulation | 124, 125 | |
| coagulation by velocity gradient | 124 | |
| coagulation constant | 124 | |
| coagulation model | 125 | |
| coagulation rate function | 124 | |
| coal | 266 | |
| coal cleaning | 201 | |
| coal combustor | 268 | |
| coal conversion process | 268 | |
| coal gasification | 266 | |
| coal gasification reactor | 266 | |
| coal gasifier | 267 | |
| coal liquefaction | 266 | |
| coal slurry | 267 | |
| coal tar | 175 | |
| coal-fired power generation | 267 | |
| coal-methanol mixture | 506 | |
| coal-oil mixture | 196 | |
| coal-water mixture | 202 | |
| coating | 174, 348 | |
| co-culture | 127 | |
| COD | 196 | |
| codon | 174 | |
| coefficient of contraction | 217 | |
| coefficient of internal friction | 352 | |
| coefficient of mass transfer | 438 | |
| coefficient of performance | 261 | |
| coenzyme | 482 | |
| co-extrusion | 122 | |
| cogeneration | 169 | |
| cogeneration system | 169 | |
| coil heat exchanger | 159, 298 | |
| co-ion | 432 | |
| coke | 169 | |
| coke oven | 169 | |
| cold wall | 175 | |
| cold working | 551 | |
| collection efficiency | 482 | |
| collision cross section | 224 | |
| collision diameter | 224 | |
| collision frequency | 224 | |
| collision theory | 224 | |
| colloid | 175 | |
| colloidal dispersion (system) | 176 | |
| colloidal particle | 176 | |
| column composite curve | 90 | |
| column efficiency | 342 | |
| column target method | 90 | |
| COM | 196 | |
| combinatorial optimization problem | 138 | |
| combined cycle power generation | 433 | |
| combined cycle power generation system | 433 | |
| combined heat transfer coefficient | 433 | |

| | | |
|---|---|---|
| combining rule | 148 | |
| combustion calculation | 372 | |
| combustion model of solid | 373 | |
| combustion phenomena in fire | 80 | |
| combustion rate | 372 | |
| combustion reaction | 372 | |
| combustion with regenarator | 313 | |
| combustion with swirling flow | 273 | |
| combustor for gas turbine | 83 | |
| comfort chart | 64 | |
| comminution | 458 | |
| compacting | 180 | |
| compaction | 6 | |
| competitive inhibition | 109 | |
| competitive reaction | 126 | |
| complete blocking law | 98 | |
| complete mixing | 97 | |
| complex distillation tower | 433 | |
| complex ferrite | 433 | |
| complex nanofiber | 432 | |
| complex reaction | 433 | |
| compliance | 180, 480 | |
| compliance rate of environmental quality standard | 93 | |
| composite curve | 180 | |
| composite materials | 432 | |
| composite membrane | 433 | |
| composites | 180, 432 | |
| compound precipitation method | 80 | |
| compressibility | 6 | |
| compressibility coefficient | 5 | |
| compressibility factor | 4 | |
| compression granulation | 5 | |
| compression molding | 5 | |
| compression permeability test | 5 | |
| compression refrigeration | 6 | |
| compressive strength of sphere | 116 | |
| computation for designing operations | 281 | |
| computer aided design | 115, 144 | |
| computer aided engineering | 194 | |
| computer aided flow visualization | 180 | |
| computer integrated manufacturing | 208 | |
| concentrate | 376 | |
| concentrated flow | 376 | |
| concentration boundary layer | 376 | |
| concentration factor | 376 | |
| concentration polarization | 377 | |
| conceptual design | 67 | |
| concurrent packed bed | 470 | |
| condensation | 217 | |
| condensation curve | 125, 179 | |
| condensation heat transfer | 125 | |
| condensation number | 125, 179 | |
| condensation polymerization | 212 | |
| condenser | 125, 179 | |
| condenser model | 179 | |
| condensing turbine | 435 | |
| condition based maintenance | 223 | |
| condition monitoring | 223 | |
| conductance | 179 | |
| conducting polymer | 344 | |
| conduction drying | 338 | |
| conductive ceramics | 338 | |
| conductive drying | 338 | |
| cone type screw mixer | 53 | |
| configuration factor | 145 | |
| conical ball mill | 174 | |
| coning and quartering method | 53 | |
| conjugate line | 128 | |
| consecutive reaction | 312 | |
| consolidated settlement of accounts | 555 | |
| consolidation | 6 | |
| consolidation behavior index | 6 | |
| consolido-meter | 7 | |
| constant drying rate | 329 | |
| constant pattern | 179, 324 | |
| constant pressure filtration | 323 | |
| constant rate filtration | 326, 330 | |
| constitutional supercooling | 162 | |
| constitutive equation | 163, 553 | |
| consumption unit | 156 | |
| contact aeration process | 269, 270 | |
| contact angle | 269 | |
| contact charging | 269 | |
| contact nucleation | 179 | |
| contact potential difference | 270 | |
| contact reaction | 270 | |
| contact thermal resistance | 270 | |
| contamination by heavy metals | 211 | |
| continuous crystallizer | 556 | |
| continuous distillation | 556 | |
| continuous operation | 556 | |
| continuous phase | 556 | |
| continuous stirred tank reactor | 195, 556 | |
| continuous stirred tank reactors model | 97 | |
| continuously-fed incinerator | 277 | |
| contract | 146 | |
| control horizon | 358 | |
| control of bioreactor | 379 | |
| control of distillation process | 230 | |
| control of particle circulation | 538 | |
| controlled double-jet method | 180 | |
| controlled variable | 260 | |
| controller performance | 259 | |
| convection drying | 295 | |
| convective drying | 295 | |
| convective mixing | 295 | |
| conversion | 334, 400 | |
| conveyor | 180 | |
| cooking boiler | 223 | |
| coolant | 552 | |
| cooler condenser | 551 | |
| coolercondenser | 26 | |
| cooling crystalization | 551 | |
| cooling humidification | 41 | |
| cooling tower | 551 | |
| coordination number | 378 | |
| coordination polymerization | 378 | |
| copolymerization | 124 | |
| coprecipitation method | 127 | |
| COP3 | 172 | |
| core-annulus flow | 159 | |
| core-side pressurized filtration method | 351 | |
| Coriolis force | 175 | |
| corona charging | 176 | |
| corona discharge | 176 | |
| correction factor for logarithmic mean temperature difference | 63 | |
| correlation of mass transfer | 438 | |

| | | |
|---|---|---|
| corresponding state principle | 289 | |
| corrosion allowance | 137, 436 | |
| corrosion fatigue | 436 | |
| corrosion inhibitor | 436 | |
| corrosion potential | 201 | |
| corrosion rate | 436 | |
| corrosion resistant FRP | 291 | |
| cost | 153 | |
| cost accounting | 155 | |
| cost control | 155 | |
| cost indexes | 170 | |
| Cottrell precipitator | 172 | |
| Coulomb force | 143 | |
| Coulomb interaction | 143 | |
| Coulomb's law | 143 | |
| Coulter counter method | 175 | |
| counter diffusion | 280 | |
| counter ion | 295, 321 | |
| countercurrent | 167 | |
| countercurrent multistage extraction | 167 | |
| counterflow | 167 | |
| country risk | 100 | |
| covalent binding method | 128 | |
| craze | 142 | |
| credit control | 523 | |
| creep | 140 | |
| crevice corrosion | 245 | |
| critical coagulation concentration | 154 | |
| critical compressibility | 546 | |
| critical constant | 546 | |
| critical heat flux | 154 | |
| critical impeller speed for dispersion of multi-phase systems | 459 | |
| critical locus | 546 | |
| critical moisture content | 153 | |
| critical molar volume | 546 | |
| critical point anomalous behavior | 546 | |
| critical point criteria | 546 | |
| critical pressure | 546 | |
| critical radius of nuclei | 546 | |
| critical Reynolds number | 547 | |
| critical solution temperature | 546 | |
| critical temperature | 546 | |
| critical Weber number | 546 | |
| cross average velocity | 310 | |
| cross flow (current) | 212 | |
| cross-flow | 142 | |
| crossflow filtration | 142, 213 | |
| crossflow vertical moving bed | 213 | |
| cross-linking | 73 | |
| CRT (cathode-ray tube) operation | 194 | |
| crude oil | 157 | |
| crusher | 458 | |
| crushing | 458 | |
| crushing method of catalyst | 233 | |
| cryopump | 138 | |
| crystal growth | 148 | |
| crystal growth rate in suspension system | 536 | |
| crystal growth theory | 149 | |
| crystal habit | 229 | |
| crystal nucleation | 148 | |
| crystal polymorph | 149 | |
| crystal purity | 148 | |
| crystal shape | 148 | |
| crystal size distribution | 150 | |
| crystalline polymer | 148 | |
| crystallinity | 148 | |
| crystallization | 223 | |
| crystallization phenomena | 148 | |
| crystallizer | 223 | |
| CST (capillary suction time) measurement | 195 | |
| CSTR | 195, 318 | |
| culture | 383 | |
| culture of microorganisms | 408 | |
| culture vessel | 383 | |
| cumulative collection efficiency | 266 | |
| cumulative particle size distribution | 266 | |
| cumulative sum control chart | 122 | |
| Cunningham's correction factor | 88 | |
| current density | 205, 340 | |
| current efficiency | 194, 340 | |
| current value accounting | 196 | |
| curved blade impeller | 564 | |
| cut | 87 | |
| CVD | 206 | |
| CVD film | 207 | |
| CVD mechanism | 207 | |
| CVD reaction mechanism | 207 | |
| CVD reactor | 207 | |
| CVD reactor design | 207 | |
| CWM | 202 | |
| cyclone | 181 | |
| cyclone scrubber | 181 | |
| cylinder dryer | 235 | |
| cylindrically rotating zone | 172 | |

# D

| | | |
|---|---|---|
| DAEM | 323 | |
| Dalton's law | 349 | |
| Darcy's equation | 306 | |
| Darcy's Law | 306 | |
| data mining | 331 | |
| data processing | 331 | |
| data reconciliation | 331 | |
| data sheet | 331 | |
| database | 331 | |
| day averaged flux | 358 | |
| DCS | 325 | |
| de facto standard | 332 | |
| dead time | 504 | |
| dead-end filtration | 277, 332 | |
| deaeration | 302 | |
| dealuminification | 302 | |
| dealuminumification | 302 | |
| Dean number | 330 | |
| death phase | 208 | |
| Debye-Hückel theory | 332 | |
| decanter centrifuge | 330 | |
| decarburization | 302 | |
| decimal reduction time | 327 | |
| decision support system | 19 | |
| decision table | 325 | |
| decline of membrane performance | 490 | |
| decomposition of over-all heat composite lines | 369 | |
| decontamination factor | 234, 323 | |
| decreasing drying | 157 | |
| deep bed filtration | 237 | |
| degasification | 302 | |
| degree of advancement of reaction | 397 | |
| degree of cross-linking | 74 | |
| degree of crystallinity | 148 | |
| degree of freedom | 215 | |
| degree of freedom of a process | 453 | |
| degree of mixing | 178 | |
| degree of polymerization | 212 | |
| degree of supersaturation | 89 | |

| | | |
|---|---|---|
| degrees of freedom in distillation problem | 230 | |
| dehumidification by absorption | 117 | |
| dehumidification by adsorption | 119 | |
| dehumidification by compression | 4 | |
| dehumidification by cooling | 551 | |
| dehumidifier | 156 | |
| dehumidifying method | 234 | |
| deindustrialization | 136 | |
| delay bed | 330 | |
| deliquescence | 316 | |
| delivery conditions | 405 | |
| $\Delta L$ law | 333 | |
| Deming Prize | 332 | |
| demister | 332 | |
| dendrimer | 338 | |
| denitration | 302 | |
| dense fluidized bed | 376 | |
| dense layer | 314 | |
| dense phase | 376 | |
| dense region | 376 | |
| deodorant | 302 | |
| deodorizing filter | 302 | |
| deoxyribonucleic acid | 323 | |
| depletion of ozone layer | 60 | |
| deposition method | 264 | |
| deposition precursor | 264 | |
| deposition rate | 264, 265 | |
| deposition velocity | 320 | |
| depreciation | 155 | |
| depth filter | 328, 332 | |
| depth type membrane | 237 | |
| derivative action | 413 | |
| derivative time | 412 | |
| design chart | 269 | |
| design of fixed-bed catalytic reactor | 173 | |
| design of fluidized bed reactor | 543 | |
| design of multi-tubular heat-exchanging catalytic reactor | 298 | |
| design package | 331 | |
| design type problem | 269 | |
| designation of water body classes | 548 | |
| desorption | 252, 302, 303 | |
| desorption efficiency | 479 | |
| desulfurization | 303 | |
| desulfurization process | 303 | |
| detailed design | 223 | |
| Deutsch equation | 341 | |
| Deutsches Institut für Normung | 330 | |
| devoletilization furnace | 100 | |
| dew point | 561 | |
| dew point calculation | 561 | |
| dezincification | 302 | |
| DF | 323 | |
| diafiltration | 289, 343 | |
| dialysis | 343 | |
| dialyzer | 289, 343 | |
| diaphragm plate filter press | 4 | |
| diatomaceous earth filter aid | 145 | |
| die swell | 291 | |
| dielectric constant | 516 | |
| dielectric drying | 161 | |
| Diesel cycle | 326 | |
| differential contact | 412 | |
| differential contactor | 412 | |
| differential distillation | 412 | |
| differential partial condensation | 413 | |
| differential reactor | 413 | |
| diffuse assumption | 75 | |
| diffusion | 74 | |
| diffusion at uniform pressures | 341 | |
| diffusion at nonuniform pressures | 410 | |
| diffusion battery | 328 | |
| diffusion cell | 75 | |
| diffusion characteristics | 75 | |
| diffusion coating | 75 | |
| diffusion coefficient | 75 | |
| diffusion coefficient of particles | 537 | |
| diffusion controlled rate | 76 | |
| diffusion equation | 76 | |
| diffusion flux | 76 | |
| diffusion index | 144 | |
| diffusiophoresis | 74 | |
| diffusive mixing | 75 | |
| diffusivity | 75 | |
| dilatant fluid | 295 | |
| diluent | 157 | |
| dilute transport | 110 | |
| dilution rate | 107 | |
| dimensionless group | 504 | |
| dimensionless number | 504 | |
| dimensionless number on agitation | 78 | |
| dimensionless supersaturation | 504 | |
| DIN | 330 | |
| dioxin | 289 | |
| dioxins | 289 | |
| dioxyn emission from combustion | 289 | |
| dip coating | 327 | |
| dipleg | 328 | |
| dipole moment | 280 | |
| direct contact heat exchanger | 318 | |
| direct contact particles | 318 | |
| direct cooling | 318 | |
| direct cost | 318 | |
| direct numerical simulation | 318 | |
| direct spray method | 318 | |
| direct-contact condenser | 177 | |
| directional radiation | 199 | |
| disc centrifuge | 465 | |
| discharge coefficient | 539, 544 | |
| discharge flow rate | 346 | |
| discharge flow rate number | 346 | |
| discharge plasma | 480 | |
| discharge under water | 243 | |
| discrete element method | 323 | |
| disk turbine impeller | 325 | |
| disk-doughnut column | 326 | |
| dispatching rule | 326 | |
| dispersed flow | 459 | |
| dispersed phase | 459 | |
| dispersion | 458 | |
| dispersion constant | 463 | |
| displacement adsorption | 311 | |
| displacement desorption | 311 | |
| displacement mixing | 311 | |
| dissipation energy | 190 | |
| dissociation extraction | 70 | |
| dissolution rate of crystal | 519 | |
| dissolved-air pressure flotation | 64 | |
| distillate | 539, 544 | |
| distillation | 229 | |
| distillation calculation method | 230 | |
| distillation column | 230 | |
| distillation model | 230 | |
| distinct element method | 532 | |
| distributed activation energy model | 323 | |

| | | |
|---|---|---|
| distributed control system | psychrometer | 94 |
| 325, 458 | dry classification | 94 |
| distributed parameter system | dry corrosion 95, 348 | **E** |
| 464 | dry desulfrization 94 | |
| distribution coefficient 463 | dry desulfurization process 94 | |
| distribution constant 133 | dry theoretical amount of | eco-cement 42 |
| distribution curve 463 | combustion gas 92 | eco-design 42 |
| distribution of void fraction | dry-bulb temperature 92 | eco-efficiency 42 |
| 134 | dryer for particulate materials | eco-material 43 |
| distribution ratio 463 | 465 | economic balance 144 |
| distributor 265, 459 | drying 98 | economizer 42 |
| disturbance 69 | drying characteristic 99 | eco-products 42 |
| divided-wall column 243 | drying rate 99 | ECR 19 |
| DLVO theory 323 | drying stress 98 | ED 23 |
| DMC 323 | dryness fraction 92 | eddy diffusivity 31 |
| DNA 323 | DTB (draft-tube-baffled) | eddy viscosity 31 |
| DNA (deoxyribonucleic acd) | crystallizer 327 | Edmister's equation 44 |
| chip 323 | dual flow tray 332 | effect evaporator 166 |
| doctor blade coating method | dual sorption model 355, 357 | effective adsorption capacity |
| 345 | dual transport model 355 | 515 |
| domain formation 348 | Dufort effect 332 | effective diffusion coefficient |
| domestic wastewater treatment | Dühring chart 332 | 515 |
| 259 | dumped packing 431 | effective diffusivity 515 |
| Donnan equilibrium 347 | dust 300, 381, 462 | effective filtration area 516 |
| Donnan exclusion 347 | dust collection 213, 465, 516 | effective interfacial area 515 |
| Donnan potential 347 | dust collection efficiency 213 | effective nucleus 515 |
| doping 347 | dust explosion 462 | effective opening 203 |
| double solvent extraction 360 | dust filtration 428 | effective particle diameter 515 |
| double-film theory 357 | dust release 391 | effective thermal conductivity |
| double-pipe heat exchanger | dust removal by filter 562 | 516 |
| 357 | dust storm 300 | effective thickness of radiation |
| doublet separation 305 | $D$-value 327 | 515 |
| doubling time 380 | dwelling 478 | effectiveness factor for crystal |
| downcomer 80, 297 | dynamic adsorption 343 | growth 149 |
| downcomer flooding 297 | dynamic filtration 294 | effectiveness factor of catalyst |
| downer 297 | dynamic light scattering | 233 |
| downtake 297 | method for particle size | effectiveness factor of reaction |
| DP crystallizer 328 | measurement 344 | in immobilized biocatalyst |
| draft tube 348 | dynamic matrix control | 173 |
| drag coefficient 324 | 294, 323 | efflorescence 429 |
| drag coefficient of bubble 113 | dynamic overpressure factor | effluent standard 381 |
| drag force 540 | 343 | ejector type mixer 43 |
| drain recovery unit 350 | dynamic pressure 341 | elastomer 49 |
| drift flux model 349 | dynamic programming 344 | elbow 49 |
| driving force 242 | dynamic shape factor 345 | electret fiber 50 |
| driving force in terms of | dynamic similarity 532 | electric corona 176 |
| concentration difference | dynamic stability of reactor | electric double layer 336 |
| 376 | 395 | electric furnace method 337 |
| drop size distribution 330 | dynamically formed membrane | electric protection 336 |
| drop-wise condensation 331 | 294 | electrical mobility 334 |
| drowing-out crystallization 422 | | electrical mobility analyzer 334 |
| drum dryer 348 | | electro dialysis 23, 336 |
| dry- and wet-bulb | | electro neutrality condition 335 |

| | | |
|---|---|---|
| electro osmosis | 335 | |
| electro osmosis constant | 335 | |
| electro sensing zone method for particle size measurement | 335 | |
| electroless plating | 504 | |
| electrolysis | 333 | |
| electrolyte | 333 | |
| electrolyte solution | 334 | |
| electrolytic flotation | 334 | |
| electromagnetic ceramics | 337 | |
| electron avalanche | 337 | |
| electron beam flue gas treatment | 337 | |
| electron beam heating | 337 | |
| electron energy | 337 | |
| electron energy distribution function | 337 | |
| electron number density | 337 | |
| electron temperature | 337 | |
| electron-cyclotronresonance plasma | 19 | |
| electrophoresis | 335 | |
| electrostatic air filter | 263 | |
| electrostatic classification method for particle size measurement | 263 | |
| electrostatic force | 263 | |
| electrostatic interactions | 263 | |
| electrostatic phenomena | 293 | |
| electrostatic precipitation | 335 | |
| electrostatic precipitator | 15, 335 | |
| electrostatic repulsive potential | 263 | |
| element | 50 | |
| elementary analysis | 156 | |
| elementary process of CVD method | 46 | |
| elementary reaction | 287 | |
| eletret filter | 50 | |
| eliminator | 49 | |
| elutriation | 49, 347 | |
| embryo | 54, 380 | |
| emission | 210 | |
| emission coefficient | 479 | |
| emission control at source | 388 | |
| emission of radiation | 479 | |
| emission standard | 381 | |
| emission trading | 381 | |
| emissive power | 479 | |
| emittance | 210, 480 | |
| emittance of gas | 480 | |

| | | |
|---|---|---|
| emulsion | 47 | |
| emulsion combustion | 47 | |
| emulsion drying method | 47 | |
| emulsion phase | 376 | |
| emulsion polymerization | 47, 358 | |
| end effect | 386 | |
| end-of-pipe technology | 54 | |
| endothermic reaction | 122 | |
| endurance limit | 322 | |
| energy conservation equation | 46 | |
| energy conservation in distillation | 220 | |
| energy conservation technologies | 221 | |
| energy distribution of sputtered particles | 254 | |
| energy resources | 45 | |
| energy spectrum distribution | 45 | |
| energy storage | 45 | |
| energy transport | 46 | |
| engineering | 50 | |
| engineering plastic | 51 | |
| enhancement factor | 395 | |
| enriching section | 376 | |
| enterprise resource planning | 15 | |
| enthalpy | 53 | |
| enthalpy curve | 53 | |
| enthalpy of atomization | 155 | |
| enthalpy-humidity chart | 53 | |
| entrained bed reactor | 130 | |
| entrainer | 54, 127 | |
| entrainment | 54 | |
| entrance region | 234 | |
| entrapment method | 479 | |
| entropy | 54 | |
| environmental accounting | 93 | |
| environmental auditing | 93 | |
| environmental for water pollution quality standard | 241 | |
| environmental impact assessment | 92 | |
| environmental hormones | 93 | |
| environmental quality standards | 93 | |
| environmental remediation | 93 | |
| environmental risk | 94 | |
| environmental standard | 93 | |
| environmental stress cracking | 92 | |

| | | |
|---|---|---|
| enzyme | 163 | |
| enzyme immunoassay | 164 | |
| Eötvös number | 44 | |
| epitaxial film | 46 | |
| epitaxial growth, epitaxy | 46 | |
| equation for estimating bubble size | 112 | |
| equation for reactor design | 269 | |
| equation of coagulation rate | 124 | |
| equation of continuity | 556 | |
| equation of motion | 32 | |
| equation of particle motion | 32 | |
| equation of state | 223 | |
| equilibrium adsorption | 468 | |
| equilibrium charge | 468 | |
| equilibrium constant | 468 | |
| equilibrium electrode potentia | 469 | |
| equilibrium flash vaporization | 469 | |
| equilibrium moisture content | 468 | |
| equilibrium partial condensation | 469 | |
| equilibrium plasma | 469 | |
| equilibrium ratio | 469 | |
| equilibrium stage model | 468 | |
| equilibrium still | 468 | |
| equimolar diffusion | 344 | |
| equipment for molecular distillation | 460 | |
| equivalent diameter | 283 | |
| equivalent diameter of equal volume sphere | 343 | |
| equivalent length | 283 | |
| Ergun's equation | 49 | |
| erosion | 50, 496 | |
| erosion-corrosion | 50 | |
| ERP | 15 | |
| escalation | 43 | |
| ESP | 15 | |
| estimate | 502 | |
| estimation of catalyst effectiveness factor | 233 | |
| ETA | 23 | |
| etcher | 44 | |
| etching | 44 | |
| EUD (energy utilization diagram) method | 26 | |
| eukaryotic cell | 235 | |
| Euler number | 55 | |
| Eulerian model | 55 | |

| | | |
|---|---|---|
| Euler's equation of motion 55 | extracting reagent 315 | FI (fouling) index 46 |
| eutectic point 126, 129 | extraction 315 | fiber reinforced plastic 46, 272 |
| eutrophication 429 | extraction efficiency 315, 316 | |
| evaporating plant 227 | extraction factor 315 | fiber reinforced plastics lining 46 |
| evaporation 224 | extraction turbine 315 | |
| evaporation rate 227 | extractive distillation 315 | fiber-film reactor 423 |
| evaporation to dryness 225 | extractive reaction 316 | fibrous filter 272 |
| evaporative cooler 46, 228 | extruder 41 | Fick's law 427 |
| evaporative crystallization 225 | extruding granulator 58 | fieldbus 428 |
| evaporator 225 | extrusion 58 | filiform corrosion 26 |
| event tree analysis 23 | extrusion press 58 | filler 428 |
| evolution of particle number concentration through coagulation 537 | | film boiling 492 |
| | **F** | film coefficient of heat transfer 128 |
| EWMA (exponentially weighted moving average) control chart 21 | | film flow 491 |
| | | film penetration theory 128 |
| | F factor 47 | film temperature 128 |
| excess air ratio 134 | F value 47 | film theory 128 |
| excess property 81 | FA 47 | film wise condensation 491 |
| excess reactant 81 | facet 424 | filter aid 557 |
| excitation method 551 | facilitated transport 285 | filter cake 146, 558 |
| exergy 42 | Factor 10 424 | filter cloth 562 |
| exergy analysis 42 | factory automation 47 | filter medium 558 |
| exergy change 42 | facultative anaerobe 322 | filter medium filtration 559 |
| exergy loss 42 | fail-safe design 429 | filter medium resistance 558 |
| exothermic reaction 389 | failure mode and effects analysis 47 | filtering centrifuge 52 |
| expansion molding 390 | | filtrate 557 |
| expansion ratio of fluidized bed 544 | falling drying 157 | filtrate volume 557 |
| | falling film evaporator 385 | filtration 557 |
| expeller 39 | falling-ball viscometer 526 | filtration coefficient 557 |
| experimental method for determining a CVD reaction mechanism 264 | Fanning's equation 424 | filtration consolidation 557 |
| | Faraday's law 424 | filtration resistance 558 |
| | far-infrared radiation 53 | fin efficiency 428 |
| expert system 39 | fast fluidized bed 163 | final disposal of wastes 380 |
| explosive limit concentration of dust 385 | fatigue limit 322 | finance 423 |
| | fatigue strength 322, 421 | fine particle formation in liquid phase 419 |
| exponential velocity distribution 201 | fault diagnosis method 20 | |
| | fault tree analysis 47 | fine particle of mixed metal oxide 432 |
| expression 4 | FBC 47 | |
| expression-type filter press 4 | FCC 47 | fine particle production 420 |
| extensive factor 235 | feasibility study 427 | fine particle synthesis in liquid phase 39 |
| extensive property 235 | fed-batch culture 535 | |
| extent of reaction 397 | fedbatch reaction property 535 | fine particle synthesis via complex formation 419 |
| external heat exchanger 67 | feed for extraction 316 | |
| external heat exchanger reactor 68 | feed forward control 428 | fine trap 423 |
| | feedback control 427 | finite difference method 189, 514 |
| external pressure filtration 64 | feedback inhibition 428 | |
| external reflux ratio 67 | feeder 427, 463 | finite element method 515 |
| externally circulating fluidized bed 67 | Fenske's equation 430 | finite satage model 189 |
| | Feret diameter 429 | finite volume method 514 |
| extinction coefficient 117, 156 | fermentor 383, 388 | finned tube 428 |
| extract 39, 315 | ferrite plating 429 | first law of thermodynamics 370 |
| extractant 315 | FGD 47 | |

| | | |
|---|---|---|
| first order lag system | 21 | |
| first principle model | 441 | |
| Fischer-Tropsch synthesis | 427 | |
| fixed bed | 173 | |
| fixed carbon | 174 | |
| fixed carbon to volatile ratio | 375 | |
| fixed charge membrane | 88 | |
| fixed cost | 174 | |
| fixed head | 174 | |
| fixed ion | 172 | |
| fixed tube sheet | 173 | |
| fixed-bed catalytic reactor | 173 | |
| flake lining | 449 | |
| flame | 70 | |
| flame emission of radiation | 70 | |
| flame sputtering | 70 | |
| flame temperature | 372 | |
| flame visualization | 372 | |
| flash evaporation | 445 | |
| flash evaporator | 445 | |
| flash tank | 446 | |
| flash vaporization | 445 | |
| flat membrane | 419 | |
| Flexi-Tray | 449 | |
| flight conveyor | 443 | |
| float valve tray | 455 | |
| floatable particle | 436 | |
| floating head | 516 | |
| floating tube sheet | 516 | |
| flooding | 22 | |
| flooding of packed column | 446 | |
| flooding on agitation | 446 | |
| flooding point | 22 | |
| flooding velocity | 22, 446 | |
| Flory-Huggins equation | 456 | |
| flotation | 436 | |
| flow charcteristic | 544 | |
| flow chart | 455 | |
| flow curve | 541 | |
| flow factor | 455 | |
| flow mixer | 456, 540 | |
| flow of a rarefied gas | 109 | |
| flow pattern in a mixing vessel | 78 | |
| flow reactor | 540 | |
| flow regime of gas fluidized bed | 105 | |
| flow sheet | 451 | |
| flow system | 352 | |
| flow visualization | 352 | |
| flowability | 456, 544 | |
| flowsheet simulation | 451 | |

| | | |
|---|---|---|
| flow-shop scheduling problem | | 451 |
| flue gas denitration | | 378 |
| flue gas desulfurization | | 47, 378 |
| flue gas desulfurization (FGD) process using magnesium hydroxide | | 244 |
| flue gas desulfurization (FGD) process using sodium hydroxide | | 287 |
| flue gas recirculation | | 380 |
| fluid bed | 413, 448, 542 | |
| fluid catalytic cracking | 47, 541 | |
| fluid film | | 127 |
| fluid particle circulation system | | 543 |
| fluidization | | 540 |
| fluidized bed | | 542 |
| fluidized bed boiler | | 543 |
| fluidized bed coater | | 542 |
| fluidized bed combustor | | 47 |
| fluidized bed dryer | | 542 |
| fluidized bed granulator | | 543 |
| fluidized bed incineration process | | 541 |
| fluidized bed incinerator | | 543 |
| fluidized bed reactor | | 542 |
| fluidized bed type incinerator of gasification with ash melting furnace | | 541 |
| fluidized catalyst bed reactor | | 543 |
| flushing | | 446 |
| flux | 445, 539 | |
| Fluxo tank | | 444 |
| fly ash | 412, 442 | |
| FMEA | | 47 |
| foam ability | | 112 |
| foaming | | 390 |
| follow-up control | | 321 |
| food rheology | | 234 |
| fool-proof design | | 449 |
| force | | 311 |
| forced circulation multi-tube evaporator | | 126 |
| forced convection boiling | | 126 |
| forced diffusion | | 70 |
| forward extraction | | 262 |
| forward flow feed | | 220 |
| fossil fuel | | 84 |
| fouling | 423, 554 | |
| fouling index | | 423 |

| | | |
|---|---|---|
| Fourier number | | 447 |
| Fourier's law (heat conduction) | | 447 |
| fractional adsorption | | 464 |
| fractional collection efficiency | | 442 |
| fractional extraction | | 464 |
| Fractionation Research Incorporated | | 46 |
| fracture energy | | 386 |
| fracture mechanics | | 384 |
| fracture strength of particle | | 384 |
| fracture toughness | | 384 |
| free energy | | 211 |
| free moisture content | | 211 |
| free volume | | 214 |
| free vortex | | 211 |
| free water | | 213 |
| freeboard | | 448 |
| freeze drying | | 342 |
| freezing point depression | | 415 |
| French press | | 450 |
| frequency (particle size) distribution | | 422 |
| frequency factor | | 422 |
| frequency response | | 215 |
| Freundlich adsorption isotherm | | 450 |
| FRI | | 46 |
| friction drag | | 494 |
| friction factor | | 494 |
| friction factor of pipe | | 100 |
| friction model | | 494 |
| friction velocity | | 494 |
| froth cooler | | 451 |
| Froude number | | 448 |
| Froude number on agitation | | 79 |
| FRP | | 46 |
| FTA | | 47 |
| fuel cell | | 374 |
| fuel conversion process | | 375 |
| fuel lean combustion | | 374 |
| fuel NO formation and reduction | | 442 |
| fuel $NO_x$ | | 442 |
| fugacity | | 430 |
| fugacity coefficient | | 430 |
| fully baffled condition | | 98 |
| funicular water | | 187 |
| funnel flow | | 426 |
| fuzzy inference | | 424 |

# G

| | | | | |
|---|---|---|---|---|
| gain | 146 | GDP | 205 | Graetz number | 142 |

gain 146
galvanic corrosion 19
galvanization 506
galvanizing 506
Gantt chart 99
gas absorber 81
gas absorption 81
gas blow mixing 112
gas compressor 108
gas constant 108
gas distributor 83
gas emission of radiation 435
gas evaporation 83
gas exchange coefficient 83
gas flow rate number 322
gas fuel 108
gas hold-up 83
gas hold-up in a mixing vessel 84
gas inducing agitation 199
gas permeability 83
gas phase reaction 107
gas-film coefficient of mass transfer 82
gas-liquid concurrent downflow packed bed 101
gas-liquid concurrent upflow packed bed 102
gas-liquid interfacial area 101
gas-liquid reaction 103
gas-liquid separator 103
gas-liquid two phase flow 102
gas-liquid-solid catalytic reaction 102
gas-liquid-solid catalytic reactor 102
gas-liquid-solid fulidized bed 101
gas-liquid-solid three phase flow 101
gasoline 84
gas-phase mass transfer coefficient 108
gas-solid fluidized bed 104
gas-solid reaction 105
gas-solid-liquid mixing 105
gate type impeller 150
gate valve 197

GDP 205
gel 152
gel chromatography 152
gel effect 152
gel entrapping method 153
gel permeation chromatography 206
gel polarization model 152
Geldart map 152
gene analysis 23
general corrosion 277
general dynamic equation 23
general waste 23
generalized Thiele modulus 22
generation method of supersaturation 89
generation time 269
genetic algorithm 24
genome 151
genome analysis 151
geometric mean 104, 282
geometric mean diameter 104
geometric particle diameter 104
geometric standard deviation 104
geometrical similarity 104
geometrical view factor 74
Giammarco-Vetrocoke process 211
Gibbs equation of adsorption 111
Gibbs free energy 110
Gibbs-Duhem equation 110
Gibbs-Helmholtz equation 111
Gibbs-Thomson equation 111
Gilliland's correlation 130
glass membrane 90
glass transition point 90
glass transition temperature 90
glassy polymer membrane 90
glow discharge 142
glycolysis 67
GMP 196
good manufacturing practice 196
Görtler vortex 152
GPC 206
grade change-over operation 506
gradient elution 165
Graesser (rainning-bucket) contactor 139

Graetz number 142
graft copolymer 140
grain model 142
Gram stain 140
granular bed filter 537
granulation 284
granulator 285
granule 90
graphical method 244
graphical stepwise construction 65
graphitic corrosion 169
graphitization 169
Grashof number 139
gravitational settling 217
gravity parameter 217
gravity sedimentation 217
gravure roll 140
gray assumption 378
green chemistry 141
green purchasing 141
grid average model 161
grinder 458
grinding 458
grinding aid 458
grooving corrosion 501
gross calorific value 283
gross domestic product 205
gross hest value 283
groundwater pollution 311
group contribution equation 155
group contribution method 142
growth model of microorganisms 407
growth rate dispersion 149
growth rate enhancement by microcrystal 262
growth yield 282
guarantee 482
guaranty 482
Guggenheim's quasi-chemical equilibrium theory 137
gyratory crusher 209

# H

$\theta$ method 202
habit modifier 381
Hadamard's condition 387
Hagen-Poiseuille's equation

| | | | |
|---|---|---|---|
| half-life period | 386 | heat supply line | 88, 523 |

half-life period 394
half-life period method 394
Hamaker constant 391
Hammetts' rule 391
Harbert's equation 390
hard sphere model 164
hardly biodegradable
 compounds 354
hardness 164
Hastelloy 387
Hatta number 388
Hayden-O'Connell's method 381
hazard and operability study 387
HAZOP 387
HD 37
head 341, 471, 521
health item 155
heat 371
heat accumulator 312
heat balance 364, 365, 366
heat capacity 370
heat composite lines 368
heat conduction 367
heat conduction equation 367
heat cycle 365
heat demand fluid 218
heat exchanger 364
heat flux 371
heat insulating materials 309
heat insulation technology 309
heat insulator 309
heat kerosen 364
heat of adsorption 121
heat of combustion 372
heat of dilution 107
heat of dissociation 70
heat of formation 261
heat of fusion 514
heat of mixing 178
heat of reaction 399
heat of solution 520
heat of sublimation 221
heat pipe 411
heat pump 411
heat pump assisted distillation
 column 411
heat storage 312
heat storage heat exchanger 312
heat supply fluid 523

heat supply line 88, 523
heat transfer 339, 362
heat transfer at frost
 formation 150
heat transfer between wall and
 fluidized bed 339
heat transfer by conduction 338
heat transfer by convection 296
heat transfer by forced
 convection 126
heat transfer by natural
 convection 201
heat transfer coefficient 339, 366
heat transfer coefficient
 between immersed tube
 and fluidized bed 339, 367
heat transfer coefficient
 between particle and fluid 339, 367
heat transfer equation in an
 aerated mixing vessel 339
heat transfer in a mixing
 vessel 78
heat transfer in fluidized bed 362
heat transmitting perimeter 340
heat treatment 365
heating medium 340, 368
heating value 389
heavy key component 166
heavy oil 217
height equivalent to a
 theoretical plate 36, 545
height equivalent to a
 theoretical stage 36
height of diffusion flame 75
height of transfer unit 26
height per film transfer unit 128
height per overall transfer unit 278
height per transfer unit 25, 36
helical ribbon impeller 473
helical screw impeller 472
Helmholtz's free energy 474
hemispherical radiation 394
hemodialysis 37, 147
Henry' constant 477
Henry's law 477

HEPA 472
Hess's law 471
heteroazeotrope 432
heterogeneous azeotrope 432
heterogeneous distillation 432
heterogeneous fluidization 432
heterogeneous material 432
heterogeneous nucleation 431
heterogeneous reaction 432
heterotroph 214
HETP 36
HETS 36
high efficiency air filter 162
high efficiency particulate air
 filter 162, 472
high frequency drying 161
high mass transfer 166
high perfomance structured
 packing 162
high performance dunmped
 packing 163
high performance tray 162
high selector switch 381
high temperature corrosion 159
high temperature dust
 collector 159
high temperature halide
 corrosion 159
high temperature oxidation 159
high temperature sulfidation 159
high-density plasma 166
higher boiling component 166
higher heating value 159, 165
Hildebrand's rules 420
Hildebrandt extractor 420
holdup 296, 487
hollow fiber membrane module 315
homogeneous floating flow 131
homogeneous fluidization 131
homogeneous material 131
homogeneous membrane 132
homogeneous nucleation 131, 132
homogeneous precipitation
 method 131
homogeneous reaction 131
homotopy-continuation method 485
honeycomb filter 390
Hooke's law 437
hopper 483

| | | |
|---|---|---|
| horizontal type kneader | 522 | |
| hot air drying | 368 | |
| hot corrosion | 159 | |
| hot potassium carbonate process | 366 | |
| hot soap method | 482 | |
| hot spot | 482 | |
| hot stream | 88 | |
| hot wall CVD reactor | 482 | |
| hot working | 364 | |
| hot-wire (hot-film) anemometer | 366 | |
| Hougen-Watson's equation | 383 | |
| household solid waste | 259 | |
| HS | 381 | |
| HTST (high temperature short time) method | 36 | |
| HTU | 36 | |
| Hughes press | 414 | |
| human supervisory control | 94 | |
| human-machine interface | 414 | |
| humid air | 208 | |
| humid enthalpy | 208 | |
| humid gas | 208 | |
| humid heat capacity | 208 | |
| humid volume | 208 | |
| humidification under constant liquid temperature | 341 | |
| humidifier | 282 | |
| humidity | 204 | |
| humidity chart | 204 | |
| humidity control | 316 | |
| humidity sensor | 205 | |
| hybrid ferrite | 437 | |
| hydraulic expression | 244 | |
| hydraulic radius | 342 | |
| hydraulic transport | 244 | |
| hydrocarbon | 306 | |
| hydrodemetallation reaction | 242 | |
| hydrodesulfurization | 201 | |
| hydrodesulfurization reaction | 243 | |
| hydrogen embrittlement | 243 | |
| hydrogen induced cracking | 243 | |
| hydrogen storing alloy | 243 | |
| hydrolase | 81 | |
| hydrolytic enzyme | 81 | |
| hydrophilic material | 236 | |
| hydrophilic membrane | 236 | |
| hydrophobic membrane | 286 | |
| hydrophobic parameter | 286 | |
| hydrothermal method | 243 | |
| hydrothermal-electrochemical syntheses | 243 | |
| hypersorption | 382 | |
| hypothetical pure compound | 84 | |
| hysteresis | 406 | |

## I

| | | |
|---|---|---|
| ICP | 1 | |
| ideal flow | 533 | |
| ideal fluid | 533 | |
| ideal gas | 533 | |
| ideal plate | 533 | |
| ideal solution | 533 | |
| ideal solution adsorption theory | 533 | |
| ideal stage | 533 | |
| IEM | 1 | |
| ignition temperature | 314 | |
| IM | 1 | |
| image force | 334 | |
| IMC | 1 | |
| immersion potential | 201 | |
| immobilized cell | 173 | |
| impact charging | 224 | |
| impact flow-meter | 28, 222 | |
| impact load coefficient | 222 | |
| impact strength | 222 | |
| impaction efficiency | 224 | |
| impactor | 28 | |
| impedance of fluid | 540 | |
| impeller on agitation | 79 | |
| imperfect mixing flow | 431 | |
| impingement plate | 95 | |
| impregnation method | 96 | |
| impulse response method | 28 | |
| impurity effect | 435 | |
| in situ measurement of crystallization process | 27 | |
| inactivation | 202 | |
| incineration process | 221 | |
| incinerator | 222 | |
| incinerator of waste | 380 | |
| incipient fluidization velocity | 540 | |
| inclined surface settling tank | 144 | |
| inclusion body | 26, 429 | |
| incoloy | 27 | |
| income | 211 | |
| income statement | 288 | |
| income tax allocation accounting | 260 | |
| incomressible fluid | 401 | |
| inconel | 27 | |
| Incoterms | 26 | |
| independent administrative institution | 346 | |
| independent protection layer | 2 | |
| indirect cooling | 97 | |
| indirect cost | 97 | |
| individual film coefficient of mass transfer | 128 | |
| individual film coefficient on volume basis | 128 | |
| inductively coupled plasma | 1, 516 | |
| industrial crystallization | 160 | |
| industrial reaction | 160 | |
| industrial use of enzyme | 164 | |
| industrial waste | 190 | |
| inert gas | 431 | |
| inert gas condenser | 26, 551 | |
| inertial dust collection device | 96 | |
| inertial force | 97 | |
| inertial method for particle size analysis | 97 | |
| inertial motion | 96 | |
| inertial parameter | 96 | |
| inferential control | 28 | |
| infinite dilution activity coefficient | 504 | |
| infinite dilution state | 504 | |
| inflation technique | 28 | |
| infrared active gases | 266 | |
| infrared radiation drying | 266 | |
| infrastructure | 28 | |
| in-furnace denitrification | 561 | |
| in-furnace sulfur removal (capture) | 561 | |
| inhibitor | 28, 522 | |
| inhomogeneous floating flow | 432 | |
| initiation reaction | 65 | |
| injection molding | 210 | |
| injector | 27 | |
| in-line arrangement | 318 | |
| in-line mixer | 524 | |
| inner filtration | 352 | |
| inorganic membrane | 504 | |
| input variable | 358 | |
| inquiry | 404 | |
| inside-out method | 27 | |

| | | | | | | |
|---|---|---|---|---|---|---|
| *in-situ* desulfurization | 561 | internals | 27 | isoelectric point | 344 | |
| *in-situ* sulfur removal | | internals for packed column | | isokinetic sampling | 343 | |
| (capture) | 561 | | 215 | isolated system | 175 | |
| inspection | 155 | International Organization for | | isomerase | 20 | |
| installation of heat insulator | | Standardization | 1, 20 | isomerization | 20 | |
| | 309 | international standard | 142 | isothermal reaction process | 341 | |
| insulating fire brick | 289 | interpenetrating polymer | | isozyme | 1 | |
| integral action | 268 | network | 2, 27 | ISO14000 series | 1 | |
| integral heat of adsorption | 268 | inter-reboiler | 28 | ISO9000 series | 1 | |
| integral process | 268 | intra particle diffusion | | Itaya's equation | 21 | |
| integral reactor | 268 | coefficient | 538 | items related to the protection | | |
| integral squared error | 1 | intraparticle diffusion | 544 | of the living environment | | |
| integral time | 268 | intraparticle diffusivity | 544 | | 259 | |
| integrated coal gasification | | investor relations | 1 | Izod impact strength | 1 | |
| combined cycle power | | ion beam | 19 | | | |
| generation | 267 | ion bombardment | 18 | **J** | | |
| integrated coal gasification | | ion exchange | 15 | | | |
| fuel cell combined cycle | | ion exchange capacity | 17 | | | |
| power generation | 267 | ion exchange chromatography | | jacket | 209 | |
| integrity test | 98 | | 15 | Jackson's $\alpha$ factor | 209 | |
| intellectual property rights | 313 | ion exchange equilibrium | 16 | Janssen's equation | 512 | |
| intelligent control | 313 | ion exchange membrane | 1, 16 | Japan Petroleum Institute | 194 | |
| intelligent material | 28 | ion exchange resin membrane | | Japanese Industrial Standards | | |
| intensity of radiation | 434 | | 16 | | 201 | |
| intensive factor | 197 | ion exchange unit | 16 | jaw crusher | 234 | |
| intensive property | 197 | ion exchangers | 15, 16 | jet | 195, 196, 465 | |
| interaction | 94 | ion exclusion | 18 | jet condenser | 195 | |
| interception | 187 | ion pair extraction | 18 | jet entrainment | 466 | |
| interception parameter | 187 | ion plating | 19 | jet mill | 196 | |
| inter-condenser | 27 | ion plating equipment | 19 | jet mixing | 195 | |
| interdiffusion coefficient | 281 | ion-exchange method | 16 | jet pump | 195 | |
| interfacial energy between | | ionic binding method | 15 | jet scrubber | 195 | |
| crystal and solution | 69 | ionic liquid | 15 | $j$-factor | 194 | |
| interfacial resistance | 69 | ionic membrane | 1, 16, 19 | JIS | 201 | |
| interfacial tension | 69 | ionic polymerization | 18 | job-shop scheduling | 234 | |
| interfacial turbulence | 69 | ionic reaction | 18 | Joule-Thomson coefficient | 219 | |
| interferon | 27 | ionic strength | 15 | JPI | 194 | |
| intergranular corrosion | 535 | ionization frequency | 340 | just in time | 210 | |
| interlock system | 28 | IPL | 2 | | | |
| intermediary energy | 314 | IPN | 2 | **K** | | |
| intermediate blocking law | 314 | IR | 1 | | | |
| intermediate layer | 314 | irreversible adsorption | 430 | | | |
| intermittent turbulent structure | | irreversible change | 430 | Kaminsky catalyst | 90 | |
| | 94 | irreversible reaction | 430 | Kármán constant | 91 | |
| internal (of fluidized bed) | 351 | irreversible thermodynamics | | Kármán vortex street | 91 | |
| internal energy | 351 | model | 430 | Karr column | 91 | |
| internal evaporating | 351 | irrigated packed column | 92 | katal | 85 | |
| internal mixer | 27 | ISA-S88 | 1 | KCP | 144 | |
| internal model control | 1, 352 | ISA (ideal solution | | $k$-$\varepsilon$ model | 144 | |
| internal pressure | 351 | adsorption) theory | 1 | Kedem-Katchalsky model | 150 | |
| internal reflux ratio | 351 | ISE | 1 | Kelvin model | 152 | |
| internally circulating fluidized | | ISO | 1 | | | |
| bed | 351 | isobaric diffusion | 341 | | | |

| | | |
|---|---|---|
| Kelvin's equation | 152 | |
| Kennedy extractor | 151 | |
| kerosene | 344 | |
| Kestner type evaporator | 147 | |
| key component | 73, 154 | |
| Kick's law | 109 | |
| Kihara potential | 110 | |
| kiln type incinerator of pyrolysis gasification with ash melting furnace | 130 | |
| kind of microorganisms | 407 | |
| kinematic | 32 | |
| kinematic viscosity | 32, 344 | |
| kinetic theory of gases | 109 | |
| kink | 131 | |
| Kinyon pump | 109 | |
| Kirchhoff's law | 130 | |
| Kittel tray | 109 | |
| kneader | 180, 358, 363 | |
| kneading | 363 | |
| kneading method | 180 | |
| kneading-mulling | 363 | |
| knock down | 377 | |
| knowledge management | 354 | |
| Knudsen diffusion | 137 | |
| Knudsen flow | 138 | |
| Knudsen number | 138 | |
| Kolmogorov's turbulent theory of local isotropy | 175 | |
| Kozeny-Carman's equation | 170 | |
| Kremser-Souders-Brown equation | 142 | |
| Krystal-Oslo type crystallizer | 140 | |
| Kuenen absorption coefficient | 122 | |
| Kühni extraction column | 137 | |
| Kunii-Levenspiel Model | 137 | |
| Kureha crystal purifier | 144 | |
| $K$-value regulation | 147 | |
| Kynch's theory | 133 | |

## L

| | |
|---|---|
| labor productivity | 557 |
| labor's relative share | 557 |
| lagging material | 481 |
| lagoon system | 525 |
| Lagrangian model | 525 |
| lamella separators | 144 |
| laminar combustion | 285 |
| laminar flow | 284 |
| lamped parameter system | 214 |
| landfill of wastes | 380 |
| Langmuir adsorptio isotherm | 527 |
| Langmuir-Blodgett technique | 527 |
| Langmuir-Hinshelwood mechanism | 527 |
| Langmuir-Hinshelwood's equation | 527 |
| Laplace transformation | 526 |
| large size impeller | 57 |
| laser | 553 |
| laser CVD | 554 |
| laser diagnostics | 372 |
| laser Doppler velocimeter | 554 |
| laser PVD | 554 |
| latent heat | 276 |
| latent heat of fusion | 514 |
| latent heat of vaporization | 225 |
| latent heat storage | 276 |
| latent heat transport | 276 |
| Law Concerning the Evaluation of Chemical Substances and Regulation of their Manufacture | 71 |
| Law for Promotion of Effective Utilization of Resources | 532 |
| Law for Promotion of Selective Collection and Recycling of Containers and Packaging | 520 |
| law of conservation of energy | 46 |
| law of mass action | 205 |
| LB (Langmuir-Blodgett) membrane film | 49 |
| LCA | 49 |
| LCD | 49 |
| LCST | 49 |
| LDF (liner driving force) approximation | 49 |
| leaching | 236, 533 |
| lean premixed combustion | 110 |
| lease instrument | 533 |
| Lee-Kesler's equation | 532 |
| Leidenfrost phenomenon | 524 |
| length breadth ratio | 316 |
| Lennard-Jones (12-6) potential | 555 |
| LES (large eddy simulation) | |

| | |
|---|---|
| model | 49 |
| Lévêque's equation | 555 |
| Lewis relation | 548 |
| Lewis-Matheson method | 548 |
| life cycle assessment | 49 |
| life science | 265, 524 |
| ligase | 162, 531 |
| light diffraction and scattering method for particle size measurement | 403 |
| light key component | 328 |
| light oil | 146 |
| light scattering | 161, 403 |
| light scattering method for particle size measurement | 404 |
| light scattering particle counter | 404 |
| lighter component | 328 |
| light-source model | 160 |
| lime scrubbing process | 203, 269 |
| limestone firing furnaces and kiln | 269 |
| limestone gypsum process | 269 |
| limestone scrubbing process | 203, 269 |
| limiting flux | 154 |
| limiting particle trajectory | 154 |
| limiting reactant | 156 |
| limits of combustion | 372 |
| limitting current density | 49, 154 |
| linear driving force approximation | 273 |
| linear free energy relationship | 318 |
| linear growth rate | 274 |
| linear programming | 273 |
| Lineweaver-Burk plot | 524 |
| lining | 524 |
| liposome | 535 |
| liquid bridge adhesion force | 38 |
| liquid crystalline polymer | 39 |
| liquid cyclone | 40 |
| liquid extraction | 40 |
| liquid flow region | 39 |
| liquid fluidized bed | 39 |
| liquid fuel | 41 |
| liquid ion exchangers | 40 |
| liquid membrane method | 41 |
| liquid molar volume at the normal boiling point | 440 |

| | | |
|---|---|---|
| liquid phase epitaxy | 39, 49 | |
| liquid phase mass transfer coefficient | 40 | |
| liquid redistributor | 39 | |
| liquid space velocity | 39 | |
| liquid surface mixing | 416 | |
| liquid-drop formation model | 41 | |
| liquid-film coefficient of mass transfer | 38 | |
| liquid-gas ratio | 38 | |
| liquid-jet column | 41 | |
| liquid-liquid extraction | 37 | |
| liquid-liquid mass transfer coefficient | 438 | |
| liquid-liquid mixing | 37 | |
| liquid-liquid two phase flow | 37 | |
| liquid-liquid-equilibrium | 38 | |
| living polymerization | 535 | |
| LNG (liquefied natural gas)- fired combined cycle power generation | 49 | |
| loading | 560 | |
| loan | 562 | |
| local cell | 129 | |
| local composition | 129 | |
| local heat transfer coefficient | 129 | |
| local thermodynamic equilibrium | 129 | |
| localized corrosion | 129 | |
| LO-CAT process | 558 | |
| lock hopper | 560 | |
| Lockhart-Martinelli's correlation | 560 | |
| locus of overflow | 23 | |
| locus of under flow | 329 | |
| Loeb-Sourirajan membrane | 562 | |
| logarithmic law | 292 | |
| logarithmic mean | 292 | |
| logarithmic mean concentration difference | 292 | |
| logarithmic mean temperature difference | 292 | |
| logistics | 559 | |
| log-normal distribution | 291 | |
| log-penetration law | 292 | |
| long tube vertical evaporator | 243 | |
| long-distance transportation of pollutants | 60 | |
| loop pol-ymerization reactor | | |
| | 549 | |
| loosest packing | 184 | |
| louver type dust collector | 549 | |
| low intensity combustion | 328 | |
| low $NO_x$ burner | 327 | |
| low $NO_x$ combustion | 327 | |
| low pressure impactor | 153 | |
| low selector switch | 559 | |
| low temperature brittleness | 324 | |
| low temperature plasma | 324 | |
| low temperature separation process | 240 | |
| lower boiling component | 328 | |
| lower critical end point | 89 | |
| lower critical solution temperature | 49, 89 | |
| lower heating value | 323, 327 | |
| lower heating value of waste | 174 | |
| LPE | 49 | |
| LS | 559 | |
| LTV evaporator | 49 | |
| Lurgi extractor | 549 | |
| Luwa evaporator | 550 | |
| Luwa extractor | 550 | |
| Luwesta extractor | 548 | |
| lyase | 303, 531 | |
| Lydersen's group contribution method | 534 | |
| Lyster's method | 524 | |

## M

| | | |
|---|---|---|
| M & A | 47 | |
| $m$ value | 48 | |
| Mach number | 496 | |
| macro fluid | 494 | |
| macro galvanic cell | 493 | |
| macro pore | 493 | |
| macro viscosity | 493 | |
| macromer | 493 | |
| macro-micro pore diffusion model | 493 | |
| macromixing | 493 | |
| macromonomer | 493 | |
| macroporous ion exchangers | 298 | |
| macroreticular ion exchangers | 47 | |
| magnetic separation | 197 | |
| magnetic separation method | | |
| | 201 | |
| maintenability design | 482 | |
| maintenance | 271 | |
| maintenance metabolism | 19 | |
| maintenance plan | 482 | |
| maintenance prevention design | 482 | |
| malti-rumen type membrane | 497 | |
| management information system | 500 | |
| manipulating variable | 282 | |
| manufacturing cost | 261 | |
| manufacturing information system | 261 | |
| Marangoni effect | 496 | |
| Marangoni number | 496 | |
| marginal profit | 154 | |
| Margules' equation | 489 | |
| marker and cell method | 495 | |
| market value accounting | 196 | |
| marketing | 494 | |
| Martin diameter | 329, 495 | |
| mass balance | 439 | |
| mass conservation equation | 205 | |
| mass conservation equation for a component in a mixture | 314 | |
| mass flow | 494 | |
| mass flow controller | 494 | |
| mass flux | 439 | |
| mass median diameter | 205 | |
| mass spectrometry | 205 | |
| mass transfer | 437 | |
| mass transfer between bubble and emulsion phases | 437 | |
| mass transfer between gas and high viscous liquid | 438 | |
| mass transfer coefficient | 438 | |
| mass transfer coefficient between particle and fluid | 438 | |
| mass transfer flux | 439 | |
| mass transfer in fluidized beds | 543 | |
| mass transfer resistance | 438 | |
| material balance | 439 | |
| material objectivity law | 439 | |
| material recycle | 496 | |
| material recycle process | 439 | |
| material requirement planning | 200 | |

MATER

| | | |
|---|---|---|
| mathematical equations for describing process characteristics | 454 | |
| matrix method | 496 | |
| maximum azeotropic mixture | 182 | |
| maximum heat flux | 129 | |
| maximum heat transfer coefficient | 184 | |
| maximum power consumption | 184 | |
| maximum work | 184 | |
| Maxwell-Boltzmann's law of distribution | 495 | |
| Maxwell's relation | 495 | |
| MBE | 48 | |
| McCabe-Thiele method | 495 | |
| McMahon packing | 492 | |
| mean activity | 467 | |
| mean activity coefficient | 467 | |
| mean bubble diameter | 467 | |
| mean diameter of the three dimensions | 191 | |
| mean free path | 467 | |
| mean molecular weight | 467 | |
| mean particle diameter | 468 | |
| mean time between failure | 48 | |
| measure of mixedness | 178 | |
| measured disturbance | 76 | |
| measurement of specific surface area | 412 | |
| mechanical characteristics of particle | 531 | |
| mechanical energy balance | 103 | |
| mechanical stability condition | 103 | |
| mechanical vapor recompression | 221 | |
| mechanically agitated gas-liquid contactor | 101, 321 | |
| mechano-chemical effect | 506 | |
| media agitating mill | 79 | |
| median diameter | 170, 314, 507 | |
| Mellapak | 507 | |
| Melle-Boinot method | 508 | |
| melt | 514 | |
| melt crystallization | 507, 514 | |
| melt solidification | 514 | |
| melt solidification method of source materials | 39, 157 | |
| melting point | 516 | |
| melt-liquid atomaizu method | 514 | |

| | | |
|---|---|---|
| membrane area density | 491 | |
| membrane bioreactor | 490, 508 | |
| membrane cleaning | 491 | |
| membrane contactor | 508 | |
| membrane distillation | 491 | |
| membrane element | 490 | |
| membrane emulsification | 491 | |
| membrane filter | 508 | |
| membrane filter press | 4 | |
| membrane filtration | 493 | |
| membrane filtration flux | 493 | |
| membrane module | 492 | |
| membrane pore diameter | 491 | |
| membrane porosity | 490 | |
| membrane potential | 491 | |
| membrane prepared by interfacial polymerization | 69 | |
| membrane reactor | 490, 508 | |
| membrane resistance | 491 | |
| membrane separation | 492 | |
| membrane structure | 490 | |
| membrane tortuosity | 490 | |
| mercury | 241 | |
| mergers and acquisitions | 47 | |
| MESH equations | 507 | |
| meso pore | 506 | |
| mesophile | 314 | |
| mesopore | 506 | |
| meso-porous materials | 506 | |
| messenger RNA (ribonucleic acid) | 507 | |
| metabolism | 291 | |
| metabolite yield | 291 | |
| metal catalyst | 132 | |
| metal ionic solution | 132 | |
| metal organic chemical vapor deposition | 48 | |
| metal oxide catalyst | 132 | |
| metal plating | 506 | |
| metallocene catalyst | 506 | |
| metastable crystal | 219 | |
| metastable zone | 219 | |
| methane fermentation process | 506 | |
| methanol vehicle | 506 | |
| method of immobilized biocatalyst | 173 | |
| method of optimization | 185 | |
| method of polymerization | 212 | |
| methods of discretization | 532 | |
| Metzner-Otto constant | 507 | |
| MF (microfiltration) | | |

| | | |
|---|---|---|
| membrane | 48 | |
| MHD (magneto-hydrodynamics) power generation | 48 | |
| Miag extractor | 498 | |
| micelle | 501 | |
| Michaelis-Menten equation | 498 | |
| micro cavity method | 500 | |
| micro fluid | 500 | |
| micro galvanic cell | 500 | |
| micro pore | 500 | |
| micro viscosity | 500 | |
| micro wave plasma | 489 | |
| microbe | 407 | |
| microbiologically influenced corrosion | 408 | |
| microcapsule | 489 | |
| microemulsion polymerization | 489 | |
| microfiltration | 48, 265 | |
| micromixing | 500 | |
| microorganism | 407 | |
| microphase separation | 500 | |
| micropore | 500 | |
| Microsieves | 489 | |
| microwave drying | 489 | |
| Mie theory of light scattering | 502 | |
| Miers' concept | 489 | |
| mill | 458, 503 | |
| Miller indices | 503 | |
| mini-emulsion polymerization | 502 | |
| minimum approach temperature | 183 | |
| minimum azeotropic mixture | 185 | |
| minimum bubbling velocity | 113, 183 | |
| minimum fluidization velocity | 183, 540 | |
| minimum heat demand | 184 | |
| minimum heat flux | 129 | |
| minimum heat supply | 183 | |
| minimum impeller speed for liquid-liquid dispersion | 283 | |
| minimum liquid rate | 183 | |
| minimum liquid-gas ratio | 183 | |
| minimum reflux ratio | 183 | |
| minimum rotational speed for complete suspension | 539 | |
| minimum solvent ratio | 183 | |
| minimum step number | 183 | |

| | | |
|---|---|---|
| minimum theoretical liquid rate | 183 | |
| minimum theoretical number of plate | 183 | |
| MIS | 500 | |
| miscella | 501 | |
| miscible system | 284 | |
| mist | 500 | |
| mist catcher | 413 | |
| mist eliminator | 501 | |
| mist separator | 501 | |
| Mixco column | 499 | |
| mixed bed | 502 | |
| mixed flow feed | 187 | |
| mixed integer linear programming | 177 | |
| mixed liquor suspended solids | 48 | |
| mixed liquor volatile suspended solids | 48 | |
| mixer | 176 | |
| mixer-settler | 499 | |
| mixing by up-and-down impeller | 222 | |
| mixing condenser | 177 | |
| mixing curve | 177 | |
| mixing diffusion model | 176 | |
| mixing diffusivity | 176 | |
| mixing intensity | 77, 177 | |
| mixing length | 177 | |
| mixing model | 178 | |
| mixing of Bingham fluid | 421 | |
| mixing of heterogeneous system | 20 | |
| mixing of highly viscous liquid | 165 | |
| mixing of homogeneous phase | 132 | |
| mixing of non-Newtonian fluid | 411 | |
| mixing of viscoelastic fluid | 374 | |
| mixing property | 179 | |
| mixing rate | 178 | |
| mixing rule | 178 | |
| mixing time | 177 | |
| MLSS | 48 | |
| MLVSS | 48 | |
| mobile bed | 511 | |
| mobility | 26, 511 | |
| mobility analyzer | 26, 511 | |
| MOCVD | 48 | |
| modal diameter | 185 | |
| mode-diameter | 185 | |

| | | |
|---|---|---|
| model for gas-solid reaction | 106 | |
| model for metabolite production rate | 291 | |
| model predictive control | 510 | |
| model-based process monitoring | 509 | |
| modified bubble column | 474 | |
| modified consolidation coefficient | 213 | |
| modified enthalpy | 474 | |
| module test | 509 | |
| modulus of elasticity | 308 | |
| modulus of longitudinal elasticity | 303 | |
| modulus of rigidity | 163 | |
| modulus of shearing elasticity | 276 | |
| modulus of transverse elasticity | 523 | |
| moisture content | 96 | |
| molar mass distribution | 461 | |
| molding machine | 260 | |
| molecular beam epitaxy | 48 | |
| molecular connectivity | 460 | |
| molecular diffusion | 459 | |
| molecular distillation | 460 | |
| molecular dynamics method | 461 | |
| molecular flow | 461 | |
| molecular refraction | 459 | |
| molecular sieve | 511 | |
| molecular sieving effect | 461 | |
| molecular sieving flow | 461 | |
| molecular weight cut-off | 457 | |
| molecular weight cut-off curve | 457 | |
| molecular weight distribution | 461 | |
| molecularity | 400 | |
| Mollier diagram | 511 | |
| molten carbonate fuel cell | 522 | |
| molten salt hot corrosion | 522 | |
| molten slag | 522 | |
| momentum transfer | 33 | |
| momentum transfer theory | 33 | |
| monel metal | 510 | |
| monobed | 510 | |
| monoclonal antibody | 510 | |
| Monod equation | 510 | |
| mono-disperse particles | 310 | |
| monolayer adsorption | 310 | |
| monolithic catalyst | 511 | |

| | | |
|---|---|---|
| monolithic module | 511 | |
| monomer | 310, 510 | |
| monomer reactivity ratio | 510 | |
| Monte Carlo method | 511 | |
| moral hazard | 511 | |
| Morari resiliency index | 95 | |
| morphology | 511 | |
| Morton number | 511 | |
| mosaic membrane | 509 | |
| mother liquor | 481 | |
| motionless mixer | 509 | |
| moving bed | 25 | |
| moving bed reactor | 25 | |
| mRNA | 507 | |
| MSF evaporation | 48 | |
| MSMPR crystallizer | 48 | |
| MTBF | 48 | |
| mulling | 180 | |
| multi effect evaporator | 299 | |
| multi loop control | 300 | |
| multi-column distillation process | 303 | |
| multi-component adsorption | 300 | |
| multicomponent distillation | 300 | |
| multi-cyclone | 496 | |
| multi-effect distillation process | 300 | |
| multi-feed distillation tower | 496 | |
| multi-layer adsorption | 305 | |
| multilayered film casting | 301 | |
| multi-phase flow | 179 | |
| multi-phase mixing | 20 | |
| multiple extraction | 297 | |
| multiple impellers mixer | 302 | |
| multi-rate control | 299 | |
| multi-stage adiabatic reaction process | 301 | |
| multi-stage disk dryer | 301 | |
| multi-stage extraction | 301 | |
| multi-stage flash evaporation | 302 | |
| multistage fluidized bed | 302 | |
| multi-tubular heat exchanger | 297 | |
| multivariable control | 305 | |
| multivariate analysis | 305 | |
| multivariate monitoring | 305 | |
| Murphree plate efficiency | 496 | |
| mutation | 347 | |
| mutual diffusion coefficient | 281 | |

| | | |
|---|---|---|
| mutual diffusivity | 281 | |
| mutual solubility | 281 | |
| MW (micro wave) discharge | 48 | |

# N

| | |
|---|---|
| nanofiltration membrane | 45, 354 |
| nanoparticle | 354 |
| nanotechnology | 353 |
| nash type vacuum pump | 41 |
| natural convection boiling | 201 |
| natural energy | 201 |
| natural gas | 340 |
| natural step | 353 |
| NEDOL process | 371 |
| negative adsorption | 431 |
| negative catalyst | 436 |
| negative feedback | 362 |
| Nelson chart | 371 |
| Nernst approximate formula | 371 |
| Nernst-Planck equation | 371 |
| net positive suction head | 45 |
| neural network | 359 |
| new ceramics | 358 |
| Newtonian fluid | 359 |
| Newton's law of cooling | 359 |
| Newton's law of viscosity | 359 |
| NF membrane | 45 |
| nickel-base alloy | 358 |
| Niederlinski index | 358 |
| nitrate melt atomization method | 223 |
| nitriding treatment | 313 |
| nitrification and denitrification | 221 |
| nitrogen oxides | 313 |
| nitrogen removal technology | 313 |
| nitrous oxide | 2 |
| noble metal catalyst | 104, 337 |
| nominal pore size | 162 |
| non selective catalytic reduction | 45, 504 |
| non-absorbing medium of radiation | 405 |
| non-Bingham fluid | 412 |
| noncompetitive inhibition | 404 |
| non-condensable gas | 405 |
| non-equilibrium plasma | 413 |
| nonequilibrium thermodynamics model | 413 |
| nonflow system | 411 |
| nonhygroscopic material | 406 |
| non-ideal flow | 419 |
| non-ideal mixture | 419 |
| nonisobaric diffusion | 410 |
| nonlinear control | 408 |
| non-minimum phase system | 405 |
| non-Newtonian fluid | 411 |
| non-permeable flow | 410 |
| nonporous membrane | 409 |
| non-uni-dimensional filtration | 402 |
| non-woven filter cloth | 436 |
| normal state | 414 |
| normal stress | 480 |
| normal stress difference | 480 |
| normalizing | 512 |
| $NO_x$ formation and reduction | 377 |
| nozzle jet dryer | 461 |
| NPSH | 45 |
| NRTL (non-random two liquid) equation | 44 |
| NRU | 45 |
| NSCR | 45 |
| NTU | 45 |
| nuclear boiling | 80 |
| nuclear energy | 156 |
| nucleation | 74, 76 |
| Nukiyama point | 361 |
| number median diameter | 170 |
| number of control objectives | 259 |
| number of film transfer unit | 128 |
| number of overall transfer unit | 278 |
| number of reaction unit | 45, 399 |
| number of steps | 250 |
| number of theoretical stages | 545 |
| number of transfer unit | 25, 45 |
| numerical method | 244 |
| numerical simulation of flow field | 353 |
| numerical simulation of turbulent flow | 529 |
| Nusselt number | 361 |
| Nusselt theory | 361 |
| Nyquist diagram | 351 |

# O

| | |
|---|---|
| obligate anaerobe | 476 |
| observed rejection | 498 |
| ocean dumping | 69 |
| O'Connell correlation | 58 |
| OCR | 192 |
| octanol-water partition coefficient | 58 |
| OEM | 55 |
| off stoichiometric combustion | 376 |
| offset | 61 |
| offset yield stress | 296 |
| offsite facilities | 61 |
| oil diffusion pump | 9 |
| oil separation technology | 517 |
| oil-sealed rotary pump | 9 |
| Oldershaw column | 62 |
| Oldshu-Rushton tower | 62 |
| oligomer | 61 |
| Oliver filter | 61 |
| OMVPE | 57 |
| on the job training | 62 |
| onsite facility | 62 |
| open circuit potential | 201 |
| open system | 69, 418 |
| operating line | 281 |
| operating line under constant liquid temperature | 341 |
| operating point | 281 |
| operating pressure | 281 |
| operation assistance system | 32 |
| operation support for unsteady -state | 410 |
| operation type problem | 281 |
| opposed jet combustion | 290 |
| oprical resolution by crystallization | 160 |
| optical constant | 160 |
| optical length | 159 |
| optimization control | 185 |
| optimum thickness of heat insulation | 144 |
| ordered mixture | 60 |
| ordinary profit | 145 |
| organic EL (electroluminescence) | 514 |

| | | |
|---|---|---|
| organic membrane | 514 | |
| organometallic vapor phase epitaxy | 57 | |
| orientation | 508 | |
| orifice column | 61 | |
| orifice flowmeter | 62 | |
| orifice mixer | 61 | |
| orifice pipe reactor | 61 | |
| original equipment manufacturer | 55 | |
| osmotic equilibrium | 239 | |
| osmotic pressure | 237 | |
| osmotic pressure model | 238 | |
| osmotic suction pressure | 59 | |
| osmotic water | 60 | |
| osmotic-pressure and adsorption-resistance model | 120 | |
| Ostwald absorption coefficient | 59 | |
| Ostwald de model | 59 | |
| Ostwald ripening | 59 | |
| Ostwald's step rule | 59 | |
| Otto cycle | 60 | |
| OUR | 61 | |
| outsourcing | 2 | |
| over protection | 89 | |
| overall coefficient of mass transfer | 279 | |
| overall collection efficiency | 280 | |
| overall crystal growth rate | 278 | |
| overall driving force | 278 | |
| overall heat composite lines | 279 | |
| overall heat transfer coefficient | 278, 364 | |
| overall rate equation of chemical reaction | 279 | |
| overall reaction constant | 279 | |
| overall reaction rate | 279 | |
| overall volumetric coefficient | 280 | |
| overall volumetric coefficient of enthalpy transfer | 278 | |
| overflow pipe | 23 | |
| overhead | 23 | |
| overhead condenser | 60 | |
| overheads | 23 | |
| override control | 60 | |
| overshoot | 60 | |
| oversize distribution | 448 | |
| oxidant | 58 | |

| | | |
|---|---|---|
| oxidation ditch | 58 | |
| oxidation pond system | 190 | |
| oxidoreductase | 58, 190 | |
| oxygen consumption rate | 192 | |
| oxygen enhanced combustion | 192 | |
| oxygen enrichment membrane | 192 | |
| oxygen uptake rate | 61 | |

## P

| | | |
|---|---|---|
| P&ID | 401 | |
| Pachuca tank | 387 | |
| packed bed | 214 | |
| packed bed filter | 214 | |
| packed bubble-column reactor | 214 | |
| packed column | 214, 215 | |
| packed extraction column | 215 | |
| packet renewal model | 386, 536 | |
| packing factor | 388 | |
| packing structure | 214 | |
| paddle impeller mixer | 390 | |
| Pade approximation | 390 | |
| pall ring | 487 | |
| palladium membrane | 392 | |
| pan agglomerator | 189 | |
| pan granulator | 189 | |
| pan pelletizer | 189 | |
| parachor | 391 | |
| parallel diffusion | 471 | |
| parallel flow | 470 | |
| parallel flow feed | 470 | |
| parallel reaction | 470 | |
| parison | 392 | |
| partial combustion | 442 | |
| partial condensation | 461 | |
| partial condenser | 461 | |
| partial mixing | 442 | |
| partial molar quantity | 442 | |
| partial pressure | 456 | |
| partial reflux | 442 | |
| partially stabilized zirconia | 442 | |
| particle | 536 | |
| particle density | 539 | |
| particle formation at equilibrium | 469 | |
| particle growth by coagulation | 538 | |

| | | |
|---|---|---|
| particle holdup | 539 | |
| particle mixing mechanism | 537 | |
| particle packing layer | 537 | |
| particle penetration | 342 | |
| particle Reynolds number | 539, 552 | |
| particle shape | 537 | |
| particle size distribution | 536, 537 | |
| particle void fraction | 182 | |
| particulate fluidization | 390 | |
| partition coefficient | 463 | |
| partition funcion | 463 | |
| passive state | 218 | |
| passive stress condition | 218 | |
| passive transport | 218 | |
| passivity | 441 | |
| Patel-Teja's equation | 390 | |
| payment conditions | 206 | |
| payment terms | 206 | |
| PCDD | 406 | |
| PCR | 405 | |
| PDCA | 410 | |
| Pe'cklet number | 471 | |
| peening effect | 137 | |
| pendular water | 156 | |
| penetration model | 239 | |
| penetration theory | 238 | |
| Peng-Robinson's equation | 474 | |
| percentage humidity | 403 | |
| percentage of capacity | 280 | |
| percolation | 386 | |
| perfect mixed crystallizer | 97 | |
| perfect mixing | 97 | |
| perfect mixing flow | 97 | |
| perforated plate extraction column | 299 | |
| perforated-plate extraction column with reciprocated flow | 161 | |
| performance index | 414 | |
| permeability | 341 | |
| permeation coefficient | 341 | |
| permeation coefficient ratio | 342 | |
| permeation flow | 342 | |
| permeation flux | 342 | |
| permeation rate | 342 | |
| permselective membrane | 275 | |
| persistent organic pollutants | 193, 441 | |
| pervaporation | 238, 391 | |
| Petlyuk-type distillation | | |

| | | |
|---|---|---|
| column | 472 | |
| Petri net | 472 | |
| petroleum coke | 268 | |
| petroleum-fired power generation | 268 | |
| pfaudler type impeller | 423 | |
| PFBC | 402 | |
| PFR | 402 | |
| phase change | 284 | |
| phase equilibrium | 284 | |
| phase equilibrium in polymer mixture systems | 284 | |
| phase inversion method | 282 | |
| phase rule | 284 | |
| phase separation | 283 | |
| phase stability | 283 | |
| phase transition for liquid-liquid mixing | 338 | |
| phosphorus removal | 547 | |
| photo CVD | 404 | |
| photo extinction method for particle size measurement | 404 | |
| photochemical reaction | 159 | |
| photon correlation spectroscopy for particle size measurement | 161 | |
| photophoresis | 403 | |
| photo-reaction rate | 404 | |
| photo-reactor | 404 | |
| photosynthesis | 161 | |
| physical absorption | 441 | |
| physical adsorption | 441 | |
| physical measurements in flame | 70 | |
| physical vapor deposition | 412, 441 | |
| physicochemical gas absorption | 441 | |
| physicochemical wastewater treatment technology | 441 | |
| physisorption | 441 | |
| PI control | 401 | |
| PID control | 401 | |
| pinch point | 421 | |
| pipe line mixer | 100, 382 | |
| pipeline reactor | 382 | |
| piping and instrument diagram | 401 | |
| Pitot tube | 410 | |
| pitting | 162 | |
| Pitzer-Curl correlation | 409 | |
| Pitzer-Debye-Hückel equation | | 409 |
| plait point | | 449 |
| plan, do, check, action | | 410 |
| Planck's constant | | 446 |
| Planck's equation | | 446 |
| plant-wide control | | 447 |
| plasma CVD | | 444 |
| plasma CVD apparatus | | 445 |
| plasma density | | 445 |
| plasma heating method | | 444 |
| plasma separation | | 150 |
| plasma spraying | | 445 |
| plasmid | | 445 |
| plastic fluid | | 287 |
| plastic lining | | 444 |
| plastic recycle | | 444 |
| plasticity | | 287 |
| plasticizer | | 84, 166 |
| plate and frame type module | | 449 |
| plate column | | 309, 450 |
| plate (tray) efficiency | | 307 |
| plate-and-frame press | | 21 |
| plate-type evaporator | | 450 |
| plate-type heat exchanger | | 470 |
| plate-type impeller | | 470 |
| plating | | 506 |
| PLC | | 403 |
| pleat type module | | 448 |
| plug conveying | | 444 |
| plug flow | | 58, 277, 444 |
| plug flow reactor | | 59, 402 |
| plunger pump | | 446 |
| PM | | 402 |
| pneumatic conveying | | 135 |
| pneumatic conveying dryer | | 130 |
| pneumatic transport | | 110, 135 |
| Podbielniak distillation apparatus | | 483 |
| Podbielniak (centrifugal) extractor | | 483 |
| point efficiency | | 337 |
| point of zero charge | | 334 |
| poisoning | | 411 |
| Poisson distribution | | 478 |
| Poisson's equation | | 478 |
| Poisson's ratio | | 478 |
| polarization | | 458 |
| polarization curve | | 458 |
| polisher | | 485 |
| Pollutant Release and Transfer Register | | 93, 401 |
| pollution load | | 60 |
| polyaddition | 215 |
|---|---|
| polyamide membrane | 485 |
| polychlorinated dibenzo-$p$-dioxin | 406 |
| poly-disperse particles | 305 |
| polymer | 212, 486 |
| polymer alloy | 166, 486 |
| polymer blend | 486 |
| polymer blends | 166 |
| polymer composites | 166 |
| polymer membrane | 166 |
| polymer processing | 166 |
| polymer reaction engineering | 166 |
| polymer rheology | 166 |
| polymerase chain reaction | 406 |
| polymerization engineering | 212 |
| polymerization tank | 211 |
| polysulfone membrane | 485 |
| polytropic change | 486 |
| polytropic index | 486 |
| Ponchon-Savarit method | 487 |
| pool boiling | 449 |
| poor solvent crystallization | 422 |
| POPs | 483 |
| population balance method | 484 |
| population density | 485 |
| pore diffusion | 182 |
| pore model | 182 |
| pore structure | 182 |
| pore structure of solid catalyst | 171 |
| pore volume | 182 |
| porosity | 105, 135 |
| porous membrane | 299 |
| porous resin | 120 |
| porous solid | 298 |
| positive adsorption | 259 |
| positive feedback | 482 |
| post dry-out region | 482 |
| potential core | 483 |
| potential flow | 483 |
| potential vs. pH diagram | 333 |
| Pourbaix diagram | 449 |
| powder | 462 |
| powder classification diagram | 538 |
| powder mixing | 465 |
| powder pressure | 462 |
| powder-particle fluidized bed | 466 |
| power | 345 |
| power consumption | 77 |

| | | |
|---|---|---|
| power consumption for liquid-liquid system in a mixing vessel | 77 | |
| power consumption for solid-liquid mixing | 78 | |
| power consumption in an aerated mixing vessel | 77 | |
| power consumption per unit volume of liquid | 77 | |
| 1/7 power law | 353 | |
| power number | 345 | |
| Poynting term | 478 | |
| Prandtl number | 447 | |
| Prandtl's analogy | 447 | |
| precipitation | 320 | |
| precoat filtration | 448 | |
| prediction horizon | 523 | |
| prediction of tray efficiency | 307 | |
| preferential crystallization | 516 | |
| prefilter | 450 | |
| premixed burning | 523 | |
| preparation method of solid catalysts | 170 | |
| present value | 155 | |
| present worth | 155 | |
| pressure | 7 | |
| pressure agglomeration | 5 | |
| pressure and temperature swing adsorption | 410 | |
| pressure and thermal swing adsorption | 410 | |
| pressure balance loop | 7 | |
| pressure crystallization | 7 | |
| pressure diffusion | 7 | |
| pressure flow | 7 | |
| pressure fluctuation | 7 | |
| pressure loss | 7 | |
| pressure ratio | 7 | |
| pressure swing adsorption | 7, 402 | |
| pressurized fluidized bed combustion combined cycle | 402 | |
| pretreatment | 201 | |
| pretreatment process for bioseparation | 489 | |
| preventive maintenance | 402 | |
| price index | 437 | |
| primary consolidation | 21 | |
| primary nucleation | 21 | |
| primary polymer | 22 | |
| primary structure | 22 | |
| principal component analysis | 217 | |
| principal stress | 217 | |
| principle of Clausius | 139 | |
| principle of superposition | 81 | |
| probability screen | 80 | |
| problem of global environment | 312 | |
| problem of local environment | 311 | |
| process control | 453 | |
| process design | 453 | |
| process flow diagram | 454 | |
| process flowsheet | 454 | |
| process monitoring | 451 | |
| process parameter of culture | 383 | |
| process simulation | 452 | |
| process simulator | 453 | |
| process synthesis | 452 | |
| process system enginnering | 402 | |
| process systems engineering | 452 | |
| process variable | 454 | |
| product liability | 454 | |
| Product Liability Law | 262 | |
| production information system | 261 | |
| production maintenance | 402 | |
| production management | 31, 260 | |
| production planning and scheduling | 260 | |
| productivity | 261 | |
| profit and loss statement | 288 | |
| program control | 450 | |
| programmable logic controller | 403 | |
| project management | 402, 451 | |
| project manager | 402 | |
| projected area diameter | 53 | |
| prokaryotic cell | 155 | |
| promoter | 234 | |
| promoter of drop-wise condensation | 331 | |
| prompt NO | 456 | |
| prompt $NO_x$ | 456 | |
| proof strength | 296 | |
| propagation reaction | 262 | |
| propeller impeller | 455 | |
| property of microorganisms | 407 | |
| proportional action | 421 | |
| proportional band | 421 |
| proportional gain | 421 |
| protection current | 480 |
| protective emergent operation for hazardous event | 131 |
| protective film | 482 |
| protein | 310 |
| proteome | 455 |
| proximate analysis | 160 |
| PSA | 402 |
| PSE | 402 |
| pseudo first order reaction | 101 |
| pseudo-critical value | 90 |
| pseudo-plastic fluid | 108 |
| psudo-random binary signal method | 107 |
| psychrometric chart | 204 |
| psychrophiles | 167 |
| PTSA | 410 |
| pulsation flow | 503 |
| pulse charging | 392 |
| pulse combusion | 393 |
| pulse corona induced plasma chemical process | 412 |
| pulse response method | 392 |
| pulse-column | 393 |
| pulsed extraction column | 502 |
| pulverization | 386 |
| pulverized coal combustor | 413 |
| pulverized coal fired boiler | 413 |
| pulverizer | 458 |
| pulverizing | 458 |
| pump and treat ground-water remediation | 311 |
| pumping speed | 380 |
| pure culture, axenic culture | 220 |
| pure viscous fluid | 220 |
| pure water flux | 220, 409 |
| pure water permeability | 220 |
| purge | 314 |
| purification crystallization | 261 |
| pusher centrifuge | 59 |
| pusher type incinerator of pyrolysis gasification with ash melting furnace | 81 |
| PVD | 412 |
| PWF | 410 |
| pyrolysis reaction | 369 |

## Q

| | |
|---|---|
| $q$ line | 119 |
| quadruple point | 523 |
| quality assurance | 421 |
| quality control | 421 |
| quality management | 421 |
| quantity of sate | 224 |
| quantum chemical calculation | 544 |
| quantum size effect | 545 |
| quantum yield | 545 |
| quasi-free vortex | 220 |
| quenching | 512 |

## R

| | |
|---|---|
| radiation | 434 |
| radiation drying | 479 |
| radiation energy density | 434 |
| radiation energy exchange | 434 |
| radiation flux | 435 |
| radiation thermometry | 434 |
| radiation transfer in global environment | 434 |
| radiative drying | 479 |
| radiative heat transfer | 434 |
| radiative heat transfer coefficient | 435 |
| radiative transfer equation | 435 |
| radical polymerization | 525 |
| radical reaction | 525 |
| radio frequency induction heating | 161 |
| radiosity | 210 |
| radius of plug | 276 |
| raffinate | 315, 526 |
| random packing | 431, 527 |
| Rankine coefficient | 526 |
| Rankine cycle | 526 |
| Rankine's combined vortex | 527 |
| Ranz-Marshall's equation | 527 |
| Raoult's law | 524 |
| rapid flocculation | 119 |
| rapid sand filtration | 119 |
| Raschig ring | 525 |
| rate constant of reaction | 398 |
| rate controlling step | 533 |
| rate determining step | 533 |
| rate determining step approximation | 534 |
| rate equation of chemical reaction | 398 |
| rate equation under diffusion controll | 76 |
| rate limiting step | 533 |
| rate of return | 531 |
| rate of return on investment | 211 |
| rate of strain | 475 |
| rate-based model | 286 |
| ratio control | 554 |
| raw materials consumption rate | 157 |
| Rayleigh effect | 552 |
| Rayleigh number | 552 |
| Rayleigh's equation | 552 |
| RDC extractor | 10 |
| reaction controlled rate | 400 |
| reaction factor | 396 |
| reaction injection molding | 397 |
| reaction order | 396 |
| reaction rate constant | 398 |
| reaction rate diagram | 398 |
| reactive crystallization | 397 |
| reactive distillation | 397 |
| reactive precipitation | 397 |
| reactive processing | 531 |
| reactive sputtering | 397 |
| reactivity ratio | 397 |
| reactor for gas-solid reaction | 105 |
| reactors model | 285 |
| real gas | 203 |
| real solution | 203 |
| real time data acquisition system | 531 |
| real time optimization | 531 |
| reboil ratio | 186 |
| reboiler | 186, 535 |
| reburning | 374, 535 |
| reciprocal motion mixer | 55 |
| reciprocating plate column | 161 |
| reciprocating pump | 56 |
| recombinant DNA (deoxyribonucleic acid) | 23 |
| recovery | 65 |
| recovery ratio | 65 |
| rectangular isotherm | 319 |
| rectification | 265 |
| rectifying column | 265 |
| rectifying section | 376 |
| Rectisol process | 553 |
| recuperater | 553 |
| recycle | 532 |
| recycle reactor | 532 |
| recycling-based society | 219 |
| Redlich-Kister's equation | 554 |
| Redlich-Kwong's equation | 555 |
| reduced value | 296 |
| reentrainment | 185 |
| reference trajectory | 192 |
| reflectance | 394 |
| reflection coefficient | 394, 400 |
| reflux | 100 |
| refolding | 535 |
| reforming reagent | 64 |
| refrigerant | 552 |
| regeneration | 184 |
| regeneration method of adsorbent | 184 |
| regeneration of deactivated catalyst | 232 |
| regenerative gas turbine cycle | 184 |
| regenerative heat exchanger | 184, 312 |
| regression analysis | 64 |
| regular regime | 553 |
| regular solution theory | 262 |
| regulation of total maximum daily loading | 285 |
| regulation of total maximum daily loading of COD | 71, 196 |
| regulatory control | 327 |
| rejection | 230, 286 |
| relative gain array | 10 |
| relative humidity | 94, 282 |
| relative mass | 282 |
| relative permittivity | 414 |
| relative plug radius | 282, 408 |
| relative roughness | 282 |
| relative sorbability | 405 |
| relative viscosity | 282 |
| relative volatility | 282, 405 |
| relaxation method | 100, 545 |
| reliability centered maintenance | 240 |
| removal of heavy metals | 211 |
| replication | 435 |
| representation of reaction rate | 398 |
| residence time | 296 |

| | | | | | |
|---|---|---|---|---|---|
| residence time distribution function | 296 | rolling schedule | 562 | safety culture | 12 |
| residual curve | 554 | roots pump | 549 | safety design | 12 |
| residual stress | 193 | Rosin-Rammler distribution | 559 | safety factor | 12 |
| residue | 90 | rotary adsorption unit | 559 | safety instrumented system | 11 |
| resist polymer | 554 | rotary compressor | 65 | safety management | 11 |
| resistance heating method | 324 | rotary dehumidifier | 66 | safety stock | 11 |
| resistance of mass transfer in immobilized biocatalyst | 173 | rotary drum agglomerator | 66 | salt effect | 50 |
| | | rotary drum granulator | 66 | salt rejection | 302 |
| | | rotary dryer | 66 | saltation flow | 215 |
| resolution | 465 | rotary feeder | 559 | saltation velocity | 189 |
| respiratory chain | 169 | rotary filter press | 65, 559 | salting-in | 54 |
| respiratory quotient | 169 | rotary kiln incineration | 559 | salting-out | 53 |
| responsible care | 554 | rotary kiln incineration process | 67 | salting-out(-in) effect | 54 |
| rest potential | 201 | | | sample size | 193 |
| restriction endonuclease | 260 | rotary pan agglomerator | 67 | sampling | 193 |
| restriction enzyme | 260 | rotary pan granulator | 67 | sampling theorem | 193 |
| resuspension | 185 | rotary type molding machine | 559 | sand filter | 253 |
| retentate | 376 | | | Sasol slurry bed reactor | 43 |
| retention money | 544 | rotary vessel | 520 | saturate boiling | 481 |
| retrograde condensation | 114 | rotating biological contactor | 66 | saturated evaporation rate | 481 |
| reverse micelle extraction | 114 | | | saturated humidity | 481 |
| reverse osmosis | 114 | rotating disc column (contactor) | 65 | saturated vapor pressure | 481 |
| reversed micelle method | 115 | | | saturation carrying capacity | 481 |
| reversible change | 73 | rotating disk module | 66 | saturation constant | 481 |
| reversible reaction | 73 | rotating fluidized bed | 52 | saturation temperature | 480 |
| Reynolds' analogy | 552 | rotating pump | 67 | Sauter diameter | 287 |
| Reynolds number | 552 | rotational viscometer | 66 | save-all | 264 |
| Reynolds number on agitation | 80 | Rotocel extractor | 561 | scale | 246 |
| | | rough wall pipe | 287 | scale effect | 248 |
| Reynolds stress | 551 | royalty | 557 | scale up | 247 |
| RF (radio frequency) discharge | 9 | rubber lining | 174 | scale up based on power consumption per unit volume | 247 |
| | | rubbery plateauregion | 174 | | |
| RGA | 10 | rubbery polymer membrane | 174 | scale up of crystallizers | 247 |
| rheology | 553 | | | scale up of mixing vessel | 247 |
| rheopectic fluid | 552 | rule of Polanyi | 485 | scale-up ofaerated mixing vessel | 247 |
| ribonucleic acid | 9 | rule of six-tenthsfactor | 551 | | |
| Rideal mechanism | 534 | Rumpf's equation | 550 | scattering albedo | 193 |
| ring-opening polymerization | 64 | Rushton impeller | 525 | scattering coefficient | 193 |
| ripple tray | 534 | Ruth's constant pressure filtration coefficient | 548 | scattering of radiation | 193 |
| riser | 524 | | | SCC | 43 |
| risk | 533 | Ruth's filtration rate equation under constant pressure | 549 | scheduling | 246 |
| risk assessment | 533 | | | Scheibel column | 209 |
| risk management | 533 | | | Schlieren method | 218 |
| Rittinger's law | 534 | Ruth's plot | 549 | Schmidt number | 218 |
| RNA | 9 | | | Schmidt-Wenzel equation | 218 |
| RO membrane | 9 | **S** | | Schultz-Hardy law | 219 |
| road map | 561 | | | SCR | 43 |
| roasting | 381 | | | scraper blade mixer | 73 |
| Roberts' equation | 562 | Sabate cycle | 206 | screw conveyor | 246 |
| Robust control | 561 | saddle point | 188 | screw extruder | 245 |
| roll mill | 562 | safety assessment | 11 | screw feeder | 246 |
| roller mill | 562 | | | | |

| | | |
|---|---|---|
| screw mixer | 245 | |
| screw press | 246 | |
| scrubber | 245 | |
| scrubbing | 245 | |
| SEC | 43 | |
| Sechénow equation | 270 | |
| second law of thermodynamics | 371 | |
| second order system | 355 | |
| second virial coefficient | 294 | |
| secondary consolidation | 355 | |
| secondary measurement | 293 | |
| secondary metabolite | 356 | |
| secondary nucleation | 355 | |
| sedimental particle | 319 | |
| sedimentation | 319 | |
| sedimentation balance method | 319 | |
| sedimentation centrifuge | 51 | |
| sedimentation method for particle size measurement | 319 | |
| sedimentation velocity | 319 | |
| seed chart | 206 | |
| seed crystal | 303 | |
| seeding | 205 | |
| segregation | 268, 476 | |
| selection function | 274 | |
| selective catalytic reduction | 43, 275 | |
| selective growth | 275 | |
| selective leaching | 275 | |
| selective sputtering | 275 | |
| selectivity | 275 | |
| selectivity coefficient | 274 | |
| Selexol process | 271 | |
| self-diffusion coefficient | 199 | |
| self-diffusivity | 199 | |
| self-regulation | 200 | |
| self-standing film | 235 | |
| semibatch culture | 394 | |
| semi-batch operation | 393 | |
| semi-continuously-fed incinerator | 220 | |
| semi-dry desulfurization process | 394 | |
| semi-free vortex | 220 | |
| semi-implicit method for pressure-linked equation | 239 | |
| semipermeable membrane | 395 | |
| semi-transparent absorbing medium of radiation | 394 | |

| | | |
|---|---|---|
| semi-transparent scattering-absorbing medium of radiation | 395 | |
| sensible heat | 157 | |
| sensible heat storage | 157 | |
| sensible heat transport | 157 | |
| sensitivity analysis | 99 | |
| sensitization | 37 | |
| sensitizing | 274 | |
| sensor-based system | 274 | |
| separated flow | 466 | |
| separated flow model | 466 | |
| separation and purification | 465 | |
| separation energy | 464 | |
| separation factor | 464 | |
| sequential control | 198 | |
| sequential function chart | 43 | |
| sequential modular approach | 198 | |
| set point | 271 | |
| settlement of accounts | 148 | |
| settling chamber | 217 | |
| settling velocity | 319 | |
| settling velocity diameter | 319 | |
| SFC | 43 | |
| shadowgraph method | 210 | |
| shaft furnace type incinerator of gasification | 210 | |
| shaft horsepower | 197 | |
| shaft work | 197 | |
| shake mixing | 521 | |
| shape characteristics of particle | 145 | |
| shape factor | 145 | |
| shape index | 145 | |
| shape selectivity | 145 | |
| shaping methods of solid catalysts | 171 | |
| Sharples centrifuge | 210 | |
| shear mixing | 276 | |
| shear rate | 257, 276 | |
| shear stress | 257, 275 | |
| shear test | 276 | |
| shearing mixing | 275 | |
| sheath | 200 | |
| sheet molding compound | 43 | |
| shell | 343, 344 | |
| shell model | 196 | |
| shell model, unreacted-core model | 90 | |
| shell-and-tube heat exchanger | 297 | |
| Sherwood number | 209 | |

| | | |
|---|---|---|
| Shewhart control chart | 218 | |
| short pass | 310 | |
| short tube vertical evaporator | 243 | |
| short-term economic survey of enterprises in Japan | 358 | |
| shroud | 265 | |
| SI | 43 | |
| side condenser | 185 | |
| side cut | 185 | |
| side reboiler | 185 | |
| side stream | 286 | |
| side stripper method | 185 | |
| side-entry mixing | 286 | |
| sieve analysis | 448 | |
| sieve tray tower | 299 | |
| sieving effect | 448 | |
| sieving method | 448 | |
| silo | 186 | |
| similarity transformation | 282 | |
| simple distillation | 308 | |
| simple shear flow | 308 | |
| simulated moving bed | 106 | |
| simulation of fluidized bed | 543 | |
| simultaneous reaction | 470 | |
| single bubble | 306 | |
| single effect evaporator | 306 | |
| single extraction | 309 | |
| single oxide microparticle | 308 | |
| single particle light blockage method for particle size measurement | 210 | |
| single reaction | 306 | |
| single wafer type | 489 | |
| single window | 236 | |
| sintering | 222 | |
| sintering furnace | 222 | |
| six sigma | 202 | |
| size dependent growth rate | 536 | |
| size effect | 258 | |
| size exclusion chromatography | 43 | |
| size reduction | 458 | |
| size segregation | 544 | |
| skin drag | 494 | |
| skin layer | 245 | |
| slime | 256 | |
| slip flow | 257 | |
| slip velocity | 257 | |
| slow sand filtration | 99 | |
| sludge | 257 | |
| sludge blanket clarifier | 257 | |
| sludge volume | 43, 60 | |

| | | |
|---|---|---|
| sludge volume index | 44 | |
| slug | 257 | |
| slugging | 256 | |
| slurry | 257 | |
| slurry bubble column | 156 | |
| slurry flow | 257 | |
| slurry reactor | 257 | |
| SMAC (simplified marker and cell) method | 44 | |
| SMC | 43 | |
| Smith predictor | 256 | |
| Smoker's method | 256 | |
| Smoluchowski theory | 256 | |
| smooth wall pipe | 467 | |
| $S$-$N$ curve | 43 | |
| Soave-Redlich-Kwong equation | 287 | |
| softening point | 354 | |
| soil contamination | 346 | |
| soil excavation method | 347 | |
| soil remediation technology | 346 | |
| soil vapor extraction method | 346 | |
| SOLA (solution algorithm) method | 288 | |
| solar radiation | 295 | |
| sol-gel process | 288 | |
| solid acid and base catalyst | 170 | |
| solid concentration in a mixing vessel | 538 | |
| solid extraction | 172 | |
| solid fuel | 172 | |
| solid holdup | 539 | |
| solid solution | 174 | |
| solid-gas two phase flow | 168 | |
| solid-liquid equilibrium | 168 | |
| solid-liquid extraction | 167 | |
| solid-liquid mass transfer coefficient | 168 | |
| solid-liquid mixing | 167 | |
| solid-liquid separation | 168 | |
| solid-liquid two-phase flow | 167 | |
| solid-phase reaction | 170 | |
| solid-vapor equilibrium | 169 | |
| solubility | 519 | |
| solubility coefficient | 520 | |
| solubility curve | 520 | |
| solubility parameter | 520 | |
| solubilization | 90 | |
| solute | 315 | |
| solute permeability | 520 | |
| solution combustion method | 519 | |
| solution polymerization | 519 | |
| solution-diffusion model | 519 | |
| solvent | 315 | |
| solvent effect | 521 | |
| solvent evaporation method | 521 | |
| solvent extraction | 521 | |
| solvent-mediated transformation | 521 | |
| sonic agglomeration | 63 | |
| soot | 248 | |
| sorption | 214 | |
| Souders-Brown equation | 187 | |
| space time | 134 | |
| space time yield | 43, 136 | |
| space velocity | 43, 134 | |
| sparger | 253 | |
| specialty chemicals | 109 | |
| specialty materials | 109 | |
| specific filtration resistance | 558 | |
| specific growth rate | 409 | |
| specific heat capacity | 409, 411 | |
| specific production rate | 407 | |
| specific reaction rate | 412 | |
| specific surface area | 412 | |
| specific surface diameter | 412 | |
| specific viscosity | 412 | |
| specific volume | 409 | |
| specification | 223 | |
| specified facilities | 345 | |
| specified toxic species | 345 | |
| spectral radiation | 458 | |
| spectrally selective surface | 388 | |
| speed of molecular motion | 459 | |
| sphere equivalent diameter | 119 | |
| spherical crystallization | 116 | |
| sphericity | 117 | |
| sphericity of Wadell | 563 | |
| spin coating | 66, 255 | |
| spinodal decomposition | 255 | |
| spiral growth | 253, 526 | |
| spiral heat exchanger | 253 | |
| spiral module | 253 | |
| spitzkasten | 254 | |
| splash zone | 255 | |
| splay | 419 | |
| split key component | 255 | |
| split range control | 255 | |
| sponge ball type tube | | |
| autocleaning | 256 | |
| sponge layer | 256 | |
| spontaneous ignition | 201 | |
| spore | 479 | |
| spouted bed | 253, 465 | |
| spouted bed dryer | 253 | |
| spouted bed reactor | 465 | |
| spray column | 255, 464 | |
| spray dryer | 464 | |
| spray flash evaporation | 256 | |
| spray method | 464 | |
| spray pyrolysis | 464 | |
| spray tower | 255, 464 | |
| spraying | 520 | |
| spreading pressure | 416 | |
| sputter ion pump | 254 | |
| sputtering | 254, 298 | |
| sputtering process | 254 | |
| sputtering yield | 254 | |
| square pitch arrangement | 174 | |
| square-well potential | 26 | |
| SSBR | 43 | |
| stability | 13 | |
| stability ratio | 13 | |
| stable crystal | 13 | |
| stage separation factor | 249 | |
| stage-wise contact | 65 | |
| stage-wise contactor | 65 | |
| staggered arrangement | 187, 314 | |
| staggered grid method | 248 | |
| stagnant zone | 248 | |
| stainless steel | 251 | |
| stake holder | 249 | |
| stand pipe | 249 | |
| standard blocking law | 415 | |
| standard boiling point | 415 | |
| standard condition | 414 | |
| standard cost | 414 | |
| standard enthalpy of formation | 414 | |
| standard entropy of formation | 414 | |
| standard free energy of formation | 415 | |
| standard heat of combustion | 415 | |
| standard heat of reaction | 415 | |
| standard operating procedures | 414 | |
| standard powder | 415 | |
| standard reaction Gibbs free energy | 415 | |

| | | |
|---|---|---|
| standardization | 414 |
| Stanton number | 249 |
| static adsorption | 263 |
| static elimination | 234 |
| static gain | 325 |
| static mixer | 248 |
| static pressure | 259 |
| static stability of reactor | 395 |
| statistical process control | 342 |
| statistical quality control | 342 |
| steady state approximation | 325 |
| steady state operation | 325 |
| steam condenser | 435 |
| steam distillation | 242 |
| steam ejector | 221 |
| steam extraction | 314 |
| steam injection | 249 |
| steam reforming reaction | 242 |
| steam trap | 249 |
| steam turbine | 221 |
| steam-tube rotary dryer | 249 |
| Stefan-Boltzmann's equation | 251 |
| Stefan-Maxwell equation | 250 |
| step | 250 |
| step coverage | 250 |
| step response method | 250 |
| step response model | 250 |
| step-by-step tray calculation | 312 |
| stepwise elution | 306 |
| stereoregularity | 534 |
| sterically hindered amine | 534 |
| sterile filtration | 230 |
| sterilization | 188, 507 |
| sterilization method | 188 |
| sticking probability | 436 |
| still | 230, 249 |
| Stirling cycle | 249 |
| stirred film evaporator | 79 |
| stirred tank crystallizer | 177 |
| Stockmayer potential | 252 |
| stoichiometric coefficient | 72, 545 |
| stoichiometric equation | 72 |
| stoichiometry | 72 |
| stoichiometry of growth of microorganisms | 407 |
| stoker | 251 |
| stoker combustion | 251 |
| stoker incineration process | 251 |
| Stokes diameter | 251 |
| Stokes law of drag | 252 |
| Stokes number | 252 |
| stopping distance | 325 |
| storage tank | 318 |
| strain hardening | 406 |
| strain rate | 475 |
| strain rate tensor | 406 |
| strand | 252 |
| stratified flow | 262 |
| stray current corrosion | 506 |
| streak line | 544 |
| stream function | 352 |
| stream line | 539 |
| stress | 56 |
| stress concentration | 56 |
| stress corrosion cracking | 56 |
| stress equation | 57 |
| stress equation model | 57 |
| stress relaxation | 56 |
| Stretford process | 252 |
| stripper | 252 |
| stripping | 252, 479 |
| stripping column | 479 |
| stripping efficiency | 479 |
| stripping factor | 252, 479 |
| stripping section | 65 |
| strong electrolyte | 127 |
| strongly absorbing medium of radiation | 123 |
| Strouhal number | 252 |
| structual contributions of parachor | 391 |
| structural method of process simulator | 453 |
| structural viscosity | 163 |
| structure of zeolite crystal | 265 |
| structured packing | 108 |
| STY | 43 |
| subcooled boiling | 189 |
| sublimation | 221 |
| sublimation pressure | 221 |
| submerged combustion evaporator | 41 |
| submerged impeller type | 236 |
| submerged membrane | 237 |
| submerged type module | 282 |
| sub-micron particle | 189 |
| sub-micropore | 189 |
| substantial derivative | 203 |
| substitute for CFCs | 293 |
| substrate | 106 |
| substrate consumption rate | 106 |
| substrate inhibition | 107 |
| subzero fractionation | 240 |
| successive contact model of fluidized bed | 312 |
| suction filtration | 116 |
| suface energy | 416 |
| sulfide stress cracking | 535 |
| Sulfinol process | 257 |
| sulfur oxides | 15 |
| sulfur oxides and their reduction technologies | 287 |
| sulfuric acid dew point corrosion | 536 |
| sulfuric acid mist | 536 |
| Sulzer packing | 257 |
| super fractionation | 254, 316 |
| supercooling state | 91 |
| supercritical fluid | 317 |
| supercritical water oxidation | 317 |
| superficial gas velocity | 82 |
| superficial velocity | 136 |
| superheat | 88 |
| superheated steam drying | 88 |
| supermolecular structure | 161 |
| supersaturated condition | 89 |
| supersaturation | 89 |
| supersaturation ratio | 89 |
| supersolubility | 90 |
| super-structure | 253 |
| supervisory computer control | 43 |
| supervisory control | 254 |
| supply chain management | 189 |
| support | 308 |
| support layer | 200 |
| supported membrane | 200 |
| surface boiling | 418 |
| surface characteristic | 538 |
| surface charge | 418 |
| surface condenser | 416 |
| surface diffusion | 416 |
| surface diffusion flow | 416 |
| surface evaporating | 417 |
| surface excess | 69 |
| surface filtration membrane | 418 |
| surface integration process | 417 |
| surface measurement technique | 417 |
| surface modification | 416 |
| surface porosity | 416 |
| surface potential | 417, 418 |
| surface pressure | 416 |
| surface property | 418 |

| | | |
|---|---|---|
| surface reaction | 418 | |
| surface reaction rate constant | 418 | |
| surface renewal theory | 417 | |
| surface tension | 417 | |
| surface treatment | 415 | |
| surface water | 436 | |
| surging | 188 | |
| susceptor | 188 | |
| suspended particulate matter | 442 | |
| suspended solids | 156 | |
| suspension | 188 | |
| suspension polymerization | 156, 188 | |
| sustainability | 202 | |
| sustainable development | 188, 201 | |
| Sutherland equation | 187 | |
| SV | 43 | |
| SVI | 44 | |
| swarm parameter | 244 | |
| sweating | 388 | |
| swelling pressure | 480 | |
| swirling flow | 273 | |
| symmetric convention | 291 | |
| symmetric membrane | 291 | |
| synthesis of heat exchanger network | 364 | |
| synthesis of nanoparticle by vapor phase method | 107 | |
| synthesis of reaction path | 396 | |
| synthesis of reaction process | 399 | |
| synthetic gas | 162 | |
| system element | 201 | |
| system synthesis | 201 | |

## T

| | | |
|---|---|---|
| table feeder | 332 | |
| tableting machine | 300 | |
| tacticity | 534 | |
| tail pipe | 333 | |
| Tait equation | 327 | |
| takeover conditions | 405 | |
| tank reactor | 278 | |
| tapered cascade | 140 | |
| tar sand | 305 | |
| tax effect accounting | 260 | |
| Taylor number | 329 | |

| | | |
|---|---|---|
| Taylor vortex | 329 | |
| TBP (true boiling point) curve | 328 | |
| TDH | 327 | |
| T-die technique | 326 | |
| TDT | 327 | |
| technique of biological contamination control | 188 | |
| technology assessment | 331 | |
| Technology Licensing Organization | 323 | |
| technology of excess sludge treatment | 523 | |
| teeter bed | 326 | |
| TEM | 323 | |
| temperature gradient | 63 | |
| temperature standard | 63 | |
| tempering | 512 | |
| tender | 358 | |
| tensile strength | 410 | |
| tensile strength of powder bed | 409 | |
| terbo blower | 305 | |
| terminal model | 305 | |
| terminal rising velocity | 216 | |
| terminal settling velocity | 216 | |
| terminal velocity | 216 | |
| termination reaction | 325 | |
| Terzaghi's consolidation theory | 333 | |
| tesing method of airfilter collection efficiency | 34 | |
| test filter with sudden reduction in filtration area | 558 | |
| test module | 331 | |
| Texaco process | 331 | |
| The Basic Environment Law | 93 | |
| the film fabrication of liquid phase | 310 | |
| the Lockhart-Martinelli parameter | 560 | |
| the Nikkei stock average | 358 | |
| The 3rd Session of the Conference of the Parties | 172 | |
| theological equation of state | 553 | |
| theoretical amount of air | 545 | |
| theoretical amount of combustion gas | 546 | |
| theoretical amount of oxigen | 545 | |

| | | |
|---|---|---|
| theoretical analysis of a gas-phase reaction mechanism | 107 | |
| theoretical plate | 545 | |
| theoretical stage | 545 | |
| theory of absolute reaction rate | 270 | |
| theory of analogy | 8 | |
| thermal boundary layer | 62 | |
| thermal conductivity | 367, 368 | |
| thermal CVD | 365 | |
| thermal death characteristics | 408 | |
| thermal death time | 88, 327 | |
| thermal diffusion | 363 | |
| thermal diffusion coefficient | 363 | |
| thermal diffusivity | 63, 363 | |
| thermal efficiency | 365 | |
| thermal environment | 364 | |
| thermal equivalent diameter | 340 | |
| thermal expansion coefficient | 370 | |
| thermal fatigue | 368 | |
| thermal insulating material | 481 | |
| thermal insulating materials | 309 | |
| thermal insulation technology | 309 | |
| thermal insulator | 481 | |
| thermal load | 368 | |
| thermal load in combustor | 372 | |
| thermal NO | 189 | |
| thermal $NO_x$ | 189 | |
| thermal plasma | 369 | |
| thermal radiation | 369 | |
| thermal recycle | 189 | |
| thermal regenerator | 184 | |
| thermal resistance | 340 | |
| thermal shock | 365 | |
| thermal shock parameter | 365 | |
| thermal storage | 312 | |
| thermal (heat) storage unit | 312 | |
| thermal stress | 363 | |
| thermal swing cycle | 189 | |
| thermistor current meter | 189 | |
| thermo chemical storage | 71 | |
| thermo vapor recompression | 221 | |
| thermochromic liquid crystals | | |

| | | |
|---|---|---|
| | 92 | |
| thermodynamic diagrams | 370 | |
| thermodynamic equilibrium constant | 371 | |
| thermodynamic temperature | 370 | |
| thermodynamical characteristic property | 371 | |
| thermography | 189 | |
| thermo-osmosis | 366 | |
| thermopervaporation | 189 | |
| thermophilic bacteria | 165 | |
| thermophoresis | 362 | |
| thermoplastic elastomer | 364 | |
| thermosetting resin | 364 | |
| thermo-siphon reboiler | 201 | |
| thickener | 202 | |
| thickening | 320 | |
| Thiele modulus | 235 | |
| Thiele-Geddes method | 235 | |
| thin film flow method | 385 | |
| thin film making process by plasma CVD | 385 | |
| thin film type mixer | 385 | |
| third law entropy | 291 | |
| third law of thermodynamics | 370 | |
| thixotropy | 311 | |
| Thomson's principle | 348 | |
| three step model | 192 | |
| three-phase distillation | 192 | |
| three-phase fluidized-bed reactor | 192 | |
| three-phase model for fluidized bed | 192 | |
| three-way catalyst | 191 | |
| through flow drying | 321 | |
| through-put | 258 | |
| tie rod | 297 | |
| tie-line | 289, 295 | |
| time based mainteinance | 197 | |
| time constant | 205 | |
| time for complete combustion | 372 | |
| time series model | 198 | |
| tissue culture | 286 | |
| tissue engineering | 286 | |
| TOC | 324 | |
| TOD | 324 | |
| Tokyo stock price index and average | 347 | |
| TOL | 323 | |
| TOPIX | 347 | |
| topping distillation | 347 | |
| Torbid phenomena | 349 | |
| tortuosity factor | 137 | |
| total condenser | 274 | |
| total heat exchanger | 276 | |
| total organic carbon | 277, 324 | |
| total oxygen demand | 274, 324 | |
| total pressure | 278 | |
| total productive maintenance | 327 | |
| total productive management | 327 | |
| total quality control | 324 | |
| total quality management | 324 | |
| total radiation | 276 | |
| total recycle process | 274 | |
| total reflux | 273 | |
| toughness | 236 | |
| tower mill | 306 | |
| toxicity equivalency quantity | 345 | |
| toxicity evaluation | 345 | |
| TPM | 327 | |
| $T$-$Q$ diagram | 324 | |
| TQC | 324 | |
| TQM | 324 | |
| trace element | 350, 420 | |
| tracer method | 350 | |
| training simulator | 350 | |
| trajectory theory | 109 | |
| trans membrane pressure | 490 | |
| transcription | 338 | |
| transduction | 144 | |
| transfer function | 338 | |
| transfer number | 348 | |
| transferase | 333, 349 | |
| transference number | 518 | |
| transformation | 144, 349, 476 | |
| transient drop size | 330 | |
| transition boiling | 273 | |
| transition flow | 272 | |
| transition state theory | 272 | |
| transition temperature | 272 | |
| transitional pore | 348 | |
| translational energy | 470 | |
| transmittance | 342 | |
| transport constant | 517 | |
| transport disengagement height | 517 | |
| transport disengaging height | 327 | |
| transport number | 518 | |
| transport passage coefficient | | |
| | 517 | |
| transport phenomena | 24, 517 | |
| transport phenomena at low pressures | 153 | |
| transport phenomena in porous solid | 299 | |
| transport phenomena of bubble | 24 | |
| transport process in chemical reactions with solid catalysts | 171 | |
| transport property | 517 | |
| transverse flow | 55 | |
| tray | 303, 349 | |
| tray column | 303, 309 | |
| tray dryer | 386 | |
| tray spacing | 307 | |
| treatment technologies of industrial wastes | 191 | |
| treatment technology of effluent from mining industry | 161 | |
| trench coverage | 350 | |
| trial and error method | 199 | |
| triangular diagram | 190 | |
| triboelectric series | 294 | |
| trickle bed reactor | 92, 349 | |
| trickling filter | 192 | |
| tricritical point | 191 | |
| triple point | 191 | |
| trommel | 350 | |
| trough type conduction dryer | 501 | |
| trough type conductive dryer | 501 | |
| Trouton's rule | 349 | |
| true boiling point curve | 239 | |
| true density | 239 | |
| tube filter | 316 | |
| tube for heat transfer augmentation | 340 | |
| tube sheet | 100 | |
| tubular membrane | 316 | |
| tubular module | 95 | |
| tubular reactor | 92 | |
| tuft method | 304 | |
| tumbling fluidized bed with agitating blades | 79 | |
| tumbling granulator | 338 | |
| tunnel dryer | 350 | |
| turbidstat | 303 | |
| turbine impeller | 304 | |
| turbine pump | 304 | |

| | | |
|---|---|---|
| turbo compressor | 305 | |
| turbo molecular pump | 305 | |
| turbo-grid tray | 305 | |
| turbulence in a mixing vessel | 502 | |
| turbulent boundary layer | 528 | |
| turbulent coagulation | 528 | |
| turbulent combustion | 529 | |
| turbulent contact absorber | 542 | |
| turbulent diffusion | 528 | |
| turbulent diffusion coefficient | 528 | |
| turbulent dissipation | 529 | |
| turbulent flow | 527 | |
| turbulent flow model | 530 | |
| turbulent fluidization | 530 | |
| turbulent flux | 530 | |
| turbulent intensity | 528 | |
| turbulent Schmidt number | 529 | |
| turbulent shear stress | 528 | |
| turbulent velocity distribution | 529 | |
| turbulent viscosity | 529 | |
| turbulent viscosity, eddy viscosity | 529 | |
| turnover conditions | 405 | |
| twin screw extruder | 356 | |
| two dimensional nuclei growth model | 356 | |
| two fluid model | 360 | |
| two staged air combustion | 358 | |
| two-film theory | 357 | |
| two-phase flow heat transfer | 357 | |
| two-phase model (for fluidized bed) | 357 | |
| Tyler absorber | 295 | |
| type of polymerization | 212 | |
| Ty-Rock screen | 297 | |

## U

| | |
|---|---|
| UCST | 517 |
| UF membrane | 517 |
| UHT (sterilization) method | 516 |
| ULPA (ultra low penetration air) filter | 31 |
| ultra fine process | 316 |
| ultracentrifugation | 316 |
| ultrafiltration | 154 |

| | |
|---|---|
| ultrafine particle | 317 |
| ultrafine particle membrane | 317 |
| ultrafine powder | 317 |
| ultra-micro diffusion | 317 |
| ultra-micropore | 317 |
| uncontrolled variables | 480 |
| undersize distribution | 448 |
| Underwood's method | 12 |
| un-extracted ratio | 315 |
| unidirectional diameter bisecting the projected area | 329 |
| unidirectional diffuison | 23 |
| unidirectional particle diameter | 328 |
| UNIFAC (universal functional group activity coefficient) equation | 518 |
| uniform corrosion | 131 |
| UNIQUAC (universal quasi-chemical) equation | 518 |
| unisokinetic sampling error | 410 |
| unit of utilities | 518 |
| unit operation | 306 |
| unit process | 306, 397 |
| unit process in immobilized biocatalyst | 173 |
| unmeasured disturbance | 430 |
| unreacted-core model | 196, 502 |
| unstable region | 424 |
| unutilzed energy | 503 |
| upper critical end point | 229 |
| upper critical solution temperature | 229, 517 |
| uptake rate of oxygen | 229 |
| up-wind difference | 81 |
| utilities | 518 |
| utilities facilities | 519 |
| utilities flow diagram | 518 |
| U-tube manometer | 517 |

## V

| | |
|---|---|
| vacancy solution theory | 136 |
| vaccum and temperature swing adsorption | 427 |
| vacuum and thermal swing adsorption | 427 |
| vacuum deposition | 224, 235 |

| | |
|---|---|
| vacuum distillation | 153, 235 |
| vacuum drying | 235 |
| vacuum evaporation | 224 |
| vacuum pump | 236 |
| vacuum reactor | 235 |
| vacuum swing adsorption | 427 |
| valve | 474 |
| valve position control | 393 |
| van der Waals' adsorption | 425 |
| van der Waals' equation | 425 |
| van der Waals' force | 426 |
| van der Waals potential | 425 |
| van der Waals' surface area | 425 |
| van der Waals' type equation of state | 425 |
| van der Waals' volume | 425 |
| van Laar's equation | 426 |
| vanadium attack | 390 |
| van't Hoff's equation | 426 |
| vapor compression refrigerating machine | 4 |
| vapor permeation | 221 |
| vapor phase film deposition | 107 |
| vapor phase synthesis | 107 |
| vapor pressure | 221 |
| vapor pressure diagram | 221 |
| vaporization efficiency | 225 |
| vapor-liquid equilibrium | 103 |
| vapor-liquid equilibrium for binary system | 357 |
| vapor-liquid equilibrium for multicomponent system | 301 |
| variable cost | 477 |
| vector | 471 |
| velocity boundary layer | 286 |
| velocity potential | 286 |
| velocity variation method | 539 |
| vend disk impeller | 477 |
| venous industry | 229 |
| vent | 477 |
| venture company | 476 |
| Venturi flow meter | 477 |
| Venturi scrubber | 477 |
| vertically rising thin film type reactor | 243 |
| vesicle | 471 |
| vibrating feeder | 239 |
| vibrating mixing | 238 |
| vibrating screen | 239 |
| vibrating viscometer | 239 |
| vibratory conveyor | 238 |

| | | |
|---|---|---|
| vibro-fluidized bed | 239 | |
| virial coefficient | 419 | |
| virial equation of state | 419 | |
| virial type equation of state | 419 | |
| virtual | 387 | |
| virtual impactor | 387 | |
| visco-elastic fluid | 373 | |
| viscoelasticity | 373 | |
| viscosity | 373, 374 | |
| viscosity index | 374 | |
| viscous flow | 373 | |
| viscous fluid | 373 | |
| viscous sublayer | 373 | |
| V-mixer | 427 | |
| VOC | 427 | |
| void fraction | 478 | |
| void function | 134 | |
| void ratio | 94, 135 | |
| Voigt model | 430 | |
| volatile matter | 110 | |
| volatile organic compounds | 110, 427 | |
| volatility | 110 | |
| volume efficiency | 521 | |
| volume equivalent diameter | 293 | |
| volume fraction | 293 | |
| volume mean diameter | 293 | |
| volume of gas per volume of liquid per minute | 428 | |
| volume reaction model | 521 | |
| volume reduction factor | 520 | |
| volumetric coefficient | 522 | |
| volumetric coefficient of mass transfer | 438 | |
| volumetric oxygen transfer coefficient | 192 | |
| volute pump | 486 | |
| vortex flow | 273 | |
| vorticity | 31 | |
| vorticity transfer theory | 31 | |
| VSA | 427 | |
| VTSA | 427 | |
| VVM | 428 | |

## W

| | |
|---|---|
| Wagner's equation | 563 |
| waiting time | 494 |
| wake | 167 |
| wall effect | 89 |
| warranty | 482 |
| wash out | 31 |
| waste | 380 |
| waste heat | 382 |
| waste heat boiler | 382 |
| waste heat recovery equipment | 382 |
| waste heat recovery technology | 382 |
| waste subject to special control | 346 |
| wastewater treatment | 381 |
| water activity | 244 |
| water content | 96 |
| water cooler | 551 |
| water horse power | 501 |
| water injection | 501 |
| water pollution control low | 241 |
| water quality index | 242 |
| water selective membrane | 500 |
| water treatment technology | 223 |
| Watson equation | 563 |
| Watson's expansion factor | 563 |
| wave number | 386 |
| wavelet analysis | 31 |
| wavy flow | 386 |
| weak electrolyte | 209 |
| weather(ing) resistance | 290 |
| Weber number | 31 |
| Weber number on agitation | 76 |
| weeping | 30 |
| Weibull distribution | 563 |
| Weissenberg effect | 563 |
| Weissenberg number | 563 |
| Weisz modulus | 30 |
| weld-joint efficiency | 521 |
| wet corrosion | 31, 203 |
| wet scrubbing | 274 |
| wet solid phase line | 203 |
| wet-bulb temperature | 202 |
| wetness fraction | 208 |
| wetted area | 361 |
| wetted-wall column | 361 |
| wet-type desulfurization (absorption) process | 203 |
| wet-type lime gypsum process | 203 |
| wet-type limestone gypsum process | 203 |
| whisker | 30 |
| Wiedemann-Franz-Lorenz relation | 30 |
| Wien's displacement law | 30 |
| Wilke-Chang equation | 30 |
| Williams' power rule | 30 |
| Wilson's equation | 30 |
| Winkler gasifier | 30 |
| work | 199 |
| work function | 199 |
| work hardening | 80 |
| work index | 199 |
| World Trade Organization | 304 |
| woven filter cloth | 234 |
| WWDJ (wall wetter double-decked jacket) crystallizer | 304 |

## X

| | |
|---|---|
| X-ray diffraction analysis | 44 |
| $x$-$y$ curve | 44 |

## Y

| | |
|---|---|
| yeast | 166 |
| yield | 217, 441 |
| yield locus | 384 |
| yield point | 165 |
| yield stress | 165 |
| Young's modulus | 512 |

## Z

| | |
|---|---|
| $z$-diagram | 271 |
| Zeldovich NO | 271 |
| zeolite membrane | 266 |
| zero emission | 271 |
| zero point | 272 |
| zeta potential | 269 |
| Ziegler-Nichols tuning | 198 |
| zig-zag classifier | 197 |
| zone melting | 288 |

改訂4版　化学工学辞典

平成17年3月31日　発　行

編　者　社団法人　化学工学会

発行者　村　田　誠　四　郎

発行所　丸　善　株　式　会　社

出版事業部
〒103-8244　東京都中央区日本橋三丁目9番2号
編集：電話(03)3272-0511／FAX(03)3272-0527
営業：電話(03)3272-0521／FAX(03)3272-0693
http://pub.maruzen.co.jp/
郵便振替口座　00170-5-5

Copyright © 2005 The Society of Chemical Engineers, Japan

組版印刷・中央印刷株式会社／製本・株式会社 星共社

ISBN 4-621-07551-9 C3558　　　　　Printed in Japan